Hochschultext

K. Meetz · W. L. Engl

Elektromagnetische Felder

Mathematische und physikalische Grundlagen
Anwendungen in Physik und Technik

Mit 192 Abbildungen

Springer-Verlag
Berlin · Heidelberg · New York 1980

o. Prof. Dr. Kurt Meetz

Physikalisches Institut Universität Bonn
Endenicher Allee 11-13
5300 Bonn 1

o. Prof. Dr. Walter L. Engl

Institut für Theoretische Elektrotechnik
RW Technische Hochschule
Kopernikusstr. 16
5100 Aachen

CIP-Kurztitelaufnahme der Deutschen Bibliothek:
Meetz, Kurt:
Elektromagnetische Felder: math. u. physikal. Grundlagen; Anwendungen in Physik u. Technik / K. Meetz; W. L. Engl. – Berlin, Heidelberg, New York: Springer, 1979.
(Hochschultext)

ISBN 3-540-09597-7 Springer-Verlag Berlin Heidelberg New York
ISBN 0-387-09597-7 Springer-Verlag New York Heidelberg Berlin

Offsetdruck: fotokop wilhelm weihert KG, Darmstadt · Einband: Konrad Triltsch, Würzburg
2153/3020-543210

Vorwort

Im Jahre 1873 erschien Maxwell's TREATISE ON ELECTRICITY AND MAGNETISM, die erste umfassende Beschreibung elektromagentischer Vorgänge auf der Grundlage des von Faraday eingeführten Feldbegriffs. Seitdem bilden die Maxwellschen Gleichungen den Kern der klassischen Theorie des elektromagnetischen Feldes. Sie sind, wie sich später zeigte, verträglich mit den von Einstein formulierten Grundprinzipien der speziellen Relativitätstheorie und sollten im Bereich der klassischen Physik, in dem Quanteneffekte keine Rolle spielen, uneingeschränkt gültig sein. Eine kaum übersehbare Fülle von Anwendungen der Maxwellschen Theorie in Physik und Technik beweist diese Vermutung überzeugend. Ebenso unübersehbar ist nach hundert Jahren Maxwellscher Theorie die Zahl der Lehrbücher und Traktate, die, höchst verschieden zwar in Umfang und Auswahl des behandelten Stoffes, doch stets in der Art der Darstellung übereinstimmen. Dennoch gibt es einen Gesichtspunkt, der nach unserer Meinung eine weitere, möglichst breite Darstellung der klassischen Elektrodynamik rechtfertigt.

Die traditionellen mathematischen Hilfsmittel zur Darstellung der Maxwellschen Theorie sind Vektorrechnung und Vektoranalysis. Die Vektorrechnung ist eine auf die Beschreibung physikalischer Vorgänge im dreidimensionalen Raum zugeschnittene Mischung von algebraischen und geometrischen Konzepten, die im wesentlichen auf Gibbs zurückgeht. Ein typisches Beispiel dieser Mischung von verschiedenen Strukturen ist das Vektorprodukt. Es enthält als algebraisches Konzept ein nichtkommutatives Produkt von Vektoren. Ein solches Produkt ist um 1840 von Grassmann eingeführt worden. Es wird äußeres Produkt genannt. Aus einem Vektorraum über $\mathbb{R}$ entsteht mit dem äußeren Produkt die Grassmannalgebra oder äußere Algebra der Multivektoren, deren Elemente addiert und im Sinne des äußeren Produkte miteinander multipliziert werden können. Durch äußere Multiplikation von zwei Vektoren erhält man also einen 2-Vektor. Diesem 2-Vektor kann man einen 1-Vektor, also einen gewöhnlichen Vektor, zuordnen, wenn man von der Metrik des Euklidischen Raums Gebrauch macht. Der zugeordnete 1-Vektor hat den gleichen Betrag wie der 2-Vektor und ist zu letzterem orthogonal. Auf diese Weise gelangt man zum Vektorprodukt.

Grassmann selbst war es nicht möglich, geometrische und algebraische Strukturen völlig zu trennen, weil ihm das Konzept der Dualität fehlte, also der Begriff der Linearform über einem gegebenen Vektorraum. Die Dualität erlaubt, die metrische Bilinearform (das Skalarprodukt) durch die kanonische Bilinearform zu ersetzen. Über die äußere Algebra der mit dem Tangentenraum in einem Punkt assoziierten Multilinearformen gelangt man zu den von Cartan eingeführten äußeren Differentialformen. Differentialformen sind Objekte, die ohne Bezugnahme auf geometrische Strukturen über Kurven, Flächen etc. integriert werden können. Es ist deshalb naheliegend, die elektromagnetischen Feldgrößen als Differentialformen aufzufassen. Dabei ist es zweckmäßig, sich an die von Mie eingeführte Unterscheidung von Intensitäts- und Quantitätsgrößen zu erinnern. Differentialformen im eigentlichen Sinn sind nur die Intensitätsgrößen, also das elektrische Feld und das Feld der magnetischen Induktion. Die elektrische Verschiebungsdichte und die magnetische Feldstärke sind in dem von de Rham eingeführten Sinn Stromformen, d.h. Differentialformen, deren Koeffizienten Distributionen sind. Letztere lassen sich jedoch durch ungerade Differentialformen mit pseudoskalaren Koeffizienten darstellen.

Die Maxwellschen Gleichungen erscheinen bei dieser Betrachtung als Beziehungen zwischen Differentialformen, die keine geometrischen Strukturen mehr enthalten. Die geometrischen Eigenschaften des Raumes gehen in die Materialgleichungen des Vakuums ein, die die Intensitätsgrößen mit den Quantitätsgrößen verbinden. Die Zuordnung geschieht mit Hilfe des sogenannten $*$-Operators (Hodge-Dualität), der ungerade $(3-n)$-Formen auf gerade n-Formen abbildet und umgekehrt. Die Euklidische Metrik ordnet den Feldgrößen natürliche Längendimensionen zu, so daß die Dimensionen der Koeffizienten durch Ladung, Wirkung und Geschwindigkeit ausgedrückt werden können, deren natürliche Einheiten durch Naturkonstanten fixiert werden.

Die ersten beiden Kapitel des Buches, Geometrische Algebra und Geometrische Analysis, sind den mathematischen Grundlagen gewidmet. Sie treten an die Stelle der traditionellen Vektorrechnung und Vektoranalysis. Die Bezeichnung Geometrische Algebra knüpft an die Absicht Grassmanns an, geometrische Konzepte algebraisch darzustellen. Um dem Leser entgegenzukommen, haben wir auf die in der Mathematik übliche Schreibweise der äußeren Differentialformen verzichtet und statt dessen eine algebraische Version verwendet, die in ähnlicher Weise aus der äußeren Algebra hervorgeht wie die Vektoranalysis aus der Vektorrechnung. Insbesondere wird die äußere Ableitung von Multiformen durch äußere Multiplikation mit einem Nablaoperator gebildet, wie er aus der Vektoranalysis bekannt ist. Wir sind uns darüber klar, daß wir damit nicht anders handeln, wie jene "vulgarisateurs", von denen Bourbaki im Zusammenhang mit der Vektorrechnung spricht[+].

In den Kapiteln 3 und 5 werden die elektromagnetischen Feldgrößen als alternierende Multiformen eingeführt. An Hand von Gedankenexperimenten wird gezeigt, wie sich

---

+) Nicolas Bourbaki: ÉLÉMENTS D'HISTOIRE DES MATHÉMATIQUES, Hermann, Paris 1969, p. 85.

die physikalischen Anordnungen zur Messung der Feldgrößen in den mathematischen Eigenschaften der Multiformen widerspiegeln. Die Maxwellschen Gleichungen für die von ruhenden Ladungen und stationären Strömen erzeugten Felder sind die einfachsten Relationen, die zwischen Quellen und Feldern möglich sind, die Materialgleichungen des Vakuums sind die einfachsten Beziehungen zwischen Intensitäts- und Quantitätsgrößen auf Grund der geometrischen Eigenschaften des Raumes. Statische bzw. stationäre Felder von einfachen Anordnungen werden an Hand von Symmetriebetrachtungen bestimmt.

Weitergehende Anwendungen der in den Kapiteln 3 und 5 dargestellten Grundprinzipien für statische elektrische und stationäre magnetische Felder enthalten die Kapitel 4 und 6. Kapitel 4 ist den Potentialaufgaben in der Ebene und im Raum gewidmet, Kapitel 6 der Lösung von magnetischen Potentialaufgaben für das Vektorpotential bzw. das skalare magnetische Potential. Am Beispiel der Stromdichte wird im Kapitel 6 der Zusammenhang zwischen einer ungeraden 2-Form und einem 1-Strom im Sinne von de Rham erläutert. Gewöhnliche Distributionen, wie sie im Zusammenhang mit Potentialen von singulären Ladungsverteilungen im Kapitel 4 auftreten, sind 0-Ströme.

Während wir in den Kapiteln 3 und 5 versucht haben, die Feldgleichungen für statische elektrische und stationäre magnetische Felder durch Gedankenexperimente zu begründen, gehen wir nach dem Vorbild von Sommerfeld im Kapitel 7 von den allgemeinen Maxwellschen Gleichungen aus und diskutieren die Energie in statischen und quasistatischen bzw. stationären und quasistationären Feldern. Auf die Lösung der Maxwellschen Gleichungen im quellfreien Raum durch Überlagerung von ebenen Wellen folgt die Lösung der Maxwellschen Gleichungen mit Quellen mit Hilfe der retardierten elektromagnetischen Potentiale. Das elektromagnetische Feld eines schwingenden Dipols wird nach dieser Methode bestimmt. An Hand der exakten Lösungen wird ein systematisches Näherungsverfahren entwickelt, das zu einer Präzisierung der früher eingeführten Begriffe quasistatisch und quasistationär führt.

Elektrische und magnetische Materialeigenschaften sind Gegenstand von Kapitel 8. Wegen ihrer besonderen Bedeutung wird zunächst die Materialgleichung für metallische Leiter mit konstanter Leitfähigkeit behandelt. Es folgt eine Diskussion der Frequenzabhängigkeit der Dielektrizitätskonstanten auf der Grundlage des klassischen Oszillatormodells. Die aus allgemeinen Annahmen folgenden analytischen Eigenschaften der Dielektrizitätskonstanten führen nach dem Vorbild von Kramers und Kronig zu Dispersionsrelationen zwischen Real- und Imaginärteil. Nimmt man die Passivitätsbedingung hinzu, so folgen weitere Einschränkungen. Die elektrischen und magnetischen Feldkräfte werden aus den Maxwellschen Gleichungen für langsam bewegte Medien und der Forderung nach Invarianz des Vakuums abgeleitet.

Die nächsten beiden Kapitel enthalten Anwendungen der Maxwellschen Theorie. Kapitel 9 beschäftigt sich mit der Ausbreitung elektromagnetischer Wellen unter den verschiedensten Bedingungen, während in Kapitel 10 die Theorie der Gleichstrom- und Wechselstrom-Netzwerke aus der Feldtheorie entwickelt und mit Hilfe von Methoden der algebraischen Topologie behandelt wird.

Das Kapitel 11 ist den Grundlagen der speziellen Relativitätstheorie gewidmet. Erweitert man die mathematischen Konzepte der ersten beiden Kapitel auf die vierdimensionale Raum-Zeit, so läßt sich aus dem Einsteinschen Relativitätsprinzip auf die pseudo-euklidische Metrik des Minkowskiraums schließen, deren Invarianztransformationen die Lorentztransformationen sind. Die Lorentz-invariante Mechanik liefert die relativistische Bewegungsgleichung für eine Punktladung im äußeren Feld. Durch Abstrahlung und Selbstwechselwirkung bedingte Korrekturen der Bewegungsgleichung werden in Kapitel 12 behandelt. Außerdem werden die Compton-Streuung und die Bremsstrahlung auf der Grundlage der klassischen Theorie diskutiert und mit den Ergebnissen der Quantenelektrodynamik verglichen.

Das Buch wendet sich in gleicher Weise an Physiker und Elektrotechniker. Der mehr an den physikalischen Grundlagen interessierte Leser kann sich auf die Kapitel 1, 2, 3, 5, 7 und 11 konzentrieren und sie durch eine Auswahl von Anwendungen ergänzen, während der mehr technisch orientierte Leser auf die letzten beiden Kapitel verzichten und den mathematischen Aufwand reduzieren wird. Wir sind uns bewußt, daß die ungewohnte Formulierung für den Leser eine Schwelle bedeutet, die auch den Autoren nicht fremd geblieben ist. Gerade aus diesem Grunde haben wir Wert auf eine Darstellung gelegt, die möglichst viele Anwendungen miteinbezieht.

Ein Wort noch zu den Aufgaben. Sie sollen den Leser zu weiterer, aktiver Beschäftigung mit dem Stoff anregen. Wir haben deshalb darauf verzichtet, vollständige Lösungen anzugeben und uns auf mehr oder weniger ausführliche Hinweise beschränkt.

Unser besonderer Dank gilt Frau Edith Sachsenröder, Sekretärin am Physikalischen Institut der Universität Bonn, die in jahrelanger Arbeit mit nie versiegender Geduld die zahlreichen Entwürfe und die endgültige Fassung des Manuskripts geschrieben hat.

Bonn und Aachen im November 1979 K. Meetz W. L. Engl

Inhaltsverzeichnis

1. Geometrische Algebra

1.1. Vektoren

1.1.1 Der Vektorraum V^3

Die Elemente des dreidimensionalen Raumes E^3 unserer Anschauung sind Punkte im Sinne der Geometrie. Geordnete Paare von Punkten (P,Q) $(P,Q \in E^3)$ werden geometrisch durch Pfeile dargestellt, also durch orientierte Strecken, die vom Angriffspunkt P zum Zielpunkt Q zeigen. Zwei Pfeile sind paralleläquivalent, wenn sie gleichsinnig parallel sind und die gleiche Länge haben. Die Menge aller zu einem gegebenen Pfeil (P,Q) paralleläquivalenten Pfeile bildet den Vektor $\vec{PQ}$.

Sei V^3 die Menge aller Vektoren. Die Elemente aus V^3 werden mit kleinen lateinischen Buchstaben bezeichnet, die einen Pfeil tragen, z.B. $\vec{x} \in V^3$. Um die Summe $\vec{x} + \vec{y}$ für zwei beliebige Vektoren zu erklären, wählen wir aus der Klasse $\vec{x}$ einen beliebigen Pfeil (P,Q), aus der Klasse $\vec{y}$ den Pfeil (Q,R) mit dem Angriffspunkt Q und definieren

$$\vec{x} + \vec{y} := \vec{PQ} + \vec{QR} = \vec{PR} .$$

Die Addition von Vektoren ist kommutativ. Neutrales Element ist der Nullvektor $\vec{0}$, also die Klasse der Pfeile, bei denen Angriffspunkt und Zielpunkt zusammenfallen. Neben der Addition kann die Multiplikation von Vektoren mit reellen Zahlen eingeführt werden. Die Pfeile der Klasse $a\vec{x}$ $(a \in \mathbb{R})$ sind für $a > 0$ gleichsinnig parallel und für $a < 0$ gegensinnig parallel zu den Pfeilen der Klasse $\vec{x}$. Die Länge von $\vec{x}$ wird mit $|a|$ multipliziert. Ist $a = 0$, so soll $0\vec{x} = \vec{0}$ sein. Die Addition von Vektoren und die Multiplikation von Vektoren mit reellen Zahlen definieren auf V^3 die Struktur eines dreidimensionalen Vektorraums über $\mathbb{R}$, wie man leicht an Hand der bekannten Axiome nachprüft.

Jeder Vektor $\vec{x} \in V^3$ läßt sich bezüglich einer Basis $B = \{\vec{e}_1, \vec{e}_2, \vec{e}_3\} \subset V^3$ auf genau eine Weise als Linearkombination der Basiselemente darstellen,

$$\vec{x} = \sum_{i=1}^{3} \vec{e}_i x^i =: \vec{e}_i x^i, \qquad \forall \vec{x} \in V^3, \quad x^i \in \mathbb{R}, \quad i = 1,2,3 . \tag{1.1-1}$$

Die reellen Zahlen x^i heißen Koordinaten von $\vec{x}$ bezüglich der Basis B. Wir vereinbaren, daß die Basisvektoren $\vec{e}_i$ tief gestellte Indizes, die Koordinaten x^i dagegen hochgestellte Indizes tragen. Ferner verwenden wir in Zukunft die Einsteinsche Summationskonvention, nach der über jedes Paar gleicher Indizes in oberer und unterer Position zu summieren ist, so daß das Summenzeichen fortgelassen werden kann (s. 1.1-1). Bei der Darstellung von Vektoren bezüglich einer Basis ordnen wir die Koordinaten auf der rechten Seite der Basiselemente an.

Den Koordinaten x^i kann man lineare Abbildungen $\bar{e}^i: V^3 \to \mathbb{R}$ zuordnen,

$$\bar{e}^i: V^3 \to \mathbb{R}, \quad \vec{x} \mapsto \bar{e}^i(\vec{x}) := x^i, \qquad i = 1,2,3 . \tag{1.1-2}$$

Die Abbildungen $\bar{e}^i: V^3 \to \mathbb{R}$ sind Elemente des Dualraums V^{3*} von V^3, also des ebenfalls dreidimensionalen Vektorraums der Linearformen über V^3. Statt $\bar{e}^i(\vec{x})$ schreiben wir in Zukunft

$$\bar{e}^i(\vec{x}) =: \langle \bar{e}^i, \vec{x} \rangle = x^i, \qquad \forall \vec{x} \in V^3 , \qquad i = 1,2,3 . \tag{1.1-3}$$

Im besonderen gilt dann

$$\langle \bar{e}^i, \vec{e}_j \rangle = \delta^i_j , \quad i,j = 1,2,3 , \tag{1.1-4}$$

wo δ^i_j das Kroneckersymbol ist,

$$\delta^i_j = \begin{cases} 1 , & i = j \\ 0 , & i \neq j \end{cases} .$$

Die Beziehungen (1.1-4) definieren die zu $B = \{\vec{e}_1, \vec{e}_2, \vec{e}_3\} \subset V^3$ duale Basis $B^* = \{\bar{e}^1, \bar{e}^2, \bar{e}^3\} \subset V^{3*}$. Wir vereinbaren, daß die Elemente des Dualraums V^{3*}, auch Formen oder Kovektoren genannt, einen Querstrich statt des Pfeils tragen, z.B. $\bar{x} \in V^{3*}$. Die Indizes der Basiselemente werden hochgestellt, die der Koordinaten bezüglich einer Basis tiefgestellt. Bei einer Basiszerlegung ordnen wir die Koordinaten links von den Basiselementen an,

$$\bar{x} = \sum_{i=1}^{3} x_i \bar{e}^i = x_i \bar{e}^i , \quad \forall \bar{x} \in V^{3*}, \quad x_i \in \mathbb{R}, \quad i = 1,2,3. \tag{1.1-5}$$

Im übrigen verwenden wir auch hier die Einsteinsche Summationskonvention. Das zunächst nur für die dualen Basiselemente erklärte Symbol $\langle \bar{e}^i, \vec{x} \rangle$ (s. 1.1-3) wird durch lineare Fortsetzung für alle Kovektoren erklärt,

$$\langle \bar{x}, \vec{x} \rangle := x_i \langle \bar{e}^i, \vec{x} \rangle = x_i x^i , \quad \forall \bar{x} \in V^{3*}, \quad \forall \vec{x} \in V^3. \tag{1.1-6}$$

Die Abbildung $\langle , \rangle : V^3 \times V^{3*} \to \mathbb{R}$ ist bilinear und heißt kanonische Bilinearform. Man bezeichnet die reelle Zahl $\langle \bar{x}, \vec{x} \rangle$ auch als inneres Produkt oder Skalarprodukt des Kovektors $\bar{x}$ und des Vektors $\vec{x}$.

Die Länge eines Vektors ist gleich der Länge der Pfeile, die ihn darstellen. Der Winkel $\sphericalangle(\vec{x},\vec{y})$ zwischen zwei Vektoren $\vec{x}$ und $\vec{y}$ ist gleich dem Winkel, den zwei Pfeile aus den Klassen $\vec{x}$ und $\vec{y}$ mit gemeinsamem Angriffspunkt bilden. Das Paar $(\vec{x},\vec{y})$ kann als geordnet oder ungeordnet angesehen werden. Längen- und Winkelmessung auf V^3 lassen sich aus einem Skalarprodukt ableiten. Darunter versteht man eine bilineare Abbildung $g : V^3 \times V^3 \to \mathbb{R}$, die symmetrisch und positiv definit ist,

$$g(\vec{x},\vec{y}) = g(\vec{y},\vec{x}), \quad \forall\, \vec{x},\vec{y} \in V^3 \tag{1.1-7}$$

$$g(\vec{x},\vec{x}) > 0, \quad \forall\, \vec{x} \in V^3 - \{\vec{0}\} \tag{1.1-8}$$

$$g(\vec{0},\vec{0}) = 0 \,. \tag{1.1-9}$$

Statt $g(\vec{x},\vec{y})$ schreibt man auch

$$g(\vec{x},\vec{y}) = \langle \vec{x} | \vec{y} \rangle = \vec{x} \cdot \vec{y} \,. \tag{1.1-10}$$

Die reelle Zahl (1.1-10) heißt Skalarprodukt oder inneres Produkt der Vektoren $\vec{x}$ und $\vec{y}$.

Aus der Bilinearität folgt:

$$\vec{x} = \vec{e}_i x^i, \quad \vec{y} = \vec{e}_j y^j \quad \Rightarrow \quad g(\vec{x},\vec{y}) = g(\vec{e}_i,\vec{e}_j) x^i y^j \,. \tag{1.1-11}$$

Die Matrix G der Bilinearform $g : V^3 \times V^3 \to \mathbb{R}$ hat bezüglich der gegebenen Basis die Elemente

$$g_{ij} = g(\vec{e}_i,\vec{e}_j), \quad i,j = 1,2,3. \tag{1.1-12}$$

Sie ist wegen (1.1-7) symmetrisch und wegen (1.1-8) nicht singulär, d.h. sie besitzt eine Inverse G^{-1}.

Wir setzen die Länge eines Vektors $\vec{x}$ gleich seiner Euklidischen Norm $\|\vec{x}\|$,

$$\|\vec{x}\| := \sqrt{g(\vec{x},\vec{x})}\,, \quad \forall\, \vec{x} \in V^3 \,. \tag{1.1.13}$$

Um die Dreiecksungleichung

$$\|\vec{x} + \vec{y}\| \leq \|\vec{x}\| + \|\vec{y}\| \tag{1.1-14}$$

zu beweisen, benötigt man die Schwarzsche Ungleichung

$$[g(\vec{x},\vec{y})]^2 \leq g(\vec{x},\vec{x})g(\vec{y},\vec{y}) \ , \quad \forall\, \vec{x},\vec{y} \in V^3 \ . \tag{1.1-15}$$

Sie folgt aus den Eigenschaften (1.1-7) bis (1.1-9) und der Bilinearität von g.

Während die Diagonalelemente der Matrix G durch die Länge der Basisvektoren festgelegt werden (s. 1.1-11),

$$g_{ii} = g(\vec{e}_i,\vec{e}_i) = \|\vec{e}_i\|^2 \ , \qquad i = 1,2,3 \ , \tag{1.1-16}$$

können die Nichtdiagonalelemente wegen der Schwarzschen Ungleichung (1.1-15) in der Form

$$g_{ij} = g(\vec{e}_i,\vec{e}_j) = \cos \sphericalangle (\vec{e}_i,\vec{e}_j) \|\vec{e}_i\| \, \|\vec{e}_j\| \tag{1.1-17}$$

geschrieben werden, so daß die Matrix G durch die Längen der Basisvektoren und die von ihnen eingeschlossenen Winkel völlig bestimmt wird. Ebenso wie (1.1-17) erhält man allgemeiner

$$\langle \vec{x} | \vec{y} \rangle = g(\vec{x},\vec{y}) = \cos \sphericalangle (\vec{x},\vec{y}) \|\vec{x}\| \, \|\vec{y}\| \ . \tag{1.1-18}$$

Für $\vec{x},\vec{y} \in V^3 - \{\vec{0}\}$ folgt daraus, daß $\vec{x}$ und $\vec{y}$ genau dann zueinander orthogonal sind, wenn das Skalarprodukt verschwindet. Sind die Basisvektoren paarweise orthogonal, so spricht man von einer orthogonalen Basis. Gilt darüber hinaus

$$\langle \vec{e}_i | \vec{e}_j \rangle = g(\vec{e}_i,\vec{e}_j) = \delta_{ij}, \quad i,j = 1,2,3 \ , \tag{1.1-19}$$

nennt man die Basis orthonormal.

Mit dem Skalarprodukt läßt sich ein kanonischer Isomorphismus $\iota : V^3 \to V^{3*}$ definieren,

$$\iota : V^3 \to V^{3*}, \ \vec{x} \mapsto \iota(\vec{x}), \ \langle \iota(\vec{x}), \vec{y} \rangle := \langle \vec{x} | \vec{y} \rangle, \quad \forall\, \vec{x},\vec{y} \in V^3. \tag{1.1-20}$$

Die Abbildung ι ist kanonisch, weil sie ohne Bezug auf eine Basis definiert werden kann. Mit Hilfe der Abbildung $\iota : V^3 \to V^{3*}$ können die Vektorräume V^3 und V^{3*} identifiziert werden. Andererseits kann das Skalarprodukt mit der inversen Abbildung $\iota^{-1} : V^{3*} \to V^3$ auf den Dualraum V^{3*} übertragen werden,

$$\langle \bar{x} | \bar{y} \rangle := \langle \bar{x}, \iota^{-1}(\bar{y}) \rangle, \quad \forall\, \bar{x},\bar{y} \in V^{3*}. \tag{1.1-21}$$

Der Zusammenhang zwischen den Basen B^* und B ergibt sich aus den Orthonormalitätsrelationen (1.1-4)

$$\bar{e}^i = \iota(\vec{e}_j g^{ji}) \quad \Leftrightarrow \quad \vec{e}_i = \iota^{-1}(g_{ij}\bar{e}^j) \, . \qquad (1.1\text{-}22)$$

Hier sind g^{ij} $(i,j = 1,2,3)$ die Elemente der zu G inversen Matrix G^{-1},

$$g_{jk}g^{ki} = \delta^i_j \, . \qquad (1.1\text{-}23)$$

G^{-1} ist wie G symmetrisch. Aus (1.1-21) folgt mit (1.1-22)

$$\langle \bar{e}^i | \bar{e}^j \rangle = g^{ij} \, , \quad i,j = 1,2,3 \, . \qquad (1.1\text{-}24)$$

Ferner ergibt sich mit (1.1-22), daß der Kovektor $\iota(\vec{x})$,

$$\iota(\vec{x}) = \iota(\vec{e}_j x^j) = \iota(\vec{e}_j)x^j = g_{ji}x^j\bar{e}^i \, ,$$

bezüglich der Basis B^* die Koordinaten

$$x_i = g_{ij}x^j \, , \quad i = 1,2,3 \qquad (1.1\text{-}25)$$

hat, wenn x^i $(i = 1,2,3)$ die Koordinaten von $\vec{x}$ bezüglich B sind. Umgekehrt hat der Vektor $\iota^{-1}(\bar{x})$ bezüglich B die Koordinaten

$$x^i = x_j g^{ji} \, , \quad i = 1,2,3 \, , \qquad (1.1\text{-}26)$$

wenn x_i $(i = 1,2,3)$ die Koordinaten von $\bar{x}$ bezüglich B^* sind. Die Koordinaten (1.1-25) nennt man auch die kovarianten Koordinaten von $\vec{x}$ im Gegensatz zu den kontravarianten Koordinaten x^i. Diese Bezeichnung bezieht sich auf das Verhalten gegenüber linearen Abbildungen (s. Abschnitt 1.1.2). Für eine orthonormale Basis B (s. 1.1-9) gilt

$$x_i = x^i \, , \quad i = 1,2,3 \, . \qquad (1.1\text{-}27)$$

Der Kovektor $\iota(\vec{x})$ hat in diesem Fall bezüglich der dualen Basis B^* dieselben Koordinaten wie der Vektor $\vec{x}$ bezüglich der Basis B.

1.1.2. Ortsvektoren und Koordinatensysteme

Um den Ort physikalischer Objekte im Raum E^3 unserer Anschauung zu beschreiben, ordnen wir jedem Punkt $P \in E^3$ entweder genau einen Vektor $\vec{x}(P) \in V^3$ als Ortsvektor oder genau ein geordnetes Tripel $(x^1(P), x^2(P), x^3(P)) \in \mathbb{R}^3$ als Koordinaten zu. Wir wählen zunächst einen beliebigen Punkt $O \in E^3$ und definieren die Ortsvektoren bezüglich O durch die Abbildung

$$\sigma_O : E^3 \to V^3 , \quad P \mapsto \sigma_O(P) := \vec{x}(P) := \vec{OP} . \tag{1.1-28}$$

Die Abbildung (1.1-28) ist für einen festen Bezugspunkt $O \in E^3$ bijektiv,

$$\sigma_O^{-1} : V^3 \to E^3 , \quad \vec{OP} \mapsto \sigma_O^{-1}(\vec{OP}) = P , \tag{1.1-29}$$

jedoch, da sie von der Wahl des Bezugspunktes O abhängt, nicht kanonisch.

Sei nun $B = \{\vec{e}_1, \vec{e}_2, \vec{e}_3\} \subset V^3$ eine Basis und $i_B : V^3 \to \mathbb{R}^3$ der Isomorphismus

$$i_B : V^3 \to \mathbb{R}^3 , \quad \vec{x} = \vec{e}_i x^i \mapsto i_B(\vec{x}) := (x^1, x^2, x^3) . \tag{1.1-30}$$

Für jedes geordnete Paar $K = (O,B)$ erhalten wir durch Komposition (Zeichen „$\circ$") der Abbildungen σ_O und i_B eine bijektive Abbildung σ_K,

$$\sigma_K := i_B \circ \sigma_O : E^3 \to \mathbb{R}^3 , \quad P \mapsto \sigma_K(P) = i_B(\vec{x}(P)) = (x^1(P), x^2(P), x^3(P)). \tag{1.1-31}$$

Die Abbildung (1.1-31) wird Koordinatenabbildung genannt. Die reellen Zahlen $x^i(P)$ $(i = 1,2,3)$ sind die Koordinaten des Punktes P bezüglich des Koordinatensystems $K = (O,B)$. Der Punkt O heißt Ursprung des Koordinatensystems, weil die Koordinaten von O verschwinden: $x^i(O) = 0$ $(i = 1,2,3)$.

Ist $K' = (O'B')$ ein anderes Koordinatensystem, so wird demselben Punkt $P \in E^3$ bezüglich K der Ortsvektor $\vec{x}(P) = \vec{OP}$ und bezüglich K' der Ortsvektor $\vec{x}'(P) = \vec{O'P}$ zugeordnet. Zwischen beiden besteht die Beziehung

$$\vec{OP} = \vec{OO'} + \vec{O'P} \quad \Leftrightarrow \quad \vec{x}(P) = \vec{x}(O') + \vec{x}'(P) , \tag{1.1-32}$$

wo

$$\vec{x}(O') = \vec{OO'} = -\vec{O'O} = -\vec{x}'(O) .$$

Um die Beziehung zwischen den Koordinaten $x^i(P)$ und $x'^i(P)$ zu bestimmen, beachten wir, daß es eine bijektive lineare Abbildung $A : V^3 \to V^3$ geben muß, so daß

$$\vec{e}_i' = A\vec{e}_i = \vec{e}_j A^j_i , \quad i = 1,2,3 . \tag{1.1-33}$$

Die Koeffizienten A^j_i sind die Matrixelemente der Abbildung A bezüglich der Basis B,

$$A^j_i = \langle \bar{e}^j, A\vec{e}_i \rangle , \quad i,j = 1,2,3. \tag{1.1-34}$$

Die zugeordnete transponierte Abbildung ${}^tA: V^{3*} \to V^{3*}$ wird über die kanonische Bilinearform definiert,

$$\langle \bar{x}, A\vec{x} \rangle =: \langle {}^tA\bar{x}, \vec{x} \rangle, \qquad \forall \bar{x} \in V^{3*}, \ \forall \vec{x} \in V^3 . \tag{1.1-35}$$

Mit (1.1-35) folgt aus (1.1-34)

$$A^j_i = \langle \bar{e}^j, A\vec{e}_i \rangle = \langle {}^tA\bar{e}^j, \vec{e}_i \rangle , \tag{1.1-36}$$

so daß

$${}^tA\bar{e}^j = A^j_i \bar{e}^i , \qquad j = 1,2,3 . \tag{1.1-37}$$

Die Abbildungen A und ${}^tA$ haben bezüglich der Basen B und B^* die gleichen Matrixelemente. Man beachte jedoch, daß in den Summen von (1.1-33) und (1.1-37) Zeilen und Spalten vertauscht sind, so daß man zu der im üblichen Sinn transponierten Matrix übergeht.

Die Elemente der zu $B' = \{\vec{e}'_1, \vec{e}'_2, \vec{e}'_3\} \subset V^3$ dualen Basis $B'^* = \{\bar{e}'^1, \bar{e}'^2, \bar{e}'^3\} \subset V^{3*}$ erhalten wir, wenn wir die Beziehung

$$\langle \bar{x}, \vec{x} \rangle = \langle \bar{x}, A^{-1}A\vec{x} \rangle = \langle {}^tA^{-1}\bar{x}, A\vec{x} \rangle, \qquad \forall \vec{x} \in V^3, \quad \forall \bar{x} \in V^{3*} \tag{1.1-38}$$

auf die Basiselemente anwenden,

$$\langle \bar{e}^j, \vec{e}_i \rangle = \langle {}^tA^{-1}\bar{e}^j, A\vec{e}_i \rangle = \langle {}^tA^{-1}\bar{e}^j, \vec{e}'_i \rangle = \delta^j_i . \tag{1.1-39}$$

Die Basis B'^* wird von den Elementen

$$\bar{e}'^i = {}^tA^{-1}\bar{e}^i = (A^{-1})^i_j \bar{e}^j \tag{1.1-40}$$

(s. 1.1-37) gebildet. Bei einem Basiswechsel $B \mapsto B'$ transformieren sich die Koordinaten eines Vektors wie die dualen Basen,

$$x'^i = \langle \bar{e}'^i, \vec{x} \rangle = (A^{-1})^i_j x^j , \qquad i = 1,2,3 , \tag{1.1-41}$$

die Koordinaten eines Kovektors dagegen wie die Basen,

$$x'_i = \langle \bar{x}, \vec{e}'_i \rangle = x_j A^j_i , \qquad i = 1,2,3 . \tag{1.1-42}$$

Man sagt, daß sich die Koordinaten eines Kovektors kovariant, die Koordinaten eines Vektors kontravariant zur Basis transformieren. Das Transformationsgesetz für die Elemente der Matrix G (s. 1.1-12) ist eine Verallgemeinerung von (1.1-42) auf Bilinearformen,

$$g'_{ij} = g(\vec{e}'_i, \vec{e}'_j) = g_{mn} A^m_i A^n_j \,. \tag{1.1-43}$$

Ebenso folgt aus (1.1-24) und (1.1-41):

$$g'^{ij} = \langle \bar{e}'^i | \bar{e}'^j \rangle = (A^{-1})^i_m (A^{-1})^j_n g^{mn} \,. \tag{1.1-44}$$

Die kovarianten Koordinaten eines Vektors (s. 1.1-25) transformieren sich also tatsächlich kovariant zu den Basiselementen,

$$x'_i = g'_{ij} x'^j = g_{jk} x^j A^k_i \,, \qquad l = 1,2,3 \,. \tag{1.1-45}$$

Um das Transformationsgesetz für die Koordinaten eines Punktes $P \in E^3$ bei einem Wechsel des Koordinatensystems zu bestimmen, setzen wir die basisabhängigen Darstellungen

$$\vec{x}(P) = \vec{e}_i x^i(P) \,, \quad \vec{x}(O') = \vec{e}_i x^i(O') \,, \quad \vec{x}'(P) = \vec{e}'_i x'^i(P)$$

in (1.1-32) ein und erhalten mit (1.1-33)

$$K = (O,B) \mapsto K' = (O',B') : x^i(P) = x^i(O') + A^i_j x'^j(P) \,, \qquad i = 1,2,3 \,. \tag{1.1-46}$$

In der gleichen Weise folgt mit

$$\vec{x}(O') = -\vec{x}'(O) = -\vec{e}'_i x'^i(O)$$

die inverse Transformation:

$$K' = (O',B') \mapsto K = (O,B) : x'^i(P) = x'^i(O) + (A^{-1})^i_j x^j(P) \,, \qquad i = 1,2,3 \,. \tag{1.1-47}$$

Die Transformationen (1.1-46) und (1.1-47) heißen affine Koordinatentransformationen. Sie sind bijektive Abbildungen $\mathbb{R}^3 \to \mathbb{R}^3$.

Zu affinen Abbildungen $E^3 \to E^3$ gelangt man, wenn man jedem Punkt $P \in E^3$ denjenigen Punkt P' als Bildpunkt zuordnet, der in bezug auf das Koordinatensystem K' die gleichen Koordinaten hat wie der Punkt P in bezug auf K,

$$x^i(P) = x'^i(P') \,, \; i = 1,2,3 \quad \Leftrightarrow \quad A\,\vec{x}(P) = \vec{x}'(P') \,. \tag{1.1-48}$$

Wir ersetzen in (1.1-46) P durch P' und erhalten mit (1.1-48)

$$x^i(P') = x^i(O') + A^i_j x^j(P) \,, \; i = 1,2,3 \quad \Leftrightarrow \quad \vec{x}(P') = \vec{x}(O') + A\,\vec{x}(P) \,. \tag{1.1-49}$$

Ebenso folgt die inverse Abbildung aus (1.1-47):

$$x^i(P) = (A^{-1})^i_j\,[x^j(P') - x^j(O')],\ i = 1,2,3 \quad \Leftrightarrow \quad \vec{x}(P) = A^{-1}[\vec{x}(P') - \vec{x}(O')]. \tag{1.1-50}$$

Man beachte, daß nunmehr alle Koordinaten auf ein und dasselbe System $K = (O,B)$ bezogen sind.

1.1.3. Physikalisch äquivalente Koordinatensysteme

In der Physik wird ein Koordinatensystem durch einen Beobachter festgelegt, der an einen bestimmten Punkt $O \in E^3$ ein Dreibein von Maßstäben anheftet, die nicht in einer Ebene liegen. Die Maßstäbe können durch Pfeile mit dem Angriffspunkt O dargestellt werden. Die zugeordneten Pfeilklassen bilden eine Basis B von V^3. Wir können diese Anordnung als einfachstes Beispiel einer Meßapparatur ansehen, deren konstruktive Parameter die Längen der Maßstäbe und die von ihnen eingeschlossenen Winkel sind. Die konstruktiven Parameter bestimmen also die Matrixelemente $g_{ij} = g(\vec{e}_i,\vec{e}_j)$. Sind die Maßstäbe paarweise aufeinander orthogonal und auf eins normiert ($g_{ij} = \delta_{ij}$), so sprechen wir von einem kartesischen Koordinatensystem $K = (O,B)$.

Wir bezeichnen zwei Koordinatensysteme $K = (O,B)$ und $K' = (O',B')$ als physikalisch äquivalent, wenn sie in den konstruktiven Parametern übereinstimmen. Da der Ursprung nicht zu den konstruktiven Parametern zählt, sind die Systeme physikalisch äquivalent, falls

$$g_{ij} = g(\vec{e}_i,\vec{e}_j) = g(\vec{e}\,'_i,\vec{e}\,'_j) = g'_{ij}\ , \quad i,j = 1,2,3\ . \tag{1.1-51}$$

Sei nun $R: V^3 \to V^3$ die lineare Abbildung, die die Elemente von B auf die Elemente von B' abbildet (s. 1.1-33),

$$\vec{e}\,'_i = R\vec{e}_i = \vec{e}_j R^j_i\ , \qquad i = 1,2,3\ . \tag{1.1-52}$$

Dann folgt aus (1.1-51)

$$g(\vec{e}_i,\vec{e}_j) = g(R\vec{e}_i,R\vec{e}_j), \qquad i,j = 1,2,3. \tag{1.1-53}$$

Diese Beziehungen sind äquivalent mit der Forderung

$$g(R\vec{x},R\vec{y}) = \langle R\vec{x}|R\vec{y}\rangle = \langle\vec{x}|\vec{y}\rangle = g(\vec{x},\vec{y}), \qquad \forall \vec{x},\vec{y} \in V^3\ . \tag{1.1-54}$$

Abbildungen mit der Eigenschaft (1.1-54) heißen orthogonal. Wir bezeichnen sie mit dem Buchstaben R. Die zu $R: V^3 \to V^3$ bezüglich des Skalarprodukts $\langle\,|\,\rangle$ adjungierte

Abbildung $R^\dagger: V^3 \to V^3$ wird definiert durch:

$$\langle \vec{x} | R \vec{y} \rangle =: \langle R^\dagger \vec{x} | \vec{y} \rangle , \quad \forall \vec{x}, \vec{y} \in V^3 , \tag{1.1-55}$$

so daß wir statt (1.1-54) auch

$$R^\dagger R = R R^\dagger = i_{V^3} \quad \Leftrightarrow \quad R^\dagger = R^{-1} \tag{1.1-56}$$

schreiben können, wo $i_{V^3}: V^3 \to V^3$ die identische Abbildung ist.

Für die Matrixelemente von R bezüglich der Basis B folgen aus (1.1-51) und (1.1-52) die Bedingungen

$$g_{ij} = g_{mn} R^m_i R^n_j \tag{1.1-57}$$

(s. auch 1.1-43). Sie sind besonders einfach, wenn B eine orthonormale Basis ist:

$$\delta_{ij} = \delta_{mn} R^m_i R^n_j . \tag{1.1-58}$$

Matrizen mit der Eigenschaft (1.1-58) heißen orthogonal. Aus (1.1-58) folgt, daß die reziproke Matrix einer orthogonalen Matrix gleich der transponierten Matrix ist. Unabhängig von der Basis erhalten wir aus (1.1-57)

$$[\mathrm{Det}(R)]^2 = 1 \quad \Rightarrow \quad \mathrm{Det}(R) = \pm 1 . \tag{1.1-59}$$

Det(R) ist die Determinante der Abbildung R. Sie ist gleich der Determinante der Matrix von R bezüglich einer beliebigen Basis.

Die orthogonalen Abbildungen $R: V^3 \to V^3$ bilden eine Gruppe mit dem Kompositionsgesetz für Abbildungen als Gruppenmultiplikation. Sie wird mit $O(V^3)$ bezeichnet. Die Abbildungen mit der Eigenschaft Det(R) = 1 bilden die Untergruppe $SO(V^3)$ (andere Bezeichnung: $O^+(V^3)$). Letztere hängen stetig mit der identischen Abbildung zusammen, während die Abbildungen mit der Eigenschaft Det(R) = - 1 stetig aus der Raumspiegelung

$$I: V^3 \to V^3, \quad \vec{x} \mapsto I\vec{x} = -\vec{x} \tag{1.1-60}$$

hervorgehen. Die Abbildungen aus $SO(V^3)$ können bekanntlich in drei aufeinander folgende Drehungen faktorisiert werden (Eulersche Winkel), durch die das von der Basis B aufgespannte Dreibein in das Dreibein der Basis B' überführt wird.

Das Transformationsgesetz der Koordinaten eines Punktes $P \in E^3$ bei einem Wechsel zwischen physikalisch äquivalenten Koordinatensystemen lautet nach (1.1-46) und (1.1-52)

$$K = (O,B) \mapsto K' = (O',B'): \quad x^i(P) = x^i(O') + R^i_j x'^j(P), \qquad i = 1,2,3. \tag{1.1-61}$$

Die besondere Eigenschaft dieser Transformationen wird deutlich, wenn wir den Euklidischen Abstand $d(P,Q)$ zweier Punkte $P,Q \in E^3$,

$$d(P,Q) := \|\vec{PQ}\|, \tag{1.1-62}$$

als Funktion der Koordinaten bezüglich K und K' ausdrücken. Mit

$$\vec{PQ} = \vec{x}(Q) - \vec{x}(P) = \vec{x}'(Q) - \vec{x}'(P)$$

erhalten wir

$$\begin{aligned} d(P,Q) &= \left\{ g_{ij}[x^i(P) - x^i(Q)][x^j(P) - x^j(Q)] \right\}^{1/2} = \\ &= \left\{ g'_{ij}[x'^i(P) - x'^i(Q)][x'^j(P) - x'^j(Q)] \right\}^{1/2} . \end{aligned} \tag{1.1-63}$$

Nun ist aber (s. 1.1-51)

$$g'_{ij} = g_{ij}, \qquad i,j = 1,2,3.$$

Der Abstand zwischen zwei Punkten wird also für alle physikalisch äquivalenten Koordinatensysteme durch dieselbe Funktion der Koordinaten dargestellt. Man nennt deshalb die Transformationen (1.1-61) auch Euklidische Koordinatentransformationen.

Betrachten wir nun die zugeordneten Punktabbildungen $E^3 \to E^3$ (s. 1.1-49)

$$P \mapsto P', \qquad \vec{x}(P') = \vec{x}(O') + R\vec{x}(P) . \tag{1.1-64}$$

In diesem Fall erhalten wir mit (1.1-54) und (1.1-13)

$$d(P,Q) = \|\vec{x}(P) - \vec{x}(Q)\| = \|\vec{x}(P') - x(Q')\| = d(P',Q') . \tag{1.1-65}$$

Der Abstand zweier Punkte ist eine Invariante der Abbildungen (1.1-64), die man aus diesem Grunde Euklidische Bewegungen nennt. Nach Wahl eines Koordinatensystems $K = (O,B)$ kann jeder Punkt $P \in E^3$ mit seinem Ortsvektor $\vec{x}(P)$ bezüglich O identifiziert werden. Die Bewegungen (1.1-64) sind dann als Abbildungen $V^3 \to V^3$ aufzufassen,

$$\vec{x} \mapsto \vec{x}' = R\vec{x} + \vec{a} \,, \tag{1.1-66}$$

wo

$$\vec{x} = \vec{x}(P), \; \vec{x}' = \vec{x}(P'), \; \vec{a} = \vec{x}(O') \,. \tag{1.1-67}$$

Die Bewegungen bilden eine Gruppe, die Euklidische Gruppe $E(3)$. Ihre Elemente können mit den geordneten Paaren $(\vec{a},R)$ identifiziert werden. Das Multiplikationsgesetz für die Gruppenelemente erhält man durch Komposition von zwei Abbildungen (1.1-66):

$$(\vec{a}_2,R_2)(\vec{a}_1,R_1) = (\vec{a}_2 + R_2\vec{a}_1, R_2R_1) \,. \tag{1.1-68}$$

Jedes Element $(\vec{a},R) \in E(3)$ läßt sich aus einer orthogonalen Abbildung $(\vec{0},R)$ und einer Translation $(a,1)$ zusammensetzen,

$$(\vec{a},1)(\vec{0},R) = (\vec{a},R) \,. \tag{1.1-69}$$

Hier steht 1 für das neutrale Element der Untergruppe $O(V^3) \subset E(3)$. Die Translationen $(\vec{a},1)(\vec{a} \in V^3)$ bilden ebenfalls eine Untergruppe, die Abelsche Untergruppe $T(3)$.

Der Physiker geht davon aus, daß der Raum E^3 im physikalischen Sinne homogen und isotrop ist, d.h. es gibt in Abwesenheit von physikalischen Objekten keine beobachtbaren Wirkungen, die bestimmte Punkte bzw. Richtungen auszeichnen. Wenn diese Annahme zutrifft, beschreiben verschiedene Beobachter, deren Koordinatensysteme gemäß der oben gegebenen Definition physikalisch äquivalent sind, denselben physikalischen Vorgang bezüglich ihrer jeweiligen Koordinatensysteme durch gleichlautende Formulierungen. Folglich muß die Form physikalischer Gesetze unter den Euklidischen Koordinatentransformationen (1.1-61) invariant sein. Dieser passiven Deutung einer physikalischen Symmetrie, bei der man die Beschreibungen desselben Objekts durch verschiedene Beobachter mit physikalisch äquivalenten Koordinatensystemen vergleicht, kann man eine aktive Auffassung gegenüberstellen, bei der ein Beobachter verschiedene Objekte vergleicht, die physikalisch äquivalent sind. Physikalische Äquivalenz von Objekten definiert man als Übereinstimmung in den konstruktiven Parametern, so daß sich äquivalente Objekte nur durch ihre Lage und Orientierung im Raum voneinander unterscheiden.

Beide Auffassungen können zueinander in Beziehung gesetzt werden. Betrachten wir z.B. die Abbildung (1.1-66), so hat der Punkt mit dem Ortsvektor $R\vec{x}$ bezüglich des Koordinatensystems $K' = (O',B')$ die gleichen Koordinaten wie der Punkt mit dem Ortsvektor $\vec{x}$ bezüglich $K = (O,B)$, falls die Translation $(\vec{a},1)$ O in O' und die orthogonale Abbildung R die Basis B in B' überführt. Da die Koordinaten die Meßdaten sind, die einen Punkt bezüglich eines Koordinatensystems festlegen, sind die Punkte mit den Ortsvektoren $\vec{x}$ bzw. $R\vec{x}$ für die Beobachter K und K' subjektiv identisch.

Zu der Abbildung (1.1-66) gelangt man, wenn man den für K' subjektiv mit $\vec{x}$ identischen Vektor $R\vec{x}$ auf das Koordinatensystem K bezieht. Die aktive Auffassung der Symmetrie verlangt, daß physikalische Gesetze Invarianten der Euklidischen Gruppe sind. Wir werden vorwiegend von der aktiven Deutung physikalischer Symmetrien ausgehen, weil sie rein tautologische Schlußfolgerungen weitgehend ausschließt.

1.2. Multivektoren

1.2.1. Äußere Algebra

Neben dem Skalarprodukt, das jedem geordneten Paar $(\vec{x},\vec{y}) \in V^3 \times V^3$ eine reelle Zahl zuordnet, führen wir das äußere Produkt von zwei Vektoren ein. Es wird mit dem Symbol $\wedge$ (lies: Dach) bezeichnet und ordnet jedem geordneten Paar $(\vec{x},\vec{y}) \in V^3 \times V^3$ einen Bivektor oder 2-Vektor

$$\vec{x} \wedge \vec{y} \tag{$\wedge$}$$

zu. Wie das Skalarprodukt soll auch das äußere Produkt in jedem Faktor linear sein,

$$\vec{x} \wedge (a\vec{y} + b\vec{z}) = a(\vec{x} \wedge \vec{y}) + b(\vec{x} \wedge \vec{z}), \tag{$\wedge$1}$$

$$\forall \vec{x},\vec{y},\vec{z} \in V^3, \quad \forall a,b \in \mathbb{R}.$$

$$(a\vec{x} + b\vec{y}) \wedge \vec{z} = a(\vec{x} \wedge \vec{z}) + b(\vec{y} \wedge \vec{z}), \tag{$\wedge$2}$$

Während das Skalarprodukt jedoch symmetrisch ist (s. 1.1-7), soll das äußere Produkt antisymmetrisch sein,

$$\vec{x} \wedge \vec{y} = -(\vec{y} \wedge \vec{x}), \quad \forall \vec{x},\vec{y} \in V^3. \tag{$\wedge$3}$$

Aus ($\wedge$1) - ($\wedge$3) folgt zunächst, daß das äußere Produkt verschwindet, wenn seine Faktoren linear abhängig oder, geometrisch ausgedrückt, kollinear sind.

Sei nun $B = \{\vec{e}_1,\vec{e}_2,\vec{e}_3\} \subset V^3$ eine Basis. Zerlegt man die Vektoren $\vec{x}$ und $\vec{y}$ in bezug auf B, so erhält man aus ($\wedge$1) - ($\wedge$3)

$$\begin{aligned} \vec{x} \wedge \vec{y} &= (\vec{e}_i \wedge \vec{e}_j) x^i y^j = \\ &= \vec{e}_1 \wedge \vec{e}_2 (x^1y^2 - x^2y^1) + \vec{e}_2 \wedge \vec{e}_3 (x^2y^3 - x^3y^2) + \vec{e}_1 \wedge \vec{e}_3 (x^1y^3 - x^3y^1). \end{aligned} \tag{1.2-1}$$

Das äußere Produkt (1.2-1) ist eine Linearkombination der drei Bivektoren $\vec{e}_1 \wedge \vec{e}_2$, $\vec{e}_2 \wedge \vec{e}_3$ und $\vec{e}_1 \wedge \vec{e}_3$. Die Menge aller Linearkombinationen

$$\left\{ \vec{a} = \sum_{i<j} \vec{e}_i \wedge \vec{e}_j a^{ij} \;\middle|\; a^{ij} \in \mathbb{R},\ i,j = 1,2,3 \right\} =: V^3 \wedge V^3 \tag{1.2-2}$$

ist ein dreidimensionaler Vektorraum über $\mathbb{R}$, den wir als äußeres Produkt von V^3 mit sich selbst auffassen und mit $V^3 \wedge V^3$ bezeichnen. Wir wollen auch die Elemente von $V^3 \wedge V^3$, die Bivektoren oder 2-Vektoren, durch einen Pfeil kennzeichnen, da sie wie die Vektoren drei Komponenten besitzen. Die Elemente von V^3 werden in diesem Zusammenhang auch 1-Vektoren genannt.

Statt der in (1.2-2) angegebenen Schreibweise verwendet man auch die Darstellung

$$\vec{a} = \frac{1}{2!} \vec{e}_i \wedge \vec{e}_j a^{ij} \;, \quad a^{ij} = - a^{ji} \;, \quad i,j = 1,2,3 \;, \tag{1.2-3}$$

bei der gemäß der Einsteinschen Konvention über die Indizes summiert werden kann. Das äußere Produkt kann somit als bilineare alternierende Abbildung $\wedge: V^3 \times V^3 \to V^3 \wedge V^3$ aufgefaßt werden. Die Bezeichnung alternierend bedeutet, daß

$$\vec{x} \wedge \vec{x} = 0 \;, \quad \forall \vec{x} \in V^3 \;. \tag{1.2-4}$$

Zusammen mit ($\wedge$1) und ($\wedge$2) ist (1.2-4) äquivalent zu den Forderungen ($\wedge$1)-($\wedge$3).

Im Gegensatz zum Skalarprodukt kann das äußere Produkt auch für drei Vektoren $\vec{x}_1, \vec{x}_2, \vec{x}_3 \in V^3$ erklärt werden. Jedem geordneten Tripel $(\vec{x}_1, \vec{x}_2, \vec{x}_3) \in V^3 \times V^3 \times V^3$ wird ein Trivektor oder 3-Vektor

$$\vec{x}_1 \wedge \vec{x}_2 \wedge \vec{x}_3$$

zugeordnet. Das äußere Produkt von drei Vektoren soll ebenfalls in jedem Faktor linear sein. Es soll ferner alternierend sein, d.h. es soll verschwinden, wenn zwei der drei Faktoren gleich sind,

$$\vec{x} \wedge \vec{y} \wedge \vec{y} = \vec{x} \wedge \vec{y} \wedge \vec{x} = \vec{x} \wedge \vec{x} \wedge \vec{z} = 0 \;. \tag{1.2-5}$$

Aus (1.2-5) folgt, daß das äußere Produkt von drei Vektoren in zwei Faktoren antisymmetrisch ist, wenn der dritte Faktor festgehalten wird, z.B.

$$\vec{x}_1 \wedge \vec{a} \wedge \vec{x}_3 = - \vec{x}_3 \wedge \vec{a} \wedge \vec{x}_1 \;, \quad \forall, \vec{x}_1, \vec{x}_3 \in V^3 \;.$$

Allgemeiner erhalten wir aus (1.2-5) für eine beliebige Permutation der Faktoren die Regel:

$$\vec{x}_i \wedge \vec{x}_j \wedge \vec{x}_k = \varepsilon_{ijk} \vec{x}_1 \wedge \vec{x}_2 \wedge \vec{x}_3 \;. \tag{1.2-6}$$

Hier ist $(i,j,k) = s(1,2,3)$ eine Permutation s der Menge $\{1,2,3\} \subset \mathbb{N}$ und ε_{ijk} das verallgemeinerte Kroneckersymbol

$$\varepsilon_{ijk} = \begin{cases} +1 & \text{für gerade Permutationen,} \\ -1 & \text{für ungerade Permutationen,} \\ 0 & \text{sonst.} \end{cases} \tag{1.2-7}$$

Um (1.2-6) zu beweisen, geht man von der bekannten Tatsache aus, daß sich jede Permutation als Komposition von Transpositionen schreiben läßt, d.h. von Permutationen, die zwei aufeinander folgende Elemente der Menge $\{1,2,3\}$ vertauschen. Wegen (1.2-4) verschwindet das äußere Produkt von drei Vektoren, wenn die Faktoren linear abhängig oder, geometrisch ausgedrückt, komplanar sind.

Wir zerlegen nun die Faktoren $\vec{x},\vec{y},\vec{z} \in V^3$ bezüglich der Basis B und erhalten mit (1.2-6)

$$\vec{x}\wedge\vec{y}\wedge\vec{z} = \vec{e}_i\wedge\vec{e}_j\wedge\vec{e}_k x^i y^j z^k = \vec{e}_1\wedge\vec{e}_2\wedge\vec{e}_3\ D(\vec{x},\vec{y},\vec{z}) \ . \tag{1.2-8}$$

Hier ist

$$D(\vec{x},\vec{y},\vec{z}) := \varepsilon_{ijk} x^i y^j z^k \tag{1.2-9}$$

die Determinante der Vektoren $\vec{x},\vec{y},\vec{z}$ bezüglich der Basis B. Das Produkt (1.2-8) ist somit ein Vielfaches des Trivektors $\vec{e}_1\wedge\vec{e}_2\wedge\vec{e}_3$. Die Menge

$$\{a = \vec{e}_1\wedge\vec{e}_2\wedge\vec{e}_3 a^{123} \mid a^{123} \in \mathbb{R}\} =: V^3\wedge V^3\wedge V^3 \tag{1.2-10}$$

ist ein eindimensionaler Vektorraum über $\mathbb{R}$, der mit $V^3\wedge V^3\wedge V^3$ bezeichnet wird. Seine Elemente, die Trivektoren oder 3-Vektoren, tragen keinen Pfeil, da sie nur eine Komponente besitzen. Die entsprechende Darstellung zu (1.2-3) lautet:

$$a = \frac{1}{3!}\ \vec{e}_i\wedge\vec{e}_j\wedge\vec{e}_k a^{ijk}, \quad a^{ijk} = \varepsilon^{ijk} a^{123} \ . \tag{1.2-11}$$

Das zweifache äußere Produkt ist eine trilineare alternierende Abbildung $\wedge$: $V^3\times V^3\times V^3 \to V^3\wedge V^3\wedge V^3$. Ebenso kann man das dreifache äußere Produkt als 4-lineare alternierende Abbildung einführen. Da V^3 jedoch dreidimensional ist, sind vier Vektoren notwendig linear abhängig, so daß

$$\vec{w}\wedge\vec{x}\wedge\vec{y}\wedge\vec{z} = 0 \ , \qquad \forall\, \vec{w},\vec{x},\vec{y},\vec{z} \in V^3. \tag{1.2-12a}$$

Allgemeiner gilt

$$\vec{x}_1\wedge\vec{x}_2\wedge \dots \wedge\vec{x}_n = 0 \ , \quad \forall \vec{x}_1,\vec{x}_2,\dots,\vec{x}_n \in V^3, \ n \geqslant 4. \tag{1.2-12b}$$

Wir fassen nun die 1-, 2- und 3-Vektoren mit den reellen Zahlen als 0-Vektoren zu einem achtdimensionalen Vektorraum $\wedge V^3$ zusammen, der durch direkte Addition von $\mathbb{R}$, V^3, $V^3 \wedge V^3$ und $V^3 \wedge V^3 \wedge V^3$ gebildet wird:

$$\wedge V^3 := \mathbb{R} \oplus V^3 \oplus V^3 \wedge V^3 \oplus V^3 \wedge V^3 \wedge V^3 . \tag{1.2-13}$$

Direkte Addition (Zeichen $\oplus$) heißt, daß Elemente aus Unterräumen, die durch das Zeichen $\oplus$ getrennt sind, als linear unabhängig angesehen werden. Damit ist die Addition (Zeichen $+$) als innere Verknüpfung für alle Elemente aus $\wedge V^3$ erklärt. Um auch die äußere Multiplikation (Zeichen $\wedge$) als innere Verknüpfung zu definieren, vereinbaren wir, daß das äußere Produkt des p-Vektors $(p = 0,1,2,3)$ mit einem 0-Vektor, also einer reellen Zahl, gleich dem Produkt des p-Vektors und der reellen Zahl ist, z.B.

$$a \wedge (\vec{x} \wedge \vec{y}) := a(\vec{x} \wedge \vec{y}) , \quad a \in \mathbb{R} . \tag{1.2-14}$$

Die Multiplikation (1.2-14) ist assoziativ,

$$a \wedge (\vec{x} \wedge \vec{y}) = (a \wedge \vec{x}) \wedge \vec{y} = (a\vec{x}) \wedge \vec{y} = a(\vec{x} \wedge \vec{y}) .$$

Nachdem äußere Produkte von 1-Vektoren bereits definiert sind, erklären wir das äußere Produkt von 1-Vektoren und 2-Vektoren so, daß das assoziative Gesetz gilt,

$$\vec{x} \wedge (\vec{y} \wedge \vec{z}) := \vec{x} \wedge \vec{y} \wedge \vec{z} =: (\vec{x} \wedge \vec{y}) \wedge \vec{z} . \tag{1.2-15}$$

Weitere Produkte treten wegen (1.2-12) nicht auf. Der Vektorraum $\wedge V^3$ mit der Multiplikation $\wedge$ ist damit ein Ring mit der Zahl 1 als neutralem Element. Der Ring ist nicht kommutativ. Denn für das Produkt eines p-Vektors $A^{(p)}$ und eines q-Vektors gilt die Vertauschungsregel

$$A^{(p)} \wedge B^{(q)} = (-1)^{pq} B^{(q)} \wedge A^{(p)} , \quad p,q = 0,1,2,3 . \tag{1.2-16}$$

Mit den inneren Verknüpfungen $+$ und $\wedge$ ist $\wedge V^3$ eine Algebra, die sogenannte äußere Algebra. Ihre Elemente sind die Multivektoren oder p-Vektoren $(p = 0,1,2,3)$.

In ähnlicher Weise wie wir 1-Vektoren durch orientierte Strecken (Pfeile) dargestellt haben, können wir 2-Vektoren und 3-Vektoren durch orientierte Parallelogramme bzw. Parallelepipede veranschaulichen. Wir vereinbaren für die Konstruktion von Repräsentanten des Bivektors $\vec{x} \wedge \vec{y}$ folgende Regel: Ein beliebiger Pfeil-Repräsentant (O,P) des ersten Faktors $\vec{x}$ wird mit dem Pfeil (P,Q) der Klasse $\vec{y}$ zusammengesetzt. Anschließend wird das Dreieck (O,P,Q) zu einem Parallelogramm ergänzt. Durch die Reihenfolge $(\vec{x},\vec{y})$ bzw. (O,P,Q) wird ein Umlaufsinn des Parallelogramms festgelegt, der die Orientierung definiert. Statt durch den Umlaufsinn kann man die Orientierung auch durch einen eingezeichneten Kreispfeil (Drehsinn) angeben (s. Abb.1.1).

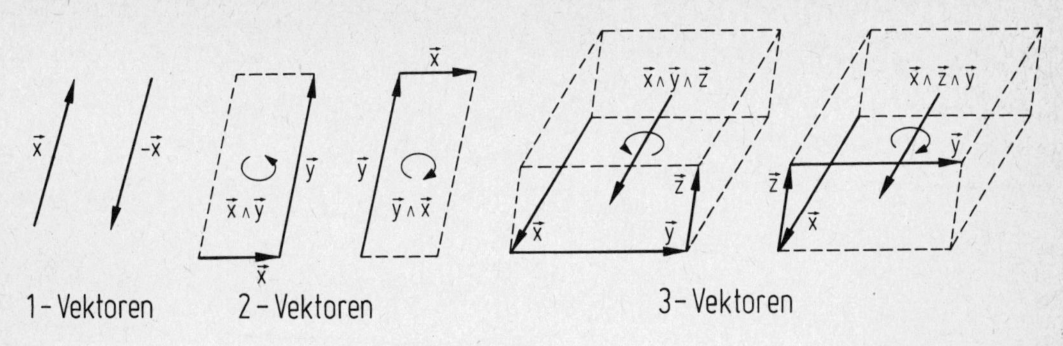

Abb.1.1

Da man den Angriffspunkt O des ersten Pfeils beliebig wählen kann, sind alle Parallelogramme als äquivalent, d.h. als Repräsentanten desselben Bivektors $\vec{x} \wedge \vec{y}$, zu betrachten, die durch Parallelverschiebung ineinander überführt werden können. Ferner folgt aus

$$\vec{x} \wedge \vec{y} = \vec{x}' \wedge \vec{y}' \tag{1.2-17}$$

mit (1.2-15) und (1.2-5)

$$\vec{x}' \wedge \vec{x} \wedge \vec{y} = \vec{x} \wedge \vec{y} \wedge \vec{y}' = 0 .$$

Folglich müssen die Vektoren $\vec{x}', \vec{x}, \vec{y}$ bzw. $\vec{x}, \vec{y}, \vec{y}'$ linear abhängig sein,

$$\vec{x}' = a\vec{x} + b\vec{y} , \quad \vec{y}' = c\vec{x} + d\vec{y} , \quad a,b,c,d \in \mathbb{R} . \tag{1.2-18}$$

Wir setzen (1.2-18) in (1.2-17) ein und erhalten mit (∧1) - (∧3)

$$\vec{x} \wedge \vec{y} = (ad - bc)\vec{x} \wedge \vec{y} .$$

Die Bedingung

$$ad - bc = 1 \tag{1.2-20}$$

ist äquivalent mit der Forderung, daß die Parallelogramm-Repräsentanten von $\vec{x} \wedge \vec{y}$ und $\vec{x}' \wedge \vec{y}'$ den gleichen Inhalt und die gleiche Orientierung besitzen (s. Aufgabe 1.1). Parallelogramme mit dieser Eigenschaft sind äquivalent, d.h. sie stellen denselben Bivektor dar. Es ist zu beachten, daß bei der Bildung von äußeren Produkten $\vec{x} \wedge \vec{y}$ die Information über Richtung und Länge der Faktoren auf Inhalt und Orientierung der Parallelogramme reduziert wird. Bei einer Vertauschung der Faktoren ändert sich der Inhalt nicht, wohl aber die Orientierung (s. Abb.1.1).

In ähnlicher Weise ordnet man dem Trivektor $\vec{x} \wedge \vec{y} \wedge \vec{z}$ Parallelepipede zu, die durch Pfeilrepräsentanten der Faktoren $\vec{x}, \vec{y}, \vec{z}$ erzeugt werden. Die Richtung des ersten Faktors $\vec{x}$ und die Orientierung des Bivektors $\vec{y} \wedge \vec{z}$ legen einen Schraubsinn fest, der die Orientierung des Parallelepipeds definiert (s. Abb.1.1). Der Schraubsinn ändert sich nicht bei zyklischer Vertauschung der Faktoren. Aus der Bedingung

$$\vec{x}\wedge\vec{y}\wedge\vec{z} = \vec{x}'\wedge\vec{y}'\wedge\vec{z}' \tag{1.2-21}$$

folgt mit (1.2-8)

$$D(\vec{x},\vec{y},\vec{z}) = D(\vec{x}',\vec{y}',\vec{z}')\ . \tag{1.2-22}$$

Sind die Vektoren $\vec{x},\vec{y},\vec{z}$ linear unabhängig, so gibt es eine bijektive lineare Abbildung $A: V^3 \to V^3$, so daß

$$\vec{x}' = A\vec{x},\ \vec{y}' = A\vec{y},\ \vec{z}' = A\vec{z}\ . \tag{1.2-23}$$

Damit erhalten wir

$$D(\vec{x}',\vec{y}',\vec{z}') = \mathrm{Det}(A)\ D(\vec{x},\vec{y},\vec{z})\ , \tag{1.2-24}$$

wo $\mathrm{Det}(A)$ die Determinante der Abbildung $A: V^3 \to V^3$ ist. Aus (1.2-22) folgt mit (1.2-24)

$$\mathrm{Det}(A) = 1. \tag{1.2-25}$$

Diese Bedingung ist äquivalent mit der Forderung, daß die Parallelepiped-Repräsentanten von $\vec{x}\wedge\vec{y}\wedge\vec{z}$ und $\vec{x}'\wedge\vec{y}'\wedge\vec{z}'$ gleichen Inhalt und gleiche Orientierung haben (s. Aufgabe 1.1). Parallelepipede mit dieser Eigenschaft sind im Sinne der Relation (1.2-21) äquivalent, d.h. sie stellen den selben Trivektor dar. Mit der geometrischen Deutung der Vektorraum-Operationen für 2- und 3-Vektoren befassen wir uns in Aufgabe 1.1.

1.2.2. Innere Produkte

Die Koordinaten des Bivektors

$$\vec{x}\wedge\vec{y} = \sum_{i<j} \vec{e}_i\wedge\vec{e}_j(x^iy^j - x^jy^i)$$

(s. 1.2-1) bezüglich der Basis $\{\vec{e}_1\wedge\vec{e}_2,\vec{e}_2\wedge\vec{e}_3,\vec{e}_1\wedge\vec{e}_3\} \subset V^3\wedge V^3$ können als alternierende bilineare Abbildungen $\bar{e}^i\wedge\bar{e}^j: V^3\times V^3 \to \mathbb{R}$ aufgefaßt werden,

$$(\bar{e}^i\wedge\bar{e}^j)(\vec{x},\vec{y}) := x^iy^j - x^jy^i = \langle\bar{e}^i,\vec{x}\rangle\langle\bar{e}^j,\vec{y}\rangle - \langle\bar{e}^j,\vec{x}\rangle\langle\bar{e}^i,\vec{y}\rangle,$$
$$i<j,\ i,j = 1,2,3. \tag{1.2-26}$$

Sie bilden eine Basis des Vektorraums $V^{3*} \wedge V^{3*}$ der alternierenden Bilinearformen auf $V^3 \times V^3$. Letzterer kann mit dem Dualraum $(V^3 \wedge V^3)^*$ identifiziert werden, indem man die kanonische Bilinearform auf den Basiselementen durch

$$\langle \bar{e}^i \wedge \bar{e}^j, \vec{e}_k \wedge \vec{e}_\ell \rangle := (\bar{e}^i \wedge \bar{e}^j)(\vec{e}_k, \vec{e}_\ell) = \\ = \langle \bar{e}^i, \vec{e}_k \rangle \langle \bar{e}^j, \vec{e}_\ell \rangle - \langle \bar{e}^i, \vec{e}_\ell \rangle \langle \bar{e}^j, \vec{e}_k \rangle = \delta^i_k \delta^j_\ell - \delta^i_\ell \delta^j_k \tag{1.2-27}$$

definiert und in beiden Faktoren linear fortsetzt. Die Elemente von $V^{3*} \wedge V^{3*}$ heißen 2-Formen oder 2-Kovektoren. Sie werden wie die 1-Formen mit einem Querstrich bezeichnet. Mit

$$\bar{a} = \frac{1}{2!} a_{ij} \bar{e}^i \wedge \bar{e}^j , \quad \vec{b} = \frac{1}{2!} \vec{e}_k \wedge \vec{e}_\ell b^{k\ell} \tag{1.2-28}$$

erhalten wir aus (1.2-27) die kanonische Bilinearform

$$\langle , \rangle : (V^{3*} \wedge V^{3*}) \times (V^3 \wedge V^3) \to \mathbb{R}, \quad \langle \bar{a}, \vec{b} \rangle = \sum_{i<j} a_{ij} b^{ij} = \frac{1}{2!} a_{ij} b^{ij}. \tag{1.2-29}$$

Man nennt die reelle Zahl $\langle \bar{a}, \vec{b} \rangle$ inneres Produkt oder Skalarprodukt von $\bar{a}$ und $\vec{b}$.

Ähnlich verfahren wir bei den 3-Vektoren. Die Koordinate des Trivektors (1.2-8) bezüglich der Basis $\{\vec{e}_1 \wedge \vec{e}_2 \wedge \vec{e}_3\} \subset V^3 \wedge V^3 \wedge V^3$ ist die Determinante $D(\vec{x}, \vec{y}, \vec{z})$ der Vektoren $\vec{x}, \vec{y}, \vec{z}$ in bezug auf die Basis $\{\vec{e}_1, \vec{e}_2, \vec{e}_3\} \subset V^3$ (s. 1.2-9). Die Determinante ist eine alternierende Trilinearform

$$\bar{e}^1 \wedge \bar{e}^2 \wedge \bar{e}^3 : V^3 \times V^3 \times V^3 \to \mathbb{R} , \quad \bar{e}^1 \wedge \bar{e}^2 \wedge \bar{e}^3 (\vec{x}, \vec{y}, \vec{z}) := D(\vec{x}, \vec{y}, \vec{z}). \tag{1.2-30}$$

$\bar{e}^1 \wedge \bar{e}^2 \wedge \bar{e}^3$ ist eine Basis des eindimensionalen Vektorraums $V^{3*} \wedge V^{3*} \wedge V^{3*}$ der alternierenden Trilinearformen auf $V^3 \times V^3 \times V^3$. Um diesen Vektorraum mit dem Dualraum $(V^3 \wedge V^3 \wedge V^3)^*$ zu identifizieren, definieren wir die kanonische Bilinearform auf den Basiselementen,

$$\langle \bar{e}^1 \wedge \bar{e}^2 \wedge \bar{e}^3, \vec{e}_1 \wedge \vec{e}_2 \wedge \vec{e}_3 \rangle := \bar{e}^1 \wedge \bar{e}^2 \wedge \bar{e}^3 (\vec{e}_1, \vec{e}_2, \vec{e}_3) = D(\vec{e}_1, \vec{e}_2, \vec{e}_3) = 1 \tag{1.2-31}$$

und setzen sie in beiden Faktoren linear fort. Die Elemente von $V^{3*} \wedge V^{3*} \wedge V^{3*}$ heißen 3-Formen oder 3-Kovektoren. Als Elemente eines eindimensionalen Vektorraums tragen sie keinen Querstrich. Mit den Basisdarstellungen

$$a = \frac{1}{3!} a_{ijk} \bar{e}^i \wedge \bar{e}^j \wedge \bar{e}^k , \quad b = \frac{1}{3!} \vec{e}_i \wedge \vec{e}_j \wedge \vec{e}_k b^{ijk} \tag{1.2-32}$$

schreibt sich die kanonische Bilinearform

$$\langle , \rangle : (V^{3*} \wedge V^{3*} \wedge V^{3*}) \times (V^3 \wedge V^3 \wedge V^3) \to \mathbb{R},$$

$$\langle a,b \rangle = a_{123} b^{123} = \sum_{i<j<k} a_{ijk} b^{ijk} = \frac{1}{3!} a_{ijk} b^{ijk} . \qquad (1.2\text{-}33)$$

Auch in diesem Fall heißt $\langle a,b \rangle$ inneres Produkt oder Skalarprodukt von a und b.

Die Multiformen oder Multikovektoren können wie die Multivektoren mit den reellen Zahlen als 0-Formen in einem Vektorraum

$$\wedge V^{3*} := \mathbb{R} \oplus V^{3*} \oplus V^{3*} \wedge V^{3*} \oplus V^{3*} \wedge V^{3*} \wedge V^{3*} \qquad (1.2\text{-}34)$$

zusammengefaßt werden, der ebenfalls zu einer äußeren Algebra erweitert werden kann. Nach den eingeführten Bezeichnungen ist

$$\wedge V^3 = \left\{ \alpha \mid \alpha = a + \vec{e}_i a^i + \sum_{i<j} \vec{e}_i \wedge \vec{e}_j a^{ij} + \vec{e}_1 \wedge \vec{e}_2 \wedge \vec{e}_3 a^{123} ;\ a, a^i, a^{ij}, a^{123} \in \mathbb{R} \right\} \qquad (1.2\text{-}35)$$

und

$$\wedge V^{3*} = \left\{ \bar{\alpha} \mid \bar{\alpha} = a + a_i \bar{e}^i + \sum_{i<j} a_{ij} \bar{e}^i \wedge \bar{e}^j + a_{123} \bar{e}^1 \wedge \bar{e}^2 \wedge \bar{e}^3 ;\ a, a_i, a_{ij}, a_{123} \in \mathbb{R} \right\}, \qquad (1.2\text{-}36)$$

so daß durch

$$\langle \bar{\alpha}, \beta \rangle := ab + a_i b^i + \sum_{i<j} a_{ij} b^{ij} + a_{123} b^{123} \qquad (1.2\text{-}37)$$

eine bilineare Abbildung $\wedge V^{3*} \times \wedge V^3 \to \mathbb{R}$ definiert wird, die als erweiterte Bilinearform anzusehen ist.

Bei einem Basiswechsel $B = \{\vec{e}_1, \vec{e}_2, \vec{e}_3\} \mapsto B' = \{\vec{e}'_1, \vec{e}'_2, \vec{e}'_3\}$ transformieren sich die Basiselemente wie folgt (s. 1.1-33) und (1.1-40),

$$A\vec{e}_i = \vec{e}'_i = \vec{e}_j A^j_i, \quad {}^t A^{-1} \bar{e}^i = \bar{e}'^i = (A^{-1})^i_j \bar{e}^j$$

$$\vec{e}'_i \wedge \vec{e}'_j = \vec{e}_k \wedge \vec{e}_\ell \, A^k_i A^\ell_j ,$$

$$\vec{e}'_1 \wedge \vec{e}'_2 \wedge \vec{e}'_3 = \vec{e}_1 \wedge \vec{e}_2 \wedge \vec{e}_3 \, \mathrm{Det}(A), \qquad (1.2\text{-}38a)$$

$$\bar{e}'^1 \wedge \bar{e}'^2 \wedge \bar{e}'^3 = \mathrm{Det}(A^{-1}) \bar{e}^1 \wedge \bar{e}^2 \wedge \bar{e}^3 .$$

$$\bar{e}'^i \wedge \bar{e}'^j = (A^{-1})^i_k (A^{-1})^j_\ell \, \bar{e}^k \wedge \bar{e}^\ell ,$$

Das Basiselement der 0-Vektoren und 0-Formen, die reelle Zahl 1, ist natürlich invariant:

$$A\,1 := 1, \quad {}^tA^{-1}\,1 := 1\,. \tag{1.2-38b}$$

Durch die Beziehungen (1.2-38a) und (1.2-38b) wird die lineare Abbildung $A: V^3 \to V^3$ von V^3 auf $\wedge V^3$ fortgesetzt. Der Indexstellung entprechend transformieren sich die Koordinaten der Multivektoren kovariant zu den Kobasen, die Koordinaten der Multiformen kovariant zu den Basen, z.B.

$$\begin{aligned} a'^{ij} &= (A^{-1})^i_k (A^{-1})^j_\ell\, a^{k\ell}\,, \quad a^{k\ell} = -\,a^{\ell k}\,,\\ a'_{ij} &= a_{k\ell} A^k_i A^\ell_j\,, \quad a_{k\ell} = -\,a_{\ell k}\,. \end{aligned} \tag{1.2-39}$$

Das durch die kanonische Bilinearform erklärte innere Produkt einer p-Form und eines p-Vektors ist für alle Werte von p ($p = 0,1,2,3$) eine reelle Zahl, also eine 0-Form bzw. ein 0-Vektor. Die Definition des inneren Produkts läßt sich so verallgemeinern, daß die Multiplikation einer p-Form mit einem q-Vektor für $p > q$ eine (p-q)-Form und für $p < q$ einen (q-p)-Vektor ergibt. In dem zuletzt genannten Fall definieren wir:

$$\begin{gathered} \langle Z, A\cdot B\rangle := \langle Z\wedge A, B\rangle, \quad A \in \overset{p}{\wedge} V^{3*}, \quad B \in \overset{q}{\wedge} V^3, \quad \forall Z \in \overset{q-p}{\wedge} V^{3*}\\ p \leqslant q\,; \quad p,q = 0,1,2,3\,, \end{gathered} \tag{1.2-40}$$

wo $\overset{p}{\wedge}$ das p-fache äußere Produkt anzeigt. Das innere Produkt wird mit einem Punkt zwischen den Faktoren bezeichnet. Für $p = q$ folgt aus (1.2-40), daß Z eine 0-Form sein muß. Da das äußere Produkt einer Multiform mit einer 0-Form gleich dem Produkt der Multiform mit der durch die 0-Form dargestellten reellen Zahl ist, ergibt sich wegen der Linearität des Produkts $\langle\,,\rangle$ in beiden Faktoren

$$p = q\,; \quad A\cdot B = \langle A,B\rangle, \quad A \in \overset{p}{\wedge} V^{3*}, \quad B \in \overset{p}{\wedge} V^3. \tag{1.2-41}$$

Für das Produkt von drei Faktoren erhalten wir durch sukzessive Anwendung der Definition (1.2-40)

$$\begin{gathered} \langle Z, A\cdot(B\cdot C)\rangle = \langle Z\wedge A, B\cdot C\rangle = \langle Z\wedge A\wedge B, C\rangle = \langle Z, (A\wedge B)\cdot C\rangle\\ A \in \overset{p}{\wedge} V^{3*}, \quad B \in \overset{p}{\wedge} V^{3*}, \quad C \in \overset{r}{\wedge} V^3,\\ p+q \leqslant r, \quad \forall Z \in \overset{r-p-q}{\wedge} V^{3*} \end{gathered} \tag{1.2-42}$$

oder

$$(A\wedge B)\cdot C = A\cdot(B\cdot C), \quad p+q \leqslant r. \tag{1.2-43}$$

Mit dieser Beziehung kann man die inneren Produkte von 2-Formen und 3-Vektoren auf die Produkte von 1-Formen und 2- bzw. 3-Vektoren zurückführen.

Da die Definition (1.2-40) Linearität der inneren Produkte in jedem Faktor impliziert, genügt es, die Produkte von 1-Formen und 2- bzw. 3-Vektoren für die Elemente einer Basis zu bestimmen. Für $A = \bar{e}^i$ und $B = \vec{e}_j \wedge \vec{e}_k$ liefert (1.2-40)

$$\langle Z, \bar{e}^i \cdot (\vec{e}_j \wedge \vec{e}_k) \rangle = \langle Z \wedge \bar{e}^i, \vec{e}_j \wedge \vec{e}_k \rangle .$$

Mit $Z = Z_\ell \bar{e}^\ell$ erhalten wir durch Vergleich der Koordinaten unter Beachtung von (1.2-27)

$$\bar{e}^i \cdot (\vec{e}_j \wedge \vec{e}_k) = \vec{e}_j (\bar{e}^i \cdot \vec{e}_k) - \vec{e}_k (\bar{e}^i \cdot \vec{e}_j) = \vec{e}_j \delta^i_k - \vec{e}_k \delta^i_j . \qquad (1.2\text{-}44)$$

Ebenso folgt mit (1.2-31)

$$\begin{aligned} \bar{e}^i \cdot (\vec{e}_j \wedge \vec{e}_k \wedge \vec{e}_\ell) &= \vec{e}_k \wedge \vec{e}_\ell (\bar{e}^i \cdot \vec{e}_j) - \vec{e}_j \wedge \vec{e}_\ell (\bar{e}^i \cdot \vec{e}_k) + \vec{e}_j \wedge \vec{e}_k (\bar{e}^i \cdot \vec{e}_\ell) = \\ &= \vec{e}_k \wedge \vec{e}_\ell \delta^i_j - \vec{e}_j \wedge \vec{e}_\ell \delta^i_k + \vec{e}_j \wedge \vec{e}_k \delta^i_\ell . \end{aligned} \qquad (1.2\text{-}45)$$

Durch lineare Fortsetzung von (1.2-44) und (1.2-45) erhalten wir schließlich die Multiplikationsregeln

$$\bar{x} \cdot (\vec{x}_1 \wedge \ldots \wedge \vec{x}_q) = \sum_{k=1}^{q} (-1)^{k+q} (\bar{x} \cdot \vec{x}_k) \vec{x}_1 \wedge \ldots \wedge \vec{x}_{k-1} \wedge \vec{x}_{k+1} \wedge \ldots \wedge \vec{x}_q ,$$
$$q = 1,2,3 . \qquad (1.2\text{-}46)$$

Die Regel für $q = 3$ läßt sich auch in der Form schreiben,

$$\bar{x} \cdot (\vec{x}_1 \wedge \vec{x}_2 \wedge \vec{x}_3) = \vec{x}_2 \wedge \vec{x}_3 (\bar{x} \cdot \vec{x}_1) + \vec{x}_1 \wedge [\bar{x} \cdot (\vec{x}_2 \wedge \vec{x}_3)] . \qquad (1.2\text{-}47)$$

Das Produkt von einer 2-Form und einem 3-Vektor wird mit (1.2-43) auf Produkte vom Typ (1.2-46) zurückgeführt, z.B.

$$(\bar{x} \wedge \bar{y}) \cdot (\vec{x}_1 \wedge \vec{x}_2 \wedge \vec{x}_3) = \bar{x} \cdot [\bar{y} \cdot (\vec{x}_1 \wedge \vec{x}_2 \wedge \vec{x}_3)] . \qquad (1.2\text{-}48)$$

Das innere Produkt von einer 0-Form und einem q-Vektor ist wegen (1.2-40) identisch mit dem Produkt des q-Vektors und der reellen Zahl, die die 0-Form darstellt. Damit sind alle inneren Produkte $A \cdot B$ von einer p-Form A und einem q-Vektor B für $p \leqslant q$ definiert.

Für $p \geq q$ ersetzen wir die Definition (1.2-40) durch

$$\langle A \cdot B, Z \rangle := \langle A, B \wedge Z \rangle, \quad A \in \overset{p}{\wedge} V^{3*}, \quad B \in \overset{q}{\wedge} V^3, \quad \forall Z \in \overset{p-q}{\wedge} V^3$$
$$p \geq q; \; p,q = 0,1,2,3 . \tag{1.2-49}$$

Statt (1.2-43) erhalten wir dann

$$(A \cdot B) \cdot C = A \cdot (B \wedge C), \quad C \in \overset{r}{\wedge} V^3, \quad p \geq q + r. \tag{1.2-50}$$

In ähnlicher Weise wie oben ergeben sich die Multiplikationsregeln

$$(\bar{x}_1 \wedge \ldots \wedge \bar{x}_q) \cdot \vec{x} =$$
$$= \sum_{k=1}^{q} (-1)^{k+1} (\bar{x}_k \cdot \vec{x}) \bar{x}_1 \wedge \ldots \wedge \bar{x}_{k-1} \wedge \bar{x}_{k+1} \wedge \ldots \wedge \bar{x}_q , \quad q = 1,2,3. \tag{1.2-51}$$

Mit Hilfe von (1.2-51) kann man das nach den Regeln (1.2-47) und (1.2-46) ausgewertete Produkt (1.2-48) folgendermaßen darstellen

$$(\bar{x} \wedge \bar{y}) \cdot (\vec{x}_1 \wedge \vec{x}_2 \wedge \vec{x}_3) = \vec{x}_1 [(\bar{x} \wedge \bar{y}) \cdot (\vec{x}_2 \wedge \vec{x}_3)] - [(\bar{x} \wedge \vec{y}) \cdot \vec{x}_1] \cdot (\vec{x}_2 \wedge \vec{x}_3). \tag{1.2-52}$$

1.2.3. Skalarprodukte

Das auf dem Vektorraum V^3 definierte Skalarprodukt $g: V^3 \times V^3 \to \mathbb{R}$ kann in einfacher Weise auf den Vektorraum $\wedge V^3$ übertragen werden. Betrachten wir zunächst 2-Vektoren. Auf den Basiselementen $\vec{e}_i \wedge \vec{e}_j$ definieren wir das Skalarprodukt $\langle | \rangle : \overset{2}{\wedge} V^3 \times \overset{2}{\wedge} V^3 \to \mathbb{R}$ in Analogie zu (1.2-27),

$$\langle \vec{e}_i \wedge \vec{e}_j | \vec{e}_k \wedge \vec{e}_\ell \rangle := \langle \vec{e}_i | \vec{e}_k \rangle \langle \vec{e}_j | \vec{e}_\ell \rangle - \langle \vec{e}_i | \vec{e}_\ell \rangle \langle \vec{e}_j | \vec{e}_k \rangle = g_{ik} g_{j\ell} - g_{i\ell} g_{jk}. \tag{1.2-53}$$

Daraus folgt z.B.

$$\langle \vec{e}_1 \wedge \vec{e}_2 | \vec{e}_1 \wedge \vec{e}_2 \rangle = \|\vec{e}_1\|^2 \, \|\vec{e}_2\|^2 \sin^2 \sphericalangle(\vec{e}_1, \vec{e}_2) . \tag{1.2-54}$$

Die Norm

$$\|\vec{e}_1 \wedge \vec{e}_2\| := \langle \vec{e}_1 \wedge \vec{e}_2 | \vec{e}_1 \wedge \vec{e}_2 \rangle^{1/2}$$

ist somit gleich dem Flächeninhalt eines von $\vec{e}_1$ und $\vec{e}_2$ erzeugten Parallelogramms (s. Abb.1.1). Sind die Basiselemente $\vec{e}_i$ orthonormal, so sind z.B. auch die Basiselemente $\vec{e}_i \wedge \vec{e}_j$ $(i<j)$ nach (1.2-53) orthonormal,

$$\langle \vec{e}_i | \vec{e}_j \rangle = \delta_{ij} \quad \Rightarrow \quad \langle \vec{e}_i \wedge \vec{e}_j | \vec{e}_k \wedge \vec{e}_\ell \rangle = \delta_{ik}\delta_{j\ell} - \delta_{i\ell}\delta_{jk} \,. \tag{1.2-55}$$

Durch lineare Fortsetzung von (1.2-53) erhalten wir eine Definition des Skalarprodukts von zwei beliebigen 2-Vektoren

$$\langle \vec{a} | \vec{b} \rangle : = \frac{1}{(2!)^2} \langle \vec{e}_i \wedge \vec{e}_j | \vec{e}_k \wedge \vec{e}_\ell \rangle a^{ij} b^{k\ell} =$$

$$= \frac{1}{2!} g_{ik} g_{j\ell} a^{ij} b^{k\ell} \,, \tag{1.2-56}$$

$$\forall \vec{a} = \frac{1}{2!} \vec{e}_i \wedge \vec{e}_j a^{ij} \,, \quad \vec{b} = \frac{1}{2!} \vec{e}_k \wedge \vec{e}_\ell b^{k\ell} \in \overset{2}{\Lambda} V^3 .$$

Die so erklärte bilineare Abbildung $\langle | \rangle : \overset{2}{\Lambda} V^3 \times \overset{2}{\Lambda} V^3 \to \mathbb{R}$ ist symmetrisch und positiv definit, so daß wir die Norm eines 2-Vektors $\vec{a}$ durch

$$\| \vec{a} \| := \langle \vec{a} | \vec{a} \rangle^{1/2} \,, \qquad \forall \vec{a} \in \overset{2}{\Lambda} V^3 \tag{1.2-57}$$

definieren können.

In ähnlicher Weise erklären wir das Skalarprodukt von 3-Vektoren zunächst für das Basiselement $\vec{e}_1 \wedge \vec{e}_2 \wedge \vec{e}_3$,

$$\langle \vec{e}_1 \wedge \vec{e}_2 \wedge \vec{e}_3 | \vec{e}_1 \wedge \vec{e}_2 \wedge \vec{e}_3 \rangle : = \langle \vec{e}_1 | \vec{e}_i \rangle \langle \vec{e}_2 | \vec{e}_j \rangle \langle \vec{e}_3 | \vec{e}_k \rangle \varepsilon^{ijk} = g \,. \tag{1.2-58}$$

Hier ist

$$g : = g_{1i} g_{2j} g_{3k} \varepsilon^{ijk} = \mathrm{Det}(G) \tag{1.2-59}$$

die Determinante der Matrix G (s. 1.1-12). g ist gleich dem Quadrat des Volumens eines von $\vec{e}_1, \vec{e}_2, \vec{e}_3$ erzeugten Parallelepipeds. Lineare Fortsetzung von (1.2-58) in jedem Faktor liefert

$$\langle a | b \rangle : = \frac{1}{3!} g_{i\ell} g_{jm} g_{kn} a^{ijk} b^{\ell mn} \,, \quad \forall a = \frac{1}{3!} \vec{e}_i \wedge \vec{e}_j \wedge \vec{e}_k a^{ijk} \,, \tag{1.2-60}$$

$$\forall b = \frac{1}{3!} \vec{e}_\ell \wedge \vec{e}_m \wedge \vec{e}_n b^{\ell mn} \in \overset{3}{\Lambda} V^3 \,.$$

Die Abbildung $\langle | \rangle : \overset{3}{\Lambda} V^3 \wedge \overset{3}{\Lambda} V^3 \to \mathbb{R}$ ist symmetrisch und positiv definit, so daß die Norm eines 3-Vektors durch

$$\| a \| := \langle a | a \rangle^{1/2} \,, \qquad \forall a \in \overset{3}{\Lambda} V^3 \tag{1.2-61}$$

erklärt werden kann.

Wir vereinbaren schließlich, daß das Skalarprodukt der 0-Vektoren $a,b \in \mathbb{R}$ gleich dem Produkt der reellen Zahlen a und b ist. Ferner soll das Skalarprodukt von Multivektoren aus verschiedenen Unterräumen von ΛV^3 verschwinden,

$$\langle A|B\rangle = 0, \quad \forall A \in \overset{r}{\Lambda} V^3, \quad \forall B \in \overset{s}{\Lambda} V^3, \quad r \neq s, \quad r,s = 0,1,2,3\,. \tag{1.2-62}$$

Damit erhalten wir

$$\langle \alpha|\beta\rangle = ab + g_{i\ell}a^i b^\ell + \frac{1}{2!}\, g_{i\ell}g_{jm}a^{ij}b^{\ell m} + \frac{1}{3!}\, g_{i\ell}g_{jm}g_{kn}a^{ijk}b^{\ell mn}, \qquad \forall\, \alpha,\beta \in \Lambda V^3. \tag{1.2-63}$$

Die Abbildung $\langle\,|\,\rangle: \Lambda V^3 \times \Lambda V^3 \to \mathbb{R}$ ist symmetrisch und positiv definit. Die Norm von α wird durch

$$\|\alpha\| := \langle \alpha|\alpha\rangle^{1/2}, \qquad \forall \alpha \in \Lambda V^3 \tag{1.2-64}$$

definiert.

Das Skalarprodukt (1.2-63) erlaubt die Definition des kanonischen Isomorphismus

$$\iota: \Lambda V^3 \to \Lambda V^{3*}; \quad \alpha \mapsto \iota(\alpha), \quad \langle \iota(\alpha), \beta\rangle := \langle \alpha|\beta\rangle, \quad \forall \alpha,\beta \in \Lambda V^3, \tag{1.2-65}$$

mit dessen Hilfe q-Vektoren und q-Formen identifiziert werden können. Im besonderen bildet ι die kontravarianten Basen auf die dualen Basiselemente ab,

$$\iota: \Lambda V^3 \to \Lambda V^{3*}, \quad \begin{cases} g^{i\ell}\vec{e}_\ell \mapsto \bar{e}^i \\ g^{i\ell}g^{jm}\vec{e}_\ell \wedge \vec{e}_m \mapsto \bar{e}^i \wedge \bar{e}^j \\ g^{1\ell}g^{2m}g^{3n}\vec{e}_\ell \wedge \vec{e}_m \wedge \vec{e}_n \mapsto \bar{e}^1 \wedge \bar{e}^2 \wedge \bar{e}^3\,. \end{cases} \tag{1.2-66}$$

Ferner wird das Skalarprodukt durch die Abbildung $\iota: \Lambda V^3 \to \Lambda V^{3*}$ auf den Vektorraum ΛV^{3*} übertragen.

Zu Beginn dieses Abschnitts haben wir innere Produkte von p-Formen und q-Vektoren eingeführt, die entweder (q-p)-Vektoren $(q \geqslant p)$ oder (p-q)-Formen $(p \geqslant q)$ sind. Mit der Abbildung $\iota: \Lambda V^3 \to \Lambda V^{3*}$ lassen sich nun auch innere Produkte von p-Vektoren und q-Vektoren bzw. p-Formen und q-Formen definieren. Ist z.B. A ein p-Vektor und B ein q-Vektor, so erklären wir das innere Produkt für $p \leqslant q$ durch

$$A \cdot B := \iota(A) \cdot B, \qquad A \in \overset{p}{\Lambda} V^3, \quad B \in \overset{q}{\Lambda} V^3, \quad p \leqslant q. \tag{1.2-67}$$

Setzen wir z.B. in (1.2-67) $\bar{x} = \iota(\vec{x})$ ein, so erhalten wir nach (1.2-46)

$$\vec{x}\cdot(\vec{x}_1\wedge\ldots\wedge\vec{x}_q) = \sum_{k=1}^{q} (-1)^{k+q}\langle\vec{x}|\vec{x}_k\rangle\vec{x}_1\wedge\ldots\wedge\vec{x}_{k-1}\wedge\vec{x}_{k+1}\wedge\ldots\wedge\vec{x}_q, \quad q = 1,2,3\,. \qquad (1.2\text{-}68)$$

Dabei haben wir berücksichtigt, daß nach (1.2-41) gilt

$$\iota(\vec{x})\cdot\vec{x}_k = \langle\iota(\vec{x}),\vec{x}_k\rangle = \langle\vec{x}|\vec{x}_k\rangle\,. \qquad (1.2\text{-}69)$$

Ist dagegen $p \geqslant q$, so ist die rechte Seite von (1.2-67) eine (p-q)-Form, der wir mit der Abbildung $\iota^{-1}: \wedge V^{3*} \to \wedge V^3$ einen (p-q)-Vektor zuordnen,

$$A\cdot B := \iota^{-1}[\iota(A)\cdot B]\,,\quad A\in\overset{p}{\wedge}V^3,\quad B\in\overset{q}{\wedge}V^3,\quad p\geqslant q. \qquad (1.2\text{-}70)$$

Zum Beispiel liefert die Multiplikationsregel (1.2-51) mit $\bar{x}_i = \iota(\vec{x}_i)$ $(i = 1,\ldots,q)$

$$(\vec{x}_1\wedge\ldots\wedge\vec{x}_q)\cdot\vec{x} = \sum_{k=1}^{q}(-1)^{k+1}\langle\vec{x}_k|\vec{x}\rangle\vec{x}_1\wedge\ldots\wedge\vec{x}_{k-1}\wedge\vec{x}_{k+1}\wedge\ldots\wedge\vec{x}_q. \qquad (1.2\text{-}71)$$

Ein Vergleich von (1.2-71) mit (1.2-68) ergibt die Vertauschungsregel

$$(\vec{x}_1\wedge\ldots\wedge\vec{x}_q)\cdot\vec{x} = (-1)^{q+1}\,\vec{x}\cdot(\vec{x}_1\wedge\ldots\wedge\vec{x}_q)\,. \qquad (1.2\text{-}72)$$

Eine allgemeine Vertauschungsregel erhalten wir durch folgende Überlegung. Für das Produkt eines p-Vektors A und eines q-Vektors B folgt für $p \geqslant q$ aus (1.2-70) und (1.2-49)

$$\langle\iota^{-1}[\iota(A)\cdot B]|Z\rangle = \langle\iota(A)\cdot B,Z\rangle = \langle\iota(A),B\wedge Z\rangle = \langle A|B\wedge Z\rangle. \qquad (1.2\text{-}73)$$

Nun muß Z ein (p-q)-Vektor sein, so daß (s. 1.2-16):

$$B\wedge Z = (-1)^{q(p-q)}Z\wedge B.$$

Zusammen mit der Symmetrie des Skalarprodukts folgt dann aus (1.2-73)

$$\langle A|B\wedge Z\rangle = (-1)^{q(p-q)}\langle Z\wedge B|A\rangle = (-1)^{q(p-q)}\langle Z|B\cdot A\rangle. \qquad (1.2\text{-}74)$$

Der Vergleich mit (1.2-73) liefert schließlich

$$A\cdot B = (-1)^{q(p-q)}B\cdot A,\quad A\in\overset{p}{\wedge}V^3,\quad B\in\overset{q}{\wedge}V^3,\quad p\geqslant q. \qquad (1.2\text{-}75)$$

Die inneren Produkte von Multivektoren dürfen nicht mit den Skalarprodukten verwechselt werden. Beide stimmen nur dann überein, wenn beide Faktoren p-Vektoren sind ($p = 0,1,2,3$). Das innere Produkt eines p-Vektors und eines q-Vektors ist dagegen für $p \geqslant q$ ein $(p-q)$-Vektor und für $p \leqslant q$ ein $(q-p)$-Vektor, während das Skalarprodukt nach (1.2-62) verschwindet.

Betrachten wir als Beispiel das innere Produkt $\vec{z} = \vec{x} \cdot (\vec{x}_1 \wedge \vec{x}_2)$, wo $\vec{x}, \vec{x}_1, \vec{x}_2$ linear unabhängig sind. Mit (1.2-68) erhalten wir

$$\vec{z} = \vec{x} \cdot (\vec{x}_1 \wedge \vec{x}_2) = - \langle \vec{x} | \vec{x}_1 \rangle \vec{x}_2 + \langle \vec{x} | \vec{x}_2 \rangle \vec{x}_1 \, ,$$

d.h. die Vektoren $\vec{z}, \vec{x}_1, \vec{x}_2$ sind komplanar. Andererseits ergibt sich mit (1.2-43)

$$\langle \vec{x} | \vec{z} \rangle = \vec{x} \cdot [\vec{x} \cdot (\vec{x}_1 \wedge \vec{x}_2)] = \langle \vec{x} \wedge \vec{x} | \vec{x}_1 \wedge \vec{x}_2 \rangle = 0 \, .$$

Der Vektor $\vec{z}$ ist orthogonal zu $\vec{x}$ und zur Projektion von $\vec{x}$ auf die von $\vec{x}_1$ und $\vec{x}_2$ erzeugten Ebenen (s. Abb.1.2).

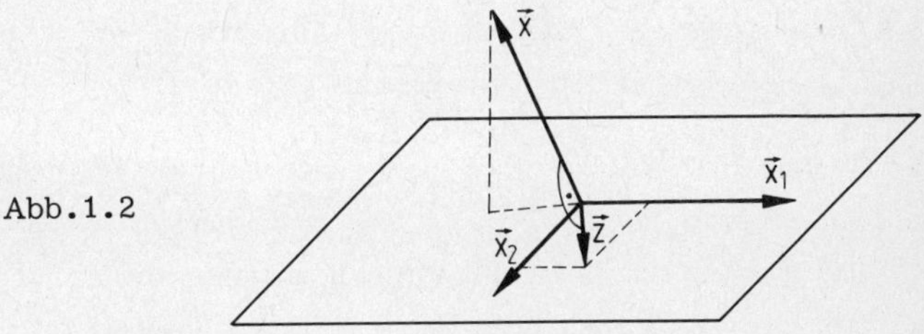

Abb.1.2

1.2.4. Orientierung

Um die Orientierung von Vektorräumen zu definieren, gehen wir von den orientierten Multivektoren aus, die wir im Abschnitt 1.2.1 eingeführt haben. Betrachten wir den Vektorraum V^3 als Beispiel. Für jede geordnete Basis $B = (\vec{e}_1, \vec{e}_2, \vec{e}_3)$ von V^3 bilden wir durch äußere Multiplikation in der Reihenfolge der Basiselemente den 3-Vektor

$$e := \vec{e}_1 \wedge \vec{e}_2 \wedge \vec{e}_3 \, . \tag{1.2-76}$$

Wir sagen, daß zwei geordnete Basen B und B' dieselbe Orientierung haben, wenn die Orientierung der 3-Vektoren e und e' übereinstimmt. Das ist der Fall, wenn (s. 1.2-22)

$$\operatorname{sgn}\{D(\vec{e}_1{}', \vec{e}_2{}', \vec{e}_3{}')\} = \operatorname{sgn}\{D(\vec{e}_1, \vec{e}_2, \vec{e}_3)\} \tag{1.2-77}$$

ist. Sei nun $A: V^3 \to V^3$ die lineare Abbildung, die die Basis B auf B' abbildet,

$$A\vec{e}_i = \vec{e}_i{}' \, , \quad i = 1,2,3 \, . \tag{1.2-78}$$

Wir erhalten dann (s. 1.2-24)

$$D(\vec{e}_1',\vec{e}_2',\vec{e}_3') = \mathrm{Det}(A)\ D(\vec{e}_1,\vec{e}_2,\vec{e}_3) \ , \tag{1.2-79}$$

wo Det(A) die Determinante der Abbildung $A: V^3 \to V^3$ ist. Folglich haben B' und B dieselbe Orientierung, wenn $\mathrm{Det}(A) > 0$ ist und entgegengesetzte Orientierung, wenn $\mathrm{Det}(A) < 0$ ist.

Die Übereinstimmung in der Orientierung definiert auf der Menge aller Basen von V^3 eine Äquivalenzrelation und spaltet sie in zwei Äquivalenzklassen auf. Jede der beiden Klassen definiert eine Orientierung auf V^3. Andererseits entspricht jeder Äquivalenzklasse von gleich orientierten Basen genau eine Äquivalenzklasse von gleich orientierten 3-Vektoren. Wir bezeichnen die zuletzt genannten Klassen mit O_1 und O_2 und verstehen unter dem Vektorraum V^3 mit der Orientierung $\xi \in \{O_1, O_2\}$ das Paar (V^3, ξ). Jede der beiden Klassen ξ kann geometrisch durch einen Schraubsinn veranschaulicht werden. Die durch die Klasse $-\xi$ definierte Orientierung ist entgegengesetzt zu der durch die Klasse ξ gegebenen und wird durch den entgegengesetzten Schraubsinn dargestellt. In ähnlicher Weise kann man auf jedem Vektorraum über $\mathbb{R}$ zwei Orientierungen unterscheiden, z.B. sind die Halbgeraden $x > 0$ und $x < 0$ $(x \in \mathbb{R})$ die beiden Orientierungsklassen des Vektorraums $\mathbb{R}$.

Die linearen Abbildungen $A: V^3 \to V^3$ mit $\mathrm{Det}(A) \neq 0$ bilden die allgemeine lineare (general linear) Gruppe $GL(V^3)$. Die Abbildungen $A \in GL(V^3)$ mit der Eigenschaft $\mathrm{Det}(A) > 0$ erhalten die Orientierung und bilden die Untergruppe $GL^+(V^3)$. Die Abbildungen mit der Eigenschaft $\mathrm{Det}(A) < 0$ wechseln die Orientierung. Sie bilden keine Untergruppe, lassen sich aber als Produkte

$$\mathrm{Det}(A) < 0, \quad A = I \circ A_+ = I A_+, \quad A_+ \in GL^+(V^3) \tag{1.2-80}$$

schreiben, wo

$$I: V^3 \to V^3, \quad \vec{x} \mapsto -\vec{x}, \quad \forall \vec{x} \in V^3 \tag{1.2-81}$$

die Raumspiegelung ist.

Wir bilden nun den Vektorraum

$$\tilde{V} := V^3 \times V^3 = \{(\vec{x}_1,\vec{x}_2) \,|\, \vec{x}_1,\vec{x}_2 \in V^3\} \tag{1.2-82}$$

und denken uns die Elemente $\vec{x}_1, \vec{x}_2$ von $(\vec{x}_1,\vec{x}_2)$ einem Paar von entgegengesetzten Orientierungen $(\xi, -\xi)$ von V^3 zugeordnet. Die Vektoroperationen auf $\tilde{V}$ lauten

$$\begin{aligned} (\vec{x}_1,\vec{x}_2) + (\vec{y}_1,\vec{y}_2) &= (\vec{x}_1 + \vec{y}_1, \vec{x}_2 + \vec{y}_2) \\ a(\vec{x}_1,\vec{x}_2) &= (a\vec{x}_1, a\vec{x}_2) \ , \quad a \in \mathbb{R} \ . \end{aligned} \tag{1.2-83}$$

Ferner ordnen wir jedem Element $A \in GL(V^3)$ eine Abbildung $D(A): \tilde{V} \to \tilde{V}$ zu,

$$D(A): \tilde{V} \to \tilde{V}, \ (\vec{x}_1, \vec{x}_2) \mapsto \begin{cases} (A\vec{x}_1, A\vec{x}_2) \ , & \mathrm{Det}(A) > 0 \\ (A\vec{x}_2, A\vec{x}_1) \ , & \mathrm{Det}(A) < 0 \end{cases} , \tag{1.2-84}$$

so daß $D(A)$ die den Orientierungen $(\xi, -\xi)$ zugeordneten Vektoren vertauscht, wenn $\mathrm{Det}(A) < 0$ ist. Die Abbildung $D: GL(V^3) \to GL(\tilde{V})$ ist eine Darstellung von $GL(V^3)$ durch lineare Abbildungen $D(A): \tilde{V} \to \tilde{V}$, d.h. es gilt

$$D(A_1 A_2) = D(A_1) D(A_2) \ , \quad A_1, A_2 \in GL(V^3) \ . \tag{1.2-85}$$

Der Vektorraum $\tilde{V}$ läßt sich in die direkte Summe

$$\tilde{V} = V^3_+ \oplus V^3_- \tag{1.2-86}$$

aufspalten. Die Unterräume

$$V^3_\pm := \{(\vec{x}, \pm\vec{x}) \,|\, \vec{x} \in V^3\} \tag{1.2-87}$$

sind linear unabhängig, da ihr Durchschnitt nur den Nullvektor $(\vec{0}, \vec{0}) \in \tilde{V}$ enthält. Während der Vektorraum V^3_+ durch die Abbildung $(\vec{x}, \vec{x}) \mapsto \vec{x}$ kanonisch mit V^3 identifiziert werden kann, identifiziert die Zuordnung $(\vec{x}, -\vec{x}) \mapsto \pm\vec{x}$ den Vektorraum V^3 mit dem orientierten Vektorraum $(V^3, \pm\xi)$. Wir betrachten nun den Vektorraum

$$\underline{V}^3 := \{(\vec{x}, -\vec{x}) \,|\, x \in V^3\} \ , \tag{1.2-88}$$

der sich von V^3_- dadurch unterscheidet, daß wir von der Zuordnung seine Elemente $(\vec{x}, -\vec{x})$ zu einem bestimmten Paar von Orientierungen absehen. Da $\underline{V}^3$ nicht kanonisch mit V^3 identifiziert werden kann, müssen wir zwischen Elementen aus $\underline{V}^3$ und V^3 unterscheiden. Wir nennen die Elemente aus $\underline{V}^3$ ungerade Vektoren oder Pseudovektoren und die Elemente aus V^3 gerade Vektoren oder Vektoren. Falls erforderlich, kennzeichnen wir die ungeraden Vektoren durch Unterstreichen, z.B. $\underline{\vec{x}} \in \underline{V}^3$.

Sei nun $B = \{\vec{e}_1, \vec{e}_2, \vec{e}_3\}$ eine Basis von V^3. Mit (1.2-83) ergibt sich für einen ungeraden Vektor

$$\underline{\vec{x}} = (\vec{x}, -\vec{x}) = (\vec{e}_i, -\vec{e}_i) x^i =: \underline{\vec{e}}_i x^i \ , \tag{1.2-89}$$

d.h. $\underline{B} = \{\underline{\vec{e}}_1, \underline{\vec{e}}_2, \underline{\vec{e}}_3\}$ ist eine Basis von $\underline{V}^3$. Das Transformationsgesetz für die Basiselemente unter der Abbildung (1.2-84) lautet

$$\underline{\vec{e}}'_i = D(A)\underline{\vec{e}}_i = (A\vec{e}_i, -A\vec{e}_i)\,\mathrm{sgn}\{\mathrm{Det}(A)\} = \underline{\vec{e}}_j A^j_i \,\mathrm{sgn}\{\mathrm{Det}(A)\} \ , \quad i = 1,2,3 \ , \tag{1.2-90}$$

wo $\operatorname{sgn}\{\operatorname{Det}(A)\}$ das Vorzeichen der Determinante der Abbildung $A: V^3 \to V^3$ ist. Ein Vergleich mit dem Transformationsgesetz

$$\vec{e}_i' = A\vec{e}_i = \vec{e}_j A^j_i , \quad i = 1,2,3 ,$$

zeigt, daß sich die Matrizen von $A: V^3 \to V^3$ und $D(A): \underline{V}^3 \to \underline{V}^3$ bezüglich zugeordneter Basen durch den Faktor $\operatorname{sgn}\{\operatorname{Det}(A)\}$ unterscheiden. Für die Koordinaten eines ungeraden Vektors bei einem Basiswechsel $\underline{B} \mapsto \underline{B}'$ erhalten wir das Transformationsgesetz

$$\underline{\vec{x}} = \underline{\vec{e}}_i x^i = \underline{\vec{e}}_i' x'^i , \tag{1.2-91}$$

$$x'^i = \operatorname{sgn}\{\operatorname{Det}(A)\}(A^{-1})^i_j x^j, \quad i = 1,2,3 .$$

Charakteristisch ist das Verhalten von ungeraden Vektoren bei einer Raumspiegelung. Während gerade Vektoren ihr Vorzeichen wechseln (s. 1.2-81), liefert (1.2-90) für ungerade Vektoren

$$D(I): \underline{V}^3 \to \underline{V}^3 , \quad \underline{\vec{x}} \mapsto -\underline{\vec{x}} \operatorname{sgn}\{\operatorname{Det}(I)\} = \underline{\vec{x}} , \quad \forall \underline{\vec{x}} \in \underline{V}^3 . \tag{1.2-92}$$

Der Faktor $\operatorname{sng}\{\operatorname{Det}(I)\} = (-1)$ heißt Parität. Ungerade Vektoren haben im Gegensatz zu geraden Vektoren die Parität (-1).

In entsprechender Weise definieren wir den Vektorraum $\underline{\mathbb{R}}$ der ungeraden 0-Vektoren oder Pseudoskalare,

$$\underline{\mathbb{R}} := \{(a,-a) \mid a \in \mathbb{R}\} . \tag{1.2-93}$$

Die Darstellung $D(A)$ von $GL(V^3)$ ist

$$D(A)\underline{a} = \operatorname{sgn}\{\operatorname{Det}(A)\}\underline{a} , \quad \forall \underline{a} \in \underline{\mathbb{R}} . \tag{1.2-94}$$

Ebenso muß die Koordinate a von $\underline{a} = (a,-a)$ bezüglich des Basiselements $\underline{1} = (1,-1)$ bei einem Basiswechsel $\underline{1} \mapsto \underline{1} \cdot \operatorname{sgn}\{\operatorname{Det}(A)\}$ mit dem Faktor $\operatorname{sgn}\{\operatorname{Det}(A)\}$ multipliziert werden.

Um ungerade 2-Vektoren zu konstruieren, definieren wir äußere Produkte von ungeraden und geraden 1-Vektoren,

$$\underline{\vec{x}} \wedge \vec{y} := (\vec{x} \wedge \vec{y}, -\vec{x} \wedge \vec{y}) = \vec{x} \wedge \underline{\vec{y}} , \tag{1.2-95}$$

so daß der Vektorraum

$$\overset{2}{\underline{\wedge}} V^3 := \{(\vec{a},-\vec{a}) \mid \vec{a} \in \overset{2}{\wedge} V^3\} \tag{1.2-96}$$

der ungeraden 2-Vektoren als äußeres Produkt der Vektorräume V^3 und $\underline{V}^3$ aufgefaßt werden kann,

$$\overset{2}{\underline{\Lambda}}V^3 := V^3 \wedge \underline{V}^3 = \underline{V}^3 \wedge V^3 . \tag{1.2-97}$$

Ebenso kann der Vektorraum

$$\overset{3}{\underline{\Lambda}}V^3 := \{(a,-a) \,|\, a \in \overset{3}{\Lambda} V^3\} \tag{1.2-98}$$

der ungeraden 3-Vektoren als äußeres Produkt

$$\overset{3}{\underline{\Lambda}}V^3 = \overset{2}{\underline{\Lambda}}V^3 \wedge V^3 = \overset{2}{\Lambda} V^3 \wedge \underline{V}^3 \tag{1.2-99}$$

der Vektorräume $\overset{2}{\underline{\Lambda}}V^3$ und V^3 bzw. $\overset{2}{\Lambda} V^3$ und $\underline{V}^3$ angesehen werden. Das äußere Produkt von zwei ungeraden Multivektoren kann mit einem geraden Multivektor identifiziert werden, z.B.

$$\underline{\vec{x}} \wedge \underline{\vec{y}} = (\vec{x} \wedge \vec{y}, \vec{x} \wedge \vec{y}) = \vec{x} \wedge \vec{y} . \tag{1.2-100}$$

Äußere Produkte von geraden 0-Vektoren und ungeraden Multivektoren entsprechen Produkten von ungeraden Multivektoren und reellen Zahlen. Schließlich werden die äußeren Produkte von ungeraden 0-Vektoren und geraden Multivektoren nach dem Muster

$$\underline{a} \wedge \vec{x} = (a,-a) \wedge \vec{x} := (a\vec{x}, -a\vec{x}) = a \wedge \underline{\vec{x}} \tag{1.2-101}$$

gebildet. Produkte von Multivektoren gleicher Parität sind gerade, Produkte von Multivektoren verschiedener Parität ungerade.

Die Transformationsregeln für die Basiselemente von $\overset{2}{\underline{\Lambda}}V^3$ und $\overset{3}{\underline{\Lambda}}V^3$ unterscheiden sich wie (1.2-90) von den entsprechenden Regeln für gerade Multivektoren (s. 1.2-38a) durch den Faktor $\mathrm{sgn}\{\mathrm{Det}(A)\}$,

$$D(A) \wedge A : \overset{2}{\underline{\Lambda}}V^3 \to \overset{2}{\underline{\Lambda}}V^3, \quad \underline{\vec{e}}_i \wedge \vec{e}_j \mapsto \underline{\vec{e}}_k \wedge \vec{e}_\ell A^k_i A^\ell_j \,\mathrm{sgn}\{\mathrm{Det}(A)\} , \tag{1.2-102}$$

$$D(A) \wedge A \wedge A : \overset{3}{\underline{\Lambda}}V^3 \to \overset{3}{\underline{\Lambda}}V^3, \; \underline{\vec{e}}_i \wedge \vec{e}_j \wedge \vec{e}_k \mapsto \underline{\vec{e}}_\ell \wedge \vec{e}_m \wedge \vec{e}_n A^\ell_i A^m_j A^n_k \,\mathrm{sgn}\{\mathrm{Det}(A)\} . \tag{1.2-103}$$

Im besonderen liefert (1.2-103) für $(i,j,k) = (1,2,3)$

$$\underline{\vec{e}}_1 \wedge \vec{e}_2 \wedge \vec{e}_3 \to \underline{\vec{e}}_1 \wedge \vec{e}_2 \wedge \vec{e}_3 |\mathrm{Det}(A)| . \tag{1.2-104}$$

Die Koordinatentransformationen für einen Basiswechsel lauten:

$$\underline{\vec{a}} = \frac{1}{2!}\,\underline{\vec{e}}_i \wedge \vec{e}_j\, a^{ij} = \frac{1}{2!}\,\underline{\vec{e}}'_i \wedge \vec{e}'_j\, a'^{ij} \quad \Rightarrow \quad a'^{ij} = \operatorname{sgn}\{\operatorname{Det}(A)\}(A^{-1})^i_k (A^{-1})^i_\ell\, a^{k\ell} \tag{1.2-105}$$

$$\underline{a} = \frac{1}{3!}\,\underline{\vec{e}}_i \wedge \vec{e}_j \wedge \vec{e}_k\, a^{ijk} = \frac{1}{3!}\,\underline{\vec{e}}'_i \wedge \vec{e}'_j \wedge \vec{e}'_k\, a'^{ijk} \quad \Rightarrow$$

$$\Rightarrow \quad a'^{ijk} = \operatorname{sgn}\{\operatorname{Det}(A)\}(A^{-1})^i_\ell (A^{-1})^j_m (A^{-1})^k_n\, a^{\ell mn}. \tag{1.2-106}$$

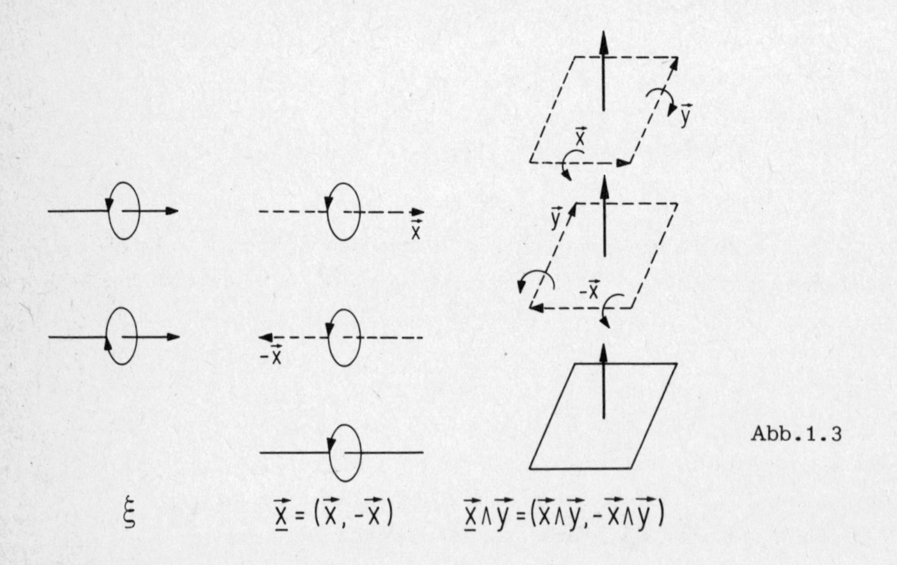

Abb.1.3

Wir fragen uns nun, ob auch die ungeraden Multivektoren wie die geraden in einfacher Weise geometrisch veranschaulicht werden können. Ein ungerader 1-Vektor ist ein geordnetes Paar $\underline{\vec{x}} = (\vec{x}, -\vec{x})$ von entgegengesetzt gerichteten 1-Vektoren. Wie vereinbaren nun, daß das erste Element des Paares der Raumorientierung Rechtsschraube, das zweite Element der Orientierung Linksschraube zugeordnet wird und ergänzen die Richtungen von entsprechenden Pfeilrepräsentanten der 1-Vektoren so durch einen Umlaufsinn, daß sich die jeweilige Raumorientierung ξ ergibt. Dieser Umlaufsinn ist unabhängig von der Raumorientierung (s. Abb.1.3). Das geometrische Bild eines ungeraden 1-Vektors ist also eine Strecke mit einem Umlaufsinn. Mathematisch ist das eine orientierte Abbildung einer Strecke in V^3, denn über den Umlaufsinn kann jeder Orientierung von V^3 genau eine Orientierung der Strecke zugeordnet werden. In ähnlicher Weise kann man den Umlaufsinn der Elemente des ungeraden 2-Vektors $\underline{\vec{x}} \wedge y = (\vec{x} \wedge \vec{y}, -\vec{x} \wedge \vec{y})$ durch einen Pfeil so ergänzen, daß sich der Schraubsinn der zugeordneten Orientierung ξ von V^3 ergibt (s. Abb.1.3). Die Richtung dieses Pfeils ist ebenfalls von ξ unabhängig, so daß ein ungerader 2-Vektor geometrisch durch ein Parallelogramm mit aufgestecktem Pfeil dargestellt werden kann. Mathematisch bedeutet das eine orientierte Abbildung des Parallelogramms in V^3. Ebenso ist ein ungerader 3-Vektor eine orientierte Abbildung eines Parallelepipeds in V^3, während ein ungerader 0-Vektor durch einen Punkt mit Schraubsinn darzustellen ist. Bezüglich dieses Schraubsinns kann nämlich jeder Orientierung ξ von V^3 eine der beiden Orientierungen +,- eines Punktes zugeordnet werden. Umgekehrt ist das geometrische Bild eines ungeraden 3-Vektors ein Parallelepiped mit der Orientierung eines Punktes.

Die den ungeraden Multivektoren zugeordnete orientierte Abbildung wird auch transversale Orientierung genannt im Gegensatz zur inneren Orientierung der geraden Multivektoren. Ist der Vektorraum orientiert, so gestattet die transversale Orientierung eine kanonische Zuordnung von innerer Orientierung und Raumorientierung, die die Identifizierung von geraden und ungeraden Multivektoren gestattet. Sie bedeutet geometrisch die Ergänzung der transversalen durch eine innere Orientierung zum Schraubsinn der Raumorientierung. Algebraisch wird jedem ungeraden Multivektor (..,..) bei der Raumorientierung Rechtsschraube das erste Element und bei der Orientierung Linksschraube das zweite Element des geordneten Paares als gerader Multivektor zugeordnet.

Die dualen Größen zu den ungeraden p-Vektoren sind ungerade p-Formen. Zwischen beiden gibt es ein Skalarprodukt $\langle \_,\_ \rangle$, das nicht mit dem Skalarprodukt zwischen geraden Größen verwechselt werden darf. Betrachten wir dazu ein Beispiel. Wir vereinbaren zunächst, daß einer Orientierung ξ von V^3 diejenige Äquivalenzklasse von 3-Formen als Orientierung von V^{3*} zugeordnet wird, deren Skalarprodukte mit 3-Vektoren aus ξ positiv sind. Sei nun ξ die Äquivalenzklasse des 3-Vektors $\vec{e}_1 \wedge \vec{e}_2 \wedge \vec{e}_3$. Dann bezeichnet man die gerade 3-Form

$$\tau := \sqrt{g}\, \bar{e}^1 \wedge \bar{e}^2 \wedge \bar{e}^3 \tag{1.2-107}$$

als orientiertes Euklidisches Volumenmaß, wo g die Determinante der metrischen Matrix G ist (s. 1.2-59). Tatsächlich ist

$$\tau(\vec{x},\vec{y},\vec{z}) = \langle \tau, \vec{x} \wedge \vec{y} \wedge \vec{z} \rangle = \sqrt{g}\, D(\vec{x},\vec{y},\vec{z}) \tag{1.2-108}$$

das Euklidische Volumen des orientierten Parallelepipeds $\vec{x} \wedge \vec{y} \wedge \vec{z}$, wenn $\vec{x} \wedge \vec{y} \wedge \vec{z} \in \xi$. Dann ist nämlich $D(\vec{x},\vec{y},\vec{z}) > 0$. Wir bilden nun die ungerade 3-Form

$$\underline{\tau} := \sqrt{g}\, \underline{\bar{e}}^1 \wedge \bar{e}^2 \wedge \bar{e}^3 = \sqrt{g}\, \frac{1}{2} (\bar{e}^1 \wedge \bar{e}^2 \wedge \bar{e}^3, -\bar{e}^1 \wedge \bar{e}^2 \wedge \bar{e}^3). \tag{1.2-109}$$

Der Faktor 1/2 ist darauf zurückzuführen, daß die ungerade 1-Form

$$\underline{\bar{e}}^1 = \frac{1}{2} (\bar{e}^1, -\bar{e}^1)$$

das duale Element zum ungeraden 1-Vektor $\underline{\vec{e}}_1 = (\vec{e}_1, -\vec{e}_1)$ ist,

$$\langle \underline{\bar{e}}^1, \underline{\vec{e}}_1 \rangle = \frac{1}{2} (\langle \bar{e}^1, \vec{e}_1 \rangle + \langle \bar{e}^1, \vec{e}_1 \rangle) = 1.$$

Natürlich kann man statt $\underline{e}^{-1}$ auch einen der anderen Faktoren in (1.2-109) ungerade wählen. Ist nun

$$\underline{\vec{x}} \wedge \vec{y} \wedge \vec{z} = (\vec{x} \wedge \vec{y} \wedge \vec{z}, -\vec{x} \wedge \vec{y} \wedge \vec{z}) \qquad (1.2\text{-}110)$$

ein beliebiger ungerader 3-Vektor, so erhalten wir

$$\langle \underline{\tau}, \underline{\vec{x}} \wedge \vec{y} \wedge \vec{z} \rangle = \sqrt{g}\; D(\vec{x},\vec{y},\vec{z}) = \sqrt{g}\; |D(\vec{x},\vec{y},\vec{z})| \; . \qquad (1.2\text{-}111)$$

Bei der Bildung des Skalarprodukts $\langle \_,\_ \rangle$ werden nämlich jeweils die Elemente der geraden Paare (1.2-109) und (1.2-110) multipliziert, die zu derselben Raumorientierung gehören, so daß $D(\vec{x},\vec{y},\vec{z}) > 0$. Im Unterschied zu (1.2-108) ist (1.2-111) stets positiv, d.h. die ungerade 3-Form $\underline{\tau}$ ist das absolute Euklidische Volumenmaß.

Im Rahmen der äußeren Algebra werden Skalarprodukte $\langle \_,\_ \rangle$ zwischen p-Formen und q-Vektoren für $p \neq q$ per Definition gleich Null gesetzt, weil die entsprechenden Größen als linear unabhängig zu betrachten sind. Aus dem gleichen Grunde verschwinden alle Skalarprodukte $\langle \,,\_ \rangle$ oder $\langle \_,\, \rangle$ zwischen Größen verschiedener Parität per Definition. Entsprechendes gilt für das Euklidische Skalarprodukt, dessen Übertragung $\langle \_|\_ \rangle$ auf ungerade Größen offensichtlich ist. Innere Produkte sind dagegen auch zwischen Größen verschiedener Parität erklärt, z.B. gilt (s. 1.2-40)

$$\langle \underline{A} \wedge B, \underline{C} \rangle = \langle \underline{A}, B \cdot \underline{C} \rangle, \quad \underline{A} \in \overset{p}{\wedge}\_V^{3*}, \quad \underline{C} \in \overset{p+q}{\wedge}\_V^{3}. \qquad (1.2\text{-}112)$$

Das Produkt

$$\underline{\vec{x}} \cdot \vec{y} = \underline{1} \langle \vec{x} | \vec{y} \rangle \; , \quad \underline{1} = (1,-1),$$

ist ein Pseudoskalar, also ein Element aus $\underline{\mathbb{R}}$, während das Skalarprodukt $\langle \; | \; \rangle$ stets ein Element aus $\mathbb{R}$ ist. Andererseits ist das Produkt $\langle \underline{\vec{x}} | \vec{y} \rangle = 0$ per Definition.

Die Basiselemente der ungeraden Multiformen transformieren sich kovariant zu den Koordinaten der ungeraden Multivektoren bei einem Basiswechsel, während sich die Koordinaten der ungeraden Formen bei einem Basiswechsel kovariant zu den Basiselementen der ungeraden Multivektoren transformieren. Gerade und ungerade Multivektoren bzw. Multiformen lassen sich gruppentheoretisch nach den zugeordneten Darstellungen der Gruppe $GL(V^3)$ klassifizieren. Die Einschränkung auf eine Untergruppe von $GL(V^3)$ gestattet die Identifizierung von Darstellungen und den zugeordneten Größen (siehe hierzu Aufgabe 1.3).

1.2.5. Der *-Operator

In der Aufgabe 1.2 wird eine isomorphe Abbildung $\varphi\colon \wedge V^3 \to \wedge V^{3*}$ definiert, die p-Vektoren auf (3-p)-Formen abbildet, während die inverse Abbildung $\varphi^{-1}\colon \wedge V^{3*} \to \wedge V^3$

q-Formen und (3-q)-Vektoren einander zuordnet. Die Definition von φ macht von der kanonischen Bilinearform Gebrauch. Nachdem wir im Abschnitt 1.2.3 das Euklidische Skalarprodukt $\langle\,|\,\rangle$ auf die Vektorräume ΛV^3 und ΛV^{3*} übertragen haben, liegt es nahe, nach dem gleichen Muster Isomorphismen $*: \Lambda V^3 \to \Lambda V^3$ bzw. $*: \Lambda V^{3*} \to \Lambda V^{3*}$ zu erklären, die p-Vektoren bzw. q-Formen auf (3-p)-Vektoren bzw. (3-q)-Formen abbilden. Sie heißen $*$-Isomorphismen oder $*$-Operatoren.

Wir definieren den $*$-Operator auf dem Vektorraum ΛV^{3*} der Multiformen. Eine analoge Definition gilt für Multivektoren. Wir nehmen zunächst an, daß der Vektorraum V^3 und damit auch der Dualraum V^{3*} orientiert ist, so daß gerade und ungerade Multiformen identifiziert werden können. Als Orientierung wählen wir die Äquivalenzklasse des 3-Vektors $\vec{e}_1 \wedge \vec{e}_2 \wedge \vec{e}_3$. Dann ist (s. 1.2-107)

$$\tau = \sqrt{g}\; \bar{e}^1 \wedge \bar{e}^2 \wedge \bar{e}^3 \tag{1.2-113}$$

das <u>orientierte Euklidische Volumenmaß</u>. Die Definition des $*$-Operators lautet

$$* : \Lambda V^{3*} \to \Lambda V^{3*}, \quad \langle Z \wedge A | \tau \rangle =: \langle Z | *A \rangle, \quad A \in \Lambda V^{3*}, \quad \forall Z \in \Lambda V^{3*}. \tag{1.2-114}$$

Wie man sieht, ist die Abbildung $* : \Lambda V^{3*} \to \Lambda V^{3*}$ linear. Es genügt daher, die Zuordnung der Basiselemente zu bestimmen. Zunächst folgt aus (1.2-114)

$$* A = A \cdot \tau \,. \tag{1.2-115}$$

Damit erhalten wir für die Basiselemente von ΛV^{3*} (siehe Aufgabe 1.4)

$$*: \begin{cases} \mathbb{R} \to \overset{3}{\Lambda} V^{3*} & ; \quad *(1) = \sqrt{g}\; \bar{e}^1 \wedge \bar{e}^2 \wedge \bar{e}^3 \\ V^{3*} \to \overset{2}{\Lambda} V^{3*} & ; \quad *(\bar{e}^i) = \frac{1}{\sqrt{g}} \frac{1}{2}\, \varepsilon^{ijk} g_{j\ell} g_{km}\, \bar{e}^\ell \wedge \bar{e}^m \\ \overset{2}{\Lambda} V^{3*} \to V^{3*} & ; \quad *(\bar{e}^i \wedge \bar{e}^j) = \frac{1}{\sqrt{g}}\, \varepsilon^{ijk} g_{k\ell}\, \bar{e}^\ell \\ \overset{3}{\Lambda} V^{3*} \to \mathbb{R} & ; \quad *(\bar{e}^1 \wedge \bar{e}^2 \wedge \bar{e}^3) = \frac{1}{\sqrt{g}} \,. \end{cases} \tag{1.2-116}$$

Der $*$-Operator bildet in der Tat q-Formen auf (3-q)-Formen ab, und zwar so, daß sich die Orientierungen von Bild- und Urbildelementen jeweils zur Raumorientierung ergänzen.

An Hand der Abbildungstabelle (1.2-116) überzeugt man sich leicht, daß der $*$-Operator eine Isometrie des Skalarprodukts $\langle\,|\,\rangle$ auf ΛV^{3*} ist, d.h. es gilt

$$\langle A | B \rangle = \langle *A | *B \rangle, \quad \forall A, B \in \Lambda V^{3*}. \tag{1.2-117}$$

Ist nämlich die Basis $\bar{B} = (\bar{e}^1, \bar{e}^2, \bar{e}^3)$ von V^{3*} orthonormal ($g^{ij} = \delta^{ij}$), so sieht man sofort, daß die Bildelemente wieder eine Orthonormalbasis bilden. Das ist äquivalent mit (1.2-117). Aus (1.2-114) liest man ab, daß Z eine (3-q)-Form sein muß, wenn A eine q-Form ist. Folglich ist (s. 1.2-16)

$$Z \wedge A = (A \wedge Z)(-1)^{(3-q)q}. \tag{1.2-118}$$

Wir vertauschen A und Z in (1.2-114) und erhalten mit (1.2-118)

$$\langle A | * Z \rangle = \langle Z | * A \rangle (-1)^{(3-q)q}. \tag{1.2-119}$$

Nun ersetzen wir A durch $*A$ und beachten (1.2-117)

$$\langle A | Z \rangle = \langle Z | A \rangle = \langle Z | *(*A) \rangle (-1)^{(3-q)q}, \tag{1.2-120}$$

oder, da der Exponent von (-1) für alle Werte von q gerade ist,

$$*(*A) = (*)^2 A = A, \quad \forall A \in \wedge V^{3*}. \tag{1.2-121}$$

Wie man sieht, ist für die Beziehung (1.2-121) wesentlich, daß die Dimension von V^3 ungerade ist.

Sei nun $\bar{B}' = (\bar{e}'^1, \bar{e}'^2, \bar{e}'^3) = ({}^tA^{-1}\bar{e}^1, {}^tA^{-1}\bar{e}^2, {}^tA^{-1}\bar{e}^3)$ eine andere, gleichorientierte Basis von V^{3*}, d.h. die Abbildung $A: V^3 \to V^3$ ist ein Element aus $GL^+(V^3)$ mit $\mathrm{Det}(A) > 0$. Bezüglich der gestrichenen Basiselemente lautet die Darstellung des orientierten Volumenmaßes (s. 1.2-113)

$$\tau = \sqrt{g'}\, \bar{e}'^1 \wedge \bar{e}'^2 \wedge \bar{e}'^3, \quad \sqrt{g'} = \sqrt{g}\, \mathrm{Det}(A). \tag{1.2-122}$$

Folglich erhält man die Abbildungstabelle für die gestrichenen Basiselemente, wenn man in (1.2-116) Basiselemente und Elemente der metrischen Matrix durch die gestrichenen Größen ersetzt (siehe hierzu auch Aufgabe 1.4). Nun gilt für orthogonale Abbildungen $R \in SO(V^3)$:

$$g_{ij} = g(\vec{e}_i, \vec{e}_j) = g(\vec{e}'_i, \vec{e}'_j) = g'_{ij},$$

so daß der $*$-Operator invariant unter orthogonalen Abbildungen ist, die die Orientierung erhalten,

$${}^tR * {}^tR^{-1} = *, \quad \forall R \in SO(V^3). \tag{1.2-123}$$

Hier steht ${}^tR$ für die auf $\wedge V^{3*}$ fortgesetzte Abbildung ${}^tR: V^{3*} \to V^{3*}$.

Die Gesetze der klassischen Physik sind invariant unter der vollen orthogonalen Gruppe $O(V^3)$, im besonderen unter der Raumspiegelung (1.2-81). Es ist nicht erforderlich, eine bestimmte Orientierung des Raumes vorzugeben, um die Gesetze der klassischen Physik zu formulieren. Folglich muß der $*$-Operator unabhängig von der Orientierung definiert werden, wenn man ihn in der klassischen Physik verwenden will. Das ist möglich, wenn wir in der Definition (1.2-114) das orientierte Volumenmaß τ durch das absolute Volumenmaß $\underline{\tau}$ (s. 1.2-109) ersetzen,

$$\langle Z \wedge \underline{A} | \underline{\tau} \rangle =: \langle Z | \underline{*}\, \underline{A} \rangle . \tag{1.2-124}$$

Da τ eine ungerade 3-Form ist, gilt nämlich (s. 1.2-103)

$$\underline{\tau} = \sqrt{g}\; \bar{e}'^1 \wedge \bar{e}'^2 \wedge \bar{e}'^3 \;, \qquad R \in O(V^3), \tag{1.2-125}$$

im Gegensatz zu

$$\tau = \sqrt{g}\; \bar{e}'^1 \wedge \bar{e}'^2 \wedge \bar{e}'^3 \operatorname{sgn}\{\mathrm{Det}(R)\} \;, \qquad R \in O(V^3) . \tag{1.2-126}$$

Folglich vertauscht der durch (1.2-124) definierte $\underline{*}$-Operator mit allen orthogonalen Abbildungen

$${}^tR \;\underline{*}\; {}^tR^{-1} = \underline{*} \,, \qquad \forall R \in O(V^3) . \tag{1.2-127}$$

Der Operator $\underline{*}$ bildet gerade auf ungerade Formen ab und umgekehrt. Statt (1.2-116) erhalten wir

$$\underline{*} : \begin{cases} \mathbb{R} \to \underline{\overset{3}{\wedge}}\, V^{3*} & ; \quad \underline{*}\,(1) = \sqrt{g}\; \underline{\bar{e}}^1 \wedge \bar{e}^2 \wedge \bar{e}^3 \\ V^{3*} \to \underline{\overset{2}{\wedge}}\, V^{3*} & ; \quad \underline{*}\,(\bar{e}^i) = \dfrac{1}{\sqrt{g}}\, \dfrac{1}{2}\, \varepsilon^{ijk} g_{j\ell} g_{km} \underline{\bar{e}}^\ell \wedge \bar{e}^m \\ \overset{2}{\wedge}\, V^{3*} \to \underline{V}^{3*} & ; \quad \underline{*}\,(\bar{e}^i \wedge \bar{e}^j) = \dfrac{1}{\sqrt{g}}\, \varepsilon^{ijk} g_{k\ell} \underline{\bar{e}}^\ell \\ \overset{3}{\wedge}\, V^{3*} \to \underline{\mathbb{R}} & ; \quad \underline{*}\,(\bar{e}^1 \wedge \bar{e}^2 \wedge \bar{e}^3) = \dfrac{1}{\sqrt{g}}\, \underline{1} . \end{cases} \tag{1.2-128}$$

Wie bereits früher bemerkt, spielt es keine Rolle, welchen Faktor wir in einer ungeraden Multiform unterstreichen. Ebenso definiert man den Operator $\underline{*}$ auf den ungeraden Basiselementen. Die Beziehungen (1.2-117) und (1.2-121) gelten entsprechend.

Das absolute Euklidische Volumenmaß $\underline{\tau}$ ist durch die konstruktiven Daten des Dreibeins von Maßstäben bestimmt, das der Physiker zur Definition seines Koordinatensystems benutzt. Wir wollen uns nun überlegen, was die Zuordnungen (1.2-128) geometrisch bedeuten. Für eine orthonormale Basis ergibt sich z.B.

$$\underline{*}\,\bar{e}^1 = \underline{\bar{e}}^2 \wedge \bar{e}^3 \,. \tag{1.2-129}$$

Wenn wir die Multiformen in der gleichen Weise wie die Multivektoren geometrisch darstellen, ist $\underline{\bar{e}}^2 \wedge \bar{e}^3$ die ungerade 2-Form, deren transversale Orientierung mit der geraden 2-Form $\bar{e}^2 \wedge \bar{e}^3$ eine Rechtsschraube bildet, die also die Richtung von $\bar{e}^1$ hat. Durch den Operator $\underline{*}$ werden transversale Orientierung von ungeraden Größen und innere Orientierung von geraden Größen gleichgesetzt. Das ist tatsächlich möglich, ohne eine Orientierung von V^3 einzuführen.

In entsprechender Weise kann man den $\underline{*}$-Operator für Multivektoren erklären. Man verwendet dann statt $\underline{\tau}$ den ungeraden 3-Vektor

$$\iota^{-1} : V^{3*} \to V^3 \,, \qquad \iota^{-1}(\underline{\tau}) = \frac{1}{\sqrt{g}}\, \underline{\vec{e}}_1 \wedge \vec{e}_2 \wedge \vec{e}_3 \,. \tag{1.2-130}$$

Das in der Physik übliche Vektorprodukt (Zeichen $\times$) von 1-Vektoren kann mit Hilfe des $\underline{*}$-Operators ausgedrückt werden, z.B.

$$\vec{x} \times \vec{y} := \underline{*}(\vec{x} \wedge \vec{y}) \,. \tag{1.2-131}$$

Das Vektorprodukt hat die entgegengesetzte Parität wie der zugeordnete 2-Vektor, ist also spiegelungsinvariant,

$$I : V^3 \to V^3 , \quad \vec{x} \times \vec{y} \mapsto I\, \underline{*}\, I^{-1}(I\vec{x} \wedge I\vec{y}) = \underline{*}(\vec{x} \wedge \vec{y}) \,.$$

Natürlich kann in (1.2-131) auch einer der beiden 1-Vektoren ungerade sein. In ähnlicher Weise gilt für das sogenannte Spatprodukt von drei 1-Vektoren

$$\vec{x} \cdot (\vec{y} \times \vec{z}) = \underline{*}\; \vec{x} \wedge \vec{y} \wedge \vec{z} \,. \tag{1.2-132}$$

Das Spatprodukt ist ein Pseudoskalar. Der Punkt in (1.2-132) zeigt ein inneres Produkt zwischen Vektoren verschiedener Parität an. Weitere Beziehungen zwischen den Produkten der physikalischen Vektorrechnung und den $*$-Abbildungen findet man in Aufgabe 1.5.

Im physikalischen Teil verwenden wir ausschließlich den $\underline{*}$-Operator, so daß wir auf das Unterstreichen verzichten können, zumal wir auch die ungeraden Größen nicht durch Unterstreichen kennzeichnen. Die Parität der physikalischen Größen ist evident und braucht nicht hervorgehoben zu werden.

1.3. Tensoren

1.3.1. Tensoralgebra

Das Tensorprodukt von Vektoren $\vec{x},\vec{y} \in V^3$ wird mit dem Symbol $\otimes$ bezeichnet,

$$x \otimes y \, . \tag{$\otimes$}$$

Es ist eine Verallgemeinerung des äußeren Produkts und wie dieses in jedem Faktor linear,

$$\vec{x} \otimes (a\vec{y} + b\vec{z}) = a(\vec{x} \otimes \vec{y}) + b(\vec{x} \otimes \vec{z}) \tag{$\otimes$ 1}$$

$$(a\vec{x} + b\vec{y}) \otimes \vec{z} = a(\vec{x} \otimes \vec{z}) + b(\vec{y} \otimes \vec{z}) \, . \tag{$\otimes$ 2}$$

Im Gegensatz zum äußeren Produkt ist das Tensorprodukt nicht antisymmetrisch [s. (Λ3)]. Es ist auch nicht symmetrisch, d.h. die tensorielle Multiplikation ist nicht kommutativ,

$$\vec{x} \otimes \vec{y} \neq \vec{y} \otimes \vec{x} \, , \qquad \vec{x} \neq \vec{y} \, .$$

Sei nun $B = \{\vec{e}_1, \vec{e}_2, \vec{e}_3\} \subset V^3$ eine Basis. Mit $\vec{x} = \vec{e}_i x^i$ und $\vec{y} = \vec{e}_j y^j$ erhalten wir wegen ($\otimes$ 1) und ($\otimes$ 2)

$$\vec{x} \otimes \vec{y} = (\vec{e}_i \otimes \vec{e}_j) x^i y^j \, . \tag{1.3-1}$$

Die Elemente $\vec{e}_i \otimes \vec{e}_j$ $(i,j = 1,2,3)$ sind eine Basis des neundimensionalen Vektorraums

$$V^3 \otimes V^3 := \{T = \vec{e}_i \otimes \vec{e}_j T^{ij} \mid T^{ij} \in \mathbb{R};\ i,j = 1,2,3\} \, , \tag{1.3-2}$$

dessen Elemente Tensoren genannt werden. Der Raum $V^3 \otimes V^3$ heißt Tensorprodukt von V^3 mit V^3. Tensorprodukte von Vektoren sind Tensoren, doch faktorisiert nicht jeder Tensor in ein Tensorprodukt von Vektoren.

Die gleiche Konstruktion für die Kovektoren führt zu dem Vektorraum

$$V^{3*} \otimes V^{3*} = \{\overline{T} = T_{ij} \bar{e}^i \otimes \bar{e}^j \mid T_{ij} \in \mathbb{R};\ i,j = 1,2,3\} \, . \tag{1.3-3}$$

Da die Kovektoren

$$\bar{e}^i : V^3 \to \mathbb{R}, \quad \bar{e}^i(\vec{x}) = x^i = \langle \bar{e}^i, \vec{x} \rangle, \qquad i = 1,2,3$$

lineare Abbildungen von V^3 in $\mathbb{R}$ sind, sind die Tensorprodukte

$$\bar{e}^i \otimes \bar{e}^j : V^3 \times V^3 \to \mathbb{R}, \quad \bar{e}^i \otimes \bar{e}^j(\vec{x},\vec{y}) := x^i y^j = \langle \bar{e}^i, \vec{x}\rangle \langle \bar{e}^j, \vec{y}\rangle, \qquad i,j = 1,2,3 \tag{1.3-4}$$

bilineare Abbildungen von $V^3 \times V^3$ in $\mathbb{R}$. Der Vektorraum $V^{3*} \otimes V^{3*}$ kann folglich mit dem Vektorraum der bilinearen Abbildungen von $V^3 \times V^3$ in $\mathbb{R}$ identifiziert werden. Dem Element $\bar{T} \in V^{3*} \otimes V^{3*}$ (s. 1.3-3) wird die Bilinearform

$$\begin{aligned} \bar{T} : V^3 \times V^3 \to \mathbb{R}, \quad \bar{T}(\vec{x},\vec{y}) &= T_{ij}(\bar{e}^i \otimes \bar{e}^j(\vec{x},\vec{y})) = \\ &= T_{ij}\langle \bar{e}^i, \vec{x}\rangle \langle \bar{e}^j, \vec{y}\rangle = T_{ij} x^i y^j, \\ &\forall (\vec{x},\vec{y}) \in V^3 \times V^3 \end{aligned} \tag{1.3-5}$$

zugeordnet. Nun kann man jeder Bilinearform (1.3-5) genau eine Linearform über $V^3 \otimes V^3$ zuordnen. Dazu geht man von der Darstellung

$$\bar{T}(\vec{x},\vec{y}) = \bar{T}(\vec{e}_i, \vec{e}_j) x^i y^j$$

bezüglich einer Basis $B = \{\vec{e}_1, \vec{e}_2, \vec{e}_3\} \subset V^3$ aus und setzt

$$T_{ij} = \bar{T}(\vec{e}_i, \vec{e}_j) =: \tilde{T}(\vec{e}_1 \otimes \vec{e}_j) \qquad i,j = 1,2,3 \, . \tag{1.3-6}$$

Die lineare Fortsetzung

$$\tilde{T} : V^3 \otimes V^3 \to \mathbb{R}, \qquad \tilde{T}(\vec{e}_i \otimes \vec{e}_j T^{ij}) = \tilde{T}(\vec{e}_i \otimes \vec{e}_j) T^{ij} = T_{ij} T^{ij} \tag{1.3-7}$$

ist eine Linearform über $V^3 \otimes V^3$, d.h. ein Element aus dem Dualraum $(V^3 \otimes V^3)^*$. Die Zuordnung (1.3-6) erlaubt die Identifizierung des Dualraums $(V^3 \otimes V^3)^*$ mit dem Tensorprodukt der Dualräume,

$$(V^3 \otimes V^3)^* = V^{3*} \otimes V^{3*}. \tag{1.3-8}$$

In diesem Sinn sind die Tensorprodukte $\bar{e}^i \otimes \bar{e}^j$ duale Basiselemente zu den Produkten $\vec{e}_k \otimes \vec{e}_\ell$. Wir definieren die kanonische Bilinearform $\langle \, , \, \rangle : (V^3 \otimes V^3)^* \times (V^3 \otimes V^3) \to \mathbb{R}$ auf den Basiselementen durch

$$\langle \bar{e}^i \otimes \bar{e}^j, \vec{e}_k \otimes \vec{e}_\ell \rangle := \delta^i_k \delta^j_\ell \;, \quad i,j,k,\ell = 1,2,3 \tag{1.3-9}$$

und erhalten durch lineare Fortsetzung in beiden Faktoren

$$\langle \overline{T}, U \rangle = T_{ij} \langle \overline{e}^i \otimes \overline{e}^j, \vec{e}_k \otimes \vec{e}_\ell \rangle U^{k\ell} = T_{ij} U^{ij} ,$$

$$\forall U = \vec{e}_k \otimes \vec{e}_\ell \, U^{k\ell} \in V^3 \otimes V^3 , \tag{1.3-10}$$

$$\forall \overline{T} = T_{ij} \overline{e}^i \otimes \overline{e}^j \in V^{3*} \otimes V^{3*} .$$

Wir haben gesehen, daß die Elemente von $V^{3*} \otimes V^{3*}$ bilineare Abbildungen $V^3 \times V^3 \to \mathbb{R}$ sind. Man nennt sie auch 2-fach kovariante Tensoren oder Tensoren vom Typ (0,2). Diese Bezeichnung weist darauf hin, daß sich die Koordinaten des Tensors bei einem Basiswechsel kovariant zu den Basen transformieren. Mit

$$\vec{e}_i' = A \vec{e}_i = \vec{e}_j A^j_i , \qquad i = 1,2,3$$

erhalten wir nämlich

$$T'_{ij} = \langle \overline{T}, \vec{e}_i' \otimes \vec{e}_j' \rangle = \langle \overline{T}, \vec{e}_k \otimes \vec{e}_\ell \rangle A^k_i A^\ell_j = T_{k\ell} A^k_i A^\ell_j , \qquad \overline{T} \in V^{3*} \otimes V^{3*} . \tag{1.3-11}$$

Zum Beispiel ist das Skalarprodukt $g: V^3 \times V^3 \to \mathbb{R}$ ein Tensor vom Typ (0,2) (s. 1.1-43). Andererseits kann man die Elemente von $V^3 \otimes V^3$ als bilineare Abbildungen $V^{3*} \otimes V^{3*} \to \mathbb{R}$ auffassen, wenn man bedenkt, daß der Vektorraum V^3 mit seinen Bidualraum $(V^{3*})^*$ identifiziert werden kann, so daß $V^3 \otimes V^3 = (V^{3*})^* \otimes (V^{3*})^*$. Die Elemente von $V^3 \otimes V^3$ heißen auch 2-fach kontravariante Tensoren oder Tensoren vom Typ (2,0). Bei einem Basiswechsel transformieren sich die Koordinaten eines Tensors vom Typ (2,0) kontravariant zu den Basen,

$$T'^{ij} = \langle \overline{e}'^i \otimes \overline{e}'^j, T \rangle = (A^{-1})^i_k (A^{-1})^j_\ell \langle \overline{e}^k \otimes \overline{e}^\ell, T \rangle = (A^{-1})^i_k (A^{-1})^j_\ell T^{k\ell} ,$$

$$T \in V^3 \otimes V^3 . \tag{1.3-12}$$

Schließlich sind die Elemente des Tensorprodukts von V^{3*} und V^3,

$$V^{3*} \otimes V^3 = \{ T^j_i \overline{e}^i \otimes \vec{e}_j \mid T^j_i \in \mathbb{R};\ i,j = 1,2,3 \} \tag{1.3-13}$$

bilineare Abbildungen $V^3 \times V^{3*} \to \mathbb{R}$. Sie heißen 1-fach kovariante und 1-fach kontravariante Tensoren vom Typ (1,1). Das Transformationsgesetz folgt der Bezeichnung und kann aus (1.3-11) und (1.3-12) abgelesen werden. Die kanonische Bilinearform $\langle\ ,\ \rangle: V^{3*} \times V^3 \to \mathbb{R}$ ist ein Beispiel für einen Tensor vom Typ (1,1).

Die Verallgemeinerung der eingeführten Begriffe auf mehr als zwei Faktoren bereitet keine Schwierigkeiten. Die tensorielle Multiplikation ist assoziativ und linear in jedem Faktor. Zum Beispiel definieren wir das tensorielle Produkt von drei Kobasen als die trilineare Abbildung

$$\bar{e}^i \otimes \bar{e}^j \otimes \bar{e}^k : V^3 \times V^3 \times V^3 \to \mathbb{R} ,$$

$$\bar{e}^i \otimes \bar{e}^j \otimes \bar{e}^k(\vec{x},\vec{y},\vec{z}) := x^i y^j z^k = \langle \bar{e}^i, \vec{x}\rangle \langle \bar{e}^j, \vec{y}\rangle \langle \bar{e}^k, \vec{z}\rangle , \quad \forall \vec{x},\vec{y},\vec{z} \in V^3 , \tag{1.3-14}$$

so daß

$$(\bar{e}^i \otimes \bar{e}^j) \otimes \bar{e}^k = \bar{e}^i \otimes (\bar{e}^j \otimes \bar{e}^k) = \bar{e}^i \otimes \bar{e}^j \otimes \bar{e}^k . \tag{1.3-15}$$

Tensoren vom Typ (p,q), auch p-fach kontravariante und q-fach kovariante Tensoren genannt, sind $(p+q)$-lineare Abbildungen

$$T : \underbrace{V^{3*} \times \ldots \times V^{3*}}_{p\text{-mal}} \times \underbrace{V^3 \times \ldots \times V^3}_{q\text{-mal}} \to \mathbb{R}, \qquad T \in T^p_q(V^3) .$$

Die Menge aller Tensoren vom Typ (p,q) bildet den $\mathbb{R}$-Vektorraum

$$T^p_q(V^3) := \left\{ T = T^{i_1 \ldots i_p}_{j_1 \ldots j_q} \bar{e}^{j_1} \otimes \ldots \otimes \bar{e}^{j_q} \otimes \vec{e}_{i_1} \otimes \ldots \otimes \vec{e}_{i_p} \mid T^{i_1 \ldots i_p}_{j_1 \ldots j_q} \in \mathbb{R} ; \; i_1, \ldots, j_q = 1,2,3 \right\} . \tag{1.3-16}$$

Das Transformationsgesetz für die Koordinaten von $T \in T^p_q(V^3)$ bei einem Basiswechsel folgt der Bezeichnung. Andererseits kann der Vektorraum $T^p_q(V^3)$ mit dem Tensorprodukt

$$T^p_q(V^3) = \underbrace{V^3 \otimes \ldots \otimes V^3}_{p\text{-mal}} \otimes \underbrace{V^{3*} \otimes \ldots \otimes V^{3*}}_{q\text{-mal}} \tag{1.3-17}$$

identifiziert werden. Im besonderen ist

$$T^1_o(V^3) = V^3 , \qquad T^o_1(V^3) = V^{3*} . \tag{1.3-18}$$

Schließlich setzen wir noch

$$T^o_o(V^3) := \mathbb{R} . \tag{1.3-19}$$

In ähnlicher Weise wie $\wedge V^3$ (s. 1.2-13) bilden wir nun durch direkte Addition den Vektorraum

$$T(V^3) := \bigoplus_{p,q=0}^{\infty} T^p_q(V^3) = T^o_o(V^3) \oplus T^1_o(V^3) \oplus T^o_1(V^3) \oplus \ldots , \tag{1.3-20}$$

dessen Dimension im Gegensatz zu $\wedge V^3$ unendlich ist. Damit ist die Addition (Zeichen +) für alle Elemente aus $T(V^3)$ als innere Verknüpfung erklärt. Um auch die tensorielle Multiplikation (Zeichen $\otimes$) für alle Elemente zu definieren, setzen wir

$$T = T \otimes 1 = 1 \otimes T, \qquad \forall\, T \in T(V^3) . \tag{1.3-21}$$

Dann ist $T(V^3)$ mit der inneren Verknüpfung $\otimes$ ein Ring, dessen neutrales Element die reelle Zahl 1 ist. Mit den Verknüpfungen + und $\otimes$ ist $T(V^3)$ eine Algebra, die Tensoralgebra.

Wir erwähnen noch, daß sich die Transformationsgesetze für die Koordinaten von ungeraden oder Pseudotensoren bei einem Basiswechsel wie die von ungeraden Multivektoren oder ungeraden Multiformen durch einen zusätzlichen Faktor $\operatorname{sgn}\{\operatorname{Det}(A)\}$ von den entsprechenden Gesetzen für gerade Tensoren unterscheiden.

1.3.2. Verjüngung und Skalarprodukte

Durch Verjüngung gewinnt man z.B. aus einem Tensor des Typs (p,q) einen Tensor vom Typ $(p-1,q-1)$, ähnlich wie man durch innere Multiplikation einer p-Form mit einem q-Vektor entweder eine $(p-q)$-Form $(p \geqslant q)$ oder einen (q-p-Vektor $(q \geqslant p)$ erhält. Wir definieren zunächst die Verjüngung oder Kontraktion C^i_j durch die Abbildung

$$\begin{aligned} &C^i_j : T^p_q(V^3) \to T^{p-1}_{q-1}(V^3) , \\ &C^i_j(T) := T^{m_1 \dots m_i \dots m_p}_{n_1 \dots n_j \dots n_q} \langle \bar{e}^{n_j}, \vec{e}_{m_i} \rangle \bar{e}^{n_1} \otimes \dots \otimes \bar{e}^{n_{j-1}} \otimes \bar{e}^{n_{j+1}} \otimes \dots \\ &\qquad \dots \otimes \bar{e}^{n_q} \otimes \vec{e}_{m_1} \dots \otimes \vec{e}_{m_{i-1}} \otimes \vec{e}_{m_{i+1}} \otimes \dots \otimes \vec{e}_{m_p} . \end{aligned} \tag{1.3-22}$$

Die Abbildung C^i_j verjüngt den i-ten kontravarianten und den j-ten kovarianten Index, imdem sie das innere Produkt der zugehörigen Basiselemente bildet, z.B.

$$C^1_1 : T^1_1(V^3) \to T^o_o(V^3) = \mathbb{R} , \quad C^1_1(T) = T^i_j \langle \bar{e}^j, \vec{e}_i \rangle = T^i_i . \tag{1.3-23}$$

Die Definition (1.3-22) ist basisunabhängig. In entsprechender Weise lassen sich mehrere Indexpaare verjüngen oder kontrahieren.

Das Skalarprodukt für Vektoren kann in einfacher Weise auf Tensoren erweitert werden. Wir erläutern das am Beispiel von 2-fach kontravarianten Tensoren

$$T = \vec{e}_i \otimes \vec{e}_j T^{ij} \in T^2_o(V^3) . \tag{1.3-24}$$

Ähnlich wie die kanonische Bilinearform (1.3-9) definiert man die metrische Bilinearform auf den Basen durch

$$\langle \vec{e}_i \otimes \vec{e}_j | \vec{e}_k \otimes \vec{e}_\ell \rangle := \langle \vec{e}_i | \vec{e}_k \rangle \langle \vec{e}_j | \vec{e}_\ell \rangle = g_{ik} g_{j\ell} \tag{1.3-25}$$

und setzt sie linear in jedem Faktor fort:

$$\langle T | U \rangle = g_{ik} g_{j\ell} T^{ij} U^{k\ell}, \quad \forall\, T = \vec{e}_i \otimes \vec{e}_j T^{ij}, \quad U = \vec{e}_k \otimes \vec{e}_\ell U^{k\ell} \in T^2_o(V^3). \tag{1.3-26}$$

Schließlich kann man durch

$$\langle \overline{T}, U \rangle = \langle \iota(T), U \rangle := \langle T | U \rangle \tag{1.3-27}$$

wieder einen kanonischen Isomorphismus $\iota: V^3 \otimes V^3 \to V^{3*} \times V^{3*}$ definieren, der zur Identifizierung der beiden Vektorräume benutzt werden kann. Im besonderen gilt (s. 1.1-22)

$$\vec{e}^i \otimes \vec{e}^j = \iota(\vec{e}_k \otimes \vec{e}_\ell g^{ki} g^{\ell j}). \tag{1.3-28}$$

In entsprechender Weise geht man vor, um das Skalarprodukt auf $T^p_q(V^3)$ zu erklären.

Aufgaben

1.1 a) Definieren Sie den Bivektor $\vec{x} \wedge \vec{y}$ als Äquivalenzklasse aller Parallelogramme $P(\vec{x},\vec{y})$, die den gleichen Inhalt und die gleiche Orientierung besitzen. Der Inhalt $I(P(\vec{x},\vec{y}))$ des Parallelogramms $P(\vec{x},\vec{y})$ ist

$$I(P(\vec{x},\vec{y})) = \left| \begin{vmatrix} \langle \vec{x}|\vec{x}\rangle & \langle \vec{x}|\vec{y}\rangle \\ \langle \vec{y}|\vec{x}\rangle & \langle \vec{y}|\vec{y}\rangle \end{vmatrix} \right|^{1/2}.$$

Die Orientierung des Parallelogramms $P(\vec{x},\vec{y})$ wird durch den Umlaufsinn festgelegt, den man erhält, wenn man im Zielpunkt eines Pfeiles der Klasse $\vec{x}$ den zugeordneten Pfeil der Klasse $\vec{y}$ angreifen läßt.

Erklären Sie die Addition $\vec{a} + \vec{b}$ von Bivektoren $\vec{a}, \vec{b} \in V^3 \wedge V^3$ und die Multiplikation von Bivektoren mit reellen Zahlen geometrisch, indem Sie diese Operationen durch geeignete Wahl der Repräsentanten auf die entsprechenden Operationen für Vektoren zurückführen. Zeigen Sie, daß die Axiome für einen Vektorraum über $\mathbb{R}$ erfüllt sind.

b) Definieren Sie in analoger Weise den Trivektor $\vec{x}\wedge\vec{y}\wedge\vec{z}$ als Äquivalenzklasse von Parallelepipeden $P(\vec{x},\vec{y},\vec{z})$ mit dem Inhalt

$$I(P(\vec{x},\vec{y},\vec{z})) = \begin{Vmatrix} \langle\vec{x}|\vec{x}\rangle & \langle\vec{x}|\vec{y}\rangle & \langle\vec{x}|\vec{z}\rangle \\ \langle\vec{y}|\vec{x}\rangle & \langle\vec{y}|\vec{y}\rangle & \langle\vec{y}|\vec{z}\rangle \\ \langle\vec{z}|\vec{x}\rangle & \langle\vec{z}|\vec{y}\rangle & \langle\vec{z}|\vec{z}\rangle \end{Vmatrix}^{1/2} .$$

Die Orientierung von $P(\vec{x},\vec{y},\vec{z})$ wird durch den Schraubsinn festgelegt, der durch die Richtung von $\vec{x}$ und die Orientierung von $\vec{y}\wedge\vec{z}$ definiert wird.

Zeigen Sie, daß sich die Vektorraumoperationen für Trivektoren ebenfalls durch geeignete Wahl der Repräsentanten auf die entsprechenden Operationen für Vektoren zurückführen lassen.

Die gometrische Interpretation von Multivektoren geht auf H. Graßmann (1844) zurück.

1.2 Sei $B = \{\vec{e}_1,\vec{e}_2,\vec{e}_3\} \subset V^3$ eine Basis und $B^* = \{\bar{e}^1,\bar{e}^2,\bar{e}^3\} \subset V^{3*}$ die zu B duale Basis. Die entsprechenden Basiselemente von $\overset{3}{\wedge} V^3$ bzw. $\overset{3}{\wedge} V^{3*}$ sind

$$e: = \vec{e}_1\wedge\vec{e}_2\wedge\vec{e}_3 \quad \text{bzw.} \quad \bar{e}: = \bar{e}^1\wedge\bar{e}^2\wedge\bar{e}^3 .$$

a) Zeigen Sie, daß die Abbildung

$$\varphi: \wedge V^3 \to \wedge V^{3*} , \quad a \mapsto \varphi(\alpha): = \bar{e}\cdot\alpha, \quad \forall\, \alpha \in \wedge V^3$$

ein Vektorraumisomorphismus ist, und bestimmen Sie die Bildelemente

$$\varphi(1),\ \varphi(\vec{e}_i),\ \varphi(\vec{e}_i\wedge\vec{e}_j),\ \varphi(e), \quad i,j = 1,2,3.$$

Verwenden Sie dazu das Symbol ε_{ijk} (s. 1.2-7). Eine andere Definition für φ lautet:

$$\langle\varphi(A),Z\rangle: = \langle\bar{e},A\wedge Z\rangle, \quad \forall\, A \in \overset{p}{\wedge} V^3, \quad \forall\, Z \in \overset{3-p}{\wedge} V^3, \quad p = 0,1,2,3.$$

Identifizieren Sie Multivektoren und Multiformen mit Hilfe der Abbildung φ.

b) Definieren Sie in analoger Weise die inverse Abbildung $\varphi^{-1}: \wedge V^{3*} \to \wedge V^3$.

c) Untersuchen Sie die Basisabhängigkeit von φ. Zeigen Sie, daß die bezüglich der Basen $B = \{\vec{e}_1,\vec{e}_2,\vec{e}_3\} \subset V^3$ und $B' = \{A\vec{e}_1,A\vec{e}_2,A\vec{e}_3\} \subset V^3$ definierten Abbildungen φ und φ' bis auf einen Faktor überstimmen. Hier ist $A: V^3 \to V^3$ eine bijektive lineare Abbildung.

1.3 Eine Darstellung der Gruppe $GL(V^3)$ ist eine Abbildung

$$D : GL(V^3) \to GL(\widetilde{V}) , \quad A \mapsto D(A) = \widetilde{A} ,$$

die folgende Bedingungen erfüllt:

$$D(E) = \widetilde{E} \tag{D 1}$$

$$D(A_1)D(A_2) = D(A_1A_2) , \quad A_1, A_2 \in GL(V^3) . \tag{D 2}$$

Hier ist $E: V^3 \to V^3$ bzw. $\widetilde{E}: \widetilde{V} \to \widetilde{V}$ die identische Abbildung. Man sagt, die Abbildung $A: V^3 \to V^3$ wird durch die Abbildung $D(A): \widetilde{V} \to \widetilde{V}$ dargestellt. Die Dimension von $\widetilde{V}$ heißt Grad der Darstellung.

a) Geben Sie alle Darstellungen von $GL(V^3)$ an, die durch die geraden und ungeraden Multivektoren bzw. Multiformen definiert werden. Sei z.B. $\widetilde{V} = V^{3*}$ und $B = \{\bar{e}^1, \bar{e}^2, \bar{e}^3\}$ eine Basis von V^{3*}. Dann ist:

$$D(A)\bar{e}^i := \bar{e}'^i = {}^tA^{-1}\bar{e}^i, \quad i = 1,2,3 \quad \Rightarrow \quad D(A) = {}^tA^{-1} .$$

Um die Darstellung auf $\widetilde{V} = V^3 \wedge V^3$ zu bestimmen, führt man zweckmäßigerweise die Basen

$$\tilde{e}^i := \frac{1}{2} \varepsilon^{ijk} \vec{e}_j \wedge \vec{e}_k , \quad i = 1,2,3$$

ein und bestimmt $D(A)$ aus

$$D(A)\tilde{e}^i := \frac{1}{2} \varepsilon^{ijk} (A\vec{e}_j) \wedge (A\vec{e}_k) .$$

Ebenso behandelt man 2-Formen.

b) Welche Darstellungen können identifiziert werden, wenn man $GL(V^3)$ auf eine der folgenden Untergruppen einschränkt?

$$GL^+(V^3) = \{A \in GL(V^3) \mid \operatorname{Det}(A) > 0\}$$
$$SL^+(V^3) = \{A \in GL(V^3) \mid \operatorname{Det}(A) = 1\}$$
$$O(V^3) = \{R \in GL(V^3) \mid \langle R\vec{x} | R\vec{y}\rangle = \langle \vec{x} | \vec{y}\rangle \ \forall \vec{x}, \vec{y} \in V^3\}$$
$$SO(V^3) = \{R \in O(V^3) \mid \operatorname{Det}(R) = 1\}$$

Deuten Sie das Ergebnis physikalisch, indem Sie jeweils solche Koordinatensysteme als physikalisch äquivalent betrachten, deren Basen $B = \{\vec{e}_1, \vec{e}_2, \vec{e}_3\}$ durch die Untergruppen von $GL(V^3)$ aufeinander abgebildet werden.

1.4 a) Beweisen Sie die Abbildungstabelle (1.2-116) mit Hilfe der Rechenregeln für innere Produkte,

$$*A =: A \cdot (\bar{e}^1 \wedge \bar{e}^2 \wedge \bar{e}^3)\sqrt{g}\,, \quad \forall A \in \wedge V^{3*}\,.$$

b) Definieren Sie die Abbildung $*: \wedge V^3 \to \wedge V^3$ bezüglich einer Basis $B = \{\vec{e}_1, \vec{e}_2, \vec{e}_3\}$ von V^3 in Analogie zu (1.2-116). Sei $B' = \{\vec{e}_1{}', \vec{e}_2{}', \vec{e}_3{}'\} = \{A\vec{e}_1, A\vec{e}_2, A\vec{e}_3\}$ ($A \in GL(V^3)$) eine andere Basis. Bestimmen Sie die Abbildungstabelle des $*$-Operators bezüglich B' aus der Definition bezüglich B durch lineare Fortsetzung. Zeigen Sie, daß der $*$-Operator nur dann basisunabhängig ist, wenn $A \in SO(V^3)$.

1.5 Beweisen Sie die folgenden Beziehungen mit Hilfe der Abbildungstabelle für $*: \wedge V^3 \to \wedge V^3$ von Aufgabe 1.4b:

a) $\langle *\vec{e}_1 | *\vec{e}_2 \rangle = \langle \vec{e}_1 | \vec{e}_2 \rangle$

b) $\langle *\vec{e}_1 \wedge \vec{e}_2 | *\vec{e}_2 \wedge \vec{e}_3 \rangle = \langle \vec{e}_1 \wedge \vec{e}_2 | \vec{e}_2 \wedge \vec{e}_3 \rangle$

c) $\vec{x} \times (\vec{y} \times \vec{z}) = \vec{x} \cdot (\vec{y} \wedge \vec{z}) = (\vec{x} \cdot \vec{z})\vec{y} - (\vec{x} \cdot \vec{y})\vec{z}$

d) $*\vec{x} \cdot \vec{y} = \vec{x} \wedge *\vec{y}$

e) $\vec{x} \cdot \vec{a} = *(\vec{x} \wedge *\vec{a})\quad , \quad \vec{a} \in \overset{2}{\wedge} V^3$

f) $\vec{x} \cdot a = *(\vec{x} \wedge *a)\quad , \quad a \in \overset{3}{\wedge} V^3\,.$

2. Geometrische Analysis

2.1. Tangenten und Kotangenten

Sei $I \subset \mathbb{R}$ das offene Intervall $-1 < t < +1$ und $\bar{I}$ das abgeschlossene Intervall $-1 \leqslant t \leqslant +1$. Eine stetige Abbildung

$$C: \bar{I} \to E^3 , \quad t \mapsto C(t), \tag{2.1-1}$$

die auf $\bar{I}$ differenzierbar ist, ist eine differenzierbare Kurve in E^3. Ist $C(0) = P_o$, so sagt man, daß die Kurve durch den Punkt P_o läuft. Die positive Orientierung der Kurve wird durch den Durchlaufungssinn des Punktes $C(t)$ festgelegt, wenn der Parameter t zwischen $t = -1$ und $t = +1$ variiert. Wir wählen nun ein Koordinatensystem $K = (O,B)$ und ordnen dem Punkt $C(t)$ den Ortsvektor

$$\vec{x}(t) = \vec{e}_i c^i(t) \tag{2.1-2}$$

bezüglich des Ursprungs O zu (s. Abb.2.1). Die reellen Zahlen $c^i(t)$ $(i = 1,2,3)$ sind die Koordinaten des Vektors $\vec{x}(t) \in V^3$ bezüglich der Basis B von V^3.

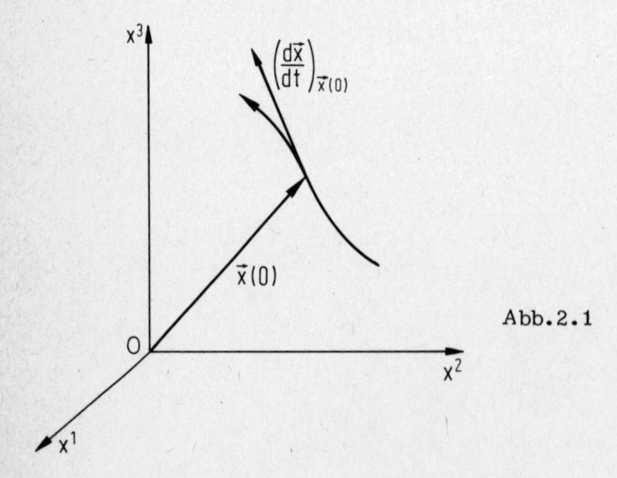

Abb.2.1

Durch Differentiation des Vektors $\vec{x}(t)$ nach dem Parameter t in t = 0 erhalten wir den Tangentenvektor in $\vec{x}(0) = \vec{x}_o$ (s. Abb.2.1):

$$\left(\frac{d\vec{x}}{dt}\right)_{\vec{x}_o} = \vec{e}_i \left(\frac{dc^i}{dt}\right)_o . \qquad (2.1\text{-}3)$$

Betrachten wir die Menge aller differenzierbaren Kurven durch $\vec{x}(0)$, so ist klar, daß die Ableitungen

$$\left(\frac{dc^i}{dt}\right)_o \in \mathbb{R} , \quad i = 1,2,3$$

die reellen Zahlen durchlaufen. Folglich kann man auf der Menge der Tangentenvektoren an die durch $\vec{x}_o$ führenden Kurven die Struktur eines dreidimensionalen Vektorraums über $\mathbb{R}$ einführen. Er heißt Tangentialraum an V^3 in $\vec{x}(0)$ und wird mit $T_{\vec{x}_o}$ bezeichnet. Wie man aus (2.1-3) abliest, sind auch die Basisvektoren $\vec{e}_i \in V^3$ Elemente einer Basis von $T_{\vec{x}_o}$. Dazu betrachtet man eine der drei Koordinaten (x^1,x^2,x^3) des Vektors $\vec{x}$ bezüglich der Basis B als Kurvenparameter und bildet die Ableitungen

$$\vec{x}(x^1,x^2,x^3) = \vec{e}_i x^i , \quad \left(\frac{\partial\vec{x}}{\partial x^i}\right)_{\vec{x}_o} = \vec{e}_i, \quad i = 1,2,3 . \qquad (2.1\text{-}4)$$

Als Elemente von $T_{\vec{x}_o}$ sind die Vektoren $\vec{e}_i$ Tangenten an Kurven durch $\vec{x}_o$, als Elemente von V^3 Ortsvektoren.

Der Unterschied wird deutlich, wenn wir linear unabhängige Tangenten an sonst beliebige Kurven als Basis von $T_{\vec{x}}$ verwenden. Dazu gehen wir von einer bijektiven und differenzierbaren Abbildung

$$f : U \to W , \quad (y^1,y^2,y^3) \mapsto f(y^1,y^2,y^3) = (x^1,x^2,x^3) \qquad (2.1\text{-}5)$$

aus, wo U und W offene Teilmengen von $\mathbb{R}^3$ sind. Im Folgenden verwenden wir auch die abkürzende Schreibweise $x := (x^1,x^2,x^3)$ für Punkte aus $\mathbb{R}^3$. Sei nun $y_o \in U$, so daß

$$\vec{x}_o = \vec{e}_i f^i(y_o) .$$

Halten wir zwei der Parameter (y^1,y^2,y^3) fest und variieren den dritten, so beschreibt der Vektor

$$\vec{x}(y) = \vec{e}_i f^i(y) \qquad (2.1\text{-}6)$$

eine Kurve. Die Tangenten

$$\left(\frac{\partial\vec{x}}{\partial y^i}\right)_{\vec{x}_o} = \vec{e}_j\left(\frac{\partial f^j}{\partial y^i}\right)_{y_o} =: \vec{e}_i(\vec{x}_o)\,, \quad i = 1,2,3 \tag{2.1-7}$$

an Kurven durch $\vec{x}_o$ bilden eine Basis von $T_{\vec{x}_o}$, weil die Abbildung (2.1-5) nach Voraussetzung bijektiv ist. Die reellen Zahlen (y^1, y^2, y^3) sind eine Verallgemeinerung der affinen Koordinaten (x^1, x^2, x^3) und werden allgemeine oder krummlinige Koordinaten genannt. Zwischen affinen und krummlinigen Koordinaten eines Punktes $P \in E^3$ besteht nach (1.1-31) und (1.1-5) der Zusammenhang

$$K = (O,B)\,, \quad \sigma_K : E^3 \to \mathbb{R}^3\,, \quad \sigma_K(P) = (x^1(P), x^2(P), x^3(P)) = (f^1(y(P)), f^2(y(P)), f^3(y(P)))\,. \tag{2.1-8}$$

Als erstes Beispiel behandeln wir die Zylinderkoordinaten (s. Abb.2.2). Wir wählen ein kartesisches Koordinatensystem $K = (O,B)$ und setzen

$$\begin{aligned} x^1 &= f^1(\rho,\varphi,z) = \rho\cos\varphi \\ x^2 &= f^2(\rho,\varphi,z) = \rho\sin\varphi \\ x^3 &= f^3(\rho,\varphi,z) = z\,. \end{aligned} \tag{2.1-9}$$

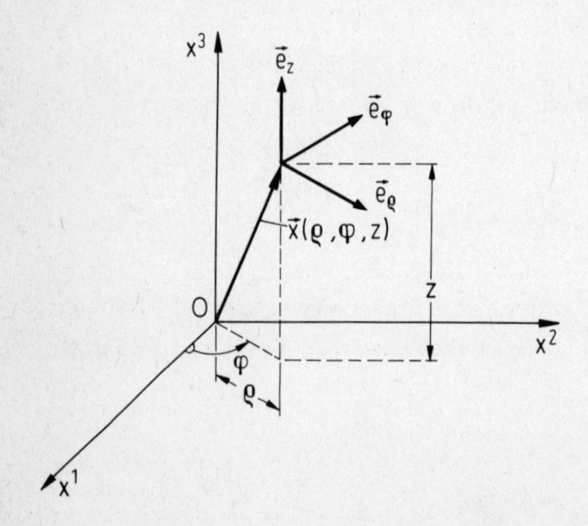

Abb.2.2

Die Abbildung $f\colon U \to W$ ist bijektiv für

$$\begin{aligned} U &= \{(\rho,\varphi,z)\,|\,0 < \rho < \infty,\ 0 \leq \varphi < 2\pi,\ -\infty < z < +\infty\}\,. \\ W &= \{(x^1, x^2, x^3)\,|\,(x^1, x^2) \in \mathbb{R}^2 - \{(0,0)\},\ x^3 \in \mathbb{R}\}\,. \end{aligned} \tag{2.1-10}$$

Die inverse Abbildung $g = f^{-1}: W \to U$ lautet:

$$\rho = g^\rho(x^1,x^2,x^3) = [(x^1)^2 + (x^2)^2]^{1/2}$$

$$\varphi = g^\varphi(x^1,x^2,x^3) = \operatorname{arctg}(x^2/x^1) \qquad (2.1\text{-}11)$$

$$z = g^z(x^1,x^2,x^3) = z \; .$$

Mit Hilfe von (2.1-9) kann man die Tangentenvektoren nach (2.1-7) berechnen,

$$\vec{e}_\rho(\vec{x}) = \left(\frac{\partial \vec{x}}{\partial \rho}\right)_{\vec{x}} = \vec{e}_1 \cos\varphi + \vec{e}_2 \sin\varphi$$

$$\vec{e}_\varphi(\vec{x}) = \left(\frac{\partial \vec{x}}{\partial \varphi}\right)_{\vec{x}} = -\vec{e}_1\rho \sin\varphi + \vec{e}_2\rho \cos\varphi \qquad (2.1\text{-}12)$$

$$\vec{e}_z(\vec{x}) = \left(\frac{\partial \vec{x}}{\partial z}\right)_{\vec{x}} = \vec{e}_3 \; .$$

Die Determinante der Tangentenvektoren (2.1-12) bezüglich der Basis $B = (\vec{e}_1, \vec{e}_2, \vec{e}_3)$ von $T_{\vec{x}}$ (s. 1.2-9) ist die Funktionaldeterminante der Abbildung (2.1-9):

$$\frac{\partial(f^1,f^2,f^3)}{\partial(\rho,\varphi,z)} = D(\vec{e}_\rho, \vec{e}_\varphi, \vec{e}_z) = \rho \; . \qquad (2.1\text{-}13)$$

Sie verschwindet auf der x^3-Achse $\rho = 0$. Für physikalische Anwendungen sind auch die zylindrischen Bipolarkoordinaten von Interesse. Man erhält sie, wenn man die ebenen Polarkoordinaten in (2.1-9) durch ebene Bipolarkoordinaten ersetzt. Mit den letzteren beschäftigt sich die Aufgabe 2.1.

Ebenso wichtig für physikalische Anwendungen sind die räumlichen Polarkoordinaten (s. Abb.2.3)

$$x^1 = f^1(r,\theta,\varphi) = r \sin\theta \cos\varphi$$

$$x^2 = f^2(r,\theta,\varphi) = r \sin\theta \sin\varphi \qquad (2.1\text{-}14)$$

$$x^3 = f^3(r,\theta,\varphi) = r \cos\theta \; .$$

Auch hier sind (x^1,x^2,x^3) kartesische Koordinaten. Die Abbildung

$$f: U \to W, \quad U = \{(r,\theta,\varphi) \mid 0 < r < \infty, 0 \leqslant \varphi < 2\pi, 0 < \theta < \pi\}$$
$$W = \{(x^1,x^2,x^3) \mid (x^1,x^2) \in \mathbb{R}^2 - \{(0,0)\}, x^3 \in \mathbb{R}\} \qquad (2.1\text{-}15)$$

ist bijektiv und besitzt die Inverse $g = f^{-1}: W \to U$,

$$
\begin{aligned}
r &= g^r(x^1,x^2,x^3) = [(x^1)^2 + (x^2)^2 + (x^3)^2]^{1/2} \\
\theta &= g^\theta(x^1,x^2,x^3) = \arccos \frac{x^3}{[(x^1)^2 + (x^2)^2 + (x^3)^2]^{1/2}} \\
\varphi &= g^\varphi(x^1,x^2,x^3) = \operatorname{arctg}(x^2/x^1) \; .
\end{aligned}
\tag{2.1-16}
$$

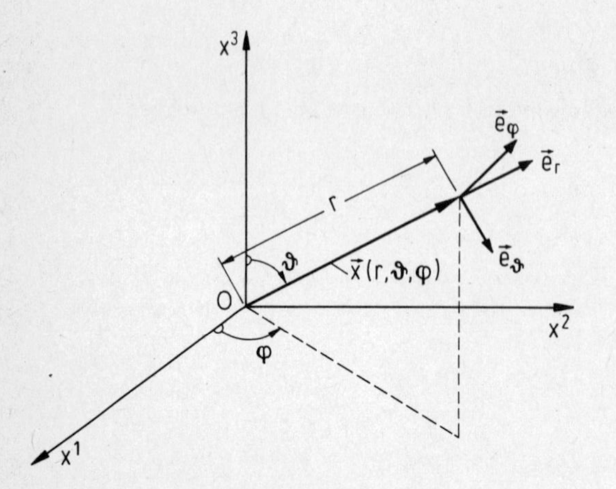

Abb.2.3

Mit den Tangentenvektoren (s. Abb.2.3)

$$
\begin{aligned}
\vec{e}_r(\vec{x}) &= \left(\frac{\partial \vec{x}}{\partial r}\right)_{\vec{x}} = \vec{e}_1 \sin\theta \cos\varphi + \vec{e}_2 \sin\theta \sin\varphi + \vec{e}_3 \cos\theta \\
\vec{e}_\theta(\vec{x}) &= \left(\frac{\partial \vec{x}}{\partial \theta}\right)_{\vec{x}} = \vec{e}_1\, r \cos\theta \cos\varphi + \vec{e}_2\, r \cos\theta \sin\varphi - \vec{e}_3 r \sin\theta \\
\vec{e}_\varphi(\vec{x}) &= \left(\frac{\partial \vec{x}}{\partial \varphi}\right)_{\vec{x}} = - \vec{e}_1\, r \sin\theta \sin\varphi + \vec{e}_2\, r \sin\theta \cos\varphi
\end{aligned}
\tag{2.1-17}
$$

erhalten wir die Funktionaldeterminante

$$
\frac{\partial(f^1,f^2,f^3)}{\partial(r,\theta,\varphi)} = D(\vec{e}_r,\vec{e}_\theta,\vec{e}_\varphi) = r^2 \sin\theta \; . \tag{2.1-18}
$$

Sie verschwindet für $r = 0$ und $\theta = 0,\pi$.

Die Elemente des Dualraums $T^*_{\vec{x}}$ heißen Kotangenten. Sie sind Linearformen über $T_{\vec{x}}$ und werden mit einem Querstrich bezeichnet. Die zu (2.1-7) dualen Basiselemente $\bar{e}^i(\vec{x})$ von $T_{\vec{x}}$ genügen den Beziehungen (s. 1.1-4)

$$
\langle \bar{e}^i(\vec{x}), \vec{e}_j(\vec{x}) \rangle = \delta^i_j \, , \qquad i,j = 1,2,3 \; .
$$

Sind $\bar{e}^i$ die zu $\vec{e}_i$ $(i = 1,2,3)$ dualen Basiselemente eines affinen Koordinatensystems, so ergibt sich für die allgemeinen Koordinaten (2.1-5)

$$\bar{e}^i(\vec{x}) = \left(\frac{\partial g^i}{\partial x^j}\right)_{\vec{x}} \bar{e}^j , \quad i = 1,2,3 , \tag{2.1-19}$$

wo $g: W \to U$ die zu (2.1-5) inverse Abbildung ist:

$$\langle \bar{e}^i(\vec{x}), \vec{e}_j(\vec{x}) \rangle = \frac{\partial g^i}{\partial x^m} \langle \bar{e}^m, \vec{e}_n \rangle \frac{\partial f^n}{\partial y^j} = \frac{\partial g^i}{\partial x^m} \frac{\partial f^m}{\partial y^j} = \delta^i_j . \tag{2.1-20}$$

Mit Hilfe des Differentialoperators

$$\bar{\nabla} := \bar{e}^i \frac{\partial}{\partial x^i} \tag{2.1-21}$$

lassen sich die dualen Basiselemente auch als Gradienten der Funktionen g^i ausdrücken:

$$\bar{e}^i(\vec{x}) = (\bar{\nabla} g^i)_{\vec{x}} , \quad i = 1,2,3 . \tag{2.1-22}$$

Man sieht daraus, daß die dualen Basiselemente Differentiale von Funktionen sind. Letztere sind damit dual zu den Tangentenvektoren. In der mathematischen Literatur ersetzt man deshalb $\bar{e}^i(\vec{x})$ durch dy^i und $\vec{e}_i(\vec{x})$ durch $\partial/\partial y^i$.

Für die Zylinderkoordinaten (2.1-9) ergibt sich mit (2.1-19) und (2.1-11):

$$\begin{aligned} \bar{e}^\rho(\vec{x}) &= \bar{\nabla} g^\rho = \cos\varphi\, \bar{e}^1 + \sin\varphi\, \bar{e}^2 \\ \bar{e}^\varphi(\vec{x}) &= \bar{\nabla} g^\varphi = \frac{1}{\rho} (-\sin\varphi\, \bar{e}^1 + \cos\varphi\, \bar{e}^2) \\ \bar{e}^z(\vec{x}) &= \bar{\nabla} g^z = \bar{e}^3 . \end{aligned} \tag{2.1-23}$$

Ebenso ergibt sich mit (2.1-16) für die räumlichen Polarkoordinaten (2.1-14):

$$\begin{aligned} \bar{e}^r(\vec{x}) &= \bar{\nabla} g^r = \sin\theta \cos\varphi\, \bar{e}^1 + \sin\theta \sin\varphi\, \bar{e}^2 + \cos\theta\, \bar{e}^3 \\ \bar{e}^\theta(\vec{x}) &= \bar{\nabla} g^\theta = \frac{1}{r} (\cos\theta \cos\varphi\, \bar{e}^1 + \cos\theta \sin\varphi\, \bar{e}^2 - \sin\theta\, \bar{e}^3) \\ \bar{e}^\varphi(\vec{x}) &= \bar{\nabla} g^\varphi = \frac{1}{r \sin\theta} (-\sin\varphi\, \bar{e}^1 + \cos\varphi\, \bar{e}^2) . \end{aligned} \tag{2.1-24}$$

Schließlich übertragen wir das Skalarprodukt $g: V^3 \times V^3 \to \mathbb{R}$ durch die Definition

$$\langle \vec{e}_i(\vec{x}) | \vec{e}_j(\vec{x}) \rangle = g_{ij}(\vec{x}) := g(\vec{e}_m, \vec{e}_n) \frac{\partial f^m}{\partial y^i} \frac{\partial f^n}{\partial y^j} = g_{mn} \frac{\partial f^m}{\partial y^i} \frac{\partial f^n}{\partial y^j} \tag{2.1-25}$$

auf den Tangentialraum $T_{\vec{x}}$. Wir können (2.1-25) auch als Transformationsgesetz für die metrische Matrix beim Übergang von den affinen Koordinaten (x^1, x^2, x^3) zu den allgemeinen Koordinaten (y^1, y^2, y^3) auffassen. Beim Übergang von kartesischen zu Zylinderkoordinaten ergibt sich:

$$\begin{aligned} &g_{\rho\rho} = 1 , \quad g_{\varphi\varphi} = \rho^2 , \quad g_{zz} = 1 , \\ &g_{\rho\varphi} = g_{\rho z} = g_{\varphi z} = 0 . \end{aligned} \tag{2.1-26}$$

Ebenso folgt für räumliche Polarkoordinaten :

$$\begin{aligned} &g_{rr} = 1, \quad g_{\theta\theta} = r^2, \quad g_{\varphi\varphi} = r^2 \sin^2\theta , \\ &g_{r\theta} = g_{\varphi\theta} = g_{\varphi r} = 0 . \end{aligned} \tag{2.1-27}$$

Die Norm eines Tangentenvektors ist

$$\left\| \frac{d\vec{x}}{dt} \right\|_{\vec{x}} = \left(g\left(\frac{d\vec{x}}{dt}, \frac{d\vec{x}}{dt} \right) \right)^{1/2}_{\vec{x}} = \left(g_{ij}(\vec{x}) \frac{dc^i}{dt} \frac{dc^j}{dt} \right)^{1/2}_{\vec{x}} . \tag{2.1-28}$$

Zum Beispiel gilt in Zylinderkoordinaten:

$$\left\| \frac{d\vec{x}}{dt} \right\|^2 = \left(\frac{dc^\rho}{dt} \right)^2 + \rho^2 \left(\frac{dc^\varphi}{dt} \right)^2 + \left(\frac{dc^z}{dt} \right)^2 \tag{2.1-29}$$

und in Polarkoordinaten

$$\left\| \frac{d\vec{x}}{dt} \right\|^2 = \left(\frac{dc^r}{dt} \right)^2 + r^2 \left(\frac{dc^\theta}{dt} \right)^2 + r^2 \sin^2\theta \left(\frac{dc^\varphi}{dt} \right)^2 . \tag{2.1-30}$$

Der mit Hilfe des Skalarprodukts $\langle \,|\, \rangle$ definierte kanonische Isomorphismus $\iota: T_{\vec{x}} \to T^*_{\vec{x}}$ (s. 1.1-21) ermöglicht die Identifizierung von Tangenten und Kotangenten.

Es ist klar, daß sich alle algebraischen Operationen, die wir im ersten Kapitel für Elemente der Vektorräume V^3 und V^{3*} eingeführt haben, wörtlich auf Tangenten und Kotangenten übertragen lassen. Das gilt für äußere, innere und Skalarprodukte ebenso wie für den Begriff der Orientierung und die $*$-Operatoren.

2.2. Multivektorfelder und Multiformen

Von großer Bedeutung für die Physik ist der Begriff des Vektorfeldes. Unter einem Vektorfeld auf einer Teilmenge $U \subset V^3$ versteht man eine Abbildung $\vec{V}$, die jedem Element $\vec{x} \in U$ einen Tangentenvektor $\vec{V}(\vec{x}) \in T_{\vec{x}}$ zuordnet. Sei nun $y = (y^1, y^2, y^3)$ ein System von allgemeinen Koordinaten auf U. Da die Tangentenvektoren (s. 2.1-7)

$$\vec{e}_i(\vec{x}) = \left(\frac{\partial \vec{x}}{\partial y^i}\right)_{\vec{x}} , \quad i = 1,2,3 , \tag{2.2-1}$$

eine Basis von $T_{\vec{x}}$ sind, gilt:

$$\vec{V}(\vec{x}) = \vec{e}_i(\vec{x}) V^i(\vec{x}) , \quad \forall \vec{x} \in U. \tag{2.2-2}$$

Die Komponenten V^i sind Funktionen der Koordinaten y. Sind sie differenzierbar, so heißt auch das Vektorfeld $\vec{V}$ differenzierbar.

In der Mathematik wird das Vektorfeld gewöhnlich als Abbildung aufgefaßt. Dazu bildet man die Menge T(U) der geordneten Paare $(\vec{x},\vec{v})$ mit $\vec{x} \in U$ und $\vec{v} \in T_{\vec{x}}$ und definiert das Vektorfeld durch die Abbildung

$$\vec{V}: U \to T(U) , \quad \vec{x} \mapsto (\vec{x},\vec{V}(\vec{x})) . \tag{2.2-3}$$

Diese Definition ist koordinatenfrei. Die Menge T(U) heißt Tangentenbündel von U. Es ist zu beachten, daß der Vektor $\vec{v}$ eines Paares $(\vec{x},\vec{v}) \in T(U)$ Element von $T_{\vec{x}}$ ist, so daß T(U) nicht das direkte Produkt von U und einem Vektorraum der Tangenten ist.

In der Physik ist es zweckmäßig, Vektorfelder in einem Koordinatensystem darzustellen, das der zu beschreibenden Anordnung angepaßt ist. Beim Übergang zu einem anderen Koordinatensystem $y' = h(y)$ gilt

$$y = g(y') , \quad \vec{x} = \vec{e}_i f^i(y) = \vec{e}_i f^i(g(y')) , \tag{2.2-4}$$

wo $g = h^{-1}$ die zu h inverse Abbildung ist. Die Tangentenvektoren

$$\vec{e}'_i(\vec{x}) = \left(\frac{\partial \vec{x}}{\partial y'^i}\right)_{\vec{x}} = \left(\frac{\partial \vec{x}}{\partial y^j}\right)_{\vec{x}} \frac{\partial y^j}{\partial y'^i} = \vec{e}_j(\vec{x}) \frac{\partial y^j}{\partial y'^i} , \quad i = 1,2,3 \tag{2.2-5}$$

sind ebenfalls eine Basis von $T_{\vec{x}}$. Die Umkehrung von (2.2-5) lautet:

$$\vec{e}_j(\vec{x}) = \vec{e}'_i(\vec{x}) \frac{\partial y'^i}{\partial y^j} , \quad i = 1,2,3 . \tag{2.2-6}$$

Hier wie im folgenden verwenden wir die vereinfachte Schreibweise:

$$\frac{\partial y^j}{\partial y'^i} = \frac{\partial g^j}{\partial y'^i} , \quad \frac{\partial y'^i}{\partial y^j} = \frac{\partial h^i}{\partial y^j} . \tag{2.2-7}$$

Die Koordinatentransformation (2.2-4) induziert also im Tangentialraum einen Basiswechsel. Wir setzen

$$\vec{V}(\vec{x}) = \vec{e}_j(\vec{x}) V^j(\vec{x}) = \vec{e}'_i(\vec{x}) V'^i(\vec{x}) \tag{2.2-8}$$

und erhalten mit (2.2-6) das Transformationsgesetz für die Komponenten des Vektorfeldes $\vec{V}$:

$$V'^i(\vec{x}) = \frac{\partial y'^i}{\partial y^j} V^j(\vec{x}) \,, \quad i = 1,2,3 \,. \tag{2.2-9}$$

Zum Beispiel liefert (2.2-9) beim Übergang von kartesischen Koordinaten $y = (x^1, x^2, x^3)$ zu Zylinderkoordinaten $y' = (\rho, \varphi, z)$ (s. 2.1-11):

$$\begin{aligned} V^\rho(\vec{x}) &= \frac{\partial \rho}{\partial x^i} V^i(\vec{x}) = \cos\varphi\, V^1(\vec{x}) + \sin\varphi\, V^2(\vec{x}) \\ V^\varphi(\vec{x}) &= \frac{\partial \varphi}{\partial x^i} V^i(\vec{x}) = \frac{1}{\rho} [-\sin\varphi\, V^1(\vec{x}) + \cos\varphi\, V^2(\vec{x})] \\ V^z(\vec{x}) &= \frac{\partial z}{\partial x^i} V^i(\vec{x}) = V^3(\vec{x}) \,. \end{aligned} \tag{2.2-10}$$

Der Begriff des Vektorfeldes kann in natürlicher Weise verallgemeinert werden, indem man dem Ortsvektor $\vec{x} \in U$ einen p-Vektor aus $\overset{p}{\Lambda} T_{\vec{x}}$ $(p = 0,1,2,3)$ zuordnet. Man spricht dann nicht mehr von einem Tangentenbündel sondern von einem Vektorbündel. Wir unterscheiden:

$$\begin{array}{lcl} \text{0-Vektorfeld (skalares Feld)} & V & : \vec{x} \mapsto (\vec{x}, V(\vec{x})) \,, \; V(\vec{x}) \in \mathbb{R}_{\vec{x}} \\ \text{1-Vektorfeld (Vektorfeld)} & \vec{V} & : \vec{x} \mapsto (\vec{x}, \vec{V}(\vec{x})) \,, \; \vec{V}(\vec{x}) \in T_{\vec{x}} \\ \text{2-Vektorfeld} & \vec{A} & : \vec{x} \mapsto (\vec{x}, \vec{A}(\vec{x})) \,, \; \vec{A}(\vec{x}) \in T_{\vec{x}} \wedge T_{\vec{x}} \\ \text{3-Vektorfeld} & A & : \vec{x} \mapsto (\vec{x}, A(\vec{x})) \,, \; A(\vec{x}) \in T_{\vec{x}} \wedge T_{\vec{x}} \wedge T_{\vec{x}} \,. \end{array} \tag{2.2-11}$$

$\mathbb{R}_{\vec{x}}$ ist der eindimensionale Vektorraum der reellen Zahlen, der dem Element $\vec{x} \in U \subset V^3$ zugeordnet ist. 1- und 2-Vektorfelder werden wie 1- und 2-Vektoren mit einem Pfeil bezeichnet. Die Basisdarstellungen der Multivektorfelder in einem System von allgemeinen Koordinaten lauten:

$$
\begin{aligned}
V(\vec{x}) &= 1\, V(\vec{x}) \\
\vec{V}(\vec{x}) &= \vec{e}_i(\vec{x}) V^i(\vec{x}) \\
\vec{A}(\vec{x}) &= \frac{1}{2!}\, \vec{e}_i(\vec{x}) \wedge \vec{e}_j(\vec{x}) A^{ij}(\vec{x}) \\
A(\vec{x}) &= \frac{1}{3!}\, \vec{e}_i(\vec{x}) \wedge \vec{e}_j(\vec{x}) \wedge \vec{e}_k(\vec{x}) A^{ijk}(\vec{x})\,.
\end{aligned}
\tag{2.2-12}
$$

Die Komponenten $A^{ij}(\vec{x})$ bzw. $A^{ijk}(\vec{x})$ sind total antisymmetrisch im Sinne von (1.2-3) bzw. (1.2-11). Eine Koordinatentransformation (2.2-4) induziert

$$
\begin{aligned}
1' &= 1 \\
\vec{e}\,'_i(\vec{x}) &= \vec{e}_j(\vec{x})\, \frac{\partial y^j}{\partial y'^i} \\
\vec{e}\,'_i(\vec{x}) \wedge \vec{e}\,'_j(\vec{x}) &= \vec{e}_k(\vec{x}) \wedge \vec{e}_\ell(\vec{x})\, \frac{\partial y^k}{\partial y'^i}\, \frac{\partial y^\ell}{\partial y'^j} \\
\vec{e}\,'_i(\vec{x}) \wedge \vec{e}\,'_j(\vec{x}) \wedge \vec{e}\,'_k(\vec{x}) &= \vec{e}_\ell(\vec{x}) \wedge \vec{e}_m(\vec{x}) \wedge \vec{e}_n(\vec{x})\, \frac{\partial y^\ell}{\partial y'^i}\, \frac{\partial y^m}{\partial y'^j}\, \frac{\partial y^n}{\partial y'^k}\,.
\end{aligned}
\tag{2.2-13}
$$

Im besonderen gilt (s. 1.2-8)

$$
\vec{e}\,'_1(\vec{x}) \wedge \vec{e}\,'_2(\vec{x}) \wedge \vec{e}\,'_3(\vec{x}) = D[\vec{e}\,'_1(\vec{x}), \vec{e}\,'_2(\vec{x}), \vec{e}\,'_3(\vec{x})]\, \vec{e}_1(\vec{x}) \wedge \vec{e}_2(\vec{x}) \wedge \vec{e}_3(\vec{x})\,, \tag{2.2-14}
$$

wo

$$
D(e'_1, e'_2, e'_3) = \frac{\partial(y^1, y^2, y^3)}{\partial(y'^1, y'^2, y'^3)} \tag{2.2-15}
$$

die Funktionaldeterminante der Abbildung $y' \mapsto y = g(y')$ ist. Ist sie positiv, so bleibt die Orientierung des Tangentialraums erhalten. Andernfalls erhält man die entgegengesetzte Orientierung. Schließlich geben wir noch die Transformationsgesetze für die Komponenten an:

$$
\begin{aligned}
V'(\vec{x}) &= V(\vec{x}) \\
V'^i(\vec{x}) &= \frac{\partial y'^i}{\partial y^j}\, V^j(\vec{x}) \\
A'^{ij}(\vec{x}) &= \frac{\partial y'^i}{\partial y^k}\, \frac{\partial y'^j}{\partial y^\ell}\, A^{k\ell}(\vec{x}) \\
A'^{ijk}(\vec{x}) &= \frac{\partial y'^i}{\partial y^\ell}\, \frac{\partial y'^j}{\partial y^m}\, \frac{\partial y'^k}{\partial y^n}\, A^{\ell mn}(\vec{x})\,.
\end{aligned}
\tag{2.2-16}
$$

Es ist klar, daß man bezüglich des Dualraums $T^*_{\vec{x}}$ entsprechende Begriffe einführen kann. Man spricht dann vom Kotangentenbündel statt vom Tangentenbündel und von Multiformen statt von Multivektorfeldern. Eine 1-Form, auch Differentialform genannt (s. 2.1-22), ist eine Abbildung $\bar{V}: U \subset V^3 \to T^*(U)$, die jedem Element $\vec{x} \in U$ einen 1-Kovektor $\bar{V}(\vec{x}) \in T^*_{\vec{x}}$ zuordnet. p-Formen (p = 0,1,2,3) werden in Analogie zu Multivektorfeldern (s. 2.2-11) definiert. In einem allgemeinen Koordinatensystem erhält man die Basisdarstellungen:

$$\begin{aligned}
&\text{0-Form} \quad V(\vec{x}) = V(\vec{x})1 \\
&\text{1-Form} \quad \bar{V}(\vec{x}) = V_i(\vec{x})\bar{e}^i(\vec{x}) \\
&\text{2-Form} \quad \bar{A}(\vec{x}) = \frac{1}{2!} A_{ij}(\vec{x})\bar{e}^i(\vec{x}) \wedge \bar{e}^j(\vec{x}) \\
&\text{3-Form} \quad A(\vec{x}) = \frac{1}{3!} A_{ijk}(\vec{x})\bar{e}^i(\vec{x}) \wedge \bar{e}^j(\vec{x}) \wedge \bar{e}^k(\vec{x}) \,.
\end{aligned} \tag{2.2-17}$$

1- und 2-Formen bezeichnen wir wie die entsprechenden algebraischen Formen mit einem Querstrich. Bei einer Koordinatentransformation $y \mapsto y'$ transformieren sich die dualen Basiselemente wie die Komponenten von Multivektorfeldern (s. 2.2-16), während sich die Komponenten einer p-Form wie die Basen von $\overset{p}{\wedge} T_{\vec{x}}$ transformieren (s. 2.2-13).

Im ersten Kapitel (s. 1.1.3) haben wir gesehen, daß die aktive Interpretation der räumlichen Symmetrie zu der Gruppe E(3) der Euklidischen Bewegungen führt:

$$(\vec{a},R) \in E(3) : V^3 \to V^3, \quad \vec{x} \mapsto R\vec{x} + \vec{a} = \vec{x}' \,. \tag{2.2-18}$$

Wie verhalten sich nun Multivektorfelder und Multiformen unter Euklidischen Bewegungen? Betrachten wir zunächst ein skalares Feld (0-Vektorfeld). Die Messung der physikalischen Größe, die durch das skalare Feld beschrieben wird, ordnet jedem Ort $\vec{x}$ eine Meßzahl $V(\vec{x})$ zu. Da der Ort $\vec{x}$ auf Grund der räumlichen Symmetrie als physikalisch äquivalent mit dem Ort $\vec{x}' = R\vec{x} + \vec{a}$ anzusehen ist, muß es ein skalares Feld $V'(\vec{x})$ geben, das dem Ort $\vec{x}' = R\vec{x} + \vec{a}$ die Meßzahl $V(\vec{x})$ zuordnet,

$$V'(R\vec{x} + \vec{a}) = V(\vec{x}) \,, \qquad (\vec{a},R) \in E(3) \,. \tag{2.2-19}$$

Die Abbildungen

$$(\vec{a},\vec{R}): V(\vec{x}) \mapsto V'(\vec{x}) = V[R^{-1}(\vec{x} - \vec{a})] \tag{2.2-20}$$

folgen dem Kompositionsgesetz (s. 1.1-69)

$$(\vec{a}_2,R_2)(\vec{a}_1,R_1) = (\vec{a}_2 + R_2\vec{a}_1, R_2R_1) \tag{2.2-21}$$

für die Gruppenelemente. Sie sind eine Darstellung von E(3) auf der Menge der skalaren Funktionen. Für aufeinander folgende Abbildungen ergibt sich nämlich aus (2.2-20)

$$V(\vec{x}) \xmapsto{(\vec{a}_1,R_1)} V'(\vec{x}) = V[R_1^{-1}(\vec{x}-\vec{a}_1)] \xmapsto{(\vec{a}_2,R_2)} V'[R_2^{-1}(\vec{x}-\vec{a}_2)] =$$
$$= V[R_1^{-1}R_2^{-1}(\vec{x}-R_2\vec{a}_1-\vec{a}_2)] \ . \qquad (2.2\text{-}22)$$

Das gleiche Ergebnis erhält man, wenn man erst die beiden Gruppenelemente multipliziert und dann (2.2-20) anwendet:

$$(\vec{a}_2 + R_2\vec{a}_1, R_2R_1) : V(\vec{x}) \mapsto V'(\vec{x}) = V[(R_2R_1)^{-1}(\vec{x}-R_2\vec{a}_1-\vec{a}_2)] \ . \qquad (2.2\text{-}23)$$

Bei den Vektorfeldern ist zu beachten, daß (2.2-18) eine Abbildung der Tangentialräume $T_{\vec{x}} \to T_{R\vec{x}+\vec{a}}$ induziert, denn die Parameterkurven $\vec{x}'(y) = R\vec{x}(y) + \vec{a}$ laufen durch den Punkt $\vec{x}' = R\vec{x} + \vec{a}$, wenn die Kurven $\vec{x}(y)$ durch den Punkt $\vec{x}$ gehen. Mit (2.1-7) erhalten wir:

$$(\vec{a},R): \quad \vec{e}_i(\vec{x}) = \left(\frac{\partial\vec{x}}{\partial y^i}\right)_{\vec{x}} \mapsto \left(\frac{\partial\vec{x}'}{\partial y^i}\right)_{\vec{x}} =: \vec{e}_i{}'(R\vec{x}+\vec{a}) \ . \qquad (2.2\text{-}24)$$

Um die Bildelemente $\vec{e}_i{}'(R\vec{x}+\vec{a})$ durch die Basisvektoren

$$\vec{e}_i(R\vec{x}+\vec{a}) = \left(\frac{\partial\vec{x}}{\partial y^i}\right)_{R\vec{x}+\vec{a}} = \vec{e}_j\left(\frac{\partial x^j}{\partial y^i}\right)_{R\vec{x}+\vec{a}} \qquad (2.2\text{-}25)$$

auszudrücken, lösen wir nach den affinen Basiselementen $\vec{e}_j$ auf,

$$\vec{e}_k = \vec{e}_\ell(R\vec{x}+\vec{a})\left(\frac{\partial y^\ell}{\partial x^k}\right)_{R\vec{x}+\vec{a}} , \qquad (2.2\text{-}26)$$

und setzen das Ergebnis in

$$\vec{e}_i{}'(R\vec{x}+\vec{a}) = \left(\frac{\partial\vec{x}'}{\partial y^i}\right)_{\vec{x}} = R\left(\frac{\partial\vec{x}}{\partial y^i}\right)_{\vec{x}} = R\vec{e}_j\left(\frac{\partial x^j}{\partial y^i}\right)_{\vec{x}} = \vec{e}_k R^k_j\left(\frac{\partial x^j}{\partial y^i}\right)_{\vec{x}} \qquad (2.2\text{-}27)$$

ein. Wir erhalten dann

$$\vec{e}_i{}'(R\vec{x}+\vec{a}) = \vec{e}_\ell(R\vec{x}+\vec{a})\left(\frac{\partial y^\ell}{\partial x^k}\right)_{R\vec{x}+\vec{a}} R^k_j\left(\frac{\partial x^j}{\partial y^i}\right)_{\vec{x}} \ . \qquad (2.2\text{-}28)$$

In affinen Koordinaten x reduziert sich (2.2-28) auf

$$\vec{e}_i{}'(R\vec{x}+\vec{a}) = \vec{e}_j(R\vec{x}+\vec{a})R^j_i \ . \qquad (2.2\text{-}29)$$

In diesem Fall sind die Basisvektoren

$$\vec{e}_i(\vec{x}) = \left(\frac{\partial \vec{x}}{\partial x^i}\right)_{\vec{x}} = \vec{e}_i \tag{2.2-30}$$

unabhängig von $\vec{x}$ (s. 2.1-4).

Die Abbildungsgesetze für Multivektorfelder sind die linearen Fortsetzungen der durch (2.2-34) gegebenen Abbildungen der Basiselemente von $\Lambda T_{\vec{x}}$ in $\Lambda T_{R\vec{x}+\vec{a}}$:

$$(\vec{a},R): \begin{cases} \text{1-Vektorfeld } \vec{V}(\vec{x}) = \vec{e}_i(\vec{x})V^i(\vec{x}) \mapsto \vec{e}_i{}'(R\vec{x}+\vec{a})V^i(\vec{x}) =: \vec{V}'(R\vec{x}+\vec{a}) \\ \text{2-Vektorfeld } \vec{A}(\vec{x}) = \frac{1}{2!}\vec{e}_i(\vec{x}) \wedge \vec{e}_j(\vec{x})\, A^{ij}(\vec{x}) \mapsto \\ \qquad \mapsto \frac{1}{2!}\vec{e}_i{}'(R\vec{x}+\vec{a}) \wedge \vec{e}_j{}'(R\vec{x}+\vec{a})A^{ij}(\vec{x}) =: \vec{A}'(R\vec{x}+\vec{a}) \\ \text{3-Vektorfeld } A(\vec{x}) = \frac{1}{3!}\vec{e}_i(\vec{x}) \wedge \vec{e}_j(\vec{x}) \wedge \vec{e}_k(\vec{x})A^{ijk}(\vec{x}) \mapsto \\ \qquad \mapsto \frac{1}{3!}\vec{e}_i{}'(R\vec{x}+\vec{a}) \wedge \vec{e}_j{}'(R\vec{x}+\vec{a}) \wedge \vec{e}_k{}'(R\vec{x}+\vec{a})A^{ijk}(\vec{x}) = \\ \qquad =: A'(R\vec{x}+\vec{a}). \end{cases} \tag{2.2-31}$$

Man prüft leicht nach, daß die Abbildungen (2.2-31) wie (2.2-20) dem Kompositionsgesetz von E(3) folgen und damit Darstellungen von E(3) auf der Menge der Multivektorfelder sind. Entsprechende Abbildungen für die Multifomen erhält man mit dem Abbildungsgesetz (1.1-40) für die affinen dualen Basiselemente $\bar{e}^i$. Ein Multivektorfeld heißt invariant unter der Abbildung (2.2-31), wenn Bild und Urbild zusammenfallen. Zum Beispiel gilt für ein invariantes 1-Vektorfeld

$$\vec{V}'(R\vec{x}+\vec{a}) = \vec{V}(R\vec{x}+\vec{a}), \qquad \forall\, \vec{x} \in V^3$$

(siehe hierzu auch Aufgabe 2.2).

Ungerade Multivektorfelder und Multiformen, die von der Orientierung des Tangentialraums abhängen, lassen sich analog den im ersten Kapitel (s. 1.2.4) eingeführten ungeraden Multivektoren und Multiformen definieren. Man nennt sie auch Pseudovektorfelder bzw. Pseudoformen. Die Transformationsgesetze für die Komponenten ungerader Größen bei Koordinatentransformationen unterscheiden sich lediglich durch den zusätzlich auftretenden Faktor (s. 1.2-91, 1.2-105, 1.2-106)

$$\operatorname{sgn}\left\{\frac{\partial(y'^1,y'^2,y'^3)}{\partial(y^1,y^2,y^3)}\right\}$$

von denen der entsprechenden geraden Größen, während die Abbildungsgesetze für Euklidische Bewegungen $(\vec{a},R) \in E(3)$ einen zusätzlichen Faktor $\mathrm{sgn}\{\mathrm{Det}(R)\}$ enthalten.

Von großer Bedeutung für die Formulierung physikalischer Gesetze ist der $*$-Operator, den wir hier gleich als von der Orientierung unabhängige Abbildung $\underline{*}: \Lambda T^*_{\vec{x}} \to \underline{\Lambda T}^*_{\vec{x}}$ auffassen, wo $\underline{\Lambda T}^*_{\vec{x}}$ der Vektorraum der ungeraden Multiformen ist. Die Zuordnungen der Basiselemente entsprechen denen des ersten Kapitels (s. 1.2-128):

$$\underline{*}: \begin{cases} \mathbb{R}_{\vec{x}} \to \overset{3}{\underline{\Lambda T}}{}^*_{\vec{x}} \; ; & \underline{*}(1) = \sqrt{g(\vec{x})}\, \underline{\bar{e}}^1(\vec{x}) \wedge \bar{e}^2(\vec{x}) \wedge \bar{e}^3(\vec{x}) \\ T^*_{\vec{x}} \to \overset{2}{\underline{\Lambda T}}{}^*_{\vec{x}} \; ; & \underline{*}(\bar{e}^i(\vec{x})) = \dfrac{1}{\sqrt{g(\vec{x})}} \dfrac{1}{2} \varepsilon^{ijk} g_{j\ell}(\vec{x}) g_{km}(\vec{x}) \underline{\bar{e}}^\ell(\vec{x}) \wedge \bar{e}^m(\vec{x}) \\ \overset{2}{\Lambda} T^*_{\vec{x}} \to \underline{T}^*_{\vec{x}} \; ; & \underline{*}(\bar{e}^i(\vec{x}) \wedge \bar{e}^j(\vec{x})) = \dfrac{1}{\sqrt{g(\vec{x})}} \varepsilon^{ijk} g_{k\ell}(\vec{x}) \underline{\bar{e}}^\ell(\vec{x}) \\ \overset{3}{\Lambda} T^*_{\vec{x}} \to \underline{\mathbb{R}}_{\vec{x}} \; ; & \underline{*}(\bar{e}^1(\vec{x}) \wedge \bar{e}^2(\vec{x}) \wedge \bar{e}^3(\vec{x})) = \dfrac{1}{\sqrt{g(\vec{x})}} \underline{1}, \quad \forall \vec{x} \in V^3. \end{cases} \tag{2.2-32}$$

Eine ähnliche Überlegung, wie wir sie im ersten Kapitel angestellt haben (s. 1.2-127), führt zu dem Ergebnis, daß die Abbildung $\underline{*}$ mit den Abbildungen (2.2-20) und (2.2-31) vertauscht (s. Abb.2.4).

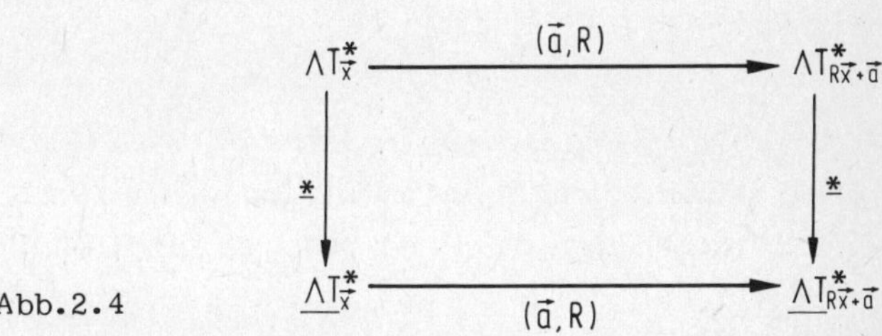

Abb.2.4

2.3. Differentiation von Multivektorfeldern und Multiformen

2.3.1. Affine Übertragung und kovariante Ableitung

Um die Differentiation von Multivektorfeldern zu erklären, führen wir Ableitungsoperatoren ∇_i $(i = 1,2,3)$ ein, die den folgenden Bedingungen genügen sollen:

1.) Anwendung von ∇_i auf eine skalare oder pseudoskalare Funktion liefert die partielle Ableitung nach x^i:

$$\nabla_i V(x) := \frac{\partial V}{\partial x^i} \qquad (i = 1,2,3) \tag{∇ 1}$$

2.) Anwendung von ∇_i auf die Basen des Tangentialraums $T_{\vec{x}}$ liefert Elemente aus $T_{\vec{x}}$, also Tangentenvektoren:

$$\nabla_i \vec{e}_j(\vec{x}) := \vec{e}_k(\vec{x}) \Gamma^k_{ij}(\vec{x}) \qquad (\nabla\, 2)$$

3.) Sind A und B Multivektorfelder, so gilt die Leibnizregel für die Ableitung des inneren wie des äußeren Produkts:

$$\begin{aligned} \nabla_i(A \cdot B) &:= (\nabla_i A) \cdot B + A \cdot (\nabla_i B) \\ \nabla_i(A \wedge B) &:= (\nabla_i A) \wedge B + A \wedge (\nabla_i B) \end{aligned} \qquad (\nabla\, 3)$$

4.) Die Ableitung ∇_i ist distributiv zur Addition:

$$\nabla_i(A + B) = \nabla_i A + \nabla_i B \qquad (\nabla\, 4)$$

5.) Bei einer Koordinatentransformation $(y^1, y^2, y^3) = h(y'^1, y'^2, y'^3)$ transformiert sich ∇_i kovariant:

$$\nabla'_i = \frac{\partial y^j}{\partial y'^i} \nabla_j \, . \qquad (\nabla\, 5)$$

Die Koeffizienten $\Gamma^k_{ij}(\vec{x})$ definieren die sogenannte affine Übertragung der Basen $\vec{e}_i(\vec{x})$. Wir untersuchen zunächst, wie sie sich bei einer Koordinatentransformation $y = h(y')$ verhalten. Auch im gestrichenen System der y'-Koordinaten gilt $(\nabla\, 2)$:

$$\nabla'_i \vec{e}'_j(\vec{x}) = \vec{e}'_k(\vec{x}) \Gamma'^k_{ij}(\vec{x}) \, . \qquad (\nabla\, 2)'$$

Wir drücken die transformierten Basen $\vec{e}'_i$ nach (2.2-5) durch $\vec{e}_i$ aus und führen die Differentiation ∇'_i durch Anwendung der Regeln $(\nabla\, 1)'$ und $(\nabla\, 3)'$ aus. Letztere wird für den Fall benötigt, daß A ein skalares und B ein Vektorfeld ist. Es ergibt sich:

$$\nabla'_i \vec{e}'_j = \nabla'_i \left(\vec{e}_\ell \frac{\partial y^\ell}{\partial y'^j} \right) = (\nabla'_i \vec{e}_\ell) \frac{\partial y^\ell}{\partial y'^j} + \vec{e}_\ell \frac{\partial^2 y^\ell}{\partial y'^i \partial y'^j} = \vec{e}_\ell \frac{\partial y^\ell}{\partial y'^k} \Gamma'^k_{ij} \, .$$

Mit $(\nabla\, 5)$ erhalten wir schließlich

$$\frac{\partial y^\ell}{\partial y'^k} \Gamma'^k_{ij} = \frac{\partial^2 y^\ell}{\partial y'^i \partial y'^j} + \Gamma^\ell_{mn} \frac{\partial y^m}{\partial y'^i} \frac{\partial y^n}{\partial y'^j}$$

oder

$$\Gamma'^k_{ij} = \frac{\partial y'^k}{\partial y^\ell} \frac{\partial^2 y^\ell}{\partial y'^i \partial y'^j} + \frac{\partial y'^k}{\partial y^\ell} \Gamma^\ell_{mn} \frac{\partial y^m}{\partial y'^i} \frac{\partial y^n}{\partial y'^j} \, . \qquad (2.3\text{-}1)$$

Nur der zweite Term entspricht dem Transformationsgesetz eines Tensors mit einem kontravarianten und zwei kovarianten Indizes.

In affinen Parallelkoordinaten verschwinden die Koeffizienten Γ^k_{ij} der affinen Übertragung, da die Basisvektoren der Tangentialräume $T_{\vec{x}}$ in diesem Fall nicht von $\vec{x}$ abhängen. Geht man von affinen Koordinaten x^i zu allgemeinen Koordinaten y^i über (s. 2.1-8),

$$(x^1,x^2,x^3) = f(y^1,y^2,y^3); \quad (y^1,y^2,y^3) = g(x^1,x^2,x^3),$$

so können die Koeffizienten Γ^k_{ij} nach (2.3-1) berechnet werden:

$$\Gamma^k_{ij} = \frac{\partial g^k}{\partial x^\ell} \frac{\partial^2 f^\ell}{\partial y^i \partial y^j} . \tag{2.3-2}$$

Die Funktionen $\partial g^k/\partial x^\ell$ sind ebenfalls mit $x = f(y)$ als Funktionen von y auszudrücken. Zum Beispiel erhält man in den Zylinderkoordinaten (2.1-9)

$$\Gamma^\rho_{\varphi\varphi} = -\rho , \quad \Gamma^\varphi_{\rho\varphi} = \Gamma^\varphi_{\varphi\rho} = \frac{1}{\rho} . \tag{2.3-3}$$

Alle anderen Koeffizienten verschwinden. Da Γ^k_{ij} in i und j symmetrisch ist (s. 2.3-2), gibt es insgesamt $3 \cdot 6 = 18$ Komponenten. Man prüft leicht nach, daß die Basisvektoren (2.1-12) die Relationen (∇ 2) mit den Koeffizienten (2.3-3) erfüllen. Zur Berechnung der Koeffizienten Γ^k_{ij} in räumlichen Polarkoordinaten siehe Aufgabe 2.3.

Um die Ableitung der dualen Basiselemente $\bar{e}^i(\vec{x}) \in T^*_{\vec{x}}$ zu bestimmen, bilden wir

$$\nabla_i \langle \bar{e}^k, \vec{e}_j \rangle = \langle \nabla_i \bar{e}^k, \vec{e}_j \rangle + \langle \bar{e}^k, \nabla_i \vec{e}_j \rangle = \frac{\partial}{\partial x^i} \delta^k_j = 0 .$$

Letzteres folgt mit (∇ 1), da das Kroneckersymbol nicht vom Ort abhängt. Außerdem haben wir (∇ 3) benutzt. Mit (∇ 2) folgt:

$$\langle \nabla_i \bar{e}^k, \vec{e}_j \rangle = - \langle \bar{e}^k, \nabla_i \vec{e}_j \rangle = - \Gamma^k_{ij}$$

und wegen der linearen Unabhängigkeit der Basiselemente:

$$\nabla_i \bar{e}^k = - \Gamma^k_{ij} \bar{e}^j . \tag{2.3-4}$$

Die Koeffizienten der affinen Übertragung lassen sich auch durch die Matrix

$$g_{ij}(\vec{x}) = \langle \vec{e}_i(\vec{x}) | \vec{e}_j(\vec{x}) \rangle = \vec{e}_i(\vec{x}) \cdot \vec{e}_j(\vec{x})$$

ausdrücken. Mit Hilfe von $(\nabla 1)$ - $(\nabla 3)$ erhalten wir in allgemeinen Koordinaten y^i:

$$\nabla_k g_{ij} = \nabla_k(\vec{e}_i \cdot \vec{e}_j) = (\nabla_k \vec{e}_i) \cdot \vec{e}_j + \vec{e}_i \cdot (\nabla_k \vec{e}_j) = g_{\ell j} \Gamma^\ell_{ki} + g_{i\ell} \Gamma^\ell_{kj} = \frac{\partial g_{ij}}{\partial y^k} .$$

Wir permutieren die Indizes (i,j,k) zyklisch und bilden unter Berücksichtigung von

$$\Gamma^k_{ij} = \Gamma^k_{ji} \qquad (2.3\text{-}5)$$

die Kombinationen

$$\frac{1}{2}\left(\frac{\partial g_{ik}}{\partial y^j} + \frac{\partial g_{jk}}{\partial y^i} - \frac{\partial g_{ij}}{\partial y^k}\right) = g_{k\ell} \Gamma^\ell_{ij} =: \Gamma_{k,ij} . \qquad (2.3\text{-}6)$$

Die Größen $\Gamma_{k,ij}$ bzw. Γ^k_{ij} nennt man auch Christoffelsymbole 1. Art bzw. 2. Art.

Wir sind nun in der Lage, beliebige Multivektorfelder zu differenzieren. Für ein 1-Vektorfeld

$$\vec{V}(\vec{x}) = \vec{e}_j(\vec{x}) V^j(\vec{x})$$

erhalten wir mit $(\nabla 3)$:

$$\nabla_i \vec{V}(\vec{x}) = (\nabla_i V^j)\vec{e}_j + V^j(\nabla_i \vec{e}_j) = \frac{\partial V^j}{\partial y^i} \vec{e}_j + V^j \vec{e}_k \Gamma^k_{ij} ,$$

oder

<u>1-Vektorfeld</u>

$$\nabla_i \vec{V}(\vec{x}) = \vec{e}_j \left(\frac{\partial V^j}{\partial y^i} + \Gamma^j_{ik} V^k \right) =: \vec{e}_j (\partial_i V^j). \qquad (2.3\text{-}7)$$

Der Operator ∂_i steht für die sogenannte kovariante Ableitung, die einen weiteren kovarianten Index i erzeugt. Tatsächlich bestätigt man für die Koordinatentransformationen (2.2-5) das Transformationsgesetz:

$$(\partial_i V^j)' = \frac{\partial y'^j}{\partial y^\ell} \left(\partial_k V^\ell\right) \frac{\partial y^k}{\partial y'^i} . \qquad (2.3\text{-}8)$$

Ebenso erhält man für ein 2-Vektorfeld

$$\vec{A}(\vec{x}) = \frac{1}{2!} \vec{e}_i(\vec{x}) \wedge \vec{e}_j(\vec{x}) A^{ij}(\vec{x})$$

die Ableitung:

2-Vektorfeld

$$\nabla_k \vec{A}(\vec{x}) = \frac{1}{2!} \vec{e}_i \wedge \vec{e}_j (\partial_k A^{ij}) \tag{2.3-9a}$$

mit

$$\partial_k A^{ij} := \frac{\partial A^{ij}}{\partial y^k} + \Gamma^i_{k\ell} A^{\ell j} + \Gamma^j_{k\ell} A^{i\ell} \,. \tag{2.3-9b}$$

Für ein 3-Vektorfeld

$$A(\vec{x}) = \frac{1}{3!} \vec{e}_i(\vec{x}) \wedge \vec{e}_j(\vec{x}) \wedge \vec{e}_k(\vec{x}) A^{ijk}(\vec{x})$$

ergibt sich:

3-Vektorfeld

$$\nabla_\ell A(\vec{x}) = \frac{1}{3!} \vec{e}_i \wedge \vec{e}_j \wedge \vec{e}_k (\partial_\ell A^{ijk}) \tag{2.3-10a}$$

mit

$$\partial_\ell A^{ijk} := \frac{\partial A^{ijk}}{\partial y^\ell} + \Gamma^i_{\ell m} A^{mjk} + \Gamma^j_{\ell m} A^{imk} + \Gamma^k_{\ell m} A^{ijm} \,. \tag{2.3-10b}$$

Die Anwendung von ∇_i auf ein q-Vektorfeld $(q = 0,1,2,3)$ führt stets auf ein q-Vektorfeld. Der Ableitungsoperator ∇_i heißt deshalb auch Operator der kovarianten Ableitung.

Entsprechendes gilt für die Ableitung von Formen. Für eine 1-Form

$$\bar{V}(\vec{x}) = V_j(\vec{x}) \bar{e}^j(\vec{x})$$

erhalten wir mit (2.3-4)

1-Form

$$\nabla_i \bar{V}(\vec{x}) = (\partial_i V_j) \bar{e}^j \tag{2.3-11a}$$

mit

$$\partial_i V_j := \frac{\partial V_i}{\partial y^j} - V_k \Gamma^k_{ij} \,. \tag{2.3-11b}$$

Die Koeffizienten $\partial_i V_j$ der kovarianten Ableitung einer 1-Form genügen dem Transformationsgesetz

$$(\partial_i V_j)' = (\partial_\ell V_k) \frac{\partial y^\ell}{\partial y'^i} \frac{\partial y^k}{\partial y'^j} \,. \tag{2.3-12}$$

In gleicher Weise bestimmt man die kovariante Ableitung von 2- und 3-Formen.

2.3.2. Äußere Ableitung

Der kovariante Ableitungsoperator ∇_i hängt wegen der Bedingung (∇ 5) vom Koordinatensystem ab. Da sich die Komponenten ∇_i $(i = 1,2,3)$ kovariant transformieren, ist der Operator

$$\bar{\nabla} = \bar{e}^i \nabla_i \tag{2.3-13}$$

unabhängig von der Wahl des Koordinatensystems. Wir nennen ihn in Analogie zur üblichen Vektoranalysis Nablaoperator. Der Operator $\bar{\nabla}$ ist eine formale 1-Form, die wir schon in (2.1-21) benutzt haben, um die dualen Basen $\bar{e}^i(\vec{x})$ als Differentiale zu schreiben.

Mit Hilfe des Nablaoperators können wir Multiformen koordinatenfrei ableiten. Das äußere Produkt der 1-Form $\bar{\nabla}$ mit einer p-Form führt zu einer (p+1)-Form und wird äußere Ableitung genannt. Bei der Definition der äußeren Ableitung übertragen wir die Regeln für die äußere Multiplikation mit reellen Zahlen (s. 1.2-1) sinngemäß auf die Multiplikation von ∇_i und Multiformen. In der äußeren Ableitung einer 0-Form $V(\vec{x})$,

0-Form

$$\bar{\nabla} \wedge V = \bar{e}^i \nabla_i \wedge V := \bar{e}^i \wedge \nabla_i V = \bar{e}^i \wedge \frac{\partial V}{\partial y^i} = \frac{\partial V}{\partial y^i} \bar{e}^i \,, \tag{2.3-14}$$

sollen die Operatoren ∇_i $(i = 1,2,3)$ nur auf Größen wirken, die rechts von ihnen stehen. Da ∇_i algebraisch als Zahl zu behandeln ist, können wir die Regeln ($\wedge$ 1) und ($\wedge$ 2) (s. 1.2-1) für die äußere Multiplikation anwenden. Außerdem ist zu beachten, daß das äußere Produkt einer 0-Form mit einer p-Form gleich dem Produkt der p-Form mit einer reellen Zahl ist. Die 1-Form (2.3-14) entspricht dem Gradienten der Vektoranalysis.

Bei der äußeren Ableitung einer 1-Form $\bar{V}(\vec{x})$ verfahren wir ebenso:

$$\bar{\nabla} \wedge \bar{V} = \bar{e}^i \nabla_i \wedge \bar{e}^j V_j = \bar{e}^i \wedge \bar{e}^j \nabla_i V_j + \bar{e}^i \wedge (\nabla_i \bar{e}^j) V_j .$$

Mit (2.3-4) erhalten wir für den letzten Term

$$\bar{e}^i \wedge (\nabla_i \bar{e}^j) V_j = - \Gamma^j_{ik} V_j \bar{e}^i \wedge \bar{e}^k = 0 \,.$$

Denn die Koeffizienten Γ^j_{ik} sind symmetrisch in (i,k) (s. 2.3-2), die äußeren Produkte aber antisymmetrisch. Für die äußere Ableitung einer 1-Form ergibt sich damit:

1-Form

$$\bar{\nabla} \wedge \bar{V} = (\nabla_i V_j) \bar{e}^i \wedge \bar{e}^j = \frac{1}{2!} \left(\frac{\partial V_j}{\partial y^i} - \frac{\partial V_i}{\partial y^j} \right) \bar{e}^i \wedge \bar{e}^j \,. \tag{2.3-15}$$

Die Komponenten der 2-Form $\bar{\nabla} \wedge \bar{V}$ stimmen mit denen des Vektors $\mathrm{rot}\,\vec{V}$ der Vektoranalysis in kartesischen Koordinaten überein:

$$\bar{\nabla} \wedge \bar{V} = \left(\frac{\partial V_2}{\partial y^1} - \frac{\partial V_1}{\partial y^2}\right) \bar{e}^1 \wedge \bar{e}^2 + \left(\frac{\partial V_3}{\partial y^2} - \frac{\partial V_2}{\partial y^3}\right) \bar{e}^2 \wedge \bar{e}^3 + \left(\frac{\partial V_1}{\partial y^3} - \frac{\partial V_3}{\partial y^1}\right) \bar{e}^3 \wedge \bar{e}^1 . \qquad (2.3\text{-}16)$$

Für die äußere Ableitung einer 2-Form ergibt sich ebenso:

2-Form

$$\bar{\nabla} \wedge \bar{A} = \bar{e}^i \nabla_i \wedge \frac{1}{2!} A_{jk} \bar{e}^j \wedge \bar{e}^k = \frac{1}{2!} \bar{e}^i \wedge \bar{e}^j \wedge \bar{e}^k \frac{\partial A_{jk}}{\partial y^i} =$$

$$= \left(\frac{\partial A_{23}}{\partial y^1} + \frac{\partial A_{31}}{\partial y^2} + \frac{\partial A_{12}}{\partial y^3}\right) \bar{e}^1 \wedge \bar{e}^2 \wedge \bar{e}^3 , \qquad (2.3\text{-}17)$$

da aus dem gleichen Grund wie oben

$$\bar{e}^i \wedge \nabla_i (\bar{e}^j \wedge \bar{e}^k) = 0$$

ist. Der Koeffizient der 3-Form $\bar{\nabla} \wedge \bar{A}$ ist identisch mit der Divergenz eines Vektorfeldes mit den Komponenten (A_{23}, A_{31}, A_{12}) in kartesischen Koordinaten im Sinne der Vektoranalysis.

Es sei darauf hingewiesen, daß man auch die Beziehungen (2.3-14), (2.3-15) und (2.3-17) als Definition der äußeren Ableitung ansehen kann. Diese Definition ist allgemeiner, weil sie keinen Bezug auf den Begriff der kovarianten Ableitung und damit der affinen Übertragung nimmt. Beide Definitionen sind jedoch äquivalent, wenn, wie hier stets der Fall, die Koeffizienten der affinen Übertragung symmetrisch sind:

$$\Gamma^k_{ij} = \Gamma^k_{ji} .$$

Wir haben gesehen, daß durch äußere Ableitung einer p-Form eine (p+1)-Form entsteht. Ist umgekehrt eine (p+1)-Form äußere Ableitung einer p-Form, so heißt die (p+1)-Form exakt:

$$A^{(p+1)} = \bar{\nabla} \wedge A^{(p)} . \qquad (2.3\text{-}18)$$

Die äußere Ableitung einer exakten Form verschwindet wegen der Assoziativität der äußeren Multiplikation:

$$\bar{\nabla} \wedge A^{(p+1)} = (\bar{\nabla} \wedge \bar{\nabla}) \wedge A^{(p)} = 0 . \qquad (2.3\text{-}19)$$

Eine Form wiederum, deren äußere Ableitung verschwindet, heißt geschlossen. Eine exakte Form ist geschlossen. Wann ist eine geschlossene Form exakt? Die Antwort wird durch das Poincarésche Lemma gegeben, das wir ohne Beweis mitteilen:

Lemma (Poincaré): Ist $A^{(p)}(\vec{x})$ eine geschlossene p-Form mit stetig differenzierbaren Komponenten auf einer offenen, sternförmigen Menge $U \subset V^3$, dann ist $A^{(p)}(\vec{x})$ exakt.

Eine Menge $U \subset V^3$ heißt sternförmig, wenn es ein Element $\vec{x}_o \in U$ gibt, so daß mit jedem $\vec{x} \in U$ auch alle Elemente

$$\vec{y} = \vec{x}_o + t(\vec{x} - \vec{x}_o) \; ; \qquad 0 \leqslant t \leqslant 1$$

in U liegen (Abb.2.5). Anschaulicher ausgedrückt, läßt sich eine sternförmige Menge stetig auf ein Element zusammenziehen.

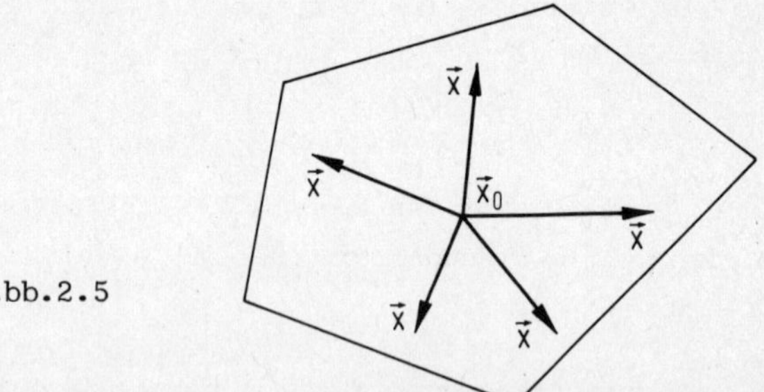

Abb.2.5

Mit Hilfe des kanonischen Isomorphismus $\iota^{-1} = T^*_{\vec{x}} \to T_{\vec{x}}$ kann die Definition der äußeren Ableitung auf Vektorfelder übertragen werden. Das formale 1-Vektorfeld $\vec{\nabla}$,

$$\vec{\nabla} := \iota^{-1}(\bar{\nabla}) = \vec{e}_i g^{ij} \nabla_j \tag{2.3-20}$$

dient als koordinatenunabhängiger Ableitungsoperator für Multivektorfelder. Das Poincarésche Lemma gilt in sinngemäßer Übertragung auch für Vektorfelder.

2.3.3. Innere Ableitung

Im letzten Abschnitt haben wir das äußere Produkt der 1-Form $\bar{\nabla}$ mit einer p-Form als äußere Ableitung der p-Form eingeführt. In ähnlicher Weise kann man das innere Produkt der 1-Form $\bar{\nabla}$ mit einem q-Vektorfeld als innere Ableitung definieren. Bilden wir zunächst die innere Ableitung eines 1-Vektorfelders $\vec{V}(\vec{x})$. Mit der kovarianten Ableitung (2.3-7) erhalten wir:

$$\bar{\nabla} \cdot \vec{V} = \bar{e}^i \nabla_i \cdot \vec{V} = \bar{e}^i \cdot \nabla_i \vec{V} = \bar{e}^i \cdot \vec{e}_j \partial_i V^j = \partial_i V^i = \frac{\partial V^i}{\partial y^i} + \Gamma^i_{ij} V^j \, . \tag{2.3-21}$$

Mit Hilfe von (2.3-6) lassen sich die Koeffizienten der affinen Übertragung durch die Metrik ausdrücken:

$$\Gamma^i_{ij} = \frac{1}{2}\left(\frac{\partial g_{\ell i}}{\partial y^j} + \frac{\partial g_{\ell j}}{\partial y^i} - \frac{\partial g_{ij}}{\partial y^\ell}\right) g^{i\ell} = \frac{1}{2}\,\frac{\partial g_{i\ell}}{\partial y^j}\, g^{i\ell} = \frac{1}{2g}\,\frac{\partial g}{\partial y^j} = \frac{\partial}{\partial y^j}\,\ell n \sqrt{g}\ . \tag{2.3-22}$$

Differenzieren wir nämlich die Determinante g nach y^j,

$$\frac{\partial g}{\partial y^j} = \frac{\partial}{\partial y^j}\, g_{1i}\, g_{2\ell}\, g_{3k}\, \varepsilon^{i\ell k} =$$

$$= \left(\frac{\partial g_{1i}}{\partial y^j}\, g_{2\ell}\, g_{3k} + g_{1i}\,\frac{\partial g_{2\ell}}{\partial y^j}\, g_{3k} + g_{1i}\, g_{2\ell}\,\frac{\partial g_{3k}}{\partial y^j}\right)\varepsilon^{i\ell k}\ ,$$

und benutzen

$$g_{2\ell}\, g_{3k}\, \varepsilon^{i\ell k} = g^{im}\, g_{mj}\, g_{2\ell}\, g_{3k}\, \varepsilon^{j\ell k} = g^{i1}\, g\ ,$$

sowie die entsprechenden Beziehungen für die weiteren Terme, so erhalten wir

$$\frac{\partial g}{\partial y^j} = g\,\frac{\partial g_{ik}}{\partial y^j}\, g^{ik}\ . \tag{2.3-23}$$

Für die innere Ableitung (2.3-21) folgt mit (2.3-22):

<u>1-Vektorfeld</u>:

$$\bar{\nabla}\cdot\vec{V} = \frac{1}{\sqrt{g}}\,\frac{\partial}{\partial y^i}\left(\sqrt{g}\, V^i\right) = \vec{\nabla}\cdot\vec{V}\ . \tag{2.3-24}$$

Durch innere Ableitung eines 1-Vektorfeldes entsteht ein 0-Vektorfeld, das mit der Divergenz des Vektorfeldes $\vec{\nabla}\cdot\vec{V}$ (s. 2.3-20) im Sinne der üblichen Vektoranalysis übereinstimmt.

Ebenso erhält man für die innere Ableitung eines 2- bzw. 3-Vektorfeldes:

<u>2-Vektorfeld</u>:

$$\vec{A}(\vec{x}) = \frac{1}{2!}\,\vec{e}_i \wedge \vec{e}_j\, A^{ij}(\vec{x})$$

$$\bar{\nabla}\cdot\vec{A} = \vec{e}_i\,\partial_j A^{ij} = \vec{e}_i\,\frac{1}{\sqrt{g}}\,\frac{\partial}{\partial y^j}\left(\sqrt{g}\, A^{ij}\right) = \vec{\nabla}\cdot\vec{A}\ , \tag{2.3-25}$$

<u>3-Vektorfeld:</u>

$$A(\vec{x}) = \frac{1}{3!}\vec{e}_i \wedge \vec{e}_j \wedge \vec{e}_k A^{ijk}(\vec{x})$$
$$\bar{\nabla} \cdot A = \frac{1}{2!}\vec{e}_i \wedge \vec{e}_j \partial_k A^{ijk} = \frac{1}{2!}\vec{e}_i \wedge \vec{e}_j \frac{1}{\sqrt{g}}\frac{\partial}{\partial y^k}(\sqrt{g}\, A^{ijk}) = \vec{\nabla} \cdot A\ . \tag{2.3-26}$$

Mit Hilfe des $*$-Isomorphismus kann die innere Ableitung auf die äußere Ableitung zurückgeführt werden. Dazu bedienen wir uns der Relation (s. Aufgabe 1.5)

$$A^{(p)} \wedge (*B^{(q)}) = *(A^{(p)} \cdot B^{(q)})\ , \tag{2.3-27}$$

die für beliebige p-und q-Vektoren gilt. Da der $*$-Operator auf beiden Seiten der Beziehung auftritt, gilt sie sowohl für den von der Orientierung abhängenden Isomorphismus $*: \wedge V^3 \to \wedge V^3$ wie für den von der Orientierung unabhängigen Isomorphismus $\underline{*}: \wedge V^3 \to \underline{\wedge} V^3$. Die zu (2.3-27) analoge Beziehung für Vektorfelder liefert mit dem 1-Vektorfeld $\vec{\nabla}$ und den Vektorfeldern $\vec{V}, \vec{A}, A$ ($*^2 = 1!$):

$$\begin{array}{lcl} \vec{\nabla} \cdot \vec{V} = *(\vec{\nabla} \wedge *\vec{V}) & & \bar{\nabla} \cdot \bar{V} = *(\bar{\nabla} \wedge *\bar{V}) \\ \vec{\nabla} \cdot \vec{A} = *(\vec{\nabla} \wedge *\vec{A}) & \xmapsto{\ \iota\ } & \bar{\nabla} \cdot \bar{A} = *(\bar{\nabla} \wedge *\bar{A}) \\ \vec{\nabla} \cdot A = *(\vec{\nabla} \wedge *A) & & \bar{\nabla} \cdot A = *(\bar{\nabla} \wedge *A)\ . \end{array} \tag{2.3-28}$$

Der kanonische Isomorphismus $\iota: T_{\vec{x}} \to T^*_{\vec{x}}$ führt zu entsprechenden Beziehungen für Formen. Sind die Formen $\bar{V}$ und $\bar{A}$ exakt, so gilt im besonderen:

$$\begin{array}{ll} \bar{V} = \bar{\nabla} \wedge W = \bar{\nabla} W\ ; & *(\bar{\nabla} \wedge *\bar{\nabla} W) = (\bar{\nabla} \cdot \bar{\nabla}) W \\ \bar{A} = \bar{\nabla} \wedge \bar{B} \quad ; & *(\bar{\nabla} \wedge *(\bar{\nabla} \wedge \bar{B})) = \bar{\nabla} \cdot (\bar{\nabla} \wedge \bar{B}) = \bar{\nabla}(\bar{\nabla} \cdot \bar{B}) - (\bar{\nabla} \cdot \bar{\nabla})\bar{B}\ . \end{array} \tag{2.3-29}$$

Hier ist W eine 0-Form und $\bar{B}$ eine 1-Form. Das innere Produkt $\bar{\nabla} \cdot (\bar{\nabla} \wedge \bar{B})$ läßt sich mit Hilfe von (1.2-46) entwickeln.

Der Operator

$$\bar{\nabla} \cdot \bar{\nabla} = \vec{\nabla} \cdot \vec{\nabla} =: \Delta \tag{2.3-29}$$

ist ein invarianter Differentialoperator 2. Ordnung. Er wird Laplaceoperator oder Beltrami-Laplace-Operator genannt. Um ihn in den allgemeinen Koordinaten y^i auszudrücken, benutzen wir die Beziehung (2.3-24) für $\vec{V} \mapsto \vec{\nabla}$. Da das 1-Vektorfeld $\vec{\nabla}$ (s. 2.3-20) die kontravarianten Komponenten $V^i \mapsto g^{ij}\nabla_j$ hat, erhalten wir:

$$\Delta = \frac{1}{\sqrt{g}} \frac{\partial}{\partial y^i} \sqrt{g}\, g_{ij} \nabla_j\ . \tag{2.3-31}$$

Die Darstellung (2.3-31) gestattet die Berechnung des Laplaceoperators in beliebigen Koordinaten. Wir wenden den Operator Δ auf eine skalare Funktion $V(\vec{x})$ an und erhalten für Zylinderkoordinaten (s. 2.1-9) mit der metrischen Matrix (2.1-26):

$$\Delta V = \left(\frac{1}{\rho} \frac{\partial}{\partial \rho} \rho \frac{\partial}{\partial \rho} + \frac{1}{\rho^2} \frac{\partial^2}{\partial \varphi^2} + \frac{\partial^2}{\partial z^2} \right) V \tag{2.3-32}$$

und für Polarkoordinaten (s. 2.1-14) mit der metrischen Matrix (2.1-27)

$$\Delta V = \left(\frac{1}{r^2} \frac{\partial}{\partial r} r^2 \frac{\partial}{\partial r} + \frac{1}{r^2 \sin\theta} \frac{\partial}{\partial \theta} \sin\theta \frac{\partial}{\partial \theta} + \frac{1}{r^2 \sin^2\theta} \frac{\partial^2}{\partial \varphi^2} \right) V . \tag{2.3-33}$$

Mit der Anwendung des Laplaceoperators auf 1- und 2-Formen bzw. 1- und 2-Vektorfelder befaßt sich Aufgabe 2.4.

2.4. Integration von Multiformen und Multivektorfeldern

2.4.1. Linienelement, Flächenelement und Volumenelement

Sei $\bar{I}$ das abgeschlossene Intervall

$$\bar{I} = \{u \mid u_o \leqslant u \leqslant u_1\} \subset \mathbb{R} .$$

Wie im ersten Abschnitt dieses Kapitels denken wir uns eine differenzierbare Kurve in V^3 durch eine stetige Abbildung

$$C : \bar{I} \to V^3, \qquad u \mapsto \vec{x}(u) \tag{2.4-1}$$

gegeben, die auf dem offenen Intervall I differenzierbar ist. Wir vereinbaren wieder, daß die positive Orientierung der Kurve durch den Richtungssinn gegeben ist, in dem der Zielpunkt des Vektors $\vec{x}(u)$ die Kurve durchläuft, wenn der Parameter u wächst (s. Abb.2.6a). Durch die Parametertransformation $u \mapsto -u$ kann man zur entgegen-

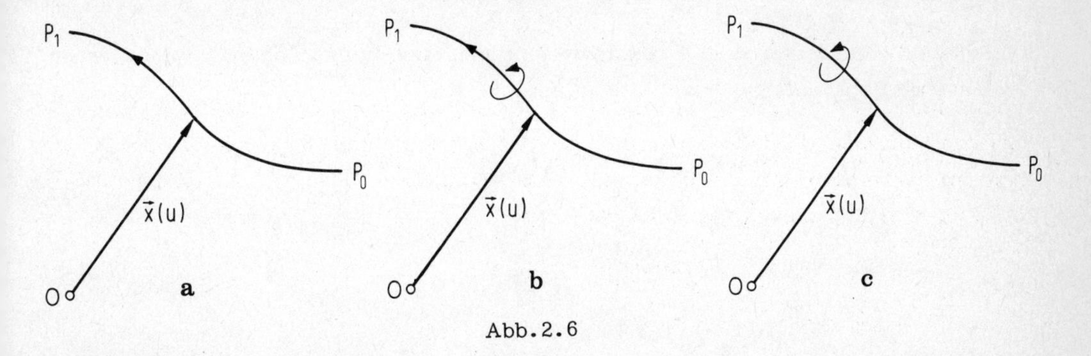

Abb.2.6

gesetzten Orientierung übergehen. Sind die Tangenten $\vec{e}_i(\vec{x})$ $(i = 1,2,3)$ eine Basis des Tangentialraums $T_{\vec{x}}$, so gilt für den Tangentenvektor an die Kurve C am Ort $\vec{x} = \vec{x}(\vec{u})$:

$$\frac{d\vec{x}}{du} = \vec{e}_i(\vec{x}) \frac{dx^i}{du} . \tag{2.4-2}$$

Der 1-Vektor

$$d\vec{C} := \frac{d\vec{x}}{du} du = \vec{e}_i(\vec{x}) \frac{dx^i}{du} du \in T_{\vec{x}} \tag{2.4-3}$$

heißt Linienelement der Kurve C am Ort $\vec{x} = \vec{x}(u)$.

Da die Kurve C in den Vektorraum V^3 eingebettet ist, kann man der inneren Orientierung der Kurve eine transversale Orientierung zuordnen, wenn der Vektorraum V^3 orientiert ist, indem man verlangt, daß sich die Richtung der inneren und der Drehsinn der transversalen Orientierung zum Schraubsinn der Raumorientierung ergänzen (s. Abb. 2.6b). Transversal orientierte Kurven können aber auch unabhängig von der Raumorientierung definiert werden (s. Abb. 2.6c).

Der Rand ∂C der Kurve C besteht aus den Punkten P_o und P_1, wo $\vec{x}(u_o) = \vec{OP}_o$ und $\vec{x}(u_1) = \vec{OP}_1$:

$$\partial C := \{P_o, P_1\} . \tag{2.4-4}$$

Die Orientierung der Kurve legt in den Randpunkten eine induzierte Orientierung fest. Die Randpunkte einer Kurve mit innerer Orientierung sind ebenfalls innen orientiert, d.h. man kann ihnen eines der beiden Zeichen +,- zuordnen. Das Vorzeichen ist +, wenn die innere Orientierung der Kurve auf den Randpunkt zielt (P_1) und -, wenn sie an ihm angreift (P_o). Im Fall einer transversalen Orientierung setzt man die Richtung, die durch einen auf den Randpunkt zulaufenden inneren Punkt der Kurve festgelegt wird, mit dem Drehsinn der transversalen Orientierung zu einem Schraubsinn zusammen. So wird z.B. dem Punkt P_1 in Abb. 2.6c eine Rechtsschraube und dem Punkt P_o eine Linksschraube als transversale Orientierung zugeordnet.

Unter einer differenzierbaren Fläche versteht man eine stetige Abbildung eines abgeschlossenen Rechtecks

$$\bar{R} = \{(u,v) \mid u_o \leq u \leq u_1, v_o \leq v \leq v_1\} \subset \mathbb{R}^2$$

in V^3:

$$F : \bar{R} \to V^3 , \quad (u,v) \mapsto \vec{x}(u,v) , \tag{2.4-5}$$

die auf dem offenen Rechteck R differenzierbar ist. Die innere Orientierung der Fläche F ist der Drehsinn, der durch die innen orientierten Kurven

$$C_u^o : (u, v_o) \mapsto \vec{x}(u, v_o) \;, \quad C_v^1 : (u_1, v) \mapsto \vec{x}(u_1, v)$$

in der Reihenfolge (C_u^o, C_v^1) festgelegt wird (s. Abb.2.7a). Die induzierte innere Orientierung des Randes

$$\partial F = \{C_u^o, C_v^1, C_u^1, C_v^o\} \tag{2.4-6}$$

ist der mit dem Drehsinn gleichsinnige Umlaufsinn (s. Abb.2.7a).

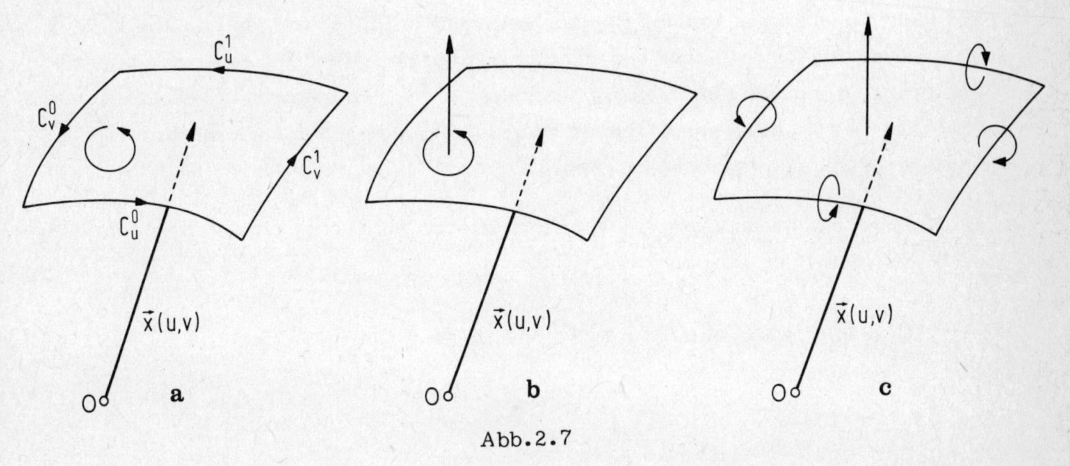

Abb.2.7

Am Ort $\vec{x} = \vec{x}(u,v)$ sind die Tangenten an die Kurven $\vec{x}(u, v = \text{const})$ bzw. $\vec{x}(u = \text{const}, v)$ Elemente des Tangentialraums $T_{\vec{x}}$ (s. Abb.2.8):

$$\frac{\partial \vec{x}}{\partial u} = \vec{e}_i(\vec{x}) \, \frac{\partial x^i}{\partial u} \;, \quad \frac{\partial \vec{x}}{\partial v} = \vec{e}_i(\vec{x}) \, \frac{\partial x^i}{\partial v} \;. \tag{2.4-7}$$

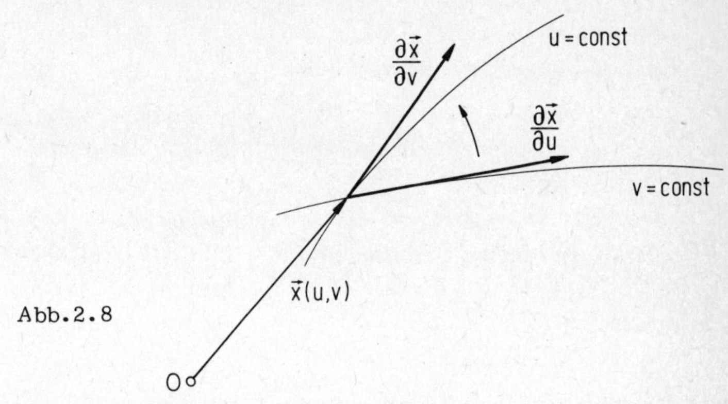

Abb.2.8

Das äußere Produkt der beiden Tangenten (2.4-7), auch Flächentangente genannt, ist ein Element aus $\overset{2}{\Lambda}\, T_{\vec{x}}$,

$$\frac{\partial \vec{x}}{\partial u} \wedge \frac{\partial \vec{x}}{\partial v} \in T_{\vec{x}} \wedge T_{\vec{x}} \;.$$

Analog zum Linienelement (2.4-3) bilden wir das Flächenelement

$$d\vec{F} := \frac{\partial\vec{x}}{\partial u} \wedge \frac{\partial\vec{x}}{\partial v}\, du\, dv = \vec{e}_i(\vec{x}) \wedge \vec{e}_j(\vec{x})\, \frac{\partial x^i}{\partial u} \frac{\partial x^j}{\partial v}\, du\, dv \,. \qquad (2.4\text{-}8)$$

Die innere Orientierung dieses 2-Vektors stimmt natürlich mit der inneren Orientierung der Fläche F überein.

Ist der Vektorraum V^3 orientiert, so kann man auch hier den Drehsinn der inneren Orientierung durch eine transversale Richtung auf der Fläche zum Schraubsinn der Raumorientierung ergänzen (s. Abb.2.7b). Andererseits können transversal orientiert Flächen unabhängig von der Raumorientierung definiert werden (s. Abb.2.7c). Eine transversale Orientierung von F induziert auf dem Rand ∂F eine transversale Orientierung, die durch den Drehsinn festgelegt wird, den man erhält, wenn man an die Richtung der transversalen Orientierung die Richtung eines auf den Rand zulaufenden inneren Punktes anschließt (s. Abb.2.7c).

Schließlich versteht man unter einem differenzierbaren Körper eine stetige Abbildung eines abgeschlossenen Quaders

$$\bar{Q} = \{(u,v,w)\,|\,u_o \leq u \leq u_1, v_o \leq v \leq v_1, w_o \leq w \leq w_1\} \subset \mathbb{R}^3$$

in V^3:

$$K: \bar{Q} \to V^3 \,, \qquad (u,v,w) \mapsto \vec{x}(u,v,w) \,,$$

die auf dem offenen Quader Q differenzierbar ist. Die innere Orientierung von K ist der Schraubsinn, der durch die innen orientierte Kurve

$$C_u^{oo}: (u,v_o,w_o) \mapsto \vec{x}(u,v_o,w_o)$$

und durch die innen orientierte Fläche

$$F_{vw}^1: (u_1,v,w) \mapsto \vec{x}(u_1,v,w)$$

festgelegt wird (s. Abb.2.9a). Die Orientierung von F_{vw}^1 bestimmt gleichzeitig die induzierte Orientierung des Randes

$$\partial K = \left\{F_{vw}^o, F_{vw}^1, F_{uv}^o, F_{uv}^1, F_{uw}^o, F_{uw}^1\right\} . \qquad (2.4\text{-}10)$$

Im Punkt $\vec{x} = \vec{x}(u,v,w)$ können wir die Tangenten

$$\frac{\partial\vec{x}}{\partial u} = \vec{e}_i(\vec{x})\, \frac{\partial x^i}{\partial u} \,, \qquad \frac{\partial\vec{x}}{\partial v} = \vec{e}_j(\vec{x})\, \frac{\partial x^j}{\partial v} \,, \qquad \frac{\partial\vec{x}}{\partial w} = \vec{e}_k(\vec{x})\, \frac{\partial x^k}{\partial w} \qquad (2.4\text{-}11)$$

an die Kurven x (u,v = const, w = const) usw. bilden. Das orientierte Volumenelement

$$dK := \frac{\partial\vec{x}}{\partial u} \wedge \frac{\partial\vec{x}}{\partial v} \wedge \frac{\partial\vec{x}}{\partial w}\, du\, dv\, dw = \vec{e}_1(\vec{x}) \wedge \vec{e}_2(\vec{x}) \wedge \vec{e}_3(\vec{x})\, \frac{\partial(x^1,x^2,x^3)}{\partial(u,v,w)}\, du\, dv\, dw \tag{2.4-12}$$

ist ein 3-Vektor aus $\overset{3}{\wedge} T_{\vec{x}}$, dessen Orientierung mit der von K übereinstimmt.

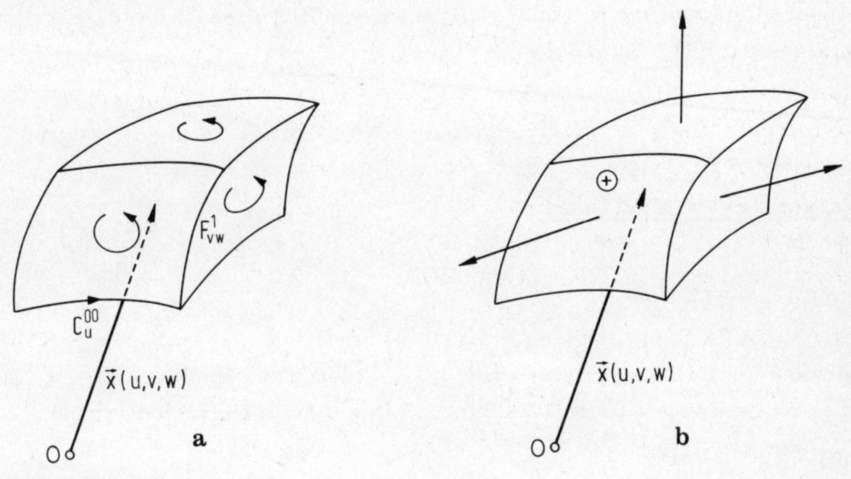

Abb.2.9

Ist der Vektorraum V^3 orientiert, so ordnen wir K die transversale Orientierung (+) bzw. (-) zu, wenn die Orientierungen von K und V^3 übereinstimmen bzw. entgegengesetzt sind. Ein transversal orientierter Körper hat einen transversal orientierten Rand. Seine Orientierung wird durch die Richtung festgelegt, die man erhält, wenn man die Richtung eines auf den Rand zulaufenden inneren Punkts mit dem Vorzeichen der transversalen Orientierung von K multipliziert (s. Abb.2.9b).

Um das Volumen von (2.4-12) zu bestimmen, bilden wir das Skalarprodukt mit dem gleich orientierten Volumenmaß τ (s. 1.2-107),

$$\langle\tau, dK\rangle = \sqrt{g}\,\langle\bar{e}^1(\vec{x}) \wedge \bar{e}^2(\vec{x}) \wedge \bar{e}^3(\vec{x}), dK\rangle = \sqrt{g}\,\frac{\partial(x^1,x^2,x^3)}{\partial(u,v,w)}\, du\,dv\,dw =: d\tau\,. \tag{2.4-13}$$

Die Funktionaldeterminante in (2.4-13) ist stets positiv, weil τ und dK gleiche Orientierung haben sollen. Andererseits ist ein transversal orientiertes Volumenelement ein ungerader 3-Vektor, den wir in der Form (s. 1.2-110)

$$\underline{dK} = (dK(\xi), dK(-\xi))$$

darstellen können. Hier ist $dK(\xi)$ das zur Orientierung ξ von V^3 gleichorientierte Volumenelement. Das Volumen von $\underline{dK}$ ist

$$\langle \underline{\tau}, \underline{dK} \rangle = \frac{1}{2} (\langle \tau(\xi), dK(\xi) \rangle + \langle \tau(-\xi), dK(-\xi) \rangle) = d\tau \,, \tag{2.4-15}$$

wo die ungerade 3-Form

$$\underline{\tau} = \frac{1}{2} (\tau(\xi), \tau(-\xi)) \tag{2.4-16}$$

das absolute Euklidische Volumenmaß ist (s. 1.2-109). Das orientierte Maß $\tau(\xi)$ hat die gleiche Orientierung wie $dK(\xi)$. Eine andere Schreibweise für $d\tau$ erhalten wir mit dem $\underline{*}$-Operator (s. 1.2-128):

$$\langle \underline{\tau}, \underline{dK} \rangle = \langle \underline{*}\underline{\tau}, \underline{*}\underline{dK} \rangle = \underline{*}\underline{dK} = d\tau \,. \tag{2.4-17}$$

2.4.2. Integration von Multiformen

Eine 1-Form

$$\bar{V}(\vec{x}) = V_i(\vec{x}) \bar{e}^i(\vec{x})$$

kann über eine Kurve C integriert werden. Sei C durch die Abbildung (2.4-1) gegeben. Das Integral von $\bar{V}$ über C definieren wir mit Hilfe des Linienelements (2.4-3) durch:

$$\int_C \langle \bar{V}, d\vec{C} \rangle = \int_I V_i \langle \bar{e}^i, \frac{d\vec{x}}{du} \rangle \, du = \int_I V_i(\vec{x}(u)) \, \frac{dx^i}{du} \, du \,. \tag{2.4-18}$$

Da $d\vec{x}/du$ ein Tangentenvektor an die Kurve C ist, können wir das Skalarprodukt

$$\langle \bar{V}, \frac{d\vec{x}}{du} \rangle =: V_u \tag{2.4-19}$$

als Komponente von $\bar{V}$ in Richtung der Kurve ansehen und erhalten an Stelle von (2.4-18)

$$\int_C \langle \bar{V}, d\vec{C} \rangle = \int_I V_u du \,. \tag{2.4-20}$$

In entsprechender Weise definiert man das Integral eines Vektorfeldes $\vec{V}$ über C mit Hilfe des Euklidischen Skalarprodukts $\langle \, | \, \rangle$:

$$\int_C \langle \vec{V} | d\vec{C} \rangle = \int_I V_u du \,, \qquad V_u = \langle \vec{V} | \frac{dx}{du} \rangle \,. \tag{2.4-21}$$

Sei nun F die Fläche (2.4-5) und

$$\bar{A}(x) = \frac{1}{2!} A_{ij}(x) \bar{e}^i(x) \wedge \bar{e}^j(x)$$

eine 2-Form. Das Integral von $\bar{A}$ über F definieren wir nach dem Vorbild von (2.4-18):

$$\int_F \langle \bar{A}, d\vec{F} \rangle = \int_{\bar{R}} \frac{1}{2!} A_{ij} \langle \bar{e}^i \wedge \bar{e}^j, \frac{\partial \vec{x}}{\partial u} \wedge \frac{\partial \vec{x}}{\partial v} \rangle \, du \, dv . \tag{2.4-22}$$

Mit (1.2-27) erhalten wir

$$\langle \bar{e}^i \wedge \bar{e}^j, \frac{\partial \vec{x}}{\partial u} \wedge \frac{\partial \vec{x}}{\partial v} \rangle = \frac{\partial x^i}{\partial u} \frac{\partial x^j}{\partial v} - \frac{\partial x^j}{\partial u} \frac{\partial x^i}{\partial v} , \tag{2.4-23}$$

so daß

$$\langle \bar{A}, \frac{\partial \vec{x}}{\partial u} \wedge \frac{\partial \vec{x}}{\partial v} \rangle = \frac{1}{2!} A_{ij} \left(\frac{\partial x^i}{\partial u} \frac{\partial x^j}{\partial v} - \frac{\partial x^j}{\partial u} \frac{\partial x^i}{\partial v} \right) = A_{ij} \frac{\partial x^i}{\partial u} \frac{\partial x^j}{\partial v} =: A_{uv} . \tag{2.4-24}$$

Dabei ist zu beachten, daß $A_{ij} = - A_{ji}$. A_{uv} ist die Komponente von $\bar{A}$ bezüglich F. Für das Integral (2.4-22) ergibt sich somit:

$$\int_F \langle \bar{A}, d\vec{F} \rangle = \int_{\bar{R}} A_{uv} \, du \, dv . \tag{2.4-25}$$

Ebenso definiert man das Integral eines 2-Vektorfeldes $\vec{A}$ über F mit Hilfe des Euklidischen Skalarprodukts

$$\int_F \langle \vec{A} | d\vec{F} \rangle = \int_{\bar{R}} A_{uv} \, du \, dv, \qquad A_{uv} = \langle \vec{A} \mid \frac{\partial \vec{x}}{\partial u} \wedge \frac{\partial \vec{x}}{\partial v} \rangle . \tag{2.4-26}$$

Schließlich definieren wir das Integral einer 3-Form

$$A(\vec{x}) = \frac{1}{3!} A_{ijk}(\vec{x}) \bar{e}^i(\vec{x}) \wedge \bar{e}^j(\vec{x}) \wedge \bar{e}^k(\vec{x}) = A_{123}(\vec{x}) \bar{e}^1(\vec{x}) \wedge \bar{e}^2(\vec{x}) \wedge \bar{e}^3(\vec{x})$$

über den Körper (2.4-9):

$$\int_K \langle A, dK \rangle = \int_{\bar{Q}} A_{123} \langle \bar{e}^1 \wedge \bar{e}^2 \wedge \bar{e}^3, \frac{\partial \vec{x}}{\partial u} \wedge \frac{\partial \vec{x}}{\partial v} \wedge \frac{\partial \vec{x}}{\partial w} \rangle \, du \, dv \, dw . \tag{2.4-27}$$

Mit (1.2-31) ergibt sich

$$\langle \bar{e}^1 \wedge \bar{e}^2 \wedge \bar{e}^3, \frac{\partial \vec{x}}{\partial u} \wedge \frac{\partial \vec{x}}{\partial v} \wedge \frac{\partial \vec{x}}{\partial w} \rangle = \frac{\partial (x^1, x^2, x^3)}{\partial (u, v, w)} ,$$

so daß sich der Integrand von (2.4-27) als Komponente von A bezüglich K schreiben läßt:

$$\langle A, \frac{\partial \vec{x}}{\partial u} \wedge \frac{\partial \vec{x}}{\partial v} \wedge \frac{\partial \vec{x}}{\partial w} \rangle = A_{123} \frac{\partial (x^1, x^2, x^3)}{\partial (u, v, w)} =: A_{uvw} . \tag{2.4-28}$$

Damit lautet (2.4-27)

$$\int_K \langle A, dK \rangle = \int_{\bar{Q}} A_{uvw} \, du \, dv \, dw \, . \tag{2.4-29}$$

In entsprechender Weise wird das Integral eines 3-Vektorfeldes A über K mit Hilfe des Euklidischen Skalarprodukts definiert. Hier ist:

$$\langle A \mid \frac{\partial \vec{x}}{\partial u} \wedge \frac{\partial \vec{x}}{\partial v} \wedge \frac{\partial \vec{x}}{\partial w} \rangle =: A_{uvw} \, . \tag{2.4-30}$$

Im Abschnitt 1.2.4 haben wir gesehen, daß die Skalarprodukte zwischen p-Formen und p-Vektoren verschiedener Parität verschwinden. Da transversal orientierte p-dimensionale Flächenelemente (p = 1,2,3) ungerade p-Vektoren sind, können ungerade p-Formen nur über transversal orientierte und gerade p-Formen nur über innen orientiert p-dimensionale Flächen integriert werden. Die Integrale sind koordinatenfrei und können über Parameterabbildungen der Flächen in beliebigen allgemeinen Koordinaten ausgewertet werden.

Andererseits verhalten sich die Integrale unter den von der Euklidischen Gruppe induzierten Abbildungen (2.2-31) wie Skalare. Betrachten wir z.B. das Integral (2.4-18) für eine gerade 1-Form. Die Abbildung $(\vec{a},R) \in E(3)$ induziert nach (2.2-31) folgende Abbildung der 1-Form $\bar{V}$ und des 1-Vektors $d\vec{C}$:

$$\begin{aligned} \vec{x} \mapsto R\vec{x} + \vec{a} = \vec{x}' , \qquad \bar{V}(\vec{x}) &\mapsto \bar{V}'(\vec{x}') = V_i(\vec{x})\bar{e}'^i(\vec{x}') \\ d\vec{C}(\vec{x}) &\mapsto d\vec{C}'(\vec{x}') = \vec{e}_i'(\vec{x}')dC^i(\vec{x}) \, . \end{aligned} \tag{2.4-31}$$

Hier sind die Tangenten $\vec{e}_i'(\vec{x}') \in T_{\vec{x}'}$ durch (2.2-28) gegeben. Die Kotangenten $\bar{e}'^i(\vec{x}') \in T^*_{\vec{x}'}$ sind die dazu dualen Basiselemente. Mit (2.4-31) erhalten wir:

$$\langle \bar{V}, d\vec{C} \rangle \big|_{\vec{x}(u)} = \langle \bar{V}', d\vec{C}' \rangle \big|_{\vec{x}'(u)} , \tag{2.4-32}$$

so daß

$$\int_C \langle \bar{V}, d\vec{C} \rangle = \int_{C'} \langle \bar{V}', d\vec{C}' \rangle , \tag{2.4-33}$$

wo

$$C' : u \mapsto \vec{x}'(u) = R\vec{x}(u) + \vec{a} \tag{2.4-34}$$

das Bild der Kurve C unter der Abbildung $(\vec{a},R) : V^3 \to V^3$ ist.

2.4.3. Der Satz von Stokes

Die äußere Ableitung

$$\bar{\nabla} \wedge V = \bar{\nabla} V$$

einer 0-Form V ist eine 1-Form, die im Sinne von (2.4-18) über eine Kurve C integriert werden kann:

$$\int_C \langle \bar{\nabla} \wedge V, d\vec{C} \rangle = \int_{\bar{I}} \frac{\partial V}{\partial x^i} \frac{dx^i}{du} du = \int_{\bar{I}} \frac{dV}{du} du = V[\vec{x}(u_1)] - V[\vec{x}(u_o)] \ . \qquad (2.4\text{-}35)$$

Das Integral ist unabhängig von den inneren Punkten der Kurve C und wird durch die Werte der 0-Form $V(\vec{x})$ auf den Randpunkten (2.4-4) bestimmt. Die Orientierung von ∂C wird durch die Orientierung von C induziert.

Der Satz von Stokes verallgemeinert diesen einfachen Sachverhalt auf Integrale von äußeren Ableitungen von (p-1)-Formen über p-dimensionale Flächen. Betrachten wir zunächst das Integral einer 2-Form $\bar{\nabla} \wedge \bar{V}$ über eine Fläche F. Nach (2.4-23) erhalten wir für die Komponente von $\bar{\nabla} \wedge \bar{V}$ bezüglich F

$$\langle \bar{\nabla} \wedge \bar{V}, \frac{\partial \vec{x}}{\partial u} \wedge \frac{\partial \vec{x}}{\partial v} \rangle = \frac{\partial}{\partial u} V_v - \frac{\partial}{\partial v} V_u \ ,$$

wo $\qquad (2.4\text{-}36)$

$$V_u = \langle \bar{V}, \frac{\partial \vec{x}}{\partial u} \rangle \ , \quad V_v = \langle \bar{V}, \frac{\partial \vec{x}}{\partial v} \rangle$$

die Komponenten von $\bar{V}$ bezüglich der Kurven $\vec{x}(u, v = \text{const})$ bzw. $\vec{x}(u = \text{const}, v)$ sind (s. 2.4-19). Mit (2.4-24) ergibt sich:

$$\int_F \langle \bar{\nabla} \wedge \bar{V}, d\vec{F} \rangle = \int_{\bar{R}} \left(\frac{\partial}{\partial u} V_v - \frac{\partial}{\partial v} V_u \right) du\, dv = \int_{v_o}^{v_1} V_v dv \Bigg|_{u=u_o}^{u=u_1} - \int_{u_o}^{u_1} V_u du \Bigg|_{v=v_o}^{v=v_1} \ . \qquad (2.4\text{-}37)$$

Auf der rechten Seite von (2.4-37) wird über den Rand des Rechtecks $\bar{R} \subset \mathbb{R}^2$ integriert (s. Abb.2.10). Die Vorzeichen der einzelnen Integrale liefern die innere Orien-

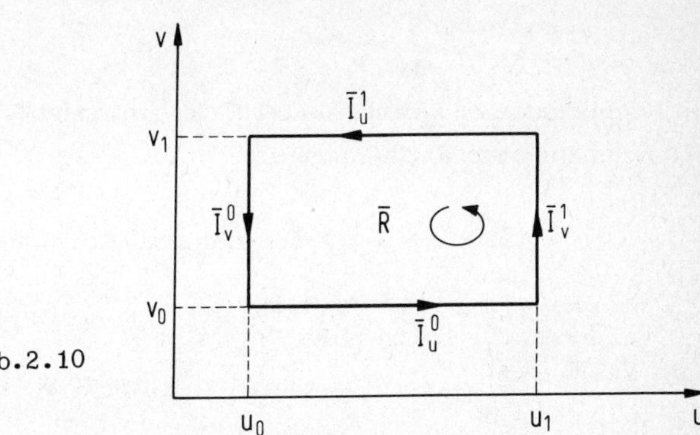

Abb.2.10

tierung der Randelemente als Kurven in $\mathbb{R}^2$. Bezeichnen wir die Randelemente durch (s. Abb.2.10)

$$\bar{I}_u^o = \{(u,v) \mid u_o \leqslant u \leqslant u_1, v = v_o\} \tag{2.4-38}$$

usw., so ist

$$\partial\bar{R} = \bar{I}_u^o + \bar{I}_v^1 - \bar{I}_u^1 - \bar{I}_v^o \tag{2.4-39}$$

der Rand mit der durch die Orientierung von $\bar{R}$ induzierten Orientierung. Die Abbildung $F: \bar{R} \to V^3$ bildet $\partial\bar{R}$ auf den orientierten Rand ∂F von F ab (s. 2.4-6):

$$\partial F = C_u^o + C_v^1 - C_u^1 - C_v^o \,. \tag{2.4-40}$$

Damit erhalten wir statt (2.4-37):

$$\int_F \langle \bar{\nabla} \wedge \bar{V}, d\vec{F} \rangle = \int_{\partial F} \langle \bar{V}, d\vec{C} \rangle \,. \tag{2.4-41}$$

Auf den Beweis des Satzes können wir hier nicht eingehen. Er wird durch die Tatsache erschwert, daß die Abbildung von $\partial\bar{R}$ auf ∂F häufig singulär ist. Singulär heißen Randelemente einer p-dimensionalen Fläche, deren Dimension kleiner als p-1 ist. Betrachten wir dazu ein Beispiel. Die äußere Ableitung einer 1-Form soll über die obere Hälfte des Randes ∂S^2 der 2-Sphäre

$$S^2 := \{\vec{x} \mid \vec{x}^2 = 1, \vec{x} \in V^3\} \,,$$

also der Einheitskugel, integriert werden. Diese Fläche hat in sphärischen Polarkoordinaten (s. 2.1-14) die Parameterdarstellung:

$$F: \begin{cases} x^1 = \sin\theta\cos\varphi \,, & 0 \leqslant \varphi < 2\pi \\ x^2 = \sin\theta\sin\varphi \,, & 0 \leqslant \theta \leqslant \pi/2 \,. \\ x^3 = \cos\theta \end{cases}$$

Die Funktionaldeterminante (2.1-18) verschwindet für $\theta = 0, \pi/2$. Im einzelnen erhalten wir folgende Randelemente:

$$C_\varphi^1 = \{\vec{x} \mid x^1 = \cos\varphi,\ x^2 = \sin\varphi,\ x^3 = 0,\ 0 \leqslant \varphi < 2\pi\}$$

$$C_\varphi^o = \{\vec{x} \mid x^1 = x^2 = 0,\ x^3 = 1\}$$

$$C_\theta^1 = \{\vec{x} \mid x^1 = \sin\theta,\ x^2 = 0,\ x^3 = \cos\theta,\ 0 \leqslant \theta \leqslant \pi/2\}$$

$$C_\theta^o = \{\vec{x} \mid x^1 = \sin\theta,\ x^2 = 0,\ x^3 = \cos\theta,\ 0 \leqslant \theta \leqslant \pi/2\} \,.$$

Die Tandelemente C_θ^1 und C_θ^o sind nach (2.4-40) entgegengesetzt orientiert (s. Abb.2.11), so daß sich die entsprechenden Integrale kompensieren. Mit der Stokesschen Formel (2.4-41) ergibt sich somit

$$\int_F \langle \bar{\nabla} \wedge \bar{V}, d\vec{F} \rangle = \int_{C_\varphi^o} \langle \bar{V}, d\vec{C} \rangle - \int_{C_\varphi^1} \langle \bar{V}, d\vec{C} \rangle .$$

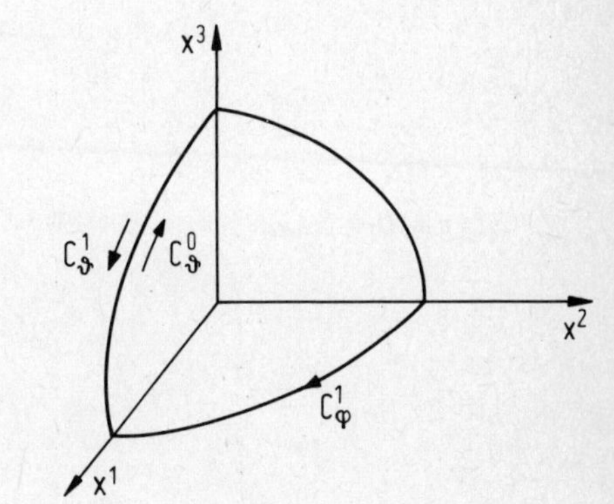

Abb.2.11

Wir drücken nun den Integranden der Kurvenintegrale mit Hilfe von (2.1-17) durch die Komponenten von $\bar{V}$ in einem kartesischen Koordinatensystem aus. Für $r = 1$ erhalten wir

$$\langle \bar{V}, \frac{\partial \vec{x}}{\partial \varphi} \rangle = \langle \bar{V}, \vec{e}_\varphi \rangle = - V_1 \sin \theta \cos \varphi + V_2 \sin \theta \cos \varphi = V_\varphi .$$

Die Komponente V_φ verschwindet für $\theta \to 0$, so daß das singuläre Randelement C_φ^o nicht zum Integral beiträgt. Insgesamt ergibt sich:

$$\int_F \langle \bar{\nabla} \wedge \bar{V}, d\vec{F} \rangle = - \int_{C_\varphi^1} \langle \bar{V}, d\vec{C} \rangle = \int_{\partial F} \langle \bar{V}, d\vec{C} \rangle .$$

Die Orientierung von ∂F wird durch die Orientierung von F induziert. Der Satz von Stokes ist damit auch für dieses Beispiel bestätigt.

Man kann zeigen, daß singuläre Randelemente in keinem Fall einen Beitrag zum Randintegral von (2.4-41) liefern. Erstrecken wir z.B. das oben behandelte Integral über den Rand ∂S^2 der 2-Sphäre, so wird auch

$$C_\varphi^1 = \{\vec{x} | \; x^1 = x^2 = 0, \; x^3 = -1\}$$

ein singulärer Randpunkt, und wir erhalten

$$\int_{\partial S^2} \langle \bar{\nabla} \wedge \bar{V}, d\vec{F} \rangle = 0 \,. \tag{2.4-42}$$

Das gilt für jede geschlossene Fläche $F = \partial K$, die Rand eines Körpers ist.

Schließlich wenden wir den Satz von Stokes auf das Integral der äußeren Ableitung einer 2-Form $\bar{A}$ über einen Körper K an. Die Komponente der 3-Form $\bar{\nabla} \wedge \bar{A}$ bezüglich des Körpers K (s. 2.4-28) läßt sich mit (2.3-17) in der Form

$$\langle \bar{\nabla} \wedge \bar{A}, \frac{\partial \vec{x}}{\partial u} \wedge \frac{\partial \vec{x}}{\partial v} \wedge \frac{\partial \vec{x}}{\partial w} \rangle = \frac{\partial}{\partial u} A_{vw} + \frac{\partial}{\partial v} A_{wu} + \frac{\partial}{\partial w} A_{uv} \tag{2.4-43}$$

ausdrücken. Mit (2.4-29) ergibt sich:

$$\begin{aligned} \int_K \langle \bar{\nabla} \wedge \bar{A}, dK \rangle &= \int_{\bar{Q}} \left(\frac{\partial}{\partial u} A_{vw} + \frac{\partial}{\partial v} A_{wu} + \frac{\partial}{\partial w} A_{uv} \right) du\, dv\, dw = \\ &= \int A_{vw}\, dv\, dw \Big|_{u=u_o}^{u=u_1} + \int A_{wu}\, dw\, du \Big|_{v=v_o}^{v=1} + \int A_{uv}\, du\, dv \Big|_{w=w_o}^{w=w_1} \,. \end{aligned} \tag{2.4-44}$$

Der nach dem Vorbild von (2.4-39) gebildete orientierte Rand

$$\partial \bar{Q} = \bar{R}^1_{vw} - \bar{R}^o_{vw} + \bar{R}^1_{wu} - \bar{R}^o_{wu} + \bar{R}^1_{uv} - \bar{R}^o_{uv} \tag{2.4-45}$$

von $\bar{Q}$ wird durch die Abbildung $K: \bar{Q} \to V^3$ auf den Rand ∂K von K,

$$\partial K = F^1_{vw} - F^o_{vw} + F^1_{wu} - F^o_{wu} + F^1_{uv} - F^o_{uv} \,, \tag{2.4-46}$$

abgebildet. Damit erhalten wir statt (2.4-44)

$$\int_K \langle \bar{\nabla} \wedge \bar{A}, dK \rangle = \int_{\partial K} \langle \bar{A}, d\vec{F} \rangle \,. \tag{2.4-47}$$

Auch hier liefern die singulären Randelemente keinen Beitrag. Die Orientierung von ∂K wird durch die Orientierung von K induziert. Im Fall einer ungeraden 2-Form ist (2.4-47) identisch mit dem aus der Vektoranalysis bekannten Integralsatz von Gauß. Der Rand ∂K ist dann transversal orientiert, und zwar zeigt die Richtung der transversalen Orientierung in den Außenraum von K, wenn die transversale Orientierung von K positiv ist.

Ein wichtiger Spezialfall des Gaußschen Satzes ist der Satz von Green. Aus zwei geraden 0-Formen V und W bilden wir die 2-Form

$$V \wedge * \bar{\nabla} W = * V \bar{\nabla} W \,.$$

Mit Hilfe der Ableitungsregel (∇ 3) (s. Abschn. 2.3.1) erhalten wir die äußere Ableitung

$$\bar{\nabla} \wedge V * \bar{\nabla} W = \bar{\nabla} V \wedge * \bar{\nabla} W + V \bar{\nabla} \wedge * \bar{\nabla} W \tag{2.4-48}$$

und formen die rechte Seite mit (2.3-28) um:

$$\bar{\nabla} \wedge * V \bar{\nabla} W = *(\bar{\nabla} V \cdot \bar{\nabla} W) + * V \Delta W \,. \tag{2.4-49}$$

Wir bilden nun die Differenz

$$\bar{\nabla} \wedge *(V \bar{\nabla} W - W \bar{\nabla} V) = *(V \Delta W - W \Delta V) \tag{2.4-50}$$

und wenden den Stokesschen Satz (2.4-30) an:

$$\int_K \langle \bar{\nabla} \wedge *(V \bar{\nabla} W - W \bar{\nabla} V), dK \rangle = \int_{\partial K} \langle *(V \bar{\nabla} W - W \bar{\nabla} V), d\vec{F} \rangle \,. \tag{2.4-51}$$

Für den $\underline{*}$-Operator (s. 1.2-128) sind die in (2.4-51) auftretenden Formen ungerade, so daß K und ∂K transversal orientiert werden müssen. Mit (2.4-50) und dem absoluten Volumenmaß (2.4-15),

$$\langle * 1, dK \rangle = d\tau \,, \tag{2.4-52}$$

erhalten wir schließlich den Integralsatz von Green,

$$\int_K (V \Delta W - W \Delta V) d\tau = \int_{\partial K} \langle V \bar{\nabla} W - W \bar{\nabla} V, * d\vec{F} \rangle \,. \tag{2.4-53}$$

Hier ist $* d\vec{F}$ ein gerader 1-Vektor, weil $d\vec{F}$ transversal orientiert ist.

Es ist klar, daß man aus den hier behandelten Integralsätzen für Multiformen entsprechende Integralsätze für Multivektorfelder erhält, wenn man das Skalarprodukt $\langle \, , \, \rangle$ durch das Euklidische Skalarprodukt $\langle \, | \, \rangle$ ersetzt. Weitere Integralsätze, die aus dem Satz von Stokes folgen, werden in Aufgabe 2.5 behandelt.

Aufgaben

2.1 Ausgehend von kartesischen Koordinaten (x^1, x^2) definiert man ebene Bipolarkoordinaten (u, φ) durch die Abbildung:

$$f: U \to \mathbb{R}^2, \qquad U = \{(u,\varphi) \mid u \in \mathbb{R}, 0 \leq \varphi < 2\pi\} \,,$$

$$x^1 = f^1(u,\varphi) = \frac{a \sinh u}{\cosh u + \cos \varphi} \,, \quad a \in \mathbb{R} \,.$$

$$x^2 = f^2(u,\varphi) = \frac{a \sin \varphi}{\cosh u + \cos \varphi} \,.$$

a) Bestimmen Sie die Funktionaldeterminante

$$\frac{\partial(f^1,f^2)}{\partial(u,\varphi)}$$

und die inverse Abbildung f^{-1}: $W \to U$. Zeigen Sie, daß das Verhältnis der Abstände des Punktes (x^1,x^2) von den Punkten $(a,0)$ und $(-a,0)$ gleich $\exp u$ ist. Welche Bedeutung hat der Winkel $\pi - \varphi$? Bestimmen Sie die Kurven $u = \text{const}$ und $\varphi = \text{const}$.

b) Drücken Sie die Basiselemente

$$\vec{e}_u(\vec{x}) = \left(\frac{\partial \vec{x}}{\partial u}\right)_{\vec{x}} , \qquad \vec{e}_\varphi(\vec{x}) = \left(\frac{\partial \vec{x}}{\partial \varphi}\right)_{\vec{x}} ,$$

$$\vec{x} = \vec{e}_1 f^1(u,\varphi) + \vec{e}_2 f^2(u,\varphi) \in V^2$$

durch die kartesischen Basiselemente $\vec{e}_1, \vec{e}_2$ aus und berechnen Sie die Elemente $g_{uu}, g_{u\varphi}, g_{\varphi\varphi}$ der metrischen Matrix. Bestimmen Sie die dualen Basiselemente

$$\bar{e}^u(\vec{x}) = (\bar{\nabla} u)_{\vec{x}} , \quad \bar{e}^\varphi(\vec{x}) = (\bar{\nabla} \varphi)_{\vec{x}} , \quad \bar{\nabla} = \bar{e}^1 \frac{\partial}{\partial x^1} + \bar{e}^2 \frac{\partial}{\partial x^2} .$$

2.2 Gegeben sei ein Vektorfeld $\vec{V}(\vec{x})$.

a) Führen Sie Zylinderkoordinaten ein und betrachten Sie die Komponenten von $\vec{V}$ als Funktionen der Koordinaten (ρ, φ, z).

$$V^\rho(x(\rho,\varphi,z)) =: F^\rho(\rho,\varphi,z) \quad \text{usw.}$$

Sei nun

$$\begin{aligned} R_3(\chi): V^3 \to V^3, \quad R_3(\chi)\vec{e}_1 &= \vec{e}_1 \cos\chi + \vec{e}_2 \sin\chi , \quad 0 \leq \chi < 2\pi , \\ R_3(\chi)\vec{e}_2 &= -\vec{e}_1 \sin\chi + \vec{e}_2 \cos\chi , \\ R_3(\chi)\vec{e}_3 &= \vec{e}_3 \end{aligned}$$

eine Drehung um die 3-Achse eines kartesischen Koordinatensystems mit dem Drehwinkel χ. Zeigen Sie, daß der Vektor $\vec{x}(\rho,\varphi,z)$ auf den Vektor

$$R_3(\chi)\vec{x}(\rho,\varphi,z) = \vec{x}(\rho,\varphi+\chi,z)$$

abgebildet wird. Bestimmen Sie daraus die zugeordnete Abbildung der Tangentialräume $T_{\vec{x}} \to T_{R_3(x)\vec{x}}$:

$$\vec{e}_\rho(\vec{x}) \mapsto \vec{e}_\rho{}'(R_3\vec{x}), \quad \vec{e}_\varphi(\vec{x}) \mapsto \vec{e}_\varphi{}'(R_3\vec{x}), \quad \vec{e}_z(\vec{x}) \mapsto \vec{e}_z{}'(R_3\vec{x}), \quad \vec{V}(\vec{x}) \mapsto \vec{V}'(R_3\vec{x}).$$

Welche Bedingung müssen die Funktionen F^ρ, F^φ, F^z erfüllen, wenn das Vektorfeld $\vec{V}$ invariant unter Drehungen umd die 3-Achse sein soll?

b) Betrachten Sie in entsprechender Weise die Komponenten von $\vec{V}$ in räumlichen Polarkoordinaten als Funktionen von (r, θ, φ). Eine räumliche Drehung ist eine orthogonale Abbildung $R: V^3 \to V^3$ aus $SO(V^3)$. Setzen Sie

$$R\vec{x}(r,\theta,\varphi) =: \vec{x}(r, \theta'(\theta,\varphi), \varphi'(\theta,\varphi))$$

und bestimmen Sie die zugeordnete Abbildung $T_{\vec{x}} \to T_{R\vec{x}}$ der Tangentialräume. Welche Bedingung müssen die Komponenten von V erfüllen, wenn das Vektorfeld unter der Drehgruppe $SO(V^3)$ invariant sein soll?
Hinweis: Es gilt (s. 2.2-25):

$$\vec{e}_r(R\vec{x}) = \frac{\partial \vec{x}}{\partial r}(r,\theta',\varphi'), \quad \vec{e}_\theta(R\vec{x}) = \frac{\partial \vec{x}}{\partial \theta'}(r,\theta',\varphi'),$$

$$\vec{e}_\varphi(R\vec{x}) = \frac{\partial \vec{x}}{\partial \varphi'}(r,\theta',\varphi').$$

2.3 Bestimmen Sie mit Hilfe der Tangentenvektoren (2.1-17) die Koeffizienten Γ^k_{ij} der affinen Übertragung in räumlichen Polarkoordinaten aus den Ableitungsgleichungen

$$\nabla_i \vec{e}_j(\vec{x}) = \vec{e}_k(\vec{x})\Gamma^k_{ij}.$$

Beachten Sie, daß die Operatoren ∇_i auf die Komponenten der Tangentenvektoren $\vec{e}_i(\vec{x})$ wie partielle Ableitungen wirken. Überzeugen Sie sich davon, daß die Beziehungen (2.3-6) zum gleichen Ergebnis führen, wenn Sie die Elemente (2.1-27) der metrischen Matrix in räumlichen Polarkoordinaten einsetzen.

2.4 Berechnen Sie mit Hilfe von (2.3-31)

$$\Delta \bar{V}, \quad \Delta \bar{A}, \quad \Delta \vec{V}, \quad \Delta \vec{A}$$

a) in Zylinderkoordinaten
b) in räumlichen Polarkoordinaten.
Hier ist $\bar{V}$ eine 1-Form, $\bar{A}$ eine 2-Form, $\vec{V}$ ein 1-Vektorfeld und $\vec{A}$ ein 2-Vektorfeld.

2.5 a) Sei F eine Fläche, ∂F ihr Rand mit induzierter Orientierung und $\bar{V}$ eine 1-Form. Der Satz von Stokes lautet:

$$\int_F (\bar{\nabla} \wedge \bar{V}) \cdot d\vec{F} = \int_{\partial F} \bar{V} \cdot d\vec{C}$$

Hier bezeichnet der Punkt das innere Produkt, das in diesem Fall mit dem Skalarprodukt $\langle\ ,\ \rangle$ zusammenfällt. Zeigen Sie mit Hilfe des Stokesschen Satzes, daß für eine 0-Form V gilt:

$$\int_F (\bar{\nabla} \wedge V) \cdot d\vec{F} = - \int_{\partial F} V \, d\vec{C} \, .$$

b) Sei K ein Körper, ∂K sein Rand mit induzierter Orientierung und $\bar{A}$ eine 2-Form. Verwendet man auch hier das innere Produkt, so lautet der Satz von Stokes:

$$\int_K (\bar{\nabla} \wedge \bar{A}) \cdot dK = \int_{\partial k} \bar{A} \cdot d\vec{F} \, .$$

Beweisen Sie mit dem Stokesschen Satz die folgenden Integralsätze für 1-Formen $\bar{V}$ und 0-Formen V:

$$\int_K (\bar{\nabla} \wedge \bar{V}) \cdot dK = - \int_{\partial K} \bar{V} \cdot d\vec{F} \, , \qquad \int_K (\bar{\nabla} \wedge V) \cdot dK = \int_{\partial K} V \, d\vec{F} \, .$$

Hinweis: Führen Sie die zu beweisenden Integralsätze durch äußere Multiplikation mit konstanten Multiformen auf den Satz von Stokes zurück.

3. Das elektrische Feld ruhender Ladungen

3.1. Elektrische Ladung

Elektrische Ladung ist eine Eigenschaft materieller Körper. Auf Grund der Beweglichkeit der Ladung in materiellen Körpern unterscheiden wir zwischen Leitern und Isolatoren. In Leitern sind Ladungen frei beweglich, in Isolatoren unbeweglich. Die Existenz von Ladungen folgt für den physikalischen Beobachter aus der Kraftwirkung, die geladene Körper aufeinander ausüben. Es zeigt sich, daß geladene Körper sich entweder anziehen oder abstoßen. Man teilt deshalb die Ladungen in zwei Klassen ein, die man positiv und negativ nennen kann. Ladungen gleichen Vorzeichens stoßen sich ab, Ladungen entgegengesetzten Vorzeichens ziehen sich an.

Ladung ist eine additive Größe, die durch Berührung zwischen Ladungsträgern übertragen werden kann. Zur mathematischen Beschreibung verwenden wir deshalb eine 3-Form (s. 2.2-17):

$$\rho = \frac{1}{3!}\,\rho_{ijk}(\vec{x})\bar{e}^{i}(\vec{x})\wedge\bar{e}^{j}(\vec{x})\wedge\bar{e}^{k}(\vec{x}) = \rho_{123}(\vec{x})\bar{e}^{1}(\vec{x})\wedge\bar{e}^{2}(\vec{x})\wedge\bar{e}^{3}(\vec{x}) \in \overset{3}{\Lambda}\, T^{*}_{\vec{x}}, \tag{3.1-1}$$

die dem orientierten Volumen $\vec{e}_1(\vec{x})\wedge\vec{e}_2(\vec{x})\wedge\vec{e}_3(\vec{x})$ die Ladungsmenge

$$\langle \rho, \vec{e}_1(\vec{x})\wedge\vec{e}_2(\vec{x})\wedge\vec{e}_3(\vec{x})\rangle = \rho_{123}(\vec{x}) \tag{3.1-2}$$

zuordnet. Es ist klar, daß das Vorzeichen der einem Volumen zugeordneten Ladung nicht von der Orientierung des Volumens abhängen darf. Die Ladung ist also eine ungerade 3-Form (s. 2.2), deren Koeffizient sich bei einer Koordinatentransformation (s. 2.2-4)

$$(y^1, y^2, y^3) = g(y'^1, y'^2, y'^3)$$

nach der Regel

$$\rho'_{123}(x) = \rho_{123}(x)\,\frac{\partial(y^1,y^2,y^3)}{\partial(y'^1,y'^2,y'^3)}\,\mathrm{sgn}\left\{\frac{\partial(y^1,y^2,y^3)}{\partial(y'^1,y'^2,y'^3)}\right\} \tag{3.1-3}$$

transformiert. Die in einem Körper K enthaltene Ladungsmenge erhält man durch invariante Integration der 3-Form ρ über den Körper im Sinne von (2.4-27):

$$Q = \int_K \langle \rho , dK \rangle . \tag{3.1-4}$$

Ladung ist eine Eigenschaft, die zu einer besonderen Art von Wechselwirkung zwischen Körpern führt, die wir elektrische oder elektromagnetische Wechselwirkung nennen. Sie muß grundsätzlich als unabhängig von mechanischen Größen wie Energie, Impuls usw. angesehen werden und sollte in einer eigenen Einheit angegeben werden. Da ρ_{123} nach (3.1-2) die einem Volumen zugeordnete Ladungsmenge ist, ordnen wir der Zahl $\rho_{123}(\vec{x}) \in \mathbb{R}$ die Dimension (angezeigt durch eckige Klammern) Ladung zu,

$$[\rho_{123}] = [\text{Ladung}] . \tag{3.1-5}$$

Welche Ladungsmenge wir als Ladungseinheit definieren, ist gleichgültig. Als natürliches Elementarquantum bietet sich die Ladung des Elektrons an. Im makroskopischen Bereich ist es zweckmäßiger, eine Ladungseinheit zu benutzen, die mit den Hilfsmitteln üblicher Labortechnik normiert werden kann. Wir definieren als Ladungseinheit die Ladungsmenge, die beim Transport durch eine Silbernitratlösung 1,118 mg Silber abscheidet[+)] und geben ihr den Namen Coulomb oder Ampèresekunde:

$$[\rho_{123}] = 1\ \text{C} = 1\ \text{As} . \tag{3.1-6}$$

Zur Definition der Längeneinheit verwenden wir einen der drei Maßstäbe $\vec{e}_1, \vec{e}_2, \vec{e}_3$ des räumlichen Bezugssystems (s. 1.1.1) und setzen etwa

$$[\|\vec{e}_1\|] = 1\ \text{Meter} = 1\ \text{m}. \tag{3.1-7}$$

Die anderen Basisvektoren haben ebenfalls die Dimension Länge bzw. Meter,

$$[\vec{e}_i] = [\text{Länge}] = \text{m}, \quad (i = 1,2,3) \tag{3.1-8}$$

brauchen aber natürlich nicht die gleiche Länge wie $\vec{e}_1$ zu haben. Die dualen Basen tragen gemäß ihrer Definition durch die Beziehungen (1.1-4),

$$\langle \bar{e}^i , \vec{e}_j \rangle = \delta^i_j , \tag{3.1-9}$$

+) Diese Vorschrift legt das internationale Coulomb fest. Die gesetzliche Einheit ist das absolute Coulomb. Es ist:

$$1\ \text{C}_{int} = 0{,}99985\ \text{C}_{abs} .$$

die Dimension

$$\bar{e}^i = [(\text{Länge})^{-1}] = m^{-1}.$$

Ebenso folgen für die metrische Matrix und ihre Inverse die Dimensionen

$$[g_{ij}] = [(\text{Länge})^2] = m^2 \tag{3.1-10a}$$

$$[g^{ij}] = [(\text{Länge})^{-2}] = m^{-2}. \tag{3.1-10b}$$

Mit (3.1-9) erhalten wir für die 3-Form ρ die Dimension

$$[\rho] = \left[\frac{\text{Ladung}}{(\text{Länge})^3}\right] = 1\,\frac{\text{As}}{m^3}, \tag{3.1-11}$$

die üblicherweise einer Ladungsdichte zugeordnet wird.

3.2. Die elektrische Feldstärke

3.2.1. Definition der elektrischen Feldstärke im Vakuum und in Materie

Werden in das physikalische Vakuum Ladungen gebracht, so nimmt es physikalische Eigenschaften an und wird zum elektrischen Feld. Maxwell schreibt dazu in seinem Treatise: "The Electric Field is the portion of space in the neighbourhood of electrified bodies, considered with reference to electric phenomena". Zur Beschreibung des elektrischen Feldes bietet sich vom experimentellen Befund her (vgl. 3.1) zunächst die Kraft an, die in der Umgebung ruhender, geladener Körper auf einen ebenfalls ruhenden, geladenen Probekörper ausgeübt wird. Die Ladung spielt dabei eine Doppelrolle, aktiv als Feldquelle und passiv als Objekt, an dem die vom Felde übertragene Kraft angreift. Die Wirkung des Feldes auf den Probekörper versuchen wir durch ein Gedankenexperiment zu bestimmen.

Wir nehmen an, daß die Abmessungen $\Delta\ell$ und die Ladung Q des Probekörpers klein sind gegenüber den Abmessungen und der Ladung der felderzeugenden Körper. Der

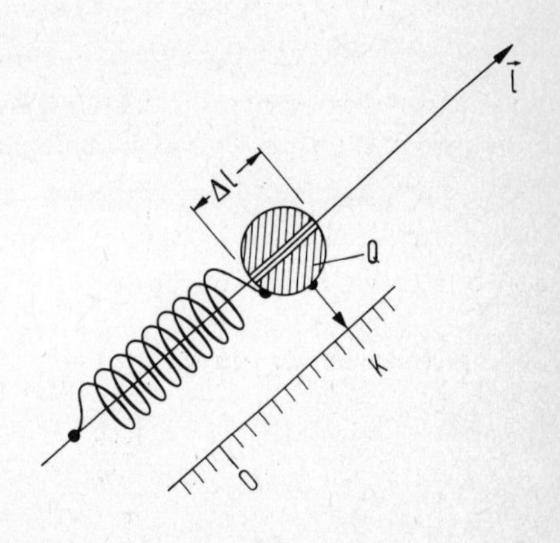

Abb.3.1

Probekörper soll reibungsfrei auf einer isolierenden Gleitstange der Länge ℓ beweglich sein und von einer elastischen Feder gehalten werden (s. Abb.3.1).

Wir bringen die Anordnung nach Abb.3.1 in einen beliebigen Punkt $\vec{x}$ und messen bei beliebiger Stellung der Gleitstange eine Kraft K durch die Auslenkung der Feder. Die Verabredung, nur positive Probeladungen zuzulassen, macht die Zuordnung einer inneren Orientierung der Gleitstange $\vec{\ell}$ zur Auslenkung der Feder eindeutig. Wiederholen wir den Versuch bei festgehaltener Gleitstange mit einem anders geformten Probekörper, der eine andere Probeladung trägt, so stellen wir Proportionalität von K mit Q sowie Unabhängigkeit von der Geometrie solange fest, als die Anordnung klein im Sinne unserer Annahme ist. Ändern wir bei festgehaltenem $\vec{x}$ die Richtung der Gleitstange $\vec{\ell}/\ell \in T_{\vec{x}}$, so finden wir, daß $\ell \frac{K}{Q}(\vec{\ell}/\ell)$ eine lineare Funktion von $\vec{\ell}$ ist ($\ell = \|\vec{\ell}\|$). Sie definiert eine gerade 1-Form:

$$\frac{\bar{K}}{Q} = \frac{K_i}{Q}\,\bar{e}^i \, , \qquad (3.2\text{-}1)$$

für die gilt:

$$\langle \frac{\bar{K}}{Q}, \vec{\ell} \rangle := \ell \frac{K}{Q}(\vec{\ell}/\ell) \; . \qquad (3.2\text{-}2)$$

$\bar{K}/Q$ ist eine gerade 1-Form, da bei Spiegelung I: $\ell \mapsto I\vec{\ell} = -\vec{\ell}$ auch die Kraft ihr Vorzeichen wechselt (s. 1.1-60). Genau eine Richtung der Gleitstange ist durch ein Maximum der Größe $|K/Q|$ ausgezeichnet. Für diese Richtung ist die Gleitführung des Probekörpers kräftefrei, die Gleitstange kann daher weggelassen werden. Führen wir schließlich den Versuch an verschiedenen Punkten $\vec{x}$ aus, so läßt sich an jedes $\vec{x}$ eine 1-Form $\bar{K}/Q$ heften, und wir erhalten ein Feld $\frac{\bar{K}}{Q}(\vec{x})$.

Dieses Ergebnis werden wir zur Definition der Stärke des elektrischen Feldes heranziehen, da es unabhängig von der speziellen Wahl unserer Meßanordnung ist. Streng genommen gilt dies allerdings erst dann, wenn wir noch eine Verfeinerung in zweierlei Hinsicht vorgenommen haben. Wegen der zwar kleinen, jedoch endlichen Ausdehnung des Probekörpers liefert die Kraftmessung in seinem Schwerpunkt einen Mittelwert der Kräfte über das von ihm eingenommene Volumen. Daher soll der Grenzwert für verschwindende Abmessungen $\Delta\ell \to 0$ genommen werden. Zum anderen erzeugt die Probeladung Q wegen der Doppelrolle der Ladung ebenfalls ein Feld und dieses beeinflußt die Ladungsverteilung auf den felderzeugenden geladenen Körpern und damit auch das von ihnen erzeugte Feld. Um die dadurch bedingte Rückwirkung auf das Meßergebnis auszuschalten, ist der Grenzwert für verschwindende Probeladung $Q \to 0$ zu bilden.

Wir definieren als ein Maß für die Stärke oder Intensität des Feldes den Grenzwert:

$$\bar{E}(\vec{x}) := \lim_{\Delta\ell, Q \to 0} \frac{\bar{K}(x)}{Q} \qquad (3.2\text{-}3)$$

und nennen ihn die elektrische Feldstärke. Nach (3.2-2) gilt für die 1-Form $\bar{E}$:

$$\langle \bar{E}, \vec{\ell} \rangle = \lim_{\Delta\ell, Q \to 0} \ell \frac{K}{Q} (\vec{\ell}/\ell) \; . \qquad (3.2\text{-}4)$$

Die Einheit der Feldstärke $[\bar{E}]$ ergibt sich bei Festlegung von kohärenten Einheiten (darunter versteht man solche, bei denen in den Einheitengleichungen keine von 1 verschiedenen Umrechnungsfaktoren vorkommen) aus den Einheiten der Kraft [K],

$$[K] = 1 \text{ Newton} = 1\text{N} = 1 \frac{\text{kgm}}{\text{s}^2} \, , \qquad (3.2\text{-}5)$$

und der Ladung (3.1-6):

$$[E] = 1 \frac{\text{N}}{\text{C}} = 1 \frac{\text{kgm}}{\text{As}^3} \; . \qquad (3.2\text{-}6)$$

Eine der beiden Gleichungen, durch welche die absoluten praktischen Einheiten Volt [V] für die elektrische Spannung und Ampère [A] für den elektrischen Strom festgelegt werden, ist die exakte Gleichsetzung

$$1 \text{ AsV} = 1 \text{ J} =: 1 \frac{\text{kgm}^2}{\text{s}^2} = 1 \text{ Nm} \; . \qquad (3.2\text{-}7)$$

Dabei steht J für Joule. Die zweite Gleichung werden wir später kennenlernen. Aus (3.2-5), (3.2-6) und (3.2-7) folgt:

$$[\bar{E}] = \left[\frac{\text{Kraft}}{\text{Ladung}} \right] = \left[\frac{\text{Wirkung}}{(\text{Ladung})(\text{Länge})(\text{Zeit})} \right] = 1 \frac{\text{N}}{\text{C}} = 1 \frac{\text{V}}{\text{m}} \; . \qquad (3.2\text{-}8)$$

In der Praxis benutzt man für die elektrische Feldstärke meist die hundertmal größere Einheit 1 V/cm. Die Koeffizienten $E_i(x)$ der Linearform (3.2-3) haben die Dimension Volt,

$$[E_i(\vec{x})] = [\langle \bar{E}(\vec{x}), \vec{e}_i \rangle] = 1 \text{ V}.$$

Bisher haben wir vorausgesetzt, daß die Feldquellen sich im Vakuum befinden. Wir können jedoch die Definition (3.2-3) auch auf elektrische Felder in beliebiger Materie verallgemeinern. Dazu stellen wir uns einen zylindrischen evakuierten Hohlraum her, dessen Länge groß gegen seinen Durchmesser, aber noch hinreichend klein ist, so daß $\bar{E}(\vec{x})$ sich über die Länge nicht wesentlich ändert (Abb.3.2).

In dieses Röhrchen bringen wir die Meßanordnung mit der Gleitstange parallel zu dessen Achse und gehen im übrigen vor wie früher beschrieben. Als Feldstärke in Materie definieren wir die im evakuierten Röhrchen gemäß (3.2-3) gemessene Größe. Wir werden im Abschnitt 3.2.2 zeigen, daß die so definierte Feldstärke tatsächlich mit der in Materie herrschenden identisch ist.

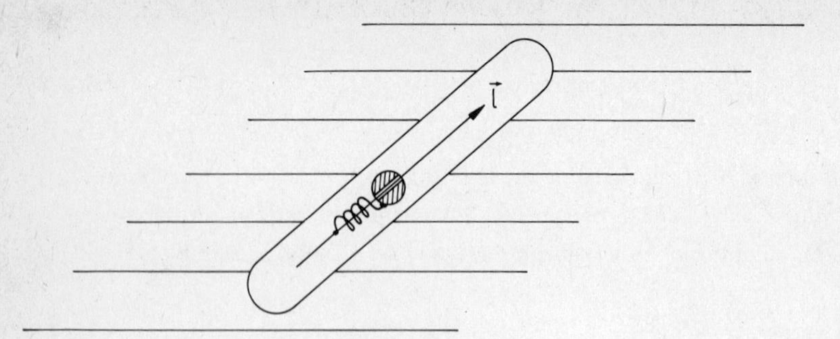

Abb.3.2

Um das elektrische Feld anschaulich darzustellen, ordnen wir jedem Ort $\vec{x} \in V^3$ ein Flächenelement $d\vec{F}$ zu, das der Bedingung

$$\bar{E}(\vec{x}) \cdot d\vec{F} = 0 \tag{3.2-9a}$$

genügt. Mit der Parameterdarstellung (s. 2.4-8)

$$d\vec{F} = \frac{\partial\vec{x}}{\partial u} \wedge \frac{\partial\vec{x}}{\partial v}\, du\, dv$$

erhalten wir nach den Regeln für innere Produkte (s. 1.2-44) für den Flächenvektor $\vec{x}(u,v)$ die partielle Differentialgleichung

$$\bar{E}[\vec{x}(u,v)] \cdot \left(\frac{\partial\vec{x}}{\partial u} \wedge \frac{\partial\vec{x}}{\partial v}\right) = \frac{\partial\vec{x}}{\partial u} \langle \bar{E}(\vec{x}(u,v), \frac{\partial\vec{x}}{\partial v}\rangle - \frac{\partial\vec{x}}{\partial v} \langle \bar{E}[\vec{x}(u,v)], \frac{\partial\vec{x}}{\partial u}\rangle = 0 \,. \tag{3.2-10}$$

Die Lösungen von (3.2-10) sind, jedenfalls für statische elektrische Felder, die nicht von der Zeit abhängen, glatte Flächen.

Sei nun C eine Kurve, die die Lösungsflächen von (3.2-10) durchsetzt. Wir vereinbaren, daß die Zahl N(F) der von C durchsetzten Flächen gleich dem Integral von $\bar{E}$ über C in einer geeigneten Maßeinheit (s. 3.2-8) sein soll:

$$\int_C \langle E, dC\rangle = N(F) \left[\frac{\text{Wirkung}}{(\text{Ladung})(\text{Zeit})}\right] . \tag{3.2-11}$$

Da $\bar{E}$ eine gerade 1-Form ist, müssen wir die Kurve C innen orientieren. Wir wählen diejenige Orientierung, für die $\langle \bar{E}, d\vec{C}\rangle$ positiv ist. Nunmehr orientieren wir die Lösungsflächen von (3.2-10) transversal, und zwar so, daß die transversale Orientierung gleichsinnig mit der inneren Orientierung von C ist, d.h. wir setzen die Orientierungen von $*d\vec{F}$ und $d\vec{C}$ gleich. Hier ist $*$ derjenige Operator, der ungerade 2-Vektoren auf gerade 1-Vektoren abbildet (s. 1.2.5). Diejenigen Flächen, die neben der Differentialgleichung (3.2-9a) auch der Orientierungsbedingung

$$\langle \bar{E}(\vec{x}), * d\vec{F} \rangle = \bar{E}(\vec{x}) \cdot * d\vec{F} > 0 \tag{3.2-9b}$$

genügen, nennen wir Feldflächen von $\bar{E}$. Die Feldflächen F und die Verteilung N(F) vermitteln ein anschauliches Bild des elektrischen Feldes. Abbildung 3.3 zeigt ein Beispiel mit abnehmender Feldstärke in Richtung des Durchlaufungssinns von C.

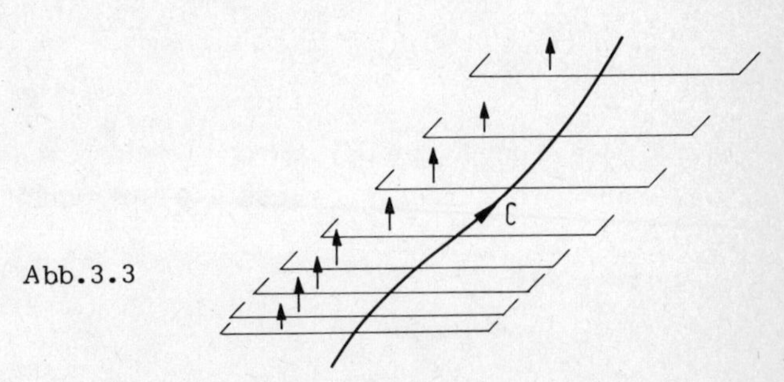

Abb.3.3

3.2.2. Die Feldgleichung und die Grenzbedingung für die elektrische Feldstärke

In diesem Abschnitt beschäftigen wir uns mit den Eigenschaften des elektrischen Feldes ruhender Ladungen. Es wird sich zeigen, daß es einen physikalischen Zustand beschreibt, in dem keine Energieänderungen oder Umwandlungen von Energie stattfinden. Einen solchen Zustand nennt man Gleichgewichtszustand und das erzeugende elektrische Feld statisch. Vorgänge, die näherungsweise durch eine Folge von Gleichgewichtszuständen beschrieben werden können, heißen quasistatisch. Elektrische Felder, die quasistatische Vorgänge beschreiben, werden ebenfalls quasistatisch genannt.

Nachdem wir die elektrische Feldstärke durch die Kraft auf eine Probeladung definiert haben, liegt es nahe, nach der bei einer quasistatischen Verschiebung einer Probeladung Q im elektrischen Feld geleisteten Arbeit zu fragen. Erfolgt die Verschiebung längs einer Kurve C (s. Abb.3.4), so ist die geleistete Arbeit gleich dem Integral der 1-Form $\bar{K}$ über C im Sinne von (2.4-18):

$$A = \int_C \langle \bar{K}, d\vec{C} \rangle \,. \tag{3.2-12}$$

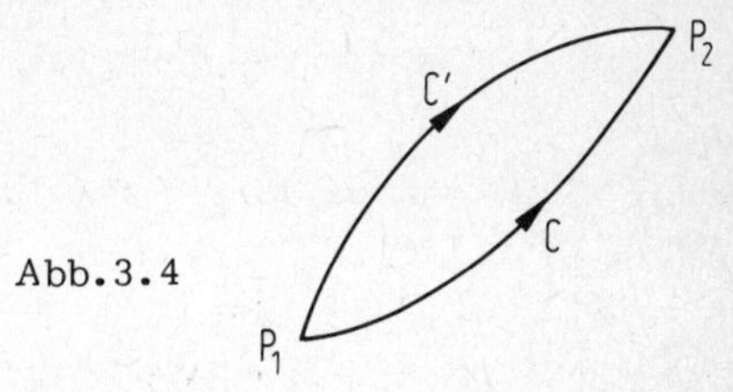

Abb.3.4

Verbindet die Kurve C zwei Punkte P_1 und P_2 des Raumes, so lehrt die Erfahrung, daß die geleistete Arbeit unabhängig von C ist. Ist also C' eine weitere Kurve, die

P_1 und P_2 verbindet (s. Abb.3.4), so gilt:

$$\delta A = \int_C \langle \bar{K}, d\vec{C} \rangle - \int_{C'} \langle \bar{K}, d\vec{C}' \rangle = \int_{\partial F} \langle \bar{K}, d\vec{C} \rangle = 0 \,. \tag{3.2-13}$$

Hier ist

$$\partial F = C - C'$$

der Rand der von den Kurven C und C' eingeschlossenen Fläche F und $d\vec{C}$ der Tangentenvektor an die Kurve ∂F. Mit (3.2-3) folgt aus (3.2-13) auch:

$$\int_{\partial F} \langle \bar{E}, d\vec{C} \rangle = 0 \,. \tag{3.2-14}$$

Das Ergebnis ist unabhängig davon, ob die Verschiebung im Vakuum, in Gasen, Flüssigkeiten oder in fester Materie durchgeführt wird. Die Probeladung darf auch durch ein inhomogenes Medium bewegt werden.

Mit Hilfe des Satzes von Stokes (s. 2.4-41) erhalten wir aus (3.2-14)

$$\int_{\partial F} \langle \bar{E}, d\vec{C} \rangle = \int_F \langle \bar{\nabla} \wedge \bar{E}, d\vec{F} \rangle = 0 \,. \tag{3.2-15}$$

Da wir die Fläche F beliebig wählen können, folgt schließlich:

$$\bar{\nabla} \wedge \bar{E} = 0 \,. \tag{3.2-16}$$

Die beiden Aussagen: Die geleistete Arbeit ist vom Wege unabhängig (s. 3.2-15) bzw.: Die 1-Form $\bar{E}$ ist geschlossen (s. 3.2-16), sind äquivalent. Sie sind unabhängig vom Bezugssystem des Beobachters, da sie durch koordinatenunabhängige Größen ausgedrückt werden. Als Beziehungen zwischen Formen sind sie ferner unabhängig von der Metrik, die ja in die Definition der Formen nicht eingeht.

Im Sinne der Variationsrechnung kann man die Beziehung (3.2-15) auch so verstehen, daß die erste Variation des Integrals

$$I(C) = \int_C \langle \bar{E}, d\vec{C} \rangle$$

für alle Kurven C, die zwei vorgegebene Randpunkte verbinden, verschwinden soll (s. Aufgabe 3.1).

Wie bereits bemerkt, ist die bei der Verschiebung einer Probeladung geleistete Arbeit auch dann vom Weg C unabhängig, wenn der Weg durch Medien mit verschiedenen physikalischen Eigenschaften verläuft. Ist nun ∂M die Grenzfläche zwischen zwei verschiedenen homogenen Medien M_1 und M_2, so können wir zwei Punkte P_1 und P_2 auf dem Rande einerseits durch eine ganz im Medium M_1 verlaufende Kurve C_1, andererseits durch eine ganz im Medium M_2 verlaufende Kurve C_2 verbinden (s. Abb. 3.5). Auch dann gilt:

$$\int_{C_1} \langle \bar{E}, d\vec{C} \rangle - \int_{C_2} \langle \bar{E}, d\vec{C} \rangle = 0 . \tag{3.2-17}$$

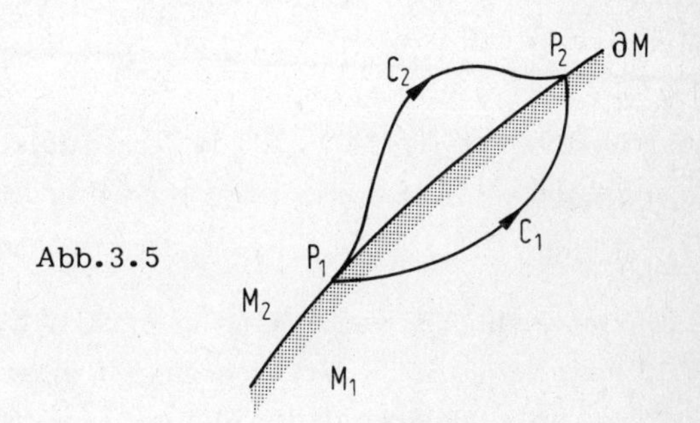

Abb.3.5

Im Grenzfall können wir C_1 und C_2 gegen dieselbe Kurve C streben lassen, die ganz in ∂M liegt. Die Bedingung (3.2-17) lautet dann:

$$\int_{C} \langle \bar{E}, d\vec{C} \rangle_1 - \int_{C} \langle \bar{E}, d\vec{C} \rangle_2 = 0 . \tag{3.2-18}$$

Der Index an der kanonischen Bilinearform $\langle \, , \, \rangle$ zeigt das Medium an, in dem die Kurve C als Grenzwert approximiert wird. Schließlich gilt die Beziehung (3.2-18) auch für ein Wegelement $d\vec{C}$:

$$\langle \bar{E} \quad \langle \bar{E}, d\vec{C} \rangle_1 = \langle \bar{E}, d\vec{C} \rangle_2 . \tag{3.2-19}$$

Ist nun $\vec{x} = \vec{x}(u,v)$ eine Parameterdarstellung der Randfläche ∂M im Sinne von (2.4-5), so kann das Linienelement $d\vec{C}$ einer ganz in ∂M verlaufenden Kurve C in der Form

$$d\vec{C} = \left(\frac{du}{ds} \frac{\partial \vec{x}}{\partial u} + \frac{dv}{ds} \frac{\partial \vec{x}}{\partial v} \right) ds = \frac{d\vec{x}}{ds} ds \tag{3.2-20}$$

dargestellt werden, denn:

$$C : s \mapsto \vec{x}(u(s), v(s))$$

definiert für beliebige Funktionen $u(s), v(s)$ eine ganz in ∂M verlaufende Kurve mit dem Kurvenparameter s. Aus (3.2-19) folgt mit (3.2-20):

$$\langle \bar{E}, \frac{d\vec{x}}{ds} \rangle_1 = \langle \bar{E}, \frac{d\vec{x}}{ds} \rangle_2 , \quad \frac{d\vec{x}}{ds} \in T_{\vec{x}} ; \quad \vec{x}(s) \in \partial M . \tag{3.2-21}$$

Da u(s) und v(s) beliebige Funktionen sind, ist (3.2-21) äquivalent mit den beiden Beziehungen

$$\begin{aligned} \langle \bar{E}, \frac{\partial\vec{x}}{\partial u} \rangle_1 &= \langle \bar{E}, \frac{\partial\vec{x}}{\partial u} \rangle_2 \\ \langle \bar{E}, \frac{\partial\vec{x}}{\partial v} \rangle_1 &= \langle \bar{E}, \frac{\partial\vec{x}}{\partial v} \rangle_2 . \end{aligned} \tag{3.2-22}$$

Auf der Grenzfläche ∂M sind die Tangentialkomponenten der elektrischen Feldstärke stetig. Auch diese Grenzbedingung ist koordinatenfrei und unabhängig von der Existenz der Metrik.

Die Grenzbedingung rechtfertigt nachträglich die Definition der elektrischen Feldstärke $\bar{E}$ in Materie durch die Kraftmessung in einem evakuierten Röhrchen. Nehmen wir an, daß wir die Feldstärke in der Materie kennen, und denken wir uns ein evakuiertes zylindrisches Röhrchen, dessen Querdimensionen klein gegen die Längsdimensionsen sind. Legen wir die Zylinderachse parallel zu der Richtung $(\vec{\ell}/\|\vec{\ell}\|)_{max}$, in der die maximale Kraft auf eine Probeladung gemessen wird (Abb.3.6), so messen wir wegen der Stetigkeit der Tangentialkomponenten von $\bar{E}$ in hinreichend großem Abstand von den Endflächen des Röhrchens die gleiche Kraft im Innenraum wie im Außenraum. Bei anderer Orientierung messen wir die Komponente von $\bar{E}$ in Richtung der Rohrachse.

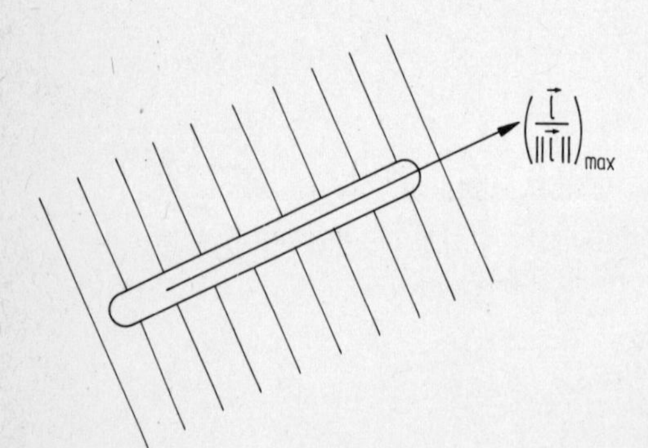

Abb.3.6

Als Sonderfall der Grenzbedingungen (3.2-22) behandeln wir noch die Grenzfläche ∂L zwischen einem Leiter und einem Nichtleiter. Wie im ersten Abschnitt erwähnt, sind Ladungen im Innern und auf der Oberfläche eines Leiters frei beweglich. Ist der Zustand des Feldes statisch, so muß folglich im Innern des Leiters die Feldstärke $\bar{E}$

identisch verschwinden, auf der Grenzfläche ∂L hingegen verschwinden nur die Tangentialkomponenten:

$$\bar{E}(\vec{x}) = 0 \; ; \qquad \forall \vec{x} \in L$$

$$\langle \bar{E}, \frac{\partial \vec{x}}{\partial u} \rangle = \langle \bar{E}, \frac{\partial \vec{x}}{\partial v} \rangle = 0 \; ; \qquad \forall \vec{x}(u,v) \in \partial L \, . \qquad (3.2\text{-}23b)$$

3.2.3. Das elektrische Potential

Die Feldgleichung (3.2-16) besagt lediglich, daß die 1-Form $\bar{E}$ geschlossen ist. Nach dem Poincaréschen Lemma (s. 2.3.2) ist sie dann auf jeder offenen sternförmigen Menge $U \subset V^3$ exakt, denn die Feldgleichung (3.2-16) gilt ja unabhängig von den physikalischen Eigenschaften auf jeder offenen Teilmenge des Vektorraums V^3. Folglich gibt es eine 0-Form $V(\vec{x})$, deren äußere Ableitung das elektrische Feld liefert:

$$\bar{E} = - \bar{\nabla} \wedge V = - \bar{\nabla} V \, . \qquad (3.2\text{-}24)$$

Die 0-Form V ist ein skalares Feld und wird elektrisches Potential genannt. Ist $d\vec{x}/du \in T_{\vec{x}}$ ein Tangentenvektor, so folgt aus (3.2-24) nach (2.4-35):

$$\langle \bar{E}, \frac{d\vec{x}}{du} \rangle = - \langle \bar{\nabla} \wedge V, \frac{d\vec{x}}{du} \rangle = - \frac{dx^i}{du} \frac{\partial V}{\partial x^i} = - \frac{d}{du} V[\vec{x}(u)] \, . \qquad (3.2\text{-}25)$$

Das Minuszeichen in der Definition (3.2-24) des elektrischen Potentials bewirkt, daß die Komponente der 1-Form $\bar{E}$ in der Richtung maximal ist, in der das Potential am stärksten abfällt.

Durch Integration von (3.2-24) über eine Kurve C erhalten wir (s. 2.4-35):

$$\int_C \langle \bar{E}, d\vec{C} \rangle = - \int_I \frac{dV}{du} du = V[\vec{x}(u_o)] - V[\vec{x}(u_1)] \, , \qquad (3.2\text{-}26)$$

wo (s. 2.4-1)

$$C : u \mapsto \vec{x}(u) \in V^3 \; ; \qquad I = \{ u \,|\, u_o \leqslant u \leqslant u_1, \, u \in \mathbb{R} \} \, .$$

Denken wir uns das Potential an einem beliebigen Ort $\vec{x}_o$ vorgegeben,

$$V(\vec{x}_o) = V_o \, ,$$

so können wir nach (3.2-26) $V(\vec{x})$ an jedem Ort $\vec{x} \in V^3$ durch Integration der 1-Form $\bar{E}$ über eine beliebige Kurve C berechnen, die $\vec{x}_o$ mit $\vec{x}_1$ verbindet:

$$V(\vec{x}) = V_o - \int_C \langle \bar{E}, d\vec{C} \rangle \; . \qquad (3.2\text{-}28)$$

(3.2-28) kann als allgemeine Lösung der Feldgleichung (3.2-16) angesehen werden.

Es ist zweckmäßig, auch die Grenzbedingung für die elektrische Feldstärke durch das Potential auszudrücken. Aus (3.2-21) folgt mit (3.2-25)

$$\langle \bar{E}, \frac{d\vec{x}}{ds} \rangle_2 - \langle \bar{E}, \frac{d\vec{x}}{ds} \rangle_1 = - \frac{d}{ds} \Big[V_2[\vec{x}(s)] - V_1[\vec{x}(s)] \Big] = 0 \; , \qquad (3.2\text{-}29)$$

wo V_2 und V_1 die Randwerte des Potentials auf ∂M in den Medien M_1 bzw. M_2 sind. Die Grenzbedingung verlangt somit, daß die Potentialdifferenz auf der Grenzfläche ∂M konstant ist. Die Konstante kann ohne Einschränkung gleich Null gesetzt werden, da sie bei der Berechnung der Feldstärke herausfällt: Das elektrische Potential $V(\vec{x})$ ist stetig auf der Grenzfläche zwischen verschiedenen Medien:

$$V_1(\vec{x}) = V_2(\vec{x}) \qquad \forall \vec{x} \in \partial M \; . \qquad (3.2\text{-}30)$$

Wegen (3.2-28) kann sein Wert dann nur in einem der beiden Medien in einem Punkt vorgegeben werden. Auf dem Rand ∂L eines Leiters folgt in entsprechender Weise aus der Grenzbedingung (3.2-23b):

$$V(\vec{x}) = \text{const} \qquad \forall \vec{x} \in \partial L \; . \qquad (3.2\text{-}31)$$

Der Rand eines Leiters ist eine Fläche konstanten Potentials. Flächen, auf denen das Potential konstant ist, werden Äquipotentialflächen genannt.

Für einige spezielle Geometrien läßt sich die Form der Äquipotentialflächen durch Symmetrieüberlegungen bestimmen. Betrachten wir einen kugelförmigen, geladenen Leiter im Vakuum als erstes Beispiel. In diesem Fall ist nicht nur die Oberfläche der Kugel als Leiterrand Äquipotentialfläche, sondern alle Äquipotentialflächen müssen Rand von zur leitenden Kugel konzentrischen Kugeln sein, da im Raum keine Richtung ausgezeichnet ist. Das elektrische Potential muß invariant sein gegenüber orthogonalen Abbildungen $R : V^3 \to V^3$:

$$V(\vec{x}) = V(R\vec{x}) \; , \qquad (3.2\text{-}32)$$

d.h. es kann nur vom Abstand $r = \|\vec{x}\|$ vom Mittelpunkt der geladenen Kugel abhängen:

$$V(\vec{x}) = F(r) \; . \qquad (3.2\text{-}33)$$

Machen wir den Mittelpunkt der geladenen Kugel zum Ursprung eines Systems sphärischer Polarkoodinaten (s. 2.1-14), so erhalten wir für die 1-Form

$$\bar{E} = E_r \bar{e}^r + E_\theta \bar{e}^\theta + E_\varphi \bar{e}^\varphi$$

nach (3.2-24) die Komponenten

$$E_r = -\frac{dF}{dr}\,; \quad E_\theta = -\frac{dF}{d\theta} = 0\,; \quad E_\varphi = -\frac{dF}{d\varphi} = 0\,. \tag{3.2-34}$$

Die Äquipotentialflächen genügen somit auch den Differentialgleichungen (3.2-9a)

$$\bar{E} \cdot d\vec{F} = 0\,,$$

d.h. sie fallen mit den Feldflächen von $\bar{E}$ zusammen (s. Abb.3.7).

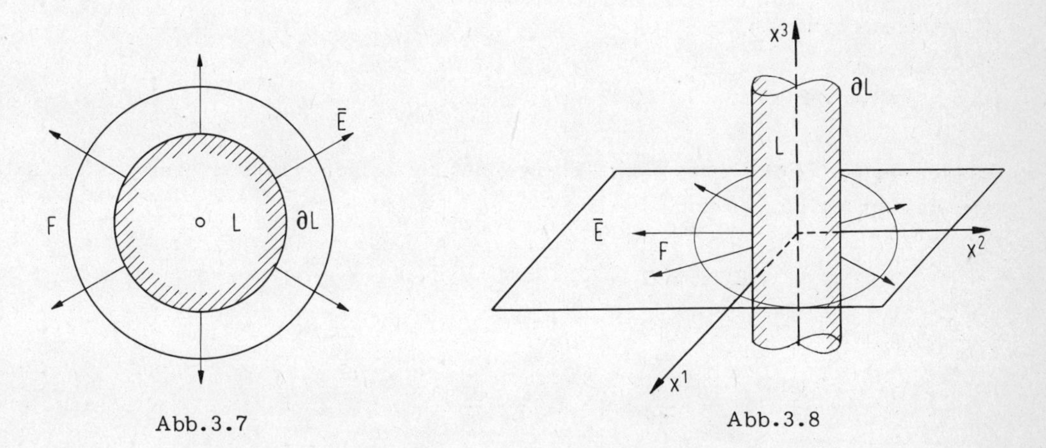

Abb.3.7 Abb.3.8

Als weiteres Beispiel behandeln wir einen geraden zylindrischen, geladenen Leiter mit kreisförmigem Querschnitt, dessen Länge groß gegenüber den Abmessungen des Querschnitts ist. In hinreichend großer Entfernung von den Enden des Leiters sind die Äquipotentialflächen in der Umgebung der Leiteroberfläche, die ja selbst Äquipotentialfläche ist, zum Leiter konzentrische Zylinder, da in einer Ebene senkrecht zur Zylinderachse keine Richtung ausgezeichnet ist. Das Potential muß invariant sein gegenüber Drehungen um die Zylinderachse und darf am Ort $\vec{x}$ nur vom Abstand ρ des Punktes $\vec{x}$ von der Zylinderachse abhängen:

$$V(\vec{x}) = F(\rho)\,. \tag{3.2-35}$$

Wählen wir die Zylinderachse als z-Achse eines Systems von Zylinderkoordinaten (s. 2.1-9), so erhalten wir für die 1-Form

$$\bar{E} = E_\rho \bar{e}^\rho + E_\varphi \bar{e}^\varphi + E_z \bar{e}^z$$

nach (3.2-24)

$$E_\rho = -\frac{dF}{d\rho}\,; \quad E_\varphi = -\frac{dF}{d\varphi} = 0\,; \quad E_z = -\frac{dF}{dz} = 0\,. \tag{3.2-36}$$

Die Feldflächen von $\bar{E}$ beranden koaxiale Zylinder zum Leiter L (s. Abb.3.8). Alle Aussagen gelten nur in hinreichend großem Abstand von den Enden des Zylinders in einer Umgebung der Leiteroberfläche, deren Abstand von der Achse klein gegen die Zylinderlänge ist.

Die Äquipotentialflächen einer leitenden geladenen Platte schließlich, deren Dicke klein gegenüber den Abmessungen in der Plattenebene ist, sind in hinreichend großer Entfernung vom Plattenrand in der Umgebung der Oberfläche zur Plattenebene parallele Ebenen, da in der Plattenebene keine Richtung ausgezeichnet ist. Das Potential ist folglich invariant gegenüber Euklidischen Bewegungen (s. 1.1.3) in Ebenen parallel zur Plattenebene und kann am Ort $\vec{x}$ nur vom senkrechten Abstand x des Punktes $\vec{x}$ von der Plattenebene abhängen:

$$V(\vec{x}) = F(x) . \tag{3.2-37}$$

Wählen wir die Plattenebene als yz-Ebene eines kartesischen Koordinatensystems, so erhalten wir für die 1-Form

$$\bar{E} = E_x \bar{e}^x + E_y \bar{e}^y + E_z \bar{e}^z$$

nach (3.2-24)

$$E_x = -\frac{dF}{dx} \; ; \; E_y = -\frac{dF}{dy} = 0 \; ; \; E_z = -\frac{dF}{dz} = 0 . \tag{3.2-38}$$

Die Feldflächen von $\bar{E}$ sind Ebenen, die zur geladenen Platte parallel sind (s. Abb.3.9).

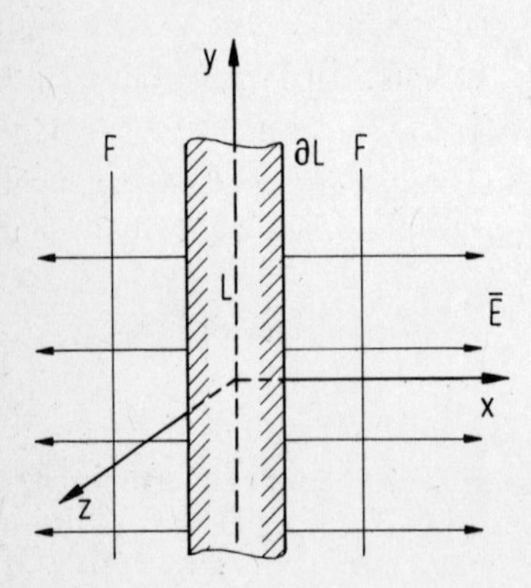

Abb.3.9

Da jede Äquipotentialfläche durch die Oberfläche eines Leiters realisiert werden kann, bestehen die gleichen Felder zwischen konzentrischen Kugeln, konzentrischen Zylindern und planparallelen Platten. Diese Anordnungen nennt man Kugel-, Zylinder- bzw. Plattenkondensator.

3.3. Die elektrische Verschiebungsdichte

3.3.1. Definition der elektrischen Verschiebungsdichte im Vakuum und in Materie

Die passive Rolle der Ladung als Objekt der vom Felde ausgeübten Kraft haben wir im zweiten Abschnitt zur Definition der elektrischen Feldstärke herangezogen. In diesem Abschnitt wenden wir uns der aktiven Rolle geladener Körper als Feldquelle zu und werden eine zweite, das elektrische Feld charakterisierende Größe definieren, welche den von Ladung verursachten Erregungszustand des Raumes beschreibt. Zur Festlegung einer geeigneten Größe für die Erregung werden wir die Wirkung der Feldquellen und damit die Erregung durch Aufbringen von Kompensationsladungen auf eine geeignete Anordnung lokal zum Verschwinden bringen und die dazu erforderliche Ladungsmenge messen.

Die Meßanordnung besteht aus einem kleinen Plattenkondensator der Plattenfläche F, dessen Lineardimensionen groß gegen den Plattenabstand sind (Abb.3.10). Zwischen den Platten befindet sich eine Vorrichtung nach Abb.3.1 mit der Gleitstange senkrecht

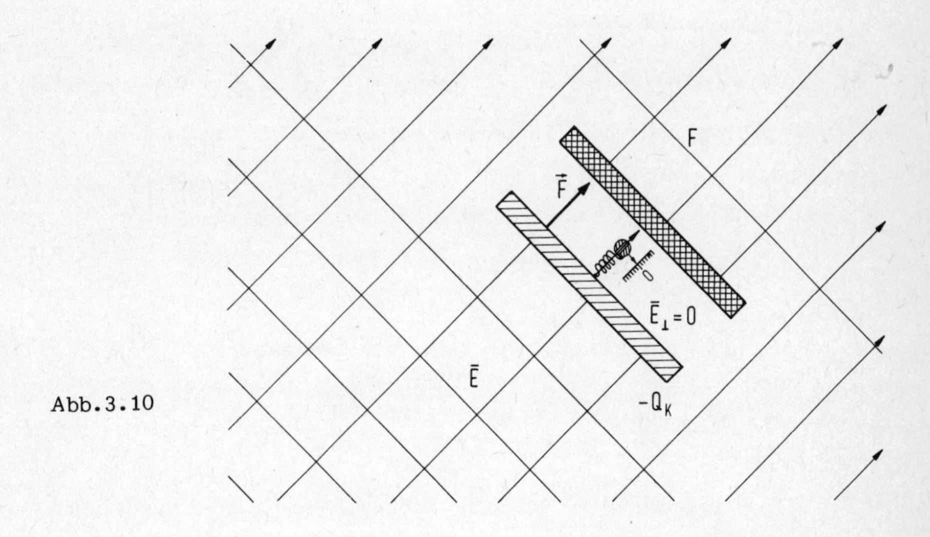

Abb.3.10

zu den Plattenebenen. Der Probekörper trägt eine beliebige Ladung, und die Skala, an der die Auslenkung der Feder gemessen wird, ist ungeeicht. Es soll lediglich das Verschwinden der Komponente $\bar{E}_\perp$ der elektrischen Feldstärke senkrecht zu den Plattenebenen festegestellt werden. Diesen ungeladenen Plattenkondensator, genauer, den Mittelpunkt seiner Symmetrieebene, bringen wir im Vakuum an einen beliebigen Punkt $\vec{x}$ in der Umgebung von Ladungsträgern und finden bei zunächst willkürlicher

Stellung der Plattenebene, daß im Kondensator ein elektrisches Feld herrscht. Wir kompensieren die Komponente $\bar{E}_{\perp}$, indem wir den Kondensatorplatten Ladungen gleichen Betrages, aber verschiedenen Vorzeichens $\pm |Q_K|$ in geeigneter Weise zuführen. Die Wiederholung des Versuches mit verschiedenen Kondensatorgeometrien bei festgehaltener Plattenstellung zeigt, daß das Verhältnis $|Q_K|/F$ von der speziellen Wahl des Probekondensators unabhängig ist. Dabei kommt es auf die Form der Plattenfläche nicht an. Alle Plattenkondensatoren müssen jedoch die Bedingung: Plattenabstand klein gegen Plattenabmessungen erfüllen, und die behauptete Unabhängigkeit besteht nur solange, als die Kondensatoren klein genug sind, daß sich $\bar{E}(\vec{x})$ über ihr Volumen nicht wesentlich ändert.

Wir wählen nun diejenige Kondensatorplatte als Referenzplatte (in Abb.3.10 schraffiert eingezeichnet), der eine negative Kompensationsladung $-Q_K$ zugeführt werden muß. Geometrisch muß sie als ein Flächenelement aufgefaßt werden, dessen Norm gleich dem Inhalt der Plattenfläche ist, während seine Orientierung durch die experimentelle Anordnung festgelegt wird. Da die Anordnung Kondensator keinen Drehsinn oder Umlaufsinn in der Plattenebene auszeichnet, der zur Definition einer inneren Orientierung dienen könnte, bleibt nur die Möglichkeit, die Richtung von der Referenzplatte zur zweiten Kondensatorplatte als äußere oder transversale Orientierung einzuführen. Der physikalischen Anordnung Kondensator entspricht somit geometrisch ein transversal orientiertes Flächenelement $\vec{F}$, das durch einen ungeraden 2-Vektor dargestellt werden kann (s. 2.4.1).

Variieren wir nun bei festem $\vec{x}$ die Stellung $\vec{F}/F \in \overset{2}{\Lambda} T_{\vec{x}}$ der Referenzplatte, so zeigt sich, daß die zuzuführende Kompensationsladung $-Q_K$ eine lineare Funktion $-Q_K(\vec{x}, \vec{F}/F)$ von $\vec{F}$ ist. $(F = \|\vec{F}\|)$. Folglich ist auch $-F \frac{Q_K}{F} (\vec{F}/F)$ eine lineare Funktion von F, und wir können durch die Vereinbarung

$$\langle \frac{\bar{Q}}{F}, \frac{\vec{F}}{F} \rangle = -\frac{1}{F} Q_K(\vec{x}, \vec{F}/F) \tag{3.3-1}$$

eine 2-Form $\bar{Q}/F$ definieren. Da $\vec{F}$ transversal orientiert ist, muß die 2-Form

$$\frac{\bar{Q}}{F} = \frac{Q_{ij}}{F} \bar{e}^i \wedge \bar{e}^j \tag{3.3-2}$$

ungerade sein. Dann ist die kanonische Bilinearform (3.3-1) von der Orientierung des Bezugssystems unabhängig.

Wiederholt man die Messung an verschiedenen Orten $\vec{x} \in V^3$, so erhält man für jedes $\vec{x}$ eine zugeordnete 2-Form $\bar{Q}(\vec{x})/F$ und damit ein Feld. Zur Beschreibung der Felderregung verwenden wir den Grenzwert

$$\bar{D}(\vec{x}) = \frac{1}{2!} D_{ij}(\vec{x}) \bar{e}^i(\vec{x}) \wedge \bar{e}^j(\vec{x}) := \lim_{F \to 0} \frac{\bar{Q}(\vec{x})}{F} \tag{3.3-3}$$

und nennen ihn, wie üblich, elektrische Verschiebungsdichte oder kurz Verschiebung. Die Bezeichnung elektrische Erregung, wie sie von Mie und Sommerfeld benutzt wurde, würde unserem Verständnis allerdings eher entsprechen. Die 2-Form $\bar{D}$ hat die Dimension

$$[\bar{D}] = \left[\frac{\text{Ladung}}{(\text{Länge})^2}\right] = 1\,\frac{C}{m^2} = 1\,\frac{As}{m^2}\,, \tag{3.3-4}$$

wenn wir die durch (3.1-6) gegebene Ladungseinheit zugrundelegen, während die Koeffizienten der 2-Form die Dimension

$$[D_{ij}] = [\text{Ladung}] = 1\ As = 1\ C \tag{3.3-5}$$

haben.

Zur Veranschaulichung der 2-Form $\bar{D}$ ordnen wir jedem Ort $\vec{x} \in V^3$ ein Linienelement $d\vec{C}$ zu, das der Bedingung

$$\bar{D}(\vec{x}) \cdot d\vec{C} = 0 \tag{3.3-6a}$$

genügt. Mit der Parameterdarstellung (s. 2.4-3)

$$d\vec{C} = \frac{d\vec{x}}{du}\,du$$

folgt aus (3.3-6a) für den Kurvenvektor $\vec{x}(u)$ die Differentialgleichung

$$\bar{D}[\vec{x}(u)] \cdot \frac{d\vec{x}}{du} = 0\,. \tag{3.3-7}$$

Die Lösungen von (3.3-7) sind, jedenfalls für statische Felder, glatte Kurven.

Sei nun F eine Fläche, die von Lösungskurven durchsetzt wird. In Analogie zu (3.2-11) vereinbaren wir, daß die Zahl $N(C)$ der von F geschnittenen Kurven gleich dem Integral von $\bar{D}$ über F in einer geeigneten Maßeinheit (s. 3.3-4) sein soll:

$$\int_F \langle \bar{D}, d\vec{F} \rangle = N(C)\,[\text{Ladung}]\,. \tag{3.3-8}$$

Da $\bar{D}$ eine ungerade 2-Form ist, orientieren wir F transversal, so daß $\langle \bar{D}, d\vec{F} \rangle$ positiv ist und wählen die innere Orientierung der Lösungskurven von (3.3-7) gleichsinnig mit der transversalen Orientierung von F, d.h. wir setzen die Orientierung von $*d\vec{C}$ und $d\vec{F}$ gleich. Auch hier bildet der $*$-Operator gerade Multivektoren auf ungerade ab. Diejenigen Kurven, die neben der Differentialgleichung (3.3-6a) auch der Orientierungsbedingung

$$\langle \bar{D}(\vec{x}), *d\vec{C} \rangle = \bar{D}(\vec{x}) \cdot *d\vec{C} > 0 \qquad (3.3\text{-}6b)$$

genügen, nennen wir Feldlinien von $\bar{D}$. Der Verlauf der Feldlinien vermittelt zusammen mit ihrer Verteilung $N(C)$ ein anschauliches Bild des elektrischen Verschiebungsfeldes (s. Abb.3.11).

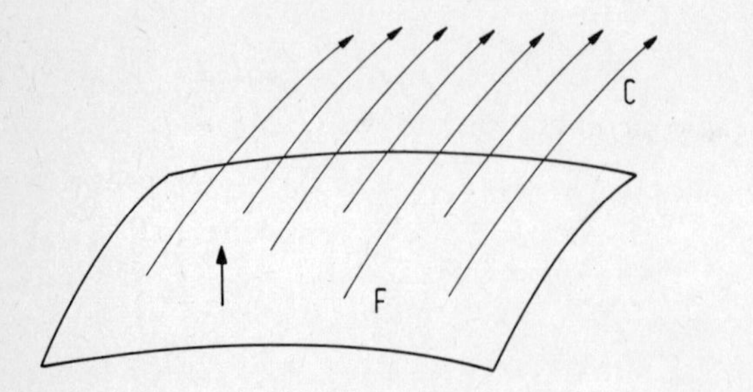

Abb.3.11

Um die Definition (3.3-3) auf Verschiebungsfelder in Materie zu verallgemeinern, denken wir uns einen schlitzförmigen, evakuierten Hohlraum, dessen Wandabstand klein gegen die Wandabmessungen ist. Das elektrische Feld $\bar{E}(\vec{x})$ soll in dem betrachteten Gebiet hinreichend homogen sein. Wird nun der Probekondensator parallel zu den Wänden im Schlitz angeordnet (s. Abb.3.12), so können wir zur experimentellen Definition der Verschiebungsdichte wie im Vakuum vorgehen. In gasförmiger und flüssiger Materie genügt es, den Raum des Probekondensators gegen eindringende Materie abzudichten. Die Verschiebungsdichte in Materie wird durch die Messung im Schlitz definiert. Im nächsten Abschnitt werden wir sehen, daß diese Definition begründet ist.

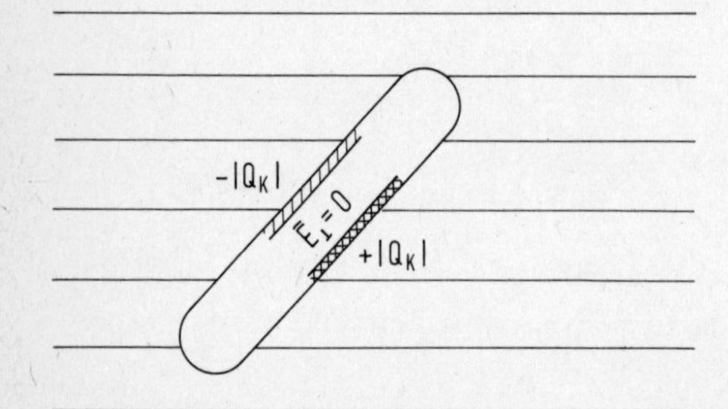

Abb.3.12

3.3.2. Die Feldgleichung und die Grenzbedingung für die elektrische Verschiebungsdichte

Untersuchen wir mit der im letzten Abschnitt beschriebenen Meßanordnung den Raum in der Umgebung einer positiven Ladung, so stellen wir fest, daß die Orientierung der Feldlinien von $\bar{D}$ (s. 3.3-6a,b) stets von der positiven Ladung wegweist. Positive Ladungen sind demnach die Quellen, negative Ladungen die Senken des Verschiebungsfeldes. Um zu einer Feldgleichung zu gelangen, bilden wir den Verschiebungsfluß durch eine geschlossene Fläche ∂K, die Rand eines räumlichen Gebiets K ist, in dem sich geladene Körper befinden oder allgemeiner die Ladungsverteilung $\rho(\vec{x})$ auf einer Teilmenge $U \subset K$ (s. 3.1-1) von Null verschieden ist (s. Abb.3.13). Der Verschiebungsfluß durch die Fläche ∂K ist durch das invariante Integral

$$\int_{\partial K} \langle \bar{D}, d\vec{F} \rangle$$

(s. 2.4-22) gegeben. Dabei ist die Fläche ∂K transversal zu orientieren, damit der Verschiebungsfluß unabhängig von der Orientierung des Vektorraums V^3 wird. Mit Rücksicht darauf, daß positive Ladungen Quellen von $\bar{D}$ sind, vereinbaren wir, daß die Orientierung von ∂K in den Außenraum des eingeschlossenen Gebiets K weisen soll (s. Abb.3.13).

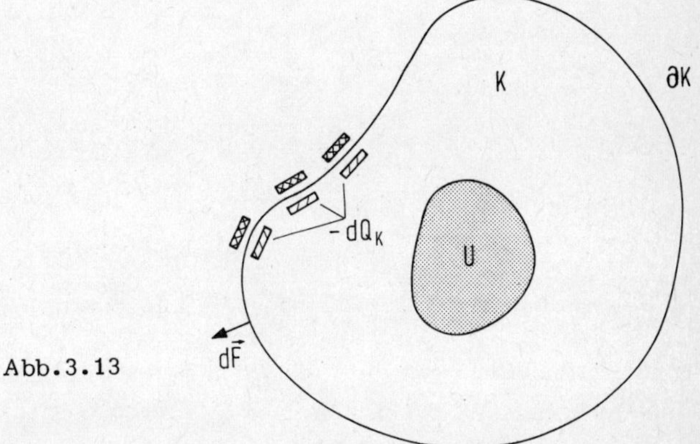

Abb.3.13

Wir denken uns nun jedes Flächenelement durch einen Probekondensator nachgebildet. Die innerhalb von ∂K liegende Referenzplatte trägt dann nach (3.3-8) die Kompensationsladung

$$- dQ_K = \langle \bar{D}(\vec{x}), d\vec{F} \rangle .$$

Vergleichen wir den Verschiebungsfluß

$$\int_{\partial K} \langle \bar{D}, d\vec{F} \rangle = - \int_{\partial K} dQ_K \tag{3.3-9}$$

mit der in K enthaltenen Gesamtladung

$$Q = \int_{K} \langle \rho, dK \rangle , \tag{3.3-10}$$

so zeigt sich unabhängig davon ob wir das Experiment im Vakuum oder in Materie ausführen, daß die Summe von felderzeugender Ladung und Kompensationsladung verschwindet:

$$Q + \int_{\partial K} dQ_K = 0 \ . \tag{3.3-11}$$

Daraus folgt mit (3.3-9) und (3.3-10):

$$\int_{\partial K} \langle \bar{D}, d\vec{F} \rangle = \int_K \langle \rho, dK \rangle \ . \tag{3.3-12}$$

Das Flächenintegral läßt sich mit Hilfe des Satzes von Stokes (s. 2.4-47) umformen:

$$\int_K \langle \bar{\nabla} \wedge \bar{D}, dK \rangle = \int_K \langle \rho, dK \rangle \ . \tag{3.3-13}$$

Da wir das Volumen K beliebig wählen können, folgt schließlich

$$\bar{\nabla} \wedge \bar{D} = \rho \tag{3.3-14}$$

als Feldgleichung für die elektrische Verschiebungsdichte.

Wir bereits erwähnt, gilt die Feldgleichung (3.3-14) unabhängig von der materiellen Beschaffenheit des Mediums. Ist nun ∂M die Grenzfläche, die ein homogenes Medium M_1 von einem weiteren homogenen Medium M_2 trennt, so können wir eine ganz in ∂M gelegene, geschlossene Kurve ∂F einerseits als Rand einer ganz im Medium M_1 enthaltenen Fläche F_1, andererseits als Rand einer ganz im Medium M_2 enthaltenen Fläche F_2 auffassen (s. Abb.3.14):

$$\partial F_1 = \partial F_2 = \partial F \subset \partial M \ .$$

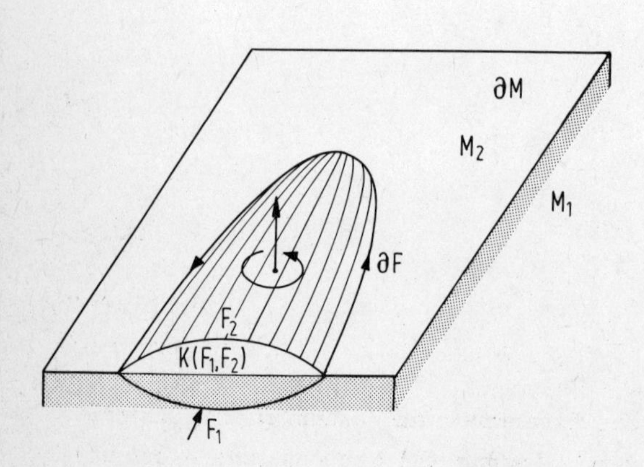

Abb.3.14

Auch in diesem Fall gilt:

$$\int_{F_2} \langle \bar{D}, d\vec{F} \rangle - \int_{F_1} \langle \bar{D}, d\vec{F} \rangle = \int_{K(F_1,F_2)} \langle \rho, dK \rangle \,, \tag{3.3-15}$$

wo $K(F_1,F_2)$ das von den Flächen F_1 und F_2 eingeschlossene räumliche Gebiet bezeichnet. Die äußere Orientierung der Flächen F_1 und F_2 bildet mit der inneren Orientierung von ∂F eine Rechtsschraube.

Im Grenzfall lassen wir F_1 und F_2 gegen dieselbe Fläche F streben, die ganz in ∂M liegen soll und deren Rand ∂F ist und definieren

$$\lim_{F_1,F_2 \to F} \int_{K(F_1,F_2)} \langle \rho, dK \rangle =: \int_F \langle \bar{\sigma}, d\vec{F} \rangle \,. \tag{3.3-16}$$

Die 2-Form $\bar{\sigma}$ wird durch (3.3-16) nur auf der Grenzfläche ∂M definiert und beschreibt dort eine flächenhafte Ladungsverteilung mit der Dimension:

$$[\bar{\sigma}] = \left[\frac{\text{Ladung}}{(\text{Länge})^2} \right] = 1 \, \frac{\text{As}}{\text{m}^2} \,. \tag{3.3-17}$$

Aus (3.3-15) folgt somit:

$$\int_F \langle \bar{D}, d\vec{F} \rangle_2 - \int_F \langle \bar{D}, d\vec{F} \rangle_1 = \int_F \langle \bar{\sigma}, d\vec{F} \rangle \,. \tag{3.3-18}$$

Auch hier zeigt der Index an der kanonischen Bilinearform das Medium an, in dem die Grenzfläche approximiert wird. Die Beziehung (3.3-18) git schließlich auch für ein Flächenelement $d\vec{F}$:

$$\langle \bar{D}, d\vec{F} \rangle_2 - \langle \bar{D}, d\vec{F} \rangle_1 = \langle \bar{\sigma}, d\vec{F} \rangle \,. \tag{3.3-19}$$

Ist nun $\vec{x} = \vec{x}(u,v)$ eine Parameterdarstellung der Grenzfläche im Sinn von (2.4-5), so verlangt (3.3-19):

$$\frac{\partial \vec{x}}{\partial u} \wedge \frac{\partial \vec{x}}{\partial v} \in \overset{2}{\wedge} T_{\vec{x}} \,; \quad \langle \bar{D}, \frac{\partial \vec{x}}{\partial u} \wedge \frac{\partial \vec{x}}{\partial v} \rangle_2 - \langle \bar{D}, \frac{\partial \vec{x}}{\partial u} \wedge \frac{\partial \vec{x}}{\partial v} \rangle_1 = \langle \bar{\sigma}, \frac{\partial \vec{x}}{\partial u} \wedge \frac{\partial \vec{x}}{\partial v} \rangle =: \sigma_F[\vec{x}(u,v)] \,. \tag{3.3-20}$$

Folglich ist die Tangentialkomponente $\langle \bar{D}, (\partial\vec{x}/\partial u) \wedge (\partial\vec{x}/\partial v) \rangle$ auf einer Grenzfläche ∂M unstetig, wenn letztere eine Flächenladung $\sigma_F(\vec{x})$ im Punkt $\vec{x} \in \partial M$ trägt. Der Sprung der Tangentialkomponente ist gleich der Flächenladung

$$\sigma_F(\vec{x}) := \langle \bar{\sigma}, \frac{\partial \vec{x}}{\partial u} \wedge \frac{\partial \vec{x}}{\partial v} \rangle_{\vec{x}} \,, \qquad \vec{x} \in F \,.$$

Die Grenzbedingung (3.3-20) rechtfertigt nachträglich die Definition der Verschiebungsdichte $\bar{D}$ in Materie, da die Tangentialkomponente beim Übergang in den evakuierten Schlitz stetig ist.

Die 3-Form $\bar{\nabla} \wedge \bar{D}$ hat nur eine Komponente, so daß $\bar{D}$ selbst durch die Feldgleichung (3.3-14) nicht eindeutig bestimmt ist. Ist $\bar{D}_1$ eine spezielle Lösung von (3.3-14), so ist auch

$$\bar{D} = \bar{D}_1 + \bar{\nabla} \wedge \bar{A} \tag{3.3-21}$$

eine Lösung, wo $\bar{A}$ eine beliebige 1-Form ist. Ist andererseits $\bar{E}_1$ eine spezielle Lösung von (3.2-16), so ist auch

$$\bar{E} = \bar{E}_1 + \bar{\nabla} \wedge W \tag{3.3-22}$$

eine Lösung, wo W eine beliebige 0-Form ist. Um $\bar{E}$ und $\bar{D}$ vollständig zu bestimmen, benötigen wir weitere Feldgleichungen, die im nächsten Abschnitt behandelt werden sollen.

3.4. Der Zusammenhang zwischen elektrischer Feldstärke und Verschiebungsdichte

3.4.1. Die Materialgleichung

Mit der elektrischen Feldstärke und der elektrischen Verschiebungsdichte haben wir zwei Feldgrößen eingeführt, die die Kraftwirkung des elektrischen Feldes auf Ladungen bzw. die felderzeugende Wirkung von Ladungen beschreiben. Mathematisch werden sie durch das Feld einer 1-Form bzw. 2-Form auf dem Raum V^3 dargestellt, durch Größen also, die per Definition unabhängig von der Wahl eines Koordinatensystems und damit auch unabhängig vom Bezugssystem eines Beobachters sind. Während die 1-Form $\bar{E}$ gerade ist, ist die 2-Form $\bar{D}$ ungerade. Welcher Zusammenhang besteht nun zwischen den Feldern $\bar{E}$ und $\bar{D}$?

Betrachten wir zunächst das physikalische Vakuum. Setzen wir voraus, daß es räumlich homogen und isotrop ist, so muß sich der Zusammenhang zwischen $\bar{E}$ und $\bar{D}$ für alle Beobachter, deren Bezugssysteme im Sinne von (1.1.3) physikalisch äquivalent sind, in gleicher Weise darstellen, d.h. der Zusammenhang muß invariant sein unter der Euklidischen Gruppe E(3). Gehen wir von der einfachsten Möglichkeit eines linearen und lokalen Zusammenhangs aus, so müssen wir nach einer linearen Abbildung suchen, die gerade 1-Formen auf ungerade 2-Formen abbildet und mit den Abbildungen $(\vec{a}, R) \in E(3)$ vertauscht. Im Abschnitt 1.2.5 haben wir eine Abbildung mit diesen Eigenschaften kennengelernt, den *-Isomorphismus.

Da keine weitere lineare Abbildung mit den genannten Eigenschaften existiert, muß im Vakuum gelten:

$$\bar{D} = \varepsilon_o * \bar{E} . \tag{3.4-1}$$

Hier ist ε_o ein Proportionalitätsfaktor, dessen Dimension sich aus den Dimensionen von $\bar{D}$ (s. 3.3-4) und $\bar{E}$ (s. 3.2-8) ergibt. Wie wir später sehen werden (s. 7.3-16), gilt:

$$\varepsilon_o = \frac{1}{\mu_o c^2} ,$$

wo c die Lichtgeschwindigkeit und μ_o die Permeabilität des Vakuums ist. Letztere wird durch die Einheit des elektrischen Stroms festgelegt. Für die gesetzliche Einheit Ampère (A) ergibt sich (s. 5.4-8):

$$\mu_o = 4\pi \cdot 10^{-7} \frac{Vs}{Am} ,$$

so daß:

$$\varepsilon_o \approx \frac{1}{9} \cdot 10^{-9} \frac{A^2 s^2}{m^2 N} . \tag{3.4-2}$$

Es muß betont werden, daß der durch die Abbildung $*$ gegebene Zusammenhang zwischen $\bar{D}$ und $\bar{E}$ im Gegensatz zu den Feldgleichungen (3.2-16) und (3.3-14) von der Metrik abhängt, also nur für einen metrischen Raum formuliert werden kann. Die Abbildungen, unter denen die Materialgleichung (3.4-1) invariant ist, legen andererseits die physikalisch äquivalenten Bezugssysteme fest. Für die Komponenten der Formen $\bar{D}$ und $\bar{E}$ erhält man in allgemeinen Koordinaten mit Hilfe von (1.2-128) die Beziehungen:

$$D_{\ell m}(\vec{x}) = \varepsilon_o \frac{1}{2!} \frac{1}{\sqrt{g(\vec{x})}} \varepsilon^{ijk} E_i(\vec{x}) g_{j\ell}(\vec{x}) g_{km}(\vec{x}) = \varepsilon_o \frac{1}{2!} \sqrt{g}(\vec{x}) \varepsilon_{\ell mn} E^n(\vec{x}) . \tag{3.4-3}$$

Im besonderen gilt in kartesischen Koordinaten:

$$D_{12} = \varepsilon_o E_3 ; \; D_{23} = \varepsilon_o E_1 ; \; D_{31} = \varepsilon_o E_2 . \tag{3.4-4}$$

Die Materialgleichung (3.4-1) hat zur Folge, daß zwischen den Feldflächen von $\bar{E}$ und und den Feldlinien von $\bar{D}$ ebenfalls ein Zusammenhang besteht. Mit Hilfe des inversen kanonischen Isomorphismus $\iota^{-1}: T^*_{\vec{x}} \to T_{\vec{x}}$ ordnen wir zunächst der 1-Form $\bar{E}$ das 1-Vektorfeld $\vec{E} = \iota^{-1}(\bar{E})$ zu und schreiben statt (3.2-9a) und (3.2-9b):

$$\vec{E} \cdot d\vec{F} = 0 \,, \tag{3.2-9a)'}$$

$$\vec{E} \cdot * d\vec{F} = \langle \vec{E} \,|\, * d\vec{F} \rangle > 0 \,. \tag{3.2-9b)'}$$

Nun ist (s. 2.3-27):

$$\vec{E} \cdot d\vec{F} = *(\vec{E} \wedge * d\vec{F}) = 0 \;\Leftrightarrow\; \vec{E} \wedge * d\vec{F} = 0 \,,$$

so daß die Vektoren $\vec{E}(\vec{x})$ und $* d\vec{F}$ gleichsinning parallel sind (Zeichen: $\|$):

$$\vec{E}(\vec{x}) \;\|\; * d\vec{F} \,.$$

Die Feldlinien von $\bar{D}$ andererseits genügen den Bedingungen (s. 3.3-6a) und (3.3-6b):

$$\vec{D} \cdot d\vec{C} = 0 \,, \tag{3.3-6a)'}$$

$$\vec{D} \cdot * d\vec{C} = \langle \vec{D} \,|\, * d\vec{C} \rangle > 0 \,, \tag{3.3-6b)'}$$

wo $\vec{D} = \iota^{-1}(\bar{D})$ ist. Statt (3.3-6a)' können wir auch schreiben:

$$\vec{D} \cdot d\vec{C} = *(* \vec{D} \wedge d\vec{C}) = 0 \;\Leftrightarrow\; (* \vec{D}) \wedge d\vec{C} = 0$$

und statt (3.3-6b):

$$\langle * \vec{D} \,|\, d\vec{C} \rangle > 0.$$

Folglich sind auch die Vektoren $* \vec{D}(\vec{x})$ und $d\vec{C}$ gleichsinning parallel:

$$* \vec{D}(\vec{x}) \;\|\; d\vec{C} \,.$$

Wegen (3.4-1) sind aber auch $\vec{E}(\vec{x})$ und $* \vec{D}(\vec{x})$ gleichsinning parallel, so daß

$$d\vec{C} \;\|\; * d\vec{F} \,,$$

oder

$$\langle d\vec{C} \,|\, * d\vec{F} \rangle > 0 \,, \tag{3.4-5a}$$

$$d\vec{F} \cdot d\vec{C} = 0 \,. \tag{3.4-5b}$$

Die Feldlinien durchsetzen die Feldflächen, also die Äquipotentialflächen, orthogonal. Ihre Orientierung ist gleichsinnig mit der transversalen Orientierung der Feldflächen.

Was läßt sich nun über den Zusammenhang zwischen $\bar{D}$ und $\bar{E}$ in Materie sagen? Ist die Materie wie das Vakuum homogen und isotrop, so führt die gleiche Argumentation wie im Fall des Vakuums zu einer Materialgleichung

$$\bar{D} = \varepsilon\varepsilon_o * \bar{E} \,, \tag{3.4-6}$$

die sich nur um den dimensionslosen Faktor ε von der des Vakuums unterscheidet. Der Faktor ε_o wird Dielektrizitätskonstante des Vakuums genannt, so daß ε die Dielektrizitätskonstante des betrachteten Mediums relativ zu der des Vakuums bezeichnet. Die Annahme der Homogenität und Isotropie ist für Gase und Flüssigkeiten fast immer gerechtfertigt. Eine Ausnahme bilden die sogenannten flüssigen Kristalle. Auch polykristalline feste Körper sind hinreichend isotrop, solange nur das makroskopische Verhalten im Mittel über hinreichend viele Kristallite interessiert. Das dielektrische Verhalten vieler Stoffe läßt sich somit über einen großen Feldstärkebereich hinreichend genau durch die Materialgleichung (3.4-6) für ein ideales Dielektrikum beschreiben. Die Beziehung kann experimentell geprüft werden, indem man Materie in den Feldraum eines Plattenkondensators bringt und die zufließende Ladung in Abhängigkeit von einer anzulegenden Spannung mißt. Das Verhältnis von Ladung und Spannung ist von der Spannung unabhängig, wenn (3.4-6) gilt. Ist die Materie inhomogen, aber isotrop, so hängt die relative Dielektrizitätskonstante ε vom Ort ab, und es gilt statt (3.4-6):

$$\bar{D}(\vec{x}) = \varepsilon(\vec{x})\, \varepsilon_o * \bar{E}(\vec{x}) \,. \tag{3.4-7}$$

3.4.2. Die Poissongleichung und die Grenzbedingungen für das Potential

Die Feldgleichungen (3.2-16) und (3.3-14) bilden mit der Materialgleichung (3.4-6) bzw. (3.4-7) ein vollständiges System für die Bestimmung des elektrostatischen Feldes:

$$\bar{\nabla} \wedge \bar{E} = 0 \tag{3.4-8a}$$

$$\bar{\nabla} \wedge \bar{D} = \rho \tag{3.4-8b}$$

$$\bar{D} = \varepsilon\varepsilon_o * \bar{E} \,. \tag{3.4-8c}$$

Hinzu treten die Grenzbedingungen (3.2-22) bzw. (3.3-20) auf der Grenzfläche zwischen Medien verschiedener Beschaffenheit:

$$\langle \bar{E}, \frac{\partial \vec{x}}{\partial u} \rangle_2 - \langle \bar{E}, \frac{\partial \vec{x}}{\partial u} \rangle_1 = 0; \ \langle \bar{E}, \frac{\partial \vec{x}}{\partial v} \rangle_2 - \langle \bar{E}, \frac{\partial \vec{x}}{\partial v} \rangle_1 = 0, \tag{3.4-9a}$$

$$\forall \vec{x} \in F$$

$$\langle \bar{D}, \frac{\partial \vec{x}}{\partial u} \wedge \frac{\partial \vec{x}}{\partial v} \rangle_2 - \langle \bar{D}, \frac{\partial \vec{x}}{\partial u} \wedge \frac{\partial \vec{x}}{\partial v} \rangle_1 = \langle \bar{\sigma}, \frac{\partial \vec{x}}{\partial u} \wedge \frac{\partial \vec{x}}{\partial v} \rangle \,. \tag{3.4-9b}$$

Da wir die Metrik des Vektorraums V^3 auf den Tangentenraum $T_{\vec{x}}$ übertragen können, lassen sich die kanonischen Bilinearformen in (3.4-9) durch innere Produkte ersetzen. Benutzen wir das innere Produkt zwischen einem 1-Vektor und einem 2-Vektor

(s. 1.2-44),

$$\vec{E}\cdot\left(\frac{\partial\vec{x}}{\partial u}\wedge\frac{\partial\vec{x}}{\partial v}\right) = -\left(\vec{E}\cdot\frac{\partial\vec{x}}{\partial u}\right)\frac{\partial\vec{x}}{\partial v} + \left(\vec{E}\cdot\frac{\partial\vec{x}}{\partial v}\right)\frac{\partial\vec{x}}{\partial u} =$$

$$= -\langle\bar{E}, \frac{\partial\vec{x}}{\partial u}\rangle\frac{\partial\vec{x}}{\partial v} + \langle\bar{E}, \frac{\partial\vec{x}}{\partial v}\rangle\frac{\partial\vec{x}}{\partial u}\ , \tag{3.4-10}$$

so können wir die beiden Beziehungen (3.4-9a) durch eine Beziehung ersetzen:

$$(\vec{E}_2 - \vec{E}_1)\cdot\left(\frac{\partial\vec{x}}{\partial u}\wedge\frac{\partial\vec{x}}{\partial v}\right) = 0\ . \tag{3.4-11a}$$

Statt (3.4-9b) schreiben wir entsprechend:

$$(\vec{D}_2 - \vec{D}_1)\cdot\left(\frac{\partial\vec{x}}{\partial u}\wedge\frac{\partial\vec{x}}{\partial v}\right) = \vec{\sigma}\cdot\left(\frac{\partial\vec{x}}{\partial u}\wedge\frac{\partial\vec{x}}{\partial v}\right)\ . \tag{3.4-11b}$$

Hier kennzeichnen die Indizes 1,2 die Randwerte der Felder auf der Grenzfläche in den beiden Medien. Mit Hilfe des $*$-Isomorphismus und der Beziehung (2.3-27) können wir den Grenzbedingungen noch eine andere Form geben, die in manchen Fällen von Vorteil ist:

$$(\vec{E}_2 - \vec{E}_1)\wedge\vec{n} = 0 \tag{3.4-12a}$$

$$(\vec{D}_2 - \vec{D}_1)\wedge\vec{n} = \vec{\sigma}\wedge\vec{n}\ , \tag{3.4-12b}$$

wo der 1-Vektor

$$\vec{n} = *\left(\frac{\partial\vec{x}}{\partial u}\wedge\frac{\partial\vec{x}}{\partial v}\right) \tag{3.4-13}$$

auf der Grenzfläche senkrecht steht.

Die Feldgleichung (3.4-8a) wird durch Einführung des elektrischen Potentials gelöst:

$$\bar{E} = -\bar{\nabla}V\ . \tag{3.4-14}$$

Setzen wir andererseits die Materialgleichung (3.4-8c) in die Feldgleichung (3.4-8b) ein, so folgt für $\varepsilon = \text{const}$:

$$\bar{\nabla}\wedge *\bar{E} = \frac{\rho}{\varepsilon\varepsilon_0}\ . \tag{3.4-15}$$

Mit (3.4-14) erhalten wir schließlich eine Differentialgleichung 2. Ordnung für das Potential:

$$\bar{\nabla}\wedge *\bar{\nabla}V = -\frac{\rho}{\varepsilon\varepsilon_0}\ . \tag{3.4-16}$$

Sie wird Poissongleichung genannt und gestattet die Berechnung des Potentials bei gegebener Ladungsverteilung ρ. Sie nimmt die übliche Form an, wenn wir den Operator $\bar{\nabla} \wedge * \bar{\nabla}$ mit Hilfe von (2.3-29) durch den Laplaceoperator (2.3-30) ausdrücken:

$$* (\bar{\nabla} \wedge * \bar{\nabla} V) = \bar{\nabla} \cdot \bar{\nabla} V = \Delta V = - \frac{* \rho}{\varepsilon \varepsilon_0} . \tag{3.4-17}$$

Da ρ eine 3-Form ist, ist $*\rho$ eine 0-Form wie ΔV. In einem homogenen Medium ohne Raumladung gilt statt der Poissongleichung die Laplacegleichung

$$\Delta V = 0 . \tag{3.4-18}$$

Bereits im Abschnitt 3.2.3 haben wir gesehen, daß auf der Grenzfläche zwischen zwei Medien aus der Grenzbedingung (3.4-9a) für die elektrische Feldstärke die Grenzbedingung (s. 3.2-30)

$$V_1 = V_2 \qquad \forall \vec{x} \in F \tag{3.4-19}$$

für das Potential folgt. Eine weitere Grenzbedingung erhalten wir aus (3.4-9b) mit Hilfe der Umformung

$$\langle \bar{D} , \frac{\partial \vec{x}}{\partial u} \wedge \frac{\partial \vec{x}}{\partial v} \rangle = \langle * \bar{D} , * \frac{\partial \vec{x}}{\partial u} \wedge \frac{\partial \vec{x}}{\partial v} \rangle = \langle * \bar{D} , \vec{n} \rangle , \tag{3.4-20}$$

wenn wir die Materialgleichung (3.4-8c) im jeweiligen Medium benutzen und $\bar{E}$ durch durch das Potential ausdrücken:

$$\varepsilon_0 \left(\varepsilon_1 \frac{\partial V_1}{\partial n} - \varepsilon_2 \frac{\partial V_2}{\partial n} \right) = \langle * \bar{\sigma} , \frac{\vec{n}}{\| \vec{n} \|} \rangle = \frac{\sigma_F}{\| \vec{n} \|} . \tag{3.4-21}$$

Hier ist

$$\frac{\partial V}{\partial n} := \langle \bar{\nabla} V , \frac{\vec{n}}{\| \vec{n} \|} \rangle \tag{3.4-22}$$

die Ableitung des Potentials in Richtung des Normalvektors (3.4-13).

Auf der Grenzfläche ∂L zwischen einem Leiter und einem Dielektrikum treten die Randbedingungen (3.2-23b) für die elektrische Feldstärke an die Stelle der Grenzbedingungen (3.4-9a). Für das Potential folgt daraus (s. 3.2-31):

$$V = \text{const}, \qquad \forall \vec{x} \in \partial L. \tag{3.4-23}$$

Was läßt sich nun über das Feld der Verschiebungsdichte $\bar{D}$ in einem Leiter sagen? Da der Leiter als homogenes und isotropes Medium anzusehen ist, ist es konsistent, aus dem Verschwinden der elektrischen Feldstärke auf das Verschwinden der Verschiebungsdichte im Innern des Leiters zu schließen:

$$\bar{D} = 0 \, , \qquad \forall \vec{x} \in L \, . \tag{3.4-24}$$

Aus der Feldgleichung (3.3-14) folgt dann auch

$$\rho = 0 \, , \qquad \forall \vec{x} \in L \, . \tag{3.4-25}$$

Im Gleichgewichtszustand, den das elektrostatische Feld beschriebt, ist das Innere eines Leiters frei von Ladung. Dabei ist zu beachten, daß Ladung im Maxwellschen Sinn einer Überschußladung bei atomistischer Betrachtungsweise entspricht.

Verschwindet die Verschiebungsdichte im Innern des Leiters, so gilt auf dem Rand ∂L nach (3.3-19)

$$\langle \bar{D}, d\vec{F} \rangle = \langle \bar{\sigma}, d\vec{F} \rangle \, , \qquad \forall \vec{x} \in \partial L \, , \tag{3.4-26}$$

wo $d\vec{F}$ ein Flächenelement des Leiterrandes ist, dessen transversale Orientierung in den Außenraum des Leiters weist. Insgesamt haftet auf dem Leiterrand die Ladung

$$Q_L = \int\limits_{\partial L} \langle \bar{D}, d\vec{F} \rangle = \int\limits_{\partial L} \langle \bar{\sigma}, d\vec{F} \rangle \, . \tag{3.4-27}$$

Im Gegensatz zu der Flächenladung auf der Grenzfläche zweier Dielektrika, die nach Belieben vorgegeben werden kann, ist die Ladungsverteilung auf der Leiteroberfläche durch den Randwert der Verschiebungsdichte bestimmt. Der Leiterrand ist in jedem Fall eine Äquipotentialfläche, auf der (3.4-23) gilt. Man kann nun entweder den Wert des Potentials vorgeben und die Gesamtladung nach (3.4-27) berechnen, oder man gibt die Gesamtladung vor und bestimmt dadurch die Potentialkonstante. Den Zusammenhang zwischen Potential und Gesamtladung Q_L erhalten wir, wenn wir in (3.4-27) die Materialgleichung (3.4-8c) einsetzen und die Definition (3.4-22) der Normalableitung benutzen:

$$\begin{aligned} Q_L &= \int\limits_{\partial L} \langle \bar{D}, d\vec{F} \rangle = \int\limits_{\partial L} \langle *\bar{D}, *d\vec{F} \rangle = \\ &= \varepsilon\varepsilon_o \int\limits_{\partial L} \langle \bar{E}, *\frac{\partial \vec{x}}{\partial u} \wedge \frac{\partial \vec{x}}{\partial v} \rangle \, du \, dv = -\varepsilon\varepsilon_o \int\limits_{\partial L} \frac{\partial V}{\partial n} \, \| d\vec{F} \| \, . \end{aligned} \tag{3.4-28}$$

3.4.3. Der Kondensator und seine Kapazität

Im Abschnitt 3.2.3 haben wir die Symmetrieeigenschaften des elektrischen Feldes in einem Kugel-, Zylinder- und Plattenkondensator diskutiert. Wir wollen nun das elektrische Feld dieser drei Anordnungen für vorgegebene Randwerte des Potentials oder der Gesamtladung bestimmen, wenn der Feldraum ein homogenes Medium mit der Dielektrizitätskonstanten ε ist, in dem sich keine Raumladungen befinden. Im Feldraum gilt dann die Laplacegleichung (3.4-18) für das elektrische Potential V.

Wie bereits im Abschnitt 3.2.3 bemerkt, kann das Potential V im Fall des Kugelkondensators nur vom Abstand r des Feldpunktes vom Mittelpunkt der Kugel abhängen (s. 3.2-33), den wir als Ursprung eines Systems sphärischer Polarkoordinaten wählen. Mit dem Laplaceoperator in Polarkoordinaten (s. 2.3-33) erhalten wir für das Potential die Differentialgleichung

Kugelkondensator: $$\Delta V = \frac{1}{r^2}\frac{d}{dr}\left(r^2\frac{dF}{dr}\right) = 0\,, \qquad V(\vec{x}) = F(r) \tag{3.4-29}$$

mit der allgemeinen Lösung: $$F(r) = \frac{A}{r} + B\,, \tag{3.4-30}$$

wo A und B beliebige Konstanten sind. Ebenso ergibt sich für den Zylinderkondensator mit (2.3-32) und (3.2-35)

Zylinderkondensator: $$\Delta V = \frac{1}{\rho}\frac{d}{d\rho}\left(\rho\frac{dF}{d\rho}\right) = 0\,, \qquad V(\vec{x}) = F(\rho) \tag{3.4-31}$$

mit der allgemeinen Lösung: $$F(\rho) = A\,\ell n(\rho) + B\,. \tag{3.4-32}$$

Es bleibt der Plattenkondensator, den wir in kartesischen Koordinaten (s. 3.2-37) behandeln:

Plattenkondensator: $$\Delta V = \frac{d^2F}{dx^2} = 0\,, \qquad V(\vec{x}) = F(x) \tag{3.4-33}$$

mit der allgemeinen Lösung: $$F(x) = A\,x + B\,. \tag{3.4-34}$$

Wir betrachten nun zunächst das Potential auf dem Rande des Feldraumes (realisiert durch die Oberflächen der leitenden Elektroden) als vorgegeben:

$$V(a) = V_1\,; \qquad V(b) = V_2$$

für Kugel- und Zylinderkondensator (s. Abb.3.15a) bzw.

$$V(0) = V_1\,; \qquad V(d) = V_2$$

für den Plattenkondensator (Abb.3.15b).

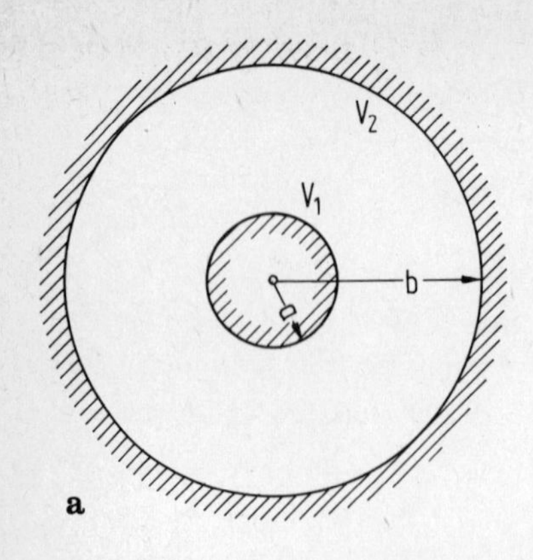

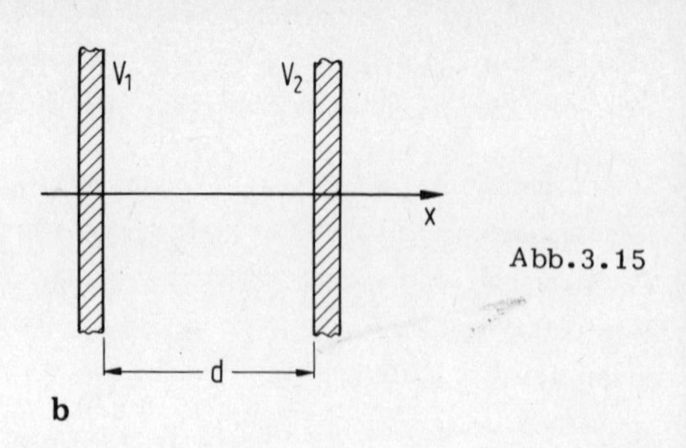

Abb.3.15

Die Konstanten A und B in den allgemeinen Lösungen (3.4-30), (3.4-32) und (3.4-34) lassen sich nun durch die Randwerte ausdrücken:

Kugelkondensator: $$F(r) = V_1 - (V_1 - V_2)\frac{1/a - 1/r}{1/a - 1/b} \qquad a \leqslant r \leqslant b \tag{3.4-35}$$

Zylinderkondensator: $$F(\rho) = V_1 - (V_1 - V_2)\frac{\ell n(\rho/a)}{\ell n(b/a)} \qquad a \leqslant \rho \leqslant b \tag{3.4-36}$$

Plattenkondensator: $$F(x) = V_1 - (V_1 - V_2)\frac{x}{d} \qquad 0 \leqslant x \leqslant d\,. \tag{3.4-37}$$

Das elektrische Feld $\bar{E}$ kann daraus nach (3.2-34), (3.2-36) bzw. (3.2-38) berechnet werden:

Kugelkondensator: $$\bar{E} = E_r \bar{e}^r = -\bar{e}^r \frac{dF}{dr} = \bar{e}^r \frac{V_1 - V_2}{1/a - 1/b}\frac{1}{r^2} \tag{3.4-38}$$

Zylinderkondensator: $$\bar{E} = E_\rho \bar{e}^\rho = -\bar{e}^\rho \frac{dF}{d\rho} = \bar{e}^\rho \frac{V_1 - V_2}{\ell n(b/a)}\frac{1}{\rho} \tag{3.4-39}$$

Plattenkondensator: $$\bar{E} = E_x \bar{e}^x = -\bar{e}^x \frac{dF}{dx} = \bar{e}^x \frac{V_1 - V_2}{d}\,. \tag{3.4-40}$$

In allen Fällen ist die Feldstärke der Potentialdifferenz

$$V_1 - V_2 = \int_{C_{12}} \langle \bar{E}, d\vec{C} \rangle =: U_{12} =: -U_{21} \tag{3.4-41}$$

proportional. Dabei ist C_{12} eine beliebige Kurve, die einen Punkt $\vec{x}_1$ auf dem Leiter mit dem Potential V_1 mit einem Punkt $\vec{x}_2$ auf dem Leiter mit dem Potential V_2 verbindet. Wegen der Feldgleichung (3.2-16) hängt das Integral (3.4-41) nicht von der Wahl der Kurve ab. Da die Oberflächen der Leiter Äquipotentialflächen sind, können auch die Punkte $\vec{x}_1$ und $\vec{x}_2$ nach Belieben gewählt werden. Die Potentialdifferenz zwischen zwei Leitern wird als Spannung $U_{12} = -U_{21}$ bezeichnet.

Soll statt des Potentials die Gesamtladung Q auf einem der beiden Leiter vorgegeben werden, so ist es zweckmäßig, die Spannung U_{12} aus der Beziehung (s. 3.3-12)

$$\int_{\partial K} \langle \bar{D}, d\vec{F} \rangle = Q \tag{3.4-42}$$

zu bestimmen. Hier ist ∂K eine Hüllfäche, die den betrachteten Leiter einschließt. Wir behandeln zuerst den Fall, daß die innere Kugel eines Kugelkondensators die Gesamtladung Q tragen soll. Es ist zweckmäßig, als Hüllfläche ∂K eine Äquipotentialfläche im Feldraum zu wählen (s. Abb.3.16). Bei der Berechnung des Integrals

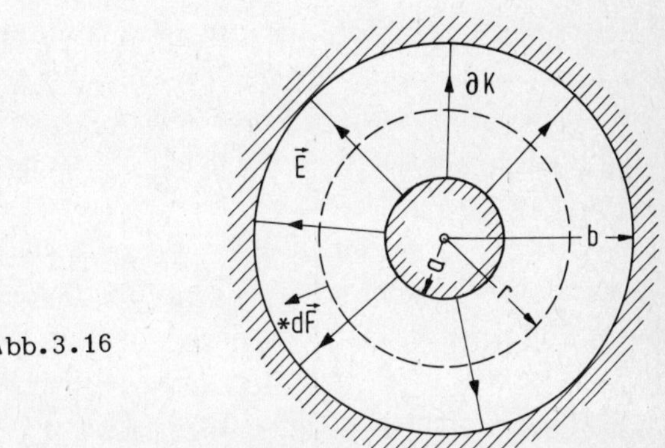

Abb.3.16

(3.4-42) spielt es keine Rolle, ob wir es als Integral einer ungeraden 2-Form über eine transversal orientierte Fläche oder als Integral einer geraden 2-Form über eine Fläche mit innerer Orientierung auffassen. Wir benutzen deshalb das Flächenelement auf der Oberfläche einer Kugel mit innerer Orientierung in sphärischen Polarkoordinaten (s. 2.1-14),

$$d\vec{F} = \vec{e}_\theta \wedge \vec{e}_\varphi \, d\theta \, d\varphi \, , \tag{3.4-43}$$

wo $\vec{e}_\theta$ und $\vec{e}_\varphi$ die in (2.1-17) angegebenen Tangentenvektoren sind. Mit Hilfe des $*$-Isomorphismus und der Materialgleichung (3.4-6) erhalten wir:

$$\int_{\partial K} \langle \bar{D}, d\vec{F} \rangle = \int_{\partial K} \langle * \bar{D}, * d\vec{F} \rangle = \varepsilon\varepsilon_0 \int_0^{\pi} d\theta \int_0^{2\pi} d\varphi \langle \bar{E}, * \vec{e}_\theta \wedge \vec{e}_\varphi \rangle \, .$$

Nach (1.2-116) und (2.1-27) gilt

$$* \vec{e}_\theta \wedge \vec{e}_\varphi = \sqrt{g} \, g^{rr} \vec{e}_r = r^2 \vec{e}_r \, .$$

Damit ergibt sich

$$Q = \int_{\partial K} \langle \bar{D}, d\vec{F} \rangle = \varepsilon\varepsilon_o \int_0^{\pi} d\theta \int_0^{2\pi} d\varphi\, r^2 \sin\theta \, \langle \bar{E}, \vec{e}_r \rangle = 4\pi\, \varepsilon\varepsilon_o\, r^2\, E_r \tag{3.4-44}$$

oder

$$E_r = \frac{Q}{4\pi\, \varepsilon\varepsilon_o\, r^2} \; . \tag{3.4-45}$$

Ein Vergleich von (3.4-45) mit (3.4-38) liefert schließlich den Zusammenhang zwischen Ladung und Spannung:

$$U_{12} = \frac{Q}{4\pi\, \varepsilon\varepsilon_o} \left(\frac{1}{a} - \frac{1}{b} \right) . \tag{3.4-46}$$

Beim Zylinderkondensator und erst recht beim Plattenkondensator sind die Verhältnisse komplizierter, da wir das Feld in der Umgebung der Zylinderenden bzw. des Plattenrandes nicht kennen. Folglich läßt sich keine Hüllfläche angeben, die gleichzeitig Äquipotentialfläche ist und damit eine einfache Berechnung des Verschiebungsflusses (3.4-42) gestattet. Um diese Schwierigkeit beim Zylinderkondensator zu umgehen, denken wir uns ein Stück der Länge ℓ aus dem mittleren Bereich des Zylinders abgetrennt und berechnen dafür den Verschiebungsfluß. Eine solche Anordnung (s. Abb.3.17) nennt man Schutzringkondensator. Sie wird in der Meßtechnik angewendet. Da die Deckflächen keinen Beitrag zum Verschiebungsfluß liefern, brauchen wir nur den Fluß durch den Mantel eines Zylinders vom Radius $\rho > a$ und der Höhe ℓ zu berechnen. In Zylinderkoordinaten (s. 2.1-9) lautet das Flächenelement mit innerer Orientierung

$$d\vec{F} = \vec{e}_\varphi \wedge \vec{e}_z \, d\varphi \, dz \; , \tag{3.4-47}$$

wo $\vec{e}_\varphi$ und $\vec{e}_z$ die in (2.1-12) angegebenen Tangentenvektoren sind. Damit ergibt sich:

$$\int_{\partial K} \langle \bar{D}, d\vec{F} \rangle = \int_{\partial K} \langle *\bar{D}, *d\vec{F} \rangle = \varepsilon\varepsilon_o \int_0^{2\pi} d\varphi \int_0^{\ell} dz \, \langle \bar{E}, *\vec{e}_\varphi \wedge \vec{e}_z \rangle \; .$$

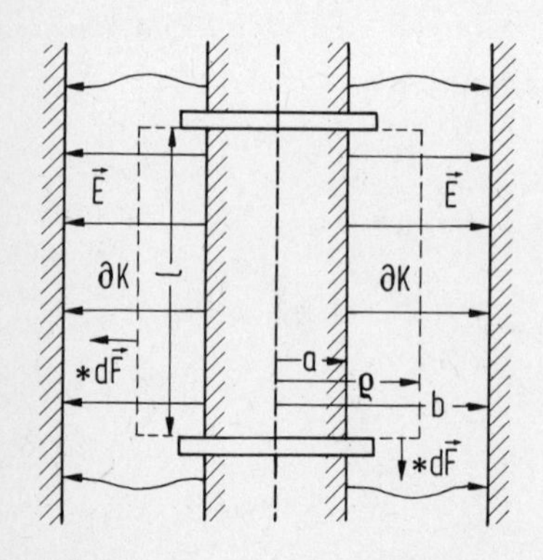

Abb.3.17

Nun ist (s. 2.1-26):

$$*\vec{e}_\varphi \wedge \vec{e}_z = \sqrt{g}\,\vec{e}_\rho\, g^{\rho\rho} = \rho\,\vec{e}_\rho\,, \tag{3.4-48}$$

so daß

$$Q = \int_{\partial K} \langle \bar{D}, d\vec{F} \rangle = \varepsilon\varepsilon_o\, 2\pi\, \ell\rho\, E_\rho \tag{3.4-49}$$

oder:

$$E_\rho = \frac{Q}{2\pi\, \varepsilon\varepsilon_o\, \ell\rho}\,. \tag{3.4-50}$$

Ein Vergleich mit (3.4-39) liefert den Zusammenhang zwischen Ladung und Spannung:

$$U_{12} = \frac{Q}{2\pi\, \varepsilon\varepsilon_o\, \ell}\, \ell n\left(\frac{b}{a}\right). \tag{3.4-51}$$

Auch beim Plattenkondensator denken wir uns ein Stück aus der Mitte, beispielsweise der linken Platte, abgetrennt (s. Abb.3.18). Doch läßt sich der Verschiebungsfluß auch unter dieser Voraussetzung nicht exakt berechnen, da der Außenraum des abgetrennten Plattenteils nicht völlig feldfrei ist und das Feld nur zwischen den beiden Platten bekannt ist. Entweder müssen wir den zweifellos geringen Beitrag des äußeren Feldes zum Verschiebungsfluß vernachlässigen oder das äußere Feld durch eine geeignete Anordnung (Faraday-Käfig) abschirmen (s. Abb.3.18). Es bleibt dann nur der Beitrag der im Abstand x von der linken Platte zwischen den beiden Platten gelegenen ebenen Fläche F mit dem Flächenelement

$$d\vec{F} = \vec{e}_y \wedge \vec{e}_z\, dy\, dz\,. \tag{3.4-52}$$

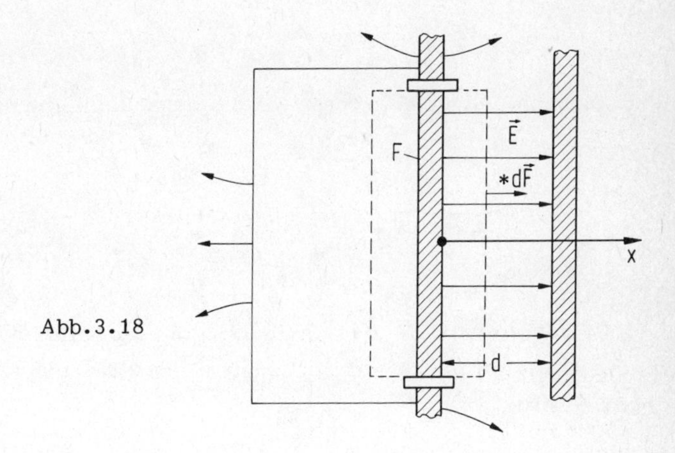

Abb.3.18

Wie in den bisher behandelten Fällen erhalten wir:

$$Q = \int_{\partial K} \langle \bar{D}, d\vec{F} \rangle = \int_{\partial K} \langle *\bar{D}, *d\vec{F} \rangle = \varepsilon\varepsilon_o \int_F dy\, dz \langle \bar{E}, *\vec{e}_y \wedge \vec{e}_z \rangle = \varepsilon\varepsilon_o\, F E_x \tag{3.4-53}$$

oder

$$E_x = \frac{Q}{\varepsilon\varepsilon_o F} \ . \tag{3.4-54}$$

Der Vergleich mit (3.4-40) liefert:

$$U_{12} = \frac{Qd}{\varepsilon\varepsilon_o F} \ . \tag{3.4-55}$$

In allen drei Anordnungen ist das Verhältnis von Ladung und Spannung nur von der Geometrie der Anordnung und der Dielektrizitätskonstanten ε der Materie zwischen den Leitern abhängig. Der Quotient

$$C = \frac{Q}{U_{12}} \tag{3.4-56}$$

heißt Kapazität des Kondensators. Die Kapazität hat die Dimension

$$[C] = \left[\frac{\text{Ladung}}{\text{Spannung}}\right] = 1\,\frac{\text{As}}{\text{V}} = 1\ \text{F} \ . \tag{3.4-57}$$

Ihre Einheit ist das Farad (F). Da die Kapazität technisch realisierbarer Kondensatoren nur Bruchteile eines Farad beträgt, sind auch die Einheiten

$$1\ \mu\text{F} = 10^{-6}\ \text{F}$$

$$1\ \text{nF} = 10^{-9}\ \text{F}$$

$$1\ \text{pF} = 10^{-12}\ \text{F}$$

gebräuchlich. Allgemein können wir die Kapazität durch das Verhältnis

$$C = \frac{\int\limits_{\partial K} \langle \bar{D}, d\vec{F} \rangle}{\int\limits_{C_{12}} \langle \bar{E}, d\vec{C} \rangle} \tag{3.4-58}$$

definieren. Hier ist ∂K eine Hüllfläche, die den Leiter 1 einschließt, während die Kurve C_{12} zwei Punkte auf den Leitern 1 und 2 verbindet. Für die drei betrachteten Fälle erhalten wir:

Kugelkondensator (s. 3.4-46):

$$C = \frac{4\pi\ \varepsilon\varepsilon_o}{1/a - 1/b} \ ; \ C \approx \varepsilon\varepsilon_o \frac{4\pi\ b^2}{d} = \varepsilon\varepsilon_o \frac{F}{d} \quad \text{für} \quad b - a = d \ll b \ . \tag{3.4-59}$$

Zylinderkondensator (s. 3.4-51):

$$C = \frac{2\pi\,\varepsilon\varepsilon_o\,\ell}{\ell n(b/a)}\;;\quad C \approx \varepsilon\varepsilon_o\,\frac{2\pi\,a\ell}{d} = \varepsilon\varepsilon_o\,\frac{F}{d}\quad \text{für } b - a = d \ll a\,. \tag{3.4-60}$$

Plattenkondensator (s. 3.4-55):

$$C = \varepsilon\varepsilon_o\,\frac{F}{d}\,. \tag{3.4-61}$$

Läßt man den Radius b der äußeren Kugel des Kugelkondensators gegen unendlich streben, so erhält man die Kapazität einer Kugel gegen ihre Umgebung:

$$\lim_{b\to\infty} C_{Kugel} = 4\pi\,\varepsilon\varepsilon_o\,a\,. \tag{3.4-62}$$

Der gleiche Grenzwert verschwindet beim Zylinderkondensator und beim Plattenkondensator. Da dabei die Annahmen über den Gültigkeitsbereich des Feldes verletzt werden, ist er physikalisch unzulässig.

Aufgaben

3.1 Sei $C\colon u \mapsto \vec{x}(u)$ $(u_o \leq u \leq u_1)$ eine stetig differenzierbare Kurve. Betrachten Sie die Menge der benachbarten Kurven $C + \delta C\colon u \mapsto \vec{x}(u) + \delta\vec{x}(u)$, die ebenfalls stetig differenzierbar sein sollen und bilden Sie die erste Variation

$$\delta I = I(C + \delta C) - I(C)$$

des Integrals

$$I(C) = \int_C \langle \bar{E}, d\vec{C}\rangle\,,$$

wo $\bar{E}$ die elektrische Feldstärke ist. Nach einer partiellen Integration erhalten Sie δI als Summe von zwei linearen Funktionen in den Variationen $\delta x^i(u_1)$ bzw. $\delta x^i(u_o)$ $(i = 1,2,3)$ der Koordinaten der Randpunkte und eines linearen Funktionals in den Funktionen $\delta x^i(u)$ $(u_o \leq u \leq u_1)$. Die Bedingung

$$\delta I = 0$$

liefert für die Funktionen $x^i(u)$ $(i = 1,2,3)$ die sogenannten Eulerschen Differentialgleichungen. Benutzen Sie die Forderung, daß $I(C)$ für alle Kurven C, die die Punkte $\vec{x}(u_o)$ und $\vec{x}(u_1)$ verbinden, den gleichen Wert haben soll, um aus den Eulerschen Gleichungen auf die Feldgleichung

$$\bar{\nabla} \wedge \bar{E} = 0$$

zu schließen.

3.2 In einen ebenen Plattenkondensator, dessen Flächenabmessungen groß gegenüber dem Plattenabstand d sind, ragt eine dielektrische Platte mit der relativen Dielektrizitätskonstanten ε (s. Abb.3.19). Die Oberkante der dielektrischen Platte ragt weit über den Plattenkondensator hinaus. Der übrige Raum ist mit Luft gefüllt ($\varepsilon = 1$). An den Kondensatorplatten liegt die Spannung U.

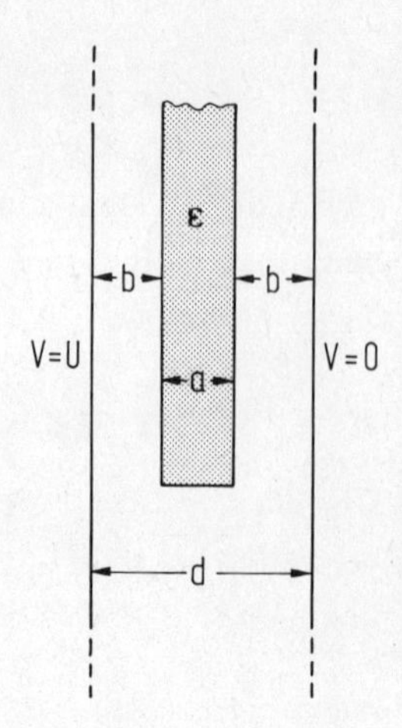

Abb.3.19

a) Bestimmen Sie die Feldgrößen $V(\vec{x})$, $\bar{E}(\vec{x})$, $\bar{D}(\vec{x})$ und die Flächenladungen $\sigma_F(\vec{x})$ auf den Platten in Abständen von der Plattenunterkante, die groß gegen d sind.

b) Skizzieren Sie unter der gleichen Voraussetzung den Verlauf von $\|\vec{E}(\vec{x})\|$, $\|\vec{D}(\vec{x})\|$ und $V(\vec{x})$.

3.3 Gegeben ist ein idealer ebener Plattenkondensator mit dem Plattenabstand d. Die linke Platte ($x = 0$) hat das Potential $V = U$, die rechte ($x = d$) das Potential $V = 0$. Zwischen den Platten befindet sich ein Medium mit der ortsabhängigen relativen Dielektrizitätskonstanten:

$$\varepsilon(x) = 1 + \varepsilon_1 \frac{x}{d} .$$

a) Stellen Sie die Differentialgleichung für das Potential im Feldraum des Kondensators auf, wenn im Dielektrikum eine Raumladung $\rho(x)$ gegeben ist.

b) Bestimmen Sie $\rho(x)$ so, daß das elektrische Feld homogen ist und berechnen Sie die entsprechenden Feldgrößen $V(x)$, $\bar{E}(x)$ und $\bar{D}(x)$.

c) Bestimmen Sie $\rho(x)$ so, daß die elektrische Verschiebung homogen ist und berechnen Sie auch für diesen Fall $V(x)$, $\bar{E}(x)$ und $\bar{D}(x)$.

3.4 Gegeben ist ein langer metallischer Kreiskegel mit dem halben Öffnungswinkel α, der senkrecht und isoliert auf einer weit ausgedehnten Metallplatte im Vakuum steht, die das Potential $V = 0$ hat. Das Potential des Kegels ist $V = U$ (s. Abb.3.20). Von Randstörungen soll abgesehen werden.

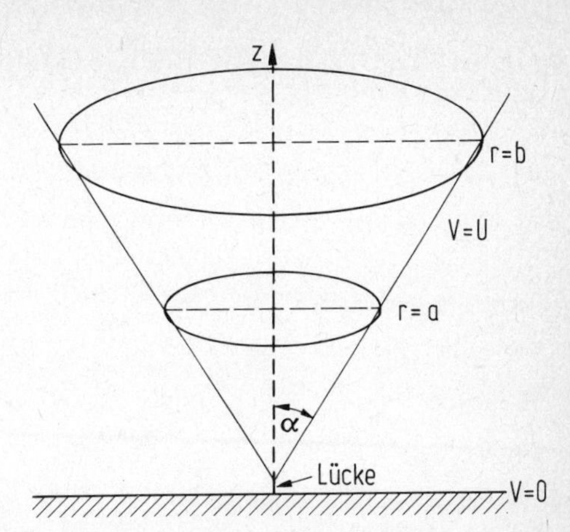

Abb.3.20

a) Bestimmen Sie auf Grund der Symmetrie der Anordnung die Feldflächen von $\bar{E}$ und die Feldlinien von $\bar{D}$. Berechnen Sie die Feldgrößen V, $\bar{E}$ und $\bar{D}$ im Feldraum und die Flächenladungsdichte σ_F auf dem Kegelmantel und auf der Platte.

Hinweis: Verwenden Sie sphärische Polarkoordinaten.

b) Berechnen Sie die Kapazität des Kegelstumpfes $a \leq r \leq b$ gegenüber der Platte.

3.5 Der innere Zylinder eines raumladungsfreien Zylinderkondensators, dessen radiale Abmessungen klein gegenüber seiner Länge ℓ sind, befindet sich auf dem Potential $V = U$. Das Potential des äußeren Zylinders ist $V = 0$ (s. Abb.3.21).

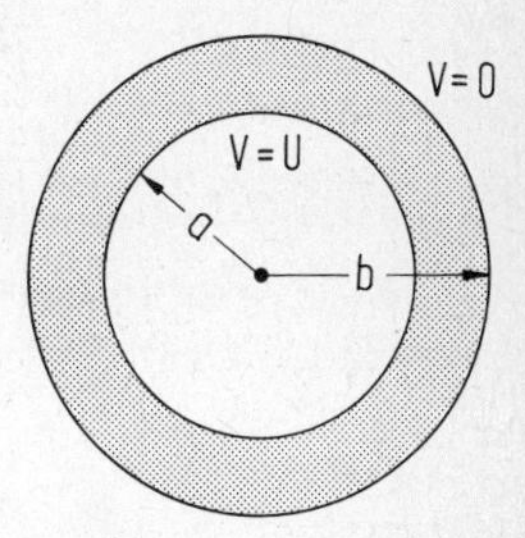

Abb.3.21

a) In das Innere des Kondensators wird ein Dielektrikum mit der ortsabhängigen relativen Dielektrizitätskonstanten $\varepsilon(\rho)$ gebracht. Bestimmen Sie $\varepsilon(\rho)$ so, daß die elektrische Feldstärke im Innenraum des Kondensators konstant und $\varepsilon(b) = 1$ ist. Berechnen Sie die Kapazität des Kondensators.

b) Der obige Fall (a) soll durch n gleich dicke Zylinderschalen mit jeweils konstanter Dielektrizitätskonstante approximiert werden, so daß die maximale Feldstärke in jeder Schicht gleich ist. Berechnen Sie die Werte der relativen Dielektrizitätskonstanten in den einzelnen Schichten unter der Voraussetzung, daß in der äußeren Schicht $\varepsilon = 1$ ist. Skizzieren Sie den Verlauf der elektrischen Feldstärke.

4. Randwertaufgaben für statische elektrische Felder

4.1. Randwertprobleme

4.1.1. Eindeutigkeit der Lösung

Um das elektrische Feld und das Feld der elektrischen Verschiebung einer Verteilung ruhender Ladungen zu bestimmen, geht man von der partiellen Differentialgleichung 2. Ordnung aus, die den Feldgleichungen und der Materialgleichung (s. 3.4-8) äquivalent ist. Ist die Dielektrizitätskonstante ε des betrachteten Mediums konstant, so erhält man die Poissongleichung (s. 3.4-17):

$$\bar{\nabla} \cdot \bar{\nabla} V = \Delta V = - \frac{*\rho}{\varepsilon \varepsilon_o} . \qquad (4.1\text{-}1)$$

Ist die Dielektrizitätskonstante dagegen ortsabhängig, $\varepsilon = f(\vec{x})$, so lautet die Differentialgleichung

$$\bar{\nabla} \cdot \varepsilon \bar{\nabla} V = - \frac{*\rho}{\varepsilon_o} . \qquad (4.1\text{-}2)$$

Durch die Differentialgleichung allein ist das Potential nicht eindeutig bestimmt, da zu einer speziellen Lösung der inhomogenen Gleichung (4.1-1) bzw. (4.1-2) noch eine beliebige Lösung der homogenen Gleichung

$$\bar{\nabla} \cdot \bar{\nabla} V = \Delta V = 0 \qquad (4.1\text{-}3)$$

bzw.

$$\bar{\nabla} \cdot \varepsilon \bar{\nabla} V = 0 \qquad (4.1\text{-}4)$$

hinzugefügt werden kann. Die Differentialgleichung muß daher durch Randbedingungen ergänzt werden, die die Lösung auf im Endlichen gelegenen Rändern des Mediums festlegen, bzw. das asymptotische Verhalten für $\|\vec{x}\| \to \infty$ bestimmen, falls sich das Medium ins Unendliche erstreckt.

Betrachten wir zunächst den Fall einer Ladungsverteilung ρ im Vakuum ($\varepsilon = 1$). Die Poissongleichung (4.1-1) gilt dann $\forall \vec{x} \in V^3$. Aus physikalischen Gründen liegt es nahe anzunehmen, daß die Ladungsverteilung ρ im Außenraum einer Kugel mit hinreichend großem Radius a verschwindet, so daß die Poissongleichung in diesem Bereich in die Laplacegleichung übergeht,

$$\Delta V = 0 \qquad \forall \vec{x} \in \{\vec{x} \mid \|\vec{x}\| > a\} .$$

Nehmen wir an, daß die Potentialfunktion für $\|\vec{x}\| \to \infty$ gegen eine drehsymmetrische Funktion

$$V(\vec{x}) = F(\|\vec{x}\|)$$

strebt, so muß sie eine Lösung der gewöhnlichen DG (s. 3.4-29)

$$\Delta V = \frac{1}{r^2} \frac{d}{dr} r^2 \frac{dF}{dr} = 0$$

sein, wo $\|\vec{x}\| = r$. Die allgemeine Lösung

$$F(r) = \frac{A}{r} + B$$

mit beliebigen Konstanten A und B zeigt, daß

$$V(\vec{x}) = V_\infty + O\left(\frac{1}{\|\vec{x}\|}\right), \qquad \|\vec{x}\| \to \infty \tag{4.1-5}$$

das asymptotische Verhalten für $\|\vec{x}\| \to \infty$ beschreibt. Abweichungen von der Drehsymmetrie sind von höherer Ordnung in $1/r$. Wie an jedem Ort kann das Potential auch im Unendlichen gleich einer beliebigen Konstanten V_∞ gesetzt werden. Die Abweichung von dieser Konstanten ist $O(1/\|\vec{x}\|)$, d.h. die Funktion $\|\vec{x}\| \, |V(\vec{x}) - V_\infty|$ ist für $\|\vec{x}\| \to \infty$ beschränkt:

$$\|\vec{x}\| \, |V(\vec{x}) - V_\infty| < A .$$

Unsere Überlegung gilt auch im Fall einer ortsabhängigen Dielektrizitätskonstanten $\varepsilon = f(\vec{x})$, denn bei physikalischen Anordnungen strebt stets $f(\vec{x}) \to 1$ für $\|\vec{x}\| \to \infty$.

Im Endlichen gelegene Ränder des Mediums können physikalisch durch die Oberfläche ∂L von Leitern L realisiert werden. Der Einfachheit halber nehmen wir an, daß unsere Anordnung nur einen Leiter enthält, der den offenen räumlichen Bereich L ausfüllt. Dann gilt die Differentialgleichung (4.1-1) bzw. (4.1-2) nunmehr im Bereich $V^3 - L$. Wie wir bereits im Abschnitt 3.2.3 gesehen haben, muß das Potential auf dem Leiterrand ∂L einen konstanten Wert V_L annehmen. Die physikalische Anordnung bestimmt entweder den Wert der Konstanten V_L oder den Wert der Gesamtladung Q_L. Im letzteren

Fall hat man die Konstante V_L aus dem vorgegebenen Wert von Q_L zu berechnen (s. 3.4-28). Ein allgemeines Verfahren, das die Berechnung auch im Fall mehrerer Leiter gestattet, werden wir im Abschnitt 4.1.4 entwickeln.

Als Prototyp der durch physikalische Anordnungen gestellten Randwertaufgaben behandeln wir die Bestimmung des Potentials einer vorgegebenen Ladungsverteilung im Vakuum mit gegebenem konstantem Randwert V_L auf dem Rand ∂L eines Leiters. Die Konstante V_∞ können wir ohne Einschränkung der Allgemeinheit gleich Null setzen, da physikalisch nur die Feldstärken $\bar{E} = -\bar{\nabla} V$ interessieren. Wir suchen somit diejenige Lösung der Poissongleichung

$$\Delta V = -\frac{*\rho}{\varepsilon_o}, \qquad \forall \vec{x} \in V^3 - L, \tag{4.1-6a}$$

die auf dem Rand ∂L den Wert

$$V = V_L, \qquad \forall \vec{x} \in \partial L, \tag{4.1-6b}$$

annimmt und sich für $\|\vec{x}\| \to \infty$ wie

$$V = O\left(\frac{1}{\|\vec{x}\|}\right) \tag{4.1-6c}$$

verhält (s. Abb.4.1).

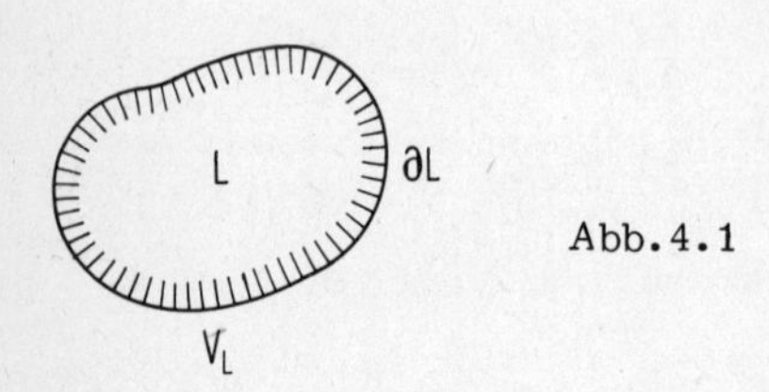

Abb.4.1

Um zu zeigen, daß die Lösung der Randwertaufgabe eindeutig bestimmt ist, nehmen wir an, daß es zwei Lösungen V_1 und V_2 gibt, die beide den Bedingungen (4.1-6a) - (4.1-6c) genügen. Folglich gilt für die Differenz $W = V_1 - V_2$:

$$\Delta W = 0, \qquad \forall \vec{x} \in V^3 - L \tag{4.1-7a}$$

$$W = 0, \qquad \forall \vec{x} \in \partial L \tag{4.1-7b}$$

$$W = O\left(\frac{1}{\|\vec{x}\|}\right), \qquad \|\vec{x}\| \to \infty. \tag{4.1-7c}$$

Wir multiplizieren die Laplacegleichung (4.1-7a) mit W und benutzen die Beziehung (2.4-49):

$$\bar{\nabla} \wedge * W \bar{\nabla} W = * \bar{\nabla} W \cdot \bar{\nabla} W + * W \Delta W = * \bar{\nabla} W \cdot \bar{\nabla} W. \tag{4.1-8}$$

Der Satz von Stokes (s. 2.4-47) liefert dann für den räumlichen Bereich V^3-L:

$$\int_{V^3-L} \langle *\bar{\nabla} W \cdot \bar{\nabla} W, dK\rangle = \int_{V^3-L} \langle \bar{\nabla} \wedge * W \bar{\nabla} W, dK\rangle =$$
$$= \int_{\partial L} \langle * W \bar{\nabla} W, d\vec{F}\rangle + \lim_{R\to\infty} \int_{\partial\Omega(R)} \langle * W \bar{\nabla} W, d\vec{F}\rangle . \tag{4.1-9}$$

Hier ist $\Omega(R)$ eine Kugel mit dem Radius R. Da W eine gerade 0-Form ist, müssen die Randflächen gemäß der im Abschnitt 2.4.2 getroffenen Vereinbarung transversal orientiert werden. Setzen wir (s. 2.4-52):

$$\langle * 1, dK\rangle = d\tau , \quad * d\vec{F} = \frac{\vec{n}}{\|\vec{n}\|} dF$$

und (s. 3.4-22):

$$\frac{\partial W}{\partial n} = \langle \bar{\nabla} W, \frac{\vec{n}}{\|\vec{n}\|}\rangle , \quad \frac{\partial W}{\partial r} = \langle \bar{\nabla} W, \frac{\vec{x}}{r}\rangle ,$$

so folgt:

$$\int_{V^3-L} \bar{\nabla} W \cdot \bar{\nabla} W \, d\tau = - \int_{\partial L} W \frac{\partial W}{\partial n} dF + \lim_{R\to\infty} \int_{\partial\Omega(R)} W \frac{\partial W}{\partial r} dF . \tag{4.1-10}$$

Der erste Term der rechten Seite hat das Vorzeichen (-), weil wir unter $\vec{n}$ den in den Außenraum von L weisenden Normalenvektor verstehen wollen. Wegen (4.1-7b) verschwindet dieser Term. Der zweite Term verschwindet ebenfalls. Denn wegen (4.1-7c) ist $W = O(1/r)$, $\partial W/\partial r = O(1/r^2)$. Andererseits ist in sphärischen Polarkoordinaten (s. 3.4-43):

$$dF = \|d\vec{F}\| = r^2 \sin\theta \, d\theta \, d\varphi ,$$

so daß das Integral über $\partial\Omega(R)$ von der Ordnung $O(1/R)$ ist. Wir erhalten somit:

$$\int_{V^3-L} \bar{\nabla} W \cdot \bar{\nabla} W \, d\tau = 0 . \tag{4.1-11}$$

Da der Integrand positiv definit ist, folgt $W = \text{const}$, $\forall \vec{x} \in V^3$-L. Wegen (4.1-7c) muß die Konstante gleich Null sein, so daß $W \equiv 0$, $\forall \vec{x} \in V^3$-L.

Das physikalisch realisierte Randwertproblem ist ein Spezialfall des Dirichletschen Randwertproblems, in dem die Randbedingung (4.1-6b) durch die allgemeinere Bedingung

$$V[\vec{x}(u,v)] = f(u,v), \qquad \forall \vec{x}(u,v) \in \partial L \tag{4.1-12}$$

ersetzt wird. $\vec{x}(u,v)$ ist eine Parameterdarstellung der Randfläche ∂L und $f(u,v)$ eine beliebige Funktion der Parameter u,v. Unser Eindeutigkeitsbeweis gilt ebenso für das Dirichletsche Randwertproblem. Beim Neumannschen Randwertproblem schreibt man statt des Potentials V die Normalableitung $\partial V/\partial n$ auf dem Rand ∂L vor und verlangt $\partial V/\partial r = O(1/r^2)$ für $r \to \infty$. Aus (4.1-11) folgt dann lediglich $W = \text{const}$, d.h. die Lösung des Neumannschen Randwertproblems ist nur bis auf eine Konstante bestimmt. In gemischten Randwertproblemen schließlich wird eine Linearkombination von V und $\partial V/\partial n$ vorgegeben.

4.1.2. Grundlösung und Greensche Funktion

Um die Abhängigkeit der Lösung eines Randwertproblems von den vorgegebenen Daten der Randwerte und der Ladungsverteilung explizit darzustellen, gehen wir von dem Greenschen Satz aus. Sind $u(\vec{x})$ und $v(\vec{x})$ zweimal stetig differenzierbare 0-Formen in einem räumlichen Bereich K, so lautet der Greensche Satz (s. 2.4-53):

$$\int_K (u\Delta v - v\Delta u)d\tau = \int_{\partial K} \langle u\bar{\nabla} v - v\bar{\nabla} u, * d\vec{F}\rangle = \int_{\partial K} \left(u\frac{\partial v}{\partial n} - v\frac{\partial u}{\partial n}\right) dF \,. \tag{4.1-13}$$

Für gerade 0-Formen sind ∂K und K transversal zu orientieren, so daß $\partial/\partial n$ die Ableitung in Richtung der äußeren Normale im Sinne von (3.4-22) ist.

Wir nehmen nun an, daß $v(\vec{x})$ in einem beliebigen Punkt von K, den wir als Ursprung wählen, singulär ist, im übrigen aber der Laplacegleichung genügt:

$$\Delta v = 0 \,, \qquad \forall \vec{x} \in K - \{0\} \,. \tag{4.1-14}$$

Die Funktion $v(\vec{x})$ soll ferner invariant unter Drehungen sein, so daß z.B.:

$$v(\vec{x}) = \frac{A}{r} \tag{4.1-15}$$

mit $r = \|\vec{x}\|$. Ziehen wir von K eine kugelförmige Umgebung des Ursprungs $\Omega(a)$ mit dem Radius a ab, so können wir den Greenschen Satz auf den Bereich $K - \Omega(a)$ anwenden und erhalten unter Beachtung von (4.1-14):

$$-\int_{K-\Omega(a)} v\Delta u \, d\tau = \int_{\partial K} \left(u\frac{\partial v}{\partial n} - v\frac{\partial u}{\partial n}\right) dF + \int_{\partial\Omega(a)} \left(u\frac{\partial v}{\partial n} - v\frac{\partial u}{\partial n}\right) dF \,. \tag{4.1-16}$$

In sphärischen Polarkoordinaten gilt auf $\partial\Omega(a)$:

$$dF = a^2 d\omega \,, \qquad \frac{\partial}{\partial n} = -\frac{\partial}{\partial r} \,,$$

wo $d\omega$ den Betrag des Flächenelements auf der Einheitskugel bezeichnet. Für den zweiten Term der rechten Seite von (4.1-16) folgt mit (4.1-15):

$$\int_{\partial\Omega(a)} \left(u \frac{\partial v}{\partial n} - v \frac{\partial u}{\partial n} \right) dF = 4\pi\, A \left[\bar{u}(a) \frac{1}{a^2} + \frac{1}{a} \frac{d\bar{u}}{dr}(a) \right] a^2 . \qquad (4.1\text{-}17)$$

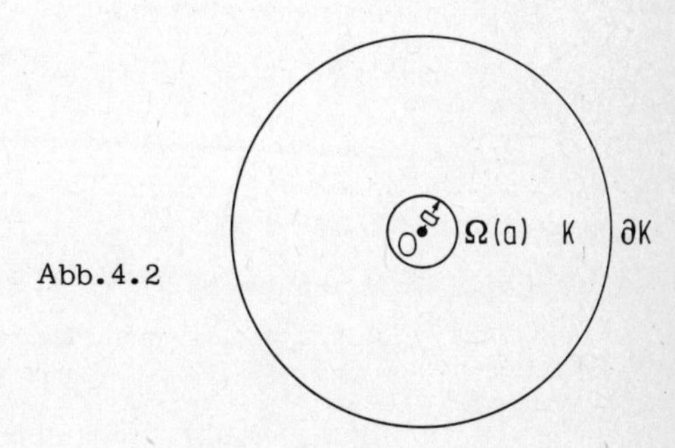

Abb. 4.2

Hier ist

$$\bar{u}(r) := \frac{1}{4\pi} \int d\omega\, u(r,\theta,\varphi)$$

der Mittelwert von u über die Oberfläche der Einheitskugel. Wir setzen nun (4.1-17) in (4.1-16) ein und bilden den Grenzwert $a \to 0$. Da $u(\vec{x})$ stetig differenzierbar ist, erhalten wir mit $A = 1/4\pi$:

$$u(\vec{0}) = - \int_K v \Delta u \, d\tau - \int_{\partial K} \left(u \frac{\partial v}{\partial n} - v \frac{\partial u}{\partial n} \right) dF . \qquad (4.1\text{-}18)$$

Benutzen wir statt (4.1-15) die Funktion

$$v(\vec{x},\vec{y}) = \frac{1}{4\pi \|\vec{x} - \vec{y}\|} \quad , \qquad \vec{x},\vec{y} \in K , \qquad (4.1\text{-}19)$$

wo $\vec{x}$ ein fester Punkt aus K und $\vec{y}$ die Integrationsvariable ist, so ergibt sich in der gleichen Weise:

$$u(\vec{x}) = - \int_K v(\vec{x},\vec{y}) \Delta u(\vec{y}) d\tau(\vec{y}) - \int_{\partial K} \left[u(\vec{y}) \frac{\partial}{\partial n} v(\vec{x},\vec{y}) - v(\vec{x},\vec{y}) \frac{\partial u(\vec{y})}{\partial n} \right] dF . \qquad (4.1\text{-}20)$$

Die Funktion $v(\vec{x},\vec{y})$ ist eine Grundlösung der Laplacegleichung. Definierende Eigenschaft der Grundlösung ist der singuläre Term (4.1-19). Jede Grundlösung kann in der Form

$$v(\vec{x},\vec{y}) = \frac{1}{4\pi \|\vec{x} - \vec{y}\|} + w(\vec{x},\vec{y}) \qquad (4.1\text{-}21)$$

dargestellt werden, wo w eine reguläre Lösung der Laplacegleichung ist. Hat man eine Grundlösung gefunden, so kann man die Lösung eines Randwertproblems nach (4.1-20) durch den Quellterm Δu und die Werte von u und $\partial u/\partial n$ auf dem Rande des vorgegebenen Bereichs darstellen. Setzen wir $u = V$, so ergibt sich mit der Poissongleichung (4.1-1):

$$V(\vec{x}) = \int_K v(\vec{x},\vec{y}) \frac{*\rho(\vec{y})}{\varepsilon\varepsilon_o} d\tau(\vec{y}) - \int_{\partial K} \left(V \frac{\partial v}{\partial n} - v \frac{\partial V}{\partial n}\right) dF . \tag{4.1-22}$$

Die Darstellung (4.1-22) ist noch unbefriedigend, weil auf dem Rande eines räumlichen Bereichs entweder V (Dirichletsches Problem) oder $\partial V/\partial n$ (Neumannsches Problem) vorgegeben ist, in (4.1-22) aber beide Randwerte auftreten. Betrachten wir zunächst das Dirichletsche Problem. Da die Grundlösung nicht eindeutig bestimmt ist (s. 4.1-21), können wir sie noch der Randbedingung:

$$v(\vec{x},\vec{y}) = G(\vec{x},\vec{y}) = 0 \ , \quad \forall\, \vec{y} \in \partial K \ , \quad \vec{x} \in K \tag{4.1-23}$$

unterwerfen. Diejenige Grundlösung der Laplacegleichung, die die Randbedingung (4.1-23) erfüllt, wird Greensche Funktion des Dirichletschen Randwertproblems genannt und mit $G(\vec{x},\vec{y})$ bezeichnet.

Die Greensche Funktion ist symmetrisch,

$$G(\vec{x},\vec{y}) = G(\vec{y},\vec{x}) . \tag{4.1-24}$$

Zum Beweis wenden wir den Greenschen Satz auf die Funktionen $G(\vec{x},\vec{x}\,')$ und $G(\vec{y},\vec{x}\,')$ im Bereich $K-\Omega(\vec{x})-\Omega(\vec{y})$ an (s. Abb.4.3). $\Omega(\vec{x})$ und $\Omega(\vec{y})$ sind kugelförmige Umgebungen der festzuhaltenden Punkte $\vec{x},\vec{y} \in K$. Die Integrationsvariable ist $\vec{x}\,'$. Da beide Funktionen im betrachteten Bereich der Laplacegleichung genügen und auf dem Rande verschwinden, erhalten wir mit (4.1-13):

$$0 = \int_{\partial\Omega(\vec{x})} \left[G(\vec{y},\vec{x}\,') \frac{\partial G(\vec{x},\vec{x}\,')}{\partial n} - G(\vec{x},\vec{x}\,') \frac{\partial G(\vec{y},\vec{x}\,')}{\partial n} \right] dF \ +$$

$$+ \int_{\partial\Omega(\vec{y})} \left[G(\vec{y},\vec{x}\,') \frac{\partial G(\vec{x},\vec{x}\,')}{\partial n} - G(\vec{x},\vec{x}\,') \frac{\partial G(\vec{y},\vec{x}\,')}{\partial n} \right] dF .$$

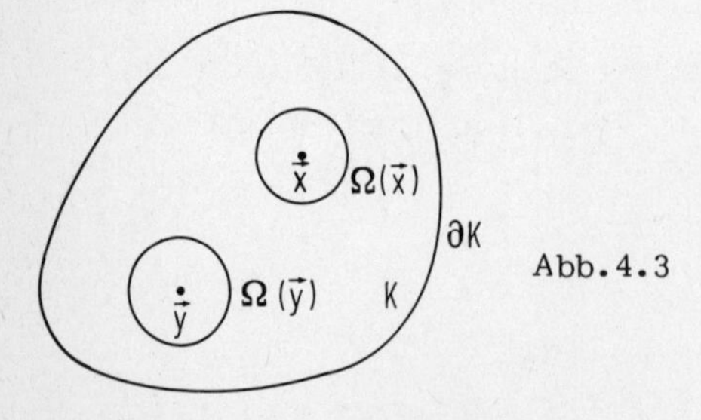

Abb.4.3

Daraus folgt (4.1-24), wenn man wie oben den Radius der kugelförmigen Umgebungen gegen Null streben läßt (s. 4.1-17).

Setzen wir nun die Greensche Funktion des Dirichletschen Problems in (4.1-22) ein, so entfällt wegen (4.1-23) der Term mit $\partial V/\partial n$, und die Lösung wird durch die Ladungsverteilung und die Randwerte dargestellt:

$$V(\vec{x}) = \int_K G(\vec{x},\vec{y}) \frac{*\rho(\vec{y})}{\varepsilon\varepsilon_o} d\tau(\vec{y}) - \int_{\partial K} V(\vec{y}) \frac{\partial G(\vec{x},\vec{y})}{\partial n} dF . \tag{4.1-25}$$

Um die Darstellung auf den ins Unendliche reichenden Bereich V^3-L auszudehnen, der dem physikalischen Problem eines Leiters in einem unendlich ausgedehnten Medium mit der Dielektrizitätskonstanten ε entspricht, schreiben wir für die Lösung V wie für die Greensche Funktion das asymptotische Verhalten $O(1/\|\vec{x}\|)$ für $\|\vec{x}\| \to \infty$ vor. Der Beitrag des Randintegrals über die Oberfläche $\partial\Omega(R)$ einer Kugel vom Radius R zum Greenschen Satz (4.1-13) verschwindet dann im Grenzfall $R \to \infty$, und wir erhalten:

$$V(\vec{x}) = \int_{V^3} G(\vec{x},\vec{y}) \frac{*\rho(\vec{y})}{\varepsilon\varepsilon_o} d\tau(\vec{y}) + V_L \int_{\partial L} \frac{\partial G(\vec{x},\vec{y})}{\partial n} dF . \tag{4.1-26}$$

Hier haben wir bereits berücksichtigt, daß das elektrische Potential auf der Oberfläche ∂L eines Leiters konstant sein muß. Die Normale weist in den Außenraum des Leiters. Ist kein Leiter vorhanden, so erfüllt die Greensche Funktion

$$G(\vec{x},\vec{y}) = \frac{1}{4\pi\|\vec{x} - \vec{y}\|} \tag{4.1-27}$$

alle Bedingungen. Im besonderen gilt: $G(\vec{x},\vec{y}) = O\left(\frac{1}{\|\vec{x}\|}\right)$ für $\|\vec{x}\| \to \infty$. Für das Potential der Ladungsverteilung folgt damit aus (4.1-26):

$$V(\vec{x}) = \frac{1}{4\pi\,\varepsilon\varepsilon_o} \int_{V^3} \frac{*\rho(\vec{y})}{\|\vec{x} - \vec{y}\|} d\tau(\vec{y}) . \tag{4.1-28}$$

Um die Randbedingung für die Greensche Funktion des Neumannschen Randwertproblems aufzufinden, gehen wir wieder von der Darstellung (4.1-20) aus. Da nunmehr die Werte von $\partial u/\partial n$ auf dem Rande ∂K des ganz im Endlichen gelegenen räumlichen Bereichs K gegeben sind, ist man zunächst versucht, für die Greensche Funktion die Randbedingung

$$\frac{\partial v(\vec{x},\vec{y})}{\partial n} = \frac{\partial G(\vec{x},\vec{y})}{\partial n} = 0 , \qquad \forall \vec{y} \in \partial K, \quad \vec{x} \in K \tag{4.1-29}$$

zu verlangen. Doch folgt durch Anwendung des Greenschen Satzes (4.1-13) auf den Bereich $K-\Omega(\vec{x})$ mit $u = 1$ und $v = G$ die Bedingung

$$-\int_{\partial K} \frac{\partial G(\vec{x},\vec{y})}{\partial n}\, dF = 1\,, \qquad \forall\, \vec{x} \in K\,, \tag{4.1-30}$$

so daß statt (4.1-29) nur verlangt werden kann:

$$-\frac{\partial G(\vec{x},\vec{y})}{\partial n} = \frac{1}{S}\,, \qquad \forall\, \vec{y} \in \partial K, \quad \vec{x} \in K, \tag{4.1-31}$$

wo S der Flächeninhalt des Randes ∂K ist. Verlangt man zusätzlich, daß auch die Greensche Funktion des Neumannschen Problems die Symmetriebedingung (4.1-24) erfüllt, so wird sie durch das gestellte Randwertproblem bis auf eine Konstante bestimmt. Ebenfalls bis auf eine Konstante bestimmt ist die Lösung des Neumannschen Problems für das elektrische Potential:

$$V(\vec{x}) = \int_K G(\vec{x},\vec{y})\, \frac{{}^*\rho(\vec{y})}{\varepsilon\varepsilon_o}\, d\tau(\vec{y}) + \int_{\partial K} G(\vec{x},\vec{y})\, \frac{\partial V(\vec{y})}{\partial n}\, dF + A\,. \tag{4.1-32}$$

Erstreckt sich der betrachtete Bereich ins Unendliche, so muß für $\partial G/\partial n$ das asymptotische Verhalten:

$$\frac{\partial G(\vec{x},\vec{y})}{\partial n} = O\left(\frac{1}{\|\vec{y}\|^2}\right), \qquad \|\vec{y}\| \to \infty \tag{4.1-33}$$

vorgeschrieben werden, damit die Umgebung des Unendlichen einen endlichen Beitrag zum Integral (4.1-30) liefert.

4.1.3. Singuläre Funktionen und Distributionen

Die im letzten Abschnitt eingeführten singulären Funktionen, wie z.B. die Greensche Funktion (4.1-27) für den gesamten Raum V^3, sind zwar Potentialfunktionen, entsprechen aber keiner physikalisch realisierbaren Anordnung. Physikalische Lösungen, die in V^3 hinreichend oft differenzierbar sind, entstehen durch Faltung mit einer physikalisch realisierbaren Ladungsverteilung ρ im Sinne von (4.1-28). Man kann aber auch für singuläre Funktionen Ableitungen erklären, wenn man den Funktionsbegriff in geeigneter Weise verallgemeinert. Solche verallgemeinerten Funktionen heißen nach L. Schwartz[+] Distributionen. Während eine gewöhnliche reelle Funktion $F : V^3 \to \mathbb{R}$ als Abbildung des Raums V^3 in die reellen Zahlen aufzufassen ist, die jedem $\vec{x} \in V^3$ eine reelle Zahl $F(\vec{x})$ zuordnet, ist eine reelle Distribution eine Abbildung $T : D \to \mathbb{R}$

+) L. Schwartz: Théorie des Distributions (Hermann, Paris 1966).

eines Funktionenraums D in die reellen Zahlen, die jeder Funktion $\varphi \in D$ eine reelle Zahl:

$$T : \varphi \mapsto (T,\varphi) \in \mathbb{R} \tag{4.1-34}$$

zuordnet. Die Funktionen φ heißen Grundfunktionen oder Testfunktionen. Der Raum D wird als Menge der für alle $\vec{x} \in V^3$ definierten reellen Funktionen eingeführt, die beliebig oft stetig differenzierbar sind und außerhalb eines endlichen Bereichs des Raums V^3 verschwinden. Distributionen sind folglich lineare Funktionale über dem Raum D, was auch in der an Skalarprodukt $\langle \,|\, \rangle$ und Bilinearform $\langle\, ,\, \rangle$ angelehnten Schreibweise (4.1-34) zum Ausdruck kommt.

Wir betrachten nun das Integral

$$\int_{V^3} d\tau(\vec{x}\,')\,\frac{1}{4\pi\|\vec{x}-\vec{x}\,'\|}\,\Delta'\varphi(\vec{x}\,') =: \left(\Delta\frac{1}{4\pi\|\vec{x}-\vec{x}\,'\|},\ \varphi(\vec{x}\,')\right), \tag{4.1-35}$$

in dem die singuläre Funktion (4.1-27) mit der Testfunktion $\Delta\varphi(\vec{x})$ gefaltet wird. Da die singuläre Funktion lokal integrierbar ist, definiert das Integral ein lineares Funktional über D, also eine Distribution, die wir

$$T = \Delta\,\frac{1}{4\pi\|\vec{x}-\vec{x}\,'\|} \tag{4.1-36}$$

nennen. Der Ausdruck (4.1-36) ist keine Funktion, denn er ist nur für $\vec{x} \neq \vec{x}\,'$ als Funktion erklärt. Die Distribution (4.1-35) entsteht durch Ableitung der Distribution

$$\int_{V^3} d\tau(\vec{x}\,')\,\frac{1}{4\pi\|\vec{x}-\vec{x}\,'\|}\,\varphi(\vec{x}\,') =: \left(\frac{1}{4\pi\|\vec{x}-\vec{x}\,'\|},\ \varphi(\vec{x}\,')\right). \tag{4.1-37}$$

Wir formen nun das Integral (4.1-35) mit Hilfe des Greenschen Satzes um:

$$\begin{aligned}\left(\Delta\frac{1}{4\pi\|\vec{x}-\vec{x}\,'\|},\ \varphi(\vec{x}\,')\right) &= \lim_{a\to 0}\int_{V^3-\Omega(\vec{x};a)} d\tau(\vec{x}\,')\,\frac{1}{4\pi\|\vec{x}-\vec{x}\,'\|}\,\Delta'\varphi(\vec{x}\,') = \\ &= \lim_{a\to 0}\int_{V^3-\Omega(\vec{x};a)} d\tau(\vec{x}\,')\left(\Delta'\,\frac{1}{4\pi\|\vec{x}-\vec{x}\,'\|}\right)\varphi(\vec{x}\,') + \\ &+ \lim_{a\to 0}\int_{\partial\Omega(\vec{x};a)}\left(\varphi'\,\frac{\partial}{\partial r'}\,\frac{1}{4\pi\|\vec{x}-\vec{x}\,'\|} - \frac{1}{4\pi\|\vec{x}-\vec{x}\,'\|}\,\frac{\partial\varphi}{\partial r'}\right) a^2\, d\omega\,.\end{aligned} \tag{4.1-38}$$

Hier ist, wie bisher, $\Omega(\vec{x};a)$ eine kugelförmige Umgebung des Punktes $\vec{x}$ mit Radius a. Das Unendliche liefert keinen Beitrag, weil φ außerhalb eines endlichen Bereiches verschwindet. Der erste Term der rechten Seite von (4.1-38) verschwindet, weil die Funktion (4.1-27) im betrachteten Bereich der Laplacegleichung genügt. Der Grenzwert des zweiten Terms kann ebenso wie in (4.1-17) mit dem Ergebnis

$$\left(\Delta \frac{1}{4\pi \|\vec{x} - \vec{x}'\|} \; , \; \varphi(\vec{x}') \right) = - \varphi(\vec{x}) \tag{4.1-39}$$

berechnet werden.

Auf der rechten Seite von (4.1-39) erscheint wiederum eine Distribution, die jedem $\varphi \in D$ den Funktionswert an der Stelle $\vec{x}$ zuordnet. Sie wird Diracsche δ-Funktion genannt und ist durch

$$\left(\delta(\vec{x} - \vec{x}'), \varphi(\vec{x}') \right) = \varphi(\vec{x}) \tag{4.1-40}$$

definiert. Die Bezeichnung Funktion ist hier natürlich im verallgemeinerten Sinn zu verstehen. Wenn wir die Distribution (4.1-40) wie (4.1-37) durch ein Integral darzustellen versuchen,

$$\left(\delta(\vec{x} - \vec{x}'), \varphi(\vec{x}') \right) = \int_{V^3} d\tau(\vec{x}') \; \delta(\vec{x} - \vec{x}') \; \varphi(\vec{x}') = \varphi(\vec{x}) \; , \tag{4.1-41}$$

dann ist $\delta(\vec{x} - \vec{x}')$ keine lokal integrierbare Funktion im üblichen Sinn. Obwohl der Ausdruck (4.1-41) vom Standpunkt der klassischen Analysis aus sinnlos ist, kann er benutzt werden, um einige Eigenschaften der δ-Funktion herzuleiten. Zum Beispiel erkennt man sofort mit Hilfe der Integraldarstellung (4.1-41), daß

$$\delta(c\,\vec{x}) = \frac{1}{|c|^3} \; \delta(\vec{x}) \; , \tag{4.1-42}$$

wo c eine beliebige reelle Konstante ist. Ebenso folgt aus der Integraldarstellung für die eindimensionale δ-Funktion:

$$\left(\delta(x), \varphi(x) \right) = \int_{\mathbb{R}} dx \; \delta(x) \, \varphi(x) := \varphi(0) \; , \tag{4.1-43}$$

die Beziehung:

$$\delta(c\,x) = \frac{1}{|c|} \; \delta(x) \; .$$

Die partielle Ableitung einer Distribution nach der Koordinate x^i wird durch die Beziehung

$$\left(\frac{\partial T}{\partial x^i} \; , \; \varphi \right) := \left(T \, , \, - \frac{\partial \varphi}{\partial x^i} \right) \qquad i = 1,2,3 \tag{4.1-44}$$

erklärt. Kann nämlich die Distribution T durch eine lokal integrierbare Funktion $T(\vec{x})$ als lineares Funktional dargestellt werden:

$$(T,\varphi) = \int_{V^3} T(\vec{x})\ \varphi(\vec{x})\ d\tau(\vec{x}) \qquad (4.1\text{-}45)$$

und sind auch die partiellen Ableitungen der Funktion $T(\vec{x})$ lokal integrabel, so gilt jedenfalls

$$\left(\frac{\partial T}{\partial x^i},\varphi\right) = \int_{V^3} \frac{\partial T}{\partial x^i}(\vec{x})\ \varphi(\vec{x})\ d\tau(\vec{x}) = -\int_{V^3} T(\vec{x})\frac{\partial\varphi}{\partial x^i}(\vec{x})\ d\tau(\vec{x}) = \left(T,-\frac{\partial\varphi}{\partial x^i}\right). \qquad (4.1\text{-}46)$$

Die Definition (4.1-44) überträgt diesen Zusammenhang auf Distributionen, die nicht durch lokal integrierbare Funktionen im Sinne von (4.1-45) dargestellt werden können. Auch die Definition der Distribution $\Delta\, 1/4\pi\|\vec{x}-\vec{x}'\|$ durch (4.1-35) stimmt mit (4.1-44) überein. Als weiteres Beispiel erwähnen wir noch die partiellen Ableitungen der δ-Funktion:

$$\left(\frac{\partial}{\partial x^i}\,\delta(\vec{x}-\vec{x}'),\varphi(\vec{x}')\right) = -\frac{\partial\varphi(\vec{x})}{\partial x^i} \qquad (i = 1,2,3)\,. \qquad (4.1\text{-}47)$$

Grundlösungen und Greensche Funktionen können als Lösungen inhomogener Differentialgleichungen für Distributionen angesehen werden. Eine Grundlösung $v(\vec{x},\vec{y})$ der Laplacegleichung genügt im betrachteten Bereich, z.B. V^3-L, der Beziehung:

$$\left(\Delta_{\vec{x}} v(\vec{x},\vec{x}'),\varphi(\vec{x}')\right) = -\left(\delta(\vec{x}-\vec{x}'),\varphi(\vec{x}')\right), \qquad \forall\, \vec{x}\in V^3\text{-L}\,, \quad \forall\, \varphi\in D\,. \qquad (4.1\text{-}48a)$$

Es ist üblich, statt (4.1-48a) die symbolische Schreibweise

$$\Delta_{\vec{x}} v(\vec{x},\vec{y}) = -\,\delta(\vec{x}-\vec{y}) \qquad \forall\, \vec{x},\vec{y}\in V^3 - L \qquad (4.1\text{-}48b)$$

zu verwenden. Dabei ist stets zu beachten, daß die Differentialgleichung (4.1-48b) nur als Beziehung zwischen Distributionen definiert ist. Die Greensche Funktion des Dirichletschen Randwertproblems ist diejenige Grundlösung,

$$\Delta_{\vec{x}} G(\vec{x},\vec{y}) = -\,\delta(\vec{x}-\vec{y}), \qquad \forall\, \vec{x},\vec{y}\in V^3\text{-L}\,, \qquad (4.1\text{-}49a)$$

die sich für $\|\vec{x}\|\to\infty$ wie

$$G(\vec{x},\vec{y}) = O\left(\frac{1}{\|\vec{x}\|}\right) \qquad \forall\, \vec{y}\in V^3\text{-L} \qquad (4.1\text{-}49b)$$

verhält und die Randwerte

$$G(\vec{x},\vec{y}) = 0 \qquad \forall\, \vec{x} \in \partial L\,, \qquad \forall\, \vec{y} \in V^3\text{-}L \tag{4.1-49c}$$

annimmt. Sie wird durch die drei Bedingungen (4.1-49a) - (4.1-49c) eindeutig bestimmt.

Vergleichen wir die Differentialgleichung (4.1-49a) mit der Poissongleichung (4.1-1), so sehen wir, daß die Funktion

$$\frac{1}{\varepsilon\varepsilon_o} G(\vec{x},\vec{y})$$

als Potential der Ladungsverteilung

$$*\rho = \delta(\vec{x} - \vec{y}) \tag{4.1-50}$$

aufgefaßt werden kann. Da der Träger der Distribution (4.1-50) nur den Punkt $\vec{x} = \vec{y}$ enthält und die nach (3.1-4) gebildete Gesamtladung den Wert

$$Q = \int_{V^3} \langle \rho\,, dK \rangle = \int_{V^3} *\rho\; d\tau = \int_{V^3} \delta(\vec{x} - \vec{x}\,')\; d\tau(\vec{x}\,') = 1 \tag{4.1-51}$$

hat, kann man (4.1-50) als Ladungsverteilung einer im Punkte $\vec{y}$ angebrachten Punktladung mit der Gesamtladung $Q = 1$ auffassen. Für das Potential einer Punktladung Q im Punkte $\vec{y}$ erhalten wir im homogenen Dielektrikum mit (4.1-28):

$$V(\vec{x}) = \frac{Q}{4\pi\,\varepsilon\varepsilon_o \|\vec{x} - \vec{y}\,\|}\,. \tag{4.1-52}$$

Es muß betont werden, daß die Punktladung eine mathematische Abstraktion ist, die durch keine physikalische Anordnung realisiert werden kann.

4.1.4. Die Maxwellschen Kapazitätskoeffizienten

Wir haben bereits erwähnt, daß physikalische Anordnungen auf der Oberfläche ∂L von Leitern entweder den Wert des konstanten Potentials V_L oder den der Gesamtladung Q_L festlegen. In jedem Fall ist die Leiteroberfläche eine Äquipotentialfläche. Im ersten Fall kann die Potentialkonstante unmittelbar in die Darstellung der Lösung mit der Greenschen Funktion (4.1-26) eingesetzt werden. Im zweiten Fall muß zunächst die Potentialkonstante aus der Gesamtladung berechnet werden. Wir wollen den Zusammenhang zwischen Ladungskonstanten und Potentialkonstanten für eine hinreichend allgemeine Potentialaufgabe untersuchen.

Wir betrachten ein raumladungsfreies Dielektrikum in V^3, dessen Dielektrizitätskonstante durch eine hinreichend oft stetig differenzierbare Funktion $\varepsilon(\vec{x})$ gegeben ist. Aus physikalischen Gründen ist es sinnvoll anzunehmen, daß:

$$\varepsilon(\vec{x}) = O(1) \quad \text{für} \quad \|\vec{x}\| \to \infty . \tag{4.1-53}$$

In das Dielektrikum sind n Leiter L_i $(i = 1...n)$ eingebettet (s. Abb.4.4). Die den Leitern zugeordneten Potentialkonstanten und Ladungskonstanten bezeichnen wir mit V_i bzw. Q_i $(i = 1...n)$.

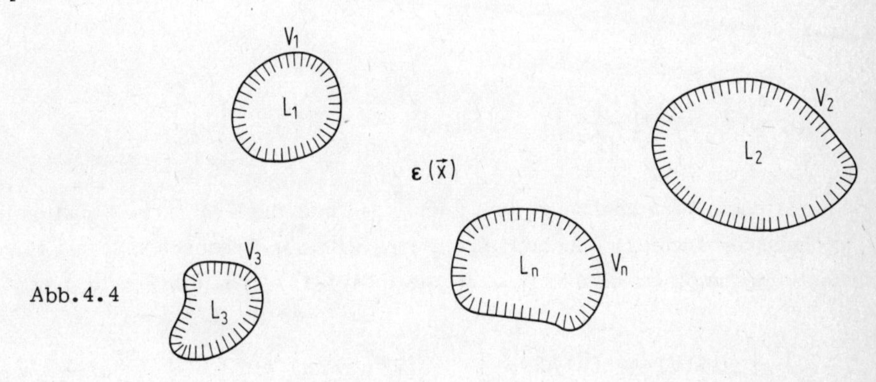

Abb.4.4

Die Feldgleichungen (3.4-8) liefern für das elektrische Potential die homogene Differentialgleichung:

$$\bar{\nabla} \cdot \varepsilon \bar{\nabla} V = 0 \qquad \forall\, \vec{x} \in V^3 - \bigcup_{i=1}^{n} L_i . \tag{4.1-54a}$$

Gesucht wird die Lösung, die sich für $\|\vec{x}\| \to \infty$ wie

$$V(\vec{x}) = O\left(\frac{1}{\|\vec{x}\|}\right) \tag{4.1-54b}$$

verhält und auf den Leiteroberflächen die Randwerte

$$V(\vec{x}) = V_i , \qquad \forall\, \vec{x} \in \partial L_i \quad (i = 1...n) \tag{4.1-54c}$$

annimmt.

Es ist sinnvoll, die Lösung auch in diesem Fall durch eine Greensche Funktion zu konstruieren. Sei $L_{\vec{x}}$ der Differentialoperator:

$$L_{\vec{x}} = \varepsilon\, \Delta + \bar{\nabla} \varepsilon \cdot \bar{\nabla} \ . \tag{4.1-55}$$

Dann soll die Greensche Funktion als Distribution der Differentialgleichung

$$L_{\vec{x}} G(\vec{x},\vec{y}) = -\delta(\vec{x}-\vec{y}) \;, \qquad \forall\, \vec{x},\vec{y} \in V^3 - \bigcup_{i=1}^{n} L_i \tag{4.1-56a}$$

genügen, auf den Leiteroberflächen verschwinden,

$$G(\vec{x},\vec{y}) = 0, \qquad \forall\, \vec{x} \in \bigcup_{i=1}^{n} \partial L_i \;, \qquad \forall\, \vec{y} \in V^3 - \bigcup_{i=1}^{n} L_i \tag{4.1-56b}$$

und für $\|\vec{x}\| \to \infty$ wie

$$G(\vec{x},\vec{y}) = O\left(\frac{1}{\|\vec{x}\|}\right), \qquad \|\vec{x}\| \to \infty \;, \qquad \forall\, \vec{y} \in V^3 - \bigcup_{i=1}^{n} L_i \tag{4.1-56c}$$

verschwinden. Man überzeugt sich leicht, daß man die Greensche Funktion in der gleichen Weise wie im Abschnitt 4.1.2 mit Hilfe des Greenschen Satzes für den Differentialoperator $L_{\vec{x}}$ einführen kann. Statt (4.1-13) erhalten wir für $L_{\vec{x}}$:

$$\int_K (u\,L(v) - v\,L(u))\,d\tau = \int_{\partial K} \langle \varepsilon(u\bar{\nabla}v - v\bar{\nabla}u), *d\vec{F}\rangle = \int_{\partial K} \varepsilon\left(u\,\frac{\partial v}{\partial n} - v\,\frac{\partial u}{\partial n}\right) dF \;. \tag{4.1-57}$$

Im besonderen folgt daraus wieder die Symmetrie der Greenschen Funktion:

$$G(\vec{x},\vec{y}) = G(\vec{y},\vec{x}) \;. \tag{4.1-58}$$

Da keine Raumladung vorhanden ist, ergibt sich für die Lösung des Randwertproblems in Verallgemeinerung von (4.1-26):

$$V(\vec{x}) = \sum_{j=1}^{n} V_j \int_{\partial L_j} \frac{\partial G}{\partial n'}(\vec{x},\vec{x}')\,\varepsilon(\vec{x}')\,dF' \;. \tag{4.1-59}$$

Auch hier weist die Normale in den Außenraum der Leiter.

Die Gesamtladung des Leiters L_i kann nun nach (3.4-27) aus (4.1-59) berechnet werden:

$$Q_i = \int_{\partial L_i} \langle \bar{D}, d\vec{F}\rangle = -\varepsilon_o \int_{\partial L_i} \langle \varepsilon\bar{\nabla}V, *d\vec{F}\rangle =$$

$$= -\sum_{j=1}^{n} V_j\,\varepsilon_o \int_{\partial L_i} dF \int_{\partial L_j} dF'\,\varepsilon(\vec{x})\,\varepsilon(\vec{x}')\,\frac{\partial^2}{\partial n\,\partial n'}\,G(\vec{x},\vec{x}') =: \sum_{j=1}^{n} V_j K_{ij} \;.$$

$$(i = 1,\ldots,n) \tag{4.1-60}$$

Die Koeffizienten K_{ij} werden Maxwellsche Kapazitätskoeffizienten genannt. Sie sind wegen (4.1-58) symmetrisch:

$$K_{ij} = K_{ji} \,. \tag{4.1-61}$$

Umgekehrt kann man mit den Koeffizienten H_{ij} der reziproken Matrix,

$$\sum_{\ell=1}^{n} K_{i\ell} H_{\ell j} = \delta_{ij} \,, \tag{4.1-62}$$

die Potentialkonstanten durch die Ladungen ausdrücken:

$$V_i = \sum_{j=1}^{n} H_{ij} Q_j \,. \tag{4.1-63}$$

Die Koeffizienten H_{ij} werden Maxwellsche Potentialkoeffizienten genannt.

Welche Beziehung besteht nun zwischen der im Abschnitt 3.4.3 behandelten Kapazität eines Kondensators und den Kapazitätskoeffizienten? Ein Vergleich erscheint nur für solche Leitersysteme sinnvoll, deren Gesamtladung verschwindet:

$$\sum_{i=1}^{n} Q_i = 0 \,. \tag{4.1-64}$$

Dann aber gilt wegen (4.1-60) auch

$$\sum_k \left(\sum_i K_{ik} \right) V_k = 0 \,, \tag{4.1-65}$$

und wir können statt (4.1-60) die Beziehungen

$$Q_i = \sum_j K_{ij} \left(V_j - \frac{\sum_\ell \sum_k K_{\ell k} V_k}{\sum_\ell \sum_k K_{\ell k}} \right) = \sum_j K_{ij} \frac{\sum_\ell \sum_k K_{\ell k}(V_i - V_k)}{\sum_i \sum_k K_{ik}} + \sum_j K_{ij}(V_j - V_i) \tag{4.1-66}$$

verwenden, in denen nur noch die Potentialdifferenzen

$$U_{ij} := V_i - V_j = -U_{ji} \tag{4.1-67}$$

auftreten:

$$Q_i =: \sum_{j=1}^{n} C_{ij} U_{ij} \,. \tag{4.1-68}$$

Die Koeffizienten

$$C_{ij} = - K_{ij} + \frac{\sum\limits_{\ell} K_{i\ell} \sum\limits_{m} K_{jm}}{\sum\limits_{\ell} \sum\limits_{m} K_{\ell m}} , \qquad i \neq j; \qquad (4.1\text{-}69)$$

sind ebenfalls symmetrisch und werden Teilkapazitäten genannt. Sie verallgemeinern den Kapazitätsbegriff vom Kondensator mit zwei Leitern auf ein System von n Leitern (s. Abb.4.5).

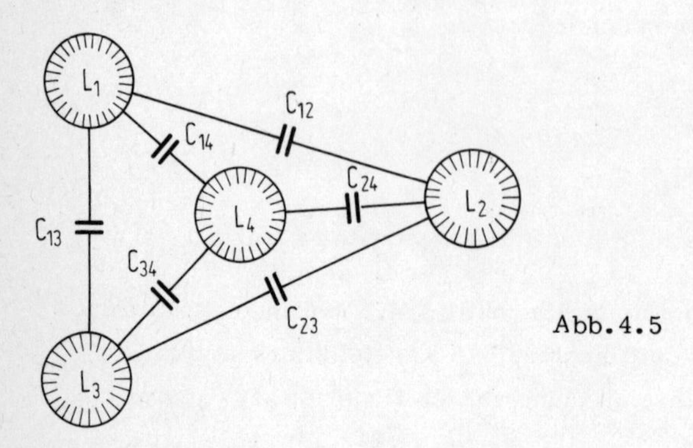

Abb.4.5

Von den $n(n-1)/2$ Potentialdifferenzen (4.1-67) sind natürlich nur $n - 1$ unabhängig, denn es gibt $(n-1)(n-2)/2$ linear unabhängige Beziehungen zwischen den Spannungen, die aussagen, daß die Spannungsdifferenz längs eines geschlossenen Weges verschwindet. Zum Beispiel gelten bei vier Leitern (s. Abb.4.5) die unabhängigen Beziehungen:

$$U_{14} + U_{43} + U_{31} = 0$$

$$U_{34} + U_{42} + U_{23} = 0$$

$$U_{24} + U_{41} + U_{12} = 0 \, .$$

Hat man nur zwei Leiter, so ist

$$Q_1 = C_{12} U_{12} , \quad Q_2 = C_{21} U_{21} = - Q_1 \qquad (4.1\text{-}70)$$

und

$$C_{12} = C_{21} = \frac{K_{11} K_{22} - K_{12}^2}{K_{11} + K_{22} + 2K_{12}} \qquad (4.1\text{-}71)$$

die Kapazität des von den beiden Leitern gebildeten Kondensators.

4.2. Potentialaufgaben in der Ebene

4.2.1. Feldgleichungen in der Ebene

In diesem Abschnitt untersuchen wir Lösungen der Feldgleichungen (3.4-8), bei denen eine Komponente des elektrischen Feldes $\bar{E}$ identisch verschwindet. Wählen wir die so ausgezeichnete Richtung als z-Achse eines kartesischen Koordinatensystems,

$$\vec{x} = \vec{e}_x x + \vec{e}_y y + \vec{e}_z z \ ,$$

so liefert die Feldgleichung (3.4-8a) für das elektrische Feld

$$\bar{E} = E_x \bar{e}^x + E_y \bar{e}^y + E_z \bar{e}^z$$

die drei Beziehungen (s. 2.3-16):

$$\frac{\partial E_y}{\partial x} - \frac{\partial E_x}{\partial y} = 0 \ ; \qquad \frac{\partial E_z}{\partial y} - \frac{\partial E_y}{\partial z} = 0 \ ; \qquad \frac{\partial E_x}{\partial z} - \frac{\partial E_z}{\partial x} = 0 \ . \tag{4.2-1}$$

Soll E_z verschwinden, so dürfen E_x und E_y wegen (4.2-1) nicht von z abhängen:

$$E_z = 0 \ \Rightarrow \ E_x = E_x(x,y) \ ; \ E_y = E_y(x,y) \ . \tag{4.2-2}$$

Unter dieser Voraussetzung bleibt von den drei Beziehungen (4.2-1) nur noch eine zu erfüllen:

$$\frac{\partial E_y}{\partial x} - \frac{\partial E_x}{\partial y} = 0 \ . \tag{4.2-3a}$$

Sie kann als äußere Ableitung einer 1-Form auf der x-y-Ebene angesehen werden.

Andererseits folgt aus der Materialgleichung (3.4-8c), daß zwischen den Komponenten der Verschiebung

$$\bar{D} = D_{xy} \bar{e}^x \wedge \bar{e}^y + D_{yz} \bar{e}^y \wedge \bar{e}^z + D_{zx} \bar{e}^z \wedge \bar{e}^x$$

und den Komponenten des elektrischen Feldes unter der Voraussetzung (4.2-2) die Beziehungen

$$D_{xy} = 0 \ ; \qquad D_{yz} = \varepsilon\varepsilon_o E_x \ ; \qquad D_{zx} = \varepsilon\varepsilon_o E_y \tag{4.2-3b}$$

bestehen. Die Feldgleichung (3.4-8b) für die Verschiebung lautet folglich:

$$\bar{\nabla} \wedge \bar{D} = \left(\frac{\partial D_{yz}}{\partial x} + \frac{\partial D_{zx}}{\partial y} \right) \bar{e}^x \wedge \bar{e}^y \wedge \bar{e}^z = \rho \ . \tag{4.2-3c}$$

Sie kann nur bestehen, wenn der Koeffizient der Ladungsverteilung nicht von z abhängt:

$$\rho = \rho_{xyz}(x,y)\,\bar{e}^x \wedge \bar{e}^y \wedge \bar{e}^z \,. \tag{4.2-4}$$

Die Beziehungen (4.2-3b) können als $\underset{\sim}{*}$-Abbildung in der Ebene aufgefaßt werden, wenn man statt der räumlichen 2-Form $\bar{D}$ die ebene 1-Form

$$\underset{\sim}{\bar{D}} := D_{yz}\,\bar{e}^y + D_{xz}\,\bar{e}^x \tag{4.2-5}$$

betrachtet. Dann gilt:

$$\underset{\sim}{\bar{D}} = \left(D_{xz}\,\bar{e}^x + D_{yz}\,\bar{e}^y\right) = \varepsilon\varepsilon_o \underset{\sim}{*}\left(E_x\,\bar{e}^x + E_y\,\bar{e}^y\right) , \tag{4.2-6}$$

mit einem in Analogie zu den Beziehungen (3.4-1) definierten $\underset{\sim}{*}$-Isomorphismus für die Ebene. Die Feldgleichung (4.2-3c) bestimmt die äußere Ableitung der ebenen 1-Form $\bar{D}$ als ebene 2-Form:

$$\underset{\sim}{\rho} := \rho_{xyz}\,\bar{e}_x \wedge \bar{e}_y \,. \tag{4.2-7}$$

Es ist zu beachten, daß die ebenen Formen $\underset{\sim}{\bar{D}}$ und $\underset{\sim}{\rho}$ eine andere Dimension haben als die räumlichen Formen $\bar{D}$ und ρ:

$$[\underset{\sim}{\rho}] = \left[\frac{\text{Ladung}}{(\text{Länge})^2}\right] = \frac{1\,\text{A sec}}{\text{m}^2} \;; \qquad [\underset{\sim}{\bar{D}}] = \left[\frac{\text{Ladung}}{\text{Länge}}\right] = \frac{1\,\text{A s}}{\text{m}} \,. \tag{4.2-8}$$

Wir bestimmen nun die Gesamtladung eines zylindrischen Körpers K_z, der in der x-y-Ebene von einer Kurve $\vec{C}$ berandet wird und dessen Höhe in z-Richtung eine Längeneinheit beträgt (s. Abb.4.6). Zu dem Integral:

$$Q = \int_{\partial K_z} \langle \bar{D}, d\vec{F} \rangle$$

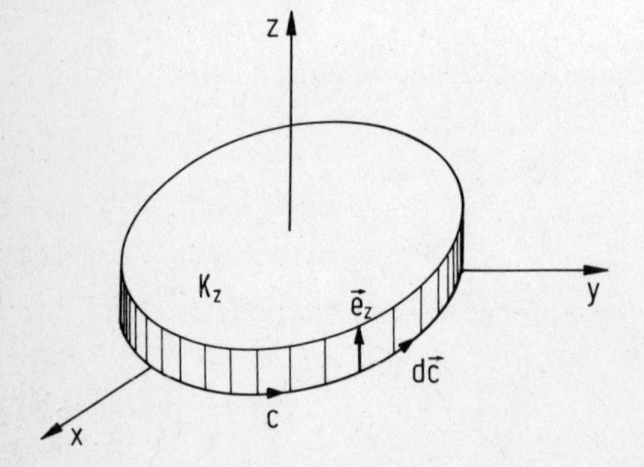

Abb.4.6

trägt nur die Mantelfläche bei, denn auf den Deckelflächen gilt wegen (4.2-3b):

$$\int \langle \bar{D}, d\vec{F} \rangle = \iint D_{xy}\, dx\, dy = 0 \; .$$

Mit dem Element

$$d\vec{F} = d\vec{C} \wedge \vec{e}_z \tag{4.2-9}$$

der Mantelfläche, dessen transversale Orientierung in den Außenraum von K_z weist, erhalten wir:

$$Q = \int_C \langle \bar{D}, d\vec{C} \wedge \vec{e}_z \rangle = \int_C \langle \underset{\sim}{\bar{D}}, d\vec{C} \rangle = \int_C \left(D_{xz} \frac{dx}{dt} + D_{yz} \frac{dy}{dt} \right) dt \; , \tag{4.2-10}$$

wo

$$\vec{x}(t) = \vec{e}_x x(t) + \vec{e}_y y(t)$$

eine Parameterdarstellung der Kurve C ist.

In einem homogenen Medium mit der Dielektrizitätskonstanten ε liefern die Feldgleichungen (4.2-3a) - (4.2-3c) zwei partielle Differentialgleichungen 1. Ordnung für die beiden Komponenten der elektrischen Feldstärke:

$$\frac{\partial E_y}{\partial x} - \frac{\partial E_x}{\partial y} = 0 \quad (4.2\text{-}11a) \; ; \qquad \frac{\partial E_x}{\partial x} + \frac{\partial E_y}{\partial y} = \frac{\underset{\sim}{*\rho}}{\varepsilon\varepsilon_o} \quad (4.2\text{-}11b) \; ,$$

deren erste man wiederum in der ganzen Ebene durch den Ansatz

$$E_x = -\frac{\partial V}{\partial x} \; ; \quad E_y = -\frac{\partial V}{\partial y} \tag{4.2-12}$$

erfüllen kann. Das führt auf die Poissongleichung in der Ebene für das elektrische Potential:

$$\frac{\partial^2 V}{\partial x^2} + \frac{\partial^2 V}{\partial y^2} = -\frac{\underset{\sim}{*\rho}}{\varepsilon\varepsilon_o} \; . \tag{4.2-13}$$

4.2.2. Holomorphe Funktionen

In einem ebenen Bereich mit verschwindender Raumladung können wir die Differentialgleichungen (4.2-11) für die Komponenten der elektrischen Feldstärke als Cauchy-Riemannsche Differentialgleichungen einer holomorphen Funktion der komplexen Veränderlichen z auffassen. Wir bezeichnen die Menge aller komplexen Zahlen z mit $\mathbb{C}$:

$$\mathbb{C} = \{ z \mid z = x + iy ; \; x, y \in \mathbb{R} \} \; . \tag{4.2-14}$$

$\mathbb{C}$ ist isomorph zur x-y-Ebene. Fügt man einen unendlich fernen Punkt $\{\infty\}$ hinzu, so erhält man die kompakte Ebene $\bar{\mathbb{C}} = \mathbb{C} \cup \{\infty\}$, die isomorph zur Riemannschen Zahlenkugel ist. Eine Abbildung $f: G \to \mathbb{C}$ eines Gebietes $G \subset \mathbb{C}$ heißt holomorphe Funktion der komplexen Veränderlichen z in G, wenn sie für alle $z \in G$ differenzierbar ist, d.h.

$$\exists f'(z) := \lim_{\Delta z \to 0} \frac{f(z + \Delta z) - f(z)}{\Delta z}, \quad \forall z \in G,$$

Schreiben wir die komplexwertige Funktion $f(z)$ als Summe von Realteil und Imaginärteil,

$$f(z) = u(x,y) + i\, v(x,y),$$

so ist $f(z)$ dann und nur dann in G holomorph, wenn u und v stetig differenzierbar sind und die Cauchy-Riemannschen Differentialgleichungen

$$\frac{\partial u}{\partial x} = \frac{\partial v}{\partial y}; \qquad \frac{\partial u}{\partial y} = -\frac{\partial v}{\partial x} \tag{4.2-15}$$

in G erfüllen.

Ein Vergleich mit (4.2-11) zeigt, daß die Feldgleichungen in raumladungsfreien Gebieten mit den Cauchy-Riemannschen Differentialgleichungen der Funktion:

$$E(z) := E_x(x,y) - i\, E_y(x,y) \tag{4.2-16}$$

übereinstimmen. $E(z)$ ist folglich in solchen Gebieten holomorph. Wir betrachten nun das Integral:

$$\int_{\partial G} E(z)dz = \int_{\partial G} (E_x dx + E_y dy) + i \int_{\partial G} (E_x dy - E_y dx) \tag{4.2-17}$$

über den positiv orientierten Rand ∂G eines beliebigen Gebiets $G \subset \mathbb{C}$. ∂G soll jedoch eine raumladungsfreie Umgebung besitzen (s. Abb.4.7). Da die Feldgleichung (4.2-11a) unabhängig von der Existenz von Ladungen gilt, verschwindet der Realteil von (4.2-17) in jedem Fall. Für den Imaginärteil folgt mit (4.2-10) und (4.2-3b):

$$\int_{\partial G} (E_x dy - E_y dx) = \frac{1}{\varepsilon\varepsilon_o} \int_{\partial G} (D_{yz} dy + D_{xz} dx) = \frac{Q}{\varepsilon\varepsilon_o}. \tag{4.2-18}$$

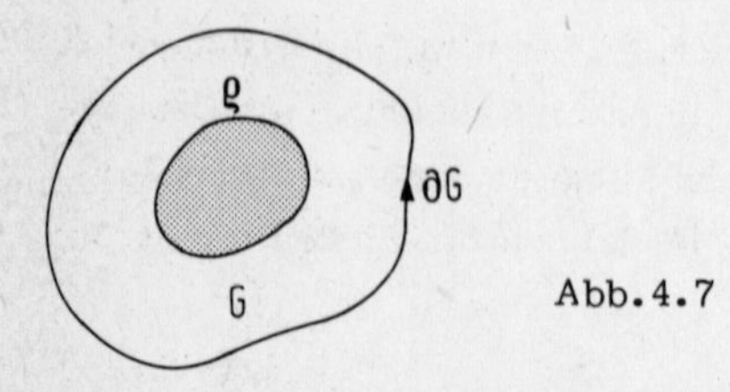

Abb.4.7

wo Q die eingeschlossene Gesamtladung bedeutet. Folglich gilt:

$$\int_{\partial G} E(z)dz = i\frac{Q}{\varepsilon\varepsilon_o} . \tag{4.2-19}$$

Sind in G keine Ladungen vorhanden, so gehört G zum Holomorphiegebiet von $E(z)$, und es gilt in Übereinstimmung mit dem Cauchyschen Integralsatz:

$$\int_{\partial G} E(z)dz = 0 . \tag{4.2-20}$$

Ist die gesamte Ebene frei von Ladungen, so muß $E(z)$ in $\bar{\mathbb{C}}$ holomorph und folglich eine Konstante sein. Dieses Ergebnis ist vom physikalischen Standpunkt aus unbefriedigend, denn das elektrische Feld sollte bei Abwesenheit von Ladungen ebenfalls verschwinden. Im Raum ist das tatsächlich der Fall, wie man z.B. aus der Darstellung des Potentials mit Hilfe der Greenschen Funktion (s. 4.1-28) abliest. Daß wir in der Ebene zu einem anderen Resultat kommen, beruht darauf, daß ebene Anordnungen physikalisch nicht streng realisierbar sind und darum auch den physikalischen Randbedingungen nicht in jeder Beziehung genügen.

Betrachten wir nun eine allgemeinere Anordnung, bei der die Ladungsverteilung ρ in Gebieten $G_1, G_2, \dots, G_n$ mit den Gesamtladungen $Q_1, Q_2, \dots, Q_n$ nicht verschwindet. Außerdem sollen Leiter $L_1, L_2, \dots, L_m$ mit den Gesamtladungen $Q_{L_1}, Q_{L_2}, \dots, Q_{L_m}$ vorhanden sein (s. Abb.4.8). Nennen wir die Funktion $E(z)$ holomorph im Punkt $z = \infty$, wenn die Funktion $E(1/z) =: H(z)$ im Punkt $z = 0$ holomorph ist, dann ist $E(z)$ holomorph im Gebiet:

$$\bar{\mathbb{C}} - \bigcup_{i=1}^{n} G_i - \bigcup_{i=1}^{m} L_i .$$

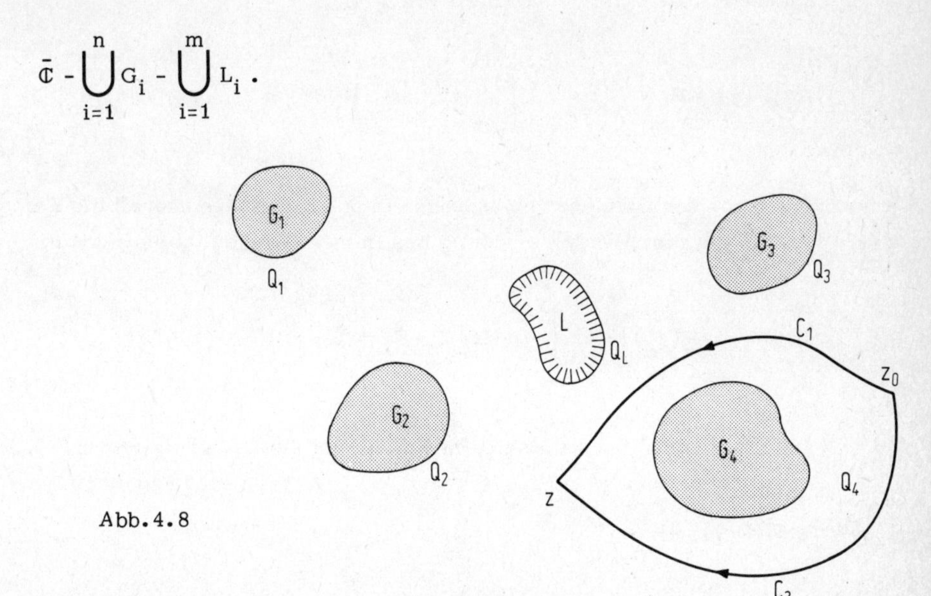

Abb.4.8

Da $E(z)$ physikalisch beobachtbare Größen beschreibt, dürfen wir annehmen, daß die Funktion in ihrem Holomorphiegebiet eindeutig ist, daß also jedem Punkt nur ein Funktionswert zugeordnet wird.

Wir definieren nun die Funktion

$$F(z) := - \int_{z_o}^{z} E(\zeta)\, d\zeta + F(z_o) \tag{4.2-21}$$

durch ein Integral über eine Kurve, die die Punkte z_o und z mit der in Abb. 4.8 angedeuteten Orientierung verbindet. $F(z)$ ist im Holomorphiegebiet von $E(z)$ ebenfalls holomorph, aber nicht eindeutig. Bezeichnen wir z.B. die dem Punkt z durch (4.2-21) zugeordneten Funktionswerte für die in Abb. 4.8 skizzierte Situation mit $F_1(z)$ bzw. $F_2(z)$, je nachdem das Integral über die Kurve C_1 bzw. C_2 geführt wird, so ergibt sich nach (4.2-19) eine Differenz

$$F_1(z) - F_2(z) = -i \frac{Q_4}{\varepsilon\varepsilon_o} .$$

Ähnlich ändert sich der Funktionswert bei jedem Umlauf um ein die Ladung Q_j tragendes Gebiet G_j entgegengesetzt dem Uhrzeigersinn um

$$\Delta_j F(z) = -i \frac{Q_j}{\varepsilon\varepsilon_o} . \tag{4.2-22}$$

Das elektrische Potential ist der Realteil von $F(z)$:

$$\mathrm{Re}\{F(z) - F(z_o)\} = - \int_{(x_o,y_o)}^{(x,y)} (E_x dx + E_y dy) = V(x,y) - V(x_o,y_o) . \tag{4.2-23}$$

Da unabhängig von der Existenz von Ladungen in der x-y-Ebene überall die Feldgleichung (4.2-3a) gilt, ist $V(x,y)$ eindeutig bestimmt. Dagegen ist die Funktion

$$\mathrm{Im}\{F(z) - F(z_o)\} = \int_{(x_o,y_o)}^{(x,y)} (E_y dx - E_x dy) =: -[W(x,y) - W(x_o,y_o)] \tag{4.2-24}$$

nicht eindeutig, sondern ändert sich beim Umlauf um eine Ladung nach (4.2-22) um

$$\Delta_j W(x,y) = \frac{Q_j}{\varepsilon\varepsilon_o} . \tag{4.2-25}$$

Aus Gründen, die wir später besprechen werden (s. Aufg. 8.1), wird W als Stromfunktion bezeichnet. Wie man mit (4.2-23) und (4.2-24) erkennt, ist

$$\langle \vec{\nabla} V | \vec{\nabla} W \rangle = -(E_x E_y - E_y E_x) = 0 \, . \tag{4.2-26}$$

Die Kurven $W(x,y) = \text{const}$ sind folglich Orthogonaltrajektorien der Äquipotentialkurven $V(x,y) = \text{const}$ und stimmen mit den Feldlinien überein. Im Holomorphiegebiet gelten die Cauchy-Riemannschen Differentialgleichungen (4.2-15):

$$\frac{\partial V}{\partial x} = -\frac{\partial W}{\partial y} \; ; \qquad \frac{\partial V}{\partial y} = \frac{\partial W}{\partial x} \; , \tag{4.2-27}$$

so daß die Stromfunktion W ebenso wie das Potential der Laplacegleichung genügt:

$$\Delta V = 0 \; , \qquad \Delta W = 0 \, . \tag{4.2-28}$$

Lösungen der Laplacegleichung nennt man auch harmonische Funktionen. Realteil und Imaginärteil einer holomorphen Funktion werden konjugierte harmonische Funktionen genannt.

Die durch eine in einem Gebiet $G \subset \bar{\mathbb{C}}$ holomorphe Funktion $w = f(z)$ gegebene Abbildung $f : G \to f(G) \subset \bar{\mathbb{C}}$ ist für die Umgebung eines Punktes $z_o \in G$ bijektiv, falls $f'(z_o) \neq 0$. Die Abbildung f ist in der Umgebung von z_o maßstabsgetreu in dem Sinne, daß alle Längen $|z - z_o|$ mit dem gleichen Faktor multipliziert werden:

$$|w - w_o| = |f'(z_o)| \, |z - z_o| \, . \tag{4.2-29}$$

Abbildungen mit dieser Eigenschaft nennt man in der Physik auch Dilatationen. Ferner ist die Abbildung f in der Umgebung von z_o winkeltreu. Sind nämlich

$$\vec{x}_j(t) = \vec{e}_x x_j(t) + \vec{e}_y y_j(t) \qquad (j = 1,2)$$

zwei im Punkte $(x_j(0), y_j(0)) = (x_o, y_o)$ differenzierbare Kurven und

$$z_j(t) = x_j(t) + i y_j(t) \qquad (j = 1,2)$$

die ihnen zugeordneten Kurven in $\mathbb{C}$, so ist:

$$t = 0: \quad \frac{\left\langle \frac{d\vec{C}_1}{dt} \middle| \frac{d\vec{C}_2}{dt} \right\rangle}{\left\| \frac{d\vec{C}_1}{dt} \right\| \left\| \frac{d\vec{C}_2}{dt} \right\|} = \operatorname{Re} \frac{\frac{d\bar{z}_1}{dt} \frac{dz_2}{dt}}{\left| \frac{dz_1}{dt} \right| \left| \frac{dz_2}{dt} \right|} = \operatorname{Re} \frac{|f'(z_o)|^2 \frac{d\bar{z}_1}{dt} \frac{dz_2}{dt}}{|f'(z_o)|^2 \left| \frac{dz_1}{dt} \right| \left| \frac{dz_2}{dt} \right|} = \operatorname{Re} \frac{\frac{d\bar{w}_1}{dt} \frac{dw_2}{dt}}{\left| \frac{dw_1}{dt} \right| \left| \frac{dw_2}{dt} \right|} \, , \tag{4.2-30}$$

($\bar{z} = x - iy$), so daß die Tangenten an die Bildkurven in der w-Ebene den gleichen Winkel einschließen wie die Tangenten an die Kurven C_1 und C_2 in der z-Ebene. Abbildungen, die maßstabsgetreu und winkeltreu sind, heißen konform.

4.2.3. Konstruktion der Greenschen Funktion

Im Abschnitt 4.1.2 haben wir gesehen, daß die Greensche Funktion des Laplaceoperators im Raum V^3, abgesehen von Dimensionsfaktoren, gleich dem Potential einer Punktladung $\varepsilon\varepsilon_o$ ist, wo ε die relative Dielektrizitätskonstante des betrachteten Mediums ist. Bei ebenen Problemen ist die Greensche Funktion das Potential einer Linienladung $\varepsilon\varepsilon_o$, d.h. einer Ladung, die auf ein in einem Punkte der x-y-Ebene senkrecht stehendes Wegelement der Länge eins konzentriert ist.

Bestimmen wir zunächst das Potential einer im Ursprung der x-y-Ebene befindlichen Linienladung Q. Für die Feldstärkefunktion $E(z)$ gilt nach (4.2-19) für jedes noch so kleine, den Ursprung enthaltende Gebiet G:

$$\frac{1}{2\pi i} \int_{\partial G} E(z)\, dz = \frac{Q}{2\pi\varepsilon\varepsilon_o} . \qquad (4.2\text{-}31)$$

Offensichtlich genügt die Funktion

$$E(z) = \frac{Q}{2\pi\varepsilon\varepsilon_o} \frac{1}{z} + E_o , \quad E_o \in \mathbb{C} \qquad (4.2\text{-}32)$$

dieser Forderung. Sie ist in $\mathbb{C} - \{0\}$ holomorph und hat im Ursprung einen Pol 1. Ordnung mit dem Residuum:

$$\operatorname*{Res}_{z=0} E(z) = \frac{Q}{2\pi\varepsilon\varepsilon_o} . \qquad (4.2\text{-}33)$$

Der Konstanten E_o entspricht physikalisch ein homogenes Feld, dem sich das Feld der Linienladung überlagert. Setzen wir $E_o = 0$, so hat das elektrische Feld der Linienladung nach (4.2-16) die Komponenten:

$$E_x = \frac{Q}{2\pi\varepsilon\varepsilon_o} \frac{x}{r^2} ; \quad E_y = \frac{Q}{2\pi\varepsilon\varepsilon_o} \frac{y}{r^2} , \qquad (4.2\text{-}34)$$

wo $r = \sqrt{x^2 + y^2}$ ist. Für die Potentialfunktion $F(z)$ erhalten wir nach (4.2-21)

$$F(z) = - \frac{Q}{2\pi\varepsilon\varepsilon_o} \ln(z) + c = - \frac{Q}{2\pi\varepsilon\varepsilon_o} \ln(r) - i \frac{Q}{2\pi\varepsilon\varepsilon_o} \varphi + c . \qquad (4.2\text{-}35)$$

wenn wir $z = r \exp(i\varphi)$ setzen. Das elektrische Potential

$$V(x,y) = - \frac{Q}{2\pi\varepsilon\varepsilon_o} \ln \sqrt{x^2 + y^2} + \operatorname{Re}\{c\} \qquad (4.2\text{-}36)$$

ist in der Tat eine in der x-y-Ebene eindeutige Funktion, während die Stromfunktion

$$W(x,y) = \frac{Q}{2\pi\varepsilon\varepsilon_0}\,\varphi - \operatorname{Im} c\,, \qquad \varphi = \operatorname{arc\,tg}\frac{y}{x} \tag{4.2-37}$$

bei jedem Umlauf um den Ursprung um

$$\Delta W = \frac{Q}{2\pi\varepsilon\varepsilon_0}\,2\pi$$

zunimmt und damit die Bedingung (4.2-25) erfüllt.

Nach dem eingangs Gesagten ist

$$G(x,y|\xi,\eta) = -\frac{1}{2\pi}\ln\sqrt{(x-\xi)^2+(y-\eta)^2} + \gamma\,, \qquad \gamma \in \mathbb{R} \tag{4.2-38}$$

die Greensche Funktion der Laplacegleichung für die gesamte x-y-Ebene. Sie genügt als Distribution der Differentialgleichung

$$\left(\frac{\partial^2}{\partial x^2}+\frac{\partial^2}{\partial y^2}\right)G(x,y|\xi,\eta) = -\delta(x-\xi,y-\eta) \tag{4.2-39}$$

und ist im Gegensatz zur Greenschen Funktion im Raum nur bis auf eine reelle Konstante γ bestimmt. Wir können sie auch als Funktion der komplexen Veränderlichen $z = x + iy$ und $\zeta = \xi + i\eta$ schreiben:

$$G(z|\zeta) = -\frac{1}{2\pi}\ln|z-\zeta| + \gamma\,. \tag{4.2-40}$$

Wir wollen nun die Greensche Funktion des Dirichletschen Randwertproblems für den Außenraum eines Kreises $K_a = \{z|\ |z| < a\}$ mit dem Radius a um den Ursprung konstruieren (s. Abb.4.9). Dazu spiegeln wir den Quellpunkt ζ am Kreis K_a:

$$\zeta \mapsto \frac{a^2}{\bar\zeta}\,,$$

wo $\bar\zeta$ der konjugiert komplexe Wert ist und beachten, daß:

$$|z-\zeta| = \frac{|\bar\zeta|}{a}\left|z-\frac{a^2}{\bar\zeta}\right|\,, \qquad \forall\, z = a\,e^{i\varphi} \in \partial K_a\,, \tag{4.2-41}$$

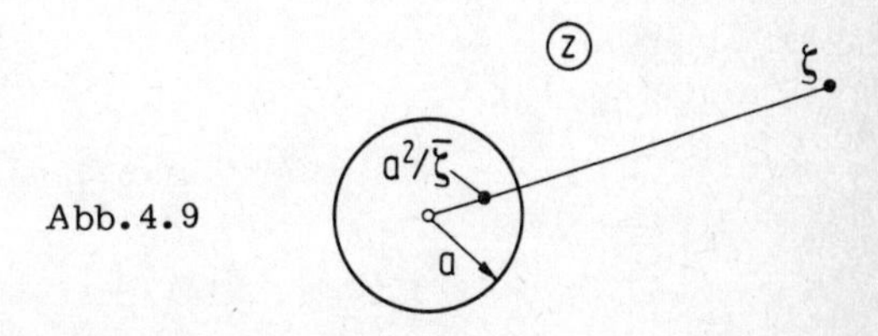

Abb.4.9

falls der Aufpunkt z auf dem Rand ∂K_a des Kreises K_a liegt. Die Funktion

$$\frac{1}{2\pi}\ln\left|z-\frac{a^2}{\bar{\zeta}}\right|+\frac{1}{2\pi}\ln\left(\frac{|\bar{\zeta}|}{a}\right)$$

ist eine überall im Außengebiet des Kreises hinreichend oft differenzierbare Lösung der Laplacegleichung, so daß die Greensche Funktion

$$G(z|\zeta)=-\frac{1}{2\pi}\ln\left(\frac{a|z-\zeta|}{|z\bar{\zeta}-a^2|}\right) \qquad (4.2\text{-}42)$$

der Differentialgleichung (4.2-39) genügt und auf ∂K_a verschwindet:

$$G(z|\zeta)=0 \qquad \forall\, z\in\partial K_a\,,\quad \zeta\in\bar{\mathbb{C}}-K_a\,. \qquad (4.2\text{-}43)$$

Wie man sieht, erfüllt (4.2-42) auch die Symmetriebeziehung

$$G(z|\zeta)=G(\zeta|z)\,. \qquad (4.2\text{-}44)$$

Es ist zu beachten, daß die Greensche Funktion (4.2-42) dank der Randbedingung (4.2-43) im Gegensatz zu (4.2-40) eindeutig bestimmt ist.

Befindet sich im Felde einer Linienladung Q im Punkte ζ ein leitender Zylinder vom Radius a, der geerdet ist, so daß V = 0 auf der Oberfläche des Zylinders (Abb.4.10), so ist das Potential:

$$V=-\frac{Q}{2\pi\varepsilon\varepsilon_o}\ln\left(\frac{a|z-\zeta|}{|z\bar{\zeta}-a^2|}\right), \qquad (4.2\text{-}45)$$

wenn wir die Zylinderachse in den Ursprung der z-Ebene legen. ε ist die relative Dielektrizitätskonstante des umgebenden Mediums. Auf der Oberfläche des leitenden Zylinders wird nach (3.4-26) eine Flächenladungsdichte:

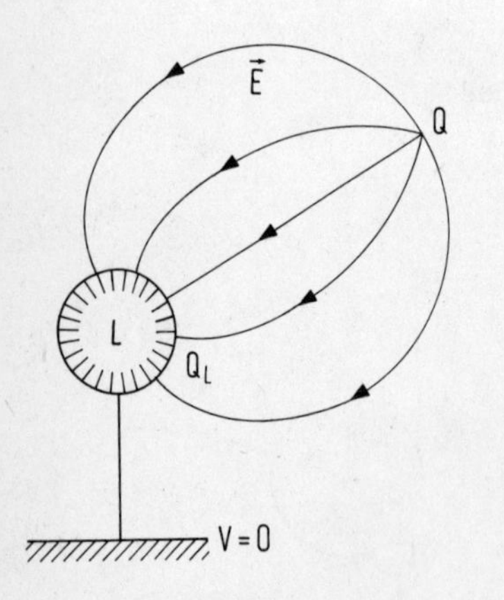

Abb.4.10

$$\sigma = -\varepsilon\varepsilon_o \frac{\partial V}{\partial r}\bigg|_{r=a} = \frac{Q}{2\pi} a\left(1-\frac{r'^2}{a^2}\right)\frac{1}{a^2+r'^2-2ar'\cos\varphi} \tag{4.2-46}$$

influenziert. Hier ist $|\zeta| = r'$ und φ der von z und ζ eingeschlossene Winkel. Da $r' > a$, ist σ/Q stets negativ. Die insgesamt influenzierte Ladung ist dem Betrage nach gleich der felderzeugenden Linienladung:

$$Q_L = \int_{\partial L} \sigma\, ds = \int_{\partial L} \langle \underset{\sim}{\bar{D}}, d\vec{C}\rangle = -Q \tag{4.2-47}$$

(s: Bogenlänge auf ∂L). Ist Q positiv, so gehen die Feldlinien von der Linienladung aus und enden sämtlich senkrecht auf der Leiterfläche (s. Abb.4.10). Ist der Leiter nicht geerdet und soll seine Gesamtladung verschwinden, so addieren wir zu (4.2-45) das Potential einer im Ursprung angebrachten Linienladung Q:

$$-\frac{Q}{2\pi\varepsilon\varepsilon_o}\ln r\,,$$

das im Außenraum des Leiters der Laplacegleichung genügt. Das Potential dieser Anordnung ist nur bis auf eine Konstante bestimmt.

Um die Greensche Funktion des Dirichletschen Problems für ein beliebiges, einfach zusammenhängendes Gebiet G zu konstruieren, kann man sich der konformen Abbildung bedienen. Der Riemannsche Abbildungssatz stellt fest, daß jedes einfach zusammenhängende Gebiet $G \subset \bar{\mathbb{C}}$ mit mindestens zwei Randpunkten bijektiv auf den Einheitskreis $K_o = \{z \mid |z| < 1\}$ durch eine in G holomorphe Funktion $f(z)$ abgebildet werden kann. Die Greensche Funktion für das Gebiet G lautet daher

$$G(z|\zeta) = -\frac{1}{2\pi}\ln\left(\frac{|f(z)-f(\zeta)|}{|f(z)\bar{f}(\zeta)-1|}\right). \tag{4.2-48}$$

Der Riemannsche Abbildungssatz beweist nur die Existenz der Abbildung, gibt aber keinen Hinweis zu ihrer Konstruktion.

4.2.4. Multipole

Gegeben sei eine Ladungsverteilung ρ, die in der x-y-Ebene nur in einem ganz im Endlichen gelegenen Gebiet $G \subset K_a = \{z \mid |z| < a\}$ nicht verschwindet. Das Potential dieser Anordnung erhalten wir mit Hilfe der Greenschen Funktion (4.2-40):

$$V(x,y) = -\frac{1}{2\pi\varepsilon\varepsilon_o}\int_G \ln|z-\zeta|\; \underset{\sim}{*}\rho(\xi,\eta)\; dF(\xi,\eta) + c,^{+)} \tag{4.2-49}$$

$$z = x + iy, \quad \zeta = \xi + i\eta, \quad c \in \mathbb{R}.$$

+) ρ ist hier eine Ladungsverteilung pro Längeneinheit (s. 4.2-7, 4.2-8). Die Tilde wird auch im folgenden weggelassen.

Hier ist $\underset{\sim}{*}\rho$ der Koeffizient der Ladungsverteilung und $dF(\xi,\eta)$ der Betrag des Flächenelements in der ξ-η-Ebene. Das Potential ist wie die Greensche Funktion nur bis auf eine reelle Konstante bestimmt.

Die Potentialfunktion (4.2-49) ist der Realteil der Funktion:

$$F(z) = -\frac{1}{2\pi\varepsilon\varepsilon_0}\int_G \ln(z-\zeta)\,\underset{\sim}{*}\rho(\xi,\eta)\,dF(\xi,\eta) + c + id, \quad c, d \in \mathbb{R}, \tag{4.2-50}$$

die im Gebiet $\bar{\mathbb{C}} - G$ holomorph, aber nicht eindeutig ist. Bei einem Umlauf um G ändert sich $F(z)$ um

$$\Delta F(z) = -\frac{1}{2\pi\varepsilon\varepsilon_0}\int_G 2\pi i\,\underset{\sim}{*}\rho(\xi,\eta)dF = -i\,\frac{Q}{\varepsilon\varepsilon_0}, \tag{4.2-51}$$

denn dabei wird der Verzweigungspunkt $\zeta \in G$ von $\ln(z-\zeta)$ einmal umlaufen (s. Abb. 4.11). Die Darstellung (4.2-50) zeigt explizit, daß $F(z)$ im Ladungsbereich nicht holomorph ist, da dort die Verzweigungspunkte von $\ln(z-\zeta)$ liegen. Für die Feldstärkefunktion $E(z)$ erhalten wir nach (4.2-21):

$$E(z) = -\frac{dF}{dz} = \frac{1}{2\pi\varepsilon\varepsilon_0}\int_G \frac{1}{z-\zeta}\,\underset{\sim}{*}\rho(\xi,\eta)dF. \tag{4.2-52}$$

Sie ist im Gebiet $\bar{\mathbb{C}} - G$ holomorph und eindeutig.

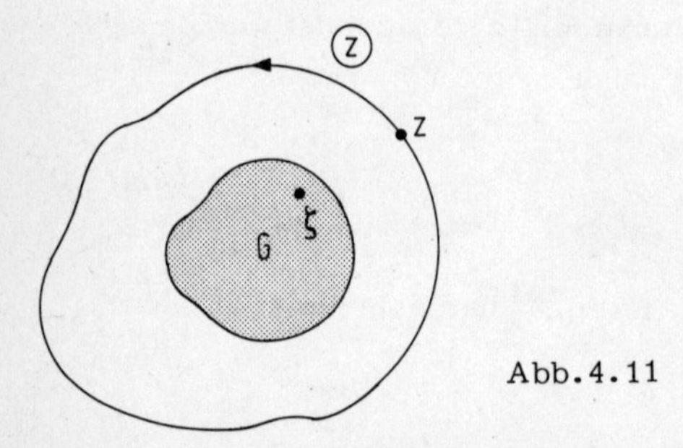

Abb.4.11

Wir zerlegen nun den Logarithmus

$$\ln(z-\zeta) = \ln z + \ln\left(1-\frac{\zeta}{z}\right),$$

und beachten, daß der zweite Term jedenfalls im Gebiet $\bar{\mathbb{C}} - K_a$ unter dem Integrationszeichen in (4.2-50) entwickelt werden kann:

$$\ln\left(1-\frac{\zeta}{z}\right) = -\sum_{n=1}^{\infty}\frac{1}{n}\left(\frac{\zeta}{z}\right)^n, \quad \forall\,\zeta \in G, \quad \forall\, z \in \bar{\mathbb{C}} - K_a. \tag{4.2-53}$$

Damit folgt aus (4.2-50)

$$F(z) = -\frac{Q}{2\pi\varepsilon\varepsilon_o}\ln z + \frac{1}{2\pi\varepsilon\varepsilon_o}\sum_{n=1}^{\infty}\frac{1}{n}\frac{M_n}{z^n} + c + id\,. \qquad (4.2\text{-}54)$$

Die Koeffizienten

$$M_n := \int_G \zeta^n \underset{\sim}{*}\rho\, dF\,, \quad n = 1,2\ldots \qquad (4.2\text{-}55)$$

werden Multipolmomente genannt. Ebenso erhalten wir für $E(z)$ die Entwicklung:

$$E(z) = \frac{1}{2\pi\varepsilon\varepsilon_o}\sum_{n=0}^{\infty}\frac{M_n}{z^{n+1}}\,, \qquad (4.2\text{-}56)$$

wo wir noch $M_o = Q$ gesetzt haben. Die Entwicklungen (4.2-54) und (4.2-56) konvergieren jedenfalls im Gebiet $\bar{\mathbb{C}} - K_a$, so daß das Potential der Quellverteilung ρ in hinreichend großem Abstand vom Gebiet G durch das Potential einer im Ursprung angebrachten Punktladung ersetzt werden kann, deren Stärke gleich der Gesamtladung von G ist. Es ist zu beachten, daß die Feldstärkefunktion nur im Konvergenzbereich durch die Laurentreihe (4.2-56) dargestellt wird. Der Holomorphiebereich kann noch zum Gebiet $\bar{\mathbb{C}} - G$ erweitert werden, so daß wir die Multipolmomente auch unter Anwendung des Residuensatzes durch die Randwerte von $E(z)$ auf G ausdrücken können:

$$\frac{1}{2\pi i}\int_{\partial G} z^n E(z)dz = \frac{M_n}{2\pi\varepsilon\varepsilon_o}\,, \qquad n = 0,1,2\ldots\,. \qquad (4.2\text{-}57)$$

Für $n = 0$ ergibt sich wieder die Beziehung (4.2-19).

Unter einem Multipol versteht man eine Ladungsverteilung mit dem komplexen Potential

$$F_n(z) = \frac{1}{2\pi\varepsilon\varepsilon_o}\frac{M_n}{n}\frac{1}{z^n}\,, \qquad n = 1,2\ldots\,. \qquad (4.2\text{-}58)$$

Im Fall $n = 1$ spricht man von einem Dipol, für $n = 2$ von einem Quadrupol, für $n = 3$ von einem Oktupol usw. Die Multipole sind wie die Punktladung eine mathematische Abstraktion, deren Ladungsverteilung physikalisch nur approximativ realisiert werden kann. Mit $M_n = \mu_n + i\nu_n$ und $z = r\exp(i\varphi)$ erhalten wir für das elektrische Potential eines n-Pols nach (4.2-58) in ebenen Polarkoordinaten:

$$V_n(r,\varphi) = \mathrm{Re}\{F_n(z)\} = \frac{1}{2\pi\varepsilon\varepsilon_o n}[\mu_n\cos(n\varphi) + \nu_n\sin(n\varphi)]\frac{1}{r^n}\,; \quad n = 1,2,\ldots\,. \qquad (4.2\text{-}59)$$

Für jedes n gibt es also zwei linear unabhängige n-Pole.

Wir wollen das Feld des Dipols,

$$F_1(z) = \frac{1}{2\pi\varepsilon\varepsilon_o} \frac{1}{z} = \frac{1}{2\pi\varepsilon\varepsilon_o}\left(\frac{\cos\varphi}{r} - i\,\frac{\sin\varphi}{r}\right) = V_1 - i\,W_1 , \qquad (4.2\text{-}60)$$

etwas näher betrachten. Die Äquipotentiallinien:

$$V_1 = \frac{1}{2\pi\varepsilon\varepsilon_o} \frac{x}{x^2 + y^2} = \text{const} \qquad (4.2\text{-}61)$$

sind Kreise, deren Mittelpunkt auf der x-Achse liegt, während die Feldlinien

$$W_1 = \frac{1}{2\pi\varepsilon\varepsilon_o} \frac{y}{x^2 + y^2} = \text{const} \qquad (4.2\text{-}62)$$

Kreise sind, deren Mittelpunkt auf der y-Achse liegt (s. Abb.4.12). Die Orientierung der Feldlinien liest man von den Komponenten der Feldstärke ab:

$$E_x = -\frac{\partial V}{\partial x} = \frac{1}{2\pi\varepsilon\varepsilon_o} \frac{\cos(2\varphi)}{r^2} ; \quad E_y = -\frac{\partial V}{\partial y} = \frac{1}{2\pi\varepsilon\varepsilon_o} \frac{\sin(2\varphi)}{r^2} . \qquad (4.2\text{-}63)$$

Vertauscht man Äquipotentiallinien und Feldlinien, so erhält man das Feld des Dipols mit dem Potential

$$F_1(z) = i\,\frac{1}{2\pi\varepsilon\varepsilon_o} \frac{1}{z} . \qquad (4.2\text{-}64)$$

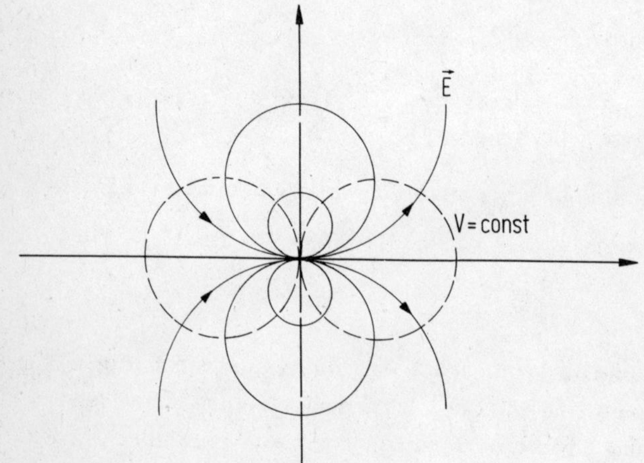

Abb.4.12

Das allgemeine Dipolpotential:

$$F_1(z) = \frac{1}{2\pi\varepsilon\varepsilon_o} (\mu_1 + i\,\nu_1)\,\frac{1}{z} \qquad (4.2\text{-}65)$$

ist eine Linearkombination von (4.2-60) und (4.2-64). In diesem Fall haben wir die x-Achse in Abb.4.12 durch eine Achse in Richtung des zweikomponentigen Dipolmomentvektors:

$$\vec{P} = \mu_1 \vec{e}_1 + \nu_1 \vec{e}_2 \tag{4.2-66}$$

zu ersetzen. Das Potential eines Dipols ist wie das Potential einer Punktladung eine Distribution. Als solche genügt es der Poissongleichung:

$$\frac{\partial^2 V_1}{\partial x^2} + \frac{\partial^2 V_1}{\partial y^2} = - \frac{1}{\varepsilon\varepsilon_o} \left(\mu_1 \frac{\partial}{\partial x} + \nu_1 \frac{\partial}{\partial y} \right) \delta(x,y) \; . \tag{4.2-67}$$

Das Potential eines Dipols kann wie das einer Punktladung zur Lösung von Randwertproblemen herangezogen werden. Als Beispiel behandeln wir einen leitenden Zylinder vom Radius a in einem homogenen elektrischen Feld $\vec{E}_o$. Letzterem ordnen wir die komplexe Zahl

$$E_\infty = E_{ox} - i\,E_{oy}$$

zu. Der Realteil des komplexen Potentials

$$F(z) = - E_\infty \left(z - \frac{a^2}{z} \right) + c \tag{4.2-68}$$

ist offensichtlich auf der Oberfläche des Zylinders konstant, und die Feldstärkefunktion

$$E(z) = - \frac{dF}{dz} = E_\infty \left(1 + \frac{a^2}{z^2} \right) \tag{4.2-69}$$

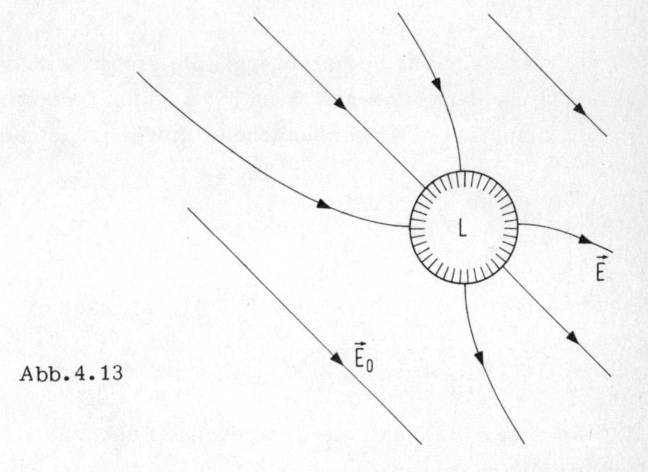

Abb.4.13

erfüllt die Bedingung

$$\lim_{z \to \infty} E(z) = E_\infty \, . \tag{4.2-70}$$

Der im Ursprung angebrachte Dipol mit dem Moment $M_1 = 2\pi\varepsilon\varepsilon_0 E_\infty a^2$ sorgt dafür, daß die Tangentialkomponente der elektrischen Feldstärke auf der Oberfläche des Zylinders verschwindet (Abb.4.13).

4.2.5. Separation der Variablen. Fourierentwicklung

Da die Funktionentheorie einer komplexen Veränderlichen nur zur Lösung von Potentialaufgaben in der Ebene herangezogen werden kann, ist es zweckmäßig, nach Lösungsmethoden zu suchen, die auf räumliche Probleme verallgemeinert werden können. Behandeln wir zunächst die Laplacegleichung in ebenen Polarkoordinaten:

$$\Delta V = \frac{1}{r} \frac{\partial}{\partial r} r \frac{\partial V}{\partial r} + \frac{1}{r^2} \frac{\partial^2 V}{\partial \varphi^2} = 0 \, . \tag{4.2-71}$$

Wir suchen zuerst die allgemeine Lösung dieser partiellen Differentialgleichung, um sie dann an spezielle Randbedingungen anzupassen.

Spezielle Lösungen erhält man durch den Ansatz

$$V(r,\varphi) = R(r)\ \Phi(\varphi) \, , \tag{4.2-72}$$

der die Abhängigkeit von den Variablen r und φ faktorisiert. Man nennt dieses Verfahren deshalb Separation der Variablen. Setzen wir den Ansatz (4.2-72) in die Laplacegleichung (4.2-71) ein, so erhalten wir die Bedingung

$$r^2 \frac{1}{R} \frac{1}{r} \frac{d}{dr} r \frac{dR}{dr} = -\frac{1}{\Phi} \frac{d^2\Phi}{d\varphi^2} \, . \tag{4.2-73}$$

Da die linke Seite nur von r abhängt, die rechte Seite nur von φ, kann die Beziehung (4.2-73) nur dann bestehen, wenn beide Seiten denselben konstanten Wert $-c$ haben. Folglich muß $\Phi(\varphi)$ der gewöhnlichen Differentialgleichung

$$\frac{d^2\Phi}{d\varphi^2} - c\,\Phi = 0 \tag{4.2-74}$$

genügen. Ihre allgemeine Lösung lautet

$$\Phi(\varphi) = a\, e^{\varphi\sqrt{c}} + b\, e^{-\varphi\sqrt{c}} \, , \qquad a,b \in \mathbb{C} \, . \tag{4.2-75}$$

Nun ist aber das Potential eine eindeutige Funktion, d.h. die Funktion $\Phi(\varphi)$ muß die Periodizitätsbedingung

$$\Phi(\varphi + 2\pi) = \Phi(\varphi) \tag{4.2-76}$$

erfüllen. Folglich kann die Konstante c nur die Werte

$$c = -n^2 , \quad n = 0,1,2... \tag{4.2-77}$$

annehmen. Für jeden Wert $c \neq 0$ aus der Folge (4.2-77) gibt es zwei linear unabhängige Lösungen

$$\Phi_{\pm n}(\varphi) = \frac{1}{\sqrt{2\pi}} e^{\pm in\varphi} , \quad n = 1,2... . \tag{4.2-78}$$

Die Koeffizienten der allgemeinen Lösung

$$\Phi(\varphi) = a_n \Phi_n(\varphi) + a_{-n}\Phi_{-n}(\varphi) \tag{4.2-79}$$

sind in unserem Fall so zu wählen, daß $\Phi(\varphi)$ reell ist:

$$\Phi(\varphi) = \bar{\Phi}(\varphi) \Rightarrow \bar{a}_n = a_{-n} . \tag{4.2-80}$$

Für $n = 0$ erfüllt nur eine Konstante,

$$\Phi(\varphi) = a_o \frac{1}{\sqrt{2\pi}} , \quad a_o = \bar{a}_o$$

die Bedingung der Periodizität. Die Funktionen

$$\Phi_n(\varphi) = \frac{1}{\sqrt{2\pi}} e^{in\varphi} , \quad n = 0,\pm 1,\pm 2... \tag{4.2-81}$$

sind so normiert, daß sie den Bedingungen

$$\int_0^{2\pi} \bar{\Phi}_m \Phi_n d\varphi = \delta_{mn} , \quad n,m = 0,\pm 1,\pm 2... \tag{4.2-82}$$

genügen, wo δ_{mn} das Kroneckersymbol ist. Ähnlich wie wir eine Basis $\vec{e}_i$ im Vektorraum V^3 orthonormal genannt haben, wenn sie den Bedingungen (1.1-19) genügt, nennen wir das Funktionensystem (4.2-81) orthonormal.

Wegen (4.2-77) genügen die radialen Funktionen $R(r)$ der Differentialgleichung

$$\frac{1}{r}\frac{d}{dr} r \frac{dR}{dr} - \frac{n^2}{r^2} R = 0 . \tag{4.2-83}$$

Ihre allgemeine Lösung lautet für $n = 0$:

$$R_o(r) = A_o \ln r + B_o \,, \qquad A_o, B_o \in \mathbb{R} \,, \tag{4.2-84}$$

während man für $n \neq 0$ durch einen Potenzansatz $R(r) = r^{\alpha}$ findet:

$$R_n(r) = A_n r^{-n} + B_n r^n \,, \qquad n = 1,2,\ldots \,, \quad A_n, B_n \in \mathbb{R} \,. \tag{4.2-85}$$

Wir überlagern nun die durch Separation der Variablen gefundenen Produktlösungen zu der unendlichen Reihe

$$V(r,\varphi) = [A_o \ln r + B_o] a_o \frac{1}{\sqrt{2\pi}} + \sum_{n=1}^{\infty} \left(A_n r^{-n} + B_n r^n\right)\left(a_n \frac{1}{\sqrt{2\pi}} e^{in\varphi} + b_n \frac{1}{\sqrt{2\pi}} e^{-in\varphi}\right) , \tag{4.2-86}$$

die wir nach einer Umdefinition der Konstanten in der Form:

$$V(r,\varphi) = \sum_{n=-\infty}^{+\infty} V_n(r) \frac{1}{\sqrt{2\pi}} e^{in\varphi} \tag{4.2-87}$$

mit

$$V_n(r) := \begin{cases} a_o \ln r + b_o \,, & n = 0 \,, \\ a_n r^n + b_n r^{-n} \,, & n = \pm 1, \pm 2, \ldots \end{cases} \tag{4.2-88}$$

schreiben können. Auch hier muß gelten:

$$V_{-n}(r) = \bar{V}_n(r) \,, \tag{4.2-89}$$

damit die Reihe (4.2-87) reell ist. Wie man sieht, ist (4.2-87) nichts anderes als die Fouriersche Reihe für $V(r,\varphi)$ bei festem r. Wegen der Orthonormalitätsrelationen (4.2-82) sind die Funktionen $V_n(r)$ die Fourierkoeffizienten:

$$V_n(r) = \frac{1}{\sqrt{2\pi}} \int_0^{2\pi} d\varphi \, V(r,\varphi) e^{-in\varphi} \,, \qquad n = 0, \pm 1, \ldots \quad . \tag{4.2-90}$$

Im Abschnitt 4.2.2 haben wir gesehen, daß V Realteil einer im ladungsfreien Gebiet holomorphen Funktion ist. V ist also stetig differenzierbar in diesem Gebiet und eindeutig, d.h. die Reihe (4.2-87) konvergiert gleichmäßig.

Die Reihe (4.2-86) kann an spezielle Randbedingungen angepaßt werden und stellt daher die allgemeinste Lösung dar. Verlangt man reguläres Verhalten für $r \to 0$ und

$r \to \infty$, so bleibt nur eine Konstante als Lösung. Verlangt man reguläres Verhalten für $r \to \infty$, so ist noch eine Reihe

$$V(r,\varphi) = \sum_{n=1}^{+\infty} r^{-n}\left(a_n \frac{1}{\sqrt{2\pi}}\, e^{in\varphi} + b_n \frac{1}{\sqrt{2\pi}}\, e^{-in\varphi}\right) + a_o \frac{1}{\sqrt{2\pi}} \qquad (4.2\text{-}91)$$

zugelassen. Man kann dann V auf dem Rande eines einfach zusammenhängenden Gebietes vorgeben. Ist z.B. V auf dem Rande des Einheitskreises vorgegeben, so sind die Konstanten in der Entwicklung (4.2-91) die Fourierkoeffizienten der Randwerte $V(1,\varphi)$. Bei einem Neumannschen Randwertproblem kann man Regularität für $r \to \infty$ nur für die Funktionen $V_n(r)$ mit $n \neq 0$ verlangen, während der logarithmische Term in $V_o(r)$ zur Lösung der Randwertaufgabe benötigt wird.

Wenden wir uns nun der Lösung der Poissonschen Differentialgleichung zu:

$$\Delta V = \frac{1}{r}\frac{\partial}{\partial r}\, r\,\frac{\partial V}{\partial r} + \frac{1}{r^2}\frac{\partial^2 V}{\partial \varphi^2} = -\frac{\overset{*}{\tilde{\rho}}}{\varepsilon\varepsilon_o} = -\frac{f(r,\varphi)}{\varepsilon\varepsilon_o}\,. \qquad (4.2\text{-}92)$$

Der Koeffizient

$$\overset{*}{\tilde{\rho}} = f(r,\varphi) \qquad (4.2\text{-}93)$$

kann als eindeutige, hinreichend oft differenzierbare Funktion vorausgesetzt werden. Die Fourierreihe

$$f(r,\varphi) = \sum_{n=-\infty}^{+\infty} f_n(r)\,\frac{1}{\sqrt{2\pi}}\, e^{in\varphi}, \qquad f_n(r) = \frac{1}{\sqrt{2\pi}} \int_0^{2\pi} f(r,\varphi)\, e^{-in\varphi}, \quad n = 0, \pm 1, \ldots \qquad (4.2\text{-}94)$$

konvergiert daher gleichmäßig. Entwickeln wir auch V in eine Fourierreihe (s. 4.2-87), so erhalten wir als n-ten Koeffizienten der partiellen Differentialgleichung (4.2-92) die gewöhnliche Differentialgleichung

$$\frac{1}{r}\frac{d}{dr}\, r\,\frac{dV_n}{dr} - \frac{n^2}{r^2}\, V_n = -\frac{f_n}{\varepsilon\varepsilon_o}, \qquad n = 0,1,\ldots\;. \qquad (4.2\text{-}95)$$

Kennt man ein Fundamentalsystem $v_1(r), v_2(r)$ der homogenen Differentialgleichung

$$\frac{1}{r}\frac{d}{dr}\, r\,\frac{dv}{dr} - \frac{n^2}{r^2}\, v = 0\,,$$

so kann man auf Grund der Tatsache, daß die mit r multiplizierte Wronskische Determinante $W(v_1, v_2)$ des Systems eines Konstante ist,

$$r\, W(v_1, v_2) = r\left(v_1 \frac{dv_2}{dr} - v_2 \frac{dv_1}{dr}\right) = \text{const}\,, \qquad (4.2\text{-}96)$$

leicht spezielle Lösungen der inhomogenen Gleichung (4.2-95) konstruieren. Zum Beispiel ist

$$v(r) = -\frac{1}{r\,W(v_1,v_2)} \int_0^r dr' \left[v_1(r')v_2(r) - v_1(r)v_2(r') \right] \frac{r' f_n(r')}{\varepsilon\varepsilon_o} \tag{4.2-97}$$

eine spezielle Lösung. Für das Fundamentalsystem (s. 4.2-85):

$$v_1(r) = r^n, \quad v_2(r) = r^{-n}, \qquad n^2 \neq 0,$$

erhalten wir so eine spezielle Lösung, die für $r \to 0$ regulär ist:

$$v(r) = \frac{1}{2n} \int_0^r dr' \left[\left(\frac{r'}{r}\right)^n - \left(\frac{r}{r'}\right)^n \right] \frac{r' f_n(r')}{\varepsilon\varepsilon_o}. \tag{4.2-98}$$

Hinzugefügt werden kann die allgemeine Lösung (4.2-85) der homogenen Gleichung, die aus den Randbedingungen zu bestimmen ist.

Bestimmen wir als Beispiel das schon im Abschnitt 4.2.4 behandelte Potential einer Ladungsverteilung ρ in der x-y-Ebene. In diesem Fall ist zu fordern, daß $V_n(r)$ für $r \to 0$ und $r \to \infty$ regulär ist. Da (4.2-98) bereits für $r \to 0$ regulär ist, addieren wir nur eine für $r \to 0$ reguläre Lösung der homogenen Gleichung:

$$V_n(r) = \frac{1}{2n} \int_0^r dr' \left[\left(\frac{r'}{r}\right)^n - \left(\frac{r}{r'}\right)^n \right] \frac{r' f_n(r')}{\varepsilon\varepsilon_o} + A_n r^n \tag{4.2-99}$$

und bestimmen die Konstante A_n so, daß $V_n(r)$ auch für $r \to \infty$ regulär ist. Für $r \to \infty$ ist nach (4.2-99):

$$V_n(r) = r^n \left(A_n - \frac{1}{2n} \int_0^r dr' \frac{r' f_n(r')}{r'^n \varepsilon\varepsilon_o} \right) + O\left(\frac{1}{r^n}\right), \qquad r \to \infty. \tag{4.2-100}$$

Wir setzen deshalb:

$$A_n = \frac{1}{2n} \int_0^\infty dr' \frac{r' f_n(r')}{r'^n \varepsilon\varepsilon_o} \tag{4.2-101}$$

und erhalten mit

$$V_n(r) = \int_0^\infty dr' G_n(r,r') \frac{r' f_n(r')}{\varepsilon\varepsilon_o}, \tag{4.2-102}$$

wo

$$G_n(r,r') = \begin{cases} \frac{1}{2n}\left(\frac{r'}{r}\right)^{|n|}, & r' < r \\ \frac{1}{2n}\left(\frac{r}{r'}\right)^{|n|}, & r' > r \end{cases} \qquad n = \pm 1, \pm 2 \ldots \;, \tag{4.2-103}$$

diejenige Lösung, die allen Forderungen genügt. Ebenso erhalten wir

$$V_o(r) = \int_0^{\infty} dr' G_o(r,r') \frac{r' f_0(r')}{\varepsilon\varepsilon_o} + c \;, \tag{4.2-104}$$

wo

$$G_o(r,r') = \begin{cases} -\ln r \;, & r' < r \\ -\ln r' \;, & r' > r \;. \end{cases} \tag{4.2-105}$$

Hier ist c eine freie reelle Konstante, die auch in der Lösung (4.2-49) auftritt.

Wir setzen nun die Funktionen (4.2-102) bzw. (4.2-104) in die Fourierreihe (4.2-87) ein und schreiben das Ergebnis in der Form:

$$V(r,\varphi) = \int_0^{\infty} dr' \int_0^{2\pi} d\varphi' r' G(r,\varphi|r',\varphi') \frac{f(r',\varphi')}{\varepsilon\varepsilon_o} + c \;. \tag{4.2-106}$$

Ein Vergleich mit der Lösung (4.2-49) zeigt, daß

$$G(r,\varphi|r',\varphi') = \frac{1}{2\pi} \begin{cases} -\ln r + \sum\limits_{n=1}^{\infty} \frac{1}{n}\left(\frac{r'}{r}\right)^n \cos[n(\varphi-\varphi')] \;, & r' < r \\ -\ln r' + \sum\limits_{n=1}^{\infty} \frac{1}{n}\left(\frac{r}{r'}\right)^n \cos[n(\varphi-\varphi')] \;, & r' > r \end{cases} \tag{4.2-107}$$

eine Entwicklung der Greenschen Funktion ist. Tatsächlich erhält man (4.2-107) bis auf eine Konstante, wenn man die Darstellung (4.2-40) in den betrachteten Bereichen nach Potenzen von $(\zeta/z)^n$ bzw. $(z/\zeta)^n$ entwickelt. Damit ist wieder gezeigt, daß die Reihe (4.2-86) die allgemeinste Lösung der Laplacegleichung liefert. Die Darstellung (4.2-106) ist gleichzeitig eine Entwicklung nach den Multipolpotentialen

$$\frac{\cos(n\varphi)}{r^n} \;, \quad \frac{\sin(n\varphi)}{r^n} \;.$$

Sie stimmt natürlich mit (4.2-59) überein.

4.3. Potentialaufgaben im Raum

4.3.1. Potentiale singulärer Ladungsverteilungen

Mit der Greenschen Funktion für den Raum V^3 (s. 4.1-27):

$$G(\vec{x},\vec{y}) = \frac{1}{4\pi\|\vec{x} - \vec{y}\|}$$

haben wir im ersten Abschnitt das Potential einer Ladungsverteilung ρ in einem homogenen Dielektrikum in der Form (s. 4.1-28)

$$V(\vec{x}) = \frac{1}{4\pi\,\varepsilon\varepsilon_o} \int\limits_{V^3} \frac{*\rho'\,d\tau'}{\|\vec{x} - \vec{x}'\|} = \frac{1}{4\pi\,\varepsilon\varepsilon_o} \int\limits_{V^3} \frac{\langle\rho',dK'\rangle}{\|\vec{x} - \vec{x}'\|} \tag{4.3-1}$$

dargestellt. Ist die Ladungsverteilung glatt, d.h. hinreichend oft stetig differenzierbar, so ist auch die Potentialfunktion glatt, und die Poissongleichung (4.1-1) gilt überall.

Die Lösung (4.3-1) läßt sich jedoch auf singuläre Ladungsverteilungen verallgemeinern, wie wir bereits am Beispiel der Punktladung gesehen haben. Einer im Punkte $\vec{x}_o$ angebrachten Punktladung Q können wir nach (4.1-50) die Ladungsverteilung

$$*\rho(\vec{x}) = Q\,\delta(\vec{x} - \vec{x}_o) \tag{4.3-2}$$

oder die durch

$$(\rho,\varphi) = \int\limits_{V^3} *\rho\varphi\,d\tau = \int\limits_{V^3} \langle\varphi\rho,dK\rangle = Q\,\varphi(\vec{x}_o)\,, \qquad \forall\,\varphi\in D \tag{4.3-3}$$

definierte Distribution zuordnen. Da die Testfunktionen φ skalare Funktionen sind, ist $\varphi\rho$ eine 3-Form $\forall\,\varphi\in D$, die über den Raum V^3 integriert werden kann. Nach den Rechenregeln für die δ-Funktion liefert die Darstellung (4.3-1) mit der als Distribution aufzufassenden Ladungsverteilung (4.3-2) das Potential:

$$V(\vec{x}) = \frac{Q}{4\pi\,\varepsilon\varepsilon_o}\,\frac{1}{\|\vec{x} - \vec{x}_o\|}\,, \tag{4.3-4}$$

das als singuläre Funktion ebenfalls eine Distribution ist. Das Potential (4.3-4) genügt der Beziehung:

$$(\Delta V,\varphi) =: (V,\Delta\varphi) = -\frac{1}{\varepsilon\varepsilon_o}\,(\rho,\varphi) = -\frac{Q}{\varepsilon\varepsilon_o}\,\varphi(\vec{x}_o)\,, \qquad \forall\,\varphi\in D\,, \tag{4.3-5}$$

die wir als Differentialgleichung für die Distribution V ansehen können.

Betrachten wir nun eine Ladungsverteilung, die auf eine Fläche F konzentriert ist, also eine Flächenladung. Sie wird auf der Fläche F durch eine 2-Form $\bar{\sigma}$ dargestellt, der wir die Distribution:

$$(\bar{\sigma},\varphi) := \int_F \langle \varphi\bar{\sigma}, d\vec{F}\rangle , \qquad \forall\, \varphi \in D \tag{4.3-6}$$

zuordnen. Ist etwa $\vec{x} = \vec{x}(u,v)$ eine Parameterdarstellung der Fläche, so kann das Funktional $(\bar{\sigma},\varphi)$ durch das Integral

$$(\bar{\sigma},\varphi) = \int_F \langle \varphi[\vec{x}(u,v)]\ \bar{\sigma}[\vec{x}(u,v)], \frac{\partial\vec{x}}{\partial u} \wedge \frac{\partial\vec{x}}{\partial v}\rangle\, du\, dv$$

dargestellt werden. Das Potential der Flächenladung genügt als Distribution der Differentialgleichung

$$(\Delta V,\varphi) = -\frac{1}{\varepsilon\varepsilon_o} (\bar{\sigma},\varphi) . \tag{4.3-7}$$

Sie hat die Lösung

$$V(\vec{x}) = \frac{1}{4\pi\,\varepsilon\varepsilon_o} \int_F \frac{\langle\bar{\sigma}', d\vec{F}'\rangle}{\|\vec{x}-\vec{x}'\|} , \tag{4.3-8}$$

wie man leicht mit Hilfe der im Abschnitt 4.1.3 angegebenen Ableitungsvorschrift für Distributionen bestätigt. Beim Durchgang durch die Fläche F ist die Potentialfunktion (4.3-8) stetig, während die Normalableitung in Übereinstimmung mit der Grenzbedingung (3.3-20) einen Sprung macht:

$$\langle\bar{D}, d\vec{F}\rangle_2 - \langle\bar{D}, d\vec{F}\rangle_1 = \varepsilon\varepsilon_o\left(\frac{\partial V}{\partial n}\bigg|_1 - \frac{\partial V}{\partial n}\bigg|_2\right)\|d\vec{F}\| = \langle\bar{\sigma}, d\vec{F}\rangle . \tag{4.3-9}$$

Die Indizes 1,2 unterscheiden die beiden Seiten der in Richtung von 1 nach 2 transversal orientierten Fläche.

Wir erläutern das an einem Beispiel. In einem homogenen Dielektrikum sei die Oberfläche einer Kugel vom Radius a mit einer konstanten Ladung σ_0 pro Flächeneinheit belegt, so daß

$$\langle\bar{\sigma}, d\vec{F}\rangle = \sigma_o \|d\vec{F}\| . \tag{4.3-10}$$

In sphärischen Polarkoordinaten ist

$$\|d\vec{F}\| = a^2 \sin\theta\, d\theta\, d\varphi .$$

Die Parameterdarstellung der Kugelfläche lautet (s. 2.1-14):

$$\vec{x}(\theta,\varphi) = a[\vec{e}_1 \sin\theta \cos\varphi + \vec{e}_2 \sin\theta \sin\varphi + \vec{e}_3 \cos\theta] \ .$$

Die allgemeine Darstellung (4.3-8) liefert das Potential

$$V(\vec{x}) = \frac{\sigma_o}{4\pi\varepsilon\varepsilon_o} \int_0^{\pi} d\theta' \int_0^{2\pi} d\varphi' \frac{a^2 \sin\theta'}{\|\vec{x} - \vec{x}(\theta',\varphi')\|} \ . \tag{4.3-11}$$

Da die Anordnung kugelsymmetrisch ist, können wir die Achse des sphärischen Polarkoordinatensystems in Richtung des Vektors $\vec{x}$ legen (s. Abb.4.14) und erhalten:

$$\|\vec{x} - \vec{x}(\theta',\varphi')\| = \sqrt{r^2 + a^2 - 2ra\cos\theta'} =: R \ ,$$

wo $\|\vec{x}\| = r$. Die verbleibende Integration in (4.3-11) über den Winkel θ' ist elementar, wenn wir R als Integrationsvariable einführen, und liefert das Ergebnis:

$$V(\vec{x}) = \begin{cases} \dfrac{\sigma_o}{4\pi\varepsilon\varepsilon_o} \dfrac{2\pi a}{r} \displaystyle\int_{r-a}^{r+a} dR = \dfrac{4\pi a^2 \sigma_o}{4\pi\varepsilon\varepsilon_o r} \ , & r > a \\[2ex] \dfrac{\sigma_o}{4\pi\varepsilon\varepsilon_o} \dfrac{2\pi a}{r} \displaystyle\int_{a-r}^{a+r} dR = \dfrac{4\pi a^2 \sigma_o}{4\pi\varepsilon\varepsilon_o a} \ , & r < a \ . \end{cases} \tag{4.3-12}$$

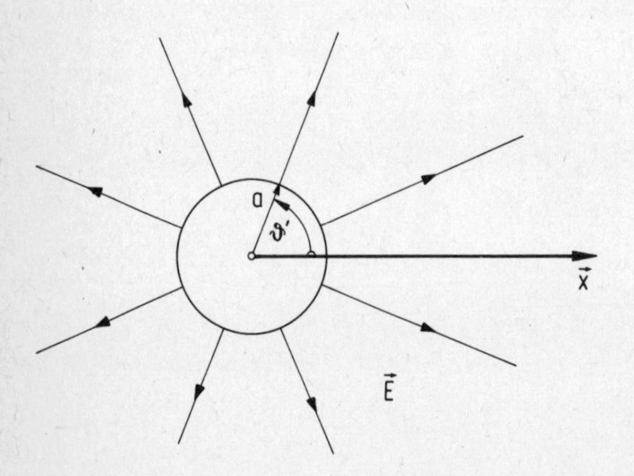

Abb.4.14

Das Potential ist im Innern der Kugel konstant und im Außenraum gleich dem Potential einer Punktladung $Q = \sigma_o \, 4\pi a^2$. Auf der Oberfläche der Kugel ist die Normalableitung $\partial V/\partial r$ in Übereinstimmung mit der Grenzbedingung (4.3-9) unstetig:

$$\left.\frac{\partial V}{\partial r}\right|_{a+0} - \left.\frac{\partial V}{\partial r}\right|_{a-0} = -\frac{\sigma_o}{\varepsilon\varepsilon_o} \ . \tag{4.3-13}$$

Ähnlich wie Punktladung und Flächenladung definiert man die Linienladung durch eine Ladungsverteilung, die auf ein Kurvenstück C konzentriert ist. Sie wird auf der Kurve durch eine 1-Form $\bar{\lambda}$ dargestellt, der wir die Distribution

$$(\bar{\lambda},\varphi) = \int_C \langle \varphi\bar{\lambda}, d\vec{C}\rangle , \quad \forall\, \varphi \in D \tag{4.3-14}$$

zuordnen. Die 1-Form $\bar{\lambda}$ hat die Dimension

$$[\bar{\lambda}] = \left[\frac{\text{Ladung}}{\text{Länge}}\right] . \tag{4.3-15}$$

Das Potential einer Linienladung genügt der Differentialgleichung:

$$(\Delta V,\varphi) = -\frac{1}{\varepsilon\varepsilon_0}(\bar{\lambda},\varphi) . \tag{4.3-16}$$

Ihre Lösung lautet

$$V(\vec{x}) = \frac{1}{4\pi\,\varepsilon\varepsilon_0}\int_C \frac{\langle\bar{\lambda}', d\vec{C}'\rangle}{\|\vec{x} - \vec{x}'\|} . \tag{4.3-17}$$

Sie besitzt ähnlich wie die Greensche Funktion in der Ebene (s. 4.2-38) auf der Kurve C eine logarithmische Singularität.

Flächenladung, Linienladung und Punktladung sind mathematische Idealisierungen physikalisch realisierbarer Ladungsverteilungen. Die von ihnen erzeugten Potentiale sind auf den Ladungsträgern nicht (stetig) differenzierbar und müssen als Distributionen aufgefaßt werden.

4.3.2. Konstruktion der Greenschen Funktion durch Spiegelung

Für einige einfache Dirichletsche Randwertaufgaben kann man die Greensche Funktion mit dem Spiegelungsverfahren konstruieren, das wir schon im Abschnitt 4.2.3 verwendet haben. Als erstes Beispiel behandeln wir den leitenden Halbraum. Wir benutzen Zylinderkoordinaten z,ρ,φ, deren z-Achse senkrecht auf der Oberfläche des Halbraums steht und durch den Quellpunkt $z = \zeta$ verläuft. Der leitende Halbraum sei $z < 0$ (Abb. 4.15). Für die Greensche Funktion machen wir den Ansatz:

$$G(\rho,\varphi,z|0,0,\zeta) = \frac{1}{4\pi\sqrt{(z-\zeta)^2+\rho^2}} + w(\rho,\varphi,z|\zeta) . \tag{4.3-18}$$

Da der erste Term bereits die vorgeschriebene Singularität besitzt, muß w eine im Halbraum $z > 0$ reguläre Lösung der Laplacegleichung sein, die der Randbedingung

$$G(\rho,\varphi,0|0,0,\zeta) = 0 \;\Rightarrow\; w(\rho,\varphi,0|\zeta) = -\frac{1}{4\pi\sqrt{\zeta^2+\rho^2}} \tag{4.3-19}$$

genügt. Eine Lösung mit diesen Eigenschaften erhält man durch Spiegelung des ersten Terms von (4.3-18) an der Ebene z = 0

$$w(\rho,\varphi,z|\zeta) = -\frac{1}{4\pi\sqrt{(z+\zeta)^2+\rho^2}} \ . \qquad (4.3\text{-}20)$$

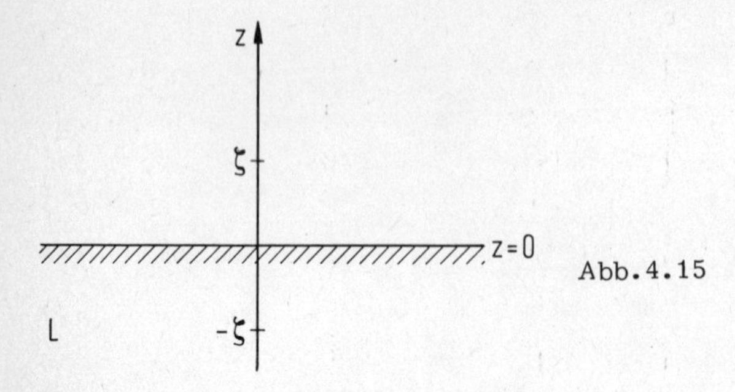

Abb.4.15

Folglich lautet die Greensche Funktion:

$$G(\rho,\varphi,z|0,0,\zeta) = \frac{1}{4\pi}\left(\frac{1}{\sqrt{(z-\zeta)^2+\rho^2}} - \frac{1}{\sqrt{(z+\zeta)^2+\rho^2}}\right), \quad z \geqslant 0. \qquad (4.3\text{-}21)$$

Für einen Quellpunkt in beliebiger Lage ergibt sich entsprechend:

$$G(\rho,\varphi,z|\rho',\varphi',z') =$$

$$= \frac{1}{4\pi}\left(\frac{1}{\sqrt{(z-z')^2+\rho^2+\rho'^2-2\rho\rho'\cos(\varphi-\varphi')}} - \frac{1}{\sqrt{(z+z')^2+\rho^2+\rho'^2-2\rho\rho'\cos(\varphi-\varphi')}}\right),$$

$$z,z' \geqslant 0. \qquad (4.3\text{-}22)$$

Als physikalische Anwendung untersuchen wir das elektrische Feld einer im Punkte $z = \zeta$ auf der z-Achse angebrachten positiven Punktladung Q im Vakuum. Setzen wir das Potential auf der Leiteroberfläche gleich Null, so liefert die allgemeine Lösungsformel (4.1-26) mit (4.3-21):

$$V(\vec{x}) = \frac{Q}{4\pi\varepsilon_0}\left(\frac{1}{\sqrt{(z-\zeta)^2+\rho^2}} - \frac{1}{\sqrt{(z+\zeta)^2+\rho^2}}\right), \qquad z \geqslant 0 \ . \qquad (4.3\text{-}23)$$

Wie man sieht, ist das Potential (4.3-23) im Halbraum $z > 0$ identisch mit dem Potential einer Punktladung Q im Punkte ζ und einer Punktladung $-Q$ im Punkte $-\zeta$ im Vakuum. Für $z \leqslant 0$ ist jedoch im Leiter:

$$V(\vec{x}) = 0 \quad , \quad \forall\, \vec{x} \in \{\vec{x}|\ z \leqslant 0\} \ . \qquad (4.3\text{-}24)$$

Durch äußere Ableitung von (4.3-23) folgt die 1-Form der elektrischen Feldstärke:

$$\bar{E} = -\left(\frac{\partial V}{\partial \rho}\, \bar{e}^{\rho} + \frac{\partial V}{\partial z}\, \bar{e}^{z}\right) \tag{4.3-25}$$

mit:

$$-\frac{\partial V}{\partial \rho} = \frac{Q}{4\pi\varepsilon_o}\left(\frac{\rho}{\sqrt{(z-\zeta)^2+\rho^2}^{\,3}} - \frac{\rho}{\sqrt{(z+\zeta)^2+\rho^2}^{\,3}}\right);$$
$$-\frac{\partial V}{\partial z} = \frac{Q}{4\pi\varepsilon_o}\left(\frac{z-\zeta}{\sqrt{(z-\zeta)^2+\rho^2}^{\,3}} - \frac{z+\zeta}{\sqrt{(z+\zeta)^2+\rho^2}^{\,3}}\right). \tag{4.3-26}$$

Das der 1-Form $\bar{E}$ kanonisch zugeordnete Vektorfeld

$$\vec{E} = \iota^{-1}(\bar{E}) = \vec{e}_\rho E^\rho + \vec{e}_z E^z$$

hat die gleichen Komponenten, denn wegen (2.1-26) gilt

$$E^\rho = g^{\rho\rho} E_\rho = E_\rho \;; \qquad E^z = g^{zz} E_z = E_z \,.$$

Die Tangentialkomponente $E^\rho = E_\rho$ verschwindet nach (4.3-26) für $z = 0$ wie gefordert, während die Normalkomponente $E^z = E_z$ unstetig ist. Auf der Leiteroberfläche wird nach (3.4-28) die Gesamtladung

$$Q_L = -\varepsilon_o \int_{\partial L} \left.\frac{\partial V}{\partial z}\right|_{z=0} \|d\vec{F}\| = -\varepsilon_o \int_0^\infty d\rho\,\rho \int_0^{2\pi} d\varphi \left.\frac{\partial V}{\partial z}\right|_{z=0} = -Q \tag{4.3-27}$$

influenziert. Sie ist negativ und dem Betrage nach gleich der felderzeugenden Punktladung Q. Das hat zur Folge, daß alle von der Punktladung ausgehenden Feldlinien senkrecht auf der Leiteroberfläche enden, wie in Abb.4.16 angedeutet.

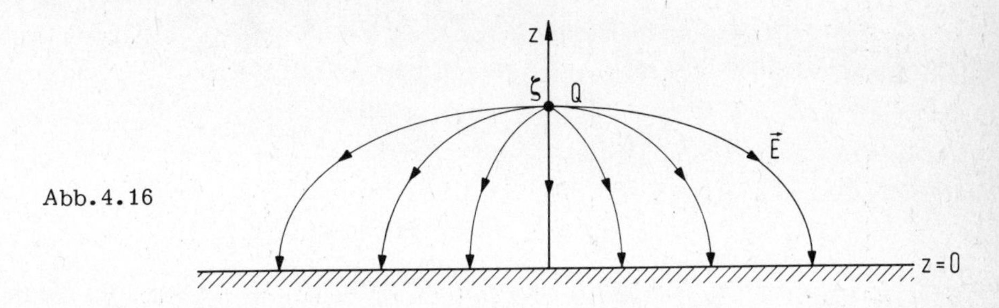

Abb.4.16

Wir denken uns nun den leitenden Halbraum $z < 0$ durch einen dielektrischen Halbraum mit der relativen Dielektrizitätskonstanten $\varepsilon > 1$ ersetzt. In diesem Fall definieren wir die Greensche Funktion als diejenige Lösung der Differentialgleichung (s. 4.1-56a):

$$\bar{\nabla} \cdot [f(z)\bar{\nabla} G(\vec{x},\vec{y})] = -\delta(\vec{x}-\vec{y}) \,, \tag{4.3-28a}$$

die für $\|\vec{x}\| \to \infty$ wie

$$G(\vec{x},\vec{y}) = O\left(\frac{1}{\|\vec{x}\|}\right) , \tag{4.3-28b}$$

verschwindet. Die Funktion $f(z)$ ist:

$$f(z) = \begin{cases} 1 \,, & z > 0 \\ \varepsilon \,, & z < 0 \end{cases} . \tag{4.3-29}$$

Da $f(z)$ bei $z = 0$ unstetig ist, verlangt die Differentialgleichung (4.3-28a), daß auch $\partial G/\partial z$ auf der Ebene $z = 0$ einen Sprung macht, der sich aus der Bedingung

$$\left.\frac{\partial G}{\partial z}\right|_{z=0+} = \varepsilon \left.\frac{\partial G}{\partial z}\right|_{z=0-} \tag{4.3-30}$$

ergibt. Im Halbraum $z > 0$ stimmt (4.3-28a) mit der entsprechenden Gleichung für das Vakuum überein. Das gleiche gilt im Halbraum $z < 0$, falls der Quellpunkt im Halbraum $z > 0$ liegt. Dies führt zu dem Ansatz

$$G(\rho,\varphi,z|0,0,\zeta) = \frac{1}{4\pi}\begin{cases} \dfrac{1}{\sqrt{(z-\zeta)^2+\rho^2}} - \dfrac{\alpha}{\sqrt{(z+\zeta)^2+\rho^2}} \,, & z > 0 \\ \dfrac{\beta}{\sqrt{(z-\zeta)^2+\rho^2}} \,, & z < 0 \end{cases} \quad \forall\, \zeta > 0 \,. \tag{4.3-31}$$

Die reellen Konstanten α und β bestimmen wir so, daß G auf $z = 0$ stetig ist und die Ableitung die Sprungbedingung (4.3-30) erfüllt. Das Ergebnis lautet:

$$\alpha = \frac{\varepsilon - 1}{\varepsilon + 1} \quad ; \quad \beta = \frac{2}{1+\varepsilon} \,. \tag{4.3-32}$$

Damit sind alle Bedingungen erfüllt, falls $\zeta > 0$. Da die Greensche Funktion auch in diesem Fall symmetrisch ist (s. 4.1-57), kann sie für $\zeta < 0$ aus der Beziehung

$$G(\vec{x},\vec{y}) = G(\vec{y},\vec{x})$$

abgelesen werden.

Sei nun wieder eine positive Punktladung Q im Punkte $\zeta > 0$ auf der z-Achse angebracht. Wie früher erhalten wir das Potential

$$V(\vec{x}) = \frac{Q}{4\pi\varepsilon_o}\left(\frac{1}{\sqrt{(z-\zeta)^2+\rho^2}} - \frac{\varepsilon-1}{\varepsilon+1}\frac{1}{\sqrt{(z+\zeta)^2+\rho^2}}\right), \quad z \geqslant 0 ,$$

$$V(\vec{x}) = \frac{Q}{4\pi\varepsilon\varepsilon_o}\frac{2\varepsilon}{1+\varepsilon}\frac{1}{\sqrt{(z-\zeta)^2+\rho^2}}, \quad z \leqslant 0 . \tag{4.3-33}$$

Auf der Grenzebene $z = 0$ macht die Normalkomponente $E^z = E_z$ der elektrischen Feldstärke einen Sprung:

$$E^z(z=0+,\rho) - E^z(z=0-,\rho) = -\frac{Q}{4\pi\varepsilon_o}\frac{2\zeta}{\sqrt{\zeta^2+\rho^2}^3}\frac{\varepsilon-1}{\varepsilon+1} . \tag{4.3-34}$$

Den gleichen Sprung macht das elektrische Feld im Vakuum, wenn wir auf der Ebene $z = 0$ die Flächenladung (s. 3.3-20)

$$\left\langle \bar{D}, \frac{\partial\vec{x}}{\partial\rho} \wedge \frac{\partial\vec{x}}{\partial\varphi}\right\rangle\Big|_{z=0+} - \left\langle \bar{D}, \frac{\partial\vec{x}}{\partial\rho} \wedge \frac{\partial\vec{x}}{\partial\varphi}\right\rangle\Big|_{z=0-} = \rho\,\varepsilon_o\left(\langle\bar{E},\vec{e}_z\rangle\Big|_{z=0+} - \langle\bar{E},\vec{e}_z\rangle\Big|_{z=0-}\right) =$$

$$= \sigma_P[\vec{x}(\rho,\varphi)] = -\frac{Q}{4\pi}\frac{2\zeta}{\sqrt{\zeta^2+\rho^2}^3}\frac{\varepsilon-1}{\varepsilon+1}\rho \tag{4.3-35}$$

anbringen. Die Gesamtladung der Ebene $z = 0$ ist:

$$Q_P = \int_0^\infty d\rho \int_0^{2\pi} d\varphi\,\sigma_P[\vec{x}(\rho,\varphi)] = -Q\frac{\varepsilon-1}{\varepsilon+1} . \tag{4.3-36}$$

Das heißt also, das elektrische Feld einer Anordnung, die aus einer Punktladung im Vakuumhalbraum $z > 0$ und einem dielektrischen Halbraum $z < 0$ besteht, ist identisch mit dem Feld der auf die Ebene $z = 0$ im Vakuum aufgebrachten Flächenladung (4.3-35) und der an gleicher Stelle angebrachten Punktladung. Man spricht darum in Analogie zur Influenzladung von einer Polarisationsladung. Es muß betont werden, daß die Polarisationsladung keine physikalisch reale Ladung ist, sondern nur die Ersatzladung, die bei einem Vakuumproblem zum gleichen Feldverlauf führt. Tatsächlich entspricht das asymptotische Verhalten des Potentials (4.3-33) z.B. für $z \to \pm\infty$, $\rho = 0$ diesem Bild:

$$V(\vec{x}) = \frac{Q}{4\pi\varepsilon_o}\left(\frac{1}{|z|} - \frac{\varepsilon-1}{\varepsilon+1}\frac{1}{|z|}\right) + O\left(\frac{1}{|z^2|}\right), \quad z \to \infty,\ \rho = 0 ,$$

$$V(\vec{x}) = \frac{Q}{4\pi\varepsilon\varepsilon_o}\left(\frac{2\varepsilon}{1+\varepsilon}\frac{1}{|z|}\right) + O\left(\frac{1}{|z|^2}\right), \quad z \to -\infty,\ \rho = 0 . \tag{4.3-37}$$

Der führende Term ist in beiden Fällen gleich dem Potential einer Punktladung:

$$Q - Q\,\frac{\varepsilon - 1}{\varepsilon + 1}\;.$$

Schließlich bemerken wir, daß das Potential (4.3-33) im Grenzfall $\varepsilon \to +\infty$ in das Potential (4.3-23) für den leitenden Halbraum übergeht.

Als nächstes Beispiel bestimmen wir die Greensche Funktion für das räumliche Gebiet $V^3 - \{\vec{x} \mid \|\vec{x}\| < a\}$, das physikalisch durch eine leitende Kugel vom Radius a realisiert werden kann. Ausgehend von dem Ansatz:

$$G(\vec{x},\vec{x}\,') = \frac{1}{4\pi\|\vec{x} - \vec{x}\,'\|} + w(\vec{x},\vec{x}\,')\;, \tag{4.3-38}$$

suchen wir eine im Gebiet $V^3 - \{\vec{x} \mid \|\vec{x}\| < a\}$ reguläre Lösung der Laplacegleichung, die die Randwerte

$$w(\vec{x},\vec{x}\,') = -\frac{1}{4\pi\|\vec{x} - \vec{x}\,'\|}\;,\qquad \forall\,\vec{x} \in \{\vec{x} \mid \|\vec{x}\| = a\}\,,\quad \vec{x}\,' \in V^3 - \{\vec{x} \mid \|\vec{x}\| < a\} \tag{4.3-39}$$

annimmt. Um w zu bestimmen, machen wir von der Tatsache Gebrauch, daß mit $u(\vec{x})$ auch

$$u'(\vec{x}) := \frac{a}{r}\,u\left(\frac{a^2}{r^2}\,\vec{x}\right)\;,\qquad r = \|\vec{x}\| \tag{4.3-40}$$

Lösung der Laplacegleichung ist. Die Abbildung I,

$$I:\ \vec{x} \mapsto \frac{a^2}{r^2}\,\vec{x}\;, \tag{4.3-41}$$

wird als Inversion bezeichnet. Sie spiegelt den Punkt $\vec{x}$ an der Oberfläche der Kugel vom Radus a und bildet daher den Rand der Kugel punktweise auf sich selbst ab. Bei einer Inversion geht der erste Term von (4.3-38) über in

$$I:\ \frac{1}{4\pi\|\vec{x} - \vec{x}\,'\|} \mapsto \frac{a}{r}\,\frac{1}{4\pi\left\|\frac{a^2}{r^2}\,\vec{x} - \vec{x}\,'\right\|} = \frac{a}{r'}\,\frac{1}{4\pi\left\|\vec{x} - \frac{a^2}{r'^2}\,\vec{x}\,'\right\|}\;,\qquad r' = \|\vec{x}\,'\|\;. \tag{4.3-42}$$

Wie man sieht, ist

$$w(\vec{x},\vec{x}\,') = -\frac{a}{r'}\,\frac{1}{4\pi\left\|\vec{x} - \vec{x}\,'\,\frac{a^2}{r'^2}\right\|} \tag{4.3-43}$$

im Gebiet $V^3 - \{\vec{x} \mid \|\vec{x}\| < a\}$ regulär und nimmt auf der Oberfläche der Kugel die Randwerte (4.3-39) an. Folglich lautet die Greensche Funktion:

$$G(\vec{x},\vec{x}') = \frac{1}{4\pi}\left\{\frac{1}{\|\vec{x}-\vec{x}'\|} - \frac{a}{r'}\,\frac{1}{\left\|\vec{x}-\frac{a^2}{r'^2}\vec{x}'\right\|}\right\}. \tag{4.3-44}$$

Mit ihr lassen sich die beiden physikalischen Grundaufgaben lösen. Im Falle einer geerdeten, leitenden Kugel im Felde einer Punktladung Q erhalten wir das Potential

$$V(\vec{x}) = \frac{Q}{4\pi\varepsilon_o}\left\{\frac{1}{\|\vec{x}-\vec{x}'\|} - \frac{a}{r'}\,\frac{1}{\left\|\vec{x}-\frac{a^2}{r'^2}\vec{x}'\right\|}\right\}. \tag{4.3-45}$$

Auf der Oberfläche der Kugel wird die Flächenladung

$$\sigma_F(\vec{x}(\theta,\varphi)) = \left\langle \bar{D}, \frac{\partial\vec{x}}{\partial\theta} \wedge \frac{\partial\vec{x}}{\partial\varphi}\right\rangle\Big|_{r=a} = \tag{4.3-46}$$

$$= -\varepsilon_o \frac{\partial V}{\partial r}\Big|_{r=a} a^2 \sin\theta = -\frac{Q}{4\pi}\,\frac{r'^2/a - a}{\left(\sqrt{a^2+r'^2-2ar'\cos\theta}\right)^3}\, a^2\sin\theta$$

influenziert. Hier ist θ der Winkel zwischen den Vektoren $\vec{x}$ und $\vec{x}'$. Die Flächenladung ist an keiner Stelle positiv und führt zu der negativen Gesamtladung

$$Q_L = \int_0^\pi d\theta \int_0^{2\pi} d\varphi\, \sigma_F(\vec{x}[\theta,\varphi]) = -\frac{a}{r'}Q. \tag{4.3-47}$$

Dem entspricht das asymptotische Verhalten von (4.3-45) für $\|\vec{x}\| \to \infty$

$$V(\vec{x}) = \frac{Q}{4\pi\varepsilon_o r}\left(1-\frac{a}{r'}\right) + O\left(\frac{1}{r^2}\right) \quad \text{für} \quad r\to\infty. \tag{4.3-48}$$

Nur der Bruchteil a/r' des Feldlinienflusses endet senkrecht auf der Leiteroberfläche, während der Anteil $(1 - a/r')$ wie bei einer Punktladung im Vakuum sich im Unendlichen verliert (Abb.4.17).

Ist die leitende Kugel isoliert und ungeladen, so muß die influenzierte Ladung Q_L verschwinden. Das Potential dieser Anordnung erhalten wir, wenn wir zu (4.3-45) die im Außenraum der Kugel reguläre Lösung der Laplacegleichung

$$V'(\vec{x}) = \frac{Q}{4\pi\varepsilon_o r}\,\frac{a}{r'} \tag{4.3-49}$$

hinzuaddieren. Natürlich kann man auch einen anderen Wert für die Gesamtladung vorschreiben.

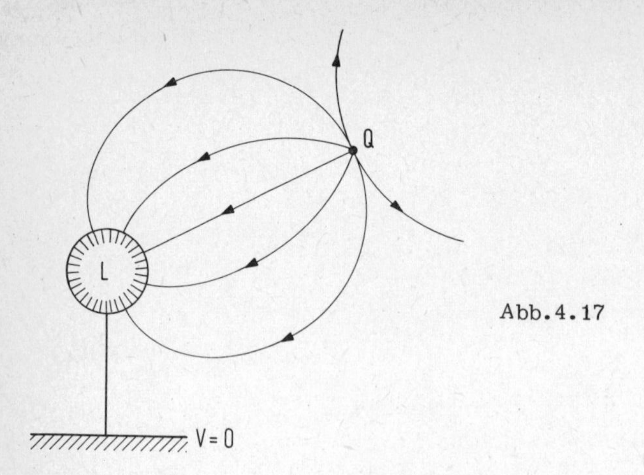

Abb.4.17

4.3.3. Multipole

Das Potential einer auf ein endliches Gebiet G beschränkten Ladungsverteilung ρ kann in hinreichend großem Abstand von G ähnlich wie in der Ebene (s. 4.2.4) auch im Raum nach Potentialen von Multipolen entwickelt werden. Wir gehen aus von der Darstellung (4.1-28) des Potentials in einem homogenen Dielektrikum:

$$V(\vec{x}) = \frac{1}{4\pi\,\varepsilon\varepsilon_o} \int_G \frac{*\rho(\vec{x}')\,d\tau(\vec{x}')}{\|\vec{x} - \vec{x}'\|} \,. \tag{4.3-50}$$

Wir legen den Ursprung eines kartesischen Bezugssystems in das Innere des Gebietes G und entwickeln die Funktion $\|\vec{x} - \vec{x}'\|^{-1}$ für Aufpunkte $\vec{x}$ außerhalb G bezüglich der Variablen $\vec{x}'$ im Ursprung in eine Taylorreihe (s. Abb.4.18):

$$\frac{1}{\|\vec{x}-\vec{x}'\|} = \frac{1}{\|\vec{x}\|} + x'^i \frac{\partial}{\partial x'^i} \frac{1}{\|\vec{x}-\vec{x}'\|}\bigg|_{\vec{x}'=0} + \frac{1}{2!} x'^i x'^j \frac{\partial^2}{\partial x'^i \partial x'^j} \frac{1}{\|\vec{x}-\vec{x}'\|}\bigg|_{\vec{x}'=0} + \dots \,. \tag{4.3-51}$$

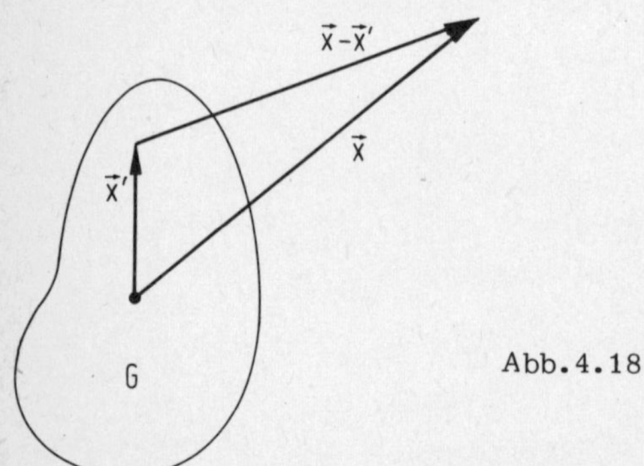

Abb.4.18

Für die ersten Entwicklungskoeffizienten ergibt sich:

$$\frac{\partial}{\partial x'^i}\frac{1}{\|\vec{x}-\vec{x}'\|}\bigg|_{\vec{x}'=0} = \frac{x_i - x_i'}{\|\vec{x}-\vec{x}'\|^3}\bigg|_{\vec{x}'=0} = \frac{x_i}{r^3}, \qquad r = \|\vec{x}\|, \qquad (i=1,2,3)$$

$$\frac{\partial^2}{\partial x'^i \partial x'^j}\frac{1}{\|\vec{x}-\vec{x}'\|}\bigg|_{\vec{x}'=0} = \frac{3(x_i-x_i')(x_j-x_j') - \|\vec{x}-\vec{x}'\|^2\delta_{ij}}{\|\vec{x}-\vec{x}'\|^5}\bigg|_{\vec{x}'=0} = \tag{4.3-52}$$

$$= \frac{3x_ix_j - \delta_{ij}r^2}{r^5}, \qquad (i,j=1,2,3).$$

Setzen wir nun die Entwicklung (4.3-51) mit den Koeffizienten (4.3-52) in (4.3-50) ein, so erhalten wir die Multipolentwicklung

$$V(\vec{x}) = \frac{1}{4\pi\varepsilon\varepsilon_o}\left(\frac{Q}{r} + \frac{P^i x_i}{r^3} + \frac{1}{2!}\frac{Q^{ij}x_ix_j}{r^5} + \ldots\right) \tag{4.3-53}$$

mit den Koeffizienten:

$$Q = \int_G *\rho(\vec{x}')d\tau(\vec{x}'), \qquad P^i = \int_G *\rho(\vec{x}')x'^i d\tau(\vec{x}'), \qquad (i=1,2,3)$$

$$Q^{ij} = \int_G *\rho(\vec{x}')(3x'^i x'^j - r'^2\delta^{ij})d\tau(\vec{x}'). \qquad (i,j=1,2,3) \tag{4.3-54}$$

Hier haben wir benutzt, daß die Spur der Matrix $(3x_ix_j - r^2\delta_{ij})$ verschwindet:

$$\sum_{i=1}^{3}(3x_ix_i - r^2\delta_{ii}) = (3x_ix_j - r^2\delta_{ij})\delta^{ij} = 0.$$

Die Koeffizienten (4.3-54) werden Multipolmomente genannt. Die Gesamtladung Q ist das Moment eines Monopols. Die drei Größen P^i können zum Vektor

$$\vec{P} = \vec{e}_i P^i \in T_{\vec{x}=0} \tag{4.3-55}$$

des Dipolmoments zusammengefaßt werden, während die Koeffizienten Q^{ij} einen symmetrischen Tensor 2-ter Stufe vom Typ (2.0) definieren (s. 1.3-2):

$$T := \vec{e}_i \otimes \vec{e}_j Q^{ij} \in T_{\vec{x}=0} \otimes T_{\vec{x}=0}. \tag{4.3-56}$$

Die Vektoren $\vec{e}_i$ sind eine beliebige Basis des Tangentenraums $T_{\vec{x}=0}$. Da die Matrix Q^{ij} symmetrisch ist, kann man die Basis so wählen, daß sie diagonal wird:

$$T = q_1 \vec{e}_1 \otimes \vec{e}_1 + q_2 \vec{e}_2 \otimes \vec{e}_2 + q_3 \vec{e}_3 \otimes \vec{e}_3 \,.$$

Die Summe der Diagonalelemente muß verschwinden:

$$q_1 + q_2 + q_3 = 0 \,,$$

denn das gleiche gilt für die Spur der Matrix Q^{ij} (4.3-54). Die weiteren Multipolmomente lassen sich auf dem hier eingeschlagenen Weg nur mühsam berechnen. Wir werden sie im Abschnitt 4.3.5 nach einem anderen Verfahren bestimmen.

Untersuchen wir das Feld eines Dipols etwas genauer. Das Potential eines im Ursprung angeordneten Dipols mit dem Moment $\vec{P}$:

$$V(\vec{x}) = \frac{\vec{P}\cdot\vec{x}}{4\pi\varepsilon\varepsilon_o r^3} = -\vec{P}\cdot\vec{\nabla}\frac{1}{4\pi\varepsilon\varepsilon_o r} = -\langle\bar{\nabla},\vec{P}\rangle\frac{1}{4\pi\varepsilon\varepsilon_o r} \tag{4.3-57}$$

ist wie das Potential einer Punktladung singulär und genügt der Poissongleichung

$$\Delta V = \frac{1}{\varepsilon\varepsilon_o}\vec{P}\cdot\vec{\nabla}\,\delta(\vec{x}) \tag{4.3-58}$$

nur als Distribution. Für das elektrische Feld erhalten wir in sphärischen Polarkoordinaten mit $\vec{P}$ als Achse ($P = \|\vec{P}\|$):

$$\begin{aligned} \bar{E} &= -\bar{\nabla}\frac{P\cos\theta}{4\pi\varepsilon\varepsilon_o r^2} = -\left(\bar{e}^r\frac{\partial}{\partial r} + \bar{e}^\theta\frac{\partial}{\partial\theta}\right)\frac{P\cos\theta}{4\pi\varepsilon\varepsilon_o r^2} = \\ &= \frac{P}{4\pi\varepsilon\varepsilon_o r^2}\left(\frac{2\cos\theta}{r}\,\bar{e}^r + \sin\theta\,\bar{e}^\theta\right). \end{aligned} \tag{4.3-59}$$

Das kanonisch zugeordnete Vektorfeld lautet (s. 2.1-27):

$$\vec{E} = \frac{P}{4\pi\varepsilon\varepsilon_o r^2}\left(\vec{e}_r\,\frac{2\cos\theta}{r} + \vec{e}_\theta\,\frac{\sin\theta}{r^2}\right). \tag{4.3-60}$$

Abbildung 4.19 zeigt den Verlauf der Feldlinien in einer Ebene $\varphi = \text{const}$. Das Feldlinienbild ist invariant unter Drehungen um die Achse des Dipolmoments. Man kann es aus dem Feld einer positiven und einer dem Betrage nach gleichen negativen Ladung erzeugen, indem man die beiden Ladungen gegeneinander rücken läßt. Das Dipolelement $\vec{P}$ weist von der negativen auf die positive Ladung.

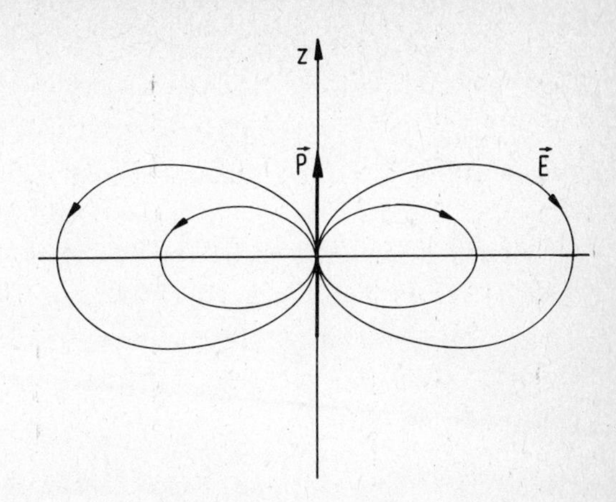

Abb.4.19

Wie im ebenen Fall erweist sich das Potential eines Dipols als nützlich bei der Lösung der Randwertaufgabe für eine leitende Kugel in einem homogenen elektrischen Feld $\vec{E}_\infty$. Zu dem Potential des homogenen Feldes:

$$V_\infty(\vec{x}) = -\vec{E}_\infty \cdot \vec{x} + c = -r\,E_\infty \cos\theta + c \qquad E_\infty = \|\vec{E}_\infty\| \tag{4.3-61}$$

addieren wir das Potential eines Dipols im Ursprung, dessen Moment $\vec{P}$ proportional zu $\vec{E}_\infty$ ist:

$$V(\vec{x}) = \left(\frac{P}{4\pi\,\varepsilon\varepsilon_o r^2} - r E_\infty\right)\cos\theta + c\,. \tag{4.3-62}$$

Den Proportionalitätsfaktor bestimmen wir aus der Forderung $V(\vec{x}) = c$ auf der Oberfläche der Kugel, deren Radius a sei:

$$V(\vec{x}) = -\left(1 - \frac{a^3}{r^3}\right) r E_\infty \cos\theta + c\,. \tag{4.3-63}$$

Abbildung 4.20 zeigt den Feldlinienverlauf.

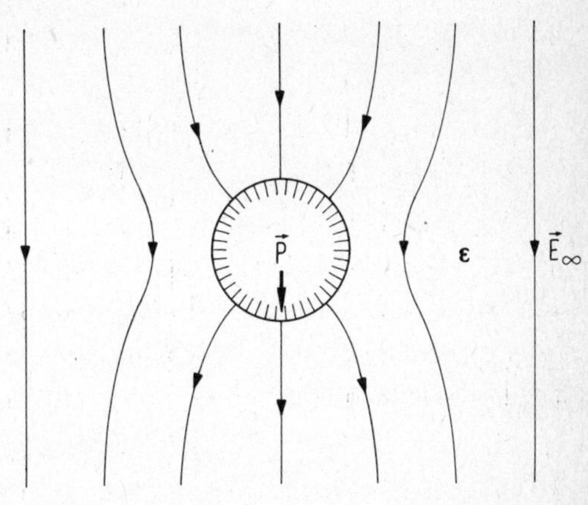

Abb.4.20

4.3.4. Polarisation

Bisher sind wir davon ausgegangen, daß die elektrischen Eigenschaften der Materie makroskopisch durch eine Ladungsverteilung ausreichend beschrieben werden, die als Mittelwert der durch die Quantentheorie bestimmten Ladungsverteilung im atomaren Bereich über Volumina, deren Dimensionen groß gegenüber den atomaren Dimensionen sind, aufzufassen ist. Doch können die Multipolmomente atomarer Ladungsverteilungen auch zu makroskopischen Verteilungen von Multipolmomenten Anlaß geben, die wir als Quellen makroskopischer Felder berücksichtigen müssen. Wir beschränken uns darauf, den Einfluß einer Dipolmomentverteilung zu untersuchen, was in den meisten Fällen genügt.

Eine Verteilung von Dipolmomenten beschreiben wir mathematisch durch eine ausgeartete Ladungsverteilung, die als Distribution aufzufassen ist. Einer glatten, d.h. hinreichend oft stetig differenzierbaren Ladungsverteilung ρ, kann man die durch das lineare Funktional (s. 4.3-3)

$$(\rho,\varphi) = \int_{V^3} \varphi\langle\rho,dK\rangle = \int_{V^3} \varphi(\vec{x}) * \rho(\vec{x})\, d\tau(\vec{x}) , \qquad \forall\, \varphi \in D \tag{4.3-64}$$

definierte Distribution zuordnen. Eine Verteilung von Dipolmomenten definieren wir durch eine Distribution der Form

$$(\rho,\varphi) = \int_{V^3} \langle\bar{p}\wedge\bar{\nabla}\varphi, dK\rangle = \int_{V^3} *\bar{p}\wedge\bar{\nabla}\varphi\, d\tau = \int_{V^3} (*\bar{p})\cdot\bar{\nabla}\varphi\, d\tau . \tag{4.3-65}$$

Hier ist $\bar{p}$ eine glatte 2-Form mit der Dimension

$$[\bar{p}] = \left[\frac{\text{Ladung}}{(\text{Länge})^2}\right] = 1\,\frac{\text{A s}}{\text{m}^2} . \tag{4.3-66}$$

Sie muß ungerade sein, damit ρ die Parität einer Ladungsverteilung hat. Ist nun $\bar{p}$ nur in einem endlichen Gebiet G von Null verschieden, so erhalten wir die Gesamtladung dieses Gebietes, wenn wir eine Testfunktion φ verwenden, die in G den Wert eins hat:

$$Q = \int_G \langle\bar{p}\wedge\bar{\nabla}\cdot 1, dK\rangle = 0 . \tag{4.3-67}$$

Ebenso sehen wir, daß die Gesamtladung jedes Teilbereichs von G verschwindet. Der Ansatz (4.3-65) erfüllt also die an eine Verteilung von Dipolmomenten zu stellende Forderung. Alle anderen Multipolmomente lassen sich wie bei einer glatten Ladungsverteilung bestimmen. Zum Beispiel erhalten wir für die Komponenten des Dipolmomentvektors nach (4.3-54):

$$P^i = \int_G \langle \bar{p} \wedge \bar{\nabla} x^i, dK \rangle = \int_G \langle \bar{p} \wedge \bar{e}^i, dK \rangle . \quad (i = 1,2,3) \tag{4.3-68}$$

Das Potential einer auf das Gebiet G im Vakuum konzentrierten Verteilung von Dipolmomenten erhalten wir, wenn wir in die zunächst für glatte Ladungsverteilungen gültige Darstellung

$$V(\vec{x}) = \frac{1}{4\pi\varepsilon_o} \int_G \frac{\langle \rho', dK' \rangle}{\|\vec{x} - \vec{x}'\|}$$

formal die Ladungsverteilung

$$\rho = \bar{p} \wedge \bar{\nabla} \tag{4.3-69}$$

einsetzen:

$$\begin{aligned} V(\vec{x}) &= \frac{1}{4\pi\varepsilon_o} \int_G \langle \bar{p}' \wedge \bar{\nabla}' \frac{1}{\|\vec{x} - \vec{x}'\|}, dK' \rangle = \\ &= \frac{1}{4\pi\varepsilon_o} \int_G (*\vec{p}') \cdot \vec{\nabla}' \frac{1}{\|\vec{x} - \vec{x}'\|} d\tau(\vec{x}') = - \vec{\nabla} \cdot \frac{1}{4\pi\varepsilon_o} \int_G \frac{\bar{p}(\vec{x}') \cdot dK'}{\|\vec{x} - \vec{x}'\|} . \end{aligned} \tag{4.3-70}$$

Man erkennt die Verwandtschaft der letzten Form mit (4.3-57). Tatsächlich erhält man das Potential eines Dipols im Ursprung mit dem Ansatz

$$*\vec{p}(\vec{x}) = \vec{P}\,\delta(\vec{x}) . \tag{4.3-71}$$

Die Darstellung (4.3-70) läßt sich mit Hilfe des Stokesschen Satzes in physikalisch bedeutsamer Weise umformen:

$$\begin{aligned} V(\vec{x}) &= \frac{1}{4\pi\varepsilon_o} \int_G \langle \bar{\nabla}' \wedge \bar{p}' \frac{1}{\|\vec{x} - \vec{x}'\|}, dK' \rangle - \frac{1}{4\pi\varepsilon_o} \int_G \frac{\langle \bar{\nabla}' \wedge \bar{p}', dK' \rangle}{\|\vec{x} - \vec{x}'\|} = \\ &= \frac{1}{4\pi\varepsilon_o} \int_{\partial G} \frac{\langle \bar{p}', d\vec{F}' \rangle}{\|\vec{x} - \vec{x}'\|} - \frac{1}{4\pi\varepsilon_o} \int_G \frac{\langle \bar{\nabla}' \wedge \bar{p}', dK' \rangle}{\|\vec{x} - \vec{x}'\|} . \end{aligned} \tag{4.3-72}$$

Das Potential einer durch die 2-Form $\bar{p}$ gegebenen Dipolmomentverteilung ist also gleich dem einer Raumladungsverteilung

$$\rho_P := - \bar{\nabla} \wedge \bar{p} \tag{4.3-73a}$$

in G plus dem Potential einer Flächenladung

$$\bar{\sigma}_P = \bar{p} \tag{4.3-73b}$$

auf dem Rand ∂G. Man nennt diese Ersatzladungen für eine Dipolverteilung Polarisationsladungen. Sie sind von den physikalisch realisierten echten Ladungen zu unterscheiden.

Ist nun im Vakuum eine Raumladungsverteilung ρ und eine Dipolverteilung $\bar{p}$ gegeben, so können wir Raumladung und Polarisationsladung zu einer Gesamtladung

$$\rho_t = \rho + \rho_P = \bar{\nabla} \wedge (\bar{D} - \bar{p}) \tag{4.3-75}$$

zusammenfassen. Im Innern des Ladungsgebietes gilt die Poissongleichung

$$- \varepsilon_o \bar{\nabla} \wedge * \bar{\nabla} V = \rho_t , \tag{4.3-76}$$

oder mit $\bar{E} = - \bar{\nabla} V$

$$\bar{\nabla} \wedge * \varepsilon_o \bar{E} = \rho_t = \bar{\nabla} \wedge (\bar{D} - \bar{p}) . \tag{4.3-77}$$

Wir schließen daraus auf die Materialgleichung

$$\bar{D} = * \varepsilon_o \bar{E} + \bar{p} . \tag{4.3-78}$$

(4.3-78) folgt aus (4.3-77) nur bis auf eine geschlossene 2-Form. Letztere muß jedoch gleich Null gesetzt werden, da ihr keine physikalische Bedeutung zugeordnet werden kann.

Die Beziehung (4.3-78) ist als Materialgleichung in einem polarisierten Medium aufzufassen, das neben einer Raumladung eine Dipolverteilung trägt. Sie ist eine Verallgemeinerung der Materialgleichung

$$\bar{D} = * \varepsilon \varepsilon_o \bar{E} \tag{4.3-79}$$

im Dielektrikum. Tatsächlich können wir auch (4.3-79) in der Form (4.3-78) mit

$$\bar{p} = * \varepsilon_o (\varepsilon - 1) \bar{E} \tag{4.3-80}$$

schreiben. Auch ein Dielektrikum ist ein polarisiertes Medium, dessen Dipolverteilung $\bar{p}$ dem elektrischen Feld proportional ist. Den Faktor

$$\varepsilon - 1 =: \chi \tag{4.3-81}$$

nennt man elektrische Suszeptibilität. Für die Beziehung zwischen $\bar{p}$ und $\bar{E}$ gilt das gleiche, was bei der Diskussion der Materialgleichung im Abschnitt 3.4.1 gesagt wurde. Medien, die unter dem Einfluß eines elektrischen Feldes eine Dipolmomentverteilung annehmen, heißen polarisierbar. Materialien hingegen, die eine permanente Dipoldichte auch bei Abwesenheit eines elektrischen Feldes besitzen, werden Elektrete genannt.

Bei der Bestimmung des Potentials können wir ein Dielektrikum mit der Dielektrizitätskonstanten $\varepsilon > 1$ durch Vakuum ersetzen, wenn wir zu einer etwa vorhandenen Raumladung ρ die Polarisationsladung

$$\rho_P = -\bar{\nabla}\wedge * \varepsilon_o \chi \bar{E} \tag{4.3-82}$$

hinzufügen und auf der Grenzfläche Dielektrikum-Vakuum die Polarisationsflächenladung

$$\bar{\sigma}_P = \bar{p} = * \varepsilon_o \chi \bar{E} \tag{4.3-83}$$

berücksichtigen. Die transversale Orientierung der Grenzfläche ist so zu wählen, daß die Normale in das Vakuum weist. Diese Analogie haben wir schon bei der Diskussion des dielektrischen Halbraums im vorhergehenden Abschnitt festgestellt. Auf der Grenzfläche zweier Medien mit den Suszeptibilitäten χ_1 und χ_2 tritt an die Stelle von (4.3-83) die Polarisationsladung

$$\bar{\sigma}_P = \bar{p}_1 - \bar{p}_2 = * \varepsilon_o(\chi_1 \bar{E}_1 - \chi_2 \bar{E}_2) = * \varepsilon_o(\varepsilon_1 \bar{E}_1 - \varepsilon_2 \bar{E}_2) - * \varepsilon_o(\bar{E}_1 - \bar{E}_2) , \tag{4.3-84}$$

wenn man die Orientierung der Grenzfläche so wählt, daß die Normale vom Medium 1 in das Medium 2 weist. Für ein Flächenelement $d\vec{F}$ der Grenzfläche gilt wegen (3.4-9b):

$$\langle * \varepsilon_o(\varepsilon_1 \bar{E}_1 - \varepsilon_2 \bar{E}_2), d\vec{F}\rangle = 0 ,$$

so daß der durch die Bedingung

$$\langle * \varepsilon_o(\bar{E}_2 - \bar{E}_1), d\vec{F}\rangle = \langle \bar{\sigma}_P, d\vec{F}\rangle \tag{4.3-85}$$

festgelegte Sprung der Normalkomponenten von $\bar{E}$ der allgemeinen Grenzbedingung (3.4-9b) im Vakuum mit der Polarisationsladung als Flächenladung entspricht.

4.3.5. Entwicklung nach Kugelfunktionen

Im Abschnitt 4.2.5 haben wir die Lösungen von Laplace- und Poissongleichung in der Ebene in eine Fouriersche Reihe bezüglich der Winkelabhängigkeit entwickelt. Eine entsprechende Entwicklung läßt sich auch für die Lösungen der genannten Differentialgleichungen im Raum angeben. Wir fragen zunächst nach der allgemeinen Lösung der Laplacegleichung in sphärischen Polarkoordinaten (s. 2.3-33)

$$\Delta V = \frac{1}{r^2}\frac{\partial}{\partial r} r^2 \frac{\partial V}{\partial r} + \frac{1}{r^2 \sin\theta}\frac{\partial}{\partial\theta}\sin\theta\frac{\partial V}{\partial\theta} + \frac{1}{r^2\sin^2\theta}\frac{\partial^2 V}{\partial\varphi^2} = 0\,. \qquad (4.3\text{-}86)$$

Spezielle Lösungen erhält man wieder durch Separation der Variablen:

$$V(r,\theta,\varphi) = R(r)\Theta(\theta)\Phi(\varphi)\,. \qquad (4.3\text{-}87)$$

Der Ansatz (4.3-87) führt in der früher geschilderten Weise auf die gewöhnlichen Differentialgleichungen

$$\frac{d^2\Phi}{d\varphi^2} + \mu\Phi = 0\,, \qquad (4.3\text{-}88)$$

$$\frac{1}{\sin\theta}\frac{d}{d\theta}\sin\theta\frac{d\Theta}{d\theta} + \left(\lambda - \frac{\mu}{\sin^2\theta}\right)\Theta = 0\,, \qquad (4.3\text{-}89)$$

$$\frac{1}{r^2}\frac{d}{dr} r^2\frac{dR}{dr} - \frac{\lambda}{r^2} R = 0\,. \qquad (4.3\text{-}90)$$

Die Funktion $\Phi(\varphi)$ muß wie in der Ebene (s. 4.2-76) periodisch sein, so daß

$$\mu = m^2\,, \qquad m = 0, \pm 1, \ldots\,.$$

Für jeden Wert $\mu = m^2$ bilden die Funktionen (s. 4.2-78)

$$\Phi_{\pm m}(\varphi) = \frac{1}{\sqrt{2\pi}} e^{\pm im\varphi}\,, \qquad m = 0,1,2\ldots \qquad (4.3\text{-}91)$$

ein Fundamentalsystem. Die Funktionen $\Phi_m(\varphi)$ $(m = 0, \pm 1, \ldots)$ genügen ferner den Orthonormalitätsrelationen (4.2-82).

Untersuchen wir nun die Lösungen der Differentialgleichung (4.3-89) für $\mu = m^2$. Wir führen zunächst $\cos\theta$ als unabhängige Veränderliche ein,

$$\zeta = \cos\theta,\quad \frac{d}{d\theta} = -\sin\theta\frac{d}{d\zeta}\,;\qquad \sin\theta\frac{d}{d\theta} = -(1-\zeta^2)\frac{d}{d\zeta}\,,\quad \Theta(\theta) = g(\zeta)$$

und erhalten an Stelle von (4.3-89)

$$\frac{d}{d\zeta}(1-\zeta^2)\frac{dg}{d\zeta} + \left(\lambda - \frac{m^2}{1-\zeta^2}\right)g = 0\,. \qquad (4.3\text{-}92)$$

Diese Differentialgleichung hat singuläre Punkte für $\zeta = \pm 1$, in denen die Lösungen singulär werden können. Da die entsprechenden Punkte $\theta = 0$, $\theta = \pi$ auf der Einheitskugel physikalisch in keiner Weise ausgezeichnet sind, dürfen wir nur Lösungen zulassen, die in den Punkten $\zeta = \pm 1$ regulär (analytisch) sind.

Wir behandeln zunächst den Fall $m = 0$. Die Lösung darf als Potenzreihe

$$g(\zeta) = \sum_{n=0}^{\infty} a_n \zeta^n \tag{4.3-93}$$

angesetzt werden. Nach Einsetzen der Potenzreihe (4.3-93) in die Differentialgleichung (4.3-92) für $m = 0$ erhalten wir durch Koeffizientenvergleich die Rekursionsformel

$$(n+2)(n+1)a_{n+2} - n(n-1)a_n - 2na_n + \lambda a_n = 0, \quad n = 0,1,2\ldots, \tag{4.3-94}$$

die wir nach a_{n+2} auflösen:

$$a_{n+2} = \frac{n(n+1) - \lambda}{(n+1)(n+2)} a_n, \qquad n = 0,1,\ldots . \tag{4.3-95}$$

Die Potenzreihe bricht mit dem ℓ-ten Glied ab, falls:

$$\lambda = \ell(\ell+1), \qquad \ell = 0,1,2\ldots . \tag{4.3-96}$$

Für alle anderen Werte von λ ergibt sich eine unendliche Potenzreihe, die zwar für $|\zeta| < 1$ konvergiert, aber für $|\zeta| \to 1$ beliebig groß wird und daher die Randbedingung nicht erfüllt. Lösungen des Randwertproblems sind nur die Polynome ℓ-ten Grades, die mit ℓ gerade oder ungerade sind. Wir bezeichnen sie mit $P_\ell(\zeta)$ und verfügen über die nach (4.3-94) freie Konstante a_o so, daß:

$$P_\ell(1) = 1, \qquad \ell = 0,1,2\ldots . \tag{4.3-97}$$

Die so definierten Polynome heißen Legendresche Polynome und können wie folgt dargestellt werden:

$$P_\ell(\zeta) = \frac{1}{2^\ell \ell!} \frac{d^\ell}{d\zeta^\ell} (\zeta^2 - 1)^\ell, \qquad \ell = 0,1,2\ldots \tag{4.3-98}$$

$$P_o = 1, \quad P_1 = \zeta, \quad P_2 = \frac{1}{2}(\zeta^2 - 1), \ldots .$$

Mit Hilfe von (4.3-98) beweist man die Orthogonalitätsrelationen

$$\int_{-1}^{+1} P_\ell(\zeta) P_{\ell'}(\zeta) d\zeta = \frac{2}{2\ell+1} \delta_{\ell\ell'}, \qquad \ell, \ell' = 0,1,\ldots \tag{4.3-99}$$

durch partielle Integration. Ferner gilt

$$P_\ell(-1) = (-1)^\ell P_\ell(1) \; . \tag{4.3-100}$$

Die Lösungen von (4.3-92) für $m^2 \neq 0$ können wir aus den Legendreschen Polynomen durch Differentiation gewinnen. Differenzieren wir nämlich die Differentialgleichung

$$[(1-\zeta^2)g']' + \lambda g = 0 \tag{4.3-101}$$

$(' = d|d\zeta)$ m-mal $(m = 1,2\dots)$ und multiplizieren sie mit $(1-\zeta^2)^{m/2}$, so erhalten wir

$$(1-\zeta^2)^{m/2}[(1-\zeta^2)g']^{(m+1)} + \lambda(1-\zeta^2)^{m/2}g^{(m)} = 0$$

oder:

$$\{(1-\zeta^2)[(1-\zeta^2)^{m/2}g^{(m)}]'\}' + \left(\lambda - \frac{m^2}{1-\zeta^2}\right)(1-\zeta^2)^{m/2}g^{(m)} = 0.$$

$$m = 0,1,2\dots \tag{4.3-102}$$

Hier bedeutet $g^{(m)}$ die m-fache Ableitung von g. Folglich sind die Funktionen

$$P_\ell^m(\zeta) := (1-\zeta^2)^{m/2}\frac{d^m}{d\zeta^m}P_\ell(\zeta), \qquad \ell = 0,1,2\dots, \quad m = 0,1,\dots\ell \tag{4.3-103}$$

die gesuchten Lösungen der Differentialgleichung (4.3-92). Sie werden Legendresche Polynome m-ter Ordnung genannt.

Wir definieren nun die Kugelflächenfunktionen als Produkte von Legendreschen Polynomen und trigonometrischen Funktionen (4.3-91):

$$Y_{\ell m}(\theta,\varphi) := \left(\frac{(\ell-m)!}{(\ell+m)!}\right)^{1/2}\sqrt{\frac{2\ell+1}{4\pi}}\,P_\ell^{|m|}(\cos\theta)\,e^{im\varphi}(-1)^m,$$

$$\begin{matrix}\ell = 0,1,2\dots \\ m = 0,1,\dots\ell\end{matrix}, \qquad Y_{\ell,-m} = (-1)^m\bar{Y}_{\ell,m} \; . \tag{4.3-104}$$

Sie sind auf der Einheitskugel eindeutige Lösungen der partiellen Differentialgleichung

$$\frac{1}{\sin\theta}\frac{\partial}{\partial\theta}\sin\theta\frac{\partial Y}{\partial\theta} + \frac{1}{\sin^2\theta}\frac{\partial^2 Y}{\partial\varphi^2} + \ell(\ell+1)Y = 0 \tag{4.3-105}$$

und genügen den Orthonormalitätsrelationen

$$\int_0^{2\pi} d\varphi \int_0^{\pi} d\theta \sin\theta \; \bar{Y}_{\ell m}(\theta,\varphi)\; Y_{\ell' m'}(\theta,\varphi) = \delta_{\ell\ell'}\delta_{mm'} . \tag{4.3-106}$$

Unsere letzte Aufgabe ist die Lösung der Differentialgleichung (4.3-90) für $\lambda = \ell(\ell+1)$ ($\ell = 0,1,2...$). Ein Potenzansatz $R(r) = r^{\alpha}$ führt auf die Bedingung

$$\alpha(\alpha - 1) = \ell(\ell + 1) , \tag{4.3-107}$$

so daß die Funktionen

$$v_1(r) = r^{\ell}, \quad v_2(r) = r^{-(\ell+1)}, \qquad \ell = 0,1,2... \tag{4.3-108}$$

ein Fundamentalsystem von (4.3-90) bilden.

Durch Überlagerung aller gefundenen speziellen Lösungen erhalten wir nun die allgemeine Lösung der Laplacegleichung (4.3-87)

$$V(r,\theta,\varphi) = \sum_{\ell=0}^{\infty} \sum_{m=-\ell}^{+\ell} \left(A_{\ell m} r^{\ell} + B_{\ell m} r^{-(\ell+1)}\right) Y_{\ell m}(\theta,\varphi) . \tag{4.3-109}$$

Die Konstanten $A_{\ell m}$ und $B_{\ell m}$ sind so zu wählen, daß die Potentialfunktion reell ist. Da nach (4.3-104)

$$\bar{Y}_{\ell,m} = Y_{\ell,-m}(-1)^m , \tag{4.3-110}$$

ist das der Fall, wenn sie den Bedingungen

$$(-1)^m \bar{A}_{\ell,m} = A_{\ell,-m} ; \qquad (-1)^m \bar{B}_{\ell,m} = B_{\ell,-m} \tag{4.3-111}$$

genügen. Mit Hilfe der Orthonormalitätsrelationen (4.3-106) kann man die Funktionen

$$V_{m\ell}(r) = A_{\ell m} r^{\ell} + B_{\ell m} r^{-(\ell+1)} = \int_0^{2\pi} d\varphi \int_0^{\pi} d\theta \sin\theta \; V(r,\theta,\varphi)\; \bar{Y}_{\ell m}(\theta,\varphi) \tag{4.3-112}$$

als Koeffizienten einer Entwicklung der Funktion V nach den Kugelfunktionen $Y_{\ell m}$ auffassen, die das Analogon der Fourierentwicklung (4.2-87) in der Ebene ist. Die Entwicklung konvergiert im Regularitätsgebiet gleichmäßig. Durch geeignete Wahl der freien Konstanten können spezielle Randbedingungen erfüllt werden, so daß (4.3-109) tatsächlich die allgemeinste Lösung liefert. Wie in der Ebene ist eine Lösung, die regulär für $r \to 0$ und $r \to \infty$ ist, eine Konstante, während die Reihe

$$V(r,\theta,\varphi) = \sum_{\ell=0}^{\infty} \sum_{m=-\ell}^{+\ell} B_{\ell m} r^{-(\ell+1)} Y_{\ell m}(\theta,\varphi) + A_{00} \qquad (4.3\text{-}113)$$

die allgemeinste Lösung darstellt, die für $r \to \infty$ regulär ist. Die Konstante A_{00} kann durch die weitere Forderung

$$V = O\left(\frac{1}{r}\right) \quad \text{für} \quad r \to \infty \qquad (4.3\text{-}114)$$

beseitigt werden.

Betrachten wir als Beispiel eine dielektrische Kugel vom Radius a in einem homogenen Feld $\vec{E}_\infty$ (Abb.4.21). Der Kugelmittelpunkt sei Ursprung eines Systems sphärischer Polarkoordinaten. Für $r \to \infty$ muß das Potential in das Potential des homogenen Feldes $\vec{E}$ übergehen:

$$V = -E_\infty r \cos\theta + c + O\left(\frac{1}{r}\right), \quad r \to \infty . \qquad (4.3\text{-}115)$$

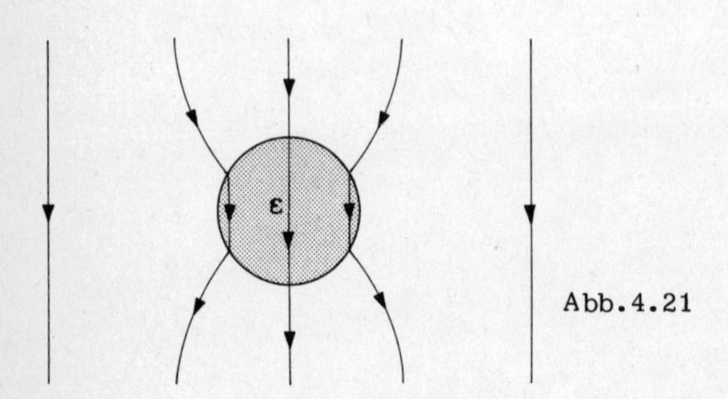

Abb.4.21

Hier ist θ der Winkel zwischen den Vektoren $\vec{x}$ und $\vec{E}_\infty$ und $E_\infty = \|\vec{E}_\infty\|$. c ist eine freie Konstante. Auf dem Rande der Kugel sind die Randbedingungen (3.4-19) und (3.4-21) zu erfüllen:

$$V(a-0,\theta,\varphi) = V(a+0,\theta,\varphi) \qquad (4.3\text{-}116a)$$

$$\varepsilon \frac{\partial V}{\partial r}(a-0,\theta,\varphi) = \frac{\partial V}{\partial r}(a+0,\theta,\varphi) . \qquad (4.3\text{-}116b)$$

Schließlich soll V für $r \to 0$ regulär sein. Die Randbedingungen für $r \to 0$ und $r \to \infty$ reduzieren die allgemeine Lösung (4.3-109) auf zwei Terme:

$$V = A_{00} Y_{00} + A_{10} r Y_{10} \qquad r < a$$
$$V = A'_{00} Y_{00} + (A'_{10} r + B'_{10} r^{-2}) Y_{10} \qquad r > a . \tag{4.3-117}$$

Die Konstanten A'_{00} und A'_{10} erhält man durch Vergleich mit (4.3-115) unter Berücksichtigung der Normierung der Kugelfunktionen (s. 4.3-104):

$$A'_{00} = c\sqrt{4\pi} , \qquad A'_{10} = - E_\infty \sqrt{\frac{4\pi}{3}} . \tag{4.3-118}$$

Die Grenzbedingungen (4.3-116) verlangen:

$$A_{00} = A'_{00}$$
$$A_{10} = A'_{10} + \frac{B'_{10}}{a^3} , \quad \varepsilon A_{10} = A'_{10} - 2\frac{B'_{10}}{a^3} \quad \Rightarrow \quad A_{10} = \frac{3}{\varepsilon + 2} A'_{10} ,$$
$$B'_{10} = - \frac{\varepsilon - 1}{\varepsilon + 2} a^3 A'_{10} . \tag{4.3-119}$$

Damit erhalten wir die Lösung:

$$V(r,\theta,\varphi) = \begin{cases} - \frac{3}{\varepsilon + 2} E_\infty \sqrt{\frac{4\pi}{3}}\, r Y_{10}(\theta,\varphi) + c\sqrt{4\pi}\, Y_{00} , & r \leqslant a , \\ - E_\infty \sqrt{\frac{4\pi}{3}} \left(r - \frac{\varepsilon - 1}{\varepsilon + 2} a \frac{a^2}{r^2} \right) Y_{10}(\theta,\varphi) + c\sqrt{4\pi}\, Y_{00} , & r \geqslant a . \end{cases} \tag{4.3-120}$$

Sie geht im Grenzfall $\varepsilon \to \infty$ in die Lösung für die leitende Kugel im homogenen Feld über (s. 4.3-63).

Wir behandeln nun die Lösung der Poissonschen Differentialgleichung in einem homogenen Dielektrikum

$$\Delta V = \frac{1}{r^2}\frac{\partial}{\partial r} r^2 \frac{\partial V}{\partial r} + \frac{1}{r^2 \sin\theta}\frac{\partial}{\partial\theta} \sin\theta \frac{\partial V}{\partial\theta} + \frac{1}{r^2 \sin^2\theta}\frac{\partial^2 V}{\partial\varphi^2} = - \frac{f(r,\theta,\varphi)}{\varepsilon\varepsilon_o} , \tag{4.3-121}$$

wo

$$f(r,\theta,\varphi) = * \rho \tag{4.3-122}$$

der hinreichend oft stetig differenzierbar vorausgesetzte Koeffizient der Ladungsverteilung ist. Ist f eindeutig, so konvergiert die Entwicklung

$$f(r,\theta,\varphi) = \sum_{\ell=0}^{\infty} \sum_{m=-\ell}^{+\ell} f_{\ell m}(r)\, Y_{\ell m}(\theta,\varphi);$$

$$f_{\ell m}(r) = \int_0^{2\pi} d\varphi \int_0^{\pi} d\theta \sin\theta\; f(r,\theta,\varphi)\, \bar{Y}_{\ell m}(\theta,\varphi) \tag{4.3-123}$$

gleichmäßig. Eine entsprechende Entwicklung für das Potential führt für die Entwicklungskoeffizienten $V_{\ell m}$ auf die Differentialgleichungen

$$\frac{1}{r^2}\frac{d}{dr} r^2 \frac{dV_{\ell m}}{dr} - \frac{\ell(\ell+1)}{r^2} V_{\ell m} = -\frac{f_{\ell m}}{\varepsilon\varepsilon_o}, \qquad \begin{matrix} \ell = 0,1,2,\ldots \\ m = 0,\pm 1\ldots\pm\ell \end{matrix} \tag{4.3-124}$$

die nach dem gleichen Verfahren gelöst werden können, das wir zur Integration der Differentialgleichungen (4.2-95) verwendet haben. Es ist lediglich zu beachten, daß die Wronskische Determinante $W(v_1,v_2)$ des Fundamentalsystems (4.3-108) statt (4.2-96) die Beziehung

$$r^2 W(v_1,v_2) = \text{const} = -(2\ell+1) \tag{4.3-125}$$

erfüllt. Wir erhalten dann wie im Abschnitt 4.2.5 die Lösungen:

$$V_{\ell m}(r) = \int_0^{\infty} dr' G_\ell(r,r') \frac{r'^2 f_{\ell m}(r')}{\varepsilon\varepsilon_o}, \tag{4.3-126}$$

$$G_\ell(r,r') = \begin{cases} \dfrac{1}{2\ell+1}\left(\dfrac{r'}{r}\right)^\ell \dfrac{1}{r}, & r' \leqslant r, \\[2ex] \dfrac{1}{2\ell+1}\left(\dfrac{r}{r'}\right)^\ell \dfrac{1}{r'}, & r' \geqslant r. \end{cases} \qquad \ell = 0,1,2\ldots \tag{4.3-127}$$

Sie sind für $r \to 0$ und $r \to \infty$ regulär.

Schreiben wir die Lösung in der Form

$$V(r,\theta,\varphi) = \sum_{\ell=0}^{\infty} V_{\ell m}(r)\, Y_{\ell m}(\theta,\varphi) =$$

$$= \int_0^{\infty} dr' r'^2 \int_0^{\pi} d\theta' \sin\theta' \int_0^{2\pi} d\varphi' G(r,\theta,\varphi|r',\theta',\varphi') \frac{f(r',\theta',\varphi')}{\varepsilon\varepsilon_o}, \tag{4.3-128}$$

so liefert ein Vergleich mit der Darstellung (4.1-27) die folgende Entwicklung für die Greensche Funktion:

$$\frac{1}{4\pi\|\vec{x}-\vec{x}'\|} = G(r,\theta,\varphi|r',\theta',\varphi') =$$

$$= \begin{cases} \sum_{\ell=0}^{\infty} \sum_{m=-\ell}^{+\ell} \frac{1}{2\ell+1}\left(\frac{r'}{r}\right)^{\ell} \frac{1}{r}\bar{Y}_{\ell m}(\theta,\varphi)\, Y_{\ell m}(\theta',\varphi') & r' \leq r \\ \sum_{\ell=0}^{\infty} \sum_{m=-\ell}^{+\ell} \frac{1}{2\ell+1}\left(\frac{r}{r'}\right)^{\ell} \frac{1}{r'}\bar{Y}_{\ell m}(\theta,\varphi)\, Y_{\ell m}(\theta',\varphi') & r' \geq r\,. \end{cases} \quad (4.3\text{-}129)$$

Eine einfachere Darstellung erhalten wir mit dem Additionstheorem der Kugelfunktionen:

$$P_{\ell}[\cos\theta\cos\theta' + \sin\theta\sin\theta'\cos(\varphi-\varphi')] = \frac{4\pi}{2\ell+1}\sum_{m=-\ell}^{+\ell}\bar{Y}_{\ell m}(\theta,\varphi)\, Y_{\ell m}(\theta',\varphi'),$$

$$\ell = 0,1,2\ldots\,. \quad (4.3\text{-}130)$$

Das Additionstheorem folgt aus einem Vergleich der bei beliebiger Achsenrichtung des Polarkoordinatensystems gültigen Entwicklung (4.3-129) mit der entsprechenden Entwicklung für den Fall, daß die Achse in Richtung von $\vec{x}$ oder $\vec{x}'$ weist. Da die Greensche Funktion invariant unter Drehungen ist, müssen beide Entwicklungen übereinstimmen.

Wir kommen nun zurück auf die Frage nach der allgemeinen Struktur der Multipolentwicklung, die wir im letzten Abschnitt offen lassen mußten. Für $r \to \infty$ folgt aus (4.3-128) mit (4.3-129) die asymptotische Entwicklung:

$$V(r,\theta,\varphi) = \frac{1}{\varepsilon\varepsilon_0}\sum_{\ell=0}^{\infty}\frac{1}{2\ell+1}\sum_{m=-\ell}^{+\ell}\frac{M_{\ell m}}{r^{\ell+1}}\, Y_{\ell m}(\theta,\varphi), \quad r\to\infty, \quad (4.3\text{-}131)$$

mit den Momenten

$$M_{\ell m} = \int_0^{\infty} dr' r'^2 \int_0^{\pi} d\theta' \sin\theta' \int_0^{2\pi} d\varphi' r'^{\ell} f(r',\theta',\varphi')\, \bar{Y}_{\ell m}(\theta',\varphi') =$$

$$= \int d\tau(\vec{x}') * \rho(\vec{x}') r'^{\ell}\, \bar{Y}_{\ell m}\,. \quad (4.3\text{-}132)$$

Mit (4.3-104) können wir zu kartesischen Koordinaten übergehen und die Momente $M_{\ell m}$ mit den im Abschnitt 4.3.4 eingeführten Multipolmomenten vergleichen:

$$M_{00} = \frac{1}{\sqrt{4\pi}} Q . \tag{4.3-133}$$

$$M_{10} = \sqrt{\frac{3}{4\pi}} P^3 , \quad M_{1,\pm 1} = \mp \sqrt{\frac{3}{8\pi}} (P^1 \mp i P^2) \text{ usw.}$$

Allgemein gilt wegen (4.3-110)

$$M_{\ell,m} = \bar{M}_{\ell,-m} (-1)^m , \tag{4.3-134}$$

so daß ein Multipol ℓ-ter Ordnung $(2\ell + 1)$ unabhängige reelle Komponenten besitzt. Der Quadrupol hat fünf Komponenten, der Oktupol ($\ell = 3$) sieben, usw. Die Potentiale der Multipole können aus (4.3-131) abgelesen werden.

Aufgaben

4.1 Zwei konzentrische, leitende Hohlkugeln mit den Radien a und b > a sind in ein homogenes, isotropes Medium mit der relativen Dielektrizitätskonstanten ε_2 eingebettet. Der Zwischenraum ist mit einem Dielektrikum der Konstanten ε_1 gefüllt (s. Abb.4.22).

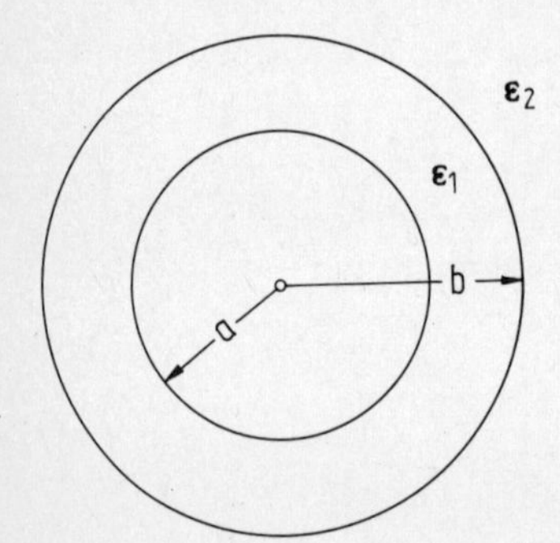

Abb.4.22

a) Berechnen Sie die Maxwellschen Kapazitätskoeffizienten des Zwei-Leiter-Systems über die Potentialkoeffizienten.

b) Bestimmen Sie die Teilkapazitäten für das abgeschlossene System: $Q_1 + Q_2 = 0$. Vergleichen Sie das Ergebnis mit der Kapazität eines Kugelkondensators (s. 3.4-59).

4.2 Eine Linienladung Q befindet sich im Punkt $(x,y) = (a,0)$ vor einem sehr dünnen, geerdeten Abschirmblech ($x = 0, y \leqslant 0$). Abbildung 4.23 zeigt einen Schnitt der Anordnung senkrecht zur z-Achse.

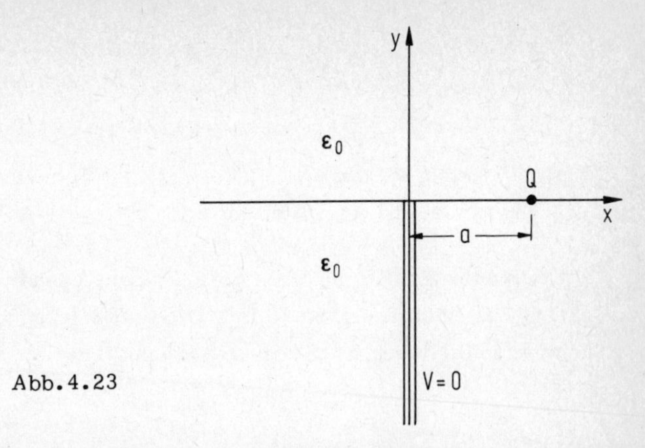

Abb.4.23

a) Bestimmen Sie das komplexe Potential $F(z)$ und die komplexe Feldstärke $E(z)$. Hinweis: Bilden Sie die längs der negativen imaginären Achse aufgeschnittene z-Ebene durch $w = \sqrt{iz}$ auf die obere w-Halbebene ab, und erfüllen Sie die Randbedingung in der w-Ebene durch Spiegelung der Linienladung an der reellen Achse.

b) Diskutieren Sie qualitativ den Verlauf der Feldlinien und Äquipotentiallinien. Berechnen Sie das elektrische Potential und die x-Komponente der elektrischen Feldstärke auf der x-Achse.

c) Bestimmen Sie die Flächenladungsdichte auf beiden Seiten des Abschirmblechs.

4.3 Im Vakuum wird die Linienladung Q auf beiden Seiten von zwei leitenden, parallelen Ebenen im Abstand ℓ abgeschirmt. Das elektrische Potential soll auf beiden Ebenen verschwinden. Abbildung 4.24 zeigt einen Schnitt durch die Anordnung senkrecht zur Linienladung.

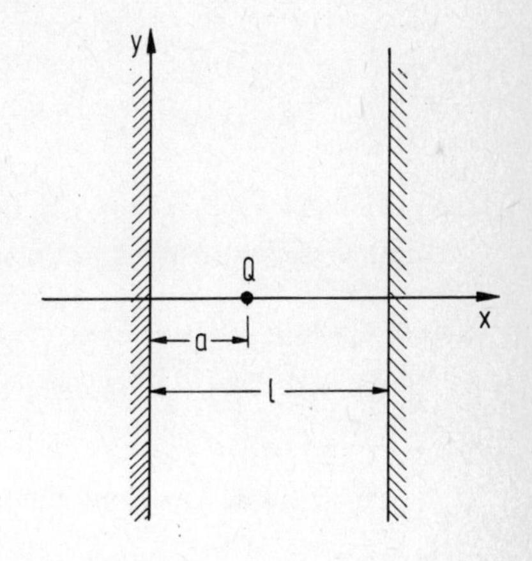

Abb.4.24

a) Setzen Sie für das komplexe Potential an:

$$F(z) = -\frac{Q}{2\pi\varepsilon_0}\ln[f(z)] . \qquad (1)$$

Bestimmen Sie $f(z)$ so, daß das elektrische Potential für $x = 0$ und $x = \ell$ verschwindet und für $z = a$ die durch die Linienladung vorgeschriebene Singularität hat. $f(z)$ ist eine periodische Funktion mit der Periode $4a$.

b) Berechnen Sie die elektrische Feldstärke und diskutieren Sie den Verlauf von Feldlinien und Äquipotentiallinien für $a = \ell/2$.

4.4 Im Vakuum befindet sich ein geradliniger, unendlich langer Leiterstreifen der Breite $2a$ mit vernachlässigbar kleiner Dicke. Er trägt die Gesamtladung Q pro Längeneinheit. Abbildung 4.25 zeigt einen Schnitt der Anordnung senkrecht zum Streifen.

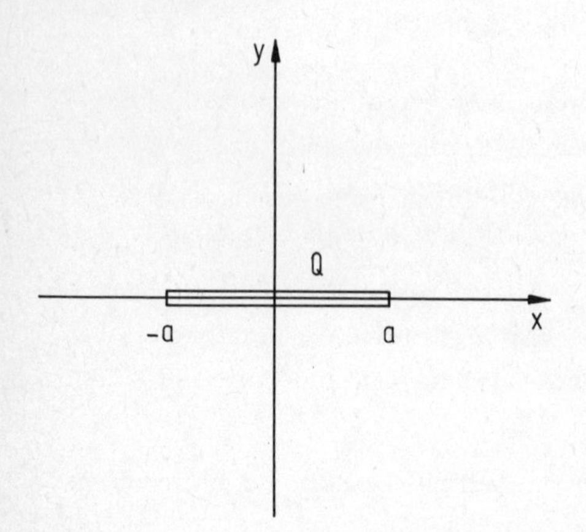

Abb.4.25

Bestimmen Sie das komplexe Potential, die elektrische Feldstärke und die Flächenladungsdichte auf dem Streifen. Überzeugen Sie sich, daß die Lösung die Gesamtladung Q pro Längeneinheit des Streifens liefert.

Hinweis: Benutzen Sie die Funktion

$$w = i\,\frac{z}{a} + \sqrt{\left(1 - \frac{z^2}{a^2}\right)}\ ,$$

um die zwischen $-a$ und $+a$ längs der reellen Achse aufgeschnittene z-Ebene auf das Äußere des Kreises mit dem Radius a in der w-Ebene abzubilden.

4.5 Zwei unendlich lange, kreiszylindrische Leiter vom Radius a verlaufen im Vakuum parallel zueinander im Achsenabstand $2b$. Der Leiter 1 trägt die Gesamtladung Q pro Längeneinheit, der Leiter 2 die Gesamtladung $-Q$ (siehe Abb.4.26).

a) Setzen Sie das komplexe Potential als Summe der Potentiale von zwei Linienladungen $+Q$ und $-Q$ an, die sich in den Punkten $x = \alpha$ bzw. $x = -\alpha$ im Innern der Leiter befinden. Bestimmen Sie α aus der Forderung, daß das elektrische Potential auf dem Rand der Leiter konstant sein muß.

b) Berechnen Sie die elektrische Feldstärke und die Kapazität pro Längeneinheit.

c) Schreiben Sie das elektrische Potential als Funktion der ebenen Bipolarkoordinaten (u, φ) der Aufgabe 2.1 und überzeugen Sie sich, daß die Lösung der Laplacegleichung in diesen Koordinaten zu dem gleichen Ergebnis führt.

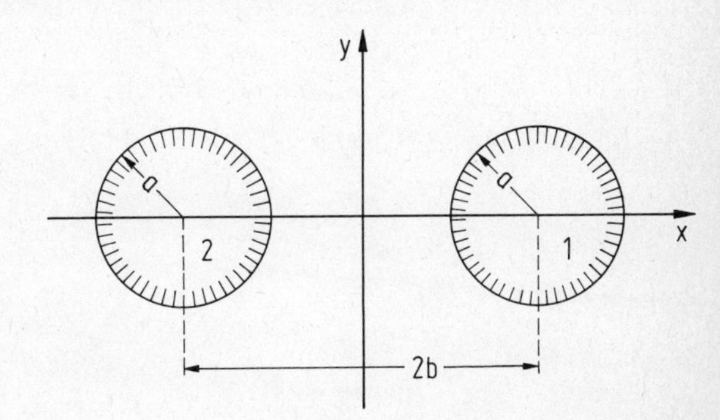

Abb.4.26

4.6 Im Vakuum ist ein leitender Kreiszylinder vom Radius a gegeben, dessen Mantel aus zwei identischen Halbzylindern besteht. Der Luftspalt zwischen den Halbzylindern soll nicht berücksichtigt werden. Die Halbzylinder haben die Potentiale V_o bzw. $V = 0$ (s. Abb.4.27).

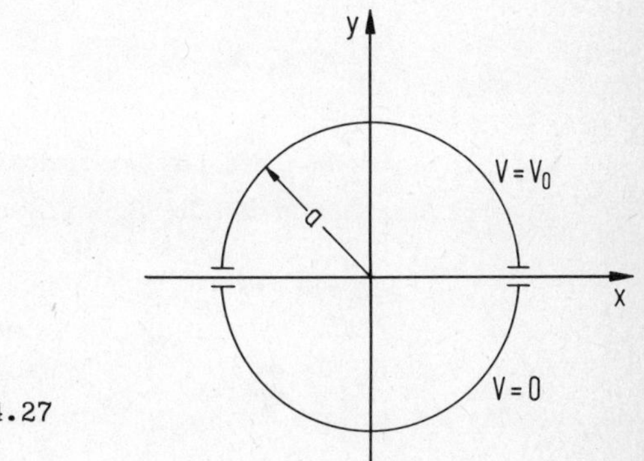

Abb.4.27

a) Bestimmen Sie das elektrische Potential und die elektrische Feldstärke innerhalb und außerhalb des Zylinders.

Hinweis: Setzen Sie V als Fourierreihe in ebenen Polarkoordinaten an (s. 4.2-87).

b) Berechnen Sie die Flächenladungsdichte auf den Halbzylindern und diskutieren Sie den Verlauf der Feldlinien und Äquipotentialflächen.

4.7 Im Vakuum befindet sich eine sehr dünne, kreisförmige Leiterscheibe vom Radius a. Sie trägt die Gesamtladung Q (s. Abb.4.28). Zu bestimmen sind das elektrische Potential, die elektrische Feldstärke und die Flächenladungsdichte auf der Scheibe.

Hinweis: Angepaßt an die Geometrie der Anordnung sind die Koordinaten (u, v, φ) des abgeplatteten Rotationsellipsoids:

$$x^1 = a \sin u \cosh v \cos\varphi \quad , \qquad 0 \leqslant u \leqslant \pi \, ,$$
$$x^2 = a \sin u \cosh v \sin\varphi \quad , \qquad 0 \leqslant v < \infty \, , \tag{1}$$
$$x^3 = a \cos u \sinh v \quad , \qquad 0 \leqslant \varphi < 2\pi \, ,$$

wo (x^1, x^2, x^3) kartesische Koordinaten sind. Die Fläche $v = 0$ ist der Rand der Scheibe. Die nicht verschwindenden Elemente der metrischen Matrix sind:

$$g_{uu} = g_{vv} = a^2[\cosh^2 v - \sin^2 u] \, , \quad g_{\varphi\varphi} = a^2 \sin u \cosh^2 v \, . \tag{2}$$

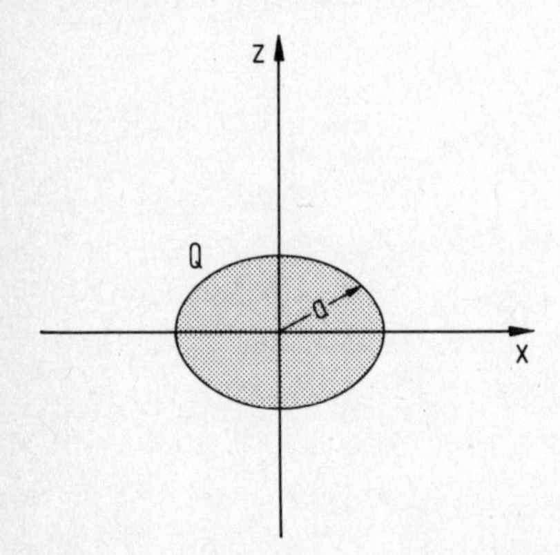

Abb.4.28

Mit (2) kann man die Laplacegleichung nach (2.3-31) auf die Koordinaten (u, v, φ) umrechnen und durch den Ansatz

$$V(\vec{x}) = f(v) \tag{3}$$

lösen. Anschließend führt man Zylinderkoordinaten (ρ, φ, z) ein (s. Abb.4.28), die für die weitere Rechnung bequemer sind.

4.8 a) Beweisen Sie, daß die Differentialgleichung:

$$\Delta_{\vec{x}} G(\vec{x}, \vec{y}) = - \delta(\vec{x} - \vec{y}) \tag{1}$$

invariant ist unter den folgenden Abbildungen:

1. Translationen: $\vec{x} \mapsto \vec{x} + \vec{a}, \; G(\vec{x}, \vec{y}) \mapsto G'(\vec{x}, \vec{y}) := G(\vec{x} + \vec{a}, \vec{y} + \vec{a}), \; \vec{a} \in V^3,$ (2)

2. Inversion: $\vec{x} \mapsto \dfrac{\vec{x}}{\vec{x}^2} \; , \; G(\vec{x}, \vec{y}) \mapsto G'(\vec{x}, \vec{y}) := \dfrac{1}{\|\vec{x}\| \, \|\vec{y}\|} \, G\left(\dfrac{\vec{x}}{\vec{x}^2}, \dfrac{\vec{y}}{\vec{y}^2}\right) .$ (3)

Die Inversion oder Spiegelung an der Einheitskugel wird auch Kelvintransformation genannt.

Hinweis: Zu zeigen ist, daß die Funktionen $G'(\vec{x}, \vec{y})$ der Gleichung (1) genügen, wenn $G(\vec{x}, \vec{y})$ eine Lösung von (1) ist.

4.9 Eine leitende Hohlkugel vom Radius a ist zur Hälfte mit einem Dielektrikum mit der relativen Dielektrizitätskonstanten ε gefüllt. Über dem Dielektrikum befindet sich am Ort $\vec{x}_o$ eine Punktladung Q (s. Abb. 4.29). Die Kugel ist geerdet. Bestimmen Sie das elektrische Potential im gesamten Innenraum der Hohlkugel mit Hilfe der Spiegelungsmethode.

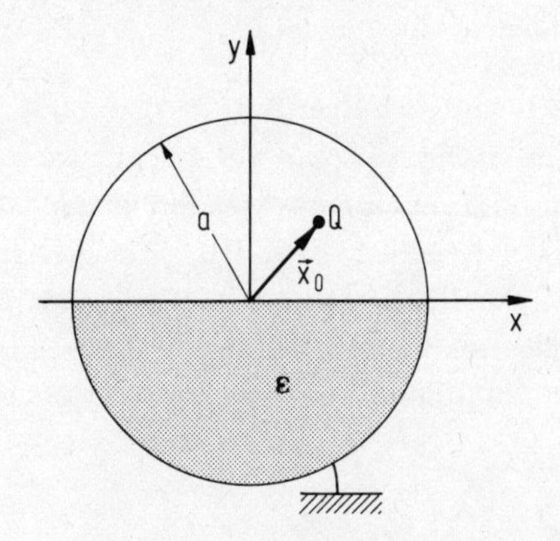

Abb. 4.29

4.10 Im Mittelpunkt einer dünnwandigen, leitenden Hohlkugel vom Radius a befindet sich eine Punktladung Q. Wir betrachten nun einen Kreiskegel mit dem halben Öffnungswinkel θ_o, dessen Spitze der Mittelpunkt der Kugel ist und denken uns die vom Kegel ausgeschnittene Kugelkappe entfernt, so daß ein kreisförmiges Loch entsteht (s. Abb. 4.30). Die Anordnung befindet sich im Vakuum. Das Potential soll auf der gelochten Hohlkugel verschwinden.

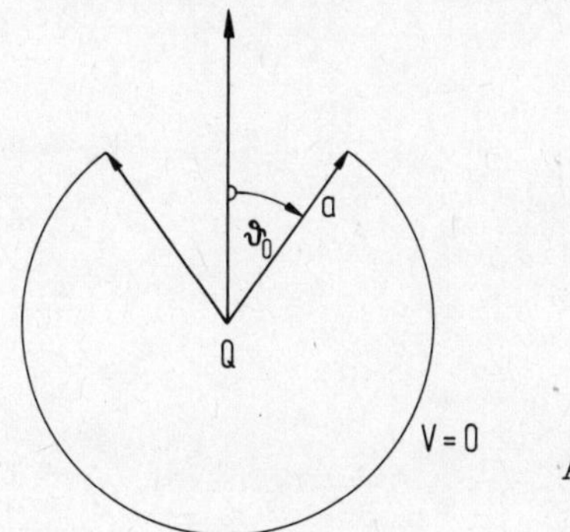

Abb. 4.30

Unter der Voraussetzung $\theta_o \ll 1$ läßt sich das elektrische Potential im Gebiet $r \approx a$, $0 \leqslant \theta \leqslant \theta_o$ näherungsweise berechnen. Verwenden Sie sphärische Polarkoordinaten (r, θ, φ), deren Achse mit der Kegelachse zusammenfällt, und machen Sie für das Potential den Ansatz

$$V = A \frac{Q}{4\pi \varepsilon_o a} \left(\frac{r}{a}\right)^n f(\theta) \; . \tag{1}$$

Die Konstante A kann näherungsweise aus der Bedingung

$$\int_{\Delta F} \langle \bar{D}, d\vec{F} \rangle = \frac{Q}{4\pi a^2} 2\pi \theta_o a^2 \tag{2}$$

bestimmt werden, wo ΔF die ausgeschnittene Kugelkappe ist.

Stellen Sie die Differentialgleichung für $f(\theta)$ auf und zeigen Sie, daß sie für $\theta \ll 1$ durch die Besselsche Differentialgleichung (s. 9.3-51) für Besselfunktionen vom Index Null approximiert werden kann. Bestimmen Sie die Lösung, die im Intervall $0 \leqslant \theta \leqslant \theta_o$ regulär ist und der Randbedingung $f(\theta_o) = 0$ genügt. Die Randbedingung legt den Exponenten n fest. Bestimmen Sie die Konstante A aus der Bedingung (2) und berechnen Sie das elektrische Feld in der Umgebung des Lochs. Diskutieren Sie den Verlauf der Feldlinien.

Hinweis: $\int_0^z x J_o(x) dx = z J_1(z)$.

5. Das magnetische Feld stationärer Ströme

5.1. Der stationäre elektrische Strom

5.1.1. Die Stromverteilung

Charakteristisches Merkmal statischer elektrischer Felder ist, daß sie von ruhenden Ladungen erzeugt werden. Werden dagegen Ladungen stationär transportiert, so erhält der Raum andere physikalische Eigenschaften, denen wir uns jetzt zuwenden. Um den Ladungstransport durch eine geeignete Größe zu beschreiben, behandeln wir zunächst den Transport in einem Leiter, in dem Ladungen frei beweglich sind (s. 3.1).

Ein integrales Maß für den Ladungstransport durch eine Fläche F ist der elektrische Strom I. Er wird definiert durch

$$I = \frac{dQ}{dt} , \tag{5.1-1}$$

wo dQ die während der Zeit dt durch die Fläche F hindurchtretende Ladung ist. I ist positiv, wenn dQ positiv ist. Der elektrische Strom ist eine aus der Ladung abgeleitete skalare Größe. Seine Einheit ist

$$[I] = \left[\frac{\text{Ladung}}{\text{Zeit}}\right] = 1\,\frac{C}{s} = 1\,A . \tag{5.1-2}$$

Die Definition des elektrischen Stromes als pro Zeiteinheit durch eine Fläche transportierte Ladung weist auf eine transversale Orientierung der Fläche hin.

Sei $d\vec{F}$ ein transversal orientiertes Flächenelement am Ort $\vec{x}$. Für den Strom dI durch $d\vec{F}$ schreiben wir

$$dI =: \langle \bar{J}(\vec{x}), d\vec{F} \rangle . \tag{5.1-3}$$

$\bar{J}(\vec{x})$ ist eine 2-Form:

$$\bar{J}(\vec{x}) = \frac{1}{2!}\, J_{ij}(\vec{x})\bar{e}^i(\vec{x}) \wedge \bar{e}^j(\vec{x}) , \tag{5.1-4}$$

die als elektrische Stromverteilung oder Stromdichte bezeichnet wird. $\bar{J}$ ist ungerade, weil $\langle \bar{J}, d\vec{F} \rangle$ eine Ladungsmenge pro Zeiteinheit ist und $d\vec{F}$ transversal orientiert ist. Die Einheit von $\bar{J}$ ist:

$$[J] = \left[\frac{\text{Ladung}}{(\text{Zeit})(\text{Länge})^2} \right] = 1 \frac{C}{sm^2} = 1 \frac{A}{m^2} . \tag{5.1-5}$$

Ähnlich wie wir die elektrische Verschiebung durch eine Verteilung von Feldlinien veranschaulicht haben (s. 3.3-6a,b), können wir das Feld $\bar{J}(\vec{x})$ durch sogenannte Stromlinien darstellen, d.h. Kurven C, die den Differentialgleichungen

$$\bar{J}(\vec{x}) \cdot d\vec{C} = 0 \tag{5.1-6a}$$

und der Orientierungsbedingung

$$\langle \bar{J}(\vec{x}), {*d\vec{C}} \rangle > 0 \tag{5.1-6b}$$

genügen. Ist F eine Fläche, die von Stromlinien durchsetzt wird, so setzen wir

$$\int_F \langle \bar{J}, d\vec{F} \rangle = N(C) \left[\frac{\text{Ladung}}{\text{Zeit}} \right] , \tag{5.1-7}$$

wo $N(C)$ die Zahl der von F geschnittenen Stromlinien in einer geeigneten Maßeinheit ist. Die innere Orientierung der Stromlinien ist gleichsinnig mit der transversalen Orientierung von F. Das Integral

$$I = \int_F \langle \bar{J}, d\vec{F} \rangle \tag{5.1-8}$$

ist der Strom durch F in den gewählten Einheiten.

5.1.2. Die Feldgleichung und die Grenzbedingung für die Stromdichte

Wir betrachten ein Gebiet K in Materie, in dem eine stationäre Stromverteilung $\bar{J}(\vec{x})$, kurz, ein Strömungsfeld gegeben ist. Der gesamte Strom durch die geschlossene Fläche ∂K muß verschwinden:

$$\int_{\partial K} \langle \bar{J}, d\vec{F} \rangle = \int dI = 0 , \tag{5.1-9}$$

denn andernfalls würde in K Ladung erzeugt bzw. vernichtet. Gleichung (5.1-9) drückt daher die zeitliche Konstanz der in ∂K eingeschlossenen Ladung und damit die Ladungserhaltung aus. Aus der integralen Form der Feldgleichung,

$$\int_{\partial K} \langle \bar{J}, d\vec{F} \rangle = 0 , \tag{5.1-10}$$

erhält man mit dem Satz von Stokes (2.4-47) die differentielle Form

$$\bar{\nabla} \wedge \bar{J} = 0 \,. \tag{5.1-11}$$

Die Grenzbedingung für das stationäre Strömungsfeld folgt wie in Abschnitt 3.3.2

$$\langle \bar{J}, d\vec{F} \rangle_2 = \langle \bar{J}, d\vec{F} \rangle_1 \,, \tag{5.1-12}$$

oder

$$\langle \bar{J}, \frac{\partial \vec{x}}{\partial u} \wedge \frac{\partial \vec{x}}{\partial v} \rangle_2 = \langle \bar{J}, \frac{\partial \vec{x}}{\partial u} \wedge \frac{\partial \vec{x}}{\partial v} \rangle_1 \,, \qquad \frac{\partial \vec{x}}{\partial u} \wedge \frac{\partial \vec{x}}{\partial v} \in \overset{2}{\wedge} T_{\vec{x}} \,, \qquad \vec{x}(u,v) \in \partial M \,. \tag{5.1-13}$$

Die Tangentialkomponente $\langle \bar{J}, (\partial\vec{x}/\partial u) \wedge (\partial\vec{x}/\partial v) \rangle$ ist auf der Grenzfläche ∂M stetig. Ist eines der beiden Medien ein Nichtleiter, so verschwindet die Tangentialkomponente von $\bar{J}$ auf der Grenzfläche.

Die integrale Form der Feldgleichung (5.1-10) erlaubt es, den Begriff der Stromröhre einzuführen. Wir konstruieren einen infinitesimalen Zylinder K, dessen Bodenfläche und Deckelfläche von zwei beliebigen Flächenelementen $d\vec{F}_1$ und $d\vec{F}_2$ gebildet wird (Abb. 5.1). Seine Mantelfläche besteht aus den Flächenelementen $d\partial\vec{F} \wedge d\vec{C}$ entlang des Randes ∂F. Die Mantellinien C sollen Stromlinien sein. Die Flächenelemente des Randes ∂K werden transversal orientiert und zwar so, daß die zugeordnete 1-Richtung in den Außenraum von K weist. Es gilt dann

$$\int_{\partial K} \langle \bar{J}, d\vec{F} \rangle = - \langle \bar{J}, d\vec{F}_1 \rangle + \langle \bar{J}, d\vec{F}_2 \rangle + \int_{\partial F} \langle \bar{J}, d\partial\vec{F} \wedge d\vec{C} \rangle = 0 \,.$$

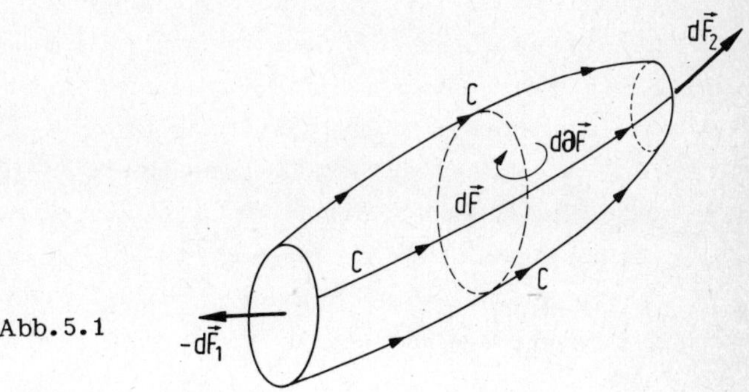

Abb. 5.1

Wegen (1.2-50) und (5.1-6a) ist:

$$\langle \bar{J}, d\partial\vec{F} \wedge d\vec{C} \rangle = - \langle \bar{J}, d\vec{C} \wedge d\partial\vec{F} \rangle = - (\bar{J} \cdot d\vec{C}) \cdot d\partial\vec{F} = 0 \,,$$

so daß man für jede Schnittfläche von K erhält

$$dI = \langle \bar{J}, d\vec{F} \rangle = \text{const} \tag{5.1-14}$$

Ein schlauchartiger Körper von infinitesimalem Querschnitt und endlicher Länge, entlang dessen die Differentialgleichung (5.1-6a) erfüllt ist, heißt Stromröhre. Durch jeden Querschnitt einer Stromröhre fließt der gleiche Strom.

Für Stromröhren gilt die Beziehung

$$\bar{J} \cdot dK = dI\, d\vec{C} \,. \tag{5.1-15}$$

Mit

$$dK = d\vec{F} \wedge d\vec{C}$$

und (5.1-6a) erhält man nämlich nach (1.2-52)

$$\bar{J} \cdot (d\vec{F} \wedge d\vec{C}) = (\bar{J} \cdot d\vec{F})d\vec{C} - (\bar{J} \cdot d\vec{C}) \cdot d\vec{F} = dI\, d\vec{C} \,.$$

5.2. Die magnetische Induktion

5.2.1. Definition der magnetischen Induktion im Vakuum und in Materie

Die Beobachtung von Kräften, die Permanentmagnete aufeinander ausüben, reicht zurück bis in das Altertum. Um 1600 erklärte Gilbert die Einstellung einer Magnetnadel in die Nord-Süd-Richtung durch die Annahme, daß die Erde selbst ein großer Magnet ist. 1820 stellte Oersted fest, daß ein stromführender Leiter auf eine Magnetnadel eine Kraft ausübt. Es war der erste Hinweis auf eine Wechselwirkung zwischen elektrischen und magnetischen Erscheinungen. Die Experimente Ampère's im Jahre 1821 führten zu dem Ergebnis, daß sich zwei parallele stromführende Leiter anziehen, wenn die Ströme in gleicher Richtung fließen und sich abstoßen, wenn die Ströme entgegengesetzte Richtung haben. Ähnlich wie die Ladung in der Elektrostatik spielt der Strom hier eine Doppelrolle. Einerseits verursacht er das Magnetfeld, andererseits ist ein stromführender Leiter Objekt einer vom Magnetfeld ausgeübten Kraft. Zur Definition der Stärke des Magnetfeldes ziehen wir die Kraft heran, die im Vakuum in der Umgebung felderzeugender Ströme an einem kurzen, von einem Probestrom I durchflossenen, geraden Leiterstück ℓ angreift. Dieses soll, als Gleitbügel ausgebildet, Teil eines geschlossenen Stromkreises sein, der die Form einer kleinen, ebenen, rechteckigen Leiterschleife hat. Die zweite Rechteckseite hat die Länge b. Der Gleitbügel ist mit einem Kraftmesser verbunden, der die Kraft $K^{G\ell}$ in Gleitrichtung mißt. Der Leitungsdraht auf der dem Gleitbügel gegenüber liegenden Rechteckseite ist verdrillt, damit der in der Leiterschleife fließende Strom keine Kraft auf den Gleitbügel ausübt (s. Abb.5.2).

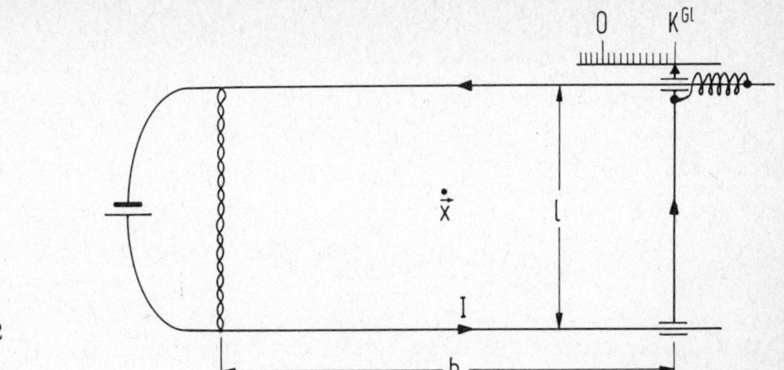

Abb. 5.2

In einem Gedankenexperiment bringen wir die Leiterschleife, genauer, den Rechteckmittelpunkt, in einen beliebigen Punkt $\vec{x}$ und messen bei beliebiger Stellung der Leiterschleife die Kraft $K^{G\ell}$. Ändern wir bei festgehaltener Stellung die Abmessungen der Anordnung, so finden wir, daß die Kraft $K^{G\ell}$ proportional zur Länge ℓ und zur Stromstärke I ist. Sie ist unabhängig vom Abstand b, solange b und ℓ hinreichend klein sind.

Die Stellung der ebenen Leiterschleife im Raum kann durch den geraden 2-Vektor

$$\frac{\vec{F}}{F} = \frac{\vec{b}}{b} \wedge \frac{\vec{\ell}}{\ell} \tag{5.2-1}$$

dargestellt werden, dessen innere Orientierung mit dem Umlaufsinn des Probestroms übereinstimmt. Die Messung der Kraft $K^{G\ell}$ in Abhängigkeit von der Stellung der Leiterschleife führt zu dem Ergebnis, daß

$$F \, \frac{K^{G\ell}}{I\ell}\left(\vec{x}, \frac{\vec{F}}{F}\right)$$

eine lineare Funktion von $\vec{F}$ ist, die im Grenzfall $I, \ell, b \to 0$ eine 2-Form definiert:

$$\lim_{I,\ell,b \to 0} \frac{K^{G\ell}}{I\ell}\left(\vec{x}, \frac{\vec{F}}{F}\right) =: \langle \bar{B}(\vec{x}), \frac{\vec{F}}{F} \rangle \, . \tag{5.2-2}$$

Die 2-Form

$$\bar{B}(\vec{x}) = \frac{1}{2!} B_{ij}(\vec{x}) \bar{e}^i(\vec{x}) \wedge \bar{e}^j(\vec{x}) \tag{5.2-3}$$

ist ein Maß für die Intensität des magnetischen Feldes und wird magnetische Induktion genannt. Wegen der inneren Orientierung von $\vec{F}$ ist $\bar{B}$ eine gerade 2-Form. Auch den übrigen Eigenschaften nach ist $\bar{B}$ wie $\bar{E}$ eine Feldstärke. Dieser Auffassung trägt auch die von Mie für $\bar{E}$ und $\bar{B}$ gebrauchte Bezeichnung Intensitätsgrößen Rechnung. Die Einheit der magnetischen Induktion ist:

$$[\bar{B}] = \left[\frac{(\text{Kraft})(\text{Zeit})}{(\text{Ladung})(\text{Länge})} \right] = \left[\frac{\text{Wirkung}}{(\text{Ladung})(\text{Länge})^2} \right] = 1 \, \frac{\text{N}}{\text{Am}} = 1 \, \frac{\text{Vs}}{\text{m}^2} = 1 \, \frac{\text{Weber}}{\text{m}^2} \, . \tag{5.2-4}$$

Gebräuchlich ist ferner

$$1\ \text{Gauß} = 10^{-8}\ \frac{\text{Vs}}{\text{cm}^2} = 1\ \frac{\text{Maxwell}}{\text{cm}^2}\ , \tag{5.2-5}$$

wobei gilt

$$1\ \text{Vs} = 1\ \text{Weber} = 10^8\ \text{Maxwell}\ . \tag{5.2-6}$$

Die magnetischen Feldlinien C genügen den beiden Bedingungen:

$$\bar{B}(\vec{x}) \cdot d\vec{C} = 0\ , \tag{5.2-7a}$$

$$\langle \bar{B}(\vec{x}), {*}d\vec{C} \rangle > 0\ . \tag{5.2-7b}$$

Die Anzahl N(C) der von einer Fläche F geschnittenen Feldlinien setzen wir wieder gleich mit dem Integral von $\bar{B}$ über F in der gewählten Maßeinheit:

$$\int_F \langle \bar{B}, d\vec{F} \rangle = N(C) \left[\frac{\text{Wirkung}}{\text{Ladung}} \right] . \tag{5.2-8}$$

Die innere Orientierung von F führt in diesem Fall zu einer transversalen Orientierung der Feldlinien (s. Abb.5.3). Das Integral

$$\Phi := \int_F \langle \bar{B}, d\vec{F} \rangle \tag{5.2-9}$$

wird auch magnetischer Fluß durch F genannt.

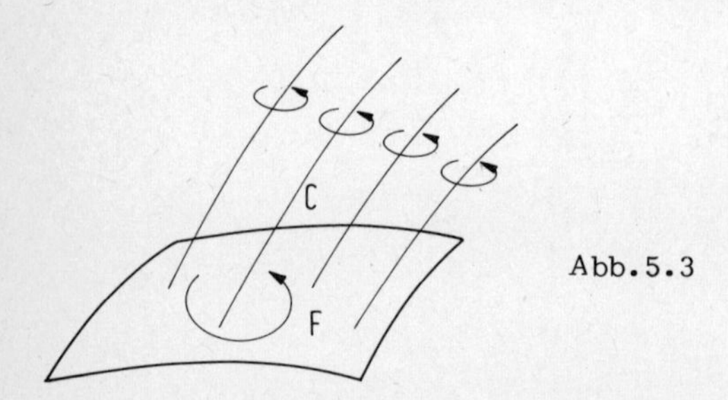

Abb.5.3

Um die Definition (5.2-2) auf Magnetfelder in Materie zu erweitern, denkt man ähnlich wie bei der Definition von $\bar{D}$ (s. Abb.3.12) an einen schlitzförmigen evakuierten Hohlraum, in dem die Leiterschleife untergebracht werden kann. Die in dem evakuierten Schlitz gemäß (5.2-2) gemessene Größe ist die magnetische Induktion in Materie, eine Definition, die wir im nächsten Abschnitt rechtfertigen werden.

5.2.2. Die Feldgleichung und die Grenzbedingung für die magnetische Induktion

Die Definition der magnetischen Induktion durch die Kraft auf ein Leiterelement legt es nahe, bei der Untersuchung der Eigenschaften des Magnetfeldes wie im Fall des elektrischen Feldes vorzugehen (s. 3.2.2). Wir fragen daher zunächst nach der Arbeit, die bei einer Verrückung $d\vec{b}$ eines von einem Probestrom dI durchflossenen Gleitbügels $d\vec{\ell}$ im Felde $\bar{B}(\vec{x})$ geleistet wird (s. Abb.5.4).

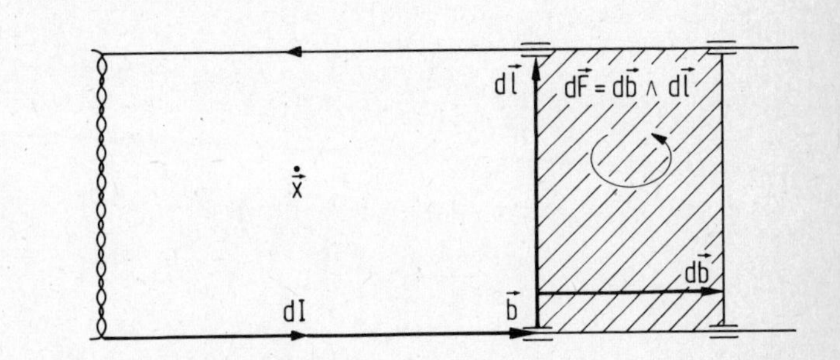

Abb.5.4

Für die auf den Gleitbügel wirkende Kraft $\bar{K}$ gilt nach (5.2-2) und (5.2-1)

$$\langle \bar{K}, \frac{\vec{b}}{b} \rangle := dI \langle \bar{B}, \frac{\vec{b}}{b} \wedge d\vec{\ell} \rangle = - dI(\bar{B} \cdot d\vec{\ell}) \cdot \frac{\vec{b}}{b} , \tag{5.2-10}$$

so daß

$$\bar{K} = - dI\, \bar{B} \cdot d\vec{\ell} . \tag{5.2-11}$$

Verschiebt sich der Gleitbügel um $d\vec{b}$, so überstreicht er die Fläche $d\vec{b} \wedge d\vec{\ell}$, und das Feld leistet die Arbeit

$$dA = \langle \bar{K}, d\vec{b} \rangle = - dI(\bar{B} \cdot d\vec{\ell}) \cdot d\vec{b} = dI \langle \bar{B}, d\vec{b} \wedge d\vec{\ell} \rangle$$

oder

$$dA = dI \langle \bar{B}, d\vec{F} \rangle , \tag{5.2-12}$$

wo

$$d\vec{F} = d\vec{b} \wedge d\vec{\ell} \tag{5.2-13}$$

ist.

Sei nun F ein endliches Flächenstück (s. Abb.5.5) mit der Parameterdarstellung:

$$F : (u,v) \mapsto \vec{x}(u,v) , \qquad \begin{array}{l} u_o \leq u \leq u_1 , \\ v_o \leq v \leq v_1 . \end{array}$$

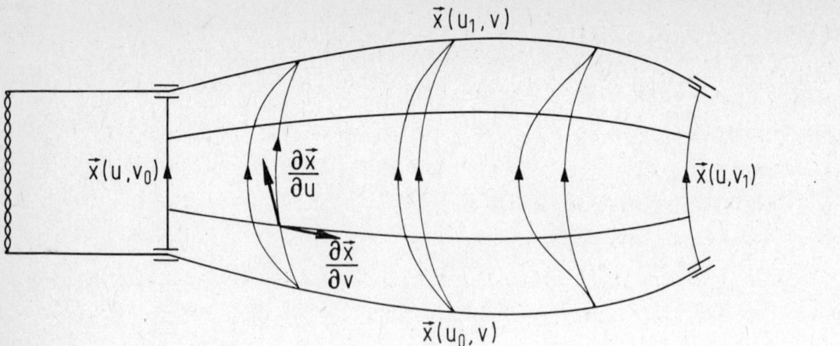

Abb.5.5

Für jedes Flächenelement

$$d\vec{F} = \frac{\partial\vec{x}}{\partial u} \wedge \frac{\partial\vec{x}}{\partial v}\, du\, dv$$

gilt die Beziehung (5.2-12). Wir können

$$d\vec{\ell} = \frac{\partial\vec{x}}{\partial u}\, du$$

als Gleitbügel und

$$d\vec{b} = \frac{\partial\vec{x}}{\partial v}\, dv$$

als Wegelement der Verschiebung auffassen. Die Integration über alle Flächenelemente liefert

$$A(F) = dI \int_F \langle \vec{B}, d\vec{F} \rangle \;. \tag{5.2-14}$$

$A(F)$ ist einerseits die Summe der Arbeitsbeträge, die zur Verschiebung der Gleitbügel in den einzelnen Flächenelementen aufgewandt werden muß. Andererseits muß die Arbeit $A(F)$ geleistet werden, wenn der durch das endliche Kurvenstück

$$\ell_o: \quad u \mapsto \vec{x}(u,v_o) \;, \qquad u_o \leqslant u \leqslant u_1$$

beschriebene Gleitbügel in den durch das Kurvenstück

$$\ell_1: \quad u \mapsto \vec{x}(u,v_1)$$

beschriebenen Gleitbügel überführt werden soll, wobei die Endpunkte des Gleitbügels auf den Randsegmenten

$$b_o: \quad v \mapsto \vec{x}(u_o,v) \;, \qquad v_o \leqslant v \leqslant v_1$$

bzw.

$$b_1: \quad v \mapsto \vec{x}(u_1, v)$$

geführt werden, der Gleitbügel also während der Verschiebung deformiert wird.

Ist F' ein weiteres Flächenstück, dessen Rand mit dem Rand von F zusammenfällt, so zeigt ein Vergleich der experimentell gewonnenen Arbeitsbeträge, daß

$$A(F) = A(F') \quad , \quad \partial F = \partial F' \tag{5.2-15}$$

ist. Folglich gilt

$$\int_F \langle \bar{B}, d\vec{F} \rangle - \int_{F'} \langle \bar{B}, d\vec{F} \rangle = \int_{\partial K} \langle \bar{B}, d\vec{F} \rangle = 0 \ ,$$

wo

$$\partial K = F - F'$$

der Rand des von den Flächen F und F' eingeschlossenen räumlichen Gebiets K ist (s. Abb.5.5). Die Feldgleichung für die magnetische Induktion lautet somit

$$\int_{\partial K} \langle \bar{B}, d\vec{F} \rangle = 0 \ . \tag{5.2-16}$$

Sie gilt unabhängig davon, ob das Experiment im Vakuum oder in Materie ausgeführt wird. Mit dem dritten Satz von Stokes (2.4-47) erhält man

$$\int_{\partial K} \langle \bar{B}, d\vec{F} \rangle = \int_K \langle \bar{\nabla} \wedge \bar{B}, dK \rangle = 0 \ , \tag{5.2-17}$$

woraus im Innern des beliebig gewählten Gebietes K das Verschwinden der 3-Form $\bar{\nabla} \wedge \bar{B}$ folgt

$$\bar{\nabla} \wedge \bar{B} = 0 \quad , \qquad \forall \vec{x} \in K \ . \tag{5.2-18}$$

Die 2-Form $\bar{B}$ ist geschlossen.

Die Grenzbedingung für $\bar{B}$ erhält man durch die Anwendung von (5.2-17) auf ein räumliches Gebiet K, wie es die Abb.3.14 zeigt, nur mit dem Unterschied, daß die Flächen F_1 und F_2 innen orientiert sind:

$$\int_F \langle \bar{B}, d\vec{F} \rangle_2 - \int_F \langle \bar{B}, d\vec{F} \rangle_1 = 0 \ , \tag{5.2-19}$$

bzw. für ein einzelnes Flächenelement $d\vec{F}$:

$$\langle \bar{B}, d\vec{F} \rangle_1 = \langle \bar{B}, d\vec{F} \rangle_2 \ . \tag{5.2-20}$$

Mit einer Parameterdarstellung der Grenzfläche ∂M: $\vec{x} = \vec{x}(u,v)$ folgt aus (5.2-23)

$$\langle \bar{B}, \frac{\partial \vec{x}}{\partial u} \wedge \frac{\partial \vec{x}}{\partial v} \rangle_1 = \langle \bar{B}, \frac{\partial \vec{x}}{\partial u} \wedge \frac{\partial \vec{x}}{\partial v} \rangle_2 \; ; \qquad \frac{\partial x}{\partial u} \wedge \frac{\partial x}{\partial v} \in \overset{2}{\Lambda} T_{\vec{x}} \, . \tag{5.2-21}$$

Die Tangentialkomponente $\langle \bar{B}, (\partial\vec{x}/\partial u) \wedge (\partial\vec{x}/\partial v) \rangle$ ist auf der Grenzfläche ∂M stetig. Die Stetigkeit der Tangentialkomponente beim Übergang von Vakuum in Materie rechtfertigt die früher gegebene Definition von $\bar{B}$ in Materie.

5.2.3. Das magnetische Potential

Die 3-Form $\bar{\nabla} \wedge \bar{B}$ hat nur eine Komponente, die wegen der Feldgleichung (5.2-18) verschwindet. Die Feldgleichung liefert nur eine Bestimmungsgleichung für die Komponenten B_{12}, B_{13}, B_{23} der geschlossenen 2-Form $\bar{B}$. Aus dem Poincaréschen Lemma (s. 2.3.2) folgt andererseits, daß $\bar{B}$ eine exakte 2-Form ist:

$$\bar{B} = \bar{\nabla} \wedge \bar{A} \, . \tag{5.2-22}$$

Wir nennen die 1-Form $\bar{A}(\vec{x})$ magnetisches Potential. Das magnetische Potential ist nur bis auf die äußere Ableitung einer beliebigen 0-Form $\varphi(\vec{x})$ bestimmt. Mit

$$\bar{A}'(\vec{x}) = \bar{A}(\vec{x}) + \bar{\nabla} \wedge \varphi(\vec{x}) = \bar{A}(\vec{x}) + \bar{\nabla} \varphi(\vec{x}) \tag{5.2-23}$$

gilt

$$\bar{B}'(\vec{x}) = \bar{\nabla} \wedge \bar{A}'(\vec{x}) = \bar{\nabla} \wedge \bar{A}(\vec{x}) = \bar{B}(\vec{x}) \, . \tag{5.2-24}$$

$\varphi(\vec{x})$ kann durch eine zusätzliche Bedingung für das magnetische Potential $\bar{A}(\vec{x})$ festgelegt werden. Durch (5.2-23) werden sogenannte Eichtransformationen definiert, auf die wir im Abschnitt 6.1.1 zurückkommen werden.

Der magnetische Fluß Φ durch eine Fläche F ist das Integral (s. 5.2-9)

$$\Phi = \int_F \langle \bar{B}, d\vec{F} \rangle = \int_{\partial F} \langle \bar{A}, d\vec{C} \rangle \, . \tag{5.2-25}$$

Er läßt sich mit dem Ansatz (5.2-22) nach dem Satz von Stokes in ein Integral über den Rand ∂F umformen. Für die Grenzbedingung (5.2-19) erhalten wir mit (5.2-25)

$$\int_{\partial F} \langle \bar{A}, d\vec{C} \rangle_2 - \int_{\partial F} \langle \bar{A}, d\vec{C} \rangle_1 = 0 \, , \tag{5.2-26}$$

bzw.

$$\langle \bar{A}, d\vec{C} \rangle_1 = \langle \bar{A}, d\vec{C} \rangle_2 \, . \tag{5.2-27}$$

Die Grenzbedingung (5.2-27) ist analog zu der Grenzbedingung (3.2-19) für die elektrische Feldstärke $\bar{E}$. Deshalb gelten auch deren Folgerungen (s. 3.2-22):

$$\left.\begin{aligned}\langle \bar{A}, \frac{\partial\vec{x}}{\partial u}\rangle_1 &= \langle \bar{A}, \frac{\partial\vec{x}}{\partial u}\rangle_2 ,\\ \langle \bar{A}, \frac{\partial\vec{x}}{\partial v}\rangle_1 &= \langle \bar{A}, \frac{\partial\vec{x}}{\partial v}\rangle_2 ,\end{aligned}\right\} \quad \forall \vec{x} \in \partial M . \tag{5.2-28}$$

Die Tangentialkomponenten des magnetischen Potentials sind auf der Grenzfläche ∂M stetig.

Für Anordnungen, die sich durch eine räumliche Symmetrie auszeichnen, sind weitere Aussagen über das Feld der magnetischen Induktion möglich. Wir betrachten als erstes Beispiel einen langen zylindrischen Leiter vom Durchmesser d mit weit entferntem koaxialen Rückleiter. Da die Anordnung invariant unter Drehungen um die Zylinderachse ist, muß $\bar{B}$ ebenfalls invariant sein. In Zylinderkoordinaten (ρ, φ, z), deren z-Achse die Zylinderachse ist, heißt das, daß die Komponenten nicht vom Winkel φ abhängen:

$$\bar{B}(\vec{x}) = B_{z\rho}(\rho, z)\bar{e}^z \wedge \bar{e}^\rho + B_{\rho\varphi}(\rho, z)\bar{e}^\rho \wedge \bar{e}^\varphi + B_{\varphi z}(\rho, z)\bar{e}^\varphi \wedge \bar{e}^z . \tag{5.2-29}$$

Im Fall eines unendlich langen Leiters ist die Anordnung auch invariant unter Translationen parallel zur z-Achse, d.h. die Komponenten von $\bar{B}$ dürfen nur noch von ρ abhängen. Ferner ist die z-Achse physikalisch als Stromrichtung ausgezeichnet, so daß nur eine Komponente von B nicht verschwindet (s. Abschnitt 5.4.2):

$$\bar{B}(\vec{x}) = B_{z\rho}(\rho)\bar{e}^\rho \wedge \bar{e}^z . \tag{5.2-30}$$

Die Gleichungen für die Feldlinien lauten nach (5.2-7a)

$$B_{\rho z}\frac{dz}{ds} = 0 , \qquad B_{z\rho}\frac{d\rho}{ds} = 0 . \tag{5.2-31}$$

wo s die Bogenlänge ist. Die Feldlinien sind also konzentrische Kreise $z = \text{const}$, $\rho = \text{const}$ (s. Abb.5.6).

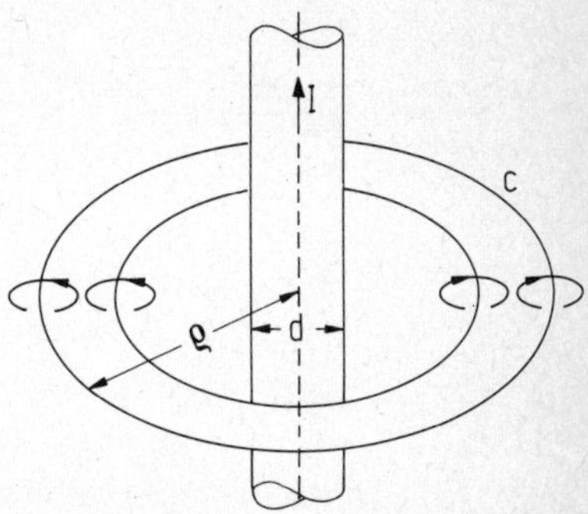

Abb.5.6

Als zweites Beispiel betrachten wir eine Spule. Zunächst biegt man den eben behandelten zylindrischen Leiter so zu einem Kreisring, daß die Zylinderachse in einen Kreis vom Durchmesser $D \gg d$ übergeht und der Strom I sich in diesem Kreisring schließt. Damit entfällt der Rückleiter (s. Abb. 5.7).

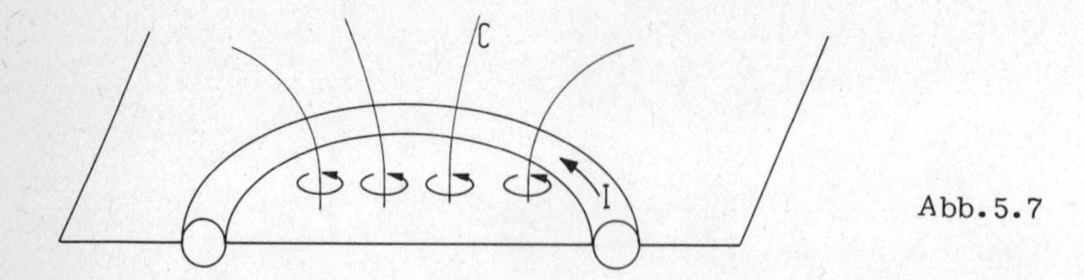

Abb. 5.7

Werden viele gleichsinnig vom Strom I durchflossene Kreisringe zu einem Zylinder der Länge $\ell \gg D \gg d$ aufeinander geschichtet, so sind alle Ebenen senkrecht zur Zylinderachse in der Umgebung der Zylindermitte Symmetrieebenen. In dem genannten Bereich hat $\bar{B}(\vec{x})$ nur eine Komponente in den Ebenen senkrecht zur Zylinderachse. Da alle diese Ebenen gleichberechtigt sind, muß $\bar{B}$ näherungsweise konstant sein. Die Feldlinien sind somit Geraden, die parallel zur Zylinderachse sind. In radialer Richtung wird der homogene Feldverlauf durch die geometrische Struktur der einzelnen Kreisringe in der Nähe des Zylindermantels gestört (Abb. 5.8).

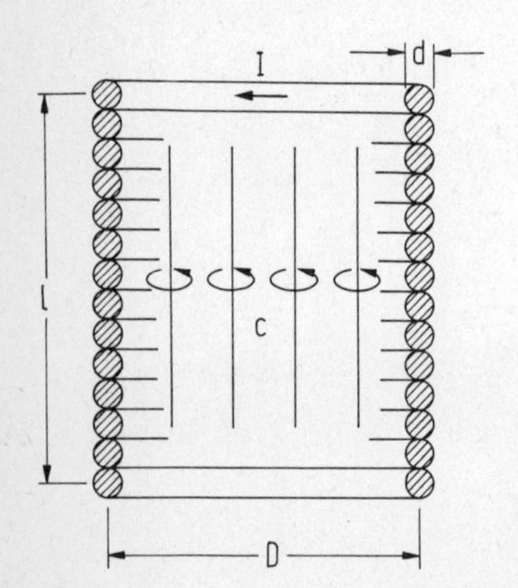

Abb. 5.8

Denkt man sich die kreisförmigen Leiter längs einer Mantellinie des Zylinders aufgeschnitten und die Schnittfläche eines jeden Leiters mit der seines Nachbarn verbunden, so gelangt man zu einer zylindrischen Spule. Alle Windungen werden von dem gemeinsamen Strom I durchflossen. An dem Feldverlauf ändert sich nichts, da $d \ll D$ angenommen wurde, d.h. die Steigung der Spulenwindungen sehr klein ist.

5.3. Die magnetische Feldstärke

5.3.1. Definition der magnetischen Feldstärke im Vakuum und in Materie

Um die Wirkung des Magnetfeldes auf einen stromführenden Leiter zu beschreiben, haben wir im letzten Abschnitt das Feld der magnetischen Induktion $\bar{B}$ eingeführt. Die Beschreibung der felderzeugenden Wirkung des elektrischen Stromes verlangt die Einführung einer zweiten Feldgröße, die wir magnetische Feldstärke nennen. Zu ihrer Definition verwenden wir eine geeignete stromführende Anordnung, die die vom Strom erzeugte Feldwirkung lokal kompensiert und den Kompensationsstrom zu messen gestattet.

Als Meßanordnung dient eine kleine Zylinderspule der Länge ℓ mit der Windungszahl w, welche die im letzten Abschnitt beschriebenen geometrischen Eigenschaften besitzt (s. Abb.5.9). In der Mitte der Spule befindet sich eine Leiterschleife (s. Abb.5.2), durch die ein elektrischer Strom beliebiger Stärke fließt. Die Schleifenebene wird senkrecht zur Spulenachse angeordnet. Von einer ungeeichten Skala wird abgelesen, wann die Auslenkung der Feder und damit auch die Komponente $\bar{B}_\perp$ senkrecht zur Spulenachse verschwindet.

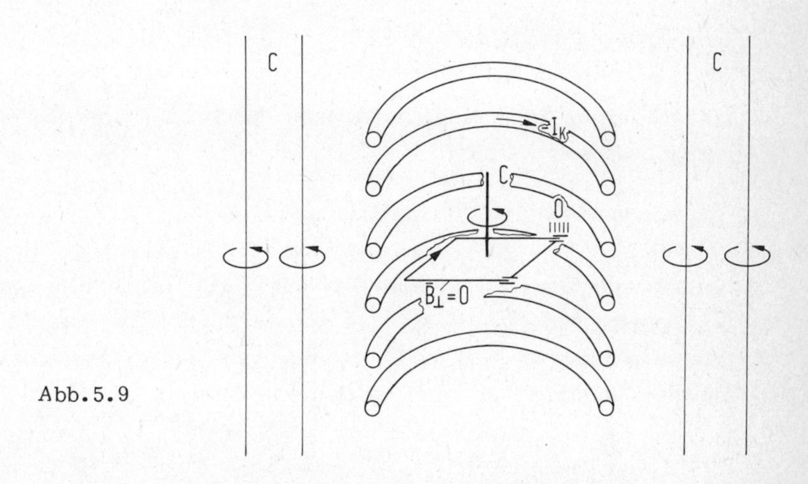

Abb.5.9

Wir denken uns den Mittelpunkt der Spulenachse in einem beliebigen Punkt $\vec{x}$ im Vakuum in der Umgebung stromführender Leiter angeordnet. Bei zunächst beliebiger Stellung der Spulenachse läßt sich in der Spule ein magnetisches Induktionsfeld nachweisen, dessen Komponente $\bar{B}_\perp$ durch die felderzeugende Wirkung eines Stromes $-I_K$ geeigneter Stärke und Richtung kompensiert werden kann. Wiederholt man das Experiment mit Spulen verschiedener Abmessung, so zeigt sich, daß das Produkt aus Kompensationsstrom $-I_K$ und Windungszahl pro Längeneinheit w/ℓ von der Wahl der Probespule nicht abhängt, vorausgesetzt, daß die Spulenlänge ℓ groß gegen den Spulendurchmesser ist und das Induktionsfeld im Bereich der Spule nahezu konstant ist.

Unter diesen Voraussetzungen kann die Probespule näherungsweise durch ein Längenelement beschrieben werden, dessen Norm gleich der Spulenlänge ℓ ist. Das Experiment liefert keinen Hinweis auf eine innere Orientierung der Spulenachse, vielmehr ordnet der Umlaufsinn des Kompensationsstromes der Spulenachse eine transversale Orientierung zu. Die Anordnung Probespule realisiert physikalisch das transversal orientierte Längenelement als geometrisches Bild eines ungeraden 1-Vektors $\vec{\ell}$.

Variiert man die Stellung $\vec{\ell}/\ell$ der Spulenachse, so ergibt sich, daß das Produkt aus Kompensationsstrom $-I_K$ und Windungszahl w

$$-\ell \frac{w}{\ell} I_K\left(\vec{x}, \frac{\vec{\ell}}{\ell}\right)$$

eine lineare Funktion von $\vec{\ell}$ ist, die im Grenzfall verschwindender Spulenabmessungen eine ungerade 1-Form definiert:

$$\lim_{\ell,d \to 0} -\frac{w}{\ell} I_K\left(\vec{x}, \frac{\vec{\ell}}{\ell}\right) =: \langle \bar{H}(\vec{x}), \frac{\vec{\ell}}{\ell} \rangle . \tag{5.3-1}$$

Die 1-Form

$$\bar{H}(\vec{x}) = H_i(\vec{x}) \bar{e}^i(\vec{x}) \tag{5.3-2}$$

ist ein Maß für die felderzeugende Wirkung der Stromquellen und wird magnetische Feldstärke genannt.

Die von Mie und Sommerfeld vorgeschlagene Bezeichnung magnetische Erregung wird dem physikalischen Verständnis besser gerecht, hat sich aber nicht durchgesetzt. Der gemeinsame Charakter der Feldgrößen $\bar{D}$ und $\bar{H}$ kommt in der von Mie eingeführten Bezeichnung Quantitätsgrößen zum Ausdruck. Die Bezeichnung läßt erkennen, daß die Quantitätsgrößen $\bar{D}$ und $\bar{H}$ im Gegensatz zu den Intensitätsgrößen $\bar{E}$ und $\bar{B}$ ungerade Parität besitzen. Die Einheit der 1-Form $\bar{H}$ ist

$$[H] = \left[\frac{\text{Ladung}}{(\text{Zeit})(\text{Länge})}\right] = 1 \frac{A}{m} . \tag{5.3-3}$$

Die Koeffizienten $H_i(\vec{x})$ haben die Dimension des elektrischen Stromes. Wegen (5.3-1) nennt man die Einheit in der Technik auch Ampère-Windungszahl pro Meter.

Die magnetischen Feldflächen genügen den beiden Bedingungen:

$$\bar{H}(\vec{x}) \cdot d\vec{F} = 0 , \tag{5.3-4a}$$

$$\langle \bar{H}(\vec{x}), * d\vec{F} \rangle > 0 . \tag{5.3-4b}$$

Die Anzahl N(C) der von einer Kurve C geschnittenen Feldflächen ist ein Maß für die Stärke des Feldes:

$$\int_C \langle \bar{H}, d\vec{C} \rangle = N(C) \left[\frac{\text{Ladung}}{\text{Zeit}} \right] . \tag{5.3-5}$$

Da $\bar{H}$ ungerade ist, muß C transversal orientiert werden. Die innere Orientierung der Feldflächen ist gleichsinnig mit der transversalen Orientierung von C (s. Abb. 5.10).

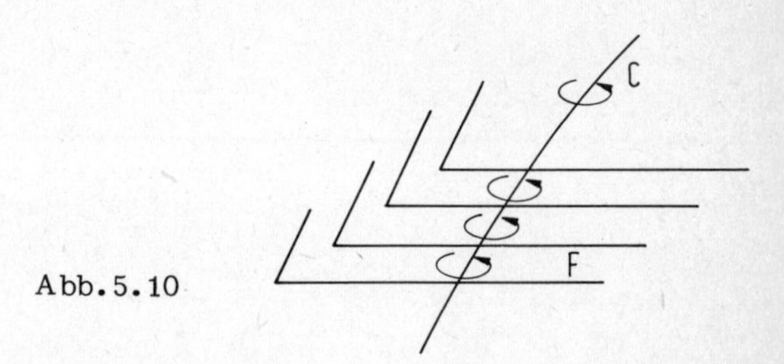

Abb. 5.10

Um die Definition (5.3-1) auf magnetische Felder in Materie zu übertragen, denken wir uns wieder einen zylindrischen, evakuierten Hohlraum, in dem die Probespule angeordnet werden kann (Abb. 5.11). Wie wir im folgenden Abschnitt sehen werden, läßt sich die magnetische Feldstärke in Materie durch das gleiche Experiment wie im Vakuum festlegen.

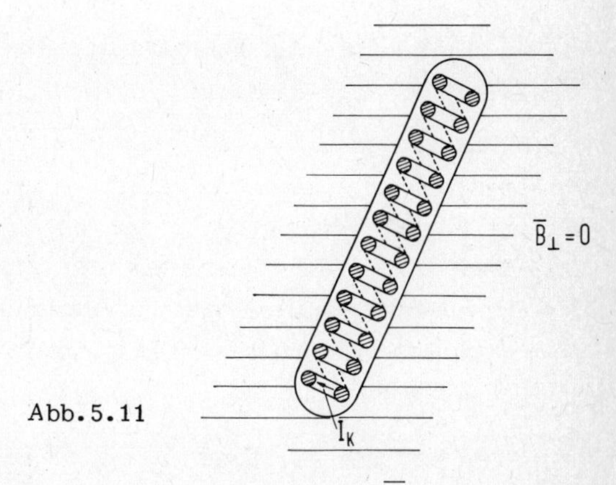

Abb. 5.11

5.3.2. Die Feldgleichung und die Grenzbedingung für die magnetische Feldstärke

Um zu einer Feldgleichung für $\bar{H}(\vec{x})$ zu gelangen, bilden wir die Ampère-Windungszahl $\int_{\partial F} \langle \bar{H}, d\vec{C} \rangle$ längs einer geschlossenen Kurve ∂F, die eine Schnittfläche des stromführenden Leiters berandet (s. Abb. 5.12). Da die 1-Form $\bar{H}$ ungerade ist, muß ∂F transversal orientiert werden. Die Stromverteilung $\bar{J}(\vec{x})$ ist nur im Bereich des Leiterquerschnittes $L_F \subset F$ von Null verschieden. Jedes Linienelement von ∂F kann mit einer Probespule nachgebildet werden und liefert nach (5.3-1) den Beitrag

$$-d(wI_K) = \langle \bar{H}(\vec{x}), d\vec{C} \rangle . \tag{5.3-6}$$

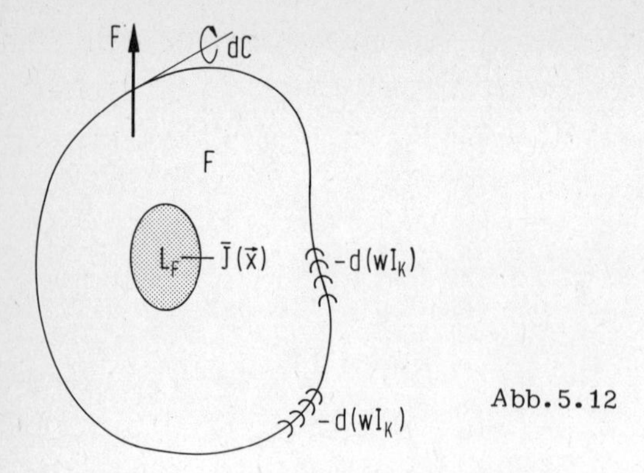

Abb.5.12

Insgesamt erhalten wir die kompensierende Ampère-Windungszahl

$$\int\limits_{\partial F} \langle \bar{H}, d\vec{C} \rangle = - \int\limits_{\partial F} d(wI_K) \,. \tag{5.3-7}$$

Der durch die Fläche F fließende Strom, auch elektrische Durchflutung genannt, ist

$$I = \int\limits_{F} \langle \bar{J}, d\vec{F} \rangle = \int\limits_{L_F} \langle \bar{J}, d\vec{F} \rangle \,. \tag{5.3-8}$$

Die transversale Orientierung von $d\vec{F}$ wird durch den transversalen Umlaufsinn von $d\vec{C}$ beim Durchtritt durch das Flächenelement induziert (s. Abb.5.12). Der Vergleich von (5.3-7) und (5.3-8) ergibt, daß die Summe des felderzeugenden Stromes und der kompensierenden Ampère-Windungszahl verschwindet:

$$I + \int\limits_{\partial F} d(wI_K) = 0 \,. \tag{5.3-9}$$

Das Ergebnis gilt für Messungen im Vakuum und in Materie. Aus den Beziehungen (5.3-7) bis (5.3-9) erhält man die integrale Form der Feldgleichung für die magnetische Feldstärke

$$\int\limits_{\partial F} \langle \bar{H}, d\vec{C} \rangle = \int\limits_{F} \langle \bar{J}, d\vec{F} \rangle \,, \tag{5.3-10}$$

oder mit dem Stokesschen Satz

$$\int\limits_{F} \langle \bar{\nabla} \wedge \bar{H}, d\vec{F} \rangle = \int\limits_{F} \langle \bar{J}, d\vec{F} \rangle \,. \tag{5.3-11}$$

Da die Fläche F wegen (5.1-10) in beliebiger Weise in den Rand ∂F eingespannt werden kann, ist die integrale Form (5.3-11) äquivalent mit der differentiellen Form

$$\bar{\nabla} \wedge \bar{H} = \bar{J} \,. \tag{5.3-12}$$

Um die Grenzbedingung für die magnetische Feldstärke herzuleiten, betrachten wir eine Grenzfläche ∂M, die ein homogenes Medium M_1 von einem homogenen Medium M_2 trennt. Sind P_1 und P_2 zwei Punkte auf ∂M, die einerseits durch eine ganz im Medium M_1 verlaufende Kurve C_1 und andererseits durch eine ganz im Medium M_2 verlaufende Kurve C_2 verbunden werden (siehe Abb.5.13), so erhalten wir mit (5.3-10):

$$\int_{C_2} \langle \bar{H}, d\vec{C}_2 \rangle - \int_{C_1} \langle \bar{H}, d\vec{C}_1 \rangle = \int_{F(C_1,C_2)} \langle \bar{J}, d\vec{F} \rangle . \tag{5.3-13}$$

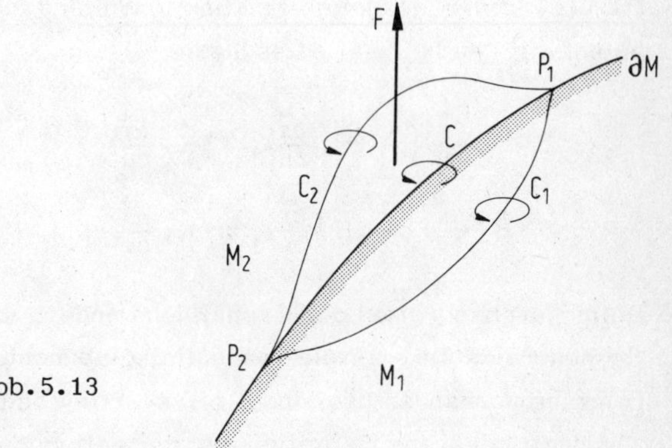

Abb.5.13

Hier ist $F(C_1,C_2)$ eine von C_1 und C_2 berandete, transversal orientierte Fläche. Beide Kurven C_1 und C_2 sollen nun im Grenzfall gegen die gleiche, vollständig auf ∂M liegende Kurve C streben. Durch den Grenzwert

$$\lim_{C_1,C_2 \to C} \int_{F(C_1,C_2)} \langle \bar{J}, d\vec{F} \rangle = \int_C \langle \bar{K}, d\vec{C} \rangle \;{}^{+)} \tag{5.3-14}$$

wird auf der Grenzfläche ∂M eine ungerade 1-Form $\bar{K}$ definiert. Physikalisch bedeutet $\bar{K}$ eine Strombelegung der Grenzfläche, mit der Einheit

$$[\bar{K}] = \left[\frac{\text{Strom}}{\text{Länge}}\right] = 1\,\frac{\text{A}}{\text{m}} . \tag{5.3-15}$$

Aus (5.3-13) folgt mit (5.3-14) die Grenzbedingung

$$\int_C \langle \bar{H}, d\vec{C} \rangle_2 - \int_C \langle \bar{H}, d\vec{C} \rangle_1 = \int_C \langle \bar{K}, d\vec{C} \rangle , \tag{5.3-16}$$

oder für ein beliebiges Wegelement $d\vec{C}$

$$\langle \bar{H}, d\vec{C} \rangle_2 - \langle \bar{H}, d\vec{C} \rangle_1 = \langle \bar{K}, d\vec{C} \rangle . \tag{5.3-17}$$

+) Düe übliche Definition des Flächenstromes erhält man, wenn man $\int \langle \bar{K}, d\vec{C} \rangle$ durch $\int \langle \bar{K}, d\vec{C} \wedge \vec{n} \rangle$ ersetzt, wo der Normalenvektor $\vec{n}$ in das Medium 2 zeigt. K ist dann eine 2-Form mit der Dimension (5.3-15)

Mit einer Parameterdarstellung der Grenzfläche $\vec{x} = \vec{x}(u,v)$ kann das Wegelement $d\vec{C}$ einer ganz in $\partial\vec{C}$ verlaufenden Kurve $\vec{x}(s) = \vec{x}\big(u(s), v(s)\big)$ geschrieben werden:

$$d\vec{C} = \frac{\partial\vec{x}}{\partial u}\frac{du}{ds}\,ds + \frac{\partial\vec{x}}{\partial v}\frac{dv}{ds}\,ds = \frac{d\vec{x}}{ds}\,ds\,. \tag{5.3-18}$$

Gleichung (5.3-17) lautet dann

$$\langle\bar{H}, \frac{d\vec{x}}{ds}\rangle_2 - \langle\bar{H}, \frac{d\vec{x}}{ds}\rangle_1 = \langle\bar{K}, \frac{d\vec{x}}{ds}\rangle\,; \qquad \forall\,\frac{d\vec{x}}{ds} \in T_{\vec{x}}\,, \qquad \forall\,\vec{x} \in \partial M\,. \tag{5.3-19}$$

Da u(s) und v(s) beliebige Funktionen sind, ist die Grenzbedingung (5.3-19) äquivalent mit den beiden Beziehungen

$$\begin{aligned} &\langle\bar{H}, \frac{\partial\vec{x}}{\partial u}\rangle_2 - \langle\bar{H}, \frac{\partial\vec{x}}{\partial u}\rangle_1 = \langle\bar{K}, \frac{\partial\vec{x}}{\partial u}\rangle\,, \\ &\langle\bar{H}, \frac{\partial\vec{x}}{\partial v}\rangle_2 - \langle\bar{H}, \frac{\partial\vec{x}}{\partial v}\rangle_1 = \langle\bar{K}, \frac{\partial\vec{x}}{\partial v}\rangle\,, \end{aligned} \qquad \forall\,\frac{\partial\vec{x}}{\partial u}, \frac{\partial\vec{x}}{\partial v} \in T_{\vec{x}}\,, \qquad \forall\,\vec{x} \in \partial M\,. \tag{5.3-20}$$

Beim Durchschreiten der Grenzfläche ändern sich die Tangentialkomponenten der magnetischen Feldstärke um die Tangentialkomponenten der Strombelegung. Ist keine Strombelegung vorhanden, so sind die Tangentialkomponenten stetig. Damit ist die im letzten Abschnitt gegebene Definition der magnetischen Feldstärke in Materie gerechtfertigt.

Die Feldgleichung (5.3-12) bestimmt $\bar{H}(\vec{x})$ nicht eindeutig. Ist $\bar{H}_1(\vec{x})$ eine spezielle Lösung von (5.3-12), so lautet die allgemeine Lösung

$$\bar{H}(\vec{x}) = \bar{H}_1(\vec{x}) + \bar{\nabla}\wedge W(\vec{x})\,, \tag{5.3-21}$$

wo $W(\vec{x})$ eine beliebige ungerade 0-Form ist.

5.4. Der Zusammenhang zwischen magnetischer Induktion und magnetischer Feldstärke

5.4.1. Die Materialgleichung

Der Zusammenhang zwischen der Intensitätsgröße $\bar{E}$ und der Quantitätsgröße $\bar{D}$ des elektrischen Feldes wird im Vakuum durch den $*$-Isomorphismus und die Dielektrizitätskonstante ε_o hergestellt (s. 3.4-1)

$$\bar{D} = \varepsilon_o * \bar{E}\,.$$

Wir vermuten eine analoge Beziehung zwischen der Intensitätsgröße $\bar{B}$ und der Quantitätsgröße $\bar{H}$ des magnetischen Feldes. Die magnetische Induktion $\bar{B}$ ist eine gerade 2-Form. Sie beschreibt die Kraftwirkung des magnetischen Feldes auf elektrische Ströme. Die zweite magnetische Feldgröße, die magnetische Feldstärke $\bar{H}$, beschreibt die felderzeugende Wirkung des elektrischen Stromes. Sie ist eine ungerade 1-Form. Der $*$-Isomorphismus bildet gerade 2-Formen auf ungerade 1-Formen ab. Er ist invariant unter der Euklidischen Gruppe $E(3)$ und die einzige lineare Abbildung mit diesen Eigenschaften. Im Vakuum gilt deshalb

$$\bar{H} = \frac{1}{\mu_o} * \bar{B} \ . \tag{5.4-1}$$

Der Proportionalitätsfaktor $\frac{1}{\mu_o}$ wird mit Rücksicht auf die historische Form

$$\bar{B} = \mu_o * \bar{H} \tag{5.4-2}$$

gewählt. Der skalare Faktor μ_o wird Permeabilität oder Induktionskonstante des Vakuums genannt. Seine Einheit ist

$$[\mu_o] = \frac{[B]}{[H]} = 1\,\frac{Vs}{Am} = 1\,\frac{He}{m} \ . \tag{5.4-3}$$

Hier steht He für die abgeleitete Einheit Henry:

$$1\,He = 1\,\frac{Vs}{A} \ . \tag{5.4-4}$$

Um den Zahlenwert von μ_o zu bestimmen, gehen wir von der folgenden Definition der Einheit Ampère aus: Zwei gerade, parallele Linienleiter der Länge $\ell = 1m$ im Abstand $\rho = 1m$ werden dann von einem Strom von 1 A in gleicher Richtung durchflossen, wenn sie sich im Vakuum mit einer Kraft von $2 \cdot 10^{-7}$ N anziehen. Im Abschnitt 5.4.3 werden wir sehen, daß ein in einem zylindrischen Leiter fließender Strom der Stärke I das Magnetfeld

$$\bar{H} = \frac{I}{2\pi}\,\bar{e}^{\varphi} \tag{5.4-5}$$

erzeugt. Hier ist (ρ, φ, z) ein System von Zylinderkoordinaten, dessen z-Achse mit der Leiterachse zusammenfällt. Auf einen zweiten, parallelen Leiter der Länge ℓ, durch den ebenfalls ein Strom der Stärke I in gleicher Richtung fließt, wirkt im Abstand ρ nach (5.2-11) die Kraft

$$K_\rho = \langle \bar{K}, \vec{e}_\rho \rangle = -\,I \langle \bar{B} \cdot \vec{\ell}, \vec{e}_\rho \rangle = -\,I \langle \bar{B}, \vec{\ell} \wedge \vec{e}_\rho \rangle \ . \tag{5.4-6}$$

Mit (5.4-1) und (5.4-5) folgt

$$-\,K_\rho = \frac{\mu_o I^2 \ell}{2\pi\,\rho} \ . \tag{5.4-7}$$

Setzt man nun die das Ampère definierende Vorschrift in (5.4-7) ein, so ergibt sich mit (3.2-7)

$$\mu_o = \frac{2 \cdot 10^{-7} \cdot 2\pi}{1} \frac{\mathrm{Nm}}{\mathrm{A^2 m}} = 4\pi \cdot 10^{-7} \frac{\mathrm{Vs}}{\mathrm{Am}} .$$

Wir merken uns die beiden Beziehungen, welche die gesetzlichen Einheiten für die elektrische Spannung und den elektrischen Strom festlegen:

$$1 \text{ As V} = 1 \text{ Nm} , \tag{5.4-8a}$$

$$\mu_o = 4\pi \cdot 10^{-7} \frac{\mathrm{Vs}}{\mathrm{Am}} . \tag{5.4-8b}$$

Aus der Materialgleichung (5.4-1) läßt sich wieder ein Zusammenhang zwischen den Feldlinien und den Feldflächen ableiten. Eine entsprechende Argumentation wie im Abschnitt 3.4.1 führt zu dem Ergebnis, daß die Linienelemente $d\vec{C}$ der Feldlinien von $\bar{B}$ gleichsinning parallel mit den Vektoren $*d\vec{F}$ sind, wo $d\vec{F}$ Element einer Feldfläche von $\bar{H}$ ist:

$$d\vec{C} \,||\, *d\vec{F} , \tag{5.4-9}$$

d.h. die Feldlinien durchsetzen die Feldflächen auch in diesem Fall orthogonal:

$$d\vec{F} \cdot d\vec{C} = 0 . \tag{5.4-10a}$$

Die transversale Orientierung der Feldlinien ist gleichsinning mit der inneren Orientierung der Feldflächen:

$$\langle * d\vec{C} \,|\, d\vec{F} \rangle > 0 . \tag{5.4-10b}$$

Die Materialgleichung für das Vakuum können wir auf das Modell homogener und isotroper Materie mit linearen Eigenschaften übertragen:

$$\bar{H}(\vec{x}) = \frac{1}{\mu\mu_o} * \bar{B}(\vec{x}) . \tag{5.4-11}$$

Den dimensionslosen Faktor μ bezeichnet man als die Permeabilitätszahl der betrachteten Materie. Ein Medium, das durch das Modell (5.4-11) hinreichend genau beschrieben wird, nennen wir ideal. In einem inhomogenen Medium hängt die Permeabilitätszahl vom Ort $\vec{x}$ ab:

$$\bar{H}(\vec{x}) = \frac{1}{\mu(\vec{x})\mu_o} * \bar{B}(\vec{x}) . \tag{5.4-12}$$

Im Vergleich zum elektrischen Feld ist der Anwendungsbereich des linearen Materiemodells für das magnetische Feld eingeschränkt. Einerseits gilt es nur für eine begrenzte Zahl von Stoffen, zu denen gerade Stoffe mit großer technischer Bedeutung nicht gehören, wie zum Beispiel Eisen. Andererseits ist der Zusammenhang zwischen magnetischer Feldstärke und magnetischer Induktion nur für relativ kleine Werte der Induktion linear. Wir können die Stoffe phänomenologisch in drei Gruppen einteilen:

1) Diamagnetische Stoffe:

Diamagnetisches Verhalten der Materie entspricht dem dielektrischen. Analog zu $\varepsilon > 1$ für Dielektrika gilt für diamagnetische Stoffe $1/\mu > 1$, oder $\mu < 1$. Alle Stoffe sind diamagnetisch, jedoch kann der Diamagnetismus von anderen Eigenschaften überdeckt werden. Für diamagnetische Stoffe ist die Permeabilität im wesentlichen temperaturunabhängig und nur wenig von eins verschieden.

2) Paramagnetische Stoffe:

Für sie gilt $\mu > 1$ und $\mu \sim 1/T$ (T: absolute Temperatur). Die Permeabilität paramagnetischer Stoffe weicht ebenfalls nur wenig von eins ab.

3) Ferromagnetische Stoffe:

Die Permeabilität ferromagnetischer Stoffe (Fe, Co, Ni, Gd sowie Legierungen) ist sehr groß gegen eins. Oberhalb der sogenannten Curietemperatur Θ zeigen die Ferromagnetika paramagnetisches Verhalten. Die Temperaturabhängigkeit der Permeabilität folgt dann dem Curie-Weißschen Gesetz

$$\mu \sim \frac{1}{T - \Theta} \quad \text{für} \quad T > \Theta . \tag{5.4-13}$$

Man unterscheidet bei den Ferromagnetika magnetisch weiche und harte Stoffe. Bei den zuerst genannten kann die magnetische Induktion näherungsweise als eine eindeutige Funktion der magnetischen Feldstärke angesehen werden (s. Abb.5.14). Schon für relativ kleine Werte der Feldstärke nimmt die Induktion aber nur noch geringfügig zu (s. Abb.5.14), ein Verhalten, das als Sättigung bezeichnet wird. Die Materialgleichung (5.4-2) gilt deshalb nur für sehr kleine Werte der Feldstärke. Die Permeabilität im linearen Bereich wird Anfangspermeabilität genannt. Bei magnetisch harten Stoffen

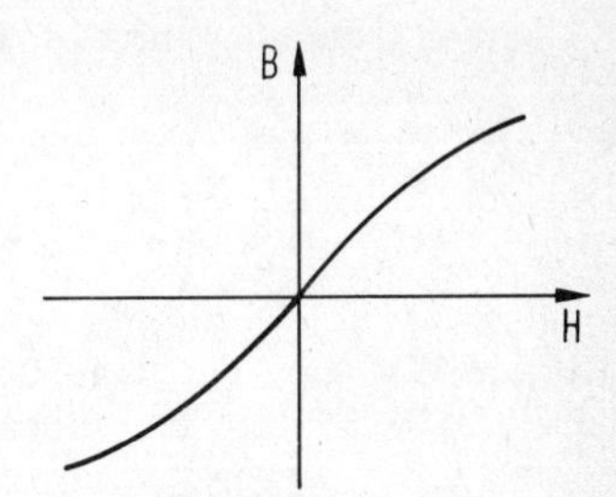

Abb.5.14

ist die Induktion keine eindeutige Funktion der Feldstärke, sondern von der Vorgeschichte abhängig. Läßt man die Feldstärke von einem Minimalwert auf einen Maximalwert anwachsen und anschließend wieder auf den Minimalwert abfallen, so durchläuft die magnetische Induktion eine geschlossene Kurve, die Hysteresisschleife genannt wird (s. Abb.5.15). Das eindeutige Verhalten magnetisch weicher Stoffe ist als Grenzfall mit schwach ausgeprägter Hysteresisschleife zu verstehen.

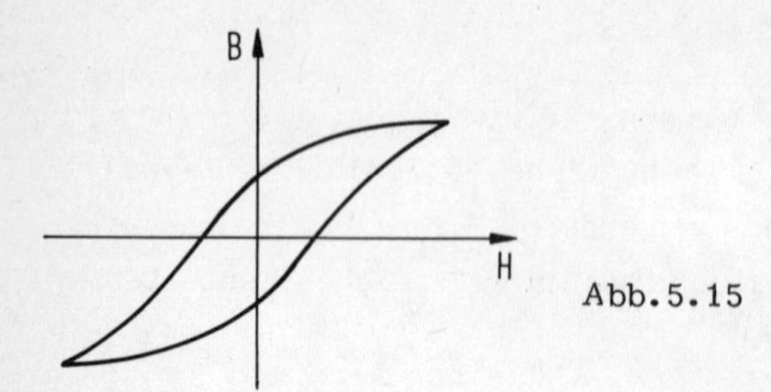

Abb.5.15

5.4.2. Die Feldgleichung und die Grenzbedingungen für das magnetische Potential

Die Feldgleichungen (5.2-18) und (5.3-12) bilden mit der Materialgleichung (5.4-11) bzw. (5.4-12) ein vollständiges System zur Bestimmung des magnetischen Feldes einer gegebenen stationären Stromverteilung:

$$\bar{\nabla} \wedge \bar{B} = 0 \,, \tag{5.4-14a}$$

$$\bar{\nabla} \wedge \bar{H} = \bar{J} \,, \tag{5.4-14b}$$

$$\bar{H} = \frac{1}{\mu(\vec{x})\mu_o} * \bar{B} \,. \tag{5.4-14c}$$

Auf einer Grenzfläche ∂M zwischen zwei homogenen Medien gelten die Grenzbedingungen (5.2-21) und (5.3-20):

$$\langle \bar{B}, \frac{\partial \vec{x}}{\partial u} \wedge \frac{\partial \vec{x}}{\partial v} \rangle_2 - \langle \bar{B}, \frac{\partial \vec{x}}{\partial u} \wedge \frac{\partial \vec{x}}{\partial v} \rangle_1 = 0 \,, \tag{5.4-15a}$$

$$\forall \vec{x} \in \partial M$$

$$\langle \bar{H}, \frac{\partial \vec{x}}{\partial u} \rangle_2 - \langle \bar{H}, \frac{\partial \vec{x}}{\partial u} \rangle_1 = \langle \bar{K}, \frac{\partial \vec{x}}{\partial u} \rangle \;; \quad \langle \bar{H}, \frac{\partial \vec{x}}{\partial v} \rangle_2 - \langle \bar{H}, \frac{\partial \vec{x}}{\partial v} \rangle_1 = \langle \bar{K}, \frac{\partial \vec{x}}{\partial v} \rangle \,. \tag{5.4-15b}$$

Die beiden Gleichungen (5.4-15b) lassen sich zu einem inneren Produkt zusammenfassen:

$$(\bar{H}_2 - \bar{H}_1) \cdot \left(\frac{\partial \vec{x}}{\partial u} \wedge \frac{\partial \vec{x}}{\partial v} \right) = \bar{K} \cdot \left(\frac{\partial \vec{x}}{\partial u} \wedge \frac{\partial \vec{x}}{\partial v} \right) . \tag{5.4-16}$$

Mit dem 1-Vektor (s. 3.4-13)

$$\vec{n} = * \frac{\partial \vec{x}}{\partial u} \wedge \frac{\partial \vec{x}}{\partial v}$$

erhalten wir statt (5.4-15a) und (5.4-16):

$$(\vec{B}_2 - \vec{B}_1) \wedge \vec{n} = 0 \,, \tag{5.4-17a}$$

$$(\vec{H}_2 - \vec{H}_1) \wedge \vec{n} = \vec{K} \wedge \vec{n} \,, \tag{5.4-17b}$$

wo $\vec{B}$ usw. die den Formen kanonisch zugeordneten Vektorfelder sind.

Die Feldgleichung (5.4-14a) wird durch die Einführung des magnetischen Potentials erfüllt (s. 5.2-22):

$$\bar{B} = \bar{\nabla} \wedge \bar{A} \,. \tag{5.4-18}$$

Setzt man (5.4-18) in die Materialgleichung (5.4-14c) und diese wiederum in die Feldgleichung (5.4-14b) ein, so erhält man für das magnetische Potential ein System von Differentialgleichungen 2. Ordnung:

$$\bar{\nabla} \wedge * \frac{1}{\mu} (\bar{\nabla} \wedge \bar{A}) = \mu_o \bar{J} \,. \tag{5.4-19}$$

In einem homogenen Medium (μ = const) entsprechen die Gleichungen (5.4-19) der Poissongleichung für das elektrische Potential (s. 3.4-16). Die Beziehung (5.4-19) läßt sich mit (2.3-29) umschreiben in

$$\bar{\nabla} \cdot \frac{1}{\mu} (\bar{\nabla} \wedge \bar{A}) = \left(\bar{\nabla} \frac{1}{\mu} \right) \cdot (\bar{\nabla} \wedge \bar{A}) + \frac{1}{\mu} \bar{\nabla} \cdot (\bar{\nabla} \cdot \bar{A}) - \frac{1}{\mu} (\bar{\nabla} \cdot \bar{\nabla}) \bar{A} = \mu_o * \bar{J} \,. \tag{5.4-20}$$

Der erste Term entfällt für μ = const.

Die Grenzbedingungen für das magnetische Potential lauten nach (5.2-28)

$$(\bar{A}_2 - \bar{A}_1) \cdot \left(\frac{\partial \vec{x}}{\partial u} \wedge \frac{\partial \vec{x}}{\partial v} \right) = 0 \,, \qquad \forall \vec{x} \in \partial M \,, \tag{5.4-21a}$$

oder

$$(\vec{A}_2 - \vec{A}_1) \wedge \vec{n} = 0 \,. \tag{5.4-21b}$$

Ferner verlangt (5.4-16)

$$\left[\frac{1}{\mu} * (\bar{\nabla} \wedge \bar{A}) \cdot \frac{\partial \vec{x}}{\partial u} \wedge \frac{\partial \vec{x}}{\partial v} \right]_2 - \left[\frac{1}{\mu} * (\bar{\nabla} \wedge \bar{A}) \cdot \frac{\partial \vec{x}}{\partial u} \wedge \frac{\partial \vec{x}}{\partial v} \right]_1 = \mu_o \, \bar{K} \cdot \frac{\partial \vec{x}}{\partial u} \wedge \frac{\partial \vec{x}}{\partial v} \,,$$

$$\forall \vec{x} \in \partial M \,. \tag{5.4-22a}$$

Äquivalent mit (5.4-22a) ist die Bedingung

$$\left(\frac{1}{\mu_2} \bar{\nabla} \wedge \bar{A}_2 - \frac{1}{\mu_1} \bar{\nabla} \wedge \bar{A}_1 \right) \cdot \vec{n} = \mu_o (* \bar{K}) \cdot \vec{n} \,. \tag{5.4-22b}$$

5.4.3. Beispiele einfacher magnetischer Felder

Wir behandeln zunächst eine zylindersymmetrische Anordnung. Gegeben sei ein unendlich langes koaxiales Kabel, das aus einem zentralen zylindrischen Leiter und einem konzentrischen Rückleiter besteht. Der kreisförmige Querschnitt des zentralen Leiters hat den Radius a, während der Querschnitt des Rückleiters von Kreisen mit den Radien $a < b < c$ begrenzt wird (s. Abb.5.16). Wir verwenden ein System von

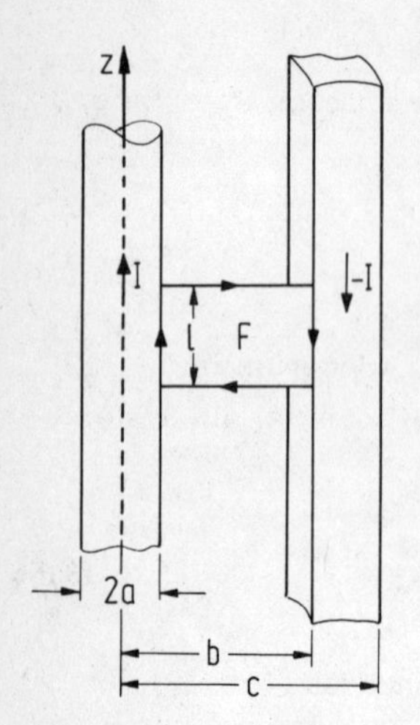

Abb.5.16

Zylinderkoordinaten, dessen z-Achse mit der Achse des zentralen Leiters zusammenfällt. Durch den zentralen Leiter fließt ein Gleichstrom der Stärke I, während durch den Rückleiter ein Strom gleicher Stärke in negativer z-Richtung fließt. Die Stromdichte $\bar{J}$ hat demnach nur die Komponente $J_{\rho\varphi}$, die wegen der Bedingung

$$\bar{\nabla} \wedge \bar{J} = 0$$

nicht von z abhängen darf. Die gewünschte zylindrische Symmetrie verlangt, daß $J_{\rho\varphi}$ ebenfalls nicht vom Winkel φ abhängt:

$$\bar{J} = J_{\rho\varphi}(\rho)\, \bar{e}^{\rho} \wedge \bar{e}^{\varphi} \,. \tag{5.4-23}$$

Integriert man $\bar{J}$ über einen Querschnitt $F(a)$ des Innenleiters, so erhält man die Stromstärke

$$I = \int_{F(a)} \langle \bar{J}, d\vec{F} \rangle = \int_0^a d\rho \int_0^{2\pi} d\varphi\, J_{\rho\varphi}(\rho) \,,$$

während die Integration über einen Querschnitt $F(b,c)$ des Rückleiters $-I$ liefert,

$$\int_{F(b,c)} \langle \bar{J}, d\vec{F} \rangle = \int_b^c d\rho \int_0^{2\pi} d\varphi\, J_{\rho\varphi}(\rho) = -\, I.$$

Um die Feldgleichungen (5.4-14a-c) zu lösen, führen wir zunächst das Vektorpotential ein, weisen aber darauf hin, daß man die Feldgleichungen natürlich auch direkt lösen kann (siehe hierzu Aufgabe 5.1). Für das Vektorpotential $\bar{A}$ machen wir den Ansatz

$$\bar{A}(\vec{x}) = F_\rho(\rho)\bar{e}^\rho + F_\varphi(\rho)\bar{e}^\varphi + F_z(\rho)\bar{e}^z \, . \qquad (5.4\text{-}24)$$

Der erste Term hat keine physikalische Bedeutung, da er durch die Eichtransformation

$$\bar{A}(\vec{x}) \mapsto \bar{A}(\vec{x}) - \bar{\nabla}\wedge\int^\rho d\rho' F_\rho(\rho')$$

beseitigt werden kann. Nehmen wir der Einfachheit halber an, daß innerhalb und außerhalb der Leiter $\mu = 1$ ist, so liefert die Gleichung (5.4-19) folgende Differentialgleichungen für die Komponenten F_φ und F_z:

$$\frac{d}{d\rho}\frac{1}{\rho}\frac{dF_\varphi}{d\rho} = 0 \, , \qquad (5.4\text{-}25)$$

$$-\frac{d}{d\rho}\rho\frac{dF_z}{d\rho} = \mu_o J_{\rho\varphi} \, . \qquad (5.4\text{-}26)$$

Die erste Gleichung hat die allgemeine Lösung

$$F_\varphi(\rho) = A\frac{\rho^2}{2} + B \, ,$$

mit beliebigen Konstanten A und B. Sie beschreibt physikalisch ein homogenes magnetisches Feld in z-Richtung:

$$\bar{H} = \frac{1}{\mu_o} * \bar{\nabla}\wedge\left(F_\varphi \bar{e}^\varphi\right) = \frac{A}{\mu_o}\,\bar{e}^z \, .$$

Um es auszuschließen, stellen wir die Randbedingung

$$\lim_{\rho\to\infty} \bar{H} = 0 \, . \qquad (5.4\text{-}27)$$

Bei der Lösung von (5.4-26) beschränken wir uns auf den Bereich $a \leqslant \rho \leqslant b$ zwischen den Leitern, in dem die Stromdichte verschwindet. Die allgemeine Lösung lautet hier

$$F_z(\rho) = C\,\ell n\,\rho + D \, , \qquad a \leqslant \rho \leqslant b \, .$$

Um die Konstante C zu bestimmen, berechnen wir die magnetische Feldstärke

$$\bar{H} = \frac{1}{\mu_o} * \bar{\nabla}\wedge\left(F_z\bar{e}^z\right) = -\frac{1}{\mu_o}\rho\frac{dF_z}{d\rho}\,\bar{e}^\varphi = -\frac{C}{\mu_o}\,\bar{e}^\varphi$$

und wenden die integrale Feldgleichung (5.3-10) auf den Rand $\partial F(a)$ des Innenleiters an:

$$I = \int_{\partial F(a)} \langle \bar{H}, d\vec{C} \rangle = \int_0^{2\pi} H_\varphi d\varphi = -\frac{C}{\mu_o} 2\pi .$$

Das Vektorpotential für das Koaxialkabel lautet somit unter der Randbedingung (5.4-27)

$$\bar{A}(\vec{x}) = \frac{\mu_o I}{2\pi} \left[\ln\left(\frac{a}{\rho}\right) + D' \right] \bar{e}^z , \qquad a \leq \rho \leq b . \tag{5.4-28}$$

Es enthält noch eine physikalisch bedeutungslose Konstante D', über die frei verfügt werden kann.

Mit (5.4-28) erhalten wir für das Feld der magnetischen Induktion im Bereich zwischen den Leitern

$$\bar{B} = \bar{\nabla} \wedge \bar{A} = \frac{\mu_o I}{2\pi\rho} \bar{e}^z \wedge \bar{e}^\rho . \tag{5.4-29}$$

Integriert man $\bar{B}$ über ein Flächenstück $\vec{F} = \ell \vec{e}_z \wedge (b-a)\vec{e}_\rho$ zwischen den Leitern (s. Abb.5.16), so erhält man den äußeren Bündelfluß der magnetischen Induktion $\Phi^{(a)}$:

$$\Phi^{(a)} = \int_F \langle \bar{B}, d\vec{F} \rangle = \frac{\mu_o I \ell}{2\pi} \int_a^b \frac{d\rho}{\rho} = \frac{\mu_o I \ell}{2\pi} \ln\left(\frac{b}{a}\right) =: L_a I . \tag{5.4-30}$$

Das Verhältnis

$$\frac{\Phi^{(a)}}{I} = L_a = \frac{\mu_o \ell}{2\pi} \ln\left(\frac{b}{a}\right) \tag{5.4-31}$$

wird äußere Selbstinduktivität genant. Die äußere Selbstinduktivität pro Längeneinheit des Koaxialkabels folgt aus (5.4-31) nach Division durch ℓ. Die Induktivität kann als magnetisches Pendant der Kapazität angesehen werden (s. 3.4.3).

Als zweites Beispiel untersuchen wir das magnetische Feld einer Ringspule mit kreisförmigem Querschnitt, die mit w Stromwindungen gleichförmig umwickelt ist. Der Durchmesser 2R des Ringes soll sehr groß gegenüber dem Durchmesser 2d des Querschnitts sein (Abb.5.17). Durch die Wicklung fließt ein Strom konstanter Stärke I, den wir durch eine Strombelegung $\bar{K}$ approximieren wollen. Die magnetische Induktion $\bar{B}$ hat nur eine Komponente in den Ebenen der einzelnen Stromröhren, welche die Ringspule jeweils senkrecht schneiden. Sie ist invariant unter Drehungen um die Achse $\rho = 0$, die die mittlere Spulenebene im Zentrum senkrecht durchsetzt (s. Abb.5.17).

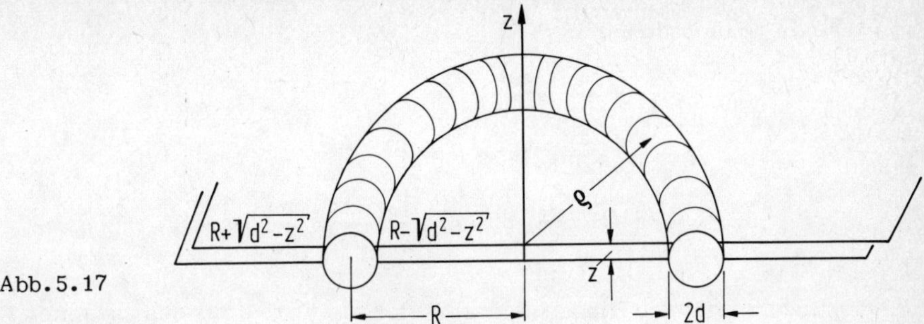

Abb.5.17

Verwenden wir wieder ein System von Zylinderkoordinaten mit der Achse $\rho = 0$ als z-Achse, so hat das magnetische Feld $\bar{H}$ lediglich eine φ-Komponente:

$$\bar{H} = H_\varphi \bar{e}^\varphi , \tag{5.4-32}$$

die wegen der Symmetrie nicht von φ abhängen darf. Um H_φ zu bestimmen, wenden wir die integrale Feldgleichung (5.3-10) auf den Rand $\partial F(\rho)$ eines Kreises mit dem Radius ρ an, der ganz im Innern der Ringspule liegt (s. Abb.5.17):

$$\int_{\partial F(\rho)} \langle \bar{H}, d\vec{C} \rangle = \int_0^{2\pi} H_\varphi d\varphi = \int_{F(\rho)} \langle \bar{J}, d\vec{F} \rangle = w\,I\,. \tag{5.4-33}$$

Liegt der Kreis in der Ebene $z = \text{const}$ $(-d < z < +d)$, so folgt

$$H_\varphi = \frac{w\,I}{2\pi}, \qquad R - \sqrt{d^2 - z^2} < \rho < R + \sqrt{d^2 - z^2}\,. \tag{5.4-34}$$

Ebenso ergibt sich, daß H_φ im Außenraum der Spule verschwindet. Die Unstetigkeit von H_φ auf dem Rand der Spule kann mit der Grenzbedingung (5.3-20) auf eine Belegung der Spulenoberfläche mit einem Flächenstrom $\bar{K}$ zurückgeführt werden:

$$H_\varphi(\rho = R - \sqrt{d^2 - z^2} + 0, z) - H_\varphi(\rho = R - \sqrt{d^2 - z^2} - 0, z) = \langle \bar{K}, \vec{e}_\varphi \rangle = \frac{w\,I}{2\pi} \tag{5.4-35a}$$

$$H_\varphi(\rho = R + \sqrt{d^2 - z^2} + 0, z) - H_\varphi(\rho = R + \sqrt{d^2 - z^2} - 0, z) = \langle \bar{K}, \vec{e}_\varphi \rangle = -\frac{w\,I}{2\pi}\,. \tag{5.4-35b}$$

Die Strombelegung

$$\bar{K} = \begin{cases} \dfrac{w\,I}{2\pi} \bar{e}^\varphi , & R - d < \rho = R - \sqrt{d^2 - z^2} < R \\[2ex] -\dfrac{w\,I}{2\pi} \bar{e}^\varphi , & R < \rho = R + \sqrt{d^2 - z^2} < R + d \end{cases} \tag{5.4-36}$$

ist bei $\rho = R$, $z = \pm d$ unstetig.

Für den Fluß der magnetischen Induktion durch eine einzelne Spulenwindung erhalten wir unter der Voraussetzung $d \ll R$

$$\int \langle \bar{B}, d\vec{F} \rangle = \int \langle * \bar{B}, * \vec{e}_z \wedge \vec{e}_\rho \rangle \, dz \, d\rho =$$

$$= \frac{1}{\mu_o} \int \langle \bar{H}, \frac{\vec{e}_\varphi}{\rho} \rangle \, dz \, d\rho \approx \frac{H_\varphi}{\mu_o} \frac{\pi d^2}{R} = \frac{w I}{\mu_o} \frac{d^2}{2R} . \qquad (5.4\text{-}37)$$

Die Selbstinduktivität der Ringspule ergibt sich als Verhältnis des gesamten Flusses durch alle Wicklungen,

$$\Psi := w \Phi \approx w \frac{w I}{\mu_o} \frac{d^2}{2R} , \qquad (5.4\text{-}38)$$

und der Stromstärke I:

$$L = \frac{\Psi}{I} \approx \frac{w^2}{\mu_o} \frac{d^2}{2R} . \qquad (5.4\text{-}39)$$

Aufgaben

5.1 Durch einen unendlich langen, kreiszylindrischen Leiter vom Radius a fließt ein Strom mit der Stromverteilung

$$\bar{J}(\vec{x}) = \frac{I \rho}{\pi a^2} \bar{e}^\rho \wedge \bar{e}^\varphi , \qquad \rho \leq a , \qquad (1)$$

wo (ρ, φ, z) Zylinderkoordinaten sind. Die Anordnung ist zylindersymmetrisch, d.h. sie ist invariant unter Drehungen um die z-Achse und unter Translationen parallel zur z-Achse.

a) Bestimmen Sie die allgemeinsten zylindersymmetrischen Lösungen von

$$\bar{\nabla} \wedge \bar{B} = 0 \qquad (2)$$

und

$$\bar{\nabla} \wedge \bar{H} = \bar{J} , \qquad (3)$$

wo $\bar{J}$ die Stromverteilung (1) ist. Setzen Sie die invarianten Lösungen von (2) und (3) in die Materialgleichung

$$\bar{B} = \mu_o * \bar{H} \qquad (4)$$

ein und geben Sie die allgemeinste invariante Lösung der Feldgleichungen (2) - (4) an. Welche Randbedingung schränkt die Lösungen für $\bar{J} = 0$ auf die triviale Lösung $\bar{H} = 0$, $\bar{B} = 0$ ein?

b) Bestimmen Sie unter der zuletzt genannten Randbedingung das allgemeinste Vektorpotential des invarianten magnetischen Feldes im Außenraum des Leiters. Ist es zylindersymmetrisch?

5.2 Zwei unendlich ausgedehnte parallele Metallplatten der Dicke δ haben im Vakuum den Abstand d (s. Abb.5.18). Die Platten werden in entgegengesetzter Richtung von einem Strom durchflossen mit der Verteilung:

$$\bar{J}(\vec{x}) = \begin{cases} i\,\bar{e}^z \wedge \bar{e}^x \;, & \frac{d}{2} \leqslant x \leqslant \frac{d}{2} + \delta \;, \\ -i\,\bar{e}^z \wedge \bar{e}^x \;, & -\frac{d}{2} - \delta \leqslant x \leqslant -\frac{d}{2} \;, \end{cases} \tag{1}$$

wo (x,y,z) kartesische Koordinaten sind. Die Anordnung ist invariant unter Translationen parallel zu den Plattenebenen. Bestimmen Sie das magnetische Feld im ganzen Raum als invariante Lösung der Feldgleichungen

$$\bar{\nabla} \wedge \bar{B} = 0 \;, \quad \bar{\nabla} \wedge \bar{H} = \bar{J} \;, \quad \bar{B} = \mu_o * \bar{H} \;. \tag{2}$$

Außerhalb der Platten soll das Feld verschwinden.

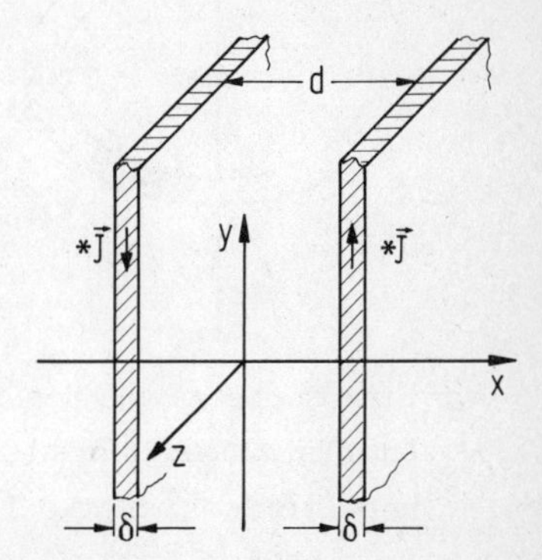

Abb.5.18

5.3 Im Vakuum befindet sich eine Kugel vom Radius a aus homogenem Material mit der relativen Permeabilität μ. Die Oberfläche der Kugel soll so mit stationärem Strom belegt werden, daß das magnetische Feld im Innern der Kugel homogen ist:

$$\bar{B}(\vec{x}) = B_{12}\,\bar{e}^1 \wedge \bar{e}^2 \;, \quad r \leqslant a \;, \quad B_{12} = \text{const} \;. \tag{1}$$

Hier ist (x^1, x^2, x^3) ein kartesisches Koordinatensystem.

a) Bestimmen Sie das magnetische Potential im Innern und auf der Oberfläche der Kugel aus (1). Verwenden Sie sphärische Polarkoordinaten.

b) Geben Sie diejenige Lösung der Differentialgleichung

$$\bar{\nabla} \wedge * (\bar{\nabla} \wedge \bar{A}) = 0 \tag{2}$$

im Außenraum an, die auf der Oberfläche der Kugel die Randwerte von a) annimmt und für $r \to \infty$ der Bedingung $\bar{\nabla} \wedge \bar{A} \to 0$ genügt.

c) Berechnen Sie die magnetische Feldstärke $\bar{H}$ im Außen- und Innenraum der Kugel und bestimmen Sie den Strombelag $\bar{K}$ aus der Grenzbedingung (5.3-20).

5.4 Durch einen kreisringförmigen Leiter mit kreisförmigem Querschnitt vom Radius a fließt ein stationärer Strom der Stärke I (s. Abb.5.19). Diskutieren Sie die Symmetrie der Anordnung und zeigen Sie anhand der Feldgleichungen für $\bar{B}$ und $\bar{H}$, daß der Ansatz:

$$\bar{A}(\vec{x}) = A_\varphi(\rho, z)\bar{e}^\varphi$$

für das Vektorpotential hinreichend allgemein ist. Die z-Achse des Systems (ρ, φ, z) von Zylinderkoordinaten ist die Symmetrieachse der Anordnung (s. Abb.5.19). Stellen Sie die Differentialgleichung für $A_\varphi(\rho, z)$ auf.

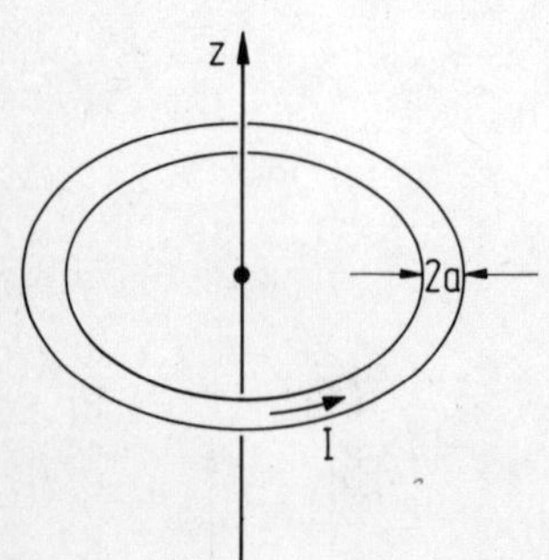

Abb.5.19

5.5 Eine Doppelleitung besteht aus zwei unendlich langen, parallelen, geradlinigen Leitern mit kreisförmigem Querschnitt vom Radius a im Abstand b, die von einem Strom der Stärke I in entgegengesetzten Richtungen durchflossen werden (s. Abb.5.20).

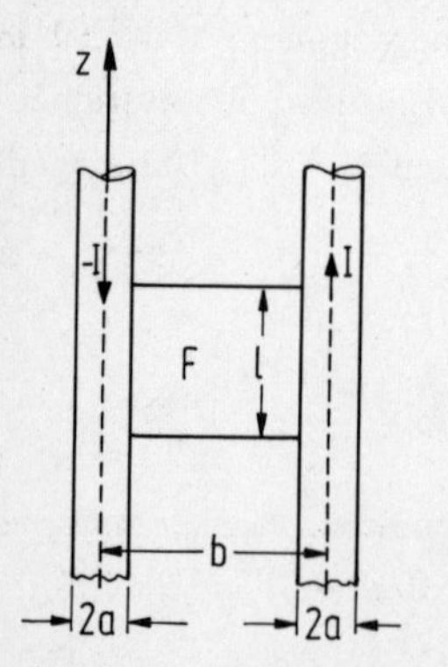

Abb.5.20

a) Bestimmen Sie das Vektorpotential sowie die Felder $\bar{B}$ und $\bar{H}$ aus den entsprechenden Größen für einen einzelnen Leiter (s. Aufg. 5.1). Diskutieren Sie den Verlauf der Feldlinien.

b) Berechnen Sie die äußere Selbstinduktivität pro Längeneinheit der Doppelleitung aus dem magnetischen Fluß durch ein Rechteck der Höhe ℓ zwischen den Leitern (s. Abb.5.20). Verwenden Sie den Satz von Stokes.

6. Randwertaufgaben für stationäre magnetische Felder

6.1. Randwertprobleme für das Vektorpotential

6.1.1. Eindeutigkeit der Lösung. Eichtransformationen

Das von einer stationären Stromverteilung $\bar{J}$ in einem Medium mit der Permeabilität μ erzeugte magnetische Feld läßt sich aus dem magnetischen Potential $\bar{A}$ ableiten. Zur Unterscheidung vom skalaren magnetischen Potential, auf das wir im nächsten Abschnitt eingehen, benutzen wir für $\bar{A}$ im folgenden den Ausdruck Vektorpotential. Das Vektorpotential genügt der Differentialgleichung (5.4-19):

$$\bar{\nabla} \wedge * \frac{1}{\mu} (\bar{\nabla} \wedge \bar{A}) = \mu_o \bar{J} \,. \qquad (6.1\text{-}1)$$

Die stationäre Stromverteilung $\bar{J}$ ist quellenfrei (s. 5.1-11):

$$\bar{\nabla} \wedge \bar{J} = 0 \,. \qquad (6.1\text{-}2)$$

Wir beschränken uns auf den Fall konstanter Permeabilität, in dem (6.1-1) in die einfachere Form

$$\bar{\nabla} \wedge * (\bar{\nabla} \wedge \bar{A}) = \mu\mu_o \bar{J} \qquad (6.1\text{-}3)$$

übergeht. Statt (6.1-3) können wir auch schreiben (s. 5.4-20)

$$\bar{\nabla} \cdot (\bar{\nabla} \wedge \bar{A}) = \mu\mu_o * \bar{J} \,. \qquad (6.1\text{-}4)$$

Wir untersuchen zunächst für einen beschränkten räumlichen Bereich K, wie weit die Lösungen von (6.1-3) bzw. (6.1-4) durch geeignete Randbedingungen auf ∂K festgelegt werden können. Sind $\bar{A}_1$ und $\bar{A}_2$ zwei verschiedene Lösungen in K, so muß die Differenz $\bar{C} = \bar{A}_1 - \bar{A}_2$ der homogenen Gleichung

$$\bar{\nabla} \wedge * (\bar{\nabla} \wedge \bar{C}) = 0 \qquad (6.1\text{-}5)$$

genügen. Wir bilden das äußere Produkt von (6.1-5) mit $\bar{C}$ und spalten eine äußere Ableitung ab:

$$0 = \bar{C} \wedge \bar{\nabla} \wedge *(\bar{\nabla} \wedge \bar{C}) = - \bar{\nabla} \wedge [\bar{C} \wedge *(\bar{\nabla} \wedge \bar{C})] + (\bar{\nabla} \wedge \bar{C}) \wedge *(\bar{\nabla} \wedge \bar{C}) \, . \tag{6.1-6}$$

Integration von (6.1-6) über den Bereich K liefert bei Beachtung des Satzes von Stokes (s. 2.4-47)

$$\int_{\partial K} \langle \bar{C} \wedge *(\bar{\nabla} \wedge \bar{C}), d\vec{F} \rangle = \int_{K} \langle *(\bar{\nabla} \wedge \bar{C})^2, dK \rangle \, . \tag{6.1-7}$$

Dabei haben wir die Beziehung

$$(\bar{\nabla} \wedge \bar{C}) \wedge *(\bar{\nabla} \wedge \bar{C}) = *[(\bar{\nabla} \wedge \bar{C}) \cdot (\bar{\nabla} \wedge \bar{C})] = *(\bar{\nabla} \wedge \bar{C})^2$$

benutzt. Aus (6.1-7) folgt, daß $\bar{\nabla} \wedge \bar{C}$ im Innern von K verschwindet, falls

$$\langle \bar{C} \wedge *(\bar{\nabla} \wedge \bar{C}), d\vec{F} \rangle = 0 \quad \text{auf } \partial K \, . \tag{6.1-8}$$

Damit ist die Bedingung

$$\vec{C} \wedge *(\vec{\nabla} \wedge \vec{C}) \wedge \vec{n} = 0 \tag{6.1-9}$$

äquivalent, wo $\vec{n}$ der Normalenvektor (s. 3.4-13) auf ∂K ist. (6.1-9) verlangt, daß wenigstens eine der folgenden Beziehungen erfüllt ist:

$$\vec{C} \wedge \vec{n} = 0 \tag{6.1-10a}$$

$$(\vec{\nabla} \wedge \vec{C}) \cdot \vec{n} = (\vec{B}_1 - \vec{B}_2) \cdot \vec{n} = 0 \, . \tag{6.1-10b}$$

Werden also auf dem Rande ∂K die Tangentialkomponenten von $\bar{A}$ bzw. $*\bar{B}$ vorgegeben, so ist das Vektorpotential $\bar{A}$ bis auf eine Lösung von

$$\bar{\nabla} \wedge \bar{C} = 0 \tag{6.1-11}$$

bestimmt. In sternförmigen Gebieten folgt

$$\bar{A}_1 - \bar{A}_2 = \bar{C} = \bar{\nabla} \varphi \, , \tag{6.1-12}$$

wo φ eine beliebige 0-Form ist. Während die Randbedingung (6.1-10b) lediglich verlangt, daß die Feldgleichung (6.1-11) auch auf dem Rande ∂K gilt, folgt aus (6.1-10a), daß φ auf dem Rande konstant ist. Die Bedingung (6.1-10a) ist mit der Randbedingung für das elektrische Feld auf dem Rande eines Leiters (s. 3.2-23b) identisch.

Vektorpotentiale, die sich nur um eine exakte 1-Form unterscheiden, sind physikalisch als äquivalent anzusehen, da sie dasselbe magnetische Feld liefern. Die Feldgrößen

$$\bar{B} = \bar{\nabla} \wedge \bar{A}\,, \qquad \bar{H} = \frac{1}{\mu\mu_o} * \bar{B} = \frac{1}{\mu\mu_o} * (\bar{\nabla} \wedge \bar{A})$$

sind invariant unter der Transformation

$$\bar{A} \mapsto \bar{A} + \bar{\nabla}\varphi\,, \qquad (6.1\text{-}13)$$

die als Eichtransformation bezeichnet wird. Es ist sinnvoll, nur solche Eichfunktionen zuzulassen, die im betrachteten Bereich regulär sind.

Um die Eichfunktion φ festzulegen, benötigen wir eine zweite Feldgleichung für die Vektorpotentialdifferenz $\bar{C}$, die aus einer Eichbedingung für das Vektorpotential folgt. Die durch die Bedingung

$$\bar{\nabla} \wedge * \bar{A} = 0 \quad \Leftrightarrow \quad \bar{\nabla} \cdot \bar{A} = 0 \qquad (6.1\text{-}14)$$

definierte Eichung wird als Coulombeichung bezeichnet. Neben (6.1-11) muß dann die 1-Form $\bar{C}$ der Feldgleichung

$$\bar{\nabla} \cdot \bar{C} = 0$$

genügen, so daß als Eichfunktionen nur Lösungen der Laplacegleichung

$$\bar{\nabla} \cdot \bar{\nabla}\varphi = \Delta\varphi = 0$$

zugelassen sind. Soll $\bar{C}$ der Randbedingung (6.1-10a) genügen, muß φ darüber hinaus auf dem Rande des betrachteten Bereiches konstant sein. Setzen wir diese Konstante gleich Null, verschwindet φ identisch. (s. 4.1).

Hat man eine Lösung $\bar{A}$ der Differentialgleichung (6.1-1) für das Vektorpotential gefunden, die der Eichbedingung (6.1-14) nicht genügt, so kann man leicht die Eichfunktion bestimmen, die $\bar{A}$ im Sinne von (6.1-13) in die Coulombeichung überführt. Zunächst folgt aus der Eichbedingung

$$\bar{\nabla} \cdot (\bar{A} + \bar{\nabla}\varphi) = 0$$

für φ die Differentialgleichung

$$\Delta\varphi = -\bar{\nabla} \cdot \bar{A}\,. \qquad (6.1\text{-}15)$$

Soll φ auf dem Rande ∂K verschwinden, können wir die Lösung von (6.1-15) mit Hilfe der Greenschen Funktion für dieses Dirichletsche Randwertproblem konstruieren (s. 4.1-25):

$$\varphi(\vec{x}) = \int_K G(\vec{x},\vec{y})(\bar{\nabla} \cdot \bar{A})(\vec{y})d\tau(\vec{y}) \,. \tag{6.1-16}$$

Falls die Randwerte von φ nicht vorgegeben sind, kann eine beliebige in K reguläre Lösung der Laplacegleichung hinzugefügt werden.

Für $K = V^3$ können wir die Greensche Funktion (4.1-27) benutzen. Die Eichfunktion

$$\varphi(\vec{x}) = \frac{1}{4\pi} \int_{V^3} \frac{(\bar{\nabla} \cdot \bar{A})(\vec{y})}{\|\vec{x} - \vec{y}\|} d\tau(\vec{y}) \tag{6.1-17}$$

hat für $\|\vec{x}\| \to \infty$ das asymptotische Verhalten $O(1/\|\vec{x}\|)$, falls $(\bar{\nabla} \cdot \bar{A})(\vec{x}) = O(1/\|\vec{x}\|^3)$. Vektorpotentiale mit dem asymptotischen Verhalten $\|\bar{A}\| = O(1/\|\vec{x}\|^2)$ lassen sich mit der Eichfunktion (6.1-17) in die Coulombeichung überführen.

6.1.2. Grundlösungen und Ströme

In der Elektrostatik haben wir das Potential einer räumlichen Ladungsverteilung durch Überlagerung der Potentiale von Punktladungen gewonnen (s. 4.1.2). Das Potential einer Punktladung ist proportional zur Greenschen Funktion, also zu derjenigen Grundlösung, die die vorgegebenen homogenen Randbedingungen erfüllt. Wir werden nun eine entsprechende Lösungsmethode für die Differentialgleichung (6.1-4) entwickeln.

Wir wir im Abschnitt 4.1.3 gesehen habe, ist eine Ladungsverteilung mathematisch als Distribution anzusehen, d.h. als eine lineare Abbildung $\rho : D \to \mathbb{R}$, die jeder Testfunktion $\varphi \in D$ eine reelle Zahl mit der physikalischen Dimension [Ladung] zuordnet:

$$\rho : \varphi \mapsto (\rho\,,\varphi) \in \mathbb{R} \,. \tag{6.1-18}$$

Eine im Punkte $\vec{y} \in V^3$ befindliche Punktladung Q wird durch die als Diracsche Deltafunktion bezeichnete Distribution (s. 4.1-40)

$$(\rho\,,\varphi) = Q\,\varphi(\vec{y}) \tag{6.1-19}$$

beschrieben. Das Funktional (6.1-18) kann auch mit Hilfe einer ungeraden 3-Form ausgedrückt werden:

$$(\rho\,,\varphi) =: \int_{V^3} \langle \rho \wedge \varphi, dK\rangle, \qquad \rho = \rho_{123}\bar{e}^1 \wedge \bar{e}^2 \wedge \bar{e}^3 \,. \tag{6.1-20}$$

Im Falle der Deltafunktion (6.1-19) lautet diese 3-Form

$$\rho = Q\,\delta(x - y)\bar{e}^1 \wedge \bar{e}^2 \wedge \bar{e}^3 , \tag{6.1-21}$$

wo

$$\delta(x - y) = \delta(x^1 - y^1)\,\delta(x^2 - y^2)\,\delta(x^3 - y^3)$$

die Deltafunktion in dem betrachteten Koordinatensystem und $\vec{y} = \vec{x}(y)$ ist. Mit (6.1-21) folgt dann aus (6.1-20)

$$(\rho, \varphi) = \int\limits_{\mathbb{R}^3} \varphi[\vec{x}(x)]\, Q\, \delta(x - y)dx = Q\,\varphi(\vec{y}) , \tag{6.1-22}$$

wo $dx = dx^1 dx^2 dx^3$.

In entsprechender Weise wird die einfachste stationäre Stromverteilung durch eine Kurve C, längs derer ein Strom I fließt, charakterisiert. Eine Kurve gibt Anlaß zu einer Verallgemeinerung der Deltafunktion, die man als Diracstrom bezeichnet. Darunter versteht man das lineare Funktional

$$(J, \bar{\varphi}) =: I \int\limits_C \langle \bar{\varphi}, d\vec{C} \rangle . \tag{6.1-23}$$

An die Stelle der Testfunktionen $\varphi \in D$, die ja als 0-Formen aufzufassen sind, treten hier 1-Testformen $\bar{\varphi}$, die in natürlicher Weise über C integriert werden können. Wir werden also eine Stromverteilung mathematisch durch ein lineares Funktional

$$J : \bar{\varphi} \mapsto (J, \bar{\varphi}) \in \mathbb{R} \tag{6.1-24}$$

beschreiben, das jeder 1-Testform $\bar{\varphi} \in \bar{D}$ eine reelle Zahl mit der physikalischen Dimension [Ladung/Zeit] zuordnet. Der Raum $\bar{D}$ der 1-Testformen besteht aus allen 1-Formen, deren Koeffizienten unendlich oft differenzierbar sind und außerhalb eines endlichen Bereiches verschwinden. Lineare Funktionale über Testformen vom Grade n sind von de Rham[+] als Verallgemeinerung der Distributionen eingeführt worden. Sie werden n-Ströme genannt, so daß Distributionen in diesem Rahmen als 0-Ströme aufzufassen sind.

Das Funktional (6.1-24) kann in Analogie zu (6.1-20) mit Hilfe einer ungeraden 2-Form $\bar{J}$ dargestellt werden

$$(J, \bar{\varphi}) =: \int\limits_{V^3} \langle \bar{J} \wedge \bar{\varphi}, dK \rangle , \tag{6.1-25}$$

+) s. G. de Rham: Variétés Differentiables (Hermann, Paris 1960), Chap. III.

womit der Zusammenhang mit der im Abschnitt 5.1 gegebenen Beschreibung einer Stromverteilung hergestellt ist. Im Falle des Diracstroms (6.1-23) lautet die 2-Form

$$\bar{J} = \int_{s_o} ds\, I\, \delta[x - x(s)] \left(\frac{dx^1}{ds} \bar{e}^2 \wedge \bar{e}^3 + \frac{dx^2}{ds} \bar{e}^3 \wedge \bar{e}^1 + \frac{dx^3}{ds} \bar{e}^1 \wedge \bar{e}^2 \right), \qquad (6.1\text{-}26)$$

wo $x = x(s)$ eine Parametrisierung der Kurve C in den betrachteten Koordinaten ist. Mit (6.1-26) erhalten wir

$$\bar{J} \wedge \bar{\varphi} = I \int_{s_o}^{s_1} ds\, \delta[x - x(s)] \left(\frac{dx^1}{ds} \varphi_1 + \frac{dx^2}{ds} \varphi_2 + \frac{dx^3}{ds} \varphi_3 \right) \bar{e}^1 \wedge \bar{e}^2 \wedge \bar{e}^3 ,$$

so daß sich in der Tat ergibt

$$\int_{V^3} \langle \bar{J} \wedge \bar{\varphi}, dK \rangle = I \int_C \langle \bar{\varphi}, d\vec{C} \rangle .$$

Entsprechend der Zuordnung (6.1-25) wird man die äußere Ableitung dJ des 1-Stromes J durch das Funktional

$$(dJ, \varphi) =: \int_{V^3} \langle (\bar{\nabla} \wedge \bar{J}) \wedge \varphi, dK \rangle = - \int_{V^3} \langle \bar{J} \wedge \bar{\nabla} \varphi, dK \rangle = -(J, \bar{\nabla} \varphi), \quad \forall \varphi \in D \qquad (6.1\text{-}27)$$

definieren. Dabei haben wir den Satz von Stokes auf einen räumlichen Bereich angewandt, auf dessen Rand die Testfunktion $\varphi \in D$ verschwindet. dJ ist also, wie zu erwarten, ein 0-Strom. Da für eine stationäre Stromverteilung die Feldgleichung (s. 5.1-11)

$$\bar{\nabla} \wedge \bar{J} = 0 \qquad (6.1\text{-}28)$$

gilt, verlangen wir für einen stationären 1-Strom

$$(dJ, \varphi) = -(J, \bar{\nabla} \varphi) = 0 , \quad \forall \varphi \in D . \qquad (6.1\text{-}29)$$

Für den Diracstrom (6.1-23) folgt daraus

$$\int_C \langle \bar{\nabla} \varphi, d\vec{C} \rangle = 0 . \qquad (6.1\text{-}30)$$

Liegt die Kurve C in einem beschränkten räumlichen Bereich, so muß sie doppelpunktfrei und geschlossen sein. Andererseits kann die Bedingung (6.1-30) auch durch doppelpunktfreie Kurven, die sich ins Unendliche erstrecken, erfüllt werden, da die Testfunktionen außerhalb eines endlichen Bereichs verschwinden. Von diesem Typ ist die Stromverteilung des ersten Beispiels im Abschnitt 5.4.3.

Wir wollen nun das Vektorpotential eines Diracstroms als Lösung der Differentialgleichung (6.1-4) bestimmen. Zunächst erhalten wir aus (6.1-26) für das zugeordnete 1-Vektorfeld $*\vec{J}$:

$$*\vec{J} = \frac{1}{\sqrt{g}}\, I \int_{s_o}^{s_1} ds\, \delta[x - x(s)]\, \frac{d\vec{x}}{ds} \,. \qquad (6.1\text{-}31)$$

Wir setzen wie früher (s. 4.1-51)

$$\delta(\vec{x} - \vec{x}') := \frac{1}{\sqrt{g}}\, \delta(x - x')$$

und schreiben statt (6.1-31)

$$*\vec{J} = I \int_C \delta(\vec{x} - \vec{C})\, d\vec{C} \,. \qquad (6.1\text{-}32)$$

Da $d\vec{C}$ ein 1-Vektor ist, gehen wir statt von (6.1-4) von der entsprechenden Differentialgleichung für das 1-Vektorfeld $\vec{A}$ aus:

$$\vec{\nabla}\cdot(\vec{\nabla} \wedge \vec{A}) = -\Delta\vec{A} + \vec{\nabla}(\vec{\nabla}\cdot\vec{A}) = \mu\mu_o\, I \int_C \delta(\vec{x} - \vec{C})\, d\vec{C} \,, \qquad (6.1\text{-}33)$$

wo $\vec{\nabla}$ das 1-Vektorfeld (2.3-20) ist.

Diese Schreibweise ist im gleichen Sinn als symbolisch zu verstehen wie etwa (4.1-48b) und (4.1-49a). Die exakte Formulierung kann mit Hilfe von 1- Strömen erfolgen, analog zur Behandlung der Greenschen Funktion im Abschnitt 4.1.3.

In der Coulombeichung (6.1-14) läßt sich die Lösung von (6.1-33) leicht mit Hilfe der Greenschen Funktion für die Laplacegleichung konstruieren. Letztere lautet unter der Randbedingung (4.1-49b)

$$G(\vec{x},\vec{y}) = \frac{1}{4\pi\, \|\vec{x} - \vec{y}\|} \qquad (6.1\text{-}34)$$

und genügt der Differentialgleichung (4.1-49a)

$$\Delta_{\vec{x}}\, G(\vec{x},\vec{y}) = -\,\delta(\vec{x} - \vec{y}) \,.$$

Damit erhalten wir als Lösung von (6.1-33) in der Coulombeichung

$$\vec{A}(\vec{x}) = \mu\mu_o \frac{I}{4\pi} \int_C \frac{d\vec{C}}{\|\vec{x} - \vec{C}\|} . \tag{6.1-35}$$

Um die Eichbedingung zu prüfen, bilden wir

$$\begin{aligned} \vec{\nabla} \cdot \vec{A} &= \frac{\mu\mu_o I}{4\pi} \int_C d\vec{C} \cdot \vec{\nabla}_{\vec{x}} \frac{1}{\|\vec{x} - \vec{C}\|} = - \frac{\mu\mu_o I}{4\pi} \int_C d\vec{C} \cdot \vec{\nabla}_{\vec{C}} \frac{1}{\|\vec{x} - \vec{C}\|} = \\ &= - \frac{\mu\mu_o I}{4\pi} \frac{1}{\|\vec{x} - \vec{C}\|} \Bigg|_{\vec{C}_1}^{\vec{C}_2} , \end{aligned} \tag{6.1-36}$$

wo $\vec{C}_1$ und $\vec{C}_2$ die Randpunkte von C sind. Da C entweder geschlossen ($\partial C = 0$) ist oder ins Unendliche führt, erfüllt (6.1-35) die Coulombbedingung (6.1-14).

Das Vektorpotential einer stationären Stromverteilung, die außerhalb eines beschränkten räumlichen Bereichs verschwindet, kann in ähnlicher Weise konstruiert werden. Zunächst wird der 2-Form $\bar{J}$ das 1-Vektorfeld

$$*\vec{J} = \frac{1}{\sqrt{g}} (J_{12}\vec{e}_3 + J_{23}\vec{e}_1 + J_{31}\vec{e}_2) \tag{6.1-37}$$

zugeordnet. Die Lösung der mit (6.1-4) äquivalenten Differentialgleichung für das 1-Vektorfeld $\vec{A}$

$$\vec{\nabla} \cdot (\vec{\nabla} \wedge \vec{A}) = - \Delta \vec{A} + \vec{\nabla}(\vec{\nabla} \cdot \vec{A}) = \mu\mu_o * \vec{J} \tag{6.1-38}$$

kann in der Coulombeichung ($\vec{\nabla} \cdot \vec{A} = 0$) ebenfalls mit der Greenschen Funktion (6.1-34) konstruiert werden. Dazu schreiben wir

$$*\vec{J}(\vec{x}) = \int_{V^3} \delta(\vec{x} - \vec{x}')*\vec{J}(\vec{x}')d\tau(\vec{x}') , \tag{6.1-39}$$

wo $d\tau = *dK$ das Euklidische Volumenmaß ist, und erhalten

$$\vec{A}(x) = \frac{\mu\mu_o}{4\pi} \int_{V^3} \frac{*\vec{J}(\vec{x}')}{\|\vec{x} - \vec{x}'\|} d\tau(\vec{x}') = \frac{\mu\mu_o}{4\pi} \int_{V^3} \frac{\bar{J}' \cdot dK'}{\|\vec{x} - \vec{x}'\|} . \tag{6.1-40}$$

Die Lösung (6.1-40) genügt ebenfalls der Coulombbedingung

$$\vec{\nabla} \cdot \vec{A} = \frac{\mu\mu_o}{4\pi} \int_{V^3} \langle \vec{\nabla}_{\vec{x}} \mid \frac{*\vec{J}(\vec{x}\,')}{\|\vec{x} - \vec{x}\,'\|} \rangle \, d\tau(\vec{x}\,') = -\frac{\mu\mu_o}{4\pi} \int_{V^3} \langle \bar{\nabla}_{\vec{x}\,'} \wedge \frac{\bar{J}(\vec{x}\,')}{\|\vec{x} - \vec{x}\,'\|}, dK \rangle =$$

$$= -\frac{\mu\mu_o}{4\pi} \int_{\partial K} \langle \frac{\bar{J}(\vec{x}\,')}{\|\vec{x} - \vec{x}\,'\|}, d\vec{F} \rangle = 0 \,. \tag{6.1-41}$$

Hier ist ∂K der Rand eines räumlichen Bereichs, der den Träger der Stromverteilung einschließt, so daß $\bar{J}$ auf ∂K verschwindet. Ferner haben wir die Feldgleichung (6.1-28) benutzt.

Um die Beziehung zwischen (6.1-40) und (6.1-35) zu klären, zerlegen wir den Träger der Stromverteilung in Stromröhren (s. 5.1.2), indem wir durch jeden Punkt einer geeignet gewählten Fläche F eine Stromlinie C führen. Nach (5.1-15) gilt

$$\bar{J} \cdot dK = *\vec{J} \, d\tau = \langle \bar{J}, d\vec{F} \rangle \, d\vec{C} \,, \tag{6.1-42}$$

wo

$$dI = \langle \bar{J}, d\vec{F} \rangle$$

längs der durch das Flächenelement $d\vec{F}$ definierten Stromröhre konstant ist. Somit erhalten wir statt (6.1-40)

$$\vec{A}(\vec{x}) = \frac{\mu\mu_o}{4\pi} \int_F \langle \bar{J}, d\vec{F} \rangle \int_C \frac{d\vec{C}}{\|\vec{x} - \vec{C}\|} \,. \tag{6.1-43}$$

Hier ist jeweils über die durch das Flächenelement $d\vec{F}$ definierte Stromlinie C zu integrieren. Hat die Stromverteilung einen beschränkten Träger, so sind alle Stromlinien geschlossen. Führen Stromlinien ins Unendliche, ist die Darstellung (6.1-43) als 1-Strom aufzufassen:

$$(A, \bar{\varphi}) = \frac{\mu\mu_o}{4\pi} \int_F \langle \bar{J}, d\vec{F} \rangle \int_C \int_{V^3} \frac{\langle \bar{\varphi}(\vec{x}), d\vec{C} \rangle}{\|\vec{x} - \vec{C}\|} \, d\tau(\vec{x}) \,, \quad \forall \, \bar{\varphi} \in \bar{D} \,. \tag{6.1-44}$$

6.1.3. Die Induktivitätskoeffizienten

Bei den im Abschnitt 5.4.3 behandelten Beispielen haben wir für das Verhältnis von magnetischem Fluß und erregendem Strom den Begriff Selbstinduktivität eingeführt. In diesem Abschnitt untersuchen wir den Zusammenhang zwischen Fluß und Strom in einem hinreichend allgemeinen System. Wir betrachten ein homogenes Medium mit der Permeabilität μ, in das n Leiterschleifen C_i $(i = 1,2,\ldots,n)$ eingebettet sind. Die

Permeabilität des Mediums sei wie die der Leiterschleifen nur wenig von eins verschieden, so daß wir von der allgemeinen Lösung (6.1-40) für den gesamten Raum V^3 ausgehen können, die in diesem Fall in eine Summe über die Leiterschleifen aufspaltet. Dadurch vereinfacht sich die Aufgabe wesentlich gegenüber der Bestimmung der Kapazitätskoeffizienten in der Elektrostatik (s. 4.1.4), die auf die Lösung einer Randwertaufgabe führt. Wir nehmen ferner an, daß die Querschnittsabmessungen der Leiter klein sind gegenüber dem kleinsten Abstand zwischen zwei Leiterschleifen, so daß, von einer bestimmten Schleife aus betrachtet, alle übrigen Schleifen als linienförmig angesehen werden können. Für die herausgegriffene Schleife ist das nicht zulässig, da die magnetische Induktion auf einem Stromfaden und mit ihr der magnetische Fluß durch eine von diesem Stromfaden berandete Fläche singulär wird.

Wir unterteilen deshalb die i-te Schleife in Stromröhren und bestimmen zunächst den Fluß Φ_i durch eine Fläche F_i, deren Rand $\partial F_i = C_i$ eine Stromröhre ist (s. Abb.6.1). Wir erhalten dann (s. 5.2-9)

$$\Phi_i = \int_{F_i} \langle \bar{B}, d\vec{F} \rangle = \int_{\partial F_i} \langle \bar{A}, d\vec{C} \rangle = \int_{C_i} \langle \vec{A} | d\vec{C} \rangle \, . \tag{6.1-45}$$

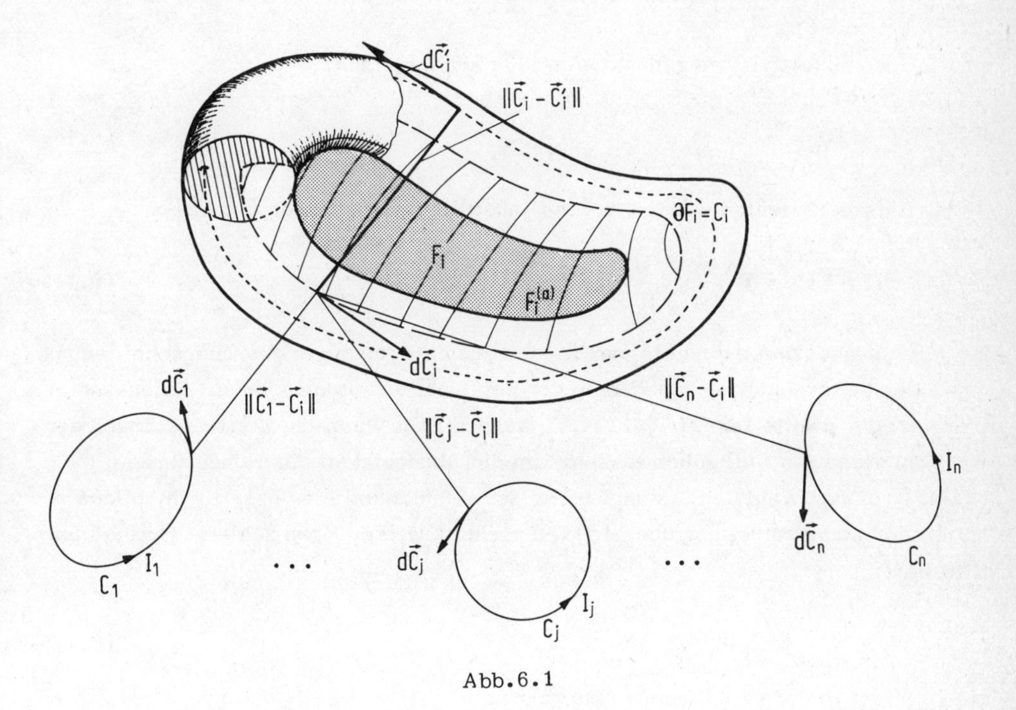

Abb.6.1

Wie bereits bemerkt, setzt sich das Vektorpotential additiv aus den Beiträgen der einzelnen Leiterschleifen zusammen. Die Beiträge der Schleifen C_j $(j \neq i)$ können in der i-ten Schleife durch (6.1-35) approximiert werden, während für den Beitrag der i-ten Schleife selbst die allgemeine Darstellung der Lösung (6.1-40) bzw. (6.1-43) zu verwenden ist:

$$\vec{A}(\vec{C}_i) = \frac{\mu\mu_o}{4\pi} \sum_{j \neq i} I_j \int_{C_j} \frac{d\vec{C}_j}{\|\vec{C}_i - \vec{C}_j\|} + \frac{\mu\mu_o}{4\pi} \int_{K_i} \frac{*\vec{J}(\vec{x}\,')}{\|\vec{C}_i - \vec{x}\,'\|} d\tau(\vec{x}\,') . \qquad (6.1\text{-}46)$$

Hier ist K_i der räumliche Bereich der i-ten Leierschleife. Wir setzen (6.1-46) in (6.1-45) ein und erhalten

$$\Phi_i = \sum_{j \neq i} L_{ij} I_j + \frac{\mu\mu_o}{4\pi} \int_{C_i} \int_{K_i} \frac{\langle d\vec{C}_i \,|\, *\vec{J}(\vec{x}\,')\rangle}{\|\vec{C}_i - \vec{x}\,'\|} d\tau(\vec{x}\,') . \qquad (6.1\text{-}47)$$

Die Koeffizienten

$$L_{ij} = \frac{\mu\mu_o}{4\pi} \int_{C_i} \int_{C_j} \frac{\langle d\vec{C}_i \,|\, d\vec{C}_j\rangle}{\|\vec{C}_i - \vec{C}_j\|} , \quad i \neq j \qquad (6.1\text{-}48)$$

werden Gegeninduktivitäten genannt. Sie sind symmetrisch:

$$L_{ij} = L_{ji} . \qquad (6.1\text{-}49)$$

Induktivitätskoeffizienten werden in der Einheit Henry angegeben (s. 5.4-4):

$$[L] = 1\ \mathrm{He} = 1\ \frac{\mathrm{Vs}}{\mathrm{A}} . \qquad (6.1\text{-}50)$$

Die Gegeninduktivitäten sind bis auf Glieder erster Ordnung in den Querschnittsabmessungen der Leiterschleifen unabhängig von der Wahl der Stromröhren. Andererseits divergiert der zweite Term in (6.1-47), wenn wir die Querschnittsabmessungen der i-ten Schleife gegen Null gehen lassen. Um die Abhängigkeit des Bündelflusses Φ_i (6.1-45) von der Wahl der Stromröhre in der i-ten Schleife zu beseitigen, bilden wir den mit der Stromverteilung über den Querschnitt Q_i der i-ten Schleife gewichteten Mittelwert:

$$\Psi_i := \frac{1}{I_i} \int_{Q_i} \Phi_i \, dI_i , \qquad dI_i = \langle \bar{J}, d\vec{F}_i \rangle . \qquad (6.1\text{-}51)$$

Er wird als Flußverkettung bezeichnet. An den Werten der Gegeninduktivitäten ändert sich durch die Mittelung nichts, da sie in niedrigster Ordnung der Querschnittsabmessungen unabhängig von der Wahl der Stromröhre in der i-ten Schleife sind. Für den zweiten Term in (6.1-47) erhalten wir dagegen

$$\frac{\mu\mu_o}{4\pi I_i} \int_{Q_i} dI_i \int_{C_i} \int_{K_i} \frac{\langle d\vec{C}_i | *\vec{J}(\vec{x}')\rangle}{\|\vec{C}_i - \vec{x}'\|} d\tau(\vec{x}') =: L_{ii} I_i \,. \tag{6.1-52}$$

Definieren wir die Selbstinduktivität L_{ii} der i-ten Schleife durch (6.1-52), so gilt für die Flußverkettung (6.1-51)

$$\Psi_i = \sum_{j=1}^{n} L_{ij} I_j \,. \tag{6.1-53}$$

Der Ausdruck (6.1-52) für die Selbstinduktivität läßt sich mit Hilfe der Stromröhrenbeziehung (6.1-42) in folgender Weise umformen:

$$\begin{aligned} L_{ii} &= \frac{\mu\mu_o}{4\pi I_i^2} \int_{K_i} \int_{K_i} \frac{\langle \vec{J}(\vec{x}) | \vec{J}(\vec{x}')\rangle}{\|\vec{x} - \vec{x}'\|} d\tau(\vec{x})\, d\tau(\vec{x}') = \\ &= \frac{1}{I_i^2} \int_{Q_i} \int_{Q_i'} dI_i\, dI_i' \frac{\mu\mu_o}{4\pi} \int_{C_i} \int_{C_i'} \frac{\langle d\vec{C}_i | d\vec{C}_i'\rangle}{\|\vec{C}_i - \vec{C}_i'\|} \,. \end{aligned} \tag{6.1-54}$$

Der zweite Ausdruck zeigt, daß die Definition (6.1-52) für die Selbstinduktivität auf eine zweifache Mittelung der nach (6.1-48) berechneten Gegeninduktivitäten zwischen zwei Stromröhren C_i und C_i' der i-ten Schleife zurückgeführt werden kann. Ist der Strom gleichmäßig über den Leiterquerschnitt verteilt, so stimmt der Mittelwert der Stromverteilung mit dem Flächenmittelwert überein.

Für die Praxis ist auch die sogenannte äußere Selbstinduktivität von Bedeutung. Man erhält sie, indem man nach (6.1-45) den Bündelfluß durch denjenigen Teil der Fläche F_i bestimmt, der außerhalb des i-ten Leiters liegt. Dieser Teil von F_i ist in Abb.6.1 punktiert gezeichnet und mit $F_i^{(a)}$ bezeichnet. Da die Gegeninduktivitäten unabhängig von der Wahl der Stromröhre im i-ten Leiter sind, gilt analog zu (6.1-47)

$$\Phi_i^{(a)} := \sum_{j \neq i} L_{ij} I_j + L_{ii}^{(a)} I_i \,, \tag{6.1-55}$$

wo

$$L_{ii}^{(a)} := \frac{\mu\mu_o}{4\pi I_i} \int_{C_i^{(a)}} \int_{K_i} \frac{\langle d\vec{C}_i | *\vec{J}(\vec{x}')\rangle}{\|\vec{C}_i - \vec{x}'\|} d\tau(\vec{x}') \tag{6.1-56}$$

die äußere Selbstinduktivität ist. Zu integrieren ist über den Rand $C_i^{(a)} = \partial F_i^{(a)}$ der Fläche $F_i^{(a)}$. Die Differenz von Selbstinduktivität und äußerer Selbstinduktivität bezeichnet man als innere Selbstinduktivität $L^{(i)}$:

$$L^{(i)} := L - L^{(a)} . \tag{6.1-57}$$

Als Beispiel bestimmen wir die innere Selbstinduktivität für ein Stück der Länge ℓ des im Abschnitt 5.4.3 behandelten koaxialen Kabels. Wir nehmen an, daß der Strom gleichmäßig über den Querschnitt des Innenleiters (s. Abb.5.16) verteilt ist, so daß

$$\|\bar{J}\| = \|J_{\rho\varphi}\, \bar{e}^{\rho} \wedge \bar{e}^{\varphi}\| = J_{\rho\varphi} \frac{1}{\rho} = \frac{I}{\pi a^2} . \tag{6.1-58}$$

Aus der Stromverteilung im Innenleiter

$$\bar{J} = \frac{I}{\pi a^2} \rho\, \bar{e}^{\rho} \wedge \bar{e}^{\varphi} , \qquad 0 \leqslant \rho \leqslant a \tag{6.1-59}$$

erhalten wir durch Anwendung der integralen Beziehung (5.3-10) auf einen kreisförmigen Querschnitt vom Radius $\rho \leqslant a$ die magnetische Feldstärke

$$\bar{H} = \frac{I}{2\pi} \left(\frac{\rho}{a}\right)^2 \bar{e}^{\varphi} , \qquad 0 \leqslant \rho \leqslant a \tag{6.1-60}$$

und die magnetische Induktion

$$\bar{B} = \mu\mu_o * \bar{H} = B_{z\rho}\, \bar{e}^{z} \wedge \bar{e}^{\rho} = \frac{\mu\mu_o I}{2\pi a^2} \rho\, \bar{e}^{z} \wedge \bar{e}^{\rho} . \tag{6.1-61}$$

Die Selbstinduktivität eines Leitungsstücks der Länge ℓ erhält man, indem man zunächst den durch eine Stromröhre des Innenleiters definierten Fluß bestimmt und diesen dann im Sinne von (6.1-52) mit der Stromverteilung (6.1-59) über alle Stromröhren mittelt. Wir betrachten eine durch die Koordinaten ρ und φ definierte Stromröhre. Der zugeordnete Bündelfluß

$$\Phi_{\rho} = \int \langle \bar{B}, d\vec{F} \rangle = \int_0^{\ell} dz \int_{\rho}^{b} d\rho'\, B_{z\rho}(\rho') \tag{6.1-62}$$

ist unabhängig von φ. Für die Selbstinduktivität ergibt sich

$$L = \frac{1}{IF} \int_{F(a)} \Phi_{\rho}\, dF = \frac{1}{I\pi a^2} \int_0^{a} d\rho\, \rho \int_0^{2\pi} d\varphi \int_0^{\ell} dz \int_{\rho}^{b} d\rho'\, B_{z\rho}(\rho') . \tag{6.1-63}$$

Davon entfällt der Anteil

$$L^{(i)} = \frac{1}{I\pi a^2} \int_0^a d\rho \int_0^{2\pi} d\varphi \int_0^{\ell} dz \int_\rho^a d\rho' B_{z\rho}(\rho') = \frac{\mu\mu_o \ell}{8\pi} \tag{6.1-64}$$

auf die innere Selbstinduktivität. Die äußere Selbstinduktivität

$$L^{(a)} = \frac{1}{I\pi a^2} \int_0^a d\rho\, \rho \int_0^{2\pi} d\varphi \int_0^{\ell} dz \int_a^b d\rho' B_{z\rho}(\rho') = \frac{\mu\mu_o \ell}{2\pi} \ell n\left(\frac{b}{a}\right) \tag{6.1-65}$$

haben wir bereits im Abschnitt 5.4.3 berechnet (s. 5.4-31). Nach (6.1-57) bzw. (6.1-63) erhalten wir für die Selbstinduktivität L

$$L = \frac{\mu\mu_o \ell}{4\pi} \left[\frac{1}{2} + 2\, \ell n\left(\frac{b}{a}\right)\right] .$$

6.2. Lösung magnetischer Potentialaufgaben

6.2.1. Singuläre Stromverteilungen. Das skalare magnetische Potential

Der Punktladung in der Elektrostatik entspricht der Diracstrom als einfachste singuläre Stromverteilung. Eine Anordnung, die durch einen geschlossenen Diracstrom mit der Stromverteilung (s. 6.1-32)

$$*\vec{J} = I \int_{\partial F} \delta(\vec{x} - \vec{C}) d\vec{C} \tag{6.2-1}$$

beschrieben werden kann, bezeichnet man als Leiterschleife. Das Vektorpotential einer Leiterschleife im Vakuum ist in der Coulombeichung nach (6.1-35)

$$\vec{A}(\vec{x}) = \frac{\mu_o I}{4\pi} \int_{\partial F} \frac{d\vec{C}}{\|\vec{x} - \vec{C}\|} . \tag{6.2-2}$$

Damit erhalten wir für die magnetische Induktion

$$\vec{B} = \vec{\nabla} \wedge \vec{A} = \frac{\mu_o I}{4\pi} \int_{\partial F} \frac{d\vec{C} \wedge (\vec{x} - \vec{C})}{\|\vec{x} - \vec{C}\|^3} \tag{6.2-3}$$

und für die magnetische Feldstärke

$$\vec{H} = \frac{1}{\mu_o} * \vec{B} = \frac{I}{4\pi} \int_{\partial F} * \frac{d\vec{C} \wedge (\vec{x} - \vec{C})}{\|\vec{x} - \vec{C}\|^3} = \frac{I}{4\pi} \int_{\partial F} \frac{d\vec{C} \times (\vec{x} - \vec{C})}{\|\vec{x} - \vec{C}\|^3} . \tag{6.2-4}$$

Die magnetische Feldstärke einer Leiterschleife setzt sich somit additiv aus den Beträgen

$$d\vec{H} = \frac{I}{4\pi} \frac{d\vec{C} \times (\vec{x} - \vec{C})}{\|\vec{x} - \vec{C}\|^3} \tag{6.2-5}$$

der einzelnen Leiterelemente $d\vec{C}$ zusammen (Abb.6.2). Das ist der Inhalt des Gesetzes von Biot-Savart.

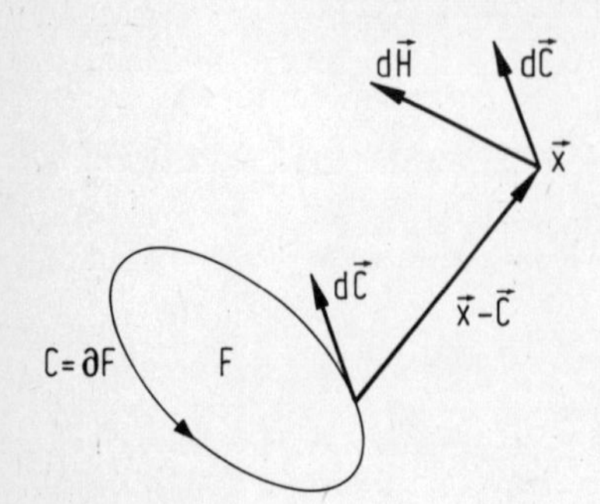

Abb.6.2

Das Vektorpotential einer Leiterschleife (6.2-2) kann mit Hilfe eines Integralsatzes umgeformt werden, der aus dem Satz von Stokes folgt. Ist $\vec{a}$ ein beliebiger konstanter 1-Vektor und φ eine 0-Form, so gilt zunächst

$$\int_{\partial F} \langle \vec{a}\varphi | d\vec{C} \rangle = \int_F \langle \vec{\nabla} \wedge \vec{a}\varphi | d\vec{F} \rangle = - \int_F \langle \vec{a} \wedge \vec{\nabla}\varphi | d\vec{F} \rangle = - \int_F \langle \vec{a} | \vec{\nabla}\varphi \cdot d\vec{F} \rangle , \tag{6.2-6}$$

wo wir bei der letzten Umformung die Beziehung (1.2-43) benutzt haben. Da $\vec{a}$ beliebig gewählt werden kann, folgt

$$\int_{\partial F} \varphi d\vec{C} = - \int_F \vec{\nabla}\varphi \cdot d\vec{F} . \tag{6.2-7}$$

Damit läßt sich (6.2-2) in folgender Weise umformen:

$$\vec{A}(\vec{x}) = \frac{\mu_o I}{4\pi} \int_F \vec{\nabla} \frac{1}{\|\vec{x} - \vec{F}\|} \cdot d\vec{F} = \frac{\mu_o I}{4\pi} \int_F * \left(\vec{\nabla} \frac{1}{\|\vec{x} - \vec{F}\|} \wedge * d\vec{F} \right) . \tag{6.2-8}$$

Schließlich erhalten wir für die magnetische Feldstärke (s. 2.3-29)

$$\vec{H} = \frac{1}{\mu_o} * (\vec{\nabla} \wedge \vec{A}) = \frac{I}{4\pi} \int_F * \left[\vec{\nabla} \wedge * \left(\vec{\nabla} \frac{1}{\|\vec{x} - \vec{F}\|} \wedge * d\vec{F} \right) \right] =$$

$$= \frac{I}{4\pi} \int_F \vec{\nabla} \cdot \left(\vec{\nabla} \frac{1}{\|\vec{x} - \vec{F}\|} \wedge * d\vec{F} \right) = \frac{I}{4\pi} \int_F \left[\vec{\nabla} \left(\vec{\nabla} \frac{1}{\|\vec{x} - \vec{F}\|} \cdot * d\vec{F} \right) - \Delta \frac{1}{\|\vec{x} - \vec{F}\|} * d\vec{F} \right] . \tag{6.2-9}$$

Liegt nun der Aufpunkt $\vec{x}$ außerhalb der von der Leiterschleife berandeten Fläche F, was sich stets durch geeignete Wahl von F erreichen läßt, verschwindet der zweite Term im letzten Ausdruck von (6.2-9), so daß sich $\vec{H}$ als Gradient eines magnetischen Potentials schreiben läßt:

$$\vec{H} = \vec{\nabla} \frac{I}{4\pi} \int_F \left(\vec{\nabla} \frac{1}{\|\vec{x} - \vec{F}\|} \cdot * d\vec{F} \right) =: -\vec{\nabla} V_m . \tag{6.2-10}$$

Nun ist

$$\frac{1}{\|\vec{x} - \vec{F}\|^2} \langle \frac{\vec{x} - \vec{F}}{\|\vec{x} - \vec{F}\|} \mid * d\vec{F} \rangle = \frac{\cos\theta \, \|d\vec{F}\|}{\|\vec{x} - \vec{F}\|^2} =: d\Omega \tag{6.2-11}$$

das Raumwinkelelement, unter dem das Flächenelement $d\vec{F}$ vom Aufpunkt $\vec{x}$ aus gesehen wird (Abb.6.3). θ ist der Winkel zwischen der Flächennormale $\vec{n}$ und dem Vektor $\vec{x} - \vec{F}$. Damit ergibt sich für das magnetische Potential

$$V_m = -\frac{I}{4\pi} \int_F \vec{\nabla} \frac{1}{\|\vec{x} - \vec{F}\|} \cdot * d\vec{F} = \frac{I}{4\pi} \Omega . \tag{6.2-12}$$

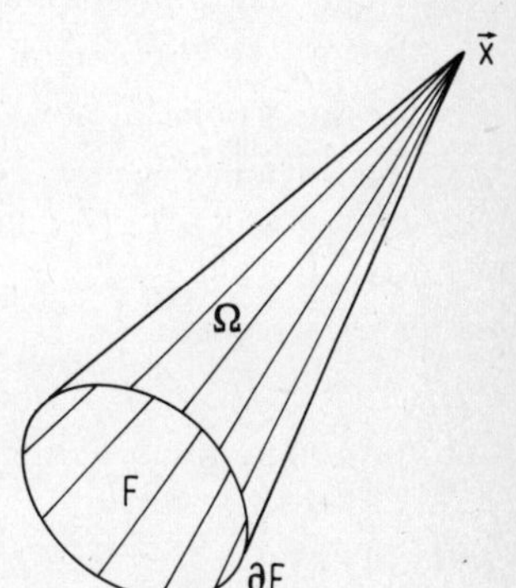

Abb.6.3

Auf der Fläche F ist das Potential unstetig. Sind die beiden Flächenseiten F + 0 und F - 0 dadurch definiert, daß die Flächennormale von F - 0 nach F + 0 weist, so gilt

$$V_m(\vec{F} + 0) - V_m(\vec{F} - 0) = \frac{I}{4\pi} [2\pi - (-2\pi)] = I , \tag{6.2-13}$$

denn $\Omega = \pm 2\pi$ ist der Grenzwert des Raumwinkels, wenn der Aufpunkt $\vec{x}$ von oben (+) bzw. unten (-) gegen die Fläche rückt. Das gleiche Resultat erhält man auch mit dem Satz von Stokes:

$$\begin{aligned} V_m(\vec{F}+0) - V_m(\vec{F}-0) &= \frac{I}{4\pi} \lim_{\varepsilon \to 0} \int_F \langle \vec{\nabla}' \frac{1}{\|\vec{x}_o - (\vec{F} - \varepsilon\vec{n})\|} \mid * d\vec{F} \rangle - \langle \vec{\nabla}' \frac{1}{\|\vec{x}_o - (\vec{F} + \varepsilon\vec{n})\|} \mid * d\vec{F} \rangle \\ &= -\frac{I}{4\pi} \lim_{\varepsilon \to 0} \int_{K(\varepsilon)} \langle \vec{\nabla}' \wedge * \vec{\nabla}' \frac{1}{\|\vec{x}_o - \vec{K}\|} \mid dK \rangle \\ &= -\frac{I}{4\pi} \int_{K(\varepsilon)} \Delta' \frac{1}{\|\vec{x}_o - \vec{K}\|} \, d\tau = I , \qquad \forall \vec{x}_o \in F . \end{aligned} \tag{6.2-14}$$

Hier ist $K(\varepsilon)$ der räumliche Bereich

$$K(\varepsilon) := \{\vec{K} \mid \vec{K} = \vec{F} + u\vec{n}, \; -\varepsilon \leqslant u \leqslant +\varepsilon\} \; .$$

Die Existenz eines skalaren Potentials für das magnetische Feld einer Leiterschleife kann man sich auch folgendermaßen klar machen. Während die 2-Form $\bar{B}$ im ganzen Raum V^3 geschlossen und daher nach dem Lemma von Poincaré auch exakt ist, ist die 1-Form $\bar{H}$ nur außerhalb der Leiterschleife geschlossen und daher nur in solchen sternförmigen Gebieten exakt, deren Schnittmenge mit der Leiterschleife leer ist. Auf den Grenzflächen dieser Gebiete können Unstetigkeiten auftreten. Integriert man nun die magnetische Feldstärke über einen geschlossenen Weg C, der den Leiter einschließt, so muß gelten

$$\int_C \langle \bar{H}, d\vec{C} \rangle = I \; . \tag{6.2-15}$$

Dabei muß der Umlaufsinn von C mit der Stromrichtung eine Rechtsschraube bilden (s. Abb.6.4). Wir setzen nun $\bar{H} = -\bar{\nabla} V_m$ und erfüllen die Bedingung (6.2-15), inwir für das Potential auf einer von der Leiterschleife ∂F berandeten Sperrfläche F die Unstetigkeit

$$\int_C \langle \bar{H}, d\vec{C} \rangle = V_m(\vec{F} + 0) - V_m(\vec{F} - 0) = I \tag{6.2-16}$$

vorschreiben. Außerhalb der Sperrfläche genügt V_m der Laplacegleichung

$$\Delta V_m = 0 \; . \tag{6.2-17}$$

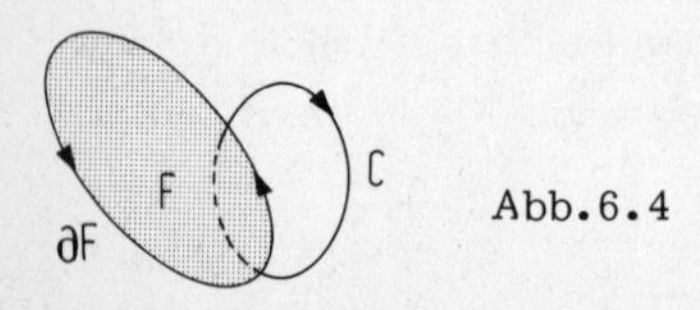

Abb.6.4

Verlangt man noch

$$V_m = O\left(\frac{1}{\|\vec{x}\|}\right) \tag{6.2-18}$$

als Randbedingung für $\|\vec{x}\| \to \infty$, so ist die Lösung eindeutig bestimmt und durch (6.2-12) gegeben.

Das skalare magnetische Potential einer Leiterschleife entspricht dem elektrischen Potential einer Doppelschicht. Darunter versteht man ein mit Dipolen belegtes Flächenstück, so daß das Flächenelement $d\vec{F}$ das elektrische Dipolmoment

$$d\vec{P} = p * d\vec{F} \tag{6.2-19}$$

trägt. Für das elektrische Potential dieser Anordnung erhalten wir mit (4.3-57)

$$V = -\frac{1}{4\pi\varepsilon_o} \int_F p \vec{\nabla} \frac{1}{\|\vec{x} - \vec{F}\|} \cdot *d\vec{F} . \tag{6.2-20}$$

Es stimmt mit (6.2-12) überein, wenn man p/ε_o durch I ersetzt.

Wir behandeln nun einige Beispiele. Im Fall eines geraden, unbegrenzten Linienleiters (Abb.6.5) können wir Zylinderkoordinaten benutzen, deren z-Achse mit dem Leiter zusammenfällt. Bei einem Umlauf um den Leiter auf einem Kreis vom Radius ρ in einer Ebene z - const muß gelten

$$\int_0^{2\pi} H_\varphi d\varphi = I . \tag{6.2-21}$$

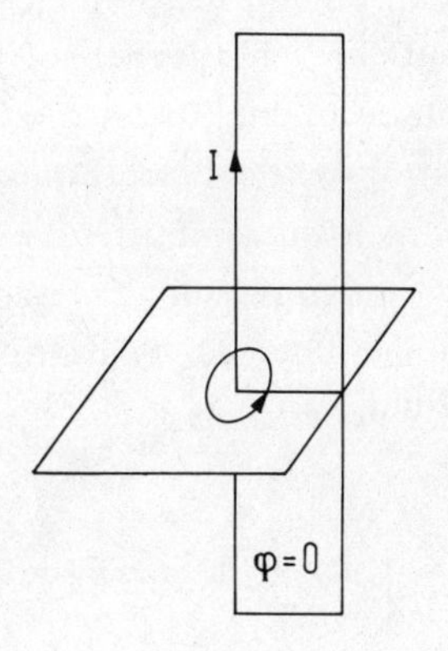

Abb.6.5

Als Sperrfläche wählen wir die Halbebene $\varphi = 0$ und erhalten mit

$$H_\varphi = -\frac{\partial V_m}{\partial \varphi} \tag{6.2-22}$$

aus (6.2-21):

$$V_m(\rho, 2\pi, z) - V_m(\rho, 0, z) = -I . \tag{6.2-23}$$

Daraus folgt zunächst, daß V_m nur vom Winkel φ abhängen kann, so daß sich die

Laplacegleichung auf (s. 2.3-32)

$$\Delta V_m = \frac{1}{\rho^2} \frac{\partial^2 V_m}{\partial \varphi^2} = 0 \tag{6.2-24}$$

reduziert. Die allgemeine Lösung lautet

$$V_m = a\varphi + b \,, \tag{6.2-25}$$

wo a und b beliebige reelle Konstanten sind. Für a folgt aus (6.2-23)

$$a = -\frac{I}{2\pi} \,, \tag{6.2-26}$$

während über b frei verfügt werden kann. Wir setzen $b = 0$ und erhalten in Übereinstimmung mit (6.2-21)

$$V_m = -\frac{I}{2\pi}\varphi \,, \qquad H_\varphi = -\frac{\partial V_m}{\partial \varphi} = \frac{I}{2\pi} \,. \tag{6.2-27}$$

Als nächstes Beispiel bestimmen wir das Feld einer kreisförmigen Leiterschleife vom Radius a auf der Schleifenachse. Wir verwenden wiederum Zylinderkoordinaten, so daß die Schleife in der Ebene $z = 0$ liegt und der Ursprung des Koordinatensystems mit dem Mittelpunkt der Schleife zusammenfällt (Abb.6.6). Das skalare magnetische Potential berechnen wir mit Hilfe der allgemeinen Darstellung (6.2-12). Betrachten wir das Innere des von der Leiterschleife berandeten Kreises als Sperrfläche, so wird diese von einem über der Schleife auf der z-Achse gelegenen Aufpunkt z unter dem räumlichen Winkel

$$\Omega = \int_0^{2\pi} d\varphi \int_0^{\theta} d\theta' \sin\theta' = 2\pi(1 - \cos\theta) \tag{6.2-28}$$

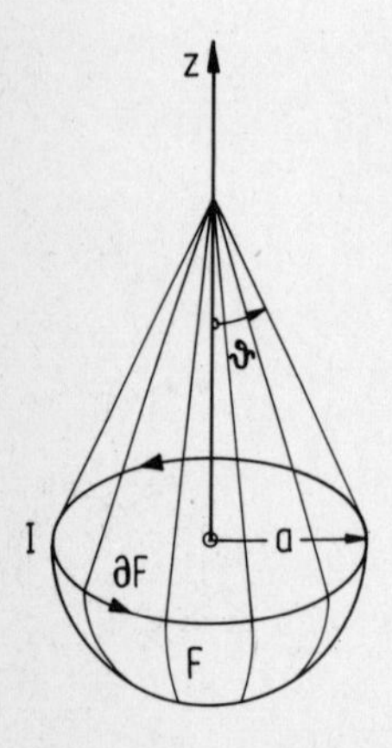

Abb.6.6

gesehen, wo

$$\cos\theta = \frac{z}{\sqrt{a^2 + z^2}}$$

(s. Abb.6.6). Damit erhalten wir nach (6.2-12)

$$V_m = \frac{I}{4\pi}\,\Omega = \frac{I}{2}(1 - \cos\theta) = \frac{I}{2}\left(1 - \frac{z}{\sqrt{a^2 + z^2}}\right), \qquad z > 0 \tag{6.2-29}$$

für das magnetische Potential auf der Schleifenachse. Die magnetische Feldstärke hat hier nur die z-Komponente

$$H_z = -\frac{\partial V_m}{\partial z} = \frac{I}{2}\,\frac{a^2}{\sqrt{a^2 + z^2}^{\,3}} \,. \tag{6.2-30}$$

Als weiteres Beispiel untersuchen wir das magnetische Feld einer zylindrischen Spule mit kreisförmigem Querschnitt (Radius: a). Auch hier empfiehlt sich die Verwendung von Zylinderkoordinaten, deren z-Achse mit der Spulenachse zusammenfällt, während die Ebene $z = 0$ die Spule in zwei Hälften der Länge $\ell/2$ zerlegt (Abb.6.7). Wir können näherungsweise annehmen, daß die Spule aus übereinandergeschichteten Schleifen besteht, in denen ein Strom der Stärke I fließt. Die Stromverteilung wird durch einen Strombelag (s. 5.3-17) auf der Mantelfläche des Zylinders

$$\vec{F}(\chi,\zeta) = a\cos\chi\,\vec{e}_1 + a\sin\chi\,\vec{e}_2 + \zeta\,\vec{e}_3, \qquad \chi \in [0,2\pi),\ \zeta \in \left[-\frac{\ell}{2}, +\frac{\ell}{2}\right] \tag{6.2-31}$$

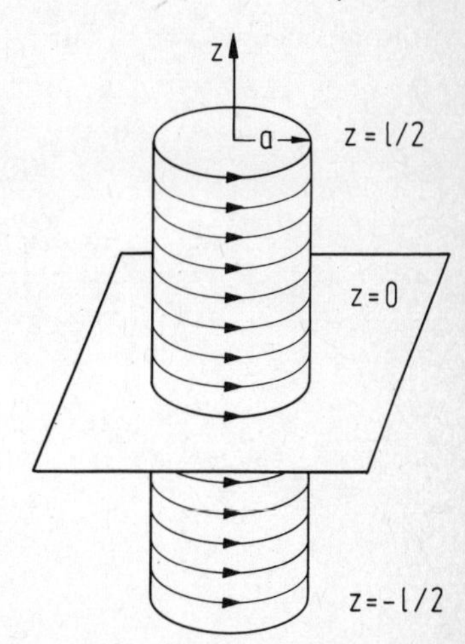

Abb.6.7

beschrieben. Ist

$$\bar{n} = n\,\bar{e}^{z}\ , \qquad [\bar{n}] = \left[\frac{1}{\text{Länge}}\right] \tag{6.2-32}$$

die 1-Form, die die Verteilung der Schleifen angibt, so ist

$$\bar{K} = I\,\bar{n} \qquad [\bar{K}] = \left[\frac{\text{Strom}}{\text{Länge}}\right] \tag{6.2-33}$$

der Strombelag. Ein Strombelag auf einer Fläche F liefert zum Vektorpotential den Beitrag

$$\vec{A}(\vec{x}) = \frac{\mu\mu_o}{4\pi} \int_F \frac{\bar{K}\cdot d\vec{F}}{\|\vec{x} - \vec{F}\|}\ , \tag{6.2-34}$$

d.h. in der allgemeinen Darstellung (6.1-40) ist $\bar{J}\cdot dK$ durch $\bar{K}\cdot d\vec{F}$ zu ersetzen. In unserem Fall ist

$$d\vec{F}(\chi,\zeta) = \vec{e}_\chi \wedge \vec{e}_\zeta\ d\chi\ d\zeta\ .$$

Mit (6.2-33) folgt

$$\vec{K}\cdot d\vec{F} = n\,I\,\vec{e}_\chi\ d\chi\ d\zeta\ . \tag{6.2-35}$$

Damit erhalten wir nach (6.2-34) das Vektorpotential ($\mu = 1$)

$$\vec{A}(\vec{x}) = \frac{\mu_o In}{4\pi} \int_{-\ell/2}^{+\ell/2} d\zeta \int_0^{2\pi} d\chi \frac{\vec{e}_\chi}{\sqrt{\rho^2+a^2-2a\rho\,\cos(\varphi-\chi)+(z-\zeta)^2}}\ . \tag{6.2-36}$$

Die Komponenten von $\vec{A}$ sind (s. 2.1-12)

$$A_z = \vec{e}_z\cdot\vec{A} = 0\ , \tag{6.2-37a}$$

$$A_\rho = \vec{e}_\rho\cdot\vec{A} = \frac{\mu_o In}{4\pi} \int_{-\ell/2}^{+\ell/2} d\zeta \int_0^{2\pi} d\chi \frac{a\,\sin(\varphi-\chi)}{\sqrt{\rho^2+a^2-2a\rho\,\cos(\varphi-\chi)+(z-\zeta)^2}} = 0 \tag{6.2-37b}$$

$$A_\varphi = \vec{e}_\varphi\cdot\vec{A} = \frac{\mu_o In}{4\pi} \int_{-\ell/2}^{+\ell/2} d\zeta \int_0^{2\pi} d\chi \frac{a\rho\,\cos(\varphi-\chi)}{\sqrt{\rho^2+a^2-2a\rho\,\cos(\varphi-\chi)+(z-\zeta)^2}} = A_\varphi(\rho,z)\ . \tag{6.2-37c}$$

Um einzusehen, daß A_ρ identisch verschwindet, braucht man nur $\cos(\varphi - \chi)$ als Integrationsvariable einzuführen und zu integrieren.

Da das Vektorpotential nur eine φ-Komponente besitzt, erhält man für die Feldgrößen

$$\bar{B} = \bar{\nabla} \wedge \bar{A} = \frac{\partial A_\varphi}{\partial \rho} \bar{e}^\rho \wedge \bar{e}^\varphi + \frac{\partial A_\varphi}{\partial z} \bar{e}^z \wedge \bar{e}^\varphi \tag{6.2-38}$$

und

$$\bar{H} = \frac{1}{\mu_o} * \bar{B} = \frac{1}{\mu_o}\left(-\frac{1}{\rho} \frac{\partial A_\varphi}{\partial z} \bar{e}^\rho + \frac{1}{\rho} \frac{\partial A_\varphi}{\partial \rho} \bar{e}^z \right). \tag{6.2-39}$$

Wir beschränken uns darauf, die magnetische Feldstärke auf der Spulenachse zu berechnen. Für $\rho \to 0$ folgt aus (6.2-37c), daß

$$A_\varphi(\rho, z) = \frac{\mu_o In}{4\pi} \int_{-\ell/2}^{+\ell/2} d\zeta \int_0^{2\pi} d\chi \frac{a^2 \rho^2 \cos^2(\varphi - \chi)}{\sqrt{a^2 + (z-\zeta)^2}^{\,3}} + O(\rho^3). \tag{6.2-40}$$

Infolgedessen verschwindet H_ρ für $\rho \to 0$, wie es die Symmetrie bezüglich Drehungen um die Spulenachse verlangt, während sich für H_z ergibt

$$H_z(0,z) = \frac{In}{4\pi} 2\pi a^2 \int_{-\ell/2}^{+\ell/2} d\zeta \frac{1}{\sqrt{a^2 + (z-\zeta)^2}^{\,3}}. \tag{6.2-41}$$

Mit der Substitution

$$z - \zeta =: a \operatorname{tg} u \tag{6.2-42}$$

kann das Integral ausgewertet werden:

$$H_z(0,z) = \frac{nI}{2}\left[\frac{z + \ell/2}{\sqrt{a^2 + (z+\ell/2)^2}} - \frac{z - \ell/2}{\sqrt{a^2 + (z-\ell/2)^2}} \right]. \tag{6.2-43}$$

Falls $a \ll \ell$ ist, gilt näherungsweise

$$H_z(0,0) \approx nI, \qquad H_z(0, \pm\ell/2) \approx \frac{nI}{2}. \tag{6.2-44}$$

Wegen (6.2-32) kann man die 1-Form $\bar{H}$ im Ursprung auch in der Form

$$\bar{H}(0,0) = H_z \bar{e}^z \approx \bar{n} I \tag{6.2-45}$$

schreiben. Man bezeichnet deshalb die Einheit von $\bar{H}$ auch durch

$$[\bar{H}] = 1\,A\,\frac{\text{Windung}}{\text{m}}. \tag{6.2-46}$$

Zum Schluß sei darauf hingewiesen, daß man das Ergebnis (6.2-41) auch durch Überlagerung der Beiträge der einzelnen Leiterschleifen erhält, wenn man die Feldstärke einer in der Ebene $z = \zeta$ gelegenen Leiterschleife nach (6.2-30) bestimmt, mit der Verteilung $n\,d\zeta$ der Windungen multipliziert und über ζ von $-\ell/2$ bis $+\ell/2$ integriert.

6.2.2. Multipole

Das Vektorpotential einer auf einen beschränkten räumlichen Bereich K konzentrierten stationären Stromverteilung kann wie das elektrische Potential einer statischen Ladungsverteilung (s. 4.3.3) nach Potentialen von Multipolen entwickelt werden. Wir gehen von den Darstellungen (6.1-40) bzw. (6.1-43) des Vektorpotentials in der Coulombeichung in einem Medium mit der konstanten Permeabilität μ aus:

$$\vec{A}(\vec{x}) = \frac{\mu\mu_o}{4\pi} \int_K \frac{*\vec{J}(\vec{x}')d\tau(\vec{x}')}{\|\vec{x} - \vec{x}'\|} = \frac{\mu\mu_o}{4\pi} \int_{F_K} \langle \vec{J}|d\vec{F}\rangle \int_C \frac{d\vec{C}}{\|\vec{x} - \vec{C}\|} . \qquad (6.2\text{-}47)$$

Da K beschränkt ist, sind alle durch die Fläche F_K führenden Stromlinien geschlossen. Wir verwenden ein kartesisches Koordinatensystem, dessen Ursprung in K liegt, und entwickeln die Funktion $\|\vec{x} - \vec{x}'\|^{-1}$ für Aufpunkte $\vec{x}$ außerhalb von K nach Potenzen der Komponenten von $\vec{x}'$ (s. Abb.6.8). Die ersten Terme lauten (s. 4.3-51,52)

$$\frac{1}{\|\vec{x} - \vec{x}'\|} = \frac{1}{\|\vec{x}\|} + \frac{x'^i x_i}{\|\vec{x}\|^3} + \frac{1}{2!} x'^i x'^j \frac{(3x_i x_j - \delta_{ij}\vec{x}^2)}{\|\vec{x}\|^5} + \dots . \qquad (6.2\text{-}48)$$

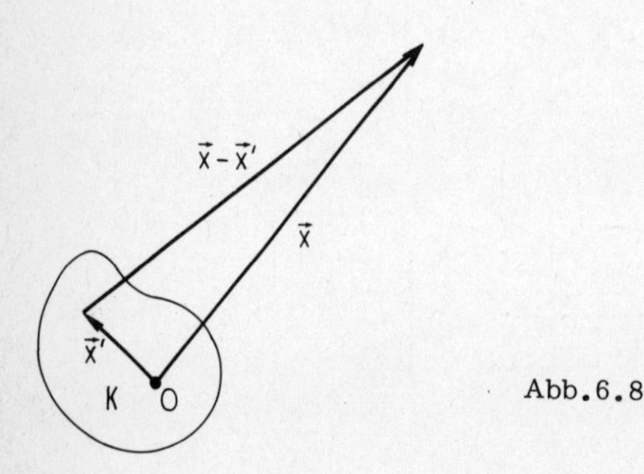

Abb.6.8

Die Multipolentwicklung des Vektorpotentials erhalten wir durch Einsetzen von (6.2-48) in (6.2-47).

Da das Vektorpotential die Summe von Beiträgen geschlossener Stromröhren ist, folgt zunächst, daß der Monopolterm, also der zu r^{-1} ($r = \|\vec{x}\|$) proportionale Beitrag nicht auftritt, denn

$$\int_C d\vec{C} = 0 . \qquad (6.2\text{-}49)$$

Der führende Term der Entwicklung ist der Dipolterm

$$\vec{A}(\vec{x}) = \frac{\mu\mu_o}{4\pi} \frac{x_i}{r^3} \int_{F_K} \langle \vec{J} | d\vec{F} \rangle \int_C x'^i \, d\vec{C} + \dots . \tag{6.2-50}$$

Wir behandeln zunächst den Dipolterm einer einzelnen Leiterschleife mit einem Strom der Stärke I:

$$\vec{A}(\vec{x}) = \frac{\mu\mu_o}{4\pi} \frac{x_i}{r^3} I \int_C x'^i \, d\vec{C} + \dots . \tag{6.2-51}$$

Da C geschlossen ist, setzen wir $C = \partial F$ und formen das Kurvenintegral mit Hilfe von (6.2-7) um:

$$\int_{\partial F} x'^i d\vec{C} = - \int_F \vec{\nabla}' x'^i \cdot d\vec{F} = - \int_F \vec{e}^i \cdot d\vec{F} = \int_F d\vec{F} \cdot \vec{e}^i , \tag{6.2-52}$$

wo $\vec{e}^i = g^{ij} \vec{e}_j$. Damit erhalten wir

$$\vec{A}(\vec{x}) = \frac{\mu\mu_o}{4\pi} \frac{\vec{M} \cdot \vec{x}}{r^3} + \dots = - \frac{\mu\mu_o}{4\pi} \vec{M} \cdot \vec{\nabla} \frac{1}{r} + \dots . \tag{6.2-53}$$

Der 2-Vektor

$$\vec{M} := I \int_F d\vec{F} \tag{6.2-54}$$

ist das magnetische Dipolmoment der Leiterschleife. Er hat die Dimension

$$[\vec{M}] = 1 \text{ A m}^2 . \tag{6.2-55}$$

Um das magnetische Dipolmoment einer Leiterschleife zu berechnen, berandet man also eine Fläche F mit der Schleife $C = \partial F$ und integriert vektoriell über die Fläche. Ein Vergleich mit dem Potential eines elektrischen Dipolmoments $\vec{P}$ (s. 4.3-57)

$$V(\vec{x}) = \frac{1}{4\pi\varepsilon\varepsilon_o} \frac{\vec{P} \cdot \vec{x}}{r^3} = - \frac{1}{4\pi\varepsilon\varepsilon_o} \vec{P} \cdot \vec{\nabla} \frac{1}{r} \tag{6.2-56}$$

zeigt die analoge Struktur der beiden Potentiale.

Auch einer räumlichen Stromverteilung kann ein magnetisches Dipolmoment zugeordnet werden. Dazu benötigen wir neben (6.2-52) noch einen weiteren Integralsatz, der sich aus der folgenden Überlegung ergibt. Ist $\vec{b}$ ein konstanter 2-Vektor, so prüft man leicht nach, daß

$$\vec{\nabla} \wedge \vec{b} \cdot \vec{x} = 2\,\vec{b} \,. \tag{6.2-57}$$

Mit dem Satz von Stokes folgt

$$\int_F \langle \vec{b} | d\vec{F} \rangle = \frac{1}{2} \int_F \langle \vec{\nabla} \wedge \vec{b} \cdot \vec{x} | d\vec{F} \rangle = \frac{1}{2} \int_{\partial F} \langle \vec{b} \cdot \vec{x} | d\vec{C} \rangle = \frac{1}{2} \int_{\partial F} \langle \vec{b} | \vec{x} \wedge d\vec{C} \rangle \,. \tag{6.2-58}$$

Bei der letzten Umformung haben wir die Beziehung (1.2-50) benutzt. Da $\vec{b}$ beliebig gewählt werden kann, folgt aus (6.2-58) der Integralsatz

$$\int_F d\vec{F} = \frac{1}{2} \int_{\partial F} \vec{x} \wedge d\vec{C} \,. \tag{6.2-59}$$

Wir benutzen ihn, um die magnetischen Momente der einzelnen Stromröhren (6.2-54) umzuformen, und erhalten für das magnetische Dipolmoment der Stromverteilung

$$\vec{M} = \int_{F_K} \langle \vec{J} | d\vec{F} \rangle \frac{1}{2} \int_C \vec{x} \wedge d\vec{C} = \frac{1}{2} \int_K \vec{x} \wedge *\vec{J}(\vec{x}) d\tau(\vec{x}) = \frac{1}{2} \int_K \vec{x} \wedge (\bar{J} \cdot dK) \,. \tag{6.2-60}$$

Um die magnetische Feldstärke eines Dipolmomentes zu berechnen, schreiben wir zunächst das Vektorpotential (6.2-53) mit Hilfe von (2.3-28) in der Form

$$\vec{A} = \vec{\nabla} \cdot \vec{M} \frac{\mu\mu_o}{4\pi r} = *(\vec{\nabla} \wedge *\vec{M}) \frac{\mu\mu_o}{4\pi r} \,. \tag{6.2-61}$$

Damit erhalten wir

$$\vec{H} = \frac{1}{\mu\mu_o} *(\vec{\nabla} \wedge \vec{A}) = \vec{\nabla} \cdot (\vec{\nabla} \wedge *\vec{M}) \frac{1}{4\pi r} = \vec{\nabla}(*\vec{M} \cdot \vec{\nabla}) \frac{1}{4\pi r} - *\vec{M} \Delta \frac{1}{4\pi r} \,. \tag{6.2-62}$$

Außerhalb des Ursprungs verschwindet der letzte Term, und es gilt

$$\vec{H} = -\vec{\nabla} V_m \,. \tag{6.2-63}$$

Das skalare Potential des Dipolfeldes

$$V_m = -(*\vec{M} \cdot \vec{\nabla}) \frac{1}{4\pi r} \tag{6.2-64}$$

kann man für eine Leiterschleife auch direkt aus der Multipolentwicklung von (6.2-12) ablesen, wobei sich für das magnetische Moment wiederum der Ausdruck (6.2-54) ergibt. Bis auf den Faktor $\varepsilon\varepsilon_o$ ist also das magnetische Dipolfeld identisch mit dem elektrischen Dipolfeld (4.3-59). Der 1-Vektor $*\vec{M}$ tritt dabei an die Stelle des elektrischen Dipolmoments $\vec{P}$. Ähnlich kann man zur Berechnung des magnetischen Quadrupolfeldes vorgehen. Doch ist es einfacher, die höheren Multipolfelder nach dem Verfahren zu berechnen, das wir im Abschnitt 6.2.4 entwickeln werden.

6.2.3. Magnetisierung

Die makroskopischen, magnetischen Eigenschaften der Materie werden durch die Stromverteilung und durch Verteilungen von magnetischen Multipolmomenten beschrieben, die als Mittelwerte über atomare Strom- und Spin-Verteilungen aufzufassen sind. Wir beschränken uns hier auf die Behandlung einer Verteilung von magnetischen Dipolmomenten.

Eine Verteilung $\bar{m}$ von magnetischen Dipolmomenten ist eine Dipolmomentdichte. Sie hat nach (6.2-55) die Dimension

$$[\bar{m}] = \left[\frac{\text{Ladung}}{\text{Zeit}\cdot\text{Länge}}\right] = 1\,\frac{\text{A}}{\text{m}} \tag{6.2-65}$$

und ist infolgedessen als eine 1-Form aufzufassen. Ähnlich wie man einer elektrischen Dipoldichte eine Ladungsverteilung (0-Strom) zuordnen kann (s. 4.3-65), kann man einer magnetischen Dipoldichte $\bar{m}$ eine Stromverteilung (1-Strom) im Sinne von (6.1-25) zuordnen:

$$(J,\bar{\varphi}) = \int_{V^3} \langle \bar{m} \wedge \bar{\nabla} \wedge \bar{\varphi}, dK\rangle = \int_{V^3} \langle (\bar{\nabla} \wedge \bar{m}) \wedge \bar{\varphi}, dK\rangle\,. \tag{6.2-66}$$

In der Tat erhält man für eine auf einen beschränkten Bereich K im Vakuum konzentrierte Dipoldichte mit

$$\vec{J} = \vec{m} \wedge \vec{\nabla} \tag{6.2-67}$$

aus (6.1-40) in Übereinstimmung mit (6.2-53) das Vektorpotential

$$\vec{A}(\vec{x}) = \frac{\mu_o}{4\pi} \int_K *\vec{m}' \wedge \vec{\nabla}' \frac{1}{\|\vec{x} - \vec{x}'\|}\, d\tau(\vec{x}')\,. \tag{6.2-68}$$

Wir schreiben (6.2-68) in der Form

$$\vec{A}(\vec{x}) = -\frac{\mu_o}{4\pi} \int_K *\vec{\nabla}' \wedge \left(\vec{m}' \frac{1}{\|\vec{x} - \vec{x}'\|}\, d\tau(\vec{x}')\right) + \frac{\mu_o}{4\pi} \int_K \frac{*\vec{\nabla}' \wedge \vec{m}'}{\|\vec{x} - \vec{x}'\|}\, d\tau(\vec{x}')\,. \tag{6.2-69}$$

Das erste Integral kann mit Hilfe einer Variante des Satzes von Stokes umgeschrieben werden. Ist $\vec{b}$ ein konstanter 1-Vektor und $\vec{A}(\vec{x})$ ein 1-Vektorfeld, so gilt nach Stokes

$$\int_K \langle \vec{b} \wedge \vec{\nabla} \wedge \vec{A} \,|\, dK \rangle = - \int_K \langle \vec{\nabla} \wedge \vec{b} \wedge \vec{A} \,|\, dK \rangle = - \int_{\partial K} \langle \vec{b} \wedge \vec{A} \,|\, d\vec{F} \rangle \,. \tag{6.2-70}$$

Mit der Regel (1.2-43) für die Umformung von äußeren in innere Produkte folgt daraus

$$\int_K \langle \vec{b} \,|\, \vec{\nabla} \wedge \vec{A} \cdot dK \rangle = - \int_{\partial K} \langle \vec{b} \,|\, \vec{A} \cdot d\vec{F} \rangle \tag{6.2-71}$$

und schließlich

$$\int_K (\vec{\nabla} \wedge \vec{A}) \cdot dK = \int_K * \vec{\nabla} \wedge \vec{A} \, d\tau = - \int_{\partial K} \vec{A} \cdot d\vec{F} \,, \tag{6.2-72}$$

da $\vec{b}$ beliebig gewählt werden kann. Mit (6.2-72) erhalten wir aus (6.2-69)

$$\vec{A}(\vec{x}) = \frac{\mu_o}{4\pi} \int_{\partial K} \frac{\vec{m}' \cdot d\vec{F}}{\|\vec{x} - \vec{F}\|} + \frac{\mu_o}{4\pi} \int_K * \frac{\vec{\nabla}' \wedge \vec{m}'}{\|\vec{x} - \vec{x}'\|} \, d\tau(\vec{x}') \,. \tag{6.2-73}$$

Schreiben wir statt $\vec{m} \cdot d\vec{F}$

$$*(\vec{m} \wedge * d\vec{F}) = * \frac{(\vec{m} \wedge \vec{n})}{\|\vec{n}\|} \, \|d\vec{F}\| \,, \tag{6.2-74}$$

wo $\vec{n}$ der Normalenvektor ist, so sehen wir, daß der erste Term von (6.2-73) der Beitrag eines Flächenstroms (s. 5.3-17)

$$\vec{K}_m = \vec{m} \tag{6.2-75}$$

auf ∂K ist, während der zweite Term das von der räumlichen Stromverteilung

$$\vec{J}_m = \vec{\nabla} \wedge \vec{m} \tag{6.2-76}$$

in K erzeugte Vektorpotential liefert. Ist $\vec{m}$ auf ∂K stetig, also gleich Null, so entfällt der erste Beitrag wie in (6.2-66). Die Ersatzstromverteilungen (6.2-75) und (6.2-76) sind von den wahren Stromverteilungen zu unterscheiden, die durch den Transport wahrer Ladungen entstehen.

In einem Material mit der magnetischen Dipoldichte $\bar{m}$ können wir die Stromverteilung $\bar{J}$ mit der Ersatzstromverteilung (6.2-76) zu der Gesamtstromverteilung

$$\bar{J}_t := \bar{J} + \bar{\nabla} \wedge \bar{m} \tag{6.2-77}$$

zusammenfassen. Mit der Feldgleichung

$$\bar{J} = \bar{\nabla} \wedge \bar{H} \tag{6.2-78}$$

folgt

$$\bar{J}_t = \bar{\nabla} \wedge (\bar{H} + \bar{m}) \ . \tag{6.2-79}$$

Andererseits gilt auch im magnetischen Material die Feldgleichung

$$\bar{\nabla} \wedge \bar{B} = 0 \quad \Rightarrow \quad \bar{B} = \bar{\nabla} \wedge \bar{A} \ , \tag{6.2-80}$$

so daß das Vektorpotential existiert. Aus (6.1-40) und (6.2-73) folgt, daß das Vektorpotential der Differentialgleichung

$$\bar{\bar{\nabla}} \cdot (\bar{\nabla} \wedge \bar{A}) = \mu_o * \bar{J}_t \tag{6.2-81}$$

genügt, oder mit $\bar{B} = \bar{\nabla} \wedge \bar{A}$ und (6.2-79)

$$\bar{\nabla} \wedge * \bar{B} = \mu_o \bar{J}_t = \mu_o \bar{\nabla} \wedge (\bar{H} + \bar{m}) \ . \tag{6.2-82}$$

Bis auf eine geschlossene 1-Form, der keine physikalische Bedeutung beizumessen ist, kann aus (6.2-82) die Materialgleichung

$$\bar{H} = * \frac{1}{\mu_o} \bar{B} - \bar{m} \tag{6.2-83}$$

geschlossen werden, die zusammen mit den Feldgleichungen (6.2-78) und (6.2-80) einen vollständigen Satz von Beziehungen liefert, mit deren Hilfe die Felder $\bar{B}$ und $\bar{H}$ im magnetischen Material bestimmt werden können. Die Stromverteilung $\bar{J}$ und die Dipoldichte $\bar{m}$ sind dabei als bekannt anzusehen.

Als Beispiel behandeln wir das Feld eines zylindrischen Stabmagneten mit kreisförmigem Querschnitt. Die Abmessungen sollen mit denen der im Abschnitt 6.2.1 untersuchten Spule (s. Abb.6.7) übereinstimmen (Länge: ℓ, Radius: a). Ferner verwenden wir das Zylinderkoordinatensystem von Abb.6.7 (s. Abb.6.9). Die magnetische Dipoldichte des Magneten sei konstant und habe die Richtung der orientierten z-Achse:

$$\vec{m} = m \, \vec{e}_z \ , \qquad m = \text{const} > 0 \ . \tag{6.2-84}$$

Folglich verschwindet die räumliche Stromverteilung (6.2-76) und das magnetische

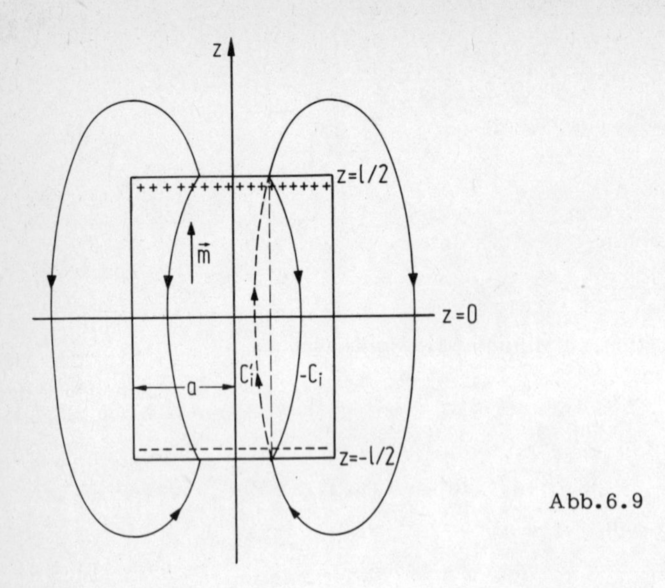

Abb.6.9

Feld wird allein von dem Magnetisierungsstrombelag (6.2-75)

$$\vec{K}_m = \vec{m} \tag{6.2-85}$$

auf der Mantelfläche des Zylinders erzeugt. Der Strombelag (6.2-85) stimmt mit dem Flächenstrom (6.2-33) der Spule überein, wenn wir m durch nI ersetzen. Infolgedessen erhalten wir das gleiche Vektorpotential und das gleiche $\vec{B}$-Feld. Die magnetische Feldstärke stimmt dagegen nur außerhalb des Magneten mit der Feldstärke der Spule überein, denn im Inneren des Magneten gilt die Materialgleichung (6.2-83). Statt (6.2-43) erhalten wir im Inneren

$$H_z(0,z) = \frac{m}{2}\left[\frac{z+\ell/2}{\sqrt{a^2+(z+\ell/2)^2}} - \frac{z-\ell/2}{\sqrt{a^2+(z-\ell/2)^2}} - 2\right], \qquad -\frac{\ell}{2} \leqslant z \leqslant +\frac{\ell}{2}\,. \tag{6.2-86}$$

Auf den Deckelflächen $z = \pm\,\ell/2$ des Magneten ist die z-Komponente von $*\vec{B}$ stetig (s. 5.2-21), die z-Komponente von $\vec{H}$ aber wegen (6.2-83) unstetig,

$$H_z\!\left(\rho\,, z = \pm\frac{\ell}{2} + 0\right) - H_z\!\left(\rho\,, z = \pm\frac{\ell}{2} - 0\right) = \pm\, m\,, \quad 0 \leqslant \rho \leqslant a\,. \tag{6.2-87}$$

Aus (6.2-86) liest man ab, daß die z-Komponente von $\vec{H}$ im Inneren des Magneten das entgegengesetzte Vorzeichen wie die z-Komponente von $*\vec{B}$ besitzt, so daß sich der in Abb.6.9 skizzierte Feldlinienverlauf ergibt. Man kann sich das auch an Hand des Gesetzes

$$\int_{\partial F} \langle \vec{H} | d\vec{C} \rangle = I \tag{6.2-88}$$

klarmachen. Integriert man das Spulenfeld über eine geschlossene Feldlinie, so verlangt (6.2-88)

$$\int_{\partial F} \langle \vec{H}_{Sp} | d\vec{C} \rangle = n I \ell \,, \tag{6.2-89}$$

denn insgesamt $n\ell$ Windungen werden von einer geschlossenen Feldlinie eingeschlossen, und durch jede Windung fließt der Strom I. Im Falle des Stabmagneten fließt dagegen kein wahrer Strom, so daß das Integral (6.2-88) über eine geschlossene Feldlinie ∂F (s. Abb. 6.9) verschwindet. Wir zerlegen nun die Feldlinie ∂F in die Anteile C_a im Außenraum und C_i im Innenraum des Magneten (s. Abb. 6.9) und erhalten

$$\int_{C_i} \langle \vec{H}_M | d\vec{C} \rangle = - \int_{C_a} \langle \vec{H}_M | d\vec{C} \rangle \,. \tag{6.2-90}$$

Das Integral über C_a stimmt mit dem Integral über das Spulenfeld überein, so daß

$$\int_{C_i} \langle \vec{H}_M | d\vec{C} \rangle = - m\ell + \int_{C_i'} \langle \vec{H}_{Sp} | d\vec{C} \rangle \,, \tag{6.2-91}$$

wo C_i' das im Inneren der Spule gelegene Stück der geschlossenen Feldlinie des Spulenfeldes ist (Abb. 6.9). Da im Inneren der Spule kein Strom fließt, ist

$$\int_{C_i'} \langle \vec{H}_{Sp} | d\vec{C} \rangle = \int_{C_i} \langle \vec{H}_{Sp} | d\vec{C} \rangle \,. \tag{6.2-92}$$

Damit folgt schließlich aus (6.2-91)

$$\int_{C_i} \langle \vec{H}_M - \vec{H}_{Sp} + \vec{m} | d\vec{C} \rangle = 0 \,. \tag{6.2-93}$$

Diese Beziehung ist auf der z-Achse äquivalent mit (6.2-86). Auf der z-Achse gilt ferner

$$\int_{-\infty}^{+\infty} H_{zSp}(0,z)dz = m\ell = \int_{-\infty}^{+\infty} H_{zM}(0,z)dz + \int_{-\ell/2}^{+\ell/2} m dz \Rightarrow \int_{-\infty}^{+\infty} H_{zM}(0,z)dz = 0 \,, \tag{6.2-94}$$

wie man leicht mit Hilfe von (6.2-43) ($nI = m$) nachrechnet.

Das magnetische Feld einer Dipolmomentverteilung kann auch aus einem skalaren magnetischen Potential abgeleitet werden. Denn in Abwesenheit einer wahren Stromverteilung gelten neben der Materialgleichung (6.2-83) die Feldgleichungen

$$\bar{\nabla} \wedge \bar{B} = 0 \tag{6.2-95}$$

und

$$\bar{\nabla} \wedge \bar{H} = 0 \ , \qquad \bar{H} = -\bar{\nabla} V_m \ . \tag{6.2-96}$$

Die Materialgleichung

$$\bar{B} = \mu_o * (\bar{H} + \bar{m}) = \mu_o * (-\bar{\nabla} V_m + \bar{m}) \tag{6.2-97}$$

führt mit der Feldgleichung (6.2-95) zu der magnetischen Poissongleichung

$$\Delta V_m = -* \rho_m := \bar{\nabla} \cdot \bar{m} \tag{6.2-98}$$

für das magnetische Potential. Wegen der Analogie zur Elektrostatik spricht man auch von Magnetostatik. Ist die Dipoldichte in dem beschränkten räumlichen Bereich K von Null verschieden, so folgt zunächst nach (6.2-98)

$$\int_K \langle \rho_m, dK \rangle = -\int_K \langle \bar{\nabla} \wedge * \bar{m}, dK \rangle = -\int_{\partial K} \langle * \bar{m}, d\vec{F} \rangle \ . \tag{6.2-99}$$

Da die Gesamtladung natürlich verschwinden muß, trägt der Rand von K die Flächenladung

$$\langle \bar{\sigma}_m, d\vec{F} \rangle = \langle * \bar{m}, d\vec{F} \rangle \ . \tag{6.2-100}$$

Im Inneren des Stabmagneten von Abb.6.9 verschwindet z.B. die Raumladung ρ_m. Folglich muß auch die gesamte Flächenladung verschwinden:

$$\int_{\partial K} \langle * \vec{m} | d\vec{F} \rangle = 0 \ . \tag{6.2-101}$$

Da $\vec{m}$ nur eine z-Komponente besitzt, tragen nur die Deckelflächen eine Ladung (s. Abb.6.9):

$$\langle \bar{\sigma}_m, d\vec{F} \rangle = \begin{cases} m \, \| d\vec{F} \| \ , & z = +\frac{\ell}{2} \\ -m \, \| d\vec{F} \| \ , & z = -\frac{\ell}{2} \end{cases} \ . \tag{6.2-102}$$

Die Materialgleichung (6.2-83) ist eine Verallgemeinerung der Materialgleichung (s. 5.4-11)

$$\bar{H} = * \frac{1}{\mu\mu_o} \bar{B} \ . \tag{6.2-103}$$

Statt (6.2-103) können wir auch schreiben

$$\bar{H} = * \frac{1}{\mu_o} \bar{B} - \frac{1}{\mu_o} \left(1 - \frac{1}{\mu}\right) * \bar{B} . \qquad (6.2\text{-}104)$$

In einem Stoff mit der Permeabilität μ erzeugt ein magnetisches Feld die Dipoldichte

$$\bar{m} = \frac{1}{\mu_o} \left(1 - \frac{1}{\mu}\right) * \bar{B} = \chi_m \bar{H} . \qquad (6.2\text{-}105)$$

Die Größe

$$\chi_m := \mu - 1 \qquad (6.2\text{-}106)$$

bezeichnet man in Analogie zur elektrischen (s. 4.3-81) als magnetische Suszeptibilität. Zur Gültigkeit des linearen Magnetisierungsgesetzes (6.2-105) vergleiche Abschnitt 5.4.1. Stoffe mit einer permanenten Dipoldichte werden magnetisch genannt. Die Magnete sind im Gegensatz zu den Elektreten für die Praxis von Bedeutung.

Bei der Berechnung des Vektorpotentials kann ein Medium mit der Permeabilität $\mu \neq 1$ durch Vakuum ersetzt werden, wenn man außer der wahren Stromverteilung $\bar{J}$ die Magnetisierungsstromverteilung

$$\bar{J}_m = \bar{\nabla} \wedge \bar{m} = \bar{\nabla} \wedge \chi_m \bar{H} \qquad (6.2\text{-}107)$$

in Rechnung stellt und auf der Grenzfläche zum Vakuum einen Magnetisierungsstrombelag

$$\bar{K}_m = - \bar{m} = - \chi_m \bar{H} \qquad (6.2\text{-}108)$$

berücksichtigt. Die Normale der Grenzfläche weist bei transversaler Orientierung in das Vakuum. Auf der Grenzfläche zwischen Medien verschiedener Permeabilität (μ_1, μ_2) tritt an die Stelle von (6.2-108) der Strombelag

$$\bar{K}_m = \bar{m}_2 - \bar{m}_1 = \chi_{m_2} \bar{H}_1 - \chi_{m_1} \bar{H}_2 . \qquad (6.2\text{-}109)$$

Die Normale der Grenzfläche weist hier vom Medium 1 in das Medium 2. In Abwesenheit eines wahren Strombelages gilt nämlich auf der Grenzfläche die Grenzbedingung (5.3-17)

$$\langle \bar{H}_2 - \bar{H}_1, d\vec{C} \rangle = \langle * \frac{1}{\mu_o} (\bar{B}_2 - \bar{B}_1), d\vec{C} \rangle - \langle \bar{m}_2 - \bar{m}_1, d\vec{C} \rangle = 0 . \qquad (6.2\text{-}110)$$

Daraus folgt die Beziehung (6.2-109) mit (6.2-105).

6.2.4. Entwicklung nach vektoriellen Kugelfunktionen

Lassen sich für die Lösungen der homogenen und der inhomogenen Differentialgleichung für das Vektorpotential ähnliche Entwicklungen angeben, wie wir sie im Abschnitt 4.3.5 für das elektrische Potential abgeleitet haben? Wir untersuchen diese Frage zunächst für die homogene Gleichung (s. 6.1-1)

$$\vec{\nabla} \cdot (\vec{\nabla} \wedge \vec{A}) = 0 \,. \tag{6.2-111}$$

Es liegt nahe, für die Lösung in sphärischen Polarkoordinaten einen Separationsansatz von der Form

$$\vec{A}(r,\theta,\varphi) = f(r) \quad \vec{X}(\theta,\varphi) \tag{6.2-112}$$

zu machen. Hier ist $\vec{X}$ ein Vektorfeld, das nur von den Winkeln θ und φ abhängt. Ein Vektorfeld dieser Art ist z.B. der duale Basisvektor (s. 2.1-24) in sphärischen Polarkoordinaten

$$\vec{e} := \vec{e}^{\,r}(\theta,\varphi) := \iota^{-1}(\bar{e}^{r}) \,.$$

Wir setzen deshalb

$$\vec{X}(\theta,\varphi) = \vec{e}(\theta,\varphi)\; X(\theta,\varphi) \,, \tag{6.2-113}$$

wo $X(\theta,\varphi)$ ein skalares Feld ist.

Für die Berechnung von (6.2-111) ist es bequem, den Operator $\vec{\nabla}$ in der folgenden Weise zu zerlegen:

$$\vec{\nabla} = \vec{e}^{\,r} \frac{\partial}{\partial r} + \vec{e}^{\,\theta} \frac{\partial}{\partial \theta} + \vec{e}^{\,\varphi} \frac{\partial}{\partial \varphi} = \vec{e} \frac{\partial}{\partial r} + \frac{1}{r} \vec{\nabla}_e \,. \tag{6.2-114}$$

Der Operator

$$\vec{\nabla}_e := r\left(\vec{e}^{\,\theta} \frac{\partial}{\partial \theta} + \vec{e}^{\,\varphi} \frac{\partial}{\partial \varphi}\right) \tag{6.2-115}$$

hängt nicht von r ab (s. 2.1-24). Der Index „e" soll darauf hinweisen, daß $\vec{\nabla}_e$ der Gradientoperator auf der Oberfläche der Einheitskugel ist. Wir erhalten dann für den Ansatz (6.2-112) und (6.2-113)

$$\vec{\nabla} \wedge \vec{A} = -\frac{f}{r} \vec{e} \wedge \vec{\nabla}_e X \,, \tag{6.2-116}$$

$$\vec{\nabla} \cdot (\vec{\nabla} \wedge \vec{A}) = \left(-\frac{f}{r}\right)' \vec{e} \cdot (\vec{e} \wedge \vec{\nabla}_e) X - \frac{f}{r^2} \vec{\nabla}_e \cdot (\vec{e} \wedge \vec{\nabla}_e) X \,, \tag{6.2-117}$$

$(f' = df/dr)$.

Mit

$$\vec{e}\cdot(\vec{e}\wedge\vec{\nabla}_e)X = -\vec{\nabla}_e X \tag{6.2-118}$$

und

$$\vec{\nabla}_e\cdot(\vec{e}\wedge\vec{\nabla}_e)X = -(\vec{\nabla}_e\cdot\vec{e})\vec{\nabla}_e X + (\vec{\nabla}_e\cdot\vec{\nabla}_e X)\vec{e} = -\vec{\nabla}_e X + \vec{e}\,\Delta_e X \tag{6.2-119}$$

ergibt sich schließlich

$$\vec{\nabla}\cdot(\vec{\nabla}\wedge\vec{A}) = \left(\frac{f}{r}\right)'\vec{\nabla}_e X + \frac{f}{r^2}\vec{\nabla}_e X - \frac{f}{r^2}\vec{e}\,\Delta_e X\,. \tag{6.2-120}$$

Der Operator Δ_e ist der Laplaceoperator auf der Einheitskugel (s. 4.3-105)

$$\Delta_e = \frac{1}{\sin\theta}\frac{\partial}{\partial\theta}\sin\theta\frac{\partial}{\partial\theta} + \frac{1}{\sin^2\theta}\frac{\partial^2}{\partial\varphi^2}\,. \tag{6.2-121}$$

Setzen wir für X eine Kugelflächenfunktion ein (s. 4.3-104):

$$X(\theta,\varphi) = Y_{\ell m}(\theta,\varphi)\,, \tag{6.2-122}$$

so ist (s. 4.3-105)

$$\Delta_e X = \Delta_e Y_{\ell m} = -\ell(\ell+1)Y_{\ell m}\,. \tag{6.2-123}$$

Die Vektorfelder $*(\vec{\nabla}\wedge\vec{A})$ und $\vec{\nabla}\cdot(\vec{\nabla}\wedge\vec{A})$ sind also Linearkombinationen der drei Vektorfelder auf der Einheitskugel

$$*(\vec{e}\wedge\vec{\nabla}_e Y_{\ell m})\,,\quad \vec{e}\,Y_{\ell m},\quad \vec{\nabla}_e Y_{\ell m}\,. \tag{6.2-124}$$

Wir definieren nun vektorielle Kugelflächenfunktionen

$$\vec{X}^{(1)}_{\ell m}(\theta,\varphi) := \vec{e}\,Y_{\ell m}(\theta,\varphi),\qquad \vec{X}^{(2)}_{\ell m}(\theta,\varphi) := \frac{1}{\sqrt{\ell(\ell+1)}}\vec{\nabla}_e Y_{\ell m}(\theta,\varphi)\,,$$

$$\vec{X}^{(3)}_{\ell m}(\theta,\varphi) := \frac{*(\vec{e}\wedge\vec{\nabla}_e Y_{\ell m}(\theta,\varphi))}{\sqrt{\ell(\ell+1)}}\,. \tag{6.2-125}$$

Sie genügen den Orthonormalitätsrelationen

$$\int_0^{2\pi} d\varphi\int_0^{\pi} d\theta\,\sin\theta\,\langle\overline{\vec{X}^{(i)}_{\ell m}(\theta,\varphi)}\,|\,\vec{X}^{(j)}_{\ell' m'}(\theta,\varphi)\rangle = \delta^{ij}\delta_{\ell\ell'}\delta_{mm'}\,,\quad \begin{array}{l} i,j=1,2,3\\ \ell=0,1,2,\ldots\\ m=0,\pm1,\ldots\pm\ell\,,\end{array} \tag{6.2-126}$$

die als Verallgemeinerung der Orthonormalitätsrelationen (4.3-106) für die Kugelflächenfunktionen anzusehen sind. Die Relationen (6.2-126) lassen sich durch partielle Integration auf die Orthonormalitätsrelationen für die Kugelflächenfunktionen zurückführen. Die in die Definition (6.2-125) aufgenommenen Faktoren dienen der Normierung.

Diese Ergebnisse veranlassen uns, den Ansatz (6.2-112,113) in folgender Weise zu verallgemeinern:

$$\vec{A}(r,\theta,\varphi) = f(r)\vec{e}\,Y_{\ell m}(\theta,\varphi) + g(r)\vec{\nabla}_e Y_{\ell m}(\theta,\varphi) + h(r) * \vec{e} \wedge \vec{\nabla}_e Y_{\ell m}(\theta,\varphi). \tag{6.2-127}$$

Unter Beachtung von (6.2-118,119) erhalten wir

$$\begin{aligned} 0 = \vec{\nabla}\cdot(\vec{\nabla}\wedge\vec{A}) = &-\left(h'' + \frac{2h'}{r} - \frac{\ell(\ell+1)}{r^2}h\right) * (\vec{e}\wedge\vec{\nabla}_e Y_{\ell m}) + \\ &+ \frac{1}{r^2}[f-(rg)']\,\ell(\ell+1)\vec{e}\,Y_{\ell m} + \\ &+ \left\{\frac{1}{r^2}[f-(rg)'] + \left(\frac{f-(rg)'}{r}\right)'\right\}\vec{\nabla}_e Y_{\ell m}\,. \end{aligned} \tag{6.2-128}$$

Da die vektoriellen Kugelfunktionen linear unabhängig sind, folgt (s. 4.3-108)

$$h'' + \frac{2h'}{r} - \frac{\ell(\ell+1)}{r^2}h = 0 \quad \Rightarrow \quad h(r) = A\,r^{\ell} + Br^{-(\ell+1)} \tag{6.2-129a}$$

$$f - (rg)' = 0\,. \tag{6.2-129b}$$

Das Vektorpotential

$$\vec{A} = \left(A\,r^{\ell} + B\,r^{-(\ell+1)}\right) * (\vec{e}\wedge\vec{\nabla}_e Y_{\ell m}) + \vec{\nabla}(rg\,Y_{\ell m}) \tag{6.2-130}$$

setzt sich aus dem Gradienten eines skalaren Feldes und einem Anteil zusammen, der die Coulomb-Eichbedingung erfüllt:

$$\vec{\nabla}\cdot h(r) * (\vec{e}\wedge\vec{\nabla}_e Y_{\ell m}) = 0\,. \tag{6.2-131}$$

Durch Überlagerung aller speziellen Lösungen erhalten wir die allgemeine Lösung von (6.2-111)

$$\begin{aligned} \vec{A}(r,\theta,\varphi) = &\sum_{\ell=0}^{\infty}\sum_{m=-\ell}^{+\ell}\left(A_{\ell m}r^{\ell} + B_{\ell m}r^{-(\ell+1)}\right) * [\vec{e}\wedge\vec{\nabla}_e Y_{\ell m}(\theta,\varphi)] + \\ &+ \vec{\nabla} r \sum_{\ell=0}^{\infty}\sum_{m=-\ell}^{+\ell} g_{\ell m}(r) Y_{\ell m}(\theta,\varphi)\,. \end{aligned} \tag{6.2-132}$$

Damit die Lösung reell ist, müssen die Konstanten $A_{\ell m}$ und $B_{\ell m}$ und die Funktionen $g_{\ell m}$ die Bedingungen (s. 4.3-111)

$$(-1)^m \bar{A}_{\ell,m} = A_{\ell,-m} ; \quad (-1)^m \bar{B}_{\ell,m} = B_{\ell,-m} ; \quad (-1)^m \bar{g}_{\ell,m} = g_{\ell,-m} \tag{6.2-133}$$

erfüllen. In der Coulombeichung ist das Vektorpotential gleich dem ersten Term von (6.2-132), wenn man verlangt, daß die Eichfunktion für $r \to 0$ und $r \to \infty$ regulär ist, so daß diejenige Lösung von (6.2-111), die für $r \to 0$ und $r \to \infty$ regulär ist, identisch verschwindet.

Wir behandeln nun die Lösung der inhomogenen Differentialgleichung (6.1-4) für das Vektorpotential

$$\vec{\nabla} \cdot (\vec{\nabla} \wedge \vec{A}) = \mu\mu_o * \vec{J} . \tag{6.2-134}$$

Ist die Stromverteilung $\vec{J}$ hinreichend oft stetig differenzierbar, so kann $* \vec{J}$ gleichmäßig nach den vektoriellen Kugelfunktionen (6.2-125) entwickelt werden:

$$* \vec{J}(\vec{x}) = \sum_{i=1}^{3} \sum_{\ell=0}^{\infty} \sum_{m=-\ell}^{+\ell} J_{\ell m}^{(i)}(r) \, \vec{X}_{\ell m}^{(i)}(\theta,\varphi) . \tag{6.2-135}$$

Die Funktionen

$$J_{\ell m}^{(i)}(r) = \int_0^{2\pi} d\varphi \int_0^{\pi} d\theta \, \sin\theta \, \langle \bar{\vec{X}}^{(i)}(\theta,\varphi) \,|\, * \vec{J} \, [\vec{x}(r,\theta,\varphi)] \rangle \tag{6.2-136}$$

sind die Entwicklungskoeffizienten der Stromverteilung. Aus der Feldgleichung

$$\vec{\nabla} \wedge \vec{J} = 0$$

folgen die Beziehungen

$$\frac{dJ_{\ell m}^{(1)}}{dr} + \frac{2}{r} J_{\ell m}^{(1)} - \frac{J_{\ell m}^{(2)}}{r} \ell(\ell+1) = 0 . \tag{6.2-137}$$

Wir entwickeln nun auch das Vektorpotential

$$\vec{A}(\vec{x}) = \sum_{i=1}^{3} \sum_{\ell=0}^{\infty} \sum_{m=-\ell}^{+\ell} A_{\ell m}^{(i)}(r) \, \vec{X}_{\ell m}^{(i)}(\theta,\varphi) \tag{6.2-138}$$

und erhalten in ähnlicher Weise wie im Fall von (6.2-128) durch Einsetzen von (6.2-138) in (6.2-134) die folgenden Differentialgleichungen für die Enwicklungskoeffizienten $A_{\ell m}^{(i)}$:

$$\frac{\Psi_{\ell m}}{r}\,\ell(\ell+1) = J^{(1)}_{\ell m} \quad , \quad r\Psi_{\ell m} := A^{(1)}_{\ell m} - \frac{d}{dr}\left(rA^{(2)}_{\ell m}\right) ,$$

$$\frac{1}{r}\,\Psi_{\ell m} + \frac{d\Psi_{\ell m}}{dr} = J^{(2)}_{\ell m} \quad , \qquad (6.2\text{-}139)$$

$$\frac{1}{r^2}\frac{d}{dr}\,r^2\,\frac{dA^{(3)}_{\ell m}}{dr} - \frac{\ell(\ell+1)}{r^2}\,A^{(3)}_{\ell m} = -\,\mu\mu_o\,J^{(3)}_{\ell m}(r) \; . \qquad (6.2\text{-}140)$$

Die beiden Gleichungen (6.2-139) sind wegen (6.2-137) kompatibel. Ihre Lösung lautet

$$A^{(1)}_{\ell m} = \frac{r^2\,J^{(1)}_{\ell m}}{\ell(\ell+1)} + \frac{d}{dr}\left(r\,A^{(2)}_{\ell m}\right) . \qquad (6.2\text{-}141)$$

Die Lösungen von (6.2-140) können mit Hilfe der Greenschen Funktionen $G_\ell(r,r')$ (s. 4.3-127) konstruiert werden:

$$A^{(3)}_{\ell m}(r) = \mu\mu_o \int\limits_0^\infty dr'\,r'^2\,G_\ell(r,r')\,J^{(3)}_{\ell m}(r') \; . \qquad (6.2\text{-}142)$$

Da die Funktionen $J^{(1)}_{\ell m}(r)$ außerhalb des kompakten Trägers der Stromverteilung verschwinden, erhalten wir mit (6.2-141) und (6.2-142) für $r \to \infty$ die asymptotische Entwicklung

$$\vec{A}(\vec{x}) \;\to\; \mu\mu_o \sum_{\ell=0}^{\infty}\sum_{m=-\ell}^{+\ell} \frac{1}{2\ell+1}\,\frac{M_{\ell m}}{r^{\ell+1}}\,\vec{X}^{(3)}_{\ell m}(\theta,\varphi) \;+$$
$$+\,\vec{\nabla}\sum_{\ell=0}^{\infty}\sum_{m=-\ell}^{+\ell} r\,A^{(2)}_{\ell m}(r)\,Y_{\ell m}(\theta,\varphi), \qquad r\to\infty . \qquad (6.2\text{-}143)$$

Der erste Term von (6.2-143) liefert die Multipolentwicklung mit den Momenten

$$M_{\ell,m} = \int\limits_0^\infty dr\,r^2 r^\ell J^{(3)}_{\ell m}(r) = \int\limits_{V^3} \langle r^\ell \vec{X}^{(3)}_{\ell m} \,|\, *\vec{J}\rangle\, d\tau = \bar{M}_{\ell,-m}(-1)^m . \quad (6.2\text{-}144)$$

Der zweite Term ist wie der letzte Term von (6.2-132) ein reines Eichpotential.

Die Multipolentwicklung beginnt erst mit dem Dipolterm $\ell = 1$, da $\vec{X}^{(3)}_{00} = 0$ (s. 6.2-125). Der Dipolterm lautet

$$\vec{A} = \mu\mu_o \sum_{m=-1}^{+1} \frac{1}{3}\,\frac{M_{1,m}}{r^2}\,\vec{X}^{(3)}_{1m} \; . \qquad (6.2\text{-}145)$$

Wir wollen uns überzeugen, daß er mit dem früher hergeleiteten Ausdruck (6.2-61) übereinstimmt. Mit den Kugelflächenfunktionen (s. 4.3-104)

$$Y_{10} = \sqrt{\frac{3}{4\pi}}\cos\theta\,, \qquad Y_{1,\pm 1} = \mp\sqrt{\frac{3}{4\pi}}\sin\theta\, e^{\pm i\varphi} \tag{6.2-146}$$

können wir den Dipolterm in der Form schreiben

$$\vec{A} = \frac{\mu\mu_o}{4\pi}\sum_{i=1}^{3}\frac{1}{r^3} * (\vec{x}\wedge\vec{\nabla}x^i)\,\frac{1}{2}\int_{V^3}\langle *(\vec{x}'\wedge\vec{\nabla}'\vec{x}'^{\,i})\,|\, *\vec{J}(\vec{x}')\rangle d\tau(\vec{x}')\,, \tag{6.2-147}$$

wo x^i $(i = 1,2,3)$ kartesische Koordinaten (s. 2.1-14) sind. Nun ist

$$\vec{\nabla}x^i = \vec{e}^{\,i}$$

und

$$\sum_{i=1}^{3}\vec{e}^{\,i}\,\frac{1}{2}\int_{V^3}\langle\vec{e}_i\wedge\vec{x}'\,|\,\vec{J}(\vec{x}')\rangle d\tau(\vec{x}') = \frac{1}{2} * \int_{V^3}[\vec{x}'\wedge *\vec{J}(\vec{x}')]\,d\tau(\vec{x}') = *\vec{M}\,, \tag{6.2-148}$$

(s. 6.2-60). Damit erhalten wir aus (6.2-147) wie früher

$$\vec{A} = \frac{\mu\mu_o}{4\pi}\,\frac{\vec{M}\cdot\vec{x}}{r^3} = \vec{\nabla}\cdot\vec{M}\,\frac{\mu\mu_o}{4\pi r}\,.$$

Zwischen den Momenten $M_{1,m}$ und den Komponenten des 2-Vektors $\vec{M}$ besteht in kartesischen Koordinaten folgender Zusammenhang:

$$M_{1,0} = -\sqrt{\frac{3}{2\pi}}\,M^{12}\,, \qquad M_{1,\pm 1} = \pm\sqrt{\frac{3}{4\pi}}\,(M^{23} \pm i M^{31})\,. \tag{6.2-149}$$

Wie in der Elektrostatik hat der Multipol der Ordnung ℓ: $(2\ell + 1)$ Momente $M_{\ell,m}$ $(m = 0, \pm 1\ldots, \pm\ell)$.

Aufgaben

6.1 Die Schwingungen von Drehspulgalvanometern werden durch Wirbelströme gedämpft, die in einem Metallrahmen induziert werden. Abbildung 6.10 zeigt einen rechteckigen Dämpfungsrahmen, der aus einem Blechstreifen der Breite h und der Länge $2a + 2b$ gebogen ist. Berechnen Sie die Selbstinduktivität des Rahmens (Permeabilität: $\mu\mu_o$) unter der Voraussetzung, daß die Breite h klein gegen die Rahmenabmessungen a und b ist. Ferner soll die Blechstärke δ so klein gegen sein, daß $\delta\cdot dx$ als Querschnitt einer differentiellen Stromröhre angesehen werden kann.

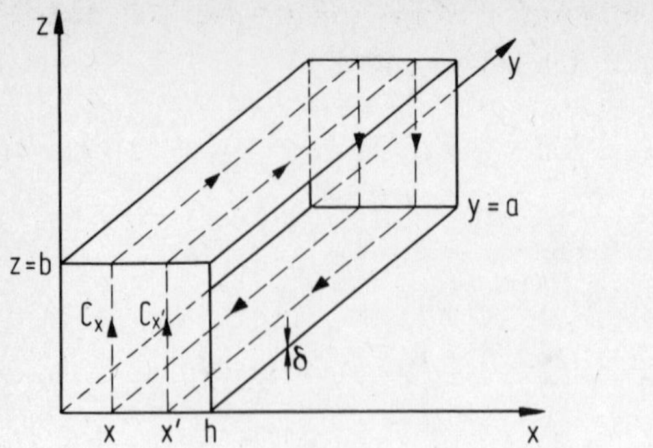

Abb.6.10

Hinweis: Bei homogener Stromverteilung über den Leiterquerschnitt folgt unter den genannten Voraussetzungen nach (6.1-54)

$$L = \frac{1}{h^2} \int_0^h dx \int_0^h dx' \frac{\mu\mu_o}{4\pi} \int_{C_x} \int_{C_{x'}} \frac{\langle d\vec{C} | d\vec{C}' \rangle}{\| \vec{C} - \vec{C}' \|} , \tag{1}$$

wo C_x und $C_{x'}$ die in Abb.6.10 skizzierten geschlossenen Kurven sind. Das Doppelintegral über C_x und $C_{x'}$ spaltet in acht Teilintegrale auf, die elementar berechnet werden können. Die restlichen Integrale über x und x' können für $h \ll a,b$ näherungsweise ausgewertet werden. Das Ergebnis lautet

$$L \approx \left[\frac{\mu\mu_o}{\pi} \; 2\sqrt{a^2+b^2} - \frac{a+b}{2} + a \ln \frac{2ab}{h(\sqrt{a^2+b^2}+a)} + b \ln \frac{2ab}{h(\sqrt{a^2+b^2}+b)} \right], \; h \ll a,b. \tag{2}$$

6.2 Lösungen der Feldgleichungen $\bar{\nabla} \wedge \bar{B} = 0$ bzw. $\bar{\nabla} \wedge \bar{H} = 0$, die unter Translationen parallel zur z-Achse invariant sind und für $x^2 + y^2 \to \infty$ verschwinden, können aus einem Vektorpotential $\bar{A} = A_z(x,y)\bar{e}^z$ bzw. einem skalaren Potential $V_m = V_m(x,y)$ abgeleitet werden. Hier sind (x,y,z) kartesische Koordinaten.

a) Zeigen Sie, daß die Materialgleichung $\bar{B} = \mu_o * \bar{H}$ äquivalent ist mit den Cauchy-Riemannschen Differentialgleichungen der Funktion

$$f(z) := V_m - i \frac{A_z}{\mu_o} , \qquad z = x + iy , \tag{1}$$

d.h. f(z) ist holomorph in Gebieten, in denen die Stromverteilung verschwindet.

b) Zeigen Sie, daß

$$f(z) = \frac{I}{2\pi} i \ln z + a , \qquad a \in \mathbb{C} \tag{2}$$

die allgemeinste Lösung der Materialgleichung liefert, die zu einem magnetischen Feld führt, das invariant unter Drehungen um den Ursprung ist. Vergleichen Sie (2) mit dem Vektorpotential (5.4-28) bzw. dem skalaren Potential (6.2-27) eines geraden Linienleiters und schließen Sie daraus auf die Bedeutung der Konstanten I.

c) Betrachten Sie eine Doppelleitung, die aus zwei parallelen, geraden Linienleitern im Abstand 2a besteht. Der Linienleiter durch den Punkt $(x,y) = (a,0)$ führt den Strom I, der Leiter durch den Punkt $(x,y) = (-a,0)$ den Strom -I. Konstruieren Sie $f(z)$ durch eine entsprechende Verallgemeinerung von (2) und berechnen Sie die Potentiale $V_m(x,y)$ und $A_z(x,y)$. Vergleichen Sie das Ergebnis mit der Lösung von Aufgabe 5.5.

6.3 Durch einen geraden, unendlich langen Streifen der Breite 2a fließt der Strom I in Richtung der positiven z-Achse (s. Abb.6.11). Die Dicke des Streifens kann vernachlässigt werden. Der Strom ist gleichmäßig über die Breite des Streifens verteilt. Der Streifen befindet sich im Vakuum.

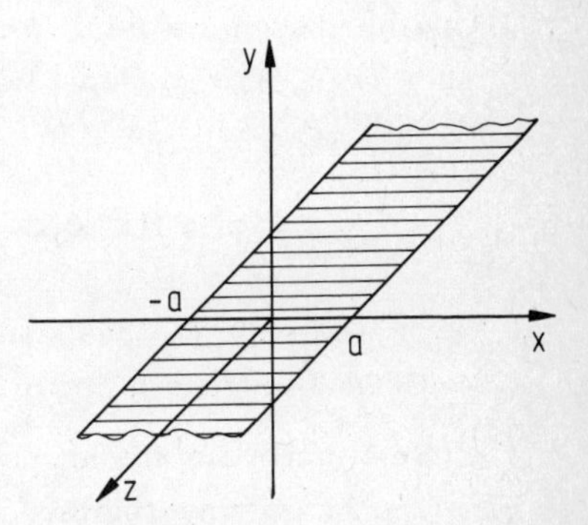

Abb.6.11

a) Berechnen Sie die magnetische Feldstärke $\bar{H}$.

Hinweis: Die Funktion

$$H(z) = H_y + i\,H_x\,, \qquad z = x + i\,y$$

ist in der von -a nach +a längs der reellen Achse aufgeschnittenen z-Ebene holomorph. Für $|z| \to \infty$ soll $H(z)$ verschwinden. Ferner muß H_x auf dem Schnitt die durch den Strombelag erzeugte Unstetigkeit haben.

b) Diskutieren Sie qualitativ den Verlauf von $H_x(x,y)$ für $x = 0$.

6.4 Ein Panzergalvanometer wird durch eine eiserne Hohlkugel mit der relativen Permeabilität μ abgeschirmt. Der innere Radius der Hohlkugel ist a, der äußere b (s. Abb.6.12). Die Hohlkugel wird in ein vorher homogenes Magnetfeld

$$\bar{H}^{o} = H_z^{o}\bar{e}^{z}, \quad H_z^{(o)} = \text{const} > 0 \tag{1}$$

gebracht.

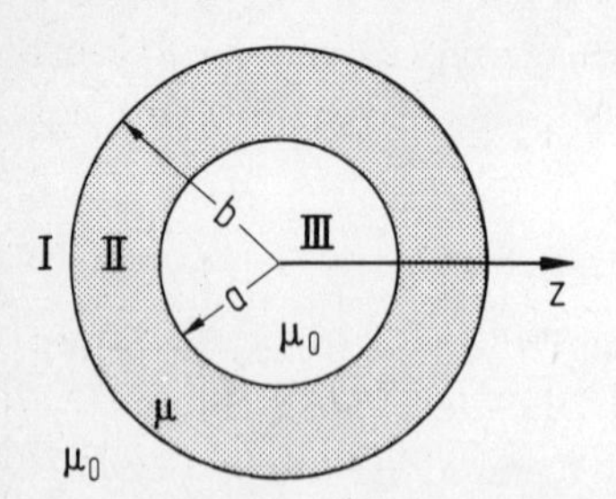

Abb.6.12

a) Berechnen Sie das skalare Potential V_m des magnetischen Feldes.

Hinweis: Lösen Sie die Differentialgleichung für V_m in sphärischen Polarkoordinaten (r,θ,φ) in den drei Raumgebieten der Abb.6.12 durch einen Ansatz von der Form

$$V_m(r,\theta,\varphi) = f(r)\cos\theta \ . \tag{2}$$

Für $r \to \infty$ muß V_m das konstante Feld (1) liefern. Auf den Grenzflächen gelten die Grenzbedingungen für $\bar{H}$ und $\bar{B}$, und für $r \to 0$ muß V_m regulär sein.

b) Bestimmen Sie die magnetische Feldstärke $\bar{H}^{(III)}$ im Bereich III und berechnen Sie das Abschirmverhältnis

$$\varkappa = \frac{\|\bar{H}^{(III)}\|}{\|\bar{H}^{(o)}\|} \ . \tag{2}$$

Untersuchen Sie die Grenzfälle $\mu = \mu_o$, $a = b$ sowie $\mu \gg 1$ und $b \gg a$.

6.5 Im Vakuum fließt der Strom I in einer kreisförmigen Leiterschleife vom Radius a. Die Schleife ist parallel zur Grenzfläche $z = 0$ eines Halbraumes mit der relativen Permeabilität μ im Abstand z_o (s. Abb.6.13).

a) Bestimmen Sie die Felder $\bar{B}$ und $\bar{H}$ auf der z-Achse durch einen geeigneten Spiegelungsansatz.

Hinweis: Gehen Sie von dem magnetischen Potential auf der Achse einer Leiterschleife im Vakuum aus (s. 6.2-29) und verfahren Sie im übrigen wie bei der Berechnung des elektrischen Potentials einer Punktladung vor einem dielektrischen Halbraum (s. Abschn. 4 .2).

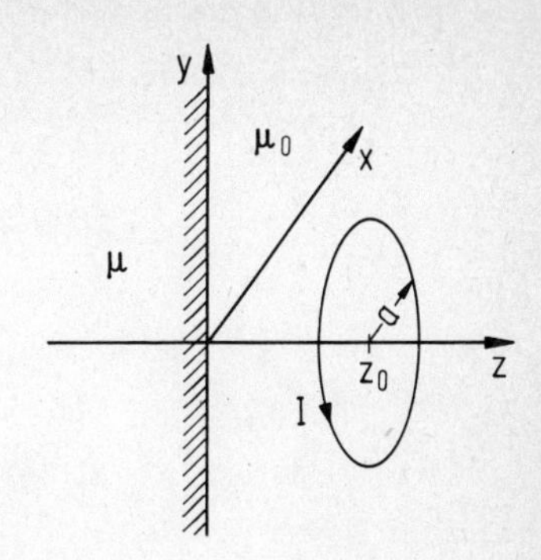

Abb.6.13

b) Berechnen Sie die Magnetisierung $\bar{m}$ und den Magnetisierungsstrombelag $\bar{K}_m$ in der Grenzfläche unter der Voraussetzung $z_o \gg a$. In welche Richtung fließt der Magnetisierungsstrom?

Hinweis: Im Halbraum $z < 0$ kann der Kreisstrom für $z_o \gg a$ durch einen mathematischen Dipol ersetzt werden.

7. Das elektromagnetische Feld

7.1. Die Maxwellschen Gleichungen

Die bisher behandelten, zeitlich unveränderlichen, elektrischen und magnetischen Felder sind voneinander unabhängig. Gemeinsam ist den Feldgleichungen

$$\bar{\nabla} \wedge \bar{E} = 0 \quad , \quad \bar{\nabla} \wedge \bar{D} = \rho \; , \tag{7.1-1a,b}$$

$$\bar{\nabla} \wedge \bar{B} = 0 \quad , \quad \bar{\nabla} \wedge \bar{H} = \bar{J} \tag{7.1-2a,b}$$

lediglich, daß in beiden Fällen Ladungen als Quellen auftreten. Ruhende Ladungen erzeugen das elektrische Feld (s. 7.1-1b), stationär bewegte Ladungen erzeugen das magnetische Feld (s. 7.1-2b). Zeitabhängige elektrische und magnetische Felder sind dagegen miteinander gekoppelt; wir sprechen daher vom elektromagnetischen Feld. Die Kopplung der Intensitätsgrößen $\bar{E}$ und $\bar{B}$ wurde 1831 von Faraday entdeckt und als Induktionsgesetz formuliert. 1864 ergänzte Maxwell die felderzeugende Stromverteilung in der Feldgleichung (7.1-2b) um den Verschiebungsstrom $\partial\bar{D}/\partial t$ und koppelte damit die Quantitätsgrößen $\bar{H}$ und $\bar{D}$. 1873 erschien Maxwells "Treatise", der die Feldgleichungen der Elektrodynamik in der Formulierung der Gibbsschen Vektoranalysis enthält.

Im Gegensatz zu unserem bisherigen Vorgehen, die Feldgleichungen durch Gedankenexperimente zu begründen, stellen wir sie hier an den Anfang unserer Überlegungen. Sie lauten in unserer Formulierung

$$\bar{\nabla} \wedge \bar{E} + \frac{\partial \bar{B}}{\partial t} = 0 \quad , \quad \bar{\nabla} \wedge \bar{D} = \rho \; , \tag{7.1-3a,b}$$

$$\bar{\nabla} \wedge \bar{B} = 0 \quad , \quad \bar{\nabla} \wedge \bar{H} = \bar{J} + \frac{\partial \bar{D}}{\partial t} \; . \tag{7.1-4a,b}$$

Der Satz von Stokes führt zu den entsprechenden integralen Feldgleichungen:

$$\int_{\partial F} \langle \bar{E}, d\vec{C} \rangle + \int_{F} \langle \frac{\partial \bar{B}}{\partial t}, d\vec{F} \rangle = 0 \; , \quad \int_{\partial K} \langle \bar{D}, d\vec{F} \rangle = \int_{K} \langle \rho, dK \rangle \; , \tag{7.1-5a,b}$$

$$\int_{\partial K} \langle \bar{B}, d\vec{F} \rangle = 0 \quad , \quad \int_{\partial F} \langle \bar{H}, d\vec{C} \rangle = \int_{F} \langle \bar{J} + \frac{\partial \bar{D}}{\partial t}, d\vec{F} \rangle \; . \tag{7.1-6a,b}$$

Hinzu treten die Materialgleichungen (s. 4.3-78 und 6.2-83)

$$\bar{D} = * \, \varepsilon_o \bar{E} + \bar{p} \, , \qquad \bar{H} = * \frac{1}{\mu_o} \bar{B} - \bar{m} \, , \qquad (7.1\text{-}7a,b)$$

die auch für zeitabhängige Felder gelten, denn im Rahmen der klassischen Physik besitzt das Vakuum keine Eigenschaften. Die Dipoldichten $\bar{p}$ und $\bar{m}$ können natürlich auch von der Zeit abhängen. Die Maxwellschen Gleichungen (7.1-3)-(7.1-7) bestimmen die Feldgrößen durch die Ladungsdichten $\rho, \bar{J}$ und die Dipoldichten $\bar{p}, \bar{m}$. Wir beschränken uns in diesem Kapitel meist auf homogene, isotrope Medien mit normaler Polarisierbarkeit und Magnetisierbarkeit, für die sich die Materialgleichungen zu (3.4-6) bzw. (5.4-11) vereinfachen:

$$\bar{D} = * \, \varepsilon\varepsilon_o \bar{E} \, , \qquad \bar{H} = * \frac{1}{\mu\mu_o} \bar{B} \, . \qquad (7.1\text{-}8a,b)$$

Strenggenommen gelten diese Gleichungen nur im Vakuum ($\varepsilon = \mu = 1$). Die Eigenschaften zeitabhängiger Materialgleichungen werden wir im Kapitel 8 genauer diskutieren, ebenfalls die Beziehung zwischen Stromverteilung und elektrischer Feldstärke in Leitern. Schließlich folgen nach dem Vorbild von Kapitel 3 und 5 aus der integralen Form der Feldgleichungen die Grenzbedingungen (s. 3.2-19 und 3.3-19 bzw. 5.2-20 und 5.3-17)

$$\langle \bar{E}, d\vec{C} \rangle_2 - \langle \bar{E}, d\vec{C} \rangle_1 = 0 \quad , \quad \langle \bar{D}, d\vec{F} \rangle_2 - \langle \bar{D}, d\vec{F} \rangle_1 = \langle \bar{\sigma}, d\vec{F} \rangle \, , \qquad (7.1\text{-}9a,b)$$

$$\langle \bar{B}, d\vec{F} \rangle_2 - \langle \bar{B}, d\vec{F} \rangle_1 = 0 \quad , \quad \langle \bar{H}, d\vec{C} \rangle_2 - \langle \bar{H}, d\vec{C} \rangle_1 = \langle \bar{K}, d\vec{C} \rangle \, , \qquad (7.1\text{-}10a,b)$$

bzw. die damit äquivalenten Beziehungen (3.4-9), (3.4-12) und (5.4-15), (5.4-17).

Zum Verständnis der Gleichung (7.1-5a) betrachten wir ein ruhendes Medium, in dem die Fläche F ruht. Für das zweite Glied schreiben wir mit (5.2-9)

$$\int_F \langle \frac{\partial \bar{B}}{\partial t}, d\vec{F} \rangle = \frac{d}{dt} \int_F \langle \bar{B}, d\vec{F} \rangle = \frac{d\Phi}{dt} \, . \qquad (7.1\text{-}11)$$

Im ersten Glied wird die elektrische Feldstärke über die geschlossene Kurve ∂F integriert. Im Gegensatz zur Elektrostatik verschwindet das Integral nicht, sondern liefert die sogenannte induzierte Spannung

$$\mathscr{E} := \int_{\partial F} \langle \bar{E}, d\vec{C} \rangle \, . \qquad (7.1\text{-}12)$$

In Abwesenheit von Ladungen sind die Feldlinien des elektrischen Feldes geschlossen. Die Feldgleichung (7.1-5a) besagt somit, daß die Abnahme des magnetischen Flusses Φ

durch eine Fläche F pro Zeiteinheit gleich der längs des Randes ∂F induzierten Spannung $\mathscr{E}$ ist:

$$\mathscr{E} = -\frac{d\Phi}{dt} . \tag{7.1-13}$$

Auf die Gestalt der Fläche kommt es wegen (7.1-6a) nicht an. Wird der Rand ∂F durch eine Leiterschleife materialisiert, so bewirkt die induzierte Spannung einen Ladungstransport im Leiter, der durch den fließenden Strom nachgewiesen werden kann. Die Faradayschen Gesetze haben gezeigt, daß das Induktionsgesetz (7.1-13) auch dann gilt, wenn die Änderung des magnetischen Flusses nicht durch ein zeitabhängiges Induktionsfeld $\bar{B}(\vec{x},t)$ sondern durch eine Bewegung der Fläche F in einem stationären Feld $\bar{B}(\vec{x})$ verursacht wird. Auf den letzteren Fall werden wir im Abschnitt 8.3 eingehen.

Die Feldgleichung für die Quantitätsgrößen (7.1-4b) bzw. (7.1-6b) sagt aus, daß bei zeitabhängigen Feldern der Leitungsstrom $\bar{J}$ durch den Verschiebungsstrom $\partial\bar{D}/\partial t$ ergänzt werden muß. Zur Veranschaulichung betrachten wir ein räumliches Gebiet K im Vakuum, das eine Platte eines geladenen Plattenkondensators enthält, der über einen Leiter L kurzgeschlossen wird (Abb.7.1). Nach dem Vorbild von Abschnitt 5.1.2. denken wir uns den Rand ∂K mit Probekondensatoren der Fläche $d\vec{F}$ belegt und messen den Kurzschlußstrom in allen Probekondensatoren in einem Zeitpunkt während des Ausgleichsvorgangs. Während im Leiter L ein Strom $\langle \bar{J}, d\vec{F} \rangle$ gemessen wird, finden wir im Vakuum einen Strom, der mit dem lokalen Ladungstransport $\langle \partial\bar{D}/\partial t, d\vec{F} \rangle$ beim Zusammenbrechen des Verschiebungsfeldes zu identifizieren ist. In realer Materie lassen sich Leitungsstrom und Verschiebungsstrom experimentell nicht trennen. Das Ergebnis des Experimentes,

$$\int_{\partial K} \langle \bar{J} + \frac{\partial \bar{D}}{\partial t}, d\vec{F} \rangle = 0 , \tag{7.1-14}$$

bestätigt die Feldgleichung (7.1-6b).

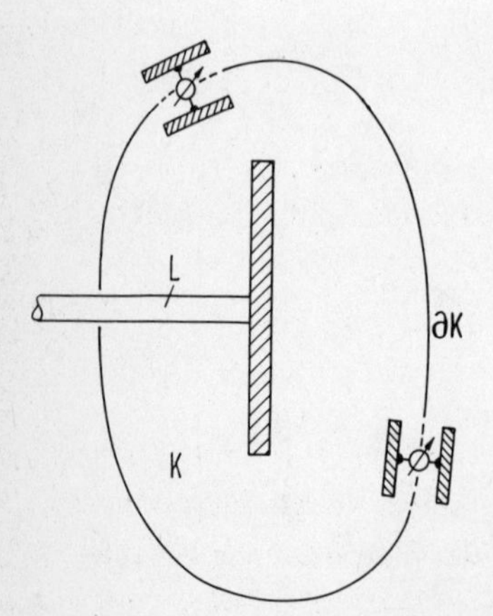

Abb.7.1

Aus (7.1-14) erhalten wir mit (7.1-5b)

$$\int_{\partial K} \langle \bar{J}, d\vec{F} \rangle = -\frac{d}{dt} \int_{\partial K} \langle \bar{D}, d\vec{F} \rangle = -\frac{d}{dt} \int_{K} \langle \rho, dK \rangle , \tag{7.1-15}$$

oder in differentieller Form

$$\bar{\nabla} \wedge \bar{J} + \frac{\partial \rho}{\partial t} = 0 . \tag{7.1-16}$$

Die Kontinuitätsgleichung (7.1-15) bzw. (7.1-16) drückt die Erhaltung der Ladung aus: Die Abnahme der in K eingeschlossenen Ladung pro Zeiteinheit ist gleich dem durch die Oberfläche ∂K fließenden Strom.

7.2. Die Energie des elektromagnetischen Feldes

7.2.1. Der Energiesatz und der Sommerfeldsche Eindeutigkeitsbeweis

Nach einer Grundannahme der Feldtheorie sind nicht wie in der Fernwirkungstheorie die Ladungen die Träger der Energie sondern das elektromagnetische Feld. Die Feldenergieverteilung läßt sich als additive Größe durch eine ungerade 3-Form u mit der Dimension

$$[u] = \left[\frac{\text{Wirkung}}{(\text{Länge})^3 (\text{Zeit})} \right] = \left[\frac{\text{Energie}}{(\text{Länge})^3} \right] \tag{7.2-1}$$

beschreiben, die dem orientierten Volumen $\vec{e}_1 \wedge \vec{e}_2 \wedge \vec{e}_3$ die Energie

$$\langle u, \vec{e}_1 \wedge \vec{e}_2 \wedge \vec{e}_3 \rangle = u_{123} \tag{7.2-2}$$

zuordnet. Der Energietransport wird ähnlich wie der Ladungstransport durch eine ungerade 2-Form $\bar{S}$ mit der Dimension

$$[\bar{S}] = \left[\frac{\text{Energie}}{(\text{Länge})^2 (\text{Zeit})} \right] \tag{7.2-3}$$

beschrieben. Die Erhaltung der Energie wird durch eine Kontinuitätsgleichung von der Form (7.1-16) ausgedrückt:

$$\bar{\nabla} \wedge \bar{S} + \frac{\partial u}{\partial t} = 0 \tag{7.2-4}$$

Um die Energiebilanz des durch die Maxwellschen Gleichungen (7.1-3)-(7.1-7) beschriebenen physikalischen Systems aufzustellen, überlegen wir zunächst, welche bilineare Wechselwirkung der Quellen $\rho, \bar{J}$ mit den Feldgrößen $\bar{E}, \bar{D}, \bar{B}, \bar{H}$ auf eine ungerade 3-Form führt, die die Dimension einer Leistungsdichte hat. Ein Blick auf die Dimensionen der Feldgrößen zeigt (s. 3.2-8, 3.3-4 und 5.1-5, 5.2-4, 5.3-3), daß $\bar{E} \wedge \bar{J}$ die einzige Größe mit dieser Eigenschaft ist:

$$[\bar{E} \wedge \bar{J}] = \left[\frac{\text{Wirkung}}{(\text{Ladung})(\text{Länge})(\text{Zeit})} \; \frac{\text{Ladung}}{(\text{Länge})^2(\text{Zeit})} \right] = \left[\frac{\text{Energie}}{(\text{Länge})^3(\text{Zeit})} \right] = 1 \, \frac{\text{V} \cdot \text{A}}{\text{m}^3} = 1 \, \frac{\text{W}}{\text{m}^3} \,, \tag{7.2-5}$$

wo Watt die Einheit der elektrischen Leistung ist:

$$1 \text{ W} = 1 \text{ V} \cdot 1 \text{ A} \,. \tag{7.2-6}$$

Wir bilden nun das äußere Produkt der Feldgleichung (7.1-4b) mit dem elektrischen Feld $\bar{E}$:

$$\bar{E} \wedge \frac{\partial \bar{D}}{\partial t} - \bar{E} \wedge \bar{\nabla} \wedge \bar{H} = - \bar{E} \wedge \bar{J} \tag{7.2-7}$$

und formen das Ergebnis mit Hilfe des äußeren Produktes von (7.1-3a) mit $\bar{H}$ um. Wir erhalten

$$\bar{E} \wedge \frac{\partial \bar{D}}{\partial t} + \bar{H} \wedge \frac{\partial \bar{B}}{\partial t} + \bar{\nabla} \wedge \bar{E} \wedge \bar{H} = - \bar{E} \wedge \bar{J} \,, \tag{7.2-8}$$

oder nach Integration über ein räumliches Feldgebiet K:

$$\int_K \langle \bar{E} \wedge \frac{\partial \bar{D}}{\partial t} + \bar{H} \wedge \frac{\partial \bar{B}}{\partial t}, dK \rangle + \int_{\partial K} \langle \bar{E} \wedge \bar{H}, d\vec{F} \rangle = - \int_K \langle \bar{E} \wedge \bar{J}, dK \rangle \,. \tag{7.2-9}$$

Nun gilt in einem homogenen Medium wegen des linearen Zusammenhangs der Feldgrößen $\bar{E}$ und $\bar{D}$ bzw. $\bar{B}$ und $\bar{H}$

$$\bar{E} \wedge \frac{\partial \bar{D}}{\partial t} = \frac{\partial \bar{E}}{\partial t} \wedge \bar{D} \quad , \qquad \bar{H} \wedge \frac{\partial \bar{B}}{\partial t} = \frac{\partial \bar{H}}{\partial t} \wedge \bar{B} \,, \tag{7.2-10a,b}$$

so daß wir den ersten Term von (7.2-9) in diesem Fall umformen können:

$$\int_K \langle \bar{E} \wedge \frac{\partial \bar{D}}{\partial t} + \bar{H} \wedge \frac{\partial \bar{B}}{\partial t}, dK \rangle = \frac{d}{dt} \frac{1}{2} \int_K \langle \bar{E} \wedge \bar{D} + \bar{H} \wedge \bar{B}, dK \rangle \,. \tag{7.2-11}$$

Die 3-Form

$$u := \frac{1}{2} (\bar{E} \wedge \bar{D} + \bar{H} \wedge \bar{B}) \tag{7.2-12}$$

hat die Dimension einer Energiedichte (s. 7.2-1):

$$[u] = 1 \, \frac{\text{V} \cdot \text{A} \cdot \text{s}}{\text{m}^3} = 1 \, \frac{\text{Joule}}{\text{m}^3} \,. \tag{7.2-13}$$

Sie ist ferner in einem homogenen Medium positiv definit und kann deshalb als Energiedichte des Feldes aufgefaßt werden. Aus (7.2-9) folgt dann, daß die im Gebiet K enthaltene Energie abnimmt, wenn

$$\int_K \langle \bar{E} \wedge \bar{J}, dK \rangle > 0 \quad \text{und (oder)} \quad \int_{\partial K} \langle \bar{E} \wedge \bar{H}, d\vec{F} \rangle > 0 \, .$$

Folglich ist $\bar{E} \wedge \bar{J}$ die pro Zeit- und Volumeneinheit an die Stromverteilung $\bar{J}$ abgegebene Energie und

$$\bar{S} := \bar{E} \wedge \bar{H} \tag{7.2-14}$$

die Energiestromdichte. Tatsächlich ist (7.2-14) eine ungerade 2-Form mit der Dimension (7.2-3):

$$[\bar{S}] = 1 \frac{V \cdot A}{m^2} = 1 \frac{W}{m^2} = 1 \frac{\text{Joule}}{m^2 s} \, . \tag{7.2-15}$$

Der zugeordnete Vektor $*\vec{S}$ wird Poyntingvektor genannt. Es ist zu beachten, daß durch den differentiellen Energiesatz (7.2-8):

$$\frac{\partial}{\partial t} \frac{1}{2} (\bar{E} \wedge \bar{D} + \bar{H} \wedge \bar{B}) + \bar{\nabla} \wedge \bar{E} \wedge \bar{H} = - \bar{E} \wedge \bar{J} \tag{7.2-16}$$

nur die äußere Ableitung von $\bar{S}$ festgelegt wird, d.h. die Definition (7.2-14) gilt modulo einer geschlossenen 2-Form. Ist der Energiestrom $\bar{S}$ eine geschlossene 2-Form, wie z.B. das äußere Produkt eines statischen elektrischen Feldes mit dem Feld eines permanenten Magneten, so liegt $\bar{S}$ in der Äquivalenzklasse Null.

Ist das Medium nicht homogen, besteht aber ein eindeutiger lokaler Zusammenhang zwischen $\bar{E}$ und $\bar{D}$ bzw. $\bar{B}$ und $\bar{H}$, so definieren wir die Energiedichte in Verallgemeinerung von (7.2-12) durch

$$u := \int_0^t \left(\bar{E} \wedge \frac{\partial D}{\partial \tau} + \bar{H} \wedge \frac{\partial B}{\partial \tau} \right) d\tau = \int_0^{\bar{D}} \bar{E} \wedge d\underset{\sim}{\bar{D}} + \int_0^{\bar{B}} \bar{H} \wedge d\underset{\sim}{\bar{B}} \, . \tag{7.2-17}$$

Dabei wird angenommen, daß der Raum im Zeitpunkt $t = 0$ feldfrei ist. Dann gilt auch in diesem Fall der Energiesatz in der differentiellen Form

$$\frac{\partial u}{\partial t} + \bar{\nabla} \wedge \bar{S} = - \bar{E} \wedge \bar{J} \, , \tag{7.2-18}$$

oder in der integralen Form

$$\frac{d}{dt} \int_K \langle u, dK \rangle + \int_{\partial K} \langle \bar{S}, d\vec{F} \rangle = - \int_K \langle \bar{E} \wedge \bar{J}, dK \rangle \, . \tag{7.2-19}$$

Wir haben bisher die Stromverteilung als gegebene Feldquelle und damit als inhomogenen Term in der Feldgleichung (7.1-4b) angesehen. In der Technik spricht man in diesem Fall von einer eingeprägten Stromverteilung. Handelt es sich nun um einen Leiter, so tritt neben die eingeprägte Stromdichte $\bar{J}^{(e)}$ noch eine Leiterstromdichte $\bar{J}^{(L)}$, die vom elektrischen Feld im Leiter abhängt. Die gesamte Stromdichte im Leiter ist die Summe von beiden:

$$\bar{J} = \bar{J}^{(e)} + \bar{J}^{(L)} . \tag{7.2-20}$$

Die Leistungsdichte

$$\bar{E} \wedge \bar{J}^{(L)}$$

beschreibt die Energiedissipation im Leiter. Sie ist positiv definit, da die Umwandlung von Feldenergie in Wärme nicht umkehrbar ist. Der differentielle Energiesatz lautet in diesem Fall

$$\frac{\partial u}{\partial t} + \bar{\nabla} \wedge \bar{S} = - \bar{E} \wedge \bar{J}^{(e)} - \bar{E} \wedge \bar{J}^{(L)} . \tag{7.2-21}$$

Im Nichtleiter bleibt die Energie in Abwesenheit von Feldquellen erhalten und (7.2-21) geht in die Kontinuitätsgleichung (7.2-4) über.

Der Energiesatz kann dazu dienen, die Eindeutigkeit der Lösung der Maxwellschen Gleichungen bei vorgegebenen Anfangs- und Randwerten zu beweisen.+) Voraussetzung ist, daß in dem betrachteten Medium lineare Materialgleichungen gelten. Der Einfachheit halber beschränken wir uns auf homogene und isotrope Medien mit Materialgleichungen vom Typ (7.1-8). Die Verallgemeinerung auf inhomogene und anisotrope Medien erfordert lediglich Schreibarbeit. Wir untersuchen nun die Lösung der Maxwellschen Gleichungen in einem beschränkten räumlichen Bereich K, in dem sich Materialien mit verschiedenen Konstanten ε und μ befinden. Auch leitende Materialien können zugelassen werden, wenn wir die Stromverteilung nach (7.2-20) aufspalten und annehmen, daß der Zusammenhang zwischen $\bar{J}^{(L)}$ und $\bar{E}$ ebenfalls linear ist. Mit Hilfe der Materialgleichungen (7.1-8) können wir zwei der Feldgrößen eliminieren, z.B. $\bar{D}$ und $\bar{B}$. Sind nun $\bar{E}_1, \bar{H}_1$ und $\bar{E}_2, \bar{H}_2$ zwei Lösungen der Maxwellschen Gleichungen in K mit den Feldquellen ρ und $\bar{J}^{(e)}$, die für $t = 0$ vorgegebene Anfangswerte annehmen, so genügen die Differenzfelder $\bar{E} = \bar{E}_1 - \bar{E}_2$ und $\bar{H} = \bar{H}_1 - \bar{H}_2$ den entsprechenden homogenen Feldgleichungen ohne Feldquellen und nehmen im Zeitpunkt $t = 0$ die Anfangswerte $\bar{E} = \bar{H} = 0$ an. Infolgedessen gilt für $\bar{E}$ und $\bar{H}$ der Energiesatz (7.2-21) mit $\bar{J}^{(e)} = 0$:

$$\frac{\partial u}{\partial t} + \bar{\nabla} \wedge \bar{S} = - \bar{E} \wedge \bar{J}^{(L)} . \tag{7.2-22}$$

+) s. A. Sommerfeld: Elektrodynamik (Akademische Verlagsanstalt, Leipzig 1964) § 5.

Wir integrieren nun (7.2-22) über den Bereich K

$$\frac{d}{dt}\int_K \langle u, dK\rangle + \int_K \langle \bar{\nabla} \wedge \bar{S}, dK\rangle = -\int_K \langle \bar{E} \wedge \bar{J}^{(L)}, dK\rangle . \tag{7.2-23}$$

Bevor der zweite Term mit dem Satz von Stokes umgeformt wird, ist zu untersuchen, ob die Grenzflächen zwischen verschiedenen Medien, auf denen ja die Normalkomponenten von $\bar{E}$ und $\bar{H}$ unstetig sind, einen Beitrag liefern. Ist $\vec{x}(u,v)$ eine Parameterdarstellung der Grenzfläche, so gilt

$$\langle \bar{S}, \frac{\partial \vec{x}}{\partial u} \wedge \frac{\partial \vec{x}}{\partial v}\rangle = \langle \bar{E} \wedge \bar{H}, \frac{\partial \vec{x}}{\partial u} \wedge \frac{\partial \vec{x}}{\partial v}\rangle = \langle \bar{E}, \frac{\partial \vec{x}}{\partial u}\rangle\langle \bar{H}, \frac{\partial \vec{x}}{\partial v}\rangle - \langle \bar{E}, \frac{\partial \vec{x}}{\partial v}\rangle\langle \bar{H}, \frac{\partial \vec{x}}{\partial u}\rangle . \tag{7.2-24}$$

Folglich treten nur die Tangentialkomponenten der Differenzfelder $\bar{E}$ und $\bar{H}$ auf, die nach (7.1-9a) und (7.1-10b) stetig sind. Damit ist auch die in der Fläche liegende Komponente von $\bar{S}$ stetig:

$$\langle \bar{S}, d\vec{F}\rangle_1 = \langle \bar{S}, d\vec{F}\rangle_2 . \quad F\text{: Grenzfläche zwischen verschiedenen Stoffen} .$$

Die Grenzfläche zu einem idealen Leiter liefert ebenfalls keinen Beitrag. Denn dort müssen die Tangentialkomponenten von $\bar{E}$ verschwinden (s. 3.2-23), und wegen (7.2-24) ist

$$\langle \bar{S}, d\vec{F}\rangle = 0 . \qquad F\text{: Grenzfläche zu einem idealen Leiter.}$$

Zu dem zweiten Term von (7.2-23) trägt also nur der Rand ∂K bei. Wir erhalten somit

$$\frac{d}{dt}\int_K \langle u, dK\rangle + \int_{\partial K} \langle \bar{S}, d\vec{F}\rangle = -\int_K \langle \bar{E} \wedge \bar{J}^{(L)}, dK\rangle . \tag{7.2-25}$$

Der Beitrag des Randintegrals verschwindet, wenn die Tangentialkomponenten von $\bar{E}_1, \bar{E}_2$ oder $\bar{H}_1, \bar{H}_2$ auf ∂K für $t \geqslant 0$ vorgegebene Randwerte annehmen, denn dann verschwinden die Tangentialkomponenten der Differenzfelder $\bar{E}, \bar{H}$ für $t \geqslant 0$ auf ∂K. Unter dieser Voraussetzung folgt aus (7.2-25) durch Integration über die Zeit

$$\int_K \langle u, dK\rangle\Big|_t - \int_K \langle u, dK\rangle\Big|_{t=0} = -\int_0^t d\tau \int_K \langle \bar{E} \wedge \bar{J}^{(L)}, dK\rangle . \tag{7.2-26}$$

Da die Felder $\bar{E}$ und $\bar{H}$ für $t = 0$ verschwinden, verschwindet auch der zweite Term auf der linken Seite von (7.2-26). Der erste Term ist positiv, die rechte Seite dagegen, wie oben erläutert, negativ. Folglich müssen beide Terme und damit auch die Differenzfelder $\bar{E}$ und $\bar{H}$ für $t \geq 0$ verschwinden. Das elektromagnetische Feld in K wird durch die Anfangswerte für $t = 0$ und durch die Werte der Tangentialkomponenten von $\bar{E}$ oder $\bar{H}$ für $t \geq 0$ auf dem Rande ∂K eindeutig bestimmt.

7.2.2. Die Energie in statischen und quasistatischen Feldern

Wir wenden den Energiesatz (7.2-18) zunächst auf statische elektrische Felder an. Da die einzigen Feldquellen ruhende Ladungen sind, existiert kein magnetisches Feld, und die Energiedichte hängt nicht von der Zeit ab. Die gesamte Energie des Feldes ist bei einer linearen Materialgleichung nach (7.2-12)

$$W_e := \int_{V^3} \langle u_e, dK \rangle = \frac{1}{2} \int_{V^3} \langle \bar{E} \wedge \bar{D}, dK \rangle , \tag{7.2-27}$$

bei nichtlinearer Materialgleichung nach (7.2-17)

$$W_e = \int_{V^3} \langle \int_0^{\bar{D}} \bar{E} \wedge d\underset{\sim}{\bar{D}}, dK \rangle . \tag{7.2-28}$$

Die gesamte Energie des Feldes kann in diesem Fall auch als Summe der potentiellen Energien geladener Volumenelemente aufgefaßt werden. Betrachten wir dazu das Feld einer auf ein beschränktes räumliches Gebiet K konzentrierten Ladungsverteilung ρ und einer auf ein Flächenstück F konzentrierten Flächenladung $\bar{\sigma}$ in einem Medium mit linearer Materialgleichung. Mit $E = - \bar{\nabla} V$ erhalten wir

$$\bar{E} \wedge \bar{D} = - \bar{\nabla} V \wedge \bar{D} = - \bar{\nabla} \wedge V \bar{D} + V \bar{\nabla} \wedge \bar{D} = - \bar{\nabla} \wedge V \bar{D} + V \rho , \tag{7.2-29}$$

so daß

$$W_e = \frac{1}{2} \int_{V^3} \langle V \rho, dK \rangle - \frac{1}{2} \int_{V^3} \langle \bar{\nabla} \wedge V \bar{D}, dK \rangle . \tag{7.2-30}$$

Das zweite Integral kann mit dem Satz von Stokes umgeformt werden. Ist Ω_R eine Kugel vom Radius R mit dem Mittelpunkt im Ursprung, so ist wegen $V\bar{D} = O(1/\|\vec{x}\|^3)$ für $\|\vec{x}\| \to \infty$ (s. 4.3-53)

$$\lim_{R \to \infty} \int_{\partial \Omega_R} \langle V \bar{D}, d\vec{F} \rangle = 0 . \tag{7.2-31}$$

Ferner gilt auf F

$$\langle \bar{D}, d\vec{F} \rangle_2 - \langle \bar{D}, d\vec{F} \rangle_1 = \langle \bar{\sigma}, d\vec{F} \rangle . \tag{7.2-32}$$

Die Flächennormale zeigt von 1 nach 2. Damit erhalten wir aus (7.2-30)

$$W_e = \frac{1}{2}\int_K \langle V\rho, dK\rangle + \frac{1}{2}\int_F \langle V\bar{\sigma}, d\vec{F}\rangle . \tag{7.2-33}$$

Wir wenden nun (7.2-33) an auf zwei räumliche Ladungsverteilungen ρ_1, ρ_2 mit den Trägern K_1 und K_2:

$$W_e = \frac{1}{2}\int_{K_1} \langle \rho_1 V, dK\rangle + \frac{1}{2}\int_{K_2} \langle \rho_2 V, dK\rangle . \tag{7.2-34}$$

Andererseits gilt für das Potential in einem homogenen isotropen Dielektrikum nach (4.1-28)

$$V(\vec{x}) = \frac{1}{4\pi\varepsilon\varepsilon_o}\int_{K_1} \frac{\langle \rho_1, dK\rangle}{\|\vec{x}-\vec{K}\|} + \frac{1}{4\pi\varepsilon\varepsilon_o}\int_{K_2} \frac{\langle \rho_2, dK\rangle}{\|\vec{x}-\vec{K}\|} . \tag{7.2-35}$$

Wir setzen das Potential in (7.2-34) ein und erhalten

$$W_e = \frac{1}{4\pi\varepsilon\varepsilon_o}\left[\frac{1}{2}\int_{K_1}\int_{K_1} \frac{\langle \rho_1, dK\rangle\langle \rho_1, dK'\rangle}{\|\vec{K}-\vec{K}'\|} + \right.$$
$$+\frac{1}{2}\int_{K_2}\int_{K_2} \frac{\langle \rho_2, dK\rangle\langle \rho_2, dK'\rangle}{\|\vec{K}-\vec{K}'\|} + \tag{7.2-36}$$
$$\left. + \int_{K_1}\int_{K_2} \frac{\langle \rho_1, dK\rangle\langle \rho_2, dK'\rangle}{\|\vec{K}-\vec{K}'\|}\right] .$$

Die beiden ersten Terme bezeichnet man als Selbstenergien der Ladungsverteilungen, während der letzte Term die Wechselwirkungsenergie ist. Im Falle von Punktladungen Q_1, Q_2 in $\vec{x}_1, \vec{x}_2$ divergieren die Selbstenergien, während die Wechselwirkungsenergie

$$W_{12} = \frac{1}{4\pi\varepsilon\varepsilon_o}\frac{Q_1 Q_2}{\|\vec{x}_1-\vec{x}_2\|} \tag{7.2-37}$$

die Coulombenergie liefert.

Als zweites Beispiel bestimmen wir die Feldenergie eines geladenen Leiters L in einem homogenen, isotropen Dielektrikum. Da der Innenraum des Leiters feldfrei ist, reduziert sich das Integral (7.2-27) auf

$$W_e = \frac{1}{2} \int_{V^3-L} \langle \bar{E} \wedge \bar{D}, dK \rangle \ . \tag{7.2-38}$$

Wir faktorisieren die Volumenelemente dK in der Form

$$dK = d\vec{C} \wedge d\vec{F} \ .$$

Nach den Regeln für innere Produkte (s. 1.2-47, 1.2-50) erhalten wir

$$\langle \bar{E} \wedge \bar{D}, dK \rangle = \langle \bar{D} \wedge \bar{E}, d\vec{C} \wedge d\vec{F} \rangle = \bar{D} \cdot [\bar{E} \cdot (d\vec{C} \wedge d\vec{F})] =$$

$$= \bar{D} \cdot [\langle \bar{E}, d\vec{C} \rangle d\vec{F} + d\vec{C} \wedge (\bar{E} \cdot d\vec{F})] \ . \tag{7.2-39}$$

Sei $d\vec{F}$ Element einer Feldfläche von $\bar{E}$ (s. 3.2-9):

$$\bar{E} \cdot d\vec{F} = 0 \quad \Leftrightarrow \quad \bar{E} \wedge * d\vec{F} = 0 \ , \qquad \text{(s. Abb.7.2)}. \tag{7.2-40}$$

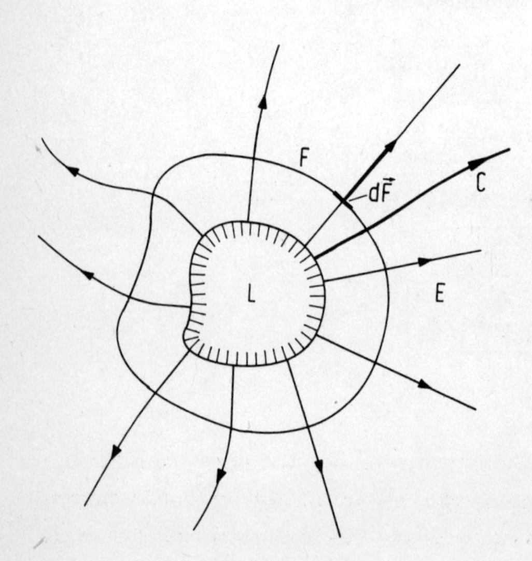

Abb.7.2

Der Normalvektor ist also parallel zum elektrischen Feldvektor. Da die Feldlinien zum Leiter konvergieren, lassen sich mit Flächenelementen (7.2-40) Hüllflächen bilden, die den Leiter einschließen. Mit Kurven C, die ähnlich wie die Feldlinien vom Leiter ins Unendliche divergieren, erhalten wir für (7.2-38)

$$W_e = \frac{1}{2} \int_{V^3-L} \langle \bar{E} \wedge \bar{D}, dK \rangle = \frac{1}{2} \int_C \langle \bar{E}, d\vec{C} \rangle \int_F \langle \bar{D}, d\vec{F} \rangle = \frac{1}{2} Q V \ . \tag{7.2-41}$$

V ist die Potentialdifferenz zwischen der Leiteroberfläche und dem Unendlichen. Die Kapazität C des Leiters können wir entweder über die Ladung oder, was für die Berechnung manchmal vorteilhaft ist, über die Feldenergie definieren

$$Q =: C\,V \quad , \qquad W_e =: \frac{1}{2} C\,V^2 \,. \tag{7.2-42}$$

Zum Beispiel ergibt sich für eine leitende Kugel vom Radius a mit den Feldgrößen (s. 3.4-38)

$$\bar{E} = \bar{e}^r\, V \frac{a}{r^2} \quad , \qquad *\bar{D} = \varepsilon\varepsilon_o \bar{E} = \varepsilon\varepsilon_o \bar{e}^r\, V \frac{a}{r^2}$$

die Feldenergie

$$\begin{aligned} W_e &= \frac{1}{2} \int\limits_{V^3-L} \langle \bar{E} \wedge \bar{D}, dK \rangle = \frac{1}{2} \int\limits_{V^3-L} \langle \vec{E} \,|\, *\vec{D} \rangle d\tau = \\ &= \frac{1}{2}\, 4\pi\varepsilon\varepsilon_o a^2 V^2 \int\limits_a^\infty \frac{dr}{r^2} = \frac{1}{2}\, 4\pi\varepsilon\varepsilon_o a\, V^2 \end{aligned} \tag{7.2-43}$$

und in Übereinstimmung mit (3.4-62) die Kapazität

$$C = 4\pi\varepsilon\varepsilon_o a \,. \tag{7.2-44}$$

Ähnliche Überlegungen kann man für quasistatische elektrische Felder anstellen, die sich so langsam mit der Zeit ändern, daß sie noch in guter Näherung durch die statischen Feldgleichungen

$$\bar{\nabla} \wedge \bar{E} \approx 0 \quad , \qquad \bar{\nabla} \wedge \bar{D} = \rho$$

beschrieben werden können. Diese Annahme ist mit den Maxwellschen Gleichungen (7.1-3), (7.1-4) verträglich, wenn die magnetischen Feldgrößen von höherer Ordnung sind in Bezug auf die Abhängigkeit von der Zeit. Das ist der Fall, wenn

$$\bar{J} + \frac{\partial \bar{D}}{\partial t} \approx 0 \,. \;^{+)} \tag{7.2-45}$$

Für die Änderung der Energiedichte mit der Zeit erhalten wir damit in quasistatischer Näherung nach (7.2-18)

$$\frac{\partial u}{\partial t} \approx \bar{E} \wedge \frac{\partial \bar{D}}{\partial t} \,. \tag{7.2-46}$$

+) vgl. Abschnitt 7.3.5, insbesondere die Beziehungen (7.3.180) bis (7.3.183).

Für das Feld des oben diskutierten geladenen Leiters ergibt sich z.B. mit der gleichen Parametrisierung der Volumenelemente

$$\frac{d}{dt} W_e(t) = \int\limits_{V^3-L} \langle \frac{\partial u}{\partial t}, dK \rangle = \int\limits_{V^3-L} \langle \bar{E} \wedge \frac{\partial \bar{D}}{\partial t}, d\vec{C} \wedge d\vec{F} \rangle = V(t) \frac{d\,Q(t)}{dt} . \tag{7.2-47}$$

$V(t)\,d\,Q(t)$ ist die Arbeit, die geleistet werden muß, um die Ladung $d\,Q(t)$ auf das Potential V zu bringen, also vom Unendlichen auf die Oberfläche des Leiters. Bei linearer Materialgleichung erhalten wir mit (7.2-10a) ebenso

$$\frac{d}{dt} W_e(t) = \int\limits_{V^3-L} \langle \frac{\partial \bar{E}}{\partial t} \wedge \bar{D}, d\vec{C} \wedge d\vec{F} \rangle = \frac{d\,V(t)}{dt} Q(t) , \tag{7.2-48}$$

so daß

$$\frac{d}{dt} W_e(t) = \frac{1}{2} \frac{d}{dt} V(t) Q(t) . \tag{7.2-49}$$

Ist der Raum im Zeitpunkt $t = 0$ feldfrei, also $W_e(0) = 0$ und $Q(0) = 0$, so stimmt die Energie im Zeitpunkt t in quasistatischer Näherung mit dem statischen Ausdruck (7.2-41) überein

$$W_e(t) = \frac{1}{2} Q(t) V(t) = \frac{1}{2} C\, V(t)^2 . \tag{7.2-50}$$

Als letztes Beispiel behandeln wir noch einmal das System von n Leitern L_i ($i = 1,\ldots,n$) mit den Ladungen Q_i und den Potentialkonstanten V_i aus dem Abschnitt 4.1.4. Abweichend von der früheren Voraussetzung lassen wir nun eine nichtlineare, eindeutige und lokale Materialgleichung zu, so daß

$$\bar{E} \wedge \frac{\partial \bar{D}}{\partial t} \neq \frac{\partial \bar{E}}{\partial t} \wedge \bar{D} .$$

Aus diesem Grunde ist es zweckmäßig, neben der Energiedichte (s. 7.2-17)

$$u_e = \int\limits_0^{\bar{D}} \bar{E} \wedge d\underset{\sim}{\bar{D}} \tag{7.2-51}$$

die Koenergiedichte

$$c_e := \int\limits_0^{\bar{E}} d\underset{\sim}{\bar{E}} \wedge \bar{D} \tag{7.2-52}$$

einzuführen. Die Maxwellschen Kapazitätskoeffizienten lassen sich in diesem Fall aus der Koenergie der Anordnung ableiten.

Wir berechnen zu diesem Zweck

$$dC_e := \int_{V^3 - \bigcup_{i=1}^{n} L_i} \langle d\bar{E} \wedge \bar{D}, dK \rangle \, . \qquad (7.2\text{-}53)$$

Mit der Umformung (7.2-29) und der asymptotischen Bedingung (7.2-31) erhalten wir in Abwesenheit einer räumlichen Ladungsverteilung

$$dC_e = \sum_{i=1}^{n} \int_{\partial L_i} \langle dV\, \bar{D}, d\vec{F} \rangle = \sum_{i=1}^{n} dV_i\, Q_i \, , \qquad (7.2\text{-}54)$$

so daß

$$Q_i = \frac{\partial C_e}{\partial V_i} \, , \qquad i = 1, \ldots, n \, . \qquad (7.2\text{-}55)$$

Die Maxwellschen Kapazitätskoeffizienten werden nun durch die zweiten Ableitungen der Koenergie nach den Potentialkonstanten definiert:

$$K_{ij} := \frac{\partial Q_i}{\partial V_j} = \frac{\partial^2 C_e}{\partial V_i \partial V_j} = \frac{\partial Q_j}{\partial V_i} = K_{ji} \, , \qquad i,j = 1, \ldots, n \, . \qquad (7.2\text{-}56)$$

Man vergleiche damit die Definition (4.1-60). Ebenso erhält man

$$dW_e = \int_{V^3 - \bigcup_{i=1}^{n} L_i} \langle \bar{E} \wedge d\bar{D}, dK \rangle = \sum_{i=1}^{n} \int_{\partial L_i} \langle V\, d\bar{D}, d\vec{F} \rangle = \sum_{i=1}^{n} V_i dQ_i \, , \qquad (7.2\text{-}57)$$

so daß

$$V_i = \frac{\partial W_e}{\partial Q_i} \, , \qquad i = 1, \ldots, n \, . \qquad (7.2\text{-}58)$$

Die zweiten Ableitungen sind die Verallgemeinerung der Potentialkoeffizienten (4.1-63)

$$H_{ij} := \frac{\partial V_i}{\partial Q_j} = \frac{\partial^2 W_e}{\partial Q_i \partial Q_j} = \frac{\partial V_j}{\partial Q_i} = H_{ji} \, , \qquad i,j = 1, \ldots, n \, . \qquad (7.2\text{-}59)$$

Bei linearer Materialgleichung ist

$$C_e = W_e = \frac{1}{2} \sum_{i=1}^{n} Q_i V_i \qquad (7.2\text{-}60)$$

eine Bilinearform der Ladungen und Potentiale und eine positiv definite, symmetrische Form in den Ladungen oder Potentialen:

$$W_e = \frac{1}{2} \sum_{i,j=1}^{n} K_{ij} V_i V_j = \frac{1}{2} \sum_{i,j=1}^{n} H_{ij} Q_i Q_j . \qquad (7.2\text{-}61)$$

Es ist klar, daß diese Ergebnisse auch in quasistatischer Näherung gelten.

7.2.3. Die Energie in stationären und quasistationären Feldern

Das magnetische Feld liefert zur Feldenergie bei linearer Materialgleichung den Beitrag (s. 7.2-12)

$$W_m := \frac{1}{2} \int_{V^3} \langle \bar{H} \wedge \bar{B}, dK \rangle \qquad (7.2\text{-}62)$$

und bei nichtlinearer Materialgleichung (s. 7.2-17)

$$W_m := \int_{V^3} \langle \int_0^{\bar{B}} \bar{H} \wedge d\underset{\sim}{\bar{B}}, dK \rangle . \qquad (7.2\text{-}63)$$

Der Energiesatz (7.2-18) zeigt, daß die magnetische Feldenergie nicht von der Zeit abhängt, wenn entweder das elektrische Feld im betrachteten Feldbereich K verschwindet oder für diesen Bereich die Bilanzgleichung

$$\frac{dW_e}{dt} + \int_{\partial K} \langle \bar{S}, d\vec{F} \rangle = - \int_K \langle \bar{E} \wedge \bar{J}, dK \rangle \qquad (7.2\text{-}64)$$

erfüllt ist. Abgesehen von dem trivialen Fall des Feldes einer permanenten Dipolverteilung kann der erste Fall noch durch einen Supraleiter realisiert werden, dessen Feld durch einen stationären Strombelag $\bar{K}$ auf dem Leiterrand erzeugt wird. Das elektrische Feld verschwindet im Supraleiter wie außerhalb des Supraleiters und wegen der Stetigkeit der Tangentialkomponenten auch auf dem Leiterrand, wo das magnetische Feld der Bedingung $\langle \bar{H}, d\bar{C} \rangle = \langle \bar{K}, d\vec{C} \rangle$ genügt. Es handelt sich hier um einen Grenzfall von (7.2-64), in dem der auf der rechten Seite aufgeführte Energieverlust im Leiter entfällt, so daß keine Energie zugeführt werden muß und der Energiestrom $\bar{S}$ verschwinden kann.

Um die Äquivalenz der verschiedenen Auffassungen der Energie zu zeigen, betrachten wir eine räumliche Stromverteilung mit beschränktem Träger K und einen auf ein Flächenstück F konzentrierten Strombelag $\bar{K}$. Mit $\bar{B} = \bar{\nabla} \wedge \bar{A}$ erhalten wir

$$\bar{H} \wedge \bar{B} = \bar{H} \wedge \bar{\nabla} \wedge \bar{A} = -\bar{\nabla} \wedge \bar{H} \wedge \bar{A} + (\bar{\nabla} \wedge \bar{H}) \wedge \bar{A} = -\bar{\nabla} \wedge \bar{H} \wedge \bar{A} + \bar{J} \wedge \bar{A} , \tag{7.2-65}$$

so daß

$$W_m = \frac{1}{2} \int_{V^3} \langle \bar{A} \wedge \bar{J}, dK \rangle - \frac{1}{2} \int_{V^3} \langle \bar{\nabla} \wedge \bar{H} \wedge \bar{A}, dK \rangle . \tag{7.2-66}$$

Das zweite Integral kann wieder mit dem Satz von Stokes umgeformt werden. In der Coulombeichung gilt (s. 6.2-53)

$$\bar{H} \wedge \bar{A} = O\left(\frac{1}{\|\vec{x}\|^5}\right) \text{ für } \|\vec{x}\| \to \infty \quad \Rightarrow \quad \lim_{R \to \infty} \int_{\partial\Omega_R} \langle \bar{H} \wedge \bar{A}, d\vec{F} \rangle = 0 , \tag{7.2-67}$$

mit der Bezeichnung von (7.2-31). Ferner gilt auf F

$$\langle \bar{H}, d\vec{C} \rangle_2 - \langle \bar{H}, d\vec{C} \rangle_1 = \langle \bar{K}, d\vec{C} \rangle . \tag{7.2-68}$$

Damit ergibt sich ähnlich wie (7.2-33)

$$W_m = \frac{1}{2} \int_K \langle \bar{A} \wedge \bar{J}, dK \rangle + \frac{1}{2} \int_F \langle \bar{K} \wedge \bar{A}, d\vec{F} \rangle . \tag{7.2-69}$$

Der elektrischen Energie zweier Ladungsverteilungen mit beschränkten Trägern entspricht die magnetische Energie zweier Stromverteilungen mit Trägern K_1 und K_2. Für diese Anordnung liefert (7.2-69)

$$\begin{aligned} W_m &= \frac{1}{2} \int_{K_1} \langle \bar{A} \wedge \bar{J}_1, dK \rangle + \frac{1}{2} \int_{K_2} \langle \bar{A} \wedge \bar{J}_2, dK \rangle = \\ &= \frac{1}{2} \int_{K_1} \langle \vec{A} | \bar{J}_1 \cdot dK \rangle + \frac{1}{2} \int_{K_2} \langle \vec{A} | \bar{J}_2 \cdot dK \rangle . \end{aligned} \tag{7.2-70}$$

Für ein homogenes isotropes Medium gibt (6.1-40) das Vektorpotential in der Coulombeichung:

$$\vec{A}(\vec{x}) = \frac{\mu\mu_o}{4\pi} \int_{K_1} \frac{\bar{J}_1 \cdot dK}{\|\vec{x} - \vec{K}\|} + \frac{\mu\mu_o}{4\pi} \int_{K_2} \frac{\bar{J}_2 \cdot dK}{\|\vec{x} - \vec{K}\|} . \tag{7.2-71}$$

Damit erhalten wir für die gesamte magnetische Energie der Anordnung

$$W_m = \frac{\mu\mu_o}{4\pi}\left[\frac{1}{2}\int\limits_{K_1}\int\limits_{K_1}\frac{\langle \bar{J}_1 \cdot dK | \bar{J}_1 \cdot dK'\rangle}{\|\vec{K} - \vec{K}'\|} + \frac{1}{2}\int\limits_{K_2}\int\limits_{K_2}\frac{\langle \bar{J}_2 \cdot dK | \bar{J}_2 \cdot dK'\rangle}{\|\vec{K} - \vec{K}'\|} + \int\limits_{K_1}\int\limits_{K_2}\frac{\langle \bar{J}_1 \cdot dK | \bar{J}_2 \cdot dK'\rangle}{\|\vec{K} - \vec{K}'\|}\right]. \tag{7.2-72}$$

Die ersten beiden Terme sind die Selbstenergien der Stromverteilungen, während der letzte Term die Wechselwirkungsenergie liefert. Führt man die Selbstinduktivitäten L_{11} und L_{22} nach (6.1-54) ein und die Gegeninduktivität L_{12} in entsprechender Verallgemeinerung von (6.1-48), so geht der Ausdruck (7.2-72) in eine positiv definite symmetrische Form über:

$$W_m = \frac{1}{2}\left(L_{11} I_1{}^2 + L_{22} I_2{}^2 + 2\, L_{12} I_1 I_2\right), \tag{7.2-73}$$

die als magnetisches Pendant von (7.2-61) anzusehen ist. Wie Punktladungen führen auch Diracströme (s. 6.1-32) zu divergenten Selbstenergien, während sich für die Wechselwirkungsenergie ergibt

$$W_{12} = \frac{\mu\mu_o}{4\pi} I_1 I_2 \int\limits_{C_1}\int\limits_{C_2}\frac{\langle d\vec{C}_1 | d\vec{C}_2\rangle}{\|\vec{C}_1 - \vec{C}_2\|} = L_{12} I_1 I_2 \,. \tag{7.2-74}$$

Damit ist der Zusammenhang mit der Definition der Gegeninduktivität (6.1-48) hergestellt.

Bislang haben wir zeitunabhängige magnetische Felder betrachtet, die von stationären Stromverteilungen erzeugt werden. Quasistationäre Felder ändern sich ähnlich wie quasistatische Felder so langsam mit der Zeit, daß sie näherungsweise den Feldgleichungen für zeitunabhängige Felder (s. 7.1-2a,b) genügen. Während jedoch quasistatische Prozesse von magnetischen Feldern höherer Ordnung begleitet werden, verlangt die Änderung der magnetischen Feldenergie im quasistationären Prozeß ein begleitendes elektrisches Feld 1. Ordnung, denn nach dem Induktionsgesetz (7.1-3a) darf wegen $\partial B/\partial t \neq 0$ auch $\bar{\nabla} \wedge \bar{E}$ nicht verschwinden.+) Das gilt auch dann, wenn die Ladungsverteilung verschwindet, also kein statisches bzw. quasistatisches elektrisches Feld vorhanden ist. In diesem Fall, auf den wir uns im folgenden beschränken, sind die elektrischen Feldlinien geschlossen. Aus dem Induktionsgesetz (7.1-3a) folgt nämlich mit $\bar{B} = \bar{\nabla} \wedge \bar{A}$

$$\bar{E} = -\frac{\partial \bar{A}}{\partial t} - \bar{\nabla} V \,, \tag{7.2-75}$$

+) vgl. Fußnote S. 279

wo $\bar{A}$ das in quasistationärer Näherung berechnete Vektorpotential, z.B. in der Coulombeichung, ist. In dieser Eichung wird das skalare Potential V allein durch die Ladungsverteilung bestimmt und verschwindet, falls keine Ladungen vorhanden sind. Daher gilt z.B. im Vakuum

$$\bar{D} = \varepsilon_o * \bar{E} = -\varepsilon_o * \frac{\partial \bar{A}}{\partial t} \quad \Rightarrow \quad \bar{\nabla} \wedge \bar{D} = 0 . \tag{7.2-76}$$

Untersuchen wir nun die Änderung der magnetischen Feldenergie einer Leiterschleife mit endlichem Querschnitt in einem quasistationären Prozeß. Aus dem differentiellen Energiesatz (s. 7.2-16) folgt mit $\partial\bar{D}/\partial t \approx 0$ (der Verschiebungsstrom ist nach (7.2-76) eine Größe zweiter Ordnung)

$$\bar{H} \wedge \frac{\partial \bar{B}}{\partial t} + \bar{\nabla} \wedge \bar{S} = -\bar{E} \wedge \bar{J} . \tag{7.2-77}$$

Durch Integration über den gesamten Raum erhalten wir

$$\frac{dW_m}{dt} = \int_{V^3} \langle \bar{H} \wedge \frac{\partial \bar{B}}{\partial t}, dK \rangle = -\int_{V^3} \langle \bar{E} \wedge \bar{J}, dK \rangle , \tag{7.2-78}$$

denn auch für quasistationäre Felder gilt

$$\lim_{R \to \infty} \int_{\partial \Omega_R} \langle \bar{S}, d\vec{F} \rangle = 0 , \tag{7.2-79}$$

weil $\bar{S} = O(\|\vec{x}\|^{-5})$ für $\|\vec{x}\| \to \infty$. Das Integral des letzten Terms von (7.2-78) reduziert sich auf ein Integral über den Träger der Stromverteilung, in unserem Fall also die Leiterschleife L. Da die elektrischen Feldlinien in der Leiterschleife geschlossen sind, können wir die Volumenelemente $dK = d\vec{C} \wedge d\vec{F}$ in quasistationärer Näherung so parametrisieren, daß

$$\langle \bar{E} \wedge \bar{J}, dK \rangle = \langle \bar{E}, d\vec{C} \rangle \langle \bar{J}, d\vec{F} \rangle . \tag{7.2-80}$$

Das erfordert entweder $\bar{E} \cdot d\vec{F} = 0$ oder $\bar{J} \cdot d\vec{C} = 0$ (Stromlinien). In jedem Fall erhalten wir aus (7.2-78)

$$\frac{dW_m}{dt} = -\int_L \langle \bar{E} \wedge \bar{J}, dK \rangle = -\int_{Q_L} \langle \bar{J}, d\vec{F} \rangle \int_{C_L} \langle \bar{E}, d\vec{C} \rangle , \tag{7.2-81}$$

wo Q_L der Leiterquerschnitt ist. Die Kurven $C_L = \partial F_L$ sind geschlossen und durch die Anfangspunkte in einem Leiterquerschnitt parametrisiert (s. Abb.7.3). Die Kurvenintegrale lassen sich mit der integralen Form (7.1-5a) des Induktionsgesetzes umschreiben:

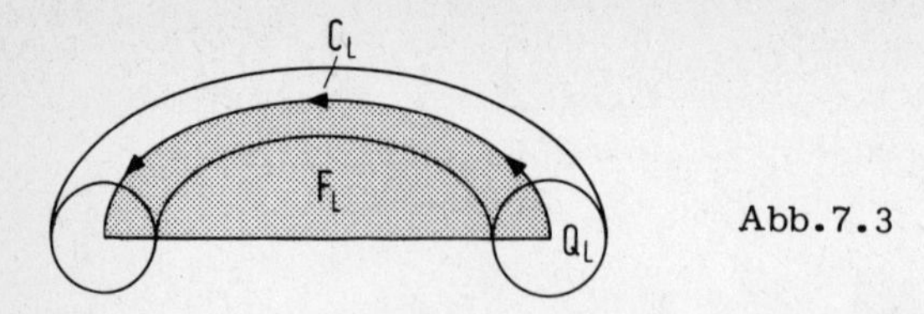

Abb.7.3

$$\int\limits_{\partial F_L} \langle \bar{E}, d\vec{C} \rangle = - \int\limits_{F_L} \langle \frac{\partial \bar{B}}{\partial t}, d\vec{F} \rangle = - \frac{d}{dt} \int\limits_{F_L} \langle \bar{B}, d\vec{F} \rangle = - \frac{d\Phi}{dt} , \tag{7.2-82}$$

wo Φ der magnetische Fluß durch eine von $C_L = \partial F_L$ berandete Fläche F_L ist. Verwenden wir noch den Begriff der Flußverkettung (s. 6.1-51)

$$I\Psi := \int\limits_{Q_L} \Phi \, dI = \int\limits_{Q_L} \Phi \langle \bar{J}, d\vec{F} \rangle ,$$

so geht (7.2-81) über in

$$\frac{dW_m}{dt} = I \frac{d\Psi}{dt} , \tag{7.2-83}$$

eine Beziehung von ähnlicher Struktur wie (7.2-48).

Ist die Materialgleichung linear, so gilt wegen

$$\bar{H} \wedge \frac{\partial \bar{B}}{\partial t} = \frac{\partial \bar{H}}{\partial t} \wedge \bar{B} \tag{7.2-84}$$

auch

$$I \frac{d\Psi}{dt} = \frac{dI}{dt} \Psi \tag{7.2-85}$$

und damit

$$\frac{dW_m}{dt} = \frac{1}{2} \frac{d}{dt} I \Psi . \tag{7.2-86}$$

Ein quasistationär erzeugtes magnetisches Feld besitzt im Zeitpunkt t die Energie

$$W_m(t) = \frac{1}{2} I(t)\Psi(t) =: \frac{1}{2} L \, I^2(t) , \tag{7.2-87}$$

falls im Zeitpunkt $t = 0$ kein Feld vorhanden ist und kein Strom fließt. Wie die Kapazität läßt sich auch die Selbstinduktivität L über die Feldenergie definieren, z.B. kann die innere Selbstinduktivität für ein Stück der Länge ℓ eines geraden zylindrischen Leiters L vom Radius a einfacher nach (7.2-87) bestimmt werden als nach (6.1-64). Mit der magnetischen Feldstärke im Leiter

$$\bar{H} = \frac{I}{4\pi}\left(\frac{\rho}{a}\right)^2 \bar{e}^{\varphi} \,, \qquad 0 \leqslant \rho \leqslant a \,, \tag{7.2-88}$$

erhalten wir

$$W_m^{(i)} = \frac{1}{2}\int_L \langle \bar{H} \wedge \bar{B}, dK\rangle = \frac{1}{2}\int_L \langle \bar{H} | * \bar{B}\rangle d\tau =$$

$$= \frac{1}{2}\frac{I^2 \mu\mu_o}{2\pi a^4}\int_0^{\ell} dz \int_0^a \rho^3 d\rho = \frac{1}{2}\frac{\mu\mu_o \ell}{8\pi} I^2 = : \frac{1}{2} L^{(i)} I^2 \tag{7.2-89}$$

$$\Rightarrow \quad L^{(i)} = \frac{\mu\mu_o \ell}{8\pi} \,.$$

Wie man im Fall einer nichtlinearen, aber eindeutigen Materialgleichung vorgeht, erläutern wir am Beispiel des Systems von n materiellen Leiterschleifen, das wir bereits im Abschnitt 6.1.3 behandelt haben. Da (7.2-84) nicht gilt, definieren wir neben der magnetischen Energie

$$W_m = \int_{V^3} \langle \int_0^{\bar{B}} \bar{H} \wedge d\underset{\sim}{\bar{B}}, dK\rangle \tag{7.2-90}$$

die magnetische Koenergie

$$C_m : = \int_{V^3} \langle \int_0^{\bar{H}} d\underset{\sim}{\bar{H}} \wedge \bar{B}, dK\rangle \,. \tag{7.2-91}$$

Die zeitliche Ableitung der Koenergie

$$\frac{dC_m}{dt} = \int_{V^3} \langle \frac{\partial \bar{H}}{\partial t} \wedge \bar{B}, dK\rangle \tag{7.2-92}$$

läßt sich mit Hilfe des Vektorpotentials und der quasistationären Feldgleichung $\bar{\nabla} \wedge \bar{H} = \bar{J}$ umformen:

$$\frac{\partial \bar{H}}{\partial t} \wedge \bar{B} = \bar{\nabla} \wedge \bar{A} \wedge \frac{\partial \bar{H}}{\partial t} + \bar{A} \wedge \frac{\partial \bar{J}}{\partial t} \,, \tag{7.2-93}$$

$$\frac{dC_m}{dt} = \int_{V^3} \langle \bar{A} \wedge \frac{\partial \bar{J}}{\partial t}, dK\rangle + \int_{V^3} \langle \bar{\nabla} \wedge \bar{A} \wedge \frac{\partial \bar{H}}{\partial t}, dK\rangle \,. \tag{7.2-94}$$

Wiederum gilt

$$\lim_{R \to \infty} \int_{\partial \Omega_R} \langle \bar{A} \wedge \frac{\partial \bar{H}}{\partial t}, d\vec{F}\rangle = 0 \,,$$

so daß das zweite Integral in (7.2-94) keinen Beitrag liefert, falls die Tangentialkomponenten von $\bar{A}$ und $\partial\bar{H}/\partial t$ auf den Leiteroberflächen ∂L_i $(i = 1,\ldots,n)$ stetig sind, die Leiteroberflächen also keinen Strombelag tragen. Unter dieser Voraussetzung bleibt auf der rechten Seite von (7.2-94) nur der erste Term. Er spaltet in eine Summe über die stromführenden Leiter auf:

$$\frac{dC_m}{dt} = \sum_{i=1}^{n} \int_{L_i} \langle \bar{A} \wedge \frac{\partial \bar{J}}{\partial t}, dK \rangle = \sum_{i=1}^{n} \int_{Q_{L_i}} \langle \frac{\partial \bar{J}}{\partial t}, d\vec{F} \rangle \int_{C_{L_i}} \langle \bar{A}, d\vec{C} \rangle \,. \tag{7.2-95}$$

Auch hier erfüllt die Parametrisierung $dK = d\vec{F} \wedge d\vec{C}$ eine der beiden Bedingungen $\partial\bar{J}/\partial t \cdot d\vec{C} = 0$ oder $\bar{A} \cdot d\vec{F} = 0$. Um (7.2-95) zu vereinfachen, formen wir die Kurvenintegrale mit dem Stokesschen Satz um und verallgemeinern die Definition der Flußverkettung (s. 6.1-51) in quasistationärer Näherung auf zeitliche Ableitungen:

$$\int_{Q_{L_i}} \langle \frac{\partial \bar{J}}{\partial t}, d\vec{F} \rangle \int_{C_{L_i}} \langle \bar{A}, d\vec{C} \rangle = \int_{Q_{L_i}} d\dot{I}_i \, \Phi_i =: \Psi_i \frac{dI_i}{dt} \,, \qquad i = 1,\ldots,n, \tag{7.2-96}$$

wo $\dot{I} = dI/dt$. Wir erhalten dann

$$\frac{dC_m}{dt} = \sum_{i=1}^{n} \Psi_i \frac{dI_i}{dt} \quad \Rightarrow \quad \frac{\partial C_m}{\partial I_i} = \Psi_i \,, \qquad i = 1,\ldots,n \,. \tag{7.2-97}$$

Es liegt nahe, die Induktionskoeffizienten durch die zweiten Ableitungen zu definieren:

$$L_{ij} := \frac{\partial \Psi_i}{\partial I_j} = \frac{\partial^2 C_m}{\partial I_i \partial I_j} = \frac{\partial \Psi_j}{\partial I_i} = L_{ji} \,, \qquad i,j = 1,\ldots,n \,. \tag{7.2-98}$$

Bei einer linearen Materialgleichung stimmt diese Definition mit der im Abschnitt 6.1.3 gegebenen überein. Darüber hinaus folgt mit

$$\frac{dW_m}{dt} = \sum_{i=1}^{n} \frac{d\Psi_i}{dt} I_i \,,$$

daß die Feldenergie eine symmetrische, positiv definite Form in den Strömen ist:

$$C_m = W_m = \frac{1}{2} \sum_{i=1}^{n} \Psi_i I_i = \frac{1}{2} \sum_{i,j=1}^{n} L_{ij} I_i I_j \,. \tag{7.2-99}$$

Die Ähnlichkeit mit der elektrischen Energie eines quasistatischen Feldes (s. 7.2-61) ist evident.

7.3. Elektromagnetische Wellen

7.3.1. Ebene Wellen

Die Maxwellschen Gleichungen beschreiben den Zusammenhang zwischen den elektromagnetischen Feldgrößen und den Ladungsträgern, die als Quellen des Feldes auftreten. In den meisten Fällen sind die Ladungsträger auf beschränkte räumliche Bereiche konzentriert, so daß außerhalb dieser Bereiche die homogenen Maxwellschen Gleichungen (s. 7.1-3a)-(7.1-4b)

$$\bar{\nabla} \wedge \bar{D} = 0 \quad (7.3\text{-}1a)\,, \qquad \bar{\nabla} \wedge \bar{E} + \frac{\partial \bar{B}}{\partial t} = 0\,, \quad (7.3\text{-}1b)$$

$$\bar{\nabla} \wedge \bar{H} - \frac{\partial \bar{D}}{\partial t} = 0 \quad (7.3\text{-}2a)\,, \qquad \bar{\nabla} \wedge \bar{B} = 0 \quad (7.3\text{-}2b)$$

gelten. Hinzu treten die Materialgleichungen im quellfreien Raum, den wir der Einfachheit halber als homogen und isotrop annehmen. Wir beschränken uns auf den linearen Bereich mit Materialgleichungen vom Typ (7.1-8a,b)

$$\bar{D} = * \,\varepsilon\varepsilon_o \bar{E} \quad (7.3\text{-}3a)\,, \qquad \bar{H} = * \frac{1}{\mu\mu_o} \bar{B}\,. \quad (7.3\text{-}3b)$$

Wie bereits früher bemerkt, sollen die Materialkonstanten ε und μ zunächst als zeitunabhängig angesehen werden. Bevor wir uns mit der Lösung der inhomogenen Maxwellschen Gleichungen befassen, wollen wir die Lösungen der homogenen Gleichungen (7.3-1a)-(7.3-3b) untersuchen. Da die Gleichungen linear sind, gehen wir von speziellen Lösungen aus, um dann durch Superposition zur allgemeinen Lösung zu gelangen.

Mit Hilfe der Materialgleichungen (7.3-3a,b) lassen sich zwei der Feldgrößen, z.B. $\bar{D}$ und $\bar{B}$, aus den Differentialgleichungen (7.3-1a)-(7.3-2b) eliminieren:

$$\bar{\nabla} \wedge * \bar{E} = 0 \;\Leftrightarrow\; \bar{\nabla} \cdot \bar{E} = 0 \quad (7.3\text{-}4a)\,, \qquad \bar{\nabla} \wedge \bar{E} + * \,\mu\mu_o \frac{\partial \bar{H}}{\partial t} = 0\,, \quad (7.3\text{-}4b)$$

$$\bar{\nabla} \wedge \bar{H} - * \,\varepsilon\varepsilon_o \frac{\partial \bar{E}}{\partial t} = 0 \quad (7.3\text{-}5a)\,, \qquad \bar{\nabla} \wedge * \bar{H} = 0 \;\Leftrightarrow\; \bar{\nabla} \cdot \bar{H} = 0. \quad (7.3\text{-}5b)$$

Diese Gleichungen sind ein System von homogenen, linearen partiellen Differentialgleichungen 1. Ordnung mit konstanten Koeffizienten für die beiden 1-Formen $\bar{E}$ und $\bar{H}$. Bevor wir Lösungen des Systems aufsuchen, zeigen wir, daß die 1-Formen $\bar{E}$ und $\bar{H}$ notwendig einer linearen partiellen Differentialgleichung 2. Ordnung genügen müssen. Um z.B. die Gleichung für $\bar{E}$ zu erhalten, wenden wir auf (7.3-4b) den $*$-Operator an und bilden die äußere Ableitung:

$$\bar{\nabla} \wedge * (\bar{\nabla} \wedge \bar{E}) + \mu\mu_o \bar{\nabla} \wedge \frac{\partial \bar{H}}{\partial t} = 0\,.$$

Das magnetische Feld $\bar{H}$ läßt sich mit (7.3-5a) eliminieren, wenn man nach der Zeit differenziert. Das Ergebnis lautet

$$\varepsilon\varepsilon_o \mu\mu_o \frac{\partial^2 \bar{E}}{\partial t^2} + * [\bar{\nabla} \wedge * (\bar{\nabla} \wedge \bar{E})] = 0\,.$$

Wir benutzen (2.3-29), beachten die Feldgleichung (7.3-4a):

$$*[\bar{\nabla} \wedge *(\bar{\nabla} \wedge \bar{E})] = \bar{\nabla} \cdot (\bar{\nabla} \wedge \bar{E}) = \bar{\nabla}(\bar{\nabla} \cdot \bar{E}) - \Delta \bar{E} = -\Delta \bar{E}$$

und erhalten schließlich

$$\varepsilon\varepsilon_o \mu\mu_o \frac{\partial^2 \bar{E}}{\partial t^2} - \Delta \bar{E} = 0 \,. \tag{7.3-6a}$$

Ähnlich ergibt sich

$$\varepsilon\varepsilon_o \mu\mu_o \frac{\partial^2 \bar{H}}{\partial t^2} - \Delta \bar{H} = 0 \,. \tag{7.3-6b}$$

Wir betonen, daß die Differentialgleichungen (7.3-6a,b) koordinatenfrei sind. In einem bestimmten Koordinatensystem sind die Formen $\bar{E}$ und $\bar{H}$ bzgl. der Basis im Kotangentenraum darzustellen und der Laplaceoperator Δ ist nach (2.3-31) zu berechnen.

In kartesischen Koordinaten genügt jede Komponente ϕ von $\bar{E}$ und $\bar{H}$ der Differentialgleichung

$$\frac{1}{u^2} \frac{\partial^2 \phi}{\partial t^2} - \sum_{i=1}^{3} \frac{\partial^2 \phi}{(\partial x^i)^2} = 0 \,. \tag{7.3-7}$$

Die Konstante

$$u := \frac{1}{\sqrt{\varepsilon\varepsilon_o \mu\mu_o}} \,, \qquad [u] = \left[\frac{\text{Länge}}{\text{Zeit}}\right] \tag{7.3-8}$$

hat nach (5.4-3) und (3.4-2) die Dimension einer Geschwindigkeit. Um ihre Bedeutung zu klären, suchen wir zunächst Lösungen von (7.3-7), die nur von einer Ortskoordinate x und der Zeit t abhängen. Statt x und t benutzen wir die Koordinaten

$$\xi := x - ut \,, \qquad \eta := x + ut \,, \tag{7.3-9}$$

in denen die Differentialgleichung (7.3-7) die einfache Form

$$\frac{\partial^2 \phi}{\partial \xi \, \partial \eta} = 0 \tag{7.3-10}$$

annimmt. Die allgemeine Lösung lautet

$$\phi(\xi, \eta) = f(\xi) + g(\eta) = f(x - ut) + g(x + ut) \,, \tag{7.3-11}$$

wo f und g beliebige differenzierbare Funktionen einer Variablen sind. Abbildung 7.4 zeigt die räumlichen Graphen der Funktion $f(x - ut)$ in zwei verschiedenen Zeitpunkten $t_2 > t_1$. Man sieht, daß der Graph $f(x - ut_2)$ durch eine Verschiebung um $u(t_2 - t_1)$ in Richtung der positiven x-Achse aus dem Graphen $f(x - ut_1)$ hervorgeht, d.h. er bewegt sich mit der Geschwindigkeit u in Richtung der positiven x-Achse. Mit der gleichen Geschwindigkeit bewegt sich $g(x + ut)$ in Richtung der negativen x-Achse.

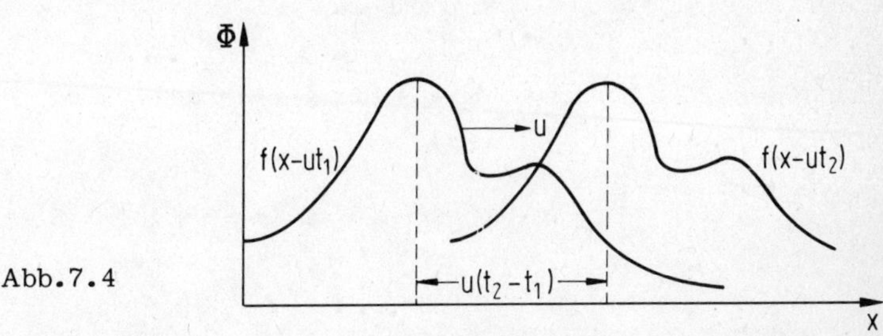

Abb.7.4

Eine Lösung von (7.3-7), die in diesem Sinn als Bewegung einer räumlichen Verteilung aufgefaßt werden kann, nennt man eine Welle. Wellen werden durch Funktionen

$$\Phi(x,t) = F[\varphi(x,t)] \tag{7.3-12}$$

beschrieben, die in beliebiger Weise von einer Phasenfunktion φ abhängen. Die Funktion F nennt man das Wellenprofil oder die Wellenform. Flächen konstanter Phase bewegen sich mit der Phasengeschwindigkeit

$$\frac{d\varphi}{dt} = \frac{\partial\varphi}{\partial x}\frac{dx}{dt} + \frac{\partial\varphi}{\partial t} = 0 \quad \Rightarrow \quad \frac{dx}{dt} = -\frac{\partial\varphi}{\partial t}\Big/\frac{\partial\varphi}{\partial x} . \tag{7.3-13}$$

Die Lösung (7.3-11) ist eine Überlagerung von zwei Wellen mit den Phasen

$$\varphi_\pm(x,t) = x \mp ut , \tag{7.3-14}$$

und den Phasengeschwindigkeiten

$$\left(\frac{dx}{dt}\right)_\pm = \pm u . \tag{7.3-15}$$

Damit ist die physikalische Bedeutung der Konstanten u in der Differentialgleichung (7.3-7), die man auch Wellengleichung nennt, geklärt. Die Phasengeschwindigkeit im Vakuum ist als absolute Naturkonstante aufzufassen. In Übereinstimmung mit (3.4-2) und (5.4-8b) hat sie den Wert

$$c := \frac{1}{\sqrt{\varepsilon_o\mu_o}} = 2,99792458 \cdot 10^8 \, \frac{m}{s} . \tag{7.3-15}$$

c wird als Lichtgeschwindigkeit bezeichnet.

Die allgemeine Lösung (7.3-11) der Wellengleichung in einer Raumdimension gestattet auch die Lösung des Cauchyschen Anfangswertproblems, bei dem die Werte von Φ und der zeitlichen Ableitung $\partial\Phi/\partial t$ in einem bestimmten Zeitpunkt, z.B. $t = 0$, vorgegeben sind. Für die Anfangswerte F und G sind die Bedingungen

$$\Phi(x,0) = F(x) = f(x) + g(x) \tag{7.3-17a}$$

$$\frac{\partial\Phi}{\partial t}(x,0) = G(x) = u[g'(x) - f'(x)] \tag{7.3-17b}$$

zu erfüllen. Man berechnet daraus ohne Schwierigkeit f und g und erhält die Lösung

$$\Phi(x,t) = \frac{1}{2}[F(x + ut) + F(x - ut)] + \frac{1}{2u} \int_{x-ut}^{x+ut} G(\xi)d\xi \; . \tag{7.3-18}$$

Wir können die Funktionen (7.3-11) auch als spezielle Lösungen der Wellengleichung (7.3-7) in drei Raumdimensionen auffassen. Sie sind dadurch charakterisiert, daß die Flächen konstanter Phase Ebenen $x = \text{const}$ sind. Man spricht deshalb von ebenen Wellen. Die Phasengeschwindigkeit einer ebenen Welle steht senkrecht auf den Phasenebenen und hat den Betrag u. Zum Beispiel beschreibt die Phasenfunktion

$$\varphi(\vec{x},t) = \vec{n}\cdot\vec{x} - ut \tag{7.3-19}$$

eine ebene Welle, die sich in Richtung des Einheitsvektors $\vec{n}$ ($\|\vec{n}\| = 1$) ausbreitet. Wir versuchen nun die Maxwellschen Gleichungen (7.3-4a-5b) durch ebene Wellen von diesem Typ zu lösen. Der Ansatz

$$\bar{E}(\vec{x},t) = \bar{E}[\varphi(\vec{x},t)] = \bar{E}(\vec{n}\cdot\vec{x} - ct) \; , \tag{7.3-20a}$$

$$\bar{H}(\vec{x},t) = \bar{H}[\varphi(\vec{x},t)] = \bar{H}(\vec{n}\cdot\vec{x} - ct) \tag{7.3-20b}$$

erfüllt zunächst die Wellengleichungen (7.3-6a) bzw. (7.3-6b) in kartesischen Koordinaten. Der Einfachheit halber behandeln wir zunächst ebene Wellen im Vakuum ($u = c$). Da die Wellengleichungen nur notwendige Bedingungen für $\bar{E}$ und $\bar{H}$ sind, gehen wir mit dem Ansatz (7.3-20a,b) in die Maxwellschen Gleichungen ein, die wir zweckmäßigerweise als Differentialgleichungen für die zugeordneten Vektorfelder auffassen. Aus (7.3-4a) bzw. (7.3-5b) folgt:

$$\vec{\nabla}\cdot\vec{E} = 0 \;\Rightarrow\; \vec{\nabla}\varphi\cdot\frac{d\vec{E}}{d\varphi} = 0 \;\Rightarrow\; \frac{d}{d\varphi}\vec{n}\cdot\vec{E} = 0 \;\Rightarrow\; \vec{n}\cdot\vec{E} = \text{const}, \tag{7.3-21a}$$

$$\vec{\nabla}\cdot\vec{H} = 0 \;\Rightarrow\; \vec{\nabla}\varphi\cdot\frac{d\vec{H}}{d\varphi} = 0 \;\Rightarrow\; \frac{d}{d\varphi}\vec{n}\cdot\vec{H} = 0 \;\Rightarrow\; \vec{n}\cdot\vec{H} = \text{const}. \tag{7.3-21b}$$

Die Komponenten von $\vec{E}$ und $\vec{H}$ in Richtung von $\vec{n}$ müssen Konstante sein. Sie nehmen nicht am Ausbreitungsvorgang teil und können ohne Einschränkung der Allgemeinheit gleich Null gesetzt werden, so daß die Vektorfelder $\vec{E}$ und $\vec{H}$ zur Ausbreitungsrichtung $\vec{n}$ orthogonal sind:

$$\vec{n}\cdot\vec{E} = \vec{n}\cdot\vec{H} = 0 \,. \qquad (7.3\text{-}22)$$

Das elektromagnetische Feld einer ebenen Welle ist zur Ausbreitungsrichtung transversal. Die beiden restlichen Maxwellschen Gleichungen (7.3-4b) und (7.3-5a) liefern schließlich

$$*\,\vec{\nabla}\wedge\vec{E} + \mu_o\frac{\partial\vec{H}}{\partial t} = 0 \;\Rightarrow\; \frac{d}{d\varphi}(*\,\vec{n}\wedge\vec{E} - \mu_o c\vec{H}) = 0 \;\Rightarrow\; *\,\vec{n}\wedge\vec{E} - \mu_o c\vec{H} = \text{const}, \qquad (7.3\text{-}23a)$$

$$*\,\vec{\nabla}\wedge\vec{H} - \varepsilon_o\frac{\partial\vec{E}}{\partial t} = 0 \;\Rightarrow\; \frac{d}{d\varphi}(*\,\vec{n}\wedge\vec{H} + \varepsilon_o c\vec{E}) = 0 \;\Rightarrow\; *\,\vec{n}\wedge\vec{H} + \varepsilon_o c\vec{E} = \text{const}. \qquad (7.3\text{-}23b)$$

Setzen wir auch hier wieder die Integrationskonstanten gleich Null, so gelangen wir zu dem Ergebnis, daß eine transversale elektrische, ebene Welle $\vec{E}$ die Maxwellschen Gleichungen löst, wenn sie von der ebenen magnetischen Welle

$$\vec{H}(\vec{n}\cdot\vec{x}-ct) = \frac{1}{Z_o}*[\vec{n}\wedge\vec{E}(\vec{n}\cdot\vec{x}-ct)] \;\Leftrightarrow\; \vec{B}(\vec{n}\cdot\vec{x}-ct) = \frac{1}{c}\vec{n}\wedge\vec{E}(\vec{n}\cdot\vec{x}-ct) \qquad (7.3\text{-}24a)$$

begleitet wird, während eine transversale magnetische Welle $\vec{H}$ durch die ebene elektrische Welle

$$\vec{E}(\vec{n}\cdot\vec{x}-ct) = -Z_o*[\vec{n}\wedge\vec{H}(\vec{n}\cdot\vec{x}-ct)] \;\Leftrightarrow\; \vec{D}(\vec{n}\cdot\vec{x}-ct) = -\frac{1}{c}\vec{n}\wedge\vec{H}(\vec{n}\cdot\vec{x}-ct) \qquad (7.3\text{-}24b)$$

ergänzt werden muß. Die Konstante

$$Z_o := \sqrt{\frac{\mu_o}{\varepsilon_o}} = 376{,}730313\ \Omega \qquad (7.3\text{-}25)$$

hat die Dimension eines Widerstandes ($1\ \Omega = 1\ \text{V/A}$) und wird Wellenwiderstand des Vakuums genannt. Ihr Zahlenwert folgt aus den Werten von ε_o (s. 3.4-2) und μ_o (s. 5.4-8b). In beiden Fällen bilden die Vektoren $\vec{E},\vec{H}$ und $\vec{n}$ ein orthogonales Dreibein (s. Abb.7.5). Für den Energiestrom $*\,\vec{S}$ (Poyntingvektor) erhält man im elektrischen Fall

$$*\,\vec{S} = *\,(\vec{E}\wedge\vec{H}) = \frac{1}{Z_o}\,\vec{E}\cdot(\vec{n}\wedge\vec{E}) = \frac{1}{Z_o}\,\vec{E}^{\,2}\vec{n} \qquad (7.3\text{-}26a)$$

und im magnetischen Fall

$$*\vec{S} = -*(\vec{H} \wedge \vec{E}) = Z_o \vec{H} \cdot (\vec{n} \wedge \vec{H}) = Z_o \vec{H}^2 \vec{n} \,. \tag{7.3-26b}$$

In beiden Fällen wird die Feldenergie in Richtung von $\vec{n}$ transportiert.

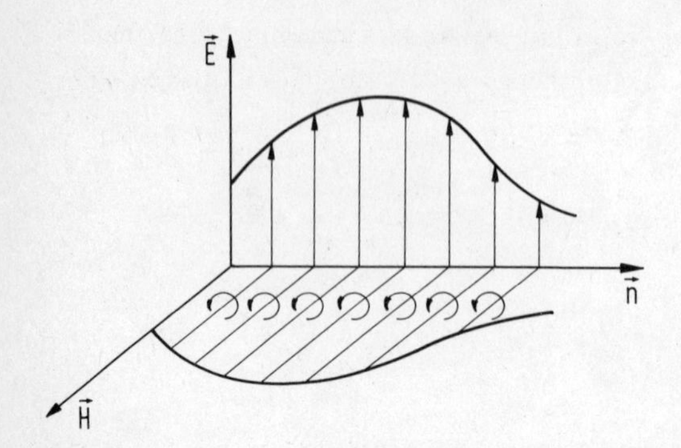

Abb.7.5

Wir wenden uns nun dem wichtigen Spezialfall der periodischen Wellen zu, in dem die Vektorfelder $\vec{E}(\varphi)$ und $\vec{H}(\varphi)$ periodisch von der Phase φ abhängen. Prototyp der ebenen periodischen Wellen sind die harmonischen Wellen, deren Profil durch trigonometrische Funktionen bestimmt wird. Eine harmonische elektrische Welle hat die Form

$$\vec{E}(\vec{x},t) = \sum_{i=1}^{3} \vec{e}_i E^i \cos\left[\frac{2\pi}{\lambda}(\vec{n}\cdot\vec{x} - ct) + \delta^i\right], \tag{7.3-27}$$

wo E^i $(i = 1,2,3)$ die Amplituden und δ^i $(i = 1,2,3)$ die Phasenwinkel der Komponenten von $\vec{E}$ sind. Die Wellenlänge λ bestimmt das Periodizitätsintervall in Ausbreitungsrichtung. Da die Phase φ die Dimension [Länge] hat, muß λ die gleiche Dimension haben. Der Wellenzahlvektor $\vec{k}$

$$\vec{k} := \frac{2\pi}{\lambda}\vec{n} \,, \tag{7.3-28}$$

hat die Dimension $[\text{Länge}]^{-1}$. An jedem Punkt $\vec{x}$ des Raumes beschreibt (7.3-27) eine periodische Schwingung mit der Frequenz

$$\nu = \frac{c}{\lambda} \tag{7.3-29}$$

und der Kreisfrequenz

$$\omega = 2\pi\nu = \frac{2\pi c}{\lambda} = kc \,, \quad k = \|\vec{k}\| \,. \tag{7.3-30}$$

Es liegt nahe, die rellen Komponenten E^j und die Phasen δ^j zu komplexen Komponenten zusammenzufassen. Der Ansatz (7.3-27) lautet dann

$$\vec{E}(\vec{x},t) = \sum_{j=1}^{3} \vec{e}_j \operatorname{Re}\{E^j \exp[i(\vec{k}\cdot\vec{x} - \omega t) + \delta^j]\} . \tag{7.3-31}$$

Zur weiteren Vereinfachung der Schreibweise komplexifizieren wir den Tangentenraum $T_{\vec{x}}$, d.h. wir gehen von dem reellen Vektorraum $T_{\vec{x}}$ zu dem komplexen Vektorraum $T_{\vec{x}} + i\,T_{\vec{x}}$ über. Jedes Element aus $T_{\vec{x}} + i\,T_{\vec{x}}$ läßt sich eindeutig in der Form $\vec{E} + i\,\vec{F}$ mit $\vec{E},\vec{F} \in T_{\vec{x}}$ schreiben, so daß wir dem elektrischen Feldvektor (7.3-31) den komplexen Vektor

$$(\vec{E} + i\,\vec{F})(\vec{x},t) = (\vec{E} + i\,\vec{F})(\vec{k}) \exp[i(\vec{k}\cdot\vec{x} - \omega t)] \tag{7.3-32}$$

zuordnen. Da wir für verschiedene Wellenzahlvektoren verschiedene Amplituden wählen können, betrachten wir die Amplitudenvektoren $\vec{E}(\vec{k}),\vec{F}(\vec{k}) \in T_{\vec{x}}$ als Funktionen von $\vec{k}$. Der physikalische Feldvektor $\vec{E}$ ist der Realteil von (7.3-32):

$$\vec{E}(\vec{x},t) = \operatorname{Re}\{(\vec{E} + i\,\vec{F})(\vec{k}) \exp[i(\vec{k}\cdot\vec{x} - \omega t)]\} . \tag{7.3-33}$$

Der Realteil eines komplexen Vektors kann in der üblichen Weise gebildet werden, wenn man den konjugierten Vektor durch

$$\overline{(\vec{E} + i\,\vec{F})} := \vec{E} - i\,\vec{F} , \qquad \forall\, \vec{E} + i\,\vec{F} \in T_{\vec{x}} + i\,T_{\vec{x}} \tag{7.3-34}$$

definiert. Die Maxwellschen Gleichungen (7.3-4a-5b) lassen sich ebenfalls komplexifizieren. Dazu muß das Skalarprodukt auf $T_{\vec{x}}$ durch das symmetrische Skalarprodukt

$$\langle \vec{E}_1 + i\,\vec{F}_1 | \vec{E}_2 + i\,\vec{F}_2 \rangle := \langle \vec{E}_1 | \vec{E}_2 \rangle - \langle \vec{F}_1 | \vec{F}_2 \rangle + i(\langle \vec{F}_1 | \vec{E}_2 \rangle + \langle \vec{E}_1 | \vec{F}_2 \rangle) \tag{7.3-35}$$

auf $T_{\vec{x}} + i\,T_{\vec{x}}$ ersetzt werden, das in beiden Faktoren linear ist. Wir bezeichnen es der Einfachheit halber mit dem gleichen Symbol $\langle\ |\ \rangle$ bzw. „·" wie das reelle Skalarprodukt. Die Definition des äußeren Produktes für komplexe Vektoren entspricht der für reelle Vektoren, während die Abbildung $*$ auf orthonormalen Basen von $T_{\vec{x}}$, die ja auch Basen von $T_{\vec{x}} + i\,T_{\vec{x}}$ sind, wie bisher erklärt und in den komplexen Koeffizienten linear fortgesetzt wird.

Nach diesen vorbereitenden Bemerkungen lösen wir die komplexifizierten Maxwellschen Gleichungen durch den Ansatz (7.3-32) und erhalten die physikalischen Feldgrößen durch Übergang zum Realteil nach dem Muster von (7.3-33). Die Feldgleichung (7.3-4a) verlangt, daß der Amplitudenvektor zum Wellenzahlvektor $\vec{k}$ im Sinne des Skarlarproduktes (7.3-35) orthogonal oder transversal ist, wie man auch sagt:

$$\langle \vec{k} | (\vec{E} + i\,\vec{F})(\vec{k}) \rangle = 0 \,. \tag{7.3-36}$$

Die Feldgleichung (7.3-4b) liefert dann das begleitende magnetische Feld in Übereinstimmung mit (7.3-24a):

$$(\vec{H} + i\,\vec{G})(\vec{x},t) = \frac{1}{Z_o} * [\vec{n} \wedge (\vec{E} + i\,\vec{F})(\vec{k})] \exp[i(\vec{k}\cdot\vec{x} - \omega t)] \,, \tag{7.3-37}$$

wo $\vec{G}$ der Imaginärteil des komplexen magnetischen Feldvektors ist. Um die Bedingung (7.3-36) zu erfüllen, gehen wir zu einer orthonormalen Basis aus $T_{\vec{x}}$ über, die aus dem Einheitsvektor $\vec{n} = \vec{k}/\|\vec{k}\|$ und zwei transversalen Vektoren $\vec{\varepsilon}_1$ und $\vec{\varepsilon}_2$ besteht

$$\langle \vec{n} | \vec{\varepsilon}_i \rangle = o \,, \quad i = 1,2 \,; \qquad \langle \varepsilon_i | \varepsilon_j \rangle = \delta_{ij} \,, \quad i,j = 1,2 \,. \tag{7.3-38}$$

Die Vektoren $\vec{\varepsilon}_1$ und $\vec{\varepsilon}_2$ hängen natürlich von $\vec{n}$ ab. Für den Amplitudenvektor machen wir den Ansatz

$$(\vec{E} + i\,\vec{F})(\vec{k}) = \sum_{j=1}^{2} \vec{\varepsilon}_j E^j(\vec{k}) \exp[i\,\delta^j(\vec{k})] \,, \qquad E^j(\vec{k}) \in \mathbb{R}_+ \tag{7.3-39}$$

und erhalten für den elektrischen Feldvektor nach (7.3-33)

$$\vec{E}(\vec{x},t) = \sum_{j=1}^{2} \vec{\varepsilon}_j E^j(\vec{k}) \cos[\vec{k}\cdot\vec{x} - \omega t + \delta^j(\vec{k})] \,. \tag{7.3-40}$$

Wie verhält sich nun der Feldvektor (7.3-40) an einem bestimmten Punkt des Raumes als Funktion der Zeit? Der einfachste Fall liegt vor, wenn die beiden Phasen übereinstimmen: $\delta^1 = \delta^2 = \delta$. Der Feldvektor

$$\vec{E}(\vec{x},t) = \cos(\vec{k}\cdot\vec{x} - \omega t + \delta) \sum_{j=1}^{2} \vec{\varepsilon}_j E^j \tag{7.3-41}$$

schwingt mit der Kreisfrequenz ω auf der durch den Amplitudenvektor

$$\vec{E}(\vec{k}) = \sum_{j=1}^{2} \vec{\varepsilon}_j E^j(\vec{k}) \tag{7.3-42}$$

definierten Geraden. Man spricht aus diesem Grund von linear polarisierten Wellen. Als weiteres Beispiel behandeln wir den Fall

$$\delta^1 = \delta\,, \qquad \delta^2 = \delta \pm \frac{\pi}{2}\,, \qquad E^1 = E^2 = E\,. \tag{7.3-43}$$

Die elektrischen Feldvektoren

$$\vec{E}^{(\pm)}(\vec{x},t) = \vec{\varepsilon}_1 E \cos(\vec{k}\cdot\vec{x} - \omega t + \delta) \mp \vec{\varepsilon}_2 E \sin(\vec{k}\cdot\vec{x} - \omega t + \delta) \tag{7.3-44}$$

drehen sich mit der Kreisfrequenz ω auf einem Kreis vom Radius $|E(\vec{k})|$ um die Ausbreitungsrichtung $\vec{n}$. Harmonische Wellen mit dieser Eigenschaft heißen zirkular polarisiert. Im Fall des oberen Vorzeichens bildet der Drehsinn mit dem Vektor $\vec{n}$ eine Rechtsschraube (Abb.7.6 a), im Fall des unteren Vorzeichens eine Linksschraube (Abb.7.6b). Je nachdem spricht man von Wellen mit positivem bzw. negativem Drehsinn. In der Optik orientiert man sich an der zu $\vec{n}$ entgegengesetzten Richtung und nennt die beiden Wellen linkszirkular polarisiert (+) und rechtszirkular polarisiert (-). Es ist bemerkenswert, daß der Poyntingvektor einer zirkular polarisierten Welle nicht von der Zeit abhängt. Nach (7.3-26a) erhält man nämlich

$$*\vec{S} = \frac{1}{Z_o}\, \vec{E}(\vec{k})^2 \vec{n}\,. \tag{7.3-45}$$

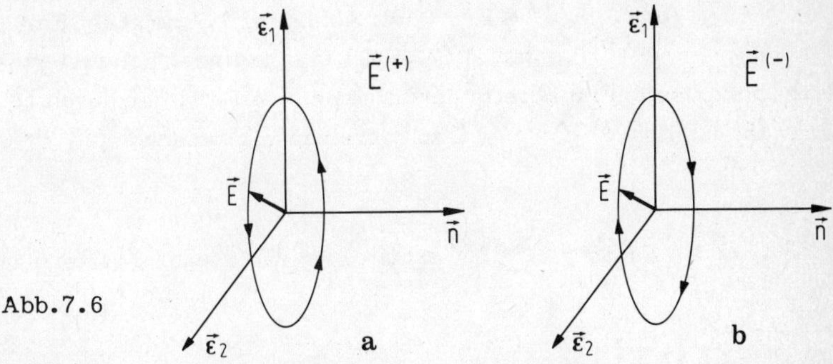

Abb.7.6

Die komplexen Feldvektoren zirkular polarisierter harmonischer Wellen kann man auch in der Form

$$(\vec{E} + i\,\vec{F})^{(\pm)}(\vec{x},t) = \vec{\varepsilon}_{\pm} E^{(\pm)}(\vec{k})\ \exp\{i[\vec{k}\cdot\vec{x} - \omega t + \delta^{(\pm)}(\vec{k})]\}\,, \qquad E^{(\pm)}(\vec{k}) \in \mathbb{R}_+ \tag{7.3-46}$$

ansetzen. Die Vektoren

$$\vec{\varepsilon}_{\pm} := \frac{1}{\sqrt{2}}\,(\vec{\varepsilon}_1 \pm i\,\vec{\varepsilon}_2)\,, \qquad \langle \bar{\vec{\varepsilon}}_+ | \vec{\varepsilon}_- \rangle = 0\,, \tag{7.3-47}$$

bilden mit $\vec{n}$ eine Basis von $T_{\vec{x}} + i\, T_{\vec{x}}$. Jeder Feldvektor kann deshalb als Summe von zirkular polarisierten Feldvektoren mit positivem und negativem Drehsinn geschrieben werden:

$$(\vec{E} + i\,\vec{F})(\vec{x},t) = (\vec{E} + i\,\vec{F})^{(+)}(\vec{x},t) + (\vec{E} + i\,\vec{F})^{(-)}(\vec{x},t) \,. \qquad (7.3\text{-}48)$$

Die Zerlegung (7.3-48) erlaubt eine einfache Diskussion der möglichen Polarisationsformen. Sei zunächst $\delta^{(+)} = \delta^{(-)} = \delta$. Mit (7.3-46) und (7.3-47) erhalten wir den elektrischen Feldvektor

$$\vec{E}(\vec{x},t) = \vec{\varepsilon}_1 \frac{E^{(+)} + E^{(-)}}{\sqrt{2}} \cos(\vec{k}\cdot\vec{x} - \omega t + \delta) - \vec{\varepsilon}_2 \frac{E^{(+)} - E^{(-)}}{\sqrt{2}} \sin(\vec{k}\cdot\vec{x} - \omega t + \delta) \,. \qquad (7.3\text{-}49)$$

Ist $|E^{(+)}| \neq |E^{(-)}|$, so beschreibt der Feldvektor eine Ellipse, deren Achsen auf den Koordinatenachsen liegen und das Verhältnis

$$|E^{(+)} + E^{(-)}| \;/\; |E^{(+)} - E^{(-)}|$$

haben. Die Ellipse wird mit positivem bzw. negativem Drehsinn durchlaufen, wenn $E^{(+)} > E^{(-)}$ bzw. $E^{(+)} < E^{(-)}$ ist. Abbildung 7.7 zeigt den Fall $E^{(+)} > E^{(-)} > 0$. Für $|E^{(+)}| = |E^{(-)}|$ entartet (7.3-49) in eine linear polarisierte Welle. Die elliptische Polarisation ist bereits der allgemeinste Fall, der durch (7.3-48) beschrieben wird. Ist nämlich $\delta^{(+)} \neq \delta^{(-)}$, so schreiben wir zunächst

$$(\vec{E} + i\,\vec{F})(\vec{k}) = [\vec{\varepsilon}_+ E^{(+)} \exp(i\chi) + \vec{\varepsilon}_- E^{(-)} \exp(-i\chi)] \exp(i\delta) \,, \qquad (7.3\text{-}50)$$

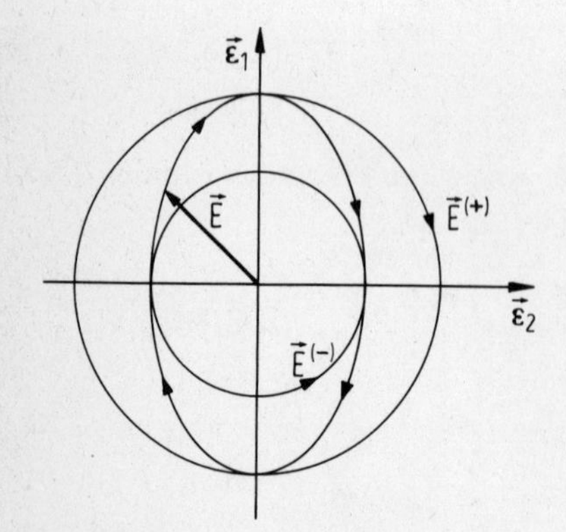

Abb.7.7

wo

$$\delta = \frac{\delta^{(+)} + \delta^{(-)}}{2}\,, \qquad \chi = \frac{\delta^{(+)} - \delta^{(-)}}{2}\,. \qquad (7.3\text{-}51)$$

Die Abbildung

$$\vec{\varepsilon}_{\pm} \mapsto \vec{\varepsilon}_{\pm} \exp(\pm i\chi) \quad \Leftrightarrow \quad \begin{aligned} \vec{\varepsilon}_1 &\mapsto \vec{\varepsilon}_1 \cos\chi - \vec{\varepsilon}_2 \sin\chi \\ \vec{\varepsilon}_2 &\mapsto \vec{\varepsilon}_1 \sin\chi + \vec{\varepsilon}_2 \cos\chi \end{aligned} \qquad (7.3\text{-}53)$$

ist eine Drehung um den Winkel $(-\chi)$, so daß bezüglich der gedrehten Basis wieder die oben geschilderten Polarisationsformen möglich sind.

Wie im Vakuum werden die Maxwellschen Gleichungen auch in einem nichtleitenden Medium mit Materialkonstanten $\varepsilon, \mu \neq 1$ durch ebene Wellen von der Gestalt (7.3-20a), (7.3-24a) und (7.3-20b), (7.3-24b) gelöst. Wir haben lediglich die Phasengeschwindigkeit und den Wellenwiderstand des Vakuums durch die entsprechenden Größen des Mediums (s. 7.3-8) zu ersetzen:

$$c \mapsto u = \frac{1}{\sqrt{\varepsilon\varepsilon_o \mu\mu_o}} \quad (7.3\text{-}54a), \qquad Z_o \mapsto Z = \sqrt{\frac{\mu\mu_o}{\varepsilon\varepsilon_o}}\,. \quad (7.3\text{-}54b)$$

Das Verhältnis

$$n := \frac{c}{u} = \sqrt{\varepsilon\mu} \qquad (7.3\text{-}55)$$

bezeichnet man als optische Brechungszahl des Mediums.

Aus der Transversalität elektromagnetischer Wellen folgerte Maxwell 1864, daß das Licht eine elektromagnetische Erscheinung ist. Hertz konnte 1888 nachweisen, daß elektromagnetische Wellen den gleichen Reflexions- und Brechungsgesetzen unterworfen sind wie das Licht. Sie lassen sich aus den Grenzbedingungen (s. 3.4-12 und 5.4-17)

$$\vec{n} \wedge (\vec{E}_2 - \vec{E}_1) = 0 \quad (7.3\text{-}56a)\,, \qquad \vec{n} \wedge (\vec{D}_1 - \vec{D}_1) = 0\,, \quad (7.3\text{-}56b)$$

$$\vec{n} \wedge (\vec{H}_2 - \vec{H}_1) = 0 \quad (7.3\text{-}57a)\,, \qquad \vec{n} \wedge (\vec{B}_2 - \vec{B}_1) = 0\,, \quad (7.3\text{-}57b)$$

ableiten, die auf den Trennflächen verschiedener Medien gelten, falls sie nicht mit Ladungen oder Strömen belegt sind. Auf die spektralen Eigenschaften des Lichts stößt man dagegen erst, wenn man zeitabhängige Materialkonstanten zuläßt, die für das Phänomen der Dispersion verantwortlich sind.

7.3.2. Lösung des Anfangswertproblems für die Maxwellschen Gleichungen

Um das Cauchysche Anfangswertproblem für die homogenen Maxwellschen Gleichungen im Vakuum zu lösen, konstruieren wir zunächst die allgemeine Lösung der Wellengleichung

$$\frac{1}{c^2}\frac{\partial^2\vec{E}}{\partial t^2} - \Delta\vec{E} = 0 \tag{7.3-58}$$

in kartesischen Koordinaten durch Überlagerung von harmonischen Wellen, die sich entweder parallel oder antiparallel zum Wellenzahlvektor $\vec{k}$ ausbreiten:

$$\begin{aligned}\vec{E}(\vec{x},t) = \frac{1}{(2\pi)^{3/2}} \int d\tau(\vec{k})\, \{(\vec{E} + i\,\vec{F})^{(+)}(\vec{k})\, \exp[i(\vec{k}\cdot\vec{x} - \omega t)] + \\ + (\vec{E} + i\,\vec{F})^{(-)}(\vec{k})\, \exp[i(\vec{k}\cdot\vec{x} + \omega t)]\}\,.\end{aligned} \tag{7.3-59}$$

Hier ist $d\tau(\vec{k})$ das Volumenelement im Raum der Wellenzahlvektoren und (s. 7.3-30)

$$\omega(\vec{k}) = \|\vec{k}\|c\,. \tag{7.3-60}$$

Der Faktor $(2\pi)^{-3/2}$ vereinfacht die Normierung. Damit das Vektorfeld (7.3-59) reell ist, müssen die Amplituden den Bedingungen

$$(\vec{E} + i\,\vec{F})^{(\pm)}(\vec{k}) = (\vec{E} - i\,\vec{F})^{(\mp)}(-\vec{k}) \tag{7.3-61}$$

genügen.

Für die Anfangswerte in einem bestimmten Zeitpunkt, z.B. $t = 0$, erhalten wir aus (7.3-59)

$$\vec{E}(\vec{x},0) = \frac{1}{(2\pi)^{3/2}} \int d\tau(\vec{k})\,[(\vec{E}+i\vec{F})^{(+)}(\vec{k}) + (\vec{E}+i\vec{F})^{(-)}(\vec{k})]\, \exp(i\vec{k}\cdot\vec{x})\,, \tag{7.3-62}$$

$$\frac{\partial\vec{E}}{\partial t}(\vec{x},0) = \frac{1}{(2\pi)^{3/2}} \int d\tau(\vec{k})\, \frac{\omega}{i}\,[(\vec{E}+i\vec{F})^{(+)}(\vec{k}) - (\vec{E}+i\vec{F})^{(-)}(\vec{k})]\, \exp(i\vec{k}\cdot\vec{x})\,. \tag{7.3-63}$$

Folglich kann das Anfangswertproblem der Wellengleichung mit dem Ansatz (7.3-59) gelöst werden, wenn alle Komponenten der Anfangswerte Fourierdarstellungen von der Form

$$f(\vec{x}) = \frac{1}{(2\pi)^{3/2}} \int d\tau(\vec{k})\, \hat{f}(\vec{k})\, \exp(i\,\vec{k}\cdot\vec{x}) \tag{7.3-64}$$

besitzen. Wir beschränken uns auf den für physikalische Anwendungen hinreichend allgemeinen Fall, daß die Fourierintegrale im Sinne der Topologie des Funktionenraumes

L^2 konvergieren, die im Fall von komplexwertigen Funktionen $f(\vec{x})$ von der Norm

$$\|f\| := \int d\tau(\vec{x})\, |f(\vec{x})|^2 \tag{7.3-65}$$

erzeugt wird. L^2 enthält die normierbaren, also quadratisch integrierbaren, komplexwertigen Funktionen. Eine Folge $\{f_1, f_2, \ldots\} \subset L^2$ konvergiert gegen ein Element $f \in L^2$, falls

$$\lim_{n \to \infty} \|f_n - f\| = 0 . \tag{7.3-66}$$

Die Fouriertransformierte

$$\hat{f}(\vec{k}) = \frac{1}{(2\pi)^{3/2}} \int d\tau(\vec{x}) f(\vec{x}) \exp(-i\,\vec{k}\cdot\vec{x}) \tag{7.3-67}$$

ist unter diesen Voraussetzungen ebenfalls ein Element von L^2. Mit (7.3-67) erhalten wir aus (7.3-64) die Identität

$$f(\vec{x}) = \int d\tau(\vec{x}\,') f(\vec{x}\,') \frac{1}{(2\pi)^3} \int d\tau(\vec{k}) \exp[i\,\vec{k}\cdot(\vec{x} - \vec{x}\,')] . \tag{7.3-68}$$

Ein Vergleich mit der definierenden Eigenschaft der Deltafunktion (s. 4.1-41)

$$f(\vec{x}) = \int d\tau(\vec{x}\,') f(\vec{x}\,') \delta(\vec{x} - \vec{x}\,') , \tag{7.3-69}$$

liefert die symbolische Fourierdarstellung

$$\delta(\vec{x} - \vec{x}\,') = \frac{1}{(2\pi)^3} \int d\tau(\vec{k}) \exp[i\,\vec{k}\cdot(\vec{x} - \vec{x}\,')] . \tag{7.3-70}$$

Sie ist in unserem Rahmen äquivalent mit der Parsevalschen Formel

$$\int d\tau(\vec{x}) f(\vec{x}) \overline{(g(\vec{x}))} = \int d\tau(\vec{k}) \hat{f}(\vec{k}) \overline{(\hat{g}(\vec{k}))} \qquad \forall f, g \in L^2 . \tag{7.3-71}$$

Unter den genannten Voraussetzungen lassen sich nun die Fourierdarstellungen (7.3-62) und (7.3-63) nach den Amplituden auflösen:

$$(\vec{E} + i\,\vec{F})^{(\pm)}(\vec{k}) = \frac{1}{(2\pi)^{3/2}} \int d\tau(\vec{x}) \, \frac{1}{2} \left[\vec{E}(\vec{x},0) \pm \frac{i}{\omega(\vec{k})} \frac{\partial \vec{E}}{\partial t} (\vec{x},0) \right] \exp(-i\,\vec{k}\cdot\vec{x}) . \tag{7.3-72}$$

Das Ergebnis erfüllt für reelle Anfangswerte die Bedingungen (7.3-61).

Damit der Ansatz (7.3-59) und ein entsprechender Ansatz für die magnetische Feldstärke neben der Wellengleichung auch die Maxwellschen Gleichungen (7.3-4a)-(7.3-5b) erfüllen, genügt es, die Maxwellschen Gleichungen für die Anfangswerte zu fordern:

$$\vec{\nabla} \cdot \vec{E}(\vec{x},0) = 0 \ , \quad \vec{\nabla} \cdot \frac{\partial \vec{E}}{\partial t}(\vec{x},0) = 0 \tag{7.3-73a}$$

$$* \vec{\nabla} \wedge \vec{E}(\vec{x},0) + \mu_o \frac{\partial \vec{H}}{\partial t}(\vec{x},0) = 0 \ , \tag{7.3-73b}$$

$$* \vec{\nabla} \wedge \vec{H}(\vec{x},0) - \varepsilon_o \frac{\partial \vec{E}}{\partial t}(\vec{x},0) = 0 \ , \tag{7.3-74a}$$

$$\vec{\nabla} \cdot \vec{H}(\vec{x},0) = 0 \ , \quad \vec{\nabla} \cdot \frac{\partial \vec{H}}{\partial t}(\vec{x},0) = 0 \ . \tag{7.3-74b}$$

In kartesischen Koordinaten vertauscht nämlich der Operator $\vec{\nabla}$ mit dem Laplaceoperator Δ, so daß mit $\vec{E}$ und $\vec{H}$ auch $\vec{\nabla} \cdot \vec{E}$ und $\vec{\nabla} \cdot \vec{H}$ der Wellengleichung genügen. Folglich verschwinden $\vec{\nabla} \cdot \vec{E}$ und $\vec{\nabla} \cdot \vec{H}$ für alle Zeiten, wenn die Anfangswerte die Bedingungen (7.3-73a) bzw. (7.3-74b) erfüllen. Entsprechendes gilt für die beiden restlichen Maxwellschen Gleichungen (7.3-4b) und (7.3-5a). Sie genügen ebenfalls der Wellengleichung und gelten für alle Zeiten, wenn die Anfangswerte die Bedingungen (7.3-73b) bzw. (7.3-74a) erfüllen. Dabei ist zu beachten, daß die zeitliche Ableitung von (7.3-4b) bzw. (7.3-5a) bereits auf die Wellengleichung führt, die nach Voraussetzung erfüllt ist. Aus den Bedingungen (7.3-73a) - (7.3-74b) folgt, daß man z.B. für $\vec{E}$ und $\vec{H}$ beliebige transversale Anfangswerte vorschreiben kann. Die Anfangswerte der zeitlichen Ableitungen können dann aus (7.3-74a) und (7.3-73b) berechnet werden. Sie sind automatisch transversal. Eine andere Möglichkeit ist, transversale Anfangswerte für $\vec{E}$ und $\partial\vec{E}/\partial t$ vorzugeben. Die zeitliche Ableitung von $\vec{H}$ läßt sich dann aus (7.3-73b) berechnen, während die Anfangswerte von $\vec{H}$ aus (7.3-74a) unter Beachtung von (7.3-74b) zu bestimmen sind.

Die Bedingungen (7.3-73a) - (7.3-74b) lassen sich auch für die komplexen Amplitudenvektoren $(\vec{E} + i\,\vec{F})^{(\pm)}(\vec{k})$ und $(\vec{H} + i\,\vec{G})^{(\pm)}(\vec{k})$ formulieren, die ja im wesentlichen die Fouriertransformierten der Anfangswerte sind. Die Transversalitätsbedingungen (7.3-73a) und (7.3-74b) verlangen (s. 7.3-36)

$$\langle \vec{k} | (\vec{E} + i\,\vec{F})^{(\pm)}(\vec{k}) \rangle = 0 \ , \qquad \forall \vec{k} \in V^3 \tag{7.3-75a}$$

$$\langle \vec{k} | (\vec{H} + i\,\vec{G})^{(\pm)}(\vec{k}) \rangle = 0 \ , \qquad \forall \vec{k} \in V^3 \ . \tag{7.3-75b}$$

Die beiden restlichen Bedingungen (7.3-74a) und (7.3-73b) liefern in Übereinstimmung mit (7.3-24a) und (7.3-24b)

$$(\vec{H} + i\,\vec{G})^{(\pm)}(\vec{k}) = \pm \frac{c}{Z_o} * \left(\frac{\vec{k}}{\omega} \wedge (\vec{E} + i\,\vec{F})^{(\pm)}(\vec{k}) \right) \quad \Leftrightarrow \quad (\vec{E} + i\,\vec{F})^{(\pm)}(\vec{k}) =$$
$$= \mp c\,Z_o * \left(\frac{\vec{k}}{\omega} \wedge (\vec{H} + i\,\vec{G})^{(\pm)}(\vec{k}) \right) \ . \tag{7.3-76}$$

7.3.3. Die elektrodynamischen Potentiale

Nachdem wir die Ausbreitung elektromagnetischer Felder im Vakuum bzw. in homogenen und isotropen Medien an Hand der Maxwellschen Gleichungen ohne Quellen untersucht haben, wenden wir uns nun der Erzeugung der Felder durch Ladungs- und Stromverteilungen zu. Wir beschränken uns in diesem Abschnitt auf die Konstruktion von Lösungen für Quellen im Vakuum. Die Ergebnisse dieses wie auch des letzten Abschnitts lassen sich durch die Substitution $\varepsilon_o \mapsto \varepsilon\varepsilon_o$, $\mu_o \mapsto \mu\mu_o$ auf homogene und isotrope, nichtleitende Medien übertragen.

Wir lösen zunächst die homogenen Maxwellschen Gleichungen (7.1-3a) und (7.1-4a) durch die Einführung von Potentialen:

$$\bar{\nabla} \wedge \bar{B} = 0 \quad \Rightarrow \quad \bar{B} = \bar{\nabla} \wedge \bar{A} \,, \tag{7.3-77}$$

$$\bar{\nabla} \wedge \bar{E} + \frac{\partial \bar{B}}{\partial t} = 0 \quad \Rightarrow \quad \bar{\nabla} \wedge \left(\bar{E} + \frac{\partial \bar{A}}{\partial t} \right) = 0 \quad \Rightarrow \quad \bar{E} = -\frac{\partial \bar{A}}{\partial t} - \bar{\nabla} V \,. \tag{7.3-78}$$

Im zweiten Schritt drücken wir die Quantitätsgrößen $\bar{D}$ und $\bar{H}$ in den inhomogenen Maxwellschen Gleichungen (7.1-3b) und (7.1-4b) über die Materialgleichungen des Vakuums durch die Feldstärken aus und setzen die Potentiale ein:

$$\bar{\nabla} \wedge \bar{D} = \rho \quad \Rightarrow \quad \bar{\nabla} \wedge * \bar{E} = \frac{\rho}{\varepsilon_o} \quad \Rightarrow \quad \bar{\nabla} \wedge * \left(-\frac{\partial \bar{A}}{\partial t} - \bar{\nabla} V \right) = \frac{\rho}{\varepsilon_o} \,, \tag{7.3-79}$$

$$\bar{\nabla} \wedge \bar{H} - \frac{\partial \bar{D}}{\partial t} = \bar{J} \quad \Rightarrow \quad \bar{\nabla} \wedge * \bar{B} - \frac{1}{c^2} * \frac{\partial \bar{E}}{\partial t} = \mu_o \bar{J}$$

$$\Rightarrow \quad \bar{\nabla} \wedge * (\bar{\nabla} \wedge \bar{A}) + \frac{1}{c^2} \frac{\partial}{\partial t} * \left(\frac{\partial \bar{A}}{\partial t} + \bar{\nabla} V \right) = \mu_o \bar{J} \,. \tag{7.3-80}$$

Die beiden Differentialgleichungen für die sogenannten elektrodynamischen Potentiale V und $\bar{A}$ lassen sich nach einigen Umformungen und Ergänzungen in einer Weise schreiben, die ihre strukturelle Verwandtschaft unterstreicht:

$$\frac{1}{c^2} \frac{\partial^2 V}{\partial t^2} - \Delta V - \frac{\partial}{\partial t} \left(\bar{\nabla} \cdot \bar{A} + \frac{1}{c^2} \frac{\partial V}{\partial t} \right) = \frac{* \rho}{\varepsilon_o} \tag{7.3-81}$$

$$\frac{1}{c^2} \frac{\partial^2 \bar{A}}{\partial t^2} - \Delta \bar{A} + \bar{\nabla} \left(\bar{\nabla} \cdot \bar{A} + \frac{1}{c^2} \frac{\partial V}{\partial t} \right) = \mu_o * \bar{J} \,. \tag{7.3-82}$$

Im Gegensatz zu den Feldgrößen $\bar{B}$ und $\bar{E}$ sind die elektrodynamischen Potentiale nicht beobachtbar. Potentiale, die die gleichen Feldgrößen liefern, beschreiben die gleiche physikalische Situation und sind im physikalischen Sinn als äquivalent zu betrachten. Da die Beziehungen (7.3-77) und (7.3-78) invariant sind unter den Eichtransformationen

$$\bar{A} \mapsto \bar{A} + \bar{\nabla}\varphi , \qquad V \mapsto V - \frac{\partial\varphi}{\partial t} , \tag{7.3-83}$$

können wir über die Eichfunktion $\varphi(\vec{x},t)$ nach Belieben verfügen. Zweckmäßigerweise wählen wir die Eichung so, daß die Differentialgleichungen (7.3-81) und (7.3-82) besonders einfach werden.

Zunächst bietet sich die schon früher benutzte Coulombeichung (s. 6.1-1) mit der Eichbedingung

$$\bar{\nabla} \cdot \bar{A} = 0 \tag{7.3-84}$$

an. Den Beweis, daß die Bedingung (7.3-84) durch geeignete Wahl der Eichfunktion erfüllt werden kann, können wir ohne Änderung aus dem Abschnitt 6.1.1 übernehmen. Mit der Eichfunktion (s. 6.1-17)

$$\varphi(\vec{x},t) = \frac{1}{4\pi} \int \frac{\bar{\nabla}' \cdot \bar{A}(\vec{x}',t)}{\|\vec{x} - \vec{x}'\|} \, d\tau(\vec{x}') \tag{7.3-85}$$

kann man von einer beliebigen Eichung zur Coulombeichung übergehen, vorausgesetzt, das Integral existiert. Die Coulombeichung ist dadurch ausgezeichnet, daß die Differentialgleichung (7.3-81) in die Poissongleichung der Elektrostatik übergeht:

$$\Delta V = - \frac{*\rho}{\varepsilon_o} . \tag{7.3-86}$$

Mit der aus der Elektrostatik (s. 4.1-28) bekannten Lösung und der Kontinuitätsgleichung (7.1-16) erhalten wir für den in der Differentialgleichung (7.3-82) auftretenden Term $\partial V/\partial t$:

$$\frac{\partial V}{\partial t} = \frac{1}{4\pi\varepsilon_o} \int * \frac{\partial\rho}{\partial t}(\vec{x}',t) \frac{1}{\|\vec{x} - \vec{x}'\|} \, d\tau(\vec{x}') = - \frac{1}{4\pi\varepsilon_o} \int \frac{(\bar{\nabla} \cdot *\bar{J})(\vec{x}',t)}{\|\vec{x} - \vec{x}'\|} \, d\tau(\vec{x}') , \tag{7.3-87}$$

so daß die Differentialgleichung für das Vektorpotential in der Coulombeichung lautet

$$\frac{1}{c^2} \frac{\partial^2 \bar{A}}{\partial t^2} - \Delta \bar{A} = \mu_o (* \bar{J})_\perp . \tag{7.3-88}$$

Hier ist

$$(* \bar{J})_\perp := * \bar{J} + \bar{\nabla} \frac{1}{4\pi} \int \frac{(\bar{\nabla} \cdot * \bar{J})(\vec{x}',t)}{\|\vec{x} - \vec{x}'\|} \, d\tau(\vec{x}') \tag{7.3-89}$$

der transversale Anteil der 1-Form $* \bar{J}$. Er genügt der Bedingung

$$\bar{\nabla} \cdot (* \bar{J})_\perp = 0 \quad \Leftrightarrow \quad \bar{\nabla} \wedge \bar{J}_\perp = 0 . \tag{7.3-90}$$

Jede 1-Form $\bar{C}$ und natürlich auch jedes 1-Vektorfeld $\vec{C}$ läßt sich eindeutig in einen transversalen Anteil $C_\perp$ und einen longitudinalen Anteil $\bar{C}_{\parallel}$ zerlegen:

$$\bar{C} = \bar{C}_\perp + \bar{C}_{\parallel} , \tag{7.3-91}$$

die den Bedingungen

$$\bar{\nabla} \cdot \bar{C}_\perp = 0 , \qquad \bar{\nabla} \wedge \bar{C}_{\parallel} = 0 \tag{7.3-92}$$

genügen. Ist keine Ladungsverteilung vorhanden, so verschwindet das skalare Potential V in der Coulombeichung, vorausgesetzt, man verlangt für $\|\vec{x}\| \to \infty$ das asymptotische Verhalten $V(\vec{x},t) = O(1/\|\vec{x}\|)$, das die Lösung von (7.3-86) eindeutig festlegt. Andernfalls kann man V durch eine Eichtransformation zum Verschwinden bringen, denn die Eichbedingung (7.3-84) läßt noch Eichfunktionen zu, die der Laplacegleichung genügen.

Ein Blick auf (7.3-81) und (7.3-82) zeigt, daß beide Differentialgleichungen in inhomogene Wellengleichungen übergehen:

$$\frac{1}{c^2} \frac{\partial^2 V}{\partial t^2} - \Delta V = \frac{*\rho}{\varepsilon_0} \tag{7.3-93}$$

$$\frac{1}{c^2} \frac{\partial^2 \bar{A}}{\partial t^2} - \Delta \bar{A} = \mu_0 * \bar{J} , \tag{7.3-94}$$

falls die Potentiale die Bedingung

$$\bar{\nabla} \cdot \bar{A} + \frac{1}{c^2} \frac{\partial V}{\partial t} = 0 \tag{7.3-95}$$

erfüllen. Man überzeugt sich leicht, daß dies durch geeignete Wahl der Eichfunktion möglich ist. Unter einer Eichtransformation (7.3-83) geht (7.3-95) über in eine Differentialgleichung für die Eichfunktion φ:

$$\frac{1}{c^2} \frac{\partial^2 \varphi}{\partial t^2} - \Delta \varphi = \bar{\nabla} \cdot \bar{A} + \frac{1}{c^2} \frac{\partial V}{\partial t} . \tag{7.3-96}$$

Sie dient zur Bestimmung von φ, falls die rechte Seite nicht verschwindet. Die durch (7.3-95) definierte Eichung wird Lorentzeichung genannt. Aus (7.3-96) folgt, daß die Eichbedingung (7.3-95) invariant ist unter Eichtransformationen, deren Eichfunktion eine Lösung der homogenen Wellengleichung ist, so daß die Lorentzeichung im Gegensatz zur Coulombeichung nicht eindeutig definiert ist. Warum gerade in der Lorentzeichung die Potentiale V und $\bar{A}$ in symmetrischer Weise auftreten, kann erst im Rahmen der speziellen Relativitätstheorie geklärt werden (s. Kap.11).

Wir wollen nun die elektrodynamischen Potentiale in der Lorentzeichung aus den Differentialgleichungen (7.3-93) und (7.3-94) bestimmen. In kartesischen Koordinaten zerfällt (7.3-94) in drei Differentialgleichungen (7.3-93), so daß es genügt, die inhomogene Wellengleichung

$$\frac{1}{c^2}\frac{\partial^2\Phi}{\partial t^2} - \Delta\Phi = \eta \tag{7.3-97}$$

für eine skalare Funktion $\Phi(\vec{x},t)$ bei vorgegebener Quellfunktion $\eta(\vec{x},t)$ zu lösen. Durch räumliche Fouriertransformation

$$\begin{pmatrix}\Phi(\vec{x},t)\\ \\ \eta(\vec{x},t)\end{pmatrix} = \frac{1}{(2\pi)^{3/2}}\int d\tau(\vec{k})\begin{pmatrix}\hat{\Phi}(\vec{k},t)\\ \\ \hat{\eta}(\vec{k},t)\end{pmatrix}\exp(i\vec{k}\cdot\vec{x}) \tag{7.3-98}$$

geht (7.3-97) in die gewöhnliche Differentialgleichung

$$\frac{1}{c^2}\frac{d^2\hat{\Phi}}{dt^2} + \vec{k}^2\hat{\Phi} = \hat{\eta} \tag{7.3-99}$$

über, die wir mit der Methode der Greenschen Funktion integrieren. Dazu setzen wir an

$$\hat{\Phi}(\vec{k},t) = \int_{-\infty}^{+\infty}\hat{G}(\vec{k};t,t')\hat{\eta}(\vec{k},t')dt' . \tag{7.3-100}$$

Die Greensche Funktion $\hat{G}$ hängt vom Parameter $\vec{k}$ ab und muß der Differentialgleichung

$$\left(\frac{1}{c^2}\frac{d^2}{dt^2} + \vec{k}^2\right)\hat{G}(\vec{k};t,t') = \delta(t-t') \tag{7.3-101}$$

genügen. Im Zeitpunkt $t = t'$ ist $\hat{G}$ stetig, während die erste Ableitung einen Sprung macht. Durch Integration von (7.3-101) über eine Umgebung von $t = t'$ und anschließenden Grenzübergang erhalten wir nämlich

$$\frac{1}{c^2}\left(\frac{d\hat{G}}{dt}(\vec{k};t'+0,t') - \frac{d\hat{G}}{dt}(\vec{k};t'-0,t')\right) = 1 . \tag{7.3-102}$$

Schließlich verlangt das Kausalitätsprinzip, daß die Zukunft nicht die Gegenwart beeinflußt, so daß

$$\hat{G}(\vec{k};t,t') = 0 , \quad t < t' \tag{7.3-103}$$

gelten muß. Für $t > t'$ genügt $\hat{G}$ der homogenen Differentialgleichung (7.3-101). Ihre allgemeine Lösung lautet

$$\hat{G}(t,t') = a \sin[\omega(t - t')] + b \cos[\omega(t - t')] , \quad t > t' , \tag{7.3-104}$$

wo $\omega = k\,c$. Aus der Stetigkeit für $t = t'$ folgt $b = 0$. Die Konstante a wird durch die Sprungbedingung (7.3-102) bestimmt. Es ergibt sich

$$\hat{G}(\vec{k};t,t') = \frac{c^2}{\omega(\vec{k})} \sin[\omega(\vec{k})(t - t')] , \quad t > t' . \tag{7.3-104}$$

Mit Hilfe der Sprungfunktion

$$\Theta(t - t') = \begin{cases} 1 , & t > t' \\ 0 , & t < t' \end{cases} \tag{7.3-105}$$

lassen sich (7.3-103) und (7.3-104) zusammenfassen:

$$\hat{G}(\vec{k},t - t') = \frac{c^2}{\omega} \sin[\omega(t - t')] \cdot \Theta(t - t') . \tag{7.3-106}$$

Wir setzen nun (7.3-106) in (7.3-100) ein und transformieren zurück in den Ortsraum. Das Ergebnis lautet

$$\Phi(\vec{x},t) = \int_{-\infty}^{+\infty} dt' \int d\tau(\vec{x}')G(\vec{x} - \vec{x}',t - t')\eta(\vec{x}',t') , \tag{7.3-107}$$

wo

$$G(\vec{x} - \vec{x}',t - t') := \frac{1}{(2\pi)^3} \int d\tau(\vec{k})\hat{G}(\vec{k},t - t')\exp[i\,\vec{k} \cdot (\vec{x} - \vec{x}')] . \tag{7.3-108}$$

Mit Hilfe der Fourierdarstellung der Deltafunktion (7.3-70) rechnet man leicht nach, daß die Fouriertransformation von (7.3-107) wieder auf (7.3-100) führt. Das Fourierintegral (7.3-108) kann ohne Schwierigkeiten berechnet werden:

$$G(\vec{x}-\vec{x}',t-t') = \frac{\Theta(t-t')}{(2\pi)^3} 2\pi \int_0^{\infty} dk\,k^2 \int_0^{\pi} d\theta \sin\theta \, \frac{c^2}{\omega} \sin[\omega(t-t')]\exp(i\,k\|\vec{x}-\vec{x}'\|\cos\theta) =$$

$$= \frac{\Theta(t-t')c}{4\pi\|\vec{x}-\vec{x}'\|} \frac{1}{2\pi} \int_{-\infty}^{+\infty} dk \left\{\exp\{i\,k[c(t-t')-\|\vec{x}-\vec{x}'\|]\} - \exp\{ik[c(t-t')+\|\vec{x}-\vec{x}'\|]\}\right\}$$

$$= \frac{\Theta(t-t')}{4\pi\|\vec{x}-\vec{x}'\|} \delta\left(t-t' - \frac{\|\vec{x}-\vec{x}'\|}{c}\right) . \tag{7.3-109}$$

Dabei haben wir die aus (7.3-70) folgende Fourierdarstellung für die eindimensionale Deltafunktion benutzt und beachtet, daß das Argument $c(t - t') + \|\vec{x} - \vec{x}'\|$ der zweiten Deltafunktion wegen $t > t'$ stets von Null verschieden ist:

$$\delta\left(t - t' + \frac{\|\vec{x} - \vec{x}'\|}{c}\right) = 0 , \qquad t > t' . \tag{7.3-110}$$

Zeit- und Raumpunkte $(\vec{x},t)$, für die das Argument der Deltafunktion in (7.3-109) verschwindet, liegen auf dem Kegel

$$c^2(t - t')^2 - (\vec{x} - \vec{x}')^2 = 0 , \qquad t > t' \tag{7.3-111}$$

in der Raum-Zeit (Abb.7.8). Dieser Kegel enthält alle Punkte $(\vec{x},t)$, die im Zeitpunkt t' am Ort $\vec{x}'$ abgestrahlte Wellen erreichen können. Er wird Lichtkegel genannt.

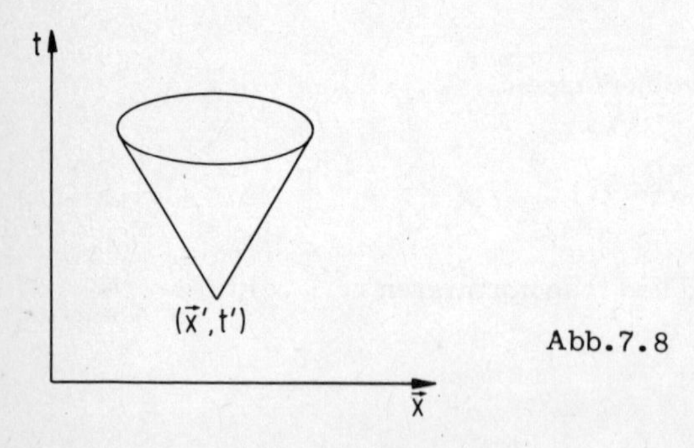

Abb.7.8

Wenn wir die Greensche Funktion (7.3-109) in (7.3-107) einsetzen und das Integral über t' nach den Regeln für die Deltafunktion ausführen, erhalten wir eine explizite Darstellung der Lösung von (7.3-97):

$$\Phi(\vec{x},t) = \int d\tau(\vec{x}')\, \frac{1}{4\pi\|\vec{x} - \vec{x}'\|}\, \eta\left(\vec{x}', t - \frac{\|\vec{x} - \vec{x}'\|}{c}\right) . \tag{7.3-112}$$

Die entsprechenden Lösungen von (7.3-93) und (7.3-94) sind

$$V(\vec{x},t) = \int d\tau(\vec{x}')\, \frac{1}{4\pi\varepsilon_o\|\vec{x} - \vec{x}'\|} * \rho\left(\vec{x}', t - \frac{\|\vec{x} - \vec{x}'\|}{c}\right) \tag{7.3-113}$$

und

$$\bar{A}(\vec{x},t) = \int d\tau(\vec{x}')\, \frac{\mu_o}{4\pi\|\vec{x} - \vec{x}'\|} * \bar{J}\left(\vec{x}', t - \frac{\|\vec{x} - \vec{x}'\|}{c}\right) . \tag{7.3-114}$$

Zu den elektrodynamischen Potentialen im Aufpunkt $\vec{x}$ zum Zeitpunkt t tragen alle Quellpunkte bei, die auf dem vom Punkt $(\vec{x},t)$ in der Raum-Zeit in die Vergangenheit gerichteten Lichtkegel

$$c^2(t-t')^2 - (\vec{x}-\vec{x}')^2 = 0\,, \qquad t > t' \tag{7.3-115}$$

liegen (Abb.7.9). Die Zeit t' im Quellpunkt $\vec{x}'$ wird um die Zeitspanne $\|\vec{x}-\vec{x}'\|/c$ zurückdatiert, die das Licht benötigt, um die Strecke vom Quellpunkt $\vec{x}'$ zum Aufpunkt $\vec{x}$ zu durchlaufen. Man nennt deshalb die Potentiale (7.3-113) und (7.3-114) auch die retardierten Potentiale.

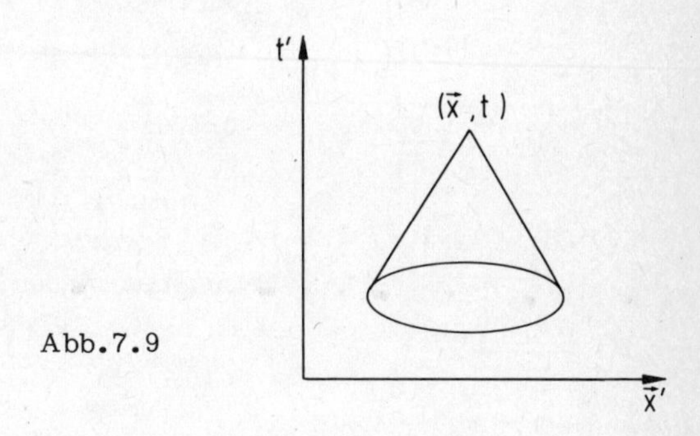

Abb.7.9

Wir wollen uns noch überzeugen, daß die retardierten Potentiale die Lorentzbedingung (7.3-95) erfüllen. Dazu schreiben wir die Potentiale in der Form (7.3-107) und bilden

$$\bar{\nabla}\cdot\bar{A} + \frac{1}{c^2}\frac{\partial V}{\partial t} = \int_{-\infty}^{+\infty} dt' \int d\tau(\vec{x}') \left[\mu_o \bar{\nabla} G(\vec{x}-\vec{x}', t-t') \cdot *\bar{J}(\vec{x}', t') + \right.$$

$$\left. + \frac{1}{c^2}\frac{\partial}{\partial t} G(\vec{x}-\vec{x}', t-t') \; \frac{*\rho(\vec{x}', t')}{\varepsilon_o} \right] =$$

$$= \mu_o \int_{-\infty}^{+\infty} dt' \int d\tau(\vec{x}') G(\vec{x}-\vec{x}', t-t') \left[\bar{\nabla}' \cdot *\bar{J}(\vec{x}', t') + \frac{\partial}{\partial t'} *\rho(\vec{x}', t')\right] = 0\,. \tag{7.3-116}$$

Die bei der partiellen Integration im Raum und in der Zeit ausintegrierten Anteile verschwinden, wie man sich an Hand der expliziten Darstellung (7.3-109) für G klarmacht. Das restliche Integral verschwindet infolge der Kontinuitätsgleichung (7.1-16). Die Argumentation setzt voraus, daß die Feldquellen für $\|\vec{x}\| \to \infty$ hinreichend stark verschwinden.

7.3.4. Das elektromagnetische Feld eines schwingenden Dipols

Wir wollen die allgemeinen Lösungen des letzten Abschnitts benutzen, um die Erzeugung elektromagnetischer Felder durch schwingende Dipole zu untersuchen. Zunächst machen wir uns klar, wie die Überlegungen des letzten Abschnitts zu modifizieren sind, wenn das Feld nicht von Strom- und Ladungsverteilungen, sondern von einer zeitabhängigen elektrischen Dipolverteilung $\bar{p}(\vec{x},t)$ erzeugt wird. Die Dipolverteilung geht über die Materialgleichung

$$\bar{D} = * \varepsilon_o \bar{E} + \bar{p} \tag{7.3-117}$$

in die homogenen Maxwellschen Gleichungen (7.1-3b) und (7.1-4b) für die Quantitätsgrößen ein:

$$\bar{\nabla} \wedge \bar{D} = 0 \qquad \Rightarrow \qquad \bar{\nabla} \wedge * \varepsilon_o \bar{E} = - \bar{\nabla} \wedge \bar{p} \,, \tag{7.3-118}$$

$$\bar{\nabla} \wedge \bar{H} - \frac{\partial \bar{D}}{\partial t} = 0 \qquad \Rightarrow \qquad \bar{\nabla} \wedge \bar{H} - * \varepsilon_o \frac{\partial \bar{E}}{\partial t} = \frac{\partial \bar{p}}{\partial t} \,. \tag{7.3-119}$$

Ein Vergleich mit (7.3-79) und (7.3-80) zeigt, daß wir die allgemeinen Lösungen (7.3-113) und (7.3-114) übernehmen können, wenn wir die Ladungsverteilung ρ durch die bereits im Kapitel 4 (s. 4.3-73a) eingeführte Polarisationsladung ρ_p:

$$\rho \mapsto \rho_p = - \bar{\nabla} \wedge \bar{p} \tag{7.3-120}$$

und die Stromverteilung $\bar{J}$ durch den Polarisationsstrom $\bar{J}_p$:

$$\bar{J} \mapsto \bar{J}_p := \frac{\partial \bar{p}}{\partial t} \tag{7.3-121}$$

ersetzen. Die Kontinuitätsgleichung (7.1-16) wird durch die Polarisationsgrößen identisch erfüllt. Setzt man die Polarisationsladung bzw. den Polarisationsstrom in (7.3-113) bzw. (7.3-114) ein, so lassen sich die Ableitungen nach dem Vorbild von (7.3-116) vor das Integral ziehen. Man erhält auf diesem Wege

$$\begin{pmatrix} \bar{A} \\ \\ V \end{pmatrix} (\vec{x},t) = \begin{pmatrix} \mu_o \frac{\partial}{\partial t} \\ \\ -\frac{1}{\varepsilon_o} \bar{\nabla} \cdot \end{pmatrix} \int d\tau\,(\vec{x}\,') \frac{1}{4\pi \|\vec{x} - \vec{x}\,'\|} * \bar{p}\left(\vec{x}\,', t - \frac{\|\vec{x} - \vec{x}\,'\|}{c}\right) . \tag{7.3-122}$$

Es ist üblich, das nach Hertz benannte Vektorfeld $\vec{Z}$

$$\vec{Z}(\vec{x},t) := \frac{1}{4\pi\varepsilon_o} \int d\tau(\vec{x}\,') \frac{1}{\|\vec{x} - \vec{x}\,'\|} * \vec{p}\left(\vec{x}\,', t - \frac{\|\vec{x} - \vec{x}\,'\|}{c}\right) \tag{7.3-123}$$

einzuführen, durch das die Potentiale in einfacher Weise ausgedrückt werden können:

$$\vec{A} = \frac{1}{c^2} \frac{\partial \vec{Z}}{\partial t} \qquad , \qquad V = - \vec{\nabla} \cdot \vec{Z} \,. \tag{7.3-124}$$

Man sieht sofort, daß die Potentiale (7.3-124) die Lorentzbedingung (7.3-95) erfüllen. Ein Vergleich von (7.3-123) mit (7.3-112) zeigt, daß das Hertzsche Vektorfeld ebenfalls einer inhomogenen Wellengleichung genügt:

$$\frac{1}{c^2}\frac{\partial^2 \vec{Z}}{\partial t^2} - \Delta \vec{Z} = \frac{*\vec{p}}{\varepsilon_o} \,. \tag{7.3-125}$$

Nach diesen allgemeinen Vorbemerkungen diskutieren wir nun das elektromagnetische Feld eines im Ursprung angebrachten elektrischen Dipols mit dem zeitabhängigen Dipolmoment $\vec{P}(t)$ genauer. Mit der Dipoldichte (s. 4.3-71)

$$*\vec{p}(\vec{x},t) = \vec{P}(t)\delta(\vec{x}) \tag{7.3-126}$$

erhalten wir aus (7.3-123) das Hertzsche Vektorfeld

$$\vec{Z}(\vec{x},t) = \frac{\vec{P}\left(t - \frac{r}{c}\right)}{4\pi\varepsilon_o r} \,, \tag{7.3-127}$$

wo $r = \|\vec{x}\|$. Von besonderem Interesse ist der Fall eines monochromatischen Dipols, der mit der konstanten Kreisfrequenz ω schwingt:

$$\vec{P}(t) = \vec{P}_o \cos \omega t = \mathrm{Re}\,\{\vec{P}_o \exp(-\,i\omega t)\} \,. \tag{7.3-128}$$

Um die Formeln zu verkürzen, geben wir im folgenden nur die komplexen Feldvektoren an, von denen jeweils der Realteil zu bilden ist, um die physikalischen Größen zu erhalten. In diesem Sinne schreiben wir für das Hertzsche Vektorfeld des monochromatischen Dipols

$$\vec{Z}(\vec{x},t) = \frac{\vec{P}_o}{4\pi\,\varepsilon_o}\,\frac{\exp[i(kr - \omega t)]}{r} \,, \tag{7.3-129}$$

wo $k = \omega/c$. Der Faktor

$$\Phi(r,t) = \frac{\exp[i(kr - \omega t)]}{r} \tag{7.3-130}$$

ist eine Lösung der homogenen Wellengleichung, wie man am einfachsten in sphärischen Polarkoordinaten nachprüft (s. 2.3-33):

$$\frac{1}{c^2}\frac{\partial^2\Phi}{\partial t^2} - \Delta\,\Phi = \frac{1}{c^2}\frac{\partial^2\Phi}{\partial t^2} - \frac{1}{r^2}\frac{\partial}{\partial r}r^2\frac{\partial\Phi}{\partial r} = 0 \,. \tag{7.3-131}$$

Er beschreibt eine Welle mit der Phase

$$\varphi_+(\vec{x},t) = k\,r - \omega t \,. \tag{7.3-132}$$

Die Flächen konstanter Phase sind Oberflächen zum Ursprung konzentrischer Kugeln, die sich mit Lichtgeschwindigkeit c in Richtung $r \to \infty$ bewegen. Man nennt diesen Wellentyp deshalb auslaufende Kugelwelle. Eine einlaufende Kugelwelle hat demnach die Phase

$$\varphi_-(\vec{x},t) = k\,r + \omega\,t\,. \qquad (7.3\text{-}133)$$

Die Kugelwellen lassen sich lokal durch ebene Wellen mit dem Ausbreitungsvektor

$$\vec{\nabla}\varphi_\pm = k\,\frac{\vec{x}}{r} = k\,\vec{e}_r =: \vec{k} \qquad (7.3\text{-}134)$$

approximieren. $\vec{e}_r$ ist der radiale Tangentenvektor in sphärischen Polarkoordinaten.

Für die elektrodynamischen Potentiale ergibt sich mit (7.3-129) aus (7.3-124)

$$\vec{A}(\vec{x},t) = -\frac{i\omega\mu_o}{4\pi}\,\vec{P}_o\,\frac{\exp[i(kr-\omega t)]}{r}\,, \qquad V(\vec{x},t) = -\frac{1}{4\pi\varepsilon_o}\,\vec{P}_o\cdot\frac{\vec{x}}{r}\,\frac{\partial}{\partial r}\,\frac{\exp[i(kr-\omega t)]}{r}\,. \qquad (7.3\text{-}135)$$

Damit erhalten wir für die magnetische Induktion

$$\vec{B} = \vec{\nabla}\wedge\vec{A} = \frac{ic\mu_o}{4\pi}\,\vec{P}_o\wedge\vec{k}\,\frac{\partial}{\partial r}\,\frac{\exp[i(kr-\omega t)]}{r} \qquad (7.3\text{-}136)$$

und für die elektrische Feldstärke

$$\vec{E} = -\frac{\partial\vec{A}}{\partial t} - \vec{\nabla}V = \frac{1}{4\pi\varepsilon_o}\left[k^2\vec{P}_o\left(1+\frac{i}{kr}-\frac{1}{(kr)^2}\right) - \vec{k}(\vec{P}_o\circ\vec{k})\left(1+\frac{3i}{kr}-\frac{3}{(kr)^2}\right)\right]\frac{\exp[i(kr-\omega t)]}{r}\,. \qquad (7.3\text{-}137)$$

Der elektrische Feldvektor liegt in der von $\vec{k}$ und $\vec{P}_o$ aufgespannten Ebene und besitzt eine Komponente in Richtung des Wellenzahlvektors $\vec{k}$. Die magnetische Feldstärke

$$\vec{H} = \frac{1}{\mu_o} * \vec{B} = \frac{ic}{4\pi} * (\vec{P}_o\wedge\vec{k})\,\frac{\partial}{\partial r}\,\frac{\exp[i(kr-\omega t)]}{r} \qquad (7.3\text{-}138)$$

ist orthogonal zu $\vec{P}_o$ und $\vec{k}$, also transversal. Eine elektromagnetische Welle mit transversalem Magnetfeld nennt man eine TM-Welle. Die Feldstärken lassen sich leicht auf sphärische Polarkoodinaten umrechnen. Mit (s. 2.1-17)

$$*\vec{P}_o\wedge\vec{k} = P_o k * \vec{e}_3\wedge\vec{e}_r = P_o k\,\frac{\vec{e}_\varphi}{r}\,, \qquad \vec{P}_o = P_o\vec{e}_3\,, \qquad (7.3\text{-}139)$$

ergibt sich zunächst

$$\vec{H} = \vec{e}_\varphi H^\varphi = \vec{e}_\varphi \frac{i\omega P_o k}{4\pi r}\left(i - \frac{1}{kr}\right)\frac{\exp[i(kr - \omega t)]}{r} , \qquad (7.3\text{-}140)$$

während die elektrische Feldstärke mit der Beziehung (s. 2.1-17)

$$\vec{e}_3 = \vec{e}_r \cos\theta - \vec{e}_\theta \frac{\sin\theta}{r} \qquad (7.3\text{-}141)$$

umgerechnet werden kann:

$$\vec{E} = \vec{e}_r E^r + \vec{e}_\theta E^\theta = \frac{k^2 P_o}{4\pi\varepsilon_o}\left[\vec{e}_r\, 2\cos\theta\left(-\frac{i}{kr} + \frac{1}{(kr)^2}\right) - \right.$$

$$\left. - \vec{e}_\theta \frac{\sin\theta}{r}\left(1 + \frac{i}{kr} - \frac{1}{(kr)^2}\right)\right]\frac{\exp[i(kr - \omega t)]}{r} . \qquad (7.3\text{-}142)$$

Der Verlauf der Feldlinien läßt sich am einfachsten in den beiden Grenzfällen $kr \ll 1$ und $kr \gg 1$ übersehen. In der Nahzone ($kr \ll 1$ bzw. $r \ll \lambda$) können wir die Potentiale (7.3-135) in der Näherung $\exp(ikr) \approx 1$ berechnen und erhalten

$$\vec{A}(\vec{x},t) = \frac{\mu_o}{4\pi r}\frac{d\vec{P}}{dt}(t) , \quad V(\vec{x},t) = -\vec{P}(t)\cdot\vec{\nabla}\frac{1}{4\pi\varepsilon_o r} , \quad kr \ll 1 . \qquad (7.3\text{-}143)$$

Die elektrische Feldstärke (7.3-142) wird durch die führenden negativen Potenzen von kr approximiert:

$$\vec{E} = \frac{P_o(t)}{4\pi\varepsilon_o r^2}\left(\vec{e}_r \frac{2\cos\theta}{r} + \vec{e}_\theta \frac{\sin\theta}{r^2}\right), \qquad kr \ll 1 . \qquad (7.3\text{-}144)$$

Ein Vergleich mit dem Feld eines statischen Dipols (s. 4.3-57 und 4.3-60) macht deutlich, daß sowohl das skalare Potential wie auch die elektrische Feldstärke in der Nahzone in quasistatischer Näherung berechnet werden können. Um den Ausdruck (7.3-143) für das Vektorpotential zu beleuchten, erinnern wie an die allgemeinen Bemerkungen über Ströme im Abschnitt 6.1.2 nach denen ein Strom mathematisch als lineares Funktional $\bar{J}(\bar{\varphi})$ über 1-Testformen $\bar{\varphi} \in \bar{D}$ aufzufassen ist. Während im stationären Fall der Diracstrom (s. 6.1-23)

$$(J,\bar{\varphi}) = I\int_C \langle\bar{\varphi}, d\vec{C}\rangle \qquad (7.3\text{-}145)$$

die einfachste Stromverteilung ist, kann man mit einem an einem Punkt $\vec{a}$ des Raumes angebrachten zeitabhängigen Dipolmoment eine ähnlich elementare Stromverteilung definieren:

$$(J, \bar{\varphi}) = \langle \bar{\varphi}(\vec{a}), \frac{d\vec{P}}{dt} \rangle . \qquad (7.3\text{-}146)$$

Wie dem Diracstrom (s. 6.1-26) kann man auch dem Strom (7.3-146) eine 2-Form $\bar{J}$ zuordnen:

$$\bar{J} = \left(\frac{dP^1}{dt} \bar{e}^2 \wedge \bar{e}^3 + \frac{dP^2}{dt} \bar{e}^3 \wedge \bar{e}^1 + \frac{dP^3}{dt} \bar{e}^1 \wedge \bar{e}^2 \right) \delta(x - a) , \qquad (7.3\text{-}147)$$

die der Bedingung

$$(J, \bar{\varphi}) = \int \langle \bar{J} \wedge \bar{\varphi}, dK \rangle = \langle \bar{\varphi}(\vec{a}), \frac{d\vec{P}}{dt} \rangle \qquad (7.3\text{-}148)$$

genügt. Mit der Abbildung $*$ erhält man aus (7.3-147) in Übereinstimmung mit (7.3-121) und (7.3-126)

$$* \vec{J} = \frac{d\vec{P}}{dt} \delta(\vec{x} - \vec{a}) . \qquad (7.3\text{-}149)$$

Ein Vergleich von (7.3-145) und (7.3-146) zeigt, daß man die magnetischen Feldgrößen eines zeitabhängigen Dipolmoments in quasistatischer Näherung aus den entsprechenden Ausdrücken für einen Diracstrom erhält, wenn man ihn durch ein stromführendes Kurvenelement ersetzt und die Substitution

$$I \, d\vec{C} \mapsto \frac{d\vec{P}}{dt} \qquad (7.3\text{-}150)$$

vornimmt. Die magnetische Feldstärke (7.3-138) in der Nahzone

$$\vec{H} = \frac{1}{4\pi} * \left(\frac{d\vec{P}}{dt} \wedge \frac{\vec{x}}{r^3} \right) , \qquad kr \ll 1 \qquad (7.3\text{-}151)$$

ist dann identisch mit dem Gesetz von Biot-Savart (s. 6.2-5) für das Stromelement (7.3-150).

In der Fernzone ($kr \gg 1$ bzw. $r \gg \lambda$) überwiegen die Glieder mit den niedrigsten Potenzen in $1/kr$. Die führenden Terme für die Felder $\vec{B}$ und $\vec{E}$ sind (s. 7.3-136 und 7.3-137)

$$\vec{B} = \frac{\omega\mu_o}{4\pi} \vec{k} \wedge \vec{P}_o \frac{\exp[i(kr - \omega t)]}{r} , \qquad kr \gg 1 , \qquad (7.3\text{-}152)$$

$$\vec{E} = \frac{1}{4\pi\varepsilon_o} \left\{ k^2\vec{P}_o - \vec{k}(\vec{P}_o \cdot \vec{k}) \right\} \frac{\exp[i(kr - \omega t)]}{r} = c \, \vec{B} \cdot \vec{n} , \qquad kr \gg 1 . \qquad (7.3\text{-}153)$$

In der Fernzone ist sowohl die elektrische als auch die magnetische Feldstärke transversal:

$$\vec{B} = \frac{1}{c}\vec{n} \wedge \vec{E} \quad \Rightarrow \quad \vec{H} = \frac{1}{Z_o} * (\vec{n} \wedge \vec{E}) \quad , \qquad kr \gg 1 \,. \tag{7.3-154}$$

Eine Welle mit transversaler elektrischer und magnetischer Feldstärke wird TEM-Welle genannt. Ebene Wellen sind TEM-Wellen, und tatsächlich nehmen die Kugelwellen mit wachsendem Abstand vom felderzeugenden Dipol immer mehr den Charakter von ebenen Wellen an.

Um einen Überblick über den Verlauf der Feldlinien in der Fernzone zu gewinnen, gehen wir von der Darstellung der Felder in Polarkoordinaten aus (s. 7.3-140 und 7.3-142)

$$\vec{H} = -\frac{\vec{e}_\varphi}{r}\;\frac{P_o k\omega}{4\pi}\;\frac{\exp[i(kr - \omega t)]}{r} \quad , \qquad kr \gg 1 \tag{7.3-155}$$

$$\vec{E} = -\frac{\vec{e}_\theta}{r}\;\frac{P_o k^2 \sin\theta}{4\pi\varepsilon_o}\;\frac{\exp[i(kr - \omega t)]}{r} \quad , \qquad kr \gg 1 \,. \tag{7.3-156}$$

In Abb.7.10 ist der Verlauf der Feldlinien in einem Phasenintervall

$$2\pi n \leqslant \varphi = kr - \omega t \leqslant 2\pi(n + 1)$$

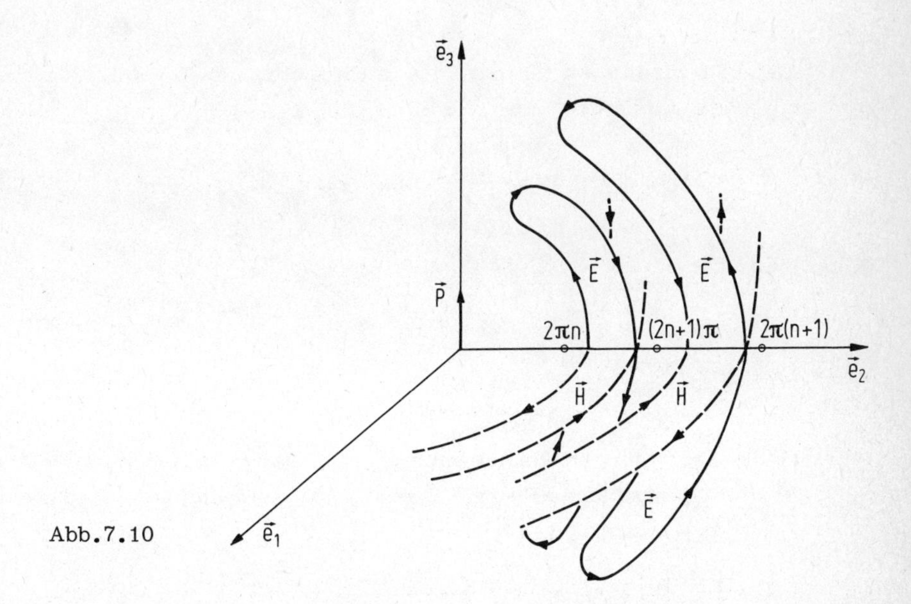

Abb.7.10

schematisch dargestellt. Das entspricht einem räumlichen Intervall von einer Wellenlänge. Die elektrischen Feldlinien sind im Schnitt der Kugelschale mit der von $\vec{e}_2$ und $\vec{e}_3$ aufgespannten Ebene eingezeichnet, die magnetischen Feldlinien im Schnitt mit der von $\vec{e}_1$ und $\vec{e}_2$ aufgespannten Ebene. Im Intervall einer Wellenlänge treten zwei Scharen von geschlossenen Feldlinien mit entgegengesetzter Orientierung auf.

Nah- und Fernzone unterscheiden sich wesentlich im Verhalten der Energiestromdichte. In der Nahzone ist der Realteil von (7.3-144) proportional zu $\cos\omega t$, während der Realteil von (7.3-151) wegen der zeitlichen Ableitung proportional zu $\sin\omega t$ ist. Infolgedessen verschwindet der zeitliche Mittelwert der Energiestromdichte über eine Periode $T = 2\pi/\omega$:

$$\vec{S} = \vec{E} \wedge \vec{H} \sim \sin 2\omega t \quad \Rightarrow \quad \langle\vec{S}\rangle := \frac{1}{T}\int_t^{t+T} \vec{S}(t')dt' = 0\,, \quad kr \ll 1\,. \tag{7.3-157}$$

Anders in der Fernzone. Mit (7.3-155) und (7.3-156) erhalten wir

$$\vec{S} = \vec{E} \wedge \vec{H} = \frac{P_o^2 k^3 \omega \sin^2\theta}{16\pi^2 \varepsilon_o r^2} \; \frac{\vec{e}_\theta \wedge \vec{e}_\varphi}{r^2 \sin\theta} \cos^2(kr - \omega t)\,, \quad kr \gg 1 \tag{7.3-158}$$

und für den Mittelwert über eine Periode

$$\langle\vec{S}\rangle = \frac{P_o^2 k^3 \omega \sin^2\theta}{32\pi^2 \varepsilon_o r^2} \; \frac{\vec{e}_\theta \wedge \vec{e}_\varphi}{r^2 \sin\theta}\,, \quad kr \gg 1\,. \tag{7.3-159}$$

Pro Zeiteinheit wird im Mittel in das Raumwinkelelement $d\Omega = \sin\theta\, d\theta\, d\varphi$ die Energie

$$\langle\vec{S}\rangle \cdot (\vec{e}_\theta \wedge \vec{e}_\varphi) d\theta\, d\varphi = \frac{P_o^2 k^3 \omega}{32\pi^2 \varepsilon_o} \sin^2\theta\, d\Omega =: dP \tag{7.3-160}$$

abgestrahlt. Die Winkelverteilung

$$\frac{dP}{d\Omega} = \frac{P_o^2 k^3 \omega}{32\pi^2 \varepsilon_o} \sin^2\theta \tag{7.3-161}$$

ist charakteristisch für die Dipolstrahlung. In Richtung des felderzeugenden Dipolmoments $(\theta = 0)$ wird keine Energie abgestrahlt. Insgesamt wird die Leistung

$$P = \int \frac{dP}{d\Omega}\, d\Omega = \frac{P_o^2 k^3 \omega}{12\pi\varepsilon_o} = \frac{P_o^2 k^4 c^2 Z_o}{12\pi} \tag{7.3-162}$$

abgegeben. Die Unabhängigkeit der Winkelverteilung (7.3-161) vom Abstand r ist darauf zurückzuführen, daß sich die Feldstärken (7.3-155) und (7.3-156) für $r \to \infty$ wie $O(1/r)$ verhalten, während in der Nahzone das elektrische Feld (7.3-144) mit $1/r^3$ und das magnetische Feld (7.3-151) mit $1/r^2$ abfällt. An Hand des asymptotischen Verhaltens kann man Strahlungsfelder von quasistatischen bzw. quasistationären Feldern unterscheiden. In der Zwischenzone ist die scheinbare Phasengeschwindigkeit größer als c, wie man sich z.B. an Hand des exakten Ausdrucks (7.3-136) für das Induktionsfeld klarmachen kann, wenn man ihn in der Form

$$\vec{B} = \frac{(-i)\omega\mu_o}{4\pi}\, \vec{P}_o \wedge \vec{k} \sqrt{1 + \frac{1}{k^2 r^2}}\; \frac{\exp[i(kr - \operatorname{arctg} kr - \omega t)]}{r} \tag{7.3-163}$$

schreibt. Die Flächen

$$\varphi = kr - \operatorname{arctg} kr - \omega t = \text{const}$$

bewegen sich mit der Geschwindigkeit

$$\frac{dr}{dt} = c\left(1 + \frac{1}{k^2 r^2}\right) . \tag{7.3-164}$$

Auch die Abstrahlung eines physikalischen Dipols

$$\frac{d\vec{P}}{dt} \Leftrightarrow I(t)\,\vec{\ell} \tag{7.3-165}$$

kann nach (7.3-162) berechnet werden, vorausgesetzt daß die Länge des Dipols sehr klein gegen die Wellenlänge ist, $\|\vec{\ell}\| = \ell \ll \lambda$. Ist $I(t)$ ein Wechselstrom

$$I(t) = I_o \cos \omega t , \tag{7.3-166}$$

so gilt

$$-\omega \vec{P}_o \Leftrightarrow I_o \vec{\ell} . \tag{7.3-167}$$

Damit erhalten wir aus (7.3-162)

$$P = I_o^{\,2} \frac{\pi}{3} \left(\frac{\ell}{\lambda}\right)^2 Z_o =: I_{eff}^{\,2} R_S , \tag{7.3-168}$$

wo

$$I_{eff}^{\,2} := \langle I^2(t) \rangle = \frac{I_o^{\,2}}{2} \tag{7.3-169}$$

der Mittelwert von $I^2(t)$ ist. Die Beziehung (7.3-168) vergleicht den Energieverlust durch Abstrahlung mit dem Energieverlust durch Umsetzung in Wärme. Der Widerstand

$$R_S := \frac{2\pi}{3}\left(\frac{\ell}{\lambda}\right)^2 Z_o \approx 789\left(\frac{\ell}{\lambda}\right)^2 \Omega\,, \qquad \ell \ll \lambda$$

(s. 7.3-25) wird Strahlungswiderstand genannt. Die Abstrahlung von einer linearen, metallischen Antenne läßt sich ebenfalls nach (7.3-168) bestimmen, falls $\ell \ll \lambda$. Dabei ist zu beachten, daß der Strom in der Mitte der Antenne eingespeist wird und zu den offenen Enden bis auf Null abfällt (Abb.7.11). Wir nehmen eine sinusförmige räumliche Verteilung des Speisestromes an (s. Abb.7.11) und definieren den effektiven Strom durch den räumlichen Mittelwert des Speisestroms I^S_{eff}

$$I_{eff} = \frac{2}{\pi} I^S_{eff}\,. \tag{7.3-170}$$

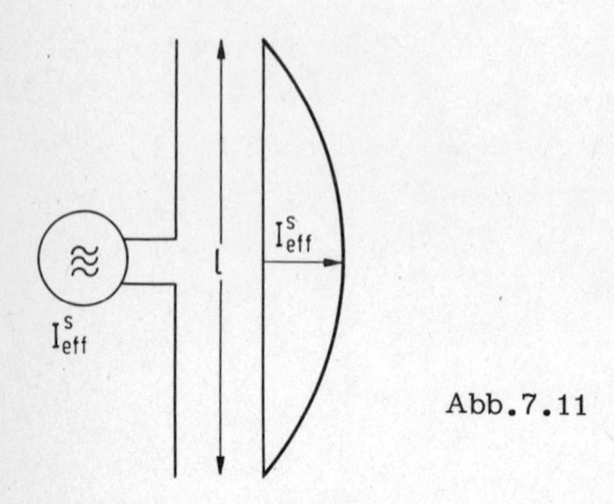

Abb.7.11

Damit ergibt sich aus (7.3-168)

$$P = \left(I^S_{eff}\right)^2 \frac{8}{3\pi}\left(\frac{\ell}{\lambda}\right)^2 Z_o =: \left(I^S_{eff}\right)^2 R_S\,, \qquad \ell \ll \lambda\,. \tag{7.3-171}$$

Tatsächlich stimmt das Strahlungsfeld einer linearen Antenne bis zu einer Länge $\ell = \lambda/2$ in etwa mit dem Feld eines Dipols überein.

Das elektromagnetische Feld einer magnetischen Dipoldichte $\bar{m}(\vec{x},t)$ kann auf das Feld einer elektrischen Dipoldichte zurückgeführt werden. Die Maxwellschen Gleichungen (7.1-3) - (7.1-4) und die Materialgleichungen (7.1-7) sind nämlich für $\rho = 0$ und $\bar{J} = 0$ invariant unter der Abbildung

$$\begin{aligned} &\bar{E} \mapsto Z_o \bar{H} \quad , \quad \bar{H} \mapsto -\frac{1}{Z_o}\bar{E} \quad , \quad \bar{p} \mapsto \frac{1}{c} * \bar{m} \\ &\bar{B} \mapsto -Z_o \bar{D} \quad , \quad \bar{D} \mapsto \frac{1}{Z_o}\bar{B} \quad , \quad \bar{m} \mapsto -c * \bar{p}\,. \end{aligned} \tag{7.3-172}$$

Folglich erhalten wir den Energiestrom $\vec{S} = \bar{E} \wedge \bar{H}$ eines im Ursprung angebrachten magnetischen Dipols mit der Dichte

$$* \vec{m}(\vec{x},t) = \vec{M}(t)\,\delta(\vec{x}) \tag{7.3-173}$$

aus dem Energiestrom eines an gleicher Stelle befindlichen elektrischen Dipols mit der Dipoldichte (7.3-126) durch die Substitution

$$\vec{P}(t) \mapsto * \frac{1}{c}\vec{M}(t) . \tag{7.3-174}$$

Ein mit der Amplitude M_o und der Kreisfrequenz ω schwingender magnetischer Dipol strahlt also nach (7.3-162) die Leistung

$$P = \frac{M_o^2 k^4 Z_o}{12\pi} \tag{7.3-175}$$

ab. Das Feld eines magnetischen Dipols ist (s. 7.3-172) durch transversale elektrische Wellen (TE-Wellen) charakterisiert. In der Strahlungszone stimmt es mit dem Feld einer Leiterschleife überein, in die ein Wechselstrom (7.3-166) eingespeist wird. Voraussetzung ist natürlich, daß die Abmessungen der Schleife sehr klein gegen die Wellenlänge sind. Eine quadratische Schleife mit der Kantenlänge ℓ hat nach (6.2-54) das magnetische Moment $M_o = I_o \ell^2$. Sie strahlt die Leistung

$$P = I_{eff}^2 \frac{8\pi^3}{3}\left(\frac{\ell}{\lambda}\right)^4 Z_o =: I_{eff}^2 R_S , \qquad \ell \ll \lambda \tag{7.3-176}$$

ab. Ein Vergleich mit (7.3-168) zeigt, daß eine Rahmenantenne wesentlich weniger Leistung abstrahlt als eine lineare Antenne. Man kann den quadratischen Rahmen durch eine Anordnung von vier elektrischen Dipolen längs seiner Kanten ersetzen, die paarweise entgegengesetzt orientiert sind. Das Strahlungsfeld der Rahmenantenne ist das nichtkompensierte Restfeld der vier Dipole.

7.3.5. Das quasistationäre Feld

Nachdem wir die exakten Lösungen der Maxwellschen Gleichungen mit und ohne Quellen ausführlich diskutiert haben, entwickeln wir ein systematisches Näherungsverfahren, im Rahmen dessen die im Abschnitt 7.2 eingeführten Begriffe quasistatisch und quasistationär präziser gefaßt werden können. Wir erläutern das Verfahren am Beispiel der Maxwellschen Gleichungen im Vakuum mit zeitabhängigen Quellen. Sie lauten

$$\begin{aligned} &\bar{\nabla} \wedge \bar{E} + \frac{\partial \bar{B}}{\partial t} = 0 \quad , \quad \bar{\nabla} \wedge \bar{D} = \rho \quad , \quad \bar{D} = * \varepsilon_o \bar{E} \\ &\bar{\nabla} \wedge \bar{H} = \bar{J} + \frac{\partial \bar{D}}{\partial t} \quad , \quad \bar{\nabla} \wedge \bar{B} = 0 \quad , \quad \bar{H} = * \frac{1}{\mu_o} \bar{B} . \end{aligned} \tag{7.3-177}$$

Wir entwickeln nun alle Feldgrößen nach dem Muster

$$\bar{E} = \bar{E}^{(o)} + \bar{E}^{(1)} + \bar{E}^{(2)} + \ldots \tag{7.3-178}$$

und bestimmen die nullte Näherung aus den Feldgleichungen (7.1-1) - (7.1-2) für zeitunabhängige Felder. Dabei ist zu beachten, daß wir nicht

$$\bar{\nabla} \wedge \bar{H}^{(o)} = \bar{J}$$

verlangen können, weil die Stromverteilung $\bar{J}$ infolge der Kontinuitätsgleichung

$$\bar{\nabla} \wedge \bar{J} + \frac{\partial \rho}{\partial t} = 0 \tag{7.3-179}$$

i.a. nicht transversal ist. Es bleibt die Möglichkeit, die Stromverteilung $\bar{J}$ nach dem Vorbild von (7.3-91) in einen transversalen und einen longitudinalen Anteil zu zerlegen:

$$\bar{J} = \bar{J}_{\perp} + \bar{J}_{\parallel} \tag{7.3-180}$$

und die nullte Näherung aus den Feldgleichungen

$$\begin{aligned} &\bar{\nabla} \wedge \bar{E}^{(o)} = 0 \quad , \quad \bar{\nabla} \wedge \bar{D}^{(o)} = \rho \quad , \quad \bar{D}^{(o)} = * \, \varepsilon_o \bar{E}^{(o)} \, , \\ &\bar{\nabla} \wedge \bar{H}^{(o)} = \bar{J}_{\perp} \quad , \quad \bar{\nabla} \wedge \bar{B}^{(o)} = 0 \quad , \quad \bar{H}^{(o)} = * \frac{1}{\mu_o} \bar{B}^{(o)} \end{aligned} \tag{7.3-181}$$

zu bestimmen. Die vernachlässigten Glieder $\partial\bar{B}/\partial t$, $\partial\bar{D}/\partial t$ und $\bar{J}_{\parallel}$ werden als Störterme aufgefaßt, nach deren Potenzen die Reihen (7.3-178) fortschreiten. Die erste Zeile von (7.3-181) beschreibt die quasistatische Näherung.

Die erste Ordnung der Feldgrößen ist in diesem Sinne aus den Feldgleichungen

$$\begin{aligned} &\bar{\nabla} \wedge \bar{E}^{(1)} + \frac{\partial \bar{B}^{(o)}}{\partial t} = 0 \quad , \quad \bar{\nabla} \wedge \bar{D}^{(1)} = 0 \quad , \quad \bar{D}^{(1)} = * \, \varepsilon_o \bar{E}^{(1)} \, , \\ &\bar{\nabla} \wedge \bar{H}^{(1)} = \bar{J}_{\parallel} + \frac{\partial \bar{D}^{(o)}}{\partial t} \quad , \quad \bar{\nabla} \wedge \bar{B}^{(1)} = 0 \quad , \quad \bar{H}^{(1)} = * \frac{1}{\mu_o} \bar{B}^{(1)} \end{aligned} \tag{7.3-182}$$

zu berechnen. Nun ist

$$\bar{J}_{\parallel} + \frac{\partial \bar{D}^{(o)}}{\partial t} = 0 \, , \tag{7.3-183}$$

denn einerseits folgt aus (7.3-181) und der Kontinuitätsgleichung (7.3-179)

$$\bar{\nabla} \wedge \left(\bar{J}_{\parallel} + \frac{\partial \bar{D}^{(o)}}{\partial t} \right) = 0 \, .$$

Andererseits ist auch (s. 7.3-92)

$$\bar{\nabla} \cdot \left(\bar{J}_{\parallel} + \frac{\partial \bar{D}^{(o)}}{\partial t} \right) = 0 \, . \tag{7.3-184}$$

Damit verschwinden die magnetischen Feldgrößen in erster Ordnung:

$$\bar{H}^{(1)} = 0 \ , \quad \bar{B}^{(1)} = 0 \ . \tag{7.3-185}$$

Für die elektrischen Feldgrößen erhalten wir dagegen mit $\bar{B}^{(o)} = \bar{\nabla} \wedge \bar{A}^{(o)}$

$$\bar{E}^{(1)} = -\frac{\partial \bar{A}^{(o)}}{\partial t} \ , \quad \bar{D}^{(1)} = - * \varepsilon_o \frac{\partial \bar{A}^{(o)}}{\partial t} \ , \quad \bar{\nabla} \cdot \bar{A}^{(o)} = 0 \ . \tag{7.3-186}$$

Betrachten wir nun die zweite Ordnung

$$\begin{aligned} &\bar{\nabla} \wedge \bar{E}^{(2)} + \frac{\partial \bar{B}^{(1)}}{\partial t} = 0 \ , \quad \bar{\nabla} \wedge \bar{D}^{(2)} = 0 \ , \quad \bar{D}^{(2)} = * \varepsilon_o \bar{E}^{(2)} \ , \\ &\bar{\nabla} \wedge \bar{H}^{(2)} = \frac{\partial \bar{D}^{(1)}}{\partial t} \ , \quad \bar{\nabla} \wedge \bar{B}^{(2)} = 0 \ , \quad \bar{H}^{(2)} = * \frac{1}{\mu_o} \bar{B}^{(2)} \ . \end{aligned} \tag{7.3-187}$$

Wegen (7.3-185) verschwinden die elektrischen Größen:

$$\bar{E}^{(2)} = 0 \ , \quad \bar{D}^{(2)} = 0 \ . \tag{7.3-188}$$

Die magnetischen Größen lassen sich aus dem Vektorpotential $\bar{A}^{(2)}$ ableiten, für das wir mit (7.3-186) die Differentialgleichung

$$\bar{\nabla} \cdot (\bar{\nabla} \wedge \bar{A}^{(2)}) = -\frac{1}{c^2} \frac{\partial^2 \bar{A}^{(o)}}{\partial t^2} \tag{7.3-189}$$

erhalten.

Wir stellen nun fest, daß die Feldgrößen

$$\begin{aligned} &\bar{E} = \bar{E}^{(o)} + \bar{E}^{(1)} \ , \quad \bar{D} = \bar{D}^{(o)} + \bar{D}^{(1)} \ , \\ &\bar{H} = \bar{H}^{(o)} \ , \quad \bar{B} = \bar{B}^{(o)} \end{aligned} \tag{7.3-190}$$

den Feldgleichungen

$$\begin{aligned} &\bar{\nabla} \wedge \bar{E} + \frac{\partial \bar{B}}{\partial t} = 0 \ , \quad \bar{\nabla} \wedge \bar{D} = \rho \ , \quad \bar{D} = * \varepsilon_o \bar{E} \\ &\bar{\nabla} \wedge \bar{H} = \bar{J} + \frac{\partial \bar{D}^{(o)}}{\partial t} \ , \quad \bar{\nabla} \wedge \bar{B} = 0 \ , \quad \bar{H} = * \frac{1}{\mu_o} \bar{B} \end{aligned} \tag{7.3-191}$$

genügen, die sich von den exakten Maxwellschen Gleichungen (7.3-177) dadurch unterscheiden, daß nur der quasistatische Verschiebungsstrom berücksichtigt wird. Feldgleichungen und Feldgrößen in dieser Näherung nennen wir quasistationär.

Ein Vergleich von (7.3-189) mit (7.3-177) zeigt, daß ein Feld unter der Voraussetzung

$$\left\| \frac{1}{c^2} \frac{\partial^2 \bar{A}^{(o)}}{\partial t^2} \right\| \ll \left\| \mu_o \bar{J}_\perp \right\| \Leftrightarrow \left\| \frac{\partial \bar{D}^{(1)}}{\partial t} \right\| \ll \left\| \bar{J}_\perp \right\| = \left\| \bar{J} + \frac{\partial \bar{D}^{(o)}}{\partial t} \right\| \tag{7.3-192}$$

als quasistationär angesehen werden kann, wenn also der erste und die weiteren höheren Terme des Verschiebungsstroms gegenüber der Summe von eingeprägtem Strom und quasistatischem Verschiebungsstrom vernachlässigt werden können. Im Abschnitt 8.2.1 werden wir darüber hinaus sehen, daß der Verschiebungsstrom in metallischen Leitern unterhalb des Bereichs optischer Frequenzen stets klein gegenüber dem Leitungsstrom ist

$$\left\| \frac{\partial \bar{D}}{\partial t} \right\| \ll \| \bar{J} \| .$$

In diesem Fall kann man in der quasistationären Näherung (7.3-191) auch noch auf den quasistatischen Verschiebungsstrom $\partial \bar{D}^{(o)}/\partial t$ verzichten.

Aus (7.3-181) und (7.3-186) ergibt sich

$$\bar{A}^{(o)}(\vec{x},t) = \frac{\mu_o}{4\pi} \int d\tau(\vec{x}') \frac{* \bar{J}_\perp(\vec{x}',t)}{\|\vec{x} - \vec{x}'\|} \tag{7.3-193}$$

und

$$\frac{1}{c^2} \frac{\partial^2 \bar{A}^{(o)}}{\partial t^2}(\vec{x},t) = \frac{\mu_o}{4\pi} \int d\tau(\vec{x}') \frac{1}{\|\vec{x} - \vec{x}'\|} \frac{1}{c^2} \frac{\partial^2 * \bar{J}_\perp}{\partial t^2}(\vec{x}',t) . \tag{7.3-194}$$

Andererseits folgt aus der vollständigen Lösung in der Coulombeichung (s. 7.3-88 und 7.3-114)

$$\bar{A}(\vec{x},t) = \frac{\mu_o}{4\pi} \int d\tau(\vec{x}') \frac{* \bar{J}_\perp\left(\vec{x}', t - \frac{\|\vec{x}-\vec{x}'\|}{c}\right)}{\|\vec{x}-\vec{x}'\|} = \bar{A}^{(o)}(\vec{x},t) + \bar{A}^{(2)}(\vec{x},t) + \dots , \tag{7.3-195}$$

wo

$$\bar{A}^{(2)}(\vec{x},t) = \frac{\mu_o}{4\pi} \frac{1}{2} \int d\tau(\vec{x}') \|\vec{x} - \vec{x}'\| \frac{1}{c^2} \frac{\partial^2 * \bar{J}_\perp}{\partial t^2}(\vec{x}',t) . \tag{7.3-196}$$

Mit Hilfe der Beziehung

$$\Delta \|\vec{x} - \vec{x}'\| = \frac{2}{\|\vec{x} - \vec{x}'\|} \tag{7.3-197}$$

überzeugt man sich, daß (7.3-196) die Differentialgleichung (7.3-189) in der Coulombeichung löst, $\bar{A}^{(2)}$ also die ersten auf die Retardierung zurückzuführenden Korrekturen liefert. Quasistationär rechnen heißt demnach, die Retardierung vernachlässigen. Die Bedingung (7.3-192) liefert mit (7.3-193) dafür ein einfaches Kriterium:

$$\left\| \int d\tau(\vec{x}\,') \frac{1}{4\pi \|\vec{x} - \vec{x}\,'\|} \frac{1}{c^2} \frac{\partial^2 * \bar{J}_\perp}{\partial t^2}(\vec{x}\,', t) \right\| \ll \|\bar{J}_\perp(\vec{x}, t)\| . \qquad (7.3\text{-}198)$$

Hat $\bar{J}_\perp$ einen beschränkten Träger und liegt der Aufpunkt $\vec{x}$ im Quellgebiet, so kann man (7.3-198) durch

$$\left| \frac{d^2}{c^2} \frac{d^2 J(t)}{dt^2} \right| \ll J(t) \qquad (7.3\text{-}199)$$

ersetzen. Hier ist $J(t)$ der Mittelwert von $\|\bar{J}_\perp(\vec{x}, t)\|$ und d eine charakteristische Länge von der Größenordnung der Abmessungen des Trägers. Man kann in Bereichen quasistationär rechnen, deren Ausdehnung sehr klein gegenüber der Entfernung ist, die das Licht in einem Zeitintervall zurücklegt, in dem sich die Stromverteilung wesentlich ändert. Bei einer periodisch von der Zeit abhängigen Stromverteilung ist die Dauer einer Periode $T = 2\pi/\omega$ ein Zeitintervall dieser Größenordnung, so daß die quasistationäre Näherung im Bereich

$$d \ll \frac{2\pi c}{\omega} \qquad (7.3\text{-}200)$$

angewendet werden kann.

Aufgaben

7.1 Im Vakuum befinden sich n Leiter L_i $(i = 1, \ldots, n)$ mit den Gesamtladungen Q_i:

$$\int_{\partial L_i} \langle \bar{D}, d\vec{F} \rangle = Q_i \quad , \quad i = 1, \ldots, n . \qquad (1)$$

Der Außenraum der Leiter ist frei von Raumladungen, so daß

$$\bar{\nabla} \wedge \bar{D} = 0 \quad , \quad \forall \vec{x} \in V^3 - \bigcup_{i=1}^{n} L_i . \qquad (2)$$

Zeigen Sie, daß die Bedingungen

$$\bar{E} = \bar{\nabla} \lambda \quad , \quad \lambda = \mu_i = \text{const} \quad , \quad \forall \vec{x} \in \partial L_i \; , \quad i = 1, \ldots, n \; , \qquad (3)$$

notwendig sind, damit die elektrische Feldenergie unter den Nebenbedingungen (1) und (2) ein Minimum annimmt (Thomsonsches Prinzip der Elektrostatik). Hier ist $\lambda = \lambda(\vec{x})$ eine 0-Form.

Hinweis: Bilden Sie die erste Variation der elektrischen Feldenergie unter den Nebenbedingungen (1) und (2) nach der Lagrangeschen Multiplikatorenmethode. Die Multiplikatoren sind die 0-Form λ und die Konstanten μ_i $(i = 1,\dots,n)$.

7.2 Gegeben ist ein Schwingkreis, der aus einem idealen Kreisplattenkondensator und einer Spule mit kreisförmigem Querschnitt besteht. Der Plattenabstand d des Kondensators ist klein gegenüber dem Plattenradius a, der Radius b der Spule klein gegenüber der Spulenlänge ℓ (s. Abb.7.12). Die Spule hat n Windungen pro Längeneinheit. Zur Zeit $t = 0$ liegt am Kondensator die Spannung U_o, und es fließt kein Strom.

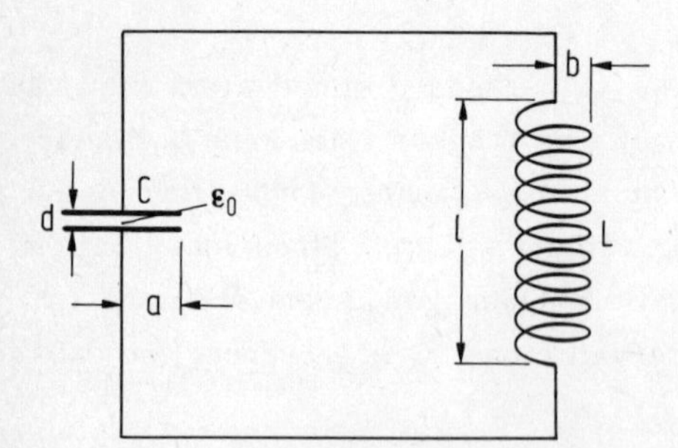

Abb.7.12

a) Drücken Sie die Gesamtenergie der Anordnung mit Hilfe der Kapazität C des Kondensators und der Selbstinduktivität L der Spule als Funktion der Plattenladung $Q(t)$ $(Q(0) = C\,U_o)$ und des Stroms $I(t)$ aus. Leiten Sie aus dem Energiesatz eine Differentialgleichung für $Q(t)$ ab und berechnen Sie den Strom sowie die Spannung am Kondensator und an der Spule als Funktion der Zeit.

b) Berechnen Sie die elektrische und die magnetische Feldstärke im Innenraum der Spule und des Kondensators in quasistationärer Näherung (s. 7.3-191).

Hinweis: Vernachlässigen Sie die Randstörungen und betrachten Sie das elektrische Feld im Kondensator sowie das magnetische Feld in der Spule als homogen.

c) Bestimmen Sie die Energiestromdichte $\bar{S}$ im Innenraum von Spule und Kondensator und berechnen Sie die pro Zeiteinheit aus dem jeweiligen Feldraum austretende Energie $P(t)$. Vergleichen Sie die Energieänderung des Kondensators mit der Änderung der Spulenenergie.

d) Berechnen Sie die im Zeitintervall von $t = 0$ bis $t = T/4$ $(T = 2\pi\sqrt{LC})$ von Kondensator und Spule abgegebene Energie, und vergleichen Sie sie mit dem jeweiligen maximalen Wert der Feldenergie.

7.3 Schreiben Sie die allgemeine Lösung (7.3-59) der homogenen Maxwellschen Gleichungen im Vakuum für die elektrische Feldstärke als Überlagerung von zirkular polarisierten ebenen Wellen mit positivem und negativem Drehsinn:

$$(\vec{E} + i\vec{F})^{(+)}(\vec{k}) = \sqrt{\frac{\omega(\vec{k})}{2\varepsilon_o}}\left[a_+(\vec{k})\,\vec{\varepsilon}_+(\vec{k}) + a_-(\vec{k})\vec{\varepsilon}_-(\vec{k})\right],\ \omega(\vec{k}) = \|\vec{k}\|\,c,\ a_\pm(\vec{k}) \in \mathbb{C}. \tag{1}$$

Hier sind $\vec{\varepsilon}_\pm(\vec{k})$ die Vektoren (7.3-47)

$$\vec{\varepsilon}_\pm(\vec{k}) = \frac{1}{\sqrt{2}}\left[\vec{\varepsilon}_1(\vec{k}) \pm i\,\vec{\varepsilon}_2(\vec{k})\right]. \tag{2}$$

$(\vec{\varepsilon}_1(\vec{k}),\ \vec{\varepsilon}_2(\vec{k}),\ \vec{k}/\|\vec{k}\|)$ ist eine orientierte orthonormale Basis von V^3. Der entsprechende Ansatz für die magnetische Feldstärke folgt aus (1) mit (7.3-37).

a) Drücken Sie die gesamte Feldenergie

$$W = \frac{1}{2}\int_{V^3} (\langle\bar{E}\wedge\bar{D},dK\rangle + \langle\bar{H}\wedge\bar{B},dK\rangle) \tag{3}$$

durch die Amplituden $a_\pm(\vec{k})$ aus.

Hinweis: Verwenden Sie zur Berechnung von W das komplexe Vektorfeld $\vec{E} + i\sqrt{Z_o}\ \vec{H}$, wo Z_o der Wellenwiderstand des Vakuums ist.

b) Zeigen Sie, daß das Ergebnis von a) durch eine lineare Transformation $a_\pm(\vec{k}) \mapsto (p_\pm(\vec{k}), q_\pm(\vec{k}))$ in die Form

$$W = \int d\tau(\vec{k})\left\{\frac{1}{2}\left[p_+(\vec{k})^2 + \omega^2(\vec{k})q_+(\vec{k})^2\right] + \frac{1}{2}\left[p_-(\vec{k})^2 + \omega^2(\vec{k})q_-(\vec{k})^2\right]\right\},$$
$$p_\pm(\vec{k}),\ q_\pm(\vec{k}) \in \mathbb{R}, \tag{4}$$

überführt werden kann. Aus (4) folgt, daß das freie elektromagnetische Feld als System von unendlich vielen harmonischen Oszillatoren mit den Impulsen $p_\pm(\vec{k})$, den Koordinaten $q_\pm(\vec{k})$ und den Frequenzen $\omega(\vec{k})$ aufgefaßt werden kann.

7.4 a) Zeigen Sie, daß das statische elektrische Feld einer im Ursprung angebrachten Punktladung das einzige O(3)-invariante elektromagnetische Feld ist, das außerhalb des Ursprungs den homogenen Maxwellschen Gleichungen genügt.

Hinweis: Der allgemeinste Ansatz für O(3)-invariante 1-Formen lautet in sphärischen Polarkoordinaten (r,θ,φ)

$$\bar{E}(\vec{x},t) = E_r(r,t)\bar{e}^r, \qquad \bar{H}(\vec{x},t) = H_r(r,t)\bar{e}^r. \tag{1}$$

Den Ansatz für die 2-Formen $\bar{D}$ und $\bar{B}$ erhält man aus (1), wenn man beachtet, daß der $*$-Operator mit den Abbildungen von O(3) vertauscht. Die Behauptung folgt durch Einsetzen der O(3)-invarianten Feldgrößen in die Maxwellschen Gleichungen und die Materialgleichungen. Ein statisches magnetisches Feld eines im Ursprung angebrachten Monopols existiert nicht, weil die Feldgleichung $\bar{\nabla} \wedge \bar{B} = 0$ in jeder Umgebung des Ursprungs erfüllt werden muß.

b) Betrachten Sie nun Lösungen der homogenen Feldgleichungen, die invariant sind unter Drehungen um eine Achse. Lassen Sie die Achse eines Systems von sphärischen Polarkoordinaten mit der Drehachse zusammenfallen und geben Sie die allgemeinsten Ansätze für die drehinvarianten Feldgrößen an. Stellen Sie die Differentialgleichungen für die Komponenten auf und zeigen Sie, daß die allgemeine Lösung eine Überlagerung von zwei Lösungen ist, für die entweder H_θ, H_r und E_φ oder E_θ, E_r und H_φ verschwinden. Vergleichen Sie dieses Ergebnis mit dem Feld (7.3-140) und (7.3-142) eines elektrischen Dipols.

7.5 Ein idealer elektrischer Dipol mit dem Moment $\|\vec{P}\| = P_o$ befindet sich im Vakuum und rotiert in der xy-Ebene mit der konstanten Winkelgeschwindigkeit ω um die z-Achse. Im Zeitpunkt $t = 0$ hat der Dipol die Richtung der positiven x-Achse.

a) Zeigen Sie, daß der rotierende Dipol als Überlagerung zweier Hertzscher Dipole aufgefaßt werden kann, die in geeigneter Weise senkrecht zueinander schwingen.

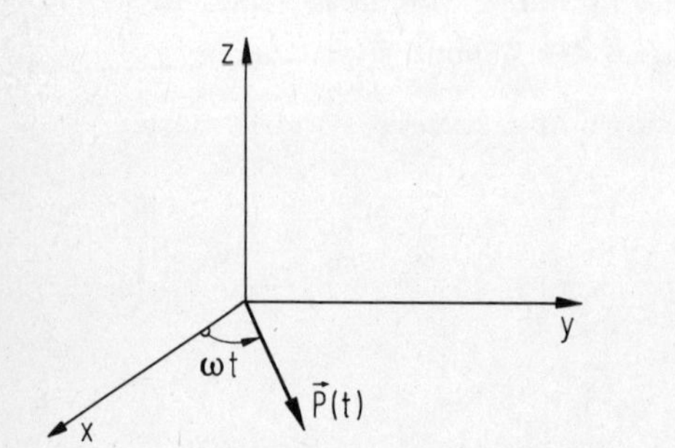

Abb.7.13

b) Bestimmen Sie die elektromagnetischen Potentiale V und $\bar{A}$ in der Lorentzeichung und berechnen Sie die Feldstärken $\bar{E}$ und $\bar{H}$ in sphärischen Polarkoordinaten.

c) Berechnen Sie die mittlere Gesamtleistung, die der rotierende Dipol abstrahlt.

d) Vergleichen Sie die Lösung mit dem Feld des Hertzschen Dipols (s. 7.3-140 und 7.3-142). Welcher der beiden Lösungstypen von Aufgabe 7.4b liegt vor?

8. Elektrische und magnetische Materialeigenschaften

8.1. Das elektrische Strömungsfeld in Leitern

8.1.1. Das stationäre elektrische Feld und seine Quellen

Die Feldgleichung

$$\bar{\nabla} \wedge \bar{E} = 0 \tag{8.1-1}$$

gilt für alle zeitunabhängigen elektrischen Felder. Während jedoch das statische elektrische Feld in Nichtleitern einen physikalischen Zustand ohne Energieänderung beschreibt, wird das stationäre elektrische Feld in Leitern von einer ständigen Umwandlung elektromagnetischer Feldenergie in Wärme begleitet. Neben die Feldgleichung (8.1-1) tritt die Grenzbedingung (3.2-19)

$$\langle \bar{E}, d\vec{C} \rangle_1 = \langle \bar{E}, d\vec{C} \rangle_2 \tag{8.1-2}$$

bzw. (3.2-30)

$$V_1(\vec{x}) = V_2(\vec{x}) \ . \tag{8.1-3}$$

Da der Leiter im Gegensatz zum statischen Fall nicht feldfrei ist, verschwinden die Tangentialkomponenten von $\bar{E}$ auf der Grenzfläche Leiter-Nichtleiter nicht. Im Nichtleiter gelten neben der Feldgleichung (8.1-1) unverändert die Feldgleichung für die elektrische Verschiebungsdichte und die entsprechende Grenzbedingung (s. Abschn. 3.3) auf der Grenzfläche mit einem Leiter. Nimmt man die Materialgleichung (3.4-7) hinzu, so ist das elektrische Feld im Nichtleiter vollständig bestimmt, wenn es im Leiter und auf seinem Rand bekannt ist. Das Studium des elektrischen Feldes außerhalb von Leitern ist wesentlich für das Verständnis des Energietransports. In den Leitern wird das stationäre elektrische Feld von einer stationären Stromverteilung begleitet. Man spricht deshalb auch vom elektrischen Strömungsfeld in Leitern.

Die Feldgleichung (8.1-1) sagt aus, daß auch das stationäre elektrische Feld keine Arbeit leistet. Es stellt sich die Frage, wie das elektrische Strömungsfeld in einem über eine Batterie geschlossenen Leiterkreis aufrechterhalten werden kann, wenn für jede, ganz im Leiterkreis liegende, geschlossene Kurve ∂F gilt

$$\int_{\partial F} \langle \bar{E}, d\vec{C} \rangle = 0 \,. \tag{8.1-4}$$

Die Ursache des Stromes kann nicht-elektrischer Natur sein. Im Fall eines galvanischen Elements ist sie zum Beispiel chemischer Natur. Befindet sich ein unedles Metall in einem Elektrolyten, so gehen Metallionen in Lösung. Der durch Diffusion bewirkte Transport der Ionen liefert einen elektrischen Strom, der von der Kathode zur Anode fließt und sich im Außenkreis des Elementes schließt. Man kann sich diesen Strom durch eine Ersatzfeldstärke $\bar{E}^{(e)}$ verursacht denken, die man eingeprägte Feldstärke nennt. Sie dient zur Beschreibung der nicht-elektrischen Ursache des Stromes, in unserem Fall also der Lösungstension. Die eingeprägte Feldstärke ist nur im Innern des galvanischen Elementes von Null verschieden und auch dort nur in einer schmalen Grenzschicht zwischen Metall und Elektrolyt, die man als elektrische Doppelschicht ansehen kann. Im Schließkreis verschwindet die eingeprägte Feldstärke. Für jede, ganz im Leiterkreis liegende, geschlossene Kurve ∂F gilt folglich (s. 8.1-4)

$$\int_{\partial F} \langle \bar{E} + \bar{E}^{(e)}, d\vec{C} \rangle = \int_{\partial F} \langle \bar{E}^{(e)}, d\vec{C} \rangle \neq 0 \,. \tag{8.1-5}$$

Ist der Stromkreis nicht geschlossen, so verursacht die eingeprägte Feldstärke nur im ersten Augenblick nach dem Eintauchen des Metalls in den Elektrolyten einen Strom, der den Elektrolyten gegenüber dem Metall auflädt. Die Folge ist ein elektrisches Feld, das dem eingeprägten Feld entgegen wirkt und es schließlich im Gleichgewicht kompensiert, d.h. die Summe der eingeprägten Feldstärke $\bar{E}^{(e)}$ und der sogenannten Leerlauffeldstärke $\bar{E}^{(L)}$ verschwindet:

$$\bar{E}^{(e)} + \bar{E}^{(L)} = 0 \,. \tag{8.1-6}$$

Der zugeordnete Feldvektor $\vec{E}^{(L)}$ zeigt in Richtung des Potentialgefälles, also vom Pluspol des Elementes zum Minuspol, wenn man wie üblich die Elektrode mit dem höheren Potential als Pluspol definiert. Der Vektor der eingeprägten Feldstärke hat zufolge (8.1-6) die entgegengesetzte Richtung.

Statt durch die eingeprägte Feldstärke $\bar{E}^{(e)}$ kann die nicht-elektrische Ursache des Stromes auch durch eine eingeprägte Stromverteilung $\bar{J}^{(e)}$ beschrieben werden, die wie $\bar{E}^{(e)}$ nur innerhalb des galvanischen Elementes von Null verschieden ist. Die stationäre Stromverteilung $\bar{J}$ genügt der Feldgleichung (s. 5.1-11)

$$\bar{\nabla} \wedge \bar{J} = 0 \,. \tag{8.1-7}$$

Damit erhalten wir für eine geschlossene Fläche ∂K, die einen Pol des Elementes einschließt:

$$\int_{\partial K} \langle \bar{J} + \bar{J}^{(e)}, d\vec{F} \rangle = \int_{\partial K} \langle \bar{J}^{(e)}, d\vec{F} \rangle \neq 0 \,. \tag{8.1-8}$$

Stellt man zwischen den Polen des Elementes einen idealen Kurzschluß her, so verschwindet das stationäre elektrische Feld $\bar{E}$ im Außenkreis und wegen (8.1-4) auch im Innern des Elementes. Folglich ist das elektrische Potential im Innern des Elementes konstant. Andererseits besteht das Innere des Elementes aus einem schlecht leitenden Elektrolyten, in dem sich Strom und Potentialdifferenz wechselseitig bedingen. Es muß sich also eine Kurzschluß-Stromverteilung $\bar{J}^{(K)}$ einstellen, die die eingeprägte Stromverteilung kompensiert:

$$\bar{J}^{(K)} + \bar{J}^{(e)} = 0 \,. \tag{8.1-9}$$

Wegen der Grenzbedingung (s. 5.1-12)

$$\langle \bar{J}^{(K)}, d\vec{F} \rangle_1 = \langle \bar{J}^{(K)}, d\vec{F} \rangle_2 \tag{8.1-10}$$

hat der Vektor $* \vec{J}^{(K)}$ im Innern des Elementes die gleiche Richtung wie im Außenkreis. Er zeigt im Element vom Minus- zum Pluspol. Der Vektor $* \vec{J}^{(e)}$ der eingeprägten Stromdichte zeigt wegen (8.1-9) in die entgegengesetzte Richtung.

Betrachten wir nun ein Volumenelement dK des Leiters, das in der Form $dK = d\vec{C} \wedge d\vec{F}$ parametrisiert ist. Mit Hilfe der allgemeinen Regeln für innere Produkte (s. 1.2-47 und 1.2-52) erhalten wir einerseits

$$\bar{J} \cdot dK = \bar{J} \cdot (d\vec{C} \wedge d\vec{F}) = \langle \bar{J}, d\vec{F} \rangle d\vec{C} - (\bar{J} \cdot d\vec{C}) \cdot d\vec{F} \tag{8.1-11}$$

und andererseits

$$\bar{E} \cdot dK = \bar{E} \cdot (d\vec{C} \wedge d\vec{F}) = \langle \bar{E}, d\vec{C} \rangle d\vec{F} - (\bar{E} \cdot d\vec{F}) \wedge d\vec{C} \,. \tag{8.1-12}$$

Nun genügen die Stromlinien von $\bar{J}$ den Bedingungen (s. 5.1-6)

$$\bar{J} \cdot d\vec{C} = 0 \quad , \quad \langle * \bar{J}, d\vec{C} \rangle > 0 \,, \tag{8.1-13}$$

während für die Äquipotentialflächen von $\bar{E}$ gilt (s. 3.2-9)

$$\bar{E} \cdot d\vec{F} = 0 \quad , \quad \langle \bar{E}, * d\vec{F} \rangle > 0 \,. \tag{8.1-14}$$

Ist also $d\vec{C}$ ein Stromlinienelement und $d\vec{F}$ ein Flächenelement einer Äquipotentialfläche, so gilt sowohl

$$\bar{J} \cdot dK = \langle \bar{J}, d\vec{F} \rangle d\vec{C} = dI \, d\vec{C} \tag{8.1-15}$$

als auch

$$\bar{E} \cdot dK = \langle \bar{E}, d\vec{C} \rangle d\vec{F} = - dV \, d\vec{F} \; . \tag{8.1-16}$$

8.1.2. Die Materialgleichung für metallische Leiter

Das Ohmsche Gesetz stellt eine lineare Beziehung zwischen den integralen Größen des elektrischen Strömungsfeldes her, die für homogene und isotrope, metallische Leiter in einem weiten Bereich experimentell bestätigt worden ist. Zwischen der Stromstärke I in einem Metalldraht und der an die Endpunkte des Drahtes gelegten Potentialdifferenz $V_1 - V_2 > 0$ besteht nach dem Ohmschen Gesetz der Zusammenhang:

$$I = \frac{V_1 - V_2}{R} \; . \tag{8.1-17}$$

Der positive Strom fließt in Richtung des Potentialgefälles. Die Konstante R ist der Widerstand des Leiters. Der Widerstand wird in der abgeleiteten Einheit Ohm angegeben. Sie wird mit dem Buchstaben Ω bezeichnet:

$$[R] = 1 \frac{V}{A} = 1 \, \Omega \; . \tag{8.1-18}$$

Wie wir im Abschnitt 3.4.1 erwähnt habe, ist der $*$-Isomorphismus die einzige lineare Abbildung, die gerade 1-Formen auf ungerade 2-Formen abbildet und mit allen Abbildungen $(\vec{a}, R) \in E(3)$ vertauscht. In isotropen Leitern muß deshalb gelten

$$\frac{\bar{J}}{\|\bar{J}\|} = * \frac{\bar{E}}{\|\bar{E}\|} \; . \tag{8.1-19}$$

Berücksichtigen wir außerdem die durch das Ohmsche Gesetz festgestellte Linearität, so erhalten wir für homogene metallische Leiter die Materialgleichung

$$\bar{J} = \varkappa * \bar{E} \; . \tag{8.1-20}$$

Die Materialkonstante $\varkappa$ wird elektrische Leitfähigkeit genannt. Ihre Dimension ist

$$[\varkappa] = \frac{[\bar{J}]}{[\bar{E}]} = 1 \frac{A}{Vm} = 1 (\Omega m)^{-1} \; . \tag{8.1-21}$$

Ihr Kehrwert ist der spezifische Widerstand ρ:

$$\rho = \frac{1}{\varkappa} . \tag{8.1-22}$$

Wir wollen nun den Widerstand R eines metallischen Drahtes, wie er in dem Ohmschen Gesetz (8.1-17) auftritt, in Abhängigkeit von der Leitfähigkeit und der Geometrie berechnen. Dazu bestimmen wir zunächst den Widerstand eines leitenden Volumenelementes $dK = d\vec{C} \wedge d\vec{F}$, wo $d\vec{C}$ ein Stromlinienelement und $d\vec{F}$ Element einer Äquipotentialfläche ist. Aus (8.1-19) lesen wir ab, daß die Vektoren $* \vec{J}$ und $\vec{E}$ parallel sind. Andererseits ist wegen (8.1-13) $* \vec{J}$ parallel zu $d\vec{C}$ und wegen (8.1-14) $\vec{E}$ parallel zu $* d\vec{F}$, so daß auch $d\vec{C}$ und $* d\vec{F}$ parallel sind:

$$\frac{d\vec{C}}{\|d\vec{C}\|} = * \frac{d\vec{F}}{\|d\vec{F}\|} . \tag{8.1-23}$$

Diese Beziehung ist ebenso wie (8.1-19) Ausdruck der Isotropie des Leiters. Mit der Materialgleichung (8.1-20) erhalten wir nun für den Strom dI, der durch das Flächenelement $d\vec{F}$ fließt:

$$dI = \langle \bar{J}, d\vec{F} \rangle = \varkappa \langle * \bar{E}, d\vec{F} \rangle = \varkappa \langle \bar{E}, * d\vec{F} \rangle , \tag{8.1-24}$$

oder mit (8.1-23)

$$dI = \varkappa \frac{\|d\vec{F}\|}{\|d\vec{C}\|} \langle \bar{E}, d\vec{C} \rangle = - \varkappa \frac{\|d\vec{F}\|}{\|d\vec{C}\|} dV . \tag{8.1-25}$$

Wir fassen (8.1-25) in Analogie zu (8.1-17) als Ohmsches Gesetz für das Volumenelement $dK = d\vec{C} \wedge d\vec{F}$ auf und definieren seinen Widerstand r durch

$$\gamma = \frac{1}{r} = \varkappa \frac{\|d\vec{F}\|}{\|d\vec{C}\|} . \tag{8.1-26}$$

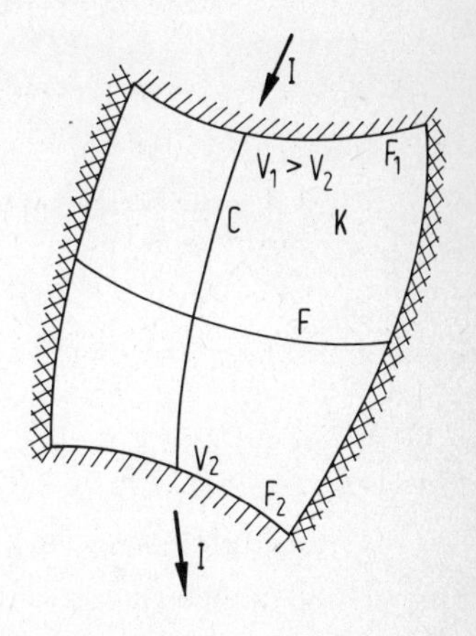

Abb.8.1

Die Größe γ ist der Leitwert des Volumenelementes. Als lokale Beziehungen sind (8.1-25) und (8.1-26) auch dann noch gültig, wenn der Leiter inhomogen ist, wenn also die Leitfähigkeit vom Ort abhängt, $\varkappa = \varkappa(\vec{x})$.

Wir betrachten nun einen endlichen Bereich K des Leiters, der von den Äquipotentialflächen F_1 und F_2 begrenzt wird (s. Abb. 8.1). Um den gesamten Strom zu berechnen, integrieren wir (8.1-25) über eine beliebige Äquipotentialfläche F, die zwischen F_1 und F_2 liegt:

$$I = \int_F \langle \vec{J}, d\vec{F} \rangle = - \int_F \varkappa \frac{\|d\vec{F}\|}{\|d\vec{C}\|} \, dV . \tag{8.1-27}$$

Nun ist I eine Konstante, so daß

$$I = \frac{1}{\ell(C)} \int_C \|d\vec{C}\| I = - \frac{1}{\ell(C)} \int_C \int_F \varkappa \|d\vec{F}\| dV =: \frac{V_1 - V_2}{R} . \tag{8.1-28}$$

Hier ist C eine beliebige Stromlinie zwischen F_1 und F_2 und $\ell(C)$ ihre Länge. Der Widerstand R des räumlichen Bereichs K kann nach (8.1-28) berechnet werden, wenn das Potential $V(\vec{x})$ in K bekannt ist.

Unter einem Metalldraht versteht man einen schwach gekrümmten, metallischen Leiter mit einem Querschnitt F, dessen Abmessungen hinreichend klein gegen die Leiterlänge und den Krümmungsradius sind. Man kann dann annehmen, daß Feldstärke und Leitfähigkeit homogen über den Querschnitt F verteilt sind. Unter dieser Voraussetzung folgt nach Integration von (8.1-25) über F:

$$I = - \int_F \varkappa \frac{\|d\vec{F}\|}{\|d\vec{C}\|} dV = - \varkappa \frac{dV}{\|d\vec{C}\|} \int_F \|d\vec{F}\| \Rightarrow I \frac{\|d\vec{C}\|}{F(\vec{C})\varkappa(\vec{C})} = - dV . \tag{8.1-29}$$

Nach einer weiteren Integration über eine Stromlinie C erhalten wir schließlich das Ohmsche Gesetz (8.1-17)

$$I \int_C \frac{\|d\vec{C}\|}{F(\vec{C})\varkappa(\vec{C})} = - \int_{V_1}^{V_2} dV = V_1 - V_2 \Rightarrow R = \int_C \frac{\|d\vec{C}\|}{F(\vec{C})\varkappa(\vec{C})} . \tag{8.1-30}$$

Ein homogener Leiter der Länge ℓ mit konstantem Querschnitt hat den Widerstand

$$R = \frac{\ell}{\varkappa F} = \frac{\rho \ell}{F} . \tag{8.1-31}$$

Der Materialgleichung (8.1-20) liegt die Annahme zugrunde, daß die Quellen des Strömungsfeldes außerhalb des betrachteten Feldgebietes liegen. Wir lassen nun auch

Quellen innerhalb des Feldgebietes zu und beschreiben sie durch eine eingeprägte Feldstärke $\bar{E}^{(e)}$ bzw. eine eingeprägte Stromverteilung $\bar{J}^{(e)}$. Die Materialgleichung lautet dann

$$\bar{J} = \varkappa * (\bar{E} + \bar{E}^{(e)}) , \tag{8.1-32}$$

oder

$$\bar{E} = \rho * (\bar{J} + \bar{J}^{(e)}) . \tag{8.1-33}$$

Beide Formen lassen sich zu der Materialgleichung

$$\bar{J} + \bar{J}^{(e)} = \varkappa * (\bar{E} + \bar{E}^{(e)}) \tag{8.1-34}$$

zusammenfassen, wenn die Quellen im Bereich $K_1 \subset V^3$ durch eine eingeprägte Feldstärke und im Bereich $K_2 \subset V^3$ durch eine eingeprägte Stromdichte beschrieben werden und die Schnittmenge von K_1 und K_2 die leere Menge ist.

8.1.3. Die Feldgleichung und die Grenzbedingungen für das Potential des elektrischen Strömungsfeldes

Das elektrische Strömungsfeld wird durch die Feldgleichungen (8.1-1) und (8.1-7)

$$\bar{\nabla} \wedge \bar{E} = 0 \quad , \quad \bar{\nabla} \wedge \bar{J} = 0 \ , \tag{8.1-35}$$

die Materialgleichung

$$\bar{J} + \bar{J}^{(e)} = \varkappa * (\bar{E} + \bar{E}^{(e)}) \tag{8.1-36}$$

und die Grenzbedingungen (8.1-2) und (5.1-12)

$$\langle \bar{E}, d\vec{C} \rangle_1 = \langle \bar{E}, d\vec{C} \rangle_2 \ , \quad \langle \bar{J}, d\vec{F} \rangle_1 = \langle \bar{J}, d\vec{F} \rangle_2 \tag{8.1-37}$$

völlig bestimmt. Letztere lassen sich auch in der Form (s. 3.4-12)

$$\vec{n} \wedge (\vec{E}_2 - \vec{E}_1) = 0 \quad , \quad \vec{n} \wedge (\vec{J}_2 - \vec{J}_1) = 0 \tag{8.1-38}$$

schreiben, wo $* \, d\vec{F} = \vec{n} \, \| d\vec{F} \|$.

Anhand der rechten Seite von Abb. 8.2 erhält man wie im Abschnitt 3.4.2 für das elektrische Potential V die Differentialgleichung

$$\bar{\nabla} \cdot \varkappa \, \bar{\nabla} V = - (\bar{\nabla} \cdot * \bar{J}^{(e)} - \bar{\nabla} \cdot \varkappa \, \bar{E}^{(e)}) . \tag{8.1-39}$$

Für homogene Leiter geht (8.1-39) über in die Poissongleichung

$$\Delta V = - \left(\frac{\bar{\nabla} \cdot * \bar{J}^{(e)}}{\varkappa} - \bar{\nabla} \cdot \bar{E}^{(e)} \right) . \tag{8.1-40}$$

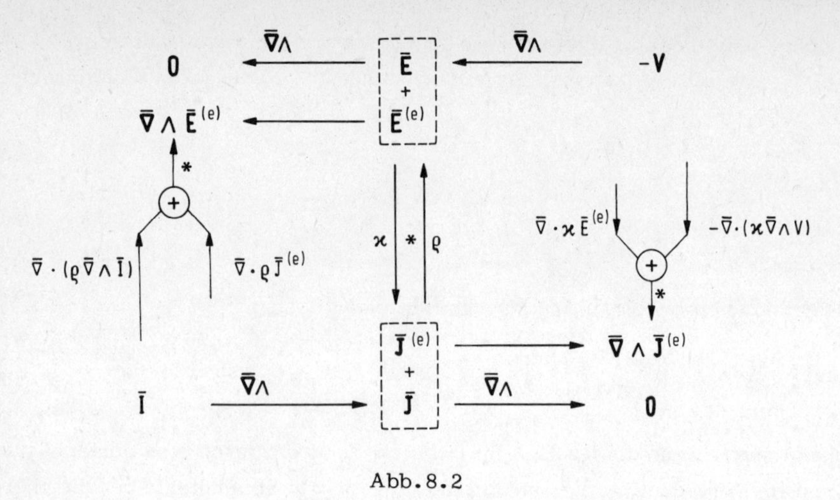

Abb.8.2

Ohne eingeprägte Quellen gelten die homogenen Gleichungen

$$\bar{\nabla} \cdot \varkappa \bar{\nabla} V = 0 \tag{8.1-41}$$

bzw. die Laplacegleichung

$$\Delta V = 0 \ , \tag{8.1-42}$$

falls die Leitfähigkeit konstant ist.

Statt des elektrischen Potentials V kann man auch das Vektorpotential $\bar{I}$ einführen:

$$\bar{\nabla} \wedge \bar{J} = 0 \quad \Rightarrow \quad \bar{J} = \bar{\nabla} \wedge \bar{I} \ . \tag{8.1-43}$$

Die linke Seite der Abb.8.2 liefert für $\bar{I}$ die Differentialgleichung

$$\bar{\nabla} \rho \cdot (\bar{\nabla} \wedge \bar{I}) = \left(\bar{\nabla} \cdot \varkappa \bar{E}^{(e)} - \bar{\nabla} \cdot \rho \, \bar{J}^{(e)}\right) . \tag{8.1-44}$$

Sie kann mit der Differentialgleichung für das Vektorpotential eines stationären Magnetfeldes verglichen werden (s. 6.1-3,4). Während das Vektorpotential $\bar{I}$ in der Feldtheorie keine Rolle spielt, werden wir in der Netzwerktheorie von beiden Lösungen Gebrauch machen.

Ähnlich wie in der Elektrostatik (s. 3.2-30 und 3.4-21) können die Grenzbedingungen (8.1-37) auch durch das Potential ausgedrückt werden:

$$V_1 = V_2 \quad , \quad \varkappa_1 \frac{\partial V_1}{\partial n} = \varkappa_2 \frac{\partial V_2}{\partial n} \ . \tag{8.1-45}$$

Grenzt ein Leiter L an einen Nichtleiter N, so ist $\bar{J}_N = 0$, und wir erhalten statt (8.1-45)

$$V_L = V_N \quad , \quad \frac{\partial V_L}{\partial n} = 0 \; . \tag{8.1-46}$$

Das Potential im Leiter wird somit durch ein Neumannsches Randwertproblem (s. Abschn. 4.1.1) bestimmt. Das stationäre elektrische Feld im Leiter ist unabhängig von dem statischen elektrischen Feld im angrenzenden Dielektrikum. Sind die Randwerte V_L auf dem Leiterrand ∂L bekannt, so kann das Potential im Dielektrikum wegen (8.1-46) als Lösung eines Dirichletschen Randwertproblems (s. 4.1.1) bestimmt werden. Die Grenzfläche $\partial L = \partial N$ ist geladen und trägt die Flächenladung (s. 3.4-21)

$$\langle \bar{\sigma}, d\vec{F} \rangle = \varepsilon_N \varepsilon_o \langle * \bar{E}, d\vec{F} \rangle = - \varepsilon_N \varepsilon_o \langle * \bar{\nabla} V_N, d\vec{F} \rangle \; . \tag{8.1-47}$$

Fassen wir unsere bisherigen Kenntnisse der Materialeigenschaften zusammen. Das Verhalten realer Stoffe im elektrostatischen Feld und im elektrischen Strömungsfeld kann durch die Dielektrizitätskonstante ε und die Leitfähigkeit $\varkappa$ beschrieben werden. Die Leitfähigkeit überstreicht einen Bereich von zwanzig Zehnerpotenzen. Isolatoren und Leiter sind Idealisierungen realer Stoffe. Isolatoren werden durch den Wert der Dielektrizitätskonstanten ε und die Leitfähigkeit $\varkappa = 0$ charakterisiert. Für Leiter kann man wegen $\bar{D} = 0$ (s. 3.4-24) ebenfalls die Existenz einer Materialgleichung von der Form $\bar{D} = \varepsilon\varepsilon_o * \bar{E}$ annehmen, doch kann die Dielektrizitätskonstante ε nur durch eine Messung des Verschiebungsstroms in zeitabhängigen Feldern bestimmt werden, da sich ein statisches Erregungsfeld in Leitern nicht aufrechterhalten läßt. Metalle kommen dem idealisierten Leiter in ihrem Verhalten sehr nah. Ihre Dielektrizitätskonstante kann nur durch metalloptische Messungen bei sehr hohen Frequenzen bestimmt werden. Sind die Felder in Metallen zeitunabhängig, so kann man von einem unbestimmten, sehr großen Wert von ε ausgehen.

Da sowohl ε als auch $\varkappa$ in realen Stoffen von Null verschieden sind, bestehen die drei Felder $\bar{E}$, $\bar{J}$ und $\bar{D}$ nebeneinander. Die Leitfähigkeit erlaubt zwar nicht, daß Raum- und Flächenladungen vorgeschrieben werden können, doch bedeutet das nicht, daß keine Raum- und Flächenladungen vorhanden sind. Sie stellen sich vielmehr so ein, daß die Feldgleichung und die Grenzbedingungen für $\bar{D}$ erfüllt werden und die drei Felder miteinander verträglich sind. Bei nichtverschwindender Leitfähigkeit ist das elektrische Feld ein Strömungsfeld. Nach Lösung des entsprechenden Randwertproblems wird $\bar{E}$ aus dem Potential und $\bar{J}$ und $\bar{D}$ werden aus den beiden Materialgleichungen bestimmt. Feldgleichung und Grenzbedingung für $\bar{D}$ erlauben die Berechnung von etwa vorhandenen Raum- und Flächenladungen. In einem Feldgebiet ohne eingeprägte Quellen gilt für die Raumladung

$$\rho = \bar{\nabla} \wedge \bar{D} = \bar{\nabla} \wedge \frac{\varepsilon\varepsilon_o}{\varkappa} \bar{J} \; . \tag{8.1-48}$$

Für die Flächenladung erhalten wir aus der Grenzbedingung

$$\langle\bar{\sigma},d\vec{F}\rangle = \langle\bar{D},d\vec{F}\rangle_2 - \langle\bar{D},d\vec{F}\rangle_1 =$$
$$= \frac{\varepsilon_2\varepsilon_o}{\varkappa_2}\langle\bar{J},d\vec{F}\rangle_2 - \frac{\varepsilon_1\varepsilon_o}{\varkappa}\langle\bar{J},d\vec{F}\rangle_1 = \left(\frac{\varepsilon_2}{\varkappa_2} - \frac{\varepsilon_1}{\varkappa_1}\right)\varepsilon_o\langle\bar{J},d\vec{F}\rangle\,. \tag{8.1-49}$$

Eine Raumladung tritt auf, wenn $\bar{\nabla}\ \varepsilon/\varkappa \neq 0$ ist, wenn also entweder ε oder $\varkappa$ oder beide Größen ortsabhängig sind. Nur wenn beide Größen proportional sind, verschwindet die Raumladung. Entsprechend entsteht auf den Grenzflächen dort eine Flächenladung, wo das Verhältnis von ε und $\varkappa$ auf beiden Seiten der Grenzfläche verschieden ist. In homogenen Stoffen tritt keine Raumladung auf. Das Innere eines homogenen Metalls, in dem ein stationärer Strom fließt, ist frei von Ladungen. Dabei wird Ladung im Maxwellschen Sinn als Abweichung vom ladungsneutralen Zustand verstanden. Schließlich gibt es Stoffe, deren Leitfähigkeit nichtlinear, aber lokal, vom elektrischen Feld abhängt. In ihnen erzeugen inhomogene Felder selbst dann Raumladungen, wenn die Leitfähigkeit nicht explizit vom Ort abhängt.

8.1.4. Eine Analogie zwischen dem elektrischen Strömungsfeld und dem elektrostatischen Feld

Für das elektrische Strömungsfeld und das statische elektrische Feld stimmen Feldgleichung und Grenzbedingung überein, während die Feldgleichung für die Stromverteilung gleich der Feldgleichung für die Verschiebungsdichte in einem raumladungsfreien Dielektrikum ist:

$$\bar{\nabla}\wedge\bar{J} = 0 \quad\leftrightarrow\quad \bar{\nabla}\wedge\bar{D} = 0\,. \tag{8.1-50}$$

Entsprechendes gilt für die Grenzbedingungen in Abwesenheit von Flächenladungen:

$$\langle\bar{J},d\vec{F}\rangle_1 = \langle\bar{J},d\vec{F}\rangle_2 \quad\leftrightarrow\quad \langle\bar{D},d\vec{F}\rangle_1 = \langle\bar{D},d\vec{F}\rangle_2\,. \tag{8.1-51}$$

Ebenso entsprechen sich die Materialgleichung für Leiter und die Materialgleichung für Dielektrika, wenn ε und $\varkappa$ proportional sind und keine eingeprägten Quellen vorhanden sind:

$$\bar{J} = \varkappa * \bar{E} \quad\leftrightarrow\quad \bar{D} = \varepsilon\varepsilon_o * \bar{E}\,. \tag{8.1-52}$$

Man beachte, daß eine Grenzfläche ∂M einerseits Leiter mit verschiedener Leitfähigkeit und andererseits Isolatoren mit unterschiedlicher Dielektrizitätskonstante trennt:

$$\partial M\colon\ \text{Leiter}\ (\varkappa_1) - \text{Leiter}\ (\varkappa_2) \quad\leftrightarrow\quad \text{Isolator}\ (\varepsilon_1) - \text{Isolator}\ (\varepsilon_2)\,.$$

Ebenso entsprechen sich

$$\partial M: \quad \text{Isolator}\,(\kappa_1 = 0) - \text{Leiter}\,(\kappa_2) \quad \leftrightarrow \quad \text{Isolator}\,(\varepsilon_1 = 0) - \text{Isolator}\,(\varepsilon_2).$$

Von praktischer Bedeutung ist der Fall, daß zwei Leiter mit sehr unterschiedlicher Leitfähigkeit $\kappa_1 \gg \kappa_2$ aneinander grenzen, so daß der bessere Leiter näherungsweise als ideal angesehen werden kann $(\kappa_1 \to \infty)$. Im idealen Leiter bewegen sich die Ladungsträger kräftefrei, d.h. es fließen Ströme, ohne daß ein elektrisches Feld vorhanden ist. Der Grenzwert der Materialgleichung (8.1-20) für $\kappa \to \infty$ ist in diesem Sinne aufzufassen. Der ideale Leiter im elektrischen Strömungsfeld entspricht somit dem Leiter im statischen Feld:

$$\partial M: \quad \text{Idealer Leiter}\,(\kappa_1 \to \infty) - \text{Leiter}\,(\kappa_2) \quad \leftrightarrow \quad \text{Leiter} - \text{Isolator}\,(\varepsilon_2)\,.$$

In beiden Fällen ist das Potential auf dem Rand des Leiters konstant. Im angrenzenden Feldgebiet wird das Potential durch eine Randwertaufgabe bestimmt, bei der auf dem Leiterrand ∂L entweder das konstante Potential, oder im Strömungsfeld der insgesamt den Rand durchfließende Strom I bzw. im statischen Fall die gesamte Ladung Q vorgeschrieben wird:

$$\partial L: \quad \int_{\partial L} \langle \bar{J}, d\vec{F} \rangle = I \quad \leftrightarrow \quad \int_{\partial L} \langle \bar{D}, d\vec{F} \rangle = Q\,.$$

Im Gegensatz zum Erregungsfeld $\bar{D}$ ist die Stromverteilung $\bar{J}$ im Innern des idealen Leiters von Null verschieden. Sie genügt zwar der Feldgleichung (8.1-7), wird aber dadurch nicht eindeutig festgelegt.

Betrachten wir zum Beispiel das Strömungsfeld der in Abb.8.3 skizzierten Anordnung. Zwei ideale Leiter L_1 und L_2 sind in ein Medium mit der Leitfähigkeit κ eingebettet

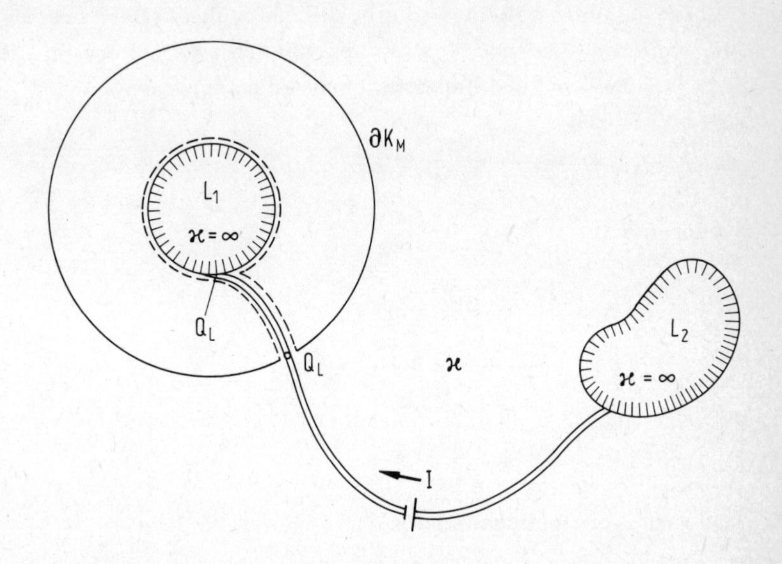

Abb.8.3

und durch ebenfalls ideale, linienförmige Leitungen mit einer Batterie in großer Entfernung verbunden. Der Verlauf des Strömungsfeldes erweckt den Eindruck, daß L_1 Quellen und L_2 Senken der eingeprägten Stromverteilung $\bar{J}^{(e)}$ enthält (s. Aufgabe 8.3). Wir integrieren die Feldgleichung (8.1-7) über eine geschlossene Fläche ∂K, die aus einem im Medium liegenden Teil $\partial K_M - Q_L$, dem Leiterrand $\partial L_1 - Q_L$ und der Mantelfläche der Leitung besteht (s. Abb. 8.3), wo Q_L der Querschnitt der Leitung ist. Da durch die Mantelfläche kein Strom austritt, gilt

$$\int_{\partial K_M - Q_L} \langle \bar{J}, d\vec{F} \rangle = \int_{\partial L_1 - Q_L} \langle \bar{J}, d\vec{F} \rangle = - \int_{Q_L} \langle \bar{J}, d\vec{F} \rangle = I \,. \tag{8.1-53}$$

Dabei ist Q_L wie ∂L_1 zu orientieren. Bei der Berechnung des Strömungsfeldes im Medium kann man von der Stromzufuhr über die Leitungen absehen und von einer idealisierten Anordnung ausgehen, in der der Strom I über den Leiter L_1 in das Medium eingespeist wird und über den Leiter L_2 abfließt. Statt (8.1-53) gilt dann

$$\int_{\partial K_M} \langle \bar{J}, d\vec{F} \rangle = \int_{\partial L_1} \langle \bar{J}, d\vec{F} \rangle = I \,. \tag{8.1-54}$$

Wir erhalten für den Leitwert der Anordnung

$$G = \frac{1}{R} = \frac{\int_{\partial K_M} \langle \bar{J}, d\vec{F} \rangle}{\int_{C_{12}} \langle \bar{E}, d\vec{C} \rangle} = \frac{I}{U} \,. \tag{8.1-55}$$

Hier ist C_{12} eine beliebige Kurve, die die beiden Leiter verbindet. Ein Vergleich mit dem ähnlichen Ausdruck für die Kapazität von zwei Leitern im Dielektrikum (s. 3.4-58) zeigt, daß Leitwert und Kapazität einander entsprechen:

$$G = \frac{1}{R} = \frac{I}{U} \quad \leftrightarrow \quad \frac{Q}{U} = C \,. \tag{8.1-56}$$

Ferner gilt

$$R\,C = \frac{\int_{\partial K_M} \langle \bar{D}, d\vec{F} \rangle}{\int_{\partial K_M} \langle \bar{J}, d\vec{F} \rangle} = \frac{\varepsilon \varepsilon_o}{\varkappa} = \text{const} \,, \tag{8.1-57}$$

da ε und $\varkappa$ proportional sind.

Von der Analogie zwischen dem elektrischen Strömungsfeld und dem Feld der elektrischen Verschiebungsdichte macht man experimentell Gebrauch bei der Nachbildung von statischen Feldern durch Strömungsfelder im elektrolytischen Trog. Letztere können einfacher ausgemessen werden.

8.2. Dispersion der Materialkonstanten

8.2.1. Materialgleichungen für zeitabhängige Felder

Im Rahmen der Elektrostatik haben wir die Abhängigkeit der elektrischen Verschiebungsdichte $\bar{D}$ vom elektrischen Feld $\bar{E}$ in einem homogenen, isotropen Dielektrikum durch die Materialgleichung (s. 3.4-6)

$$\bar{D} = \varepsilon\varepsilon_o * \bar{E} \tag{8.2-1}$$

beschrieben. Ein ähnlicher Zusammenhang besteht in einem homogenen, isotropen, magnetisierbaren Stoff zwischen der magnetischen Induktion $\bar{B}$ und einem von einer stationären Stromverteilung erzeugten Magnetfeld $\bar{H}$ (s. 5.4-11)

$$\bar{H} = \frac{1}{\mu\mu_o} * \bar{B} \; . \tag{8.2-2}$$

Schließlich haben wir im ersten Abschnitt dieses Kapitels gesehen, daß ein stationäres elektrisches Feld $\bar{E}$ in einem homogenen und isotropen Leiter die stationäre Stromdichte

$$\bar{J} = \varkappa * \bar{E} \tag{8.2-3}$$

erzeugt (s. 8.1-20). Setzt man voraus, daß der Zusammenhang zwischen Erregungsgrößen und Feldgrößen linear und lokal ist, d.h. die Erregungsgrößen am Ort $\vec{x}$ sollen nur von den Feldgrößen in $\vec{x}$ abhängen, so folgen die Materialgleichungen (8.2-1)-(8.2-3) aus der Forderung nach Invarianz unter der Euklidischen Gruppe E(3), die der Homogenität und Isotropie des Mediums Rechnung trägt (s. 3.4.1).

Wir untersuchen nun, ob die Materialgleichungen (8.2-1-3) auch im Fall von zeitabhängigen Feldgrößen gültig bleiben. Zuerst behandeln wir die Materialgleichung (8.2-1) im Dielektrikum. Die Polarisierung eines Dielektrikums ist natürlich ein quantenmechanischer Vorgang, dessen Behandlung über den Rahmen dieses Buches hinausgeht. Doch genügt für einen qualitativen Überblick die Diskussion eines einfachen Modells. Wir nehmen an, daß eine Volumeneinheit des Dielektrikums N harmonisch gebundene Elektronen enthält. Ist ω_o die Eigenfrequenz des Oszillators und γ die Dämpfungskonstante, so genügt jedes Elektron im elektrischen Feld $\vec{E}$ der Bewegungsgleichung ($\dot{\vec{x}} = d\vec{x}/dt$)

$$\ddot{\vec{x}} + \gamma\,\dot{\vec{x}} + \omega_o^2\vec{x} = \frac{e}{m}\,\vec{E}(\vec{x},t) \; . \tag{8.2-4}$$

Hier ist e die Ladung und m die Masse des Elektrons. Wir machen ferner die Voraussetzung, daß sich das elektrische Feld $\vec{E}$ über die maximale Auslenkung des Elektrons aus seiner Ruhelage $\vec{x}_o$ nur wenig ändert, so daß wir $\vec{E}(\vec{x},t) \approx \vec{E}(\vec{x}_o,t)$ setzen dürfen. Das bedeutet im wesentlichen, daß die mittlere Wellenlänge des Feldes groß gegenüber den atomaren Dimensionen ist.

Die Differentialgleichung (8.2-4) läßt sich am einfachsten durch Fouriertransformation lösen. Nach Einsetzen der Fourierdarstellungen

$$\vec{x}(t) = \frac{1}{2\pi} \int_{-\infty}^{+\infty} \vec{\xi}(\omega) \exp(-i\omega t) d\omega, \quad \vec{E}(\vec{x}_o,t) = \frac{1}{2\pi} \int_{-\infty}^{+\infty} \vec{A}(\vec{x}_o,\omega) \exp(-i\omega t) d\omega \tag{8.2-5}$$

erhält man

$$\vec{\xi}(\omega) = \frac{e}{m} \frac{1}{-\omega^2 + \omega_o^2 - i\gamma\omega} \vec{A}(\vec{x}_o,\omega) \, . \tag{8.2-6}$$

Damit folgt

$$\vec{x}(t) = \int_{-\infty}^{+\infty} dt' G(t - t') \vec{E}(\vec{x}_o,t') \, . \tag{8.2-7}$$

Hier ist

$$G(t) = \frac{1}{2\pi} \int_{-\infty}^{+\infty} \frac{e}{m} \frac{\exp(-i\omega t)}{-\omega^2 + \omega_o^2 - i\gamma\omega} d\omega \, . \tag{8.2-8}$$

Ferner haben wir die zu der speziellen Lösung (8.2-7) von (8.2-4) hinzutretende Lösung der homogenen Differentialgleichung gleich Null gesetzt, damit die Auslenkung mit $\vec{E} \to 0$ verschwindet.

Die Funktion $G(t)$ und ihre Fouriertransformierte haben bemerkenswerte Eigenschaften, die wir etwas genauer untersuchen wollen. Zunächst stellen wir fest, daß sich die Funktion

$$g(\omega) := \frac{e}{m} \frac{1}{-\omega^2 + \omega_o^2 - i\gamma\omega} \tag{8.2-9}$$

von der reellen ω-Achse in die komplexe ω-Ebene fortsetzen läßt. Sie ist in der oberen Halbebene holomorph und hat in der unteren Halbebene einfache Pole bei

$$-\omega^2 + \omega_o^2 - i\gamma\omega = 0 \quad \Rightarrow \quad \omega_{1,2} = -i\frac{\gamma}{2} \pm \sqrt{\omega_o^2 - \frac{\gamma^2}{4}} \, . \tag{8.2-10}$$

Abbildung 8.4 zeigt die Lage der Pole für $\gamma^2 < 4\omega_o^2$. Ist $\gamma^2 > 4\omega_o^2$, so liegen beide Pole auf der negativen imaginären Achse. Diese Eigenschaften des Integranden gestatten die Auswertung des Integrals (8.2-8) mit Hilfe des Residuensatzes.

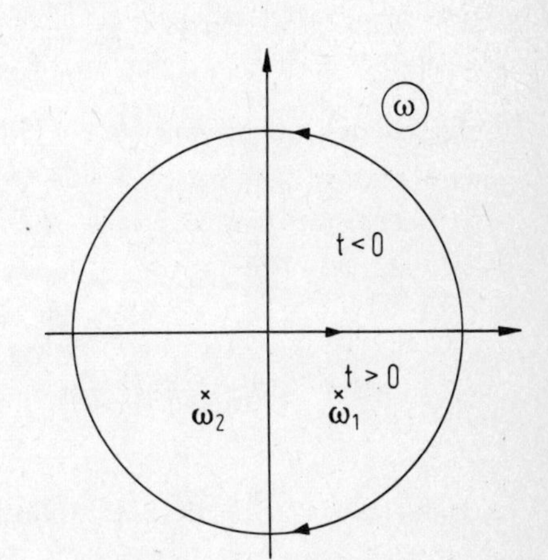

Abb.8.4

Ist $t<0$, so müssen wir den Integrationsweg über die reelle Achse durch einen Halbkreis mit Radius $R \to \infty$ in der oberen Halbebene zu einem geschlossenen Weg ergänzen (s. Abb.8.4), da der Exponentialfaktor für $t<0$ nur in der oberen Halbebene gedämpft ist. Nun ist aber $g(\omega)$ in der oberen Halbebene holomorph. Folglich gilt

$$G(t) = 0 \quad , \quad t<0 \, . \tag{8.2-11}$$

Ist dagegen $t>0$, so muß der Integrationsweg aus dem gleichen Grund durch einen Halbkreis mit $R \to \infty$ in der unteren Halbebene ergänzt werden (s. Abb.8.4). Hier aber liefern die beiden Pole (8.2-10) Beiträge. Mit der Zerlegung

$$g(\omega) = -\frac{e}{m} \frac{1}{2\sqrt{\omega_o^2 - \frac{\gamma^2}{4}}} \left(\frac{1}{\omega - \omega_1} - \frac{1}{\omega - \omega_2} \right) \tag{8.2-12}$$

folgt

$$G(t) = \begin{cases} \frac{e}{m} \exp\left(-\frac{\gamma}{2} t\right) \frac{\sin \sqrt{\omega_o^2 - \frac{\gamma^2}{4}}\, t}{\sqrt{\omega_o^2 - \frac{\gamma^2}{4}}} \quad , \quad t>0 \\ 0 \quad , \quad t<0 \, . \end{cases} \tag{8.2-13}$$

Während die Fouriertransformierte der Funktion (8.2-13) für $\gamma>0$ im üblichen Sinn existiert, ist das für den ungedämpften Oszillator $(\gamma \to 0)$ nicht der Fall. Wir können aber die Fouriertransformierte (8.2-9) im Limes $\gamma \to 0$ als Distribution definieren. Mit $\gamma/2 = \varepsilon > 0$ erhalten wir nach (8.2-12)

$$\lim_{\gamma \to 0} g(\omega) = \lim_{\varepsilon \to 0} \frac{e}{m} \frac{1}{2\omega_o} \left(\frac{1}{\omega + \omega_o + i\varepsilon} - \frac{1}{\omega - \omega_o + i\varepsilon} \right) . \tag{8.2-14}$$

Wir wollen den Grenzwert (8.2-14) als Distribution, d.h. als lineares Funktional (s. 4.1.3), auf dem Raum S von Testfunktionen $\varphi(\omega)$ definieren, die einerseits unendlich oft differenzierbar sind und zum anderen mit allen Ableitungen für $|\omega| \to \infty$ stärker als jede Potenz von $1/|\omega|$ verschwinden:

$$\lim_{|\omega| \to \infty} |\omega^p \varphi^{(k)}(\omega)| = 0 \ , \qquad \begin{array}{l} \forall \varphi \in S \ , \\ \forall k,p \in \mathbb{N} \ . \end{array}$$

Hier bezeichnet $\varphi^{(k)}$ die k-te Ableitung. Die Distributionen auf S bilden den Raum S' der temperierten Distributionen+). Die Bezeichnung temperiert weist darauf hin, daß z.B. Funktionen mit algebraischem Wachstum für $|\omega| \to \infty$ Distributionen aus S' definieren. Temperierte Distributionen sind zu einem bedeutenden Hilfsmittel der mathematischen Physik geworden. Sie sind dadurch ausgezeichnet, daß ihre Fouriertransformierten wiederum temperierte Distributionen sind+). Ist z.B. $f(\omega)$ eine Funktion, die eine temperierte Distribution definiert, so definiert man ihre Fouriertransformierte

$$F(t) = \frac{1}{2\pi} \int_{-\infty}^{+\infty} f(\omega) \exp(-i\omega t) d\omega \tag{8.2-15}$$

als lineares Funktional auf dem Raum S der Fouriertransformierten der Testfunktionen $\varphi(\omega)$:

$$\Phi(t) = \frac{1}{2\pi} \int_{-\infty}^{+\infty} \varphi(\omega) \exp(-i\omega t) d\omega \in S' \tag{8.2-16}$$

mit Hilfe der Parsevalschen Beziehung

$$(F,\Phi) = \int_{-\infty}^{+\infty} F(t)\Phi(t)dt := \frac{1}{2\pi} \int_{-\infty}^{+\infty} f(\omega)\varphi(\omega)d\omega = (f,\varphi) \frac{1}{2\pi} . \tag{8.2-17}$$

Während (8.2-16) im üblichen Sinn existiert, ist (8.2-15) symbolisch und wird durch (8.2-17) erklärt. Damit ist gesichert, daß der Grenzwert (8.2-14) eine temperierte Distribution definiert.

+) s. L. Schwartz, loc. cit., Chap. VII.

Um sie zu bestimmen, gehen wir aus von der Zerlegung

$$\frac{1}{\omega - \omega_o + i\varepsilon} = \frac{\omega - \omega_o}{(\omega - \omega_o)^2 + \varepsilon^2} - i\,\frac{\varepsilon}{(\omega - \omega_o)^2 + \varepsilon^2}\,, \qquad \varepsilon > 0\,. \tag{8.2-18}$$

Betrachten wir zunächst den Imaginärteil. Offensichtlich gilt

$$\lim_{\varepsilon\to 0} \int_{-\infty}^{+\infty} d\omega\, \frac{\varepsilon}{(\omega-\omega_o)^2+\varepsilon^2}\,\varphi(\omega) = \lim_{\varepsilon\to 0} \int_{-\infty}^{+\infty} dx\, \frac{\varphi(\omega_o+\varepsilon x)}{x^2+1} = \pi\varphi(\omega_o)\,, \qquad \forall \varphi \in S. \tag{8.2-19}$$

Im Falle des Realteils überzeugt man sich zunächst, daß

$$\lim_{\varepsilon\to 0} \int_{\omega_o-\varepsilon}^{\omega_o+\varepsilon} d\omega\, \frac{\omega-\omega_o}{(\omega-\omega_o)^2+\varepsilon^2}\,\varphi(\omega) = \lim_{\varepsilon\to 0} \int_{-1}^{+1} dx\; x\, \frac{\varphi(\omega_o+\varepsilon x)}{x^2+1} = 0\,. \tag{8.2-20}$$

Damit folgt

$$\lim_{\varepsilon\to 0} \int_{-\infty}^{+\infty} d\omega\, \frac{\omega-\omega_o}{(\omega-\omega_o)^2+\varepsilon^2}\,\varphi(\omega) =$$

$$= \lim_{\varepsilon\to 0} \left(\int_{\omega_o+\varepsilon}^{\infty} + \int_{-\infty}^{\omega_o-\varepsilon} \right) d\omega\, \frac{\omega-\omega_o}{(\omega-\omega_o)^2+\varepsilon^2}\,\varphi(\omega) = \tag{8.2-21}$$

$$= \lim_{\varepsilon\to 0} \left(\int_{\omega_o+\varepsilon}^{\infty} + \int_{-\infty}^{\omega_o-\varepsilon} \right) d\omega\, \frac{\varphi(\omega)}{\omega - \omega_o} =: P \int_{-\infty}^{+\infty} d\omega\, \frac{\varphi(\omega)}{\omega - \omega_o}\,.$$

Die durch (8.2-21) definierte Distribution ist der mit P bezeichnete Cauchysche Hauptwert. Insgesamt erhalten wir aus (8.2-18) mit (8.2-19)-(8.2-21)

$$\lim_{\varepsilon\to 0} \frac{1}{\omega - \omega_o + i\varepsilon} = P\,\frac{1}{\omega - \omega_o} - i\pi\delta(\omega - \omega_o) =: \frac{1}{\omega - \omega_o + i0}\,. \tag{8.2-22}$$

Die Fouriertransformierte des ungedämpften Oszillators ist also die temperierte Distribution (s. 8.2-14)

$$\lim_{\gamma\to 0} g(\omega) = \frac{e}{m}\,\frac{1}{2\omega_o} \left(\frac{1}{\omega + \omega_o + i0} - \frac{1}{\omega - \omega_o + i0} \right) =: \frac{e}{m}\,\frac{1}{-\omega^2 + \omega_o^2 - i0\tilde{\varepsilon}(\omega)}\,. \tag{8.2-23}$$

Die unstetige Funktion

$$\tilde{\varepsilon}(\omega) := \begin{cases} +1 \ , & \omega > 0 \\ -1 \ , & \omega < 0 \end{cases} \tag{8.2-24}$$

weist darauf hin, daß das Vorzeichen von i0 nach (8.2-14) für $\omega > 0$ negativ und positiv für $\omega < 0$ ist. Statt $i0\tilde{\varepsilon}(\omega)$ kann man folglich auch $i0\omega$ schreiben.

Wir setzen nun die Diskussion unseres physikalischen Modells fort. Da die Volumeneinheit des Dielektrikums N Oszillatoren enthält, induziert das elektrische Feld pro Volumeneinheit das Dipolmoment (s. 4.3-80)

$$\vec{p}(\vec{x},t) = * \ \varepsilon_o \int_{-\infty}^{+\infty} \chi(t-t') \, \vec{E}(\vec{x},t')dt' \ . \tag{8.2-25}$$

Die zeitabhängige Suszeptibilität $\chi(t)$ ist nach (8.2-13) durch

$$\chi(t) = \frac{Ne^2}{m\varepsilon_o} \, \Theta(t) \exp\left(-\frac{\gamma}{2}t\right) \frac{\sin \sqrt{\omega_o^2 - \frac{\gamma^2}{4}}\, t}{\sqrt{\omega_o^2 - \frac{\gamma^2}{4}}} \tag{8.2-26}$$

gegeben, wo $\Theta(t)$ die Sprungfunktion

$$\Theta(t) = \begin{cases} 1 \ , & t > 0 \\ 0 \ , & t < 0 \end{cases} \tag{8.2-27}$$

ist. Für die Fouriertransformierten gilt entsprechend (s. 8.2-6)

$$\vec{p}(\vec{x},\omega) = * \ \varepsilon_o \chi(\omega) \, \vec{E}(\vec{x},\omega) \ , \tag{8.2-28}$$

mit

$$\chi(\omega) = \frac{Ne^2}{m\varepsilon_o} \, \frac{1}{\omega_o^2 - \omega^2 - i\gamma\omega} \ . \tag{8.2-29}$$

Hier wie im folgenden benutzen wir für die Fouriertransformierten die gleichen Symbole und kennzeichnen sie nur durch das Argument ω. Für die relative Dielektrizitätskonstante ε erhalten wir (s. 4.3-81)

$$\varepsilon(\omega) = 1 + \frac{Ne^2}{m\varepsilon_o} \, \frac{1}{\omega_o^2 - \omega^2 - i\gamma\omega} = 1 + \chi(\omega) \ , \tag{8.2-30}$$

bzw.

$$\varepsilon(t) = \delta(t) + \chi(t) \ . \tag{8.2-31}$$

Etwas realistischer ist der Fall, daß wir jedes Atom durch ein System von Oszillatoren mit Eigenfrequenzen $\omega_1, \omega_2, \ldots$ und Dämpfungskonstanten $\gamma_1, \gamma_2, \ldots$ beschreiben. Ist dann N die Zahl der Atome pro Volumeneinheit und f_k die Zahl der Oszillatoren mit der Frequenz ω_k pro Atom, so erhalten wir an Stelle von (8.2-30)

$$\varepsilon(\omega) = 1 + \frac{Ne^2}{m\varepsilon_o} \sum_k \frac{f_k}{\omega_k^2 - \omega^2 - i\gamma_k\omega} = 1 + \chi(\omega) \ . \tag{8.2-32}$$

Nach Drude läßt sich für die elektrische Leitfähigkeit $\varkappa$ ebenfalls ein einfaches Modell angeben, das von ungebundenen Elektronen ausgeht, deren Bewegung im Leiter gebremst wird. Statt (8.2-4) gilt dann die Bewegungsgleichung

$$\ddot{\vec{x}} + \gamma\dot{\vec{x}} = \frac{e}{m}\vec{E}(\vec{x},t) \ . \tag{8.2-33}$$

In der gleichen Näherung wie oben erhalten wir für die Fouriertransformierte der Geschwindigkeit

$$\vec{v}(\omega) = \frac{e}{m}\frac{-i\omega}{-\omega^2 - i\gamma\omega}\vec{E}(\vec{x}_o,\omega) = \frac{e}{m}\frac{1}{\gamma - i\omega}\vec{E}(\vec{x}_o,\omega) \ . \tag{8.2-34}$$

Mit f_o ungebundenen Elektronen pro Atom des Leiters, ergibt sich der Leitungsstrom

$$\vec{J}(\vec{x},\omega) = * \varkappa(\omega)\vec{E}(\vec{x},\omega) \ , \tag{8.2-35}$$

wo

$$\varkappa(\omega) = N\frac{e^2}{m}\frac{f_o}{\gamma - i\omega} \tag{8.2-36}$$

die Fouriertransformierte der Leitfähigkeit ist.

Nun ist klar, daß eine Unterscheidung zwischen Leitungsstrom $\vec{J}$ und Verschiebungsstrom $\partial\vec{D}/\partial t$ nur im Grenzfall $\omega \to 0$ sinnvoll ist. Denn der zeitabhängige Leitungsstrom kann als zeitliche Ableitung eines Dipolmomentes und damit auch als Verschiebungsstrom angesehen werden. Die zugeordnete Verschiebung ist durch

$$-i\omega\vec{D}(\vec{x},\omega) = \vec{J}(\vec{x},\omega) = * \varkappa(\omega)\vec{E}(\vec{x},\omega) \tag{8.2-37}$$

gegeben. Bei der Auflösung von (8.2-37) nach $\vec{D}$ ist zu beachten, daß $\varkappa(0) \neq 0$ ist, so daß $\vec{D}(\vec{x},\omega)$ bei $\omega = 0$ einen Pol besitzt. Fassen wir das ungebundene Elektron als Grenzfall $\omega_o \to 0$ eines Oszillators auf, so zeigt (8.2-10), daß der Pol auf der negativen imaginären Achse gegen den Ursprung wandert. Folglich gilt

$$\vec{D}(\vec{x},\omega) = * \frac{i}{\omega + i0}\varkappa(\omega)\vec{E}(\vec{x},\omega) \ . \tag{8.2-38}$$

Bei der Behandlung zeitabhängiger Felder werden Leiter wie Dielektrika durch eine komplexwertige Dispersionsfunktion $\varepsilon(\omega)$:

$$\varepsilon(\omega) =: \varepsilon_1(\omega) + i\varepsilon_2(\omega) \ , \tag{8.2-39}$$

und die Materialgleichung

$$\vec{D}(\vec{x},\omega) = * \; \varepsilon_o \varepsilon(\omega) \vec{E}(\vec{x},\omega) \tag{8.2-40}$$

beschrieben. Zum Beispiel erhalten wir durch Kombination des Oszillatormodells (8.2-32) mit dem Drudeschen Modell (8.2-36)

$$\varepsilon(\omega) = 1 + \frac{Ne^2}{m\varepsilon_o}\left[\sum_{k=1} \frac{f_k}{\omega_k^2 - \omega^2 - i\gamma_k\omega} + \frac{f_o}{-(\omega + i0)(\omega + i\gamma)}\right] . \tag{8.2-41}$$

Im Grenzfall $\omega \to 0$ unterscheiden sich Leiter und Dielektrikum:

$$\lim_{\omega\to 0} \varepsilon(\omega) = \begin{cases} \varepsilon_1(0) = 1 + \chi(0) \\ \varepsilon_1(0) + \frac{i}{\omega + i0}\frac{\varkappa(0)}{\varepsilon_o} = \varepsilon_1(0) + \pi\delta(\omega)\frac{\varkappa(0)}{\varepsilon_o} + iP\frac{\varkappa(0)}{\omega\varepsilon_o} \end{cases} . \tag{8.2-42}$$

Für $|\omega| \to \infty$ gilt einheitlich

$$\varepsilon(\omega) = 1 - \frac{Ne^2}{m\varepsilon_o}\sum_{k=0} f_k \frac{1}{\omega^2} + O\left(\frac{1}{\omega^4}\right) . \tag{8.2-43}$$

Wir weisen noch auf eine Eigenschaft des Imaginärteils von (8.2-41) hin, auf die wir später zurückkommen werden. Aus

$$\mathrm{Im}\{\varepsilon(\omega)\} = \varepsilon_2(\omega) = \frac{Ne^2}{m\varepsilon_o}\left\{\sum_{k=1}\frac{f_k\gamma_k\omega}{(\omega_k^2-\omega^2)^2+\omega^2\gamma_k^2} + f_o\left[\overbrace{\pi\delta(\omega)\frac{\omega}{\omega^2+\gamma^2}}^{=0} + P\frac{\gamma}{\omega(\omega^2+\gamma^2)}\right]\right\} \tag{8.2-44}$$

folgt

$$\mathrm{Im}\{\omega\,\varepsilon(\omega)\} \geqslant 0 \quad , \quad \forall\, \omega \in \mathbb{R} . \tag{8.2-45}$$

Das ist auch dann noch richtig, wenn alle Oszillatoren ungedämpft sind und die freien Elektronen sich ohne Reibungsverluste bewegen $(\gamma \to 0)$, also kein Energieverlust auftritt. In diesem Fall erhalten wir mit (8.2-23)

$$\mathrm{Im}\{\varepsilon(\omega)\} = \frac{Ne^2}{m\varepsilon_o}\,\pi\sum_{k=1} f_k\tilde{\varepsilon}(\omega)\;\delta\left(\omega^2 - \omega_k^2\right) . \tag{8.2-46}$$

Hier ist $\tilde{\varepsilon}(\omega)$ die unstetige Funktion (8.2-24) und

$$\delta\left(\omega^2 - \omega_k^2\right) = \frac{1}{2\omega_k}\left[\delta(\omega - \omega_k) + \delta(\omega + \omega_k)\right] . \tag{8.2-47}$$

Sehen wir von den speziellen Eigenschaften unseres einfachen Modells ab, so bleiben einige allgemeine Forderungen, die an die Materialgleichungen für zeitabhängige Felder zu stellen sind. Zunächst sind die Felder im allgemeinen so schwach, daß es genügt, sich auf einen linearen Ansatz zu beschränken. Wir nehmen ferner an, daß im Medium keine Orientierung physikalisch ausgezeichnet ist. Dann müssen die Materialgleichungen invariant gegenüber räumlicher Spiegelung sein, d.h. $\bar{D}$ darf nur von $\bar{E}$ und $\bar{B}$ nur von $\bar{H}$ abhängen. Homogenität und Isotropie des Mediums verlangen die Invarianz unter der Euklidischen Gruppe. Ebenso folgt aus der Homogenität der Zeit die Invarianz unter zeitlichen Translationen. Der allgemeinste Ansatz für $\bar{D}$, der diesen Forderungen genügt und lokal ist, lautet

$$\bar{D}(\vec{x},t) = * \varepsilon_o \int_{-\infty}^{+\infty} dt' \varepsilon(t-t') \bar{E}(\vec{x},t') = * \varepsilon_o \int_{-\infty}^{+\infty} d\tau \, \varepsilon(\tau) \bar{E}(\vec{x},t-\tau) . \tag{8.2-48}$$

Nun ist $\bar{D}$ physikalisch als Wirkung des elektrischen Feldes $\bar{E}$ aufzufassen, soweit es sich um induzierte Dipolmomente handelt. Die kausale Reihenfolge verlangt

$$\varepsilon(\tau) = 0 \qquad \text{für} \quad \tau < 0 . \tag{8.2-49}$$

In dieser schwachen Form besagt das Kausalitätsprinzip, daß Wirkung nicht von zukünftigen Zeitpunkten ausgehen kann. Zugelassen bleibt die gleichzeitige Wirkung, wie sie schon im Vakuum auftritt. Unter Beachtung des Kausalitätsprinzips lauten die allgemeinsten Materialgleichungen

$$\bar{D}(\vec{x},t) = * \varepsilon_o \int_0^{\infty} d\tau \, \varepsilon(\tau) \bar{E}(\vec{x},t-\tau) , \tag{8.2-50}$$

$$\bar{H}(\vec{x},t) = * \frac{1}{\mu_o} \int_0^{\infty} d\tau \, \frac{1}{\mu(\tau)} \bar{B}(\vec{x},t-\tau) . \tag{8.2-51}$$

Letztere ist natürlich der gleichen Einschränkung unterworfen, wie die Materialgleichung für stationäre Felder (s. 5.4.1). An die Koeffizienten $\varepsilon(\tau)$ und $\mu(\tau)$ stellen wir nur die sehr allgemeine Forderung, daß sie temperierte Distributionen sind, deren Träger die nichtnegative reelle Achse ist. Unter dem Träger einer Distribution versteht man die Menge aller Punkte, in deren Umgebung die Distribution nicht verschwindet. Die Temperiertheit garantiert die Existenz der Fouriertransformierten

$$\bar{D}(\vec{x},\omega) = * \varepsilon_o \varepsilon(\omega) \bar{E}(\vec{x},\omega) \tag{8.2-52}$$

$$\bar{H}(\vec{x},\omega) = * \frac{1}{\mu_o \mu(\omega)} \bar{B}(\vec{x},\omega) , \tag{8.2-53}$$

mit Dispersionsfunktionen $\varepsilon(\omega)$ und $\mu(\omega)$, die ebenfalls temperierte Distributionen sind.

Es bleibt die Frage, ob es einen Frequenzbereich gibt, in dem sich einerseits die Frequenzabhängigkeit bemerkbar macht und andererseits die klassische Beschreibung des elektromagnetischen Feldes durch Mittelwerte im atomaren Bereich gültig bleibt. Letzteres ist sicher dann der Fall, wenn die Wellenlänge λ sehr groß gegenüber einer für die Dimensionen des atomaren Bereichs typischen Länge d ist (d ist von der Größenordnung Ångström). Da die Felder im atomaren Bereich als Vakuumfelder anzusehen sind, ist $\lambda = c/\omega$, so daß unsere erste Forderung lautet

$$\omega \ll \frac{c}{d} . \tag{8.2-54}$$

Das Einsetzen der Dispersion, wie man die mit der Frequenzabhängigkeit der Materialfaktoren zusammenhängenden Erscheinungen zusammenfassend nennt, ist natürlich von Stoff zu Stoff verschieden. Allgemein läßt sich sagen, daß atomare Oszillatoren mit Elektronen die größten Eigenfrequenzen besitzen. Sie sind von der Größenordnung

$$\omega_{Res} \approx \frac{v}{d} , \tag{8.2-55}$$

wo v der Betrag der Geschwindigkeit des Elektrons ist. Man sieht das leicht ein, wenn man v als Geschwindigkeit des Elektrons auf einer Kreisbahn vom Radius d auffaßt. Da andererseits $v \ll c$ gilt, ist die Bedingung (8.2-54) erfüllt. Die Dispersion der Leitfähigkeit, die nach dem einfachen Modell (8.2-33) auf das Eingreifen der Trägheitskräfte zurückzuführen ist, beginnt im Bereich optischer Frequenzen. Für die Magnetisierung gilt, daß die ferromagnetischen und in schwächerem Maße auch die paramagnetischen Prozesse langsam gegenüber den elektronischen Polarisationsprozessen sind. Im Dispersionsbereich von $\varepsilon(\omega)$ ist daher bereits $\mu(\omega) \approx 1$.

8.2.2. Dispersionsrelationen

Ist $\varepsilon(t)$ eine temperierte Distribution, die der Kausalitätsbedingung (8.2-49) genügt, dann ist ihre Fouriertransformierte $\varepsilon(\omega)$ ebenfalls eine temperierte Distribution. Ferner ist die Laplacetransformierte

$$\varepsilon(z) = \int_0^\infty \varepsilon(t) \exp(i z t) dt \tag{8.2-56}$$

in der Halbebene $\mathrm{Im}\{z\} > 0$ holomorph mit den Randwerten

$$\lim_{\delta \to 0} \varepsilon(\omega + i\delta) = \varepsilon(\omega) . \tag{8.2-57}$$

Für $|z| \to \infty$ gilt in der Halbebene $\mathrm{Im}\{z\} > 0$

$$|\varepsilon(z)| \leqslant |P_n(z)| \quad , \quad |z| \to \infty \,, \tag{8.2-58}$$

wo $P_n(z)$ ein Polynom vom Grade n ist+).

Zunächst ist klar, daß $\varepsilon(z)$ wegen der Beschränkung des Integrals (8.2-56) auf die nichtnegative reelle Achse in der Halbebene $\mathrm{Im}\{z\} > 0$ holomorph ist. Ebenso ist verständlich, daß der Randwert dieser Funktion auf der reellen Achse die Fouriertransformierte liefert, die, wie bereits im letzten Abschnitt bemerkt, wiederum eine temperierte Distribution ist. Temperiertheit und Kausalität führen schließlich zu der polynomialen Schranke (8.2-58), die für das Folgende wesentlich ist. Ein einfaches Beispiel ist die Sprungfunktion $\Theta(t)$ (s. 8.2-27). Zunächst erhalten wir

$$\int_0^\infty \exp(i z t)dt = -\frac{1}{iz} \quad , \qquad \mathrm{Im}\{z\} > 0 \,. \tag{8.2-59}$$

Der Randwert ist die temperierte Distribution (s. 8.2-22)

$$\lim_{\varepsilon \to 0} -\frac{1}{i(\omega + i\varepsilon)} = -\frac{1}{i}\left[P\frac{1}{\omega} - i\pi\delta(\omega)\right] . \tag{8.2-60}$$

Wir wollen nun einige Folgerungen aus den analytischen Eigenschaften von $\varepsilon(z)$ ziehen. Dazu betrachten wir die Funktion

$$f(z) := \frac{\varepsilon(z + i\delta')}{(z + i\delta' - \omega_o)^n} \,. \tag{8.2-61}$$

Hier ist $\delta' > 0$. ω_o ist reell, und $n \in \mathbb{N}$ so groß, daß $|f(z)|$ für $|z| \to \infty$, $\mathrm{Im}\{z\} > 0$, verschwindet. Nach dem obengesagten ist $f(z)$ in der Halbebene $\mathrm{Im}\{z\} > 0$ holomorph. Durch Anwendung der Cauchyschen Integralformel auf einen Integrationsweg, der aus der reellen Achse und einem unendlichen Halbkreis in der oberen Halbebene besteht, erhalten wir

$$f(z) = \frac{1}{2\pi i}\int_{-\infty}^{+\infty} \frac{f(\omega')}{\omega' - z}\, d\omega' = \frac{1}{2\pi i}\int_{-\infty}^{+\infty} \frac{\varepsilon(\omega' + i\delta')}{(\omega' + i\delta' - \omega_o)^n(\omega' - z)}\, d\omega' \,. \tag{8.2-62}$$

Im Grenzfall $\delta' \to 0$ folgt mit (8.2-61)

$$\varepsilon(z) = \lim_{\delta' \to 0} \frac{(z - \omega_o)^n}{2\pi i} \int_{-\infty}^{+\infty} \frac{\varepsilon(\omega' + i0)}{(\omega' + i\delta' - \omega_o)^n(\omega' - z)}\, d\omega' \,. \tag{8.2-63}$$

+) s. R. F. Streater, A. S. Wightman: PCT, Spin and Statistics, and all that (Benjamin, New York 1964) Chapt. 2, Sect. 3.

Nunmehr bilden wir den Randwert $\lim\limits_{\delta\to 0} \varepsilon(\omega + i\delta)$ und erhalten

$$\varepsilon(\omega + i0) = \lim_{\delta'\to 0} P \frac{(\omega - \omega_o)^n}{i\pi} \int_{-\infty}^{+\infty} \frac{\varepsilon(\omega' + i0)}{(\omega' + i\delta' - \omega_o)^n(\omega' - \omega)} d\omega', \tag{8.2-64}$$

wenn wir die zu (8.2-22) analoge Zerlegung

$$\frac{1}{\omega' - \omega - i0} = P \frac{1}{\omega' - \omega} + i\pi\delta(\omega' - \omega) \tag{8.2-65}$$

benutzen. Der in (8.2-64) noch zu bildende Grenzwert ist durch die Distribution

$$\lim_{\delta'\to 0} \frac{1}{(\omega'-\omega_o+i\delta')^n} = \frac{(-1)^{n-1}}{(n-1)!} \frac{d^{n-1}}{d\omega'^{n-1}} \frac{1}{\omega'-\omega_o+i0} =$$

$$=: \frac{(-1)^{n-1}}{(n-1)!} \frac{d^{n-1}}{d\omega'^{n-1}} P \frac{1}{\omega'-\omega_o} - \frac{(-1)^{n-1}}{(n-1)!} i\pi\,\delta^{(n-1)}(\omega'-\omega_o) =$$

$$=: \mathrm{Pf} \frac{1}{(\omega'-\omega_o)^n} - \frac{(-1)^{n-1}}{(n-1)!} i\pi\,\delta^{(n-1)}(\omega'-\omega_o) \tag{8.2-66}$$

gegeben. Unter der Distribution Pf ("partie finie") versteht man die durch

$$\left(\mathrm{Pf} \frac{1}{(\omega'-\omega_o)^n}, \varphi\right) := \frac{1}{(n-1)!} P \int_{-\infty}^{+\infty} \frac{\varphi^{(n-1)}(\omega')}{\omega'-\omega_o} d\omega' \tag{8.2-67}$$

erklärte Regularisierung des divergenten Integrals (8.2-67). $\varphi^{(n-1)}$ und $\delta^{(n-1)}$ bedeuten hier die (n-1)-te Ableitung. Für $n = 1$ stimmt (8.2-67) mit dem Cauchyschen Hauptwert P überein. Mit (8.2-66) folgt aus (8.2-64)

$$\varepsilon(\omega+i0) = \frac{(\omega-\omega_o)^n}{i\pi} \mathrm{Pf} \int_{-\infty}^{+\infty} \frac{\varepsilon(\omega'+i0)}{(\omega'-\omega_o)^n(\omega'-\omega)} d\omega' + \sum_{\nu=0}^{n-1} \frac{\varepsilon^{(\nu)}(\omega_o+i0)}{\nu!} (\omega-\omega_o)^\nu. \tag{8.2-68}$$

Hier ist zu beachten, daß die durch Pf angezeigte Regularisierung sich sowohl auf $(\omega' - \omega_o)^{-n}$ als auf $(\omega' - \omega)$ bezieht. Der Punkt ω_o muß natürlich so gewählt werden, daß die Grenzwerte $\varepsilon^{(\nu)}(\omega_o + i0)$ $(\nu = 0,\ldots,n - 1)$ existieren.

Aus (8.2-68) folgen durch Zerlegung in Realteil und Imaginärteil die sogenannten Dispersionsrelationen

$$\mathrm{Re}\{\varepsilon(\omega+i0)\} = \frac{(\omega-\omega_o)^n}{\pi}\,\mathrm{Pf}\int_{-\infty}^{+\infty}\frac{\mathrm{Im}\{\varepsilon(\omega'+i0)\}}{(\omega'-\omega_o)^n(\omega'-\omega)}\,d\omega' + \sum_{\nu=0}^{n-1}\frac{\mathrm{Re}\left\{\varepsilon^{(\nu)}(\omega_o+i0)\right\}}{\nu!}(\omega-\omega_o)^\nu \tag{8.2-69a}$$

$$\mathrm{Im}\{\varepsilon(\omega+i0)\} = -\frac{(\omega-\omega_o)^n}{\pi}\,\mathrm{Pf}\int_{-\infty}^{+\infty}\frac{\mathrm{Re}\{\varepsilon(\omega'+i0)\}}{(\omega'-\omega_o)^n(\omega'-\omega)}\,d\omega' + \sum_{\nu=0}^{n-1}\frac{\mathrm{Im}\left\{\varepsilon^{(\nu)}(\omega_o+i0)\right\}}{\nu!}(\omega-\omega_o)^\nu . \tag{8.2-69b}$$

Dispersionsrelationen sind zuerst von Kramers (1927) und Kronig (1926) für den Brechungsindex $n = \sqrt{\varepsilon}$ angegeben worden. Die Dispersionsrelationen sind eine direkte Folge der Kausalitätsbedingung (8.2-49). Ihre Bedeutung besteht darin, daß sie die Berechnung des Realteils von ε aus dem Imaginärteil gestatten und umgekehrt. Das gilt allerdings nur dann uneingeschränkt, wenn $|\varepsilon(z)|$ in der oberen Halbebene für $|z| \to \infty$ verschwindet, da man in diesem Fall $n = 0$ setzen kann. Andernfalls tritt zusätzlich das sogenannte Subtraktionspolynom auf, dessen Bestimmung die Kenntnis der $n - 1$ ersten Ableitungen von ε an einer Stelle ω_o voraussetzt. Ein einfaches Beispiel wird wieder durch die Distribution

$$\frac{1}{\omega-\omega_1+i0} = P\frac{1}{\omega-\omega_1} - i\pi\,\delta(\omega-\omega_1)$$

geliefert. Subtraktionen sind nicht erforderlich. Die Dispersionsrelationen lauten folglich

$$\mathrm{Re}\left\{\frac{1}{\omega-\omega_1+i0}\right\} = -\frac{1}{\pi}P\int_{-\infty}^{+\infty}\frac{\pi\delta(\omega'-\omega_1)}{(\omega'-\omega)}\,d\omega' = P\frac{1}{\omega-\omega_1} ,$$

$$\mathrm{Im}\left\{\frac{1}{\omega-\omega_1+i0}\right\} = -\frac{1}{\pi}P\int_{-\infty}^{+\infty}\frac{1}{\omega'-\omega_1}\,\frac{1}{\omega'-\omega}\,d\omega' = -\pi\,\delta(\omega-\omega_1) .$$

Unter der Voraussetzung

$$\lim_{|z|\to\infty}\varepsilon(z) = 1 + O\left(\frac{1}{|z|}\right) , \qquad \mathrm{Im}\{z\} > 0 , \tag{8.2-70}$$

lautet die Dispersionsrelation (8.2-69a)

$$\mathrm{Re}\{\varepsilon(\omega+i0)\} = \frac{1}{\pi}P\int_{-\infty}^{+\infty}\frac{\mathrm{Im}\{\varepsilon(\omega'+i0)\}}{\omega'-\omega}\,d\omega' + 1 . \tag{8.2-71}$$

Statt dessen können wir auch schreiben

$$\varepsilon(\omega + i0) = 1 + \frac{1}{\pi} \int_{-\infty}^{+\infty} \frac{\mathrm{Im}\{\varepsilon(\omega' + i0)\}}{\omega' - \omega - i0} d\omega' , \tag{8.2-72}$$

wenn wir auf beiden Seiten von (8.2-71) $\mathrm{Im}\{\varepsilon(\omega + i0)\}$ hinzuaddieren und (8.2-65) beachten. (8.2-72) ist Randwert von

$$\varepsilon(z) = 1 + \frac{1}{\pi} \int_{-\infty}^{+\infty} \frac{\mathrm{Im}\{\varepsilon(\omega' + i0)\}}{\omega' - z} d\omega' , \qquad \mathrm{Im}\{z\} > 0 . \tag{8.2-73}$$

Wir betrachten nun die Funktion

$$z\chi(z) = z[\varepsilon(z) - 1] . \tag{8.2-74}$$

Wegen des asymptotischen Verhaltens (8.2-70) müssen wir eine Konstante subtrahieren. Wir subtrahieren den Realteil von $z\chi(z)$ in $z = i$ und erhalten aus (8.2-73)

$$z\chi(z) = \frac{i\chi(i) - i\chi^*(i)}{2} + \int_{-\infty}^{+\infty} \frac{d\lambda}{\pi} \lambda \, \mathrm{Im}\{\varepsilon(\lambda + i0)\} \left[\frac{1}{\lambda - z} - \frac{1}{2}\left(\frac{1}{\lambda + i} + \frac{1}{\lambda - i} \right) \right] , \tag{8.2-75}$$

oder

$$z\chi(z) = \mathrm{Re}\{i\chi(i)\} + \int_{-\infty}^{+\infty} d\lambda \, \rho(\lambda) \left(\frac{1}{\lambda - z} - \frac{\lambda}{\lambda^2 + 1} \right) , \qquad \mathrm{Im}\{z\} > 0 , \tag{8.2-76}$$

wo

$$\rho(\lambda) := \frac{1}{\pi} \lambda \, \mathrm{Im}\{\varepsilon(\lambda + i0)\} , \qquad \lambda \in \mathbb{R} . \tag{8.2-77}$$

Darstellungen von der Form (8.2-76) werden Spektraldarstellungen genannt. Das Spektrum ist der Träger der Spektralfunktion $\rho(\lambda)$. Die Darstellung (8.2-76) verlangt, daß $\rho(\lambda)$ der Integrabilitätsbedingung

$$\int_{-\infty}^{+\infty} d\lambda \, \frac{\rho(\lambda)}{\lambda^2 + 1} < \infty \tag{8.2-78}$$

genügt. Zum Beispiel erhalten wir für das Oszillatormodell (8.2-41) im Grenzfall $\gamma_k \to 0$ $(k = 1,2,\dots)$ mit (8.2-46) und (8.2-47)

$$\rho(\lambda) = \frac{Ne^2}{m\varepsilon_o} \left[\frac{f_o}{\pi} \frac{\gamma}{\lambda^2 + \gamma^2} + \frac{1}{2} \sum_{k=1} f_k [\delta(\lambda + \omega_k) + \delta(\lambda - \omega_k)] \right] . \tag{8.2-79}$$

In diesem Fall ist $\mathrm{Re}\{i\chi(i)\} = 0$, so daß die Subtraktion in (8.2-76) entfällt. Die Spektralfunktion (8.2-79) ist eine positive Distribution. Wie wir im nächsten Abschnitt sehen werden, gilt das für alle Spektralfunktionen (8.2-77).

8.2.3. Die Passivitätsbedingung

Aus dem differentiellen Energiesatz

$$\bar{E} \wedge \frac{\partial \bar{D}}{\partial t} + \bar{H} \wedge \frac{\partial \bar{B}}{\partial t} = - \bar{\nabla} \wedge \bar{S} \tag{8.2-80}$$

folgt für die Volumeneinheit eines polarisierbaren Mediums mit den Materialgleichungen (s. 4.3-78)

$$\bar{D} = \varepsilon_o * \bar{E} + \bar{p} \tag{8.2-81}$$

$$\bar{H} = \frac{1}{\mu_o} * \bar{B} \tag{8.2-82}$$

die Energiebilanz

$$* \frac{\partial}{\partial t} \frac{1}{2}\left(\varepsilon_o \bar{E}^2 + \mu_o \bar{H}^2\right) + \bar{\nabla} \wedge \bar{S} = - \bar{E} \wedge \frac{\partial \bar{p}}{\partial t} \quad ,$$

oder

$$\frac{\partial}{\partial t} \frac{1}{2}\left(\varepsilon_o \bar{E}^2 + \mu_o \bar{H}^2\right) + \bar{\nabla} \cdot * \bar{S} = - * \left(\bar{E} \wedge \frac{\partial \bar{p}}{\partial t}\right) . \tag{8.2-83}$$

Da auf der linken Seite die Differenz der Änderung der Energiedichte des Vakuumfeldes pro Zeiteinheit und der pro Zeiteinheit in die Volumeneinheit eingeströmten Feldenergie steht, bedeutet die Forderung

$$\int_{-\infty}^{+\infty} dt * \left(\bar{E} \wedge \frac{\partial \bar{p}}{\partial t}\right) \geq 0 \quad , \tag{8.2-84}$$

daß das Vakuumfeld insgesamt während des zeitlichen Ablaufs der Wechselwirkung keine Energie von dem polarisierbaren Medium aufnimmt. Man nennt das Medium in diesem Fall passiv und bezeichnet (8.2-84) als Passivitätsbedingung. Die verschärfte Passivitätsbedingung

$$\int_{-\infty}^{t} dt' * \left(\bar{E} \wedge \frac{\partial \bar{p}}{\partial t}\right) \geq 0 \tag{8.2-85}$$

schließt die Kausalitätsbedingung ein, falls man einen linearen Zusammenhang (s. 8.2-48) zwischen Polarisation und anregendem Feld annimmt:

$$\bar{p}(\vec{x},t) = * \varepsilon_o \int_{-\infty}^{+\infty} dt' \chi(t-t') \bar{E}(\vec{x},t') . \tag{8.2-86}$$

Ist nämlich $\bar{E}_1$ ein elektrisches Feld, das für $t < t_o$ verschwindet, und $\bar{E}_2$ ein zweites beliebiges Feld, so induziert die Linearkombination

$$\bar{E} = \alpha \bar{E}_1 + \bar{E}_2$$

für jedes reelle α wegen (8.2-86) die Polarisation

$$\bar{p} = \alpha \bar{p}_1 + \bar{p}_2 .$$

Für $t < t_o$ verlangt (8.2-85)

$$* \alpha \int_{-\infty}^{t} \bar{E}_2 \wedge \frac{\partial \bar{p}_1}{\partial t} dt' + * \int_{-\infty}^{t} \bar{E}_2 \wedge \frac{\partial \bar{p}_2}{\partial t} dt' \geqslant 0 , \qquad t < t_o .$$

Da α beliebig ist, folgt

$$* \int_{-\infty}^{t} \bar{E}_2 \wedge \frac{\partial \bar{p}_1}{\partial t} dt' = 0 , \qquad t < t_o ,$$

und da auch $\bar{E}_2$ beliebig ist, muß $\partial \bar{p}_1/\partial t$ für $t < t_o$ verschwinden. Die asymptotische Bedingung

$$\lim_{t \to -\infty} \bar{p}(t) = 0$$

verlangt schließlich, daß auch $\bar{p}_1$ für $t < t_o$ verschwindet.

Wir nehmen nun wieder an, daß die Suszeptibilität $\chi(t)$ eine temperierte Distribution ist. Dann folgt durch Fouriertransformation von (8.2-84)

$$\int_{-\infty}^{+\infty} d\omega \, \mathrm{Re}\{-i\omega \chi(\omega)\} |\bar{E}(\omega)|^2 \geqslant 0 . \tag{8.2-87}$$

Da $\bar{E}(\omega)$ hier als Testfunktion aufgefaßt werden kann, besagt (8.2-87), daß $\mathrm{Re}\{-i\omega\chi(\omega)\}$ $= \mathrm{Im}\{\omega\chi(\omega)\}$ eine positive Distribution ist. Andererseits folgt aus der Kausalitätsbedingung unter der Voraussetzung (8.2-70) die Spektraldarstellung (8.2-76)

$$z\chi(z) = \beta + \int_{-\infty}^{+\infty} d\lambda\, \rho(\lambda) \left(\frac{1}{\lambda - z} - \frac{\lambda}{\lambda^2 + 1} \right) , \quad \beta \in \mathbb{R} . \qquad (8.2\text{-}88)$$

Aus der Positivität der Spektralfunktion (s. 8.2-77)

$$\rho(\lambda) = \frac{1}{\pi} \operatorname{Im}\{\lambda\, \chi(\lambda + i0)\}$$

folgt

$$\operatorname{Im}\{z\chi(z)\} > 0 , \quad \operatorname{Im}\{z\} > 0 . \qquad (8.2\text{-}89)$$

Funktionen $f(z)$, die in der oberen Halbebene holomorph sind, und deren Imaginärteil dort positiv ist, heißen Pick-Funktionen. Sie haben bemerkenswerte Eigenschaften+). Sind $f_1(z)$ und $f_2(z)$ Pick-Funktionen, so ist auch

$$(f_1 \circ f_2)(z) = f_1[f_2(z)]$$

eine Pick-Funktion. Da $-1/z$ eine Pick-Funktion ist, ist mit $f(z)$ auch $-1/f(z)$ eine Pick-Funktion. Folglich hat eine Pick-Funktion keine Nullstellen mit $\operatorname{Im}\{z\} > 0$ (s. Aufgabe 8.5).

Für jede Pick-Funktion gibt es genau eine Spektraldarstellung von der Form

$$f(z) = \alpha z + \beta + \int_{-\infty}^{+\infty} d\mu(\lambda) \left(\frac{1}{\lambda - z} - \frac{\lambda}{\lambda^2 + 1} \right) , \quad \alpha \geqslant 0 , \quad \beta \in \mathbb{R} . \qquad (8.2\text{-}90)$$

Hier ist $d\mu(\lambda)$ ein positives Maß auf der reellen Achse, das der Integrabilitätsbedingung

$$\int_{-\infty}^{+\infty} \frac{d\mu(\lambda)}{\lambda^2 + 1} < \infty \qquad (8.2\text{-}91)$$

genügt. Sei

$$f(z) = u(x,y) + i\, v(x,y) , \quad z = x + iy .$$

+) s. W. F. Donoghue: Monotone Matrix Functions and Analytic Continuation (Springer, Berlin-Heidelberg-New York 1974) Chapt. II.

Dann gilt für jedes endliche Intervall $a < x < b$

$$\mu(b) - \mu(a) = \lim_{y \to +0} \frac{1}{\pi} \int_a^b v(x,y)dx \,. \tag{8.2-92}$$

Ferner gilt

$$\alpha = \lim_{y \to \infty} \frac{f(iy)}{iy} \,, \qquad \beta = \mathrm{Re}\{f(i)\} \,. \tag{8.2-93}$$

Für $f(z) = z\chi(z)$ verschwindet α wegen des asymptotischen Verhaltens (8.2-70).

Nach (8.2-92) ist $v(x,0) = 0$ in $a < x < b$, wenn $\mu(b) = \mu(a)$ ist. Die Funktion $f(z)$ kann dann über das Intervall $a < x < b$ in die untere Halbebene fortgesetzt werden. Die Fortsetzung erfolgt durch Reflexion an der reellen Achse:

$$f(x - iy) = f^*(x + iy) \quad , \quad y \geqslant 0 \,. \tag{8.2-94}$$

Ferner gilt für den Realteil u von f

$$\frac{\partial u}{\partial x}(x,0) \geqslant 0 \,, \qquad a < x < b \,. \tag{8.2-95}$$

Falls es kein Intervall $a < x < b$ gibt, für das $\mu(b) = \mu(a)$ ist, kann $f(z)$ nicht fortgesetzt werden. Die Darstellung (8.2-90) existiert zwar auch dann für $\mathrm{Im}\{z\} < 0$, stellt aber hier eine Funktion $g(z)$ dar, die keine Fortsetzung von $f(z)$ ist. Ein Beispiel für die Spektraldarstellung (8.2-90) wird in Aufgabe 8.5 behandelt.

8.3. Die Maxwellschen Gleichungen für langsam bewegte Medien

8.3.1. Feldgleichungen für bewegte Medien

Die differentielle und die integrierte Form der Maxwellschen Feldgleichungen (s. Abschn. 7.1) sind äquivalent unter der Voraussetzung, daß die Fläche F nicht bewegt wird:

$$\bar{\nabla} \wedge \bar{E} + \frac{\partial \bar{B}}{\partial t} = 0 \quad \Leftrightarrow \quad \int_{\partial F} \langle \bar{E}, d\vec{C} \rangle + \frac{d}{dt} \int_F \langle \bar{B}, d\vec{F} \rangle = 0 \,, \tag{8.3-1}$$

$$\bar{\nabla} \wedge \bar{H} = \frac{\partial \bar{D}}{\partial t} + \bar{J} \quad \Leftrightarrow \quad \int_{\partial F} \langle \bar{H}, d\vec{C} \rangle = \frac{d}{dt} \int_F \langle \bar{D}, d\vec{F} \rangle + \int_F \langle \bar{J}, d\vec{F} \rangle \,. \tag{8.3-2}$$

Doch hat schon Faraday experimentell bewiesen, daß ein zeitabhängiger magnetischer Fluß durch eine Fläche F auch dann im Flächenrand ∂F eine elektrische Ringspannung induziert, wenn die zeitliche Änderung des Flusses durch eine Bewegung der Fläche verursacht wird. Das Faradaysche Induktionsgesetz

$$\mathcal{E} := \int_{\partial F} \langle \bar{E}, d\vec{C} \rangle = -\frac{d\Phi}{dt} \quad , \qquad \Phi = \int_{F} \langle \bar{B}, d\vec{F} \rangle \tag{8.3-3}$$

gilt unabhängig von der Ursache der zeitlichen Änderung des Flusses.

Um das allgemeine Faradaysche Induktionsgesetz (8.3-3) differentiell zu formulieren, definieren wir die konvektive Ableitung $\nabla_t \bar{B}$ der 2-Form $\bar{B}$ durch die Bedingung

$$\frac{d}{dt} \int_{F(t)} \langle \bar{B}, d\vec{F} \rangle =: \int_{F(t)} \langle \nabla_t \bar{B}, d\vec{F} \rangle \ . \tag{8.3-4}$$

Wird die Fläche F nicht bewegt, so ist die konvektive Ableitung natürlich identisch mit der partiellen Ableitung nach der Zeit:

$$F = \text{const} \quad : \quad \nabla_t \bar{B} = \frac{\partial \bar{B}}{\partial t} \ . \tag{8.3-5}$$

Wir beschreiben die Bewegung der Fläche durch ein Geschwindigkeitsfeld $\vec{v}$, das dem Punkt der Fläche, der im Zeitpunkt t mit dem Raumpunkt $\vec{x}$ zusammenfällt, die Geschwindigkeit $\vec{v}(\vec{x})$ zuordnet. Folglich ist $(\nabla_t \bar{B})(\vec{x},t)$ die von einem bei der Bewegung des Flächenpunktes mitgeführten Beobachter gemessene Änderung des $\bar{B}$-Feldes pro Zeiteinheit. Die Bahnen $\vec{x}(t)$ der Flächenpunkte sind Stromlinien des Geschwindigkeitsfeldes. Sie genügen der Differentialgleichung

$$\frac{d}{dt} \vec{x}(t) = \vec{v}[\vec{x}(t)] \ . \tag{8.3-6}$$

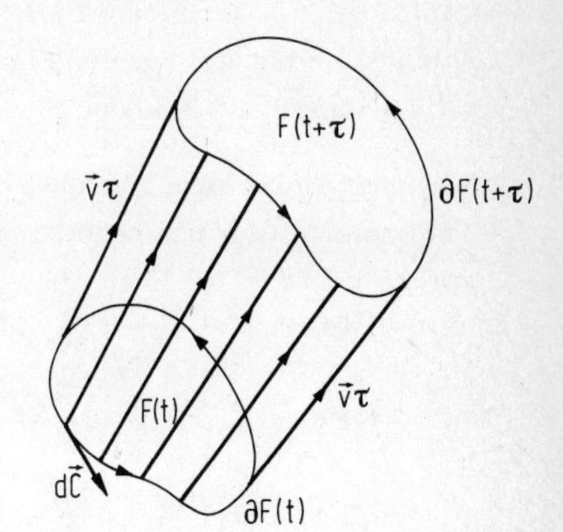

Abb.8.5

Abbildung 8.5 zeigt die Bewegung der Fläche während eines kurzen Zeitintervalls τ, in dem die Bewegung der Flächenpunkte als gleichförmig angesehen werden kann. Die Stromröhren $d\vec{F} \wedge \vec{v}\tau$ bilden ein Volumen $K(\tau)$, das von den Flächen $F(t+\tau)$ und

$F(t)$ sowie den Streifen $d\vec{C} \wedge \vec{v}\tau$ berandet wird, wo $d\vec{C}$ ein Tangentenvektor der Randkurve $\partial F(t)$ ist (s. Abb. 8.5). Der Satz von Stokes liefert für das Volumen $K(\tau)$

$$\int_{F(t+\tau)} \langle \bar{B}, d\vec{F} \rangle - \int_{F(t)} \langle \bar{B}, d\vec{F} \rangle + \int_{\partial F(t)} \langle \bar{B}, d\vec{C} \wedge \vec{v}\tau \rangle = \int_{F(t)} \langle \bar{\nabla} \wedge \bar{B}, d\vec{F} \wedge \vec{v}\tau \rangle . \tag{8.3-7}$$

Die ersten beiden Glieder liefern den Anteil der Änderung des Flusses, der auf die Bewegung der Fläche zurückzuführen ist. Hinzu tritt der Beitrag der partiellen Ableitung $\partial\bar{B}/\partial t$, wenn das $\bar{B}$-Feld nicht stationär ist. Insgesamt erhalten wir

$$\begin{aligned} \frac{d}{dt} \int_{F(t)} \langle \bar{B}, d\vec{F} \rangle &= \int_{F(t)} \langle \frac{\partial \bar{B}}{\partial t}, d\vec{F} \rangle + \int_{F(t)} \langle \bar{\nabla} \wedge \bar{B}, d\vec{F} \wedge \vec{v} \rangle - \int_{\partial F(t)} \langle \bar{B}, d\vec{C} \wedge \vec{v} \rangle = \\ &= \int_{F(t)} \langle \frac{\partial \bar{B}}{\partial t} + (\bar{\nabla} \wedge \bar{B}) \cdot \vec{v} + \bar{\nabla} \wedge (\bar{B} \cdot \vec{v}), d\vec{F} \rangle . \end{aligned} \tag{8.3-8}$$

Da die Fläche F beliebig gewählt werden kann, folgt durch Vergleich mit (8.3-4)

$$\nabla_t \bar{B} = \frac{\partial \bar{B}}{\partial t} + (\bar{\nabla} \wedge \bar{B}) \cdot \vec{v} + \bar{\nabla} \wedge (\bar{B} \cdot \vec{v}) . \tag{8.3-9}$$

Die konvektive Ableitung der 2-Form $\bar{B}$ setzt sich zusammen aus der partiellen Ableitung nach der Zeit und der sogenannten Lie-Ableitung

$$L(\vec{v})\bar{B} := (\bar{\nabla} \wedge \bar{B}) \cdot \vec{v} + \bar{\nabla} \wedge (\bar{B} \cdot \vec{v}) \tag{8.3-10}$$

bzgl. der vom Vektorfeld $\vec{v}$ erzeugten einparametrigen Gruppe von Transformationen (s. Aufgabe 8.6). Der Term $(\bar{\nabla} \wedge \bar{B}) \cdot \vec{v}$ berücksichtigt den Beitrag der Quellen von $\bar{B}$ in dem pro Zeiteinheit von der Flächeneinheit überstrichenen Volumen, während der Term $\bar{\nabla} \wedge (\bar{B} \cdot \vec{v})$ den Fluß durch die Mantelfläche dieses Volumens in Rechnung stellt.

In ähnlicher Weise kann man auch die konvektiven Ableitungen und die Lie-Ableitungen der übrigen Multiformen bestimmen (s. hierzu Aufgabe 8.6). Das Ergebnis lautet

$$\begin{aligned} &\text{0-Form } V: && \nabla_t V = \frac{\partial V}{\partial t} + L(\vec{v})V , && L(\vec{v})V = (\bar{\nabla} V) \cdot \vec{v} , \\ &\text{1-Form } \bar{E}: && \nabla_t \bar{E} = \frac{\partial \bar{E}}{\partial t} + L(\vec{v})\bar{E} , && L(\vec{v})\bar{E} = (\bar{\nabla} \wedge \bar{E}) \cdot \vec{v} + \bar{\nabla}(\bar{E} \cdot \vec{v}) , \\ &\text{2-Form } \bar{B}: && \nabla_t \bar{B} = \frac{\partial \bar{B}}{\partial t} + L(\vec{v})\bar{B} , && L(\vec{v})\bar{B} = (\bar{\nabla} \wedge \bar{B}) \cdot \vec{v} + \bar{\nabla} \wedge (\bar{B} \cdot \vec{v}) , \\ &\text{3-Form } \rho: && \nabla_t \rho = \frac{\partial \rho}{\partial t} + L(\vec{v})\rho , && L(\vec{v})\rho = \bar{\nabla} \wedge (\rho \cdot \vec{v}) . \end{aligned} \tag{8.3-11}$$

Konvektive Ableitung und Lie-Ableitung haben ähnliche Eigenschaften wie die im Abschnitt 2.3.1 behandelte kovariante Ableitung. Man hat lediglich die Regel (∇ 1) durch die konvektive bzw. Lie-Ableitung für 0-Formen und die Regel (∇ 2) durch

$$\nabla_t \bar{e}^i = L(\vec{v})\bar{e}^i = \bar{e}^j \frac{\partial v^i}{\partial x^j} \quad \text{bzw.} \quad \nabla_t \vec{e}_i = L(\vec{v})\vec{e}_i = -\frac{\partial v^j}{\partial x^i}\vec{e}_j \tag{8.3-12}$$

zu ersetzen. Die Ableitungen der n-Formen bzw. der n-Vektorfelder können aus den Ableitungen der 0-Formen und der Basen nach der Leibnizschen Regel berechnet werden. Die verschiedenen Aspekte der konvektiven und der Lie-Ableitung werden in Aufgabe 8.6 ausführlich behandelt.

Mit den beiden Feldgleichungen

$$\bar{\nabla} \wedge \bar{D} = \rho \quad , \quad \bar{\nabla} \wedge \bar{B} = 0 \tag{8.3-13}$$

erhalten wir nach (8.3-9)

$$\nabla_t \bar{D} = \frac{\partial \bar{D}}{\partial t} + \rho \cdot \vec{v} + \bar{\nabla} \wedge (\bar{D} \cdot \vec{v}) \quad , \quad \nabla_t \bar{B} = \frac{\partial \bar{B}}{\partial t} + \bar{\nabla} \wedge (\bar{B} \cdot \vec{v}) \ , \tag{8.3-14}$$

so daß wir die beiden Maxwellschen Gleichungen (8.3-1) und (8.3-2) auch in der äquivalenten Form

$$\bar{\nabla} \wedge (\bar{E} - \bar{B} \cdot \vec{v}) + \nabla_t \bar{B} = 0 \quad , \quad \bar{\nabla} \wedge (\bar{H} + \bar{D} \cdot \vec{v}) = \nabla_t \bar{D} + \bar{J} - \rho \cdot \vec{v} \tag{8.3-15}$$

schreiben können. Wegen

$$\begin{aligned} \bar{\nabla} \wedge (\nabla_t \bar{D}) &= \bar{\nabla} \wedge \left[\frac{\partial \bar{D}}{\partial t} + (\bar{\nabla} \wedge \bar{D}) \cdot \vec{v} + \bar{\nabla} \wedge (\bar{D} \cdot \vec{v}) \right] = \\ &= \frac{\partial}{\partial t}(\bar{\nabla} \wedge \bar{D}) + \bar{\nabla} \wedge [(\bar{\nabla} \wedge \bar{D}) \cdot \vec{v}] = \nabla_t (\bar{\nabla} \wedge \bar{D}) \end{aligned} \tag{8.3-16}$$

folgt aus der zweiten Gleichung (8.3-15) die Kontinuitätsgleichung

$$\nabla_t \rho + \bar{\nabla} \wedge (\bar{J} - \rho \cdot \vec{v}) = 0 \ . \tag{8.3-17}$$

Die Feldgleichungen (8.3-15) und (8.3-17) stellen zwischen den von einem mitbewegten Beobachter gemessenen zeitlichen Ableitungen $\nabla_t \bar{B}$, $\nabla_t \bar{D}$, $\nabla_t \rho$ und den Feldgrößen

$$\bar{E}' := \bar{E} - \bar{B} \cdot \vec{v} \quad , \quad \bar{H}' := \bar{H} + \bar{D} \cdot \vec{v} \quad , \quad \bar{J}' := \bar{J} - \rho \cdot \vec{v} \tag{8.3-18}$$

den gleichen Zusammenhang her, wie er im Laborsystem zwischen den partiellen Ableitungen $\partial\bar{B}/\partial t$, $\partial\bar{D}/\partial t$, $\partial\rho/\partial t$ und den Feldgrößen $\bar{E}$, $\bar{H}$, $\bar{J}$ besteht. Die gestrichenen Größen (8.3-18) sind deshalb als die vom mitbewegten Beobachter gemessenen Felder anzusehen. Durch die Abbildung

$$\bar{E} \mapsto \bar{E}' = \bar{E} - \bar{B} \cdot \vec{v}, \quad \bar{D} \mapsto \bar{D}' = \bar{D}, \quad \bar{J} \mapsto \bar{J}' = \bar{J} - \rho \cdot \vec{v}, \quad \frac{\partial}{\partial t} \mapsto \nabla_t$$
$$\bar{H} \mapsto \bar{H}' = \bar{H} + \bar{D} \cdot \vec{v}, \quad \bar{B} \mapsto \bar{B}' = \bar{B}, \quad \rho \mapsto \rho' = \rho, \quad \bar{\nabla} \mapsto \bar{\nabla}' = \bar{\nabla} \tag{8.3-19}$$

werden die Maxwellschen Gleichungen im Laborsystem in die Maxwellschen Gleichungen im mitbewegten System überführt

$$\left.\begin{matrix} \bar{\nabla} \wedge \bar{D} = \rho, & \bar{\nabla} \wedge \bar{B} = 0 \\ \bar{\nabla} \wedge \bar{E} + \frac{\partial \bar{B}}{\partial t} = 0, & \bar{\nabla} \wedge \bar{H} = \frac{\partial \bar{D}}{\partial t} + \bar{J} \end{matrix}\right\} \mapsto \left\{\begin{matrix} \bar{\nabla} \wedge \bar{D} = \rho, & \bar{\nabla} \wedge \bar{B} = 0 \\ \bar{\nabla} \wedge \bar{E}' + \nabla_t \bar{B} = 0, & \bar{\nabla} \wedge \bar{H}' = \nabla_t \bar{D} + \bar{J}' . \end{matrix}\right. \tag{8.3-20}$$

Aus (8.3-18) entnehmen wir zunächst, daß sich die Stromverteilung $\bar{J}$ im Laborsystem additiv aus der Stromverteilung $\bar{J}'$ im mitbewegten System und dem Konvektionsstrom $\rho \cdot \vec{v}$ der bewegten Ladungen zusammensetzt. Auf eine mit der Geschwindigkeit $\vec{v}$ bewegte Punktladung q wirkt nach (8.3-18) die von Lorentz entdeckte Kraft

$$\bar{K} = q\bar{E}' = q(\bar{E} - \bar{B} \cdot \vec{v}) . \tag{8.3-21}$$

Dieses Kraftgesetz stimmt mit den experimentellen Ergebnissen überein, falls die Geschwindigkeit $\vec{v}$ dem Betrage nach hinreichend klein gegenüber der Lichtgeschwindigkeit ist. Das gleiche gilt für die Abhängigkeit der Feldgrößen $\bar{H}'$ und $\bar{J}'$ von der Geschwindigkeit.

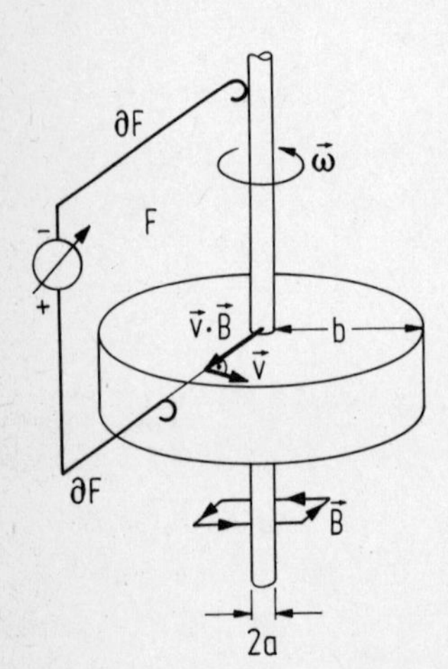

Abb.8.6

Als Beispiel für das allgemeine Induktionsgesetz behandeln wir eine Faradayscheibe, die sich in einem stationären, homogenen Induktionsfeld $\vec{B}$ mit konstanter Winkelgeschwindigkeit $\vec{\omega}$ dreht (s. Abb.8.6). Die Leiterschleife ∂F besteht aus einem raumfesten Teil und einem Scheibenradius, dessen Punkte sich mit der Geschwindigkeit $\vec{v} = \vec{\omega} \cdot \vec{x}$ bewegen, wo $\vec{x}$ der Vektor von der Scheibenachse zum Aufpunkt ist. Die

Winkelgeschwindigkeit ist ein 2-Vektor. Um die induzierte Spannung zu berechnen, benutzen wir das Transformationsgesetz (8.3-18) für die elektrische Feldstärke und erhalten

$$\mathscr{E} = \int_{\partial F} \langle E', d\vec{C}\rangle = \int_{\partial F} \langle \vec{v} \cdot \vec{B}, d\vec{C}\rangle = \int_a^b \omega r B \, dr = \omega B \frac{b^2 - a^2}{2} . \tag{8.3-22}$$

Hier ist $\omega = \|\vec{\omega}\|$ und $B = \|\vec{B}\|$.

8.3.2. Die Invarianz des Vakuums

Wir betrachten ein elektromagnetisches Feld im Vakuum, das von äußeren Quellen ρ und $\bar{J}$ erzeugt wird. Die Maxwellschen Gleichungen lauten

$$\begin{aligned} &\bar{\nabla} \wedge \bar{D} = \rho \quad , && \bar{\nabla} \wedge \bar{B} = 0 , \\ &\bar{\nabla} \wedge \bar{E} + \frac{\partial \bar{B}}{\partial t} = 0 \quad , && \bar{\nabla} \wedge \bar{H} - \frac{\partial \bar{D}}{\partial t} = \bar{J} . \end{aligned} \tag{8.3-23}$$

Ferner gelten im gesamten Raum die Materialgleichungen des Vakuums

$$\bar{D} = * \varepsilon_o \bar{E} \quad , \qquad \bar{H} = * \frac{1}{\mu_o} \bar{B} . \tag{8.3-24}$$

Neben den elektromagnetischen Feldgrößen sei ein homogenes Geschwindigkeitsfeld $\vec{v}(\vec{x})$ gegeben, d.h. an jedem Punkt des Raumes ist ein konstanter Geschwindigkeitsvektor $\vec{v}$ angeheftet.

Wir führen nun statt der zeitlichen Ableitungen in (8.3-23) die konvektiven Ableitungen bezüglich $\vec{v}$ ein, die im Falle eines homogenen Geschwindigkeitsfeldes für alle Multiformen mit dem Differentialoperator

$$\nabla_t = \frac{\partial}{\partial t} + \vec{v} \cdot \bar{\nabla} \tag{8.3-25}$$

gebildet werden können (s. 8.3-11, 8.3-12). Wie im letzten Abschnitt (s. 8.3-15) erhalten wir die mit (8.3-23) äquivalenten Gleichungen

$$\begin{aligned} &\bar{\nabla} \wedge \bar{D} = \rho , && \bar{\nabla} \wedge \bar{B} = 0 , \\ &\bar{\nabla} \wedge (\bar{E} - \bar{B} \cdot \vec{v}) + \left(\frac{\partial}{\partial t} + \vec{v} \cdot \bar{\nabla}\right) \bar{B} = 0 , && \bar{\nabla} \wedge (\bar{H} + \bar{D} \cdot \vec{v}) - \left(\frac{\partial}{\partial t} + \vec{v} \cdot \bar{\nabla}\right) \bar{D} = \bar{J} - \rho \cdot \vec{v} . \end{aligned} \tag{8.3-26}$$

Die spezielle Form dieser Gleichungen legt es nahe, neue Feldgrößen einzuführen, die wir durch einen Strich kennzeichnen:

$$\begin{pmatrix} D'_{ij} \\ B'_{ij} \\ \rho'_{ijk} \end{pmatrix}(\vec{x},t) := \begin{pmatrix} D_{ij} \\ B_{ij} \\ \rho_{ijk} \end{pmatrix}(\vec{x}+\vec{v}t,t), \qquad \begin{pmatrix} E'_i \\ H'_i \\ J'_{ij} \end{pmatrix}(\vec{x},t) = \begin{pmatrix} E_i - B_{ki}v^k \\ H_i + D_{ki}v^k \\ J_{ij} - \rho_{kij}v^k \end{pmatrix}(\vec{x}+\vec{v}t,t). \tag{8.3-27}$$

Wir erhalten dann z.B. in kartesischen Koordinaten

$$\frac{\partial B'_{ij}}{\partial t}(\vec{x},t) = \left(\frac{\partial B_{ij}}{\partial t} + \vec{v}\cdot\bar{\nabla}B_{ij}\right)(\vec{x}+\vec{v}t,t), \qquad \frac{\partial D'_{ij}}{\partial x^k}(\vec{x},t) = \frac{\partial D_{ij}}{\partial x^k}(\vec{x}+\vec{v}t,t). \tag{8.3-28}$$

Die Schreibweise weist darauf hin, daß die partiellen räumlichen bzw. zeitlichen Ableitungen stets bei festem zweiten bzw. ersten Argument des geordneten Paares (,) zu bilden ist, also z.B.

$$\frac{\partial B_{ij}}{\partial t}(\vec{x}+\vec{v}t,t) = \frac{\partial B_{ij}}{\partial t}(\vec{y},t)\bigg|_{\vec{y}=\vec{x}+\vec{v}t}.$$

Auf diesem Wege folgen aus (8.3-26) die Beziehungen

$$\bar{\nabla}\wedge\bar{D}' = \rho', \qquad \bar{\nabla}\wedge\bar{B}' = 0,$$
$$\bar{\nabla}\wedge\bar{E}' + \frac{\partial\bar{B}'}{\partial t} = 0, \qquad \bar{\nabla}\wedge\bar{H}' - \frac{\partial\bar{D}'}{\partial t} = \bar{J}'. \tag{8.3-29}$$

Sie haben die gleiche Gestalt wie die Maxwellschen Gleichungen (8.3-23), d.h. letztere sind invariant unter der Abbildung

$$(\bar{D},\bar{B},\bar{\rho},\bar{E},\bar{H},\bar{J}) \mapsto (\bar{D}',\bar{B}',\bar{\rho}',\bar{E}',\bar{H}',\bar{J}'). \tag{8.3-30}$$

Anders ausgedrückt: Die gestrichenen Feldgrößen erfüllen die Maxwellschen Gleichungen mit den Quellen ρ' und $\bar{J}'$, wenn die ungestrichenen Feldgrößen den Maxwellschen Gleichungen mit den Quellen ρ und $\bar{J}$ genügen.

Die Transformationsgesetze (8.3-27) beschreiben das Verhalten der Feldgrößen unter Galileitransformationen

$$\vec{x} \mapsto \vec{x}' = \vec{x} - \vec{v}t \tag{8.3-31}$$

vom Standpunkt der aktiven Interpretation, d.h. die gestrichenen Felder sind für den ruhenden Beobachter subjektiv identisch mit den Feldern, die ein Beobachter sieht, dessen Koordinatensystem sich relativ zum ungestrichenen System mit der Geschwindigkeit $\vec{v}$ bewegt und im Zeitpunkt $t = 0$ mit ihm übereinstimmt. Ein Vergleich mit den Abbildungsgesetzen von Multiformen unter räumlichen Translationen

$$\vec{x} \mapsto \vec{x}' = \vec{x} + \vec{a}$$

(s. Abschn. 2.2) zeigt, daß sich die Formen $\bar{D}, \bar{B}$ und $\bar{\rho}$ wie bei einer Translation mit dem Vektor $\vec{a} = -\vec{v}t$ verhalten, während sich für die Formen $\bar{E}, \bar{H}$ und $\bar{J}$ auf Grund der Maxwellschen Gleichungen ein modifiziertes Abbildungsgesetz ergibt. Nun wissen wir, daß in der Mechanik alle Koordinatensysteme, die sich relativ zueinander mit konstanter Geschwindigkeit bewegen, als physikalisch äquivalent anzusehen sind. Soll dieses Relativitätsprinzip auch für die Elektrodynamik gültig bleiben, so müssen wir vom Standpunkt der aktiven Interpretation aus verlangen, daß nicht nur die Maxwellschen Gleichungen, sondern auch die Materialgleichungen (8.3-24) des Vakuums unter den Abbildungen (8.3-30) invariant sind.

Das ist zunächst offensichtlich nicht der Fall. Mit (8.3-27) erhalten wir nämlich

$$\left.\begin{aligned} \bar{D} &= * \varepsilon_o \bar{E} \\ \bar{H} &= * \frac{1}{\mu_o} \bar{B} \end{aligned}\right\} \longmapsto \left\{\begin{aligned} \bar{D}' &= * \varepsilon_o (\bar{E}' + \bar{B}' \cdot \vec{v}) \\ \bar{H}' - \bar{D}' \cdot \vec{v} &= * \frac{1}{\mu_o} \bar{B}' . \end{aligned}\right. \tag{8.3-32}$$

Doch ist es nicht schwer, die Abbildungsgesetze (8.3-27) so abzuändern, daß die Materialgleichungen invariant sind. Wir beschränken uns an dieser Stelle darauf, die Abbildungsgesetze für $\bar{D}$ und $\bar{B}$ so durch Glieder von erster Ordnung in $\vec{v}$ zu ergänzen, daß die Materialgleichungen bis auf Glieder von höherer als erster Ordnung in sich übergehen:

$$\begin{pmatrix} \bar{D}'' \\ \\ \bar{B}'' \end{pmatrix} := \begin{pmatrix} \bar{D}' - * \varepsilon_o \bar{B}' \cdot \vec{v} \\ \\ \bar{B}' + * \mu_o \bar{D}' \cdot \vec{v} \end{pmatrix} = \begin{pmatrix} \bar{D}' - \dfrac{\bar{H}' \wedge \bar{v}}{c^2} \\ \\ \bar{B}' + \dfrac{\bar{E}' \wedge \bar{v}}{c^2} \end{pmatrix} , \tag{8.3-33}$$

wo

$$\bar{v} = \iota(\vec{v}) , \qquad c^2 = \frac{1}{\varepsilon_o \mu_o} .$$

Es bleibt die Frage, ob die Maxwellschen Gleichungen invariant sind unter den so modifizierten Abbildungen. Wie man leicht sieht, ist das nicht der Fall. Zum Beispiel folgt aus (8.3-33) und (8.3-29)

$$\begin{aligned} (\bar{\nabla} \wedge \bar{D}'') &= \left(\bar{\nabla} \wedge \bar{D}' - \frac{\bar{\nabla} \wedge \bar{H}' \wedge \bar{v}}{c^2} \right) = \left(\rho' - \frac{\bar{J}' \wedge \bar{v}}{c^2} - \frac{\bar{v}}{c^2} \wedge \frac{\partial \bar{D}'}{\partial t} \right) , \\ (\bar{\nabla} \wedge \bar{B}'') &= \left(\bar{\nabla} \wedge \bar{B}' + \frac{\bar{\nabla} \wedge \bar{E}' \wedge \bar{v}}{c^2} \right) = \left(- \frac{\bar{v}}{c^2} \wedge \frac{\partial \bar{B}'}{\partial t} \right) . \end{aligned} \tag{8.3-34}$$

Um die störenden Terme zu entfernen, modifizieren wir die Definition der gestrichenen Feldgrößen:

$$\begin{pmatrix} D''_{ij} \\ \\ B''_{ij} \\ \\ \rho''_{ijk} \end{pmatrix} (\vec{x},t) := \begin{pmatrix} D_{ij} - \dfrac{H_i v_j - H_j v_i}{c^2} \\ \\ B_{ij} + \dfrac{E_i v_j - E_j v_i}{c^2} \\ \\ \rho_{ijk} - \dfrac{J_{ij} v_k + J_{jk} v_i + J_{ki} v_j}{c^2} \end{pmatrix} \left(\vec{x} + \vec{v}t, t + \frac{\vec{v}\cdot\vec{x}}{c^2}\right) ,$$

(8.3-35)

$$\begin{pmatrix} E''_i \\ H''_i \\ J''_{ij} \end{pmatrix} (\vec{x},t) := \begin{pmatrix} E_i - B_{ki} v^k \\ H_i + D_{ki} v^k \\ J_{ij} - \rho_{kij} v^k \end{pmatrix} \left(\vec{x} + \vec{v}t, t + \frac{\vec{v}\cdot\vec{x}}{c^2}\right) .$$

Damit erhalten wir z.B.

$$\frac{\partial D''_{ij}}{\partial x^k}(\vec{x},t) = \left(\frac{\partial D_{ij}}{\partial x^k} + \frac{v_k}{c^2}\frac{\partial D_{ij}}{\partial t}\right)\left(\vec{x} + \vec{v}t, t + \frac{\vec{v}\cdot\vec{x}}{c^2}\right) + \dots \quad (8.3\text{-}36)$$

Insgesamt ergibt sich

$$\bar{\nabla} \wedge D'' = \rho'' \quad , \quad \bar{\nabla} \wedge \bar{B}'' = 0 \; ,$$

$$\bar{\nabla} \wedge \bar{E}'' + \frac{\partial \bar{B}''}{\partial t} = 0 \quad , \quad \bar{\nabla} \wedge \bar{H}'' - \frac{\partial \bar{D}''}{\partial t} - \bar{J}'' = 0 \; . \quad (8.3\text{-}37)$$

Unter den Abbildungen (8.3-35) sind nicht nur die Maxwellschen Gleichungen (8.3-23) sondern auch die Materialgleichungen des Vakuums (8.3-24) bis auf Glieder von höherer als erster Ordnung in $\vec{v}$ invariant. An die Stelle der Galileitransformationen

$$\vec{x} \mapsto \vec{x}' = \vec{x} - \vec{v}t \; , \quad t \mapsto t' = t \quad (8.3\text{-}38)$$

sind die Transformationen

$$\vec{x} \mapsto \vec{x}'' = \vec{x} - \vec{v}t \; , \quad t \mapsto t'' = t - \frac{\vec{v}\cdot\vec{x}}{c^2} \quad (8.3\text{-}39)$$

getreten. Fassen wir die gestrichenen Größen als Orts- und Zeitkoordinaten bezüglich eines Koordinatensystems auf, das sich mit der Geschwindigkeit $\vec{v}$ relativ zum ungestrichenen System bewegt, so sehen wir, daß die Zeitmessung abhängig wird vom Inertialsystem. Es erscheint deshalb zweckmäßig, Raum und Zeit gleichwertig zu behandeln. Die konsequente Durchführung dieses Programms führt zur speziellen Relativitätstheorie, die wir im Kapitel 11 behandeln.

8.3.3. Materialgleichungen für langsam bewegte Medien

Bewegt sich ein homogenes und isotropes Medium mit den Materialkonstanten ε, μ und $\varkappa$ mit konstanter Geschwindigkeit $\vec{v}$, so genügen die von einem mitbewegten Beobachter gesehenen Feldgrößen $\bar{D}'$ usw. den Maxwellschen Gleichungen und den Materialgleichungen

$$\bar{D}' = * \varepsilon_o \varepsilon \bar{E}' \quad , \quad \bar{H}' = * \frac{1}{\mu_o \mu} \bar{B}' \quad , \quad \bar{J}' = * \varkappa \bar{E}' \ . \tag{8.3-40}$$

Wir nehmen nun an, daß die Geschwindigkeit $\vec{v}$ dem Betrage nach klein gegenüber der Lichtgeschwindigkeit c ist. Dann gelten, wie wir im letzten Abschnitt gezeigt haben, für die von einem Beobachter, relativ zu dem sich das Medium mit der Geschwindigkeit $\vec{v}$ bewegt, gesehenen Feldgrößen $\bar{D}$ usw. wiederum die Maxwellschen Gleichungen. Die Materialgleichungen nehmen dagegen eine andere Gestalt an. Mit den Transformationsgesetzen (8.3-35) erhalten wir nämlich aus (8.3-40)

$$\begin{aligned} &\bar{D} = * \varepsilon_o \bar{E} + \bar{p} \quad , && \bar{p} = * \varepsilon_o(\varepsilon - 1)(\bar{E} - \bar{B} \cdot \vec{v}) - (\mu - 1)\frac{\bar{H} \wedge \bar{v}}{c^2} \ , \\ &\bar{H} = * \frac{1}{\mu_o} \bar{B} - \bar{m} \ , && \bar{m} = (\mu - 1)(\bar{H} + \bar{D} \cdot \vec{v}) + [* \varepsilon_o(\varepsilon - 1)\bar{E}] \cdot \vec{v} \ , \\ &\bar{J} = * \varkappa(\bar{E} - \bar{B} \cdot \vec{v}) + \rho \cdot \vec{v} \ . && \end{aligned} \tag{8.3-41}$$

Der jeweils erste Term in den Ausdrücken für die Polarisation $\bar{p}$ und die Magnetisierung $\bar{m}$ entspricht den Ansätzen in einem homogenen und isotropen Medium (s. 4.3-80 und 6.2-105), wenn man die effektiven Feldstärken $\bar{E}'$ und $\bar{H}'$ einsetzt. Die beiden letzten Terme stellen eine wechselseitige Beziehung zwischen $\bar{p}$ und $\bar{m}$ her. In der betrachteten Ordnung von $\vec{v}/c$ können wir nämlich statt (8.3-41) auch schreiben

$$\begin{aligned} &\bar{p} = * \varepsilon_o(\varepsilon - 1)(\bar{E} - \bar{B} \cdot \vec{v}) - \frac{\bar{m} \wedge \bar{v}}{c^2} \ , \\ &\bar{m} = (\mu - 1)(\bar{H} + \bar{D} \cdot \vec{v}) + \bar{p} \cdot \vec{v} \ . \end{aligned} \tag{8.3-42}$$

Im Grenzfall $\mu = 1$ tritt neben der Polarisation $\bar{p}$ eine Magnetisierung $\bar{m} = \bar{p} \cdot \vec{v}$ auf, obwohl das Medium keine magnetischen Eigenschaften besitzt. Dieser Effekt kann im Rahmen der nichtrelativistischen Physik verstanden werden. Dazu gehen wir von der Maxwellschen Gleichung

$$\bar{\nabla} \wedge \bar{H} = \frac{\partial \bar{D}}{\partial t} + \bar{J} \tag{8.3-43}$$

und der Materialgleichung

$$\bar{D} = * \varepsilon_o \bar{E} + \bar{p} \tag{8.3-44}$$

für die ungestrichenen Feldgrößen aus. Wir setzen zunächst (8.3-44) in (8.3-43) ein,

$$\bar{\nabla} \wedge H = * \varepsilon_o \frac{\partial \bar{E}}{\partial t} + \frac{\partial \bar{p}}{\partial t} + \bar{J} \ , \tag{8.3-45}$$

beschreiben die Bewegung des Mediums durch ein Geschwindigkeitsfeld $\vec{v}(\vec{x})$ und drücken die zeitliche Ableitung von $\bar{p}$ durch die konvektive Ableitung bezüglich $\vec{v}(\vec{x})$ aus (s. 8.3-11)

$$\frac{\partial \bar{p}}{\partial t} = \nabla_t \bar{p} - \bar{\nabla} \wedge (\bar{p} \cdot \vec{v}) - (\bar{\nabla} \wedge \bar{p}) \cdot \vec{v} \ . \tag{8.3-46}$$

Damit folgt aus (8.3-45)

$$\bar{\nabla} \wedge (\bar{H} + \bar{p} \cdot \vec{v}) = * \varepsilon_o \frac{\partial \bar{E}}{\partial t} + \nabla_t \bar{p} - (\nabla \wedge \bar{p}) \cdot \vec{v} + \bar{J} \ . \tag{8.3-47}$$

Nun ist $(\nabla_t \bar{p})(\vec{x},t)$ der Polarisationsstrom, der von einem Beobachter gemessen wird, der sich am Ort $\vec{x}$ mit der Geschwindigkeit $\vec{v}(\vec{x})$ bewegt. Auf der rechten Seite von (8.3-47) steht also der gesamte Strom $\bar{J}_t$:

$$\bar{J}_t = * \varepsilon_o \frac{\partial \bar{E}}{\partial t} + \nabla_t \bar{p} - (\nabla \wedge \bar{p}) \cdot \vec{v} + \bar{J} \ , \tag{8.3-48}$$

der sich aus dem Vakuumanteil des Verschiebungsstroms, dem Polarisationsstrom $\nabla_t \bar{p}$, dem Konvektionsstrom der Polarisationsladung $-(\bar{\nabla} \wedge \bar{p}) \cdot \vec{v}$ und der Stromdichte $\bar{J}$ zusammensetzt. Der gesamte Strom $\bar{J}_t$ ist andererseits die Quelle des Feldes $* \frac{1}{\mu_o} \bar{B}$ (s. 6.2-82)

$$\bar{\nabla} \wedge * \frac{1}{\mu_o} \bar{B} = \bar{J}_t = \bar{\nabla} \wedge (\bar{H} + \bar{p} \cdot \vec{v}) \ . \tag{8.3-49}$$

Schließlich liefert ein Vergleich mit der Materialgleichung

$$* \frac{1}{\mu_o} \bar{B} = \bar{H} + \bar{m}$$

bis auf eine geschlossene 1-Form die Magnetisierung

$$\bar{m} = \bar{p} \cdot \vec{v} \ . \tag{8.3-50}$$

Der Effekt ist durch die bekannten Versuche von Röntgen und Eichenwald bestätigt worden.

Das Auftreten einer Polarisation $\bar{p} = -(\bar{m} \wedge \bar{v})/c^2$ neben einer Magnetisierung $\bar{m}$ im Grenzfall $\varepsilon = 1$ ist ein relativistischer Effekt, der auf die Relativierung der Zeit zurückzuführen ist. Allerdings war schon lange vor der Entdeckung der Relativitätstheorie durch den Effekt der unipolaren Induktion bekannt, daß ein bewegter Permanentmagnet ein elektrisches Feld erzeugt. Man denke sich z.B. die Faradayscheibe der Abb. 8.6 aus einem Material mit einer permanenten, homogenen Magnetisierung $\bar{m}$ $(\varepsilon = 1)$ hergestellt. Auch dann, wenn kein äußeres Induktionsfeld $\bar{B}$ vorhanden ist, beobachtet man im Schließkreis einen stationären Strom, der die auf dem Scheibenrand induzierte Polarisationsladung abführt. Wegen des geringen inneren Widerstandes der Anordnung kann er sehr große Stromstärken erreichen. Die Flächenladung kann nur näherungsweise nach (8.3-42) berechnet werden, da das Geschwindigkeitsfeld $\vec{v}(\vec{x}) = \vec{\omega} \cdot \vec{x}$ nicht homogen ist:

$$\sigma_p = \bar{p} \approx - \frac{\bar{m} \wedge \bar{\omega} \cdot \vec{x}}{c^2} \quad , \quad \|\vec{x}\| = b \, . \tag{8.3-51}$$

Das gleiche gilt für die Raumladung, die man nach (8.3-42) berechnet:

$$\rho_p = - \bar{\nabla} \wedge \bar{p} \;\approx\; \bar{\nabla} \wedge \frac{\bar{m} \wedge (\bar{\omega} \cdot \vec{x})}{c^2} = - \frac{2\bar{m} \wedge \bar{\omega}}{c^2} \, . \tag{8.3-52}$$

Die Umlaufspannung kann dagegen streng nach (8.3-22) berechnet werden. Für kleine Geschwindigkeiten kann man näherungsweise für $\vec{B}$ das von der ruhenden Scheibe erzeugte Feld $\vec{B}'$ einsetzen, da in diesem Fall $\vec{v} \cdot \vec{B} \approx \vec{v} \cdot \vec{B}'$ ist.

8.3.4. Elektrische und magnetische Feldkräfte

Welche Kräfte wirken auf die materiellen Volumenelemente eines Mediums in einem elektromagnetischen Feld? Wir betrachten zunächst ein statisches elektrisches Feld in einem Dielektrikum mit einer nicht notwendig linearen, aber eindeutigen und lokalen Materialgleichung von der Form

$$\bar{D}(\vec{x}) = * \, \varepsilon_o \, \bar{F}\left(\vec{x}, \bar{E}(\vec{x})\right) \, . \tag{8.3-53}$$

Das Medium soll keine magnetischen Eigenschaften besitzen $(\mu = 1)$.

Um die elektrischen Feldkräfte zu bestimmen, untersuchen wir, wie sich die Energie des elektrischen Feldes ändert, wenn das Dielektrikum einschließlich der felderzeugenden Ladungsverteilung ρ während der kurzen Zeitspanne δt eine Bewegung ausführt, die durch ein stationäres Geschwindigkeitsfeld $\vec{v}(\vec{x})$ beschrieben wird. Die Energiedichte des elektrischen Feldes kann nach (7.2-51) berechnet werden. Da die Materialgleichung (8.3-53) $\bar{D}$ als Funktion von $\bar{E}$ bestimmt, ist es zweckmäßig, von der Form auszugehen:

$$u_e = \bar{E} \wedge \bar{D} - \int_0^{\bar{E}} \bar{D} \wedge d\underset{\sim}{E} = \bar{E} \wedge \bar{D} - * \, \varepsilon_o \int_0^{\bar{E}} \langle \bar{F} | d\underset{\sim}{E} \rangle \, , \tag{8.3-54}$$

wo $\bar{\underset{\sim}{E}}$ als Integrationsvariable zu betrachten ist. Wir setzen natürlich voraus, daß das Integral nicht vom Integrationsweg abhängt, die Energiedichte also eindeutig ist. Zunächst nehmen wir an, daß das Dielektrikum unbegrenzt ist und erhalten für die gesamte Energie des Feldes

$$W_e = \int_{V^3} \langle \bar{E} \wedge \bar{D}, dK \rangle - \varepsilon_o \int_{V^3} d\tau(\vec{x}) \int_0^{\bar{E}(\vec{x})} \langle \bar{F}(\vec{x}, \bar{\underset{\sim}{E}}) | d\bar{\underset{\sim}{E}} \rangle . \qquad (8.3\text{-}55)$$

Bewegt sich das Medium während der kurzen Zeitspanne δt, so ändert sich die Energie um δW_e. In erster Ordnung ergibt sich

$$\delta W_e = \int_{V^3} \langle \bar{E} \wedge \delta\bar{D}, dK \rangle - \varepsilon_o \int_{V^3} d\tau(\vec{x}) \int_0^{\bar{E}(\vec{x})} \delta \langle \bar{F}(\vec{x}, \bar{\underset{\sim}{E}}) | d\bar{\underset{\sim}{E}} \rangle . \qquad (8.3\text{-}56)$$

Den ersten Term auf der rechten Seite von (8.3-56) formen wir mit Hilfe der Feldgleichungen

$$\bar{\nabla} \wedge \bar{E} = 0 \quad \Rightarrow \quad \bar{E} = -\bar{\nabla} V \quad , \qquad \bar{\nabla} \wedge \delta\bar{D} = \delta\rho \qquad (8.3\text{-}57)$$

und des Satzes von Stokes um:

$$\int_{V^3} \langle \bar{E} \wedge \delta\bar{D}, dK \rangle = - \int_{V^3} \langle \bar{\nabla} \wedge V \delta\bar{D}, dK \rangle + \int_{V^3} \langle V \delta\rho, dK \rangle . \qquad (8.3\text{-}58)$$

Der erste Term auf der rechten Seite von (8.3-58) verschwindet, weil die statischen Felder für $\|\vec{x}\| \to \infty$ hinreichend stark abfallen. Somit erhalten wir

$$\delta W_e = \int_{V^3} \langle V \delta\rho, dK \rangle - \varepsilon_o \int_{V^3} d\tau(\vec{x}) \int_0^{\bar{E}(\vec{x})} \delta \langle \bar{F}(\vec{x}, \bar{\underset{\sim}{E}}) | d\bar{\underset{\sim}{E}} \rangle . \qquad (8.3\text{-}59)$$

Nun haben wir im Abschnitt 8.3.1 gesehen, daß ein Beobachter, der sich am Ort $\vec{x}$ mit der Geschwindigkeit $\vec{v}(\vec{x})$ relativ zu ruhenden Feldern bewegt, die partiellen Ableitungen nach der Zeit durch die konvektiven Ableitungen (s. 8.3-11)

$$\nabla_t = \frac{\partial}{\partial t} + L(\vec{v}) \qquad (8.3\text{-}60)$$

ersetzen muß. Ruht der Beobachter und bewegen sich die Felder mit der Geschwindigkeit $\vec{v}$, so tritt an die Stelle von (8.3-60) der Operator

$$\nabla_t' := \frac{\partial}{\partial t} + L(-\vec{v}) = \frac{\partial}{\partial t} - L(\vec{v}) . \qquad (8.3\text{-}61)$$

In unserem Fall bewegen sich die Ladungsverteilung ρ und das Dielektrikum mit der Materialgleichung (8.3-53). Da die Felder statisch sind, erhalten wir mit (8.3-11)

$$\begin{aligned} \delta\rho &= -L(\vec{v})\rho\,\delta t = -\bar{\nabla}\wedge(\rho\cdot\vec{v})\delta t\,, \\ \delta\langle\bar{F}|d\underset{\sim}{\bar{E}}\rangle &= -L(\vec{v})\langle\bar{F}|d\underset{\sim}{\bar{E}}\rangle\delta t = -\vec{v}\cdot\bar{\nabla}\langle\bar{F}|d\underset{\sim}{\bar{E}}\rangle\,\delta t\,. \end{aligned} \tag{8.3-62}$$

Der Operator $\vec{v}\cdot\bar{\nabla}$ differenziert die 0-Form $\langle\bar{F}(\vec{x},\underset{\sim}{\bar{E}})|d\underset{\sim}{\bar{E}}\rangle$ bezüglich $\vec{x}$.

Wir setzen nun (8.3-62) in (8.3-59) ein und erhalten nach einer weiteren Umformung mit Hilfe des Satzes von Stokes

$$\delta W_e = -\delta t\int_{V^3} d\tau(\vec{x})\left[(*\rho)\bar{E} - \varepsilon_o\int_0^{\bar{E}(\vec{x})}\bar{\nabla}\langle\bar{F}(\vec{x},\underset{\sim}{\bar{E}})|d\underset{\sim}{\bar{E}}\rangle\right]\cdot\vec{v}(\vec{x})\,. \tag{8.3-63}$$

Ist andererseits $\bar{k}_e$ die Dichte der Kraft, die das elektrische Feld auf die Volumeneinheit des Mediums ausübt, so lautet die Energiebilanz für die Zeitspanne δt

$$\delta W_e = -\delta t\int_{V^3} d\tau(\vec{x})\langle\bar{k}_e,\vec{v}\rangle\,. \tag{8.3-64}$$

Der Vergleich mit (8.3-63) liefert

$$\bar{k}_e = (*\rho)\bar{E} - \varepsilon_o\int_0^{\bar{E}}\bar{\nabla}\langle\bar{F}|d\underset{\sim}{\bar{E}}\rangle\,. \tag{8.3-65}$$

Die Kraftdichte ist eine 1-Form, deren Komponenten die Dimension einer Energiedichte haben:

$$[\bar{k}_e] = \left[\frac{\text{Energie}}{(\text{Länge})^4}\right]. \tag{8.3-66}$$

Im einfachen Fall eines inhomogenen Dielektrikums mit linearer Materialgleichung gilt

$$\bar{F}(\vec{x},\bar{E}) = \varepsilon(\vec{x})\bar{E}\,. \tag{8.3-67}$$

Damit folgt für die Kraftdichte nach (8.3-65)

$$\bar{k}_e = (*\rho)\bar{E} - \frac{\varepsilon_o}{2}\langle\bar{E}|\bar{E}\rangle\bar{\nabla}\varepsilon\,. \tag{8.3-68}$$

Der zugeordnete Vektor $\vec{k}_e$ zeigt in die Richtung, in der die Dielektrizitätskonstante ε maximal abfällt. Insbesondere wirkt die Feldkraft auf der Grenzfläche zwischen zwei homogenen Medien mit verschiedenen Dielektrizitätskonstanten in Richtung derjenigen Flächennormale, die in das Medium mit der kleineren Dielektrizitätskonstanten zeigt.

Wir wenden uns nun dem Fall zu, daß die Materialgleichung von weiteren dynamischen Variablen des Dielektrikums abhängt. Als Beispiel behandeln wir die Materialgleichung

$$\bar{D}(\vec{x}) = * \, \varepsilon_o \bar{F}\left(\chi(\vec{x}), \bar{E}(\vec{x})\right) , \tag{8.3-69}$$

wo

$$\chi = * \rho_m$$

die Massendichte des Dielektrikums ist. ρ_m ist wie die Ladungsverteilung eine 3-Form. Ihre Änderung während der Zeitspanne δt beträgt (s. 8.3-62)

$$\delta \rho_m = -\bar{\nabla} \wedge (\rho_m \cdot \vec{v})\delta t \quad \Rightarrow \quad \delta \chi = -\bar{\nabla} \cdot (\chi \vec{v})\delta t . \tag{8.3-70}$$

Damit erhalten wir (s. 8.3-62)

$$\delta \langle \bar{F} | d\underset{\sim}{\bar{E}} \rangle = \langle \frac{\partial \bar{F}}{\partial \chi} | d\underset{\sim}{\bar{E}} \rangle \, \delta \chi = -\langle \frac{\partial \bar{F}}{\partial \chi} | d\underset{\sim}{\bar{E}} \rangle \bar{\nabla} \cdot (\chi \cdot \vec{v}) \delta t , \tag{8.3-71}$$

oder

$$\delta \langle \bar{F} | d\underset{\sim}{\bar{E}} \rangle = \left\{ -\langle \frac{\partial \bar{F}}{\partial \chi} | d\underset{\sim}{\bar{E}} \rangle (\bar{\nabla} \chi) \cdot \vec{v} + \vec{v} \cdot \bar{\nabla} \left(\chi \langle \frac{\partial \bar{F}}{\partial \chi} | d\underset{\sim}{\bar{E}} \rangle \right) - \bar{\nabla} \cdot \left(\vec{v} \chi \langle \frac{\partial \bar{F}}{\partial \chi} | d\underset{\sim}{\bar{E}} \rangle \right) \right\} \delta t . \tag{8.3-72}$$

Der letzte Term entfällt bei der Integration über den gesamten Raum. Ähnlich wie oben ergibt sich dann für die Kraftdichte

$$\bar{k}_e = (* \rho)\bar{E} - \varepsilon_o \int_0^{\bar{E}} \bar{\nabla} \langle \bar{F} | d\underset{\sim}{\bar{E}} \rangle + \varepsilon_o \int_0^{\bar{E}} \bar{\nabla} \left(\chi \langle \frac{\partial \bar{F}}{\partial \chi} | d\underset{\sim}{\bar{E}} \rangle \right) . \tag{8.3-73}$$

Dabei haben wir benutzt

$$\langle \frac{\partial \bar{F}}{\partial \chi} | d\underset{\sim}{\bar{E}} \rangle \bar{\nabla} \chi = \bar{\nabla} \langle \bar{F} | d\underset{\sim}{\bar{E}} \rangle .$$

Der zweite Term von (8.3-73) trägt in Übereinstimmung mit (8.3-65) der Abhängigkeit vom Ort Rechnung. Der dritte Term beschreibt die sogenannte Elektrostriktion.

Zum Beispiel ergibt sich für die Materialgleichung $\bar{F} = \varepsilon(\chi)\bar{E}$

$$\bar{k}_e = (*\rho)\bar{E} - \frac{\varepsilon_o}{2}\langle\bar{E}|\bar{E}\rangle\bar{\nabla}\varepsilon + \bar{\nabla}\left(\frac{\varepsilon_o}{2}\chi\frac{d\varepsilon}{d\chi}\langle\bar{E}|\bar{E}\rangle\right). \tag{8.3-74}$$

Elektrostriktion kann z.B. in einem inhomogenen elektrischen Feld beobachtet werden. Da sie durch eine exakte 1-Form beschrieben wird, verschwindet die resultierende Kraft bei der Integration über das gesamte Dielektrikum. Das gilt näherungsweise auch für einen hinreichend großen, kompakten Bereich.

Zwischen der Koenergiedichte

$$c_e = \int_0^{\bar{E}} \bar{D}\wedge d\underset{\sim}{\bar{E}} = *\,\varepsilon_o \int_0^{\bar{E}} \langle\bar{F}|d\underset{\sim}{\bar{E}}\rangle \tag{8.3-75}$$

und der Energiedichte besteht nach (8.3-54) die Beziehung

$$c_e = \bar{E}\wedge\bar{D} - u_e\,. \tag{8.3-76}$$

Damit ergibt sich für die Änderung der gesamten Koenergie

$$\delta C_e = \delta\int_{V^3}\langle c_e, dK\rangle = \delta\int_{V^3}\langle\bar{E}\wedge\bar{D}, dK\rangle - \delta W_e\,. \tag{8.3-77}$$

Der erste Term auf der rechten Seite von (8.3-77) kann auf Grund der Feldgleichungen wieder mit Hilfe des Satzes von Stokes umgeformt werden. Zusammen mit (8.3-64) erhalten wir dann

$$\delta C_e = \delta\int_{V^3} V\langle\rho, dK\rangle + \delta t\int_{V^3}\langle\bar{k}_e, \vec{v}\rangle d\tau\,. \tag{8.3-78}$$

Bisher haben wir angenommen, daß das Medium unbegrenzt ist. Betrachten wir nun als Beispiel für ein Randwertproblem einen Leiter L mit der Gesamtladung Q und dem Potential V, der in das Medium eingebettet ist. In diesem Fall können wir neben den materiellen Volumenelementen des Mediums auch die Flächenelemente von ∂L bewegen. Der entsprechende Beitrag zur Änderung der gesamten Energie ist

$$\delta W_e = -\int_{\partial L}\langle u_e, \vec{v}\wedge d\vec{F}\rangle\delta t = -\int_{\partial L}\langle u_e\cdot\vec{v}, d\vec{F}\rangle\delta t\,. \tag{8.3-79}$$

Der Beitrag von der Bewegung der materiellen Volumenelemente kann wie oben berechnet werden. Dabei ist zu beachten, daß die (8.3-58) entsprechende Beziehung zunächst einen Randterm liefert:

$$\int_{V^3-L} \langle \bar{E} \wedge \delta\bar{D}, dK\rangle = \int_{\partial L} \langle V\,\delta\bar{D}, d\vec{F}\rangle + \int_{V^3-L} \langle V\,\delta\rho, dK\rangle . \tag{8.3-80}$$

Die transversale Orientierung von $d\vec{F}$ zeigt hier in den Außenraum des Leiters. Nun ist aber ∂L eine Äquipotentialfläche. Ferner muß die Gesamtladung Q bei der Bewegung der Leiteroberfläche erhalten bleiben, d.h.

$$\int_{\partial L} \langle V\,\delta\bar{D}, d\vec{F}\rangle = V \int_{\partial L} \langle \delta\bar{D}, d\vec{F}\rangle = V\,\delta Q = 0 . \tag{8.3-81}$$

Insgesamt ergibt sich also

$$\delta W_e = -\int_{\partial L} \langle u_e \cdot \vec{v}, d\vec{F}\rangle \delta t - \delta t \int_{V^3-L} \langle \bar{k}_e, \vec{v}\rangle d\tau . \tag{8.3-82}$$

Der erste Term auf der rechten Seite von (8.3-82) ist offensichtlich gleich $-\delta A$, wo $-\delta A$ die Arbeit ist, die bei der Bewegung des Leiters während der Zeitspanne δt zu leisten ist. Wir setzen deshalb

$$\int_{\partial L} \langle u_e \cdot \vec{v}, d\vec{F}\rangle =: \int_{\partial L} \langle \vec{k}_L, \vec{v}\rangle dF . \tag{8.3-83}$$

$\bar{k}_L$ ist eine Kraftdichte auf ∂L mit der Dimension

$$[\bar{k}_L] = \left[\frac{\text{Energie}}{(\text{Länge})^3}\right] . \tag{8.3-84}$$

Mit (8.3-54) erhalten wir nach kurzer Zwischenrechnung

$$\bar{k}_L = \langle * \bar{D}, \vec{n}\rangle \bar{E} - \varepsilon_0 \bar{n} \int_0^{\bar{E}} \langle \bar{F} | d\underset{\sim}{\bar{E}}\rangle = \langle * \bar{\sigma}, \vec{n}\rangle \bar{E} - \varepsilon_0 \bar{n} \int_0^{\bar{E}} \langle \bar{F} | d\underset{\sim}{\bar{E}}\rangle . \tag{8.3-85}$$

Hier ist $\vec{n}$ ein Einheitsvektor, der in Richtung der äußeren Flächennormale auf ∂L zeigt und $\bar{\sigma}$ die Flächenladung auf ∂L. Bei der Berechnung von $\bar{k}_L$ ist zu beachten, daß ∂L Äquipotentialfläche ist, so daß $\bar{E} \cdot d\vec{F} = 0$. Ein Vergleich von (8.3-65) und (8.3-85) macht die analoge Struktur von $\bar{k}_e$ und $\bar{k}_L$ deutlich. Für die lineare Materialgleichung (8.3-67) ergibt sich insbesondere

$$\bar{k}_L = \varepsilon_o \varepsilon \left(\langle \bar{E}, \vec{n} \rangle \bar{E} - \frac{1}{2} \langle \bar{E} | \bar{E} \rangle \bar{n} \right) = \frac{\varepsilon_o \varepsilon}{2} \langle \bar{E} | \bar{E} \rangle \bar{n} , \tag{8.3-86}$$

denn $\bar{E}$ hat ja auf ∂L nur eine Komponente in Richtung von $\vec{n}$.

Bisher haben wir abgeschlossene Systeme behandelt, denen von außen keine Energie zugeführt wird. Ist das System nicht abgeschlossen, so müssen wir die zugeführte Energie in der Energiebilanz berücksichtigen. Statt (8.3-82) erhalten wir dann z.B.

$$\delta W_e = \delta W_a - \int_{\partial L} \langle \bar{k}_L, \vec{v} \rangle dF \, \delta t - \int_{V^3 - L} \langle \bar{k}_e, \vec{v} \rangle d\tau \, \delta t , \tag{8.3-87}$$

wo δW_a die von außen zugeführte Energie ist. Wir erläutern das an Hand der in Abb.8.7 dargestellten Anordnung, bei der die Spannung U zwischen den Kondensatorplatten während der Bewegung der Flüssigkeit konstant gehalten wird. Die Flüssigkeit soll homogen und isotrop sein, die Materialgleichung linear mit der Dielektrizitätskonstanten ε. Bewegt wird nur der Flüssigkeitsspiegel, so daß kein Randterm auftritt.

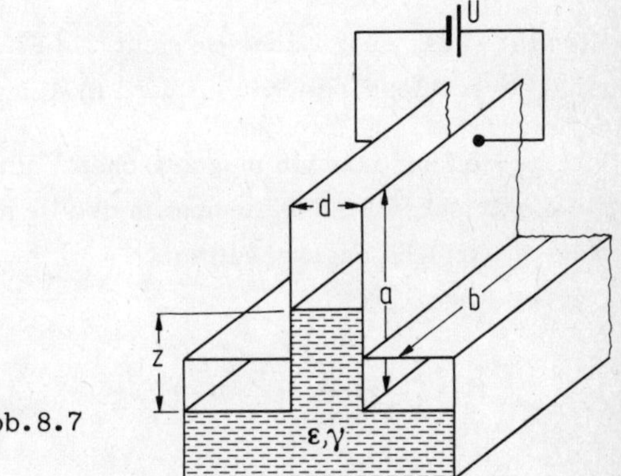

Abb.8.7

Die Energie des Feldes zwischen den Platten beträgt nach (7.2-42)

$$W_e = \frac{1}{2} C U^2 . \tag{8.3-88}$$

Die Kapazität C kann näherungsweise nach (3.4-61) berechnet werden. Für die Steighöhe z ergibt sich

$$C = \varepsilon_o \frac{b}{d} [\varepsilon z + (a - z)] . \tag{8.3-89}$$

Bewegt sich der Flüssigkeitsspiegel mit der Geschwindigkeit v_z, so ändert sich die Energie während der Zeitspanne δt um

$$\delta W_e = \frac{1}{2} \delta C \, U^2 = \frac{1}{2} \varepsilon_o (\varepsilon - 1) \frac{b}{d} U^2 v_z \, \delta t . \tag{8.3-90}$$

Andererseits muß die Energie:

$$\delta W_a = U\,\delta Q = \delta C\, U^2 \tag{8.3-91}$$

zugeführt werden, um die Spannung konstant zu halten. Damit folgt nach (8.3-87)

$$K_e v_z \delta t = \delta W_a - \delta W_e = \frac{1}{2}\delta C\, U^2 = \frac{1}{2}\varepsilon_o(\varepsilon - 1)\frac{b}{d}U^2 v_z \delta t\,. \tag{8.3-92}$$

Auf den Flüssigkeitsspiegel wirkt in Richtung der positiven z-Achse die Kraft

$$K_e = \frac{1}{2}\varepsilon_o(\varepsilon - 1)\frac{b}{d}U^2 = \frac{1}{2}\varepsilon_o(\varepsilon - 1)\,b\,d\,E^2\,, \qquad E = \frac{U}{d}\,. \tag{8.3-93}$$

Sie ist, in Übereinstimmung mit (8.3-68), in das Medium mit der kleineren Dielektrizitätskonstanten gerichtet. Die Steighöhe z wird durch das Gleichgewicht von Feldkraft und Schwerkraft festgelegt:

$$K_e = \gamma b\, dz \quad \Rightarrow \quad z = \frac{\varepsilon_o}{2\gamma}(\varepsilon - 1)E^2\,. \tag{8.3-94}$$

Hier ist γ das spezifische Gewicht der Flüssigkeit. Ein weiteres Beispiel für ein nicht abgeschlossenes System wird in Aufgabe 8.9 behandelt.

Wir wenden uns nun den magnetischen Feldkräften zu, die sich in ähnlicher Weise wie die elektrischen Feldkräfte bestimmen lassen und betrachten ein magnetisches Medium ohne elektrische Eigenschaften $(\varepsilon = 1)$ mit einer eindeutigen lokalen Materialgleichung von der Form

$$\bar{H}(\vec{x}) = *\frac{1}{\mu_o}\bar{G}\left(\vec{x}, \bar{B}(\vec{x})\right)\,. \tag{8.3-95}$$

Das magnetische Feld soll von einer stationären Stromverteilung $\bar{J}$ erzeugt werden, so daß die Energiedichte nach (7.2-63) berechnet werden kann:

$$u_m = \int_0^{\bar{B}} \bar{H} \wedge d\underset{\sim}{\bar{B}} = *\frac{1}{\mu_o}\int_0^{\bar{B}} \langle \bar{G} | d\underset{\sim}{\bar{B}}\rangle\,, \tag{8.3-96}$$

wo $\underset{\sim}{\bar{B}}$ als Integrationsvariable anzusehen ist. Auch hier setzen wir voraus, daß die Materialgleichung die Energiedichte eindeutig bestimmt. Die gesamte Energie des Feldes im unbegrenzten Medium ist

$$W_m = \int_{V^3} \langle u_m, dK\rangle = \frac{1}{\mu_o}\int_{V^3} d\tau(\vec{x}) \int_0^{\bar{B}(\vec{x})} \langle \bar{G}(\vec{x}, \underset{\sim}{\bar{B}}) | d\underset{\sim}{\bar{B}}\rangle\,. \tag{8.3-97}$$

Wir nehmen nun wieder an, daß das magnetische Medium einschließlich der felderzeugenden Stromverteilung $\bar{J}$ während der kurzen Zeitspanne δt eine Bewegung ausführt, die durch ein stationäres Geschwindigkeitsfeld $\vec{v}(\vec{x})$ beschrieben wird. Dabei ändert sich die Energie um

$$\delta W_m = \int_{V^3} \langle \bar{H} \wedge \delta\bar{B}, dK\rangle + \frac{1}{\mu_o} \int_{V^3} d\tau(\vec{x}) \int_0^{\bar{B}(\vec{x})} \delta\langle \bar{G}(\vec{x}, \underset{\sim}{\bar{B}}) \,|\, d\underset{\sim}{\bar{B}}\rangle . \tag{8.3-98}$$

Der erste Term auf der rechten Seite von (8.3-98) läßt sich mit Hilfe der Feldgleichungen

$$\bar{\nabla} \wedge \bar{H} = \bar{J} \; , \quad \bar{\nabla} \wedge \delta\bar{B} = 0 \quad \Rightarrow \quad \delta\bar{B} = \bar{\nabla} \wedge \delta\bar{A} \tag{8.3-99}$$

und dem Satz von Stokes umformen:

$$\int_{V^3} \langle \bar{H} \wedge \delta\bar{B}, dK\rangle = - \int_{V^3} \langle \bar{\nabla} \wedge \bar{H} \wedge \delta\bar{A}, dK\rangle + \int_{V^3} \langle \bar{J} \wedge \delta\bar{A}, dK\rangle . \tag{8.3-100}$$

Da die Felder $\bar{H}$ und $\delta\bar{A}$ für $\|\vec{x}\| \to \infty$ hinreichend stark abfallen, verschwindet der erste Term auf der rechten Seite von (8.3-100), und wir erhalten statt (8.3-98)

$$\delta W_m = \int_{V^3} \langle \bar{J} \wedge \delta\bar{A}, dK\rangle + \frac{1}{\mu_o} \int_{V^3} d\tau(\vec{x}) \int_0^{\bar{B}(\vec{x})} \delta\langle \bar{G}(\vec{x}, \underset{\sim}{\bar{B}}) \,|\, d\underset{\sim}{\bar{B}}\rangle . \tag{8.3-101}$$

Um die magnetischen Feldkräfte zu bestimmen, müssen wir den Energiesatz hinzuziehen. Die Bewegung erzeugt, falls sie hinreichend langsam verläuft, ein quasistationäres Feld, d.h. neben den magnetischen Feldgrößen $\delta\bar{B}$ und $\delta\bar{H}$ tritt ein elektrisches Feld $\delta\bar{E}$ auf. Das System ist, im Gegensatz zum elektrischen Fall, nicht abgeschlossen, da während der Zeitspanne δt pro Volumeneinheit die Energie $\delta\bar{E} \wedge \bar{J}$ an die Stromverteilung abgegeben wird (s. 7.2-77). Folglich lautet die Energiebilanz

$$\delta W_m = - \int_{V^3} \langle \delta\bar{E} \wedge \bar{J}, dK\rangle - \delta t \int_{V^3} d\tau(\vec{x}) \langle \bar{k}_m, \vec{v}\rangle . \tag{8.3-102}$$

Hier ist $\bar{k}_m$ die magnetische Kraftdichte. Sie hat ebenfalls die Dimension (8.3-66). Durch Gleichsetzen von (8.3-102) mit (8.3-101) erhalten wir schließlich eine Beziehung, aus der die magnetische Kraftdichte berechnet werden kann:

$$\delta t \int_{V^3} d\tau \langle \bar{k}_m, \vec{v}\rangle = - \int_{V^3} \langle (\delta\bar{E} + \delta\bar{A}) \wedge \bar{J}, dK\rangle - \frac{1}{\mu_o} \int_{V^3} d\tau(\vec{x}) \int_0^{\bar{B}(\vec{x})} \delta\langle \bar{G}(\vec{x}, \underset{\sim}{\bar{B}}) \,|\, d\underset{\sim}{\bar{B}}\rangle . \tag{8.3-103}$$

Die Kraftdichte folgt aus (8.3-103), wenn wir die rechte Seite ebenfalls als lineares Funktional in $\vec{v}\,\delta t$ schreiben.

Betrachten wir zunächst den ersten Term. Sei ∂F eine Stromlinie der Stromverteilung $\bar{J}$. Dann folgt nach dem Induktionsgesetz

$$\int_{\partial F} \langle \delta\bar{E}, d\vec{C} \rangle = -\,\delta \int_{F} \langle \bar{B}, d\vec{F} \rangle \,. \tag{8.3-104}$$

Bei der Berechnung der Änderung des magnetischen Flusses durch die Fläche F müssen wir beachten, daß sich der Flächenpunkt $\vec{x} \in \partial F$ mit der Geschwindigkeit $\vec{v}(\vec{x})$ bewegt. Folglich erhalten wir nach dem Vorbild von (8.3-8) mit (8.3-99)

$$\delta \int_{F} \langle \bar{B}, d\vec{F} \rangle = \int_{F} \langle \delta\bar{B} + \bar{\nabla} \wedge (\bar{B} \cdot \vec{v})\,\delta t, d\vec{F} \rangle = \int_{\partial F} \langle \delta\bar{A} + (\bar{B} \cdot \vec{v})\,\delta t, d\vec{C} \rangle \,. \tag{8.3-105}$$

Damit ergibt sich

$$-\int_{V^3} \langle (\delta\bar{E} + \delta\bar{A}) \wedge \bar{J}, dK \rangle = \int_{V^3} \langle (\bar{B} \cdot \vec{v}) \wedge \bar{J}, dK \rangle\,\delta t = \int_{V^3} d\tau \langle (*\,\bar{J}) \cdot \bar{B}, \vec{v} \rangle\,\delta t \,. \tag{8.3-106}$$

Für den Integranden des zweiten Terms folgt wie in (8.3-62)

$$\delta \langle \bar{G} | d\underset{\sim}{\bar{B}} \rangle = -\,\vec{v} \cdot \bar{\nabla} \langle \bar{G} | d\underset{\sim}{\bar{B}} \rangle\,\delta t \,. \tag{8.3-107}$$

Das Ergebnis für die magnetische Kraftdichte lautet somit

$$\bar{k}_m = (*\,\bar{J}) \cdot \bar{B} + \frac{1}{\mu_o} \int_0^{\bar{B}} \bar{\nabla} \langle \bar{G} | d\underset{\sim}{\bar{B}} \rangle \,. \tag{8.3-108}$$

Für ein magnetisches Medium mit der linearen Materialgleichung

$$\bar{G}(\vec{x}, \bar{B}) = \frac{1}{\mu(\vec{x})}\,\bar{B} \tag{8.3-109}$$

liefert (8.3-108) einen analogen Ausdruck zur elektrischen Kraftdichte (8.3-68):

$$\bar{k}_m = (*\,\bar{J}) \cdot \bar{B} + \frac{1}{2\mu_o} \langle \bar{B} | \bar{B} \rangle \bar{\nabla} \frac{1}{\mu} = (*\,\bar{J}) \cdot \bar{B} - \frac{\mu_o}{2} \langle \bar{H} | \bar{H} \rangle \bar{\nabla} \mu \,. \tag{8.3-110}$$

Die Änderung δC_m der magnetischen Koenergie während der Zeitspanne δt kann durch die Änderung δW_m der magnetischen Energie ausgedrückt werden. Zunächst besteht zwischen der Koenergiedichte c_m und der Energiedichte u_m die Beziehung (s. 7.2-91)

$$c_m = \int_0^{\bar{H}} \bar{B} \wedge d\underset{\sim}{\bar{H}} = \bar{H} \wedge \bar{B} - \int_0^{\bar{B}} \bar{H} \wedge d\underset{\sim}{\bar{B}} = \bar{H} \wedge \bar{B} - u_m . \tag{8.3-111}$$

Damit folgt

$$\delta C_m = \delta \int_{V^3} \langle c_m, dK\rangle = \delta \int_{V^3} \langle \bar{H} \wedge \bar{B}, dK\rangle - \delta W_m = \delta \int_{V^3} \langle \bar{J} \wedge \bar{A}, dK\rangle - \delta W_m . \tag{8.3-112}$$

Als erstes Beispiel behandeln wir ein System von n Leiterschleifen im Vakuum. Der Einfachheit halber nehmen wir an, daß im leitenden Material ebenfalls die Materialgleichung des Vakuums gilt. Bei einer linearen Materialgleichung mit konstanter, aber von eins verschiedener relativer Permeabilität μ liefert der zweite Term von (8.3-110) einen Beitrag von der Ordnung $(\mu - 1)$. Werden nun die materiellen Volumenelemente der Leiter während der Zeitspanne δt lokal mit der Geschwindigkeit $\vec{v}(\vec{x})$ bewegt, so lautet die Energiebilanz (8.3-102)

$$\delta t \sum_{i=1}^{n} \int_{L_i} d\tau \langle \bar{k}_m, \vec{v}\rangle = - \sum_{i=1}^{n} \int_{L_i} \langle \delta \bar{E} \wedge \bar{J}, dK\rangle - \delta W_m . \tag{8.3-113}$$

Wir setzen nun $d\vec{K} = d\vec{C} \wedge d\vec{F}$, wo $d\vec{C}$ Element einer Stromlinie ist $(\bar{J} \cdot d\vec{C} = 0)$, und erhalten wie im Abschnitt 7.2.3 (s. 7.2-80, 7.2-83)

$$- \int_{L_i} \langle \delta\bar{E} \wedge \bar{J}, dK\rangle = I_i \, \delta\Psi_i \quad , \qquad i = 1,\ldots,n , \tag{8.3-114}$$

wo Ψ_i die Flußverkettung und I_i der Strom der i-ten Leiterschleife ist. Damit folgt aus (8.3-113)

$$\delta t \sum_{i=1}^{n} \int_{L_i} \langle \bar{k}_m, \vec{v}\rangle d\tau = \sum_{i=1}^{n} I_i \, \delta\Psi_i - \delta W_m . \tag{8.3-115}$$

Diese Beziehung ist unabhängig von der Materialgleichung. Bei linearer Materialgleichung können wir den Ausdruck (7.2-99) für die magnetische Energie benutzen:

$$W_m = \frac{1}{2} \sum_{i=1}^{n} I_i \Psi_i = \frac{1}{2} \sum_{i,j=1}^{n} L_{ij} I_i I_j . \tag{8.3-116}$$

Da sich die Stromstärken I_i bei der Bewegung nicht ändern, ergibt sich aus (8.3-115) und (8.3-116)

$$\delta t \sum_{i=1}^{n} \int_{L_i} \langle \bar{k}_m, \vec{v} \rangle d\tau = \frac{1}{2} \sum_{i=1}^{n} I_i \, \delta\Psi_i = \frac{1}{2} \sum_{i,j=1}^{n} (\delta L_{ij}) I_i I_j \,. \qquad (8.3\text{-}117)$$

Nehmen wir an, daß die Leiterschleifen starr sind und daß nur die i-te Schleife mit der konstanten Geschwindigkeit $\vec{v}_i$ bewegt wird. Die Position der Schleife im Raum beschreiben wir durch einen Ortsvektor $\vec{x}_i$, z.B. setzen wir für eine Linienschleife δF_i:

$$\int_{\delta F_i} d\vec{C} =: \vec{x}_i \,. \qquad (8.3\text{-}118)$$

Nur die Gegeninduktivitäten L_{ij} $(j \neq i)$ hängen von $\vec{x}_i$ ab, und zwar erhalten wir aus (6.1-48)

$$L_{ij}(\vec{x}_i) = \frac{\mu_0}{4\pi} \int_{C_i} \int_{C_j} \frac{\langle d\vec{C}_i | d\vec{C}_j \rangle}{\| \vec{C}_i - \vec{C}_j \|} = \frac{\mu_0}{4\pi} \int_{C_i} \int_{C_j} \frac{\langle d\vec{C}_i' | d\vec{C}_j \rangle}{\| \vec{C}_i' + \vec{x}_i - \vec{C}_j \|} \,, \qquad \int_{C_i} d\vec{C}_i' := 0 \,, \quad j \neq i \,. \qquad (8.3\text{-}119)$$

Die Änderung von L_{ij} während der Zeitspanne δt beträgt

$$\delta L_{ij} = \vec{v}_i \cdot \bar{\nabla}_i L_{ij} \delta t \,, \quad j \neq i \,, \qquad (8.3\text{-}120)$$

wo der Operator $\bar{\nabla}_i$ nach $\vec{x}_i$ differenziert. Mit (8.3-120) folgt aus (8.3-117)

$$\int_{L_i} \langle \bar{k}_m, \vec{v} \rangle d\tau =: \langle \bar{K}_i, \vec{v}_i \rangle = \sum_{j \neq i} \vec{v}_i \cdot \bar{\nabla}_i L_{ij} I_i I_j \,. \qquad (8.3\text{-}121)$$

Hier ist $\bar{K}_i$ die gesamte magnetische Kraft, die auf die i-te Schleife wirkt,

$$\bar{K}_i = \bar{\nabla}_i \sum_{j=1}^{n} L_{ij} I_i I_j = \bar{\nabla}_i I_i \Psi_i \,. \qquad (8.3\text{-}122)$$

(Der Term mit $j = i$ liefert keinen Beitrag, weil L_{ii} konstant ist.)

Als zweites Beispiel betrachten wir einen Ring mit kreisförmigem Querschnitt aus magnetischem Material, der gleichmäßig mit Stromwindungen bewickelt ist, durch die ein Strom der Stärke I fließt. Der Ringradius R sei groß gegenüber dem Radius d des Querschnitts. Ein Segment der Dicke x ist aus dem Ring entfernt (s. Abb.8.8). Der Ring befindet sich im Vakuum. Im magnetischen Material gilt eine nichtlineare, aber homogene Materialgleichung, die zu einer eindeutigen Energiedichte führt.

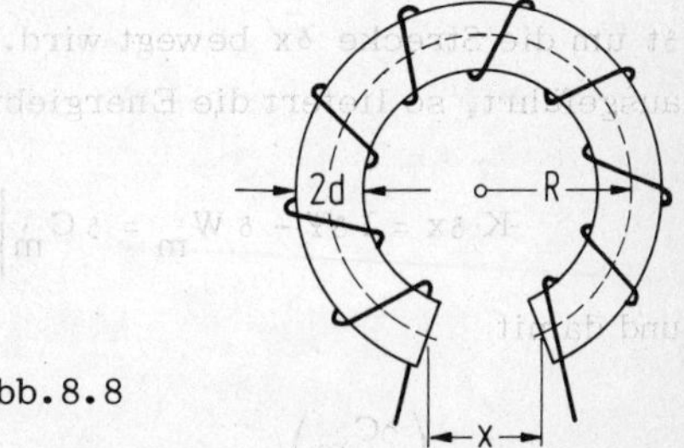

Abb.8.8

Berechnen wir zunächst die magnetische Energie. Da das magnetische Feld im wesentlichen in dem Innenraum des Ringes eingeschlossen ist, genügt es, über das Ringvolumen R_x, einschließlich des Luftspalts, zu integrieren:

$$W_m = \int_{R_x} \langle u_m, dK \rangle \quad , \quad u_m = \int_0^{\bar{B}} \bar{H} \wedge d\underset{\sim}{\bar{B}} \; . \tag{8.3-123}$$

Wir parametrisieren die Volumenelemente in der Form $dK = d\vec{C} \wedge d\vec{F}$, so daß die Flächen F Feldflächen von $\bar{H}$ sind $(\bar{H} \cdot d\vec{F} = 0)$. Letztere sind in guter Näherung mit den Ringquerschnitten Q identisch. Die Kurven C sind geschlossene Kurven im Innern des Ringvolumens. In der üblichen Weise ergibt sich dann

$$W_m = \int_Q \int_C \int_0^{\bar{B}} \langle \bar{H}, d\vec{C} \rangle \langle d\underset{\sim}{\bar{B}}, d\vec{F} \rangle = \int_0^{\Psi} I(\Psi') d\Psi' \; . \tag{8.3-124}$$

Die magnetische Energie ist also als Funktion der Spaltdicke x und der Flußverkettung Ψ anzusehen:

$$W_m(\Psi, x) = \int_0^{\Psi} I(\Psi', x) d\Psi' \; . \tag{8.3-125}$$

In der gleichen Weise erhalten wir für die Koenergie

$$C_m(I, x) = I\Psi - W_m \; . \tag{8.3-126}$$

Sie ist als Funktion von I und x zu betrachten, d.h. wir müssen in (8.3-126) Ψ als Funktion von I und x ausdrücken. Abbildung 8.9 zeigt einige typische Beispiele für die Beziehung zwischen Flußverkettung und Stromstärke bei konstanter Spaltdicke.

Wir wollen nun die magnetischen Kräfte berechnen, die an den Schnittflächen des Luftspalts angreifen. Dazu nehmen wir an, daß die rechte Schnittfläche in der Zeitspanne δt um die Strecke δx bewegt wird. Wird die Bewegung bei konstanter Stromstärke ausgeführt, so liefert die Energiebilanz (8.3-102) mit (8.3-114)

$$K\,\delta x = I\,\delta\Psi - \delta W_m = \delta C_m\Big|_I \tag{8.3-127}$$

und damit

$$K = \left(\frac{\partial C_m}{\partial x}\right)_I . \tag{8.3-128}$$

Bei konstanter Flußverkettung erhalten wir

$$K\,\delta x = -\,\delta W_m\Big|_\Psi ,$$

so daß

$$K = \left(\frac{\partial C_m}{\partial x}\right)_I = -\left(\frac{\partial W_m}{\partial x}\right)_\Psi . \tag{8.3-129}$$

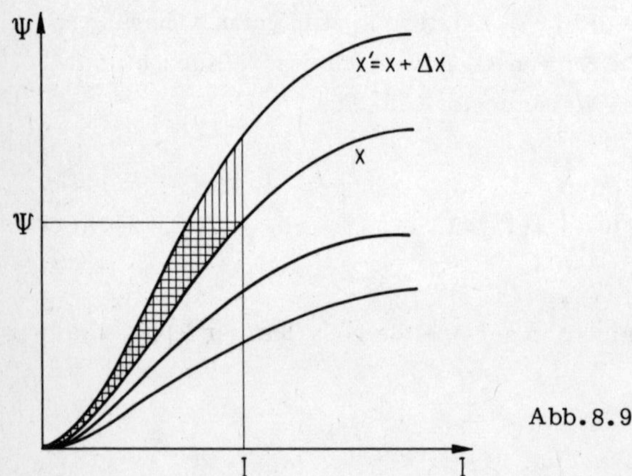

Abb.8.9

In Abb.8.9 wird die bei konstanter Stromstärke geleistete Arbeit $K\,\delta x$ durch den senkrecht schraffierten Bereich, die bei konstanter Flußverkettung geleistete Arbeit durch den senkrecht und horizontal schraffierten Bereich approximiert. Die Differenz zwischen beiden ist eine Größe zweiter Ordnung, die für $\delta x \to 0$ verschwindet. Wir bemerken noch, daß die Kraft K den Luftspalt zu verkleinern sucht. Das gilt im besonderen auch für eine lineare Materialgleichung.

Aufgaben

8.1 In einem unbegrenzten, homogenen und isotropen Medium mit der Leitfähigkeit $\varkappa$ verläuft eine linienförmige Elektrode parallel zur z-Achse durch den Punkt $(x,y) = (a,0)$ der xy-Ebene. Über die Elektrode wird dem Medium pro Längeneinheit der Strom I zugeführt. Längs der Halbebene $y < 0$, $-\infty < z < +\infty$ befindet sich ein nichtleitender Schlitz. Abbildung 8.10 zeigt einen Schnitt der Anordnung senkrecht zur z-Achse.

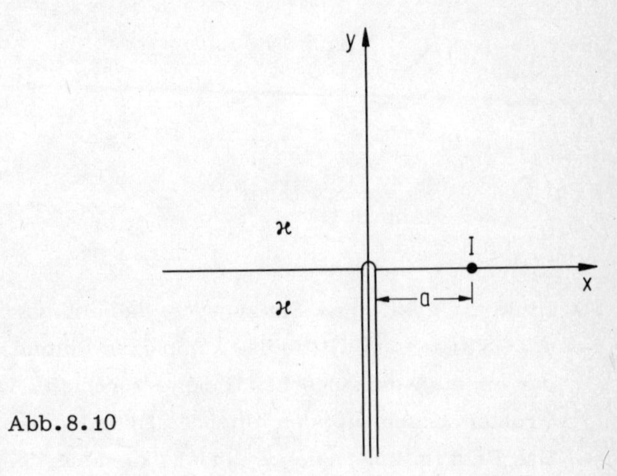

Abb. 8.10

a) Bestimmen Sie, ähnlich wie in der Aufgabe 4.2., das komplexe Potential $F(z) = V(x,y) - i\,W(x,y)$ und die komplexe Feldstärke $E(z)$.

Hinweis: Benutzen Sie die konforme Abbildung $w = \sqrt{iz}$ von Aufgabe 4.2 und wählen Sie den Spiegelungsansatz in der w-Ebene so, daß die Normalableitung $\partial V/\partial n$ des Potentials auf dem Schlitz verschwindet.

b) Diskutieren Sie qualitativ den Verlauf von Stromlinien und Äquipotentiallinien. Berechnen Sie das elektrische Potential und die x-Komponente des elektrischen Strömungsfeldes auf der x-Achse. Vergleichen Sie das Ergebnis mit dem von Aufgabe 4.2. Berechnen Sie das Potential auf beiden Seiten des Schlitzes. Begründen Sie die Bezeichnung Stromfunktion für $W(x,y)$.

8.2 In einem unbegrenzten, homogenen und isotropen Medium mit der Leitfähigkeit $\varkappa$ und der relativen Dielektrizitätskonstanten ε befindet sich koaxial zur z-Achse ein unendlich ausgedehnter, nichtleitender Kreiszylinder vom Radius a mit der gleichen relativen Dielektrizitätskonstanten ε. In großer Entfernung vom Zylinder wird das elektrische Feld homogen (s. Abb. 8.11)

$$\bar{E}(\vec{x}) \rightarrow \bar{E}_{\infty}(\vec{x}) = E_{\infty}\bar{e}^{x} , \quad x^2 + y^2 \rightarrow \infty .$$

a) Berechnen Sie die Felder $V, \bar{E}, \bar{D}$ und $\bar{J}$ im gesamten Raum.

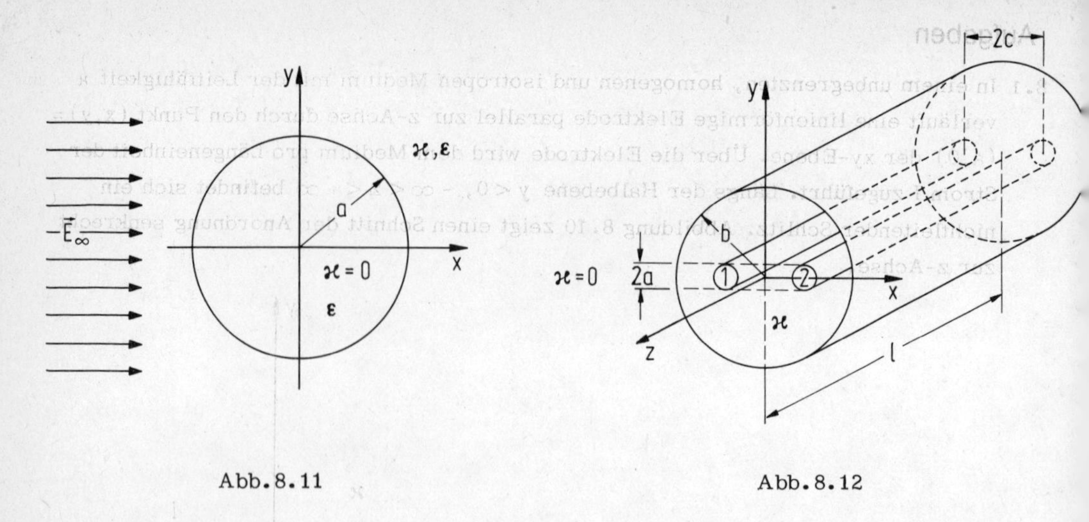

Abb.8.11 Abb.8.12

Hinweis: Bestimmen Sie zunächst das elektrische Strömungsfeld im Außenraum des Zylinders mit Hilfe des komplexen Potentials. Auch hier handelt es sich wieder um ein Neumannsches Randwertproblem. Das entsprechende Dirichletsche Problem beschreibt den leitenden Zylinder in einem homogenen Feld (s. 4.2-68). Das Feld im Innern des Zylinders kann aus den Randwerten des Potentials auf dem Zylindermantel berechnet werden.

b) Bestimmen Sie die Flächenladungsdichte auf dem Zylindermantel. Diskutieren Sie qualitativ den Verlauf von Äquipotentiallinien und Feldlinien bzw. Stromlinien.

8.3 Eine Leitfähigkeits-Meßzelle für Flüssigkeiten besteht aus einem kreiszylindrischen Rohr vom Radius b und zwei zur Rohrachse parallelen Metallelektroden mit kreisförmigem Querschnitt vom Radius a $(a \ll b)$. Das Rohr hat die Länge ℓ $(\ell \gg b)$ und ist an den Enden mit ebenen, zur Rohrachse senkrechten Deckeln aus isolierendem Material abgeschlossen. Die Achsen der Elektroden liegen im Abstand $2c$ symmetrisch zur Mittelebene des Rohres (s. Abb.8.12). Die Leitfähigkeit der Elektroden ist sehr groß gegenüber der Leitfähigkeit $\varkappa$ der zu untersuchenden Flüssigkeit, die den restlichen Innenraum des Rohres füllt. Über die Elektrode 1 der Abb. 8.12 wird der Gesamtstrom I zugeführt, über die Elektrode 2 abgeführt.

a) Bestimmen Sie das elektrische Potential in der Flüssigkeit für die folgenden Fälle:

1. Das Mantelrohr der Meßzelle besteht aus leitendem Material, dessen Leitfähigkeit sehr groß gegenüber der Leitfähigkeit der Flüssigkeit ist.
2. Das Mantelrohr besteht aus nichtleitendem Material.

Hinweis: Ersetzen Sie die Elektroden durch Linienströme. Wegen der Analogie $Q/\ell \leftrightarrow I/\ell$, $\varepsilon\varepsilon_o \leftrightarrow \varkappa$ kann das Potential von Linienströmen wie das Potential von Linienladungen berechnet werden. Die Randbedingungen auf dem Rohrmantel können wie in der Elektrostatik durch entsprechende Spiegelungsansätze erfüllt werden. Im ersten Fall ist es zweckmäßig, das Potential auf dem Mantel gleich Null zu setzen.

b) Berechnen Sie die Widerstände R_1 und R_2 zwischen den beiden Elektroden für die unter a) genannten Fälle. Wie ändern sich die Widerstände, wenn man bei festen Werten von a, c, ℓ und $\varkappa$ den Radius b des Rohres sehr groß werden läßt ($b \to \infty$)?

Hinweis: Gehen Sie von der Definition (8.1-28) für den Widerstand aus.

c) Diskutieren Sie qualitativ den Verlauf von Stromlinien und Äquipotentiallinien in beiden Fällen. Wie verlaufen insbesondere die Äquipotentiallinien $V = 0$?

8.4 Gegeben ist die Anordnung von Aufgabe 5.2 mit der dort beschriebenen Stromverteilung in den Platten. Die Platten bestehen aus leitendem Material mit der konstanten Leitfähigkeit $\varkappa$.

a) Bestimmen Sie das elektrische Potential und die elektrische Feldstärke im ganzen Raum.

Hinweis: Nutzen Sie wie bei der Berechnung des magnetischen Feldes in Aufgabe 5.2 die ebene Symmetrie der Anordnung aus. Normieren Sie das Potential so, daß es auf der Ebene $y = 0$ verschwindet, und setzen Sie es an den Grenzflächen stetig fort.

b) Bestimmen Sie den Verlauf der elektrischen Feldlinien und Äquipotentialflächen. Berechnen Sie die Flächenladungsdichten auf den Oberflächen der Platten.

c) Mit dem in Aufgabe 5.2 berechneten magnetischen Feld läßt sich nun auch die Energiestromdichte $\bar{S}$ im ganzen Raum bestimmen. Berechnen Sie $\bar{S}$ und $\bar{\nabla} \wedge \bar{S}$ (Energiesatz!) und diskutieren Sie qualitativ den Verlauf der Feldlinien des Poyntingvektors $* \vec{S}$. Wo liegen die Quellen und Senken des stationären Strömungsfeldes der Energie?

8.5 a) Zeigen Sie, daß eine Pick-Funktion $f(z)$ keine Nullstellen in der Halbebene $\mathrm{Im}\{z\} > 0$ hat.

Hinweis: Benutzen Sie die Tatsache, daß eine in einem Gebiet $G \subset \mathbb{R}^2$ harmonische, nicht konstante Funktion ihr Maximum und ihr Minimum nicht im Innern annimmt.

b) Überprüfen Sie folgende Behauptungen:
Wenn $f_1(z)$ und $f_2(z)$ Pick-Funktionen sind, ist auch $(f_1 \circ f_2)(z) = f_1(f_2(z))$ eine Pick-Funktion.
Wenn $f(z)$ eine Pick-Funktion ist, dann ist auch $-1/f(z)$ eine Pick-Funktion.

c) Definieren Sie die Funktion $f(z) = z^\gamma$ $(0 < \gamma < 1)$ so, daß sie auf der positiven reellen Achse positiv ist. Zeigen Sie, daß $f(z)$ eine Pick-Funktion ist. Bestimmen Sie die Spektraldarstellung (8.2-90) von $f(z)$.

Hinweis: Berechnen Sie die Konstanten α und β sowie das Spektralmaß $\rho(\lambda)d\lambda$, wie im Text erläutert.

8.6 a) Beweisen Sie durch eine zu (8.3-8) analoge Betrachtung folgende Beziehungen (s. 8.3-11)

$$\nabla_t \bar{E} = \frac{\partial \bar{E}}{\partial t} + (\bar{\nabla} \wedge \bar{E}) \cdot \vec{v} + \bar{\nabla}(\bar{E} \cdot \vec{v}) ,$$
$$\nabla_t \rho = \frac{\partial \rho}{\partial t} + \bar{\nabla} \wedge (\rho \cdot \vec{v}) . \qquad (1)$$

Hier ist $\bar{E}$ eine 1-Form und ρ eine 3-Form.

b) Bilden Sie die konvektiven Ableitungen von Multiformen (s. 8.3-11) und Multivektorfeldern, indem Sie von den folgenden Voraussetzungen ausgehen:

$(\nabla_t 1)$ Ableitung von skalaren Funktionen $V(\vec{x},t)$:

$$(\nabla_t V)(\vec{x},t) := \left(\frac{\partial V}{\partial t} + \vec{v} \cdot \bar{\nabla}\right)(\vec{x},t)$$

$(\nabla_t 2)$ Ableitung der Basiselemente von $T_{\vec{x}}$ bzw. $T^*_{\vec{x}}$ (s. 8.3-12):

$$\nabla_t \vec{e}_i(\vec{x}) := - \vec{e}_j(\vec{x}) \frac{\partial v^j}{\partial x^i} , \qquad \nabla_t \bar{e}^i(\vec{x}) = \frac{\partial v^i}{\partial x^j} \bar{e}^j(\vec{x})$$

$(\nabla_t 3)$ Für die Ableitung von Produkten gilt die Leibnizregel

$(\nabla_t 4)$ Die Ableitung ∇_t ist linear.

c) Um die Lie-Ableitungen von Multiformen und Multivektorfeldern bezüglich eines Vektorfeldes $\vec{v}(\vec{x})$ zu erklären, gehen wir aus von der einparametrigen Gruppe von Abbildungen

$$\delta_\tau : V^3 \to V^3 , \qquad \vec{x} \mapsto \delta_\tau(\vec{x}) = \vec{x} + \vec{v}(\vec{x})\tau , \qquad \tau \in \mathbb{R} . \qquad (2)$$

Jede Abbildung δ_τ induziert eine lineare Abbildung ${}_*\delta_\tau(\vec{x})$ der Tangentialräume,

$${}_*\delta_\tau : T_{\vec{x}} \longrightarrow T_{\vec{x}+\vec{v}\tau} , \qquad \vec{e}_i(\vec{x}) \to {}_*\delta_\tau[\vec{e}_i(\vec{x})] = \vec{e}_i(\vec{x}+\vec{v}\tau) + \vec{e}_j(\vec{x}+\vec{v}\tau) \frac{\partial v^j}{\partial x^i} \tau , \qquad (3)$$

die in der üblichen Weise (s. 1.2-38a) zu einer Abbildung ${}_*\delta_\tau : \wedge T_{\vec{x}} \longrightarrow \wedge T_{\vec{x}+\vec{v}\tau}$ erweitert werden kann. Für die transponierte Abbildung ${}^*\delta_\tau$ gilt (s. 1.1-35)

$$\langle \bar{e}^i(\vec{x}+\vec{v}\tau), {}_*\delta_\tau \vec{e}_j(\vec{x})\rangle =: \langle {}^*\delta_\tau\, \bar{e}^i(\vec{x}+\vec{v}\tau), \vec{e}_j(\vec{x})\rangle ,$$

$$ {}^*\delta_\tau : T^*_{\vec{x}+\vec{v}\tau} \longrightarrow T^*_{\vec{x}},\quad \bar{e}^i(\vec{x}+\vec{v}\tau) \mapsto {}^*\delta_\tau[\bar{e}^i(\vec{x}+\vec{v}\tau)] = \bar{e}^i(\vec{x}) + \tau \frac{\partial v^i}{\partial x^j}\bar{e}^j(\vec{x}) . \tag{4}$$

Auch ${}^*\delta_\tau$ kann zu einer Abbildung ${}^*\delta_\tau : \Lambda\, T^*_{\vec{x}+\vec{v}\tau} \longrightarrow \Lambda\, T^*_{\vec{x}}$ erweitert werden.

Wir definieren nun die Lie-Ableitungen von Multiformen A und Multivektorfeldern B:

$$\lim_{\tau\to 0} \frac{{}^*\delta_\tau A[\delta_\tau(\vec{x})] - A(\vec{x})}{\tau} =: [L(\vec{v})A](\vec{x}) ,$$

$$\lim_{\tau\to 0} \frac{{}_*\delta_\tau^{-1} B[\delta_\tau(\vec{x})] - B(\vec{x})}{\tau} =: [L(\vec{v})B](\vec{x}) . \tag{5}$$

Die entsprechenden Definitionen für die konvektiven Ableitungen lauten

$$\lim_{\tau\to 0} \frac{{}^*\delta_\tau A\left(\delta_\tau(\vec{x}), t+\tau\right) - A(\vec{x},t)}{\tau} =: (\nabla_t A)(\vec{x},t) ,$$

$$\lim_{\tau\to 0} \frac{{}_*\delta_\tau^{-1} B\left(\delta_\tau(\vec{x}), t+\tau\right) - B(\vec{x},t)}{\tau} =: (\nabla_t B)(\vec{x},t) . \tag{6}$$

Diese Definitionen sind auch physikalisch einleuchtend. Betrachten wir z.B. einen Beobachter, der sich am Ort $\vec{x}$ mit der Geschwindigkeit $\vec{v}(\vec{x})$ durch ein statisches elektrisches Feld $\bar{E}$ bewegt. Nach der kleinen Zeitspanne τ befindet er sich am Ort $\vec{x} + \vec{v}\tau$ und mißt relativ zu seinem bewegten System die Komponenten:

$$\langle \bar{E}(\vec{x}+\vec{v}\tau), {}_*\delta_\tau \vec{e}_i(\vec{x})\rangle .$$

Der für einen im Punkt $\vec{x}$ ruhenden Beobachter subjektidentische Kovektor hat die gleichen Komponenten bezüglich der Kobasen $\bar{e}^i(\vec{x})$:

$$\langle \bar{E}(\vec{x}+\vec{v}\tau), {}_*\delta_\tau \vec{e}_i(\vec{x})\rangle \bar{e}^i(\vec{x}) = \langle {}^*\delta_\tau \bar{E}(\vec{x}+\vec{v}\tau), \vec{e}_i(\vec{x})\rangle \bar{e}^i(\vec{x}) = {}^*\delta_\tau \bar{E}[\delta_\tau(\vec{x})] . \tag{7}$$

Um die vom bewegten Beobachter gemessene Änderung pro Zeiteinheit zu berechnen, muß man (7) mit $\bar{E}(\vec{x})$ vergleichen und erhält dann die Lie-Ableitung (5).

Zeigen Sie, daß die Definitionen (5) und (6) zu den gleichen Ergebnissen für die Lie-Ableitungen bzw. konvektiven Ableitungen führen wie die Methoden a) und b).

8.7 Eine leitende Flüssigkeit (Leitfähigkeit $\varkappa$) strömt in einem isolierenden Rohr mit kreisförmigem Querschnitt. Der innere Radius des Rohres sei a, der äußere unendlich groß. Das Strömungsfeld $\vec{v}(\vec{x})$ ist inkompressibel ($\bar{\nabla}\cdot\vec{v} = 0$) und besitzt nur eine Komponente in Richtung der Rohrachse, die wir mit der x-Achse eines kartesischen Koordinatensystems (x,y,z) zusammenfallen lassen. Ferner soll $\vec{v}(\vec{x})$ radialsymmetrisch sein, $\vec{v}(\vec{x}) = \vec{e}_x v(\rho)$ $(\rho = \sqrt{y^2 + z^2})$ und auf der Rohrwand $(\rho = a)$ verschwinden. Die Flüssigkeit hat keine magnetischen Eigenschaften, so daß überall $\mu = 1$ ist. Die Anordnung befindet sich in einem zeitlich und räumlich konstanten Induktionsfeld $\bar{B} = \bar{e}^z \wedge \bar{e}^x B_o$. Senkrecht zur Rohrachse und zum Vektorfeld $*\vec{B}$ sind auf dem Rande eines Rohrquerschnitts bei $z = \pm a$ kleine Elektroden in die Rohrwand eingelassen, an denen eine elektrische Spannung nachgewiesen werden kann. Eine ähnliche Anordnung wurde 1832 von Faraday zur Messung von Strömungsgeschwindigkeiten angegeben.

a) Bestimmen Sie für beliebiges Geschwindigkeitsprofil $v(\rho)$ das elektrische Potential innerhalb und außerhalb der Flüssigkeit und die Spannung zwischen den Elektroden.

Hinweis: Vom Standpunkt eines ruhenden Beobachters gelten die Maxwellschen Gleichungen:

$$\bar{\nabla} \wedge \bar{E} = 0 \ , \quad \bar{\nabla} \wedge \bar{D} = \rho \ , \quad \bar{\nabla} \wedge \bar{B} = 0 \ , \quad \bar{\nabla} \wedge \bar{H} = \bar{J} \ . \tag{1}$$

Setzen Sie zunächst $\rho = 0$ und (8.3-41)

$$\bar{J} = *\varkappa(\bar{E} - \bar{B} \cdot \vec{v}) \ . \tag{2}$$

Mit $\bar{E} = -\bar{\nabla} V$ und (2) erhalten Sie aus der Kontinuitätsgleichung

$$\bar{\nabla} \wedge \bar{J} = 0 \tag{3}$$

eine inhomogene Differentialgleichung für das Potential V. Lösen Sie diese Differentialgleichung in Zylinderkoordinaten (x, ρ, φ) durch einen Ansatz von der Form

$$V(\rho,\varphi) = B_o \rho h(\rho) \sin\varphi \ , \tag{4}$$

so daß V auf der Rohrwand $\rho = a$ stetig ist und dort die Normalkomponente von $*\bar{J}$ verschwindet. Das Ergebnis für die Spannung lautet

$$U = B_o \bar{v}(a) 2a \ , \tag{5}$$

wo

$$\bar{v}(\rho) = \frac{1}{\pi\rho^2} \int_0^\rho 2\pi\, \rho' v(\rho') d\rho' \ . \tag{6}$$

b) Nehmen Sie an, daß für die elektrischen Felder die Materialgleichung des Vakuums gilt:

$$\bar{D} = * \varepsilon_o \bar{E} \ , \tag{7}$$

und bestimmen Sie mit Hilfe der Lösung die Raumladung ρ. Rechtfertigen Sie den Ansatz (2) für die Stromverteilung $\bar{J}$. Überlegen Sie, in welchen Punkten die Ergebnisse von denen des Abschnitts 8.3.3 für ein homogenes Geschwindigkeitsfeld $\vec{v}$ = const abweichen.

8.8 Eine rechteckige Linienschleife mit den Seiten a und b rotiert mit konstanter Winkelgeschwindigkeit $\vec{\omega}$ in einem homogenen Induktionsfeld $\bar{B}$. Es ist $\langle \bar{B}, \vec{\omega} \rangle = \langle * \vec{B} | * \vec{\omega} \rangle = 0$ ($\vec{\omega}$ ist ein 2-Vektor!) (s. Abb.8.13). Die Schleife hat den Widerstand R und die Selbstinduktivität L.

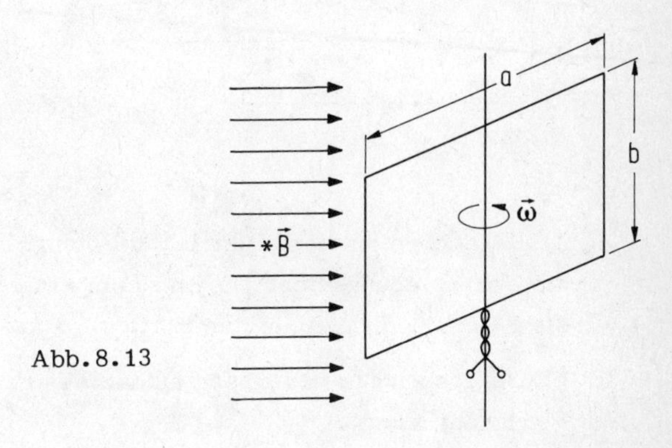

Abb.8.13

a) Bestimmen Sie die in der offenen Schleife induzierte Spannung U und den bei kurzgeschlossener Schleife fließenden Strom I als Funktion der Zeit.

b) Wie groß ist bei kurzgeschlossener Schleife der Mittelwert über eine Drehung des von den magnetischen Kräften auf die Schleife ausgeübten mechanischen Drehmoments $\vec{\mu}$?

Hinweis: Zeigen Sie zunächst durch Integration der magnetischen Kraftdichte $\bar{k}_m = (* \bar{J}) \cdot \bar{B}$ über eine beliebige Linienschleife, daß in einem homogenen $\vec{B}$-Feld auf die Schleife das mechanische Drehmoment $\vec{\mu}$ wirkt,

$$\vec{\mu} = (* \vec{M}) \wedge (* \vec{B}) \; .$$

Hier ist $\vec{M}$ das magnetische Moment der Schleife (s. 6.2-54). Verwenden Sie dazu den Integralsatz (6.2-7).

c) Berechnen Sie den Mittelwert über eine Drehung der in der kurzgeschlossenen Schleife pro Zeiteinheit verbrauchten Energie. Diskutieren Sie die Energiebilanz des von Schleifenrotator und elektromagnetischem Feld gebildeten Systems. Was ergibt sich insbesondere für $R \to 0$?

8.9 Gegeben ist ein Plattenkondensator mit der Plattenfläche F, deren Abmessungen sehr groß gegenüber dem Plattenabstand d sind. Zwischen den Platten befindet sich ein homogenes Dielektrikum mit der relativen Dielektrizitätskonstanten ε und einer homogenen Ladungsverteilung ρ. Die linke Platte ist geerdet. Zwischen den Platten liegt die konstante Spannung $U > 0$ (s. Abb.8.14).

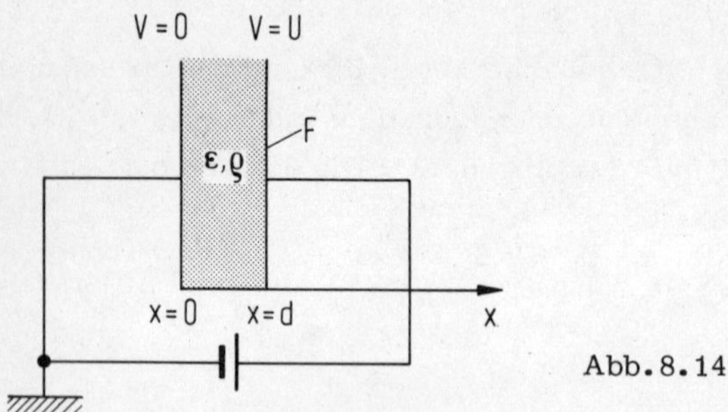

Abb.8.14

a) Berechnen Sie das elektrische Potential V, die elektrische Feldstärke $\bar{E}$ und die Verschiebungsdichte $\bar{D}$ im Raum zwischen den Platten. Bestimmen Sie ferner die Flächenladungen auf den Platten.

b) Berechnen Sie den Energieinhalt des Kondensators und die Kraft auf die rechte Platte bei $x = d$.

Hinweis: Beachten Sie, daß während einer Verschiebung der rechten Platte die Spannung U konstant bleibt, das System also nicht abgeschlossen ist. Bestimmen Sie zunächst die zugeführte Energie δW_a mit der während der Bewegung von der rechten Platte dem Pluspol der Batterie zugeführten Ladung δQ. Die Kraft folgt dann aus der Energiebilanz (8.3-87).

8.10 Im Vakuum befinden sich zwei parallele koaxiale Linienschleifen ∂F_1 und ∂F_2. Die Schleifen sind starre Kreise mit den Radien r_1 und r_2 und haben den Abstand z. In den Schleifen fließen gleichsinnig oder gegensinnig stationäre Ströme I_1 und I_2 (s. Abb.8.15).

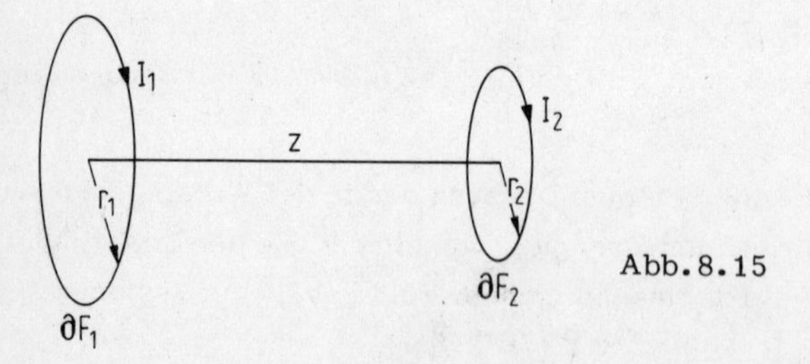

Abb.8.15

a) Berechnen Sie die von der zweiten Schleife auf die erste Schleife ausgeübte Kraft K_1 mit der Beziehung (8.3-122).

Hinweis: Bestimmen Sie den Induktionskoeffizienten L_{12} nach (s. 6.1-48) als Funktion von z. Nehmen Sie dazu an, daß die Schleifenradien r_1 und r_2 sehr klein gegenüber dem Abstand z sind.

b) Die Kraft kann ebenfalls über die magnetische Kraftdichte $\bar{k}_m = (*\bar{J}) \cdot \bar{B}$ berechnet werden. Dazu ist die Kenntnis des von der zweiten Schleife erzeugten $\bar{B}$-Feldes erforderlich. In der Näherung $r_1, r_2 \ll z$ können Sie es mit Hilfe des Vektorpotentials (6.2-40) bestimmen. Da nur eine Schleife gegeben ist, ist $n\,d\zeta = 1$ zu setzen. Überzeugen Sie sich, daß beide Methoden zum gleichen Ergebnis führen. Wie hängt die Richtung der Kraft von der relativen Orientierung der Ströme ab?

9. Ausbreitung elektromagnetischer Wellen

9.1. Dispersive Wellen in einem homogenen und isotropen Medium

9.1.1. Feldgleichungen für niederfrequente und hochfrequente Wellen

In einem dispersiven, homogen und isotropen Medium gelten die Materialgleichungen (s. 8.2-52 und 8.2-53)

$$\bar{D}(\vec{x},\omega) = * \varepsilon_o \varepsilon(\omega) \bar{E}(\vec{x},\omega) , \qquad \bar{H}(\vec{x},\omega) = * \frac{1}{\mu_o \mu(\omega)} \bar{B}(\vec{x},\omega) . \qquad (9.1\text{-}1a,b)$$

Da hier die zeitlichen Fouriertransformierten der Feldgrößen auftreten, ist es zweckmäßig, auch die Fouriertransformierten der Maxwellschen Gleichungen bezüglich der Zeit zu bilden. In Abwesenheit von äußeren Quellen erhalten wir nach dem Vorbild von (8.2-15) aus (7.1-3) und (7.1-4)

$$\bar{\nabla} \wedge \bar{E}(\omega) - i\omega \bar{B}(\omega) = 0 , \qquad \bar{\nabla} \wedge \bar{D}(\omega) = 0 , \qquad (9.1\text{-}2a,b)$$

$$\bar{\nabla} \wedge \bar{B}(\omega) = 0 , \qquad \bar{\nabla} \wedge \bar{H}(\omega) + i\omega \bar{D}(\omega) = 0 . \qquad (9.1\text{-}3a,b)$$

Wenn wir die Felder $\bar{D}$ und $\bar{B}$ mit Hilfe der Materialgleichungen eliminieren, genügt es, die Gleichungen

$$\bar{\nabla} \wedge \bar{E}(\omega) - i\omega * \mu_o \mu(\omega) \bar{H}(\omega) = 0 , \qquad \bar{\nabla} \wedge \bar{H}(\omega) + i\omega * \varepsilon_o \varepsilon(\omega) \bar{E}(\omega) = 0 \qquad (9.1\text{-}4a,b)$$

zu lösen, da die Lösungen auch die Gleichungen (9.1-2b) und (9.1-3a) erfüllen. Setzt man eine der beiden Gleichungen (9.1-4) in die andere ein, so erhält man für $\bar{E}$ und $\bar{H}$ die Differentialgleichungen zweiter Ordnung

$$\left[-\frac{\omega^2}{c^2} \varepsilon(\omega) \mu(\omega) - \Delta \right] \left(\bar{E}(\omega), \bar{H}(\omega) \right) = 0 , \qquad \bar{\nabla} \cdot \left(\bar{E}(\omega), \bar{H}(\omega) \right) = 0 . \qquad (9.1\text{-}5a,b)$$

Zur Lösung von (9.1-4) bestimmt man eine der beiden Feldgrößen aus (9.1-5) und die andere aus einer der beiden Maxwellschen Gleichungen (9.1-4).

Im letzten Kapitel haben wir gesehen, daß für die Funktion $z\,\chi(z)$ unter sehr allgemeinen Voraussetzungen die Darstellung (8.2-88) gilt. Im folgenden nehmen wir der Einfachheit halber an, daß $|z\,\chi(z)| \to 0$ für $|z| \to \infty$ $(\mathrm{Im}\{z\} > 0)$, so daß keine Subtraktion auftritt, d.h.

$$\beta = \int_{-\infty}^{+\infty} d\lambda\, \lambda \frac{\rho(\lambda)}{\lambda^2 + 1} \,.$$

Wir erhalten aus (8.2-88)

$$\varepsilon(\omega + i0) = 1 + \frac{1}{\omega + i0} \int_{-\infty}^{+\infty} d\lambda\, \frac{\rho(\lambda)}{\lambda - (\omega + i0)} \,.$$

Im Bereich niedriger und hoher Frequenzen folgen dann die asymptotischen Entwicklungen

$$\varepsilon(\omega + i0) = \begin{cases} 1 + \dfrac{i\pi}{\omega + i0}\,\rho(0) + \displaystyle\int_{-\infty}^{\infty} d\lambda\, \frac{\rho(\lambda)}{\lambda^2} + O(\omega^2)^{+)} \,, & |\omega| \to 0 \\ 1 - \dfrac{1}{\omega^2} \displaystyle\int_{-\infty}^{\infty} d\lambda\, \rho(\lambda) + O\left(\dfrac{1}{\omega^4}\right) \,, & |\omega| \to \infty \,. \end{cases} \tag{9.1-6}$$

Betrachten wir zunächst den Fall hoher Frequenzen. Das Oszillatormodell (s. 8.2-41) zeigt, daß die asymptotische Entwicklung (9.1-6) für Frequenzen gilt, die groß gegenüber allen Oszillatorfrequenzen ω_k sind. In diesem Bereich ist $\varepsilon(\omega)$ reell und positiv, und das Medium ist transparent. Andererseits dürfen die Frequenzen nicht so groß sein, daß Quanteneffekte auftreten. Letzteres ist der Fall, wenn die Wellenlänge sich der für den atomaren Bereich charakteristischen Größenordnung Ångström nähert. Unter diesen Voraussetzungen setzen wir

$$\varepsilon(\omega) = 1 - \frac{\omega_o^2}{\omega^2} \quad , \qquad \omega_o^2 = \int_{-\infty}^{\infty} d\lambda\, \rho(\lambda) \,. \tag{9.1-7}$$

Wie bereits früher erwähnt (s. 8.2-1), verlaufen die Magnetisierungsprozesse wesentlich langsamer als die Polarisationsprozesse, so daß wir für hochfrequente Wellen setzen dürfen

$$\mu(\omega) = 1 \,. \tag{9.1-8}$$

+) Wir nehmen an, daß $\rho(\lambda)$ eine gerade Funktion ist (s. 8.2-79).

Die Differentialgleichungen (9.1-5) lauten dann z.B. für $\bar{E}(\omega)$

$$\bar{\nabla} \cdot \bar{E}(\omega) = 0 \,, \tag{9.1-9a}$$

$$\left(-\frac{\omega^2}{c^2} + \frac{\omega_o^2}{c^2} - \Delta \right) \bar{E}(\omega) = 0 \,. \tag{9.1-9b}$$

Da ω nur quadratisch auftritt, können wir die Fouriertransformation bezüglich ω ohne Schwierigkeiten ausführen und erhalten

$$\bar{\nabla} \cdot \bar{E} = 0 \tag{9.1-10a}$$

$$\left(\frac{1}{c^2} \frac{\partial^2}{\partial t^2} - \Delta + \frac{\omega_o^2}{c^2} \right) \bar{E} = 0 \,. \tag{9.1-10b}$$

In kartesischen Koordinaten genügt jede Komponente von $\bar{E}$ und $\bar{H}$ im Bereich hoher Frequenzen der Differentialgleichung

$$\frac{1}{c^2} \frac{\partial^2 \Phi}{\partial t^2} - \Delta\Phi + \frac{\omega_o^2}{c^2} \Phi = 0 \,. \tag{9.1-11}$$

Sie ist das Pendant zur Wellengleichung (s. 7.3-7) im Vakuum und tritt auch in der relativistischen Quantenmechanik auf. Klein und Gordon haben sie 1926 als relativistische Verallgemeinerung der Schrödingergleichung vorgeschlagen. Aus diesem Grunde wollen wir (9.1-11) Klein-Gordon-Gleichung nennen. In der Quantentheorie wird die charakteristische Frequenz durch die Beziehung $\hbar\omega_o = mc^2$ bestimmt, wo $\hbar$ das durch 2π dividierte Plancksche Wirkungsquantum und mc^2 die Ruheenergie des betrachteten Teilchens ist.

Im Bereich niedriger Frequenzen setzen wir (s. 9.1-6 und 8.2-42)

$$\varepsilon(\omega) = \varepsilon + \frac{i}{\omega + i0} \frac{\varkappa}{\varepsilon_o} \,, \qquad \varepsilon = 1 + P \int_{-\infty}^{\infty} d\lambda \frac{\rho(\lambda)}{\lambda^2} \,, \qquad \frac{\varkappa}{\varepsilon_o} = \pi\rho(0) \,. \tag{9.1-12}$$

Ferner nehmen wir an, daß $\mu(\omega)$ konstant ist:

$$\mu(\omega) = \mu \,. \tag{9.1-13}$$

Anstelle von (9.1-9b) ergibt sich dann

$$\left(-\frac{\omega^2}{u^2} - i\omega\varkappa\mu\mu_o - \Delta \right) \bar{E}(\omega) = 0 \,, \qquad u^2 = \frac{1}{\varepsilon\varepsilon_o\mu\mu_o} \,, \tag{9.1-14}$$

oder nach Fouriertransformation

$$\left(\frac{1}{u^2}\frac{\partial^2}{\partial t^2} + \varkappa\mu\mu_o\frac{\partial}{\partial t} - \Delta\right)\bar{E} = 0 \,. \qquad (9.1\text{-}15)$$

Jede Feldkomponente einer niederfrequenten Wellen genügt in kartesischen Koordinaten der Differentialgleichung

$$\frac{1}{u^2}\frac{\partial^2\Phi}{\partial t^2} + \varkappa\mu\mu_o\frac{\partial\Phi}{\partial t} - \Delta\Phi = 0 \,. \qquad (9.1\text{-}16)$$

Sie wird aus Gründen, auf die wir im Abschnitt 9.3.4 näher eingehen, Telegrafengleichung genannt.

9.1.2. Die Klein-Gordon-Gleichung

Besitzt die Klein-Gordon-Gleichung (KGG) wie die Wellengleichung Lösungen in Gestalt von ebenen Wellen? Die Beantwortung dieser Frage ist von besonderer Bedeutung für das Verständnis der durch die KGG beschriebenen Ausbreitungsvorgänge. Ebene Wellen sind Lösungen vom Typ

$$\Phi(\vec{x},t) = F(\vec{n}\cdot\vec{x} - ut) = F[\varphi(\vec{x},t)] \,. \qquad (9.1\text{-}17)$$

Die Flächen konstanter Phase breiten sich in Richtung des Einheitsvektors $\vec{n}$ mit der Phasengeschwindigkeit u aus (s. 7.3-19). Wir setzen (9.1-17) in die KGG (9.1-11) ein und erhalten für $F(\varphi)$ die Differentialgleichung

$$\left(\frac{u^2}{c^2} - 1\right)F'' + \frac{\omega_o^2}{c^2}F = 0 \,. \qquad (9.1\text{-}18)$$

Daraus folgt zunächst, daß $F(\varphi)$ im Gegensatz zur Wellengleichung nicht beliebig ist, falls die Lösung regulär sein soll, sondern eine Linearkombination der Exponentialfunktionen

$$F(\varphi) = \exp\left[\pm i\left(\frac{\omega_o\varphi}{c\sqrt{\frac{u^2}{c^2} - 1}}\right)\right] \qquad (9.1\text{-}19)$$

sein muß. Verlangen wir ferner, daß die Lösungen gleichmäßig beschränkt sind, so folgt, daß der Betrag der Phasengeschwindigkeit größer als die Lichtgeschwindigkeit sein muß: $u^2 > c^2$. Mit

$$\vec{k} = \vec{n}\,\frac{\omega_o}{c}\,\frac{1}{\sqrt{\frac{u^2}{c^2} - 1}} \quad , \qquad \omega = \frac{\omega_o}{c}\,\frac{u}{\sqrt{\frac{u^2}{c^2} - 1}} \tag{9.1-20}$$

lassen sich die Lösungen (9.1-19) als ebene harmonische Wellen schreiben

$$\Phi(\vec{x},t) = \exp[\pm i(\vec{k}\cdot\vec{x} - \omega t)] \, . \tag{9.1-21}$$

Zwischen Wellenzahlvektor $\vec{k}$ und Frequenz ω besteht die Beziehung

$$-\frac{\omega^2}{c^2} + \vec{k}^2 = -\frac{\omega_o^2}{c^2} . \tag{9.1-22}$$

Wir lösen sie nach ω auf und erhalten für jeden Vektor $\vec{k}$ zwei Frequenzen, auch Moden genannt:

$$\frac{\omega}{c} = \pm\frac{\omega(\vec{k})}{c} = \pm\sqrt{\vec{k}^2 + \frac{\omega_o^2}{c^2}} \; . \tag{9.1-23}$$

Entscheidend ist, daß die Phasengeschwindigkeit

$$u = \frac{\omega(\vec{k})}{\|\vec{k}\|} \tag{9.1-24}$$

von $\vec{k}$ abhängt, während sie im Fall der Wellengleichung konstant ist: $u = \pm c$. Wellen verschiedener Wellenlänge haben also verschiedene Phasengeschwindigkeiten.

Die Folge ist, daß sich das Profil einer Überlagerung von ebenen harmonischen Wellen während des Ausbreitungsvorgangs verzerrt. Man spricht deshalb von dispersiven Wellen. Die allgemeine Lösung der KGG setzen wir nach dem Vorbild von (7.3-59) als Überlagerung von ebenen harmonischen Wellen mit positiver und negativer Frequenz an

$$\Phi(\vec{x},t) = \frac{1}{(2\pi)^{3/2}}\int d\tau(\vec{k})\left\{\hat{\Phi}^{(+)}(\vec{k})\exp[i(\vec{k}\cdot\vec{x}-\omega t)] + \hat{\Phi}^{(-)}(\vec{k})\exp[i(\vec{k}\cdot\vec{x}+\omega t)]\right\}, \tag{9.1-25}$$

wo

$$\omega = \omega(\vec{k}) = c\sqrt{\vec{k}^2 + \frac{\omega_o^2}{c^2}} \; . \tag{9.1-26}$$

Die Amplitudenfunktionen $\hat{\Phi}^{(\pm)}(\vec{k})$ können z.B. wie bei der Wellengleichung (s. 7.3.2) aus den Anfangswerten von Φ und $\partial\Phi/\partial t$ in einem bestimmten Zeitpunkt bestimmt werden (Cauchysches Anfangswertproblem). Der Frequenzbereich $|\omega| \geqslant \omega_o$ der KGG stimmt in etwa mit dem Gültigkeitsbereich der asymptotischen Entwicklung (9.1-6) überein, wenn man von Quanteneffekten absieht.

Um das Verhalten der dispersiven Wellen besser zu verstehen, untersuchen wir die allgemeine Lösung (9.1-25) auf einer Geraden $\vec{x} = \vec{v}t$ für $t \to +\infty$, d.h. wir fragen, wie ein Wellenpaktet vom Typ (9.1-25) im Grenzfall $t \to \infty$ für einen Beobachter aussieht, der sich mit der konstanten Geschwindigkeit $\vec{v}$ bewegt. Wir beschränken uns auf den Anteil mit positiven Frequenzen und schreiben ihn in der Form

$$\Phi(\vec{x},t) = \frac{1}{(2\pi)^{3/2}} \int d\tau(\vec{k})\hat{\Phi}^{(+)}(\vec{k}) \exp[i\,\varphi(\vec{k},t)] \,, \tag{9.1-27}$$

wo

$$\varphi(\vec{k},t) = [\vec{k}\cdot\vec{v} - \omega(\vec{k})]\,t \tag{9.1-28}$$

die Phase auf der Geraden $\vec{x} = \vec{v}t$ ist.

Der Grenzfall $t \to \infty$ kann mit der zuerst von Kelvin angegebenen Methode der stationären Phase untersucht werden. Nach Kelvin wird der Hauptbeitrag zum Integral (9.1-27) für große Zeiten von der Umgebung solcher Wellenzahlvektoren geliefert, für die die Phase $\varphi(\vec{k},t)$ stationär ist, also der Gradient der Phasenfunktion verschwindet:

$$\vec{\nabla}_{\vec{k}}\,\varphi(\vec{k},t) = \vec{v}t - \vec{\nabla}_{\vec{k}}\,\omega(\vec{k})t = 0 \,. \tag{9.1-29}$$

Die übrigen Bereiche tragen wegen der raschen Oszillation des Phasenfaktors $\exp(i\varphi)$ wenig bei. Mit (9.1-26) berechnet man leicht, daß die Phase (9.1-28) für den Wellenzahlvektor

$$\vec{k}_o = \frac{\omega_o}{c^2}\,\frac{\vec{v}}{\sqrt{1 - \frac{\vec{v}^2}{c^2}}} \tag{9.1-30}$$

stationär wird. Wir entwickeln nun die Phasenfunktion in eine Taylorreihe um $\vec{k}_o$ und brechen nach dem quadratischen Glied ab. Mit Berücksichtigung von (9.1-29) erhalten wir

$$\varphi(\vec{k},t) \approx \varphi(\vec{k}_o,t) + \frac{1}{2}(k^i - k^i_o)(k^j - k^j_o)\left.\frac{\partial^2\varphi}{\partial k^i\,\partial k^j}\right|_{\vec{k}_o} . \tag{9.1-31}$$

Die entsprechende Näherung für das Integral (9.1-27) lautet

$$\Phi(\vec{x},t) \approx \hat{\Phi}^{(+)}(\vec{k}_o)\exp[i\varphi(\vec{k}_o,t)]\,\frac{1}{(2\pi)^{3/2}}\int d\tau(\vec{q})\exp\left(i\,\frac{1}{2}\,q^i q^j\,\frac{\partial^2\varphi}{\partial k^i\,\partial k^j}\right) . \tag{9.1-32}$$

Aus (9.1-23) folgt

$$\frac{\partial^2\varphi}{\partial k^i \partial k^j} = -\frac{c^2}{\omega(\vec{k})}\left(\delta^{ij} - \frac{k^i k^j c^2}{\omega(\vec{k})^2}\right) t \ , \tag{9.1-33}$$

so daß

$$q^i q^j \left.\frac{\partial^2\varphi}{\partial k^i \partial k^j}\right|_{\vec{k}_o} = -\frac{c^2 t}{\omega(\vec{k}_o)^3}\left[\omega(\vec{k}_o)^2 \vec{q}^{\,2} - c^2(\vec{k}_o \cdot \vec{q})^2\right] . \tag{9.1-34}$$

Um das Integral in (9.1-32) auszuwerten, legen wir eine Achse eines kartesischen Koordinatensystems in die Richtung von $\vec{k}_o$ und benutzen die Formel

$$\int_{-\infty}^{+\infty} dx\, e^{-\alpha x^2} = \sqrt{\frac{\pi}{\alpha}} \ , \qquad \mathrm{Re}\{\alpha\} > 0 \ ,$$

für den Randwert $\alpha \to i$. Das Ergebnis lautet

$$\Phi(\vec{x},t) \approx \frac{1}{(ct)^{3/2}}\left(\frac{\omega(\vec{k}_o)}{c}\right)^{3/2} \frac{\omega(\vec{k}_o)}{\omega_o}\, \hat{\Phi}^{(+)}(\vec{k}_o)\, \exp\left\{i\left[\varphi(\vec{k}_o,t) - \frac{3\pi}{4}\right]\right\} . \tag{9.1-35}$$

Erfüllt die Amplitudenfunktion $\hat{\Phi}^{(+)}(\vec{k})$ gewisse Voraussetzungen hinsichtlich ihrer Differenzierbarkeit, so läßt sich zeigen, daß die Abweichung von (9.1-35) für große t von der Ordnung $O(t^{-5/2})$ ist. Mit (9.1-30) ergibt sich dann aus (9.1-35)

$$\begin{aligned} \Phi(\vec{x},t) = {} & \left(\frac{\omega_o}{c^2 t}\right)^{3/2} \exp\left[-i\left(\omega_o t\sqrt{1-\frac{\vec{v}^2}{c^2}} + \frac{3\pi}{4}\right)\right] \times \\ & \times \frac{1}{\left(1-\frac{\vec{v}^2}{c^2}\right)^{5/4}}\, \hat{\Phi}^{(+)}\left(\frac{\omega_o \vec{v}}{c^2\sqrt{1-\frac{\vec{v}^2}{c^2}}}\right) + O\left(\frac{1}{t^{5/2}}\right) , \qquad t \to \infty . \end{aligned} \tag{9.1-36}$$

Ein entsprechendes Ergebnis erhält man für den negativen Frequenzanteil von (9.1-25). Für reelle Lösungen $\Phi(\vec{x},t)$ ist

$$\hat{\Phi}^{(+)}(\vec{k}) = \overline{\hat{\Phi}^{(-)}(-\vec{k})} \ , \tag{9.1-37}$$

so daß sich die beiden Frequenzanteile zum Realteil von (9.1-36) überlagern.

Welche Bedeutung hat unser Ergebnis? Zunächst einmal ist klar, daß ein Beobachter, der sich mit der Geschwindigkeit $\vec{v}$ bewegt, das Wellenpaket (9.1-27) für große Zeiten näherungsweise als ebene harmonische Welle mit dem Wellenzahlvektor (9.1-30) und der Frequenz

$$\omega(\vec{k}_o) = \frac{\omega_o}{\sqrt{1 - \frac{\vec{v}^2}{c^2}}} \tag{9.1-38}$$

sieht. Wie man aus (9.1-30) und (9.1-38) abliest, werden Wellenzahlvektor und Frequenz imaginär, wenn

$$\|\vec{v}\| > c \quad \Leftrightarrow \quad \vec{x}^2 - c^2 t^2 > 0$$

wird. In diesem Fall kann das Integral (9.1-27) nicht mehr mit der Methode der stationären Phase berechnet werden. An ihrer Stelle kann man unter gewissen Voraussetzungen hinsichtlich der Fortsetzbarkeit der Amplitudenfunktion $\hat{\Phi}^{(+)}(\vec{k})$ nach komplexen $\vec{k}$ die Sattelpunktmethode benutzen. Ein Beispiel dafür wird in Aufgabe 9.1 behandelt. Ersetzt man andererseits die Geschwindigkeit $\vec{v}$ in (9.1-29) durch $\vec{x}/t$, so kann man die Beziehung

$$\frac{\vec{x}}{t} = \vec{\nabla}_{\vec{k}}\, \omega(\vec{k}) \tag{9.1-39}$$

nach $\vec{k}$ auflösen und erhält ein Vektorfeld $\vec{k}(\vec{x},t)$. Dieses Vektorfeld hat den Wert $\vec{k}$ auf der Geraden

$$\vec{x} = t\, \vec{\nabla}_{\vec{k}}\, \omega(\vec{k}) \tag{9.1-40}$$

durch den Ursprung, d.h. man findet den Vektor $\vec{k}$ zur Zeit t an dem durch (9.1-40) bestimmten Ort. Der Wellenzahlvektor $\vec{k}$ wird also mit der Geschwindigkeit

$$\vec{v} = \vec{\nabla}_{\vec{k}}\, \omega(\vec{k}) \tag{9.1-41}$$

transportiert. Sie ist charakteristisch für eine Gruppe von Wellen mit einer Verteilung der Wellenzahlvektoren auf eine Umgebung von $\vec{k}$. Man nennt sie deshalb Gruppengeschwindigkeit.

In einem dispersiven Medium sind Gruppengeschwindigkeit und Phasengeschwindigkeit verschieden. Zum Beispiel erhalten wir aus (9.1-26)

$$\vec{\nabla}_{\vec{k}}\, \omega(\vec{k}) = \frac{\vec{k}\, c}{\sqrt{\vec{k}^2 + \frac{\omega_o^2}{c^2}}} \quad , \tag{9.1-42}$$

während sich für die Phasengeschwindigkeit mit (9.1-24) ergibt

$$\vec{u} = \vec{k}\,\frac{\omega(\vec{k})}{k^2} = \frac{\vec{k}\,c}{k}\sqrt{1 + \frac{\omega_o^2}{k^2 c^2}}\ . \tag{9.1-43}$$

Für $\omega_o = 0$ entfällt die Dispersion, und beide Geschwindigkeiten stimmen überein. Ferner sei darauf hingewiesen, daß $\|\vec{u}\| > c$ und $\|\vec{v}\| < c$ ist. Allgemein gilt, daß für normale Dispersion $\|\vec{v}\| < \|\vec{u}\|$ ist. Normale Dispersion liegt vor, wenn der Brechungsindex $n = c/u$ (s. 7.3-55) mit der Frequenz zunimmt, anderenfalls sprechen wir von anomaler Dispersion

$$\text{normale Dispersion: } \frac{dn}{d\omega} > 0\ , \quad \text{anomale Dispersion: } \frac{dn}{d\omega} < 0\ . \tag{9.1-44}$$

An der Funktion $\varepsilon(\omega)$ für das Oszillatormodell mit Dämpfung (s. 8.2-41) sieht man, daß in Bereichen anomaler Dispersion der Imaginärteil von $\varepsilon(\omega)$ und damit die Absorption groß ist. Die Absorption verhindert die Ausbreitung der Wellen, so daß man nicht mehr von Gruppen- und Phasengeschwindigkeit sprechen kann.

Die charakteristischen Eigenschaften der von der KGG beschriebenen Wellenausbreitung werden besonders deutlich an den Greenschen Funktionen. Wie bei der Wellengleichung betrachten wir die retardierte Greensche Funktion $G(\vec{x} - \vec{x}', t - t' | \omega_o^2)$. Sie genügt der Differentialgleichung

$$\left(\frac{1}{c^2}\frac{\partial^2}{\partial t^2} - \Delta + \frac{\omega_o^2}{c^2}\right) G\left(\vec{x} - \vec{x}', t - t' | \omega_o^2\right) = \delta(t - t')\,\delta(\vec{x} - \vec{x}') \tag{9.1-45}$$

und verschwindet für $t < t'$

$$G\left(\vec{x} - \vec{x}', t - t' | \omega_o^2\right) = 0\ , \qquad t < t'\ . \tag{9.1-46}$$

Die Greensche Funktion kann nach dem gleichen Verfahren berechnet werden, das wir im Abschnitt 7.3.3 verwendet haben, um die retardierte Greensche Funktion der Wellengleichung zu bestimmen. Wir überlassen die Einzelheiten dem Leser (s. Aufgabe 9.2) und teilen nur das Ergebnis mit:

$$G\left(\vec{x}, t \,\Big|\, \frac{\omega_o^2}{c^2}\right) = \Theta(t)\left[\frac{1}{4\pi\|\vec{x}\|}\,\delta\left(t - \frac{\|\vec{x}\|}{c}\right) - \frac{1}{4\pi}\,\Theta(c^2t^2 - \vec{x}^2)\,\frac{\omega_o^2}{c}\,\frac{J_1\left(\frac{\omega_o}{c}\sqrt{c^2t^2 - \vec{x}^2}\right)}{\frac{\omega_o}{c}\sqrt{c^2t^2 - \vec{x}^2}}\right]. \tag{9.1-47}$$

Hier ist J_1 die Besselfunktion erster Ordnung.

Der erste Term von (9.1-47) stimmt mit der Greenschen Funktion der Wellengleichung (s. 7.3-109) überein. Der zweite Term liefert einen Beitrag für $ct > \|\vec{x}\|$, da

$$\Theta(t)\,\Theta(c^2t^2 - \vec{x}^2) = \begin{cases} 1 \quad , & ct > \|\vec{x}\| \ , \\ 0 \quad , & ct < \|\vec{x}\| \ . \end{cases} \tag{9.1-48}$$

Es ist der Beitrag, den wir mit der Methode der stationären Phase auf den Geraden (s. 9.1-40 und 9.1-41)

$$\vec{x} = \vec{v}t \quad , \quad t > 0 \ , \quad \|\vec{v}\| < c$$

für große Zeiten berechnet haben. In der Tat prüft man leicht nach (s. Aufgabe 9.2), daß der zweite Term von (9.1-47) für $t \to \infty$ aus zwei Beiträgen der Form (9.1-36) besteht. Im Gegensatz zur Wellengleichung gilt für die KGG nicht das Huyghenssche Prinzip. Es fordert für die Greensche Funktion $G(\vec{x},t)$, daß sich die im Zeitpunkt $t = 0$ im Ursprung $\vec{x} = 0$ lokalisierte Singularität nur auf dem Lichtkegel $c^2t^2 - \vec{x}^2 = 0$ ausbreitet.

9.1.3. Die Telegrafengleichung

Wir wenden uns nun der Telegrafengleichung (TG) (9.1-16) zu, die die Ausbreitung niederfrequenter Wellen beschreibt. Sie lautet

$$\frac{1}{u^2}\left(\frac{\partial^2\Phi}{\partial t^2} + \frac{1}{\tau}\frac{\partial\Phi}{\partial t}\right) - \Delta\Phi = 0 \ , \tag{9.1-49}$$

wo

$$\tau = \frac{\varepsilon_o\varepsilon}{\varkappa} \tag{9.1-50}$$

die sogenannte Relaxationszeit ist. Der Ansatz

$$\Phi(\vec{x},t) = \exp\left(-\frac{t}{2\tau}\right) F(\vec{x},t) \tag{9.1-51}$$

liefert für F die Differentialgleichung

$$\frac{1}{u^2}\frac{\partial^2 F}{\partial t^2} - \Delta F - \frac{1}{4\tau^2u^2} F = 0 \ . \tag{9.1-52}$$

Diese Differentialgleichung ist vom Typ der KGG (9.1-11), allerdings mit dem wesentlichen Unterschied, daß an die Stelle von ω_o^2/c^2 die negative Konstante $-1/4\tau^2u^2$ tritt.

Die Gleichung (9.1-52) hat Lösungen vom Typ (9.1-21):

$$F(\vec{x},t) = \exp[\pm i(\vec{k}\cdot\vec{x} - \omega(\vec{k})t] \ , \qquad (9.1\text{-}53)$$

wo

$$\frac{\omega(\vec{k})}{u} = \sqrt{\vec{k}^2 - \frac{1}{4\tau^2 u^2}} \ . \qquad (9.1\text{-}54)$$

Für $\vec{k}^2 < 1/4\tau^2 u^2$ sind die Frequenzen (9.1-54) imaginär, doch bleiben die entsprechenden Lösungen der TG dank des Dämpfungsfaktors in (9.1-51) für alle $\vec{x}$ und t gleichförmig beschränkt. Infolgedessen lautet die allgemeine Lösung von (9.1-49) in Analogie zu (9.1-25)

$$\Phi(\vec{x},t) = \exp\left(-\frac{t}{2\tau}\right)\frac{1}{(2\pi)^{3/2}}\int d\tau(\vec{k})\left\{\hat{F}^{(+)}(\vec{k})\exp[i(\vec{k}\cdot\vec{x} - \omega t)] + \hat{F}^{(-)}(\vec{k})\exp[i(\vec{k}\cdot\vec{x} + \omega t)]\right\} , \qquad (9.1\text{-}55)$$

wo

$$\omega = \omega(\vec{k}) = u\sqrt{\vec{k}^2 - \frac{1}{4\tau^2 u^2}} \ . \qquad (9.1\text{-}56)$$

Da alle Wellenzahlvektoren zugelassen sind und über die beiden Amplitudenfunktionen $\hat{F}^{(\pm)}(\vec{k})$ frei verfügt werden kann, läßt sich das Cauchysche Anfangswertproblem in der üblichen Weise lösen.

Auch hier kann das asymptotische Verhalten der allgemeinen Lösung auf einer Geraden $\vec{x} = \vec{v}t$ für $t \to \infty$ mit der Methode der stationären Phase bestimmt werden, vorausgesetzt, daß die Geschwindigkeit $\vec{v}$ dem Betrag nach größer als die Geschwindigkeit u ist. Betrachten wir z.B. den positiven Frequenzanteil von (9.1-55). Nach dem im letzten Abschnitt geschilderten Verfahren wird die Phase stationär für den Wellenzahlvektor (s. 9.1-30)

$$\vec{k}_o = \frac{1}{2\tau u^2}\frac{\vec{v}}{\sqrt{\frac{\vec{v}^2}{u^2} - 1}} \ . \qquad (9.1\text{-}57)$$

Die zugeordnete Frequenz lautet (s. 9.1-38)

$$\omega(\vec{k}_o) = \frac{1}{2\tau\sqrt{\frac{\vec{v}^2}{u^2} - 1}} \ . \qquad (9.1\text{-}58)$$

Damit erhalten wir statt (9.1-36) für den positiven Frequenzanteil von (9.1-55)

$$\Phi(\vec{x},t) = \exp\left(-\frac{t}{2\tau}\right)\left\{\left(\frac{1}{2\tau t u^2}\right)^{3/2} i \exp\left[-i\left(\frac{t}{2\tau}\sqrt{\frac{\vec{v}^2}{u^2}-1}+\frac{3\pi}{4}\right)\right] \times \right. \tag{9.1-59}$$

$$\left. \times \frac{1}{\left(\frac{\vec{v}^2}{u^2}-1\right)^{5/4}} \hat{F}^{(+)}\left(\frac{\vec{v}}{2\tau u^2\sqrt{\frac{\vec{v}^2}{u^2}-1}}\right) + O\left(\frac{1}{t^{5/2}}\right)\right\}, \quad t \to \infty .$$

Entsprechendes gilt für den negativen Frequenzanteil. Im Bereich

$$\|\vec{v}\| < u \quad \Leftrightarrow \quad x^2 - u^2t^2 < 0$$

versagt die Methode der stationären Phase. Ähnlich wie bei der KGG kann man hier unter gewissen Voraussetzungen die Sattelpunktmethode benutzen.

Die retardierte Greensche Funktion der Differentialgleichung (9.1-52) erhalten wir aus (9.1-47), wenn wir c durch u, ω_o^2 durch $-1/4\tau^2$ und das Argument $\omega_o\sqrt{c^2t^2-\vec{x}^2}$ durch $\sqrt{\vec{x}^2-u^2t^2}/2\tau$ ersetzen. Wir überlassen es dem Leser, diese Vorschrift an Hand der Rechnung von Aufgabe 9.2 nachzuprüfen. Für die retardierte Greensche Funktion der TG ergibt sich dann

$$G\left(\vec{x},t\,\middle|\,-\frac{1}{4\tau^2u^2}\right) = \Theta(t)\left[\frac{1}{4\pi\|x\|}\,\delta\left(t-\frac{\|\vec{x}\|}{u}\right) + \right. \tag{9.1-60}$$

$$\left. + \frac{1}{4\pi}\Theta(u^2t^2-\vec{x}^2)\,\frac{1}{4\tau^2u}\,\frac{J_1\left(\frac{1}{2\tau u}\sqrt{\vec{x}^2-u^2t^2}\right)}{\frac{1}{2\tau u}\sqrt{\vec{x}^2-u^2t^2}}\right]\exp\left(-\frac{t}{2\tau}\right).$$

Auch hier bestätigt sich wieder, daß, abgesehen von dem Dämpfungsfaktor, die Rollen von Raum und Zeit im Vergleich zur KGG vertauscht sind. Das gilt natürlich nicht für die singulären Funktionen $\delta(t-\|\vec{x}\|/u)$ und $\Theta(u^2t^2-\vec{x}^2)$, die den Ausbreitungsvorgang in der Raum-Zeit eingrenzen.

Wir betrachten nun eine gedämpfte elektromagnetische Welle vom Typ (9.1-53). Für den elektrischen Feldvektor setzen wir an

$$\vec{E}(\vec{x},t) = \vec{E}(\vec{k})\,\exp\left(-\frac{t}{2\tau}\right)\,\exp[i(\vec{k}\cdot\vec{x}-\omega(\vec{k})t)]\,, \qquad \omega(\vec{k}) = u\sqrt{\vec{k}^2-\frac{1}{\tau^2u^2}}\,. \tag{9.1-61}$$

Der Amplitudenvektor $\vec{E}(\vec{k})$ muß transversal sein, damit die Bedingung (9.1-5b) erfüllt ist,

$$\vec{k}\cdot\vec{E}(\vec{k}) = 0 \,. \tag{9.1-62}$$

Den magnetischen Feldvektor bestimmen wir aus der Maxwellschen Gleichung

$$\vec{\nabla}\wedge\vec{E} + * \mu\mu_o \frac{\partial\vec{H}}{\partial t} = 0$$

unter der Bedingung $\lim_{t\to\infty} \vec{H}(\vec{x},t) = 0$. Die Lösung lautet

$$\vec{H}(\vec{x},t) = \frac{*[\vec{k}\wedge\vec{E}(\vec{k})]}{\mu\mu_o\left[\omega(\vec{k}) - \frac{i}{2\tau}\right]} \exp\left(-\frac{t}{2\tau}\right) \exp\{i[\vec{k}\cdot\vec{x} - \omega(\vec{k})t]\} \,. \tag{9.1-63}$$

Zum Vergleich mit dem Vakuum (s. 7.3-37) ist es zweckmäßig, den komplexen Wellenwiderstand

$$Z := \frac{\mu\mu_o}{k}\left[\omega(\vec{k}) - \frac{i}{2\tau}\right] \tag{9.1-64}$$

einzuführen, so daß

$$\vec{H}(\vec{x},t) = \frac{1}{Z} * [\vec{n}\wedge\vec{E}(\vec{k})] \exp\left(-\frac{t}{2\tau}\right) \exp\{i[\vec{k}\cdot\vec{x} - \omega(\vec{k})t]\} \,. \tag{9.1-65}$$

Der magnetische Feldvektor ist wie der elektrische Feldvektor transversal (s. 9.1-62). Man bezeichnet deshalb die elektromagnetische Welle (9.1-61) und (9.1-65) auch als TEM-Welle. Wegen des komplexen Wellenwiderstandes (9.1-64) besteht zwischen $\vec{H}$ und $\vec{E}$ eine Phasendifferenz. Sie hat zur Folge, daß die beiden Feldvektoren einer elliptisch polarisierten Welle zwar Ellipsen der gleichen Exzentrizität durchlaufen, aber nicht zu allen Zeiten aufeinander senkrecht stehen. Vielmehr schließen sie einen Winkel ein, der sich mit der Zeit ändert. Nur bei linearer Polarisation herrschen die gleichen Verhältnisse wie in einem nichtleitenden Medium.

Von Interesse ist schließlich die Energiebilanz der TEM-Welle. Wir bestimmen zunächst den zeitlichen Mittelwert des Poyntingvektors über eine Periode $T = 2\pi/\omega$ unter der Voraussetzung, daß die Relaxationszeit sehr groß ist gegenüber der Schwingungsdauer T. Mit

$$Z = |Z| \exp(i\varphi)$$

erhalten wir

$$\langle *\vec{S}\rangle := \frac{1}{T}\int_0^T dt * (\mathrm{Re}\{\vec{E}(\vec{x},t)\}) \wedge (\mathrm{Re}\{\vec{H}(\vec{x},t)\}) \approx$$
$$\approx \vec{n}\exp\left(-\frac{t}{\tau}\right)\frac{1}{|Z|}\frac{\vec{E}(\vec{k})\cdot\overline{(\vec{E}(\vec{k}))}}{2}\cos\varphi\,, \qquad T \ll \tau\,. \tag{9.1-66}$$

Ebenso ergibt sich für den Mittelwert der Energiedichte u (s. 7.2-12)

$$\langle * u\rangle = \exp\left(-\frac{t}{\tau}\right)\varepsilon\varepsilon_o \frac{\vec{E}(\vec{k})\cdot\overline{[\vec{E}(\vec{k})]}}{2}\,. \tag{9.1-67}$$

In Übereinstimmung mit dem differentiellen Energiesatz (s. 7.2-16) gilt

$$\frac{d}{dt}\langle * u\rangle = -\frac{1}{\tau}\langle * u\rangle = -\varkappa\langle \mathrm{Re}\{\vec{E}(\vec{x},t)\}\cdot\mathrm{Re}\{\vec{E}(\vec{x},t)\}\rangle\,. \tag{9.1-68}$$

9.2. Randwertaufgaben für den Halbraum

9.2.1. Reflexion und Absorption niederfrequenter Wellen

Die yz-Ebene eines kartesischen Koordinatensystems sei die Grenzfläche zwischen dem Vakuum und einem Halbraum $(x > 0)$ mit den Materialkonstanten $\varepsilon, \mu, \varkappa$ (s. Abb.9.1).

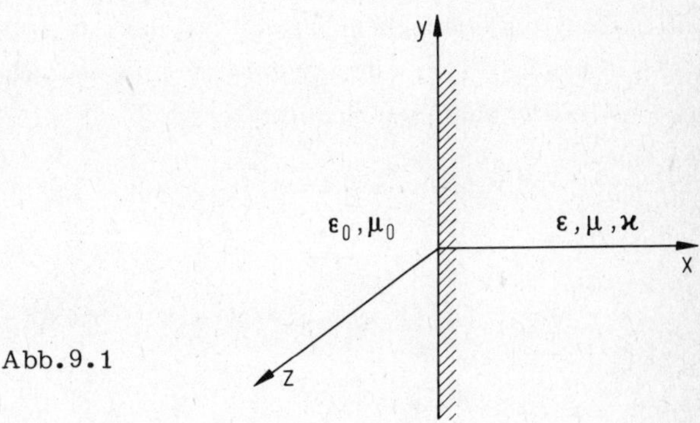

Abb.9.1

Der Ansatz

$$\vec{E}(\vec{x},t) = \vec{E}(\vec{x},\omega)\exp(-i\omega t)\,, \qquad \vec{H}(\vec{x},t) = \vec{H}(\vec{x},\omega)\exp(-i\omega t) \tag{9.2-1}$$

führt für die Vektorfelder $\vec{E}(\vec{x},\omega)$ und $\vec{H}(\vec{x},\omega)$ auf die Differentialgleichungen (9.1-4a und b). Zur Lösung dieser Gleichungen verfahren wir wie bereits früher geschildert. Wir bestimmen zunächst $\vec{E}(\vec{x},\omega)$ aus (9.1-5a und b) und anschließend $\vec{H}(\vec{x},\omega)$ aus (9.1-4a).

Die Gleichung (9.1-5a) lautet in unserem Fall

$$\left(\Delta + \frac{\omega^2}{c^2}\right)\vec{E}(\vec{x},\omega) = 0 \quad , \quad x < 0 \; ,$$

$$\left(\Delta + \frac{\omega^2}{u^2} + \frac{\omega}{u^2\tau}\, i\right)\vec{E}(\vec{x},\omega) = 0 \quad , \quad x > 0 \; . \tag{9.2-2}$$

Zur Definition von u und τ siehe (9.1-14) und (9.1-50). Wir beschränken uns zunächst auf Lösungen mit ebener Symmetrie, die nur von x abhängen und in z-Richtung linear polarisiert sind. Unter diesen Voraussetzungen lautet die allgemeine Lösung von (9.2-2) im Vakuum

$$x < 0 : \quad E^z(x,\omega) = a\exp(ikx) + b\exp(-ikx); \quad k = k(\omega) = \frac{\omega}{c}; \quad a,b \in \mathbb{C} \, . \tag{9.2-3}$$

Da unser Problem homogen ist, können wir über eine der Konstanten frei verfügen und setzen

$$a = 1, \quad b = r \, .$$

Das elektrische Feld (9.2-1) im Vakuum ist dann

$$x < 0 : \quad E^z(x,t) = \exp[i(kx - \omega t)] + r\exp[-i(kx + \omega t)] \, . \tag{9.2-4}$$

Es besteht aus einer ebenen Welle mit der Amplitude eins, die in positiver x-Richtung fortschreitet, und aus einer reflektierten ebenen Welle mit der Amplitude r, die in negativer x-Richtung fortschreitet.

Entsprechend verfahren wir im Halbraum $x > 0$. Die allgemeine Lösung von (9.2-2) lautet hier

$$x > 0 : \quad E^z(x,\omega) = a'\exp(ik'x) + b'\exp(-ik'x) \, , \tag{9.2-5}$$

wo k' eine der Wurzeln von

$$u^2 k'^2 = \omega^2 + \frac{\omega}{\tau}\, i \tag{9.2-6}$$

ist. Wir wählen die positive Wurzel

$$k' = k'(\omega) = \frac{\omega}{u}\left[\left(\frac{\sqrt{\omega^2 + \frac{1}{\tau^2}} + \omega}{2\omega}\right)^{1/2} + i\left(\frac{\sqrt{\omega^2 + \frac{1}{\tau^2}} - \omega}{2\omega}\right)^{1/2}\right] \, . \tag{9.2-7}$$

Da $E^z(x,\omega)$ für $x \to +\infty$ verschwinden muß, setzen wir

$$b' = 0 \quad , \qquad a' = d$$

und erhalten

$$x > 0: \quad E^z(x,t) = d \exp[i(k'x - \omega t)] \, . \tag{9.2-8}$$

Nunmehr greifen wir auf die Gleichung (9.1-4a) zurück, um den magnetischen Feldvektor zu bestimmen. Er ist in y-Richtung linear polarisiert und hat die Komponente

$$H^y(x,t) = \begin{cases} -\frac{1}{Z_o}\{\exp[i(kx - \omega t)] - r \exp[-i(kx + \omega t)]\} \, , & x < 0 \\ -\frac{1}{Z} d \exp[i(k'x - \omega t)] \, , & x > 0 \, . \end{cases} \tag{9.2-9}$$

Hier ist Z der komplexe Wellenwiderstand des Mediums

$$Z = Z(\omega) = \frac{\omega \mu\mu_o}{k'(\omega)} \, . \tag{9.2-10}$$

Zu erfüllen sind noch die Grenzbedingungen. Beide Feldvektoren liegen für $x = 0$ in der Grenzfläche, müssen also stetig sein. Damit sind die Amplituden r und d festgelegt:

$$r = r(\omega) = \frac{Z(\omega) - Z_o}{Z(\omega) + Z_o} \, , \tag{9.2-11}$$

$$d = d(\omega) = \frac{2\, Z(\omega)}{Z(\omega) + Z_o} \, . \tag{9.2-12}$$

Um ein geeignetes Maß für das Reflexions- bzw. Transmissionsvermögen des Mediums einzuführen, gehen wir von den zeitlichen Mittelwerten der Poyntingvektoren für die einlaufende (e), reflektierte (r) und durchlaufende (d) Welle aus. Mit den Feldgrößen (9.2-4), (9.2-8) und (9.2-9) ergibt sich

$$\langle * \vec{S} \rangle_e = \vec{e}_x \frac{1}{2Z_o} \, , \quad \langle * \vec{S} \rangle_r = -\vec{e}_x \frac{|r|^2}{2Z_o} \, , \quad \langle * \vec{S} \rangle_d^o = \vec{e}_x \frac{|d|^2}{2|Z|} \cos\varphi \;^{+)} \, , \tag{9.2-13}$$

wo wir wieder $Z = |Z| \exp(i\varphi)$ gesetzt haben. Aus (9.2-10) und (9.2-7) folgt, daß $\cos\varphi$ positiv ist. Die Größen

---

+) Wert für $x = 0$.

$$R := \frac{\|\langle * \vec{S}\rangle_r\|}{\|\langle * \vec{S}\rangle_e\|} = |r|^2 \quad ,$$

$$T := \frac{\|\langle * \vec{S}\rangle_d^o\|}{\|\langle * \vec{S}\rangle_e\|} = |d|^2 \frac{Z_o}{|Z|} \cos\varphi = |d|^2 \frac{Z_o}{|Z|^2} \operatorname{Re}\{Z\} \tag{9.2-14}$$

heißen Reflexionskoeffizient (R) und Transmissionskoeffizient (T). Mit Hilfe von (9.2-11) rechnet man leicht nach, daß stets gilt

$$R + T = 1 \ . \tag{9.2-15}$$

Von besonderem Interesse sind die Grenzfälle $\tau\omega \gg 1$ bzw. $\tau\omega \ll 1$, in denen der Verschiebungsstrom sehr groß bzw. sehr klein gegenüber dem Leitungsstrom ist. Für die Amplituden (9.2-11) und (9.2-12) erhalten wir in beiden Grenzfällen mit (9.2-7)

$$r(\omega) \approx \begin{cases} -\dfrac{\sqrt{\frac{\varepsilon}{\mu}} - 1}{\sqrt{\frac{\varepsilon}{\mu}} + 1} \\ -1 + 2\sqrt{\frac{\mu}{\varepsilon}}\,\sqrt{\tau\omega}\, e^{-i\frac{\pi}{4}} \end{cases} , \quad d(\omega) \approx \begin{cases} \dfrac{2}{\sqrt{\frac{\varepsilon}{\mu}} + 1} \ , & \tau\omega \gg 1 \\ 2\sqrt{\frac{\mu}{\varepsilon}}\,\sqrt{\tau\omega}\, e^{-i\frac{\pi}{4}} \ , & \tau\omega \ll 1 \ . \end{cases} \tag{9.2-16}$$

In beiden Fällen ist $r \approx -1$, da ε im allgemeinen wesentlich größer als μ ist. Folglich springt die Phase des elektrischen Feldvektors bei der Reflexion um π, so daß sich die einfallende und reflektierte elektrische Welle auf der Grenzfläche nahezu kompensieren und nur ein schwaches Feld in das Medium eindringt. Dagegen addieren sich die einfallende und reflektierte magnetische Welle zur doppelten Feldstärke für die durchgehende Welle. Im guten Leiter ($\omega\tau \ll 1$) gilt nach (9.2-6) und (9.2-10)

$$k'(\omega) \approx \frac{1}{u}\sqrt{i\,\frac{\omega}{\tau}} =: \frac{1+i}{\delta(\omega)} \ , \qquad Z(\omega) \approx \frac{1-i}{\varkappa\,\delta(\omega)} \ , \qquad \tau\omega \ll 1 \ . \tag{9.2-17}$$

Die Größe

$$\delta(\omega) = \sqrt{\frac{2}{\omega\varkappa\mu\mu_o}} = u\sqrt{\frac{2\tau}{\omega}} \tag{9.2-18}$$

ist die sogenannte Eindringtiefe des Feldes in den Leiter. Sie beträgt z.B. für Kupfer bei einer Frequenz von 10^9 Hz etwa $2 \cdot 10^{-6}$ m. In der Näherung $\tau\omega \ll 1$ ergibt sich nämlich für die Feldstärken (9.2-8) bzw. (9.2-9) mit (9.2-16) und (9.2-17)

$$E^z(x,t) \approx \frac{2^{3/2}}{Z_o \varkappa \delta} \exp\left(-\frac{x}{\delta}\right) \exp\left[i\left(\frac{x}{\delta} - \omega t - \frac{\pi}{4}\right)\right],$$

$$x > 0 \qquad (9.2\text{-}19)$$

$$H^y(x,t) \approx -\frac{2}{Z_o} \exp\left(-\frac{x}{\delta}\right) \exp\left[i\left(\frac{x}{\delta} - \omega t\right)\right].$$

Damit folgt für den zeitlichen Mittelwert des Poyntingvektors

$$\langle * \vec{S} \rangle = \vec{e}_x \frac{2}{Z_o^2 \varkappa \delta} \exp\left(-\frac{2x}{\delta}\right). \qquad (9.2\text{-}20)$$

Das schwache elektrische Feld führt im Leiter bei großer Leitfähigkeit zu einer Stromdichte vom Betrag $\|\vec{J}\| \approx H_o/\delta$, wo $H_o = 2/Z_o$ ist (siehe 9.2-19). Das von der Stromdichte $\vec{J}$ erzeugte Magnetfeld baut das starke Magnetfeld der durchgehenden Welle ab. Man kann sich das am Leiterrand herrschende Magnetfeld $\vec{H}(0,t) = \vec{e}_y H_o \cos \omega t$ durch eine Belegung der Grenzfläche mit einem Wechselstrom erzeugt denken. Den im Leiter induzierten Strom bezeichnet man dann als Wirbelstrom. Von einer durchgehenden Welle kann, genau genommen, nicht mehr gesprochen werden, wenn der Verschiebungsstrom im Leiter vernachlässigt wird. Vielmehr diffundiert das elektromagnetische Feld wegen des quasistationären Charakters der Lösung (9.2-19) in den Leiter ein.

Wir wenden uns nun dem allgemeineren Fall zu, daß die einlaufende elektrische Welle zwar noch in z-Richtung linear polarisiert ist, aber in einer beliebigen Richtung in der xy-Ebene auf die Grenzfläche zuläuft. Statt (9.2-4) und (9.2-8) machen wir dann den Ansatz

$$E^z(x,y,t) = \begin{cases} \exp[i(kx + \ell y - \omega t)] + r \exp[i(-kx + \ell y - \omega t)], & x < 0 \\ d \exp[i(k'x + \ell y - \omega t)], & x > 0. \end{cases} \qquad (9.2\text{-}21)$$

Hier ist ℓ die y-Komponente des Ausbreitungsvektors. Sie hat im Medium den gleichen Wert wie im Vakuum, da andernfalls die Bedingung, daß E^z auf der Grenzfläche stetig sein soll, nicht erfüllt werden kann. Damit der Ansatz (9.2-21) die Differentialgleichungen (9.2-2) erfüllt, müssen zwischen den Komponenten des Wellenzahlvektors und der Frequenz folgende Beziehungen bestehen:

$$k^2 + \ell^2 = \frac{\omega^2}{c^2}, \qquad k'^2 + \ell^2 = \frac{1}{u^2}\left(\omega^2 + \frac{\omega}{\tau} i\right). \qquad (9.2\text{-}22)$$

Die zweite Beziehung zeigt, daß k' wie früher komplex ist. Die weitere Rechnung verläuft nun wie im Fall $\ell = 0$. Wir überlassen sie dem Leser und verweisen im übrigen auf Aufgabe 9.3.

Der Wellenzahlvektor der durchlaufenden Welle ist komplex. Wir spalten ihn in Real- und Imaginärteil auf,

$$\vec{k} = \vec{e}_x k' + \vec{e}_y \ell =: \vec{k}_1 + i\vec{k}_2 , \tag{9.2-23}$$

und erhalten für die zweite der Bedingungen (9.2-22):

$$\vec{k}^2 = \vec{k}_1^2 - \vec{k}_2^2 + 2i\vec{k}_1 \cdot \vec{k}_2 = \frac{1}{u^2}\left(\omega^2 + \frac{\omega}{\tau} i\right) . \tag{9.2-24}$$

Der von den Vektoren $\vec{k}_1$ und $\vec{k}_2$ eingeschlossene Winkel θ wird durch (9.2-24) nicht festgelegt. Es folgt lediglich: $\cos\theta > 0$. Der Vergleich mit (9.2-22) zeigt, daß θ durch die Grenzbedingungen bestimmt wird, nämlich durch die Bedingung, daß die y-Komponente ℓ des Wellenzahlvektors auf beiden Seiten der Grenzfläche gleich ist. In unserem Beispiel ist θ der Winkel, den der Wellenzahlvektor der durchlaufenden Welle mit der x-Achse bildet (siehe auch Aufgabe 9.3).

Die durchlaufende elektrische Welle ist von der Form

$$\vec{E}(\vec{x},t) = \vec{E}(\vec{k}) \exp[i(\vec{k}\cdot\vec{x} - \omega t)] = \vec{E}(\vec{k}) \exp(-\vec{k}_2\cdot\vec{x}) \exp[i(\vec{k}_1\cdot\vec{x} - \omega t)] . \tag{9.2-25}$$

Sie ist darüber hinaus transversal zur Ausbreitungsrichtung $\vec{k}_1$:

$$\vec{k}_1 \cdot \vec{E}(\vec{k}) = 0 . \tag{9.2-26}$$

Da die Feldgleichung (9.1-5b) außerdem verlangt, daß

$$\vec{k}\cdot\vec{E}(\vec{k}) = 0 , \tag{9.2-27}$$

muß ebenfalls gelten

$$\vec{k}_2 \cdot \vec{E}(\vec{k}) = 0 . \tag{9.2-28}$$

Für die begleitende magnetische Welle erhalten wir mit (9.1-4a)

$$\vec{H}(\vec{x},t) = * \frac{\vec{k} \wedge \vec{E}(\vec{k})}{\omega\,\mu\mu_o} \exp[i(\vec{k}\cdot\vec{x} - \omega t)] =: \vec{H}(\vec{k}) \exp[i(\vec{k}\cdot\vec{x} - \omega t)] . \tag{9.2-29}$$

Auch hier gilt in Übereinstimmung mit (9.1-5b)

$$\vec{k}\cdot\vec{H}(\vec{k}) = 0 , \tag{9.2-30}$$

doch steht $\vec{H}(\vec{k})$ im allgemeinen nicht auf $\vec{k}_1$ senkrecht. Aus (9.2-29) folgt nämlich

$$\vec{k}_1 \cdot \vec{H}(\vec{k}) = i\,\frac{\vec{k}_1 \cdot *[\vec{k}_2 \wedge \vec{E}(\vec{k})]}{\omega\mu\mu_o} = i*\frac{\vec{k}_1 \wedge \vec{k}_2 \wedge \vec{E}(\vec{k})}{\omega\mu\mu_o} \quad . \tag{9.2-31}$$

Ebenso erhält man

$$\vec{k}_2 \cdot \vec{H}(\vec{k}) = \frac{\vec{k}_2 \cdot *[\vec{k}_1 \wedge \vec{E}(\vec{k})]}{\omega\mu\mu_o} = *\frac{\vec{k}_2 \wedge \vec{k}_1 \wedge \vec{E}(\vec{k})}{\omega\mu\mu_o} \quad . \tag{9.2-32}$$

Dagegen ist wegen (9.2-26) und (9.2-28)

$$(\vec{k}_1 \wedge \vec{k}_2) \cdot [\vec{k} \wedge \vec{E}(\vec{k})] = 0 \;, \tag{9.2-33}$$

so daß $\vec{H}(\vec{k})$ eine Linearkombination von $\vec{k}_1$ und $\vec{k}_2$ ist.

Die elektromagnetische Welle (9.2-25) und (9.2-29) ist eine transversal elektrische Welle (TE-Welle). Sie geht in eine TEM-Welle über, wenn die Vektoren $\vec{k}_1$ und $\vec{k}_2$ parallel sind. Ist das nicht der Fall, so muß man zwischen den Ebenen konstanter Phase und konstanter Amplitude unterscheiden. Wellen vom Typ (9.2-25) und (9.2-29) sind eine Verallgemeinerung der ebenen Wellen. Sie haben die Form

$$F(\vec{x},t) = g(\vec{x})\, f(\vec{n}\cdot\vec{x} - ut) \tag{9.2-34}$$

und werden zur Unterscheidung von den gewöhnlichen ebenen Wellen inhomogene ebene Wellen genannt. Selbst in dem Fall, daß $\vec{k}_1$ und $\vec{k}_2$ parallel sind, handelt es sich nicht um ebene Wellen im üblichen Sinn, da das Wellenprofil während des Ausbreitungsvorgangs durch den Faktor $g(\vec{x})$ verzerrt wird. Geht man umgekehrt von einer transversalen magnetischen Welle aus, so ist die begleitende elektrische Welle (s. 9.1-4b) i.a.

$$\vec{E}(\vec{x},t) = -*\frac{1}{\omega\varepsilon\varepsilon_o}\;\frac{\vec{k}\wedge\vec{H}(\vec{k})}{1+\frac{i}{\omega\tau}}\;\exp[i(\vec{k}\cdot\vec{x} - \omega t)] \tag{9.2-35}$$

nicht transversal zur Ausbreitungsrichtung $\vec{k}_1$. Man spricht in diesem Fall von einer transversal magnetischen Welle (TM-Welle). Die durchlaufende Welle ist eine TM-Welle, wenn statt des elektrischen Feldvektors der magnetische Feldvektor der einlaufenden Welle parallel zur Grenzfläche ist (s. Aufgabe 9.3).

9.2.2. Oberflächenwellen

Im letzten Abschnitt haben wir Lösungen der Maxwellschen Gleichungen untersucht, die im Vakuum $(x < 0)$ aus einer einlaufenden und einer reflektierten, ebenen Welle bestehen. Wir stellen nun die Frage, ob es Lösungen gibt, die keinen einlaufenden Anteil enthalten. Betrachten wir zunächst eine TE-Welle vom Typ (9.2-21). Wir setzen $r = 1$ und $d = 1$, so daß E^z auf der Grenzfläche $x = 0$ stetig ist. Für die magnetische Feldstärke erhalten wir mit (9.2-29)

$$\vec{H}(x,y,t) = \begin{cases} (k\vec{e}_y + \ell\vec{e}_x)\,\frac{1}{\omega\mu_o}\,\exp[i(-kx + \ell y - \omega t)] , & x < 0 \\ (-k'\vec{e}_y + \ell\vec{e}_x)\,\frac{1}{\omega\mu\mu_o}\,\exp[i(k'x + \ell y - \omega t)] , & x > 0 . \end{cases}$$

(9.2-36)

Die Stetigkeit der Tangentialkomponenten von $\vec{H}$ auf der Grenzfläche $x = 0$ bedingt, daß

$$-\mu k = k' \tag{9.2-37}$$

sein muß. Damit haben wir neben den beiden Beziehungen (9.2-22) eine dritte Gleichung zur Bestimmung der Komponenten k, k' und ℓ des Wellenzahlvektors. Nun ist für die meisten Stoffe mit großer Leitfähigkeit $\mu \approx 1$. Für $\mu = 1$ aber verlangt (9.2-37), daß $-k = k'$ ist. Diese Bedingung ist jedoch nicht verträglich mit den beiden Beziehungen (9.2-22), so daß für $\mu \approx 1$ praktisch keine TE-Wellen der gewünschten Form existieren.

Anders liegen die Verhältnisse bei TM-Wellen. Wir denken uns in (9.2-21) E^z durch H^z ersetzt und setzen wieder $r = 1$ und $d = 1$. Statt (9.2-36) erhalten wir nun die begleitende elektrische Welle

$$\vec{E}(x,y,t) = \begin{cases} (-k\vec{e}_y - \ell\vec{e}_x)\,\frac{\omega\mu_o}{k^2 + \ell^2}\,\exp[i(-kx + \ell y - \omega t)] , & x < 0 \\ (k'\vec{e}_y - \ell\vec{e}_x)\,\frac{\omega\mu\mu_o}{k'^2 + \ell^2}\,\exp[i(k'x + \ell y - \omega t)] , & x > 0 . \end{cases}$$

(9.2-38)

Die Stetigkeit der Tangentialkomponenten von $\vec{E}$ auf der Grenzfläche $x = 0$ verlangt

$$-\frac{k}{k^2 + \ell^2} = \frac{\mu k'}{k'^2 + \ell^2} . \tag{9.2-39}$$

Wir nehmen wieder an, daß $\mu = 1$ ist. Aus (9.2-39) folgt dann

$$\ell^2 = -kk' . \tag{9.2-40}$$

Mit (9.2-40) können wir ℓ^2 aus den Beziehungen (9.2-22) eliminieren und letztere nach k bzw. k' auflösen. Wir erhalten jeweils zwei Lösungen, deren führende Terme wir für die beiden Grenzfälle $\omega\tau \gg 1$ und $\omega\tau \ll 1$ angeben:

$$k = \mp \frac{\omega}{c} \begin{cases} \sqrt{\frac{\omega\tau}{\varepsilon i}} + O\left((\omega\tau)^{3/2}\right) & , \quad \omega\tau \ll 1 \\ \frac{1}{\sqrt{\varepsilon+1}}\left(1 - i\frac{\varepsilon}{\varepsilon+1}\frac{1}{2\omega\tau}\right) + O\left((\omega\tau)^{-2}\right) & , \quad \omega\tau \gg 1 , \end{cases} \tag{9.2-41}$$

$$k' = \pm \frac{\omega}{c} \begin{cases} \sqrt{\frac{\varepsilon i}{\omega\tau}}\left(1 - i\frac{\varepsilon-1}{2\varepsilon}\omega\tau\right) + O\left((\omega\tau)^{3/2}\right) & , \quad \omega\tau \ll 1 , \\ \frac{\varepsilon}{\sqrt{\varepsilon+1}}\left(1 + i\frac{\varepsilon+2}{\varepsilon+1}\frac{1}{2\omega\tau}\right) + O\left((\omega\tau)^{-2}\right) & , \quad \omega\tau \gg 1 . \end{cases} \tag{9.2-42}$$

Die Vorzeichen in (9.2-41) und (9.2-42) sind verschieden zu wählen. In beiden Fällen ergibt sich für ℓ^2 (s. 9.2-40)

$$\ell^2 = \frac{\omega^2}{c^2} \begin{cases} 1 + O(\omega\tau) & , \quad \omega\tau \ll 1 , \\ \frac{\varepsilon}{\varepsilon+1}\left(1 + i\frac{1}{\varepsilon+1}\frac{1}{\omega\tau}\right) + O\left((\omega\tau)^{-2}\right) & , \quad \omega\tau \gg 1 . \end{cases} \tag{9.2-43}$$

Wir entscheiden uns zunächst für das obere Vorzeichen in (9.2-41) und (9.2-42) und bestimmen die elektrische Feldstärke (s. 9.2-38) für den Grenzfall $\omega\tau \ll 1$ des guten Leiters. Mit (9.2-17) und (9.2-18) erhalten wir

$$\vec{E}(x,y,t) \approx \begin{cases} [Z(\omega)\,\vec{e}_y \mp Z_o\vec{e}_x]\exp\left(\frac{\omega x}{c}\sqrt{\frac{\omega\tau}{2\varepsilon}}\right)\exp\left[i\left(\frac{\omega x}{c}\sqrt{\frac{\omega\tau}{2\varepsilon}} + \ell y - \omega t\right)\right], & x < 0 , \\ Z(\omega)\,\vec{e}_y\exp\left(-\frac{x}{\delta}\right)\exp\left[i\left(\frac{x}{\delta} + \ell y - \omega t\right)\right] , & x > 0 . \end{cases} \tag{9.2-44}$$

Die elektrische Feldstärke und natürlich auch die magnetische Feldstärke $\vec{H} = \vec{e}_z H^z$ fallen in beiden Richtungen senkrecht zur Grenzfläche ab, und zwar ist die Dämpfung im Leiter wesentlich stärker als im Vakuum. Welche Art von Randbedingung dadurch erfüllt wird, erkennt man am besten, wenn man die Energiestromdichte untersucht.

Für komplexwertige Feldstärken von der Form

$$\vec{E} = \vec{E}(\vec{x},\omega)\exp(-i\omega t) \quad , \qquad \vec{H} = \vec{H}(\vec{x},\omega)\exp(-i\omega t) \tag{9.2-45}$$

erhält man die Energiestromdichte $\vec{S}$ als äußeres Produkt der Realteile,

$$\vec{S} = \mathrm{Re}\{\vec{E}\} \wedge \mathrm{Re}\{\vec{H}\} . \tag{9.2-46}$$

Wir zerlegen die Amplituden von (9.2-45) in Realteil und Imaginärteil:

$$\vec{E}(\vec{x},\omega) = \vec{E}_1 + i\vec{E}_2 \quad , \quad \vec{H}(\vec{x},\omega) = \vec{H}_1 + i\vec{H}_2 \tag{9.2-47}$$

und berechnen den zeitlichen Mittelwert von $\vec{S}$ über eine Periode. Das Ergebnis lautet

$$\langle\vec{S}(\vec{x},t)\rangle = \tfrac{1}{2}[\vec{E}_1(\vec{x},\omega)\wedge\vec{H}_1(\vec{x},\omega) + \vec{E}_2(\vec{x},\omega)\wedge\vec{H}_2(\vec{x},\omega)] = \tfrac{1}{2}\mathrm{Re}\left\{\vec{E}(\vec{x},\omega)\wedge\overline{[\vec{H}(\vec{x},\omega)]}\right\}. \tag{9.2-48}$$

Wir erinnern daran, daß $H^z(\vec{x},t)$ von der Form (9.2-21) mit $r = 1$ und $d = 1$ ist und erhalten dann mit (9.2-44) und (9.2-48) den Poyntingvektor

$$\langle *\vec{S}(x,y,t)\rangle = \frac{1}{2}\begin{cases}\left(\vec{e}_x\frac{1}{\varkappa\delta} \pm \vec{e}_y Z_o\right)\exp\left(\frac{2\omega x}{c}\sqrt{\frac{\omega\tau}{2\varepsilon}}\right) & , \quad x<0 \\ \vec{e}_x\frac{1}{\varkappa\delta}\exp\left(-\frac{2x}{\delta}\right) & , \quad x>0\end{cases} \quad , \ \omega\tau \ll 1. \tag{9.2-49}$$

Das Vorzeichen von $\vec{e}_y$ entspricht dem Vorzeichen von ℓ. Der Energiestrom fällt in beiden Richtungen senkrecht zur Grenzfläche exponentiell ab, während er in Ebenen parallel zur Grenzfläche konstant ist. Letzteres gilt natürlich nur in der betrachteten Näherung. In Wirklichkeit tritt auch hier eine Dämpfung in Richtung der y-Komponente des Energiestroms im Vakuum auf. Die Transversalkomponente der elektrischen Feldstärke sorgt für die x-Komponente des Energiestroms, der stetig vom Vakuum in den Leiter eindringt. Pro Zeiteinheit tritt durch die Flächeneinheit die Energie

$$\langle\frac{dP}{dF}\rangle = \|\langle *\vec{S}(0,y,t)\rangle\| = \frac{1}{2\varkappa\delta} \ , \tag{9.2-50}$$

oder

$$\langle\frac{dP}{dF}\rangle = \frac{|H_o|^2}{2\varkappa\delta} \ , \tag{9.2-51}$$

falls die magnetische Feldstärke im Vakuum die Amplitude H_o hat,

$$H^z(x,y,t) = H_o\exp[i(-kx + \ell y - \omega t)] \ , \quad x<0 \ . \tag{9.2-52}$$

Die TM-Welle (9.2-44) beschreibt also einen stationären Prozeß, bei dem Energie aus dem Unendlichen entlang der Grenzfläche $x = 0$ in y-Richtung transportiert wird. Man spricht deshalb von einer Oberflächenwelle [J. Zenneck (1907)]. Dagegen beschreiben Linearkombinationen von Lösungen mit beiden Vorzeichen von (9.2-41) und (9.2-42) physikalische Anordnungen mit Energiequellen oder Senken auf Ebenen parallel zur Grenzfläche.

Ein Blick auf (9.2-44) zeigt, daß auf der Grenzfläche zwischen den Tangentialkomponenten von $\vec{E}$ und $\vec{H}$ der folgende Zusammenhang besteht:

$$E^y = Z(\omega)\, H^z \,, \qquad x = 0 \,. \tag{9.2-53}$$

Wir können diese Beziehung als Randbedingung auffassen, die es erlaubt, das elektromagnetische Feld im Außen- und Innenraum des Leiters getrennt zu bestimmen. Die Größe $Z(\omega)$ (s. 9.2-17) wird in diesem Zusammenhang auch als Oberflächenimpedanz des Leiters bezeichnet. Dieses Verfahren kann auch noch im Fall gekrümmter Grenzflächen angewendet werden, solange der Krümmungsradius groß gegenüber der Eindringtiefe δ ist (siehe hierzu auch (9.3-111)). Die Randbedingung (9.2-53) lautet in diesem Fall

$$* \vec{n} \wedge \vec{E} = Z(\omega)(\vec{n} \wedge \vec{H}) \cdot \vec{n} \,, \qquad \forall\, \vec{x} \in \partial M \,. \tag{9.2-54}$$

Hier ist $\vec{n}$ der ins Innere des Leiters weisende Normalvektor auf der Grenzfläche ∂M. Im Grenzfall des idealen Leiters ($\varkappa \to \infty$) verschwindet $Z(\omega)$ (s. 9.2-17) und (9.2-54) geht in die Grenzbedingung

$$\vec{n} \wedge \vec{E} = 0 \tag{9.2-55}$$

für ideale Leiter über. Die TM-Welle (9.2-44) geht dann in eine TEM-Welle über, die parallel zur Grenzfläche fortschreitet.

Auf dem Rande eines idealen Leiters ist die Tangentialkomponente der magnetischen Feldstärke gleich der Strombelegung $\vec{K}$ (s. 5.3-20),

$$\vec{K} = (\vec{n} \wedge \vec{H}) \cdot \vec{n} \,, \qquad \forall\, \vec{x} \in \partial M \,. \tag{9.2-56}$$

Zufolge der Randbedingung (9.2-54) kann $\vec{K}$ als Grenzwert der im Leiter induzierten Stromdichte für $\varkappa \to \infty$ aufgefaßt werden:

$$\vec{K} = \lim_{\varkappa \to \infty} * \frac{1}{Z(\omega)} (\vec{n} \wedge \vec{E}) = \lim_{\varkappa \to \infty} \frac{\delta}{\sqrt{2}} \exp\left(i \frac{\pi}{4}\right) \vec{n} \cdot \vec{J} \,. \tag{9.2-57}$$

Die Tangentialkomponente $\vec{n} \cdot \vec{J}$ der Stromdichte auf dem Rande des Leiters wächst mit zunehmender Leitfähigkeit an, während die Eindringtiefe abnimmt. Der endliche Grenzwert des Produktes der beiden Größen ist die Strombelegung der Grenzfläche. Für das Beispiel des leitenden Halbraums ergibt sich die Strombelegung

$$\vec{K}(y,t) = \vec{e}_z H_o \exp[i(\ell y - \omega t)] \,, \qquad x = 0 \,. \tag{9.2-58}$$

Ein Vergleich mit (9.2-51) liefert

$$\left\langle \frac{dP}{dF} \right\rangle = \frac{\vec{K} \cdot \overline{(\vec{K})}}{2\varkappa\delta} . \qquad (9.2\text{-}59)$$

Diese Beziehung kann man auch im Fall schwach gekrümmter Grenzflächen zur näherungsweisen Berechnung des Energieverlustes von Wellen benutzen, die entlang von guten Leitern geführt werden. Man löst zunächst das einfachere Randwertproblem für den idealen Leiter und bestimmt die Strombelegung nach (9.2-56). Anschließend berechnet man den Energieverlust mit Hilfe von (9.2-59), d.h. man ersetzt die Strombelegung der Grenzfläche durch eine Stromdichteverteilung, die im Innern des Leiters senkrecht zur Grenzfläche exponentiell mit der Abklingkonstanten $1/\delta$ abfällt. Wie wir gesehen haben, liefert dieses Verfahren im Fall des leitenden Halbraums bereits das exakte Ergebnis.

Im entgegengesetzten Grenzfall $\omega\tau \gg 1$ des schlechten Leiters sind ebenfalls Oberflächenwellen möglich. Auch in diesem Fall erhalten wir mit dem oberen Vorzeichen in (9.2-41) und (9.2-42) eine Welle, die in beiden Richtungen senkrecht zur Grenzfläche exponentiell gedämpft ist. Wie man aus (9.2-43) entnimmt, tritt aber schon in niedrigster Ordnung von $1/\omega\tau$ eine Dämpfung in Ebenen parallel zur Grenzfläche auf. Sie ist allerdings wesentlich schwächer als die Dämpfung in x-Richtung, falls $\varepsilon \gg 1$ ist, wie z.B. für Wasser ($\varepsilon \approx 80$). Für die Phasengeschwindigkeit im Vakuum ergibt sich mit (9.2-43)

$$u^2 = \frac{\varepsilon + 1}{\varepsilon} c^2 . \qquad (9.2\text{-}60)$$

Sie ist größer als die Lichtgeschwindigkeit, nähert sich ihr aber für $\varepsilon \gg 1$. Oberflächenwellen von diesem Typ spielen eine gewisse Rolle bei der Ausbreitung elektromagnetischer Wellen auf der Erdoberfläche (siehe hierzu auch Abschnitt 9.4.2).

Wir kommen noch einmal auf den Grenzfall des guten Leiters zurück und betrachten die Lösung (9.2-44) im Innern des Leiters im quasistationären Bereich: $|\ell| y = \omega y/c \ll 1$ (s. 7.3-200). Unter dieser Voraussetzung folgt aus (9.2-44)

$$\vec{E}(x,y,t) = \vec{e}_y\, Z(\omega) \exp\left(-\frac{x}{\delta}\right) \exp\left[i\left(\frac{x}{\delta} - \omega t\right)\right] , \qquad x > 0, \qquad |\ell| y \ll 1 . \qquad (9.2\text{-}61)$$

Das elektrische Feld (9.2-61) erzeugt im Innern des Leiters die Stromdichte

$$\vec{J} = * \varkappa \vec{E} = \vec{e}_z \wedge \vec{e}_x \varkappa E^y . \qquad (9.2\text{-}62)$$

Wir berechnen nun den gesamten Strom I, der durch den Streifen $F = \{0 \leq x < \infty, -s \leq z < 0\}$ in Richtung der positiven y-Achse fließt (s. Abb.9.2):

$$I = \int_F \langle \vec{J} | d\vec{F} \rangle = s \exp(-i\omega t) . \tag{9.2-63}$$

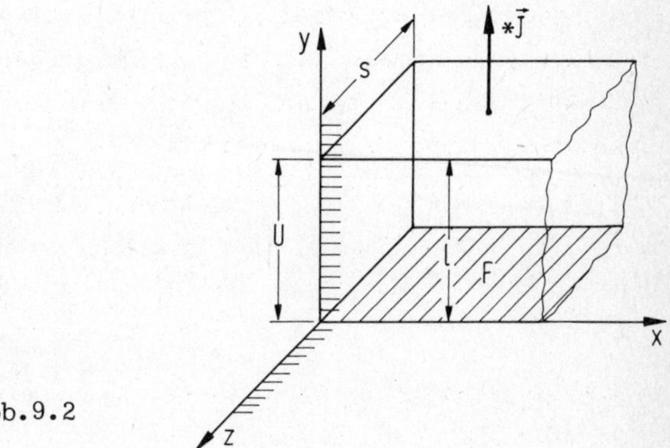

Abb.9.2

Der Wechselstrom (9.2-63) erzeugt im Leiter ein homogenes Magnetfeld in z-Richtung. Dieses Magnetfeld führt zu einer Wirbelstromdichte, die den treibenden Strom (9.2-63) an den Leiterrand drängt. Schließlich stellt sich eine Stromverteilung ein, die in x-Richtung exponentiell mit $1/\delta$ abfällt. Man bezeichnet diese Erscheinung deshalb als Stromverdrängung oder Skin-Effekt.

Auf der Leiteroberfläche besteht zwischen zwei Ebenen y = const im Abstand ℓ (s. Abb.9.2) die Spannung

$$U = \int_0^\ell E^y(0,t)dy = Z(\omega)\ell \exp(-i\omega t) . \tag{9.2-64}$$

Damit folgt für den Scheinwiderstand (Impedanz) einer Scheibe mit der Grundfläche F und der Höhe ℓ

$$\frac{U}{I} =: R - i\omega L_i = Z(\omega)\frac{\ell}{s} = \frac{1-i}{\varkappa\delta(\omega)}\frac{\ell}{s} . \tag{9.2-65}$$

Der Ohmsche Wirkwiderstand R und der induktive Blindwiderstand ωL_i sind gleich groß. L_i ist die innere Selbstinduktivität (s. 6.1-57), zu der nur das Feld im Innern des Leiters beiträgt. Die Werte beider Größen weichen stark von den bei stationärer Stromverteilung berechneten Werten ab. An die Stelle der Querschnittsfläche F bei der Berechnung des Widerstandes für Gleichstrom (s. 8.1-31) tritt bei voll ausgebildetem Skin-Effekt die effektive Querschnittsfläche $s \cdot \delta$. Die Beziehung (9.2-65) kann auch auf Leiter mit schwach gekrümmter Oberfläche verallgemeinert werden. Zum Beispiel ist s im Fall eines zylindrischen Leiters die Länge eines Teilstücks auf dem Rande der Querschnittsfläche.

Bei schwach ausgebildetem Skin-Effekt kann man die Impedanz näherungsweise berechnen, indem man von dem Wechselstrom (9.2-63) ausgeht und eine Störungsrechnung im Sinne der oben gegebenen Erklärung des Skin-Effekts durchführt. Der Skin-Effekt im Innern eines Drahtes mit kreisförmigem Querschnitt wird in Aufgabe 9.4 behandelt.

9.2.3. Ausbreitung eines Signals in einem dispersiven Halbraum

Wir nehmen weiterhin an, daß das Medium des Halbraums $x > 0$ dispersiv ist. Der Einfachheit halber sehen wir von einer Dispersion der Permeabilität ab ($\mu = 1$) und verwenden für $\varepsilon(\omega)$ die Näherung (9.1-7) für hohe Frequenzen,

$$\varepsilon(\omega) = 1 - \frac{\omega_o^2}{\omega^2} .$$

Auf die Grenzfläche $x = 0$ soll im Zeitpunkt $t = 0$ aus dem Vakuum ($x < 0$) eine ebene harmonische Welle mit scharf bestimmter Front treffen. Wir nehmen an, daß es sich um eine in z-Richtung linear polarisierte elektrische Welle mit der Frequenz α handelt, so daß $E^z(x,t)$ bei geeigneter Wahl der Normierungskonstanten auf der Grenzfläche $x = 0$ die Randwerte

$$E^z(0,t) = \Theta(t) \exp(-i\alpha t) , \qquad \alpha > \omega_o \tag{9.2-66}$$

annimmt. Hier ist $\Theta(t)$ die Sprungfunktion (s. z.B. 8.2-27).

Wegen der ebenen Symmetrie der Anordnung kann E^z im Halbraum $x > 0$ nur von x und t abhängen. Die zeitliche Fouriertransformierte

$$E^z(x,\omega) = \int_{-\infty}^{+\infty} E^z(x,t) \exp(i\omega t)\, dt \tag{9.2-67}$$

muß für $x > 0$ der Differentialgleichung (s. 9.1-5a)

$$\frac{d^2E^z}{dx^2} + \frac{\omega^2}{c^2}\varepsilon(\omega) E^z = 0 , \qquad x > 0 \tag{9.2-68}$$

genügen, während (9.1-5b) bereits erfüllt ist. Die allgemeine Lösung von (9.2-68) lautet

$$E^z(x,\omega) = a(\omega) \exp[ik(\omega)x] + b(\omega) \exp[-ik(\omega)x], \quad a(\omega), b(\omega) \in \mathbb{C}. \tag{9.2-69}$$

$k(\omega)$ ist eine der beiden Wurzeln von

$$k^2(\omega) = \frac{\omega^2}{c^2}\,\varepsilon(\omega) = \frac{\omega^2}{c^2}\left(1 - \frac{\omega_o^2}{\omega^2}\right). \tag{9.2-70}$$

Die Konstanten $a(\omega)$ und $b(\omega)$ sind aus der Randbedingung für $x = 0$ und $x \to \infty$ zu bestimmen.

Betrachten wir zunächst die Randbedingungen (9.2-66). Durch Fouriertransformation erhalten wir

$$E^z(0,\omega) = \int_{-\infty}^{+\infty} \Theta(t)\, \exp[i(\omega - \alpha)\, t]\, dt = \lim_{\varepsilon \to 0} \int_0^{\infty} \exp[i(\omega - \alpha + i\varepsilon)]\, dt =$$

$$= -\frac{1}{i}\,\frac{1}{\omega - \alpha + i0}\,. \tag{9.2-71}$$

Wegen der Sprungfunktion ist $E^z(0,\omega)$ als Distribution aufzufassen (s. 8.2.1). Für $x \to \infty$ verlangen wir, daß $E^z(x,t)$ nur auslaufende ebene Wellen enthält. Wie man aus (9.2-70) abliest, hat die Funktion $k(\omega)$ Verzweigungspunkte bei $\omega = \pm\,\omega_o$. Wir führen den Verzweigungsschnitt in der komplexen ω-Ebene entlang der reellen Achse zwischen $-\,\omega_o$ und $+\,\omega_o$ und definieren $k(\omega)$ für reelle ω durch den Randwert

$$k(\omega + i0) = \begin{cases} \dfrac{\omega}{c}\sqrt{1 - \dfrac{\omega_o^2}{\omega^2}}\,, & \omega^2 > \omega_o^2 \\[2ex] i\,\dfrac{|\omega|}{c}\sqrt{\dfrac{\omega_o^2}{\omega^2} - 1}\,, & \omega^2 < \omega_o^2\,. \end{cases} \tag{9.2-72}$$

Um die Randbedingung für $x \to \infty$ zu erfüllen, müssen wir die Konstante $b(\omega)$ von (9.2-69) gleich Null setzen. Denn die ebenen Wellen $\exp\{-\,i[k(\omega + i0)x + \omega t]\}$ wachsen entweder für $x \to \infty$ exponentiell an $(\omega^2 < \omega_o^2)$ oder sie bewegen sich auf die Grenzfläche zu $(\omega^2 > \omega_o^2)$. Die verbleibende Konstante $a(\omega)$ bestimmen wir aus der Randbedingung (9.2-71) und erhalten damit die Lösung

$$E^z(x,t) = -\frac{1}{2\pi i}\int_{-\infty}^{+\infty} d\omega\, \frac{\exp\{i[k(\omega + i0)x - \omega t]\}}{\omega - \alpha + i0}\,. \tag{9.2-73}$$

Sie beschreibt die Ausbreitung des zur Zeit $t = 0$ auf die Grenzfläche treffenden Signals im dispersiven Halbraum.

Das Problem ist damit zwar mathematisch gelöst, doch möchte man natürlich wissen, wie der Ausbreitungsvorgang zeitlich abläuft. Zunächst einmal folgt mit (9.2-72), daß der Faktor

$$\exp\{i[k(\omega)x - \omega t]\}$$

für $x > ct$ und $|\omega| \to \infty$ in der Halbebene $\mathrm{Im}\{\omega\} > 0$ exponentiell abfällt. Wir können also für $x > ct$ den Integrationsweg entlang der reellen Achse durch einen Halbkreis mit dem Radius $R \to \infty$ in der oberen Halbebene zu einem geschlossenen Weg C (s. Abb.9.3) ergänzen. Da der Integrationsweg in (9.2-73) oberhalb des Verzweigungsschnitts und des Pols bei $\omega = \alpha - i0$ verläuft, ist der Integrand im Innern von C holomorph, so daß

$$E^z(x,t) = 0 \;, \qquad t < \frac{x}{c} \,. \tag{9.2-74}$$

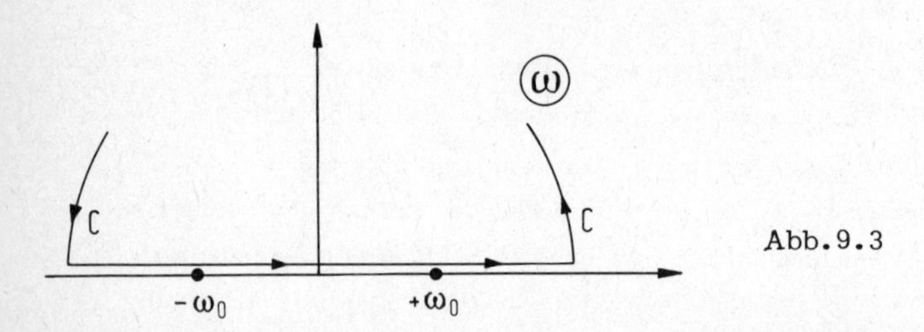

Abb.9.3

Die Ausbreitung des Signals erfolgt also in Übereinstimmung mit dem Kausalitätsprinzip.

Unsere nächste Frage gilt der Form der Wellenfront. Wir setzen also

$$t = \frac{x}{c} + \tau \;, \qquad 0 < \tau \ll 1 \;,$$

halten x fest und untersuchen das Integral (9.2-73) für sehr kleine Werte von τ. Unter dieser Voraussetzung liefern die hohen Frequenzen den Hauptbeitrag, so daß wir nur die führenden Terme von $k(\omega)$ und $1/\omega - \alpha + i0$ für $|\omega| \to \infty$ zu berücksichtigen brauchen. Mit (9.2-72) ergibt sich dann

$$E^z(x,t) \approx -\frac{1}{2\pi i} \int_{-\infty}^{+\infty} \frac{d\omega}{\omega + i0} \exp\left[-i\left(\omega\tau + \frac{\omega_o^2}{2\omega}\frac{x}{c}\right)\right] \;, \qquad \tau \ll 1 \,. \tag{9.2-75}$$

Da $\tau > 0$ ist, ist der Integrand in der unteren Halbebene $\mathrm{Im}\{\omega\} < 0$ exponentiell gedämpft, so daß wir den Integrationsweg zu einem Kreis C um den Ursprung zusammenziehen können (s. Abb.9.4). Im Ursprung hat der Integrand eine wesentliche Singularität, die an die Stelle des Verzweigungsschnitts und des Pols bei $\omega = \alpha - i0$ von (9.2-73) tritt. Das über C erstreckte Integral aber geht durch die Substitution

$$\omega = \sqrt{\frac{\omega_o^2 x}{2\tau c}}\,\zeta i$$

in eine Integraldarstellung der Besselfunktion J_o über+):

$$E^z(x,t) \approx -\frac{1}{2\pi i}\int\limits_C \frac{d\zeta}{\zeta}\exp\left[\sqrt{\frac{2\omega_o^2 x\tau}{c}}\,\frac{1}{2}\left(\zeta - \frac{1}{\zeta}\right)\right] = J_o\left(\sqrt{\frac{2\omega_o^2 x\tau}{c}}\right), \quad 0 < \tau \ll 1. \tag{9.2-76}$$

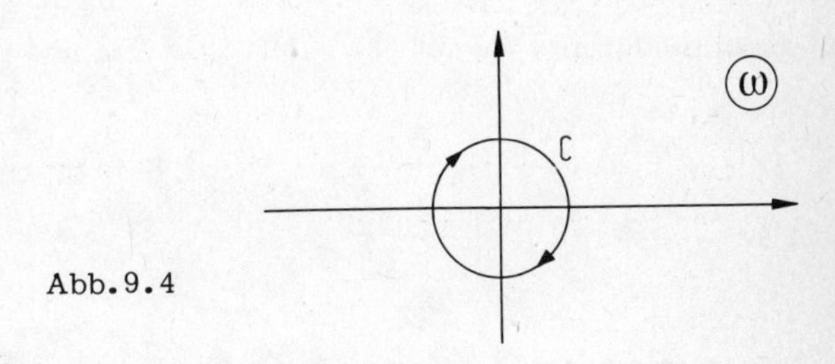

Abb.9.4

Das Integral (9.2-75) genügt ebenfalls dem Kausalitätsprinzip und verschwindet für $\tau < 0$. Wir erwähnen noch, daß das Integral verschwindet, wenn x und τ entgegengesetzte Vorzeichen haben, während es bei gleichen Vorzeichen den Wert (9.2-76) hat. Die Front des Signals ist scharf ausgeprägt. Bei $\tau = 0$ $(x = ct)$ springt E^z von Null auf eins:

$$E^z\left(x, \frac{x}{c} + 0\right) - E^z\left(x, \frac{x}{c} - 0\right) = 1 \tag{9.2-77}$$

und fällt hinter der Front mit der Besselfunktion J_o ab (s. Abb.9.5). Die Front der sogenannten Kopfwelle ist identisch mit dem Profil des Signals auf der Grenzfläche im Zeitpunkt $t = 0$ (s. 9.2-66).

In größerem Abstand $x < ct$ hinter der Front dominieren die mittleren Frequenzen. Wir interessieren uns besonders für den Bereich, in dem der Hauptbeitrag zum Integral (9.2-73) von der Umgebung des Pols $\omega = \alpha > \omega_o$ geliefert wird. Es ist zweckmäßig, das Integral mit Hilfe von (9.2-71) als Doppelintegral zu schreiben:

$$E^z(x,t) = \frac{1}{2\pi}\int\limits_0^{\infty} d\eta \int\limits_{-\infty}^{+\infty} d\omega\, \exp\{i[k(\omega)\,x + \eta(\omega - \alpha) - \omega t]\}\,. \tag{9.2-78}$$

+) s. z.B.: R. Courant, D. Hilbert: Methoden der Mathematischen Physik, Bd. 1, 3. Aufl. (Springer: Berlin, Heidelberg, New York 1968) S. 413 (Heidelberger TB.30)

Wir entwickeln nun $k(\omega)$ um $\omega = \alpha$ in eine Taylorreihe und brechen nach dem zweiten Glied ab:

$$k(\omega) \approx k(\alpha) + k'(\alpha)(\omega - \alpha) + \frac{1}{2} k''(\alpha)(\omega - \alpha)^2 . \tag{9.2-79}$$

Zunächst ist

$$k'(\alpha) = \frac{1}{v} , \tag{9.2-80}$$

wo $v = v(\alpha)$ die der Frequenz α zugeordnete Gruppengeschwindigkeit ist (s. 9.1-41). Sie ist positiv und kleiner als die Lichtgeschwindigkeit. $k(\alpha)$ und $k''(\alpha)$ lassen sich ebenfalls durch v ausdrücken. Mit (9.2-72) und (9.1-30) ergibt sich:

$$k(\alpha) = \frac{\omega_o}{c^2} \frac{v}{\sqrt{1 - \frac{v^2}{c^2}}} \quad , \quad k''(\alpha) = - \frac{1}{\omega_o c} \frac{c^3}{v^3} \left(1 - \frac{v^2}{c^2} \right)^{3/2} . \tag{9.2-81}$$

Wir werten nun das Integral über ω in (9.2-78) in der Näherung (9.2-79) aus nach dem bei der Methode der stationären Phase (s. Abschn. 9.1.2) geschilderten Verfahren und substituieren in dem verbleibenden Integral η durch die Variable

$$\xi = \frac{1}{\sqrt{\pi x |k''(\alpha)|}} \left(\frac{x}{v} - t + \eta \right) . \tag{9.2-82}$$

Das Ergebnis lautet

$$E^z(x,t) \approx \frac{1}{\sqrt{2}} \exp\left\{ i \left[k(\alpha)\, x - \alpha t - \frac{\pi}{4} \right] \right\} \int_{\xi_o}^{\infty} d\xi \, \exp\left(i \frac{\pi}{2} \xi^2 \right) , \tag{9.2-83}$$

wo

$$\xi_o = \sqrt{\frac{\omega_o v}{\pi x c^2}} \; \frac{x - vt}{\left(1 - \frac{v^2}{c^2} \right)^{3/4}} . \tag{9.2-84}$$

Das restliche Integral läßt sich durch die Fresnelschen Integrale

$$C(\xi_o) = \int_0^{\xi_o} d\xi \, \cos\left(\frac{\pi}{2} \xi^2 \right) , \qquad S(\xi_o) = \int_0^{\xi_o} d\xi \, \sin\left(\frac{\pi}{2} \xi^2 \right) , \tag{9.2-85}$$

ausdrücken:

$$\int_{\xi_o}^{\infty} d\xi \exp\left(i\frac{\pi}{2}\xi^2\right) = \int_0^{\infty} d\xi \exp\left(i\frac{\pi}{2}\xi^2\right) - \int_0^{\xi_o} d\xi \exp\left(i\frac{\pi}{2}\xi^2\right) =$$

$$= \frac{1+i}{2} - C(\xi_o) - iS(\xi_o) . \tag{9.2-86}$$

Von besonderem Interesse ist der absolute Betrag von (9.2-83). Mit (9.2-86) folgt

$$|E^z(x,t)|^2 \approx \frac{1}{2}\left\{\left[\frac{1}{2} - C(\xi_o)\right]^2 + \left[\frac{1}{2} - S(\xi_o)\right]^2\right\} . \tag{9.2-87}$$

Ausgehend von $\xi_o = +\infty$ steigt $|E^z|$ für $\xi_o \to 0$ langsam an und erreicht bei $\xi_o = 0$ den Wert $1/2$. Unterhalb von $\xi_o = 0$ wächst der Betrag zunächst weiter an bis $|E^z| \approx 1,2$, um dann für $\xi_o \to -\infty$ unter Schwankungen um $|E^z| = 1$ mit abnehmender Amplitude gegen den asymptotischen Wert eins zu streben. Nehmen wir noch das frühere Ergebnis über das Profil der Kopfwelle hinzu, so ergibt sich insgesamt der in Abb.9.5 skizzierte Verlauf. Auf die Kopfwelle folgt in größerem Abstand eine zweite Welle, deren Front sich mit der Gruppengeschwindigkeit $v < c$ bewegt. Weit hinter der Front der zweiten Welle geht das elektrische Feld (9.2-83) in eine ebene harmonische Welle mit der Frequenz α und der Wellenzahl $k(\alpha)$ (s. 9.2-81) über:

$$E^z(x,t) \approx \exp\{i[k(\alpha)x - \alpha t]\} , \qquad x \ll vt . \tag{9.2-88}$$

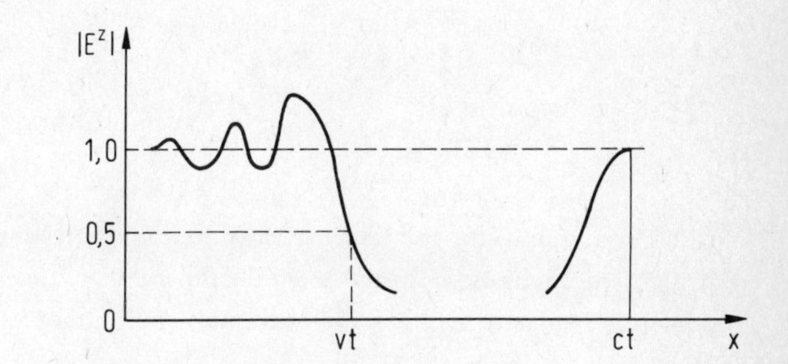

Abb.9.5

Abgesehen von der durch die Randbedingung (9.2-66) erzwungenen Unstetigkeit, die sich auf der Charakteristik $x = ct$ der Differentialgleichung (9.1-11) ausbreitet, dringt das Signal mit der Gruppengeschwindigkeit v in das Medium ein, ein Ergebnis, das die physikalische Rolle der Gruppengeschwindigkeit besonders deutlich macht.

9.3. Geführte Wellen in zylindersymmetrischen Anordnungen

9.3.1. Zylindersymmetrische Randwertprobleme

Anordnungen, die in einem verallgemeinerten Sinn zylindersymmetrisch sind, sind invariant unter Translationen in Richtung einer ausgezeichneten Achse. Wenn wir die z-Achse unseres Koordinatensystems parallel zur ausgezeichneten Achse legen, können wir den Ortsvektor in einen transversalen Anteil (Zeichen $\perp$), der auf der z-Achse senkrecht steht, und einen longitudinalen Anteil parallel zur z-Achse zerlegen:

$$\vec{x}(u,v,z) = \vec{x}_\perp(u,v) + \vec{e}_z z \,. \tag{9.3-1}$$

Die Koordinaten (u,v) parametrisieren den transversalen Anteil des Ortsvektors. Zusammen mit z bilden sie ein System von verallgemeinerten Zylinderkoordinaten (u,v,z), dessen metrische Matrix den Bedingungen

$$g_{uz} = g_{vz} = 0 \,, \qquad g_{zz} = 1 \tag{9.3-2}$$

genügt. Das einfachste Beispiel für ein Koordinatensystem der genannten Art sind die gewöhnlichen Zylinderkoordinaten (s. 2.1-9).

Die Amplituden $\bar{E}(\omega)$ und $\bar{H}(\omega)$ einer Welle mit der Frequenz ω sind aus den Maxwellschen Gleichungen (9.1-4a,b) zu bestimmen. Wegen der gewünschten Symmetrie dürfen die Materialkonstanten $\varepsilon(\omega)$ und $\mu(\omega)$ nur von $\vec{x}_\perp$ abhängen. Wie früher führen wir statt $\varepsilon(\omega)$ und $\mu(\omega)$ die Wellenzahl $k(\omega)$ oder den Brechungsindex $n(\omega)$ und den Wellenwiderstand $Z(\omega)$ ein:

$$k(\omega) = \frac{\omega}{c}\sqrt{\varepsilon(\omega)\,\mu(\omega)} = \frac{\omega}{c}\, n(\omega) \,, \tag{9.3-3}$$

$$Z(\omega) = \frac{\omega\mu_o\,\mu(\omega)}{k(\omega)} \,. \tag{9.3-4}$$

In der Praxis geht die Ortsabhängigkeit der Materialkonstanten häufig auf eine transversale Schichtung homogener Materialien zurück, die ins Vakuum eingebettet sind. Wir nehmen deshalb an, daß die Materialkonstanten für $\|\vec{x}_\perp\| \to \infty$ in die des Vakuums übergehen, d.h.

$$n(\omega,\vec{x}_\perp) \to 1 \,, \qquad Z(\omega,\vec{x}_\perp) \to Z_o \,; \qquad \|\vec{x}_\perp\| \to \infty \,. \tag{9.3-5}$$

Da die Anordnung in z-Richtung unendlich ausgedehnt und homogen ist, setzen wir die Feldstärken $\bar{E}(\omega)$ und $\bar{H}(\omega)$ als verallgemeinerte ebene Wellen an, die in z-Richtung fortschreiten, z.B.

$$\bar{E}(\vec{x},\omega) = \bar{F}(\vec{x}_\perp,\omega)\exp(ihz) \,, \qquad h \in \mathbb{C} \,. \tag{9.3-6}$$

Wir zerlegen nun auch die 1-Formen $\bar{\nabla}$, $\bar{E}(\omega)$ und $\bar{H}(\omega)$ nach dem Vorbild von (9.3-1) und spalten die Maxwellschen Gleichungen (9.1-4a,b) in einen transversalen und einen longitudinalen Anteil auf. Mit Berücksichtigung der z-Abhängigkeit (9.3-6) erhalten wir

$$\text{longitudinal:} \quad * \bar{\nabla}_\perp \wedge \bar{E}_\perp - ikZ H_z \bar{e}^z = 0 \,, \tag{9.3-7a}$$

$$* \bar{\nabla}_\perp \wedge \bar{H}_\perp + i \frac{k}{Z} E_z \bar{e}^z = 0 \,, \tag{9.3-7b}$$

$$\text{transversal:} \quad * \bar{e}^z \wedge (ih\bar{E}_\perp - \bar{\nabla}_\perp E_z) - ikZ\bar{H}_\perp = 0 \,, \tag{9.3-8a}$$

$$* \bar{e}^z \wedge (ih\bar{H}_\perp - \bar{\nabla}_\perp H_z) + i \frac{k}{Z} \bar{E}_\perp = 0 \,. \tag{9.3-8b}$$

Die beiden letzten Gleichungen lassen sich ohne Schwierigkeiten nach den transversalen Feldern auflösen:

$$\bar{E}_\perp = \frac{i}{k^2 - h^2} \left(h \bar{\nabla}_\perp E_z - kZ * \bar{e}^z \wedge \bar{\nabla}_\perp H_z \right) , \tag{9.3-9a}$$

$$\bar{H}_\perp = \frac{i}{k^2 - h^2} \left(h \bar{\nabla}_\perp H_z + \frac{k}{Z} * \bar{e}^z \wedge \bar{\nabla}_\perp E_z \right) . \tag{9.3-9b}$$

Für die longitudinalen Komponenten erhält man in Bereichen homogener Materialkonstanten die Differentialgleichung

$$(\Delta_\perp + k^2 - h^2)(E_z, H_z) = (\Delta + k^2)(E_z, H_z) = 0 \,, \tag{9.3-10}$$

wenn man (9.3-9a) in (9.3-7a) bzw. (9.3-9b) in (9.3-7b) einsetzt.

Um Lösungen der gewünschten Art zu erhalten, wird man zunächst die Gleichungen (9.3-10) unter den Grenz- bzw. Randbedingungen der Anordnung lösen und anschließend die transversalen Felder mit (9.3-9a,b) bestimmen. Der Ansatz

$$\left(E_z(\vec{x}), H_z(\vec{x}) \right) = \left(\Psi(\vec{x}_\perp), \varphi(\vec{x}_\perp) \right) \frac{k^2 - h^2}{h} \exp(ihz) \tag{9.3-11}$$

führt zu der transversalen Differentialgleichung

$$\left[\Delta_\perp + k^2(\omega) \right] (\Psi, \varphi) = \left[\Delta_\perp + \frac{\omega^2}{c^2} n(\omega) \right] (\Psi, \varphi) = h^2 (\Psi, \varphi) \,. \tag{9.3-12}$$

Der Faktor $(k^2 - h^2)$ in (9.3-11) berücksichtigt, daß die longitudinalen Komponenten E_z und H_z für $k^2 = h^2$ verschwinden, wie man aus (9.3-9a,b) abliest.

Die transversalen Felder (9.3-9a,b) können als Überlagerung einer TM-Welle ($H_z = 0$) und einer TE-Welle ($E_z = 0$) angesehen werden. Mit (9.3-11) ergibt sich

$$\text{TM-Welle:}\quad \left.\begin{aligned} \bar{E}(\vec{x},\omega) &= \left(i\,\bar{\nabla}_\perp \Psi + \frac{k^2 - h^2}{h}\,\Psi \bar{e}^z\right) \\ \bar{H}(\vec{x},\omega) &= i\,\frac{k}{hZ} * \bar{e}^z \wedge \bar{\nabla}_\perp \Psi \end{aligned}\right\} \cdot \exp(ihz)\,, \tag{9.3-13}$$

$$\text{TE-Welle:}\quad \left.\begin{aligned} \bar{E}(\vec{x},\omega) &= -\,i\,\frac{kZ}{h} * \bar{e}^z \wedge \bar{\nabla}_\perp \varphi \\ \bar{H}(\vec{x},\omega) &= \left(i\,\bar{\nabla}_\perp \varphi + \frac{k^2 - h^2}{h}\,\varphi \bar{e}^z\right) \end{aligned}\right\} \cdot \exp(ihz)\,. \tag{9.3-14}$$

Beide Wellen gehen für $h^2 = k^2$ in TEM-Wellen über. Ψ und φ müssen in diesem Fall der Laplacegleichung genügen, d.h.

$$\text{TEM-Welle:}\quad \Delta_\perp(\Psi,\varphi) = 0\,. \tag{9.3-15}$$

Auf den Grenzflächen zwischen Materialien mit verschiedenen Konstanten $\varepsilon(\omega)$ und $\mu(\omega)$ müssen die Tangentialkomponenten von $\bar{E}(\omega)$ und $\bar{H}(\omega)$ stetig sein. Das sind vier Bedingungen, die i.a. nicht von Ψ und φ getrennt, sondern nur von Linearkombinationen beider Funktionen erfüllt werden können.

Entscheidend für den Wellentyp ist die Randbedingung für $\|\vec{x}_\perp\| \to \infty$. Geführte Wellen oder Oberflächenwellen sind dadurch gekennzeichnet, daß der Energiestrom in transversaler Richtung für $\|\vec{x}_\perp\| \to \infty$ verschwindet (s. 9.2-49). Wir verlangen deshalb

$$(\Psi,\varphi) \to 0\,, \qquad \|\vec{x}\| \to \infty\,. \tag{9.3-16}$$

Die beiden Differentialgleichungen (9.3-12) bilden mit den Randbedingungen (9.3-16) und den jeweiligen Grenzbedingungen ein Eigenwertproblem für den Parameter h^2. Falls Eigenwerte h_i^2 existieren, sind sie komplex, wenn der Brechungsindex n komplex ist.

9.3.2. Ideale Wellenleiter

Ein idealer Wellenleiter ist ein Hohlzylinder von beliebigem, aber längs der Zylinderachse konstantem Querschnitt F, dessen Mantel aus ideal leitendem Material besteht. Der Innenraum des Zylinders sei mit einem homogen, isotropen und dispersionsfreien Medium mit den Materialkonstanten ε und μ gefüllt (Abb.9.6). Wir interessieren uns für das elektromagnetische Feld im Innenraum, das wegen der idealen Leitfähigkeit des Mantels unabhängig von einem etwa vorhandenen Feld im Außenraum ist.

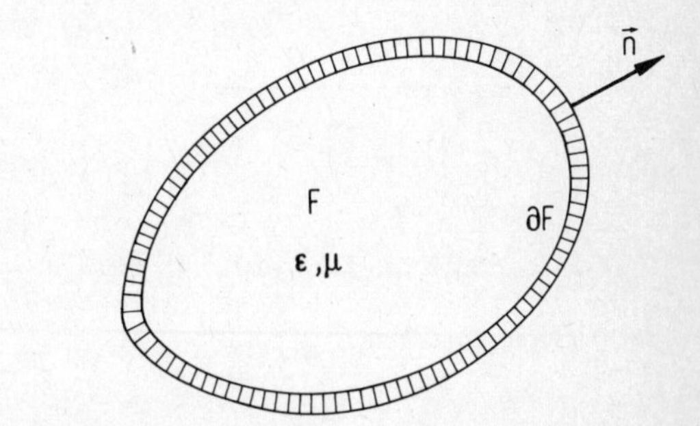

Abb.9.6

Die Randbedingung für den idealen Leiter verlangt, daß die Tangentialkomponenten von $\bar{E}$ auf der inneren Randfläche des Zylinders verschwinden. Um entsprechende Randbedingungen für die Funktionen Ψ und φ zu erhalten, ist es zweckmäßig, auf der Randkurve ∂F eine orthogonale Basis zu benutzen, die aus dem Tangentenvektor $\vec{t}$ an ∂F, dem Normalenvektor $\vec{n}$ und dem Vektor $\vec{e}_z$ besteht. Damit folgt aus (9.3-13) bzw. (9.3-14)

$$\Psi = \text{const} \quad \text{bzw.} \quad \frac{\partial \varphi}{\partial n} = 0 \quad , \quad \forall \vec{x}_\perp \in \partial F \; . \tag{9.3-17}$$

Da wir im folgenden die Ableitung in Richtung der in den Außenraum weisenden Normalen gebrauchen, definieren wir $\partial/\partial n$ in diesem Sinn (s. Abb.9.6). Die Konstante auf ∂F können wir ohne Einschränkung der Allgemeinheit gleich Null setzen, so daß für Ψ und φ folgende Randwertprobleme zu lösen sind:

$$(\Delta_\perp + \lambda^2)\Psi = 0 \; , \quad \Psi = 0 \; , \quad \forall \vec{x}_\perp \in \partial F \; , \tag{9.3-18}$$

$$(\Delta_\perp + \lambda'^2)\varphi = 0 \; , \quad \frac{\partial \varphi}{\partial n} = 0 \; , \quad (\lambda^2, \lambda'^2) = k^2 - h^2 = \frac{\omega^2}{c^2}\varepsilon\mu - h^2 \; . \tag{9.3-19}$$

Differentialgleichung und Randbedingung können zusammen nur für bestimmte diskrete Werte der Parameter λ^2 und λ'^2 erfüllt werden, die sogenannten Eigenwerte. Die zugeordneten Lösungen heißen Eigenfunktionen. Sie sind reell. Wir zeigen zunächst, daß die Eigenwerte reell und positiv sein müssen. Dazu benutzen wir die zweidimensionale Version des Integralsatzes (4.1-10). Wenn wir beachten, daß der Randterm hier das entgegengesetzte Vorzeichen hat, weil wir über das von ∂F eingeschlossene Gebiet integrieren, erhalten wir zum Beispiel für Ψ

$$\int_F \bar{\nabla}_\perp \Psi \cdot \bar{\nabla}_\perp \Psi \, dF + \int_F \Psi \Delta_\perp \Psi \, dF = \int_{\partial F} \Psi \frac{\partial \Psi}{\partial n} ds \; . \tag{9.3-20}$$

Hier ist s die Bogenlänge auf ∂F. (Der zweite Term entfällt in (4.1-10), weil wir dort eine Lösung der Laplacegleichung integrieren). Mit (9.3-18) folgt aus (9.3-20)

$$\lambda^2 = \frac{\int\limits_F \bar{\nabla}_\perp \Psi \cdot \bar{\nabla}_\perp \Psi \, dF}{\int\limits_F \Psi^2 \, dF} \geqslant 0 \, . \tag{9.3-21}$$

Ebenso verfährt man im Fall von (9.3-19).

Die Eigenwerte bilden diskrete unendliche Folgen, die wir nach der Größe ordnen:

$$\begin{aligned} 0 &< \lambda_1^2 \leqslant \lambda_2^2 \leqslant \ldots\ldots\ldots\ldots\ldots\ldots \leqslant \lambda_n^2 \leqslant \ldots\ldots \\ 0 &= \lambda_1'^2 < \lambda_2'^2 \leqslant \lambda_3'^2 \leqslant \ldots\ldots\ldots \leqslant \lambda_n'^2 \leqslant \ldots\ldots \end{aligned} \tag{9.3-22}$$

Der Eigenwert $\lambda_1'^2 = 0$ ist ohne Bedeutung, da die zugehörige Eigenfunktion konstant ist, so daß die Feldstärken verschwinden. Das Gleichheitszeichen in (9.3-22) tritt auf, wenn ein Eigenwert entartet ist, also mehrere unabhängige Eigenfunktionen zu diesem Eigenwert existieren. Betrachten wir nun zwei Eigenfunktionen Ψ_i und Ψ_j von (9.3-18), die zu verschiedenen Eigenwerten $\lambda_i^2 \neq \lambda_j^2$ gehören,

$$\left(\Delta_\perp + \lambda_i^2\right)\Psi_i = 0 \, ,$$

$$\left(\Delta_\perp + \lambda_j^2\right)\Psi_j = 0 \, .$$

Wir multiplizieren die erste Gleichung mit Ψ_j, die zweite mit Ψ_i, bilden die Differenz und integrieren über F:

$$\int\limits_F (\Psi_j \Delta_\perp \Psi_i - \Psi_i \Delta_\perp \Psi_j) \, dF = \left(\lambda_j^2 - \lambda_i^2\right) \int\limits_F \Psi_i \Psi_j \, dF \, . \tag{9.3-23}$$

Das Integral auf der linken Seite formen wir mit Hilfe der zweidimensionalen Version des Satzes von Green (s. 2.4-53) in ein Randintegral um:

$$\int\limits_F (\Psi_j \Delta_\perp \Psi_i - \Psi_i \Delta_\perp \Psi_j) \, dF = \int\limits_{\partial F} \left(\Psi_j \frac{\partial \Psi_i}{\partial n} - \Psi_i \frac{\partial \Psi_j}{\partial n} \right) ds \, . \tag{9.3-24}$$

Das Randintegral verschwindet, da Ψ_i und Ψ_j die Randbedingung $\Psi = 0$ erfüllen. Wegen $\lambda_i^2 \neq \lambda_j^2$ folgt dann aus (9.3-23)

$$\int\limits_F \Psi_i \Psi_j \, dF = 0 \, , \qquad \lambda_i^2 \neq \lambda_j^2 \, . \tag{9.3-25}$$

Man sagt, die Funktionen Ψ_i und Ψ_j sind orthogonal im Sinne des Skalarprodukts

$$\langle\Psi_1|\Psi_2\rangle := \int_F \Psi_1\Psi_2\,dF\ .$$

Das gleiche Ergebnis erhält man für die Eigenfunktionen von (9.3-19).

Es ist üblich, die Eigenfunktionen so zu normieren, daß sie den Orthonormalitätsrelationen

$$\int_F \Psi_i\Psi_j\,dF = \delta_{ij}\frac{1}{\lambda_i^2}\ ,\qquad \int_F \varphi_i\varphi_j\,dF = \delta_{ij}\frac{1}{\lambda_i'^2}\ , \tag{9.3-26}$$

genügen. Das setzt voraus, daß man die Dimensionen von Ψ und φ in die Amplituden der Exponentialfaktoren von (9.3-13) und (9.3-14) aufnimmt. Nach (9.3-13) hat nämlich Ψ die Dimension Volt und nach (9.3-14) φ die Dimension Ampère. Im Fall entarteter Eigenwerte kann man durch Bildung geeigneter Linearkombinationen erreichen, daß die Relationen (9.3-26) erfüllt werden.

Für jeden Eigenwert erhalten wir eine Dispersionsbeziehung vom Typ (s. 9.3-19)

$$k^2 = \frac{\omega^2}{c^2}\,\varepsilon\mu = h^2 + \lambda_i^2\ . \tag{9.3-27}$$

Wir setzen

$$\frac{1}{c^2}\,\varepsilon\mu = \frac{1}{u^2}\ ,\qquad u^2\lambda_i^2 = \omega_{io}^2 \tag{9.3-28}$$

und lösen (9.3-27) nach der Wellenzahl auf:

$$h = \pm\, h_i(\omega)\ ,\qquad h_i(\omega) = \frac{1}{u}\sqrt{\omega^2 - \omega_{io}^2}\ . \tag{9.3-29}$$

Die i-te Eigenwelle breitet sich nur im Frequenzbereich $\omega^2 > \omega_{io}^2$ aus. Die Welle mit der niedrigsten Grenzfrequenz wird Grundwelle genannt. Man kann zeigen, daß[+)]

$$\lambda_{i+2}'^2 < \lambda_i^2\ ,\qquad i = 1,2,\dots\ , \tag{9.3-30}$$

d.h. die Grundwelle ist die TE-Welle mit der Grenzfrequenz

$$\omega_{20}' = u\lambda_2' > 0\ . \tag{9.3-31}$$

+) L.E. Payne: J. Rat. Mech. a. Analysis <u>4</u>, 517 (1955)

Im Frequenzbereich $\omega^2 < \omega'^2_{20}$ ist keine Ausbreitung möglich. Durch geeignete Dimensionierung der Anordnung versucht man zu erreichen, daß der gewünschte Frequenzbereich in das Intervall $\omega'^2_{20} < \omega < \omega'^2_{30}$ fällt, in dem sich nur die Grundwelle ausbreitet. Die Phasengeschwindigkeit der Eigenwellen beträgt

$$\frac{\omega}{h_i} = \frac{u}{\sqrt{1 - \frac{\omega_{io}^2}{\omega^2}}} \; . \tag{9.3-32}$$

Das Produkt von Phasengeschwindigkeit und Gruppengeschwindigkeit

$$\frac{d\omega}{dh_i} = u \sqrt{1 - \frac{\omega_{io}^2}{\omega^2}} \tag{9.3-33}$$

ist gleich u^2:

$$\frac{\omega}{h_i} \frac{d\omega}{dh_i} = u^2 \; . \tag{9.3-34}$$

Die Orthogonalität der Eigenfunktionen hat die Orthogonalitätsrelationen

$$\int_F \langle \bar{E}_i(\omega) \wedge \overline{\bar{H}_j(\omega)}, d\vec{F} \rangle = 0 \;, \qquad i \neq j \tag{9.3-35}$$

zur Folge. Sie gelten nicht nur für die beiden Feldstärken einer TM-Welle oder einer TE-Welle, sondern auch dann, wenn $\bar{E}_i$ einer TM-Welle und $\bar{H}_j$ einer TE-Welle und umgekehrt zugeordnet ist. Um die Relationen (9.3-35) zu beweisen, genügt es, die transversalen Anteile der Feldstärken zu berücksichtigen. Die allgemeinen Lösungen für die zeitlichen Fouriertransformierten sind Linearkombinationen der Amplituden von (9.3-13) bzw. (9.3-14) für $h = \pm h_i(\omega)$:

$$\text{TM-Welle:} \begin{cases} \bar{E}_{i\perp}(\vec{x},\omega) = i\,\bar{\nabla}_\perp \Psi_i \Big\{ A_i^{(+)}(\omega) \exp[i h_i(\omega)\, z] + \\ \quad + A_i^{(-)}(\omega) \exp[-i h_i(\omega)\, z] \Big\} = : \bar{\nabla}_\perp \Psi_i U_i(z) \;, \\ \bar{H}_i\,(\vec{x},\omega) = i \dfrac{k(\omega)}{h_i(\omega) Z} * \bar{e}^z \wedge \bar{\nabla}_\perp \Psi_i \Big\{ A_i^{(+)}(\omega) \exp[i h_i(\omega)\, z] - \\ \quad - A_i^{(-)}(\omega) \exp[-i h_i(\omega)\, z] \Big\} = : * \bar{e}^z \wedge \bar{\nabla}_\perp \Psi_i I_i(z) \;, \end{cases} \tag{9.3-36}$$

TE-Welle:

$$\left\{\begin{aligned} &\bar{E}_i'(\vec{x},\omega) = -i\,\frac{k(\omega)Z}{h_i'(\omega)} * \bar{e}^z \wedge \bar{\nabla}_\perp \varphi_i \Big\{ B_i^{(+)}(\omega)\exp[i h_i'(\omega) z] - \\ &- B_i^{(-)}(\omega)\exp[-i h_i'(\omega) z]\Big\} =: - * \bar{e}^z \wedge \bar{\nabla}_\perp \varphi_i U_i'(z) , \\ &\bar{H}_{i\perp}'(\vec{x},\omega) = i\,\bar{\nabla}_\perp \varphi_i \Big\{ B_i^{(+)}(\omega)\exp[i h_i'(\omega) z] + \\ &+ B_i^{(-)}(\omega)\exp[-i h_i'(\omega) z]\Big\} =: \bar{\nabla}_\perp \varphi_i I_i'(z) . \end{aligned}\right. \tag{9.3-37}$$

Die Größen $U_i(z)$, $U_i'(z)$ bzw. $I_i(z)$, $I_i'(z)$ werden Modenspannung bzw. Modenstrom genannt. Die Relationen (9.3-35) folgen aus den Orthogonalitätsrelationen

$$\text{TM - TM:} \qquad \int_F \bar{\nabla}_\perp \Psi_i \cdot \bar{\nabla}_\perp \Psi_j \, dF = 0 , \qquad i \neq j , \tag{9.3-38}$$

$$\text{TE - TE:} \qquad \int_F \bar{\nabla}_\perp \varphi_i \cdot \bar{\nabla}_\perp \varphi_j \, dF = 0 , \qquad i \neq j , \tag{9.3-39}$$

$$\text{TM - TE:} \quad \int_F \langle \bar{\nabla}_\perp \Psi_i \wedge \bar{\nabla}_\perp \varphi_j , d\vec{F} \rangle = \int_{\partial F} \langle \Psi_i \bar{\nabla}_\perp \varphi_j , d\vec{C} \rangle = 0 , \tag{9.3-40}$$

$$\text{TE - TM:} \quad \int_F \langle (* \bar{e}^z \wedge \bar{\nabla}_\perp \varphi_i) \wedge (* \bar{e}^z \wedge \bar{\nabla}_\perp \Psi_j), d\vec{F} \rangle = \int_F \langle \bar{\nabla}_\perp \varphi_i \wedge \bar{\nabla}_\perp \Psi_j , d\vec{F} \rangle = 0 . \tag{9.3-41}$$

Die Relationen (9.3-38) und (9.3-39) können mit Hilfe des Integralsatzes (9.3-20) auf die Orthonormalitätsrelationen (9.3-26) zurückgeführt werden, wenn man die Randbedingungen beachtet. (9.3-40) ist eine Folge der Randbedingung $\Psi_i = 0$ auf ∂F. (9.3-41) schließlich folgt mit Hilfe von

$$\left(* \bar{e}^z \wedge \bar{\nabla}_\perp \varphi_i\right) \wedge \left(* \bar{e}^z \wedge \bar{\nabla}_\perp \Psi_j\right) = \left(\bar{e}^z \cdot * \bar{\nabla}_\perp \varphi_i\right) \wedge \left(\bar{e}^z \cdot * \bar{\nabla}_\perp \Psi_j\right) = \\ = \bar{\nabla}_\perp \varphi_i \wedge \bar{\nabla}_\perp \Psi_j$$

aus (9.3-40).

Betrachten wir nun den zeitlichen Mittelwert der Energiestromdichte einer Eigenwelle. Mit (9.3-36) bzw. (9.3-37) erhalten wir nach (9.2-48)

$$\text{TM-Welle:}\quad \langle \bar{S}_i(\vec{x},t)\rangle = *\bar{e}^z \frac{k}{h_i Z} \bar{\nabla}_\perp \Psi_i \cdot \bar{\nabla}_\perp \Psi_i \frac{1}{2}\left(|A_i^{(+)}|^2 - |A_i^{(-)}|^2\right), \tag{9.3-42}$$

$$\text{TE-Welle:}\quad \langle \bar{S}_i(\vec{x},t)\rangle = *\bar{e}^z \frac{kZ}{h_i'} \bar{\nabla}_\perp \varphi_i \cdot \bar{\nabla}_\perp \varphi_i \frac{1}{2}\left(|B_i^{(+)}|^2 - |B_i^{(-)}|^2\right), \tag{9.3-43}$$

$$k = \frac{\omega}{u}, \qquad Z = \sqrt{\frac{\mu\mu_o}{\varepsilon\varepsilon_o}} .$$

Die Energiestromdichte hängt nicht von z ab. Sie hat darüber hinaus nur eine Komponente, die proportional zu $*\bar{e}^z$ ist, d.h. der Poyntingvektor $\langle \vec{S}_i(\vec{x},t)\rangle$ ist parallel zur z-Achse. Das muß natürlich so sein, wel der ideal leitende Zylindermantel keinen transversalen Energiestrom zuläßt. Mathematisch gesehen, ist das eine Folge der Phasendifferenz $\pi/2$, die zwischen den transversalen und longitudinalen Komponenten von (9.3-13) und (9.3-14) besteht.

Die allgemeine Lösung für die zeitlichen Fouriertransformierten $\bar{E}(\omega)$ und $\bar{H}(\omega)$ erhält man durch Überlagerung sämtlicher Eigenwellen. Wegen der Orthogonalitätsrelationen (9.3-35) ist die insgesamt pro Zeiteinheit durch den Querschnitt F des Wellenleiters tretende Energie gleich der Summe der Beiträge der einzelnen Eigenwellen:

$$\begin{aligned}\int_F \langle\langle \bar{S}(\vec{x},t)\rangle, d\vec{F}\rangle &= \frac{1}{2}\int_F \mathrm{Re}\left\{\langle \bar{E}(\omega) \wedge \overline{\bar{H}(\omega)}, d\vec{F}\rangle\right\} = \\ &= \frac{1}{2}\sum_{i=1}^{\infty}\left\{\frac{k}{h_i Z}\left(|A_i^{(+)}|^2 - |A_i^{(-)}|^2\right) + \frac{kZ}{h_i'}\left(|B_i^{(+)}|^2 - |B_i^{(-)}|^2\right)\right\} = \\ &= \frac{1}{2}\mathrm{Re}\left\{\sum_{i=1}^{\infty}\left(U_i I_i^* + U_i' I_i'^*\right)\right\}.\end{aligned} \tag{9.3-44}$$

(I^* ist die konjugiert komplexe Größe.)

Ein Wort noch zur Existenz einer TEM-Welle. Wie bereits bemerkt, spielt sie im Fall der in Abb.9.6 skizzierten Anordnung keine Rolle, weil die Laplacegleichung nur die Lösung $\Psi = \text{const}$ bzw. $\varphi = \text{const}$ besitzt, so daß die Feldstärken verschwinden. Das ändert sich, wenn man einen koaxialen Wellenleiter betrachtet, d.h. einen Hohlzylinder, in dessen Innenraum sich ein koaxialer Zylinder befindet (Abb.9.7). Sind beide Zylinder ideale Leiter, so kann man für die Funktion Ψ verschiedene konstante Randwerte auf dem inneren Rand ∂F_1 und dem äußeren Rand ∂F_2 vorschreiben. Die Lösung des Randwertproblems

$$\Delta_\perp \Psi = 0\,, \qquad \Psi = \Psi_1 \quad \forall\, \vec{x}_\perp \in \partial F_1\,, \qquad \Psi = \Psi_2 \quad \forall\, \vec{x}_\perp \in \partial F_2 \tag{9.3-45}$$

ist keine Konstante falls $\Psi_1 \neq \Psi_2$, so daß in diesem Fall eine nichttriviale TEM-Welle existiert.

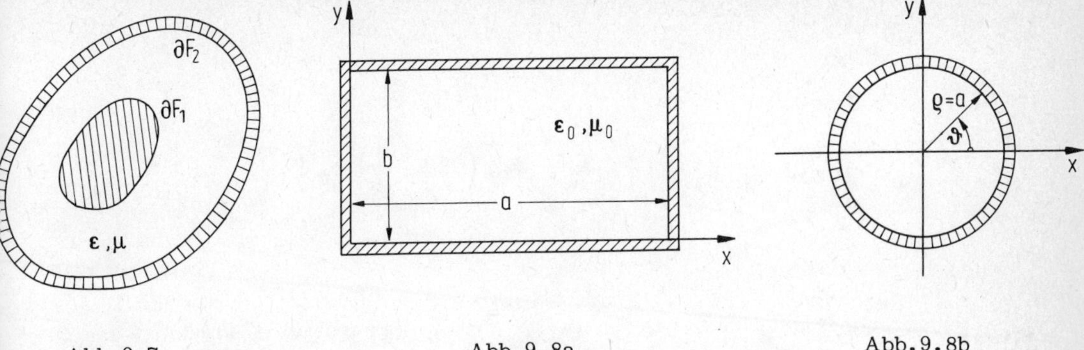

Abb.9.7 Abb.9.8a Abb.9.8b

Zwei Beispiele sollen die allgemeinen Aussagen über ideale Wellenleiter ergänzen. In beiden Fällen soll der Innenraum des Wellenleiters Vakuum sein. Aus diesem Grund spricht man auch von Hohlleitern. Der Rand ∂F des Querschnitts F soll entweder ein Rechteck mit den Seiten a und b (Abb.9.8a) oder ein Kreis mit dem Radius a (Abb.9.8b) sein.

Für den Rechteckhohlleiter verwenden wir kartesische Koordinaten $u = x$, $v = y$ (s. Abb.9.8a). Die Lösungen der beiden Randwertprobleme (9.3-18) und (9.3-19) lauten:

$$\Psi_{mn} = \frac{2}{\sqrt{ab\,\lambda_{mn}^2}} \sin\left(\frac{m\pi x}{a}\right) \sin\left(\frac{n\pi y}{b}\right) ,$$

$$\lambda_{mn} = \sqrt{\left(\frac{m\pi}{a}\right)^2 + \left(\frac{n\pi}{b}\right)^2} , \qquad (m,n) \in \mathbb{N} \times \mathbb{N} - \{(0,0),(0,1),(1,0)\} \tag{9.3-46}$$

$$\varphi_{mn} = \sqrt{\frac{\varepsilon_m \varepsilon_n}{ab\,\lambda'^2_{mn}}} \cos\left(\frac{m\pi x}{a}\right) \cos\left(\frac{n\pi y}{b}\right) , \qquad \varepsilon_m = \frac{2}{1+\delta_{om}} ,$$

$$(m,n) \in \mathbb{N} \times \mathbb{N} - \{(0,0)\} \tag{9.3-47}$$

$$\lambda'_{mn} = \sqrt{\left(\frac{m\pi}{a}\right)^2 + \left(\frac{n\pi}{b}\right)^2} .$$ (Hier ist δ_{om} das Kroneckersymbol.)

Die Normierung der Eigenfunktionen erfüllt die Orthonormalitätsrelationen (9.3-26). Man überzeugt sich leicht, daß die Eigenwerte der allgemeinen Ungleichung (9.3-30) genügen. Falls $a > b$ ist, ist die Grundwelle die TE-Welle zum Eigenwert $\lambda'_{10} = \pi/a$. Die Feldstärken einer in positiver z-Richtung fortschreitenden Grundwelle können nach (9.3-14) mit der Eigenfunktion φ_{10} berechnet werden:

$$\left.\begin{aligned} \bar{E}_{10}(\vec{x},t) &= i\,\frac{Z_o k}{h_{10}}\sqrt{\frac{2}{ab}}\,\sin\left(\frac{\pi x}{a}\right)\bar{e}^{y} \\ \bar{H}_{10}(\vec{x},t) &= \left[-i\,\sin\left(\frac{\pi x}{a}\right)\bar{e}^{x} + \frac{\pi}{a h'_{10}}\cos\left(\frac{\pi x}{a}\right)\bar{e}^{z}\right]\sqrt{\frac{2}{ab}} \end{aligned}\right\}\cdot \exp[i(h'_{10}z-\omega t)]\,, \quad k=\frac{\omega}{c}\,,\; h'_{10}=\sqrt{k^2-\frac{\pi^2}{a^2}}\,. \tag{9.3-48}$$

Die Grenzfrequenz der Grundwelle ist $(\omega_o)_{10} = \pi c/a$, die maximale Wellenlänge also $\lambda_{max} = 2a$. Weder die Eigenwerte λ_{mn} noch die Eigenwerte λ'_{mn} sind entartet, doch ist $\lambda_{mn} = \lambda'_{mn}$ für $m,n = 1,2,\ldots$. Die zugeordneten TM-Wellen bzw. TE-Wellen haben also die gleichen Ausbreitungsparameter.

Für den Rundhohlleiter verwenden wir gewöhnliche Zylinderkoordinaten $u = \rho$, $v = \theta$. Die transversale Differentialgleichung lautet dann (s. 2.3-32)

$$\left(\frac{1}{\rho}\frac{\partial}{\partial\rho}\rho\frac{\partial}{\partial\rho} + \frac{1}{\rho^2}\frac{\partial^2}{\partial\theta^2} + \lambda^2\right)\Psi = 0\,. \tag{9.3-49}$$

Der Ansatz

$$\Psi(\rho,\theta) = f(\rho)\begin{cases}\cos m\theta\\ \sin m\theta\end{cases} \tag{9.3-50}$$

separiert die Variablen und führt auf die Besselsche Differentialgleichung für $f(\rho)$:

$$\frac{d^2f}{d\rho^2} + \frac{1}{\rho}\frac{df}{d\rho} + \left(\lambda^2 - \frac{m^2}{\rho^2}\right)f = 0\,. \tag{9.3-51}$$

Ψ ist eindeutig, wenn m ganzzahlig ist. Ferner muß $f(\rho)$ für $\rho \to 0$ regulär sein. Als Lösung von (9.3-51) kommt also nur die Besselfunktion J_m in Betracht:

$$f(\rho) = A\,J_m(\lambda\rho)\,, \qquad A \in \mathbb{R}\,. \tag{9.3-52}$$

Da $J_{-m}(\lambda\rho) = (-1)^m J_m(\lambda\rho)$ ist, brauchen wir nur die nichtnegativen Werte $m \in \mathbb{N}$ zu berücksichtigen. Die Eigenwerte folgen aus der Randbedingung

$$\Psi(a,\theta) = 0 \quad\Rightarrow\quad J_m(\lambda_{mn}a) = 0\,, \qquad n = 1,2,\ldots\,. \tag{9.3-53}$$

Für festes m durchläuft $\lambda_{mn}a$ die Menge der Nullstellen von J_m. In Tabelle 9.1 sind die jeweils niedrigsten Nullstellen für $m = 0,1,2$ zusammengefaßt. Die zuge-

Tabelle 9.1. $\lambda_{mn} a$

m \ n	1	2	3
0	2,405	5,520	8,654
1	3,832	7,016	10,173
2	5,136	8,417	11,620

ordneten Eigenfunktionen lauten in der Normierung (9.3-26)

$$\Psi_{mn} = \sqrt{\frac{\varepsilon_m}{\pi}} \frac{1}{\lambda_{mn} a} \frac{J_m(\lambda_{mn}\rho)}{J_{m+1}(\lambda_{mn} a)} \begin{cases} \cos m\theta, & m \in \mathbb{N} \\ \sin m\theta, & n = 1,2,\dots . \end{cases} \tag{9.3-54}$$

Die Eigenwerte λ_{on} sind einfach, die Eigenwerte λ_{mn} $(m = 1,2,\dots)$ zweifach entartet.

Entsprechend verfährt man bei der Lösung des Randwertproblems für φ. In diesem Fall verlangt die Randbedingung, daß die Ableitung von J_m auf dem Rande verschwindet, d.h.

$$\frac{\partial\varphi}{\partial\rho}(a,\theta) = 0 \quad \Rightarrow \quad \frac{dJ_m}{d\rho}(\lambda'_{mn} a) = 0\,, \qquad n = 1,2,\dots . \tag{9.3-55}$$

Tabelle 9.2. $\lambda'_{mn} a$

m \ n	1	2	3
0	3,832	7,016	10,173
1	1,841	5,331	8,536
2	3,054	6,706	9,970

Tabelle 9.2 enthält die niedrigsten Nullstellen für $m = 0,1,2$. Die zugehörigen normierten Eigenfunktionen sind

$$\varphi_{mn} = \sqrt{\frac{\varepsilon_m}{\pi}} \frac{1}{\sqrt{(\lambda'_{mn} a)^2 - m^2}} \frac{J_m(\lambda'_{mn}\rho)}{J_m(\lambda'_{mn} a)} \begin{cases} \cos m\theta, & m \in \mathbb{N}, \\ \sin m\theta, & n = 1,2,\dots . \end{cases} \tag{9.3-56}$$

Auch hier sind die Eigenwerte λ'_{on} einfach, die Eigenwerte λ'_{mn} $(m = 1,2,\dots)$ zweifach entartet. Hinzu tritt noch der Eigenwert $\lambda' = 0$ mit der Eigenfunktion $\varphi = \text{const}$. Die Ungleichung (9.3-30) finden wir auch in diesem Fall bestätigt, wenn wir beachten, daß jeder Eigenwert in der Folge der Eigenwerte so oft auftritt wie der Grad seiner Entartung beträgt.

Die Grundwelle gehört zum Eigenwert $\lambda'_{11} = 1{,}841/a$. Die Feldstärken für die Grundwelle erhalten wir wieder nach (9.3-14). Wir geben sie an für die Eigenfunktion mit der Winkelabhängigkeit $\cos\theta$:

$$\bar{E}_{11}(\vec{x},t) = i\frac{Z_o k}{h'_{11}}\left(\rho\frac{dJ_1}{d\rho}\cos\theta\,\bar{e}^{\theta} + \frac{J_1}{\rho}\sin\theta\,\bar{e}^{\rho}\right)\times$$

$$\times\sqrt{\frac{2}{\pi}}\frac{1}{\sqrt{(\lambda'_{11}a)^2-1}}\;\frac{1}{J_1(\lambda'_{11}a)}\exp[i(h'_{11}z-\omega t)]\;,$$

$$\bar{H}_{11}(\vec{x},t) = i\left(\frac{dJ_1}{d\rho}\cos\theta\,\bar{e}^{\rho} - J_1\sin\theta\,\bar{e}^{\theta} - i\frac{\lambda'^2_{11}}{h'_{11}}J_1\cos\theta)\bar{e}^{z}\right)\times \qquad (9.3\text{-}57)$$

$$\times\sqrt{\frac{2}{\pi}}\frac{1}{\sqrt{(\lambda'_{11}a)^2-1}}\;\frac{1}{J_1(\lambda'_{11}a)}\exp[i(h'_{11}z-\omega t)]\;,$$

$$k = \frac{\omega}{c}\;,\qquad h'_{11} = \sqrt{k^2-\lambda'^2_{11}}\;.$$

Die Grenzfrequenz ist $(\omega_o)_{11} = \lambda'_{11}c$, was einer maximalen Wellenlänge $\lambda_{max} \approx 3{,}41\,a$ entspricht.

Die zu den Eigenwerten λ_{on} und λ'_{on} $(n = 1,2,\ldots)$ gehörenden Eigenwellen sind unabhängig von θ und deshalb invariant unter Drehungen um die z-Achse. Sie erweisen sich als stabil gegenüber Abweichungen vom kreisförmigen Querschnitt, während die Entartung der übrigen Eigenwerte in diesem Fall aufgehoben wird. Da Deformationen bei Herstellung und Betrieb unvermeidlich sind, bevorzugt man in der Praxis den Rechteckhohlleiter, bei dem die Energie über den verlängerten Innenleiter einer koaxialen Leitung, der parallel zum elektrischen Feld der Grundwelle in den Hohlleiter ragt, ein- und ausgekoppelt werden kann. Die Eigenwellen des Rechteckhohlleiters bzw. Rundhohlleiters lassen sich durch Überlagerung von ebenen Wellen bzw. Zylinderwellen konstruieren, die an den ideal leitenden Wänden reflektiert werden (s. hierzu Aufgabe 9.5).

Hohlleiterwände mit endlicher Leitfähigkeit führen zu Energieverlust und damit zu einer Dämpfung der Wellen. Die Wellenzahl h ist nunmehr komplex,

$$h = h_1 + i\,h_2\;, \qquad (9.3\text{-}58)$$

so daß die Amplituden durch den Faktor $\exp(-h_2 z)$ gedämpft werden. h_2 kann aus der Abnahme des zeitlichen Mittelwerts $\langle P\rangle(z)$ der pro Zeiteinheit durch den Querschnitt des Hohlleiters an der Stelle z tretenden Energie berechnet werden. Ähnlich wie bei der entlang der Grenzfläche des Halbraums geführten Welle (s. 9.2-49) gilt für eine in positiver z-Richtung fortschreitende Welle

$$h_2 = -\frac{1}{2}\frac{1}{\langle P\rangle}\frac{d\langle P\rangle}{dz} > 0 \,. \tag{9.3-59}$$

Andererseits muß $-d\langle P\rangle/dz$ gleich der pro Zeiteinheit im zeitlichen Mittel in einen Ring der Länge $\Delta z = 1$ des Hohlleitermantels einströmenden Energie sein:

$$-\frac{d\langle P\rangle}{dz} = \frac{1}{2}\operatorname{Re}\left\{\int_{\partial F}\langle \bar{E}(\vec{x},\omega)\wedge\overline{\bar{H}(\vec{x},\omega)},\, d\vec{C}\wedge\vec{e}_z\rangle\right\}. \tag{9.3-60}$$

Die transversale Orientierung des Vektors $*\, d\vec{C}\wedge\vec{e}_z$ zeigt in den Innenraum des Hohlleiters. Mit der Randbedingung (9.2-54) und der Oberflächenimpedanz (s. 9.2-17)

$$Z = \frac{1-i}{\varkappa\delta}$$

erhalten wir

$$-\frac{d\langle P\rangle}{dz} = \frac{1}{2\varkappa\delta}\int_{\partial F}\left[\bar{H}\cdot\bar{H}^* - (\vec{n}\cdot\bar{H})(\vec{n}\cdot\bar{H})^*\right] ds \,. \tag{9.3-61}$$

Hier ist $\vec{n}$ wieder die in das Innere des Hohlleitermantels weisende Normale und s die Bogenlänge auf ∂F. Im Sinne einer Störungsrechnung werten wir das Integral (9.3-61) näherungsweise mit den Feldstärken (9.3-13) und (9.3-14) für den idealen Hohlleiter aus. In der gleichen Näherung kann der Mittelwert $\langle P\rangle_i$ für die i-te Eigenwelle aus (9.3-44) abgelesen werden. Dabei ist zu beachten, daß $A_i^{(-)}$ bzw. $B_i^{(-)}$ für eine in Richtung der positiven z-Achse fortschreitende Welle verschwinden. Für h_2 erhalten wir so nach (9.3-59)

$$\text{TM-Welle:} \quad h_{2i} = \frac{k}{2\varkappa\delta h_i Z_o}\int_{\partial F}\left(\frac{\partial\Psi}{\partial n}\right)^2 ds \,, \tag{9.3-62}$$

$$\text{TE-Welle:} \quad h'_{2i} = \frac{h'_i}{2\varkappa\delta k Z_o}\int_{\partial F}\left[\left(\frac{\partial\varphi}{\partial t}\right)^2 + \left(\frac{\lambda_i'^2}{h'_i}\right)^2\varphi^2\right] ds \,. \tag{9.3-63}$$

Hier sind $\partial\Psi/\partial n$ bzw. $\partial\varphi/\partial t$ die Ableitungen in Richtung der Normalen bzw. Tangenten auf ∂F.

Mit Hilfe von (9.3-62) und (9.3-63) läßt sich die Frequenzabhängigkeit der Dämpfung für Hohlleiter von beliebigem Querschnitt abschätzen. Exakte Ergebnisse erhält man für den Rechteckhohlleiter mit den Eigenfunktionen (9.3-46) und (9.3-47)

$$(h_2)_{mn} = \frac{\delta\pi^2}{ab\,h_{mn}} \left(\frac{k}{\lambda_{mn}}\right)^2 \left(\frac{m^2 b}{a^2} + \frac{n^2 a}{b^2}\right), \quad (m,n) \in \mathbb{N} \times \mathbb{N} - \{(0,0)\}, \tag{9.3-64}$$

$$(h_2')_{mn} = \frac{\delta\pi^2}{ab\,h'_{mn}} \left[\frac{\varepsilon_m \varepsilon_n}{4} \left(\frac{h'_{mn}}{\lambda_{mn}}\right)^2 \left(\frac{m^2}{a} + \frac{n^2}{b}\right) + \frac{\lambda'^2_{mn}}{2\pi^2} (\varepsilon_n a + \varepsilon_m b) \right]. \tag{9.3-65}$$

Ebenso ergibt sich für den Rundhohlleiter mit den Eigenfunktionen (9.3-54) und (9.3-56)

$$(h_2)_{mn} = \frac{\delta k^2}{2a\,h_{mn}}, \tag{9.3-66}$$

$$(h_2')_{mn} = \frac{\delta k^2}{2a\,h'_{mn}} \left[\left(\frac{h'_{mn}}{k}\right)^2 m^2 + \left(\frac{\lambda'_{mn}}{k}\right)^2 (\lambda'_{mn} a)^2 \right] \frac{1}{(\lambda'_{mn} a)^2 - m^2}. \tag{9.3-67}$$

Die Dämpfung hat bei $\omega = (\omega_o)_{mn}$ eine Singularität und wächst für $|\omega| \to \infty$ mit $O(|\omega|^{1/2})$ an, ausgenommen die TE_{on}-Wellen des Rundhohlleiters. Für sie ist $\partial\varphi/\partial t = 0$, so daß der erste Term in (9.3-63) verschwindet. Die Folge ist, daß die Dämpfung für $|\omega| \to \infty$ mit $O(|\omega|^{-3/2})$ abnimmt. In den anderen Fällen gibt es ein Minimum der Dämpfung, das für TM-Wellen bei $\omega = \sqrt{3}\,(\omega_o)_{mn}$ liegt.

Die Singularität der Dämpfung hat natürlich keine physikalische Bedeutung. Man erkennt das leicht, wenn man die Dämpfung im Rahmen einer systematischen Störungstheorie berechnet. Dazu ersetzt man die Randbedingungen für den idealen Hohlleiter durch die Randbedingung (9.2-54). Verwendet man im Tangentialraum wieder die orientierte orthonormale Basis $(\vec{n}, \vec{t}, \vec{e}_z)$, wo $\vec{n}$ bzw. $\vec{t}$ der Normalenvektor bzw. der Tangentenvektor auf ∂F ist, so liefert (9.2-54) die beiden Gleichungen

$$E_t = Z(\omega)\,H_z, \qquad -E_z = Z(\omega)\,H_t. \tag{9.3-68}$$

$Z(\omega)$ ist wieder die Oberflächenimpedanz (9.2-17). Aus (9.3-68) folgt zunächst, daß die Eigenwertprobleme für TM-Wellen und TE-Wellen nicht mehr getrennt behandelt werden können. Aus diesem Grunde müssen wir beide Wellen nach dem Vorbild von (9.3-9a,b) überlagern und die beiden Differentialgleichungen

$$(\Delta_\perp + \lambda^2)(\Psi, \varphi) = 0, \qquad \lambda^2 = k^2 - h^2$$

unter den Randbedingungen

$$i\frac{\partial\Psi}{\partial t} - i\frac{kZ_o}{h}\frac{\partial\varphi}{\partial n} = Z(\omega)\frac{k^2-h^2}{h}\varphi\,, \quad -\frac{k^2-h^2}{h}\Psi = Z(\omega)\left(i\frac{\partial\varphi}{\partial t} + \frac{ik}{hZ_o}\frac{\partial\Psi}{\partial n}\right) \tag{9.3-69}$$

lösen. Die Entwicklung der Eigenfunktionen und Eigenwerte nach dem Störparameter $Z(\omega)/Z_o$ liefert dann in erster Ordnung z.B. statt (9.3-62)

$$\delta\lambda_i^2 = -ik\frac{Z(\omega)}{Z_o}\int\limits_{\partial F}\left(\frac{\partial\Psi_i^{(o)}}{\partial n}\right)^2 ds\,. \tag{9.3-70}$$

Ein entsprechendes Ergebnis erhält man an Stelle von (9.3-63). Zur Durchführung der Rechnung verweisen wir auf Aufgabe 9.6. Nun ist

$$\delta\lambda_i^2 = -\delta h_i^2 = -2h_i^{(o)}\delta h_i = -2h_i^{(o)}(\delta h_{1i} + i\delta h_{2i})\,, \tag{9.3-71}$$

so daß man für den Imaginärteil δh_{2i} wieder (9.3-62) erhält. Im Gegensatz zu δh_{2i} ist jedoch $\delta\lambda_i^2$ bei $\omega = \omega_{oi}$ regulär, da der singuläre Faktor h_{2i} sich heraushebt.

Bei den Eigenwertproblemen des idealen Hohlleiters muß man zwischen verschiedenen Formen von Entartung unterscheiden. Zunächst einmal können die Eigenwerte für TM-Wellen und TE-Wellen jeweils für sich entartet sein, wie z.B. die Eigenwerte λ_{mn} und λ'_{mn} des Rundhohlleiters für $m \neq 0$. Andererseits können die Eigenwerte für TM-Wellen und TE-Wellen zusammenfallen, wie z.B. die Eigenwerte λ_{mn} und λ'_{mn} des Rechteckhohlleiters für $(m,n) \in \mathbb{N}\times\mathbb{N} - \{(0,0),(0,1),(1,0)\}$ oder die Eigenwerte λ_{1n} und λ'_{on} des Rundhohlleiters. Die zuletzt genannte Entartung wird i.a. durch die Randbedingung (9.3-69) bereits in erster Ordnung der Störungstheorie aufgehoben, nämlich dann, wenn die TM-Wellen und TE-Wellen der 0-ten Näherung die Matrix der Determinante der Säkulargleichung für $\delta\lambda_i^2$ nicht diagonalisieren (s. Aufgabe 9.6). Um das zu erreichen, muß man in diesem Fall geeignete Linearkombinationen aus den TM-Wellen und TE-Wellen der 0-ten Näherung bilden, die sogenannten adaptierten Eigenfunktionen. Die Dämpfungsparameter können dann nicht mehr nach (9.3-62) und (9.3-63) berechnet werden. Statt dessen erhält man

$$h_{2i}^{(\pm)} = \frac{1}{2}(h_{2i} - h'_{2i}) \pm \sqrt{\frac{(h_{2i} - h'_{2i})^2}{4} + A}\,, \tag{9.3-72}$$

wo A eine Konstante ist und h_{2i} bzw. h'_{2i} die Dämpfungsparameter (9.3-62) bzw. (9.3-63) sind. Für den Rechteckhohlleiter sind bereits die TE-Wellen und die TM-Wellen an die Störung der Randbedingung adaptiert, so daß unser Ergebnis (9.3-64) und (9.3-65) keiner Korrektur bedarf. Das gleiche gilt für die beiden Eigenfunktionen (9.3-54) bzw. (9.3-56) des Rundhohlleiters (s. hierzu Aufgabe 9.6).

Hohlraumresonatoren sind beliebig geformte Hohlräume K, die von einer geschlossenen Leiterfläche ∂K berandet werden. Wir nehmen zunächst wieder an, daß der Rand aus ideal leitendem Material besteht. Die Randwertprobleme für Ψ und φ lauten dann (s. 9.3-10)

$$\Delta\Psi + k^2\Psi = 0 \,, \qquad \Psi = 0 \,, \tag{9.3-73}$$

$$\forall\, \vec{x} \in \partial K \,.$$

$$\Delta\varphi + k^2\varphi = 0 \,, \qquad \frac{\partial\varphi}{\partial n} = 0 \,, \tag{9.3-74}$$

$\partial\varphi/\partial n$ ist hier die Ableitung in Richtung der Normalen auf ∂K. Lösungen gibt es nur für eine unendliche Folge von diskreten Werten der Wellenzahl k

$$k_i = \frac{\omega_i}{c} \,, \qquad i = 1,2,\ldots \,, \tag{9.3-75}$$

denen man jeweils eine Eigenfrequenz ω_i des Resonators zuordnet. Die zugeordneten TM-Wellen bzw. TE-Wellen sind stehende Wellen.

Im Anschluß an den Rechteckhohlleiter und den Rundhohlleiter behandeln wir Resonatoren, die von einem endlichen Stück $0 \leqslant z \leqslant \ell$ dieser Wellenleiter gebildet werden. Die Schnittflächen $z = 0$ und $z = \ell$ sollen wie die Mantelfläche aus ideal leitendem Material bestehen. Eigenfunktionen und Eigenwerte lassen sich ohne Schwierigkeit mit den Eigenfunktionen Ψ_{mn} bzw. φ_{mn} und den Eigenwerten λ_{mn} bzw. λ'_{mn} der Hohlleiter ausdrücken. In der Normierung (9.3-26) ergibt sich:

$$\text{TM-Welle:} \quad \Psi_{mnp}(\vec{x}) = \sqrt{\frac{2}{\ell}}\,\frac{\lambda_{mn}}{k_{mnp}}\,\Psi_{mn}(\vec{x}_\perp)\,\sin\!\left(\frac{p\pi z}{\ell}\right), \quad k_{mnp} = \sqrt{\lambda_{mn}^2 + \frac{\pi^2 p^2}{\ell^2}} \,,$$

$$p = 1,2,\ldots \tag{9.3-76}$$

$$\text{TE-Welle:} \quad \varphi_{mnp}(\vec{x}) = \sqrt{\frac{\varepsilon_p}{\ell}}\,\frac{\lambda'_{mn}}{k'_{mnp}}\,\varphi_{mn}(\vec{x}_\perp)\,\cos\!\left(\frac{p\pi z}{\ell}\right), \quad k'_{mnp} = \sqrt{\lambda'^2_{mn} + \frac{\pi^2 p^2}{\ell^2}} \,. \tag{9.3-77}$$

Die Eigenwerte des Quaders sind i.a. nicht entartet, dagegen besteht Entartung zwischen TM-Wellen und TE-Wellen wie beim Rechteckhohlleiter für $(m,n,p) \neq (0,0,0)$. Zusätzliche Entartungen ergeben sich, wenn die Gleichung

$$\left(\frac{m'}{a}\right)^2 + \left(\frac{n'}{b}\right)^2 + \left(\frac{p'}{\ell}\right)^2 = \left(\frac{m}{a}\right)^2 + \left(\frac{n}{b}\right)^2 + \left(\frac{p}{\ell}\right)^2 \tag{9.3-78}$$

nichttriviale Lösungen $(m',n',\ell') \neq (m,n,p)$ aus $\mathbb{N}^3$ hat. Bei der Runddose begegnen wir der gleichen Entartung wie beim Rundhohlleiter. Weitere Entartungen können für bestimmte Werte des Parameters a/ℓ auftreten.

Die Grundschwingung des Quaders ist eine stehende TE-Welle mit der Frequenz

$$\omega_{101} = c \sqrt{\frac{\pi^2}{a^2} + \frac{\pi^2}{\ell^2}} \; . \tag{9.3-79}$$

Die zugeordneten Feldstärken bilden wir durch Überlagerung von zwei TE-Wellen des Rechteckhohlleiters (s. 9.3-48) mit den Ausbreitungsparametern $h = \pm h_{101} = \pm \pi/\ell$:

$$\bar{H}_{101}(\vec{x},t) = i\left[-\sin\left(\frac{\pi x}{a}\right)\cos\left(\frac{\pi z}{\ell}\right)\bar{e}^x + \frac{\ell}{a}\cos\left(\frac{\pi x}{a}\right)\sin\left(\frac{\pi z}{\ell}\right)\bar{e}^z\right]\frac{\pi}{a}\,\frac{1}{k'_{101}}\sqrt{\frac{4}{ab\ell}}\times$$
$$\times \exp(-i\omega_{101}t) \; ,$$
$$\tag{9.3-80}$$
$$\bar{E}_{101}(\vec{x},t) = \sin\left(\frac{\pi x}{a}\right)\sin\left(\frac{\pi z}{\ell}\right)\bar{e}^y\,\frac{\ell}{a}\,Z_o\sqrt{\frac{4}{ab\ell}}\;\exp(-i\omega_{101}t) \; .$$

Die Grundschwingung der Runddose hat für $\ell > 2{,}03\,a$ die Frequenz

$$\omega_{111} = c\sqrt{\lambda_{11}^2 + \left(\frac{\pi}{\ell}\right)^2} \; . \tag{9.3-81}$$

Sie ist eine Überlagerung von zwei TE_{11}-Wellen (s. 9.3-57) des Rundhohlleiters.

Die Dämpfung eines Resonators kann ähnlich wie die eines Hohlleiters berechnet werden. Mit der Randbedingung (9.2-54) erhalten wir für den zeitlichen Mittelwert $\langle P\rangle$ der pro Zeiteinheit durch den Rand ∂K des Resonators tretenden Energie an Stelle von (9.3-61)

$$\langle P\rangle = \frac{1}{2\varkappa\delta}\int\limits_{\partial K}\left[\bar{H}\cdot\bar{H}^* - (\vec{n}\cdot\bar{H})(\vec{n}\cdot\bar{H}^*)\right]dF \; . \tag{9.3-82}$$

Der zeitliche Mittelwert $\langle U\rangle$ der im Resonator enthaltenen Feldenergie kann für ein Feld mit der Frequenz ω wie der Mittelwert des Energiestroms (s. 9.2-48) berechnet werden:

$$\langle U\rangle = \frac{1}{4}\int\limits_K\left[\varepsilon_o\bar{E}(\omega)\cdot\overline{\bar{E}(\omega)} + \mu_o\bar{H}(\omega)\cdot\overline{\bar{H}(\omega)}\right]d\tau \; . \tag{9.3-83}$$

Darüber hinaus ist

$$\frac{\varepsilon_o}{2}\int\limits_K\bar{E}(\omega)\cdot\overline{\bar{E}(\omega)}\,d\tau = \frac{\mu_o}{2}\int\limits_K\bar{H}(\omega)\cdot\overline{\bar{H}(\omega)}\,d\tau \; , \tag{9.3-84}$$

wie man unschwer mit dem Satz von Stokes und den Randbedingungen für den idealen Leiter bestätigt, wenn man z.B. $\bar{E}(\omega)$ über die Maxwellsche Gleichung (9.1-4b) durch $\bar{H}(\omega)$ ausdrückt. Bei schwacher Dämpfung darf angenommen werden, daß die Abnahme von $\langle U \rangle$ pro Zeiteinheit proportional zur vorhandenen Energie ist,

$$-\frac{d}{dt}\langle U \rangle = \langle P \rangle =: \frac{\omega}{Q}\langle U \rangle , \tag{9.3-85}$$

so daß

$$\langle U \rangle(t) = \langle U \rangle_o \exp\left(-\frac{\omega}{Q}t\right) . \tag{9.3-86}$$

Die dimensionslose Konstante Q wird Güte des Resonators genannt. Mit (9.3-82) - (9.3-84) ergibt sich näherungsweise

$$Q = \omega \frac{\langle U \rangle}{\langle P \rangle} \approx 2\delta \cdot \frac{V}{F} , \tag{9.3-87}$$

wo V das Volumen von K und F der Flächeninhalt von ∂K ist. Genauere Ergebnisse erhält man, wenn man die Eigenfunktionen des Resonators in (9.3-82) und (9.3-83) einsetzt. Dabei ist wieder zu beachten, daß die Störung des idealen Resonators durch die Oberflächenimpedanz eine etwa vorhandene Entartung aufheben kann.

Wird in einem schwach gedämpften Resonator im Zeitpunkt t = 0 eine Eigenschwingung mit der Frequenz ω_i angeregt, so sind alle Komponenten der Feldstärken proportional zu der Funktion

$$f(t) = \begin{cases} 0 , & t < 0 \\ \exp\left[-\left(i\omega_i + \frac{\omega_i}{2Q_i}\right)t\right] , & t > 0 . \end{cases} \tag{9.3-88}$$

Mit der Fouriertransformierten

$$\hat{f}(\omega) = \frac{1}{2\pi}\int_{-\infty}^{+\infty} dt\, f(t)\exp(i\omega t) = \frac{1}{2\pi}\,\frac{1}{-i(\omega-\omega_i) + \frac{\omega_i}{2Q_i}} \tag{9.3-89}$$

erhalten wir die Intensität

$$|\hat{f}(\omega)|^2 = \frac{1}{4\pi^2}\,\frac{1}{(\omega-\omega_i)^2 + \frac{\omega_i^2}{4Q_i^2}} . \tag{9.3-90}$$

Sie hat eine Resonanz bei $\omega = \omega_i$ und fällt zu beiden Seiten von ω_i stark ab (s. Abb.9.9). Die sogenannte Halbwertsbreite $\Delta\omega = \omega_i/Q_i$ ist ein Maß für die Schärfe der Resonanz.

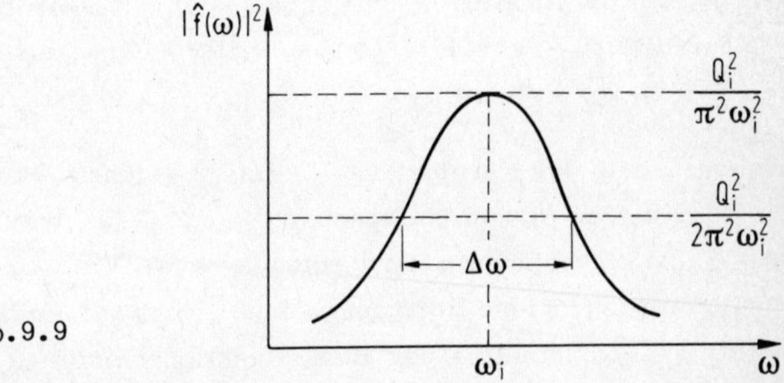

Abb.9.9

9.3.3. Drahtwellen

Als Drahtwellen bezeichnet man Wellen, die von einem zylindrischen Wellenleiter geführt werden. Als Beispiel betrachten wir einen kreiszylindrischen Wellenleiter vom Radius a, dessen Innenraum homogen mit dispersivem Material gefüllt ist (Abb.9.10). Um die charakteristischen Eigenschaften von geführten Wellen deutlich zu machen, behandeln wir zunächst einen Wellenleiter aus ideal leitendem Material. Entgegengesetzt zum Hohlleiter, müssen wir nun die transversale Differentialgleichung

$$\left(\Delta_\perp + \lambda^2\right)(\Psi,\varphi) = 0 \;, \qquad \lambda^2 = k^2 - h^2 \;, \qquad k = \omega/c \;, \tag{9.3-91}$$

im Außenraum des Wellenleiters lösen.

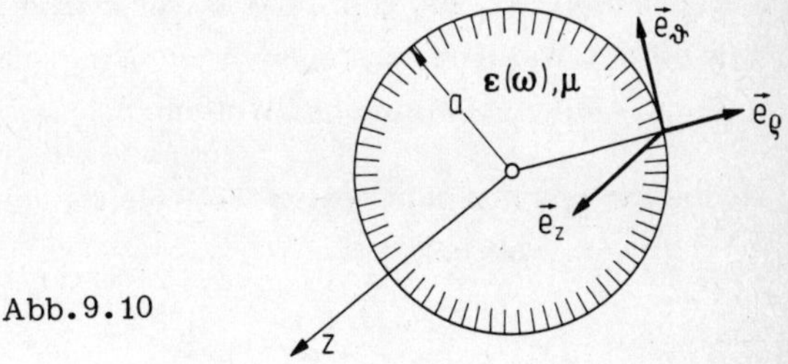

Abb.9.10

Durch Separation der Zylinderkoordinaten (ρ,θ) erhält man wie beim kreiszylindrischen Hohlleiter Lösungen von der Form

$$\Psi_m(\rho,\theta) = \left[A_m H_m^{(1)}(\lambda\rho) + B_m H_m^{(2)}(\lambda\rho)\right]\left\{\begin{matrix}\cos m\theta\\ \sin m\theta\end{matrix}\right. \;, \quad \rho \geqslant a;\; A_m, B_m \in \mathbb{C}\,. \tag{9.3-92}$$

Da der Bereich $\rho < a$ ausgeschlossen wird, müssen wir, anders als beim Hohlleiter, die allgemeine Lösung der Besselschen Differentialgleichung (9.3-51) verwenden, die wir als Linearkombination der beiden Hankelfunktionen $H_m^{(1)}$ und $H_m^{(2)}$ schreiben. Für $\lambda^2 \neq 0$ sind die longitudinalen Komponenten der Feldstärken proportional zu Ψ bzw. φ (s. 9.3-13 bzw. 9.3-14). Als physikalische Größen müssen sie eindeutig sein, was für $m \in \mathbb{N}$ der Fall ist.

Welche Werte des Parameters λ^2 liefern geführte Wellen? Im Bereich $\lambda^2 < 0$ wächst eine der beiden Hankelfunktionen exponentiell für $\rho \to \infty$ und muß ausgeschlossen werden. Dann kann aber die Randbedingung $\Psi(a,\theta) = 0$ bzw. $\partial\varphi/\partial\rho\ (a,\theta) = 0$ nicht mehr erfüllt werden. Diese Bedingung können wir zwar im Bereich $\lambda^2 > 0$ durch eine geeignete Linearkombination der Hankelfunktionen erfüllen, doch erhalten wir dann stets einen transversalen Energiestrom, der für $\rho \to \infty$ nicht verschwindet, wie wir es für eine geführte Welle fordern. Somit bleibt nur noch die Möglichkeit $\lambda^2 = 0$. In diesem Fall verschwinden die longitudinalen Komponenten der Feldstärken. Da die transversalen Komponenten nur Ableitungen von Ψ und φ enthalten (s. 9.3-13 und 9.3-14), können wir die Forderung nach Eindeutigkeit von Ψ und φ fallen lassen und als allgemeine Lösung der transversalen Laplacegleichung lineare Funktionen zulassen, z.B.

$$\Psi(\rho,\theta) = A\rho + B\theta + C\ , \qquad A,B,C \in \mathbb{C}\ . \tag{9.3-93}$$

Die Randbedingung $\Psi(a,\theta) = 0$ verlangt

$$\Psi(\rho,\theta) = A(\rho - a)\ . \tag{9.3-94}$$

Die nach (9.3-13) zugeordnete Welle ist eine TEM-Welle, deren Energiestrom konstant ist und in positiver z-Richtung fließt, falls wir $h = k$ setzen. Wir betrachten sie als geführte Welle des idealen Wellenleiters, obwohl sie in transversaler Richtung nicht gedämpft ist. Sie geht in eine transversal gedämpfte Welle über, wenn die Leitfähigkeit des Wellenleiters endlich ist. Eine entsprechende Argumentation für die Funktion φ führt zum gleichen Wellentyp.

Wenden wir uns nun dem realen Wellenleiter mit Materialkonstanten $\varepsilon(\omega)$ und $\mu = \text{const}$ zu. In diesem Fall ist

$$\lambda^2 = k^2 - h^2 = \begin{cases} \lambda_a^2 = \dfrac{\omega^2}{c^2} - h^2\ , & \rho > a \\[2ex] \lambda_i^2 = \dfrac{\omega^2}{c^2}\,\varepsilon(\omega)\,\mu - h^2\ , & \rho < a\ . \end{cases} \tag{9.3-95}$$

Für einen Wellenleiter mit Energieverlust erwarten wir gedämpfte Wellen, also komplexe Werte für den Ausbreitungsparameter h. Die komplexen Parameter λ_a und λ_i definieren wir durch die Wurzeln mit positivem Imaginärteil von (9.3-95). Ersetzen wir λ durch λ_a, so gibt (9.3-92) wieder die allgemeine Form der Lösungen im Außenraum an. Die asymptotische Entwicklung für die Hankelfunktionen

$$H_m^{(1,2)}(z) = \sqrt{\frac{2}{\pi z}}\; \exp\left[\pm i\left(z - \frac{m\pi}{2} - \frac{\pi}{4}\right)\right]\left[1 + O\left(\frac{1}{|z|}\right)\right], \qquad |z| \to \infty, \tag{9.3-96}$$

zeigt, daß wir unter der Voraussetzung $\mathrm{Im}\{\lambda_a\} > 0$ nur die Hankelfunktion $H_m^{(1)}$ zulassen dürfen, für die das obere Vorzeichen im Exponenten gilt. Unser Ansatz für die Lösungen der transversalen Differentialgleichungen im Außenraum lautet somit

$$(\Psi_m, \varphi_m) = (C_m, D_m) H_m^{(1)}(\lambda_a \rho) \begin{Bmatrix} \cos m\theta \\ \\ \sin m\theta \end{Bmatrix}, \quad C_m, D_m \in \mathbb{C}, \quad m \in \mathbb{N}, \quad \rho > a. \tag{9.3-97}$$

Ist der Wellenleiter verlustfrei, so ist h zwar reell, doch können wir nur dann von geführten Wellen sprechen, wenn $\lambda_a^2 < 0$ ist, da für $\lambda_a^2 > 0$ wieder ein transversaler Energiestrom auftritt. Für $\lambda_a^2 < 0$ wählen wir wieder $\mathrm{Im}\{\lambda_a\} > 0$, während für $\lambda_a^2 = 0$ die gleiche Situation wie beim idealen Wellenleiter vorliegt. Im Innenraum des Wellenleiters muß die Lösung für $\rho \to 0$ regulär sein. Das führt zu dem Ansatz

$$(\Psi_m, \varphi_m) = (A_m, B_m) J_m(\lambda_i \rho) \begin{Bmatrix} \cos m\theta \\ \\ \sin m\theta \end{Bmatrix}, \quad A_m, B_m \in \mathbb{C}, \quad m \in \mathbb{N}, \quad \rho < a. \tag{9.3-98}$$

Zu erfüllen sind noch die Grenzbedingungen für $\rho = a$. Sie verlangen, daß die Tangentialkomponenten von $\bar{E}$ und $\bar{H}$ stetig sind. Wie bereits im Abschnitt 9.3.1 bemerkt, können diese vier Bedingungen i.a. nicht von einer TM-Welle oder TE-Welle allein erfüllt werden. Wir überlagern deshalb beide Wellen im Sinne von (9.3-9a,b) und erhalten die Bedingungen

$$\begin{aligned}
&\lambda_i^2 \Psi(a-0,\theta) = \lambda_a^2 \Psi(a+0,\theta), \\
&\lambda_i^2 \varphi(a-0,\theta) = \lambda_a^2 \Psi(a+0,\theta), \\
&\left(\frac{\partial \Psi}{\partial \theta} - \frac{k_i Z_i}{h}\,\rho\,\frac{\partial \varphi}{\partial \rho}\right)(a-0,\theta) = \left(\frac{\partial \Psi}{\partial \theta} - \frac{k_a Z_o}{h}\,\rho\,\frac{\partial \varphi}{\partial \rho}\right)(a+0,\theta), \\
&\left(\frac{\partial \varphi}{\partial \theta} + \frac{k_i}{h Z_i}\,\rho\,\frac{\partial \Psi}{\partial \rho}\right)(a-0,\theta) = \left(\frac{\partial \varphi}{\partial \theta} + \frac{k_a Z_o}{h}\,\rho\,\frac{\partial \Psi}{\partial \rho}\right)(a+0,\theta).
\end{aligned} \tag{9.3-99}$$

Z_i ist der Wellenwiderstand, k_i die Wellenzahl im Innenraum des Wellenleiters. Im Außenraum ist $k_a = \omega/c$.

Setzen wir nun eine Lösung der Form (9.3-97) und (9.3-98) in die Bedingungen (9.3-99) ein, so sehen wir zunächst, daß die beiden Lösungen vom Typ $\cos m\theta$ und $\sin m\theta$ gekoppelt werden, d.h. sie sind nicht an die Grenzbedingungen adaptiert. Adaptiert sind dagegen die Winkelfunktionen

$$\exp(im\theta) \ , \qquad m \in \mathbb{Z} \ . \tag{9.3-100}$$

Mit diesen Funktionen erhalten wir für die vier Konstanten A_m, B_m, C_m, D_m für jedes $m \in \mathbb{Z}$ ein homogenes Gleichungssystem, dessen Determinante verschwinden muß, falls eine Lösung existieren soll. Diese Bedingung lautet

$$\left(\frac{k_a^2}{R_a} \frac{H_m^{(1)\,\prime}(R_a)}{H_m^{(1)}(R_a)} - \frac{k_i^2}{\mu R_i} \frac{J_m'(R_i)}{J_m(R_i)} \right) \times$$

$$\times \left(\frac{1}{R_a} \frac{H_m^{(1)\,\prime}(R_a)}{H_m^{(1)}(R_a)} - \frac{\mu}{R_i} \frac{J_m'(R_i)}{J_m(R_i)} \right) - m^2 h^2 \left(\frac{1}{R_a^2} - \frac{1}{R_i^2} \right)^2 = 0 \ , \tag{9.3-101}$$

wo $R_a = \lambda_a a$ und $R_i = \lambda_i a$ ist. Die Ausbreitungskonstanten h der geführten Wellen sind die Wurzeln dieser Gleichung.

Als erstes stellen wir fest, daß die Bedingung (9.3-101) für $m = 0$ in je eine Bedingung für TM-Wellen und TE-Wellen faktorisiert:

$$\text{TM-Wellen:} \qquad \frac{R_a}{k_a^2} \frac{H_o^{(1)}(R_a)}{H_o^{(1)\,\prime}(R_a)} = \mu \frac{R_i}{k_i^2} \frac{J_o(R_i)}{J_o'(R_i)} \ , \tag{9.3-102}$$

$$\text{TE-Wellen:} \qquad R_a \frac{H_o^{(1)}(R_a)}{H_o^{(1)\,\prime}(R_a)} = \frac{R_i}{\mu} \frac{J_o(R_i)}{J_o'(R_i)} \ . \tag{9.3-103}$$

Für einen guten Leiter erwarten wir die Existenz einer schwach gedämpften Lösung mit $\mathrm{Re}\{h\} \approx k_a$. Solche Lösungen werden als Hauptwellen bezeichnet.

Bei großer Leitfähigkeit $\varkappa$ dürfen wir annehmen, daß die Wellenzahl k_i,

$$k_i \approx \sqrt{i\omega\varkappa\mu\mu_o} = \frac{1+i}{\delta} \approx k_a \sqrt{\varepsilon(\omega)\mu} \ ,$$

dem Betrage nach sehr groß gegen k_a ist: $|k_i| \gg k_a$. Dann ist wegen $|h| \approx k_a$ auch $|\lambda_i|$ sehr groß (s. 9.3-95). Gilt darüber hinaus auch $|R_i| \gg 1$, so kann man den Quotienten der Besselfunktionen in (9.3-102) und (9.3-103) durch den asymptotischen Wert

$$\frac{J_o(R)}{J_o'(R)} \to i\,, \qquad |R| \to \infty\,, \qquad \mathrm{Im}\{R\} > 0\,, \tag{9.3-104}$$

approximieren. Man erhält (9.3-104) mit Hilfe der asymptotischen Entwicklung (9.3-96), wenn man die Besselfunktion J_o durch die Hankelfunktionen $H_o^{(1,2)}$ ausdrückt. Im Fall der Hauptwelle muß also die rechte Seite von (9.3-102) dem Betrage nach klein, die von (9.3-103) dagegen groß sein. Andererseits muß λ_a klein sein (s. 9.3-95). Für kleine Argumente gilt die Entwicklung

$$H_o^{(1)}(R_a) = 1 + \frac{2i}{\pi}\,\ell n\left(\gamma\,\frac{R_a}{2}\right) + O\left(R_a^2\,\ell n\,R_a\right)\,, \quad R_a \to 0\,, \quad \ell n\,\gamma = 0{,}5772\,, \tag{9.3-105}$$

so daß die linke Seite von (9.3-102) bzw. (9.3-103) von der Ordnung $R_a^2\,\ell n\,R_a$, also ebenfalls klein ist. Infolgedessen kann (9.3-103) keine Lösung besitzen. Die Hauptwelle ist eine TM-Welle, deren Phasengeschwindigkeit im wesentlichen gleich der Lichtgeschwindigkeit ist. Diese Feststellung stimmt überein mit einer Bemerkung, die wir zur Existenz von Oberflächenwellen für den leitenden Halbraum gemacht haben (s. 9.2-37). Der im Leiter longitudinal fließende Strom erfordert in jedem Fall eine longitudinale Komponente von $\bar{E}$, die ja auf der Grenzfläche stetig sein muß.

Die weiteren Wurzeln von (9.3-102) und die Wurzeln von (9.3-103) liefern die sogenannten Nebenwellen. Für $|h| \gg k_a$ wird auch $|R_a|$ sehr groß. Der Quotient der Hankelfunktionen strebt für $R_a \to \infty$ nach (9.3-96) gegen den asymptotischen Wert

$$\frac{H_o^{(1)}(R)}{H_o^{(1)'}(R)} \to \frac{1}{i}\,, \qquad R \to \infty\,, \qquad \mathrm{Im}\{R\} > 0\,. \tag{9.3-106}$$

Die linken Seiten von (9.3-102) und (9.3-103) sind also von der Ordnung R_a. Andererseits werden die rechten Seiten groß in der Umgebung der Nullstellen $R_{in} = \lambda'_{on}a$ von J_o':

$$J_o'(\lambda'_{on}a) = 0\,, \qquad n = 1,2,\dots\,. \tag{9.3-107}$$

Letztere sind uns bereits beim Rundhohlleiter begegnet (s. 9.3-55 und Tabelle 9.2). Wir erhalten damit näherungsweise für die TM_{on} - und TE_{on}-Wellen

$$h_{on}^2 \approx k_i^2 - \lambda'^2_{on} = \frac{2i}{\delta^2} - \lambda'^2_{on} \,. \tag{9.3-108}$$

Bei hoher Leitfähigkeit ist die Eindringtiefe δ klein und $|h_{on}| \gg k_a$, wie angenommen. Für nicht zu große Werte von n können wir h_{on} durch k_i approximieren:

$$h_{on} \approx k_i \approx \frac{1+i}{\delta} \,, \qquad \lambda'^2_{on} \ll \frac{2}{\delta^2} \,. \tag{9.3-109}$$

Die Nebenwellen sind so stark gedämpft, daß sie bei guten Leitern nicht nachgewiesen werden können.

Ist m von Null verschieden, so sind TM- und TE-Wellen gekoppelt, und die Ausbreitungsparameter müssen aus der Gleichung (9.3-101) bestimmt werden. Da die Hauptwelle für $m = 0$ im Grenzfall $\varkappa \to \infty$ in die TEM-Welle des idealen Wellenleiters übergeht, kann vermutet werden, daß die Wurzeln von (9.3-101), für $m \neq 0$ im Fall von guten Leitern sämtlich zu Nebenwellen führen, die stark gedämpft sind. Eine genauere Diskussion der Lösungen von (9.3-101), auf die wir hier verzichten, bestätigt diese Vermutung.

Die explizite Lösung des Drahtwellenproblems erlaubt es uns, die im Abschnitt 9.2.2 ausgesprochene Behauptung nachzuprüfen, daß das Feld im Außenraum eines Leiters mit der Randbedingung (9.2-54) bestimmt werden kann, sofern der Krümmungsradius groß gegenüber der Eindringtiefe δ ist. Die Randbedingung (9.2-54) lautet in unserem Fall (s. Abb.9.10)

$$aE_z = Z_i H_\theta \,, \qquad E_\theta = -Z_i H_z a \,, \qquad Z_i \approx \frac{1-i}{\varkappa\delta} \,. \tag{9.3-110}$$

Für die TM-Hauptwelle erhalten wir nach (9.3-13) mit der Lösung Ψ_o für den Innenraum (s. 9.3-98)

$$\frac{E_z}{H_\theta} = \frac{\lambda_i J_o(R_i)}{i k_i a^2 J_o'(R_i)} Z_i \to \frac{\lambda_i}{k_i a} Z_i \,, \qquad |R_i| \to \infty \,, \qquad \mathrm{Im}\{R_i\} > 0 \,. \tag{9.3-111}$$

Das stimmt mit (9.3-110) überein, wenn außer $a \gg \delta$ auch $\lambda_i \approx k_i$ ist, was für gute Leiter zutrifft. Für gute Leiter liefert zudem die Hauptwelle den größten Anteil des Feldes im Sinne einer Entwicklung nach Potenzen des Störparameters Z_i/Z_o, so daß die Randbedingung (9.3-110) für einen guten Leiter die richtigen Korrekturen in erster Ordnung von Z_i/Z_o liefert.

Wir wenden uns nun dem Fall zu, daß der Wellenleiter verlustfrei ist ($\varkappa = 0$). Ferner nehmen wir an, daß in dem betrachteten Frequenzbereich keine Dispersion auftritt, so daß

$$k_i^2 = \frac{\omega^2}{c^2}\varepsilon\mu > k_a^2 . \tag{9.3-112}$$

Überlegen wir zunächst, ob die Gleichungen (9.3-102) und (9.3-103) für symmetrische Wellen ($m = 0$) Lösungen haben. Da die Wellen nicht gedämpft sind, muß der Ausbreitungsparameter h reell sein. Wir unterscheiden deshalb drei Bereiche:

$$\text{I}: \quad 0 < h^2 < k_a^2 ; \qquad \text{II}: \quad k_a^2 < h^2 < k_i^2 ; \qquad \text{III}: \quad k_i^2 < h^2 < \infty .$$

Im ersten Bereich ist sowohl λ_i wie λ_a reell. Dann ist die rechte Seite von (9.3-102) und (9.3-103) reell, die linke Seite aber komplex, denn die Hankelfunktionen sind für reelle Argumente komplexwertig. Im dritten Bereich sind λ_i und λ_a rein imaginär. Mit den asymptotischen Werten (9.3-104) und (9.3-106) erhalten wir

$$R_a = - R_i \mu \frac{k_a^2}{k_i^2} = - \frac{R_i}{\varepsilon} , \tag{9.3-102'}$$

$$R_a = - \frac{R_i}{\mu} . \tag{9.3-103'}$$

Diese Gleichungen haben keine Lösungen. Da die asymptotischen Werte (9.3-104) und (9.3-106) sehr rasch erreicht werden, können wir auch den Bereich III ausschließen. Im Bereich II schließlich approximieren wir die linken Seiten wieder durch

$$R_a \frac{H_o^{(1)}(R_a)}{H_o^{(1)\prime}(R_a)} \approx \frac{R_a}{i} = \sqrt{h^2 - k_a^2}\, a . \tag{9.3-113}$$

Diese Funktion steigt monoton von 0 bis $\sqrt{k_i^2 - k_a^2}\, a$. Die Argumente der Besselfunktionen auf den rechten Seiten von (9.3-102) und (9.3-103) sind nun reell, d.h. die rechten Seiten haben Nullstellen für $R_i = \lambda_{on} a$ und Pole für $R_i = \lambda'_{on} a$ ($n = 1,2,\dots$). Im Bereich II kann es also eine endliche Zahl von Wurzeln der Gleichungen (9.3-102) und (9.3-103) geben.

Die Anzahl der Wurzeln hängt bei gegebenen Materialkonstanten von der Frequenz ab. Für $h = k_a$ verschwindet die linke Seite von (9.3-102) und (9.3-103) (s. 9.3-105), so daß R_i eine Nullstelle von J_o sein muß:

$$\lambda_i a = \sqrt{k_i^2 - k_a^2}\, a = \lambda_{on} a \quad \Rightarrow \quad \omega_{on} = \frac{\lambda_{no} c}{\sqrt{\varepsilon\mu - 1}} , \qquad n = 1,2,\dots . \tag{9.3-114}$$

$\lambda_{on} a$ $(n = 1,2,\dots)$ durchläuft die Menge der Nullstellen von J_o (s. 9.3-53 und Tabelle 9.1). Unterhalb der Grenzfrequenz

$$\omega_{01} = \frac{2{,}405\ c}{a\sqrt{\varepsilon\mu - 1}} \tag{9.3-115}$$

existieren keine Lösungen. Für größere Werte von h können wir den Quotienten der Hankelfunktionen in (9.3-102) und (9.3-103) nach (9.3-106) durch (-i) ersetzen. Wir drücken R_a durch R_i aus,

$$R_a = a\sqrt{k_a^2 - h^2} = i\,a\sqrt{h^2 - k_a^2} = i\sqrt{(k_i^2 - k_a^2)\,a^2 - R_i^2}\ , \tag{9.3-116}$$

und erhalten näherungsweise

$$\text{TM-Wellen:} \qquad -\varepsilon\frac{J_o'(R_i)}{J_o(R_i)} = -\frac{R_i}{\sqrt{(k_i^2 - k_a^2)\,a^2 - R_i^2}}\ , \tag{9.3-117}$$

$$\text{TE-Wellen:} \qquad -\mu\frac{J_o'(R_i)}{J_o(R_i)} = -\frac{R_i}{\sqrt{(k_i^2 - k_a^2)\,a^2 - R_i^2}}\ . \tag{9.3-118}$$

Die Wurzeln dieser transzendenten Gleichungen erhält man nach dem Schema von Abb.9.11. Die linke Seite (ausgezogene Kurve) verschwindet in den Nullstellen $\lambda'_{on} a$ $(n = 1,2,\dots)$ von J_o' und hat Pole erster Ordnung in den Nullstellen $\lambda_{on} a$ $(n = 1,2,\dots$ von J_o. Die rechte Seite (gestrichelte Kurve) ist stets negativ und strebt für $R_i \to a\sqrt{k_i^2 - k_a^2}$ gegen $(-\infty)$. Für die Wurzeln gilt

$$\lambda_{or} \leqslant \sqrt{k_i^2 - h_r^2} < \lambda'_{or}\ , \qquad r = 1,2,\dots\ , \qquad h_r^2 < k_i^2\ . \tag{9.3-119}$$

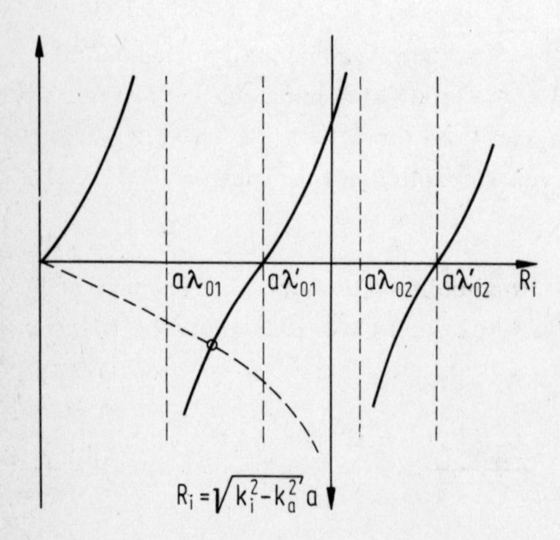

Abb.9.11

Für jede der beiden Gleichungen (9.3-117) und (9.3-118) gibt es also höchstens endlich viele Lösungen. Die Wurzel mit der niedrigsten Frequenz hat den Charakter einer Hauptwelle. Letztere ist eine TM-Welle bzw. TE-Welle, jenachdem $\varepsilon < \mu$ bzw. $\varepsilon > \mu$ ist. Die Phasengeschwindigkeit der Hauptwelle kommt der Lichtgeschwindigkeit am nächsten. Die anderen Lösungen führen zu Nebenwellen, deren Phasengeschwindigkeit in Richtung des minimalen Werts $c/n = c/\sqrt{\varepsilon\mu}$ abnimmt. Ähnlich liegen die Verhältnisse bei den unsymmetrischen Wellen mit $m \neq 0$. Lediglich der Fall $|m| = 1$ fällt etwas aus dem Rahmen, weil hier keine untere Grenzfrequenz existiert.

Die dielektrischen Wellenleiter spielen eine bedeutende Rolle in der optischen Nachrichtentechnik. Im Gegensatz zu den metallischen Wellenleitern transportieren sie die Energie im wesentlichen im Innenraum, wo die Felder ungedämpft sind, während sie im Außenraum in transversaler Richtung $\rho \to \infty$ exponentiell abnehmen.

9.3.4. Die Leitungsgleichungen

Eine Anordnung, die aus zwei parallelen zylindrischen Wellenleitern mit beliebigen Querschnitten F_1 und F_2 besteht, nennt man eine Doppelleitung. Die Wellenleiter sind häufig in ein Medium mit einer dispersiven Dielektrizitätskonstante $\varepsilon_0\varepsilon(\omega)$ eingebettet. Die Permeabilität ist dagegen näherungsweise konstant: $\mu = \text{const}$ (s. Abb.9.12). Die gesamte Anordnung befindet sich natürlich im Vakuum, doch können wir von dem Einfluß der Grenzfläche zwischen Vakuum und dispersivem Medium in der Umgebung der Wellenleiter absehen, wenn die transversale Ausdehnung des Mediums groß gegenüber den Querdimensionen der Wellenleiter ist.

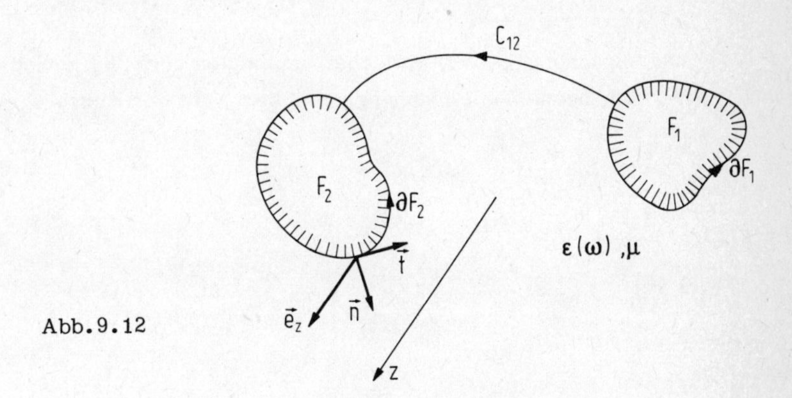

Abb.9.12

Zunächst behandeln wir die Doppelleitung mit idealen Wellenleitern. Auf Grund der gleichen Argumentation wie zu Beginn des letzten Abschnitts muß eine in positiver z-Richtung fortschreitende, geführte Welle eine TEM-Welle mit dem Ausbreitungsparameter

$$h = k = \frac{\omega}{c}\sqrt{\varepsilon(\omega)\,\mu} \quad , \qquad \operatorname{Im}\{k\} > 0 \, , \tag{9.3-120}$$

sein. Sie ist gedämpft, wenn im Medium Verluste auftreten ($\mathrm{Im}\{\varepsilon(\omega)\} \neq 0$). Wir drücken die Feldstärken der TEM-Welle nach (9.3-13) durch die Funktion Ψ aus,

$$\left.\begin{aligned} \bar{E}(\vec{x},\omega) &= i\,\bar{\nabla}_\perp \Psi \\ \bar{H}(\vec{x},\omega) &= \frac{i}{Z} * \bar{e}^z \wedge \bar{\nabla}_\perp \Psi \end{aligned}\right\} \cdot \exp(ikz)\ , \qquad Z = \frac{\omega\mu_o\mu}{k}\ , \tag{9.3-121}$$

und bestimmen Ψ aus dem transversalen Randwertproblem

$$\begin{aligned} \Delta_\perp \Psi = 0\ , \qquad & \Psi = \Psi_1 \qquad \forall\, \vec{x}_\perp \in \partial F_1\ , \\ & \Psi = \Psi_2 \qquad \forall\, \vec{x}_\perp \in \partial F_2\ . \end{aligned} \tag{9.3-122}$$

Hinzu tritt die Grenzbedingung auf der Grenzfläche zwischen dispersivem Medium und Vakuum, von der wir hier absehen.

Die physikalische Bedeutung der Differenz $\Psi_2 - \Psi_1$ wird klar, wenn wir $\bar{E}(\omega)$ über eine Kurve C_{12} integrieren, die einen Punkt von ∂F_1 mit einem Punkt von ∂F_2 in einer Ebene $z = \mathrm{const}$ verbindet (s. Abb.9.12). Da Ψ auf ∂F_1 und ∂F_2 konstant ist, die 1-Form $\bar{E}(\omega)$ ferner in einer Ebene $z = \mathrm{const}$ exakt ist (s. 9.3-121), kann C_{12} beliebig gewählt werden. In jedem Fall erhalten wir

$$\begin{aligned} U(z,\omega) :&= \int_{C_{12}} \langle \bar{E}(\vec{x},\omega), d\vec{C}\rangle = i \int_{C_{12}} \langle \bar{\nabla}_\perp \Psi, d\vec{C}\rangle \exp(ikz) = \\ &= i(\Psi_2 - \Psi_1)\exp(ikz)\ . \end{aligned} \tag{9.3-123}$$

Neben der Spannung $U(z,\omega)$ zwischen den beiden Leitern ist auch der Bündelfluß $\Phi(z,\omega)$ pro Längeneinheit unabhängig von der Wahl der Kurve C_{12}:

$$\begin{aligned} \Phi(z,\omega) :&= \int_{C_{12}} \langle \bar{B}(\vec{x},\omega), \vec{e}_z \wedge d\vec{C}\rangle = \\ &= i\,\frac{\mu\mu_o}{Z} \int_{C_{12}} \langle \bar{e}^z \wedge \bar{\nabla}_\perp \Psi, \vec{e}_z \wedge d\vec{C}\rangle \exp(ikz) = \\ &= i\,\frac{\mu\mu_o}{Z} \int_{C_{12}} \langle \bar{\nabla}_\perp \Psi, d\vec{C}\rangle \exp(ikz)\ . \end{aligned} \tag{9.3-124}$$

Auf dem Rand ∂F_1 fließt in z-Richtung der Strom

$$I(z,\omega) := \int_{\partial F_1} \langle \bar{H}(\vec{x},\omega), d\vec{C}\rangle = \frac{i}{Z} \int_{\partial F_1} \langle * \bar{e}^z \wedge \bar{\nabla}_\perp \Psi, d\vec{C}\rangle \exp(ikz)\ . \tag{9.3-125}$$

Ferner beträgt die Ladung $Q(z,\omega)$ pro Längeneinheit:

$$Q(z,\omega) := \int_{\partial F_1} \langle \bar{D}(\vec{x},\omega), d\vec{C} \wedge \vec{e}_z \rangle = \varepsilon_o \varepsilon(\omega) \int_{\partial F_1} \langle * \, i \bar{\nabla}_\perp \Psi, d\vec{C} \wedge \vec{e}_z \rangle \exp(ikz). \quad (9.3\text{-}126)$$

Statt über ∂F_1 kann man auch über eine andere Kurve integrieren, die F_1 ein- und F_2 ausschließt. Im Fall einer Doppelleitung haben die nach (9.3-125) und (9.3-126) für den zweiten Leiter gebildeten Größen das entgegengesetzte Vorzeichen.

Ein Vergleich von (9.3-126) mit (9.3-125) bzw. (9.3-124) mit (9.3-123) zeigt, daß zwischen $Q(z,\omega)$ und $I(z,\omega)$ bzw. $\Phi(z,\omega)$ und $U(z,\omega)$ ein einfacher Zusammenhang besteht

$$Q(z,\omega) = \frac{k}{\omega} I(z,\omega) , \quad (9.3\text{-}127)$$

$$\Phi(z,\omega) = \frac{k}{\omega} U(z,\omega) . \quad (9.3\text{-}128)$$

Nach Fouriertransformation bezüglich ω erhalten wir die sogenannten Leitungsgleichungen:

1. Leitungsgleichung: $$\frac{\partial Q}{\partial t} + \frac{\partial I}{\partial z} = 0 , \quad (9.3\text{-}129)$$

2. Leitungsgleichung: $$\frac{\partial \Phi}{\partial t} + \frac{\partial U}{\partial z} = 0 . \quad (9.3\text{-}130)$$

Andererseits folgt aus (9.3-126) mit der orientierten orthonormalen Basis $(\vec{n},\vec{t},\vec{e}_z)$ auf ∂F_1 (s. Abb.9.12)

$$Q(z,\omega) = \varepsilon_o \varepsilon(\omega)\, i \int_{\partial F_1} \frac{\partial \Psi}{\partial n} ds \exp(ikz) . \quad (9.3\text{-}131)$$

Hier ist s die Bogenlänge auf ∂F_1. Wir definieren nun die Kapazität $C(\omega)$ pro Längeneinheit der Doppelleitung,

$$C(\omega) := \varepsilon_o \varepsilon(\omega) \frac{\int_{\partial F_1} \frac{\partial \Psi}{\partial n} ds}{\Psi_2 - \Psi_1} , \quad (9.3\text{-}132)$$

und erhalten mit (9.3-123)

$$Q(z,\omega) = C(\omega)\, U(z,\omega) . \quad (9.3\text{-}133)$$

Ebenso folgt aus (9.3-124) und (9.3-125)

$$\Phi(z,\omega) = \frac{\mu_o \mu}{Z} i(\Psi_2 - \Psi_1) \exp(ikz) = L_a I(z,\omega) , \quad (9.3\text{-}134)$$

wo

$$L_a := \mu_o \mu \frac{\Psi_2 - \Psi_1}{\int\limits_{\partial F_1} \frac{\partial \Psi}{\partial n} ds} \tag{9.3-135}$$

die äußere Selbstinduktivität pro Längeneinheit ist. Zwischen $C(\omega)$ und L_a besteht die Beziehung

$$C(\omega)\, L_a = \varepsilon_o \varepsilon(\omega)\, \mu_o \mu \,. \tag{9.3-136}$$

Während L_a reell ist, ist $C(\omega)$ i.a. komplex. Zum Beispiel erhalten wir für die einfachste Dispersionsfunktion (s. 8.2-42)

$$\varepsilon_o \varepsilon(\omega) = \varepsilon_o \varepsilon + i \frac{\varkappa}{\omega + i0}$$

die Kapazität pro Längeneinheit

$$C(\omega) =: C + i \frac{G}{\omega + i0} = \left(\varepsilon_o \varepsilon + i \frac{\varkappa}{\omega + i0}\right) \frac{\int\limits_{\partial F_1} \frac{\partial \Psi}{\partial n} ds}{\Psi_2 - \Psi_1} \,. \tag{9.3-137}$$

Die Größe G ist die sogenannte Ableitung pro Längeneinheit. Wir setzen (9.3-137) in (9.3-133) ein und bilden die Fouriertransformierte bezüglich ω:

$$\frac{\partial Q}{\partial t} = C \frac{\partial U}{\partial t} + GU \,. \tag{9.3-138}$$

Ebenso folgt aus (9.3-134)

$$\Phi(z,t) = L_a I(z,t) \,. \tag{9.3-139}$$

Mit (9.3-138) und (9.3-139) können wir die Größen Q und Φ aus den beiden Leitungsgleichungen (9.3-129) und (9.3-130) eliminieren

$$C \frac{\partial U}{\partial t} + GU + \frac{\partial I}{\partial z} = 0 \,, \tag{9.3-140}$$

$$L_a \frac{\partial I}{\partial t} + \frac{\partial U}{\partial z} = 0 \,. \tag{9.3-141}$$

Für ein verlustfreies Medium ist $G = 0$, und wir erhalten durch Eliminieren von U bzw. I aus (9.3-140) und (9.3-141) für I bzw. U die Wellengleichung

$$\left(L_a C \frac{\partial^2}{\partial t^2} - \frac{\partial^2}{\partial z^2} \right) (I,U) = 0 \,. \tag{9.3-142}$$

Ihre allgemeine Lösung lautet (s. 7.3-11)

$$I(z,t) = f(z - ut) + g(z + ut) \ , \tag{9.3-143}$$

wo f und g beliebige differenzierbare Funktionen sind. Die Geschwindigkeit (s. 9.3-136)

$$u = \frac{1}{\sqrt{L_a C}} = \frac{1}{\sqrt{\varepsilon_o \varepsilon \mu_o \mu}} \tag{9.3-144}$$

ist die Phasengeschwindigkeit im Medium. Die zugeordnete Lösung für die Spannung ist bis auf eine Konstante durch (9.3-140) und (9.3-141) bestimmt. Wir setzen sie gleich Null und erhalten

$$U(z,t) = \sqrt{\frac{L_a}{C}} \, [f(z - ut) - g(z + ut)] \ . \tag{9.3-145}$$

Die Größe

$$Z' = \sqrt{\frac{L_a}{C}} = \sqrt{\frac{\mu_o \mu}{\varepsilon_o \varepsilon}} \left| \frac{\Psi_2 - \Psi_1}{\int\limits_{\partial F_1} \frac{\partial \Psi}{\partial n} ds} \right| \tag{9.3-146}$$

ist der Wellenwiderstand der Doppelleitung. Schließt man sie mit einem Ohmschen Widerstand der Größe Z' ab, so tritt keine Unstetigkeit im Verlauf von Strom und Spannung auf, also auch keine Reflexion.

Welche Änderungen sind zu erwarten, wenn die Wellenleiter der Doppelleitung nicht mehr ideal sind, sondern aus metallischem Material hoher Leitfähigkeit bestehen? Falls der Abstand der Wellenleiter so groß ist, daß sich die von den einzelnen Wellenleitern erzeugten Felder nur wenig überlappen, dürfen wir in erster Näherung annehmen, daß das gesamte Feld gleich der Summe der Felder von zwei Wellenleitern hoher Leitfähigkeit ist. Im Abschnitt 9.3.3 haben wir gesehen, daß die Hauptwelle eines Wellenleiters hoher Leitfähigkeit eine TM-Welle ist, im besonderen eine symmetrische TM-Welle für einen Rundwellenleiter. In größerem Abstand vom Wellenleiter spielt die Gestalt des Querschnitts keine große Rolle mehr, so daß das Feld wie die Hankelfunktion $H_o^{(1)}(\lambda_a \rho)$ (s. 9.3-97) für $\rho \to \infty$ exponentiell abfallen wird. Hier ist $\lambda_a = \sqrt{k_a^2 - h^2}$, wo k_a die Wellenzahl (9.3-120) im Außenraum des Wellenleiters ist. Der Ausbreitungsparameter h ist nicht mehr gleich k_a, wie im Fall des idealen Wellenleiters, sondern für die Hauptwelle gilt: $\mathrm{Re}\{h\} \approx k_a$, $\mathrm{Im}\{\lambda_a\} > 0$. Eine hinreichende Bedingung für die Entkopplung der beiden Wellenleiter ist somit

$$|\lambda_a| d \gg 1 \ . \tag{9.3-147}$$

d ist der Abstand der beiden Wellenleiter. Im Fall eines kreiszylindrischen Wellenleiters vom Radius a ist nach (9.3-102) und (9.3-104) $\lambda_a \sim a^{-1}$, so daß (9.3-147) bei gegebenen Materialkonstanten gleichbedeutend ist mit $d \gg a$.

Ist diese Bedingung nicht erfüllt, so verliert das Feld seine Symmetrie bezüglich Drehungen um die Achse eines Wellenleiters, d.h. die Feldstärken hängen dann vom Drehwinkel ab. Wie man am Beispiel des Rundwellenleiters (s. Abschn. 9.3.3) erkennt, bedingt dort ein elektrisches Feld $\bar{E}(\omega)$, das von θ abhängt, eine longitudinale Komponente von $\bar{H}(\omega)$. Die Hauptwelle der Doppelleitung ist somit eine Überlagerung von TM- und TE-Welle. Ein Blick auf (9.3-13) und (9.3-14) zeigt, daß in diesem Fall keine integralen Größen definiert werden können.

Ist dagegen die Bedingung (9.3-147) erfüllt, so reicht der Ansatz (9.3-13) für eine TM-Welle aus, und wir können die integralen Größen (9.3-123) bis (9.3-126) einführen. Während Spannung und Bündelfluß nach wie vor nicht von der Wahl der Kurve C_{12} in einer Ebene $z = \text{const}$ abhängen (s. 9.3-13), hängen Strom und Ladung wegen der longitudinalen Komponente von $\bar{E}(\omega)$ von der Wahl der Kurve ∂F ab, die den betreffenden Wellenleiter einschließt. Wir definieren diese Größen, indem wir für ∂F den jeweiligen Rand des Leiters wählen. Ferner tritt in allen Definitionen (9.3-123) - (9.3-126) der Ausbreitungsparameter h an die Stelle von k und in (9.3-124) und (9.3-125) die Größe hZ/k_a an die Stelle von Z, wo k_a nach wie vor die Wellenzahl (9.3-120) im Außenraum der Wellenleiter ist.

Wie man leicht nachprüft, gilt die Beziehung (9.3-127) und damit die 1. Leitungsgleichung (9.3-129) auch nach diesen Substitutionen. Das gleiche gilt für den Zusammenhang (9.3-133) zwischen Ladung und Spannung sowie für die Definitionen (9.3-133) bzw. (9.3-137) des Kapazitätsbelages. Statt (9.3-128) erhält man jedoch

$$\Phi(z,\omega) = \frac{k_a^2}{h\omega} U(z,\omega) = \frac{h}{\omega} U(z,\omega) + \frac{k_a^2 - h^2}{h\omega} U(z,\omega) . \qquad (9.3\text{-}148)$$

Den letzten Term können wir nach (9.3-13) unter Beachtung der Definition (9.3-123) für die Spannung durch die äußeren Randwerte E_{z1} und E_{z2} der z-Komponente von $\bar{E}(\omega)$ auf den Leitern 1 und 2 ausdrücken:

$$\frac{k_a^2 - h^2}{h\omega} U = \frac{i}{\omega} [E_{z2}(z,\omega) - E_{z1}(z,\omega)] . \qquad (9.3\text{-}149)$$

Wir setzen (9.3-149) in (9.3-148) ein und erhalten nach Fouriertransformation statt der 2. Leitungsgleichung (9.3-130)

$$\frac{\partial \Phi}{\partial t} + \frac{\partial U}{\partial z} - (E_{z2} - E_{z1}) = 0 . \qquad (9.3\text{-}150)$$

Zu dem gleichen Ergebnis gelangt man, wenn man das Induktionsgesetz (7.1-3a) über ein zwischen die beiden Wellenleiter gespanntes Flächenstück der Länge $\Delta z = 1$ integriert. +)

Wir erinnern uns nun, daß für die TM-Hauptwelle eines einzelnen Wellenleiters die Randbedingung (9.2-54) gilt (s. auch 9.3-110). Sie besagt in unserem Fall

$$E_{z1} = Z_1 H_{t1} , \qquad E_{z2} = Z_2 H_{t2} , \tag{9.3-151}$$

wo Z_1 und Z_2 die Oberflächenimpedanzen der beiden Wellenleiter sind. Da die Tangentialkomponenten H_{t1} und H_{t2} der magnetischen Feldstärke auf dem Leiterrand in der betrachteten Näherung konstant sind, folgt

$$E_{z1} = \frac{Z_1}{s_1} \int_{\partial F_1} \langle \bar{H}, d\vec{C} \rangle = \frac{Z_1}{s_1} I_1 , \qquad E_{z2} = \frac{Z_2}{s_2} \int_{\partial F_2} \langle \bar{H}, d\vec{C} \rangle = \frac{Z_2}{s_2} I_2 . \tag{9.3-152}$$

Hier ist s_1 bzw. s_2 der Umfang des jeweiligen Wellenleiters. Nun sind I_1 und I_2 zwar verschieden, doch verschwindet $I_1 + I_2$ für $\varkappa \to \infty$. Da Z_1 und Z_2 ebenfalls für $\varkappa \to \infty$ verschwinden, können wir in erster Ordnung in (9.3-152) $I_1 = - I_2 = I$ setzen. Schließlich definieren wir den Ohmschen Widerstand R und die innere Selbstinduktivität L_i der Doppelleitung pro Längeneinheit nach dem Vorbild von (9.2-65),

$$\frac{Z_1}{s_1} + \frac{Z_2}{s_2} =: R - i\omega L_i , \tag{9.3-153}$$

und beachten, daß zwischen Bündelfluß und Strom nach wie vor die Beziehung (9.3-139) besteht. Wir erhalten dann aus (9.3-150) - (9.3-153) die Leitungsgleichung

$$\frac{\partial U}{\partial z} + L \frac{\partial I}{\partial t} + R I = 0 , \qquad L = L_a + L_i . \tag{9.3-154}$$

Sie ersetzt die 2. Leitungsgleichung (9.3-130).

Aus den beiden Leitungsgleichungen (9.3-140) und (9.3-154) kann nun wieder eine der beiden Größen I und U eliminiert werden. Für die andere erhält man die Telegrafengleichung

$$\left[L C \frac{\partial^2}{\partial t^2} - \frac{\partial^2}{\partial z^2} + (R C + G L) \frac{\partial}{\partial t} + R G \right] (I,U) = 0 . \tag{9.3-155}$$

+) Unsere Betrachtung setzt voraus, daß die Eindringtiefe δ des Stromes in den Leiter klein ist, d.h. sie gilt im Bereich hoher Frequenzen. Im niederfrequenten Bereich muß man Spannung und Bündelfluß mit der Stromverteilung über den Leiterquerschnitt mitteln. An die Stelle von Φ tritt dann die Flußverkettung Ψ (s. 6.1-51).

Wir setzen

$$u^2 = \frac{1}{LC} , \qquad a = \frac{R}{L} , \qquad b = \frac{G}{C} , \tag{9.3-156}$$

machen den Ansatz

$$I(z,t) = \exp\left(- \frac{(a+b)}{2} t \right) f(z,t) \tag{9.3-157}$$

und erhalten für f die Differentialgleichung

$$\frac{1}{u^2} \frac{\partial^2 f}{\partial t^2} - \frac{\partial^2 f}{\partial z^2} - \frac{(a-b)^2}{4u^2} f = 0 . \tag{9.3-158}$$

Das entspricht dem Ansatz (9.1-51) für die Differentialgleichung (9.1-49), die wir wegen ihrer Verwandtschaft mit (9.3-155) ebenfalls Telegrafengleichung genannt haben. Ein Vergleich mit den Lösungen von (9.1-52) zeigt, daß die Lösungen von (9.3-158) wie die von (9.1-52) dispersiv sind, bis auf den Fall

$$a = \frac{R}{L} = \frac{G}{C} = b . \tag{9.3-159}$$

In diesem Sonderfall haben die Lösungen von (9.3-155) die Form

$$I(z,t) = \exp\left(- \frac{Rt}{L} \right) f(z \pm ut) , \tag{9.3-160}$$

d.h. es sind fortschreitende, gedämpfte, ebene Wellen. Statt (9.3-160) können wir auch schreiben

$$I(z,t) = \exp\left(\pm \frac{Rz}{uL} \right) g(z \pm ut) . \tag{9.3-161}$$

Während des Ausbreitungsvorgangs werden die Wellenprofile zwar gedämpft, aber nicht durch Dispersion verzerrt.

Befindet sich einer der beiden Wellenleiter nicht im Außenraum, sondern im Innenraum des anderen Wellenleiters, so spricht man von einer koaxialen Doppelleitung. Die Leitungsgleichungen gelten auch in diesem Fall unter den gleichen Voraussetzungen. Darüber hinaus können die geführten Wellen einer koaxialen Leitung mit zwei Wellenleitern von kreisförmigem Querschnitt ähnlich wie die Drahtwellen eines Rundwellenleiters analytisch bestimmt und die Voraussetzungen für die Leitungsgleichungen überprüft werden (s. hierzu Aufgabe 9.7).

9.4. Ausstrahlung elektromagnetischer Wellen

9.4.1. Entwicklung nach Multipolfeldern

Im Abschnitt 7.3.4 haben wir das Feld eines elektrischen Dipols untersucht, der mit einer festen Frequenz ω schwingt. Eine beliebige Anordnung zur Erzeugung elektromagnetischer Wellen kann durch eine elektrische Dipolverteilung $\bar{p}(\vec{x},t)$ und eine magnetische Dipolverteilung $\bar{m}(\vec{x},t)$ beschrieben werden, die außerhalb eines kompakten räumlichen Bereichs verschwinden. Um Komplikationen zu vermeiden, sehen wir zunächst von einschränkenden Rand- bzw. Grenzbedingungen ab und untersuchen das von der Anordnung ins Vakuum abgestrahlte Feld.

Wir gehen wieder von den Maxwellschen Gleichungen (9.1-2) und (9.1-3) für die zeitlichen Fouriertransformierten der Feldgrößen aus. An die Stelle der Materialgleichungen (9.1-1) treten die Beziehungen (s. 4.3-78 und 6.2-83)

$$\bar{D}(\omega) = * \varepsilon_o \bar{E}(\omega) + \bar{p}(\omega) , \qquad \bar{H}(\omega) = * \frac{1}{\mu_o} \bar{B}(\omega) - \bar{m}(\omega) , \tag{9.4-1}$$

wo $\bar{p}(\omega)$ und $\bar{m}(\omega)$ die Fouriertransformierten der Dipolverteilungen sind. Mit ihrer Hilfe eliminieren wir die Felder $\bar{D}(\omega)$ und $\bar{B}(\omega)$ und erhalten

$$\bar{\nabla} \wedge \bar{E} - i\omega \mu_o * \bar{H} = i\omega \mu_o * \bar{m} \qquad \Rightarrow \qquad \bar{\nabla} \wedge * \bar{H} = - \bar{\nabla} \wedge * \bar{m} , \tag{9.4-2a}$$

$$\bar{\nabla} \wedge \bar{H} + i\omega \varepsilon_o * \bar{E} = - i\omega \bar{p} \qquad \Rightarrow \qquad \bar{\nabla} \wedge * \bar{E} = - \frac{1}{\varepsilon_o} \bar{\nabla} \wedge \bar{p} . \tag{9.4-2b}$$

Da die Gleichungen auf den rechten Seiten von (9.4-2a,b) eine Folge der Gleichungen auf den linken Seiten sind, genügt es, die letzteren zu lösen. Wie früher benutzen wir eine der beiden Gleichungen, um eine Feldgröße durch die andere auszudrücken und aus der zweiten Gleichung zu eliminieren. Auf diesem Wege erhalten wir entweder

$$\bar{H} = - \frac{i}{kZ_o} * (\bar{\nabla} \wedge \bar{E}) - \bar{m} \qquad , \qquad k = \frac{\omega}{c} , \qquad Z_o = \sqrt{\frac{\mu_o}{\varepsilon_o}} , \tag{9.4-3a}$$

$$\bar{\nabla} \cdot (\bar{\nabla} \wedge \bar{E}) - k^2 \bar{E} = k Z_o \left[ck * \bar{p} + i * (\bar{\nabla} \wedge \bar{m}) \right] , \tag{9.4-3b}$$

oder

$$\bar{E} = i \frac{Z_o}{k} * (\bar{\nabla} \wedge \bar{H}) - c Z_o * \bar{p} , \tag{9.4-4a}$$

$$\bar{\nabla} \cdot (\bar{\nabla} \wedge \bar{H}) - k^2 \bar{H} = k \left[k \bar{m} - i c * (\bar{\nabla} \wedge * \bar{p}) \right] . \tag{9.4-4b}$$

Die Gleichungen (9.4-3a) - (9.4-4b) sind invariant unter der Abbildung

$$\bar{E} \mapsto Z_o \bar{H} \quad , \quad \bar{H} \mapsto -\frac{1}{Z_o} \bar{E} \ ,$$
$$\bar{p} \mapsto \frac{1}{c} * \bar{m} \quad , \quad \bar{m} \mapsto -c * \bar{p} \ . \tag{9.4-5}$$

Wir interessieren uns zunächst für die allgemeine Lösung von (9.4-3b) bzw. (9.4-4b) in Abwesenheit von äußeren Quellen. Die Differentialgleichung

$$\bar{\nabla} \cdot (\bar{\nabla} \wedge \bar{E}) - k^2 \bar{E} = 0 \tag{9.4-6}$$

stimmt für $k^2 = 0$ mit der Differentialgleichung (6.2-111) für das Vektorpotential überein, deren allgemeine Lösung wir im Abschnitt 6.2.4 durch Entwicklung nach vektoriellen Kugelfunktionen konstruiert haben. Es liegt deshalb nahe, das gleiche Verfahren auch zur Lösung von (9.4-6) zu verwenden. In Analogie zu (6.2-127) machen wir für $\bar{E}$ den Ansatz

$$\bar{E} = f(r)\, \bar{e}\, Y_{\ell m}(\theta,\varphi) + g(r) \bar{\nabla}_e Y_{\ell m}(\theta,\varphi) + h(r) * \bar{e} \wedge \bar{\nabla}_e Y_{\ell m}(\theta,\varphi) . \tag{9.4-7}$$

Es sei daran erinnert, daß $\bar{e} = \bar{e}^r$ und $\bar{\nabla}_e$ der winkelabhängige Teil des Nablaoperators ist (s. 6.2-114):

$$\bar{\nabla} = \bar{e}^r \bar{\nabla}_r + \frac{1}{r} \bar{\nabla}_e \ . \tag{9.4-8}$$

Nach Einsetzen von (9.4-7) in (9.4-6) erhalten wir folgende Gleichungen für f,g,h (s. 6.2-128):

$$h'' + 2\frac{h'}{r} + \left(k^2 - \frac{\ell(\ell+1)}{r^2}\right) h = 0 \ , \tag{9.4-9}$$

$$\frac{\ell(\ell+1)}{r^2} [f - (rg)'] - k^2 f = 0 \ , \tag{9.4-10a}$$

$$\frac{1}{r^2} [f - (rg)'] + \left(\frac{f - (rg)'}{r}\right)' - k^2 g = 0 \ . \tag{9.4-10b}$$

($f' = df/dr$).

Setzt man

$$\Psi = \frac{f - (rg)'}{r} \ , \tag{9.4-11}$$

so folgt aus (9.4-10a,b), daß Ψ ebenfalls der Differentialgleichung (9.4-9) genügen muß. Andererseits lassen sich f und g durch Ψ ausdrücken,

$$f = \frac{1}{k^2} \frac{\ell(\ell+1)}{r} \Psi , \qquad g = \frac{1}{k^2} \left(\frac{\Psi}{r} + \Psi' \right) , \tag{9.4-12}$$

so daß wir die entsprechenden Terme in (9.4-7) mit Hilfe der Beziehungen (6.2-118) - (6.2-119) zusammenfassen können zu

$$\left(\frac{\ell(\ell+1)}{r} \Psi \bar{e} \, Y_{\ell m} + \left(\frac{\Psi}{r} + \Psi' \right) \bar{\nabla}_e \, Y_{\ell m} \right) = - \bar{\nabla} \cdot (\bar{e} \wedge \bar{\nabla}_e) \, \Psi Y_{\ell m} . \tag{9.4-13}$$

Mit (9.4-13) ist der Ansatz (9.4-7) der allgemeinste, der der Bedingung

$$\bar{\nabla} \cdot \bar{E} = 0 \tag{9.4-14}$$

genügt, die jede Lösung von (9.4-6) erfüllen muß.

Die beiden verbleibenden Funktionen $h(r)$ und $\Psi(r)$ genügen der Differentialgleichung (9.4-9). Sie geht durch den Ansatz

$$h(r) = \frac{u(r)}{\sqrt{r}} \tag{9.4-15}$$

in die Besselsche Differentialgleichung über:

$$u'' + \frac{1}{r} u' + \left(k^2 - \frac{(\ell + 1/2)^2}{r^2} \right) u = 0 . \tag{9.4-16}$$

Ihre allgemeine Lösung lautet

$$u(r) = a \, H^{(1)}_{\ell+1/2}(kr) + b \, H^{(2)}_{\ell+1/2}(kr) , \qquad a, b \in \mathbb{C} . \tag{9.4-17}$$

Hier sind $H^{(1,2)}_{\ell+1/2}$ die beiden Hankelfunktionen mit dem Index $\ell + 1/2$. Es ist üblich, die sogenannten sphärischen Hankelfunktionen einzuführen:

$$h^{(1,2)}_{\ell}(kr) := \sqrt{\frac{\pi}{2\,kr}} \, H^{(1,2)}_{\ell+1/2}(kr) . \tag{9.4-18}$$

Die allgemeine Lösung von (9.4-9) lautet dann

$$h_\ell(r) = a' h^{(1)}_\ell(kr) + b' h^{(2)}_\ell(kr) , \qquad a', b' \in \mathbb{C} . \tag{9.4-19}$$

In Abwesenheit von äußeren Quellen muß die Lösung für $r \to 0$ regulär sein, d.h.

$$h_\ell(r) = a \, j_\ell(kr) , \tag{9.4-20}$$

wo j_ℓ die sphärische Besselfunktion ist:

$$j_\ell(kr) := \sqrt{\frac{\pi}{2\,kr}}\; J_{\ell+1/2}(kr)\,. \tag{9.4-21}$$

Ein Blick auf (9.4-7) und (9.4-13) zeigt, daß die allgemeine Lösung von (9.4-6) mit Hilfe der normierten vektoriellen Kugelfunktionen $\bar{X}^{(3)}_{\ell m}$ ausgedrückt werden kann, die wir im Abschnitt 6.2.4 eingeführt haben. Da wir nur diese eine Schar von vektoriellen Kugelfunktionen benötigen, können wir auf den Index verzichten und setzen (s. 6.2-125)

$$\bar{X}_{\ell m} := \bar{X}^{(3)}_{\ell m} = \frac{*\,(\bar{e}\wedge\bar{\nabla}_e)}{\sqrt{\ell(\ell+1)}}\, Y_{\ell m}\,, \quad \ell=0,1,2,\ldots\,, \quad -\ell \leqslant m \leqslant +\ell\,. \tag{9.4-22}$$

Wir erhalten nun zwei linear unabhängige Lösungen von (9.4-6), indem wir entweder Ψ oder h gleich Null setzen. Für $h = 0$ ergibt sich mit (9.4-13), (9.4-22) und (9.4-3a):

elektrische (TM-)Welle:

$$\left\{\begin{aligned} \bar{E}_{\ell m} &= *\bar{\nabla}\wedge h_\ell \bar{X}_{\ell m} = -\bar{\nabla}_e \frac{Y_{\ell m}}{\sqrt{\ell(\ell+1)}}\,\frac{(rh_\ell)'}{r} - \frac{\ell(\ell+1)}{r^2}\,\bar{e}\,\frac{Y_{\ell m}}{\sqrt{\ell(\ell+1)}}(rh_\ell)\,,\\ \bar{H}_{\ell m} &= -\frac{i}{kZ_o}\,\bar{\nabla}\cdot(\bar{\nabla}\wedge h_\ell\bar{X}_{\ell m}) = -i\,\frac{k}{Z_o}\,h_\ell\bar{X}_{\ell m}\,. \end{aligned}\right. \tag{9.4-23}$$

Ebenso erhalten wir für $\Psi = 0$

magnetische (TE-)Welle:

$$\left\{\begin{aligned} \bar{E}_{\ell m} &= i\,\frac{Z_o}{k}\,\bar{\nabla}\cdot(\bar{\nabla}\wedge h_\ell\bar{X}_{\ell m}) = i\,Z_o k h_\ell \bar{X}_{\ell m}\,,\\ \bar{H}_{\ell m} &= *\,\bar{\nabla}\wedge h_\ell\bar{X}_{\ell m}\,. \end{aligned}\right. \tag{9.4-24}$$

In beiden Fällen ist $h_\ell(r)$ eine Lösung von (9.4-9) von der Form (9.4-19), deren Koeffizienten durch die Randbedingungen zu bestimmen sind.

Die Lösungen (9.4-23) bzw. (9.4-24) entsprechen den TM-Wellen (9.3-13) bzw. den TE-Wellen (9.3-14) im zylindersymmetrischen Fall. Man nennt sie elektrische bzw. magnetische Wellen. Bei einer elektrischen Welle ist die magnetische Feldstärke orthogonal zum radialen Einheitsvektor $\vec{e}$, bei einer magnetischen Welle die elektrische Feldstärke. Um die allgemeine Lösung von (9.4-6) bzw. der entsprechenden Gleichung für $\bar{H}$ zu erhalten, müssen wir die sogenannten Multipolfelder (9.4-23) und (9.4-24) überlagern:

$$\bar{E} = \sum_{\ell,m} \left(a_{\ell m}(E) * \bar{\nabla} \wedge h_\ell \bar{X}_{\ell m} + a_{\ell m}(M) i Z_o k h_\ell \bar{X}_{\ell m} \right),$$

$$\bar{H} = \sum_{\ell,m} \left(a_{\ell m}(M) * \bar{\nabla} \wedge h_\ell \bar{X}_{\ell m} - a_{\ell m}(E) i \frac{k}{Z_o} h_\ell \bar{X}_{\ell m} \right). \tag{9.4-25}$$

Die Entwicklungskoeffizienten heißen elektrische $[a_{\ell m}(E)]$ bzw. magnetische $[a_{\ell m}(M)]$ Multipolkoeffizienten.

Wir untersuchen nun die Lösungen der inhomogenen Gleichungen (9.4-3b) und (9.4-4b). Da die Dipolverteilungen außerhalb eines kompakten räumlichen Bereichs verschwinden sollen, müssen die Lösungen für $r \to \infty$ in Lösungen der homogenen Gleichungen vom Typ (9.4-25) übergehen. Dabei muß es sich um auslaufende Wellen handeln, die sich von der ausstrahlenden Anordnung entfernen, d.h. die Funktionen h_ℓ sind in diesem Fall die sphärischen Besselfunktionen $h_\ell^{(1)}$:

$$h_\ell^{(1)}(kr) \quad \to \quad \frac{1}{kr} \exp(ikr), \qquad r \to \infty. \tag{9.4-26}$$

Die Lösungen der inhomogenen Gleichungen (9.4-3b) und (9.4-4b) werden durch diese, nach Sommerfeld Ausstrahlungsbedingung genannte, Forderung eindeutig festgelegt. Auch die entgegengesetzte Bedingung, die Einstrahlungsbedingung, legt die Lösungen eindeutig fest, ist aber physikalisch ohne Bedeutung.

Es liegt nahe, für die Lösungen der inhomogenen Gleichungen Entwicklungen nach vektoriellen Kugelfunktionen anzusetzen:

$$\bar{E} = \sum_{\ell,m} \left(* \bar{\nabla} \wedge f_{\ell m} \bar{X}_{\ell m} + i Z_o k g_{\ell m} \bar{X}_{\ell m} \right),$$

$$\bar{H} = \sum_{\ell,m} \left(* \bar{\nabla} \wedge g_{\ell m} \bar{X}_{\ell m} - i \frac{k}{Z_o} f_{\ell m} \bar{X}_{\ell m} \right). \tag{9.4-27}$$

Diese Entwicklungen gelten aber nur für 1-Formen, die der Bedingung (9.4-14) genügen, was für die Lösungen von (9.4-3b) und (9.4-4b) i.a. nicht zutrifft (s. 9.4-2a,b). Ein Kunstgriff behebt diese Schwierigkeit. Wir setzen

$$\bar{E} = \bar{E}' - c Z_o * \bar{p}, \qquad \bar{H} = \bar{H}' - \bar{m} \tag{9.4-28}$$

und erhalten für die Felder $\bar{E}'$ und $\bar{H}'$ die inhomogenen Gleichungen

$$\bar{\nabla} \cdot (\bar{\nabla} \wedge \bar{E}') - k^2 \bar{E}' = Z_o \left[c \bar{\nabla} \cdot (\bar{\nabla} \wedge * \bar{p}) + ik * (\bar{\nabla} \wedge \bar{m}) \right], \tag{9.4-29}$$

$$\bar{\nabla} \cdot (\bar{\nabla} \wedge \bar{H}') - k^2 \bar{H}' = \bar{\nabla} \cdot (\bar{\nabla} \wedge \bar{m}) - ikc * (\bar{\nabla} \wedge * \bar{p}). \tag{9.4-30}$$

Die Felder $\bar{E}'$ und $\bar{H}'$ genügen wie die rechten Seiten von (9.4-29) und (9.4-30) der Bedingung (9.4-14), so daß sie durch Entwicklungen der Form (9.4-27) dargestellt werden können. Wir ersetzen also in (9.4-27) $\bar{E}$ durch $\bar{E}'$ bzw. $\bar{H}$ durch $\bar{H}'$.

Um die radialen Funktionen f_ℓ und g_ℓ zu bestimmen, multiplizieren wir (9.4-29) und (9.4-30) skalar mit $\bar{X}^*_{\ell m}$ und integrieren über die Oberfläche der Einheitskugel. Unter Beachtung der Orthonormalitätsrelationen (6.2-126) erhalten wir

$$f''_{\ell m} + \frac{2}{r} f'_{\ell m} + \left(k^2 - \frac{\ell(\ell+1)}{r^2}\right) f_{\ell m} = -i \frac{Z_o}{k} f^{(1)}_{\ell m} , \tag{9.4-31}$$

$$g''_{\ell m} + \frac{2}{r} g'_{\ell m} + \left(k^2 - \frac{\ell(\ell+1)}{r^2}\right) g_{\ell m} = \frac{i}{Z_o k} g^{(1)}_{\ell m} . \tag{9.4-32}$$

Hier ist

$$f^{(1)}_{\ell m} = \int_0^{2\pi} d\varphi \int_0^{\pi} d\theta \, \sin\theta \langle \bar{X}^*_{\ell m} | \bar{\nabla} \cdot (\bar{\nabla} \wedge \bar{m}) - ikc * (\bar{\nabla} \wedge * \bar{p}) \rangle , \tag{9.4-33}$$

$$g^{(1)}_{\ell m} = \int_0^{2\pi} d\varphi \int_0^{\pi} d\theta \, \sin\theta \langle \bar{X}^*_{\ell m} | Z_o c \, \bar{\nabla} \cdot (\bar{\nabla} \wedge * \bar{p}) + ik * (\bar{\nabla} \wedge \bar{m}) \rangle . \tag{9.4-34}$$

Die Integration von (9.4-31) und (9.4-32) gelingt mit Hilfe der Greenschen Funktion $G_\ell(r,r'|k)$ des Differentialoperators

$$\frac{1}{r^2} \frac{d}{dr} r^2 \frac{d}{dr} + k^2 - \frac{\ell(\ell+1)}{r^2} .$$

Sie muß der Differentialgleichung

$$\frac{1}{r^2} \frac{d}{dr} r^2 \frac{dG_\ell}{dr} + \left(k^2 - \frac{\ell(\ell+1)}{r^2}\right) G_\ell = -\delta(r - r') \frac{1}{r^2} \tag{9.4-35}$$

und der Ausstrahlungsbedingung genügen. Die Lösung lautet

$$G_\ell(r,r'|k) = ik \begin{cases} j_\ell(kr) \, h^{(1)}_\ell(kr') , & r < r' \\ j_\ell(kr') \, h^{(1)}_\ell(kr) , & r > r' . \end{cases} \tag{9.4-36}$$

Für $r \to 0$ verhalten sich die Funktionen $J_{\ell+1/2}$ und $H^{(1)}_{\ell+1/2}$ wie

$$r \to 0: \quad \begin{aligned} J_{\ell+1/2}(kr) &\to \frac{(kr)^{\ell+1/2}}{2^{\ell+1/2}\,\Gamma(\ell+1/2+1)} \,, \\ H^{(1)}_{\ell+1/2}(kr) &\to -\,i\,\frac{\Gamma(\ell+1/2)\;2^{\ell+1/2}}{\pi(kr)^{\ell+1/2}} \,. \end{aligned} \tag{9.4-37}$$

Zusammen mit den Definitionen (9.4-18) und (9.4-21) folgt, daß $G_\ell(r,r'|k)$ für $k \to 0$ in die Greensche Funktion (4.3-127) des oben erwähnten Differentialoperators für $k^2 = 0$ übergeht.

Die Lösungen von (9.4-31) und (9.4-32), die der Ausstrahlungsbedingung genügen, sind somit

$$f_{\ell m}(r) = i\,\frac{Z_o}{k} \int_0^\infty dr'r'^2 G_\ell(r,r'|k)\, f^{(1)}_{\ell m}(r') \,, \tag{9.4-38}$$

$$g_{\ell m}(r) = -\,\frac{i}{Z_o k} \int_0^\infty dr'r'^2 G_\ell(r,r'|k)\, g^{(1)}_{\ell m}(r') \,. \tag{9.4-39}$$

Für $r \to \infty$ erhalten wir nach (9.4-36)

$$f_{\ell m}(r) \to a_{\ell m}(E)\, h^{(1)}_\ell(kr) \,, \qquad g_{\ell m}(r) \to a_{\ell m}(M)\, h^{(1)}_\ell(kr) \,, \qquad r \to \infty . \tag{9.4-40}$$

Die Koeffizienten

$$\begin{aligned} a_{\ell m}(E) &= -\,Z_o \int_0^\infty dr'r'^2\, j_\ell(kr')\, f^{(1)}_{\ell m}(r') = \\ &= -\,Z_o \int d\tau(\vec{x}) \langle j_\ell \bar{X}^*_{\ell m} | \bar{\nabla} \cdot (\bar{\nabla} \wedge \bar{m}) - ikc * (\bar{\nabla} \wedge * \bar{p}) \rangle \,, \end{aligned} \tag{9.4-41}$$

$$\begin{aligned} a_{\ell m}(M) &= \frac{1}{Z_o} \int_0^\infty dr'r'^2\, j_\ell(kr')\, g^{(1)}_{\ell m}(r') = \\ &= \frac{1}{Z_o} \int d\tau(\vec{x}) \langle j_\ell \bar{X}^*_{\ell m} | c\, \bar{\nabla} \cdot (\bar{\nabla} \wedge * \bar{p}) + ik * (\bar{\nabla} \wedge \bar{m}) \rangle \end{aligned} \tag{9.4-42}$$

sind die Multipolkoeffizienten der Lösung im Sinne von (9.4-25), denn die Felder $\bar{E}$ und $\bar{E}'$ bzw. $\bar{H}$ und $\bar{H}'$ stimmen für $r \to \infty$ überein (s. 9.4-28).

Es ist nützlich sich davon zu überzeugen, daß die für das Feld eines schwingenden Dipols nach (9.4-41) und (9.4-42) berechneten Multipolkoeffizienten mit denjenigen identisch sind, die man von der expliziten Lösung des Abschnitts 7.3.4 abliest (s. Aufgabe 9.8). Aufgabe 9.8 beschäftigt sich außerdem mit dem Verhalten der Multipolfelder in der Nah- $(kr \ll 1)$ und Fernzone $(kr \gg 1)$.

9.4.2. Vertikalantenne über einem leitenden Halbraum

Die Berechnung des Strahlungsfeldes wird wesentlich erschwert, wenn das Medium, in dem sich die Wellen ausbreiten, nicht homogen ist. Eine interessante Aufgabe dieser Art ist die Bestimmung des Strahlungsfeldes einer Vertikalantenne, die im Vakuum über einem leitenden Halbraum angebracht ist. Wir benutzen Zylinderkoordinaten (ρ, φ, z) und identifizieren die Ebene $z = 0$ mit der Grenzfläche zwischen Vakuum $(z > 0)$ und leitendem Medium $(z < 0)$. Die Antenne soll ein elektrischer Dipol sein, dessen Moment orthogonal zur Grenzfläche ist. Für die zeitliche Fouriertransformierte der Dipolverteilung setzen wir an

$$* \; \bar{p}(\vec{x},\omega) = P_o(\omega)\, \bar{e}^z \, \delta(\vec{x} - \vec{x}_o) \;, \tag{9.4-43}$$

wo $\vec{x}_o = h\,\vec{e}_z$ und h die Höhe der Antenne über der Ebene $z = 0$ ist (s. Abb.9.13).

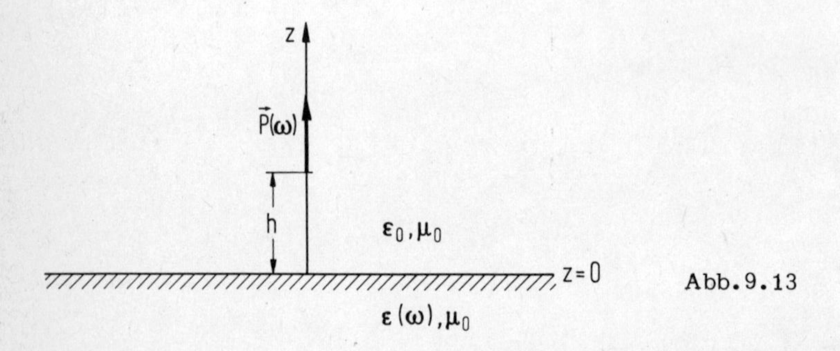

Abb.9.13

Im Halbraum $z > 0$ lautet die Differentialgleichung (9.4-3b)

$$\bar{\nabla}\cdot(\bar{\nabla}\wedge\bar{E}) - k^2\bar{E} = \frac{k^2}{\varepsilon_o} * \bar{p} = \frac{P_o}{\varepsilon_o} k^2 \bar{e}^z \delta(\vec{x} - \vec{x}_o), \qquad k^2 = \frac{\omega^2}{c^2}, \qquad z > 0 \;, \tag{9.4-44}$$

während im Halbraum $z < 0$ gilt

$$\bar{\nabla}\cdot(\bar{\nabla}\wedge\bar{E}) - k_-^2\bar{E} = 0 \;, \qquad k_-^2 = \frac{\omega^2}{c^2}\,\varepsilon(\omega) \;, \qquad z < 0 \;. \tag{9.4-45}$$

Wie schon früher, setzen wir $\mu = 1$ und begnügen uns mit einer dispersiven Dielektrizitätskonstanten. Die Differentialgleichung (9.4-44) vereinfacht sich durch den Ansatz

$$\bar{E} =: k^2 \bar{Z} + \bar{\nabla}(\bar{\nabla} \cdot \bar{Z}) , \qquad z > 0 . \tag{9.4-46}$$

Die 1-Form $\bar{Z}$ entspricht dem Hertzschen Vektor $\vec{Z}$, den wir im Abschnitt 7.3.4 eingeführt haben (s. 7.3-124). Mit dem entsprechenden Ansatz

$$\bar{E} =: k_-^2 \bar{Z} + \bar{\nabla}(\bar{\nabla} \cdot \bar{Z}) , \qquad z < 0 , \tag{9.4-47}$$

erhalten wir für $\bar{Z}$ die Differentialgleichungen

$$\begin{aligned} (\Delta + k^2)\, \bar{Z} &= - \frac{P_o}{\varepsilon_o}\, \bar{e}^z\, \delta(\vec{x} - \vec{x}_o) , && z > 0 , \\ (\Delta + k_-^2)\, \bar{Z} &= 0 , && z < 0 . \end{aligned} \tag{9.4-48}$$

Schließlich beachten wir noch, daß P_o nicht vom Ortsvektor $\vec{x}$ abhängt und reduzieren (9.4-48) durch den Ansatz

$$\bar{Z} = \frac{P_o}{\varepsilon_o}\, \bar{e}^z\, G \tag{9.4-49}$$

auf analoge Gleichungen für die 0-Form G:

$$\begin{aligned} (\Delta + k^2)\, G &= - \delta(\vec{x} - \vec{x}_o) , && z > 0 \\ (\Delta + k_-^2)\, G &= 0 , && z < 0 . \end{aligned} \tag{9.4-50}$$

Die Grenzbedingungen fordern die Stetigkeit der Tangentialkomponenten von $\bar{E}$ und $\bar{H}$ auf der Grenzfläche $z = 0$. Da die Anordnung invariant unter Drehungen um die z-Achse ist, gehen wir davon aus, daß die gesuchte Funktion G nur von den Koordinaten ρ und z abhängt. Unter dieser Voraussetzung ist (s. 9.4-46, 9.4-47 und 9.4-49)

$$E_\rho = \frac{\partial}{\partial \rho}\, \bar{\nabla} \cdot \bar{Z} \tag{9.4-51}$$

die Tangentialkomponente von $\bar{E}$ und (s. 9.4-3a)

$$H_\varphi = \frac{i}{\omega \mu_o}\, \rho\, \frac{\partial Z_z}{\partial \rho} \begin{cases} k^2 , & z > 0 \\ k_-^2 , & z < 0 \end{cases} \tag{9.4-52}$$

die Tangentialkomponente von $\bar{H}$. Beide sind stetig, wenn G die folgenden Grenzbedingungen erfüllt:

$$k^2\, G(\rho,+0) = k_-^2\, G(\rho,-0)\ ,$$
$$\frac{\partial G}{\partial z}(\rho,+0) = \frac{\partial G}{\partial z}(\rho,-0)\ . \tag{9.4-53}$$

Schließlich dürfen wir die Ausstrahlungsbedingung nicht vergessen, die für $\|\vec{x}-\vec{x}_o\| \to \infty$ auslaufende Wellen vorschreibt. Sie sind im Halbraum $z > 0$ ungedämpft, im Halbraum $z < 0$ gedämpft.

Im Vakuum ($k_-^2 = k^2$) ist die Lösung von (9.4-50) die Greensche Funktion, die der Ausstrahlungsbedingung genügt. Sie lautet (s. 7.3-129)

$$G_o(\rho,z) = \frac{1}{4\pi r}\exp(ikr)\ , \qquad r = \sqrt{\rho^2 + (z-h)^2}\ . \tag{9.4-54}$$

In unserem Fall ist es zweckmäßig, $G_o(\rho,z)$ nach Lösungen der Differentialgleichung

$$(\Delta + k^2)\, f = \left(\frac{1}{\rho}\frac{\partial}{\partial\rho}\rho\frac{\partial}{\partial\rho} + \frac{\partial^2}{\partial z^2} + k^2\right) f = 0 \tag{9.4-55}$$

zu entwickeln. Dazu gehen wir von der Entwicklung nach ebenen Wellen aus:

$$G_o(\vec{x}-\vec{x}_o) = \frac{1}{(2\pi)^3}\int d\tau(\vec{q})\,\frac{\exp[i\vec{q}\cdot(\vec{x}-\vec{x}_o)]}{\vec{q}^{\,2} - k^2 - i0}\ . \tag{9.4-56}$$

Wir erinnern daran, daß i0 für die Vorschrift steht, das Integral zunächst für $i\varepsilon$ ($\varepsilon > 0$) auszuwerten und anschließend den Grenzwert $\varepsilon \to 0$ zu bilden. Das Vorzeichen des Imaginärteils ist entscheidend für die Erfüllung der Ausstrahlungsbedingung. Wir setzen nun

$$\vec{q}\cdot(\vec{x}-\vec{x}_o) = \lambda\rho\cos\varphi + \sigma(z-h) \tag{9.4-57}$$

und rechnen (9.4-56) auf Zylinderkoordinaten um. Mit der Integraldarstellung für die Besselfunktion J_o,

$$J_o(\rho) = \frac{1}{2\pi}\int_0^{2\pi} d\varphi\,\exp(i\rho\cos\varphi)\ , \tag{9.4-58}$$

erhalten wir

$$G_o(\rho, z) = \frac{1}{(2\pi)^2} \int_0^{\infty} d\lambda\, \lambda\, J_o(\lambda\rho) \int_{-\infty}^{+\infty} d\sigma \frac{\exp[i\,\sigma(z-h)]}{\sigma^2 + \lambda^2 - k^2 - i0} . \qquad (9.4\text{-}59)$$

Das letzte Integral läßt sich mit Hilfe des Residuensatzes auswerten:

$$\frac{1}{2\pi i} \int_{-\infty}^{+\infty} d\sigma \frac{\exp[i\,\sigma(z-h)]}{\sigma^2 + \lambda^2 - k^2 - i0} = \frac{1}{2\sqrt{k^2 + i0 - \lambda^2}} \exp(i\sqrt{k^2 + i0 - \lambda^2}\,|z-h|) . \qquad (9.4\text{-}60)$$

Die Schreibweise $k^2 + i0$ zeigt an, daß die Verzweigungsschnitte in der komplexen λ-Ebene von dem oberhalb der reellen Achse gelegenen Verzweigungspunkt $\lambda = \sqrt{k^2 + i0}$ und dem unterhalb der reellen Achse liegenden Verzweigungspunkt $\lambda = -\sqrt{k^2 + i0}$ so nach ∞ zu führen sind, daß sie den Integrationsweg nicht schneiden. Der Imaginärteil von $\sqrt{k^2 + i0 - \lambda^2}$ ist stets positiv zu wählen. Im folgenden schreiben wir einfach k^2 statt $k^2 + i0$. Wir setzen nun (9.4-60) in (9.4-59) ein und erhalten die gewünschte Entwicklung

$$G_o(\rho, z) = \frac{i}{4\pi} \int_0^{\infty} d\lambda\, \lambda \frac{J_o(\lambda\rho)}{\sqrt{k^2 - \lambda^2}} \exp\left(i\sqrt{k^2 - \lambda^2}\,|z-h|\right) . \qquad (9.4\text{-}61)$$

Da $G_o(\rho, z)$ bereits die durch die δ-Funktion bedingte Singularität in $\vec{x}_o$ enthält, genügt es, (9.4-61) in den Halbräumen $z > 0$ und $z < 0$ durch reguläre Lösungen von (9.4-55) er ergänzen, um die Grenzbedingungen (9.4-53) zu erfüllen:

$$G(\rho, z) = \frac{i}{4\pi} \int_0^{\infty} d\lambda\, \lambda\, J_o(\lambda\rho) \begin{cases} F_+(\lambda) \exp\left[i\sqrt{k^2-\lambda^2}\,(z+h)\right]\Big\} + G_o(\rho, z), & z > 0 \\ F_-(\lambda) \exp\left[i\left(\sqrt{k^2-\lambda^2}\,h - \sqrt{k_-^2-\lambda^2}\,z\right)\right]\Big\} , & z < 0 \end{cases} \qquad (9.4\text{-}62)$$

Die Grenzbedingungen liefern

$$F_+(\lambda) = \frac{1}{\sqrt{k^2 - \lambda^2}} \; \frac{k_-^2 \sqrt{k^2 - \lambda^2} - k^2 \sqrt{k_-^2 - \lambda^2}}{k_-^2 \sqrt{k^2 - \lambda^2} + k^2 \sqrt{k_-^2 - \lambda^2}} ,$$

$$F_-(\lambda) = \frac{2\,k^2}{k_-^2 \sqrt{k^2 - \lambda^2} + k^2 \sqrt{k_-^2 - \lambda^2}} . \qquad (9.4\text{-}63)$$

Die Auswertung der restlichen Integrale erfolgt am besten durch Deformation des Integrationsweges in der komplexen λ-Ebene. Dazu beachtet man, daß

$$J_0(\rho) = \frac{1}{2}\left[H_0^{(1)}(\rho) + H_0^{(2)}(\rho)\right] . \tag{9.4-64}$$

$H_0^{(1)}(\rho)$ ist in der längs der negativen reellen Achse aufgeschnittenen ρ-Ebene holomorph. Ferner gilt

$$H_0^{(2)}(\rho) = H_0^{(1)}(\rho e^{i\pi}) . \tag{9.4-65}$$

Folglich kann man das Integral über $J_0(\lambda\rho)$ durch ein Integral über $H_0^{(1)}(\lambda\rho)$ ersetzen:

$$\int_0^\infty d\lambda\,\lambda\,J_0(\lambda\rho)\ldots \to \frac{1}{2}\int_{-\infty}^{+\infty} d\lambda\,\lambda\,H_0^{(1)}(\lambda\rho)\ldots . \tag{9.4-66}$$

$H_0^{(1)}(\lambda\rho)$ ist in der Halbebene $\operatorname{Im}\{\lambda\} > 0$ holomorph und exponentiell gedämpft für $|\lambda| \to \infty$. Die Lage der Verzweigungsschnitte der Wurzeln $\sqrt{k^2 - \lambda^2}$ und $\sqrt{k_-^2 - \lambda^2}$ zeigt Abb.9.14.

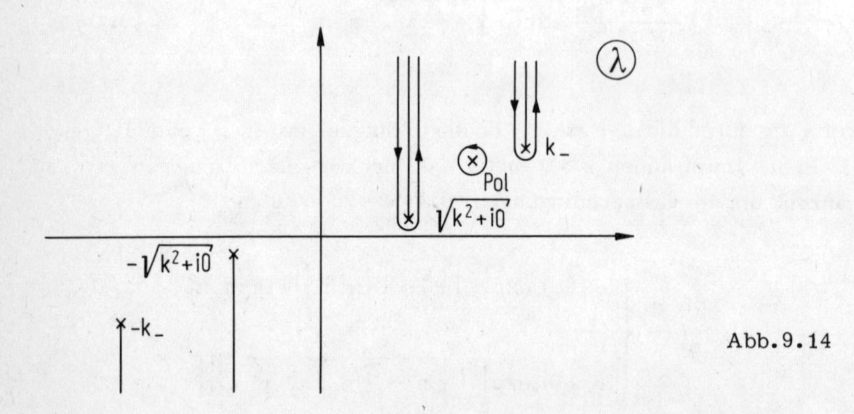

Abb.9.14

Statt über die reelle Achse können wir den Integrationsweg in der Halbebene $\operatorname{Im}\{\lambda\} > 0$ auf beiden Seiten der von $\sqrt{k^2 + i0}$ und k_- ausgehenden Verzweigungsschnitte entlangführen (s. Abb.9.14). Außerdem ist ein Polbeitrag zu berücksichtigen, wenn der Nenner von (9.4-63) eine Nullstelle mit $\operatorname{Im}\{\lambda\} > 0$ hat:

$$-\frac{\sqrt{k^2 - \lambda^2}}{k^2} = \frac{\sqrt{k_-^2 - \lambda^2}}{k_-^2} . \tag{9.4-67}$$

Diese Bedingung stimmt mit der Bedingung (9.2-39) für die Existenz einer Oberflächenwelle überein, wenn man beachtet, daß k und k' von (9.2-39) den Größen $\sqrt{k^2 - \lambda^2}$ und $\sqrt{k_-^2 - \lambda^2}$ entsprechen (s. 9.2-41 zum Vorzeichen der Wurzeln). In der Näherung

$$k_-^2 = \frac{\omega^2}{c^2}\,\varepsilon(\omega) \approx \frac{\omega^2}{c^2}\left(\varepsilon + \frac{i\varkappa}{\omega\varepsilon_0}\right) \tag{9.4-68}$$

wird deutlich, daß der Hauptbeitrag zur Lösung (9.4-62) im Fall eines guten Leiters von dem Polbeitrag und dem Integral über den von $\sqrt{k^2 + i0}$ ausgehenden Verzweigungsschnitt geliefert wird.

Eine einfache Näherungsformel für das Ergebnis ist von Sommerfeld angegeben worden, auf den die hier geschilderte Methode zurückgeht. Wir geben sie für den Fall an, daß z und h verschwinden. Sei λ_0 eine Lösung von (9.4-67) mit $\mathrm{Im}\{\lambda_0\} > 0$. Die Näherungsformel lautet[+)]

$$G(\rho,0) \approx \frac{2}{4\pi\rho}\exp(ik\rho)\left[1 + i\sqrt{\pi\chi}\,\exp(-\chi) - 2\sqrt{\chi}\,\exp(-\chi)\int_0^{\sqrt{\chi}} \exp(w^2)\,dw\right], \tag{9.4-69}$$

mit der dimensionslosen Variablen

$$\chi = i(k - \lambda_0)\,\rho\ . \tag{9.4-70}$$

Die Näherungsformel zeigt die Konkurrenz von Raum- und Oberflächenwellen. Für gute Leiter ist $(k - \lambda_0)$ klein (s. 9.2-43), und die Raumwelle $\exp(ik\rho)/\rho$ überwiegt. Bei schlechten Leitern, wie z.B. dem Erdboden ($\varkappa \approx 10^{-2}\,\Omega^{-1}\,m^{-1}$), kann die Oberflächenwelle in einer Umgebung des Senders dominieren. Für die Ausbreitung über Seewasser ($\varkappa \approx 1\,\Omega^{-1}\,m^{-1}$) spielt sie dagegen schon keine Rolle mehr.

Der erste Term von (9.4-69) liefert die exakte Lösung für einen Halbraum mit unendlicher Leitfähigkeit. Die Greensche Funktion $G(\rho,z)$ läßt sich in diesem Fall leicht mit der Spiegelungsmethode konstruieren. Das gleiche gilt für das Problem der Horizontalantenne über einem leitenden Halbraum, mit dem sich die Aufgabe 9.9 beschäftigt.

+) s. A. Sommerfeld: Partielle Differentialgleichungen der Physik (Akademische Verlagsgesellschaft, Leipzig 1947), S. 359

9.4.3. Das Reziprozitätstheorem

Das Reziprozitätstheorem vergleicht die Strahlungsfelder, die von verschiedenen Quellen unter gleichen äußeren Bedingungen erzeugt werden. Die äußeren Bedingungen betreffen die Materialeigenschaften des Mediums, in dem sich die ausgestrahlten Wellen ausbreiten. Um möglichst allgemein zu sein, setzen wir ein inhomogenes Medium voraus, in dem lokal die Materialgleichungen (9.1-1) für die zeitlichen Fouriertransformierten der Feldgrößen gelten. Ferner nehmen wir an, daß die Funktionen $\varepsilon(\vec{x},\omega)-1$ und $\mu(\vec{x},\omega)-1$ für $\|\vec{x}\| \to \infty$ hinreichend stark verschwinden, so daß die Felder asymptotisch in Vakuumfelder übergehen.

Das Strahlungsfeld soll von einer eingeprägten elektrischen Dipolverteilung $\bar{p}^{(e)}(\vec{x},\omega)$ erzeugt werden, die außerhalb eines kompakten räumlichen Bereichs K verschwindet. Es genügt, diesen Fall zu betrachten, da die Überlegungen für andere eingeprägte Quellen wie Strom- und Ladungsverteilungen sowie magnetische Dipolverteilungen vollkommen analog verlaufen. Wir vergleichen nun die Felder, die von zwei verschiedenen Dipolverteilungen $\bar{p}_1^{(e)}(\omega)$ und $\bar{p}_2^{(e)}(\omega)$ erzeugt werden. In beiden Fällen gelten die durch $\bar{p}^{(e)}$ ergänzten Materialgleichungen (9.1-1)

$$\begin{aligned} \bar{D}_1 &= * \varepsilon_o \varepsilon(\omega)\, \bar{E}_1 + \bar{p}_1^{(e)} \quad , \quad & \bar{D}_2 &= * \varepsilon_o \varepsilon(\omega)\, \bar{E}_2 + \bar{p}_2^{(e)} \\ \bar{B}_1 &= * \frac{1}{\mu_o \mu(\omega)} \bar{H}_1 \quad , \quad & \bar{B}_2 &= * \frac{1}{\mu_o \mu(\omega)} \bar{H}_2 \,. \end{aligned} \tag{9.4-71}$$

Von den Maxwellschen Gleichungen benötigen wir (9.1-2a) und (9.1-3b)

$$\begin{aligned} \bar{\nabla} \wedge \bar{E}_1 &= i\omega \bar{B}_1 \quad , \quad & \bar{\nabla} \wedge \bar{E}_2 &= i\omega \bar{B}_2 \,, \\ \bar{\nabla} \wedge \bar{H}_1 &= -i\omega \bar{D}_1 \quad , \quad & \bar{\nabla} \wedge \bar{H}_2 &= -i\omega \bar{D}_2 \,. \end{aligned} \tag{9.4-72}$$

Wir multiplizieren nun die Gleichung für $\bar{E}_1$ mit $\bar{H}_2$ und die für $\bar{H}_2$ mit $\bar{E}_1$ und bilden die Differenz:

$$\bar{\nabla} \wedge \bar{E}_1 \wedge \bar{H}_2 = i\omega(\bar{H}_2 \wedge \bar{B}_1 + \bar{D}_2 \wedge \bar{E}_1) \,. \tag{9.4-73}$$

Diese Beziehung bleibt richtig, wenn wir die Indizes 1 und 2 vertauschen, so daß wir sie antisymmetrisieren können:

$$\bar{\nabla} \wedge (\bar{E}_1 \wedge \bar{H}_2 - \bar{E}_2 \wedge \bar{H}_1) = i\omega(\bar{H}_2 \wedge \bar{B}_1 - \bar{H}_1 \wedge \bar{B}_2 + \bar{D}_2 \wedge \bar{E}_1 - \bar{D}_1 \wedge \bar{E}_2) \,. \tag{9.4-74}$$

Nunmehr beachten wir die Materialgleichungen (9.4-71) und erhalten

$$\bar{\nabla} \wedge (\bar{E}_1 \wedge \bar{H}_2 - \bar{E}_2 \wedge \bar{H}_1) = -i\omega\left(\bar{p}_1^{(e)} \wedge \bar{E}_2 - \bar{p}_2^{(e)} \wedge \bar{E}_1\right) \,. \tag{9.4-75}$$

Durch Integration über den gesamten Raum folgt

$$\lim_{R\to\infty} \int_{\partial K(R)} \langle \bar{E}_1 \wedge \bar{H}_2 - \bar{E}_2 \wedge \bar{H}_1, d\vec{F} \rangle = - i\omega \int_{K_1} \langle \bar{p}_1^{(e)} \wedge \bar{E}_2, dK \rangle - \int_{K_2} \langle \bar{p}_2^{(e)} \wedge \bar{E}_1, dK \rangle \,. \tag{9.4-76}$$

Hier ist $\partial K(R)$ die Oberfläche einer Kugel vom Radius R. Ferner haben wir beachtet, daß die Dipolverteilungen $\bar{p}_1^{(e)}$ bzw. $\bar{p}_2^{(e)}$ außerhalb von K_1 bzw. K_2 verschwinden.

Da die Felder für $R \to \infty$ nach Voraussetzung in Vakuumfelder übergehen, können wir das Integral über $\partial K(R)$ mit Hilfe der Multipolentwicklung (9.4-25) auswerten. Für die Funktionen $h_\ell(r)$ sind die sphärischen Hankelfunktionen $h_\ell^{(1)}(kr)$ einzusetzen. Ferner genügt es, nur die führenden Terme von der Ordnung $O(1/r)$ zu berücksichtigen, da die Terme höherer Ordnung nichts beitragen. Wir erhalten dann

$$\bar{E} \to \sum_{\ell m} \left[a_{\ell m}(E) * (\bar{e} \wedge \bar{X}_{\ell m}) + a_{\ell m}(M)\, Z_o \bar{X}_{\ell m} \right] \frac{i}{r} \exp(ikr) \,,$$

$$r \to \infty \tag{9.4-77}$$

$$\bar{H} \to \sum_{\ell m} \left[a_{\ell m}(M) * (\bar{e} \wedge \bar{X}_{\ell m}) - a_{\ell m}(E)\, \frac{1}{Z_o} \bar{X}_{\ell m} \right] \frac{i}{r} \exp(ikr) .$$

Wir approximieren nun alle Felder im Integranden im Sinne von (9.4-77) und werten das Integral über $\partial K(R)$ mit Hilfe der Orthonormalitätsrelationen (6.2-126) für die vektoriellen Kugelfunktionen $\bar{X}_{\ell m}$ aus. Die übrig bleibenden Diagonalterme der Doppelsummen heben sich gegenseitig weg, so daß

$$\lim_{R\to\infty} \int_{\partial K(R)} \langle \bar{E}_1 \wedge \bar{H}_2 - \bar{E}_2 \wedge \bar{H}_1, d\vec{F} \rangle = 0 \,. \tag{9.4-78}$$

Damit folgt aus (9.4-76)

$$\int_{K_1} \langle \bar{p}_1^{(e)} \wedge \bar{E}_2, dK \rangle = \int_{K_2} \langle \bar{p}_2^{(e)} \wedge \bar{E}_1, dK \rangle \,. \tag{9.4-79}$$

Die Relation (9.4-79) ist eine spezielle Version des Reziprozitätstheorems. Sie wird besonders prägnant für zwei lokalisierte Dipole. Mit den Verteilungen

$$* \vec{p}_1^{(e)}(\vec{x},\omega) = \vec{P}_1(\omega)\, \delta(\vec{x} - \vec{x}_1) \,,$$

$$* \vec{p}_2^{(e)}(\vec{x},\omega) = \vec{P}_2(\omega)\, \delta(\vec{x} - \vec{x}_2) \tag{9.4-80}$$

ergibt sich nach (9.4-79)

$$\langle \bar{E}_2(\vec{x}_1,\omega),\vec{P}_1(\omega)\rangle = \langle \bar{E}_1(\vec{x}_2,\omega),\vec{P}_2(\omega)\rangle \; . \tag{9.4-81}$$

Die vom Dipol 1 als Empfänger in Richtung des Dipolmoments registrierte Komponente des vom Dipol 2 ausgestrahlten Feldes ist gleich der vom Dipol 2 als Empfänger in Richtung seines Dipolmoments registrierten Komponente des vom Dipol 1 ausgestrahlten Feldes. Wesentlich ist, daß beide Dipole mit der gleichen Frequenz senden.

Aussagen dieser Art sind typisch für alle Versionen des Reziprozitätstheorems. Entscheidend für seine Gültigkeit ist die Linearität der Materialgleichungen. Der Beweis kann ebenso für anisotrope Medien geführt werden, vorausgesetzt, die Tensoren $\varepsilon(\omega)$ und $\mu(\omega)$ sind symmetrisch. Anders liegen die Verhältnisse, wenn die Tensoren von einem statischen Magnetfeld $\bar{B}_o$ abhängen, das sich zu den Wechselfeldern $\bar{E}(\omega)$, $\bar{B}(\omega)$ addiert. Bereits Faraday hat den Einfluß eines Magnetfeldes auf die Ausbreitung des Lichts entdeckt. In einem Plasma sind die Tensorkomponenten $\varepsilon_{ij}(\omega,\bar{B}_o)$ nicht symmetrisch, in Ferriten die Komponenten $\mu_{ij}(\omega,\bar{B}_o)$, doch gelten in beiden Fällen die Onsager-Casimir-Relationen

$$\begin{aligned} \varepsilon_{ij}(\omega,\bar{B}_o) &= \varepsilon_{ji}(\omega,-\bar{B}_o) \; , \\ \mu_{ij}(\omega,\bar{B}_o) &= \mu_{ji}(\omega,-\bar{B}_o) \; , \end{aligned} \qquad i,j = 1,2,3 \; . \tag{9.4-82}$$

Sie sind ein Ergebnis der Thermodynamik irreversibler Prozesse. Nach ihnen gilt das Reziprozitätstheorem, wenn die Vertauschung von Sendern und Empfängern von einer Umpolung des Magnetfeldes begleitet wird[+]. Technisch wird die Asymmetrie des Permeabilitätstensors z.B. bei den sogenannten nichtreziproken Mikrowellenbauelementen ausgenutzt.

+) J. Meixner: Acta Phys. Polon. 27, 113 (1965).

Aufgaben

9.1 Das Integral

$$\Phi(x,t) = \frac{1}{4\pi} \int_{-\infty}^{+\infty} \frac{dk}{\sqrt{k^2 + \frac{\omega_o^2}{c^2}}} \exp\left[i\left(kx - \sqrt{k^2 + \frac{\omega_o^2}{c^2}}\, ct\right)\right] =$$

$$= \frac{i}{4} \begin{cases} H_o^{(1)}\left(-\frac{\omega_o}{c}\sqrt{c^2t^2 - x^2}\right) & , \quad ct > |x| \quad , \\ H_o^{(1)}\left(i\frac{\omega_o}{c}\sqrt{x^2 - c^2t^2}\right) & , \quad -|x| < ct < |x| \, , \\ H_o^{(1)}\left(\frac{\omega_o}{c}\sqrt{c^2t^2 - x^2}\right) & , \quad ct < -|x| \, , \end{cases} \tag{1}$$

ist eine Lösung der KGG (9.1-11) im eindimensionalen Raum, die nur positive Frequenzen enthält. $H_o^{(1)}$ ist die Hankelfunktion mit dem Index Null.

a) Berechnen Sie das Integral für $ct > |x|$ mit der Methode der stationären Phase und vergleichen Sie das Ergebnis mit der asymptotischen Entwicklung der Hankelfunktion

$$H_o^{(1)}(z) = \sqrt{\frac{2}{\pi z}} \exp\left(iz - i\frac{\pi}{4}\right)\left[1 + O\left(\frac{1}{|z|}\right)\right], \quad |z| \to \infty, \quad -\pi < \arg z < 2\pi \, . \tag{2}$$

b) Zeigen Sie, daß der Integrationsweg im Bereich $-x < ct < x$ $(x > 0)$ auf die imaginäre Achse in der komplexen k-Halbebene mit $\mathrm{Im}\{k\} > 0$ verlegt werden kann, und werten Sie das Integral über die imaginäre Achse mit der Sattelpunktmethode aus. Letztere ist in diesem Fall identisch mit der Methode der stationären Phase für eine rein imaginäre Phase. Vergleichen Sie das Resultat wieder mit der asymptotischen Entwicklung (2).

9.2 Berechnen Sie die retardierte Greensche Funktion $G(\vec{x},t\,|\,\omega_o^2/c^2)$ (s. 9.1-47) der KGG. Auf dem gleichen Wege wie im Abschnitt 7.3.3 (s. 7.3-101 bis 7.3-109) erhalten Sie zunächst

$$G\left(\vec{x},t\,\middle|\,\frac{\omega_o^2}{c^2}\right) = \frac{\Theta(t)}{(2\pi)^3} \int d\tau(\vec{k})\, \frac{c^2}{\omega(\vec{k})}\, \sin[\omega(\vec{k})\,t]\, \exp(i\vec{k}\cdot\vec{x}), \quad \omega(\vec{k}) = c\sqrt{\vec{k}^2 + \frac{\omega_o^2}{c^2}} \, . \tag{1}$$

Das Integral in (1) kann mit Hilfe der folgenden Integraldarstellung für die Besselfunktion J_o ausgewertet werden:

$$\frac{1}{\pi}\int_{-\infty}^{+\infty} \frac{dk}{\sqrt{k^2+\mu^2}} \cos(kr)\,\sin\left(\sqrt{k^2+\mu^2}\,ct\right) =$$

$$= \begin{cases} J_o\left(\mu\sqrt{c^2t^2-r^2}\right), & ct > r, \\ 0 & -r < ct < r, \\ -J_o\left(\mu\sqrt{c^2t^2-r^2}\right), & ct < -r, \end{cases} \qquad r = \|\vec{x}\|. \tag{2}$$

Ferner ist zu beachten, daß: $J_1(z) = -dJ_o(z)/dz$.

9.3 Eine ebene harmonische Welle fällt aus dem Vakuum unter dem Winkel θ gegenüber der Flächennormalen auf den Halbraum der Abb.9.15. Der magnetische Feldvektor der einlaufenden Welle ist parallel zur Grenzfläche. Die Materialkonstanten des Halbraums sind

$$\mu = 1, \qquad \varepsilon(\omega) = \varepsilon\left(1 + \frac{i\varkappa}{\omega\varepsilon\varepsilon_o}\right).$$

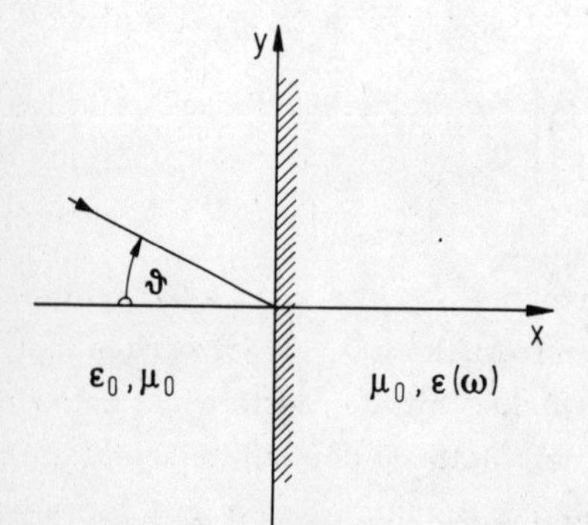

Abb.9.15

a) Machen Sie für $H^z(x,y,t)$ einen Ansatz nach dem Vorbild von (9.2-21) und bestimmen Sie die Amplituden r und d sowie die Komponenten k, ℓ, k' der Wellenzahlvektoren.

b) Berechnen Sie mit Hilfe von (9.2-48) den zeitlichen Mittelwert $\langle *\vec{S}(\vec{x},t)\rangle$ des Poyntingvektors und untersuchen Sie den Reflexionskoeffizienten R in Abhängigkeit vom Einfallswinkel. Betrachten Sie insbesondere den Grenzfall des guten Leiters $(\omega\tau \ll 1)$.

9.4 In einem kreiszylindrischen Leiter vom Radius a mit der Leitfähigkeit $\varkappa$ und der Permeabilität μ fließt in axialer Richtung ein harmonischer Wechselstrom mit der Amplitude I und der Frequenz ω. Durch Eliminierung der magnetischen Feldstärke aus den quasistationären Feldgleichungen für $\bar{E}(\omega)$ und $\bar{H}(\omega)$ erhält man für $\bar{E}(\omega)$ die Differentialgleichung

$$\bar{\nabla}\cdot(\bar{\nabla}\wedge\bar{E}) - k^2\bar{E} = 0\ , \qquad k = \frac{1+i}{\delta}\ , \qquad \delta = \sqrt{\frac{2}{\omega\mu\mu_o\varkappa}}\ . \tag{1}$$

a) Lösen Sie die Gleichung für $\bar{E}$ durch den Ansatz

$$\bar{E} = \bar{e}^z f(\rho)\ , \tag{2}$$

wo (z,ρ) Zylinderkoordinaten sind. Sie erhalten für $f(\rho)$ die Besselsche Differentialgleichung (9.3-51) mit $m = 0$. Normieren Sie die Lösung, so daß

$$\int_F \langle * \varkappa\bar{E}, d\vec{F}\rangle = I\ . \tag{3}$$

Hier ist F der Querschnitt des Leiters. Berechnen Sie die Impedanz $Z = U/I$ und vergleichen Sie den Grenzfall $\delta \ll a$ mit der Lösung des Abschnitts 9.2.2 für den Halbraum.

b) Zeigen Sie, daß man den Frequenzbereich $\delta \approx a$ durch eine Störungsrechnung erreicht, die von einem Gleichstrom $(\omega = 0)$ als erster Näherung ausgeht.

9.5 Zeigen Sie, daß man die Eigenwellen des Rechteck- bzw. Rundhohlleiters durch Überlagerung von fortschreitenden ebenen Wellen

$$(\Psi,\varphi) \sim \exp[i(kx + \ell y + hz - \omega t)]$$

bzw. Zylinderwellen

$$(\Psi,\varphi) \sim H_m^{(1,2)}(\lambda\rho)\exp[i(m\varphi + hz - \omega t)]\ , \qquad m = 0, \pm 1, \ldots$$

erhält, die an den Wänden unter Beachtung der jeweiligen Randbedingungen reflektiert werden.

9.6 Durch die Randbedingungen (9.3-69) werden die Eigenwertprobleme für TM- und TE-Wellen gekoppelt. Unter der Voraussetzung $|Z(\omega)/Z_o| \ll 1$ kann man Eigenfunktionen und Eigenwerte nach Potenzen des Störparameters $Z(\omega)/Z_o$ entwickeln. In nullter Ordnung zerfällt das gekoppelte Eigenwertproblem in die im Abschnitt 9.3.2 behandelten Eigenwertprobleme für die Funktionen Ψ und φ.

Wir erläutern die Störungstheorie zunächst am Beispiel eines Eigenwerts λ_i^2 für TM-Wellen, der nicht in der Folge der Eigenwerte λ'^2_i für TE-Wellen enthalten ist. Um die Korrekturen der ersten Ordnung zu berechnen, setzen wir an

$$\Psi = \Psi_i + \delta\Psi_i\ , \qquad \varphi = \delta\varphi_i\ , \qquad \lambda^2 = \lambda_i^2 + \delta\lambda_i^2\ . \tag{1}$$

Die Terme der ersten Ordnung sind jeweils durch ein δ gekennzeichnet. In nullter Ordnung ist $\varphi = 0$ und $\Psi = \Psi_i$, wo

$$\left(\Delta_\perp + \lambda_i^2\right)\Psi_i = 0 \;, \qquad \Psi_i = 0 \;, \qquad \forall\, \vec{x}_\perp \in \partial F \;. \tag{2}$$

Wir setzen nun den Ansatz (1) für Ψ in die Differentialgleichung

$$\left(\Delta_\perp + \lambda^2\right)\Psi = 0$$

ein und erhalten in erster Ordnung unter Beachtung von (2)

$$\Delta_\perp \delta\Psi_i + \lambda_i^2 \, \delta\Psi_i + \delta\lambda_i^2 \, \Psi_i = 0 \;. \tag{3}$$

Nunmehr multiplizieren wir (3) mit Ψ_i, integrieren über den Querschnitt F des Hohlleiters und beachten wiederum (2):

$$\delta\lambda_i^2 \int_F \Psi_i^2 \, dF + \int_F \left(\Psi_i \Delta_\perp \delta\Psi_i - \delta\Psi_i \Delta_\perp \Psi_i\right) dF = 0 \;. \tag{4}$$

Das zweite Integral kann mit dem Greenschen Satz (9.3-24) in ein Randintegral umgewandelt werden. Mit der Normierungsbedingung (9.3-26) erhalten wir dann

$$\frac{\delta\lambda_i^2}{\lambda_i^2} = \int_{\partial F} \left(\delta\Psi_i \frac{\partial\Psi_i}{\partial n} - \Psi_i \frac{\partial\delta\Psi_i}{\partial n}\right) ds \;. \tag{5}$$

Wir setzen nun (1) in die Randbedingungen (9.3-69) ein. Für die Randwerte von $\delta\Psi_i$ und $\delta\varphi_i$ ergibt sich

$$i\,\frac{\partial\delta\Psi_i}{\partial t} - \frac{ikZ_o}{h}\,\frac{\partial\delta\varphi_i}{\partial n} = 0 \;, \qquad -\,\delta\left(\lambda_i^2\Psi_i\right) = \frac{Z(\omega)}{Z_o}\,ik\,\frac{\partial\Psi_i}{\partial n} \;, \qquad \forall\, \vec{x}_\perp \in \partial F \;. \tag{6}$$

Da Ψ_i auf ∂F verschwindet, folgt

$$\delta\Psi_i = -\,\frac{ik}{\lambda_i^2}\,\frac{Z(\omega)}{Z_o}\,\frac{\partial\Psi_i}{\partial n} \quad\Rightarrow\quad \frac{\partial\delta\Psi_i}{\partial t} = 0 \quad\Rightarrow\quad \frac{\partial\delta\varphi_i}{\partial n} = 0 \;. \tag{7}$$

Mit (7) erhalten wir schließlich aus (5) die Formel (9.3-70) für $\delta\lambda_i^2$.

a) Bestimmen Sie in entsprechender Weise die Korrektur $\delta\lambda_i'^2$ eines Eigenwerts $\lambda_i'^2$ für eine TE-Welle (s. 9.3-63).

Hinweis: Differenzieren Sie partiell nach t, um $\delta\Psi_i$ aus den Randbedingungen zu eliminieren. Die zu (9.3-63) analoge Formel für $\delta\lambda_i'^2$ folgt nach partieller Integration bezüglich t (bzw. s).

b) Verallgemeinern Sie das Verfahren auf den Fall eines gemeinsamen Eigenwerts $\lambda_i^2 = \lambda_i'^2$ für TM- und TE-Wellen. In nullter Ordnung kann man jetzt beliebige Linearkombinationen von Ψ_i und φ_i ansetzen, die an die Störung anzupassen sind. Die adaptierten Eigenfunktionen Ψ_i, φ_i sind diejenigen Linearkombinationen, in denen $\delta\lambda_i^2$ bilinear in Ψ_i und $\delta\Psi_i$ sowie $\delta\lambda_i'^2$ bilinear in φ_i und $\delta\varphi_i$ ist. Für die Aufspaltung von $\lambda_i^2 = \lambda_i'^2$ in erster Ordnung gilt eine zu (9.3-72) analoge Formel. Zeigen Sie, daß die zu gleichen Eigenwerten gehörenden TM- und TE-Wellen des Rechteckhohlleiters bereits an die Störung angepaßt sind. Beim Rundhohlleiter sind jeweils die beiden zu einem Eigenwert λ_i^2 bzw. $\lambda_i'^2$ gehörenden Eigenfunktionen (9.3-54) bzw. (9.3-56) adaptiert. Die Entartung zwischen λ_{1n}^2 und $\lambda_{on}'^2$ wird in erster Ordnung aufgehoben, die zweifache Entartung der Eigenwerte λ_{mn}^2 bzw. $\lambda_{mn}'^2$ $(m,n = 1,2,\ldots)$ dagegen nicht.

9.7 Ein Koaxialkabel besteht aus einem kreiszylindrischen Innenleiter vom Radius a und einem koaxialen Außenleiter aus dem gleichen Material. Die Materialkonstanten sind

$$\mu = 1, \qquad \varepsilon(\omega) = \varepsilon_o \varepsilon_1 \left(1 + \frac{i\varkappa}{\omega \varepsilon_1 \varepsilon_o}\right) . \tag{1}$$

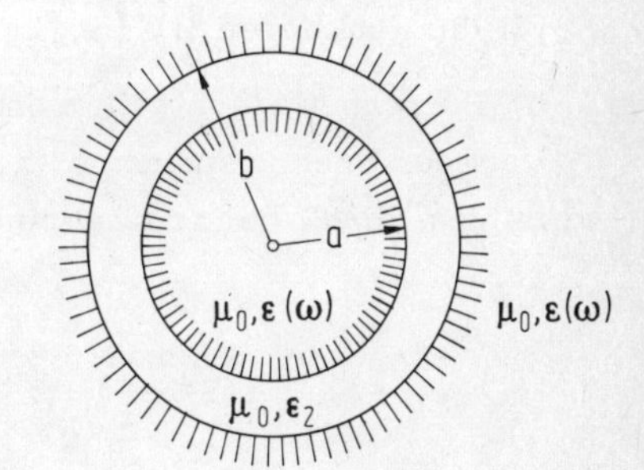

Abb.9.16

Der innere Radius des Außenleiters ist $b > a$, der äußere Radius unendlich. Der Raum zwischen den Leitern ist mit einem Dielektrikum mit den Konstanten ε_2 und $\mu = 1$ gefüllt.

a) Stellen Sie für die TM-Hauptwelle die exakte Eigenwertgleichung auf, aus der der Ausbreitungsparameter h zu bestimmen ist.

b) Untersuchen Sie den Zusammenhang mit der Eigenwertgleichung, die aus den Leitungsgleichungen folgt. Letztere ergibt sich mit dem Ansatz

$$(U,I) \sim \exp[i(hz - \omega t)] \tag{2}$$

aus (9.3-155):

$$k^2 - h^2 = (R - i\omega L_i)(-i\omega C) , \qquad k^2 = \frac{\omega^2}{c^2}\varepsilon_2 . \tag{3}$$

Die Ableitung G verschwindet in unserem Beispiel. Setzen Sie für C den elektrostatischen Wert ein:

$$C = \frac{2\pi\,\varepsilon_2\,\varepsilon_o}{\ln(b/a)} \tag{4}$$

und berechnen Sie $R - i\omega L_i$ nach dem Vorbild von (9.3-153) aus den Oberflächenimpedanzen des Innen- und Außenleiters. Letztere sind wie bei einem einzelnen Leiter zu bestimmen (s. 9.3-111). Zeigen Sie, daß die exakte Eigenwertgleichung in (3) übergeht, wenn man nur die führenden Terme in den Parametern $\lambda^2 = k^2 - h^2$ ($|\lambda| \ll 1$) und $\sqrt{k^2\,\varepsilon(\omega) - h^2}/k^2\,\varepsilon(\omega)$ ($\omega\tau = \omega\varepsilon_o\varepsilon_1/\varkappa \ll 1$) berücksichtigt.

9.8 Für auslaufende Wellen sind in der Multipolentwicklung (9.4-25) für die Funktionen h_ℓ die sphärischen Hankelfunktionen $h_\ell^{(1)}(kr)$ (s. 9.4-18) einzusetzen.

a) Untersuchen Sie das Verhalten der elektrischen und magnetischen Multipolfelder für $r \to 0$ und $r \to \infty$. Zeigen Sie, daß die führenden Terme der elektrischen bzw. magnetischen Multipolfelder für $r \to 0$ proportional zu den Feldern eines elektrischen bzw. magnetischen Multipols der Ordnung ℓ sind (s. 4.3-131 bzw. 6.2-143).

Hinweis: Benutzen Sie für die elektrischen Felder die Beziehung (9.4-13) und für die Funktionen $H^{(1)}_{\ell+1/2}(kr)$ die asymptotische Darstellung (9.4-37).

b) Berechnen Sie mit Hilfe der führenden Terme für $r \to \infty$ den zeitlichen Mittelwert des Energiestroms $\langle \bar{\bar{S}}(\vec{x},t)\rangle$ nach (9.2-48). Definieren Sie die Winkelverteilung $dP/d\Omega$ der pro Zeiteinheit abgestrahlten Energie nach dem Vorbild von (7.3-160):

$$r \to \infty: \quad \langle\langle \bar{S}\rangle, d\vec{F}\rangle =: \frac{dP}{d\Omega}\, d\Omega\,, \qquad d\Omega = \sin\theta\; d\theta\; d\varphi\,. \tag{1}$$

Berechnen Sie $dP/d\Omega$ für ein Multipolfeld mit dem Index (ℓ, m) und diskutieren Sie die Winkelverteilung von Dipol- und Quadrupolfeldern.

Hinweis: Zur Berechnung der Winkelverteilung muß man die Funktionen $\bar{X}_{\ell m}$ (s. 9.4-22) durch die Funktionen $Y_{\ell m}$ ausdrücken. Sei $\bar{L}$ der Differentialoperator

$$\bar{L} = *\,(\bar{e} \wedge \bar{\nabla}_e) = \bar{e}^i L_i\,. \tag{2}$$

L_i ($i = 1,2,3$) sind die Komponenten von $\bar{L}$ bezüglich eines kartesischen Koordinatensystems. Dann gilt

$$\begin{aligned} L_+ Y_{\ell m} &:= (L_1 + i\,L_2)\,Y_{\ell m} = \sqrt{(\ell - m)(\ell + m + 1)}\;Y_{\ell m+1}\,, \\ L_- Y_{\ell m} &:= (L_1 - i\,L_2)\,Y_{\ell m} = \sqrt{(\ell + m)(\ell - m + 1)}\;Y_{\ell m-1}\,, \qquad \ell = 0,1,2,\ldots \quad -\ell \leq m \leq +\ell \\ L_3\,Y_{\ell m} &= m\,Y_{\ell m}\,. \end{aligned} \tag{3}$$

c) Berechnen Sie die Multipolkoeffizienten für das Feld eines schwingenden elektrischen Dipols nach (9.4-41) und (9.4-42) und vergleichen Sie das Ergebnis mit den Feldstärken (7.3-140) und (7.3-142). Die Dipolverteilung lautet (s. 7.3-126)

$$\bar{p}(\vec{x},\omega) = \bar{P}_0 \delta(\vec{x}) , \qquad (4)$$

wo $\vec{P}_0$ ein konstanter Vektor ist.

9.9 Im Vakuum ist eine Horizontalantenne in der Höhe h über einem leitenden Halbraum mit den Materialkonstanten

$$\mu = 1 , \qquad \varepsilon(\omega) = \varepsilon_0 \varepsilon \left(1 + \frac{i\varkappa}{\omega\varepsilon_0\varepsilon}\right) \qquad (1)$$

angebracht. Die Antenne ist ein elektrischer Dipol, dessen Moment parallel zur Grenzfläche ist (s. Abb.9.17):

$$* \; \bar{p}(\vec{x},\omega) = P_0(\omega)\, \bar{e}^x\, \delta(\vec{x} - \vec{x}_0) , \qquad \vec{x}_0 = \vec{e}_z h . \qquad (2)$$

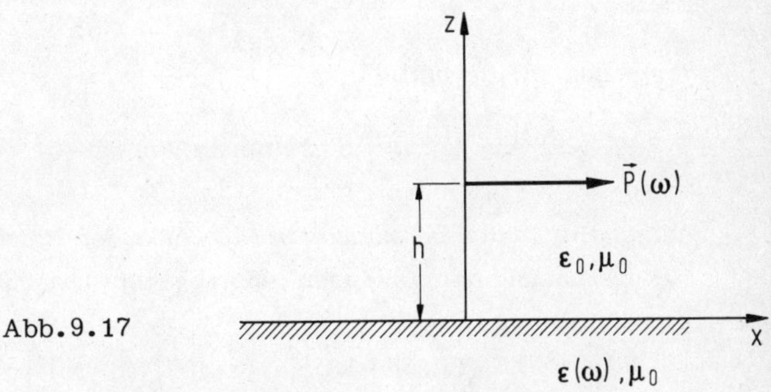

Abb.9.17

a) Setzen Sie $\bar{E}(\omega)$ in der Form (9.4-46) - (9.4-47) an und zeigen Sie, daß der zu (9.4-49) analoge Ansatz

$$\bar{Z} = \frac{P_0}{\varepsilon_0}\, \bar{e}^x\, G \qquad (3)$$

in diesem Fall nicht ausreicht. Wie muß (3) verallgemeinert werden, damit alle Grenzbedingungen erfüllt werden können?

b) Besteht der Halbraum $z < 0$ dagegen aus ideal leitendem Material ($\varkappa \to \infty$), so genügt der Ansatz (3). Bestimmen Sie die Greensche Funktion G für diesen Fall mit Hilfe der Spiegelungsmethode und diskutieren Sie den Verlauf der Feldlinien. Vergleichen Sie das Feld mit dem einer elektrischen Vertikalantenne über einem ideal leitenden Halbraum.

9.10 Elektromagnetische Wellen werden an Körpern aus dispersivem Material gestreut. Um möglichst allgemein zu sein, beschreiben wir die Materialeigenschaften einer derartigen Anordnung durch einen inhomogenen Brechungsindex $n(\vec{x},\omega)$. Die Funktion $n(\vec{x},\omega)$ soll bezüglich $\vec{x}$ hinreichend oft differenzierbar sein und für $\|\vec{x}\| \to \infty$ hinreichend rasch gegen eins streben. Die Differentialgleichung (9.4-3b) für $\bar{E}(\omega)$ lautet dann

$$\bar{\nabla} \cdot (\bar{\nabla} \wedge \bar{E}) - k^2 \bar{E} = k^2 (n-1) \bar{E} , \qquad k^2 = \frac{\omega^2}{c^2} . \tag{1}$$

Jede Lösung von (1) nähert sich für $\|\vec{x}\| \to \infty$ einer Lösung der Vakuumgleichung

$$\bar{\nabla} \cdot (\bar{\nabla} \wedge \bar{E}) - k^2 \bar{E} = 0 , \tag{2}$$

so daß wir für (1) die Randbedingung stellen können, daß $\bar{E}(\vec{x},\omega)$ für $\|\vec{x}\| \to \infty$ gegen eine vorgegebene Lösung von (2) strebt. Die Lösung eines Streuproblems besteht aus einer ungestreuten und einer gestreuten Welle, wobei letztere der Ausstrahlungsbedingung genügen muß. Für die Streuung einer ebenen Welle

$$\bar{E}_o(\vec{x},\omega) = \bar{E}_o(\vec{k}) \exp(i\vec{k} \cdot \vec{x}) , \qquad \bar{E}_o(\vec{k}) \cdot \vec{k} = 0 , \qquad \vec{k}^2 = k^2 = \frac{\omega^2}{c^2} \tag{3}$$

verlangen wir deshalb

$$\bar{E}(\vec{x},\omega) \to \bar{E}_o(\vec{x},\omega) + \text{auslaufende Streuwelle}, \qquad \|\vec{x}\| \to \infty . \tag{4}$$

Zeigen Sie, daß die Lösung von (1) unter der Randbedingung (4) äquivalent ist mit der Lösung der folgenden inhomogenen Integralgleichung für $\bar{E}(\omega)$:

$$\begin{aligned} \bar{E}(\vec{x},\omega) = \bar{E}_o(\vec{x},\omega) &+ k^2 \int d\tau(\vec{x}\,') \, G_o(\vec{x} - \vec{x}\,') \left[n(\vec{x}\,',\omega) - 1 \right] \bar{E}(\vec{x}\,',\omega) + \\ &+ \bar{\nabla} \int d\tau(\vec{x}\,') \, G_o(\vec{x} - \vec{x}\,') \, \bar{\nabla}' \cdot \left[n(\vec{x}\,',\omega) - 1 \right] \bar{E}(\vec{x}\,',\omega) . \end{aligned} \tag{5}$$

Hier ist $G_o(\vec{x} - \vec{x}\,')$ die Greensche Funktion (9.4-56). Falls der Brechungsindex n nicht sehr stark von eins abweicht, kann man die Lösung von (5) nach Potenzen von (n - 1) entwickeln,

$$\bar{E}(\vec{x},\omega) = \bar{E}_o(\vec{x},\omega) + \bar{E}_1(\vec{x},\omega) + \ldots , \tag{6}$$

und die Entwicklung nach wenigen Gliedern abbrechen. Berechnen Sie die ersten beiden Glieder $\bar{E}_1(\omega)$ und $\bar{E}_2(\omega)$.

10. Netzwerktheorie

Die Netzwerktheorie behandelt Beziehungen zwischen Integralen über Feldgrößen. Integrale Größen sind z.B. Ladung und Potential eines Leiters, die Spannung zwischen den Enden eines Leiters, oder, zwischen zwei Leitern, der durch eine Leiterschleife tretende magnetische Fluß sowie der in der Leiterschleife fließende elektrische Strom und eingeprägte Spannungen und Ströme, die zur Beschreibung von Quellen dienen. Ist eine Anordnung von leitenden, dielektrischen und magnetischen Körpern gegeben und sind die genannten Größen in Abhängigkeit von den Quellen gesucht, spricht man von einer Netzwerkanalyse. Sind umgekehrt gewisse Beziehungen zwischen integralen Feldgrößen gegeben und wird eine Anordnung gesucht, die diese Beziehungen realisiert, spricht man von einer Netzwerksynthese.

In der Netzwerktheorie beschränkt man sich häufig auf die Behandlung von stationären und quasistationären Feldern. Ladungen, Spannungen, Flüsse und Ströme sind in diesem Fall durch algebraische Gleichungen bzw. gewöhnliche Differentialgleichungen miteinander verknüpft, die linear sind, wenn die zugrundegelegten Materialgleichungen linear sind. Die Feldtheorie gestattet die Berechnung der in diesen Gleichungen als Koeffizienten auftretenden Widerstände, Kapazitäten und Induktivitäten durch Lösung eines Randwertproblems oder einer Summationsaufgabe, wie im Abschnitt 4.1.4 für die Kapazitätskoeffizienten und im Abschnitt 6.1.3 für die Induktivitätskoeffizienten gezeigt worden ist. Für nichtlineare, eindeutige und lokale Materialgleichungen wurden die entsprechenden Beziehungen in den Abschnitten 7.2.2 und 7.2.3 angegeben. Explizite Lösungen lassen sich jedoch nur für einfache Anordnungen weniger Leiter angeben, so daß meistens die Berechnung der genannten Koeffizienten, im folgenden Elemente genannt, durch Messungen ersetzt werden muß. In jedem Fall werden Widerstände, Kapazitäten und Induktivitäten bei der Analyse von Netzwerken als bekannt vorausgesetzt.

In diesem Kapitel befassen wir uns vornehmlich mit Methoden für die Analyse von Netzwerken mit konstanten Koeffizienten. Da in der Praxis auftretende Netzwerke sehr viele Elemente enthalten, wird die Analyse überwiegend numerisch mit Hilfe von Digitalrechnern durchgeführt. Netzwerke, deren Elemente Funktionen von Spannungen oder Strömen sind, werden durch Linearisierung auf Netzwerke mit konstanten Elementen zurückgeführt. Für die Synthese von quellenfreien Netzwerken mit konstanten Elementen gibt es eine seit Cauer im wesentlichen abgeschlossene Theorie, für die auf die Spezialliteratur verwiesen wird+). Die Synthese von Netzwerken mit variablen Elementen und gesteuerten Quellen, z.B. Transistoren, wird durch iterative Analyse unter Optimierung der Parameter ausgeführt. Die Beschränkung auf Methoden zur Analyse erscheint deshalb gerechtfertigt.

Die Netzwerktheorie wird üblicherweise als eine eigene Theorie dargestellt, deren Axiome aus der Feldtheorie ableitbar sind. Diese Axiome sind die Kirchhoffschen Gleichungen, die man aus der integralen Form der Feldgleichungen erhält, und die Beziehungen, welche den Zusammenhang zwischen Strom und Spannung der Netzwerkelemente beschreiben. Abweichend davon wird in dieser Darstellung die innere Verbindung zwischen Feldtheorie und Netzwerktheorie in den Vordergrund gestellt, und demzufolge können Ergebnisse der ersteren direkt auf letztere übertragen werden.

Zur topologischen Beschreibung eines Netzwerkes verwendet man in der Netzwerktheorie die Graphentheorie. Im Anhang 1 sind alle relevanten Begriffsbildungen, soweit sie hier verwendet werden, in knapper definitorischer Form zusammengefaßt. Der Anhang 2 enthält die Definitionen der verschiedenen Arten von Inzidenzmatrizen, die wesentliche Eigenschaften der Graphen beschreiben.

10.1. Eine Verallgemeinerung der Maxwellschen Kapazitäts- und Potentialkoeffizienten

Neben den Maxwellschen Kapazitätskoeffizienten, die eine integrale Beschreibung einer Anordnung von Leitern durch ein System linearer Gleichungen zwischen Ladungen und Potentialen der Leiter ermöglichen, sind im Abschnitt 4.1.4 die Teilkapazitäten eingeführt worden. Abgesehen davon, daß sie nur auf Systeme mit verschwindender Gesamtladung angewendet werden können, haben die Teilkapazitäten den Nachteil, daß sie für ein System von p Leitern auf $p(p-1)/2$ Spannungen Bezug nehmen, obwohl das System bereits durch $p-1$ Potentiale vollständig bestimmt ist (s. 4.1-68). Wir stellen uns deshalb die Aufgabe, eine zu (4.1-60) analoge Beziehung aufzustellen, in der statt der p Potentialwerte p linear unabhängige Spannungen auftreten.

Wir bilden zunächst die Leiter, ihre Potentiale und Ladungen, gewisse Spannungen zwischen den Leitern sowie weitere Größen in einen orientierten Graphen ab. Diese Abbildung H soll folgende Eigenschaften haben:

+) W. Cauer: Theorie der Linearen Wechselstromschaltungen, Bd. I und II (Akademie-Verlag, Berlin 1954 und 1960)

a) Die Leiter L_ℓ mit den Ladungen Q_ℓ und den Potentialen V_ℓ werden auf die Knoten a_ℓ und der Rand $\partial\Omega_\infty$ eines räumlichen Bereichs K_∞, der die gesamte Anordnung enthält, auf den Referenzknoten a_{p+1} abgebildet:

$$H : L_\ell, Q_\ell, V_\ell \mapsto a_\ell \;, \quad \ell = 1,2,\dots,p \;,$$
$$\partial\Omega_\infty \mapsto a_{p+1} \;. \tag{10.1-1a}$$

Die Knotenmenge wird mit A bezeichnet:

$$A = \{a_1, a_2, \dots, a_{p+1}\} \;.$$

b) Die $p + 1$ Knoten werden durch p orientierte Zweige so verbunden, daß ein Baum entsteht, was nach Satz 3 (s. Anhang 1) stets möglich ist:

$$\vec{R}_B = \{\vec{r}_\nu \in \vec{R}_B \,|\, \nu = 1,2,\dots,p;\; \vec{r}_\nu = (a_{i_\nu}, a_{j_\nu});\; a_{i_\nu}, a_{j_\nu} \in A\} \tag{10.1-1b}$$

$\vec{G}_B = (A, \vec{R}_B)$ ist ein Baum.

c) Die Spannungen $U(\vec{r}_\nu)$ werden so gewählt, daß ihnen die orientierten Zweige $\vec{r}_\nu$ in $\vec{G}_B$ zugeordnet werden. Es gibt genau p solche Baumspannungen:

$$\forall \nu \in \{1,2,\dots,p\} : U(\vec{r}_\nu) = V_{i_\nu} - V_{j_\nu} \;;$$

$$i_\nu \neq j_\nu;\; i_\nu, j_\nu \in \{1,2,\dots,p+1\} \;\mapsto\; \vec{r}_\nu = (a_{i_\nu}, a_{j_\nu});\; a_{i_\nu}, a_{j_\nu} \in A \;. \tag{10.1-1c}$$

d) Durch Eliminierung eines bestimmten Zweiges $\vec{r}_\varkappa \in \vec{R}_B$ wird eine Zerlegung von $\vec{G}_B$ in Komponenten $\vec{F}_\varkappa = (A_\varkappa, \vec{R}_\varkappa)$ und $\vec{F}'_\varkappa = (A - A_\varkappa,\; \vec{R}_B - \vec{R}_\varkappa - \{\vec{r}_\varkappa\})$ definiert. Dabei gilt $a_{p+1} \notin A_\varkappa$. Sei nun $K_\varkappa$ ein räumlicher Bereich, der die auf $\vec{F}_\varkappa$ abgebildeten Leiter enthält, $H^{-1}(\vec{F}_\varkappa) \subset K_\varkappa$. Den ganz im Endlichen liegenden Rand $\partial K_\varkappa$ dieses Bereiches denkt man sich transversal im Sinne von $\vec{r}_\varkappa$ orientiert. Dann kann der Spannung $U(\vec{r}_\varkappa)$ eindeutig die Fläche $\partial K_\varkappa$ zugeordnet werden, die die Ladung $Q(K_\varkappa)$ einschließt. Abbildung 10.1 veranschaulicht die Verhältnisse.

Bei p Leitern können $(p + 1)^{p-1}$ verschiedene Sätze von Spannungen gewählt werden, da die Anzahl der Bäume in einem vollständigen Graphen mit $p + 1 = k$ Knoten k^{k-2} beträgt.

Wegen der Baumstruktur des Graphen $\vec{G}_B$ mit der reduzierten Matrixdarstellung $\underset{\sim}{A}_B$ existiert genau ein Pfad zwischen dem Referenzknoten a_{p+1} und jedem weiteren Knoten a_ℓ. Demnach läßt sich auch umgekehrt jedes Potential durch genau eine Linearkombination der Baumspannungen $U(\vec{r}_\nu)$, $(\nu = 1,2,\dots,p)$ darstellen. Letztere sind

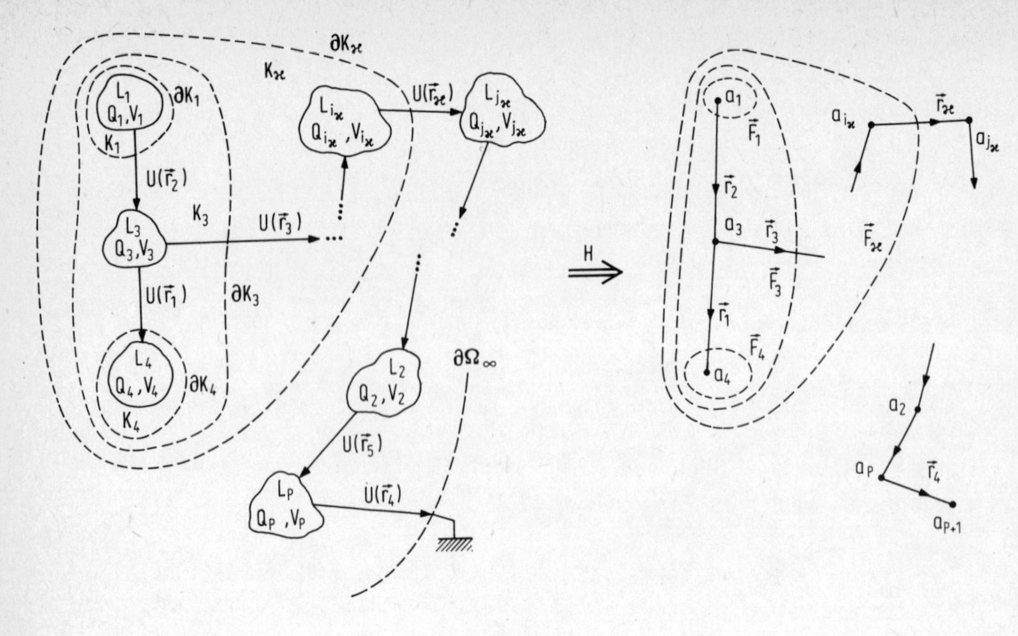

Abb.10.1

daher linear unabhängig. Das Potential V_ℓ des Knotens a_ℓ ist die Summe der Zweigspannungen entlang des Baumpfades vom Knoten a_ℓ zum Referenzknoten a_{p+1}. Ein Summand ist positiv, wenn Pfad- und Zweigorientierung übereinstimmen, anderenfalls ist er negativ.

Damit folgt (s. Anhang 2, (2.4))

$$V_\ell = \sum_{\nu=1}^{p} b_{\ell\nu}\, U(\vec{r}_\nu) , \qquad \ell = 1,2,\ldots,p , \tag{10.1-2}$$

oder in Matrixform

$$V = \underset{\sim}{B}\, U(\vec{r}) . \tag{10.1-3}$$

Die Matrix $\underset{\sim}{B}$ ist nichtsingulär. Aus der Definition der Baumspannungen in (10.1-1c) folgt, daß die inverse Matrix $\underset{\sim}{B}^{-1}$ gleich der transponierten Knoten-Baumzweig-Inzidenzmatrix $\underset{\sim}{A}_B^t$ ist:

$$\underset{\sim}{B}^{-1} = \underset{\sim}{A}_B^t . \tag{10.1-4}$$

Mit Anhang 2, (2.3) gilt nämlich

$$U(\vec{r}) = \underset{\sim}{A}_B^t \, V . \qquad (10.1\text{-}5)$$

Im Anhang 2 wird gezeigt, daß die dort in (2.1) definierte vollständige Knoten-Zweig-Inzidenzmatrix $\underset{\sim}{A}_v$ höchstens den Rang k - 1 hat. Andererseits schließt man aus

$$\underset{\sim}{A}_B^t \, \underset{\sim}{B} = 1 , \qquad (10.1\text{-}6)$$

daß $\underset{\sim}{A}_v$ wenigstens den Rang p = k - 1 haben muß, da $\underset{\sim}{A}_B$ durch Weglassen einer Zeile und, falls $\vec{G}$ kein Baum ist, mindestens einer Spalte entsteht. Damit ist bewiesen, daß die vollständige Knoten-Zweig-Inzidenzmatrix genau den Rang k - 1 hat:

$$\mathrm{Rang}\{\underset{\sim}{A}_v\} = k - 1 = p . \qquad (10.1\text{-}7)$$

Die in K_ν enthaltene Ladung $Q(K_\nu)$ ist gleich der Summe der Ladungen aller Leiter, deren Knoten in $\vec{F}_\nu$ enthalten sind. Die Summe ist positiv, wenn der Zweig $\vec{r}_\nu$ in $\vec{F}_\nu$ entspringt, negativ, wenn er in $\vec{F}_\nu$ mündet. Daraus folgt mit (Anhang 2, (2.5)):

$$Q(K_\nu) = \sum_{\ell=1}^{p} b_{\ell\nu} \, Q_\ell , \qquad \nu = 1,2,\dots,p , \qquad (10.1\text{-}8)$$

oder in Matrixform:

$$Q(K) = \underset{\sim}{B}^t \, Q , \qquad (10.1\text{-}9)$$

$$Q = \underset{\sim}{A}_B \, Q(K) . \qquad (10.1\text{-}10)$$

Aus (10.1-3), (10.1-9) und (4.1-60) erhält man

$$Q(K) = \underset{\sim}{K}^B \, U(\vec{r}) \qquad (10.1\text{-}11)$$

mit

$$\underset{\sim}{K}^B = \underset{\sim}{B}^t \, \underset{\sim}{K} \, \underset{\sim}{B} . \qquad (10.1\text{-}12)$$

Die Koeffizienten der Matrix $\underset{\sim}{K}^B$ heißen verallgemeinerte Maxwellsche Kapazitätskoeffizienten und eine Transformation der Form (10.1-12) heißt Kongruenztransformation. Kongruenztransformationen nehmen in der Netzwerktheorie eine zentrale Stellung ein.

Die Symmetrie einer Matrix bleibt bei Kongruenztransformationen erhalten. Mit $\underset{\sim}{K}^t = \underset{\sim}{K}$ gilt

$$(\underset{\sim}{K}^B)^t = (\underset{\sim}{B}^t \underset{\sim}{K}\underset{\sim}{B})^t = \left(\underset{\sim}{B}^t(\underset{\sim}{K}\underset{\sim}{B})\right)^t = \underset{\sim}{B}^t \underset{\sim}{K}^t \underset{\sim}{B} = \underset{\sim}{B}^t \underset{\sim}{K}\underset{\sim}{B} = \underset{\sim}{K}^B \; . \qquad (10.1\text{-}13)$$

Durch

$$\sum_{\rho=1}^{p} K^B_{\mu\rho} \, H^B_{\rho\nu} = \delta_{\mu\nu} \qquad (10.1\text{-}14)$$

werden die verallgemeinerten Maxwellschen Potentialkoeffizienten definiert. Aus (10.1-11) folgt dann

$$U(\vec{r}) = \underset{\sim}{H}^B \, Q(K) \; . \qquad (10.1\text{-}15)$$

Der einfachste Baum aus der Menge der Bäume hat die Struktur eines "Busches" (Abb.10.2).

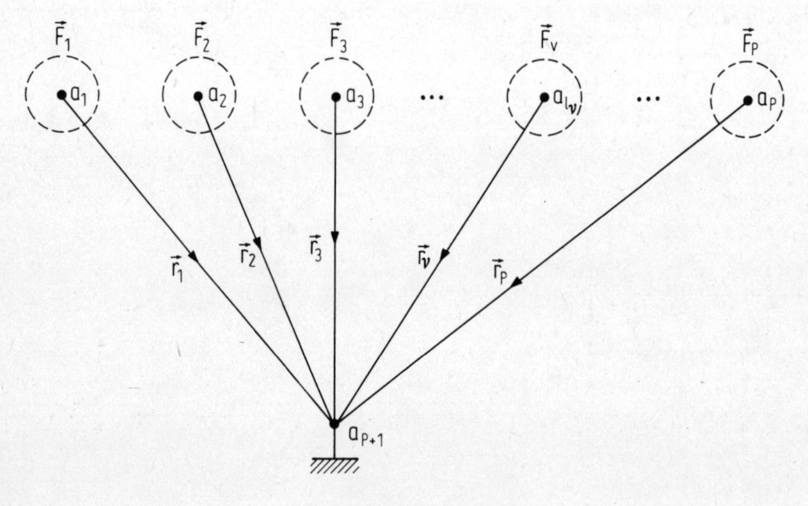

Abb.10.2

Für ihn gilt

$$U(\vec{r}_\nu) = V_{\ell_\nu} - V_{p+1} = V_{\ell_\nu} \; , \qquad \ell_\nu \equiv \nu = 1,2,\ldots,p \; .$$

Damit wird $\underset{\sim}{B}$ zur Einheitsmatrix und die verallgemeinerten Maxwellschen Kapazitätskoeffizienten gehen in die gewöhnlichen über: $\underset{\sim}{K}^B = \underset{\sim}{K}$.

Eine anschauliche Vorstellung der verallgemeinerten Kapazitätskoeffizienten vermittelt die aus (10.1-11) abzuleitende Meßvorschrift:

1) Alle p Leiter werden so geerdet, daß die Kurzschlußverbindungen die Struktur des gewählten Baumes haben.

2) Die Kurzschlußverbindung im Zweig $\vec{r}_\mu$ wird aufgetrennt, ein ballistisches Galvanometer und eine Spannungsquelle werden in Serie eingefügt. Das Verhältnis der beim Aufladen dieses Systems gemessenen Ladung zur Spannung der Quelle ist der Koeffizient $K^B_{\mu\mu}$.

3) Die Kurzschlußverbindungen in den Zweigen $\vec{r}_\mu$ und $\vec{r}_\nu$ werden aufgetrennt und in den einen Zweig ein ballistisches Galvanometer, in den anderen eine Spannungsquelle eingefügt. Das Verhältnis der beim Aufladen dieses Systems gemessenen Ladung zur Spannung der Quelle ist der Koeffizient $K^B_{\mu\nu}$. Wegen $K^B_{\mu\nu} = K^B_{\nu\mu}$ können Galvanometer und Spannungsquelle vertauscht werden.

Es sei schließlich noch erwähnt, daß das gemischte Randwertproblem, bei dem auf einem Teil der Leiter das Potential und auf dem Rest die Ladung vorgeschrieben wird, auf eine integrale Beschreibung durch eine sogenannte hybride Matrix führt, deren Koeffizienten teilweise den Charakter von Kapazitätskoeffizienten und teilweise den von Potentialkoeffizienten besitzen.

10.2. Gleichstromnetzwerke

10.2.1. Der lineare, quellenfreie k-Pol

Einen ideal leitenden, zusammenhängenden, endlichen Körper L, über den einem Strömungsfeld von außen liegenden Quellen Strom zugeführt oder abgeführt werden kann, nennen wir einen Pol. Ein Strom kann auch von im Unendlichen liegenden Quellen über den Rand $\partial\Omega_\infty$ zu- oder abgeführt werden, weshalb wir $\partial\Omega_\infty$ ebenfalls als Pol definieren.

Gegeben sei eine Anordnung aus $p + 1 = k$ Polen

$$P : \{L_\ell,\ \ell = 1,2,\dots,p;\ \partial\Omega_\infty\} . \tag{10.2-1}$$

Das Strömungsfeld K ist der Raum außerhalb der Leiter. Er kann von unterschiedlicher Topologie sein. Der einfachste Fall ist ein unendliches Feldgebiet

$$K : V^3 - \bigcup_{\ell=1}^{p=k-1} L_\ell . \tag{10.2-2}$$

Nichtleitende Körper N haben folgende Eigenschaften:

N_μ ist ein endlicher Körper mit zusammenhängendem Rand.

N'_ρ ist ein unendlicher Körper mit zusammenhängendem, teilweise mit $\partial\Omega_\infty$ gemeinsamen, Rand. $\bigcup_\rho N'_\rho$ überdeckt $\partial\Omega_\infty$ nicht lückenlos.

N'' ist ein unendlicher Hohlkörper mit zwei zusammenhängenden Rändern. Der eine Rand $\partial N''$ ist endlich, und der andere Rand wird von $\partial\Omega_\infty$ gebildet. Folgende weitere Feldgebiete werden definiert:

$$K : V^3 - \bigcup_{\ell=1}^{p=k-1} L_\ell - \bigcup_\mu N_\mu - \bigcup_\rho N'_\rho ,$$

$$\begin{aligned} &\forall \mu_1,\mu_2 \in \{1,2,\ldots\}, \mu_1 \neq \mu_2 : \partial N_{\mu_1} \cap \partial N_{\mu_2} = \emptyset , \\ &\forall \mu \in \{1,2,\ldots\}, \forall \rho \in \{1,2,\ldots\} : \partial N_\mu \cap \partial N'_\rho = \emptyset , \\ &\forall \rho_1,\rho_2 \in \{1,2,\ldots\}, \rho_1 \neq \rho_2 \quad : \partial N'_{\rho_1} \cap \partial N'_{\rho_2} = \emptyset . \end{aligned} \tag{10.2-3}$$

Abbildung 10.3 zeigt ein Beispiel für zylindrische Geometrie.

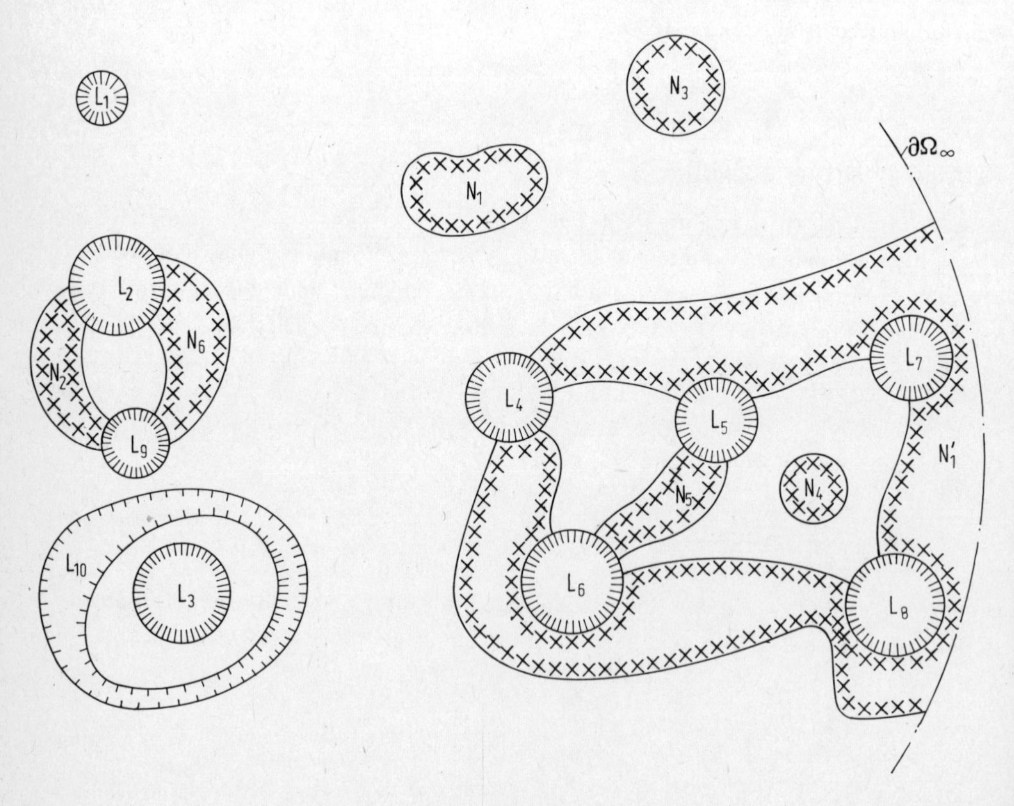

Abb.10.3

$$K : V^3 - \bigcup_{\ell=1}^{p=k-1} L_\ell - \bigcup_{\mu} N_\mu - N'' ,$$

$$\forall \mu_1, \mu_2 \in \{1,2,\ldots\} , \mu_1 \neq \mu_2 : \partial N_{\mu_1} \cap \partial N_{\mu_2} = \emptyset , \tag{10.2-4}$$

$$\forall \mu \in \{1,2,\ldots\} : \partial N_\mu \cap \partial N'' = \emptyset .$$

Abbildung 10.4 zeigt ein Beispiel.

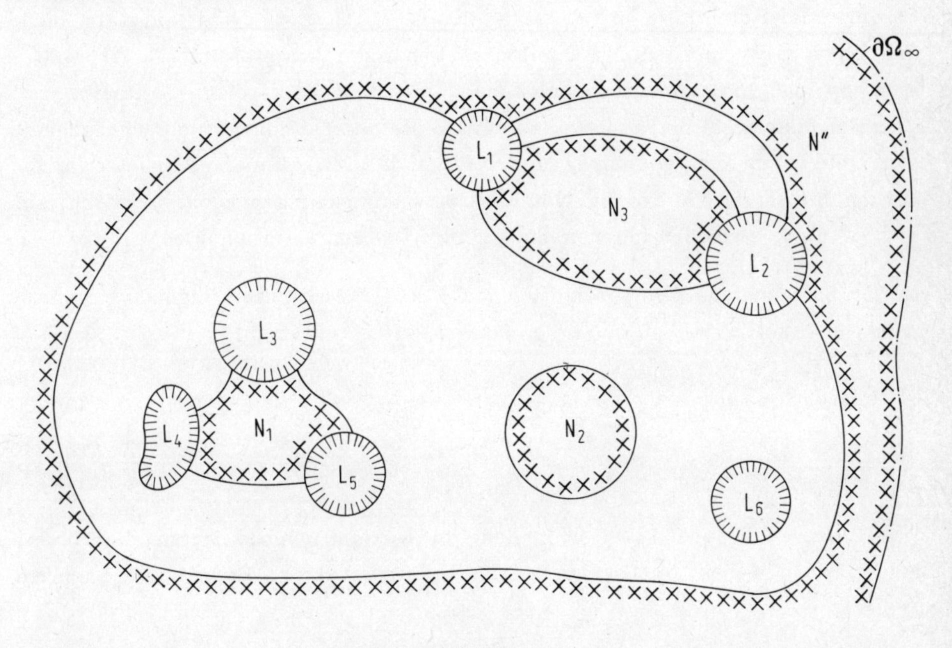

Abb.10.4

In (10.2-3) und (10.2-4) dürfen L_ℓ und N_μ, N'_ρ, N'' teilweise einen gemeinsamen Rand haben, die nichtleitenden Körper untereinander jedoch nicht.

Wir definieren als k-Pol eine Anordnung von k Polen mit einem Strömungsfeld K:

$$\begin{aligned} \text{k-Pol} : \quad P \cup K, \quad \text{mit} \quad & P : \text{s. } (10.2\text{-}1) \\ & K : \text{s. } (10.2\text{-}2), (10.2\text{-}3), (10.2\text{-}4). \end{aligned} \tag{10.2-5}$$

Weiter soll gelten:

Linearer k-Pol: k-Pol nach (10.2-5) und (8.1-34) . (10.2-6)

Quellenfreier k-Pol: k-Pol nach (10.2-5) und $\bar{E}^{(e)}(\vec{x}) = \bar{J}^{(e)}(\vec{x}) = 0, \; \forall \vec{x} \in K.$

(10.2-7)

Im Feldgebiet des linearen k-Pols gilt die Materialgleichung (8.1-34). Wir betrachten einen linearen, quellenfreien k-Pol und beschränken sein Feldgebiet K zunächst auf (10.2-2). Mit der Normierung $V = 0$ auf $\partial\Omega_\infty$ können $k-1=p$ Potentiale oder p Ströme in das Feld strömend auf den p Leitern vorgeschrieben werden. Eine gemischte Vorgabe ist ebenfalls möglich. Bedingt durch die Separierung der Netzwerktheorie von der Feldtheorie, gibt es keine einheitliche, unter beiden Gesichtspunkten befriedigende, Bezeichnung für eine Anordnung gemäß (10.2-5). Man bezeichnet häufig einen k-Pol mit Quellen im Feldgebiet, jedoch ohne auf den Polen von außen vorgegebene Ströme oder Potentiale, als ein abgeschlossenes Netzwerk oder kurz als Netzwerk und einen k-Pol mit äußeren Quellen als k-poliges Teilnetzwerk. Dabei stellt man sich vor, daß von einem abgeschlossenen Netzwerk ein k-poliges Teilnetzwerk abgetrennt und das nicht betrachtete, an die k-Pole des Teilnetzwerkes angrenzende, Strömungsfeld durch Einströmungen an den Polen des Teilnetzwerkes ersetzt wird. Wir werden die Begriffe k-Pol und Netzwerk nebeneinander gebrauchen, jedoch, soweit erforderlich, zwischen inneren und äußeren Quellen unterscheiden.

Mit den Ergebnissen aus den Abschnitten 4.1.4 und 8.1.4 gelten folgende Isomorphismen:

$$Q = \underset{\sim}{K}\, V \longleftrightarrow I = \underset{\sim}{Y}\, V \,, \tag{10.2-8}$$

$$V = \underset{\sim}{H}\, Q \longleftrightarrow V = \underset{\sim}{Y}^{-1} I \,. \tag{10.2-9}$$

$I_\ell > 0$ ist der von äußeren Quellen in den Pol L_ℓ einfließende Strom, der über ∂L_ℓ verteilt in das Feld ausfließt. I heißt Polstromvektor. Ferner gilt nach Abschnitt 10.1:

$$Q(K) = \underset{\sim}{K}^B\, U(\vec{r}) \longleftrightarrow I(K) = \underset{\sim}{Y}^B\, U(\vec{r}) \,, \tag{10.2-10}$$

$$U(\vec{r}) = \underset{\sim}{H}^B\, Q(K) \longleftrightarrow U(\vec{r}) = (\underset{\sim}{Y}^B)^{-1}\, I(K) \,. \tag{10.2-11}$$

$I(K_\nu)$ ist die Summe der von äußeren Quellen in die geschlossene Fläche ∂K_ν einfließenden Ströme, die, über ∂K_ν verteilt, in das Feld ausfließt. $I(K_\nu)$ ist positiv, wenn der Zweig $\vec{r}_\nu$ in $\vec{F}_\nu$ entspringt, negativ, wenn er in $\vec{F}_\nu$ mündet. $I(K)$ heißt Schnittmengenstromvektor. Die symmetrische $p \times p$-Matrix $\underset{\sim}{Y}$ heißt Knotenadmittanzmatrix, die Elemente $Y_{\mu\mu}$ Eigenadmittanzen und die Elemente $Y_{\mu\nu} (\mu \neq \nu)$ Gegenadmittanzen. Die symmetrische Matrix $\underset{\sim}{Y}^B$ heißt Schnittmengenadmittanzmatrix und ihre Elemente entsprechend. Der Grund für diese Namensgebung wird in Aufgabe 10.2 ersichtlich werden. Wir erinnern uns, daß (10.2-8) und (10.2-9) nach den Ausführungen im Abschnitt 10.1 als Spezialfälle von (10.2-10) und (10.2-11) angesehen werden können.

Der Beschreibung des k-Pols durch das System der k-1 Gleichungen (10.2-10) liegt eine der vielen möglichen Baumstrukturen zugrunde. Der gewählte Baum wird durch die Knoten-Baumzweig-Inzidenzmatrix $\underset{\sim}{A}_B$ des Graphen $\vec{G}_B$ dargestellt, der nach Abschnitt 10.1 ein Bild des k-Pols bezüglich des gewählten Systems linear unabhängiger Baumspannungen $U(\vec{r})$ ist. Die Spannungen $U(\vec{r})$ sind mit den Potentialen V und die Ströme I(K) mit den Polströmen I durch $\underset{\sim}{B}$ und $\underset{\sim}{A}_B$ verknüpft. Es gelten (10.1-3) und (10.1-5):

$$V = \underset{\sim}{B}\, U(\vec{r}) \,, \tag{10.2-12}$$

$$U(\vec{r}) = \underset{\sim}{A}_B^t\, V \,, \tag{10.2-13}$$

und aus (10.1-9) und (10.1-10) folgt

$$Q(K) = \underset{\sim}{B}^t\, Q \longleftrightarrow I(K) = \underset{\sim}{B}^t\, I \,, \tag{10.2-14}$$

$$Q = \underset{\sim}{A}_B\, Q(K) \longleftrightarrow I = \underset{\sim}{A}_B\, I(K) \,. \tag{10.2-15}$$

Durch (10.2-10) und $\underset{\sim}{A}_B$ ist eine vollständige, integrale Beschreibung des Strömungsfeldes in einem linearen, quellenfreien k-Pol gegeben.

Die bisherigen Ergebnisse gelten unverändert auch für ein Feldgebiet K nach (10.2-3). Wir brauchen uns dazu nur vorzustellen, daß die Leitfähigkeit $\varkappa(\vec{x})$ eine solche Abhängigkeit von $\vec{x}$ besitzt, daß sie an den Rändern $\partial N_\nu, \partial N'_\rho$ genügend rasch auf Null abfällt und in N_ν, N'_ρ überall verschwindet. (10.2-3) ist genau besehen nur ein Beispiel, welche Auswirkungen die Annahme eines inhomogenen Mediums $\varkappa(\vec{x})$ auf die Topologie des Strömungsfeldes haben kann. Für das endliche Gebiet nach (10.2-4) ist eine kleine Modifizierung notwendig.

Wegen $\int\limits_{\partial N''} \langle \vec{J}, d\vec{F} \rangle = \sum\limits_{\ell=1}^{k} I_\ell = 0$ können nicht auf allen in K liegenden k Polen die Polströme vorgeschrieben werden sondern nur auf $k-1=p$ Polen. Der k-te Pol übernimmt gewissermaßen die Rolle von $\partial\Omega_\infty$. Für das Potential $V(\vec{x})$ entfällt die Normierungsbedingung (4.1-54b). Damit sind alle Potentiale nur bis auf eine für alle gleiche Normierungskonstante bestimmt. Wir wählen irgendeinen Pol als Bezugspol. Er erhält die Nummer $k=p+1$ und tritt bei der Baumkonstruktion an die Stelle von $\partial\Omega_\infty$. Sein Potential erhält den Wert der Normierungskonstanten. Mit dieser Modifizierung gelten die Ergebnisse dieses Abschnitts auch für ein endliches Feldgebiet nach (10.2-4).

10.2.2. Der lineare Zweipol

Ein Zweipol ZP ist eine Anordnung von zwei Polen P mit einem Strömungsfeld K_r:

$$\begin{aligned} ZP : P \cup K_r, \quad \text{mit} \quad P &: (L_r, L_{r'}); \\ K_r &: K \text{ nach } (10.2\text{-}2),\ (10.2\text{-}3),\ (10.2\text{-}4)\ ; \\ &\quad p=2,\ K \text{ ist zusammenhängend.} \end{aligned} \tag{10.2-16}$$

Das Feldgebiet K_r allein nennt man einen offenen Zweipol. Ein Zweipol wird auch häufig als Eintor bezeichnet. Abbildung 10.5a zeigt ein Beispiel für einen Zweipol und Abb.10.5b das Symbol für seine integrale Beschreibung.

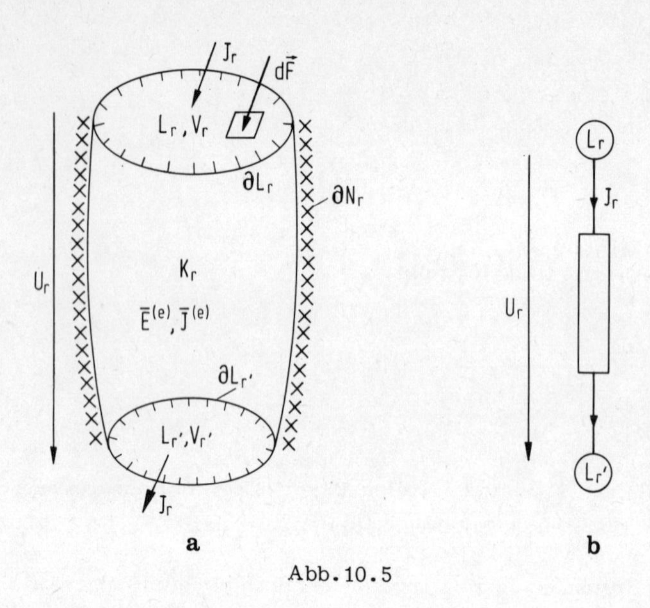

Abb.10.5

Grundlage für eine Beziehung zwischen den Torgrößen J_r und U_r ist die lineare Materialgleichung (8.1-34):

$$\bar{J} + \bar{J}^{(e)} = * \varkappa(\vec{x})\ (\bar{E} + \bar{E}^{(e)}) \qquad \bar{J}^{(e)}(\vec{x}) = 0 \qquad \forall\, \vec{x} \in K'_r \subset K_r\,; \quad (10.2\text{-}17)$$

$$\bar{E}^{(e)}(\vec{x}) = 0 \qquad \forall\, \vec{x} \in K''_r \subset K_r\,;$$

$$K'_r \cap K''_r = \emptyset \qquad K'_r \cup K''_r = K_r\,,$$

weshalb der lineare Zweipol entsprechend (10.2-6) und der lineare, quellenfreie Zweipol entsprechend (10.2-6) und (10.2-7) definiert werden. Für letzteren stellt das Ohmsche Gesetz (8.1-28) eine lineare Beziehung zwischen den Torgrößen dar, die in Analogie zu (8.1-20) gesetzt werden kann. Im folgenden werden wir eine Beziehung herleiten, die das Ohmsche Gesetz auf lineare Zweipole mit Quellen verallgemeinert, und die analog zu (10.2-17) ist. Wir setzen

$$\varkappa(\vec{x}) = \varepsilon(\vec{x})\varkappa\,, \qquad (10.2\text{-}18)$$

wo $\varepsilon(\vec{x})$ eine dimensionslose Ortsfunktion ist, und erhalten für (8.1-39)

$$L_{\vec{x}}\, V = \bar{\nabla}\cdot \varepsilon(\vec{x})\, \bar{\nabla}\, V = * \bar{\nabla} \wedge * \varepsilon(\vec{x})\, \bar{\nabla}\, V = - * \bar{\nabla} \wedge (\bar{J}^{(e)}/\varkappa - * \varepsilon(\vec{x})\bar{E}^{(e)}) =$$
$$= - \bar{\nabla}\cdot (* \bar{J}^{(e)}/\varkappa - \varepsilon(\vec{x})\bar{E}^{(e)})\,. \qquad (10.2\text{-}19)$$

$L_{\vec{x}} = \varepsilon(\vec{x})\,\Delta + \bar{\nabla}\,\varepsilon(\vec{x}) \cdot \bar{\nabla}$ ist der in (4.1-55) definierte Differentialoperator, für den (4.1-57) gilt.

Mit (4.1-56a):

$$L_{\vec{x}}\, G(\vec{x},\vec{x}\,') = -\,\delta(\vec{x} - \vec{x}\,') ,$$

folgt aus (4.1-57)

$$\begin{aligned} V(\vec{x}) = &\int_{K_r} G(\vec{x},\vec{x}\,') * \bar{\nabla}_{\vec{x}\,'} \wedge [\bar{J}^{(e)}(\vec{x}\,')/\varkappa - * \,\varepsilon(\vec{x}\,')\bar{E}^{(e)}(\vec{x}\,')]\,d\tau\,' - \\ &- \int_{\partial K_r} \varepsilon(\vec{x}\,') \left[V(\vec{x}\,') \frac{\partial G(\vec{x},\vec{x}\,')}{\partial n'} - G(\vec{x},\vec{x}\,') \frac{\partial V(\vec{x}\,')}{\partial n'} \right] dF\,' . \end{aligned} \tag{10.2-21}$$

Ferner gilt für die Greensche Funktion $G(\vec{x},\vec{x}\,')$ in Verallgemeinerung von (4.1-30)

$$- \int_{\partial K_r} \varepsilon(\vec{x}\,') \frac{\partial G(\vec{x},\vec{x}\,')}{\partial n'}\, dF\,' = 1 , \tag{10.2-22}$$

denn eine Grundlösung $v(\vec{x})$ von $L_{\vec{x}}\, v = 0$ hat die Eigenschaft

$$\frac{\partial v}{\partial n} = O\left(\frac{1}{\|\vec{x}\|^2\, \varepsilon(\vec{x})} \right) \qquad \text{für} \qquad \|\vec{x}\| \to \infty ,$$

wenn sich das Feldgebiet ins Unendliche erstreckt.

Nach Abb. 10.5a setzt sich ∂K_r aus ∂L_r, $\partial L_{r'}$ und ∂N_r zusammen. Für die Greensche Funktion werden die folgenden Randbedingungen vorgeschrieben:

$$\left. \begin{aligned} G(\vec{x},\vec{x}\,') &= 0 \qquad \forall\, \vec{x}\,' \in \partial L_r, \partial L_{r'} ; \\ \frac{\partial G(\vec{x},\vec{x}\,')}{\partial n'} &= 0 \qquad \forall\, \vec{x}\,' \in \partial N_r \qquad ; \end{aligned} \right\} \quad \vec{x} \in K_r . \tag{10.2-23}$$

Die Normale wird gemäß Abb. 10.5a auf ∂L_r in das Innere von K_r weisend orientiert, also entgegengesetzt zum Rest von ∂K_r. Man erhält aus (10.2-21) bis (10.2-23) mit (8.1-46)

$$\begin{aligned} V(\vec{x}) = &\int_{K_r} G(\vec{x},\vec{x}\,') * \bar{\nabla}_{\vec{x}\,'} \wedge [\bar{J}^{(e)}(\vec{x}\,')/\varkappa - * \,\varepsilon(\vec{x}\,')\bar{E}^{(e)}(\vec{x}\,')]\,d\tau\,' + \\ &+ U_r \int_{\partial L_r} \varepsilon(\vec{x}\,') \frac{\partial G(\vec{x},\vec{x}\,')}{\partial n'}\, dF\,' + V_{r'} . \end{aligned} \tag{10.2-24}$$

Der erste Term läßt sich mit Hilfe des Stokesschen Satzes umformen, und mit (10.2-23) folgt schließlich

$$V(\vec{x}) = U_r \int_{\partial L_r} \varepsilon(\vec{x}\,') \frac{\partial G(\vec{x},\vec{x}\,')}{\partial n'} dF' + \int_{\partial N_r} G(\vec{x},\vec{x}\,') \langle \bar{J}^{(e)}(x')/\varkappa -$$

$$- * \varepsilon(\vec{x}\,')\bar{E}^{(e)}(\vec{x}\,'), d\vec{F}\,'\rangle - \int_{K_r} \langle \bar{\nabla}_{\vec{x}\,'} G(\vec{x},\vec{x}\,') \wedge [\bar{J}^{(e)}(\vec{x}\,')/\varkappa -$$

$$- * \varepsilon(\vec{x}\,')\bar{E}^{(e)}(\vec{x}\,')], dK'\rangle + V_{r'} . \qquad (10.2\text{-}25)$$

Mit diesem Ausdruck für das Potential gehen wir in die Materialgleichung (10.2-17) ein und erhalten durch Integration über ∂L_r die gewünschte Verallgemeinerung des Ohmschen Gesetzes:

$$J_r + \mathcal{J}_r = G_r(U_r + \mathcal{E}_r) . \qquad (10.2\text{-}26)$$

J_r und U_r sind der Torstrom und die Torspannung, und die Größen $\mathcal{J}_r$ und $\mathcal{E}_r$ heißen eingeprägter Strom und eingeprägte Spannung, d.h.

$$J_r = \int_{\partial L_r} \langle \bar{J}, d\vec{F}\rangle , \qquad (10.2\text{-}27)$$

$$\mathcal{J}_r = \int_{\partial L_r} \langle \bar{J}^{(e)}(\vec{x}) + * \varepsilon(\vec{x})\bar{\nabla}\left[\int_{\partial N_r''} G(\vec{x},\vec{x}\,')\langle \bar{J}^{(e)}(\vec{x}\,'), d\vec{F}\,'\rangle - \right.$$

$$\left. - \int_{K_r''} \langle \bar{\nabla}_{\vec{x}\,'} G(\vec{x},\vec{x}\,') \wedge \bar{J}^{(e)}(\vec{x}\,'), dK'\rangle \right], d\vec{F}\rangle , \qquad (10.2\text{-}28)$$

$$G_r = \frac{1}{R_r} = -\varkappa \int_{\partial L_r} dF \int_{\partial L_r} dF'\, \varepsilon(\vec{x})\varepsilon(\vec{x}\,') \frac{\partial^2 G(\vec{x},\vec{x}\,')}{\partial n \partial n'} , \qquad (10.2\text{-}29)$$

$$G_r \mathcal{E}_r = \varkappa \int_{\partial L_r} \langle * \varepsilon(\vec{x})\bar{E}^{(e)}(\vec{x}) + * \varepsilon(\vec{x})\bar{\nabla}\left[\int_{\partial N_r'} G(\vec{x},\vec{x}\,')\langle * \varepsilon(\vec{x}\,')\bar{E}^{(e)}(\vec{x}\,'), d\vec{F}\,'\rangle - \right.$$

$$\left. - \int_{K_r'} \langle \bar{\nabla}_{\vec{x}\,'} G(\vec{x},\vec{x}\,') \wedge * \varepsilon(\vec{x}\,')\bar{E}^{(e)}(\vec{x}\,'), dK'\rangle \right], d\vec{F}\rangle . \qquad (10.2\text{-}30)$$

Ein einfaches Beispiel soll die Anwendung der Ergebnisse veranschaulichen. Ein Zylinder mit konstanter Querschnittsfläche F und Leitfähigkeit $\varkappa$ habe die Ausdehnung von $x = 0$ bis $x = \ell$. Die Enden werden durch ideale Leiter abgeschlossen, der Mantel sei nichtleitend. Eine eingeprägte Feldstärke sei durch $\bar{E}^{(e)} = \bar{e}^x E_o \sin(\pi x/\ell)$ gegeben. Aus (10.2-20), (10.2-22), (10.2-23) erhält man die Greensche Funktion für die beiden Abschnitte links und rechts vom Punkte x:

$$G(x,x') = \frac{1}{F}\left(1 - \frac{x}{\ell}\right)x' \quad \text{für} \quad 0 \leqslant x' < x^{+)}$$
$$G(x,x') = \frac{1}{F}\left(1 - \frac{x'}{\ell}\right)x \quad \text{für} \quad x < x' \leqslant \ell \,. \tag{10.2-31}$$

Mit $\frac{\partial^2 G}{\partial n \partial n'} = \frac{\partial^2 G}{\partial x \partial x'} = -\frac{1}{F\ell}$ folgt aus (10.2-29)

$$G_r = \frac{\varkappa F}{\ell} \,.$$

Auf ∂L_r gilt $\bar{E}^{(e)}(x = \ell) = 0$ und auf ∂N_r ist $\langle * \bar{E}^{(e)}, d\vec{F}\rangle = 0$. Weiter ist

$$\int\limits_{K_r} \langle \bar{\nabla}_{\vec{x}'} G(\vec{x},\vec{x}') \wedge * \varepsilon(\vec{x}')\bar{E}^{(e)}(\vec{x}'), dK'\rangle =$$

$$= \int\limits_{x'=0}^{x'=x} \frac{dG}{dx'} E_o \sin\left(\frac{\pi x'}{\ell}\right) F dx' + \int\limits_{x'=x}^{x'=\ell} \frac{dG}{dx'} E_o \sin\left(\frac{\pi x'}{\ell}\right) F dx' \,,$$

und aus (10.2-30) erhält man

$$\mathscr{E}_r = \frac{2E_o \ell}{\pi} \,. \tag{10.2-32}$$

Die Gleichung des linearen Zweipols (10.2-26) erlaubt, das Zweipolsymbol Abb.10.5b für diesen zu strukturieren. Für den Ohmschen Widerstand mit dem Leitwert G_r und dem Widerstandswert R_r wird das Symbol in Abb.10.6 vereinbart.

Die integrale Beschreibung der inneren Quellen des Zweipols erfolgt durch den eingeprägten Strom $\mathscr{I}_r$ und die eingeprägte Spannung $\mathscr{E}_r$. Aus später ersichtlichen Gründen bezeichnen wir diese Quellen als ideale Strom- und Spannungsquellen und vereinbaren für sie die Symbole in Abb.10.7 und Abb.10.8. Der dem Pluszeichen benachbarte Pol soll derjenige mit dem höheren Potential sein.

Mit diesen Verabredungen ergibt sich für Gleichung (10.2-26) die Schaltungsdarstellung in Abb.10.9.

+) $G(x,x') = \frac{1}{F^2} \int\limits_{\partial L_r} dF \int\limits_{\partial L_r} dF' G(\vec{x},\vec{x}')$

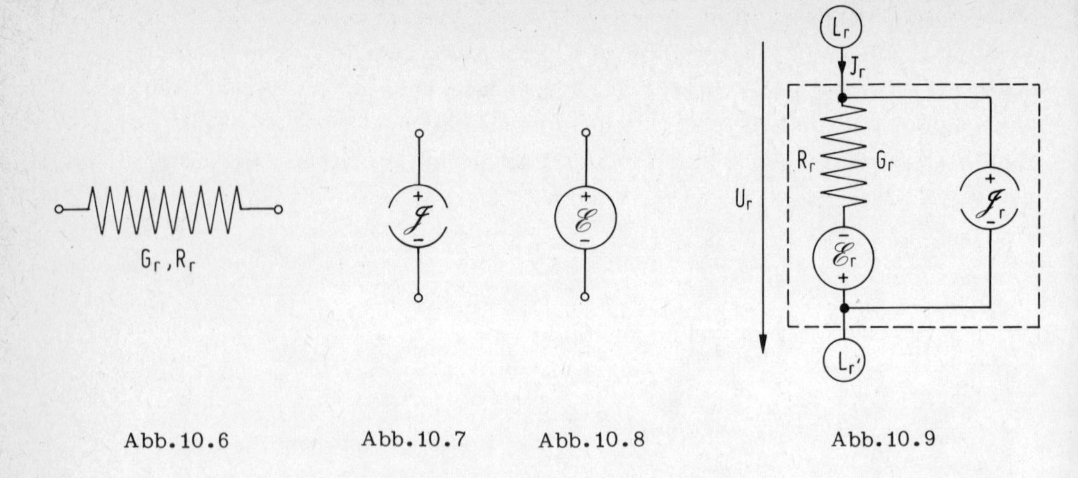

Abb.10.6 Abb.10.7 Abb.10.8 Abb.10.9

Durch Messung des Leerlauf- und Kurzschlußverhaltens kann für einen Zweipol wahlweise eine Spannungsquellenersatzschaltung $\mathcal{E}_r$, G_r oder eine Stromquellenersatzschaltung $\mathcal{J}_r$, G_r angegeben werden, die beide das Klemmenverhalten des linearen Eintores bezüglich Strom und Spannung in äquivalenter Weise beschreiben.

Mit $\mathcal{J}_r = 0$ folgt aus (10.2-26) für den Leerlauf $J_r = 0$ bzw. den Kurzschluß $U_r = 0$:

$$U_r^L = -\mathcal{E}_r , \qquad J_r^K = G_r \mathcal{E}_r , \tag{10.2-33}$$

und mit $\mathcal{E}_r = 0$ in gleicher Weise

$$U_r^L = \frac{\mathcal{J}_r}{G_r} , \qquad J_r^K = -\mathcal{J}_r . \tag{10.2-34}$$

Aus (10.2-33) und (10.2-34) ist bei Annahme von $\mathcal{E}_r > 0$, $\mathcal{J}_r > 0$ das Vorzeichen der Quellen in Abb.10.9 zu entnehmen. Die Schaltungssymbole in Abb.10.7 und Abb.10.8 wurden so gewählt, daß sie auf beide gebräuchlichen Bezugspfeilsysteme spezialisiert werden können. Die ideale Spannungsquelle kann nach (10.2-33) anstatt durch eine eingeprägte Spannung auch durch eine Leerlaufspannung beschrieben werden. Mit einem vom Minus- zum Pluspol weisenden Bezugspfeil bedeutet $\mathcal{E}_r$ eine eingeprägte Spannung und mit einem vom Plus- zum Minuspol weisenden Pfeil eine Leerlaufspannung. Ebenso kann die ideale Stromquelle nach (10.2-34) anstatt durch einen eingeprägten Strom durch einen Kurzschlußstrom charakterisiert werden. Mit einem vom Plus- zum Minuspol weisenden Bezugspfeil bedeutet $\mathcal{J}_r$ einen eingeprägten Strom und umgekehrt einen Kurzschlußstrom. Eine Angabe der im Zweipol in Joulesche Wärme umgesetzten Leistung ist durch keine der beiden Ersatzschaltungen möglich. Dazu muß vielmehr der Energiesatz auf das Feldgebiet K_r angewendet werden. Die Serienschaltung der idealen Spannungsquelle $\mathcal{E}_r$ mit dem Widerstand R_r, bzw. die Parallelschaltung der idealen Stromquelle $\mathcal{J}_r$ mit dem Leitwert G_r darf auch nicht zu der Annahme verleiten, diese

Quellen ließen sich räumlich von einem Widerstand separieren. Die Gleichungen (10.2-28), (10.2-30) und unser Beispiel zeigen, daß dies nicht möglich ist. Daher sind ideale Quellen nach Abb.10.7 und Abb.10.8 keine realisierbaren Zweipole im Sinne der Definition (10.2-16). Nichtsdestoweniger sind sie nützliche Idealisierungen realer Quellen, wenn im ersteren Falle ein zwischen die Pole $(L_r, L_{r'})$ außen angeschalteter Leitwert klein gegen G_r und im letzteren Falle ein außen angeschalteter Widerstand groß gegen R_r ist.

10.2.3. Das Zweipolnetzwerk

Ein endliches, zusammenhängendes Zweipolnetzwerk ZPN ist ein k-Pol mit einem speziellen Feldgebiet K:

$$\text{ZPN: } P \cup K \text{ mit } P\text{: s. (10.2-1);}$$

$$K\text{: s. (10.2-2), (10.2-3), (10.2-4) und } K = \bigcup_{\nu=1}^{z} K_{r_\nu} \,;$$

$$\forall \nu \in \{1,2,\ldots,z\} : K_{r_\nu} \text{ ist zusammenhängend;}$$

$$K_{r_\nu} \text{ grenzt an genau zwei Pole;} \qquad (10.2\text{-}35)$$

$$\forall \nu,\mu \in \{1,2,\ldots,z\}, \nu \neq \mu : K_{r_\nu} \cap K_{r_\mu} = \emptyset \,.$$

Ein Beispiel zeigt Abb.10.10.

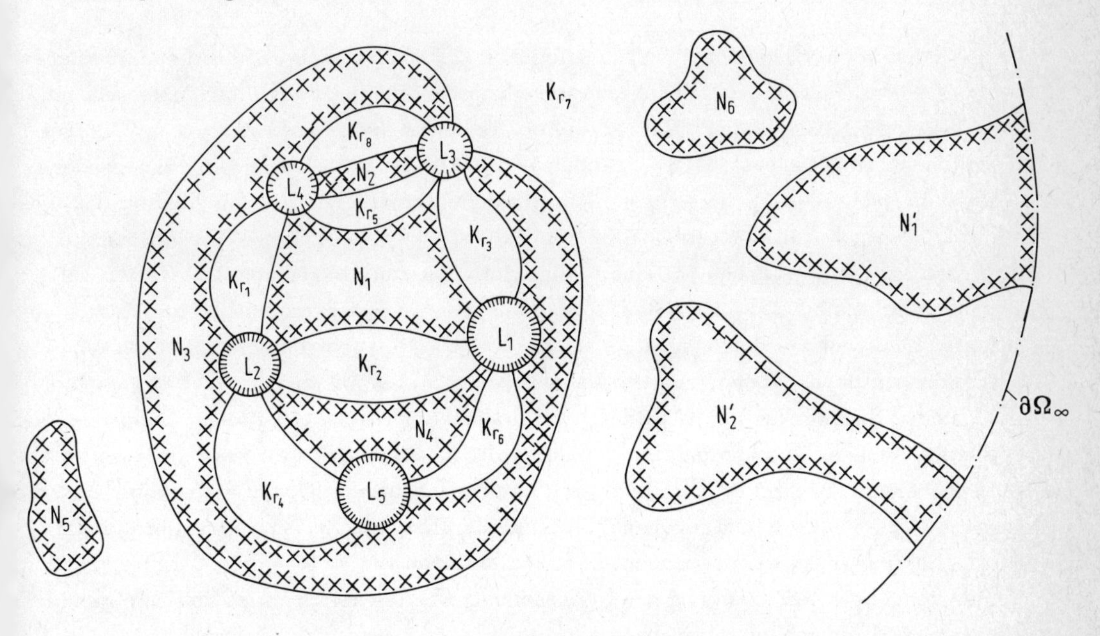

Abb.10.10

Ein Zweipolnetzwerk kann auch als eine beliebige Verbindung von z offenen Zweipolen K_{r_ν} mit k Polen P_ℓ angesehen werden. Wird ein offener Zweipol mit nur einem Pol verbunden, so resultiert als Sonderfall eines ZPN ein kurzgeschlossener Zweipol.

Von der Abbildung H aus Abschnitt 10.1 ist genau zu unterscheiden die Abbildung Z, welche das ZPN, d.h. die Pole P und das Feldgebiet K in einen Graphen $\vec{G}$ abbildet. Die Knoten sind die Bilder der Pole P_ℓ und die Zweige die Bilder der offenen Zweipole K_{r_ν}. Für jeden offenen Zweipol wird ein Polstrom J_r und eine Zweipolspannung U_r nach Abb.10.5b definiert und ihr Bezugspfeil auf die Zweigorientierung abgebildet:

$$\begin{aligned}
Z: \quad & P \cup K \to \vec{G}(A,\vec{R}) . \\
& L_\ell, I_\ell, V_\ell \mapsto a_\ell , \quad \ell = 1,2,\ldots,p . \\
& \partial\Omega_\infty \mapsto a_{p+1} , \\
& A = \{a_1,a_2,\ldots,a_{p+1}\} . \\
& K_{r_\nu}, J_{r_\nu}, U_{r_\nu} = V_{i_\nu} - V_{j_\nu} \mapsto \vec{r}_\nu = (a_{i_\nu}, a_{j_\nu}) ,
\end{aligned} \tag{10.2-36}$$

wo

$$a_{i_\nu}, a_{j_\nu} \in A ;$$

$$\vec{R} = \{\vec{r}_1,\vec{r}_2,\ldots,\vec{r}_z\} .$$

Der Graph $\vec{G} = (A,\vec{R})$ beschreibt die Topologie des ZPN vollständig. Er hat die Matrixdarstellung $\underset{\sim}{A}_v$ (s. Anhang 2,(2.1)) und seine reduzierte Knoten-Zweig-Inzidenzmatrix ist $\underset{\sim}{A}$ (s. Anhang 2,(2.2)). Ein ZPN ist ein k-Pol, für den, wenn er aus linearen, quellenfreien, offenen Zweipolen besteht, die Ergebnisse aus Abschnitt 10.2.1 gelten. Insbesondere existieren Knoten- und Schnittmengen-Admittanzmatrizen. Wir werden zeigen, daß dies auch für Zweipole mit inneren Quellen der Fall ist, und eine explizite Darstellung dieser Matrizen angeben. Während bei einem allgemeinen k-Pol die genannten Matrizen vollständig besetzt sind, ist für größere Zweipolnetzwerke in elektrotechnischen Anwendungen ein schwacher Besetzungsgrad charakteristisch. Bei elektronischen Netzwerken kann man einen mittleren Knotengrad (s. Anhang 1, Def. 7) von 3 annehmen. Der Graph eines solchen Netzwerkes mit 100 Knoten hat demnach nur etwa 150 Zweige gegenüber einem vollständigen Graphen mit 100^{98} Zweigen. Die Aufgabe der Netzwerkanalyse ist es, bei gegebener Topologie $\underset{\sim}{A}_v$, gegebenen Zweipolgleichungen, die im einfachsten Fall die Form (10.2-26) haben, und gegebenen äußeren Quellen, ein Gleichungssystem für die Zweipolströme und Zweipolspannungen zu formulieren und zu lösen. In Übertragung des Bildes von Zweipolströmen und Zweipolspannungen ist es üblich, auch von Zweigströmen und Zweigspannungen zu sprechen.

Für jeden Zweipol K_{r_ν} $(\nu = 1,2,\dots,z)$ eines linearen ZPN gilt eine Gleichung (10.2-26):

$$J_{r_\nu} + \mathscr{I}_{r_\nu} = Y_{r_\nu}(U_{r_\nu} + \mathscr{E}_{r_\nu}) . \qquad (\nu = 1,2,\dots,z) \qquad (10.2\text{-}37)$$

In Gleichstromnetzwerken ist $Y_{r_\nu} = G_{r_\nu}$. Die Bezeichnung in (10.2-37) wurde mit Rücksicht auf später zu behandelnde, allgemeinere Fälle gewählt. Wir fassen (10.2-37) in Matrixform zusammen:

$$J_r + \mathscr{I}_r = \underset{\sim}{Y}_r(U_r + \mathscr{E}_r) , \qquad (10.2\text{-}38)$$

$$\underset{\sim}{Y}_r = \mathrm{Diag}(Y_{r_1}, Y_{r_2}, \dots, Y_{r_z})$$

und benennen die Größen wie folgt: Zweig-Stromvektor J_r, Zweig-Spannungsvektor U_r, Zweig-Stromquellenvektor $\mathscr{I}_r$, Zweig-Spannungsquellenvektor $\mathscr{E}_r$, Zweig-Admittanzmatrix $\underset{\sim}{Y}_r$. Im folgenden wird von der Tatsache, daß $\underset{\sim}{Y}_r$ eine Diagonalmatrix ist, kein Gebrauch gemacht. Daher sind die Ergebnisse dieses Abschnittes auch dann gültig, wenn $\underset{\sim}{Y}_r$ nicht diagonal ist. Ein Beispiel dafür werden wir am Ende dieses Abschnittes angeben. Weitere Beispiele folgen später, wenn auch magnetische Kopplungen zwischen einzelnen Zweipolen bestehen.

Die inneren Spannungsquellen $\mathscr{E}_r$ können in innere Stromquellen $-\underset{\sim}{Y}_r\mathscr{E}_r$ transformiert und mit $\mathscr{I}_r$ zusammengefaßt werden:

$$J_r + (\mathscr{I}_r - \underset{\sim}{Y}_r\mathscr{E}_r) = \underset{\sim}{Y}_r U_r . \qquad (10.2\text{-}39)$$

Die äußeren Quellen können entweder durch den Pol-Stromquellenvektor $\mathscr{I}^{(a)} = (\mathscr{I}^{(a)}_\ell)$, $(\ell = 1,2,\dots,p)$, oder durch den Pol-Spannungsquellenvektor $\mathscr{E}^{(a)} = (\mathscr{E}^{(a)}_\ell)$, $(\ell = 1,2,\dots,p)$, oder durch eine Überlagerung aus beiden gegeben sein. Wir betrachten zunächst den ersten Fall. Nach (8.1-54) und Abb.10.11 gilt

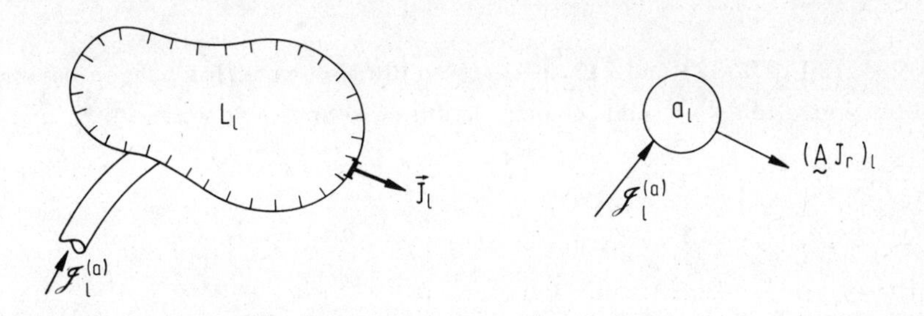

Abb.10.11

$$\int_{\partial L_\ell} \langle \bar{J}_\ell, d\vec{F} \rangle - \mathcal{I}_\ell^{(a)} = \sum_{\nu: r_\nu \text{ inz. } a_\ell} J_{r_\nu} - \mathcal{I}_\ell^{(a)} = (\underset{\sim}{A}\, J_r)_\ell - \mathcal{I}_\ell^{(a)} = 0$$

oder

$$\mathcal{I}^{(a)} = \underset{\sim}{A}\, J_r \,. \tag{10.2-40}$$

Die innere Stromquelle $\mathcal{I}_{r_\nu} - Y_{r_\nu} \mathcal{E}_{r_\nu}$ kann, wie aus Abb.10.9 ersichtlich, in die entsprechenden Pole $L_{r_\nu} \equiv L_{i_\nu}$ und $L_{r'_\nu} \equiv L_{j_\nu}$ von K_{r_ν} gezogen werden und $(\mathcal{I}_{r_\nu} - Y_{r_\nu} \mathcal{E}_{r_\nu})$ bzw. $-(\mathcal{I}_{r_\nu} - Y_{r_\nu} \mathcal{E}_{r_\nu})$ können dort, als äußere Polströme aufgefaßt, den bereits vorhandenen $\mathcal{I}_{i_\nu}^{(a)}$ und $\mathcal{I}_{j_\nu}^{(a)}$ überlagert werden. Von den mit dem Pol L_ℓ inzidenten inneren Quellen fließt, als Polstrom $\mathcal{I}_\ell^{(i)}$ aufgefaßt, in das Feld: $\mathcal{I}_\ell^{(i)} = [\underset{\sim}{A}(\mathcal{I}_r - \underset{\sim}{Y}_r \mathcal{E}_r)]_\ell$ oder

$$\mathcal{I}^{(i)} = \underset{\sim}{A}(\mathcal{I}_r - \underset{\sim}{Y}_r \mathcal{E}_r) \,. \tag{10.2-41}$$

Die Summe $\mathcal{I}^{(i)} + \mathcal{I}^{(a)}$ wirkt auf den quellenfreien k-Pol und ergibt den in das Feld fließenden Strom I, für den (10.2-8) gilt:

$$\mathcal{I}^{(a)} + \mathcal{I}^{(i)} = \underset{\sim}{Y}\, V \,. \tag{10.2-42}$$

Aus der Definition der Zweigspannungen (10.2-36) als Differenz der Knotenpotentiale $V_{i_\nu} - V_{j_\nu}$ der am Zweig $\vec{r}_\nu$ inzidenten Knoten a_{i_ν}, a_{j_ν} folgt mit Anhang 2, (2.2) unmittelbar

$$U_r = \underset{\sim}{A}^t V \,. \tag{10.2-43}$$

Die gesuchte Darstellung der Knoten-Admittanzmatrix $\underset{\sim}{Y}$ erhält man aus (10.2-39) bis (10.2-43) zu

$$\underset{\sim}{Y} = \underset{\sim}{A}\, \underset{\sim}{Y}_r\, \underset{\sim}{A}^t \,. \tag{10.2-44}$$

Mit (10.2-41), (10.2-42) und (10.2-43) sind die Netzwerkgleichungen bei gegebenen äußeren Stromquellen $\mathcal{I}^{(a)}$ und inneren Strom- und Spannungsquellen $\mathcal{I}_r$ und $\mathcal{E}_r$ formuliert:

$$\underset{\sim}{Y}\, V = \mathcal{I}^{(a)} + \underset{\sim}{A}(\mathcal{I}_r - \underset{\sim}{Y}_r \mathcal{E}_r) \,. \tag{10.2-45}$$

(10.2-45) ist ein System von p linearen Gleichungen für die Knotenpotentiale. Aus dessen Lösung erhält man mit (10.2-43) die z Zweigspannungen U_r und mit (10.2-39) die z Zweigströme J_r. Die Existenz einer eindeutigen Lösung ist gesichert, da $\underset{\sim}{Y}$ nach (10.2-9) eine Inverse besitzt.

Den Pol-Stromquellenvektor $\mathcal{J}^{(a)}$ kann man sich durch $\binom{k}{2}$ ideale Stromquellen so erzeugt denken, daß an jedes Polpaar von außen eine ideale Stromquelle angeschlossen wird.

Auch für die Schnittmengenadmittanz $\underset{\sim}{Y}^B$ kann eine explizite Darstellung gefunden werden. Für das ZPN wird neben der Abbildung (s. 10.2-36)

$$Z : P \cup K \rightarrow \vec{G}(A,\vec{R})$$

die Abbildung (s. 10.1-1)

$$H : P \cup U(\vec{r}) \rightarrow \vec{G}_B(A,\vec{R}_B) ,$$

betrachtet, aus der die Gleichungen (10.2-10) bis (10.2-15) abgeleitet wurden. $\vec{G}_B$ hat die Matrixdarstellung $\underset{\sim}{A}_B$ mit dem gleichen (weggelassenen) Bezugsknoten wie $\underset{\sim}{A}$ und ist im allgemeinen kein Teilgraph von $\vec{G}$, jedoch ist stets $\vec{R}_B \cap \vec{R} \neq \emptyset$, sonst wäre $\vec{G}$ nicht zusammenhängend. Für den Fall, daß $\vec{G}_B = \vec{B} \subset \vec{G}$ ist, sind alle Baumzweige das Bild materieller Zweige K_r aus dem ZPN. Dann ist $\underset{\sim}{A}_B$ eine Teilmatrix von $\underset{\sim}{A}$.

Aus (10.2-14) folgt

$$\mathcal{J}^{(a)}(K) = \underset{\sim}{B}^t \mathcal{J}^{(a)} , \tag{10.2-46}$$

und mit (10.2-40) und (10.2-41) erhält man

$$\mathcal{J}^{(a)}(K) = \underset{\sim}{D}\, J_r \tag{10.2-47}$$

$$\mathcal{J}^{(i)}(K) = \underset{\sim}{D}(\mathcal{J}_r - \underset{\sim}{Y}_r\, \mathcal{E}_r) \tag{10.2-48}$$

sowie aus (10.2-12) und (10.2-43)

$$U_r = \underset{\sim}{D}^t\, U(\vec{r}) , \tag{10.2-49}$$

$$\underset{\sim}{D} = \underset{\sim}{B}^t \underset{\sim}{A} . \tag{10.2-50}$$

$\underset{\sim}{D}$ ist die Schnittmengen-Zweig-Inzidenzmatrix, deren Elemente in Anhang 2, (2.7) definiert werden. In Aufgabe 10.1 soll gezeigt werden, daß Anhang 2, (2.7) aus (10.2-50) mit Anhang 2, (2.2) und (2.4) folgt.

Aus (10.2-38), (10.2-47), (10.2-48), (10.2-49) erhält man durch Vergleich mit (10.2-10)

$$\underset{\sim}{Y}^B\, U(\vec{r}) = \mathcal{J}^{(a)}(K) + \mathcal{J}^{(i)}(K) = \underset{\sim}{B}^t \mathcal{J}^{(a)} + \underset{\sim}{D}(\mathcal{J}_r - \underset{\sim}{Y}_r \mathcal{E}_r) \qquad (10.2\text{-}51)$$

und die gesuchte Darstellung der Schnittmengenadmittanzmatrix $\underset{\sim}{Y}^B$, die für ein ZPN auch mit $\underset{\sim}{Y}^D$ bezeichnet wird:

$$\underset{\sim}{Y}^B \equiv \underset{\sim}{Y}^D = \underset{\sim}{D}\,\underset{\sim}{Y}_r\,\underset{\sim}{D}^t = \underset{\sim}{B}^t\,\underset{\sim}{Y}\,\underset{\sim}{B}\,. \qquad (10.2\text{-}52)$$

Für den in Abb.10.2 gezeigten speziellen Baum mit der Struktur eines Busches gilt $\underset{\sim}{B} = \underset{\sim}{1}$ und damit $\underset{\sim}{D} = \underset{\sim}{A}$. Die Knotenadmittanzmatrix kann als ein Spezialfall der Schnittmengenadmittanzmatrix angesehen werden.

Ist insbesondere $\vec{G}_B = \vec{B} \subset \vec{G}$, dann gilt $\underset{\sim}{B}^t = \underset{\sim}{A}_B^{-1}$, wo $\underset{\sim}{A}_B = \underset{\sim}{A}_{(\nu_1, \nu_2, \ldots, \nu_{z_V})}$ ist (vgl. Anhang 2, (2.3)). Die Knoten-Zweig-Inzidenzmatrix kann durch Umordnen der Spalten auf die Form $\underset{\sim}{A} = (\underset{\sim}{A}_B, \underset{\sim}{A}_V)$ gebracht werden. Die Menge von Schnittmengen, die durch die zugeordnete Schnittmengen-Zweig-Inzidenzmatrix

$$\underset{\sim}{D} = (\underset{\sim}{1}, \underset{\sim}{B}^t \underset{\sim}{A}_V) = (\underset{\sim}{1}, \underset{\sim}{D}_V) \qquad (10.2\text{-}53)$$

repräsentiert wird, heißt ein Fundamentalsystem. In Aufgabe 10.2 ist zu zeigen, wie für ein Fundamentalsystem die Elemente von $\underset{\sim}{Y}^D$ direkt aus der in Abschnitt 10.1 angegebenen Meßvorschrift für die Elemente von $\underset{\sim}{K}^B$ angegeben werden können.

Der zweite Fall der Netzwerkaufgabe mit gegebenen Polpotentialen $V = \mathcal{E}^{(a)}$ ist trivial, denn durch (10.2-43) sind unmittelbar die Zweigspannungen U_r und durch (10.2-38) die Zweigströme J_r gegeben. Den Pol-Spannungsquellenvektor $\mathcal{E}^{(a)}$ kann man sich erzeugt denken durch den Anschluß von p äußeren idealen Spannungsquellen $\mathcal{E}^{(a)}(\vec{r})$ derart, daß zwischen den durch sie verbundenen Polen eine Baumstruktur besteht. Auf diese Weise werden die Polpotentiale auf p Polen relativ zum Bezugspotential festgelegt, und daher können höchstens p äußere ideale Spannungsquellen an einen k-Pol angeschlossen werden. Die Ströme $\mathcal{J}_r$ der inneren Stromquellen fließen nicht in das Feld, sondern werden über $\mathcal{E}^{(a)}(\vec{r})$ kurzgeschlossen. Bezüglich des Klemmenverhaltens gilt Abb.10.12.

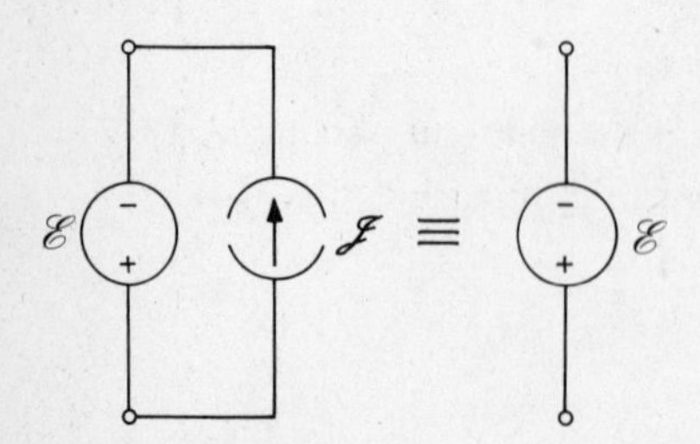

Abb.10.12

Die Überlagerung beider Fälle ist mit dem zweiten Fall identisch, denn auch die Polströme $\mathscr{I}^{(a)}$ der äußeren Quellen werden über den Baum idealer Spannungsquellen abgeleitet und fließen daher nicht in das Netzwerk. Von praktischer Bedeutung ist der Fall, daß von den p Polpaaren eines k-Poles, die den Baumspannungen $U(\vec{r})$ zugeordnet sind, p' mit idealen Spannungsquellen und die restlichen p'' mit idealen Stromquellen belegt werden. Die Netzwerkaufgabe wird dann zweckmäßig mit Hilfe der Schnittmengenadmittanzmatrix (10.2-51), (10.2-52) formuliert. Die Wahl des Baumes $\vec{G}_B$, die bisher willkürlich war, wird also so vorgenommen, daß die idealen Spannungsquellen $\mathscr{E}^{(a)}(\vec{r})$ auf p' Baumzweige abgebildet werden. Die restlichen p'' Baumzweige können weiterhin frei gewählt werden. (10.2-51) wird dann aufgeteilt in

$$\begin{pmatrix} \underset{\sim}{Y}^D_{p'p'} & \underset{\sim}{Y}^D_{p'p''} \\ \underset{\sim}{Y}^D_{p''p'} & \underset{\sim}{Y}^D_{p''p''} \end{pmatrix} \begin{pmatrix} \mathscr{E}'^{(a)}(\vec{r}) \\ U''(\vec{r}) \end{pmatrix} = \begin{pmatrix} I'(K) \\ \mathscr{I}''^{(a)}(K) + \mathscr{I}''^{(i)}(K) \end{pmatrix} \tag{10.2-54}$$

und das System

$$\underset{\sim}{Y}^{(D)}_{p''p''}\, U''(\vec{r}) = \mathscr{I}''^{(a)}(K) + \mathscr{I}''^{(i)}(K) - \underset{\sim}{Y}^D_{p''p'}\, \mathscr{E}'^{(a)}(\vec{r}) \tag{10.2-55}$$

gelöst. Die erste Zeile der Blockmatrix (10.2-54) dient anschließend dazu, den Kurzschlußstrom $I'(K)$ in den äußeren Spannungsquellen zu berechnen. Schließlich kommen wir auf die Bemerkung zurück, daß $\underset{\sim}{Y}_r$ keine Diagonalmatrix zu sein braucht. Wir betrachten dazu ein Netzwerk, das aus einem k-Pol und einem ZPN zusammengesetzt ist. Für den k-Pol sei die Beschreibung (10.2-8) gegeben und für die Zweipole die Gleichungen (10.2-37). Faßt man das aus jedem Pol mit dem Bezugspol gebildete Polpaar als einen "Zweig" auf, dann können die Gleichungen (10.2-8) wie Zweiggleichungen behandelt und mit den Gleichungen (10.2-37) zu einer Matrix $\underset{\sim}{Y}_r$ kombiniert werden, die nicht mehr diagonal aber noch symmetrisch ist. Läßt man endlich noch gesteuerte Quellen in der Form zu, daß die Zweig-Stromquellen oder die Zweig-Spannungsquellen von den Spannungen anderer Zweige linear gesteuert werden, dann ist $\underset{\sim}{Y}_r$ auch keine symmetrische Matrix mehr, ohne daß sich damit am Berechnungsverfahren etwas ändert.

10.2.4. Die Kirchhoffschen Gleichungen

Man erhält eine andere Formulierung der Analyseaufgabe für Zweipolnetzwerke, wenn man unmittelbar von der Integralform der Feldgleichungen und von der Materialgleichung ausgeht:

$$\int_{\partial F} \langle \bar{E}, d\vec{C} \rangle = 0 , \tag{10.2-56}$$

$$\int_{\partial K} \langle \bar{J}, d\vec{F} \rangle = 0 \,, \tag{10.2-57}$$

$$\bar{J} + \bar{J}^{(e)} = \varkappa(\vec{x}) * (\bar{E} + \bar{E}^{(e)}) \,, \tag{10.2-58a}$$

$$\bar{E} + \bar{E}^{(e)} = \rho(\vec{x}) * (\bar{J} + \bar{J}^{(e)}) \,. \tag{10.2-58b}$$

Die Unabhängigkeit der Feldgleichungen (10.2-56) und (10.2-57) von der Metrik ist die Ursache dafür, daß Folgerungen für alle Netzwerke gelten, nicht nur für die bisher behandelten linearen, denen (10.2-58) zugrunde liegt. Daher kann die Definition der Zweipole so erweitert werden, daß sie auch ideale Quellen einschließt, und die Unterscheidung zwischen inneren und äußeren (≡ idealen) Quellen kann fallengelassen werden. Oder anders ausgedrückt: Die äußeren Quellen bilden zusammen mit einem Zweipol-Teilnetzwerk ein abgeschlossenes ZPN.

Der Rand eines Flächenstückes ∂F in (10.2-56) muß im Feldgebiet liegen. Er ist im Zweipolnetzwerk eine geschlossene Kurve, die in Zweipolen eingebettet ist. In den von ihr durchlaufenden Polen ist $\bar{E} = 0$, und zwischen zwei an K_{r_ν} angrenzenden Polen gilt

$$\int \langle \bar{E}, d\vec{C} \rangle = U_{r_\nu} \,.$$

Das Bild von ∂F in G ist eine Masche (Anhang 1, Def. 8) $M \subset G$, die nach (Anhang 2, Def. 4) so orientiert wird, daß die innere Orientierung von $\partial\vec{F}$ auf $\vec{M}$ abgebildet wird. Die Anwendung von (10.2-56) auf eine orientierte Masche $\vec{M}_\alpha = (A_\alpha, \vec{Z}_\alpha)$ ergibt

$$\sum_{\nu : \vec{r}_\nu \in \vec{Z}_\alpha} U_{r_\nu} = 0 \,.$$

Sind beliebige Maschen durch eine Maschen-Zweig-Inzidenzmatrix $\underset{\sim}{C}$ (Anhang 2, (2.6)) gegeben, so wird aus (10.2-56)

$$\underset{\sim}{C}\, U_r = 0 \,. \tag{10.2-59}$$

Der Rand ∂K eines Körpers K in (10.2-57) schließt einen Teilraum des Feldgebietes ein, der aus einer Teilmenge der Pole und offenen Zweipole des ZPN gebildet wird. In G ist K die Komponente $F \subset G$ zugeordnet, die mit der komplementären Komponente F' durch eine Schnittmenge von Zweigen S (Anhang 1, Def. 14) verbunden ist. Diese wird nach (Anhang 2, (2.7)) durch die Abbildung der transversalen, in das Äußere von K weisenden Orientierung von ∂K auf $\vec{S}$ orientiert. Das Ergebnis der Anwendung von (10.2-57) auf eine orientierte Schnittmenge $\vec{S}_\tau$ ist

$$\sum_{\nu : \vec{r}_\nu \in \vec{S}_\tau} J_{r_\nu} = 0 \,.$$

Für beliebige Schnittmengen, die durch eine Schnittmengen-Zweig-Inzidenzmatrix $\underset{\sim}{D}$ gegeben sind, ist (10.2-57) äquivalent mit

$$\underset{\sim}{D} J_r = 0 . \tag{10.2-60}$$

(10.2-59) bzw. (10.2-60) heißen Kirchhoffsche Maschen- bzw. Schnittmengengleichungen. Sie sind das auf Zweipolnetzwerke spezialisierte Ergebnis der Feldtheorie, daß $\bar{E}$ eine geschlossene 1-Form und $\bar{J}$ eine geschlossene 2-Form ist. Nun ist $\bar{E}$ durch $\bar{\nabla} \wedge \bar{E} = 0$ bis auf eine beliebige 0-Form, $\bar{J}$ durch $\bar{\nabla} \wedge \bar{J} = 0$ aber nur bis auf eine beliebige 1-Form bestimmt, so daß trotz der formalen Ähnlichkeit von (10.2-59) und (10.2-60) die Maschen- bzw. Schnittmengengleichungen den Zweigspannungen bzw. Zweigströmen verschieden starke Bindungen auferlegen. Das wird seinen Niederschlag in den Eigenschaften der $\underset{\sim}{C}$- und $\underset{\sim}{D}$-Matrix finden.

Die Kirchhoffgleichungen, die man nach der Vorschrift (10.2-59) und (10.2-60) bilden kann, sind im allgemeinen nicht alle linear unabhängig. Ist z.B. $\partial F_\lambda = \partial F_\mu \cup \partial F_\nu$, so sind die 3 Gleichungen, die aus den Zeilen $\vec{M}_\lambda$, $\vec{M}_\mu$, $\vec{M}_\nu$ von $\underset{\sim}{C}$ gebildet werden, linear abhängig. Gleiches gilt für $\partial K_\lambda = \partial K_\mu \cup \partial K_\nu$ und die 3 Gleichungen, die aus den Zeilen $\vec{S}_\lambda$, $\vec{S}_\mu$ und $\vec{S}_\nu$ von $\underset{\sim}{D}$ folgen. Unbeschadet dessen nehmen wir für den Augenblick an, daß wir, von jedem Zweig des Graphen $\vec{G}$ ausgehend, mindestens eine Masche und, von jedem Knoten ausgehend, mindestens eine Schnittmenge konstruieren, damit $\underset{\sim}{C}$ und $\underset{\sim}{D}$ eine für die Rangbestimmung hinreichende Anzahl von Zeilen haben.

Ein erster Unterschied zwischen $\underset{\sim}{C}$ und $\underset{\sim}{D}$ zeigt sich bereits in folgendem. Die geschlossenen Flächen ∂K enthalten eine Teilmenge der Pole des ZPN. Die eben angegebene Regel für die Zeilenwahl läßt sich für $\underset{\sim}{D}$ in einfachster Weise erfüllen, wenn man speziell geschlossene Flächen ∂K so wählt, daß jede genau einen Pol enthält, also die einzelnen Komponenten, die zur Schnittmengenbildung aus $\vec{G}$ herausgeschnitten werden müssen, aus den Knoten von $\vec{G}$ bestehen. Damit geht (10.2-60) über in die k Kirchhoffschen Knotengleichungen

$$\underset{\sim}{A}_v J_r = 0 \tag{10.2-61}$$

mit der vollständigen Knoten-Zweig-Inzidenzmatrix $\underset{\sim}{A}_v$. Jede andere Schnittmengen-Zweig-Inzidenzmatrix $\underset{\sim}{D}$ kann auch als eine Matrix aufgefaßt werden, deren Zeilen aus beliebigen Linearkombinationen von Zeilen von $\underset{\sim}{A}_v$ bestehen. Für $\underset{\sim}{C}$ existiert kein ähnlich einfacher Zusammenhang mit der durch $\underset{\sim}{A}_v$ gegebenen Topologie des Netzwerkes.

Eine Aussage darüber, wieviel linear unabhängige Maschen und Schnittmengengleichungen für ein gegebenes Netzwerk existieren, bzw. welchen Rang $\underset{\sim}{C}$ und $\underset{\sim}{D}$ haben, kann nur mit Hilfe der Netzwerktopologie gemacht werden. In (10.1-7) wurde angegeben, daß für einen zusammenhängenden Graphen mit k Knoten $\underset{\sim}{A}_v$ den Rang k - 1 hat.

Besteht der Graph $\vec{G}$ mit k Knoten aus s Komponenten mit je k_i Knoten, so gilt

$$\mathrm{Rang}\{\underset{\sim}{A}_v\} = \mathrm{Rang}\{\underset{\sim}{D}\} = p = \sum_{i=1}^{s} (k_i - 1) = k - s\ . \qquad (10.2\text{-}62)$$

Der Rang von $\underset{\sim}{D}$ ist gleich dem von $\underset{\sim}{A}_v$, da jede Matrix $\underset{\sim}{D}$ aus einer Linearkombination der Zeilen von $\underset{\sim}{A}_v$ hervorgeht. Von den Kirchhoffschen Schnittmengen- bzw. Knotengleichungen (10.2-60), (10.2-61) sind p linear unabhängig. Man erhält letztere, indem man in jeder Komponente von $\vec{G}$ einen beliebigen Bezugsknoten wählt und die entsprechenden s Zeilen von $\underset{\sim}{A}_v$ wegläßt:

$$\underset{\sim}{A}\, J_r = 0\ . \qquad (10.2\text{-}63)$$

Eine Menge $\vec{S}^*$ linear unabhängiger Schnittmengen von Zweigen konstruiert man z.B. dadurch, daß aus jeder Komponente von $\vec{G}$ eine Reihenfolge von Komponenten so herausgeschnitten wird, daß, mit einem Knoten beginnend, jede weitere Komponente einen weiteren Knoten enthält, der in den vorigen nicht enthalten war, und keine den Bezugsknoten enthält. Die Menge $\vec{S}^*$ mit $\mu(\vec{S}^*) = p$ ist linear unabhängig, denn ordnet man die Matrix $\underset{\sim}{A}$ komponentenweise in der gewählten Reihenfolge der Knoten, so ist für jede Komponente die erste Zeile von $\underset{\sim}{D}$ gleich der ersten Zeile von $\underset{\sim}{A}$ und jede weitere Zeile von $\underset{\sim}{D}$ die Zeilensumme aus der vorigen Zeile von $\underset{\sim}{D}$ und der weiteren Zeile von $\underset{\sim}{A}$. In Aufgabe 10.3 soll gezeigt werden, daß eine Schnittmengen-Zweig-Inzidenzmatrix, die nach (Anhang 1, Def. 15) gebildet wird, ebenfalls den Rang p hat.

Der Graph $\vec{G}$ mit s Komponenten enthält s Bäume $\vec{B}_1, \vec{B}_2, \ldots, \vec{B}_s$. In 10.2.3 wurde gezeigt, daß man nach einer Baumsuche die Spalten von $\underset{\sim}{A}$ umordnen kann in $\underset{\sim}{A} = (\underset{\sim}{A}_B, \underset{\sim}{A}_V) = (\underset{\sim}{A}_{B_1}, \underset{\sim}{A}_{B_2}, \ldots, \underset{\sim}{A}_{B_s}, \underset{\sim}{A}_V)$. Mit Hilfe der Baumpfad-Zweig-Inzidenzmatrix $\underset{\sim}{B} = (\underset{\sim}{B}_1, \underset{\sim}{B}_2, \ldots, \underset{\sim}{B}_s)$ erhält man nach (10.2-53) ein Fundamentalsystem von Schnittmengen

$$\underset{\sim}{D} = \underset{\sim}{B}^t (\underset{\sim}{A}_B, \underset{\sim}{A}_V) = (\underset{\sim}{1}, \underset{\sim}{B}^t \underset{\sim}{A}_V) = (\underset{\sim}{1}, \underset{\sim}{D}_V)\ . \qquad (10.2\text{-}64)$$

Aus (10.2-62), (10.2-64) entnimmt man:

Jeder Baumzweig eines Graphen bildet zusammen mit einer Teilmenge der Verbindungszweige eine eindeutige Schnittmenge $\vec{S}$. Die Menge $\vec{S}^*$ aller dieser Schnittmengen $\vec{S}$ ist linear unabhängig und heißt Fundamentalsystem mit

$$\mu(\vec{S}^*) = p = k - s\ . \qquad (10.2\text{-}65)$$

Man beachte, daß eine Baumsuche nur für die Aufstellung eines Fundamentalsystems erforderlich ist. So nützlich ein solches für allgemeine Beweisführungen ist, z.B. wurde bei dem Beweis für den Rang von $\underset{\sim}{A}_v$ von einem Baum $\vec{B} \subset \vec{G}$ Gebrauch gemacht, so wenig eignen sich die Verfahren, bei denen ein Baum gesucht werden muß, für die Analyse großer Netzwerke mit Digitalrechnern. Große Netze kommen in der elektrischen Energieversorgung vor und erreichen eine Knotenzahl von mehreren Tausend. Das ist der Grund, warum in 10.2.3 das Schnittmengen-Admittanzverfahren in den Vordergrund gestellt wurde. Für die Aufstellung der Knotenadmittanzmatrix $\underset{\sim}{Y} = \underset{\sim}{A}\,\underset{\sim}{Y}_r\,\underset{\sim}{A}^t$ wird alle Information direkt der gegebenen $\underset{\sim}{A}$-Matrix entnommen, und bei gegebenen idealen Spannungsquellen braucht für die Schnittmengenadmittanzmatrix $\underset{\sim}{Y}^D = \underset{\sim}{D}\,\underset{\sim}{Y}_r\,\underset{\sim}{D}^t$ nur ein $\vec{G}_B \not\subset \vec{G}$ gewählt zu werden.

Den minimalen Rang der $\underset{\sim}{C}$-Matrix kann man wieder durch Zuhilfenahme des Baumkonzeptes ermitteln. Nach (Anhang 1, Satz 3) hat ein Graph mit k Knoten, z Zweigen und s Komponenten $p = k - s$ Baumzweige und daher $z - p = m$ Verbindungszweige. Entfernt man zunächst alle Verbindungszweige aus dem Graphen, so resultieren s Bäume, die definitionsgemäß keine Maschen enthalten. Man konstruiert eine Menge $\vec{M}^*$ von Maschen so, daß man die Verbindungszweige wieder der Reihe nach einfügt. Die erste Masche besteht aus dem ersten Verbindungszweig und dem Pfad aus Baumzweigen zwischen den mit ihm inzidenten Knoten und jede weitere Masche aus einem weiteren Verbindungszweig und einem beliebigen Pfad. Die Orientierung der Maschen kann zweckmäßig gleich der Zweigorientierung der Verbindungszweige gewählt werden, und die Anzahl der Maschen ist $\mu(\vec{M}^*) = m = z - p$. Die $\underset{\sim}{C}$-Matrix wird nach dieser Vorschrift zeilenweise gebildet, und keine Zeile kann aus den vorigen durch Linearkombination erzeugt werden; der minimale Rang von $\underset{\sim}{C}$ ist daher m. Da zwischen jedem Knotenpaar einer Komponente von $\vec{G}$ genau ein Pfad aus Baumzweigen existiert, können alle Maschen so konstruiert werden, daß sie aus genau einem Verbindungszweig und einem Pfad aus Baumzweigen bestehen. Die so konstruierte Menge $\vec{M}^*$ ist ein Fundamentalsystem von Maschen mit der Matrix

$$\underset{\sim}{C} = (\underset{\sim}{C}_B, \underset{\sim}{1}) \, . \qquad (10.2\text{-}66)$$

Es gibt wegen Anhang 1, Satz 1 keine weitere Masche, die nur einen Verbindungszweig, aber neue Baumzweige enthält. Enthält eine Masche zwei Verbindungszweige, so müssen diese in einer Komponente liegen. Zufolge Anhang 1, Satz 1 gibt es dann einen Pfad aus Baumzweigen zwischen zwei Knoten dieser Masche, so daß sie in zwei Maschen zerfällt, von denen jede aus einem Verbindungszweig und aus Baumzweigen besteht. Diese sind aber schon in dem Fundamentalsystem enthalten. Der Rang von $\underset{\sim}{C}$ kann demzufolge nicht größer als m sein:

$$\text{Rang}\{\underset{\sim}{C}\} = m = z - p = z - k + s \, . \qquad (10.2\text{-}67)$$

Aus (10.2-66), (10.2-67) folgt:

Jeder Verbindungszweig eines Graphen bildet zusammen mit einer Teilmenge der Baumzweige eine eindeutige Masche $\vec{M}$. Die Menge $\vec{M}^*$ aller dieser Maschen $\vec{M}$ ist linear unabhängig und heißt Fundamentalsystem mit

$$\mu(\vec{M}^{*}) = m = z - p \; . \qquad (10.2\text{-}68)$$

Für die Aufstellung von $\underset{\sim}{C}$ ist im allgemeinen eine Baumsuche unvermeidlich. Darin drückt sich gerade die aus $\bar{\nabla} \wedge \bar{E} = 0$, im Vergleich zu $\bar{\nabla} \wedge \bar{J} = 0$, folgende stärkere Bindung der Zweigspannungen durch $\underset{\sim}{C}\, U_r = 0$ gegenüber den Zweigströmen durch $\underset{\sim}{D}\, J_r = 0$ aus. Besonders übersichtlich werden die Verhältnisse, wenn man ein ebenes Feld annimmt. Dann sind nach Abschnitt 4.2.1 sowohl $\bar{E}$ als auch $\bar{J}$ ebene 1-Formen, deren äußere Ableitung eine ebene 2-Form ist, die in beiden Fällen verschwindet. Die integrale Beschreibung ebener Felder führt notwendig auf planare Netzwerke. Bei ihnen müssen $\underset{\sim}{C}$ bzw. $\underset{\sim}{D}$ den Zweigspannungen bzw. Zweigströmen gleiche Bindungen auferlegen, und daher darf die Aufstellung der $\underset{\sim}{C}$ Matrix nicht mit einer Baumsuche belastet sein. In der Tat kann man mit Hilfe des Eulerschen Polyedersatzes zeigen (Aufgabe 10.4), daß die $m = z - p$ "Fenster" in einer ebenen Einbettung eines planaren Graphen ein System linear unabhängiger Maschen bilden.

Aus den Kirchhoffgleichungen für ein ZPN mit z offenen Zweipolen erhält man $p + m = z$ linear unabhängige Gleichungen für die unbekannten $2z$ Zweigspannungen U_r und Zweigströme J_r. Die restlichen z Gleichungen resultieren aus dem für jeden Zweipol aus der Materialgleichung und der Geometrie folgenden, im allgemeinen nichtlinearen, Zusammenhang zwischen der Zweigspannung U_r und dem Zweigstrom J_r. Wir beschränken uns wieder auf eine lineare Materialgleichung, aus der (10.2-38) abgeleitet wurde:

$$J_r + \mathscr{J}_r = \underset{\sim}{Y}_r (U_r + \mathscr{E}_r) \; , \qquad (10.2\text{-}68a)$$

$$U_r + \mathscr{E}_r = \underset{\sim}{Z}_r (J_r + \mathscr{J}_r) \; ; \quad \underset{\sim}{Z}_r := \mathrm{Diag}\left(Y_{r_1}^{-1}, Y_{r_2}^{-1}, \ldots, Y_{r_z}^{-1} \right) . \qquad (10.2\text{-}68b)$$

Ist der Zweig $\vec{r}_\mu$ das Bild einer idealen Stromquelle ($Y_{r_\mu} = 0$) und der Zweig $\vec{r}_\nu$ das einer idealen Spannungsquelle ($Z_{r_\nu} = 0$), so gilt

$$J_{r_\mu} = -\mathscr{J}_{r_\mu} \; ; \qquad U_{r_\mu} \text{ beliebig} \; , \qquad (10.2\text{-}69)$$

$$U_{r_\nu} = -\mathscr{E}_{r_\nu} \; ; \qquad J_{r_\nu} \text{ beliebig} \; . \qquad (10.2\text{-}70)$$

Damit ist jeweils eine Variable des Zweigvariablenpaares für ideale Quellen aus der Zweiggleichung selbst gegeben, und nur die andere folgt aus der Kombination mit den Kirchhoffgleichungen bei der Einbeziehung des Zweiges in das Netzwerk. Die Zulassung von idealen Quellen im ZPN ist den Einschränkungen unterworfen, daß ideale Spannungsquellen keine Masche und ideale Stromquellen keine Schnittmenge bilden dürfen, da sonst die Gleichungen (10.2-59) bzw. (10.2-60) verletzt werden. Die erste Bedingung ist in anderer Form aus 10.2.3 bekannt. Eine Schnittmenge idealer Stromquellen konnte in 10.2.3 nicht auftreten, da das Netzwerk bei herausgezogenen Quellen zusammenhängend war.

Den Feldgleichungen (8.1-35), (8.1-36) entspricht das lineare Gleichungssystem

$$\begin{pmatrix} \underset{\sim}{C} & 0 \\ 0 & \underset{\sim}{D} \\ \underset{\sim}{Y}_r & -\underset{\sim}{1} \end{pmatrix} \begin{pmatrix} U_r \\ J_r \end{pmatrix} = \begin{pmatrix} 0 \\ 0 \\ \mathscr{I}_r - \underset{\sim}{Y}_r \mathscr{E}_r \end{pmatrix} . \tag{10.2-71}$$

10.2.5. Weitere Formulierungen der Netzwerkaufgabe

Die Gleichungen (10.2-71) kann man als die Feldgleichungsformulierung der Netzwerkaufgabe ansehen. In (10.2-42) wurde die gleiche Aufgabe in der Formulierung der Knotenadmittanzgleichungen angegeben, die von der Lösung einer Randwertaufgabe für das Skalarpotential $V(\vec{x})$ in 4.1.4 abgeleitet wurde. In diesem Abschnitt werden wir weitere Formulierungen der Netzwerkaufgabe behandeln. Wir gehen dabei aus von Abschnitt 8.1.3, Abb.8.2 und ergänzen diese noch durch die Definition einer ungeraden 3-Form $U(\vec{x})$, die man anstelle der geraden 0-Form $V(\vec{x})$ zur Lösung der Feldgleichung $\bar{\nabla} \wedge \bar{E} = 0$ heranziehen kann (Abb.10.13, obere Hälfte)+). Für das Vektorpotential, genauer für die ungerade 1-Form $\bar{I}(\vec{x})$, wurde die Feldeichung $\nabla \cdot \bar{I} = 0$ gewählt. In der unteren Hälfte der Abb.10.13 sind die den Feldgrößen entsprechenden Netzwerkgrößen und die den Feldoperatoren entsprechenden algebraischen Operatoren angegeben. Neben den bereits bekannten Größen kommt vor: Der Maschen-Stromvektor $I(\vec{M})$, der geschlossene Kreisströme für alle linear unabhängigen Maschen definiert, und der Maschen-Spannungsquellenvektor $\mathscr{E}(\vec{M})$, von dem jede Komponente die idealen Spannungsquellen einer Masche zusammenfaßt.

Der Abb.10.13 entnimmt man die folgenden Analogien zwischen differentiellen Operationen an Feldgrößen und den entsprechenden algebraischen Operationen an den korrespondierenden Netzwerkgrößen:

+) Bei der gebräuchlichen Formulierung der Netzwerktheorie werden Zweipolspannungen und Zweipolströme mit der Abbildung Z in orientierte Zweige des Netzwerkgraphen $\vec{G}$ abgebildet (s. 10.2-36). Deshalb ist die Abb.8.2 aus Abschnitt 8.1.3 entsprechend der Abb.10.13 abzuändern; denn die zu den Zweigspannungen und Zweigströmen korrespondierenden Feldgrößen müssen Differentialformen gleicher Ordnung sein. Der Zweigstrom J_r korrespondiert also mit der geraden 1-Form $* \bar{J}$. Eine konsequente Übertragung der Begriffsbildungen der Feldtheorie in die Netzwerktheorie würde auch für deren Formulierung größere Änderungen notwendig machen (vgl. dazu die Fußnote auf S. 511).

$$* \bar{\nabla} \wedge \{\text{gerade 1-Form}\} = * \bar{\nabla} \wedge \bar{E} \Leftrightarrow \underset{\sim}{C}\, U_r = \underset{\sim}{C}\ \{\text{Zweigspannung}\}\,, \tag{10.2-72}$$

$$* \bar{\nabla} \wedge \{\text{ungerade 1-Form}\} = * \bar{\nabla} \wedge \bar{I} \Leftrightarrow \underset{\sim}{C}^t I(\vec{M}) = \underset{\sim}{C}^t\ \{\text{Maschenstrom}\}\,, \tag{10.2-73}$$

$$\bar{\nabla} \wedge * \{\text{gerade 1-Form}\} = \bar{\nabla} \wedge *(*\bar{J}) \Leftrightarrow \underset{\sim}{D}\, J_r = \underset{\sim}{D}\ \{\text{Zweigstrom}\}\,, \tag{10.2-74}$$

$$\bar{\nabla} \wedge * \{\text{ungerade 3-Form}\} = \bar{\nabla} \wedge * U \Leftrightarrow \underset{\sim}{D}^t U(\vec{r}) = \underset{\sim}{D}^t\ \{\text{Schnittmengenspannung}\}\,. \tag{10.2-75}$$

Zwischen den Matrizen $\underset{\sim}{C}$ und $\underset{\sim}{D}$ besteht ein Zusammenhang, den wir am einfachsten aus dem äquivalenten Zusammenhang der entsprechenden Feldoperatoren erhalten. Das Ergebnis von (10.2-75) ist eine gerade 1-Form, auf die man (10.2-72) anwenden kann:

$$* \bar{\nabla} \wedge \bar{\nabla} \wedge * \{\text{ungerade 3-Form}\} \equiv 0 \Leftrightarrow \underset{\sim}{C}\,\underset{\sim}{D}^t = 0\,. \tag{10.2-76}$$

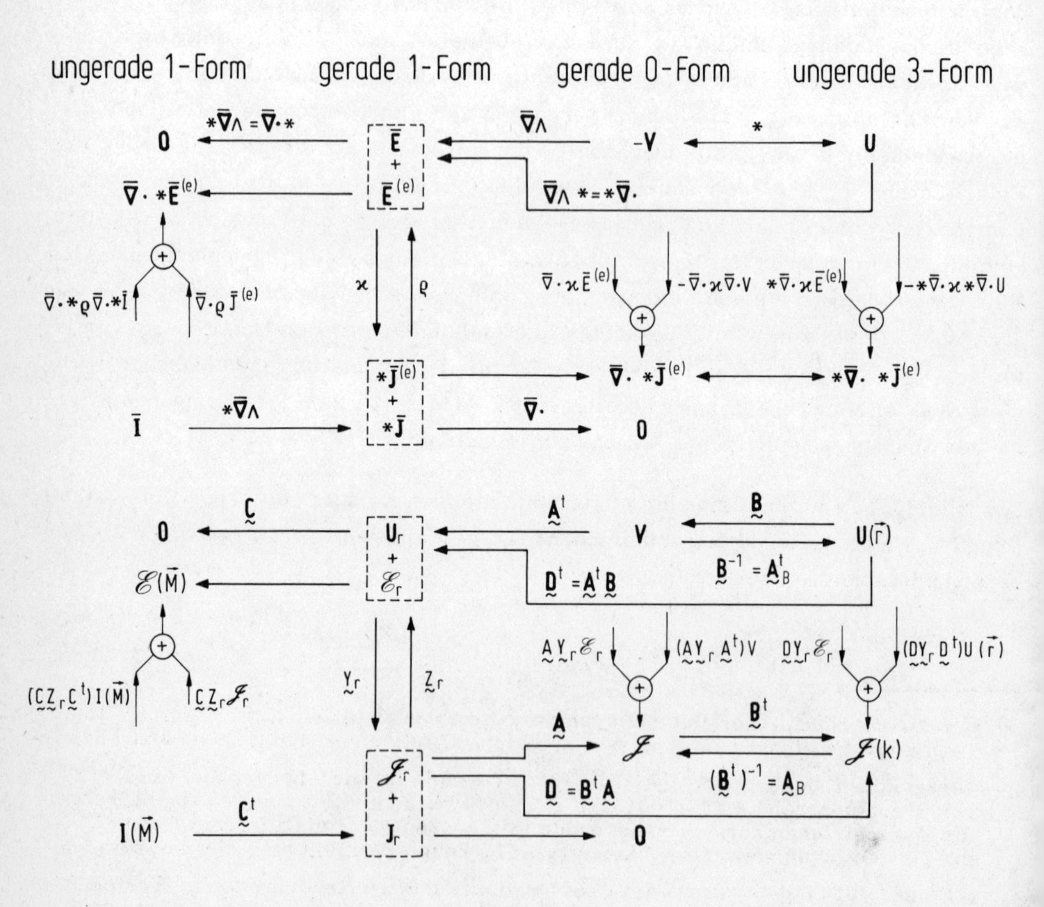

Abb. 10.13

Für ein Fundamentalsystem folgt daraus mit (10.2-53) und (10.2-66)

$$C_B = -D_V^t \,. \tag{10.2-77}$$

Mit $J_r = \underset{\sim}{C}^t I(\vec{M})$ und $U_r = \underset{\sim}{D}^t U(\vec{r})$ erhält man aus (10.2-76) das Theorem von Tellegen+) für ein abgeschlossenes ZPN:

$$J_r^t U_r = \sum_{\nu=1}^{z} J_{r_\nu} U_{r_\nu} = 0 \,. \tag{10.2-78}$$

Umgekehrt folgt aus (10.2-78) und (10.2-59) auch (10.2-60), oder aus (10.2-78) und (10.2-60) auch (10.2-59). Die rechte Hälfte von Abb. 10.13 zeigt in Form je eines Flußdiagrammes wie man, ausgehend von V bzw. $U(\vec{r})$, $\mathscr{E}_r$, $\mathscr{J}_r$, und J_r, zu den Knoten- bzw. Schnittmengen-Admittanzgleichungen gelangt, indem man auf die obigen Größen, den Pfeilen folgend, die zugehörigen algebraischen Operatoren anwendet. Auf diese Weise werden U_r und J_r in gleicher Weise eliminiert wie $\bar{E}$ und $*\bar{J}$ in der rechten oberen Hälfte der Abbildung. Der Eliminationsprozeß, der in der Netzwerktheorie auf die Knoten-Admittanzgleichungen führt, entspricht genau dem, der in der Feldtheorie die Differentialgleichung für das Potential zum Ergebnis hat. Ebenso entsprechen der Gleichung (8.1-44) für $\bar{I}(\vec{x})$ in der linken oberen Hälfte von Abbildung 10.13 die m Gleichungen

$$\underset{\sim}{Z}^C I(\vec{M}) = \mathscr{E}(\vec{M}) - \underset{\sim}{C}\, \underset{\sim}{Z}_r \mathscr{J}_r \tag{10.2-79}$$

in der linken unteren Hälfte. $\underset{\sim}{Z}^C$ ist die Maschen-Impedanzmatrix:

$$\underset{\sim}{Z}^C = \underset{\sim}{C}\, \underset{\sim}{Z}_r\, \underset{\sim}{C}^t \,. \tag{10.2-80}$$

Ferner gilt der Zusammenhang

$$\mathscr{E}(\vec{M}) = \underset{\sim}{C}\, \mathscr{E}_r \tag{10.2-81}$$

und

$$J_r = \underset{\sim}{C}^t I(\vec{M}) \,. \tag{10.2-82}$$

+) B.D.H. Tellegen, "A General Network Theorem with Applications", Philips Res. Rep. 7, 259-269 (1952). In einer zur Feldtheorie korrespondierenden Formulierung der Netzwerktheorie lautet das Tellegensche Theorem: Sei z die Anzahl der Zweige eines Netzwerkes und V ein Vektorraum mit $\dim\{V\} = z$. Die Elemente $U_r \in U \subset V$ erfüllen die Kirchhoffschen Maschengleichungen. V^* ist der duale Vektorraum zu V und die Elemente $J_r^* \in J^* \subset V^*$ erfüllen die Kirchhoffschen Knotengleichungen. Dann gilt: J^* ist orthogonal zu U. Außerdem sind J^* und U komplementär: $\dim\{V\} = z = \dim\{U\} + \dim\{J^*\} = p + m$.

Das System der 2z Gleichungen (10.2-71) kann auf die p Schnittmengen-Admittanzgleichungen (10.2-51) oder die m Maschen-Impedanzgleichungen (10.2-79) reduziert werden. Maßgebend dafür, ob die Schnittmengen-Admittanzmethode (10.2-42) oder die Maschen-Impedanzmethode (10.2-79) auf ein kleineres Gleichungssystem führt, ist wegen $z = p + m$ die spezielle Beschaffenheit des Netzwerkgraphen. Welcher Formulierung man für die Lösung einer bestimmten Analyseaufgabe den Vorzug gibt, hängt jedoch nicht allein von der Größe des Gleichungssystems ab. Die Formulierungen (10.2-79) und (10.2-71) machen im allgemeinen eine zeitraubende Baumsuche $\vec{B} \subset \vec{G}$ erforderlich, um die Matrix $\underset{\sim}{C}$ aufstellen zu können. Wir ziehen daher Methoden vor, bei denen nur eine Matrix $\underset{\sim}{D}$ gebraucht wird. Die geringste Mühe bereitet die Aufstellung der Knoten-Admittanzgleichungen, weil man für sie nur die Matrix $\underset{\sim}{A}$ benötigt. Natürlich hat die Wahl der Formulierung auch auf die numerische Genauigkeit der Lösung einen Einfluß. Ohne näher auf diese Problematik einzugehen, sieht man leicht ein, daß immer dann ein großer numerischer Fehler auftritt, wenn z.B. bei der Rücksubstitution der Lösung V die Spannung an einem Widerstand aus der Differenz zweier großer Polpotentiale gebildet wird. Ebenso kann bei dem Maschen-Impedanzverfahren der Strom durch einen Widerstand aus der Differenz zweier großer Maschenströme gebildet werden. An welchen Zweigen die eben aufgezeigten numerischen Schwierigkeiten auftreten können, ist ohne Kenntnis der Lösung nicht allgemein vorherzusagen. Bevorzugt werden sie sich im ersteren Falle bei kleinen und im letzteren bei großen Widerständen einstellen. Als Abhilfe kann man in Erweiterung des Vorgehens bei der Einbeziehung idealer Spannungsquellen in (10.2-54) die Freiheit bei der Wahl eines einfach aufzustellenden Baumes $\vec{G}_B \not\subset \vec{G}$ dazu benutzen, Zweige mit kleinen Widerständen in $\vec{G}_B$ aufzunehmen.

Eine andere Alternative geht davon aus, daß die Matrizen der Netzwerkgleichungen meist nur schwach besetzt sind und man für die Lösung Methoden anwenden kann, die speziell für solche Systeme entwickelt wurden.+) Man verzichtet dann auf die Reduktion der Gleichungen für die 2z Variablen U_r, J_r. Im Gegenteil erweitert man sie um p Hilfsvariable $U(\vec{r})$, indem man in (10.2-71) die Gleichungen (10.2-59) durch die äquivalenten Gleichungen (10.2-49) ersetzt. Man erhält dann die $2z + p$ Gleichungen

$$\begin{pmatrix} \underset{\sim}{1} & 0 & -\underset{\sim}{D}^t \\ 0 & \underset{\sim}{D} & 0 \\ \underset{\sim}{Y}_r & -\underset{\sim}{1} & 0 \end{pmatrix} \begin{pmatrix} U_r \\ J_r \\ U(\vec{r}) \end{pmatrix} = \begin{pmatrix} 0 \\ 0 \\ \mathscr{I}_r - \underset{\sim}{Y}_r \mathscr{E}_r \end{pmatrix}, \qquad (10.2\text{-}83)$$

deren Matrix sehr schwach besetzt ist.

+) Solche Methoden sind z.B. beschrieben in W.F. Tinney, J.W. Walker: "Direct Solutions of Sparse Network Equations by Optimally Ordered Triangular Factorisation", Proc. IEEE 55, 1801-1809 (1967), oder in G.D. Hachtel, R.K. Brayton, F.G. Gustavson: "The Sparse Tableau Approach to Network Analysis and Design", IEEE Trans. on Circuit Theory CT-18, 101-113 (1971).

Schließlich soll noch eine hybride Formulierung der Netzwerkaufgabe angegeben werden, deren Ableitung wir in die Form einer Aufgabe kleiden: Gegeben sei ein k-Pol mit $\vec{G}_k = (A, \vec{R}_k)$. An seine Pole werden m offene Zweipole mit den Impedanzen $\underset{\sim}{Z}_r^{(V)} = \text{Diag}(Z_{r_1}, Z_{r_2}, \dots, Z_{r_m})$ so angeschlossen, daß das entsprechende ZPN abgeschlossen ist. Die Zweipole enthalten innere Spannungsquellen $\mathscr{E}_r^{(V)}$. Ferner fließen in ihnen die Ströme $J_r^{(V)}$ und zwischen ihren Polen liegen die Spannungen $U_r^{(V)}$ an. Der Graph $\vec{G}_k$ des k-Poles kann aus s Komponenten bestehen+), wohingegen der Graph $\vec{G}_Z := (A, \vec{R}_k \cup \vec{R}_V)$ des abgeschlossenen ZPN zusammenhängend sein soll. Letzteres hat die Knoten-Zweig-Inzidenzmatrix $\underset{\sim}{A} = (\underset{\sim}{A}_k, \underset{\sim}{A}_V)$. Mit der Abbildung H wird ein Baum des k-Poles definiert: $\vec{G}_B = (A, \vec{R}_B) \not\subset \vec{G}_k$. Seine Baumspannungen sind $U(\vec{r})$ und seine Baumpfad-Zweig-Inzidenzmatrix ist $\underset{\sim}{B}$. Aus $\underset{\sim}{B}$ und $\underset{\sim}{A}_k$ erhalten wir in üblicher Weise $\underset{\sim}{D}_k$ und $\underset{\sim}{y}^D = \underset{\sim}{D}_k \underset{\sim}{Y}_r \underset{\sim}{D}_k^t$. Für den k-Pol gelten damit die Gleichungen (10.2-51):

$$\underset{\sim}{y}^D U(\vec{r}) = \mathscr{I}^{(a)}(K) + \mathscr{I}^{(i)}(K) \,. \tag{10.2-84}$$

(Man beachte, daß die $(k-1) \times (k-1)$-Matrix $\underset{\sim}{y}^D$ des k-Poles den Rang $p=k-s$ hat und damit (10.2-84) einen Zusammenhang zwischen den k-1 Komponenten des Schnittmengen-Stromquellenvektors $\mathscr{I}^{(a)}(K)$ liefert, von denen nur p vorgeschrieben werden können.) In dem Graphen $\vec{G}_H := (A, \vec{R}_B \cup \vec{R}_V)$ bildet die Zweigmenge $\vec{R}_V$ eine Menge von Verbindungszweigen und definiert ein Fundamentalsystem von Schnittmengen mit

$$\underset{\sim}{D}_V = \underset{\sim}{B}^t \underset{\sim}{A}_V = - \underset{\sim}{C}_B^t \,. \tag{10.2-85}$$

Die negativen Verbindungszweigströme $-J_r^{(V)}$ im abgeschlossenen ZPN kann man sich als äußere Polströme auf diejenigen Pole des k-Poles einwirkend denken, die in den, Baumzweigen zugeordneten, Flächen ∂K enthalten sind. Es gilt daher

$$\mathscr{I}^{(a)}(K) = - \underset{\sim}{D}_V J_r^{(V)} \,. \tag{10.2-86}$$

Mit $\mathscr{I}^{(i)} := \mathscr{I}(K)$ gilt dann

$$\underset{\sim}{y}^D U(\vec{r}) + \underset{\sim}{D}_V J_r^{(V)} = \mathscr{I}(K) \,. \tag{10.2-87}$$

Jeder der m der Reihe nach hinzugefügten Zweige $\vec{r}^{(V)}$ bildet mit bereits vorhandenen eine weitere linear unabhängige Masche in $\vec{G}_Z$, denn Anhang 1, Def. 16 wird erfüllt. Damit existieren m linear unabhängige Maschengleichungen.

+) Die inneren Stromquellen dürfen keine Schnittmenge bilden.

Sie lauten in $\vec{G}_H$:

$$\underset{\sim}{C}_B\, U(\vec{r}) + \underset{\sim}{Z}_r^{(V)} J_r^{(V)} = \mathscr{E}_r^{(V)} . \tag{10.2-88}$$

Zusammengefaßt gilt also mit (10.2-85) die hybride Formulierung mit den k - 1 + m Gleichungen

$$\begin{pmatrix} \underset{\sim}{y}^D & \underset{\sim}{D}_V \\ -\underset{\sim}{D}_V{}^t & \underset{\sim}{Z}_r^{(V)} \end{pmatrix} \begin{pmatrix} U(\vec{r}) \\ J_r^{(V)} \end{pmatrix} = \begin{pmatrix} \mathscr{J}(K) \\ \mathscr{E}_r^{(V)} \end{pmatrix} . \tag{10.2-89}$$

Von der Annahme, daß $\underset{\sim}{Z}_r^{(V)}$ eine Diagonalmatrix sein sollte, wurde kein Gebrauch gemacht, wir können sie daher fallen lassen und Kopplungen zwischen den hinzugefügten Zweigen zulassen. In Aufgabe 10.6 soll gezeigt werden, wie man durch eine geringfügige Abwandlung des Vorgehens eine mit (10.2-89) gleichlautende hybride Formulierung mit p + m Gleichungen erhält. Die Formulierung (10.2-89) wird nahegelegt, wenn ein Netzwerkgraph durch Heraustrennen relativ weniger Zweige in Komponenten zerfällt, die für sich genommen stark vernetzt sind und im Idealfall identisch sein können. Dann ist $\underset{\sim}{y}^D$ eine diagonale Blockmatrix mit stark besetzten Blöken, $\underset{\sim}{D}_V$ ist eine schwach besetzte Matrix und die Dimension von $\underset{\sim}{Z}_r^{(V)}$ ist klein.

10.3. Wechselstromnetzwerke

10.3.1. Die Kirchhoffschen Gleichungen bei zeitabhängigen Feldern

Ausgehend von der Feldgleichung für die Intensitätsgrößen (7.1-5a) erhalten wir bei Einführung des magnetischen Potentials in Verallgemeinerung von (10.2-56)

$$\int_{\partial F} \langle \bar{E} + \frac{\partial \bar{A}}{\partial t}, d\vec{C} \rangle = 0 \quad \Leftrightarrow \quad \bar{\nabla} \wedge \left(\bar{E} + \frac{\partial \bar{A}}{\partial t} \right) = 0 \tag{10.3-1}$$

und aus der Feldgleichung für die Quantitätsgrößen (7.1-6b) in Verallgemeinerung von (10.2-57)

$$\int_{\partial K} \langle \bar{J} + \frac{\partial \bar{D}}{\partial t}, d\vec{F} \rangle = 0 \quad \Leftrightarrow \quad \bar{\nabla} \wedge \left(\bar{J} + \frac{\partial \bar{D}}{\partial t} \right) = 0 . \tag{10.3-2}$$

Es gilt auch jetzt, daß Folgerungen aus (10.3-1) und (10.3-2), wie im Abschnitt 10.2.4 ausgeführt wurde, für alle Netzwerke gelten, ohne Rücksicht auf die Art der Materialgleichungen. Bei der Anwendung von (10.3-1) und (10.3-2) auf Netzwerke interessiert besonders, welche Form diese Beziehungen in quasistationärer Näherung annehmen.

Wir entwickeln zu diesem Zweck die geschlossene 1-Form $\bar{E} + \partial\bar{A}/\partial t$ nach dem Muster von Abschnitt 7.3.5 in eine Reihe,

$$\bar{E} + \frac{\partial\bar{A}}{\partial t} = \bar{E}^{(o)} + \frac{\partial\bar{A}^{(o)}}{\partial t} + \bar{E}^{(1)} + \frac{\partial\bar{A}^{(1)}}{\partial t} + \bar{E}^{(2)} + \frac{\partial\bar{A}^{(2)}}{\partial t} + \dots , \qquad (10.3\text{-}3)$$

und erfüllen die Beziehung (10.3-1) durch

$$\bar{\nabla} \wedge \bar{E}^{(o)} = 0 ,$$
$$\bar{E}^{(i+1)} = - \frac{\partial\bar{A}^{(i)}}{\partial t} , \qquad i = 0,1,2,\dots . \qquad (10.3\text{-}4)$$

Die nullte Näherung von $\bar{E}$ genügt der Feldgleichung für quasistatische Felder, und aus (10.3-4) folgt

$$\bar{E} + \frac{\partial\bar{A}}{\partial t} = \bar{E}^{(o)} . \qquad (10.3\text{-}5)$$

Andererseits ist

$$\bar{J} + \frac{\partial\bar{D}}{\partial t} = \bar{J}_{\perp} + \bar{J}_{\parallel} + \frac{\partial\bar{D}^{(o)}}{\partial t} + \frac{\partial\bar{D}^{(1)}}{\partial t} + \frac{\partial\bar{D}^{(2)}}{\partial t} + \dots \qquad (10.3\text{-}6)$$

eine geschlossene 2-Form. Dem tragen wir Rechnung durch

$$\bar{J}_{\parallel} = - \frac{\partial\bar{D}^{(o)}}{\partial t} ,$$
$$\bar{\nabla} \wedge \bar{D}^{(i)} = 0 , \qquad i = 1,2,\dots . \qquad (10.2\text{-}7)$$

Die nullte Näherung von $\bar{D}$ ist ebenfalls ein quasistatisches Feld, für das aus (7.1-3b) und (10.3-7) folgt

$$\bar{\nabla} \wedge \bar{D}^{(o)} = \rho . \qquad (10.3\text{-}8)$$

Weiter ergibt sich aus $\bar{\nabla} \wedge \bar{H} = \bar{J} + \partial\bar{D}/\partial t$ und (10.3-7)

$$\bar{\nabla} \wedge \bar{H}^{(o)} = \bar{J}_{\perp} ,$$
$$\bar{\nabla} \wedge \bar{H}^{(1)} = 0 \quad \Rightarrow \quad H^{(1)} = 0 , \qquad (10.3\text{-}9)$$
$$\bar{\nabla} \wedge \bar{H}^{(i+1)} = \frac{\partial\bar{D}^{(i)}}{\partial t} , \qquad i = 1,2,\dots .$$

Schließlich führen wir die Bedingung (7.3-192) für quasistationäre Felder:

$$\left\| \frac{\partial\bar{D}^{(1)}}{\partial t} \right\| \ll \left\| \bar{J} + \frac{\partial\bar{D}^{(o)}}{\partial t} \right\| \qquad (10.3\text{-}10)$$

in (10.3-6) und (10.3-9) ein und erhalten in dieser Näherung

$$\bar{J} + \frac{\partial \bar{D}}{\partial t} = \bar{J} + \frac{\partial \bar{D}^{(o)}}{\partial t} = \bar{J}_{\perp} , \tag{10.3-11}$$

$$\bar{H} = \bar{H}^{(o)} . \tag{10.3-12}$$

Mit (10.3-5) und (10.3-11) vereinfachen sich (10.3-1) und (10.3-2) zu

$$\int_{\partial F} \langle \bar{E}^{(o)}, d\vec{C} \rangle = 0 \quad \Leftrightarrow \quad \bar{\nabla} \wedge \bar{E}^{(o)} = 0 , \tag{10.3-13}$$

$$\int_{\partial K} \langle \bar{J} + \frac{\partial \bar{D}^{(o)}}{\partial t}, d\vec{F} \rangle = 0 \quad \Leftrightarrow \quad \bar{\nabla} \wedge \left(\bar{J} + \frac{\partial \bar{D}^{(o)}}{\partial t} \right) = 0 . \tag{10.3-14}$$

Innerhalb einer Kugel $\partial\Omega_R$ machen wir keine Aussagen über die Materialgleichungen, so daß das Intensitätsfeld $\bar{E}^{(o)}$ und das Quantitätsfeld $\bar{J}_{\perp}$ dort unabhängig voneinander existieren können. Außerhalb $\partial\Omega_R$ nehmen wir Vakuum an, koppeln also die beiden Felder über dessen Materialgleichung, und setzen voraus, daß die Feldquellen im Unendlichen hinreichend stark verschwinden. Dann gilt

$$\bar{E}^{(o)} = O\left(\frac{1}{\|\vec{x}\|^2}\right) ; \quad \bar{H}^{(o)} = O\left(\frac{1}{\|\vec{x}\|^3}\right) ; \quad \lim_{R \to \infty} \int_{\partial\Omega_R} \langle \bar{E}^{(o)} \wedge \bar{H}^{(o)}, d\vec{F} \rangle = 0 , \tag{10.3-15}$$

und wir können (10.3-13) und (10.3-14) auf ein abgeschlossenes ZPN nach (10.2-35) mit einem endlichen oder unendlichen Feldgebiet anwenden. Auf dem Rand jedes seiner Zweipole soll mit den Bezeichnungen von Abb.10.5 gelten

$$\begin{aligned} &\langle \bar{E}^{(o)}, d\vec{C} \rangle = \langle \bar{B}^{(o)}, d\vec{F} \rangle = 0 \qquad \forall \vec{x} \in \partial L_r, \partial L_{r'} ; \\ &\langle \bar{H}^{(o)}, d\vec{C} \rangle = 0 \Leftrightarrow \langle \bar{J}_{\perp}, d\vec{F} \rangle = 0 \quad \forall \vec{x} \in \partial N_r . \end{aligned} \tag{10.3-16}$$

Die Randbedingungen (10.3-16) müssen durch geeignete Isolation und Abschirmung erfüllt werden.

Die Zweigspannung U_{r_ν} und den Zweigstrom J_{r_ν} definieren wir in Wechselstromnetzwerken durch die entsprechenden quasistationären Näherungen

$$\int_{C_{r_\nu}} \langle \bar{E}^{(o)}, d\vec{C} \rangle = U_{r_\nu} , \tag{10.3-17}$$

$$\int_{F_{r_\nu}} \langle \bar{J} + \frac{\partial \bar{D}^{(o)}}{\partial t}, d\vec{F} \rangle = J_{r_\nu} . \tag{10.3-18}$$

Für jeden Zweipol ist F_{r_ν} ein Querschnitt durch K_{r_ν}, und C_{r_ν} ist eine Kurve von L_{r_ν} nach $L_{r'_\nu}$ (vgl. Abb.10.5). Die Stromdefinition (10.3-18) erweitert diejenige aus (10.2-27) um den Verschiebungsstrom nullter Ordnung. Mit (10.3-17) und (10.3-18) folgen aus (10.3-13) und (10.3-14) die Kirchhoffschen Maschen- und Schnittmengengleichungen für Wechselstromnetzwerke. Sie sind gleichlautend mit den Beziehungen (10.2-59) und (10.2-60) für Gleichstromnetzwerke, und die aus diesen in Abschnitt 10.2.4 gezogenen Folgerungen gelten ebenfalls unverändert.

10.3.2. Der lineare, zeitinvariante, passive Zweipol und das n-Tor

Die Definition des Zweipoles (10.2-16) wird so erweitert, daß K_r ein elektromagnetisches Feld ist, das nicht als quasistationär angenommen wird. Gleichzeitig wird sie auf ein endliches Feldgebiet eingeschränkt. Die Pole $P = (L_r, L_{r'})$ bestehen wie bisher aus idealen Leitern, die jedoch eine besondere Formgebung erfahren haben. Sie sind der Innen- und der Außenleiter einer koaxialen Leitung, deren Länge als groß gegen ihre Querschnittsabmessung vorausgesetzt wird (s. Abb.10.14).

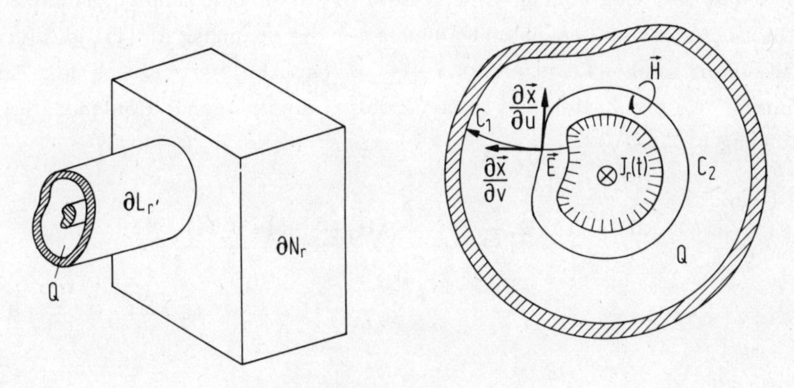

Abb.10.14

Der Rand ∂K_r setzt sich zusammen aus einem Querschnitt Q durch die Leitung, der Oberfläche $\partial L_{r'}$ des Außenleiters und einer elektrischen und magnetischen Abschirmung ∂N_r, die z.B. aus je einer Schicht eines Isolators und eines idealen Leiters besteht. Auf der inneren Oberfläche der Abschirmung und des Außenleiters gilt

$$\langle \bar{E}, d\vec{C} \rangle = \langle \bar{H}, d\vec{C} \rangle = 0, \qquad \forall\, \vec{x} \in \partial L_{r'}, \partial N_r . \tag{10.3-19}$$

Der innere Aufbau des Zweipoles interessiert im einzelnen nicht. Man kann sich verallgemeinernd auch vorstellen, daß ∂K_r ein ZPN einschließt, dessen Eingang ein beliebiges Tor P bildet, das durch die Leitung realisiert wird. Wir setzen lediglich voraus, daß die Leitung mit einem idealen Dielektrikum ausgefüllt ist und im restlichen Teil von K_r die Materialgleichungen (8.2-50), (8.2-51) samt ihren Fouriertransformierten (8.2-52), (8.2-53) gelten:

$$\bar{D}(\vec{x},t) = * \varepsilon_o \int_0^\infty d\tau\ \varepsilon(\tau)\ \bar{E}(\vec{x},t-\tau) \quad \Leftrightarrow \quad \bar{D}(\vec{x},\Omega) = * \varepsilon_o\ \varepsilon(\Omega)\ \bar{E}(\vec{x},\Omega)\ , \tag{10.3-20}$$

$$\bar{H}(\vec{x},t) = * \frac{1}{\mu_o} \int_0^\infty d\tau\ \frac{1}{\mu(\tau)}\ \bar{B}(\vec{x},t-\tau) \quad \Leftrightarrow \quad \bar{H}(\vec{x},\Omega) = * \frac{1}{\mu_o\ \mu(\Omega)}\ \bar{B}(\vec{x},\Omega)\ . \tag{10.3-21}$$

Sie sind linear, translationsinvariant in der Zeit und erfüllen die Kausalitätsbedingung. Die Materialgleichung (10.3-20) faßt Leiter und Dielektrika zusammen, denn nach (8.2-37) braucht zwischen Leitungs- und Verschiebungsstrom nur im Grenzfall $\Omega \to 0$ unterschieden zu werden.

An dem nicht gezeichneten freien Ende der Leitung wird von einer Wechselstromquelle der Strom $J_r(t)$ in den Zweipol eingespeist. In hinreichendem Abstand von beiden Enden der Leitung breitet sich eine ungestörte TEM-Welle aus, für die nach Abschnitt 9.3.4 gilt, daß das elektromagnetische Feld in einem Querschnitt quasistationär ist. Damit läßt sich zwischen Innen- und Außenleiter die Spannung $U_r(t)$ definieren. Außerdem ist in einem solchen Querschnitt $\bar{E} \cdot \bar{H} = 0$ (s. Abb.10.14). Aus dem Energiesatz erhält man für die pro Zeiteinheit in den Zweipol einströmende Feldenergie mit der Randbedingung (10.3-19)

$$- \int_Q \langle \bar{E} \wedge \bar{H}, d\vec{F} \rangle = \int_{C_1} \langle \bar{E}, \frac{\partial \vec{x}}{\partial v} \rangle dv \int_{C_2} \langle \bar{H}, \frac{\partial \vec{x}}{\partial u} \rangle du = U_r(t)\ J_r(t) = \\ = \int_{K_r} \langle \bar{E} \wedge \frac{\partial \bar{D}}{\partial t} + \bar{H} \wedge \frac{\partial \bar{B}}{\partial t}, dK \rangle\ . \tag{10.3-22}$$

Dabei wurde $Q : \vec{x}(u,v)$ so parametrisiert, daß $\langle \bar{E}, \partial\vec{x}/\partial u \rangle = \langle \bar{H}, \partial\vec{x}/\partial v \rangle = 0$ ist.

Schließlich verlangt die Passivitätsbedingung, daß von der TEM-Welle eine positive Energie für die Wechselwirkung des elektromagnetischen Feldes mit der Materie in den Zweipol transportiert wird:

$$- \int_Q \langle \int_{-\infty}^{\infty} dt\, \bar{E} \wedge \bar{H}, d\vec{F} \rangle = \int_{-\infty}^{\infty} U_r(t)\ J_r(t)\ dt = \\ = \int_{K_r} \langle \int_{-\infty}^{\infty} dt\ \bar{E} \wedge \frac{\partial \bar{D}}{\partial t} + \int_{-\infty}^{\infty} dt\ \bar{H} \wedge \frac{\partial \bar{B}}{\partial t}, dK \rangle \geq 0\ . \tag{10.3-23}$$

Im Dispersionsbereich von $\varepsilon(\Omega)$ gilt $\mu(\Omega) \approx 1$ (vgl. Abschnitt 8.2.1.), so daß dort der zweite Term der unteren Zeile von (10.3-23) positiv ist und damit für den ersten Term verlangt werden muß, daß dieser nicht negativ wird. Andererseits liefert der führende Term im ersten Ausdruck für hinreichend niedrige Frequenzen einen positiven Beitrag und der zweite Ausdruck darf nicht negativ werden. Es muß daher

$$* \int_{-\infty}^{\infty} dt\, \bar{E} \wedge \frac{\partial \bar{D}}{\partial t} = \frac{\varepsilon_o}{\pi} \int_0^{\infty} d\Omega\, \mathrm{Im}\{\Omega\, \varepsilon(\Omega)\} |\bar{E}(\Omega)|^2 \geqslant 0 \tag{10.3-24}$$

und

$$* \int_{-\infty}^{\infty} dt\, \bar{H} \wedge \frac{\partial \bar{B}}{\partial t} = \frac{\mu_o}{\pi} \int_0^{\infty} d\Omega\, \mathrm{Im}\{\Omega\, \mu(\Omega)\} |\bar{H}(\Omega)|^2 \geqslant 0 \tag{10.3-25}$$

sein (vgl. 8.2-87). Oder $z\varepsilon(z)$ und $z\mu(z)$ müssen positive Funktionen (Pick-Funktionen) sein (s. 8.2-89). Der Definition (8.2-56) der Laplacetransformierten ist äquivalent die in der Technik gebräuchliche Definition

$$\begin{aligned} \varepsilon(z) &= \int_0^{\infty} \varepsilon(t) e^{izt}\, dt \;; \quad \varepsilon(-\bar{z}) = \overline{\varepsilon(z)} \;; \quad z = \Omega + i\delta \quad \Leftrightarrow \\ \tilde{\varepsilon}(s) &= \int_0^{\infty} \varepsilon(t) e^{-st}\, dt \;; \quad \tilde{\varepsilon}(\bar{s}) = \overline{\tilde{\varepsilon}(s)} \;; \quad s = \sigma + j\omega ; \quad (i := j) \,, \end{aligned} \tag{10.3-26}$$

der wir uns im folgenden anschließen werden. Es gelten die Zusammenhänge

$$z = js \quad \Leftrightarrow \quad \Omega = -\omega\,, \; \delta = \sigma \;; \quad \varepsilon(z) = \varepsilon(js) = \tilde{\varepsilon}(s) \;; \tag{10.3-27}$$

$$\begin{aligned} &\mathrm{Im}\{z\,\varepsilon(z)\} > 0, \; \mathrm{Im}\{z\,\mu(z)\} > 0 \;\; \text{für} \;\; \mathrm{Im}\{z\} > 0 \quad \Leftrightarrow \\ &\mathrm{Re}\{s\,\tilde{\varepsilon}(s)\} > 0, \; \mathrm{Re}\{s\,\tilde{\mu}(s)\} > 0 \;\; \text{für} \;\; \mathrm{Re}\{s\} > 0 \,. \end{aligned} \tag{10.3-28}$$

Wir lassen die bei der Änderung der Variablen notwendig werdende Tilde wegen der Einfachheit der Schreibweise wieder entfallen und bezeichnen die Fouriertransformierten von $U_r(t)$, $J_r(t)$ mit $U_r(j\omega)$, $J_r(j\omega)$. Aus (10.3-23) bis (10.3-25) folgt dann

$$\begin{aligned} -\frac{1}{\pi} \int_0^{\infty} d\omega \left\langle \int_Q \mathrm{Re}\{\bar{E}(j\omega)^* \wedge \bar{H}(j\omega)\}, d\vec{F} \right\rangle &= \frac{1}{\pi} \int_0^{\infty} d\omega\, \mathrm{Re}\{U_r(j\omega)^* J_r(j\omega)\} = \\ = \frac{1}{\pi} \int_0^{\infty} d\omega \int_{K_r} d\tau \Big[\mathrm{Re}\{j\omega\, \varepsilon_o\, \varepsilon(j\omega)\} |\bar{E}(\vec{x}, j\omega)|^2 &+ \mathrm{Re}\{j\omega\, \mu_o\, \mu(j\omega)\} |\bar{H}(\vec{x}, j\omega)|^2 \Big] \geqslant 0 \,. \end{aligned} \tag{10.3-29}$$

Die Linearität der Materialgleichungen (10.3-20), (10.3-21) hat eine lineare Beziehung zwischen $J_r(j\omega)$ und $U_r(j\omega)$ zur Folge:

$$J_r(j\omega) := Y_r(j\omega)\, U_r(j\omega)\,, \quad \text{bzw.} \quad U_r(j\omega) := Z_r(j\omega)\, J_r(j\omega)\,. \tag{10.3-30a,b}$$

Für die Admittanz $Y_r(j\omega)$ und die Impedanz $Z_r(j\omega)$ ergibt sich aus (10.3-29)

$$\mathrm{Re}\{Y_r(j\omega)\}\,|U_r(j\omega)|^2 = \mathrm{Re}\{Z_r(j\omega)\}\,|J_r(j\omega)|^2 =$$

$$= \int_{K_r} d\tau \left[\mathrm{Re}\{j\omega\,\varepsilon_o\,\varepsilon(j\omega)\}\,|\bar{E}(\vec{x},j\omega)|^2 + \mathrm{Re}\{j\omega\,\mu_o\,\mu(j\omega)\}\,|\bar{H}(\vec{x},j\omega)|^2\right] \geqslant 0\,. \tag{10.3-31}$$

$Y_r(s)$ und $Z_r(s)$ sind wegen (10.3-28), (10.3-29) positive Funktionen, welche die in Abschnitt 8.2.3 angegebenen Eigenschaften, insbesondere die Spektraldarstellung

$$Y_r(s) = \frac{1}{Z_r(s)} = s\left(\gamma + \int_0^\infty \frac{d\mu(\lambda)}{\lambda^2 + s^2}\right)^{+)}\,, \quad \gamma \geqslant 0 \tag{10.3-32}$$

haben.

Wir können die Ergebnisse für das lineare, zeitinvariante, passive Eintor leicht auf ein ebensolches n-Tor verallgemeinern, wenn wir uns in Abb.10.14 n gleichartig beschaffene Tore angebracht denken, von denen jedes einen Beitrag zur oberen Zeile von (10.3-22) liefert. Damit geht die obere Zeile von (10.3-29) über in

$$\frac{1}{\pi}\int_0^\infty d\omega \sum_{\nu=1}^{n} \mathrm{Re}\{U_{r_\nu}(j\omega)^* J_{r_\nu}(j\omega)\} = \frac{1}{2\pi}\int_0^\infty d\omega \left[U_r^t(j\omega)^* J_r(j\omega) + J_r^t(j\omega)^* U_r(j\omega)\right]$$

$$:= \frac{1}{2\pi}\int_0^\infty d\omega (U_r{}^\dagger J_r + J_r{}^\dagger U_r)\,, \tag{10.3-33}$$

während die untere Zeile ungeändert bleibt. Die Linearität der Materialgleichungen gewährleistet, daß das elektromagnetische Feld $\bar{E}(\vec{x},j\omega)$, $\bar{H}(\vec{x},j\omega)$, $\forall\, \vec{x} \in K_r$ aus einer Superposition aller Beiträge besteht, die in K_r von den einzelnen TEM-Wellen der Tore erregt werden. n' Tore werden mit idealen Spannungsquellen $U_{r'}(j\omega)$ und die restlichen n'' Tore mit idealen Stromquellen $J_{r''}(j\omega)$ abgeschlossen. Ein n-Tor heißt wohldefiniert, wenn wenigstens eine derartige äußere Beschaltung möglich ist. Trägt man nun die Superposition der entsprechenden Felder in die untere Zeile von

---

+) Vorausgesetzt, die beiden Integrale in (8.2-90) konvergieren für sich genommen, so liefert (8.2-93) $\beta = \int_{-\infty}^{\infty} \frac{\lambda\, d\mu(\lambda)}{\lambda^2 + 1}$, und man erhält für $f(z)$ die Darstellung $f(z) = z\left(\alpha + 2\int_0^\infty \frac{d\mu(\lambda)}{\lambda^2 - z^2}\right)$, aus der (10.3-32) unmittelbar folgt.

(10.3-29) ein, dann erhält man eine Summe von Ausdrücken, der in der oberen Zeile von (10.3-33) durch eine Beziehung in hybrider Form:

$$\begin{pmatrix} J_{r'} \\ U_{r''} \end{pmatrix} := \begin{pmatrix} \underset{\sim}{Y}_{r'r'} & \underset{\sim}{H}_{r'r''} \\ \underset{\sim}{H}_{r''r'} & \underset{\sim}{Z}_{r''r''} \end{pmatrix} \begin{pmatrix} U_{r'} \\ J_{r''} \end{pmatrix} = \underset{\sim}{H} \begin{pmatrix} U_{r'} \\ J_{r''} \end{pmatrix} \qquad (10.3\text{-}34)$$

entsprochen wird. Aus (10.3-29), (10.3-33) und (10.3-34) folgt $(H^{\dagger} = (H^{t})^{*})$

$$U_{r'}^{\dagger} J_{r'} + J_{r'}^{\dagger} U_{r'} + U_{r''}^{\dagger} J_{r''} + J_{r''}^{\dagger} U_{r''} = \begin{pmatrix} U_{r'} \\ J_{r''} \end{pmatrix}^{\dagger} (\underset{\sim}{H} + \underset{\sim}{H}^{\dagger}) \begin{pmatrix} U_{r'} \\ J_{r''} \end{pmatrix} =$$

$$= \int_{K_r} d\tau \Big[2\,\mathrm{Re}\{j\omega\, \varepsilon_o\, \varepsilon(j\omega)\} |\bar{E}(\vec{x},j\omega)|^2 + 2\,\mathrm{Re}\{j\omega\, \mu_o\, \mu(j\omega)\} |\bar{H}(\vec{x},j\omega)|^2 \Big] \geqslant 0\,. \qquad (10.3\text{-}35)$$

Die Beziehung (10.3-35) ist eine Hermitesche Form mit der Hermiteschen Matrix $\underset{\sim}{H} + \underset{\sim}{H}^{\dagger}$. Die rechte Seite ist für alle Testvektoren $(U_{r'}, J_{r''})^t$ wegen der Passivitätsbedingung (10.3-28) eine positive Funktion in $\mathrm{Re}\{s\} > 0$. Diese Eigenschaften definieren die hybride Matrix $\underset{\sim}{H}(s)$ als eine positive Matrix. Insbesondere folgt daraus auch, daß die Admittanzmatrix $\underset{\sim}{Y}(s)$ und die Impedanzmatrix $\underset{\sim}{Z}(s)$, wenn sie existieren, positive Matrizen sind.

Die Beziehung (10.3-31) macht eine Aussage über den Realteil von $Y_r(j\omega)$ und gilt für alle Testfunktionen $U_r(j\omega)$ bzw. $\bar{E}(\vec{x},j\omega)$. Eine einfache Funktion ist im Zeitbereich die komplexe Spannung

$$U_r(t) = U\, e^{j\alpha t} \quad \text{mit} \quad U(j\omega) = 2\pi\, U\, \delta(\alpha - \omega)\,. \qquad (10.3\text{-}36)$$

Ihr entspricht in der koaxialen Leitung $\bar{E}(\vec{x},t) = \bar{E}(\vec{x})\,\exp(j\alpha t)$. Aus (10.3-30a) erhält man durch Rücktransformation

$$J_r(t) = U\, Y_r(j\alpha)\, e^{j\alpha t} := J\, e^{j\alpha t}\,. \qquad (10.3\text{-}37)$$

Dabei darf $j\alpha$ nicht mit einem Pol von $Y_r(s)$ auf der imaginären Achse zusammenfallen. Analog zu (10.3-37) kann die begleitende magnetische Feldstärke geschrieben werden: $\bar{H}(\vec{x},t) = \bar{H}(\vec{x})\,\exp(j\alpha t)$. Während einer Periodendauer $T = 2\pi/\alpha$ der harmonischen Schwingung wird dem Zweipol die Energie

$$-\int_Q \Big\langle \int_t^{t+T} \mathrm{Re}\{\bar{E}(\vec{x})\, e^{j\alpha t}\} \wedge \mathrm{Re}\{\bar{H}(\vec{x})\, e^{j\alpha t}\} dt, d\vec{F} \Big\rangle = \int_t^{t+T} \mathrm{Re}\{U\, e^{j\alpha t}\}\, \mathrm{Re}\{J e^{j\alpha t}\}\, dt =$$

$$= -T \int_Q \Big\langle \frac{1}{2} \mathrm{Re}\{\bar{E}(\vec{x})^* \wedge \bar{H}(\vec{x})\}, d\vec{F} \Big\rangle = \frac{T}{2} \mathrm{Re}\{U^* J\} = \frac{T}{2} \mathrm{Re}\{U^*\, Y_r(j\alpha)\, U\} \geqslant 0 \qquad (10.3\text{-}38)$$

zugeführt. Die Beziehung (10.3-38) legt nahe, den zeitlichen Mittelwert der Energieströmung $\frac{1}{2}\mathrm{Re}\{\bar{E}(\vec{x})^* \wedge \bar{H}(\vec{x})\}$ zu komplexifizieren, um mit Hilfe des Energiesatzes auch den Imaginärteil von $U^* \, Y_r(j\omega) \, U$ angeben zu können. Wir definieren dazu den komplexen Poyntingvektor

$$* \vec{S}(\vec{x}) = * [\vec{E}(\vec{x})^* \wedge \vec{H}(\vec{x})] \qquad (10.3\text{-}39)$$

und erhalten aus den Lösungen $\bar{E}(\vec{x}) \, e^{j\alpha t}$, $\bar{H}(\vec{x}) \, e^{j\alpha t}$, $\vec{x} \in K_r$ der komplexifizierten Maxwellschen Gleichungen

$$-\vec{\nabla} \cdot * \vec{S} = j\alpha \, \varepsilon_o \varepsilon(j\alpha) |\vec{E}(\vec{x})|^2 + [j\alpha \, \mu_o \mu(j\alpha)]^* |\vec{H}(\vec{x})|^2 . \qquad (10.3\text{-}40)$$

$\vec{E}(\vec{x})$ und $\vec{H}(\vec{x})$ hängen dabei noch von dem Parameter α ab. Mit (10.3-38) und (10.3-40) definieren wir schließlich $Y_r(j\omega)$ und $Z_r(j\omega)$ durch die Energiebilanz

$$-\frac{1}{2} \int_Q \langle \bar{E}(\vec{x})^* \wedge \bar{H}(\vec{x}), d\vec{F} \rangle = \frac{1}{2} U^* J : = \frac{1}{2} U^* Y_r(j\omega) \, U : = \frac{1}{2} J^* Z_r(j\omega)^* J =$$

$$= \int_{K_r} \left[\left(j\omega \, \frac{\varepsilon_o \varepsilon(j\omega)}{2} \right) |\bar{E}(\vec{x})|^2 + \left(j\omega \, \frac{\mu_o \mu(j\omega)}{2} \right)^* |\bar{H}(\vec{x})|^2 \right] d\tau . \qquad (10.3\text{-}41)$$

Für (10.3-41) können wir wegen $\varepsilon(j\omega) = \varepsilon_1(\omega) - j\,\varepsilon_2(\omega)$, $\mu(j\omega) = \mu_1(\omega) - j\,\mu_2(\omega)$ schreiben

$$\frac{1}{2} U^* J = \frac{1}{2} U^* Y_r(j\omega) \, U = \frac{1}{2} J^* Z_r(j\omega)^* J = \langle P \rangle + 2\, j\omega(\langle W_e \rangle - \langle W_m \rangle) , \qquad (10.3\text{-}42)$$

mit

$$\langle W_e \rangle : = \frac{1}{4} \int_{K_r} \varepsilon_o \, \varepsilon_1(\omega) |\bar{E}(\vec{x})|^2 \, d\tau , \qquad (10.3\text{-}43)$$

$$\langle W_m \rangle : = \frac{1}{4} \int_{K_r} \mu_o \, \mu_1(\omega) |\bar{H}(\vec{x})|^2 \, d\tau , \qquad (10.3\text{-}44)$$

$$\langle P \rangle : = \frac{\omega}{2} \int_{K_r} \left[\varepsilon_o \, \varepsilon_2(\omega) |\bar{E}(\vec{x})|^2 + \mu_o \mu_2(\omega) |\bar{H}(\vec{x})|^2 \right] d\tau . \qquad (10.3\text{-}45)$$

Die Größen $\langle W_e \rangle$ und $\langle W_m \rangle$ sind die zeitlichen Mittelwerte der im Zweipol gespeicherten elektrischen und magnetischen Feldenergie und $\langle P \rangle$ gibt die Energiedissipation pro Zeiteinheit an. Die Admittanz $Y_r(j\omega)$ und die Impedanz $Z_r(j\omega)$ lassen sich bei Kenntnis der Felder $\bar{E}(\vec{x})$, $\bar{H}(\vec{x})$ aus (10.3-42) bis (10.3-45) berechnen.

Für quasistationäre Felder ergeben sich wieder erhebliche Vereinfachungen. Zunächst brauchen die Pole nicht mehr die Formgebung einer koaxialen Leitung zu haben. Aus einer Reihenentwicklung für kleine Frequenzen erhalten wir (s. 8.2-42)

$$\varepsilon(j\omega) = \frac{\varkappa(0)}{j\omega\varepsilon_o} + \varepsilon_1(0) - j\,\omega\,\varepsilon_2'(0) \tag{10.3-46}$$

und entsprechend

$$\mu(j\omega) = \mu_1(0) - j\,\omega\,\mu_2'(0)\,. \tag{10.3-47}$$

Ferner ist

$$|\bar{E}(\vec{x})|^2 = \langle \bar{E}^{(o)}(\vec{x}) - j\omega\,\bar{A}^{(o)}(\vec{x})\,|\,\bar{E}^{(o)}(\vec{x})^* + j\omega\,\bar{A}^{(o)}(\vec{x})^*\rangle \approx$$

$$\approx |\bar{E}^{(o)}(\vec{x})|^2 + 2\omega\,\mathrm{Im}\{\langle \bar{A}^{(o)}(\vec{x})\,|\,\bar{E}^{(o)}(\vec{x})^*\rangle\}\,, \tag{10.3-48a}$$

$$|\bar{H}(\vec{x})|^2 = |\bar{H}^{(o)}(\vec{x})|^2\,, \tag{10.3-48b}$$

woraus schließlich folgt

$$\langle W_e\rangle = \frac{1}{4}\int_{K_r} \varepsilon_o\,\varepsilon_1(0)[\,|\bar{E}^{(o)}(\vec{x})|^2 + 2\omega\,\mathrm{Im}\{\langle \bar{A}^{(o)}(\vec{x})\,|\,\bar{E}^{(o)}(\vec{x})^*\rangle\}]\,d\tau\,, \tag{10.3-49}$$

$$\langle W_m\rangle = \frac{1}{4}\int_{K_r} \mu_o\mu_1(0)\,|\bar{H}^{(o)}(\vec{x})|^2\,d\tau\,, \tag{10.3-50}$$

$$\langle P\rangle \approx \frac{1}{2}\int_{K_r} [\varkappa(0) + \omega^2\varepsilon_o\,\varepsilon_2'(0)]\,|\bar{E}^{(o)}(\vec{x})|^2 d\tau + \frac{1}{2}\int_{K_r} \omega^2\mu_o\mu_2'(0)\,|\bar{H}^{(o)}(\vec{x})|^2 d\tau +$$

$$+ \int_{K_r} \omega\varkappa(0)\,\mathrm{Im}\{\langle \bar{A}^{(o)}(\vec{x})\,|\,\bar{E}^{(o)}(\vec{x})^*\rangle\}\,d\tau\,. \tag{10.3-51}$$

Man beachte, daß $\langle W_m\rangle$ wegen $*\bar{\nabla}\wedge\bar{H}^{(o)}(\vec{x}) = \varkappa(0)\,\bar{E}^{(o)}(\vec{x}) + j\omega\,\varepsilon_o\,\varepsilon_1(0)\,\bar{E}^{(o)}(\vec{x})$ ebenfalls ein lineares Glied in ω enthält. Eine weitere Vereinfachung erhalten wir, wenn das Feldgebiet K_r so strukturiert wird, daß durch eine geeignete Abschirmung bzw. durch hinreichende Abstände von stromführenden Teilgebieten oder durch eine Unterteilung mit inneren Polen eine Wechselwirkung des elektrischen Feldes mit dem magnetischen Feld unterbunden wird. Es entfallen dann die Glieder mit $\langle \bar{A}^{(o)}(\vec{x})\,|$ $\bar{E}^{(o)}(\vec{x})^*\rangle$ in (10.3-49), (10.3-51), und die Quellen von $\bar{H}^{(o)}(\vec{x})$ werden nur noch von dem Leitungsstrom $\varkappa(0)\,\bar{E}(\vec{x})$ gebildet. Die elektrische und magnetische Feldenergie lassen sich für entkoppelte quasistationäre Felder durch (7.2-50) und (7.2-87) ausdrücken:

$$W_e(t) = \frac{1}{2} Q(t)\, V(t) = \frac{1}{2} C\, V^2(t) = \frac{1}{2} \frac{Q^2(t)}{C} , \tag{10.3-52}$$

$$W_m(t) = \frac{1}{2} I(t)\Psi(t) = \frac{1}{2} L\, I^2(t) = \frac{1}{2} \frac{\Psi^2(t)}{L} \tag{10.3-53}$$

und die Energiedissipation nach (7.2-25) und (8.2-37) durch

$$P(t) = R\, I^2(t) = G\, V^2(t) . \tag{10.3-54}$$

Bei Vernachlässigung von quadratischen Gliedern in ω geht schließlich auch noch der Widerstand R bzw. der Leitwert G in Konstanten über.

Zwei Strukturierungen des Zweipoles zeichnen sich durch besondere Einfachheit aus. Die erste wird durch eine Reihenschaltung von einer Spule, einem Kondensator und einem Widerstand beschrieben:

$$I(t) = \frac{dQ}{dt} := J_r(t) \Rightarrow \langle W_e \rangle = \frac{1}{4} \frac{J^* J}{\omega^2 C} ; \quad \langle W_m \rangle = \frac{1}{4} \omega^2 L J^* J ; \ \langle P \rangle = \frac{1}{2} R J^* J \tag{10.3-55}$$

und die zweite durch eine Parallelschaltung

$$V(t) = \frac{d\Psi}{dt} := U_r(t) \Rightarrow \langle W_e \rangle = \frac{1}{4} C U^* U ; \quad \langle W_m \rangle = \frac{1}{4} \frac{U^* U}{\omega^2 L} ; \ \langle P \rangle = \frac{1}{2} G U^* U . \tag{10.3-56}$$

Aus (10.3-42) erhalten wir für die Impedanz $Z_r(j\omega)$ und die Admittanz $Y_r(j\omega)$

$$Z_r(j\omega) = R + j\,\omega L + \frac{1}{j\omega C} , \tag{10.3-57}$$

$$Y_r(j\omega) = G + j\,\omega C + \frac{1}{j\omega L} . \tag{10.3-58}$$

Für einen idealen Kondensator mit der Kapazität C und eine ideale Spule mit der Induktivität L werden die Schaltungssymbole in Abb.10.15 und Abb.10.16 vereinbart.

Abb.10.15 Abb.10.16

Damit ergeben sich für den linearen passiven Zweipol aus (10.3-57) und (10.3-58) die beiden äquivalenten Schaltungsdarstellungen in Abb.10.17. Mit frequenzabhängigen R, L und C gelten diese Darstellungen auch für schnell veränderliche Felder und beliebig strukturierte Zweipole, wenn $\langle W_e \rangle$, $\langle W_m \rangle$ und $\langle P \rangle$ aus (10.3-43) bis (10.3-45) berechnet werden.

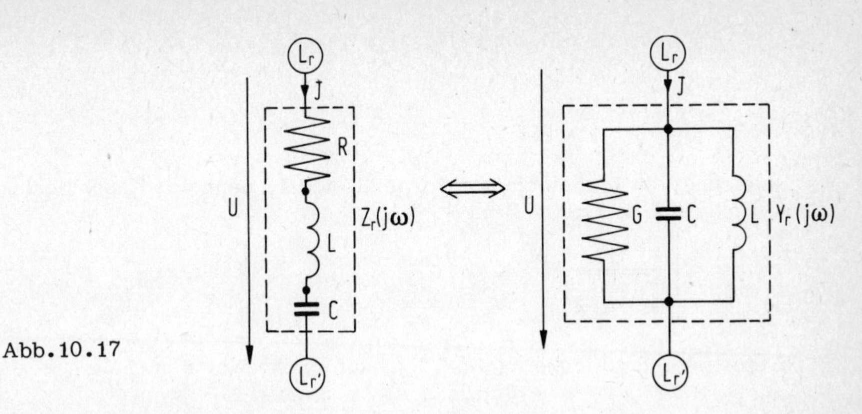

Abb.10.17

Ein Eintor, das in beliebiger Strukturierung aus idealen Widerständen, Spulen und Kondensatoren aufgebaut ist, hat wegen (10.3-58) eine positiv rationale Admittanzfunktion $Y_r(s)$. Aus den in Abschnitt 8.2.3 angegebenen Eigenschaften positiver Funktionen folgt, daß die Koeffizienten von $Y_r(s)$ reell und positiv sind und daß Zähler- und Nennerpolynom sich höchstens um den Grad ± 1 unterscheiden. Liegen insbesondere keine Pole und Nullstellen von $Y_r(s)$ auf der imaginären Achse, dann sind Zähler und Nenner Hurwitzpolynome.+) Endlich kann der passive Zweipol nach dem Vorbild von Abschnitt 10.2.2, Abb.10.9 um eine ideale Stromquelle und eine ideale Spannungsquelle erweitert werden.

In einem Wechselstromnetzwerk sind im allgemeinen auch Transformatoren enthalten. Wir fassen einen Transformator mit n Wicklungen als ein n-Tor auf, für das wir mit dem Spaltenvektor $U_r(t) = U \exp(j\omega t)$ der Torspannungen und $J_r(t) = J \exp(j\omega t)$ der Torströme die Beziehung (10.3-42) verallgemeinern:

$$\frac{1}{2} U^{\dagger} J = \frac{1}{2} U^{\dagger} \underset{\sim}{Y}_r(j\omega)\, U = \frac{1}{2} J^{\dagger} \underset{\sim}{Z}_r^{\dagger}(j\omega)\, J = \langle P \rangle + 2\, j\omega(\langle W_e \rangle - \langle W_m \rangle). \tag{10.3-59}$$

Für $\langle W_m \rangle$ erhalten wir aus (7.2-99)

$$W_m(t) = \sum_{\nu=1}^{n} J_{r_\nu}(t) \Psi_{r_\nu}(t) =$$

$$= \frac{1}{2} \sum_{\mu,\nu=1}^{n} J_{r_\mu}(t) L_{\mu\nu} J_{r_\nu}(t) \quad \Rightarrow \quad \langle W_m \rangle = \frac{1}{4} J^{\dagger} \Psi = \frac{1}{4} J^{\dagger} \underset{\sim}{L}\, J ,$$

+) Hurwitzpolynome sind solche Polynome, deren sämtliche Nullstellen in der linken s-Halbebene liegen.

so daß für $\langle W_e \rangle = \langle P \rangle = 0$ folgt

$$\underset{\sim}{Z}_r = j\,\omega\,\underset{\sim}{L}\,. \qquad (10.3\text{-}60)$$

Man bezeichnet ein Transformator 2-Tor als ideal, wenn der Kopplungsfaktor

$$k := \left| \frac{L_{12}}{\sqrt{L_{11}\,L_{22}}} \right| \leqslant 1 \qquad (10.3\text{-}61)$$

gleich eins ist und gleichzeitig L_{11}, L_{22} auf solche Weise unendlich werden, daß

$$n^2 := L_{22}/L_{11} \qquad (10.3\text{-}62)$$

konstant bleibt. Für diesen Fall existiert keine Impedanzmatrix. Trotzdem ist dieses 2-Tor wohldefiniert, denn es hat die hybride Beschreibung

$$\begin{pmatrix} J_{r_1} \\ U_{r_2} \end{pmatrix} = \underset{\sim}{H} \begin{pmatrix} U_{r_1} \\ J_{r_2} \end{pmatrix} = \begin{pmatrix} 0 & -n \\ n & 0 \end{pmatrix} \begin{pmatrix} U_{r_1} \\ J_{r_2} \end{pmatrix} . \qquad (10.3\text{-}63)$$

Die induktive Kopplung, die von einem idealen Transformator zwischen zwei Eintoren hergestellt wird, kann ersatzweise auch durch zwei gesteuerte Quellen beschrieben werden. Aus Abb.10.18 liest man die Beziehung (10.3-63) ab.

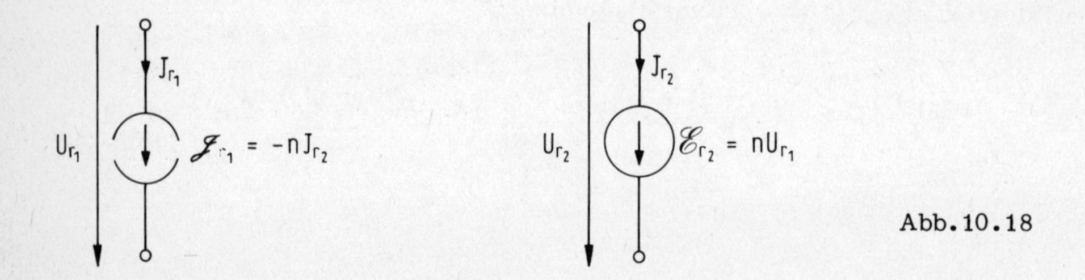

Abb.10.18

Allgemein versteht man unter gesteuerten Quellen solche, deren eingeprägte Spannung bzw. eingeprägter Strom von einer anderen Zweigspannung bzw. einem anderen Zweigstrom abhängen. Sie dienen zur modellmäßigen Beschreibung von Gesetzmäßigkeiten, deren physikalische Natur nicht betrachtet wird.

Abb.10.19 zeigt die bei linearer Abhängigkeit sich ergebenden vier Möglichkeiten. Bei der Anwendung der Schnittmengenadmittanzmethode ist es erforderlich, abhängige Quellen in spannungsgesteuerte Quellen umzuwandeln ($\alpha J_{r_\mu} = \alpha Y_{r_\mu} U_{r_\mu}$; $r J_{r_\mu} = r Y_{r_\mu} U_{r_\mu}$),

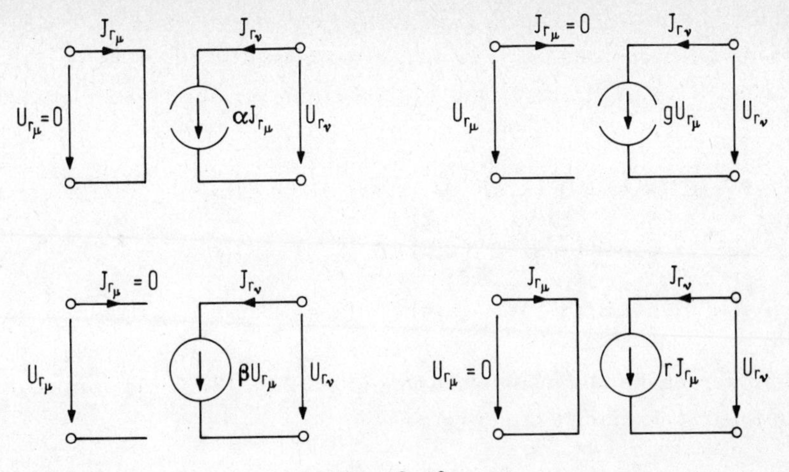

Abb.10.19

da die Variablen Spannungen sind. Umgekehrt wandelt man in stromgesteuerte Quellen um ($\beta U_{r_\mu} = \beta Z_{r_\mu} J_{r_\mu}$; $g U_{r_\mu} = g Z_{r_\mu} J_{r_\mu}$), wenn Maschenimpedanzgleichungen aufgestellt werden. Falls eine solche Umwandlung nicht möglich ist (Y_{r_μ} bzw. $Z_{r_\mu} = \infty$), muß eine hybride Formulierung benutzt werden. Zur Unterscheidung von den gesteuerten Quellen werden die bisher betrachteten Quellen jetzt auch unabhängige Quellen genannt.

Bei der Formulierung der Netzwerkaufgabe behandelt man zunächst alle Quellen als unabhängig. In einem zweiten Schritt spaltet man dann von dem Quellenvektor auf der rechten Seite der Netzwerkgleichungen (s. z.B. 10.2-51, 10.2-79) den Vektor der abhängigen Quellen ab und drückt für ihn die steuernden Größen als Matrixfunktion der Netzwerkvariablen aus. Diese Steuermatrix subtrahiert man von der Netzwerkmatrix auf der linken Gleichungsseite und erhält damit eine neue Gleichungsmatrix für das zu lösende System von linearen Gleichungen, auf dessen rechter Seite nur noch unabhängige Quellen stehen.

10.3.3. Das Reziprozitätstheorem für Netzwerke

Wir betrachten ein quellenfreies Zweitor ($\bar{E}^{(e)} = \bar{J}^{(e)} = 0,\ \forall \vec{x} \in K_r$), für das die Bedingung (10.3-19) gilt. An den freien Enden der koaxialen Leitungen werden zur Zeit $t = 0$ TEM-Wellen angeregt. Im Innern ist das elektromagnetische Feld zu diesem Zeitpunkt Null. Die Maxwellschen Gleichungen werden der Laplacetransformation unterworfen, und es wird angenommen, daß $\bar{E}'(\vec{x},s)$ und $\bar{B}'(\vec{x},s)$ die Feldgleichungen für die Intensitätsgrößen sowie $\bar{H}''(\vec{x},s)$ und $\bar{D}''(\vec{x},s)$ diejenigen für die Quantitätsgrößen erfüllen. Analog zu (9.4-73) erhält man die Beziehung

$$-\bar{\nabla} \wedge \bar{E}'(\vec{x},s) \wedge \bar{H}''(\vec{x},s) = s\,\bar{E}'(\vec{x},s) \wedge \bar{D}''(\vec{x},s) + s\,\bar{H}''(\vec{x},s) \wedge \bar{B}'(\vec{x},s) \,. \tag{10.3-64}$$

Man beachte, daß $\bar{E}' \wedge \bar{H}''$ keinen Energiestrom beschreibt, denn die Felder $\bar{E}'$ und $\bar{H}''$ haben verschiedene Quellen. Für ein Intensitätsfeld $\bar{E}''(\vec{x},s)$, $\bar{B}''(\vec{x},s)$ und ein Quantitätsfeld $\bar{H}'(\vec{x},s)$, $\bar{D}'(\vec{x},s)$ gilt (10.3-64) mit vertauschten Strichen und daher folgt

$$\begin{aligned} &-\bar{\nabla} \wedge [\bar{E}'(\vec{x},s) \wedge \bar{H}''(\vec{x},s) - \bar{E}''(\vec{x},s) \wedge \bar{H}'(\vec{x},s)] = \\ &= s[\bar{E}'(\vec{x},s) \wedge \bar{D}''(\vec{x},s) - \bar{E}''(\vec{x},s) \wedge \bar{D}'(\vec{x},s)] + \\ &+ s[\bar{H}''(\vec{x},s) \wedge \bar{B}'(\vec{x},s) - \bar{H}'(\vec{x},s) \wedge \bar{B}''(\vec{x},s)] . \end{aligned} \tag{10.3-65}$$

Im Zweitor werden die Materialgleichungen (10.3-20), (10.3-21) vorausgesetzt, daß deren Laplacetransformierte die Form

$$\bar{D}(\vec{x},s) = * \varepsilon_o \varepsilon(s) \bar{E}(\vec{x},s) \quad \text{bzw.} \quad \bar{B}(\vec{x},s) = * \mu_o \mu(s) \bar{H}(\vec{x},s) \tag{10.3-66}$$

haben; jedoch wird keine Passivität verlangt. Mit (10.3-66) verschwindet die rechte Seite von (10.3-65) und die Integration über K_r liefert nach dem Vorbild von (10.3-22)

$$U'_{r_1}(s) J''_{r_1}(s) + U'_{r_2}(s) J''_{r_2}(s) = U''_{r_1}(s) J'_{r_1}(s) + U''_{r_2}(s) J'_{r_2}(s) . \tag{10.3-67}$$

Zur Interpretation des Reziprozitätstheorems (10.3-67) betrachten wir die folgenden Fälle:

$$1) \quad U''_{r_1}(s) = 0; \quad U'_{r_2}(s) = 0 \Rightarrow \frac{J''_{r_1}(s)}{U''_{r_2}(s)} := Y_{12}(s) = Y_{21}(s) =: \frac{J'_{r_2}(s)}{U'_{r_1}(s)} \tag{10.3-68}$$

$$2) \quad J''_{r_1}(s) = 0; \quad J'_{r_2}(s) = 0 \Rightarrow \frac{U''_{r_1}(s)}{J''_{r_2}(s)} := Z_{12}(s) = Z_{21}(s) =: \frac{U'_{r_2}(s)}{J'_{r_1}(s)} \tag{10.3-69}$$

$$3) \quad U''_{r_1}(s) = 0; \quad J'_{r_2}(s) = 0 \Rightarrow \frac{J''_{r_1}(s)}{J''_{r_2}(s)} := H_{12}(s) = -H_{21}(s) =: -\frac{U'_{r_2}(s)}{U'_{r_1}(s)} . \tag{10.3-70}$$

Die Admittanz- und Impedanzmatrix des Zweitores sind symmetrisch, und die hybride Matrix ist antisymmetrisch. Dieses Ergebnis gilt auch dann, wenn das Zweitor an seinen Toren Leistung abgibt, weil es in seinem Inneren negative Widerstände enthält. Die drei Aussagen des Reziprozitätstheorems sind für die Spezialisierung $U'_{r_1}(s) = U''_{r_2}(s) = \mathscr{E}(s)$ bzw. $J'_{r_1}(s) = J''_{r_2}(s) = \mathscr{J}(s)$ und $J''_{r_2}(s) = \mathscr{J}(s)$, $U'_{r_1}(s) = \mathscr{E}(s)$ in Abb. 10.20 veranschaulicht.

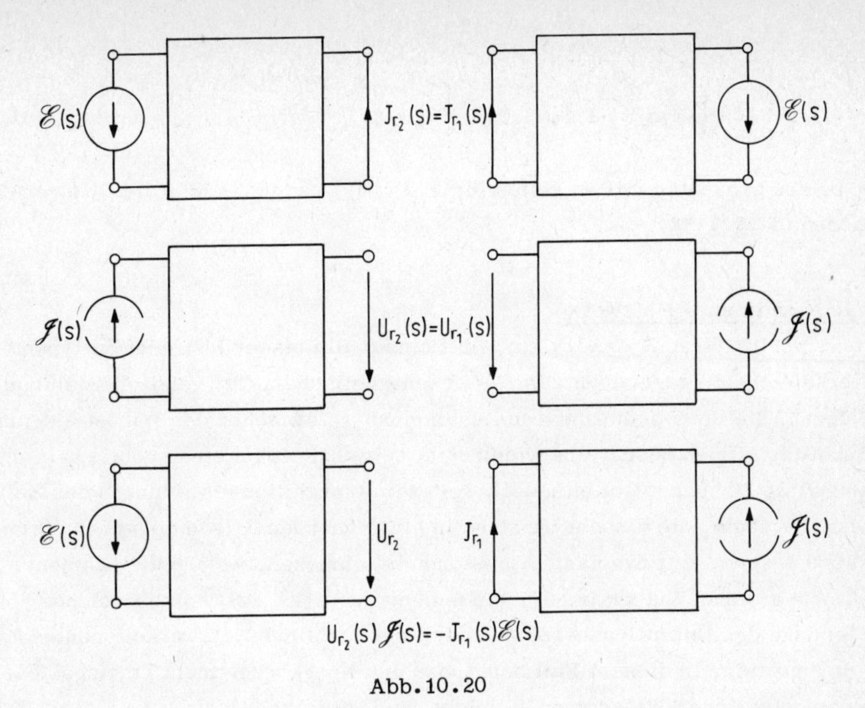

Abb.10.20

Bei der Anwendung des Reziprozitätstheorems ist zu beachten, daß in zusammenhängenden Netzwerken mit einem quasistationären Feld ein Tor für eine ideale Stromquelle $\mathcal{J}$ zwischen jedem beliebigen Polpaar erzeugt werden kann, denn es ist weder die Ausbildung eines Polpaares als koaxiale Leitung erforderlich, noch ändert sich für $\mathcal{J} = 0$ das Feld. Eine ideale Spannungsquelle stellt dagegen für $\mathcal{E} = 0$ einen Kurzschluß dar, der ebenfalls das Feld nicht verändern darf. Das läßt sich nur durch eine Abänderung der Topologie des Netzwerkes derart erreichen, daß ein Pol aufgespaltet und die Spannungsquelle zwischen das entstehende Polpaar eingefügt wird. Diese Aufspaltung ist aber nur möglich, wenn die Schnittfläche mit dem Pol eine Kurve bildet, die nicht im Feldgebiet liegt. Für Zweipolnetzwerke kann man das stets erreichen (vgl. Abb.10.10), nicht jedoch für einen allgemeinen k-Pol (vgl. Abb.10.3).

Das Reziprozitätstheorem gilt auch in anisotropen Medien (s. Abschn.9.4.3). Anders liegen jedoch die Verhältnisse, wenn die Tensorkomponenten ε_{ij}, μ_{ij} von einem statischen Magnetfeld $\bar{B}_o(\vec{x})$ abhängen, dem das Wechselfeld $\bar{E}(\vec{x},s)$, $\bar{B}(\vec{x},s)$ überlagert ist. Technisch ausgenutzt wird die Unsymmetrie des Permeabilitätstensors im Gyrator, einem nichtreziproken Zweitor, das die Beschreibung

$$\begin{pmatrix} U_{r_1} \\ U_{r_2} \end{pmatrix} = \begin{pmatrix} 0 & R \\ -R & 0 \end{pmatrix} \begin{pmatrix} J_{r_1} \\ J_{r_2} \end{pmatrix} \tag{10.3-71}$$

hat und das passiv ist:

$$\frac{1}{2} U^* J = \frac{jR}{2} \operatorname{Im}\{J_2^* J_1\} . \qquad (10.3\text{-}72)$$

In den beiden genannten Fällen gelten für $\varepsilon_{ij}(s,\bar{B}_o)$ und $\mu_{ij}(s,\bar{B}_o)$ die Onsager-Casimir Relationen (s. 9.4-82).

10.3.4. Nichtlineare Netzwerke

In einem nichtlinearen Netzwerk sind im Prinzip alle bisher behandelten Typen von Netzwerkelementen zugelassen. Ihr elektromagnetisches Feld gehorcht Materialgleichungen, die einen nichtlinearen Zusammenhang zwischen den Intensitäts- und den Quantitätsgrößen beschreiben, der nicht notwendig lokal eineindeutig sein muß. Die Materialgleichungen sollen jedoch weiterhin translationsinvariant in der Zeit sein. Netzwerkelemente, die diesem Umstand in hinreichender Allgemeinheit Rechnung tragen, werden durch zeitinvariante Funktionen beschrieben, welche die Elemente x des Definitionsbereiches surjektiv auf die Elemente $y = f(x)$ des Wertebereiches abbilden. Die Elemente des Definitionsbereiches der Funktion eines Netzwerkelementes können z.B. Ströme sein. In diesem Fall nennt man das Netzwerkelement stromgesteuert. Ein stromgesteuerter Widerstand R bildet den Definitionsbereich $M = \{-\infty < J < \infty\}$ auf einen Wertebereich von Spannungen $N = \{U\}$ ab: $F_R = (M, J \mapsto F_R(J), N)$. Bei einer konstanten Abbildung $F_R(J) = \mathscr{E}$, $\forall J \in M$ ist der stromgesteuerte Widerstand eine ideale Spannungsquelle mit der eingeprägten Spannung $\mathscr{E}$. Als steuernde Größen sind neben Strömen auch Spannungen, Ladungen und Flußverkettungen zugelassen, jedoch soll für den Definitionsbereich stets gelten

$$M = \{-\infty < J, U, Q, \Psi < \infty\} . \qquad (10.3\text{-}73)$$

Eine ideale Diode mit $M = \{-\infty < U < U_S > 0\}$, $N = \{0 < J < \infty\}$ und $J = 0, \forall U \in M$; $U = U_S$, $\forall J \in N$ zählt nicht zu den zugelassenen Elementen; sie kann nämlich für $U < U_S$ als ideale Stromquelle mit $\mathscr{J} = 0$ und für $U = U_S$ als ideale Spannungsquelle mit $\mathscr{E} = U_S$ aufgefaßt werden. Damit verlieren die Kirchhoffschen Gleichungen ihren Charakter als rein topologische Beschränkungen für die Zweigströme und Zweigspannungen.

Nichtlineare Kondensatoren werden durch die Funktionen

$$F_H = (M, Q \mapsto F_H(Q), \{U\}) \text{ oder } F_K = (M, U \mapsto F_K(U), \{Q\}) \qquad (10.3\text{-}74a,b)$$

mit

$$\frac{dF_H}{dQ} = H \qquad \text{bzw.} \qquad \frac{dF_K}{dU} = K \qquad (10.3\text{-}75a,b)$$

beschrieben (s. 7.2-56, 7.2-59). Analog dazu beschreibt man nichtlineare Spulen durch

$$F_N = (M, \Psi \mapsto F_N(\Psi), \{J\}) \text{ oder } F_L = (M, J \mapsto F_L(J), \{\Psi\}) \qquad (10.3\text{-}76a,b)$$

mit

$$\frac{dF_N}{d\Psi} = N \qquad \text{bzw.} \qquad \frac{dF_L}{dJ} = L \qquad (10.3\text{-}77a,b)$$

(s. 7.2-98). Für nichtlineare Widerstandszweipole gilt schließlich

$$F_R = (M, J \mapsto F_R(J), \{U\}) \text{ oder } F_G = (M, U \mapsto F_G(U), \{J\}) \qquad (10.3\text{-}78a,b)$$

mit

$$\frac{dF_r}{dJ} = R\,, \qquad \text{bzw.} \qquad \frac{dF_G}{dU} = G\,. \qquad (10.3\text{-}79a,b)$$

Wir wollen die konstante Abbildung bei F_R und F_G ausschließen, also ideale Spannungs- und Stromquellen wie bisher als eigene Netzwerkelemente ansehen. Für Widerstände wird die Einschränkung gemacht, daß $F_G(U)$ oberhalb einer Schranke $|U| > S$ monoton wachsend ist:

$$|F_G(U)| = O(|U|), \quad \text{für } |U| \to \infty\,. \qquad (10.3\text{-}80)$$

Diese Einschränkung ist hinreichend für die Existenz mindestens einer Lösung für ein nichtlineares Netzwerk, das aus spannungsgesteuerten Widerständen und unabhängigen Spannungsquellen zusammengesetzt ist. Wird das Netzwerk noch um stromgesteuerte W.derstände $F_R(J)$, für die eine entsprechende Annahme gemacht wird, und um unabhängige Stromquellen erweitert, so gestalten sich hinreichende Lösungsbedingungen schon weniger einfach.[+)] Nichtlineare Widerstände besitzen fast immer einen unbeschränkten Wertebereich wie in (10.3-80) gefordert. Der Strom einer in Sperrichtung betriebenen Diode sättigt nicht für beliebige Sperrspannungen, sondern es kommt zum Zener- oder Lawinendurchbruch mit rasch ansteigendem Strom. Jedoch werden in einfachen mathematischen Modellen Dioden und Transistoren durch Exponentialfunktionen beschrieben und besitzen deshalb einen beschränkten Wertebereich. Das erschwert die Angabe von Bedingungen für die Existenz und Eindeutigkeit einer Lösung beträchtlich.[++)]

+) I.W. Sandberg, A.N. Willson, Jr.: "Existence and uniqueness of solutions of nonlinear d.c. networks", SIAM J. Appl. Math. 22, 173-186 (1972); C.A. Desoer, F.F. Wu: "Nonlinear monotone network", dto. 26, 315-333 (1974).

++) I.W. Sandberg, A.N. Willson, Jr.: "Conditions for the existence of a globale inverse of semiconductor-device nonlinear-network operators", IEEE Trans. Circuit Theory, CT-19, 2835-2847 (1972); ebenso "Existence of solutions for the equations of transistor-resistor-voltage source networks", dto. CT-18, 619-625 (1971).

Bei lokal eindeutigen Materialgleichungen sind die vorgenannten Abbildungen bijektiv, und es existieren die entsprechenden Umkehrfunktionen. Die Existenz einer Umkehrfunktion bedingt, daß F_K und F_L monoton wachsend oder abnehmend sind. Für monoton wachsende Funktionen ist die Energie positiv und der Kondensator bzw. die Spule werden als passiv bezeichnet. Ein Widerstandszweipol wird als passiv definiert, wenn die zugeführte Leistung positiv ist, d.h., wenn der Graph seiner beschreibenden Funktion F_R bzw. F_G im ersten und dritten Quadranten einer JU-Ebene liegt.

Die Wahl der unabhängigen Variablen für die Gleichungen eines nichtlinearen Netzwerkes wird durch die Forderung, daß sie steuernde Größen sein sollen, gegenüber dem linearen Fall stark eingeschränkt. In einem ZPN mit $\vec{G} = (A, \vec{R})$ sind für eine Menge $\vec{R}'$ von Zweipolen die steuernden Zweigspannungen $U_{\rho'}$ bzw. Zweigladungen $Q_{r'-\rho'}$ und für die komplementäre Menge $\vec{R}'' = \vec{R} - \vec{R}'$ die steuernden Zweigströme $J_{\rho''}$ bzw. Zweigflüsse $\Psi_{r''-\rho''}$ gegeben. Durch die Beziehungen (10.3-74a,b), (10.3-78b) sowie $J_{r'} = dQ_{r'}/dt$ lassen sich $J_{r'}$ und $U_{r'}$ angeben. $U_{r''}$ und $J_{r''}$ folgen aus (10.3-76a,b), (10.3-78a) und $U_{r''} = d\Psi_{r''}/dt$. Damit sind alle das Netzwerk charakterisierenden Größen bestimmt. Die Kirchhoffschen Gleichungen legen den Größen $U_{\rho'}$, $dQ_{r'-\rho'}/dt$, $J_{\rho''}$, $d\Psi_{r''-\rho''}/dt$ lineare Bindungen auf; denn bildet eine Teilmenge der den Spannungen $U_{\rho'}$ oder $d\Psi_{r''-\rho''}/dt$ zugeordneten Zweige eine Masche, so muß deren Spannungssumme verschwinden. Ebenso muß die Stromsumme verschwinden, wenn eine Teilmenge der den Strömen $J_{r''}$ oder $dQ_{r'-\rho'}/dt$ zugeordneten Zweige eine Schnittmenge bildet. Eine Teilmenge der genannten Größen wird vollständig genannt, wenn sie die eindeutige Berechnung aller Zweigspannungen U_r und Zweigströme J_r ermöglicht. Für ein gegebenes ZPN hängt die Mächtigkeit eines vollständigen Satzes von Variablen von dessen Topologie ab.

Daneben definieren wir einen Satz von dynamischen Variablen als einen solchen vollständigen Satz, der die Netzwerkgleichungen in Normalform $dx/dt = F(x,t)$ zu schreiben erlaubt. Die Normalform ist keineswegs für die numerische Berechnung nichtlinearer Netzwerke ausgezeichnet (die Formulierungen (10.2-45), (10.2-51), (10.2-83), (10.2-89) eignen sich dafür meistens sogar besser), ihre Bedeutung liegt vielmehr darin, daß bei Systemen nichtlinearer Differentialgleichungen Aussagen über die Existenz von Lösungen und über deren Eigenschaften für die Normalform dieser Gleichungen gemacht werden. Daher ermöglicht eine Formulierung der Netzwerkgleichungen in Normalform die direkte Übertragung mathematischer Ergebnisse auf Netzwerke.

Wir untersuchen zunächst für eine spezielle Klasse von ZPN, welche Bedingungen erfüllt werden müssen, damit ein Satz von dynamischen Variablen existiert, und welche Form gegebenenfalls die Netzwerkgleichungen annehmen. Das ZPN soll spannungsgesteuerte Kondensatoren und Widerstände, stromgesteuerte Widerstände und Spulen sowie unabhängige Spannungs- und Stromquellen enthalten. Es sollen keine Maschen aus Spannungsquellen und Kondensatoren und keine Schnittmengen aus Stromquellen und

Spulen existieren. Unter diesen Voraussetzungen muß ein Satz von dynamischen Variablen, wenn er existiert, aus allen Kondensatorspannungen und Spulenströmen bestehen. Zur Aufstellung der Netzwerkgleichungen bedienen wir uns der hybriden Methode aus Abschnitt 10.2.5. Wir entfernen aus dem ZPN alle Zweige $\vec{R}''_R$, $\vec{R}''_L$ mit stromgesteuerten Elementen und Spannungsquellen. Letztere denken wir uns stets in Reihe geschaltet mit einer Spule oder mit einem stromgesteuerten Widerstandszweipol von gegebenenfalls verschwindendem Widerstand. Die Zweige für die Spannungsquellen sind dann in $\vec{R}''_R$ und $\vec{R}''_L$ enthalten. Zurück bleibt ein k-Pol, dessen Zweige $\vec{R}'_K$, $\vec{R}'_G$ mit spannungsgesteuerten Elementen belegt sind. Die Stromquellen denken wir uns parallel geschaltet zu einem Kondensator oder einem Widerstandszweipol mit gegebenenfalls verschwindendem Leitwert. Ihre Zweige sind somit in $\vec{R}'_K$ und $\vec{R}'_G$ enthalten. Das ZPN hat den Graph $\vec{G}_Z = (A, \vec{R}' \cup \vec{R}'')$, wo $\vec{R}' = \vec{R}'_K \cup \vec{R}'_G$ und $\vec{R}'' = \vec{R}''_R \cup \vec{R}''_L$ ist. Die Abbildung H definiert einen Baum des k-Poles $\vec{G}_B = (A, \vec{R}'_K \cup \vec{R}'_O)$, der aus allen mit Kondensatoren belegten Zweigen $\vec{R}'_K$ und beliebigen weiteren Zweigen $\vec{R}'_O$ besteht. Bezüglich dieses Baumes besitzt das ZPN das Fundamentalsystem von Schnittmengen

$$\begin{array}{c|ccc:cc} & \vec{R}'_K & \vec{R}'_O & \vec{R}'_G & \vec{R}''_R & \vec{R}''_L \\ \hline \vec{S}_K & \underset{\sim}{1} & 0 & \underset{\sim}{D}_{KG} & \underset{\sim}{D}_{KR} & \underset{\sim}{D}_{KL} \\ \vec{S}_O & 0 & \underset{\sim}{1} & \underset{\sim}{D}_{OG} & \underset{\sim}{D}_{OR} & \underset{\sim}{D}_{OL} \\ & \multicolumn{3}{c}{\underbrace{\hphantom{xxxxxxxxxxxx}}_{\underset{\sim}{D}_k}} & \multicolumn{2}{c}{\underbrace{\hphantom{xxxxxxxx}}_{\underset{\sim}{D}_V}} \end{array} \tag{10.3-81}$$

dessen Inzidenzmatrix in die Inzidenzmatrizen $\underset{\sim}{D}_k$ für den k-Pol und $\underset{\sim}{D}_V$ für die entfernten Zweige $\vec{R}''$ partitioniert wurde. Die Zweig-Admittanz- bzw. Zweig-Impedanzmatrizen sind als Operatoren aufzufassen, die auf die Zweigspannungen $U_{r'}$ bzw. die Zweigströme $J_{r''}$ angewendet werden:

$$\underset{\sim}{Y}_r(\cdot) = \begin{pmatrix} \underset{\sim}{K}(\cdot)\,\frac{d(\cdot)}{dt} & 0 & 0 \\ 0 & 0 & 0 \\ 0 & 0 & \underset{\sim}{F}_G(\cdot) \end{pmatrix}; \qquad \underset{\sim}{Z}_r^{(V)} = \begin{pmatrix} \underset{\sim}{F}_R(\cdot) & 0 \\ 0 & \underset{\sim}{L}(\cdot)\,\frac{d(\cdot)}{dt} \end{pmatrix}. \tag{10.3-82}$$

Mit

$$\underset{\sim}{y}^D = \underset{\sim}{D}_k\,\underset{\sim}{Y}_r\,(\underset{\sim}{D}_k^t\,\cdot), \quad U(r) := \begin{pmatrix} U_K \\ U(\vec{r}_o) \\ U_G \end{pmatrix}, \quad J_r^{(V)} := J_{r''} = \begin{pmatrix} J_R \\ J_L \end{pmatrix},$$

$$\mathscr{I}_r = \begin{pmatrix} \mathscr{I}_K \\ 0 \\ \mathscr{I}_G \end{pmatrix}, \qquad \mathscr{E}_r^{(V)} = \begin{pmatrix} \mathscr{E}_R \\ \mathscr{E}_L \end{pmatrix} \tag{10.3-83}$$

erhalten wir aus (10.2-89) die Netzwerkgleichungen

$$\begin{pmatrix} \underset{\sim}{K}(\cdot)\frac{d(\cdot)}{dt} + \underset{\sim}{D}_{KG}\underset{\sim}{F}_G(\underset{\sim}{D}^t_{KG}\cdot) & \underset{\sim}{D}_{KG}\underset{\sim}{F}_G(\underset{\sim}{D}^t_{OG}\cdot) & \underset{\sim}{D}_{KR} & \underset{\sim}{D}_{KL} \\ \underset{\sim}{D}_{OG}\underset{\sim}{F}_G(\underset{\sim}{D}^t_{KG}\cdot) & \underset{\sim}{D}_{OG}\underset{\sim}{F}_G(\underset{\sim}{D}^t_{OG}\cdot) & \underset{\sim}{D}_{OR} & \underset{\sim}{D}_{OL} \\ -\underset{\sim}{D}^t_{KR} & -\underset{\sim}{D}^t_{OR} & \underset{\sim}{F}_R(\cdot) & 0 \\ -\underset{\sim}{D}^t_{KL} & -\underset{\sim}{D}^t_{OL} & 0 & \underset{\sim}{L}(\cdot)\frac{d(\cdot)}{dt} \end{pmatrix} \begin{pmatrix} U_K \\ U(\vec{r}_o) \\ J_R \\ J_L \end{pmatrix} =$$

$$= \begin{pmatrix} \mathcal{J}_K + \underset{\sim}{D}_{KG}\,\mathcal{J}_G \\ \underset{\sim}{D}_{OG}\, J_G \\ \mathcal{E}_R \\ \mathcal{E}_L \end{pmatrix}. \qquad (10.3\text{-}84)$$

Für die Existenz einer Normalform ist notwendig, daß das algebraische nichtlineare Gleichungssystem

$$\underset{\sim}{D}_{OR}\, J_R + \underset{\sim}{D}_{OG}\,\underset{\sim}{F}_G\Big(\underset{\sim}{D}^t_{OG}\; U(\vec{r}_o)\Big) = \underset{\sim}{D}_{OG}\,\mathcal{J}_G - \underset{\sim}{D}_{OG}\,\underset{\sim}{F}_G\Big(\underset{\sim}{D}^t_{KG}\; U_K\Big) - \underset{\sim}{D}_{OL}\, J_L$$

$$\underset{\sim}{F}_R(J_R) - \underset{\sim}{D}^t_{OR}\; U(\vec{r}_o) = \mathcal{E}_R + \underset{\sim}{D}^t_{KR}\; U_K \qquad (10.3\text{-}85)$$

eine eindeutige Lösung besitzt. Das ist trivialerweise der Fall, wenn dem ZPN die folgenden, weiteren topologischen Beschränkungen auferlegt werden:

$$\underset{\sim}{D}_{OG} = \underset{\sim}{D}_{KR} = 0\;; \qquad \underset{\sim}{D}_{OR} = \underset{\sim}{1}\;; \qquad \underset{\sim}{D}_{OL} := \underset{\sim}{D}_{RL}\,. \qquad (10.3\text{-}86a\text{-}c)$$

Sie besagen, daß jeder spannungsgesteuerte Zweigwiderstand aus $\vec{R}'_G$ den Verbindungszweig in einer Masche bilden muß, deren Baumzweige aus $\vec{R}'_K$ sind, also nur Kondensatoren enthalten dürfen (10.3-86a). Die Zweige $\vec{R}''_R$ bilden mit den Zweigen $\vec{R}'_K$ einen Baum des ZPN : $\vec{B} = (A, \vec{R}'_K \cup \vec{R}''_R) \subset \vec{G}_Z$. Jede Schnittmenge, die durch einen stromgesteuerten Zweigwiderstand aus $\vec{R}''_R$ definiert ist, enthält nur Verbindungszweige aus $\vec{R}''_L$, also nur Spulen (10.3-86b,c). Mit der Lösung

$$J_R = -\underset{\sim}{D}_{RL}\, J_L$$

$$U(\vec{r}_o) = U_R = \underset{\sim}{F}_R(-\underset{\sim}{D}_{RL}\, J_L) - \mathcal{E}_R \qquad (10.3\text{-}87)$$

von (10.3-85) erhalten wir die Normalform der Netzwerkgleichungen:

$$\frac{dU_K}{dt} = \underset{\sim}{K}^{-1}(U_K)\left[-\underset{\sim}{D}_{KG}\,\underset{\sim}{F}_G\left(\underset{\sim}{D}^t_{KG}\,U_K\right) - \underset{\sim}{D}_{KL}\,J_L + \mathscr{I}_K + \underset{\sim}{D}_{KG}\,\mathscr{I}_G\right],$$

$$\frac{dJ_L}{dt} = \underset{\sim}{L}^{-1}(J_L)\left[\underset{\sim}{D}^t_{KL}\,U_K + \underset{\sim}{D}^t_{RL}\,\underset{\sim}{F}_R(-\underset{\sim}{D}_{RL}\,J_L) + \mathscr{E}_L - \underset{\sim}{D}^t_{RL}\,\mathscr{E}_R\right]. \tag{10.3-88}$$

Für ladungsgesteuerte Kondensatoren und flußgesteuerte Spulen erhält man bei sonst unveränderten ZPN mit

$$U_K \mapsto \underset{\sim}{F}_H(Q_K)\,, \quad \underset{\sim}{K}(U_K)\,\frac{dU_K}{dt} \mapsto \frac{dQ_K}{dt}\,,$$

$$J_L \mapsto \underset{\sim}{F}_N(\Psi_L)\,, \quad \underset{\sim}{L}(J_L)\,\frac{dJ_L}{dt} \mapsto \frac{d\Psi_L}{dt}\,; \tag{10.3-89}$$

aus (10.3-88) eine entsprechende Normalform mit den dynamischen Variablen Q_K, Ψ_L. Haben die Kondensatoren und Spulen eine bijektive Charakteristik, dann existieren natürlich beide Normalformen, wobei der letzteren aus numerischen Gründen der Vorzug zu geben ist.

Für ein ZPN mit der schwächeren topologischen Beschränkung

$$\underset{\sim}{D}_{OR} = \underset{\sim}{1} \tag{10.3-90}$$

vereinfacht sich das Gleichungssystem (10.3-85) mit $J_R = X$, $\underset{\sim}{D}^t_{OG}\,U(\vec{r}_o) = Y$ zu

$$X + \underset{\sim}{D}_{OG}\,\underset{\sim}{F}_G(Y) = \underset{\sim}{D}_{OG}\,\mathscr{I}_G - \underset{\sim}{D}_{OG}\,\underset{\sim}{F}_G\left(\underset{\sim}{D}^t_{KG}\,U_K\right) - \underset{\sim}{D}_{OL}\,J_L\,,$$

$$-\underset{\sim}{D}^t_{OG}\,\underset{\sim}{F}_R(X) + Y = -\underset{\sim}{D}^t_{OG}\,\mathscr{E}_R - \underset{\sim}{D}^t_{OG}\left(\underset{\sim}{D}^t_{KR}\,U_K\right). \tag{10.3-91}$$

Hinreichend für die Existenz einer eindeutigen Lösung ist die Bedingung, daß die Funktionalmatrizen $\partial\underset{\sim}{F}_R(X)/\partial X$ und $\partial\underset{\sim}{F}_G(Y)/\partial Y$ $\forall\, X, Y$ beide positiv semidefinit sind und daß $\forall\, X$ bzw. $\forall\, Y$ eine von beiden entweder symmetrisch und positiv oder diagonal ist.+)

Die topologischen Beschränkungen, die der behandelten Klasse von ZPN auferlegt werden müssen, um die Existenz einer Normalform zu gewährleisten, haben ihre Ursachen wiederum in einer Beschreibung der Netzwerkelemente durch idealisierte mathematische Modelle. Eine Masche aus unabhängigen Spannungsquellen und Kondensatoren

---

+) P.P. Varaiya, R. Liu: "Normal form and stability of a class of coupled nonlinear networks", IEEE Trans. Circuit Theory, CT-13, 413-418 (1966).

kann durch Einfügen eines kleinen, spannungsgesteuerten oder linearen Serienwiderstandes und eine Schnittmenge von unabhängigen Stromquellen und Spulen durch Einfügen eines großen, stromgesteuerten oder linearen Parallelwiderstandes zum Verschwinden gebracht werden. Der Serienwiderstand modelliert den Innnenwiderstand der Spannungsquellen und den Zuleitungswiderstand der Kondensatoren, der Parallelwiderstand den Innenwiderstand der Stromquellen und den Wicklungswiderstand der Spulen. Mit diesen parasitären Widerständen bleibt der Gleichstromcharakter der passiven Elemente erhalten. Auch die Bedingung (10.3-86) kann durch Einfügen von parasitären Elementen in allen Fällen erfüllt werden. Ein spannungsgesteuerter Widerstand in einem Baumzweig wird durch eine parallelgeschaltete, kleine Streukapazität ergänzt und ein stromgesteuerter Widerstand in einem Verbindungszweig durch eine in Serie liegende, kleine Zuleitungsinduktivität.

Eine allgemeinere Anordnung als ein Kondensator ist ein kapazitiver k-Pol, für den bei Ladungssteuerung die elektrische Energie W_e und bei Spannungssteuerung die Koenergie C_e definiert wird. Mit den Ergebnissen aus den Abschnitten 7.2.2 und 10.1 gilt

$$W_e = \sum_{\mu=1}^{p} \int_0^{Q(K_\mu)} U(\vec{r}_\mu)\, d\underset{\sim}{Q}(K_\mu) \quad \text{bzw.} \quad C_e = \sum_{\mu=1}^{p} \int_0^{U(\vec{r}_\mu)} Q(K_\mu)\, d\underset{\sim}{U}(\vec{r}_\mu) \; ; \tag{10.3-92a,b}$$

$$\frac{\partial W_e}{\partial Q(K_\mu)} = U(\vec{r}_\mu) \quad \text{bzw.} \quad \frac{\partial C_e}{\partial U(\vec{r}_\mu)} = Q(K_\mu), \qquad \mu = 1,2,\ldots,p = k-1 \tag{10.3-93a,b}$$

und

$$\frac{\partial^2 W_e}{\partial Q(K_\mu)\,\partial Q(K_\nu)} = \frac{\partial U(\vec{r}_\mu)}{\partial Q(K_\nu)} = H^B_{\mu\nu} \quad \text{bzw.} \quad \frac{\partial^2 C_e}{\partial U(\vec{r}_\mu)\,\partial U(\vec{r}_\nu)} = \frac{\partial Q(K_\mu)}{\partial U(\vec{r}_\nu)} = K^B_{\mu\nu}\,, \tag{10.3-94a,b}$$

$$\mu, \nu = 1,2,\ldots,p = k-1\,.$$

Ebenso wird eine Spule durch ein induktives n-Tor verallgemeinert, für das bei Flußsteuerung die magnetische Energie W_m und bei Stromsteuerung die Koenergie C_m aus den Abschnitten 7.2.3 und 10.2.5 folgt:

$$W_m = \sum_{\mu=1}^{n} \int_0^{\Psi(\vec{M}_\mu)} I(\vec{M}_\mu)\, d\underset{\sim}{\Psi}(\vec{M}_\mu) \quad \text{bzw.} \quad C_m = \sum_{\mu=1}^{n} \int_0^{I(\vec{M}_\mu)} \Psi(\vec{M}_\mu)\, d\underset{\sim}{I}(\vec{M}_\mu) \; ; \tag{10.3-95a,b}$$

$$\frac{\partial W_m}{\partial \Psi(\vec{M}_\mu)} = I(\vec{M}_\mu) \quad \text{bzw.} \quad \frac{\partial C_m}{\partial I(\vec{M}_\mu)} = \Psi(\vec{M}_\mu) \; ; \quad \mu = 1,2,\ldots,n\,, \tag{10.3-96a,b}$$

und

$$\frac{\partial^2 W_m}{\partial\Psi(\vec{M}_\mu)\,\partial\Psi(\vec{M}_\nu)} = \frac{\partial I(\vec{M}_\mu)}{\partial\Psi(\vec{M}_\nu)} = N_{\mu\nu} \quad \text{bzw.} \quad \frac{\partial^2 C_m}{\partial I(\vec{M}_\mu)\,\partial I(\vec{M}_\nu)} = \frac{\partial\Psi(\vec{M}_\mu)}{\partial I(\vec{M}_\nu)} = L_{\mu\nu}\,, \tag{10.3-97a,b}$$

$$\mu,\nu = 1,2,\ldots,n\,.$$

Ferner lassen sich mit Hilfe der Isomorphiebeziehungen aus Abschnitt 8.1.4 und 10.2.1 für einen Widerstands-k-Pol zu den Größen W_e und C_e isomorphe Größen definieren, die als Kontent P_w und Kokontent P_c bezeichnet werden:

$$P_w := \int\limits_{V^3 - \bigcup\limits_{\mu=1}^{p} L_\mu} \int\limits_0^{\bar{E}^{(o)}} \langle \bar{J}_\perp \wedge d\bar{E}^{(o)}, dK\rangle = \sum_{\mu=1}^{p} \int\limits_0^{I(K_\mu)} U(\vec{r}_\mu)\, dI(K_\mu)\,,$$

$$P_c := \int\limits_{V^3 - \bigcup\limits_{\mu=1}^{p} L_\mu} \int\limits_0^{\bar{J}_\perp} \langle \bar{E}^{(o)} \wedge d\bar{J}_\perp, dK\rangle = \sum_{\mu=1}^{p} \int\limits_0^{U(\vec{r}_\mu)} I(K_\mu)\, dU(\vec{r}_\mu)\,. \tag{10.3-98a,b}$$

Für sie gilt entsprechend

$$\frac{\partial P_w}{\partial I(K_\mu)} = U(\vec{r}_\mu) \quad \text{bzw.} \quad \frac{\partial P_c}{\partial U(\vec{r}_\mu)} = I(K_\mu)\,; \quad \mu = 1,2,\ldots,p = k-1\,; \tag{10.3-99a,b}$$

$$\frac{\partial^2 P_w}{\partial I(K_\mu)\,\partial I(K_\nu)} = \frac{\partial U(\vec{r}_\mu)}{\partial I(K_\nu)} = R^B_{\mu\nu} \quad \text{bzw.} \quad \frac{\partial^2 P_c}{\partial U(\vec{r}_\mu)\,\partial U(\vec{r}_\nu)} = \frac{\partial I(K_\mu)}{\partial U(\vec{r}_\nu)} = G^B_{\mu\nu}\,, \tag{10.3-100a,b}$$

$$\mu,\nu = 1,2,\ldots,p = k-1\,.$$

Die Energie und die Koenergie bzw. der Kontent und der Kokontent sind für die jeweilige Anordnung durch Legendresche Transformationen miteinander verknüpft:

$$W_e + C_e = \sum_{\mu=1}^{p} Q(K_\mu)\, U(\vec{r}_\mu)\,, \tag{10.3-101}$$

$$W_m + C_m = \sum_{\mu=1}^{n} \Psi(\vec{M}_\mu)\, I(\vec{M}_\mu)\,, \tag{10.3-102}$$

$$P_w + P_c = \sum_{\mu=1}^{p} I(K_\mu)\, U(\vec{r}_\mu)\,. \tag{10.3-103}$$

Als allgemeinsten Fall behandeln wir ein Netzwerk, das aus einem ladungsgesteuerten kapazitiven k-Pol, einem Widerstands-l-Pol, einem flußgesteuerten induktiven n-Tor und unabhängigen Quellen zusammengesetzt ist. Letztere werden jetzt nicht als eigene Netzwerkelemente gezählt, sondern dem l-Pol zugeschlagen, um den Formelaufwand zu reduzieren. Zur Beschreibung der Teilnetzwerke wird die Abbildung H herangezogen (s. Abb.10.21). Für den k-Pol mit einer Baumstruktur $\vec{G}_B^{(k)}$ gilt (10.3-92a),

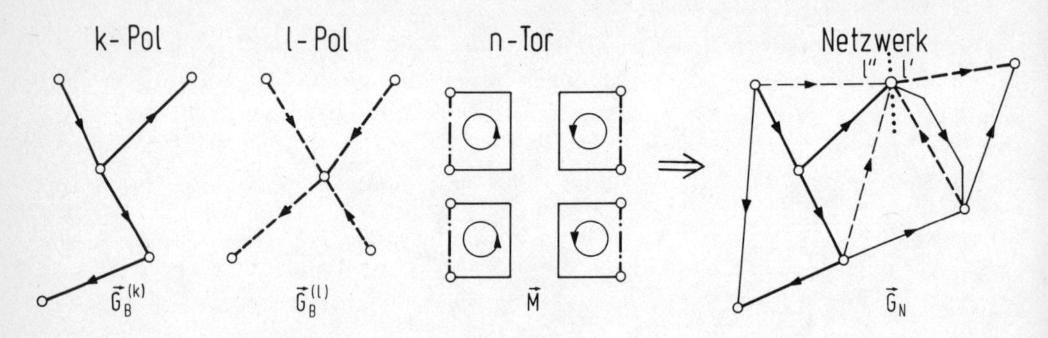

Abb.10.21

(10.3-93b). Der Baum $\vec{G}_B^{(l)}$ des l-Poles wird als „Busch" gewählt. Für das n-Tor gilt (10.3-95a), (10.3-96a). Es besteht aus n-Maschen. Die strichpunktierte Verbindung stellt einen Kurzschluß dar, der bei der Zusammenschaltung aufgetrennt wird. Als dynamische Variable bieten sich $Q(K)$ und $\Psi(\vec{M})$ an. Aus diesem Grunde wird in dem Netzwerk ein Fundamentalsystem so gewählt, daß in dessen Baum $\vec{B} \subset \vec{G}_N$ der Baum $\vec{G}_B^{(k)}$ vollständig enthalten ist und die Maschen $\vec{M}$ des n-Tores sämtlich Verbindungszweige werden. Aus den Baumzweigen von $\vec{G}_B^{(l)}$ werden in $\vec{G}_N$ teilweise wieder Baumzweige (l'). Den Rest bilden Verbindungszweige (l''). Das Netzwerk hat die Schnittmengen-Zweig-Inzidenzmatrix $\underset{\sim}{D} = (\underset{\sim}{1}, \underset{\sim}{D}_V)$:

	R_k	$R_{l'}$	$R_{l''}$	R_n
$\vec{S}_k$	$\underset{\sim}{1}$	0	$\underset{\sim}{D}_{kl''}$	$\underset{\sim}{D}_{kn}$
$\vec{S}_{l'}$	0	$\underset{\sim}{1}$	0	$\underset{\sim}{D}_{l'n}$

(10.3-104)

und die Maschen-Zweig-Inzidenzmatrix $\underset{\sim}{C} = (-\underset{\sim}{D}_V^t, \underset{\sim}{1})$. Für den Zweigstromvektor J_r und den Zweigspannungsvektor U_r in $\vec{G}_N$ gilt

$$J_r = \begin{pmatrix} J_k = \dfrac{dQ(K)}{dt} \\ J_{l'} \\ J_{l''} \\ J_n = I(\vec{M}) \end{pmatrix}, \quad U_r = \begin{pmatrix} U_k = U(\vec{r}) \\ U_{l'} \\ U_{l''} \\ U_n = \dfrac{d\Psi(\vec{M})}{dt} \end{pmatrix}. \tag{10.3-105}$$

Aus den Kirchhoffschen Gleichungen (10.2-59), (10.2-60) folgt dann

$$\frac{dQ(K)}{dt} = - \underset{\sim}{D}_{kl''} J_{l''} - \underset{\sim}{D}_{kn} I(\vec{M}) \;, \qquad \frac{d\Psi(\vec{M})}{dt} = \underset{\sim}{D}^{t}_{l'n} U_{l'} + \underset{\sim}{D}^{t}_{kn} U(\vec{r}), \qquad (10.3\text{-}106)$$

$$J_{l'} = - \underset{\sim}{D}_{l'n} I(\vec{M}) \qquad , \qquad U_{l''} = \underset{\sim}{D}^{t}_{kl''} U(\vec{r}) \, . \qquad (10.3\text{-}107)$$

Daneben treten die beschreibenden Gleichungen für den k- und l-Pol und das n-Tor:

$$U(\vec{r}) = \frac{\partial W_e}{\partial Q^t(K)} \; ; \quad I(\vec{M}) = \frac{\partial W_m}{\partial \Psi^t(\vec{M})} \; ; \quad \begin{pmatrix} J_{l'} \\ U_{l''} \end{pmatrix} = \underset{\sim}{F}_l \begin{pmatrix} U_{l'} \\ J_{l''} \end{pmatrix} . \qquad (10.3\text{-}108a\text{-}c)$$

Für die Existenz einer Normalform der Netzwerkgleichungen wie (10.3-106) ist wiederum notwendig, daß das nichtlineare Gleichungssystem (10.3-108c) eine eindeutige Lösung hat:

$$\begin{pmatrix} U_{l'} \\ J_{l''} \end{pmatrix} = \underset{\sim}{F}_l^{-1} \begin{pmatrix} J_{l'} \\ U_{l''} \end{pmatrix} = \underset{\sim}{G}_l(Q^t(K), \Psi^t(\vec{M})) \, . \qquad (10.3\text{-}109)$$

Es gilt der folgende Satz: X, Y sind Vektoren aus einem Euklidischen Vektorraum E^l. Die Abbildung $\underset{\sim}{F}_l$ ist dann und nur dann eine stetige bijektive Abbildung des E^l auf sich selbst, wenn $\underset{\sim}{F}_l$ ein lokaler Isomorphismus ist, und wenn für $\|X\| \to \infty$ gilt $\|\underset{\sim}{F}_l(X)\| \to \infty$.

Die Beziehungen (10.3-106) lassen sich mit (10.3-107) in eine kanonische Form bringen:

$$\frac{dQ(K)}{dt} = \frac{\partial H}{\partial U^t(\vec{r})} \; ;$$

$$H\left(U^t(\vec{r}), I^t(\vec{M})\right) = P_W^{(l')}[I^t(\vec{M})] - P_C^{(l'')}[U^t(\vec{r})] - U^t(\vec{r}) \underset{\sim}{D}_{kn} I(\vec{M}),$$

$$\frac{d\Psi(\vec{M})}{dt} = - \frac{\partial H}{\partial I^t(\vec{M})} \; ; \qquad (10.3\text{-}110)$$

wo $P_W^{(l')} = \int_0^{I(\vec{M})} U_{l'} \, d\underset{\sim}{J}^t_{l'}$ der Kontent und $P_C^{(l'')} = \int_0^{U(\vec{r})} J_{l''} \, d\underset{\sim}{U}^t_{l''}$ der Kokontent der Teile l' und l'' des Widerstands-l-Poles sind.

Aufgaben

10.1 Gegeben ist ein zusammenhängender, orientierter, schlingenfreier Graph $\vec{G} = (A,\vec{R})$ mit $\mu(A) = p+1$ und $\mu(R) = z$ und mit der reduzierten Knoten-Zweig-Inzidenzmatrix $\underset{\sim}{A}$ und dem orientierten Baum $\vec{B} = (A,\vec{R}_B)$ mit der Baumpfad-Zweig-Inzidenzmatrix $\underset{\sim}{B}$, wobei $\vec{G}$ und $\vec{B}$ die gleiche Knotenmenge A und den gleichen Referenzknoten a_{p+1} besitzen, jedoch die Menge der Baumzweige $\vec{R}_B$ nicht notwendig eine Teilmenge der Zweigmenge $\vec{R}$ von $\vec{G}$ ist. Jedem Baumzweig $\vec{r}_\beta \in \vec{R}_B$ sind eindeutig zwei Komponenten $\vec{F}_\beta$ und $\vec{F}'_\beta$ zugeordnet, wobei $\vec{F}'_\beta$ den Referenzknoten a_{p+1} enthält. Somit läßt sich jedem Baumzweig $\vec{r}_\beta$ auch eindeutig eine Schnittmenge $\vec{S}_\beta$ zuordnen, die aus allen Zweigen $\vec{r}_\alpha \in \vec{R}$ besteht, die gleichzeitig mit einem Knoten aus $\vec{F}_\beta$ und einem Knoten aus $\vec{F}'_\beta$ inzident sind. Die Orientierung von $\vec{S}_\beta$ sei durch die Orientierung des Baumzweiges $\vec{r}_\beta$ gegeben.

Zeigen Sie, daß die Matrix $\underset{\sim}{D} = \underset{\sim}{B}^t \underset{\sim}{A}$ eine Schnittmengen-Zweig-Inzidenzmatrix von $\vec{G}$ ist. Benutzen Sie dazu die Definitionen (2.5) und (2.7) aus Anhang 2.

10.2 Gegeben ist ein ZPN mit einem Fundamentalsystem und der Schnittmengen-Zweig-Inzidenzmatrix $\underset{\sim}{D} = (\underset{\sim}{1}, \underset{\sim}{B}^t \underset{\sim}{A}_V) = (\underset{\sim}{1}, \underset{\sim}{D}_V)$. Wegen der formalen Ähnlichkeit der Gleichungen (10.1-11) und (10.2-51) müssen sich die Koeffizienten der Schnittmengenadmittanzmatrix $\underset{\sim}{Y}^D$ durch entsprechende Messungen bestimmen lassen, wie sie bei den verallgemeinerten Kapazitätskoeffizienten angegeben wurden.

Zeigen Sie, daß die Koeffizienten $Y^D_{\mu\nu}$ der Schnittmengenadmittanzmatrix $\underset{\sim}{Y}^D = \underset{\sim}{D}\underset{\sim}{Y}_r\underset{\sim}{D}^t$ direkt durch die in Abschnitt 10.1 angegebene Meßvorschrift für die Koeffizienten von $\underset{\sim}{K}^B$ bestimmt werden können.

Hinweis: Um den Einfluß der fest vorgegebenen Quellen des ZPN zu eliminieren, müssen jedoch die Komponenten des Schnittmengenstromquellenvektors durch zwei Strommessungen in den Kurzschlußverbindungen der Baumzweige bzw. in den hinzugefügten idealen Spannungsquellen bestimmt werden. Hierzu denke man sich die rechte Seite von (10.2-51) um den Vektor $\mathcal{J}^{(k)}(K)$ der Ströme in den Kurzschlußverbindungen ergänzt. Wenn alle Baumzweige kurzgeschlossen sind, gilt

$$\mathcal{J}^{(a)}(K) + \mathcal{J}^{(i)}(K) + \mathcal{J}^{(k)}(K) = 0; \qquad U(\vec{r}) = 0 .$$

10.3 Jede Schnittmengengleichung

$$\sum_{\nu:\vec{r}_\nu \in \vec{S}_\tau} J_{r_\nu} = 0$$

einer beliebig orientierten Schnittmenge $\vec{S}_\tau$ ist als Ergebnis der Anwendung von (10.2-57) auf diese Schnittmenge identisch mit der positiven oder negativen Summe aller Knotengleichungen derjenigen Knoten, die in der Komponente $F_\tau \subset G$ enthalten si

Zeigen Sie, daß die Schnittmengen-Zweig-Inzidenzmatrix von p linear unabhängigen Schnittmengen $S_1, S_2, \ldots, S_p$, die nach Anhang 1, Def. 15 gebildet werden, den Rang p hat.

10.4 Der Eulersche Polyedersatz lautet:

Für ein Polyeder mit k Eckpunkten, z Kanten und g begrenzenden Vielecken gilt: $k - z + g = 2$.

Zeigen Sie mit Hilfe dieses Satzes, daß die "Fenster" in einer ebenen Einbettung eines planaren Graphen ein System linear unabhängiger Maschen bilden.

10.5 Formulierungen der Netzwerkaufgabe von der Art (10.2-83) mit schwach besetzten Matrizen wurden von Hachtel et al. studiert.+)

a) Zeigen Sie, daß man durch Blockelimination von U_r, J_r wieder die Formulierung (10.2-51) (mit $\mathcal{J}^{(a)} = 0$) erhält.

Die Erfahrung hat gezeigt, daß die optimale Eliminationsreihenfolge der Variablen in (10.2-83) in den meisten Fällen zu einem Auffüllungsprozeß der Gleichungsmatrix führt, dessen Ergebnis so wenig von der Matrix $\underset{\sim}{Y}^D$ abweicht, daß man einfacher von dieser Formulierung der Netzwerkaufgabe ausgeht, zumal sich die Knotenadmittanzmatrix $\underset{\sim}{Y}$ sehr einfach aufstellen läßt. Allerdings lassen sich mit den Knotenadmittanzgleichungen keine Netzwerke mit idealen Spannungsquellen behandeln. In (10.2-54), (10.2-55) wurde ein Verfahren angegeben, welches diese Aufgabe löst. Gleichfalls zur Lösung herangezogen werden kann das System (10.2-89) mit $\underset{\sim}{Z}_r^{(V)} = 0$. Für $\underset{\sim}{D}_V \equiv \underset{\sim}{A}_V$ ist es von Ho et al. angegeben worden.++)

b) Zeigen Sie, daß man für ein Netzwerk mit m idealen Spannungsquellen in den Zweigen $\vec{r}^{(V)}$ durch Blockelimination von U_r und $J_r^{(K)}$ aus (10.2-83) ebenfalls dieses System der modifizierten Knotengleichungen erhält.

Hinweis: Ergänzen Sie das System (10.2-83) für die idealen Spannungsquellen durch die Beziehungen (10.2-70) und führen Sie eine entsprechende Partitionierung der Menge aller Zweige durch:

$$U_r = \begin{pmatrix} U_r^{(K)} \\ U_r^{(V)} \end{pmatrix}, \quad J_r = \begin{pmatrix} J_r^{(K)} \\ J_r^{(V)} \end{pmatrix}.$$

+) G.D. Hachtel, R.K. Brayton, F.G. Gustavson: "The sparse tableau approach to network analysis and design", IEEE Trans. Circuit Theory CT-18, 101-113 (1971).

++) C.W. Ho, A.E. Ruehli, P.A. Brennan: "The modified nodal approach to network analysis", Proc. ISCAS, 505-509 (1974).

10.6 Man wandle das Vorgehen, das auf die hybride Formulierung (10.2-89) der Netzwerkaufgaben führte, so ab, daß (10.2-89) ein System von p + m Gleichungen darstellt.

Hinweis: Fügen Sie s-1 Zweige R'_V von den m-Zweigen R_V so ein, daß diese Baumzweige von $\vec{G}_B$ sind.

10.7 Zeigen Sie ausgehend vom System (10.2-89), daß für ein zusammenhängendes ZPN die folgende explizite Darstellung der inversen Schnittmengen-Admittanzmatrix $(\underset{\sim}{Y}^D)^{-1}$ mit Hilfe der inversen Matrix $(\underset{\sim}{y}^D)^{-1}$ aus Aufgabe 10.6 existiert:

$$(\underset{\sim}{Y}^D)^{-1} = (\underset{\sim}{y}^D)^{-1} - (\underset{\sim}{y}^D)^{-1} \underset{\sim}{D}_V \left(\underset{\sim}{Z}_{r_V} + \underset{\sim}{D}_V^t (\underset{\sim}{y}^D)^{-1} \underset{\sim}{D}_V \right)^{-1} \underset{\sim}{D}_V^t (\underset{\sim}{y}^D)^{-1} .$$

Diese Beziehung wurde von Kron +) und Hauseholder ++) angegeben.

10.8 Leiten Sie, ausgehend von der hybriden Form der Zweiggleichungen

$$\begin{pmatrix} J'_r + \mathscr{J}'_r \\ U''_r + \mathscr{E}''_r \end{pmatrix} = \begin{pmatrix} \underset{\sim}{Y}'_r & 0 \\ 0 & \underset{\sim}{Z}''_r \end{pmatrix} \begin{pmatrix} U'_r + \mathscr{E}'_r \\ J''_r + \mathscr{J}''_r \end{pmatrix}$$

und von (10.2-49), (10.2-82), die folgende hybride Formulierung der Netzwerkaufgabe her:

$$\begin{pmatrix} \underset{\sim}{Y}'^D & \underset{\sim}{D}''\underset{\sim}{C}''^t \\ -(\underset{\sim}{D}''\underset{\sim}{C}''^t)^t & \underset{\sim}{Z}''^C \end{pmatrix} \begin{pmatrix} U(\vec{r}) \\ I(\vec{M}) \end{pmatrix} = \begin{pmatrix} D'(\mathscr{J}'_r - \underset{\sim}{Y}'_r \mathscr{E}'_r) \\ \underset{\sim}{C}''(\mathscr{E}''_r - \underset{\sim}{Z}''_r \mathscr{J}''_r) \end{pmatrix}$$

Diese Beziehung verallgemeinert (10.2-89).

10.9 Der Satz von Tellegen hat in der Feldtheorie die folgende allgemeinere Entsprechung:

$$\left. \begin{array}{c} \langle \bar{E}, d\vec{C} \rangle = \langle \bar{B}, d\vec{F} \rangle = 0 \\ \text{oder} \\ \langle \bar{H}, d\vec{C} \rangle = 0 \;\Leftrightarrow\; \langle \bar{J} + \frac{\partial \bar{D}}{\partial t}, d\vec{F} \rangle = 0 \end{array} \right\} \quad \forall \vec{x} \in \partial K \Rightarrow \int_K \langle (\bar{E} + \frac{\partial \bar{A}}{\partial t}) \wedge (\bar{J} + \frac{\partial \bar{D}}{\partial t}), dK \rangle = 0 . \tag{1}$$

+) G. Kron: "A set of principles to interconnect the solutions of physical systems", J. Appl. Phys. 24, 965-980 (1953).

++) A.S. Hauseholder: Principles of Numerical Analysis (McGraw Hill, New York 1953).

Die Voraussetzung für die Gültigkeit von (1) läßt sich erfüllen, wenn der Rand ∂K von einem idealen Leiter gebildet wird, der das Feld vollkommen nach außen abschirmt ($\bar{E} = \bar{H} = 0 \;\forall \vec{x} \notin K$). Ferner läßt sie sich näherungsweise erfüllen, wenn auf dem Rand $\| \partial\bar{D}/\partial t \| \ll \| \bar{J} \|$ gilt und dieser Rand von einem Isolator gebildet wird ($\langle \bar{J}, d\vec{F} \rangle = 0$).

An diesem Satz ist bemerkenswert, daß der erste Term des Integranden eine geschlossene 1-Form eines Intensitätsfeldes ist, das den Gleichungen $\bar{\nabla} \wedge \bar{E} + \partial\bar{B}/\partial t = 0$, $\bar{\nabla} \wedge \bar{B} = 0$ genügt, und der zweite Term eine geschlossene 2-Form eines Quantitätsfeldes ist, das die Gleichungen $\bar{\nabla} \wedge \bar{J} + \partial\rho/\partial t = 0$, $\bar{\nabla} \wedge \bar{D} = \rho$ erfüllt. Zwischen dem Intensitätsfeld und dem Quantitätsfeld bestehen im allgemeinen keine Beziehungen. Sind beide Felder jedoch über Materialgleichungen gekoppelt, dann ist der Satz von Tellegen eine andere Formulierung des Energiesatzes.

a) Beweisen Sie die Verallgemeinerung (1), indem Sie zunächst die Identität (7.2-9):

$$\int_K \langle \bar{E} \wedge \bar{J} + \bar{E} \wedge \frac{\partial\bar{D}}{\partial t} + \bar{H} \wedge \frac{\partial\bar{B}}{\partial t}, dK \rangle = - \int_{\partial K} \langle \bar{E} \wedge \bar{H}, d\vec{F} \rangle \tag{2}$$

mit $\bar{B} = \bar{\nabla} \wedge \bar{A}$ umformen in

$$\int_K \langle (\bar{E} + \frac{\partial\bar{A}}{\partial t}) \wedge (\bar{J} + \frac{\partial\bar{D}}{\partial t}), dK \rangle = - \int_{\partial K} \langle (\bar{E} + \frac{\partial\bar{A}}{\partial t}) \wedge \bar{H}, d\vec{F} \rangle \,. \tag{3}$$

Benutzen Sie anschließend die für jede in K enthaltene Grenzfläche $\vec{F} = \vec{x}(u,v)$ zwischen verschiedenen Medien geltende Beziehung

$$\langle (\bar{E} + \frac{\partial\bar{A}}{\partial t}) \wedge \bar{H}, \frac{\partial\vec{x}}{\partial u} \wedge \frac{\partial\vec{x}}{\partial v} \rangle_2 - \langle (\bar{E} + \frac{\partial\bar{A}}{\partial t}) \wedge \bar{H}, \frac{\partial\vec{x}}{\partial u} \wedge \frac{\partial\vec{x}}{\partial v} \rangle_1 = $$

$$= \langle (\bar{E} + \frac{\partial\bar{A}}{\partial t}) \wedge \bar{K}, \frac{\partial\vec{x}}{\partial u} \wedge \frac{\partial\vec{x}}{\partial v} \rangle \tag{4}$$

um zu zeigen, daß nur der äußere Rand von K einen Beitrag zu dem Integral über ∂K in (3) liefert.

b) in quasistationären Feldern gilt nach (10.3-5) und (10.3-11)

$$\bar{E} + \frac{\partial\bar{A}}{\partial t} = \bar{E}^{(o)}, \quad \bar{J} + \frac{\partial\bar{D}}{\partial t} = \bar{J} + \frac{\partial\bar{D}^{(o)}}{\partial t}, \tag{5}$$

und wegen (10.3-15) läßt sich das Feldgebiet K auf den V^3 ausdehnen, wobei die rechte Seite von (3) verschwindet. Wir erhalten damit

$$\int_{V^3} \langle \bar{E}^{(o)} \wedge \left(\bar{J} + \frac{\partial\bar{D}^{(o)}}{\partial t} \right), dK \rangle = 0 \,. \tag{6}$$

Wenden Sie dieses Ergebnis unter Berücksichtigung der Randbedingungen (10.3-16) auf ein abgeschlossenes ZPN nach (10.2-35) an, und führen Sie damit die Verallgemeinerung (1) des Satzes von Tellegen in quasistationärer Näherung auf die Form (10.2-78) zurück. Berücksichtigen Sie hierbei, daß sich im Feldgebiet K des ZPN Stromlinien: $\bar{J}_{\perp} \cdot d\vec{C} = 0$ oder Feldflächen: $\bar{E} \cdot d\vec{F} = 0$ definieren lassen, mit deren Hilfe sich die Volumenelemente dK geeignet faktorisieren lassen.

10.10 Das Tellegensche Theorem $\sum\limits_{\nu=1}^{z} U_{r_\nu}(t)\, J_{r_\nu}(t) = 0$ gilt auch für die Laplacetransformierten $U_{r_\nu}(s)$ und $J_{r_\nu}(s)$ von $U_{r_\nu}(t)$ und $J_{r_\nu}(t)$, $\nu = 1,2,\ldots,z$. Seine Ableitung setzt nur voraus, daß für ein Netzwerk ein Zweigspannungsvektor die Kirchhoffschen Maschengleichungen und ein Zweigstromvektor die Kirchhoffschen Knotengleichungen erfüllt. Man kann daher einem Netzwerk einen Satz von Größen $U_{r_\nu}(s)$, $J_{r_\nu}(s)$ zuordnen und einem zweiten Netzwerk mit gleicher Topologie, $(A, \{\vec{r}_\nu\}) \doteq (A, \{\vec{\rho}_\nu\})$, aber verschiedenen Netzwerkelementen, einen anderen Satz $U_{\rho_\nu}(s)\, J_{\rho_\nu}(s)$. Damit gilt

$$\sum_{\nu=1}^{z} U_{r_\nu}(s)\, J_{\rho_\nu}(s) = \sum_{\nu=1}^{z} U_{\rho_\nu}(s)\, J_{r_\nu}(s) = 0 \,. \tag{1}$$

Aus den beiden Netzwerken werden zwei isomorphe Zweige $r_1 \doteq \rho_1$, $r_2 \doteq \rho_2$ samt ihren inzidenten Knoten herausgezogen. Der Rest soll ein für beide Netzwerke identisches Zweitor bilden:

$$- U_{r_1}(s)\, J_{\rho_1}(s) - U_{r_2}(s)\, J_{\rho_2}(s) = \sum_{\nu=3}^{z} U_{r_\nu}(s)\, J_{\rho_\nu}(s) := U_r^{\,t}(s)\, J_\rho(s) \,,$$

$$- U_{\rho_1}(s)\, J_{r_1}(s) - U_{\rho_2}(s)\, J_{r_2}(s) = \sum_{\nu=3}^{z} U_\rho(s)\, J_{r_\nu}(s) := U_\rho^{\,t}(s)\, J_r(s) \,. \tag{2a,b}$$

Für das Zweitor wird vorausgesetzt, daß es quellenfrei ist und in ihm die Materialgleichungen (10.3-20), (10.3-21) gelten. Unter diesen Voraussetzungen existiert eine hybride Matrix (vgl. 10.3-34) für das im Zweitor befindliche Netzwerk:

$$\begin{pmatrix} J_{r'}(s) \\ U_{r''}(s) \end{pmatrix} = \begin{pmatrix} \underset{\sim}{Y}_{r'r'}(s) & \underset{\sim}{H}_{r'r''}(s) \\ \underset{\sim}{H}_{r''r'}(s) & \underset{\sim}{Z}_{r''r''}(s) \end{pmatrix} \begin{pmatrix} U_{r'}(s) \\ J_{r''}(s) \end{pmatrix} \,. \tag{3}$$

Welche weiteren Voraussetzungen müssen erfüllt sein, damit das Reziprozitätstheorem (10.3-67) für quasistationäre Netzwerke,

$$U_{r_1} J_{\rho_1} + U_{r_2} J_{\rho_2} = U_{\rho_1} J_{r_1} + U_{\rho_2} J_{r_2} ,$$

gilt?

Zeigen Sie außerdem, daß Netzwerke, deren Elemente aus positiven und negativen Widerständen, Spulen, Kondensatoren, aus quellenfreien Widerstands- und Kapazitäts-k-Polen sowie aus Induktivitäts-n-Toren und idealen Transformator-n-Toren bestehen, reziprok sind.

10.11 Gegeben ist ein nichtlineares Netzwerk, dessen kapazitiver k-Pol zufolge der Abbildung z den Graph $\vec{G}_k$, dessen Widerstands-l-Pol den Graph $\vec{G}_l$ und dessen induktives n-Tor den Graph $\vec{G}_n$ besitzt. Der Graph $\vec{G}_k$ hat ein Fundamentalsystem von Schnittmengen mit der Matrix

$$\underset{\sim}{D}_k = \underset{\sim}{B}_k^t \underset{\sim}{A}_k = (\overset{\vec{R}_H}{\underset{\sim}{1}} , \overset{\vec{R}_K}{\underset{\sim}{D}_{HK}}) . \tag{1}$$

Die Anzahl der kapazitiven Maschen ist $\mu(\vec{R}_K)$. Aus $Q(K) = \underset{\sim}{B}_k^t Q$ (s. 10.1-9) und der zu (10.2-40) isomorphen Beziehung $Q = \underset{\sim}{A}_K Q_r$ folgt für den k-Pol

$$Q(K) = \underset{\sim}{D}_K Q_r = (\underset{\sim}{1}, \underset{\sim}{D}_{HK}) \begin{pmatrix} Q_H \\ Q_K \end{pmatrix} = Q_H + \underset{\sim}{D}_{HK} Q_K . \tag{2}$$

Durch (2) ist der Zusammenhang zwischen der dynamischen Variablen $Q(K)$ und den Ladungen Q_r der kapazitiven Netzwerkzweige gegeben. Der Graph $\vec{G}_n$ besitz ein Fundamentalsystem von Schnittmengen mit der Matrix

$$\underset{\sim}{D}_n = (\overset{\vec{R}_L}{\underset{\sim}{1}} , \overset{\vec{R}_N}{\underset{\sim}{D}_{LN}}) \tag{3}$$

und der Maschen-Zweig-Inzidenzmatrix $\underset{\sim}{C}_n = (-\underset{\sim}{D}_{LN}^t, \underset{\sim}{1})$. Die Anzahl der induktiven Schnittmengen ist $\mu(\vec{R}_N)$. Wegen $\mathscr{E} = -d\Psi/dt$ gilt zufolge (10.2-81) auch die Beziehung

$$\Psi(\vec{M}) = \underset{\sim}{C}_n \Psi_r = \Psi_N - \underset{\sim}{D}_{LN}^t \Psi_L , \tag{4}$$

die den Zusammenhang zwischen der dynamischen Variablen $\Psi(\vec{M})$ und den Flüssen Ψ_C der induktiven Netzwerkzweige herstellt.

Das zusammengefaßte Netzwerk hat den Graph $\vec{G}$, in dem ein Baum $\vec{B}$ so gewählt wird, daß er die Zweige $\vec{R}_H$ und $\vec{R}_L$ enthält. Er besteht somit aus einer maximalen Anzahl von kapazitiven und einer minimalen Anzahl von induktiven Zweigen und wird als Normalbaum bezeichnet. Die restlichen Zweige, die für einen Baum $\vec{B} \subset \vec{G}$ erforderlich sind, sind Widerstandszweige $\vec{R}_R$ und werden dem l-Pol entnommen, dessen komplementäre Zweigmenge mit $\vec{R}_G$ bezeichnet wird. Mit dieser Partitionierung hat der Graph $\vec{G}$ des Netzwerkes die Schnittmengen-Zweig-Inzidenzmatrix $\underset{\sim}{D}$ und die Maschen-Zweig-Inzidenzmatrix $\underset{\sim}{C}$:

	$\vec{R}_H$	$\vec{R}_R$	$\vec{R}_L$	$\vec{R}_K$	$\vec{R}_G$	$\vec{R}_N$
$\vec{S}_H$	$\underset{\sim}{1}$	0	0	$\underset{\sim}{D}_{HK}$	$\underset{\sim}{D}_{HG}$	$\underset{\sim}{D}_{HN}$
$\vec{S}_R$	0	$\underset{\sim}{1}$	0	0	$\underset{\sim}{D}_{RG}$	$\underset{\sim}{D}_{RN}$
$\vec{S}_L$	0	0	$\underset{\sim}{1}$	0	0	$\underset{\sim}{D}_{LN}$

	$\vec{R}_H$	$\vec{R}_R$	$\vec{R}_L$	$\vec{R}_K$	$\vec{R}_G$	$\vec{R}_N$
$\vec{M}_K$	$-\underset{\sim}{D}^t_{HK}$	0	0	$\underset{\sim}{1}$	0	0
$\vec{M}_G$	$-\underset{\sim}{D}^t_{HG}$	$-\underset{\sim}{D}^t_{RG}$	0	0	$\underset{\sim}{1}$	0
$\vec{M}_N$	$-\underset{\sim}{D}^t_{HN}$	$-\underset{\sim}{D}^t_{RN}$	$-\underset{\sim}{D}^t_{LN}$	0	0	$\underset{\sim}{1}$.

(5)

Der k-Pol, das n-Tor und der l-Pol werden durch die Gleichungen

$$\underset{\sim}{F}_k\left(Q^t_H, Q^t_K, U^t_H, U^t_K\right) = 0, \qquad \underset{\sim}{F}_n\left(\Psi^t_L, \Psi^t_N, U^t_L, U^t_N\right) = 0, \qquad \underset{\sim}{F}\left(J^t_R, U^t_G, U^t_R, J^t_G\right) = 0 \tag{6a,b,c}$$

beschrieben.

Zeigen Sie, daß aus den Kirchhoffschen Gleichungen (10.2-59) und (10.2-60) die Beziehungen

$$\frac{dQ(K)}{dt} = -\underset{\sim}{D}_{HG} J_G - \underset{\sim}{D}_{HN} J_N, \qquad \frac{d\Psi(\vec{M})}{dt} = \underset{\sim}{D}^t_{HN} U_H + \underset{\sim}{D}^t_{RN} U_R, \tag{7}$$

$$J_R + \underset{\sim}{D}_{RG} J_G + \underset{\sim}{D}_{RN} J_N = 0, \qquad U_G - \underset{\sim}{D}^t_{RG} U_R - \underset{\sim}{D}^t_{HG} U_H = 0 \tag{8}$$

folgen und geben Sie Bedingungen dafür an, daß die Gleichungen (7) die Normalform der Netzwerkgleichungen darstellen +).

+) T.E. Stern: "On the equations of nonlinear networks", IEEE Trans. Circuit Theory, CT-13, 74-81 (1966).

11. Spezielle Relativitätstheorie

11.1. Das Relativitätsprinzip

11.1.1. Multiformen und Feldgleichungen in der Raum-Zeit

Das Relativitätsprinzip beantwortet die Frage, welche raum-zeitlichen Bezugssysteme im Hinblick auf die Formulierung physikalischer Gesetze als äquivalent anzusehen sind. Damit meinen wir, daß verschiedene Beobachter mit äquivalenten Bezugssystemen physikalische Gesetze identisch formulieren, die mathematische Form der Gesetze also invariant ist unter einem Wechsel zu einem äquivalenten Bezugssystem.

Die Gesetze der Elektrodynamik umfassen die Feldgleichungen

$$\bar{\nabla} \wedge \bar{E} + \frac{\partial \bar{B}}{\partial t} = 0 \ , \qquad \bar{\nabla} \wedge \bar{B} = 0 \qquad (11.1\text{-}1a,b)$$

$$\bar{\nabla} \wedge \bar{H} - \frac{\partial \bar{D}}{\partial t} = \bar{J} \ , \qquad \bar{\nabla} \wedge \bar{D} = \rho \qquad (11.1\text{-}1c,d)$$

und die Materialgleichungen, die wir nur für den Fall des Vakuums untersuchen werden:

$$\bar{D} = \varepsilon_o * \bar{E} \ , \qquad \bar{H} = \frac{1}{\mu_o} * \bar{B} \ . \qquad (11.1\text{-}2a,b)$$

Die Feldgleichungen (11.1-1a-d) sind als Beziehungen zwischen Multiformen auf $\mathbb{R}^3$ per Definition unabhängig von der Wahl der räumlichen Koordinaten $(x) = (x^1, x^2, x^3)$. Da ferner die Zeit nur in Ableitungen auftritt, sind sie invariant unter einer Verschiebung des Nullpunkts der Zeitzählung: $t \mapsto t + b$. Dagegen hängen die Materialgleichungen (11.1-2a,b) über den $*$-Isomorphismus von der Metrik ab (s. 1.2.5). Sie sind folglich nur invariant unter Abbildungen, die die Metrik in sich überführen. Da wir den $*$-Isomorphismus als Abbildung von geraden auf ungerade Formen und umgekehrt auffassen, sind die Materialgleichungen invariant unter der vollen Euklidischen Gruppe $E(3)$ (s. 1.2.5). Damit ergibt sich zunächst für Feldgleichungen und Materialgleichungen die Symmetriegruppe $E(3) \times \mathbb{R}$, wo $\mathbb{R}$ für die einparametrige Gruppe der Translationen in der Zeit steht. Es bleibt die Frage, ob die Feldgleichungen (11.1-1) und die Materialgleichungen (11.1-2) weitere Symmetrietransformationen zulassen, die Raum und Zeit mischen.

Wir untersuchen nun, in welcher Weise Feldgrößen und Feldgleichungen von der Zeit abhängen. Zunächst tritt in den Feldgleichungen (11.1-1a) und (11.1-1c) eine partielle Ableitung nach der Zeit auf. Andererseits enthalten die Dimensionen der Komponenten der Feldgrößen auch die Dimension [Zeit]:

$$[\bar{E}] = \left[\frac{\text{Wirkung}}{(\text{Ladung})(\text{Länge})(\text{Zeit})}\right] \quad (3.2\text{-}8)\,,$$

$$[\bar{D}] = \left[\frac{\text{Ladung}}{(\text{Länge})^2}\right] \quad (3.3\text{-}4)\,,$$

$$[\rho] = \left[\frac{\text{Ladung}}{(\text{Länge})^3}\right] \quad (3.1\text{-}11)\,,$$

$$[\bar{B}] = \left[\frac{\text{Wirkung}}{(\text{Ladung})(\text{Länge})^2}\right] \quad (5.2\text{-}4)\,,$$

$$[\bar{H}] = \left[\frac{\text{Ladung}}{(\text{Länge})(\text{Zeit})}\right] \quad (5.3\text{-}3)\,,$$

$$[\bar{J}] = \left[\frac{\text{Ladung}}{(\text{Zeit})(\text{Länge})^2}\right] \quad (5.1\text{-}5)\,.$$

Wirkung und Ladung sind von Raum und Zeit unabhängige Größen, wie man schon daran erkennt, daß ihre kleinsten Einheiten, die Ladung des Elektrons und das Plancksche Wirkungsquantum, absolute Konstanten sind. Alle Terme in den Maxwellschen Gleichungen (11.1-a) und (11.1-1c) haben folglich die Dimension $[\text{Zeit}]^{-1}$. Die Konstanten in den Materialgleichungen (11.1-2) haben die Dimension

$$[\varepsilon_o] = \left[\frac{(\text{Ladung})^2\,(\text{Zeit})}{(\text{Wirkung})(\text{Länge})}\right]\,, \qquad [\mu_o] = \left[\frac{(\text{Wirkung})(\text{Zeit})}{(\text{Ladung})^2(\text{Länge})}\right]\,, \qquad (11.1\text{-}3)$$

so daß

$$\left[\sqrt{\frac{\mu_o}{\varepsilon_o}}\right] = \left[\frac{\text{Wirkung}}{(\text{Ladung})^2}\right]\,; \qquad \left[\frac{1}{\sqrt{\varepsilon_o\mu_o}}\right] = \left[\frac{\text{Länge}}{\text{Zeit}}\right]\,. \qquad (11.1\text{-}4)$$

Die erstgenannte Konstante, der Wellenwiderstand des Vakuums, ist wiederum von Raum und Zeit unabhängig, während die zweite Konstante, die Lichtgeschwindigkeit des Vakuums, nur von Raum- und Zeiteinheiten abhängt. Diese Tatsache ist für die Relativitätstheorie von entscheidender Bedeutung. In den von uns benutzten Einheiten haben die beiden Vakuumkonstanten die Werte (s. 7.3-25 und 7.3-16)

$$Z_o = \sqrt{\frac{\mu_o}{\varepsilon_o}} \approx 377\,\frac{V}{A}\,, \qquad \frac{1}{\sqrt{\varepsilon_o\mu_o}} = c \approx 3\cdot 10^8\,\frac{m}{s}\,. \qquad (11.1\text{-}5)$$

Die Zeiteinheit läßt sich daher stets durch Multiplikation mit der absoluten Konstante c in die Längeneinheit umrechnen.

Um Raum und Zeit zusammenzufassen, betrachten wir

$$x^o = ct\,, \qquad [x^o] = [\text{Länge}]$$

als Komponente eines eindimensionalen Vektors $x^o \underline{e}_o$. Der Basisvektor $\underline{e}_o$ bildet zusammen mit den räumlichen Maßstäben

$$\underline{e}_i := \vec{e}_i\,, \qquad i = 1,2,3\,, \tag{11.1-6}$$

eine Basis $\underline{e}_\mu$ ($\mu = 0,1,2,3$) des vierdimensionalen Vektorraums

$$V^4 := \{\underline{x} \mid \underline{x} = \underline{e}_o x^o + \underline{e}_1 x^1 + \underline{e}_2 x^2 + \underline{e}_3 x^3\,,\ x^\mu \in \mathbb{R},\ \mu = 0,1,2,3\}\,. \tag{11.1-7}$$

Damit die Vektoren $\underline{x} \in V^4$ die Dimension [Länge] haben, müssen wir $\underline{e}_o$ als dimensionslos betrachten. Die Elemente aus V^4 bezeichnen wir zur Unterscheidung von den Elementen aus V^3 durch Unterstreichen, während die Elemente des dualen Raums

$$V^{4*} := \{\bar{x} \mid \bar{x} = x_o \bar{e}^o + x_1 \bar{e}^1 + x_2 \bar{e}^2 + x_3 \bar{e}^3\,,\ x_\mu \in \mathbb{R},\ \mu = 0,1,2,3\} \tag{11.1-8}$$

auch hier durch Überstreichen gekennzeichnet werden. Die zu $\underline{e}_\nu$ dualen Basen $\bar{e}^\mu$ genügen den Relationen

$$\langle \bar{e}^\mu, \underline{e}_\nu \rangle = \delta^\mu_\nu\,, \qquad \mu,\nu = 0,1,2,3\,, \tag{11.1-9}$$

wo $\langle\ ,\ \rangle : V^{4*} \times V^4 \to \mathbb{R}$ die kanonische Bilinearform ist. $\bar{e}^o$ ist ebenso wie $\underline{e}_o$ dimensionslos, während x_o die Dimension $[\text{Länge}]^{-1}$ hat. Wir vereinbaren schließlich, daß griechische Indizes grundsätzlich von Null bis drei laufen, lateinische dagegen von eins bis drei.

Alle metrikunabhängigen Konzepte des Kapitels 2 lassen sich nun ohne Schwierigkeiten auf die vierdimensionale Raum-Zeit übertragen. Der Tangentialraum $T_{\underline{x}}$ an V^4 in $\underline{x}$ wird von den Basen

$$\underline{e}_\mu(\underline{x}) = \frac{\partial \underline{x}}{\partial x^\mu} \tag{11.1-10}$$

aufgespannt, die sich bei einer Koordinatentransformation

$$x^\mu = f^\mu(y^o, y^1, y^2, y^3) = f^\mu(y) \tag{11.1-11}$$

nach den Regeln

$$\underline{e}'_\mu(\underline{x}) := \underline{e}_\nu(\underline{x})\,\frac{\partial x^\nu}{\partial y^\mu} \tag{11.1-12}$$

transformieren, während sich die dualen Basen $\bar{e}^{\mu}(\underline{x})$ des Kotangentenraums $T^*_{\underline{x}}$ kontragredient transformieren:

$$\langle \bar{e}^{\mu}(\underline{x}), \underline{e}_{\nu}(\underline{x}) \rangle = \delta^{\mu}_{\nu} \tag{11.1-13}$$

$$\bar{e}'^{\mu}(\underline{x}) := \frac{\partial y^{\mu}}{\partial x^{\nu}} \bar{e}^{\nu}(\underline{x}) \ . \tag{11.1-14}$$

Mit Hilfe des invarianten Differentialoperators

$$\bar{\Box} := \bar{e}^{\mu}(\underline{x}) \frac{\partial}{\partial x^{\mu}} \tag{11.1-15}$$

lassen sich die dualen Basen auch als Gradienten der Koordinaten, also als Differentiale schreiben (s. 2.1-22):

$$\bar{e}^{\mu}(\underline{x}) = \bar{\Box}\, x^{\mu} \ . \tag{11.1-16}$$

Die Multiformen auf dem $\mathbb{R}^4$ der Raum-Zeit ordnen jedem $(x) = (x^o, x^1, x^2, x^3) \in \mathbb{R}^4$ ein Element der äußeren Algebra

$$\Lambda\, T^*_{\underline{x}} = R_{\underline{x}} \oplus T^*_{\underline{x}} \oplus T^*_{\underline{x}} \wedge T^*_{\underline{x}} \oplus T^*_{\underline{x}} \wedge T^*_{\underline{x}} \wedge T^*_{\underline{x}} \oplus T^*_{\underline{x}} \wedge T^*_{\underline{x}} \wedge T^*_{\underline{x}} \wedge T^*_{\underline{x}} \tag{11.1-17}$$

zu. Da $T^*_{\underline{x}}$ vierdimensional ist, hat der Vektorraum $\Lambda\, T^*_{\underline{x}}$ die Dimension sechzehn. Als Basiselemente in den einzelnen Teilräumen kann man verwenden

$$\begin{aligned}
&R_{\underline{x}} : 1 \qquad , T^*_{\underline{x}} \wedge T^*_{\underline{x}} \wedge T^*_{\underline{x}} : \bar{e}^{\mu}(\underline{x}) \wedge \bar{e}^{\nu}(\underline{x}) \wedge \bar{e}^{\rho}(\underline{x}) \qquad (\mu < \nu < \rho) \\
&T^*_{\underline{x}} : \bar{e}^{\mu}(\underline{x}) \ , T^*_{\underline{x}} \wedge T^*_{\underline{x}} \wedge T^*_{\underline{x}} \wedge T^*_{\underline{x}} : \bar{e}^{\mu}(\underline{x}) \wedge \bar{e}^{\nu}(\underline{x}) \wedge \bar{e}^{\rho}(\underline{x}) \wedge \bar{e}^{\sigma}(\underline{x}) \qquad (\mu < \nu < \rho < \sigma) \\
&T^*_{\underline{x}} \wedge T^*_{\underline{x}} : \bar{e}^{\mu}(\underline{x}) \wedge \bar{e}^{\nu}(\underline{x}) \qquad (\mu < \nu) \ .
\end{aligned} \tag{11.1-17a}$$

Der Teilraum $\overset{4}{\Lambda}\, T^*_{\underline{x}}$ ist wiederum eindimensional, und es gilt

$$\bar{e}^{\mu}(\underline{x}) \wedge \bar{e}^{\nu}(\underline{x}) \wedge \bar{e}^{\rho}(\underline{x}) \wedge \bar{e}^{\sigma}(\underline{x}) = \varepsilon^{\mu\nu\rho\sigma}\, \bar{e}^{o}(\underline{x}) \wedge \bar{e}^{1}(\underline{x}) \wedge \bar{e}^{2}(\underline{x}) \wedge \bar{e}^{3}(\underline{x}) \ , \tag{11.1-18}$$

wo $\varepsilon^{\mu\nu\rho\sigma}$ das verallgemeinerte Kroneckersymbol in vier Dimensionen ist (s. 1.2-7):

$$\varepsilon^{\mu\nu\rho\sigma} = \begin{cases} +1 & \text{für gerade Permutationen von } (0,1,2,3) \ , \\ -1 & \text{für ungerade Permutationen von } (0,1,2,3) \ , \\ 0 & \text{sonst.} \end{cases} \tag{11.1-19}$$

Die Basiszerlegungen der Multiformen bezeichnen wir wie folgt:

$$\begin{aligned}
&\text{0-Form:} \quad V(x) = V(x)\,1 \\
&\text{1-Form:} \quad \bar{V}(x) = V_\mu(x)\,\bar{e}^\mu(\underline{x}) \\
&\text{2-Form:} \quad S(x) = \frac{1}{2!}\,S_{\mu\nu}(x)\,\bar{e}^\mu(\underline{x}) \wedge \bar{e}^\nu(\underline{x}) \\
&\text{3-Form:} \quad \bar{A}(x) = \frac{1}{3!}\,A_{\mu\nu\rho}(x)\,\bar{e}^\mu(\underline{x}) \wedge \bar{e}^\nu(\underline{x}) \wedge \bar{e}^\rho(\underline{x}) \\
&\text{4-Form:} \quad A(x) = \frac{1}{4!}\,A_{\mu\nu\rho\sigma}(x)\,\bar{e}^\mu(\underline{x}) \wedge \bar{e}^\nu(\underline{x}) \wedge \bar{e}^\rho(\underline{x}) \wedge \bar{e}^\sigma(\underline{x})\,.
\end{aligned} \tag{11.1-20}$$

0-Form und 4-Form haben je eine Komponente, 1-Form und 3-Form haben vier Komponenten und die 2-Form hat sechs Komponenten. 1- und 3-Form werden als vierkomponentige Größen durch Überstreichen gekennzeichnet, während wir auf eine besondere Markierung der 2-Formen verzichten. Die Komponenten der Formen sind bei der Schreibweise (11.1-20) total antisymmetrisch in allen Indizes zu wählen. Wie im $\mathbb{R}^3$ sind die Multiformen auf $\mathbb{R}^4$ koordinatenunabhängig. Die Basen werden nach (11.1-14) transformiert, die Komponenten kogredient zu (11.1-12), zusätzlich des Faktors $\operatorname{sgn}[\operatorname{Det}(\partial y/\partial x)]$ für ungerade Formen.

Wir fassen nun die $\mathbb{R}^3$-Formen $\bar{E}/c$ und $\bar{B}$ zu einer 2-Form auf $\mathbb{R}^4$ zusammen. Beide Formen haben nach dem oben Gesagten die gleiche Dimension. Da ferner $\bar{e}^o$ dimensionslos ist, können wir

$$\frac{\bar{E}}{c} \wedge \bar{e}^o =: F_{01}\,\bar{e}^o \wedge \bar{e}^1 + F_{02}\,\bar{e}^o \wedge \bar{e}^2 + F_{03}\,\bar{e}^o \wedge \bar{e}^3 \tag{11.1-21}$$

als raum-zeitlichen Teil einer 2-Form

$$F = \frac{1}{2} F_{\mu\nu}\,\bar{e}^\mu \wedge \bar{e}^\nu \tag{11.1-22}$$

auf $\mathbb{R}^4$ anzusetzen, deren räumlicher Teil mit der 2-Form $\bar{B}$ auf $\mathbb{R}^3$ übereinstimmt:

$$\bar{B} =: F_{12}\,\bar{e}^1 \wedge \bar{e}^2 + F_{23}\,\bar{e}^2 \wedge \bar{e}^3 + F_{31}\,\bar{e}^3 \wedge \bar{e}^1\,. \tag{11.1-23}$$

Die 2-Form

$$F = \frac{\bar{E}}{c} \wedge \bar{e}^o + \bar{B} \tag{11.1-24}$$

faßt die Feldstärken zusammen und hat die Dimension

$$[F] = \left[\frac{\text{Wirkung}}{(\text{Ladung})(\text{Länge})^2}\right] = 1\,\frac{\text{Vs}}{\text{m}^2}\,. \tag{11.1-25}$$

Ihre Komponenten haben die Dimension+)

$$[F_{\mu\nu}] = \left[\frac{\text{Wirkung}}{\text{Ladung}}\right] = 1\ \text{Vs}\ . \tag{11.1-26}$$

Wir erwarten, daß sich auch die beiden Feldgleichungen (11.1-1a) und (11.1-1b) in einer Feldgleichung für F zusammenfassen lassen. Die äußere Ableitung

$$\bar{\Box} \wedge F = (\bar{\nabla} + \bar{\nabla}_o) \wedge \left(\frac{\bar{E}}{c} \wedge \bar{e}^o + \bar{B}\right) = \left(\bar{\nabla} \wedge \frac{\bar{E}}{c} + \frac{\partial \bar{B}}{\partial x^o}\right) \wedge \bar{e}^o + \bar{\nabla} \wedge \bar{B}\ ,$$

$$\bar{\nabla}_o = \bar{e}^o \frac{\partial}{\partial x^o}\ , \tag{11.1-27}$$

ist eine 3-Form auf $\mathbb{R}^4$, deren raum-zeitlicher Teil proportional zur linken Seite von (11.1-1a) ist, während der räumliche Teil mit der linken Seite von (11.1-1b) übereinstimmt. Folglich lautet die Feldgleichung für F

$$\bar{\Box} \wedge F = 0\ . \tag{11.1-28}$$

Wir versuchen nun, die Quellen und Erregungsgrößen ebenso zu behandeln. Da die 2-Form $\bar{J}/c$ auf $\mathbb{R}^3$ die Dimension

$$\left[\frac{\bar{J}}{c}\right] = \left[\frac{\text{Ladung}}{(\text{Länge})^3}\right] \tag{11.1-29}$$

hat, betrachten wir

$$-\frac{\bar{J}}{c} \wedge \bar{e}^o =: j_{012}\, \bar{e}^o \wedge \bar{e}^1 \wedge \bar{e}^2 + j_{023}\, \bar{e}^o \wedge \bar{e}^2 \wedge \bar{e}^3 + j_{031}\, \bar{e}^o \wedge \bar{e}^3 \wedge \bar{e}^1 \tag{11.1-30}$$

als raum-zeitlichen Teil einer 3-Form $\bar{j}$ auf $\mathbb{R}^4$, deren räumlichen Teil wir mit der Ladungsverteilung ρ identifizieren:

$$\rho =: j_{123}\, \bar{e}^1 \wedge \bar{e}^2 \wedge \bar{e}^3\ . \tag{11.1-31}$$

Die 3-Form auf $\mathbb{R}^4$:

$$\bar{j} = -\frac{\bar{J}}{c} \wedge \bar{e}^o + \rho \tag{11.1-32}$$

hat die Dimension

$$[\bar{j}] = \left[\frac{\text{Ladung}}{(\text{Länge})^3}\right] = 1\,\frac{\text{As}}{\text{m}^3}\ . \tag{11.1-33}$$

+) In der vierdimensionalen Schreibweise ordnen wir dem Kovektor $\bar{e}^o$ wie den Kovektoren $\bar{e}^i$ $(i = 1,2,3)$ die Dimension $[\text{Länge}]^{-1}$ zu.

Ihre Koeffizienten haben die Dimension[+)]

$$[j_{\mu\nu\rho}] = [\text{Ladung}] = 1 \text{ As} . \quad (11.1\text{-}34)$$

Da $\bar{J}$ und ρ ungerade Formen auf $\mathbb{R}^3$ sind, behandeln wir $\bar{j}$ als ungerade Form auf $\mathbb{R}^4$.

Da auch die Erregungsgrößen $\bar{H}/c$ und $\bar{D}$ gleiche Dimensionen haben, setzen wir in Analogie zu (11.1-24)

$$G := -\frac{\bar{H}}{c} \wedge \bar{e}^o + \bar{D} = \frac{1}{2} G_{\mu\nu} \bar{e}^\mu \wedge \bar{e}^\nu , \quad (11.1\text{-}35)$$

so daß

$$-\frac{\bar{H}}{c} \wedge \bar{e}^o =: G_{01} \bar{e}^o \wedge \bar{e}^1 + G_{02} \bar{e}^o \wedge \bar{e}^2 + G_{03} \bar{e}^o \wedge \bar{e}^3 \quad (11.1\text{-}36)$$

und

$$\bar{D} =: G_{12} \bar{e}^1 \wedge \bar{e}^2 + G_{23} \bar{e}^2 \wedge \bar{e}^3 + G_{31} \bar{e}^3 \wedge \bar{e}^1 . \quad (11.1\text{-}37)$$

Die Vorzeichen in (11.1-32) und (11.1-35) sind so gewählt, daß die Feldgleichung

$$\bar{\Box} \wedge G = \bar{j} \quad (11.1\text{-}38)$$

die beiden Maxwellschen Gleichungen (11.1-1c) und (11.1-1d) zusammengefaßt. Tatsächlich erhalten wir wie oben

$$\bar{\Box} \wedge G = (\bar{\nabla} + \bar{\nabla}_o) \wedge \left(-\frac{\bar{H}}{c} \wedge \bar{e}^o + \bar{D} \right) = \left(-\bar{\nabla} \wedge \frac{\bar{H}}{c} + \frac{\partial \bar{D}}{\partial x^o} \right) \wedge \bar{e}^o + \bar{\nabla} \wedge \bar{D} =$$

$$= -\frac{\bar{J}}{c} \wedge \bar{e}^o + \rho = \bar{j} . \quad (11.1\text{-}39)$$

Die Dimension der 2-Form G auf $\mathbb{R}^4$ ist

$$[G] = \left[\frac{\text{Ladung}}{(\text{Länge})^2} \right] = 1 \frac{\text{As}}{\text{m}^2} , \quad (11.1\text{-}40)$$

während ihre Komponenten die Dimension[+)]

$$[G_{\mu\nu}] = [\text{Ladung}] = 1 \text{ As} \quad (11.1\text{-}41)$$

haben. Sie ist wie $\bar{j}$ eine ungerade Form.

+) s. Fußnote auf S. 552

Die Feldgleichungen (11.1-28) und (11.1-38) sind als Beziehungen zwischen Formen auf $\mathbb{R}^4$ invariant unter Koordinatenabbildungen, insbesondere natürlich auch unter den von den Galileitransformationen

$$x^o = x'^o \; , \qquad x^i = x'^i + \frac{V^i}{c}\, x'^o \; , \qquad i = 1,2,3 \tag{11.1-42}$$

induzierten Abbildungen. Hier sind x^i kartesische Koordinaten und V^i die Komponenten der Relativgeschwindigkeit der Koordinatensysteme. Die induzierten Abbildungen der Multiformen sind

$$(F,\, G,\, \bar{j}) \mapsto (F',\, G',\, \bar{j}')\; ,$$

wo z.B. (11.1-43)

$$F'(x) = \frac{1}{2}\, F'_{\mu\nu}(x)\, \bar{e}^{\mu} \wedge \bar{e}^{\nu}\; .$$

Die Transformationsgesetze für die Komponenten lauten

$$F'_{\mu\nu}(x') = F_{\rho\sigma}(x)\, \frac{\partial x^{\rho}}{\partial x'^{\mu}}\, \frac{\partial x^{\sigma}}{\partial x'^{\nu}}\; , \qquad G'_{\mu\nu}(x') = G_{\rho\sigma}(x)\, \frac{\partial x^{\rho}}{\partial x'^{\mu}}\, \frac{\partial x^{\sigma}}{\partial x'^{\nu}}\; ,$$

$$j'_{\lambda\mu\nu}(x') = j_{\rho\sigma\tau}(x)\, \frac{\partial x^{\rho}}{\partial x'^{\lambda}}\, \frac{\partial x^{\sigma}}{\partial x'^{\mu}}\, \frac{\partial x^{\tau}}{\partial x'^{\nu}}\; . \tag{11.1-44}$$

Wie man leicht nachrechnet, liefert (11.1-44) mit den Definitionen (11.1-24), (11.1-32) und (11.1-35) der Formen F, G und $\bar{j}$ wieder die Transformationsgesetze (8.3-27).

Wie wir bereits im Abschnitt 8.3.2 gesehen haben, sind die Materialgleichungen (8.3-24) des Vakuums nicht invariant unter Galileitransformationen. Im nächsten Abschnitt fassen wir deshalb die beiden Materialgleichungen zunächst zu einer Beziehung zwischen den Formen F und G zusammen und bestimmen anschließend die Transformationen, unter denen diese Beziehung invariant ist.

11.1.2. Geometrie der Raum-Zeit

Nachdem wir die räumlichen Formen $\bar{E}/c$ und $\bar{B}$ bzw. $-\bar{H}/c$ und $\bar{D}$ in 2-Formen auf $\mathbb{R}^4$ zusammengefaßt haben, versuchen wir nun, die beiden Materialgleichungen (11.1-2) mit Hilfe einer auf vier Dimensionen erweiterten $*_4$-Abbildung zu kombinieren. Wir erinnern zunächst daran, daß die Abbildung $*_3 : \wedge T^*_{\vec{x}} \longrightarrow \wedge T^*_{\vec{x}}$ mit Hilfe der von der Metrik des Vektorraums V^3 im Kotangentenraum $T^*_{\vec{x}}$ induzierten Metrik konstruiert wird. Ein Blick auf (1.2-116) zeigt, daß in die Definition der Abbildung $*_3 : \wedge V^3 \to \wedge V^3$ lediglich die Existenz einer nichtsingulären bilinearen Abbildung $g: V^3 \times V^3 \to \mathbb{R}$ eingeht, die jedoch nicht positiv definit zu sein braucht. Wir gehen deshalb von einer regulären bilinearen Abbildung $g: V^4 \times V^4 \to \mathbb{R}$ aus, die von den drei Forderungen (1.1-7) bis (1.1-9) nur die Symmetriebedingung

$$g(\underline{x},\underline{y}) = g(\underline{y},\underline{x}) \,, \qquad \forall\, \underline{x},\underline{y} \in V^4$$

erfüllt. Nach Voraussetzung ist die metrische Matrix

$$g(\underline{e}_\mu,\underline{e}_\nu) =: g_{\mu\nu} \tag{11.1-45}$$

nicht singulär, so daß eine inverse metrische Matrix $g^{\mu\nu}$ existiert:

$$g_{\mu\lambda}\, g^{\lambda\nu} = \delta^\nu_\nu \,. \tag{11.1-46}$$

Ein Vektorraum mit dieser metrischen Struktur wird pseudo-Euklidischer Raum genannt. Auch hier können wir wie im Fall des Euklidischen Vektorraums die metrische Form als Skalarprodukt auffassen:

$$g(x,y) =: \langle \underline{x} | \underline{y} \rangle \,.$$

Elemente aus V^4, deren Skalarprodukt verschwindet, heißen orthogonal. Da g nicht singulär ist, gibt es Basen, für die

$$g(\underline{e}_\mu,\underline{e}_\nu) = \langle \underline{e}_\mu | \underline{e}_\nu \rangle = \begin{cases} 0 & \mu \neq \nu \\ \pm 1 & \mu = \nu \end{cases} \,, \qquad \mu,\nu = 0,1,2,3 \tag{11.1-47}$$

ist. Sie werden pseudo-orthonormal genannt. Die Signatur des Raums ist gleich der Zahl der Basiselemente einer pseudo-orthonormalen Basis, für die $\langle \underline{e} | \underline{e} \rangle = -1$ ist. Schließlich läßt sich auch hier mit Hilfe des Skalarprodukts ein kanonischer Isomorphismus $\iota: V^4 \to V^{4*}$ definieren (s. 1.1-20):

$$\iota: V^4 \to V^{4*} \,, \quad \underline{x} \mapsto \iota(\underline{x}) \,, \quad \langle \iota(\underline{x}),\underline{y} \rangle := \langle \underline{x} | \underline{y} \rangle \,, \quad \forall\, \underline{x},\underline{y} \in V^4 \,. \tag{11.1-48}$$

Damit kann die pseudo-Euklidische Metrik in den Dualraum V^{4*} übertragen werden.

Wir definieren nun die Abbildung $*_4 : \Lambda V^{4*} \to \Lambda V^{4*}$ analog zu (1.2-116), nehmen aber der Einfachheit halber eine pseudo-orthonormale Basis an:+)

$$*_4(1) = -\frac{1}{\sqrt{|g|}}\, g_{oo}\, g_{11}\, g_{22}\, g_{33}\, \bar{e}^o \wedge \bar{e}^1 \wedge \bar{e}^2 \wedge \bar{e}^3 \,,$$

$$*_4(\bar{e}^o) = -\frac{1}{\sqrt{|g|}}\, g_{11}\, g_{22}\, g_{33}\, \bar{e}^1 \wedge \bar{e}^2 \wedge \bar{e}^3 \,,$$

$$\vdots \qquad\qquad \vdots$$

+) Wir gehen aus von der Definition

$$Z \wedge *_4 A = \langle Z | A \rangle\, \tau \,, \qquad \tau = \sqrt{|g|}\, \bar{e}^0 \wedge \bar{e}^1 \wedge \bar{e}^2 \wedge \bar{e}^3 \,,$$

die bei Euklidischer Metrik äquivalent mit der Definition (1.2-114) ist.

$$\vdots \qquad\qquad \vdots$$

$$\left.\begin{aligned}
*_4(\bar{e}^1) &= \frac{1}{\sqrt{|g|}}\, g_{oo}\, g_{22}\, g_{33}\, \bar{e}^o \wedge \bar{e}^2 \wedge \bar{e}^3 , \\
*_4(\bar{e}^o \wedge \bar{e}^1) &= -\frac{1}{\sqrt{|g|}}\, g_{22}\, g_{33}\, \bar{e}^2 \wedge \bar{e}^3 , \\
*_4(\bar{e}^1 \wedge \bar{e}^2) &= -\frac{1}{\sqrt{|g|}}\, g_{oo}\, g_{33}\, \bar{e}^o \wedge \bar{e}^3 , \\
*_4(\bar{e}^o \wedge \bar{e}^1 \wedge \bar{e}^2) &= -\frac{1}{\sqrt{|g|}}\, g_{33}\, \bar{e}^3 ,
\end{aligned}\right\} + \text{zykl. Perm.}\,(1,2,3) \tag{11.1-49}$$

$$*_4(\bar{e}^1 \wedge \bar{e}^2 \wedge \bar{e}^3) = \frac{1}{\sqrt{|g|}}\, g_{oo}\, \bar{e}^o ,$$

$$*_4(\bar{e}^o \wedge \bar{e}^1 \wedge \bar{e}^2 \wedge \bar{e}^3) = -\frac{1}{\sqrt{|g|}} .$$

Hier bedeutet $|g|$ den Betrag der Determinante $|g_{\mu\nu}|$. Man vermeidet dadurch das Auftreten von imaginären Faktoren, falls $g < 0$. Die Unabhängigkeit der durch lineare Fortsetzung aus (11.1-49) folgenden Definition der Abbildung $*_4$ von der Wahl der Basis kann wie im Abschnitt 1.2.5 nachgeprüft werden.

Andererseits können wir die Materialgleichungen (11.1-2) zu der Beziehung

$$G = \left(-\frac{\bar{H}}{c} \wedge \bar{e}^o + \bar{D} \right) = \frac{1}{Z_o} *_4 F = \frac{1}{Z_o} *_4 \left(\frac{\bar{E}}{c} \wedge \bar{e}^o + \bar{B} \right) \tag{11.1-50}$$

zusammenfassen, wenn wir die Basen in $\overset{2}{\wedge} T^*_{\underline{x}}$ wie folgt zuordnen:

$$\begin{aligned}
*_4\, \bar{e}^o \wedge \bar{e}^1 &= -\bar{e}^2 \wedge \bar{e}^3 \quad + \text{ zykl. Perm. } (1,2,3) \\
*_4\, \bar{e}^1 \wedge \bar{e}^2 &= \bar{e}^o \wedge \bar{e}^3 \quad + \text{ zykl. Vertauschungen } (1,2,3) .
\end{aligned} \tag{11.1-51}$$

Durch Vergleich mit (11.1-49) erhalten wir schließlich

$$\begin{aligned}
g_{oo} &= \langle \underline{e}_o | \underline{e}_o \rangle = \pm 1 , \\
g_{ii} &= \langle \underline{e}_i | \underline{e}_i \rangle = \mp 1 ,
\end{aligned} \qquad i = 1,2,3 . \tag{11.1-52}$$

Natürlich ist es belanglos, für welchen Satz von Vorzeichen wir uns entscheiden. Wir wählen die unten angegebenen Vorzeichen, damit der räumliche Teil der metrischen Matrix $g_{\mu\nu}$ in einer pseudo-orthonormalen Basis mit der metrischen Matrix eines dreidimensionalen Euklidischen Raumes in einer orthonormalen Basis übereinstimmt. Der vierdimensionale pseudo-Euklidische Raum mit der Signatur 1 wird Minkowski-Raum genannt und mit dem Symbol M^4 bezeichnet. Die Metrik von M^4 läßt sich ebenso wie die Metrik eines Euklidischen Vektorraums auf die äußeren Algebren ΛV^4 und ΛV^{4*} übertragen. Wir bemerken noch, daß im Gegensatz zum Euklidischen Fall nicht generell $*_4^2 = 1$ gilt. Statt dessen erhalten wir mit (11.1-49)

$$*_4^2 = \begin{cases} +1 & \text{auf } 1,3\text{-Formen} \\ -1 & \text{auf } 0,2,4\text{-Formen}\,. \end{cases} \tag{11.1-53}$$

11.1.3. Äquivalente Bezugssysteme und Lorentztransformationen

Im letzten Abschnitt haben wir gesehen, daß die beiden Materialgleichungen (11.1-2) nur dann durch eine vierdimensionale Abbildung $*_4$ zusammengefaßt werden können, wenn wir der Raum-Zeit eine pseudo-Euklidische metrische Struktur zuordnen. Haben wir im ersten Kapitel (s. 1.1.3) alle räumlichen Bezugssysteme, deren Konstruktionsparameter g_{ij} übereinstimmen, als physikalisch äquivalent bezeichnet, so werden wir in der Raum-Zeit solche Bezugssysteme als äquivalent ansehen, in denen die Maxwellschen Gleichungen (11.1-1) und die Materialgleichungen (11.1-2) identisch formuliert werden. Da die $*_4$-Abbildung nur von der pseudo-Euklidischen Metrik abhängt, diese aber wiederum unabhängig von der Wahl des Ursprungs O eines raum-zeitlichen Bezugssystems ist, sind zwei Systeme $K = (O,B)$ und $K = (O',B')$ äquivalent, falls

$$g_{\mu\nu} = g(\underline{e}_\mu, \underline{e}_\nu) = g(\underline{e}'_\mu, \underline{e}'_\nu) = g'_{\mu\nu}\,. \tag{11.1-54}$$

Hier sind $B = \{\underline{e}_o, \underline{e}_1, \underline{e}_2, \underline{e}_3\}$ und $B' = \{\underline{e}'_o, \underline{e}'_1, \underline{e}'_2, \underline{e}'_3\}$ Basen von V^4. Auch hier muß der Zusammenhang zwischen den Basen linear sein,

$$\underline{e}'_\mu = \underline{e}_\nu L^\nu_\mu = L\,\underline{e}_\mu\,, \tag{11.1-55}$$

wo $L : V^4 \to V^4$ eine reguläre lineare Abbildung ist mit

$$\langle \bar{e}^\nu, L\,\underline{e}_\mu \rangle = L^\nu_\mu =: \langle {}^tL\,\bar{e}^\nu, \underline{e}_\mu \rangle\,. \tag{11.1-56}$$

Die Basis B'^* wird gebildet von den Elementen

$$\bar{e}'^\mu = {}^tL^{-1}\,\bar{e}^\mu = (L^{-1})^\mu_\nu\,\bar{e}^\nu\,. \tag{11.1-57}$$

Die Bedingungen (11.1-54) sind gleichbedeutend mit der Forderung

$$g(L\,\underline{x}, L\,\underline{y}) = \langle L\,\underline{x} | L\,\underline{y} \rangle = \langle \underline{x} | \underline{y} \rangle = g(\underline{x}, \underline{y})\,, \qquad \forall\, \underline{x}, \underline{y} \in V^4\,. \tag{11.1-58}$$

Abbildungen, die (11.1-58) erfüllen, heißen auch hier orthogonal. Die orthogonalen Abbildungen des Minkowski-Raums M^4 bilden eine Gruppe, die homogene Lorentzgruppe $\mathscr{L} = O(3,1)$. Die Bezeichnung $O(3,1)$ weist auf die Signatur des pseudo-Euklidischen Raumes hin.

Die auf eine bestimmte Basis $\underline{e}_\mu$ bezogenen Matrizen (L^μ_ν) bilden eine Matrixdarstellung der homogenen Lorentzgruppe. Die Matrizen genügen den basisabhängigen Relationen (11.1-54)

$$g_{\mu\nu} = g_{\rho\sigma} L^\rho_\mu L^\sigma_\nu \,. \tag{11.1-59}$$

Daraus folgt zunächst

$$[\mathrm{Det}(L)]^2 = 1 \,, \qquad \mathrm{Det}(L) = \pm 1 \,. \tag{11.1-60}$$

Die Abbildungen mit $\mathrm{Det}(L) = +1$ bilden eine Untergruppe, die Untergruppe der eigentlichen Lorentztransformationen $\mathscr{L}_+ \subset \mathscr{L}$. Transformationen oder Abbildungen mit $\mathrm{Det}(L) = -1$ werden uneigentlich genannt. In einer pseudo-orthonormalen Basis (11.1-52) lauten die Bedingungen (11.1-59)

$$\begin{aligned} &\sum_{k=1}^{3} L^k_\mu L^k_\nu - L^o_\mu L^o_\nu = 0 \,, \qquad \mu \neq \nu \\ &\sum_{k=1}^{3} \left(L^k_i\right)^2 - \left(L^o_i\right)^2 = 1 \,, \qquad i = 1,2,3 \\ &\sum_{k=1}^{3} \left(L^k_o\right)^2 - \left(L^o_o\right)^2 = -1 \,. \end{aligned} \tag{11.1-61}$$

Daraus folgt

$$L^o_o = \pm \sqrt{1 + \sum_{k=1}^{3} \left(L^k_o\right)^2} \,. \tag{11.1-62}$$

Die Transformationen mit $L^o_o \geqslant 1$ erhalten die Orientierung des Zeitablaufs und heißen orthochron. Sie bilden ebenfalls eine Untergruppe, die mit $\mathscr{L}^\uparrow \subset \mathscr{L}$ bezeichnet wird. Transformationen mit $L^o_o \leqslant -1$ werden nichtorthochron genannt. Die orthochronen, eigentlichen Transformationen, die im Durchschnitt von $\mathscr{L}^\uparrow$ und $\mathscr{L}_+$ liegen, bilden die Untergruppe $\mathscr{L}^\uparrow_+$ der eingeschränkten Transformationen:

$$\mathscr{L}^\uparrow_+ = \mathscr{L}^\uparrow \cap \mathscr{L}_+ \,. \tag{11.1-63}$$

Die Untergruppe $\mathscr{L}^\uparrow_+$ enthält weder die räumliche Spiegelung I_R,

$$\begin{aligned} I_R : V^4 \to V^4 \,; \qquad & I_R\, \underline{e}_i = -\underline{e}_i \,, \qquad i = 1,2,3 \\ & I_R\, \underline{e}_o = \underline{e}_o \,, \end{aligned} \tag{11.1-64}$$

noch die zeitliche Spiegelung I_Z,

$$I_Z : V^4 \to V^4 ; \qquad I_Z \underline{e}_i = \underline{e}_i , \qquad i = 1,2,3 \\ I_Z \underline{e}_o = - \underline{e}_o , \tag{11.1-65}$$

noch die Spiegelung I_{RZ} in der Raum-Zeit,

$$I_{RZ} : V^4 \to V^4 ; \qquad I_{RZ} \underline{e}_i = - \underline{e}_i , \qquad i = 1,2,3 \\ I_{RZ} \underline{e}_o = - \underline{e}_o . \tag{11.1-66}$$

Die Teilmenge $\mathscr{L}_-^\uparrow$ der orthochronen, uneigentlichen Transformationen hängt stetig mit I_R zusammen, während die Teilmengen $\mathscr{L}_+^\downarrow$ der nichtorthochronen, eigentlichen Transformationen bzw. $\mathscr{L}_-^\downarrow$ der nichtorthochronen, uneigentlichen Transformationen stetig mit I_{RZ} bzw. I_Z zusammenhängen.

Die räumlichen orthogonalen Transformationen $0^+(3)$ bilden ebenfalls eine Untergruppe von $\mathscr{L}$ und $\mathscr{L}_+^\uparrow$. Die zugeordneten Matrizen haben die Form

$$\left(L_\mu^\nu(R)\right) = \begin{pmatrix} 1 & 0 & 0 & 0 \\ 0 & & & \\ 0 & & R_i^j & \\ 0 & & & \end{pmatrix} , \tag{11.1-67}$$

wo $\mathrm{Det}(R) = 1$ ist. Wir schreiben die Matrizen L_μ^ν stets so, daß die Elemente L_ν^o $(\nu = 0,1,2,3)$ von links nach rechts in die oberste Zeile eingetragen werden. Generell reduzieren die zehn Bedingungen (11.1-61) die Zahl der freien Parameter der 4×4-Matrizen L_μ^ν von sechzehn auf sechs. Die Lorentzgruppe ist also eine sechsparametrige Gruppe. Drei von diesen Parametern können zur Parametrisierung der Untergruppe der räumlichen Drehungen benutzt werden. Welche physikalische Bedeutung haben die restlichen drei Parameter? Man kann zeigen, daß sich jedes Element $L \in \mathscr{L}_+^\uparrow$ als Produkt

$$L = L(\vec{V})\, L(R) ; \qquad \forall\, L \in \mathscr{L}_+^\uparrow \tag{11.1-68}$$

schreiben läßt+), wo die Matrix von $L(R)$ die Gestalt (11.1-67) hat, während $L_\mu^\nu(\vec{V})$ von den Komponenten des räumlichen Vektors $\vec{V} \in V^3$ in einer orthogonalen räumlichen Basis abhängt

$$V_i = \langle \vec{e}_i | \vec{V} \rangle , \qquad V^i = g^{ij} V_j ,$$

+) s. M.A. Neumark: Lineare Darstellungen der Lorentzgruppe, Berlin (1963) (Übersetzung aus dem Russischen, Moskau (1958))

$$L^{\nu}_{\mu}(\vec{V}) = \begin{pmatrix} \frac{1}{\sqrt{1-\vec{V}^2/c^2}} & \frac{V_1/c}{\sqrt{1-\vec{V}^2/c^2}} & \frac{V_2/c}{\sqrt{1-\vec{V}^2/c^2}} & \frac{V_3/c}{\sqrt{1-\vec{V}^2/c^2}} \\ \frac{V^1/c}{\sqrt{1-\vec{V}^2/c^2}} & & & \\ \frac{V^2/c}{\sqrt{1-\vec{V}^2/c^2}} & & \delta^i_j - \frac{V^i V_j}{\vec{V}^2} + \frac{V^i V_j}{\vec{V}^2}\,\frac{1}{\sqrt{1-\vec{V}^2/c^2}} & \\ \frac{V^3/c}{\sqrt{1-\vec{V}^2/c^2}} & & & \end{pmatrix} \tag{11.1-69}$$

Hier steht $\vec{V}^2$ für die Summe $\vec{V}^2 = V_1 V^1 + V_2 V^2 + V_3 V^3$. Den Faktor $1/c$ haben wir aus Gründen der physikalischen Interpretation aufgenommen, auf die wir gleich eingehen werden. Man rechnet leicht nach, daß die Matrizen (11.1-69) die Bedingungen (11.1-61) erfüllen. Die Abbildungen $L(\vec{V})$ bilden keine Untergruppe von $\mathscr{L}$ (s. hierzu auch Aufgabe 11.1).

Die Koordinaten eines Punktes $P \in M^4$ bezüglich eines Koordinatensystems $K = (O,B)$ definieren wir nach dem im Abschnitt 1.1.2 beschriebenen Verfahren. Zunächst ordnen wir dem Punkt P den Ortsvektor $\underline{x}(P) \in V^4$ bezüglich des Ursprungs O zu. Anschließend bilden wir die Komponenten von $\underline{x}(P)$ bezüglich der Basis B (s. 1.1-31)

$$\sigma_K: M^4 \to \mathbb{R}^4 , \qquad P \mapsto \sigma_K(P) = \left(x^0(P),\ldots,x^3(P)\right) . \tag{11.1-70}$$

Sind $K = (O,B)$ und $K' = (O',B')$ zwei physikalisch äquivalente Koordinatensysteme ($B' = LB$), so bestehen zwischen den Koordinaten eines Punktes P in bezug auf K bzw. K' die Beziehungen (s. 1.1-46 und 1.1-47)

$$\begin{aligned} x^{\mu}(P) &= x^{\mu}(O') + L^{\mu}_{\nu}\, x'^{\nu}(P) , \\ x'^{\mu}(P) &= x'^{\mu}(O) + (L^{-1})^{\mu}_{\nu}\, x^{\nu}(P) . \end{aligned} \qquad \mu = 0,1,2,3 \tag{11.1-71}$$

Die zugeordneten Punktabbildungen $M^4 \to M^4$ erhalten wir, wenn wir die Koordinaten gleichsetzen (s. 1.1-48):

$$x^{\mu}(P) =: x'^{\mu}(P') . \tag{11.1-72}$$

Sie lauten (s. 1.1-49 und 1.1-50)

$$x^\mu(P') = x^\mu(O') + L^\mu_\nu x^\nu(P) \quad \Leftrightarrow \quad \underline{x}(P') = \underline{x}(O') + L\,\underline{x}(P) ,$$
$$x^\mu(P) = (L^{-1})^\mu_\nu [x^\nu(P') - x^\nu(O')] \quad \Leftrightarrow \quad \underline{x}(P) = L^{-1}[\underline{x}(P') - \underline{x}(O')] . \tag{11.1-73}$$

Wir setzen

$$\underline{x} = \underline{x}(P) , \qquad \underline{x}' = \underline{x}(P') , \qquad \underline{a} = \underline{x}(O') \tag{11.1-74}$$

und schreiben statt (11.1-73)

$$(\underline{a}, L) : V^4 \to V^4 , \qquad \underline{x} \mapsto \underline{x}' = L\,\underline{x} + \underline{a} . \tag{11.1-75}$$

Die Abbildungen $(\underline{a}, L)$ $(\underline{a} \in V^4, L \in \mathscr{L})$ bilden die inhomogene Lorentzgruppe. Sie wurde zuerst von Poincaré (1905) untersucht und wird deshalb auch Poincarégruppe genannt (Bezeichnung $\mathscr{P}$). Das Multiplikationsgesetz der Gruppenelemente ergibt sich durch Komposition von zwei Abbildungen:

$$(\underline{a}_2, L_2)(\underline{a}_1, L_1) = (\underline{a}_2 + L_2\,\underline{a}_1, L_2 \circ L_1) . \tag{11.1-76}$$

Jedes Element $(\underline{a}, L) \in \mathscr{P}$ läßt sich aus einer Lorentztransformation $(\underline{0}, L)$ und einer Translation $(\underline{a}, 1)$ zusammensetzen:

$$(\underline{a}, 1)(\underline{0}, L) = (\underline{a}, L) . \tag{11.1-77}$$

Die Translationen $(\underline{a}, 1)$ $(\underline{a} \in V^4)$ bilden die Abelsche Untergruppe $T(4)$ von $\mathscr{P}$.

Im besonderen erhalten wir für die Koordinatentransformationen, die den Matrizen (11.1-69) zugeordnet sind,

$$x^o = \frac{x'^o + \frac{V_i}{c} x'^i}{\sqrt{1 - \vec{V}^2/c^2}} , \qquad x^i_\parallel = \frac{x'^i_\parallel + \frac{V^i}{c} x'^o}{\sqrt{1 - \vec{V}^2/c^2}} , \qquad x^i_\perp = x'^i_\perp , \quad i = 1,2,3 . \tag{11.1-78}$$

Die Abkürzungen

$$x^i_\parallel := \frac{V^i V_j}{\vec{V}^2} x^j , \qquad x^i_\perp := \left(\delta^i_j - \frac{V^i V_j}{\vec{V}^2} \right) x^j \tag{11.1-79}$$

bezeichnen die Komponenten der räumlichen Vektoren

$$\vec{x}_{\parallel} = \frac{\vec{V} \cdot \vec{x}}{\|\vec{V}\|} \frac{\vec{V}}{\|\vec{V}\|} , \qquad \vec{x}_{\perp} = \frac{\vec{V}}{\|\vec{V}\|} \cdot \left(\vec{x} \wedge \frac{\vec{V}}{\|\vec{V}\|} \right) . \tag{11.1-80}$$

Die Transformationen (11.1-78), meist als reine Lorentztransformationen bezeichnet, sind die Verallgemeinerung der reinen Galileitransformationen der Mechanik. Sie beschreiben wie letztere den Übergang auf ein gestrichenes System, das sich relativ zum Ausgangssystem mit der Geschwindigkeit $\vec{V}$ bewegt. Die Konsequenzen, die sich daraus für die Mechanik ergeben, werden wir im Abschnitt 11.3 behandeln.

Die Geometrie des pseudo-Euklidischen Raumes mit der Metrik (11.1-52) ist von Minkowski untersucht worden. Die in der Mechanik benutzte Raum-Zeit hat die Struktur $E(3) \times \mathbb{R}$, wo $\mathbb{R}$ für die Zeitachse steht. Sie gestattet die Einteilung von raumzeitlichen Ereignissen $(\vec{x},t) \in E(3) \times \mathbb{R}$ in zukünftige $(t > 0)$, gegenwärtige $(t = 0)$ und vergangene $(t < 0)$. Diese Einteilung ist sicherlich nicht Lorentz-invariant. Die Elemente $\underline{x} \in V^4$ des Minkowski-Raumes unterteilen wir zunächst in

$$\begin{aligned} &\text{a) raumartige Vektoren:} && \langle \underline{x} | \underline{x} \rangle > 0 \\ &\text{b) zeitartige Vektoren:} && \langle \underline{x} | \underline{x} \rangle < 0 \\ &\text{c) lichtartige Vektoren:} && \langle \underline{x} | \underline{x} \rangle = 0 . \end{aligned} \tag{11.1-81}$$

In Zukunft werden wir gelegentlich auch das Skalarprodukt des Minkowski-Raumes mit einem Punkt bezeichnen:

$$\langle \underline{x} | \underline{y} \rangle =: \underline{x} \cdot \underline{y} = g_{\mu\nu} x^{\mu} y^{\nu} , \qquad \forall\, \underline{x}, \underline{y} \in V^4 . \tag{11.1-82}$$

Ferner ordnen wir jedem Vektor $\underline{x} \in V^4$ wie im Fall des Euklidischen Raumes V^3 (s. 1.1-25) kovariante Komponenten zu:

$$x_{\mu} := \langle \underline{e}_{\mu} | \underline{x} \rangle = g_{\mu\nu} x^{\nu} . \tag{11.1-83}$$

Der kovariante Index ist tiefzustellen, da die kovarianten Komponenten gleichzeitig die Komponenten

$$x_{\mu} = \langle \iota(\underline{x}), \underline{e}_{\mu} \rangle \tag{11.1-84}$$

des kanonisch zugeordneten Elements $\iota(\underline{x}) \in V^{4*}$ sind.

Betrachten wir zunächst die raumartigen Vektoren aus V^4. In einer pseudo-orthonormalen Basis gilt

$$g_{\mu\nu} = \eta_{\mu\nu} \,,$$

$$\eta_{\mu\nu} := 0 \,, \quad \mu \neq \nu \,; \quad \eta_{oo} := -1 \,; \quad \eta_{ii} := 1 \,, \quad i = 1,2,3. \qquad (11.1\text{-}85)$$

Die Bedingung (11.1-81a) lautet dann

$$\sum_i [(x^i)^2 - (x^o)^2] > 0 \,. \qquad (11.1\text{-}86)$$

Diese Bedingung wird jedenfalls von allen Vektoren mit $x^o = 0$ erfüllt. Ist andererseits $\underline{x}$ ein raumartiger Vektor mit $x^o \neq 0$, so gibt es ein äquivalentes Bezugssystem, in dem $x'^o = 0$ ist. Nach (11.1-78) ist das der Fall, wenn die Relativgeschwindigkeit der Bedingung

$$0 = x^o - \frac{\vec{V} \cdot \vec{x}}{c}$$

genügt, die für raumartige Punkte $\|\vec{x}\| > |x^o|$ stets durch eine Geschwindigkeit $\vec{V}$ mit $\|\vec{V}\| < c$ erfüllt werden kann. In diesem Sinne sind alle raumartigen Punkte als gegenwärtig anzusehen.

Ebenso liest man aus (11.1-78) ab, daß es für zeitartige Vektoren $\underline{x} \in V^4$ stets ein Bezugssystem gibt, in dem der räumliche Anteil von $\underline{x}$ verschwindet. Im besonderen können alle Elemente des Zukunftskegels

$$V_+ := \{\underline{x} \in V^4 \,|\, \underline{x} \cdot \underline{x} < 0, \; x_o > 0\} \qquad (11.1\text{-}87)$$

und des Vergangenheitskegels

$$V_- := \{\underline{x} \in V^4 \,|\, \underline{x} \cdot \underline{x} < 0, \; x_o < 0\} \qquad (11.1\text{-}88)$$

durch Elemente aus $\mathscr{L}_+^\uparrow$ auf die positive bzw. negative Zeitachse abgebildet werden. Bezüglich der eingeschränkten Lorentzgruppe $\mathscr{L}_+^\uparrow$ bleibt deshalb die Unterscheidung in Zukunft und Vergangenheit sinnvoll.

Abbildung 11.1 zeigt die Einteilung der Raum-Zeit in die Bereiche

I. Gegenwart : $\underline{x} \cdot \underline{x} > 0$,

II. Zukunft : $\underline{x} \cdot \underline{x} < 0$, $x_o > 0$

III. Vergangenheit: $\underline{x} \cdot \underline{x} < 0$, $x_o < 0$.

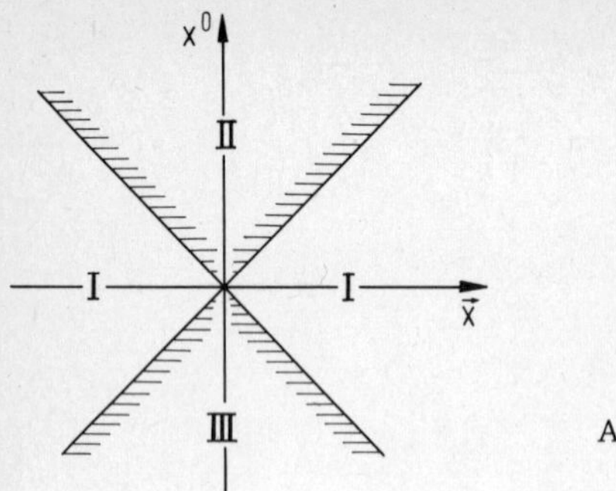

Abb.11.1

Wie wir bereits bei der Lösung der Wellengleichung gesehen haben, breiten sich vom Ursprung O ausgehende physikalische Wirkungen auf dem Lichtvorkegel $\underline{x} \cdot \underline{x} = 0$, $x_o > 0$ aus, oder falls die Ausbreitungsgeschwindigkeit kleiner ist als die des Vakuums, in das Innere des Lichtkegels $\underline{x} \cdot \underline{x} < 0$, $x_o > 0$, nie dagegen in den raumartigen Bereich $\underline{x} \cdot \underline{x} > 0$. Wäre letzteres möglich, so gäbe es nach dem oben gesagten Bezugssysteme, in denen eine im Zeitpunkt $x'^o = 0$ vom räumlichen Ursprung ausgehende Wirkung den räumlichen Punkt $\vec{x}$ in einem Zeitpunkt $x'^o < 0$ erreichte!

11.1.4. Skalentransformationen und konforme Transformationen

Die inhomogenen Lorentztransformationen sind die allgemeinsten Isometrien der pseudo-Euklidischen Metrik des Minkowski-Raumes. Sie sind aber nicht die allgemeinsten Transformationen, unter denen die Materialgleichung (11.1-50) des Vakuums invariant ist. In die Materialgleichung geht die Abbildung $*_4$ nur als Abbildung von 2-Formen auf 2-Formen ein. In einem beliebigen Koordinatensystem ist die Abbildung $*_4$ auf den Basen des $\overset{2}{\Lambda}\, T^*_{\underline{x}}$ wie folgt definiert (s. 11.1-49):

$$*_4 : \bar{e}^{\mu}(\underline{x}) \wedge \bar{e}^{\nu}(\underline{x}) \mapsto - \frac{1}{\sqrt{|g(x)|}} \, \varepsilon^{\mu\nu\rho\sigma} \, g_{\rho\lambda}(x) \, g_{\sigma\varkappa}(x) \, \bar{e}^{\lambda}(\underline{x}) \wedge \bar{e}^{\varkappa}(\underline{x}) \, . \qquad (11.1\text{-}89)$$

Hier ist

$$g_{\mu\nu}(x) = \langle \underline{e}_{\mu}(\underline{x}) | \underline{e}_{\nu}(\underline{x}) \rangle = \langle \frac{\partial \underline{x}}{\partial x^{\mu}} \, | \, \frac{\partial \underline{x}}{\partial x^{\nu}} \rangle \qquad (11.1\text{-}90)$$

die auf die Basis $\underline{e}_{\mu}(\underline{x}) = \partial\underline{x}/\partial x^{\mu} \in T_{\underline{x}}$ bezogene metrische Matrix und $g(x)$ ihre Determinante. Die Beziehungen (11.1-89) sind offensichtlich invariant unter solchen Koordinatentransformationen

$$x^{\mu} \mapsto y^{\mu}(x) \, , \quad \bar{e}^{\mu} \mapsto \bar{e}'^{\mu} = \frac{\partial y^{\mu}}{\partial x^{\nu}} \, \bar{e}^{\nu} \, , \quad \underline{e}_{\mu} \mapsto \underline{e}'_{\mu} = \underline{e}_{\nu} \, \frac{\partial x^{\nu}}{\partial y^{\mu}} \, , \qquad (11.1\text{-}91)$$

die die Bedingung

$$g'_{\rho\sigma}(y) = g_{\mu\nu}(x) \frac{\partial x^\mu}{\partial y^\rho} \frac{\partial x^\nu}{\partial y^\sigma} = [\varphi(x)]^2 g_{\rho\sigma}(x) \tag{11.1-92}$$

erfüllen, wo $\varphi(x)$ eine reelle Funktion ist. Denn mit (11.1-92) gilt

$$\sqrt{|g'(y)|} = \sqrt{|g(x)|} \, \mathrm{Det}\left(\frac{\partial x}{\partial y}\right) = [\varphi(x)]^4 \sqrt{|g(x)|} \;, \tag{11.1-93}$$

falls die Jacobische Determinante $\mathrm{Det}(\partial x/\partial y) > 0$ ist.

Die einfachste Koordinatentransformation mit dieser Eigenschaft ist eine Skalentransformation

$$y^\mu = \lambda\, x^\mu \;, \qquad \lambda \in \mathbb{R}_+ \;, \tag{11.1-94}$$

auch Dilatation genannt. In diesem Fall ist $\varphi = \lambda^{-1}$. Ferner gilt nach (11.1-91)

$$\bar{e}'^\mu = \lambda\, \bar{e}^\mu \;, \qquad \underline{e}'_\mu = \frac{1}{\lambda} \underline{e}_\mu \;. \tag{11.1-95}$$

Die Skalentransformation beschreibt also den Übergang zu einer anderen Längeneinheit. Ist φ nicht konstant, so ist die Abbildung $g_{\rho\sigma} \mapsto \varphi^2 g_{\rho\sigma}$ jedenfalls winkeltreu oder konform. Durch konforme Abbildung geht die Metrik eines pseudo-Euklidischen Raumes nicht notwendig in die Metrik eines solchen Raumes, sondern allgemeiner in die eines pseudo-Riemannschen Raumes über, der sich konform auf einen pseudo-Euklidischen Raum abbilden läßt, wie z.B. die pseudo-Riemannschen Räume konstanter Krümmung. Abbildungen, die den Minkowski-Raum in sich überführen, nennt man spezielle konforme Abbildungen. Sie bilden eine Gruppe $\mathscr{K}$. Man kann zeigen, daß sich jedes Element $g \in \mathscr{K}$ in der Form

$$g = I\, T(\underline{c})\, I \;, \qquad \forall g \in \mathscr{K} \tag{11.1-96}$$

schreiben läßt. Hier bedeutet I die Inversion,

$$I : V^4 \to V^4 \;, \qquad \underline{x} \mapsto I\,\underline{x} = \frac{\underline{x}}{\underline{x}\cdot\underline{x}} \;, \qquad \underline{x} \in \{\underline{x} \in V^4 \,|\, \underline{x}\cdot\underline{x} \gtrless 0\} \tag{11.1-97}$$

während $T(\underline{c})$ eine Translation um den Vektor $\underline{c} \in V^4$ ist:

$$T(\underline{c}) : V^4 \to V^4 \;, \qquad \underline{x} \mapsto T(\underline{c})\underline{x} = \underline{x} + \underline{c} \;. \tag{11.1-98}$$

Zusammen ergibt sich

$$g : V^4 \to V^4 \;, \quad \underline{x} \mapsto \frac{\underline{x} + \underline{c}(\underline{x}\cdot\underline{x})}{1 + 2\,\underline{c}\cdot\underline{x} + (\underline{c}\cdot\underline{c})(\underline{x}\cdot\underline{x})} \;. \tag{11.1-99}$$

Auszunehmen sind die Vektoren, auf denen die Abbildung singulär ist. Den Abbildungen (11.1-99) sind in pseudo-kartesischen Koordinaten ($g_{\mu\nu} = \eta_{\mu\nu}$) die Koordinatentransformationen

$$y^\mu = \frac{x^\mu - c^\mu x^2}{1 - 2\,cx + c^2 x^2}\,, \qquad \mu = 0,1,2,3 \tag{11.1-100}$$

zugeordnet, wo

$$cx = c_\mu x^\mu\,, \qquad x^2 = x_\mu x^\mu\,, \qquad c^2 = c_\mu c^\mu\,,$$

(s. hierzu auch Aufgabe 11.2). Die speziellen Transformationen können mit den Dilatationen und den inhomogenen Lorentztransformationen zu einer fünfzehnparametrigen Gruppe zusammengefaßt werden, die isomorph zur isometrischen Gruppe O(4,2) eines pseudo-Euklidischen Raumes mit der Signatur 2 ist.

Im Bereich der klassischen Physik spielen Skalentransformationen und spezielle konforme Transformationen keine bedeutende Rolle. Die in der inhomogenen Feldgleichung (11.1-38) auftretende Stromdichte $\bar{j}$ wird klassisch von geladenen Teilchen erzeugt, die stets Masse besitzen. Da die Dimension der Masse die Länge enthält,

$$[\text{Masse}] = \left[\frac{\text{Wirkung}}{\text{Länge}}\right]\left[\frac{1}{c}\right]\,,$$

sind die Maxwellschen Gleichungen zusammen mit den Bewegungsgleichungen der geladenen Teilchen weder skaleninvariant noch konforminvariant.

11.2. Lorentz-invariante Elektrodynamik

11.2.1. Transformation der Feldgrößen

Die Feldgrößen F, G und $\bar{j}$ sind als Formen auf $\mathbb{R}^4$ unabhängig von der Wahl des Koordinatensystems. Andererseits induzieren Koordinatentransformationen bei aktiver Betrachtung Abbildungen der Feldgrößen. Betrachten wir z.B. die Koordinatentransformationen (11.1-71)

$$x^\mu = L^\mu_\nu\, x'^\nu + a^\mu\,, \qquad \mu = 0,1,2,3\,. \tag{11.2-1}$$

Die Darstellung einer Form, z.B. von F, in bezug auf die beiden Koordinatensysteme K = (O,B) und K' = (O,B') lautet

$$F(x) = \frac{1}{2} F_{\mu\nu}(x)\, \bar{e}^\mu \wedge \bar{e}^\nu = \frac{1}{2} F'_{\mu\nu}(x')\, \bar{e}'^\mu \wedge \bar{e}'^\nu\,, \tag{11.2-2}$$

wo

$$F'_{\mu\nu}(x') = F_{\rho\sigma}(x) \frac{\partial x^\rho}{\partial x'^\mu} \frac{\partial x^\sigma}{\partial x'^\nu} = F_{\rho\sigma}(L x' + a) L^\rho_\mu L^\sigma_\nu , \tag{11.2-3}$$

$$\bar{e}'^\mu = \frac{\partial x'^\mu}{\partial x^\rho} \bar{e}^\rho = (L^{-1})^\mu_\rho \bar{e}^\rho . \tag{11.2-4}$$

Wir gehen nun zur aktiven Betrachtung über und bilden die Form $F(x)$ auf diejenige Form $F'(x)$ ab, die bezüglich des Koordinatensystems $K = (O,B)$ die Darstellung hat:

$$F'(x) = \frac{1}{2} F'_{\mu\nu}(x) \bar{e}^\mu \wedge \bar{e}^\nu , \qquad F'_{\mu\nu}(x) := F_{\rho\sigma}(L x + a) L^\rho_\mu L^\sigma_\nu . \tag{11.2-5}$$

Ein Vergleich von (11.2-3) mit (11.2-5) zeigt, daß F' in bezug auf K durch die gleichen Komponentenfunktionen dargestellt wird wie F in bezug auf K'. Da die Komponenten die physikalischen Meßgrößen sind, sind die Formen F' und F für Beobachter mit den Koordinatensystemen K und K' subjektiv identisch, objektiv hingegen verschieden, weil sie verschiedene Felder darstellen.

Im folgenden interessieren wir uns für die Transformationsgesetze im Fall von reinen Lorentztransformationen ($a^\mu = 0$). Um die Schreibweise zu vereinfachen, vereinbaren wir, daß $F'_{\mu\nu}$ für $F'_{\mu\nu}(x')$ steht bzw. $F_{\mu\nu}$ für $F_{\mu\nu}(x)$ usw. Wir erhalten dann nach (11.2-3) für die raum-zeitlichen Komponenten von F

$$F'_{oi} = F_{oj}(L^o_o L^j_i - L^o_i L^j_o) + F_{jk} L^j_o L^k_i \tag{11.2-6}$$

und für die räumlichen Komponenten

$$F'_{jk} = F_{oi}(L^o_j L^i_k - L^i_j L^o_k) + F_{\ell m} L^\ell_j L^m_k . \tag{11.2-7}$$

Wegen der speziellen Form der Matrixelemente $L^\nu_\mu(\vec{V})$ (s. 11.1-69) ist es zweckmäßig, die Komponenten nach dem Vorbild von (11.1-79) aufzuspalten:

$$F_{oi} = (F_{oi})_\perp + (F_{oi})_\parallel , \tag{11.2-8}$$

$$F_{jk} = (F_{jk})_\perp + (F_{jk})_\parallel , \qquad (F_{jk})_\perp = - (F_{kj})_\perp , \tag{11.2-9}$$

so daß

$$V^i(F_{oi})_\perp = 0 , \qquad V^j(F_{jk})_\perp = 0 . \tag{11.2-10}$$

Die gestrichenen Komponenten werden ebenso zerlegt. Mit (s. 11.1-24)

$$F_{oi} = -\frac{E_i}{c} , \qquad F_{jk} = B_{jk} \tag{11.1-11}$$

und (11.1-69) erhalten wir dann nach (11.2-6) bzw. (11.2-7)

$$(E_i')_{\parallel} = (E_i)_{\parallel} , \qquad (E_i')_{\perp} = \frac{(E_i)_{\perp} - B_{ki} V^k}{\sqrt{1 - \vec{V}^2/c^2}} , \tag{11.2-12}$$

$$(B_{jk}')_{\perp} = (B_{jk})_{\perp} , \qquad (B_{jk}')_{\parallel} = \frac{(B_{jk})_{\parallel} + \frac{1}{c^2} (E_j V_k - E_k V_j)}{\sqrt{1 - \vec{V}^2/c^2}} . \tag{11.2-13}$$

Ähnliche Transformationsgesetze gelten für die Komponenten von G. Mit

$$G_{oi} = \frac{H_i}{c} , \qquad G_{jk} = D_{jk} \tag{11.2-14}$$

(s. 11.1-35) folgt wie oben

$$(H_i')_{\parallel} = (H_i)_{\parallel} , \qquad (H_i')_{\perp} = \frac{(H_i)_{\perp} + D_{ki} V^k}{\sqrt{1 - \vec{V}^2/c^2}} , \tag{11.2-15}$$

$$(D_{jk}')_{\perp} = (D_{jk})_{\perp} , \qquad (D_{jk}')_{\parallel} = \frac{(D_{jk})_{\parallel} - \frac{1}{c^2} (H_j V_k - H_k V_j)}{\sqrt{1 - \vec{V}^2/c^2}} . \tag{11.2-16}$$

Das Transformationsgesetz für die Komponenten einer 1-Form $\bar{W}$:

$$W_{\mu}' = W_{\nu} L^{\nu}_{\mu} \tag{11.2-17}$$

liefert für die zeitliche Komponente

$$W_o' = W_o L^o_o + W_j L^j_o \tag{11.2-18}$$

und für die räumlichen Komponenten

$$W_i' = W_o L^o_i + W_j L^j_i . \tag{11.2-19}$$

Mit Hilfe der Zerlegung

$$W_i = (W_i)_{\perp} + (W_i)_{\parallel} , \qquad (W_i)_{\perp} V^i = 0 \tag{11.2-20}$$

ergibt sich

$$W'_o = \frac{W_o + \frac{1}{c} W_i V^i}{\sqrt{1 - \vec{V}^2/c^2}} , \tag{11.2-21}$$

$$(W'_i)_\perp = (W_i)_\perp , \qquad (W'_i)_\parallel = \frac{(W_i)_\parallel + \frac{1}{c} V_i W_o}{\sqrt{1 - \vec{V}^2/c^2}} . \tag{11.2-22}$$

Um schließlich das Transformationsgesetz für die Komponenten der 3-Form $\bar{j}$ herzuleiten, beachten wir, daß $*_4 j$ eine 1-Form ist, und zwar erhalten wir mit (11.1-49) in kartesischen Koordinaten

$$*_4 j = - j_{023}\, \bar{e}^1 - j_{031}\, \bar{e}^2 - j_{012}\, \bar{e}^3 - j_{123}\, \bar{e}^o . \tag{11.2-23}$$

Andererseits gilt nach (11.1-32)

$$- j_{oij} = J_{ij}/c , \qquad j_{123} = \rho_{123} . \tag{11.2-24}$$

Damit ergibt sich nach (11.2-21)

$$\rho'_{123} = \frac{\rho_{123} - \frac{1}{c^2}(V_1 J_{23} + V_2 J_{31} + V_3 J_{12})}{\sqrt{1 - \vec{V}^2/c^2}} . \tag{11.2-25}$$

Die räumlichen Komponenten zerlegen wir wieder nach dem Vorbild von (11.2-9) und erhalten mit (11.2-22)

$$(J'_{ij})_\parallel = (J_{ij})_\parallel , \qquad (J'_{ij})_\perp = \frac{(J_{ij})_\perp - \rho_{kij} V^k}{\sqrt{1 - \vec{V}^2/c^2}} . \tag{11.2-26}$$

Vernachlässigt man Glieder von höherer als erster Ordnung in V^i, so stimmen die Transformationsgesetze (11.2-12) und (11.2-13), (11.2-15) und (11.2-16) sowie (11.2-25) und (11.2-26) mit (8.3-35) überein.

11.2.2. Erhaltung von Energie und Impuls

Die Lorentz-Kraftdichte im Vakuum (s. 8.3-65, 8.3-108)

$$\bar{k} = (*_3 \rho)\, \bar{E} + (*_3 \bar{J}) \cdot \bar{B} , \qquad [\bar{k}] = \left[\frac{\text{Energie}}{(\text{Länge})^4} \right] , \tag{11.2-27}$$

setzt sich aus der Wirkung des elektrischen Feldes auf die Ladungsverteilung ρ und der Wirkung des magnetischen Feldes auf die Stromverteilung $\bar{J}$ zusammen. $\bar{k}$ ist eine 1-Form, deren Komponenten die Dimension einer Energiedichte haben. Andererseits ist $\bar{k}$ der räumliche Teil der 1-Form $\bar{f}$ auf $\mathbb{R}^4$:

$$\bar{f} = c(*_4\bar{j}) \cdot F = c\left(*_3 \frac{\bar{J}}{c} - (*_3 \rho)\, \bar{e}^o\right) \cdot \left(\frac{\bar{E}}{c} \wedge \bar{e}^o + \bar{B}\right) = \bar{k} - \frac{1}{c}(*_3\bar{J}) \cdot \bar{E}\, \bar{e}^o . \tag{11.2-28}$$

Bei der Auswertung des inneren Produktes ist zu beachten, daß $\bar{e}^o \cdot \bar{e}^o = g^{oo} = -1$ ist. Die Größe $(*_3\bar{J}) \cdot \bar{E}$ ist die Leistungsdichte.

Um die Energie- und Impulsbilanz des Feldes aufzustellen, schreiben wir die Feldgleichung (11.1-38) in der Form

$$-\bar{\Box} \cdot *_4 G = *_4 \bar{j} . \tag{11.2-29}$$

In Analogie zu (2.3-28) gilt nämlich für eine 2-Form F +)

$$*_4(\bar{\Box} \wedge *_4 F) = \bar{\Box} \cdot F . \tag{11.2-30}$$

Da $*_4{}^2 = -1$ ist auf 2-Formen, folgt für $F = *_4 G$

$$*_4(\bar{\Box} \wedge G) = -\bar{\Box} \cdot *_4 G . \tag{11.2-31}$$

Wir bilden nun das innere Produkt von (11.2-29) mit der 2-Form cF:

$$\begin{aligned} -\bar{f} &= c\,F \cdot *_4\bar{j} = -c\,F \cdot (\bar{\Box} \cdot *_4 G) = -c\,F \cdot (\bar{e}^\mu \Box_\mu \cdot *_4 G) = \\ &= -c\,\Box_\mu \{F \cdot (\bar{e}^\mu \cdot *_4 G)\} + c(\Box_\mu F) \cdot (\bar{e}^\mu \cdot *_4 G) + c\,F \cdot [(\Box_\mu \bar{e}^\mu) \cdot *_4 G] . \end{aligned} \tag{11.2-32}$$

Der Operator $\Box_\mu$ ist die vierdimensionale Verallgemeinerung des kovarianten Ableitungsoperators ∇_i (s. 2.3.1). Auch hier gilt in allgemeinen Koordinaten (s. 2.3-4 und 2.3-22)

$$\Box_\mu \bar{e}^\mu = -\Gamma^\mu_{\mu\nu}\, \bar{e}^\nu = -\bar{e}^\nu \frac{\partial}{\partial x^\nu} \ln\sqrt{g} . \tag{11.2-33}$$

+) Die in den Abschnitten 1.2.2 und 1.2.3 gegebene Definition von inneren Produkten und Skalarprodukten läßt sich ohne Schwierigkeiten auf vierdimensionale Größen übertragen.

Da $\square_\mu$ auf 0-Formen wie die partielle Ableitung $\partial/\partial x^\mu$ wirkt, können wir den ersten und letzten Term auf der rechten Seite von (11.2-32) zusammenfassen:

$$-c\,\square_\mu\{F\cdot(\bar{e}^\mu\cdot *_4 G)\} + c\,F\cdot\{(\square_\mu \bar{e}^\mu)\cdot *_4 G\} = -c\,\frac{1}{\sqrt{g}}\,\square_\mu \sqrt{g}\,\{F\cdot(\bar{e}^\mu\cdot *_4 G)\}.$$

Durch innere Multiplikation der Feldgleichung (11.1-28) mit der 2-Form $*_4 G$ erhalten wir andererseits nach den auf vier Dimensionen übertragenen Regeln des Abschnitts 1.2.2 (s. 1.2-52)

$$0 = *_4 G\cdot(\bar{\square}\wedge F) = *_4 G\cdot(\bar{e}^\mu \wedge \square_\mu F) = -(*_4 G\cdot\bar{e}^\mu)\cdot\square_\mu F + \bar{e}^\mu(*_4 G\cdot\square_\mu F)\,. \tag{11.2-34}$$

Folglich gilt

$$\bar{e}^\mu(*_4 G\cdot\square_\mu F) = (*_4 G\cdot\bar{e}^\mu)\cdot\square_\mu F = \square_\mu F\cdot(\bar{e}^\mu\cdot *_4 G)\,. \tag{11.2-35}$$

Unter der Voraussetzung, daß $*_4 G$ wie im Vakuum proportional zu F ist, läßt sich der Ableitungsoperator $\square_\mu$ auch auf der linken Seite von (11.2-35) mit Hilfe von (11.2-33) herausziehen, und wir erhalten schließlich mit (11.2-32)

$$\bar{f} = \frac{1}{\sqrt{g}}\,\square_\mu(\sqrt{g}\,\bar{T}^\mu)\,, \tag{11.2-36}$$

wo

$$-\bar{T}^\mu = c[-F\cdot(\bar{e}^\mu\cdot *_4 G) + \tfrac{1}{2}\bar{e}^\mu(F\cdot *_4 G)]\,. \tag{11.2-37}$$

Die Größen $\bar{T}^\mu$ sind 1-Formen auf $\mathbb{R}^4$:

$$\bar{T}^\mu = T^\mu_\nu\,\bar{e}^\nu\,. \tag{11.2-38}$$

Um die Beziehung (11.2-36) koordinatenfrei zu schreiben, definieren wir das Tensorfeld T vom Typ (1,1) (s. 1.3.1)

$$T := T^\mu_\nu\,\underline{e}_\mu \otimes \bar{e}^\nu\,, \qquad [T] = \left[\frac{\text{Energie}}{(\text{Länge})^3}\right]. \tag{11.2-39}$$

Durch tensorielle Ableitung entsteht ein Tensorfeld vom Typ (1,2):

$$\bar{\square}\otimes T := (\partial_\rho T^\mu_\nu)\,\bar{e}^\rho\otimes\underline{e}_\mu\otimes\bar{e}^\nu\,. \tag{11.2-40}$$

Hier ist ∂_μ die vierdimensionale kovariante Ableitung (s. 2.3.1). Ein Tensorfeld vom Typ (1,2) läßt sich nach der Vorschrift (s. 1.3.2)

$$C^1_1(\bar{\square}\otimes T) := (\partial_\rho T^\mu_\nu)\langle\bar{e}^\rho,\underline{e}_\mu\rangle\,\bar{e}^\nu \tag{11.2-41}$$

zu einem Tensorfeld von Typ (0,1), also einer 1-Form, verjüngen. Die Verjüngung oder Kontraktion wird durch den Buchstaben C angezeigt. Die Indizes von C^1_1 bezeichnen die Stellung der zu kontrahierenden Basen. Die Verjüngung ist koordinatenfrei. Mit Hilfe von (11.2-41) läßt sich die Kraftdichte (11.2-36) in folgender Weise ausdrücken:

$$\bar{f} = \frac{1}{\sqrt{g}} \Box_\mu (\sqrt{g}\, \bar{T}^\mu) = (\partial_\mu T^\mu_\nu)\, \bar{e}^\nu = C^1_1(\bar{\Box} \otimes T) \,. \tag{11.2-42}$$

Der Tensor T wird Energie-Impuls-Tensor genannt. Um diese Bezeichnung zu rechtfertigen, zerlegen wir den Tensor T nach Raum und Zeit. Für das Vakuum erhalten wir nach (11.2-37) mit der Materialgleichung (11.1-50) sowie (11.1-24) und (11.1-35)

$$T = (*_3 u)\, \underline{e}_o \otimes \bar{e}^o - \underline{e}_o \otimes \left(*_3 \frac{\bar{S}}{c}\right) + \left(*_3 \frac{\underline{S}}{c}\right) \otimes \bar{e}^o + \tau \,. \tag{11.2-43}$$

Hier ist u die Energiedichte des Feldes:

$$u = \frac{1}{2} (\bar{E} \wedge \bar{D} + \bar{H} \wedge \bar{B}) \tag{11.2-44a}$$

und $\bar{S}$ die Energiestromdichte

$$\bar{S} = \bar{E} \wedge \bar{H} \,. \tag{11.2-44b}$$

τ ist ein Tensorfeld vom Typ (1,1) auf $\mathbb{R}^3$, der Maxwellsche Spannungstensor

$$\tau := \underline{E} \otimes *_3 \bar{D} + \underline{H} \otimes *_3 \bar{B} - (*_3 u)\, \underline{e}_i \otimes \bar{e}^i \,, \qquad [\tau] = \left[\frac{\text{Energie}}{(\text{Länge})^3}\right] . \tag{11.2-45}$$

Die sogenannte Spur des Tensors T, Sp(T), verschwindet:

$$Sp(T) := C^1_1(T) = T^\mu_\nu \langle \underline{e}_\mu, \bar{e}^\nu \rangle = 0 \,. \tag{11.2-46}$$

Mit Hilfe von (11.2-43) läßt sich nun auch die Beziehung (11.2-42) in einen zeitlichen und einen räumlichen Teil zerlegen:

$$f_o = -\frac{1}{c} (*_3 \bar{J}) \cdot \bar{E} = *_3\, \partial_o u + *_3 \left(\bar{\nabla} \wedge \frac{\bar{S}}{c}\right) , \tag{11.2-47}$$

$$\bar{k} = -*_3 \left(\partial_o \frac{\bar{S}}{c}\right) + C^1_1(\bar{\nabla} \otimes \tau) \,. \tag{11.2-48}$$

Die Verjüngung des räumlichen Tensorfeldes $\bar{\nabla} \otimes \tau$ erfolgt analog zu (11.2-41). Die zeitliche Komponente (11.2-47) liefert die differentielle Energiebilanz

$$\frac{\partial u}{\partial t} + \bar{\nabla} \wedge \bar{S} + \bar{E} \wedge \bar{J} = 0 \,. \qquad (11.2\text{-}49)$$

Die zweite Beziehung (11.2-48) besagt zunächst für ein stationäres Feld, daß die Lorentz-Kraftdichte $\bar{k}$ äquivalent ist mit einer inneren Kraftdichte des Feldes, die durch die Divergenz des Spannungstensors gegeben ist:

$$\bar{k} = C_1^1(\bar{\nabla} \otimes \tau) \,. \qquad (11.2\text{-}50)$$

In Komponenten lautet (11.2-50)

$$k_i = \partial_j \tau_i^j \,. \qquad (11.2\text{-}51)$$

Wir gehen nun zu Parallelkoordinaten über, in denen die Basen $\bar{e}^i$ = const sind. Dann dürfen wir die kovarianten Ableitungen ∂_j durch gewöhnliche Ableitungen $\partial/\partial x^j$ ersetzen und erhalten statt (11.2-51)

$$k_i = \frac{\partial \tau_i^j}{\partial x^j} = \bar{\nabla} \cdot \bar{\tau}_i = *_3(\bar{\nabla} \wedge *_3 \bar{\tau}_i) \,, \qquad (11.2\text{-}52)$$

wo

$$\bar{\tau}_i = \tau_i^j \bar{e}_j \,.$$

Integration von (11.2-52) über ein Volumen (Körper) V liefert in Verbindung mit dem Satz von Stokes

$$K_i(V) := \int_V k_i \, d\tau = \int_V \langle \bar{\nabla} \wedge *_3 \bar{\tau}_i, dV \rangle = \int_{\partial V} \langle *_3 \bar{\tau}_i, d\underline{F} \rangle \,. \qquad (11.2\text{-}53)$$

Die insgesamt auf das Volumen V wirkende Lorentz-Kraft kann folglich durch die Summe der auf die Oberfläche ∂V wirkenden Spannungen ersetzt werden.

Ist das Feld nicht stationär, so erhalten wir statt (11.2-53)

$$K_i(V) = -\frac{1}{c^2} \frac{\partial}{\partial t} \int_V \langle \bar{e}_i \wedge \bar{S}, dV \rangle + \int_{\partial V} \langle *_3 \bar{\tau}_i, d\underline{F} \rangle \,. \qquad (11.2\text{-}54)$$

In diesem Fall setzt sich die Lorentz-Kraft aus der Oberflächenspannung und der Abnahme des Feldimpulses P_i,

$$P_i(V) = \frac{1}{c^2} \int_V \langle \bar{e}_i \wedge \bar{S}, dV \rangle \,, \qquad (11.2\text{-}55)$$

zusammen. Die Relation (11.2-48) gibt die differentielle Impulsbilanz. Der Volumeneinheit des Feldes muß der Impuls

$$P_i = \frac{1}{c^2} *_3(\bar{e}_i \wedge \bar{S}) , \qquad [P_i] = \left[\frac{\text{Energie}}{(\text{Länge})^3}\right]\left[\frac{1}{c}\right], \quad i = 1,2,3 \tag{11.2-56}$$

zugeordnet werden.

Sind keine Quellen vorhanden, so liefert (11.2-36) vier differentielle Erhaltungssätze. In Parallelkoordinaten lauten sie

$$\partial T^{\mu}_{\nu}/\partial x^{\mu} = \bar{\Box} \cdot \bar{T}_{\nu} = *_4(\bar{\Box} \wedge *_4 \bar{T}_{\nu}) = 0 , \tag{11.2-57}$$

wo, ähnlich wie in (11.2-52)

$$\bar{T}_{\nu} = T^{\mu}_{\nu} \bar{e}_{\mu} \tag{11.2-58}$$

ist. Wir integrieren (11.2-57) über ein orientiertes raum-zeitliches Volumen ω mit dem Volumenelement (s. 2.4-12)

$$d\omega = \left(\frac{\partial \underline{x}}{\partial u} \wedge \frac{\partial \underline{x}}{\partial v} \wedge \frac{\partial \underline{x}}{\partial w} \wedge \frac{\partial \underline{x}}{\partial z}\right) du\, dv\, dw\, dz \tag{11.2-59}$$

und erhalten mit Hilfe des Satzes von Stokes

$$\int_{\partial\omega} \langle *_4 \bar{T}_{\nu}, d\underline{\sigma} \rangle = 0 . \tag{11.2-60}$$

Das Oberflächenelement $d\underline{\sigma}$ ist ein 3-Vektor. Wir nehmen nun an, daß ω von zwei raumartigen Flächen begrenzt wird. Eine raumartige Fläche ist durch die Bedingung definiert, daß der Abstand zwischen zwei beliebigen Punkten der Fläche stets raumartig im Sinne von (11.1-81) ist. Sind die Flächen unbegrenzt (s. Abb.11.2) und verschwinden die Feldstärken für $\|\vec{x}\| \to \infty$ im Bereich von ω hinreichend stark, so folgt aus (11.2-60)

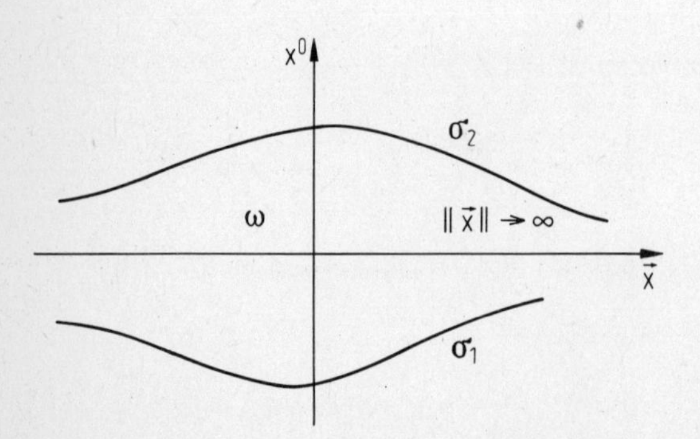

Abb.11.2

$$\int_{\sigma_1} \langle *_4 \bar{T}_\nu, d\underline{\sigma} \rangle = \int_{\sigma_2} \langle *_4 \bar{T}_\nu, d\underline{\sigma} \rangle \tag{11.2-61}$$

oder

$$-cP_\nu(\sigma) := \int_\sigma \langle *_4 \bar{T}_\nu, d\underline{\sigma} \rangle = \text{const.} \tag{11.2-62}$$

Für einen Zeitschnitt x^o = const ist $d\underline{\sigma} = dK$ ein 3-Vektor auf $\mathbb{R}^3$. Mit (11.1-49) ergibt sich ferner

$$\langle *_4 \bar{T}_\nu, dK \rangle = \langle *_4 T_{o\nu} \bar{e}^o, dK \rangle = - T_{o\nu} d\tau , \tag{11.2-63}$$

so daß $-P_o c$ bzw. P_i die Gesamtenergie bzw. die Komponenten des Gesamtimpulses im Sinne von (11.2-55) sind. Schließlich können wir aus (11.2-62) das Transformationsgesetz für Energie und Impuls beim Übergang auf ein anderes Lorentz-System ableiten:

$$P'_\nu = \frac{1}{c} \int_{\sigma'} \langle *_4 \bar{T}'_\nu, d\underline{\sigma} \rangle = \frac{1}{c} \int_{L\sigma} \langle *_4 \bar{T}_\mu L^\mu_\nu, d\underline{\sigma} \rangle = P_\mu(L\sigma) L^\mu_\nu = P_\mu(\sigma) L^\mu_\nu . \tag{11.2-64}$$

Denn mit σ ist auch $L\sigma$ eine raumartige Fläche, so daß wir (11.2-62) anwenden können. Energie und Impuls verhalten sich also unter Lorentz-Transformationen wie die Komponenten einer 1-Form.

11.2.3. Lösung des Anfangswertproblems

Im quellenfreien Vakuum lauten die Feldgleichungen (s. 11.1-28 und 11.1-38)

$$\bar{\Box} \wedge F = 0 , \tag{11.2-65}$$

$$\bar{\Box} \wedge G = 0 . \tag{11.2-66}$$

Ferner gilt die Materialgleichung (11.1-50)

$$G = \frac{1}{Z_o} *_4 F . \tag{11.2-67}$$

Die 2-Form F ist nach (11.1-28) bzw. (11.2-65) stets geschlossen und exakt:

$$F = \bar{\Box} \wedge \bar{A} . \tag{11.2-68}$$

Wir nennen die 1-Form $\bar{A}$ wiederum Potential. Mit (11.2-67) und (11.2-68) folgt aus (11.2-66)

$$*_4[\bar{\Box} \wedge *_4(\bar{\Box} \wedge \bar{A})] = 0 , \qquad (11.2\text{-}69)$$

oder mit (11.2-30)

$$\bar{\Box} \cdot (\bar{\Box} \wedge \bar{A}) = -(\bar{\Box} \cdot \bar{\Box})\, \bar{A} + \bar{\Box}(\bar{\Box} \cdot \bar{A}) = 0 . \qquad (11.2\text{-}70)$$

Der Differentialoperator

$$\Box := \bar{\Box} \cdot \bar{\Box} = \frac{1}{\sqrt{g}}\ \Box_\mu \sqrt{g}\, g^{\mu\nu} \Box_\mu , \qquad (11.2\text{-}71)$$

ist die vierdimensionale Verallgemeinerung des Laplaceoperators Δ (s. 2.3-31). Er wird d'Alembert-Operator genannt.

Um die Differentialgleichung (11.2-70) zu lösen, müssen wir Koordinaten einführen. Am einfachsten sind natürlich kartesische Koordinaten, in denen die Metrik pseudo-orthonormal ist. In kartesischen Koordinaten lautet der d'Alembert-Operator (s. 11.1-85)

$$\Box = \eta^{\mu\nu} \frac{\partial}{\partial x^\mu} \frac{\partial}{\partial x^\nu} = -\frac{\partial^2}{(\partial x^o)^2} + \sum_{i=1}^{3} \frac{\partial^2}{(\partial x^i)^2} . \qquad (11.2\text{-}72)$$

Für die Differentialgleichung (11.2-70) erhalten wir

$$\Box A_\mu - \frac{\partial}{\partial x^\mu}\left(\frac{\partial A^\nu}{\partial x^\nu}\right) = 0 . \qquad (11.2\text{-}73)$$

Man beachte: $A^\nu = \eta^{\nu\rho} A_\rho$.

Die 1-Form $\bar{A}$ wird durch (11.2-68) nur bis auf eine exakte 0-Form bestimmt. Es genügt daher, die Differentialgleichung (11.2-73) in einer bestimmten Eichung zu lösen. Wir wählen die Lorentzeichung

$$\bar{\Box} \cdot \bar{A} = \frac{\partial A^\nu}{\partial x^\nu} = 0 , \qquad (11.2\text{-}74)$$

die den Vorzug hat, Lorentz-invariant zu sein. Allerdings legt die Bedingung (11.2-74) die Eichung nicht vollständig fest, denn mit $\bar{A}$ erfüllt auch $\bar{A} + \bar{\Box} \wedge \lambda$ die Lorentzbedingung, falls die 0-Form λ der Differentialgleichung

$$\bar{\Box} \cdot \bar{\Box}\, \lambda = \Box\, \lambda = 0 \qquad (11.2\text{-}75)$$

genügt. Ist andererseits $\bar{\Box} \cdot \bar{A} \neq 0$, so setzen wir

$$\bar{A} = \bar{A}' + \bar{\Box} \wedge \lambda$$

und bestimmen λ als Lösung der Differentialgleichung

$$\bar{\Box} \cdot \bar{A} = \Box \lambda . \qquad (11.2\text{-}76)$$

Die Existenz einer Lösung werden wir im nächsten Abschnitt nachweisen.

In der Lorentzeichung genügt jede Komponente der 1-Form $\bar{A}$ der Wellengleichung

$$\Box A_\mu = \left(- \frac{\partial^2}{(\partial x^o)^2} + \sum_{i=1}^{3} \frac{\partial^2}{(\partial x^i)^2} \right) A_\mu = 0 . \qquad (11.2\text{-}77)$$

Spezielle Lösungen der Wellengleichung sind die ebenen Wellen

$$\exp(\pm\, i\, \underline{k} \cdot \underline{x}) = \exp[\pm\, i(-\, k^o\, x^o + \vec{k} \cdot \vec{x})] , \qquad (11.2\text{-}78)$$

wo

$$k^o = \|\vec{k}\| = \frac{\omega(\vec{k})}{c} . \qquad (11.2\text{-}79)$$

Der Vektor $\vec{k}$ wird Wellenzahlvektor genannt, $\omega(\vec{k})$ ist die Kreisfrequenz der Welle. Durch Überlagerung von ebenen Wellen erhalten wir die allgemeine Lösung von (11.2-77):

$$A_\mu(x) = \int \frac{d\tau(\vec{k})}{(2\pi)^{3/2}} \frac{1}{2k_o} [A_\mu(\vec{k}) \exp(i\, \underline{k} \cdot \underline{x}) + \overline{A_\mu}(\vec{k}) \exp(-\, i\, \underline{k} \cdot \underline{x})] . \qquad (11.2\text{-}80)$$

Sie hat die Form einer räumlichen Fourier-Darstellung, deren komplexe Koeffizienten so gewählt sind, daß die Lösung (11.2-80) reell ist.

Das Volumenelement $d\tau(\vec{k})/2\, k_o$ ist Lorentz-invariant. Um das einzusehen, verwendet man die Distribution

$$\delta(\underline{k}^2) = \delta[\vec{k}^2 - (k^o)^2] . \qquad (11.2\text{-}81)$$

Sie ist im Sinne der im Abschnitt 4.1.3 gegebenen Definition als lineares Funktional über dem auf vier Dimensionen erweiterten Raum von Testfunktionen D zu betrachten. Ist $\varphi(k) \in D$, so wird $\delta(\underline{k}^2)$ entsprechend der Regel (4.1-43) für die eindimensionale δ-Funktion wie folgt definiert:

$$\begin{aligned} \int d^4k\, \varphi(k)\, \delta(\underline{k}^2) : &= \int d\tau(\vec{k}) \int_{-\infty}^{+\infty} dk^o\, \varphi(\vec{k},k^o)\, \delta[\vec{k}^2 - (k^o)^2] = \\ &= \int d\tau(\vec{k}) \int_{-\infty}^{+\infty} dk^o\, \varphi(\vec{k},k^o)\, \delta[(k^o - \|\vec{k}\|)(k^o + \|\vec{k}\|)] = \\ &= \int \frac{d\tau(\vec{k})}{2\|\vec{k}\|} [\varphi(\vec{k},\|\vec{k}\|) + \varphi(\vec{k},-\|\vec{k}\|)] . \end{aligned} \qquad (11.2\text{-}82)$$

Diese Definition entspricht der folgenden Zerlegung von $\delta(\underline{k}^2)$ (s. auch 8.2-47):

$$\delta(\underline{k}^2) = \frac{1}{2\|\vec{k}\|}\,[\delta(k^0 - \|\vec{k}\|) + \delta(k^0 + \|\vec{k}\|)] \,. \tag{11.2-83}$$

Multiplizieren wir nun (11.2-83) mit der Sprungfunktion $\theta(k^0)$,

$$\theta(k^0) := \begin{cases} 1\,, & k^0 > 0 \\ 0\,, & k^0 < 0 \end{cases} \,, \tag{11.2-84}$$

so trägt nur die positive Wurzel von $\underline{k}^2 = 0$ bei:

$$\theta(k^0)\,\delta(\underline{k}^2) = \frac{1}{2\|\vec{k}\|}\,\delta(k^0 - \|\vec{k}\|) \,. \tag{11.2-85}$$

Die Distribution (11.2-85) ist invariant unter orthochronen Lorentztransformationen, die das Vorzeichen von k^0 erhalten. Mit ihrer Hilfe läßt sich die allgemeine Lösung (11.2-80) als Lorentz-invariantes Integral schreiben:

$$A_\mu(x) = \frac{1}{(2\pi)^{3/2}} \int d^4k\,\theta(k^0)\,\delta(\underline{k}^2)[A_\mu(k)\exp(i\,\underline{k}\cdot\underline{x}) + \overline{A_\mu}(k)\exp(-i\,\underline{k}\cdot\underline{x})] \,. \tag{11.2-86}$$

Im Zeitpunkt $x^0 = 0$ liefert (11.2-80) die Anfangswerte

$$A_\mu(\vec{x},0) = \frac{1}{(2\pi)^{3/2}} \int \frac{d\tau(\vec{k})}{2\|\vec{k}\|}[A_\mu(\vec{k})\exp(i\vec{k}\cdot\vec{x}) + \overline{A_\mu}(\vec{k})\exp(-i\vec{k}\cdot\vec{x})] \,, \tag{11.2-87}$$

$$i\frac{\partial}{\partial x^0} A_\mu(\vec{x},x^0)\Big|_{x^0=0} = \frac{1}{(2\pi)^{3/2}} \int \frac{d\tau(\vec{k})}{2}[A_\mu(\vec{k})\exp(i\vec{k}\cdot\vec{x}) - \overline{A_\mu}(\vec{k})\exp(-i\vec{k}\cdot\vec{x})] \,.$$

Nach Fouriertransformation lassen sich die Fouriertransformierten durch die Anfangswerte ausdrücken:

$$\begin{aligned} A_\mu(\vec{k}) &= \frac{1}{(2\pi)^{3/2}} \int d\tau(\vec{x}) \left[k^0 A_\mu(\vec{x},0) + i\frac{\partial A_\mu}{\partial x^0}(\vec{x},0) \right] \exp(-i\vec{k}\cdot\vec{x}) \\ & \qquad , \; k^0 = \|\vec{k}\| \\ \overline{A_\mu}(\vec{k}) &= \frac{1}{(2\pi)^{3/2}} \int d\tau(\vec{x}) \left[k^0 A_\mu(\vec{x},0) - i\frac{\partial A_\mu}{\partial x^0}(\vec{x},0) \right] \exp(i\vec{k}\cdot\vec{x}) \,. \end{aligned} \tag{11.2-88}$$

Man kann also im Zeitpunkt $x^0 = 0$ die Funktionen $A_\mu(\vec{x},0)$ und ihre zeitlichen Ableitungen $\partial A_\mu/\partial x^0$ vorgeben (Cauchysches Anfangswertproblem). Die Anfangswerte müssen natürlich die Lorentzbedingung (11.2-74) erfüllen.

Die allgemeine Lösung (11.2-86) der Wellengleichung kann mit der sogenannten Grundlösung als lineares Funktional der Anfangswerte ausgedrückt werden. Um die Grundlösung zu bestimmen, setzen wir (11.2-88) in (11.2-86) ein:

$$\begin{aligned} A_\mu(x) = &\int d\tau(\vec{x}')\, A_\mu(\vec{x}',0) \int \frac{d^4k}{(2\pi)^3}\, \theta(k^o)\, \delta(\underline{k}^2)\, k^o \times \\ &\times \{\exp[i(\underline{k}\cdot\underline{x} - \vec{k}\cdot\vec{x}')] + \exp[-i(\underline{k}\cdot\underline{x} - \vec{k}\cdot\vec{x}')]\} + \\ &+ \int d\tau(x')\, \frac{\partial A_\mu}{\partial x'^o}(\vec{x}',0)\, i \int \frac{d^4k}{(2\pi)^3}\, \theta(k^o)\, \delta(\underline{k}^2) \times \\ &\times \{\exp[i(\underline{k}\cdot\underline{x} - \vec{k}\cdot\vec{x}')] - \exp[-i(\underline{k}\cdot\underline{x} - \vec{k}\cdot\vec{x}')]\}\,. \end{aligned} \tag{11.2-89}$$

Als Grundlösung des Cauchyschen Anfangswertproblems wird die Lorentz-invariante Distribution

$$D(x - x') := -\frac{i}{(2\pi)^3} \int d^4k\, \varepsilon(k^o)\, \delta(\underline{k}^2)\, \exp[i\,\underline{k}\cdot(\underline{x} - \underline{x}')] \tag{11.2-90}$$

bezeichnet, wo

$$\varepsilon(k^o) := \begin{cases} +1\,, & k^o > 0 \\ -1\,, & k^o < 0 \end{cases}\,. \tag{11.2-91}$$

Damit erhalten wir statt (11.2-89)

$$A_\mu(x) = \int\limits_{x'^o=0} d\tau(\vec{x}') \left[\frac{\partial}{\partial x'^o} D(x - x')\right] A_\mu(x') - \int\limits_{x'^o=0} d\tau(\vec{x}')\, D(x - x')\, \frac{\partial A_\mu}{\partial x'^o}(x')\,. \tag{11.2-92}$$

Die Grundlösung $D(x)$ löst das Anfangswertproblem

$$\begin{aligned} &D(\vec{x},0) = 0\,, \\ &\frac{\partial D}{\partial x^o}(\vec{x},0) = -\delta(\vec{x})\,, \end{aligned} \tag{11.2-93}$$

der Wellengleichung

$$\Box\, D(x) = 0\,.$$

Tatsächlich finden wir durch Auswertung der Integraldarstellung (11.2-90) (s. auch 7.3-109)

$$D(x) = -\frac{i}{(2\pi)^3}\int \frac{d\tau(\vec{k})}{2\|\vec{k}\|}\{\exp[-i(k^o x^o - \vec{k}\cdot\vec{x})] - \exp[i(k^o x^o - \vec{k}\cdot\vec{x})]\} =$$

$$= -\frac{1}{(2\pi)^3}\int d\tau(\vec{k})\,\frac{\sin(\|\vec{k}\|x^o)}{\|\vec{k}\|}\exp(i\,\vec{k}\cdot\vec{x}) = \frac{-1}{2\pi^2}\int_0^\infty dk\,k^2\,\frac{\sin kr}{kr}\,\frac{\sin kx^o}{k} =$$

$$= \frac{1}{8\pi^2 r}\left(\int_{-\infty}^{+\infty} dk\,e^{ik(r+x^o)} - \int_{-\infty}^{+\infty} dk\,e^{-ik(r-x^o)}\right) = \tag{11.2-94}$$

$$= \frac{1}{4\pi r}[\delta(x^o + r) - \delta(x^o - r)] = -\frac{1}{2\pi}\,\varepsilon(x^o)\,\delta(\underline{x}^2)\,.$$

Hier ist $r = \|\vec{x}\|$ und $k = \|\vec{k}\|$. Ferner haben wir die Fourierdarstellung der eindimensionalen δ-Funktion benutzt:

$$\delta(x) = \frac{1}{2\pi}\int_{-\infty}^{+\infty} dk\,\exp(ikx)\,. \tag{11.2-95}$$

11.2.4. Greensche Funktionen

Ist das Vakuum nicht quellenfrei, so erhalten wir aus (11.2-29) mit (11.2-67,68) und (11.1-53) statt (11.2-70)

$$\bar{\Box}\cdot(\bar{\Box}\wedge\bar{A}) = -(\bar{\Box}\cdot\bar{\Box})\,\bar{A} + \bar{\Box}\cdot(\bar{\Box}\cdot\bar{A}) = Z_o *_4 \bar{j}\,. \tag{11.2-96}$$

Auch diese inhomogene Differentialgleichung behandeln wir in kartesischen Koordinaten in der Lorentzeichung. Jede Komponente der 1-Form $\bar{A}$ genügt dann der inhomogenen Wellengleichung

$$\Box A_\mu = -Z_o(*_4\bar{j})_\mu\,, \tag{11.2-97}$$

wo der d'Alembert-Operator $\Box$ wieder durch (11.2-72) gegeben ist und $(*_4\bar{j})_\mu$ die Komponenten der 1-Form $*_4\bar{j}$ in einem kartesischen Koordinatensystem sind.

Die Lösungen der inhomogenen Wellengleichung lassen sich mit Hilfe von Greenschen Funktionen konstruieren. Greensche Funktionen sind, wie im Abschnitt 4.1.2, Lösungen $G(x,x')$ der inhomogenen Differentialgleichung

$$\Box G(x,x') = -\delta(x - x')\,, \tag{11.2-98}$$

die zudem bestimmten Randbedingungen genügen. Wenn man bedenkt, daß die vierdimensionale δ-Funktion die Fourierdarstellung

$$\delta(x - x') = \frac{1}{(2\pi)^4} \int d^4k \exp[i\, \underline{k} \cdot (\underline{x} - \underline{x}')] \tag{11.2-99}$$

besitzt, wird man zu dem Ansatz

$$G(x,x') = G(x - x') = \frac{1}{(2\pi)^4} \int d^4k \frac{1}{\underline{k}^2} \exp[i\, \underline{k} \cdot (\underline{x} - \underline{x}')] \tag{11.2-100}$$

geführt. Die Randbedingungen werden durch die Vorschrift berücksichtigt, wie die Singularität bei

$$\underline{k}^2 = \vec{k}^2 - (k^o)^2 = 0 \tag{11.2-101}$$

zu behandeln ist.

Betrachten wir dazu ein einfaches Beispiel. Um das Integral in (11.2-100) zu definieren, fügen wir zu dem Nenner eine kleine, imaginäre Größe $-i\varepsilon(\varepsilon > 0)$ hinzu und setzen (s. auch 9.4-56)

$$\begin{aligned} G_\varepsilon(x - x') :&= \frac{1}{(2\pi)^4} \int d^4k \frac{\exp[i\, \underline{k} \cdot (\underline{x} - \underline{x}')]}{\underline{k}^2 - i\varepsilon} = \\ &= -\frac{1}{(2\pi)^4} \int d\tau(\vec{k}) \int_{-\infty}^{+\infty} dk^o \frac{\exp\{-i[k^o(x^o - x'^o) - \vec{k}\cdot(\vec{x} - \vec{x}')]\}}{(k^o)^2 - \vec{k}^2 + i\varepsilon} . \end{aligned} \tag{11.2-102}$$

Der Nenner hat in der komplexen k^o-Ebene Nullstellen:

$$(k^o)^2 - \vec{k}^2 + i\varepsilon = 0 \quad \Rightarrow \quad k^o = \pm \|\vec{k}\| \mp i\varepsilon' .$$

Hier ist $\varepsilon' = \varepsilon/2\|\vec{k}\|$ wiederum klein. Quadratische Terme in ε sind nicht berücksichtigt. Die zugehörige Partialbruchzerlegung lautet

$$\frac{1}{\underline{k}^2 - i\varepsilon} = -\frac{1}{2\|\vec{k}\|} \left(\frac{1}{k^o - \|\vec{k}\| + i\varepsilon'} - \frac{1}{k^o + \|\vec{k}\| - i\varepsilon'} \right) . \tag{11.2-104}$$

Abbildung 11.3 zeigt die Lage der Pole in der komplexen k^o-Ebene.

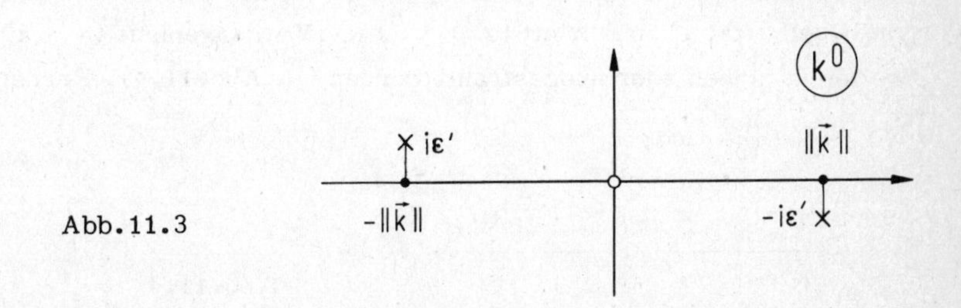

Abb.11.3

Nunmehr können wir das Integral über die reelle Achse in der k^o-Ebene in (11.2-102) mit Hilfe des Residuensatzes auswerten. Wir erhalten

$$G_\varepsilon(x-x') = \begin{cases} \dfrac{i}{(2\pi)^3} \displaystyle\int \frac{d\tau(\vec{k})}{2\,\|\vec{k}\|} \exp\{-\varepsilon'(x^o-x'^o)-i[\|\vec{k}\|(x^o-x'^o)-\vec{k}\cdot(\vec{x}-\vec{x}')]\}, & x^o > x'^o \\ \dfrac{i}{(2\pi)^3} \displaystyle\int \frac{d\tau(\vec{k})}{2\,\|\vec{k}\|} \exp\{\varepsilon'(x^o-x'^o)+i[\|\vec{k}\|(x^o-x'^o)-\vec{k}\cdot(\vec{x}-\vec{x}')]\}, & x^o < x'^o . \end{cases} \tag{11.2-105}$$

Anschließend kann der Grenzwert $\varepsilon \to 0$ gebildet werden:

$$G_F(x-x') := \lim_{\varepsilon \to 0} G_\varepsilon(x-x') = \begin{cases} -D^{(+)}(x-x'), & x^o > x'^o \\ D^{(-)}(x-x'), & x^o < x'^o , \end{cases} \tag{11.2-106}$$

wo mit (11.2-85)

$$D^{(+)}(x) := -\frac{i}{(2\pi)^3} \int d^4k\, \theta(k^o)\, \delta(\underline{k}^2) \exp(i\, \underline{k} \cdot \underline{x}) \tag{11.2-107}$$

$$D^{(-)}(x) := \frac{i}{(2\pi)^3} \int d^4k\, \theta(-k^o)\, \delta(\underline{k}^2) \exp(i\, \underline{k} \cdot \underline{x}) . \tag{11.2-108}$$

Wie man sieht, sind die Funktionen (Distributionen) $D^{(\pm)}(x)$ Lösungen der homogenen Wellengleichung

$$\Box D^{(\pm)} = 0 . \tag{11.2-109}$$

Im Hinblick auf die Abhängigkeit von der Zeit enthält $D^{(+)}$ nur positive Frequenzen, $D^{(-)}$ dagegen nur negative Frequenzen. Ein Vergleich mit (11.2-90) zeigt, daß die Summe von $D^{(+)}$ und $D^{(-)}$ mit der Grundlösung des Cauchyschen Anfangswertproblems übereinstimmt:

$$D(x) = D^{(+)}(x) + D^{(-)}(x) . \tag{11.2-110}$$

Die durch (11.2-106) definierte Greensche Funktion erfüllt die Randbedingung, daß vom Quellpunkt x' in Zukunft $(x^o > x'^o)$ und Vergangenheit $(x^o < x'^o)$ nur auslaufende Wellen ausgehen oder ausgestrahlt werden (s. Abb.11.4). Ferner ist $G_F = O(1/\vec{x}^2)$

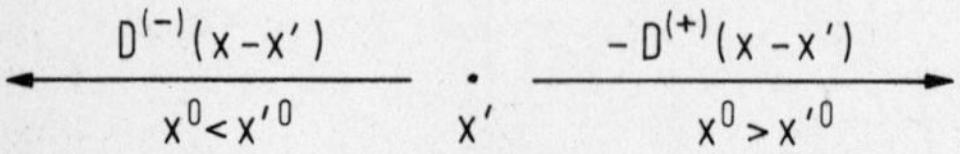

Abb.11.4

für $\|\vec{x}\| \to \infty$ und $x^0 = \text{const}$. Sie ist von Feynman eingeführt worden und beschreibt die Ausbreitung eines Photons in der Quantenelektrodynamik+). Weitere Greensche Funktionen, die anderen Randbedingungen genügen, lassen sich aus der Feynmanschen Funktion G_F und Lösungen der homogenen Wellengleichung konstruieren. Mit Hilfe der Lösungen $D^{(\pm)}$ erhalten wir die retardierte Greensche Funktion G_R:

$$G_R(x-x') := G_F(x-x') - D^{(-)}(x-x') = \begin{cases} -D(x-x'), & x^0 > x'^0 \\ 0, & x^0 < x'^0 \end{cases} \qquad (11.2\text{-}111)$$

und die avancierte Greensche Funktion G_A:

$$G_A(x-x') := G_F(x-x') + D^{(+)}(x-x') = \begin{cases} 0, & x^0 > x'^0 \\ D(x-x'), & x^0 < x'^0 . \end{cases} \qquad (11.2\text{-}112)$$

Sie beschränken die Ausbreitung elektromagnetischer Strahlung auf die Zukunft (G_R) bzw. auf die Vergangenheit (G_A). Mit (11.2-94) erhalten wir die besonders einprägsamen Darstellungen (s. auch 7.3-109)

$$G_R(x-x') = \frac{1}{2\pi}\,\theta(x^0 - x'^0)\,\delta[(\underline{x}-\underline{x}')^2] = \frac{1}{4\pi}\,\frac{\delta(x^0 - x'^0 - \|\vec{x}-\vec{x}'\|)}{\|\vec{x}-\vec{x}'\|}, \qquad (11.2\text{-}113)$$

$$G_A(x-x') = \frac{1}{2\pi}\,\theta(x'^0 - x^0)\,\delta[(\underline{x}-\underline{x}')^2] = \frac{1}{4\pi}\,\frac{\delta(x^0 - x'^0 + \|\vec{x}-\vec{x}'\|)}{\|\vec{x}-\vec{x}'\|}. \qquad (11.2\text{-}114)$$

Sie zeigen, daß G_R nur auf dem Zukunftslichtkegel bzw. G_A nur auf dem Vergangenheitslichtkegel nicht verschwindet (s. Abb.11.5 a,b).

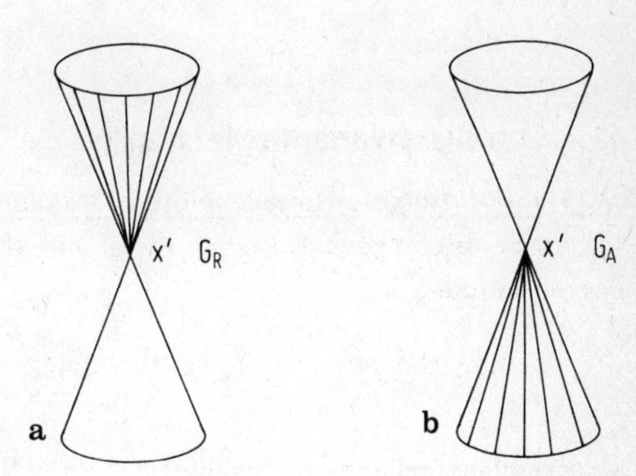

Abb.11.5

+) R. P. Feynman: Phys. Rev. 76, 769 (1949)

Mit der retardierten Greenschen Funktion integrieren wir die inhomogene Wellengleichung unter der Anfangsbedingung

$$\lim_{x^o \to -\infty} A_\mu(x) = A_\mu^{ein}(x) \ , \qquad \Box A_\mu^{ein} = 0 \ , \tag{11.2-115}$$

während mit der avancierten Greenschen Funktion die Endbedingung

$$\lim_{x^o \to +\infty} A_\mu(x) = A_\mu^{aus}(x) \ , \qquad \Box A_\mu^{aus} = 0 \tag{11.2-116}$$

erfüllt werden kann. Hier sind A_μ^{ein}, A_μ^{aus} einlaufende bzw. auslaufende Lösungen der homogenen Wellengleichung. Die entsprechenden Lösungen der inhomogenen Wellengleichung lauten

$$\begin{aligned} A_\mu^R(x) &= A_\mu^{ein}(x) + \int d^4x' \, G_R(x-x') \, Z_o(*_4 \bar{j})_\mu(x') = \\ &= A_\mu^{ein}(x) + \int_{-\infty}^{x^o} dx'^o \int d\tau(\vec{x}') \, \frac{\delta(x^o - x'^o - \|\vec{x} - \vec{x}'\|)}{4\pi \|\vec{x} - \vec{x}'\|} \, Z_o(*_4 \bar{j})_\mu(\vec{x}', x'^o) \end{aligned} \tag{11.2-117}$$

$$\begin{aligned} A_\mu^A(x) &= A_\mu^{aus}(x) + \int d^4x' \, G_A(x-x') \, Z_o(*_4 \bar{j})_\mu(x') = \\ &= A_\mu^{aus}(x) + \int_{x^o}^{\infty} dx'^o \int d\tau(\vec{x}') \, \frac{\delta(x^o - x'^o + \|\vec{x} - \vec{x}'\|)}{4\pi \|\vec{x} - \vec{x}'\|} \, Z_o(*_4 \bar{j})_\mu(\vec{x}', x'^o) \ . \end{aligned} \tag{11.2-118}$$

Bei geeigneter Definition des Grenzübergangs $x^o \to \pm\infty$ sind die Lösungen des Anfangswert- und Endwertproblems eindeutig bestimmt.

11.3. Lorentz-invariante Mechanik

11.3.1. Kräftefreie Bewegung eines Massenpunktes

Ist $\bar{I} \subset \mathbb{R}$ ein abgeschlossenes Parameterintervall, so wird durch die differenzierbare Abbildung

$$C : \bar{I} \to V^4 \ ; \qquad \theta \mapsto \underline{C}(\theta) \in V^4 \ , \qquad \theta \in \bar{I} \tag{11.3-1}$$

ein differenzierbares Kurvenstück C in V^4 definiert. Statt $\underline{C}(\theta)$ benutzen wir im folgenden die Schreibweise

$$\underline{C}(\theta) = \underline{x}(\theta) = \underline{e}_\mu \, x^\mu(\theta) \ ,$$

wo $\underline{e}_\mu$ eine Basis im Tangentialraum $T_{\underline{x}}(\theta)$ ist. Die Bewegung eines Massenpunktes wird in der Raum-Zeit M^4 durch eine Kurve beschrieben, deren Tangentenvektor stets im Vorkegel liegt (s. Abb.11.6):

$$\langle \frac{d\underline{x}}{d\theta} \mid \frac{d\underline{x}}{d\theta} \rangle < 0 \; ; \qquad \frac{dx^o}{d\theta} > 0 \; , \tag{11.3-2}$$

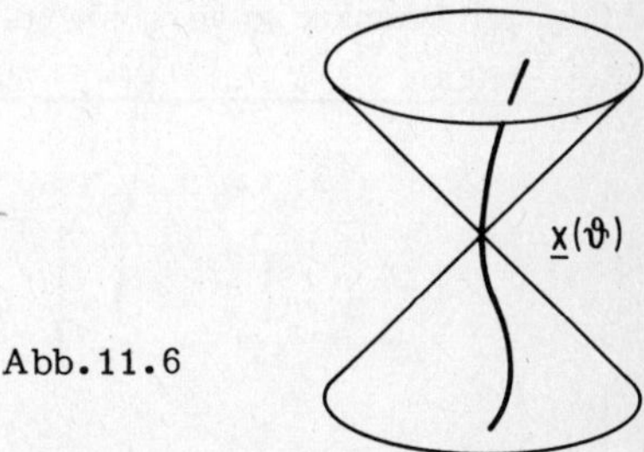

Abb.11.6

eine Definition, die bereits die pseudo-Euklidische Geometrie der Raum-Zeit voraussetzt. Es ist zweckmäßig, für die physikalische Beschreibung entweder die Bogenlänge s oder die Eigenzeit τ als Parameter zu verwenden. Die Bogenlänge wird durch die Bedingung

$$\langle \frac{d\underline{x}}{ds} \mid \frac{d\underline{x}}{ds} \rangle = g_{\mu\nu} \frac{dx^\mu}{ds} \frac{dx^\nu}{ds} = -1 \; , \qquad [s] = [\text{Länge}] \tag{11.3-3}$$

definiert, während für die Eigenzeit

$$\langle \frac{d\underline{x}}{d\tau} \mid \frac{d\underline{x}}{d\tau} \rangle = g_{\mu\nu} \frac{dx^\mu}{d\tau} \frac{dx^\nu}{d\tau} = -c^2 \; , \qquad [\tau] = [\text{Zeit}] \tag{11.3-4}$$

verlangt wird. Ein Vergleich der beiden Definitionen zeigt, daß stets gilt

$$ds = c\, d\tau \; . \tag{11.3-5}$$

Der Tangentenvektor $d\underline{x}/d\tau =: \dot{\underline{x}}$ ist die vierdimensionale Verallgemeinerung der Geschwindigkeit. In einem pseudo-orthonormalen Bezugssystem gilt

$$\langle \dot{\underline{x}} | \dot{\underline{x}} \rangle = -(\dot{x}^o)^2 + \sum_{i=1}^{3} (\dot{x}^i)^2 = (-c^2 + \vec{v}^2) \left(\frac{dt}{d\tau}\right)^2 = -c^2 \; , \tag{11.3-6}$$

wo $\vec{v} = d\vec{x}/dt$ der dreidimensionale Geschwindigkeitsvektor ist. Aus (11.3-6) folgt

$$\frac{d\tau}{dt} = \sqrt{1 - \vec{v}^2/c^2} \; . \tag{11.3-7}$$

Damit erhalten wir für $\dot{\underline{x}}$:

$$\dot{\underline{x}} = \underline{e}_o \dot{x}^o + \underline{e}_i \dot{x}^i = \frac{c\,\underline{e}_o + \vec{v}}{\sqrt{1 - \vec{v}^2/c^2}} \quad . \tag{11.3-8}$$

Die Eigenzeit ist die Zeit, die in einem bei der Bewegung des Massenpunktes mitgeführten Bezugssystem gemessen wird, in dem also die Geschwindigkeit $\vec{v}$ in jedem Punkt der Bahnkurve verschwindet und folglich nach (11.3-7) $d\tau = dt$ gilt. Zwischen zwei Punkten $\underline{x}(\tau_2)$ und $\underline{x}(\tau_1)$ zeigt eine mitbewegte Uhr die Zeitdifferenz

$$\tau_2 - \tau_1 = \int_{\tau_1}^{\tau_2} d\tau = \int_{t_1}^{t_2} \sqrt{1 - \frac{\vec{v}^2(t)}{c^2}}\, dt \tag{11.3-9}$$

an. Werden die beiden Punkte durch verschiedene (beschleunigte) Bewegungen verbunden (Abb.11.7), so zeigen die jeweils mitgeführten Uhren verschiedene Zeitspannen an (Uhrenparadoxon).

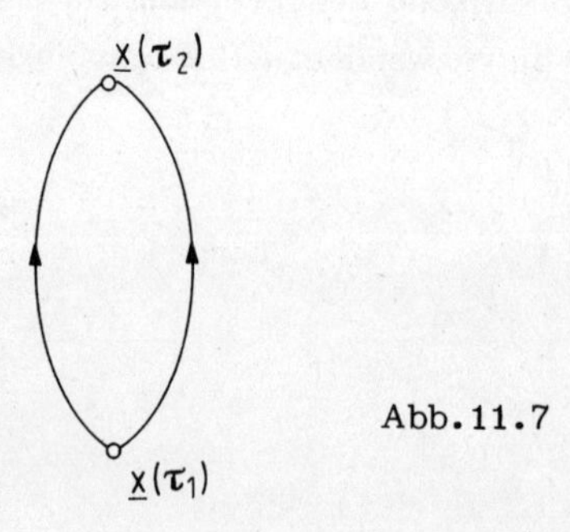

Abb.11.7

Wir versuchen nun, die Bahnen eines kräftefrei bewegten Massenpunktes wie in der nichtrelativistischen Mechanik als Extremalen eines Variationsproblems (Hamiltonsches Prinzip) zu gewinnen. Dazu benötigen wir eine 1-Form $\bar{p}$, deren Integral über ein Kurvenstück C die Dimension [Wirkung] hat:

$$W := \int_C \langle \bar{p}, d\underline{C} \rangle = \int_{\tau_1}^{\tau_2} \langle \bar{p}, \dot{\underline{x}} \rangle \, d\tau, \qquad [\bar{p}] = \left[\frac{\text{Wirkung}}{\text{Länge}} \right] . \tag{11.3-10}$$

Aus den Variablen, die die Bahn des Massenpunktes beschreiben, läßt sich mit Hilfe der pseudo-Euklidischen Metrik nur die 1-Form $\iota(\dot{\underline{x}})$ bilden. Damit die gewünschte Dimension entsteht, multiplizieren wir sie mit einem dimensionsbehafteten Parameter m:

$$\bar{p} := m\,\iota(\dot{\underline{x}}) = \iota(m\,\dot{\underline{x}}) = \iota(\underline{p}) \;, \quad [m] = \left[\frac{\text{Wirkung}}{\text{Länge}} \right] \left[\frac{1}{c} \right] . \tag{11.3-11}$$

Die 1-Form $\bar{p}$ hat die Komponenten

$$p_\mu = g_{\mu\nu}\, m\, \dot{x}^\nu \,. \tag{11.3-12}$$

Sie sind nicht unabhängig. Denn in einem pseudo-orthonormalen System gilt wegen (11.3-6)

$$\langle \bar{p}|\bar{p}\rangle = \langle \underline{p}|\underline{p}\rangle = m^2\langle \dot{\underline{x}}|\dot{\underline{x}}\rangle = -m^2c^2 = -(p^o)^2 + \sum_{i=1}^{3}(p^i)^2 \,. \tag{11.3-13}$$

Ferner ist wegen (11.3-2) $p^o > 0$. Damit folgt aus (11.3-13)

$$\langle \underline{p}|\underline{p}\rangle = -(p^o)^2 + \vec{p}^{\,2} = -m^2c^2 \quad\Rightarrow\quad p^o = +\sqrt{m^2c^2 + \vec{p}^{\,2}} \,, \tag{11.3-14}$$

während die zeitliche Komponente der 1-Form $\bar{p}$ negativ ist:

$$p_o = g_{oo}\, p^o = -\sqrt{m^2c^2 + \vec{p}^{\,2}} \,. \tag{11.3-15}$$

Mit (11.3-11) und (11.3-4) erhalten wir für das Wirkungsfunktional (11.3-10)

$$W = -\int_{\tau_1}^{\tau_2} m c^2\, d\tau = -\int_{\theta_1}^{\theta_2} m c \sqrt{-g_{\mu\nu}\frac{dx^\mu}{d\theta}\frac{dx^\nu}{d\theta}}\, d\theta \,. \tag{11.3-16}$$

Die Forderung

$$\delta W = 0 \,, \qquad \delta x^\mu(\theta_1) = \delta x^\nu(\theta_2) = 0 \tag{11.3-17}$$

führt bei freier Wahl des Kurvenparameters θ auf die Euler-Lagrange-Gleichungen

$$\left(g_{\mu\nu} - \frac{x'_\mu\, x'_\nu}{\underline{x}'^2}\right) x''^\nu = 0 \,, \qquad x'^\mu = \frac{dx^\mu}{d\theta} \,. \tag{11.3-18}$$

Da die Determinante

$$\left| g_{\mu\nu} - \frac{x'_\mu\, x'_\nu}{\underline{x}'^2} \right| \tag{11.3-19}$$

verschwindet, können sie nicht nach x''^μ aufgelöst werden. Doch folgen aus (11.3-18) für alle Parameter, die der Nebenbedingung

$$\underline{x}'^2 = g_{\mu\nu}\, x'^\mu\, x'^\nu = \text{const} \tag{11.3-20}$$

genügen, die Extremalen-Gleichungen

$$x''^{\mu} = 0 \; , \tag{11.3-21}$$

im besonderen also auch für die Bogenlänge und die Eigenzeit.

Der Integrand des Wirkungsfunktionals (11.3-10) kann unter Beachtung von (11.3-7) und (11.3-8) in der Form

$$\langle \bar{p}, \dot{\underline{x}} \rangle \, d\tau = \langle \underline{p} | \dot{\underline{x}} \rangle \, d\tau = (\vec{p} \cdot \vec{v} - c\, p^{o}) \, dt \tag{11.3-22}$$

geschrieben werden, wo

$$\vec{p} = \frac{m\,\vec{v}}{\sqrt{1 - \vec{v}^2/c^2}} \tag{11.3-23}$$

ist. Andererseits gilt wegen (11.3-7)

$$\langle \bar{p}, \dot{\underline{x}} \rangle \, d\tau = m \langle \dot{\underline{x}} | \dot{\underline{x}} \rangle \, d\tau = - m\, c^2 \, d\tau = - m\, c^2 \sqrt{1 - \vec{v}^2/c^2} \; dt = : L\, dt \; . \tag{11.3-24}$$

Hier ist

$$L = - m\, c^2 \sqrt{1 - \vec{v}^2/c^2} \tag{11.3-25}$$

die Lagrangefunktion im Sinne der nichtrelativistischen Mechanik. Der Vergleich mit (11.3-23) zeigt, daß

$$\vec{p} = \frac{\partial L}{\partial \vec{v}}$$

($\partial/\partial\vec{v}$: Gradient in bezug auf die Komponenten von $\vec{v}$), so daß aus (11.3-22) und (11.3-24) die Hamiltonfunktion H abgelesen werden kann:

$$H : = \vec{p} \cdot \vec{v} - L = c\, p^{o} = c \sqrt{m^2\, c^2 + \vec{p}^{\,2}} \; . \tag{11.3-26}$$

Die Bewegungsgleichungen

$$\ddot{x}^{\mu} = 0$$

lassen sich nun mit (11.3-25) auch in der gewohnten Form als Lagrangesche Gleichungen zweiter Art schreiben:

$$\frac{d}{dt} \frac{\partial L}{\partial \vec{v}} = 0 \; . \tag{11.3-27}$$

Sie führen sofort auf den Impulssatz

$$\vec{p} = \frac{\partial L}{\partial \vec{v}} = \text{const} \tag{11.3-28}$$

und auf den Energiesatz

$$E := -L + \vec{v} \cdot \frac{\partial L}{\partial \vec{v}} = \frac{m\, c^2}{\sqrt{1 - \vec{v}^2/c^2}} = c\, p^o = \text{const} . \tag{11.3-29}$$

Ebenso einfach ist der Beweis des Drehimpulssatzes

$$\vec{M} := \vec{x} \wedge \frac{\partial L}{\partial \vec{v}} = \vec{x} \wedge \vec{p} = \text{const}, \tag{11.3-30}$$

denn mit (11.3-23) und (11.3-27) folgt

$$\frac{d\vec{M}}{dt} = \frac{d}{dt}\left(\vec{x} \wedge \frac{\partial L}{\partial \vec{v}} \right) = 0 .$$

Um den Schwerpunktsatz zu beweisen, gehen wir von der Invarianz des Integranden (11.3-24) unter reinen Lorentztransformationen aus. Zunächst zerlegen wir den Geschwindigkeitsvektor $\dot{\underline{x}}$ nach (11.3-8) in beiden Lorentz-Systemen in einen zeitlichen und einen räumlichen Anteil:

$$\dot{\underline{x}} = \frac{c\, \underline{e}_o + \vec{v}}{\sqrt{1 - \vec{v}^2/c^2}} = \frac{c\, \underline{e}_o' + \vec{v}\,'}{\sqrt{1 - \vec{v}\,'^2/c^2}} . \tag{11.3-31}$$

Wegen der Lorentz-Invarianz von $d\tau$ folgt dann mit (11.3-24)

$$L(\vec{v})\, dt = L(\vec{v}\,')\, dt' . \tag{11.3-32}$$

Da $\dot{\underline{x}}$ ein Vektor ist, können wir die Transformationsregeln (11.1-78) anwenden und erhalten für den Fall, daß sich das gestrichene System relativ zum ungestrichenen mit der Geschwindigkeit $\vec{V}$ bewegt,

$$\frac{\vec{v}_\perp'}{\sqrt{1 - \vec{v}\,'^2/c^2}} = \frac{\vec{v}_\perp}{\sqrt{1 - \vec{v}^2/c^2}} ; \qquad \frac{v_{\parallel}'^{\,i}}{\sqrt{1 - \vec{v}\,'^2/c^2}} = \frac{v_{\parallel}^i - V^i}{\sqrt{1 - \vec{v}^2/c^2}\sqrt{1 - \vec{V}^2/c^2}} , \tag{11.3-32a}$$

$$\frac{1}{\sqrt{1 - \vec{v}\,'^2/c^2}} = \frac{1 - \vec{v} \cdot \vec{V}/c^2}{\sqrt{1 - \vec{v}^2/c^2}\sqrt{1 - \vec{V}^2/c^2}} . \tag{11.3-32b}$$

Wir weisen darauf hin, daß sich das Transformationsgesetz für den $\perp$-Anteil in einfacher Weise als Vektorgleichung schreiben läßt. Dividiert man (11.3-32a) durch (11.3-32b), so gelangt man zu dem Einsteinschen Additionstheorem für räumliche Geschwindigkeiten:

$$\vec{v}'_{\perp} = \frac{\vec{v}_{\perp}\sqrt{1-\vec{V}^2/c^2}}{1-\vec{v}\cdot\vec{V}/c^2} \;; \qquad v'^{i}_{\parallel} = \frac{v^{i}_{\parallel} - V^{i}}{1-\vec{v}\cdot\vec{V}/c^2} \,. \tag{11.3-33}$$

Es geht in die vertrauten Regeln für die Addition von räumlichen Vektoren über, wenn alle Geschwindigkeiten sehr klein gegenüber der Lichtgeschwindigkeit c sind.

Zum Beweis des Schwerpunktsatzes genügt es, nur infinitesimale Transformationen zu betrachten, also in (11.3-33) nur Glieder erster Ordnung in $\vec{V}$ zu berücksichtigen:

$$\vec{v}'_{\perp} = \vec{v}_{\perp}(1+\vec{v}\cdot\vec{V}/c^2) + \ldots \;; \qquad v'^{i}_{\parallel} = v^{i}_{\parallel} - V^{i} + v^{i}_{\parallel}\,\vec{v}\cdot\vec{V}/c^2 + \ldots \,. \tag{11.3-34}$$

In der gleichen Näherung gilt nach (11.1-78)

$$dt' = dt - \frac{\vec{V}\cdot d\vec{x}}{c^2} + \ldots \quad \Rightarrow \quad \frac{dt'}{dt} = 1 - \frac{\vec{v}\cdot\vec{V}}{c^2} + \ldots \,. \tag{11.3-35}$$

Nach Einsetzen von (11.3-34) und (11.3-35) in (11.3-32) ergibt sich

$$\begin{aligned} L(\vec{v}) = L(\vec{v}')\,\frac{dt'}{dt} &= \left\{L(\vec{v}) + \vec{V}\cdot\left[\frac{\vec{v}}{c^2}\left(\vec{v}\cdot\frac{\partial L}{\partial\vec{v}}\right) - \frac{\partial L}{\partial\vec{v}}\right]\right\}\left(1-\frac{\vec{v}\cdot\vec{V}}{c^2}\right) + \ldots \\ &= L(\vec{v}) + \vec{V}\cdot\left[\frac{\vec{v}}{c^2}\left(\vec{v}\cdot\frac{\partial L}{\partial\vec{v}} - L\right) - \frac{\partial L}{\partial\vec{v}}\right] + \ldots \end{aligned} \tag{11.3-36}$$

oder mit (11.3-28) und (11.3-29)

$$0 = \frac{E\vec{v}}{c^2} - \vec{p} = \frac{d}{dt}\left(\frac{E\vec{x}}{c^2} - \vec{p}\,t\right) \quad \Rightarrow \quad \frac{E\vec{x}}{c^2} - \vec{p}\,t = \text{const} \,. \tag{11.3-37}$$

Die Größe E/c^2 tritt an die Stelle der Masse m im Vergleich zum Schwerpunktsatz in der nichtrelativistischen Mechanik. Für $\|\vec{v}\| \ll c$ kann (11.3-29) entwickelt werden:

$$E = mc^2 + \frac{m}{2}\vec{v}^2 + \ldots \,, \tag{11.3-38}$$

und (11.3-37) geht in den nichtrelativistischen Satz über, wenn man E durch die Ruheenergie $E = mc^2$ approximiert.

11.3.2. Bewegung eines geladenen Massenpunktes im äußeren Feld

Für die Konstruktion des Wirkungsfunktionals steht neben der 1-Form $\iota(m\dot{\underline{x}})$ noch die 1-Form $\bar{A}$ des äußeren elektromagnetischen Feldes zur Verfügung. Sie hat die Dimension

$$[\bar{A}] = \left[\frac{\text{Wirkung}}{(\text{Ladung})(\text{Länge})}\right]. \tag{11.3-39}$$

Die 1-Form

$$\bar{p} := \iota(m\dot{\underline{x}}) + e\bar{A} \tag{11.3-40}$$

hat die gewünschte Dimension [(Wirkung)/(Länge)], wenn e die Dimension [Ladung] hat. Wir tetrachten e als die Ladung des Massenpunktes. Aus dem Wirkungsfunktional

$$W = \int_C \langle \bar{p}, d\underline{C} \rangle = \int_{\tau_1}^{\tau_2} \langle \bar{p}, \dot{\underline{x}} \rangle \, d\tau =: \int_{t_1}^{t_2} L \, dt \tag{11.3-41}$$

erhalten wir mit (11.3-8) die Lagrangefunktion

$$L = -mc^2 \sqrt{1 - \vec{v}^2/c^2} + ecA_o + e\vec{v}\cdot\vec{A}, \tag{11.3-42}$$

wo $\vec{A}$ der räumliche Teil des 1-Vektors $\underline{A}$ ist.

Um die Bewegungsgleichungen zu bestimmen, bilden wir die erste Variation von (11.3-41). Das äußere Feld liefert zu δW den Beitrag (s. Abb.11.8)

$$\delta \int_C \langle e\bar{A}, d\underline{C} \rangle = \int_{C+\delta C} \langle e\bar{A}, d\underline{C} \rangle - \int_C \langle e\bar{A}, d\underline{C} \rangle = \int_{\partial\Gamma} \langle e\bar{A}, d\underline{C} \rangle =$$

$$= -e \int_\Gamma \langle F, \dot{\underline{x}} \wedge \delta\underline{x} \rangle \, d\tau = -e \int_\Gamma \langle F\cdot\dot{\underline{x}}, \delta\underline{x} \rangle \, d\tau . \tag{11.3-43}$$

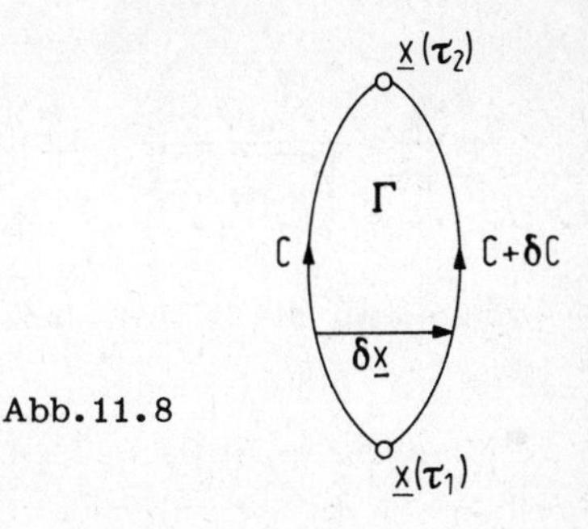

Abb.11.8

Hier ist Γ das von den Kurvenstücken C und $C + dC$ berandete Flächenstück (s. Abb.11.8). Das Integral über $\partial\Gamma$ kann mit Hilfe des Satzes von Stokes in ein Integral über Γ umgeformt werden, wenn man das Flächenelement $d\Gamma$ in der Form

$$d\Gamma = \dot{\underline{x}}\, d\tau \wedge \delta\underline{x} \tag{11.3-44}$$

ansetzt. Mit (11.3-43) erhalten wir die Bewegungsgleichungen

$$m\ddot{\underline{x}} = -e\, F \cdot \dot{\underline{x}} = e\dot{\underline{x}} \cdot F\,. \tag{11.3-45}$$

Sie lassen sich mit (11.1-24) und (11.3-8) in einen räumlichen Anteil

$$\frac{d}{dt}\,\frac{m\vec{v}}{\sqrt{1-\vec{v}^2/c^2}} = e(\vec{E} + \vec{v} \cdot \vec{B}) \tag{11.3-46}$$

und einen zeitlichen Anteil

$$\frac{d}{dt}\,\frac{mc^2}{\sqrt{1-\vec{v}^2/c^2}} = e\vec{v} \cdot \vec{E} \tag{11.3-47}$$

zerlegen. (11.3-46) ist die Bewegungsgleichung für einen Massenpunkt mit der Ladung e unter dem Einfluß der Lorentz-Kraft, während (11.3-47) die Energiebilanz liefert. Ein Vergleich mit (11.2-47) zeigt, daß dem Felde pro Zeiteinheit die Energie

$$\int d\tau\, (*_3 \bar{J}) \cdot \bar{E} = e\vec{v} \cdot \vec{E} \tag{11.3-48}$$

entzogen wird.

Zum Abschluß bestimmen wir die Hamiltonfunktion. Die Lagrangefunktion (11.3-42) liefert den Zusammenhang zwischen Impuls und Geschwindigkeit

$$\vec{p} = \frac{\partial L}{\partial \vec{v}} = \frac{m\vec{v}}{\sqrt{1-\vec{v}^2/c^2}} + e\vec{A}\,. \tag{11.3-49}$$

Damit erhalten wir die Hamiltonfunktion

$$H = \vec{p} \cdot \vec{v} - L = c\sqrt{m^2c^2 + (\vec{p} - e\vec{A})^2} - ecA_o\,. \tag{11.3-50}$$

Da H die Gesamtenergie ist, muß $V = -cA_o$ das elektrische Potential sein. Tatsächlich folgt aus

$$F = \frac{\bar{E}}{c} \wedge \bar{e}^o + B = \bar{\Box} \wedge \bar{A} = \left(\bar{\nabla} + \bar{e}^o \frac{\partial}{\partial x^o}\right) \wedge \left(A_o \bar{e}^o + A_i \bar{e}^i\right)$$

für die Feldstärken $\bar{E}$ und B:

$$\bar{E} = -\frac{\partial}{\partial t} \bar{e}^i A_i + \bar{\nabla} c A_o, \qquad B = \bar{\nabla} \wedge \bar{A}. \tag{11.3-51}$$

Aufgaben

11.1 a) Das Koordinatensystem $K' = (O,B')$ bewegt sich relativ zum Koordinatensystem $K = (O,B)$ mit der Geschwindigkeit V in Richtung der positiven x^1-Achse. Zeigen Sie, daß die Matrix der zugeordneten Lorentztransformation L_{10} ($B' = L_{10}B$) in der folgenden Form geschrieben werden kann:

$$(L_{10}) = \begin{pmatrix} \cosh u & \sinh u & 0 & 0 \\ \sinh u & \cosh u & 0 & 0 \\ 0 & 0 & 1 & 0 \\ 0 & 0 & 0 & 1 \end{pmatrix}, \qquad \operatorname{tgh} u := \frac{V}{c}. \tag{1}$$

Prüfen Sie, ob die Relationen (11.1-61) erfüllt sind.

In der gleichen Weise definiert man die Lorentztransformationen L_{20} und L_{30}. Die allgemeinste reine Lorentztransformation ist ein Produkt von L_{10}, L_{20} und L_{30}. Hinzu treten die räumlichen Drehungen L_{12}, L_{23} und L_{31}, zum Beispiel:

$$(L_{12}) = \begin{pmatrix} 1 & 0 & 0 & 0 \\ 0 & \cos\varphi & \sin\varphi & 0 \\ 0 & -\sin\varphi & \cos\varphi & 0 \\ 0 & 0 & 0 & 1 \end{pmatrix}. \tag{2}$$

Jedes Element $L \in \mathscr{L}_+^\uparrow$ läßt sich als Produkt von $L_{10}, L_{20}, L_{30}, L_{12}, L_{23}$ und L_{31} schreiben, d.h. die Gruppenelemente können z.B. als Funktionen von drei Geschwindigkeitsparametern und drei Drehwinkeln aufgefaßt werden.

b) Beweisen Sie die Behauptung (11.1-68).

Hinweis: Zeigen Sie zunächst, daß es eine räumliche Drehung $L(R_1)$ gibt, so daß die Matrix von $L(R_1)\,L$ $(L \in \mathscr{L}_+^\uparrow)$ folgende Form hat:

$$\left(L(R_1)L\right) = \begin{pmatrix} L^o_o & L^o_1 & L^o_2 & L^o_3 \\ \sqrt{\sum_{i=1}^{3} (L^i_o)^2} & & & \\ 0 & & \bar{L}^i_j & \\ 0 & & & \end{pmatrix} . \tag{3}$$

Auf Grund der Relationen (11.1-61) gibt es eine weitere räumliche Drehung $L(R_2)$, so daß:

$$\left(L(R_1)L\,L(R_2)\right) = \begin{pmatrix} L^o_o & \sqrt{\sum_{i=1}^{3} (L^o_i)^2} & 0 & 0 \\ \sqrt{\sum_{i=1}^{3} (L^o_i)^2} & L^o_o & 0 & 0 \\ 0 & 0 & 1 & 0 \\ 0 & 0 & 0 & 1 \end{pmatrix} . \tag{4}$$

Das ist eine reine Lorentztransformation von der Form (1).

c) Beweisen Sie, daß LM orthochron ist, wenn die Transformationen L und M orthochron sind.

Hinweis: Für eine orthochrone Transformation gilt nach (11.1-61)

$$L^o_o = \sqrt{1 + \sum_{i=1}^{3} (L^i_o)^2} . \tag{5}$$

Bilden Sie

$$(LM)^o_o = L^o_o\,M^o_o + \sum_{i=1}^{3} L^o_i\,M^i_o , \tag{6}$$

schätzen Sie die Summe mit Hilfe der Schwarzschen Ungleichung ab und beachten Sie, daß die reziproke Lorentztransformation L^{-1} wegen (11.1-59) die folgenden Matrixelemente hat:

$$(L^{-1})^o_{\ o} = L^o_{\ o}\,, \qquad (L^{-1})^o_{\ i} = -L^i_{\ o}\,, \qquad (L^{-1})^i_{\ o} = -L^o_{\ i}\,, \qquad (L^{-1})^i_{\ j} = L^j_{\ i}\,. \tag{7}$$

11.2 a) Zeigen Sie, daß die speziellen konformen Transformationen (s. 11.1-100)

$$x^\mu \mapsto y^\mu = \frac{x^\mu - c^\mu x^2}{1 - 2c\cdot x + c^2 x^2}\,, \qquad c^\mu \in \mathbb{R}\,, \qquad \mu = 0,1,2,3 \tag{1}$$

durch Komposition einer Inversion (s. 11.1-97) mit einer Translation und einer weiteren Inversion gebildet werden können:

$$x^\mu \mapsto \frac{x^\mu}{x^2} \mapsto \frac{x^\mu}{x^2} - c^\mu \mapsto \frac{x^\mu - c^\mu x^2}{1 - 2c\cdot x + c^2 x^2}\,. \tag{2}$$

b) Wie transformieren sich die Elemente $\eta_{\mu\nu}$ der metrischen Matrix in einer pseudo-orthonormalen Basis (s. 11.1-35) unter den Transformationen (1)?

Hinweis: Das Transformationsgesetz lautet

$$g'_{\mu\nu}(y) = \eta_{\rho\sigma}\,\frac{\partial x^\rho}{\partial y^\mu}\,\frac{\partial x^\sigma}{\partial y^\nu} = \sigma_c^2(x)\,\eta_{\mu\nu}\,, \qquad \sigma_c(x) = 1 - 2c\cdot x + c^2 x^2. \tag{3}$$

c) Die von den Transformationen (1) induzierten Abbildungen der Multiformen werden in der üblichen Weise definiert (s. 11.1-43 und 11.1-44), z.B. gilt für eine 1-Form $\bar{A}$:

$$\bar{A} \mapsto \bar{A}'\,, \qquad \bar{A}'(x) = A'_\mu(x)\,\bar{e}^\mu\,, \qquad A'_\mu(y) = A_\nu(x)\,\frac{\partial x^\nu}{\partial y^\mu}\,. \tag{4}$$

Der $*_4$-Operator ist wegen (3) nicht in jedem Fall mit diesen Abbildungen vertauschbar. Beweisen Sie die folgenden Transformationsgesetze für eine 0-Form Φ, eine 1-Form $\bar{A}$, eine 2-Form F, eine 3-Form $\bar{j}$ und eine 4-Form ω:

$$\begin{aligned} &(*_4\,\Phi)' = \sigma_c^4\,\Phi'\,, \qquad (*_4\,F)' = F'\,, \qquad (*_4\,\bar{j})' = \sigma_c^{-2}\,\bar{j}'\,, \\ &(*_4\,\bar{A})' = \sigma_c^2\,\bar{A}'\,, \qquad (*_4\,\omega)' = \sigma_c^{-4}\,\omega'\,. \end{aligned} \tag{5}$$

11.3 Das allgemeine Transformationsgesetz für die Komponenten des Energie-Impuls-Tensors lautet (s. 11.2-3)

$$T'^\mu_{\ \nu}(x') = T^\rho_{\ \sigma}(x)\,\frac{\partial x'^\mu}{\partial x^\rho}\,\frac{\partial x^\sigma}{\partial x'^\nu}\,. \tag{1}$$

Wie transformieren sich die Komponenten bezüglich eines pseudo-orthonormalen Koordinatensystems $K = (O,B)$, wenn man zu einem System $K' = (O,B')$ übergeht, das sich mit der Geschwindigkeit V in Richtung der positiven x^1-Achse bewegt?

Hinweis: Benutzen Sie die Matrix (11.1-69) und beachten Sie die in Aufgabe 11.1 unter (7) angegebenen Relationen zwischen den Matrixelementen von L und L^{-1}.

11.4 Gegeben sind die Feldgleichungen (11.2-96):

$$-\Box\, \bar{A} + \bar{\Box}\cdot(\bar{\Box}\cdot\bar{A}) = Z_o *_4 \bar{j}\,, \tag{1}$$

ein pseudo-orthonormales Koordinatensystem und ein zeitartiger Einheitsvektor $\bar{n}$ aus dem Zukunftskegel:

$$\underline{n}\cdot\underline{n} = -1\,, \qquad n^o > 0\,. \tag{2}$$

Durch die Bedingung

$$(\bar{\Box} + \bar{n}\,\Box_n)\cdot(\bar{A} + \bar{n}\,A_n) = 0\,, \qquad A_n = \underline{n}\cdot\bar{A}\,, \qquad \Box_n = \underline{n}\cdot\bar{\Box}\,, \tag{3}$$

wird eine Eichung festgelegt, die als Verallgemeinerung der Coulombeichung anzusehen ist. Letztere erhält man, wenn man $\underline{n} = \underline{e}_o$ setzt, wo $\underline{e}_o$ der zeitartige Basisvektor des pseudo-orthonormalen Koordinatensystems ist.

a) Zeigen Sie, daß man die Feldgleichungen (1) in der Eichung (3) wie folgt aufspalten kann:

$$\begin{aligned} -\Box(\bar{A} + \bar{n}A_n) &= Z_o[*_4\bar{j} + \bar{n}(*_4\bar{j})_n - (\bar{\Box} + \bar{n}\,\Box_n)\frac{1}{\Box + \Box_n^2}\Box_n(*_4\bar{j})_n]\,, \\ -(\Box + \Box_n^2)\,A_n &= Z_o(*_4\bar{j})_n\,, \qquad (*_4\bar{j})_n = \underline{n}\cdot(*_4\bar{j})\,. \end{aligned} \tag{4}$$

Hier steht der Operator $-(\Box + \Box_n^2)^{-1}$ für die Greensche Funktion $G_n(x - x')$. Sie genügt der Differentialgleichung

$$(\Box + \Box_n^2)\,G_n(x - x') = -\delta(x - x') \tag{5}$$

und verschwindet für unendlich großen raumartigen Abstand. Bestimmen Sie G_n für die Coulombeichung ($\underline{n} = \underline{e}_o$) und für die verallgemeinerte Coulombeichung.

Die Feldgleichungen (4) sind die Verallgemeinerung der Feldgleichungen (7.3-86) und (7.3-89) für die Coulombeichung.

b) Sei

$$\bar{A} \mapsto \bar{A}'\,, \qquad \bar{A}'(x) = A'_\mu(x)\,\bar{e}^\mu, \qquad A'_\mu(x) = A_\nu(Lx)\,L^\nu_\mu \tag{6}$$

die von der Lorentztransformation

$$x^{\mu} = L^{\mu}_{\nu} x'^{\nu} , \qquad L \in \mathscr{L}^{\uparrow}_{+} \tag{7}$$

induzierte Abbildung der 1-Form $\bar{A}$. Welcher Eichbedingung genügt $\bar{A}'$, wenn $\bar{A}$ der Bedingung (3) genügt? Bestimmen Sie die Eichfunktion λ:

$$\bar{A}' =: \bar{A} + \bar{\square} \lambda . \tag{8}$$

Was folgt daraus für den Zusammenhang zwischen Lorentztransformationen und Eichtransformationen?

11.5 Ein Teilchen mit der Masse m und der Ladung e bewegt sich im Vakuum in einem konstanten elektromagnetischen Feld $\vec{E} = \text{const}$, $\vec{B} = \text{const}$. In nichtrelativistischer Näherung lautet die Bewegungsgleichung

$$m \frac{d\vec{v}}{dt} = e(\vec{E} - \vec{B} \cdot \vec{v}) . \tag{1}$$

Hier ist $\vec{v}$ die Geschwindigkeit des Teilchens. Bestimmen Sie die Bahnkurven. Welche Bedingung müssen die Felder $\vec{E}$ und $\vec{B}$ erfüllen, damit die Bewegung nichtrelativistisch behandelt werden kann ($\|\vec{v}\| \ll c$)?

Hinweis: Verwenden Sie ein kartesisches Koordinatensystem, dessen z-Achse mit der Richtung von $\vec{H}$ zusammenfällt und dessen yz-Ebene von den Vektoren $\vec{E}$ und $\vec{H}$ aufgespannt wird. Die Bewegung verläuft dann in der xy-Ebene. Wählen Sie die Anfangswerte

$$x(0) = 0 , \quad y(0) = 0, \quad \dot{x}(0) = v , \quad \dot{y}(0) = 0 . \tag{2}$$

($\dot{x} = dx/dt$). Die Bahnkurven sind, je nach dem Wert von v, verschlungene (Abb.11.9a), gedehnte (Abb.11.9b) oder exakte Zykloiden (Abb.11.9c).

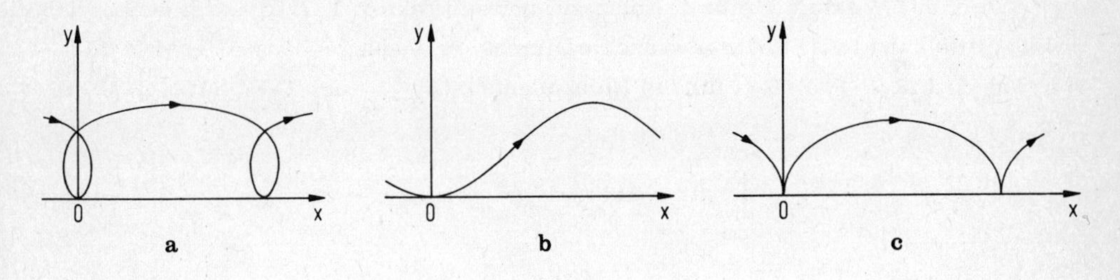

Abb.11.9

12. Elektromagnetische Wechselwirkung bewegter Ladungen

12.1. Das Feld einer bewegten Punktladung

12.1.1. Liénard-Wiechert-Potentiale

Im Abschnitt 11.2.4 des letzten Kapitels haben wir die retardierten Potentiale einer beliebigen Stromdichte $\bar{j}$ im Vakuum bestimmt (s. 11.2-117). Wir behandeln nun den speziellen Fall, daß die Stromdichte $\bar{j}$ durch eine bewegte Punktladung e erzeugt wird, deren Bahn in der Raum-Zeit M^4 durch $\underline{x}(\tau)$ beschrieben wird. Als Bahnparameter wählen wir die Eigenzeit τ. Zunächst ist klar, daß die Stromdichte nur auf der Bahnkurve nicht verschwindet. Sie sollte ferner proportional zur Geschwindigkeit der Ladung sein. Wir machen deshalb folgenden Ansatz für die 1-Form $*_4\bar{j}$ (vgl. 6.1-31):

$$*_4\bar{j}(x) = \frac{e}{\sqrt{|g|}} \int_{-\infty}^{+\infty} \delta[x - x(\tau)]\, \iota(\dot{\underline{x}}\, d\tau) \, . \tag{12.1-1}$$

Hier ist $\delta[x - x(\tau)]$ die vierdimensionale Deltafunktion und $x(\tau) = (x^0(\tau),\ldots,x^3(\tau))$ die Parameterdarstellung der Bahnkurve in den benutzten Koordinaten. Die Abbildung ι ordnet dem 1-Vektor $\dot{\underline{x}}$ eine 1-Form zu, und der Faktor $1/\sqrt{|g|}$ sorgt dafür, daß die rechte Seite von (12.1-1) die gewünschte Dimension [Ladung/(Länge)^3] hat (s. 11.1-33). Der Ansatz (12.1-1) liefert für die Komponenten $(*_4\bar{j})_\mu$ der 1-Form $*_4\bar{j}$

$$(*_4\bar{j})_\mu = \frac{e}{\sqrt{|g|}} \int_{-\infty}^{+\infty} \delta[x - x(\tau)]\, \dot{x}^\nu g_{\mu\nu}\, d\tau \, . \tag{12.1-2}$$

Im folgenden werden wir stets kartesische Koordinaten benutzen, so daß $g_{\mu\nu} = \eta_{\mu\nu}$ (s. 11.1-85) und $|g| = 1$. Zur Kontrolle berechnen wir die zeitliche Komponente und die räumlichen Komponenten von (12.1-2) getrennt:

$$\begin{aligned}(*_4\bar{j})_0 &= -e \int_{-\infty}^{+\infty} \delta[x - x(\tau)]\, \dot{x}^0\, d\tau = \\ &= -e \int_{-\infty}^{+\infty} \delta[\vec{x} - \vec{x}(\tau)]\, \delta[x^0 - x^0(\tau)]\, \dot{x}^0\, d\tau = -e\, \delta[\vec{x} - \vec{x}[\tau(t)]] \, .\end{aligned} \tag{12.1-3}$$

Hier ist $\tau(t)$ die der Zeit t zugeordnete Eigenzeit:

$$x^0 = ct = x^0[\tau(t)] \ .$$

Ebenso erhalten wir mit (11.3-7, 11.3-8)

$$(*_4 \bar{j})_i = e \int\limits_{-\infty}^{+\infty} \delta[\vec{x} - \vec{x}(\tau)]\, \delta[x^0 - x^0(\tau)]\, \dot{x}_i(\tau)\, d\tau = \frac{e\, v_i[\tau(t)]}{c}\, \delta(\vec{x} - \vec{x}[\tau(t)]) \qquad (i = 1,2,3) \ . \qquad (12.1\text{-}4)$$

Um die retardierten Potentiale in der Lorentzeichung zu bestimmen, setzen wir (12.1-2) mit $g_{\mu\nu} = \eta_{\mu\nu}$ in (11.2-117) ein und benutzen die Darstellung (11.2-113) für die retardierte Greensche Funktion. Nach Integration über die Deltafunktion erhalten wir

$$A^R_\mu(x) = Z_0 e \int\limits_{-\infty}^{+\infty} G_R[x - x(\tau)]\, \dot{x}_\mu(\tau)\, d\tau = \frac{Z_0 e}{2\pi} \int\limits_{-\infty}^{+\infty} \theta[x^0 - x^0(\tau)]\, \delta([\underline{x} - \underline{x}(\tau)]^2)\, \dot{x}_\mu(\tau)\, d\tau \ . \qquad (12.1\text{-}5)$$

Zu dem Integral trägt nur der retardierte Punkt mit den Koordinaten $x_R = x(\tau_R)$ bei, in dem die Bahnkurve den von $\underline{x}$ ausgehenden Rückkegel durchsetzt (s. Abb. 12.1). Da $\dot{\underline{x}}^2 = -c^2$ und $\dot{x}^0 > 0$, gibt es nur einen retardierten Punkt, dessen Koordinaten den Bedingungen

$$[\underline{x} - \underline{x}(\tau_R)]^2 = 0 \ , \qquad x^0 - x^0(\tau_R) > 0 \qquad (12.1\text{-}6)$$

genügen. Für den avancierten Punkt $x_A = x(\tau_A)$ gilt entsprechend

$$[\underline{x} - \underline{x}(\tau_A)]^2 = 0 \ , \qquad x^0 - x^0(\tau_A) < 0 \ . \qquad (12.1\text{-}7)$$

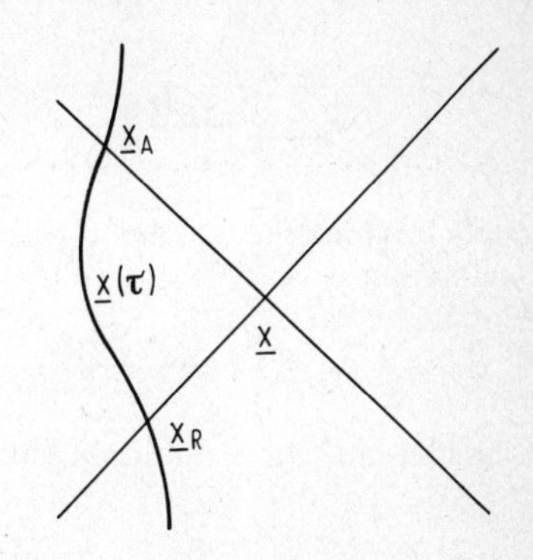

Abb. 12.1

Zur Auswertung von (12.1-5) benutzen wir die Regel

$$\int_{-\infty}^{+\infty} \varphi(\tau)\, \delta[g(\tau)]\, d\tau = \sum_i \frac{\varphi(\tau_i)}{|g'(\tau_i)|} \tag{12.1-8}$$

für die eindimensionale Deltafunktion. Hier ist $\varphi(\tau)$ eine Testfunktion und $g(\tau)$ eine reelle Funktion mit Nullstellen τ_i im Träger von φ. Wir erhalten

$$A_\mu^R(x) = \frac{eZ_o}{4\pi} \left. \frac{\dot{x}_\mu(\tau)}{|[\underline{x} - \underline{x}(\tau)] \cdot \dot{\underline{x}}(\tau)|} \right|_{\tau=\tau_R} . \tag{12.1-9}$$

Ebenso ergibt sich für die avancierten Potentiale nach (11.2-218) und (11.2-114)

$$A_\mu^A(x) = \frac{eZ_o}{4\pi} \left. \frac{\dot{x}_\mu(\tau)}{|[\underline{x} - \underline{x}(\tau)] \cdot \dot{\underline{x}}(\tau)|} \right|_{\tau=\tau_A} . \tag{12.1-10}$$

Physikalisch sinnfälliger ist eine Darstellung mit dreidimensionalen Ortsvektoren, die wir mit Hilfe von

$$[\underline{x} - \underline{x}(\tau)] \cdot \dot{\underline{x}} = - \frac{[x^o - x^o(\tau)]\, c}{\sqrt{1 - \vec{v}^2/c^2}} + \frac{[\vec{x} - \vec{x}(\tau)] \cdot \vec{v}}{\sqrt{1 - \vec{v}^2/c^2}} \tag{12.1-11}$$

erhalten:

$$A_o^R(\vec{x},t) = - \frac{Z_o e}{4\pi} \frac{1}{\|\vec{x}-\vec{x}(t)\|} \left. \frac{1}{1-v_{\parallel}(t)/c} \right|_{t=t_R} , \quad A_o^A(\vec{x},t) = - \frac{Z_o e}{4\pi} \frac{1}{\|\vec{x}-\vec{x}(t)\|} \left. \frac{1}{1+v_{\parallel}(t)/c} \right|_{t=t_A} ,$$

$$A_i^R(\vec{x},t) = \frac{Z_o e}{4\pi c} \frac{v_i(t)}{\|\vec{x}-\vec{x}(t)\|} \left. \frac{1}{1-v_{\parallel}(t)/c} \right|_{t=t_R} , \quad A_i^A(\vec{x},t) = \frac{Z_o e}{4\pi c} \frac{1}{\|\vec{x}-\vec{x}(t)\|} \left. \frac{1}{1+v_{\parallel}(t)/c} \right|_{t=t_A} . \tag{12.1-12}$$

Hier ist $v_i = dx_i/dt$ und

$$v_{\parallel} = \frac{[\vec{x} - \vec{x}(t)] \cdot \vec{v}}{\|\vec{x} - \vec{x}(t)\|} . \tag{12.1-13}$$

Die Zeitpunkte t_R und t_A sind durch die Beziehungen

$$t_R = t - \frac{\|\vec{x} - \vec{x}(t_R)\|}{c} \quad \text{bzw.} \quad t_A = t + \frac{\|\vec{x} - \vec{x}(t_A)\|}{c} \tag{12.1-14}$$

bestimmt. Die Potentiale (12.1-12) sind zuerst von Lienard und Wiechert angegeben worden.

12.1.2. Das Feld einer gleichförmig bewegten Punktladung

Wir bestimmen zunächst das begleitende Feld einer Punktladung, die sich mit konstanter Geschwindigkeit $\vec{v}$ bewegt. Ihre Bahnkurve im Raum der Ortsvektoren lautet

$$\vec{x}(t) = \vec{x}_o + \vec{v}t\,, \tag{12.1-15}$$

wo $\vec{x}_o$ der Ortsvektor im Zeitpunkt $t = 0$ ist. Die einfache Form der Bewegung erlaubt es, den retardierten Ortsvektor $\vec{x}(t_R)$ bzw. den avancierten Ortsvektor $\vec{x}(t_A)$ durch den Ortsvektor $\vec{x}(t)$ auszudrücken, der den Ort der Ladung zur Zeit t des Aufpunktes angibt. Nach Abb.12.2 gilt

$$\vec{x} - \vec{x}(t_{R,A}) \mp \frac{\vec{v}}{c}\,\|\vec{x} - \vec{x}(t_{R,A})\| = \vec{x} - \vec{x}(t)\,. \tag{12.1-16}$$

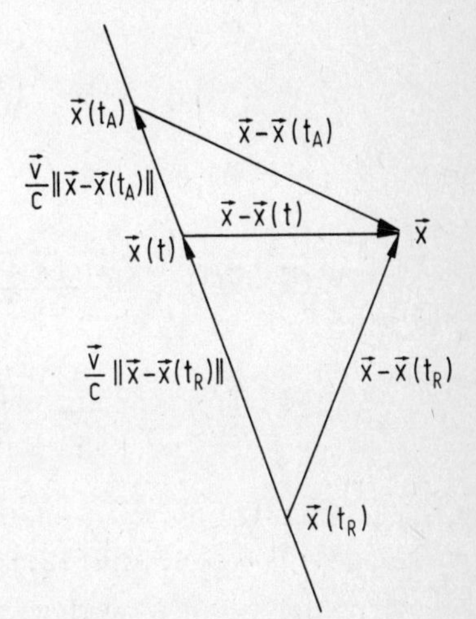

Abb.12.2

Das obere Vorzeichen bezieht sich auf den retardierten Bahnpunkt $\vec{x}(t_R)$, das untere auf den avancierten Bahnpunkt $\vec{x}(t_A)$. Aus (12.1-16) folgt

$$[\vec{x} - \vec{x}(t_{R,A})]^2 \mp 2\,\frac{\vec{v}}{c}\cdot[\vec{x} - \vec{x}(t_{R,A})]\,\|\vec{x} - \vec{x}(t_{R,A})\| + \frac{\vec{v}^2}{c^2}\,[\vec{x} - \vec{x}(t_{R,A})]^2 =$$

$$= [\vec{x} - \vec{x}(t)]^2\,. \tag{12.1-17}$$

Andererseits tritt im Nenner der Liénard-Wiechert-Potentiale (12.1-12) der Ausdruck

$$s_{R,A} := \|\vec{x} - \vec{x}(t_{R,A})\| \mp \frac{\vec{v}}{c}\cdot[\vec{x} - \vec{x}(t_{R,A})] \tag{12.1-18}$$

auf. Vergleicht man $s_{R,A}^2$ mit (12.1-17), so erhält man

$$
\begin{aligned}
s_{R,A}^2 &= [\vec{x} - \vec{x}(t)]^2 + \frac{\left(\vec{v} \cdot [\vec{x} - \vec{x}(t_{R,A})]\right)^2}{c^2} - \frac{\vec{v}^2}{c^2} [\vec{x} - \vec{x}(t_{R,A})]^2 = \\
&= [\vec{x} - \vec{x}(t)]^2 - \left([\vec{x} - \vec{x}(t_{R,A})] \wedge \frac{\vec{v}}{c}\right)^2 .
\end{aligned}
\tag{12.1-19}
$$

Wegen (12.1-16) gilt

$$
[\vec{x} - \vec{x}(t_{R,A})] \wedge \vec{v} = [\vec{x} - \vec{x}(t)] \wedge \vec{v} ,
$$

so daß $\vec{x}(t_{R,A})$ aus (12.1-19) eliminiert werden kann:

$$
\begin{aligned}
s_{R,A}^2 &= [\vec{x} - \vec{x}(t)]^2 - \left([\vec{x} - \vec{x}(t)] \wedge \frac{\vec{v}}{c}\right)^2 = \\
&= [\vec{x} - \vec{x}(t)]_\perp^2 \left(1 - \frac{\vec{v}^2}{c^2}\right) + [\vec{x} - \vec{x}(t)]_\parallel^2 ,
\end{aligned}
\tag{12.1-20}
$$

wo (s. 11.1-80)

$$
\begin{aligned}
[\vec{x} - \vec{x}(t)]_\parallel &= \frac{\vec{v} \cdot [\vec{x} - \vec{x}(t)]}{\|\vec{v}\|} \frac{\vec{v}}{\|\vec{v}\|} , \\
[\vec{x} - \vec{x}(t)]_\perp &= \frac{\vec{v}}{\|\vec{v}\|} \cdot \left([\vec{x} - \vec{x}(t)] \wedge \frac{\vec{v}}{\|\vec{v}\|}\right) .
\end{aligned}
\tag{12.1-21}
$$

Nach (12.1-18) ist $s_{R,A}$ stets positiv und folglich durch die positive Wurzel von (12.1-20) gegeben. Mit (12.1-12) erhalten wir dann die Liénard-Wiechert-Potentiale einer gleichförmig bewegten Punktladung

$$
\begin{aligned}
A_o^R(\vec{x},t) = A_o^A(\vec{x},t) &= -\frac{e}{4\pi \varepsilon_o c} \frac{1}{\sqrt{[\vec{x} - \vec{x}(t)]_\perp^2 \left(1 - \frac{\vec{v}^2}{c^2}\right) + [\vec{x} - \vec{x}(t)]_\parallel^2}} , \\
A_i^R(\vec{x},t) = A_i^A(\vec{x},t) &= \frac{e\mu_o}{4\pi} \frac{v_i}{\sqrt{[\vec{x} - \vec{x}(t)]_\perp^2 \left(1 - \frac{\vec{v}^2}{c^2}\right) + [\vec{x} - \vec{x}(t)]_\parallel^2}} \\
&(i = 1,2,3) .
\end{aligned}
\tag{12.1-22}
$$

Zum Vergleich mit der nichtinvarianten Schreibweise haben wir die Konstanten ε_o und μ_o an Stelle von Z_o und c eingesetzt (s. 11.1-5). Bemerkenswert ist, daß avancierte und retardierte Potentiale in diesem Fall übereinstimmen.

Die Komponenten des elektrischen Feldes und des Feldes der magnetischen Induktion lassen sich nun mit Hilfe von (11.3-51) berechnen:

$$E_i(\vec{x},t) = -\frac{\partial A_i}{\partial t} + c\,\frac{\partial A_o}{\partial x^i} = \tag{12.1-23}$$

$$= \frac{e}{4\pi\varepsilon_o}\,\frac{x_i - x_i(t)}{\sqrt{[\vec{x}-\vec{x}(t)]_\perp^2\left(1-\frac{\vec{v}^2}{c^2}\right) + [\vec{x}-\vec{x}(t)]_{\parallel}^2}^{\,3}}\left(1-\frac{\vec{v}^2}{c^2}\right),$$

$$B_{ij}(\vec{x},t) = \frac{\partial A_j}{\partial x^i} - \frac{\partial A_i}{\partial x^j} = \frac{1}{c^2}(v_i E_j - v_j E_i)\,. \tag{12.1-24}$$

Dabei ist zu beachten, daß $[\vec{x}-\vec{x}(t)]_\perp$ wegen (12.1-15) nicht von der Zeit t abhängt. Andererseits können wir Feldstärken und Potentiale einer gleichförmig bewegten Ladung auch durch Lorentztransformation aus dem Ruhesystem in ein mit der Geschwindigkeit $-\vec{v}$ bewegten System bestimmen. Im Ruhesystem existiert nur das statische elektrische Feld der am Ort $\vec{x}_o'$ angebrachten Punktladung e

$$E_i'(\vec{x}') = \frac{e}{4\pi\varepsilon_o}\,\frac{x_i' - x_{oi}'}{\|\vec{x}'-\vec{x}_o'\|^3}\,, \qquad B_{ij}'(\vec{x}') = 0\,. \tag{12.1-25}$$

Hier wie im folgenden kennzeichnen wir die auf das Ruhesystem bezogenen Größen durch einen Strich. Da die Geschwindigkeit $\vec{v}$ der Punktladung auf das bewegte System bezogen ist, transformieren wir mit der Matrix $(L[-\vec{v}])$ vom Ruhesystem in das bewegte System. Die gestrichenen Koordinaten lassen sich dann mit (11.1-78) und $V^i = v^i$ durch die ungestrichenen Koordinaten ausdrücken:

$$(x'^i - x_o'^i)_\perp = (x^i - x_o^i)_\perp\,, \qquad (x'^i - x_o'^i)_{\parallel}\sqrt{1-\vec{v}^2/c^2} = (x^i - x_o^i)_{\parallel} - \frac{v^i}{c}x^o\,. \tag{12.1-26}$$

Damit folgt

$$[\vec{x}-\vec{x}(t)]_\perp^2\,(1-\vec{v}^2/c^2) + [\vec{x}-\vec{x}(t)]_{\parallel}^2 = (\vec{x}'-\vec{x}_o')^2\,(1-\vec{v}^2/c^2)\,. \tag{12.1-27}$$

Schließlich transformieren wir die Komponenten der Feldstärken nach (11.2-12) bzw. (11.2-13):

$$E_i = \frac{(E_i')_\perp}{\sqrt{1-\vec{v}^2/c^2}} + (E_i')_{\parallel}\,, \qquad B_{ij} = \frac{\frac{1}{c^2}(v_i E_j' - v_j E_i')}{\sqrt{1-\vec{v}^2/c^2}} \tag{12.1-28}$$

und erhalten (12.1-23) bzw. (12.1-24).

Im Vergleich zum Ruhesystem wird das elektrische Feld (12.1-23) in Ebenen senkrecht zur Bewegungsrichtung um den Faktor $(1-\vec{v}^2/c^2)^{-1/2}$ verstärkt:

$$E_i(\vec{x}_\perp + \vec{x}_\parallel(t),t) = \frac{e}{4\pi\varepsilon_o} \frac{(x_i - x_{oi})_\perp}{\|(\vec{x}-\vec{x}_o)_\perp\|^3} \frac{1}{\sqrt{1-\vec{v}^2/c^2}} , \qquad (12.1\text{-}29)$$

während in Bewegungsrichtung eine Dämpfung um den Faktor $(1-\vec{v}^2/c^2)$ auftritt (s. Abb.12.3):

$$E_i(\vec{x}_\parallel + \vec{x}_\perp(t),t) = \frac{e}{4\pi\varepsilon_o} \frac{[x_i - x_i(t)]_\parallel}{\|\vec{x}-\vec{x}(t)\|^3} \left(1-\frac{\vec{v}^2}{c^2}\right) . \qquad (12.1\text{-}30)$$

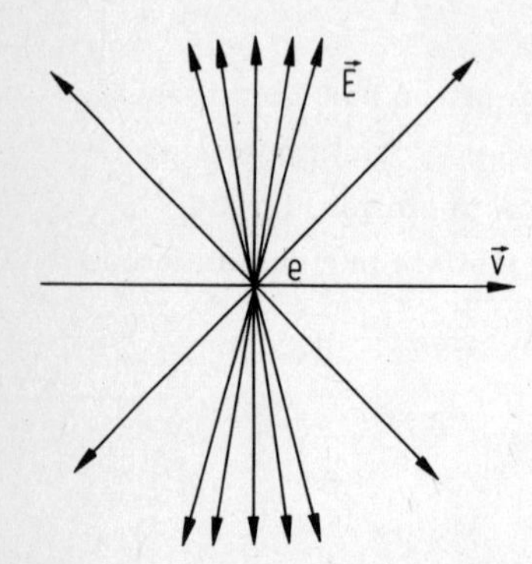

Abb.12.3

Die Komponenten der Feldstärken $\bar{E}$ und $\bar{B}$ fallen in großem Abstand von der felderzeugenden Ladung proportional zu $1/\|\vec{x}\|^2$ ab, so daß die gesamte Abstrahlung verschwindet:

$$\lim_{R\to\infty} \int_{\partial\Omega(R)} \langle \bar{S}, d\vec{F} \rangle = 0 , \qquad \bar{S} = \bar{E} \wedge \bar{H} . \qquad (12.1\text{-}31)$$

Das Integral über den Energiestrom $\bar{S}$ erstreckt sich über die Oberfläche $\partial\Omega(R)$ einer Kugel vom Radius R mit der felderzeugenden Ladung im Mittelpunkt.

Bisher haben wir vorausgesetzt, daß sich die Punktladung im Vakuum bewegt. In einem Dielektrikum mit der konstanten Dielektrizitätskonstanten $\varepsilon > 1$ und der Permeabilität des Vakuums sind Lichtgeschwindigkeit c und Wellenwiderstand Z_o des Vakuums durch die entsprechenden Größen c' und Z des dispersiven Mediums zu ersetzen:

$$c' = c/\sqrt{\varepsilon} < c ; \qquad Z = Z_o/\sqrt{\varepsilon} . \qquad (12.1\text{-}32)$$

Die inhomogene Wellengleichung lautet dann in der Lorentzeichung (s. 11.2-97)

$$\left(- \frac{\partial^2}{(\partial x^o)^2} + \sum_{i=1}^{3} \frac{\partial^2}{(\partial x^i)^2} \right) A_\mu = - Z\,(*_4 \bar{j})_\mu \,, \qquad x^o = c't \,. \tag{12.1-33}$$

Für die Stromdichte der Punktladung gilt weiterhin der Ansatz (12.1-1) bzw. (12.1-2), doch tritt die folgende Beziehung an die Stelle von (11.3-8):

$$\dot{\underline{x}} = \frac{c' e_o + \vec{v}}{\sqrt{1 - \vec{v}^2/c^2}} \,. \tag{12.1-34}$$

Wenn sich die Punktladung mit einer konstanten Geschwindigkeit $\vec{v}$ ($\|\vec{v}\| > c'$) im dispersiven Medium bewegt, wird, wie Abb.12.4 zeigt, der vom Aufpunkt $\underline{x}$ ausgehende Nachkegel zweimal von der Bahn $\underline{x}(\tau)$ durchsetzt. Beide Quellpunkte tragen zur retardierten Lösung bei, während die avancierte Lösung verschwindet. Mit (12.1-34) erhalten wir die retardierten Potentiale

$$A_o^R = - \frac{eZ}{4\pi} \left(\frac{1}{|s_1|} + \frac{1}{|s_2|} \right) , \qquad A_i^R = \frac{eZ}{4\pi c'} v_i \left(\frac{1}{|s_1|} + \frac{1}{|s_2|} \right) , \tag{12.1-35}$$

wo (s. 12.1-18)

$$s_{1,2} = \|\vec{x} - \vec{x}(t_{R1,2})\| - \frac{\vec{v}}{c'} \cdot [\vec{x} - \vec{x}(t_{R1,2})] \,. \tag{12.1-36}$$

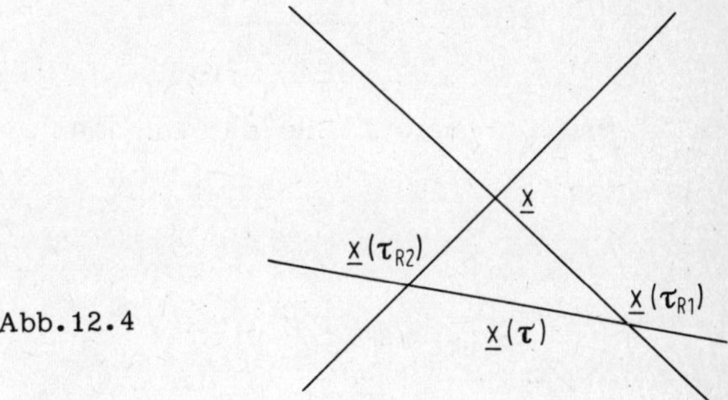

Abb.12.4

Für die retardierten Zeitpunkte $t_{R1,2}$ gilt (s. 12.1-14)

$$t_{R1,2} = t - \frac{\|\vec{x} - \vec{x}(t_{R1,2})\|}{c'} \,. \tag{12.1-37}$$

Um den Abstand der retardierten Quellpunkte $\vec{x}(t_{R1,2})$ vom Aufpunkt $\vec{x}$ durch $\vec{x} - \vec{x}(t)$ auszudrücken, multiplizieren wir (12.1-16) ($c \mapsto c'$) skalar mit $\vec{v}$:

$$\vec{v}\cdot[\vec{x}-\vec{x}(t)] = \vec{v}\cdot[\vec{x}-\vec{x}(t_{R1,2})] - \frac{\vec{v}^2}{c'}\|\vec{x}-\vec{x}(t_{R1,2})\| \tag{12.1-38}$$

und setzen das Ergebnis in (12.1-18) ein:

$$\|\vec{x}-\vec{x}(t_{R1,2})\| = \frac{\dfrac{\vec{v}\cdot[\vec{x}-\vec{x}(t)]}{c'} + s_{1,2}}{1-\vec{v}^2/c'^2} . \tag{12.1-39}$$

Andererseits gilt auch für $s_{1,2}$ die Beziehung (12.1-19) mit $c \mapsto c'$, so daß

$$s_{1,2} = \pm\sqrt{[\vec{x}-\vec{x}(t)]_\perp^2\,(1-\vec{v}^2/c'^2) + [\vec{x}-\vec{x}(t)]_\parallel^2} . \tag{12.1-40}$$

Auf dem Kegel

$$[\vec{x}-\vec{x}(t)]_\perp^2\left(\frac{\vec{v}^2}{c'^2}-1\right) = [\vec{x}-\vec{x}(t)]_\parallel^2 \tag{12.1-41}$$

mit dem halben Öffnungswinkel α,

$$\mathrm{ctg}^2\alpha = \vec{v}^2/c'^2 - 1 , \tag{12.1-42}$$

verschwinden s_1 und s_2, und Feldstärken wie Potentiale werden singulär.

Im Bereich

$$[\vec{x}-\vec{x}(t)]_\perp^2 > \frac{[\vec{x}-\vec{x}(t)]_\parallel^2}{\vec{v}^2/c'^2-1} \tag{12.1-43}$$

sind s_1 und s_2 imaginär. Hier tritt kein Feld auf (s. Abb.12.5). Im Bereich

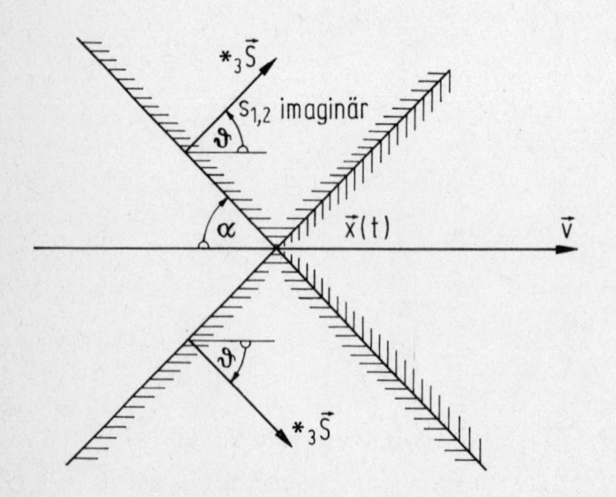

Abb.12.5

$$[\vec{x} - \vec{x}(t)]_\perp^2 < \frac{[\vec{x} - \vec{x}(t)]_\parallel^2}{\vec{v}^2/c'^2 - 1} \qquad (12.1\text{-}44)$$

tritt das Feld nur dort auf, wo

$$\vec{v} \cdot [\vec{x} - \vec{x}(t)] < 0 \ , \qquad (12.1\text{-}45)$$

denn nur dann ist die rechte Seite von (12.1-39) positiv (Abb.12.5). Tatsächlich wird in dem Nachkegel (12.1-45), der sich entgegengesetzt zur Bewegungsrichtung öffnet, elektromagnetische Strahlung beobachtet. Sie wurde 1937 von Cerenkov entdeckt.

Der Poynting-Vektor (s. 12.1-24)

$$*_3 \vec{S} = *_3 \vec{E} \wedge \vec{H} = \frac{1}{\mu_o c'^2} \vec{E} \cdot (\vec{v} \wedge \vec{E}) \qquad (12.1\text{-}46)$$

bildet auf dem Rand des Nachkegels mit der Bewegungsrichtung den Winkel θ (s. Abb.12.5)

$$\cos\theta = \frac{c'}{\|\vec{v}\|} \ . \qquad (12.1\text{-}47)$$

Aus dem Winkel θ kann die Geschwindigkeit der Ladung bestimmt werden, ein Effekt, der in der Hochenergiephysik zur Bestimmung der Energie geladener Teilchen verwendet wird (Cerenkov-Zähler). Die Dielektrizitätskonstante ist i.a. frequenzabhängig, $\varepsilon = \varepsilon(\omega)$. Die Cerenkov-Strahlung tritt dann nur in solchen Frequenzbändern auf, für die $\varepsilon(\omega) > 1$ ist.

12.1.3. Das Feld einer beschleunigten Punktladung

Im Fall einer beschleunigten Bewegung ist es nicht möglich, den retardierten bzw. avancierten Abstand durch den Abstand des Aufpunkts vom gleichzeitigen Bahnpunkt $\vec{x}(t)$ auszudrücken, wie ein Vergleich von Abb.12.2 und Abb.12.6 zeigt. Wir müssen

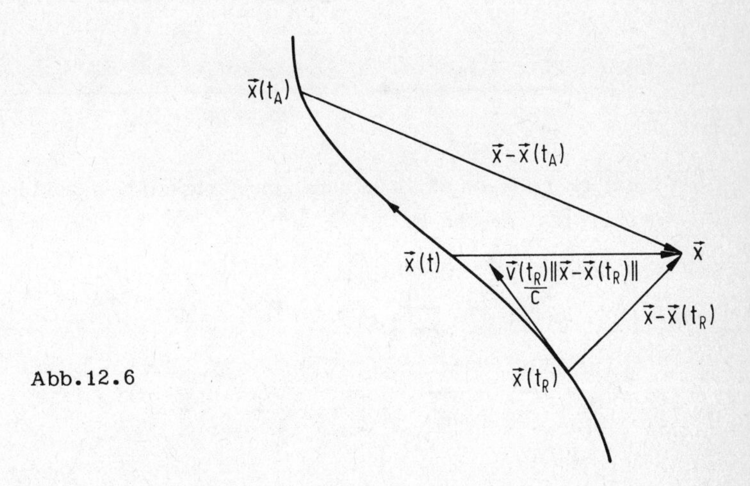

Abb.12.6

deshalb die Feldstärken durch Differentiation aus den Liénard-Wiechert-Potentialen (12.1-12) berechnen. Da letztere nur über die retardierte bzw. avancierte Zeit von t abhängen, empfiehlt es sich, die Differentiation nach t_R bzw. t_A auszuführen. Wir bestimmen die retardierten Feldstärken als Beispiel.

Zunächst führen wir statt t und $\vec{x}$ neue Variable t_R und $\vec{x}'$ ein:

$$t = t_R + \frac{\|\vec{x}' - \vec{x}(t_R)\|}{c} = t(t_R, \vec{x}') , \qquad (12.1\text{-}48)$$

$$\vec{x} = \vec{x}' .$$

Für die Ableitungen folgt daraus:

$$\frac{\partial}{\partial t} = \frac{\partial t_R}{\partial t}\frac{\partial}{\partial t_R} , \qquad \frac{\partial}{\partial \vec{x}} = \frac{\partial}{\partial \vec{x}'} + \frac{\partial t_R}{\partial \vec{x}}\frac{\partial}{\partial t_R} . \qquad (12.1\text{-}49)$$

Andererseits erhalten wir durch partielle Ableitung von (12.1-48) nach t:

$$1 = \frac{\partial t_R}{\partial t} - \frac{[\vec{x}' - \vec{x}(t_R)]\cdot\vec{v}(t_R)}{\|\vec{x}' - \vec{x}(t_R)\| c}\frac{\partial t_R}{\partial t} \Rightarrow \frac{\partial t_R}{\partial t} = \frac{\|\vec{x}' - \vec{x}(t_R)\|}{s} , \qquad (12.1\text{-}50)$$

wo

$$s = s_R = \|\vec{x}' - \vec{x}(t_R)\| - [\vec{x}' - \vec{x}(t_R)]\cdot\frac{\vec{v}(t_R)}{c} . \qquad (12.1\text{-}51)$$

Ebenso folgt durch Bildung des Gradienten $\partial/\partial\vec{x}$

$$0 = \frac{\partial t_R}{\partial \vec{x}} + \frac{\vec{x}' - \vec{x}(t_R)}{c\|\vec{x}' - \vec{x}(t_R)\|} - \frac{[\vec{x}' - \vec{x}(t_R)]\cdot\vec{v}(t_R)}{c\|\vec{x}' - \vec{x}(t_R)\|}\frac{\partial t_R}{\partial \vec{x}} \Rightarrow \frac{\partial t_R}{\partial \vec{x}} = -\frac{\vec{x}' - \vec{x}(t_R)}{cs} . \qquad (12.1\text{-}52)$$

Wir setzen (12.1-50) bzw. (12.1-52) in (12.1-49) ein und erhalten

$$\frac{\partial}{\partial t} = \frac{\|\vec{x}' - \vec{x}(t_R)\|}{s}\frac{\partial}{\partial t_R} , \qquad \frac{\partial}{\partial \vec{x}} = \frac{\partial}{\partial \vec{x}'} - \frac{\vec{x}' - \vec{x}(t_R)}{cs}\frac{\partial}{\partial t_R} . \qquad (12.1\text{-}53)$$

Die Feldstärken lassen sich nun ohne Schwierigkeit aus den Liénard-Wiechert-Potentialen (12.1-12) berechnen:

$$E_i = -\frac{\partial A_i}{\partial t} + c\frac{\partial A_o}{\partial x^i} , \qquad A_o = -\frac{Z_o e}{4\pi s}$$

$$B_{ij} = \frac{\partial A_j}{\partial x^i} - \frac{\partial A_i}{\partial x^j} , \qquad A_i = \frac{Z_o e}{4\pi s}\frac{v_i}{c} . \qquad (12.1\text{-}54)$$

Das Ergebnis lautet

$$E_i^{R,A}(\vec{x},t) = \frac{e}{4\pi\varepsilon_o s_{R,A}^3}\left\{\left[x_i - x_i(t_{R,A}) \mp \frac{v_i(t_{R,A})}{c}\|\vec{x}-\vec{x}(t_{R,A})\|\right]\left(1 - \frac{\vec{v}^2(t_{R,A})}{c^2}\right) + \right.$$

$$+ \frac{1}{c^2}[x_j - x_j(t_{R,A})]\left\{\left[x_i - x_i(t_{R,A}) \mp \frac{v_i(t_{R,A})}{c}\|\vec{x}-\vec{x}(t_{R,A})\|\right]a^j(t_{R,A}) - \right.$$

$$\left.\left. - a_i(t_{R,A})\left[x^j - x^j(t_{R,A}) \mp \frac{v^j(t_{R,A})}{c}\|\vec{x}-\vec{x}(t_{R,A})\|\right]\right\}\right\}, \tag{12.1-55}$$

$$B_{ij}^{R,A}(\vec{x},t) = \frac{1}{c}\left[\frac{x_i - x_i(t_{R,A})}{\|\vec{x}-\vec{x}(t_{R,A})\|}E_j^{R,A}(\vec{x},t) - \frac{x_j - x_j(t_{R,A})}{\|\vec{x}-\vec{x}(t_{R,A})\|}E_i^{R,A}(\vec{x},t)\right]. \tag{12.1-56}$$

Das obere Vorzeichen bezieht sich auf die retardierten, das untere auf die avancierten Feldstärken. Ferner sind $a^i(t) = dv^i/dt$ die Komponenten der Beschleunigung. Schließlich sei darauf hingewiesen, daß wir nach Ausführung der Differentiationen den Ortsvektor $\vec{x}'$ wiederum durch $\vec{x}$ ersetzt haben. Wir können die Beziehungen (12.1-55) und (12.1-56) auch als Gleichungen für Vektoren schreiben:

$$\vec{E}^{R,A} = \frac{e}{4\pi\varepsilon_o s_{R,A}^3}\left\{\left[\vec{x}-\vec{x}(t_{R,A}) \mp \frac{\vec{v}(t_{R,A})}{c}\|\vec{x}-\vec{x}(t_{R,A})\|\right]\left(1 - \frac{\vec{v}^2(t_{R,A})}{c^2}\right) + \right.$$

$$\left. + \frac{1}{c^2}[\vec{x}-\vec{x}(t_{R,A})]\cdot\left\{\left[\vec{x}-\vec{x}(t_{R,A}) \mp \frac{\vec{v}(t_{R,A})}{c}\|\vec{x}-\vec{x}(t_{R,A})\|\right]\wedge\vec{a}(t_{R,A})\right\}\right\}, \tag{12.1-55'}$$

$$\vec{B}^{R,A} = \frac{1}{c}\frac{\vec{x}-\vec{x}(t_{R,A})}{\|\vec{x}-\vec{x}(t_{R,A})\|}\wedge\vec{E}^{R,A}. \tag{12.1-56'}$$

Sie gelten allerdings nur in pseudo-orthonormalen Lorentzsystemen.

Das elektrische Feld der beschleunigten Punktladung (12.1-55)' besteht aus zwei Anteilen. Der erste Teil stimmt mit (12.1-23) überein (s. 12.1-16), falls die Beschleunigung verschwindet. Er fällt für $\|\vec{x}\| \to \infty$ proportional zu $1/\|\vec{x}\|^2$ ab, während der zweite Anteil, das eigentliche Strahlungsfeld, nur proportional zu $1/\|\vec{x}\|$ abfällt. Man erkennt das besonders deutlich, wenn man als Lorentzsystem das retardierte Ruhesystem wählt, in dem die Geschwindigkeit $\vec{v}(t_R)$ verschwindet:

$$\vec{E}^R = \frac{e}{4\pi\varepsilon_o}\left\{\frac{\vec{x}-\vec{x}(t_R)}{\|\vec{x}-\vec{x}(t_R)\|^3} + \frac{1}{c^2}\frac{1}{\|\vec{x}-\vec{x}(t_R)\|^3}[\vec{x}-\vec{x}(t_R)]\cdot\{[\vec{x}-\vec{x}(t_R)]\wedge\vec{a}(t_R)\}\right\},$$

(12.1-57)

$$\vec{B}^R = \frac{e}{4\pi\varepsilon_o c^3}\frac{1}{\|\vec{x}-\vec{x}(t_R)\|^2}\vec{a}(t_R)\wedge[\vec{x}-\vec{x}(t_R)]\,. \qquad (12.1\text{-}58)$$

Der erste Term des elektrischen Feldes ist das statische Feld einer im retardierten Quellpunkt $\vec{x}(t_R)$ angebrachten Punktladung e. Es wird bei der Bewegung mitgeführt und wird deshalb auch konvektives Feld genannt.

Die gesamte Abstrahlung läßt sich ebenfalls besonders leicht im retardierten Ruhesystem bestimmen. Die Feldstärken (12.1-57)$^{+)}$ und (12.1-58) liefern den Poyntingvektor

$$*_3\vec{S} = *_3(\vec{E}\wedge\vec{H}) = \frac{e^2\vec{a}^2(t_R)\sin^2\theta}{16\pi^2\varepsilon_o c^3\|\vec{x}-\vec{x}(t_R)\|^2}\,\frac{\vec{x}-\vec{x}(t_R)}{\|\vec{x}-\vec{x}(t_R)\|}, \qquad (12.1\text{-}59)$$

wo θ der Winkel zwischen der Beschleunigung $\vec{a}(t_R)$ und dem Abstandsvektor $\vec{x}-\vec{x}(t_R)$ ist. Abbildung 12.7 zeigt das Abstrahlungsdiagramm im retardierten Ruhesystem.

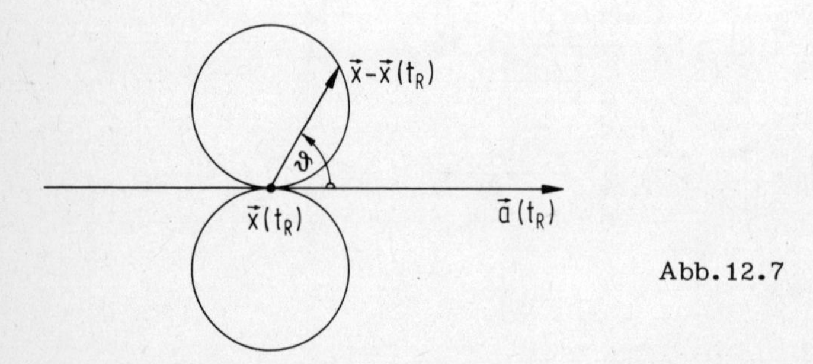

Abb. 12.7

Auf der eingezeichneten Kurve ist die abgestrahlte Intensität konstant; ebenso auf der Fläche, die durch Rotation der Figur um die Richtung der Beschleunigung $\vec{a}$ entsteht. Die gesamte Abstrahlung pro Zeiteinheit erhalten wir wieder durch Integration von (12.1-59) über den Rand $\partial\Omega(R)$ einer Kugel vom Radius $R = \|\vec{x}-\vec{x}(t_R)\|$ als Grenzwert $R\to\infty$:

$$P := \lim_{R\to\infty}\int_{\partial\Omega(R)}\langle\vec{S},d\vec{F}\rangle = \frac{e^2}{6\pi\varepsilon_o c^3}\vec{a}^2(t_R) = \frac{dE(t_R)}{dt_R}\,. \qquad (12.1\text{-}60)$$

$E(t_R)$ ist die gesamte Energie des Feldes im retardierten Zeitpunkt t_R.

+) Nur der Strahlungsanteil wird berücksichtigt.

Da sich

$$dE = P\,dt_R \tag{12.1-61}$$

wie die zeitliche Komponente eines Lorentzvektors transformiert, ist P eine Invariante, die im retardierten Ruhesystem durch (12.1-60) gegeben ist. Um sie in einem beliebigen Lorentzsystem auszudrücken, müssen wir überlegen, wie sich die Beschleunigung beim Übergang zu einem anderen Lorentzsystem verhält. Nach dem Einsteinschen Additionstheorem (11.3-33) gilt für die Geschwindigkeit $\vec{v}$ beim Übergang zu einem gestrichenen System, das sich mit der Geschwindigkeit $\vec{V}$ relativ zum ungestrichenen System bewegt:

$$\vec{v}'^2 = \frac{(\vec{v}-\vec{V})^2 - [(\vec{v}-\vec{V})\wedge\vec{V}]^2/c^2}{(1-\vec{v}\cdot\vec{V}/c^2)^2} \quad . \tag{12.1-62}$$

Wir setzen nun $\vec{V} = \vec{v}(t_R)$, so daß das gestrichene System das retardierte Ruhesystem ist. Ferner setzen wir als Geschwindigkeit $\vec{v}$ in (12.1-62) die Geschwindigkeit

$$\vec{v} = \vec{v}(t_R + dt_R) = \vec{v}(t_R) + d\vec{v} \tag{12.1-63}$$

ein. Im Ruhesystem gilt entsprechend

$$\vec{v}' = \vec{v}'(t_R + dt_R) = d\vec{v}' \quad . \tag{12.1-64}$$

Damit erhalten wir nach (12.1-62)

$$(d\vec{v}')^2 = \frac{(d\vec{v})^2 - (d\vec{v}\wedge\vec{v})^2/c^2}{(1-\vec{v}^2/c^2)^2} + O[(d\vec{v})^3] \ , \tag{12.1-65}$$

wo $\vec{v} = \vec{v}(t_R)$. Da $d\tau$ eine Invariante ist, gilt ferner nach (11.3-7)

$$\frac{dt_R'}{dt_R} = \sqrt{1-\vec{v}^2/c^2} \quad . \tag{12.1-66}$$

Mit (12.1-65) erhalten wir dann das Transformationsgesetz für die Beschleunigung

$$\vec{a}'^2 = \frac{\vec{a}^2 - (\vec{a}\wedge\vec{v})^2/c^2}{(1-\vec{v}^2/c^2)^3} \quad . \tag{12.1-67}$$

Hier ist $\vec{a} = d\vec{v}/dt_R$ und $\vec{a}' = d\vec{v}'/dt_R'$. Da P eine Invariante ist, brauchen wir nur (12.1-67) in (12.1-60) einzusetzen, um die Abstrahlung in einem beliebigen Lorentzsystem zu erhalten:

$$P = \frac{e^2}{6\pi\varepsilon_o c^3}\,\frac{[\vec{a}(t_R)]^2 - [\vec{a}(t_R)\wedge\vec{v}(t_R)]^2/c^2}{[1-\vec{v}^2(t_R)/c^2]^3} \quad . \tag{12.1-68}$$

Die Abstrahlung führt zu unerwünschten Energieverlusten in Beschleunigungsmaschinen für geladene Teilchen. Im linearen Beschleuniger ist die Beschleunigung $\vec{a}$ parallel zur Geschwindigkeit $\vec{v}$, so daß sich (12.1-68) auf

$$P = \frac{e^2}{6\pi\varepsilon_o c^3} \frac{\vec{a}^2(t_R)}{[1 - \vec{v}^2(t_R)/c^2]^3} \tag{12.1-69}$$

reduziert. Das geladene Teilchen gewinnt pro Zeiteinheit die Energie (s. 11.3-29)

$$\frac{dE}{dt} = \frac{d}{dt} \frac{mc^2}{\sqrt{1 - \vec{v}^2/c^2}} = \frac{m\vec{v}\cdot\vec{a}}{(1 - \vec{v}^2/c^2)^{3/2}} . \tag{12.1-70}$$

Wir setzen (12.1-70) in (12.1-69) ein und erhalten

$$P = \frac{e^2}{6\pi\varepsilon_o c^3 m^2} \left(\frac{dE}{dt}\right)^2 \frac{1}{\vec{v}^2} . \tag{12.1-71}$$

Daraus folgt mit $dx = \|\vec{v}\|\, dt$ für das Verhältnis von Energie-Verlust und -Gewinn pro Zeiteinheit

$$\frac{P}{dE/dt} = \frac{e^2}{6\pi\varepsilon_o c^3 m^2 \|\vec{v}\|} \frac{dE}{dx} \approx \frac{2}{3} \frac{e^2}{4\pi\varepsilon_o m c^2} \frac{1}{mc^2} \frac{dE}{dx} , \tag{12.1-72}$$

falls $\|\vec{v}\| \approx c$. Für Elektronen hat die Ruheenergie den Wert $mc^2 = 0{,}511$ MeV (1 MeV = 10^6 eV). Ferner ist

$$r_o := \frac{e^2}{4\pi\varepsilon_o mc^2} = 2{,}818 \cdot 10^{-13} \text{ cm} \tag{12.1-73}$$

der klassische Elektronenradius, auf dessen physikalische Bedeutung wir noch eingehen werden. Nach (12.1-72) ist

$$P \approx \frac{dE}{dt} , \qquad \text{wenn} \qquad \frac{dE}{dx} \approx 2{,}7 \cdot 10^{14} \frac{\text{MeV}}{\text{m}} . \tag{12.1-74}$$

Da heutige Linearbeschleuniger nur einen Energiegewinn bis 10 MeV/m erreichen, spielt der Verlust durch Abstrahlung im linearen Beschleuniger praktisch keine Rolle.

Ungünstiger sind die Verhältnisse in zirkularen Beschleunigern wie Synchrotron oder Zyklotron. Die Beschleunigung erfolgt hier senkrecht zur momentanen Geschwindigkeit $\vec{v}$ des geladenen Teilchens:

$$\vec{a} = \vec{\omega} \cdot \vec{v} . \tag{12.1-75}$$

Die Drehgeschwindigkeit $\vec{\omega}$ ist ein gerader 2-Vektor mit dem Betrag

$$\|\vec{\omega}\| = \frac{\|\vec{v}\|}{\rho} , \qquad (12.1\text{-}76)$$

wo ρ der Radius der Kreisbahn ist, die die Teilchen durchlaufen. Aus (12.1-68) folgt mit (12.1-76)

$$P = \frac{e^2}{6\pi \varepsilon_o c^3} \frac{\vec{\omega}^2 \vec{v}^2}{(1 - \vec{v}^2/c^2)^2} = \frac{e^2}{6\pi \varepsilon_o c^3} \frac{1}{\rho^2} \frac{(\vec{v}^2)^2}{(1 - \vec{v}^2/c^2)^2} . \qquad (12.1\text{-}77)$$

Dabei ist zu beachten, daß $*\vec{\omega}$ und $\vec{v}$ orthogonal sind. Der Energieverlust pro Umlauf beträgt $(\|\vec{v}\| \approx c)$

$$\delta E = P \frac{2\pi\rho}{\|\vec{v}\|} \approx \frac{4\pi}{3} \frac{1}{\rho} \frac{e^2}{4\pi \varepsilon_o mc^2} \frac{E^4}{(mc^2)^3} . \qquad (12.1\text{-}78)$$

Mit den Daten des Elektrons ergibt sich

$$\delta E \approx 8{,}85 \cdot 10^{-2} \frac{(E[\mathrm{GeV}])^4}{\rho[\mathrm{m}]} [\mathrm{MeV}] . \qquad (12.1\text{-}79)$$

Die Energie ist hier in GeV $(1\ \mathrm{GeV} = 10^3\ \mathrm{MeV})$, der Bahnradius in m auszudrücken. Für ein Elektronen-Synchrotron mittlerer Größe, wie das der Universität Bonn, liefert (12.1-79) bei einem mittleren Bahnradius $\rho = 11$ m und einer Energie $E = 2{,}5$ GeV einen maximalen Energieverlust von 314 keV $(1\ \mathrm{keV} = 10^3\ \mathrm{eV})$ pro Umlauf. Die mit einem Elektronen-Synchrotron maximal erreichbare Energie wird durch die Strahlungsverluste auf etwa 6-8 GeV beschränkt.

Um die Winkelverteilung der abgestrahlten Energie in einem beliebigen Lorentzsystem zu bestimmen, berechnen wir zunächst den Poyntingvektor mit den allgemeinen Ausdrücken (12.1-55) und (12.1-56) für die Feldstärken. Dabei genügt es, sich auf die Strahlungsfelder zu beschränken:

$$\vec{E}_{Str} = \frac{e}{4\pi \varepsilon_o c^2 \|\vec{x} - \vec{x}(t_R)\|} \frac{\vec{e} \cdot \left[\left(\vec{e} - \frac{\vec{v}}{c} \right) \wedge \vec{a} \right]}{\left(1 - \frac{\vec{e} \cdot \vec{v}}{c} \right)^3} , \qquad \vec{e} := \frac{\vec{x} - \vec{x}(t_R)}{\|\vec{x} - \vec{x}(t_R)\|} ,$$

$$\vec{B}_{Str} = \frac{1}{c} \vec{e} \wedge \vec{E}_{Str} . \qquad (12.1\text{-}80)$$

Die elektrische Feldstärke $\vec{E}_{Str}$ und der Vektor $*_3 \vec{B}_{Str}$ bilden mit dem Einheitsvektor $\vec{e}$ ein orthogonales Dreibein im Aufpunkt $\vec{x}$ (s. Abb. 12.8). Für den Poyntingvektor erhalten wir mit (12.1-80)

$$*_3\vec{S} = *_3(\vec{E}_{Str} \wedge \vec{H}_{Str}) = \frac{1}{\mu_o c}\vec{E}_{Str} \cdot (\vec{e} \wedge \vec{E}_{Str}) = \frac{1}{\mu_o c}\vec{E}^2_{Str}\vec{e} =$$

$$= \frac{e^2}{16\pi^2 \varepsilon_o c^3 \|\vec{x} - \vec{x}(t_R)\|^2} \frac{\left\{\vec{e} \cdot \left[\left(\vec{e} - \frac{\vec{v}}{c}\right) \wedge \vec{a}\right]\right\}^2}{\left(1 - \frac{\vec{e}\cdot\vec{v}}{c}\right)^6} \vec{e} \,. \tag{12.1-81}$$

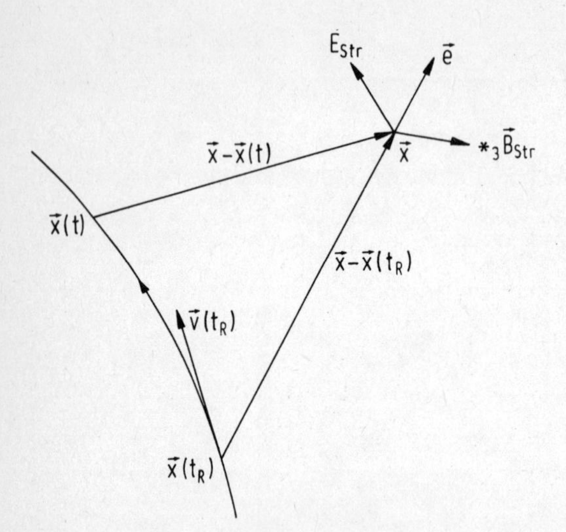

Abb.12.8

Der Poyntingvektor liefert den Energiestrom im Aufpunkt zur Zeit t, d.h. die Änderung der Energie pro Einheit der Zeit t. Die Abstrahlung in das Raumwinkelelement $d\Omega$ im retardierten Zeitpunkt t_R, bezogen auf die Änderung von t_R, erhält man, wenn man (12.1-81) mit $\|\vec{x} - \vec{x}(t_R)\|^2$ und dem Faktor (s. 12.1-50)

$$\frac{\partial t}{\partial t_R} = 1 - \frac{\vec{e}\cdot\vec{v}}{c} \tag{12.1-82}$$

multipliziert:

$$\frac{dP}{d\Omega}(t_R) = \frac{e^2}{16\pi^2 c^3 \varepsilon_o} \frac{\left\{\vec{e} \cdot \left[\left(\vec{e} - \frac{\vec{v}}{c}\right) \wedge \vec{a}\right]\right\}^2}{\left(1 - \frac{\vec{e}\cdot\vec{v}}{c}\right)^5} \,. \tag{12.1-83}$$

Wir diskutieren nun einige Spezialfälle. Bei linearer Beschleunigung sind $\vec{a}$ und $\vec{v}$ parallel. Folglich gilt

$$\vec{e} \cdot (\vec{e} \wedge \vec{a}) = (\vec{e} \cdot \vec{a})\,\vec{e} - \vec{a} \,, \tag{12.1-84}$$

$$[\vec{e} \cdot (\vec{e} \wedge \vec{a})]^2 = \vec{a}^2 - (\vec{e} \cdot \vec{a})^2 = \vec{a}^2 \sin^2\theta \,, \tag{12.1-85}$$

wo θ der Winkel zwischen $\vec{a}(\vec{v})$ und $\vec{e}$ ist (s. Abb.12.9). Mit (12.1-83) erhalten wir die Winkelverteilung

$$\frac{dP}{d\Omega}(t_R) = \frac{e^2 \vec{a}^2}{16\pi^2 c^3 \varepsilon_o} \frac{\sin^2\theta}{\left(1 - \frac{\|\vec{v}\|}{c}\cos\theta\right)^5} . \tag{12.1-86}$$

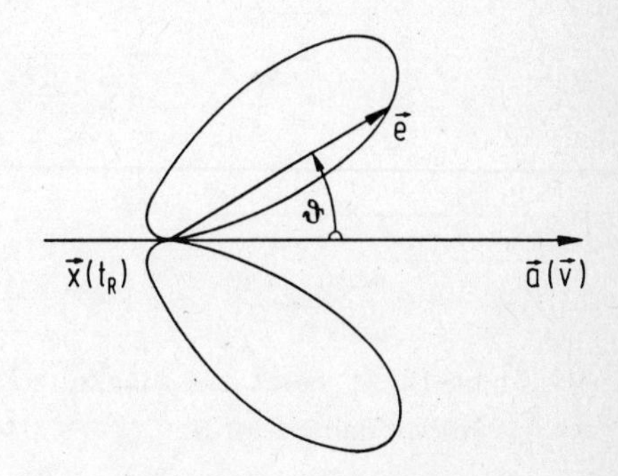

Abb.12.9

Im Vergleich zum Ruhesystem (s. Abb.12.7) wird die Verteilung in Richtung der Bewegung gebündelt. Bei extrem relativistischer Bewegung ist $\|\vec{v}\| \approx c$ und

$$1 - \frac{\|\vec{v}\|}{c}\cos\theta \approx 1 - \frac{\|\vec{v}\|}{c} + \frac{\|\vec{v}\|}{c}\frac{\theta^2}{2} \approx \frac{1}{2\gamma^2} + \frac{\theta^2}{2} , \tag{12.1-87}$$

wo

$$\gamma := \frac{1}{\sqrt{1 - \vec{v}^2/c^2}} = \frac{E}{mc^2} \approx \frac{1}{\sqrt{2\left(1 - \frac{\|\vec{v}\|}{c}\right)}} . \tag{12.1-88}$$

Die Winkelverteilung (12.1-86) ist dann für kleine Winkel θ wesentlich von Null verschieden. In diesem Bereich gilt

$$\frac{dP}{d\Omega}(t_R) \approx \frac{2e^2\vec{a}^2}{\pi^2 c^3 \varepsilon_o} \gamma^8 \frac{(\gamma\theta)^2}{(1+\gamma^2\theta^2)^5} . \tag{12.1-89}$$

Bewegt sich das geladene Teilchen auf einer Kreisbahn mit konstanter Winkelgeschwindigkeit $\vec{\omega}$, so sind $\vec{v}$ und $\vec{a}$ orthogonal, und wir können ein Dreibein aus den Vektoren $\vec{a}, \vec{v}$ und einem weiteren Vektor konstruieren (s. Abb.12.10). Ist θ der Winkel zwischen $\vec{v}$ und $\vec{e}$, φ der Winkel zwischen der Projektion von $\vec{e}$ in die Ebene, senkrecht zu $\vec{v}$, und $\vec{a}$, so erhalten wir für die Winkelverteilung nach (12.1-83)

$$\frac{dP}{d\Omega}(t_R) = \frac{e^2\vec{a}^2}{16\pi^2 c^3 \varepsilon_o} \frac{1}{\left(1 - \frac{\|\vec{v}\|}{c}\cos\theta\right)^3} \left(1 - \left(1 - \frac{\vec{v}^2}{c^2}\right) \frac{\sin^2\theta\cos^2\varphi}{\left(1 - \frac{\|\vec{v}\|}{c}\cos\theta\right)^2}\right) . \tag{12.1-90}$$

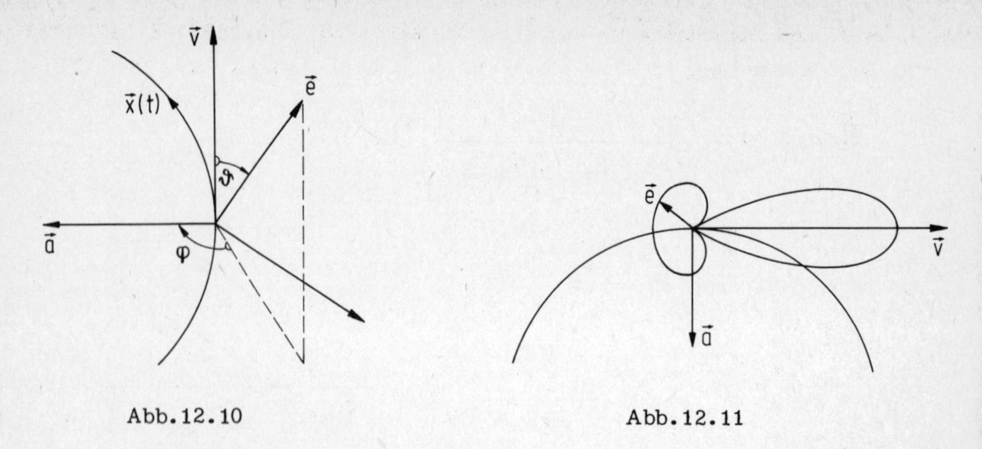

Abb.12.10 Abb.12.11

Abbildung 12.11 zeigt das Diagramm der Winkelverteilung (12.1-90) in der Bahnebene $\varphi = 0$. Sie verschwindet für

$$\cos\theta_o = \frac{\|\vec{v}\|}{c} \quad . \tag{12.1-91}$$

Für eine extrem relativistische Bewegung ist $\theta_o \approx 1/\gamma$.

12.2. Bewegungsgleichungen für punktförmige Ladungen

12.2.1. Selbstwechselwirkung

Im Abschnitt 3.1 des Kapitels 11 haben wir die kräftefreie Bewegung eines Massenpunkts im Rahmen der Lorentz-invarianten Mechanik behandelt. Kräftefrei heißt in diesem Zusammenhang, daß auf den Massenpunkt keine Kräfte durch äußere Felder ausgeübt werden. Unter dieser Voraussetzung sind alle Lorentzsysteme physikalisch äquivalent, und die Bewegung des Massenpunkts muß geradlinig und gleichförmig verlaufen. Das gilt offenbar auch dann, wenn der Massenpunkt eine elektrische Ladung trägt und ein konvektives Feld mit sich führt, wie wir es im Abschnitt 12.1.2 beschrieben haben.

Die Bewegungsgleichung (11.3-45) für einen geladenen Massenpunkt in einem äußeren elektromagnetischen Feld ist dagegen nur als eine erste Näherung zu betrachten. Wird nämlich die Ladung beschleunigt, so strahlt sie ein elektromagnetisches Feld ab, das ebenfalls die Bewegung beeinflußt. Diese Selbstwechselwirkung ist in der Bewegungsgleichung (11.3-45) nicht berücksichtigt worden. Da das abgestrahlte Feld proportional zur Ladung e ist (s. 12.1-55,56), muß die Impulsänderung infolge Selbstwechselwirkung proportional zu e^2 sein, so daß die Bewegungsgleichung (11.3-45) nur die Glieder erster Ordnung in der Kopplungskonstanten e erfaßt. Wir wollen nun die Korrekturen höherer Ordnung bestimmen.

Zuerst berechnen wir, wieviel an Energie und Impuls von der bewegten Ladung pro Einheit der Eigenzeit an das elektromagnetische Feld abgegeben wird. Es ist zweckmäßig, ein die Bahnkurve $\underline{x}(\tau)$ begleitendes Koordinatensystem zu benutzen:

$$\underline{x} = \underline{x}(\tau) + \rho\, \underline{u}(\tau,\theta,\varphi) . \tag{12.2-1}$$

Hier ist $\underline{u}$ ein raumartiger Einheitsvektor, der auf der momentanen Bahngeschwindigkeit $\underline{v} = \dot{\underline{x}}$ orthogonal sein soll:

$$\underline{u}^2 = 1 , \qquad \underline{u} \cdot \underline{v} = 0 . \tag{12.2-2}$$

Die Koordinate ρ mißt den Abstand von der Bahnkurve in Richtung von $\underline{u}$ (s.Abb.12.12), während θ und φ die zweidimensionale Fläche

$$\underline{u}^2(\tau,\theta,\varphi) = 1 , \qquad \tau = \text{const}$$

parametrisieren. Der Vektor $\underline{u}$ soll bei der Bewegung mitgeführt werden, d.h. seine Änderung mit der Eigenzeit soll proportional zur momentanen Bahngeschwindigkeit $\underline{v}$ sein:

$$\frac{\partial \underline{u}}{\partial \tau} = \alpha\, \underline{v} .$$

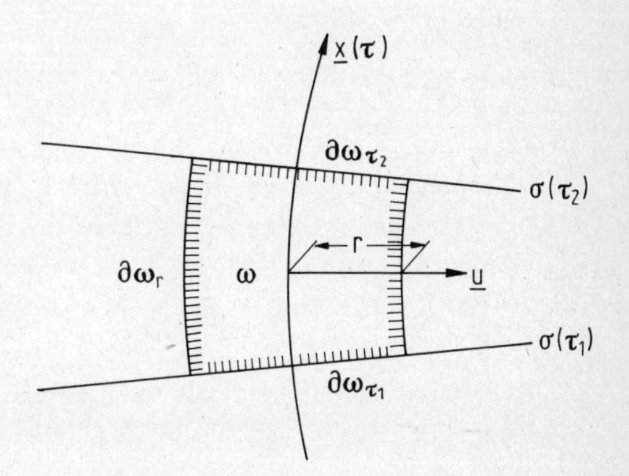

Abb.12.12

Um den Proportionalitätsfaktor α zu bestimmen, differenzieren wir die Orthogonalitätsbedingung (12.2-2) nach τ:

$$\underline{u} \cdot \underline{a} + \underline{v} \cdot \frac{\partial \underline{u}}{\partial \tau} = 0 .$$

Hier ist $\underline{a} = \ddot{\underline{x}}$ die Bahnbeschleunigung. Da $\underline{v}^2 = -c^2$ ist (s. 11.3-4), erhalten wir

$$\frac{\partial \underline{u}}{\partial \tau} = \frac{\underline{u} \cdot \underline{a}}{c^2}\, \underline{v} . \tag{12.2-3}$$

Um die metrische Matrix des Koordinatensystems (12.2-1) zu berechnen, benötigen wir die Basen im Tangentenraum

$$\underline{e}_\tau = \frac{\partial \underline{x}}{\partial \tau} = \left(1 + \frac{\underline{a}\cdot\underline{u}}{c^2}\rho\right)\underline{v}\,, \qquad \underline{e}_\rho = \frac{\partial \underline{x}}{\partial \rho} = \underline{u}\,,$$
$$\underline{e}_\theta = \frac{\partial \underline{x}}{\partial \theta} = \rho\,\frac{\partial \underline{u}}{\partial \theta}\,, \qquad \underline{e}_\varphi = \frac{\partial \underline{x}}{\partial \varphi} = \rho\,\frac{\partial \underline{u}}{\partial \varphi}\,. \tag{12.2-4}$$

Unter Berücksichtigung von (12.2-2) und den daraus durch Differentiation nach θ und φ folgenden Beziehungen erhalten wir zunächst

$$g_{\tau\tau} = -c^2\left(1 + \frac{\underline{a}\cdot\underline{u}}{c^2}\rho\right)^2\,, \quad g_{\rho\rho} = 1\,, \quad g_{\tau\rho} = g_{\tau\theta} = g_{\tau\varphi} = g_{\rho\theta} = g_{\rho\varphi} = 0\,. \tag{12.2-5}$$

Wegen (12.2-3) sind die restlichen Elemente der metrischen Matrix unabhängig von τ. Wir wählen sie so, daß ρ, θ, φ ein System von sphärischen Polarkoordinaten auf der raumartigen Fläche $\tau = \text{const}$ bilden:

$$g_{\theta\theta} = \rho^2\,, \quad g_{\varphi\varphi} = \rho^2 \sin^2\theta\,, \quad g_{\theta\varphi} = 0\,. \tag{12.2-6}$$

Mit (12.2-5) und (12.2-6) folgt schließlich

$$\sqrt{|g|} = c[1 + \rho(\underline{a}\cdot\underline{u}/c^2)]\,\rho^2 \sin\theta\,. \tag{12.2-6)'$$

Wir stellen nun die Energie-Impuls-Bilanz für das endliche Eigenzeitintervall $[\tau_1, \tau_2]$ auf. Die Flächen $\sigma(\tau_1)$ und $\sigma(\tau_2)$ (s. Abb.12.12):

$$\sigma(\tau):\ (\tau, \rho, \theta, \varphi) \mapsto \underline{x}(\tau, \rho, \theta, \varphi) \in V^4\,, \qquad \tau = \text{const} \tag{12.2-7}$$

sind raumartig. Die Stromdichte der bewegten Ladung ist nur in einer röhrenförmigen Umgebung ω:

$$\omega:\ (\tau, \rho, \theta, \varphi) \mapsto \underline{x}(\tau, \rho, \theta, \varphi) \in V^4\,, \quad \tau \in [\tau_1, \tau_2]\,, \quad \rho \in [0, r]\,, \tag{12.2-8}$$

von Null verschieden. Um den Schwierigkeiten des Punktladungsmodells zu begegnen, nehmen wir an, daß der Radius r der Röhre zwar nicht verschwindet, aber kleiner als jede beobachtbare Länge ist. Der Rand $\partial\omega$ des Raum-Zeit-Volumens ω wird von den raumartigen Flächenstücken $\partial\omega_{\tau_2}, \partial\omega_{\tau_1}$:

$$\sigma(\tau) \supset \partial\omega_\tau:\ (\tau, \rho, \theta, \varphi) \mapsto \underline{x}(\tau, \rho, \theta, \varphi) \in V^4\,, \quad \tau = \text{const}\,, \ \rho \in [0, r] \tag{12.2-9}$$

und der zeitartigen Fläche $\partial\omega_r$ gebildet (s. Abb. 12.12):

$$\partial\omega_r : (\tau, \rho, \theta, \varphi) \mapsto \underline{x}(\tau, \rho, \theta, \varphi) \in V^4 , \quad \tau \in [\tau_1, \tau_2] , \quad \rho = r . \qquad (12.2\text{-}10)$$

Im Zeitpunkt τ nimmt das elektromagnetische Feld das räumliche Volumen $\sigma(\tau) - \partial\omega_\tau$ ein. Die Impulsbilanz läßt sich nun durch Integration der Beziehung (11.2-57):

$$\bar{\Box} \wedge *_4 \bar{T}_\mu = 0 ,$$

über den Außenraum des Volumens ω herleiten. Nach dem Satz von Stokes ergibt sich

$$\left(\int\limits_{\sigma(\tau_2)-\partial\omega_{\tau_2}} - \int\limits_{\sigma(\tau_1)-\partial\omega_{\tau_1}} - \int\limits_{\partial\omega_r} \right) \langle *_4 \bar{T}_\mu , d\underline{\sigma} \rangle = 0 . \qquad (12.2\text{-}11)$$

Nach (11.2-62) ist aber

$$-P_\mu(\tau) = \frac{1}{c} \int\limits_{\sigma(\tau)-\partial\omega_\tau} \langle *_4 \bar{T}_\mu , d\underline{\sigma} \rangle \qquad (12.2\text{-}12)$$

der Energie-Impuls-Vektor des elektromagnetischen Feldes im Zeitpunkt τ, so daß wir statt (12.2-11) auch schreiben können

$$P_\mu(\tau_2) - P_\mu(\tau_1) = -\frac{1}{c} \int\limits_{\partial\omega_r} \langle *_4 \bar{T}_\mu , d\underline{\sigma} \rangle . \qquad (12.2\text{-}13)$$

Der 3-Vektor $d\underline{\sigma}$ ist im Koordinatensystem (12.2-1)

$$d\underline{\sigma} = \underline{e}_\tau \wedge \underline{e}_\theta \wedge \underline{e}_\varphi \, d\tau \, d\theta \, d\varphi . \qquad (12.2\text{-}14)$$

Da die Koordinaten orthogonal sind, trägt zum Integranden von (12.2-13) nur die Komponente

$$\langle \bar{T}_\mu | \underline{e}_\rho \rangle *_4 \bar{e}^\rho = - \langle \bar{T}_\mu | \underline{u} \rangle \sqrt{|g|} \, \bar{e}^\tau \wedge \bar{e}^\theta \wedge \bar{e}^\varphi \qquad (12.2\text{-}15)$$

bei (s. 11.1-49). Mit (12.2-14), (12.2-15) und (12.2-6)' erhalten wir schließlich aus (12.2-13)

$$P_\mu(\tau_2) - P_\mu(\tau_1) = \int\limits_{\tau_1}^{\tau_2} d\tau \int d\Omega \, r^2 \langle \bar{T}_\mu | \underline{u} \rangle [1 + (\underline{a} \cdot \underline{u}/c^2) r] . \qquad (12.2\text{-}16)$$

Hier ist $d\Omega = \sin\theta \, d\theta \, d\varphi$ das Raumwinkelelement.

Die 1-Formen $\bar{T}^{\mu}$ des Energie-Impuls-Tensors sind nach (11.2-37) aus den Feldgrößen zu berechnen. Im Vakuum gilt wegen (11.1-50)

$$\bar{T}^{\mu} = \frac{c}{Z_o}\left[-F\cdot(\bar{e}^{\mu}\cdot F) + \frac{1}{2}\bar{e}^{\mu}(F\cdot F)\right]. \tag{12.2-17}$$

Da r kleiner als jede beobachtbare Länge sein soll, benötigen wir zur Berechnung des Integrals (12.2-16) nur solche Anteile von $\bar{T}^{\mu}$, die mindestens wie $1/r^2$ für $r \to 0$ singulär sind. Nun ist aber nur das von der Ladung selbst erzeugte Feld für $r \to 0$ singulär. Wir zerlegen also das gesamte Feld F in das von der betrachteten Ladung erzeugte Feld F_s und ein äußeres Feld F_{ex}, das von anderen Ladungsträgern erzeugt wird:

$$F = F_s + F_{ex}. \tag{12.2-18}$$

Es empfiehlt sich, die in diesem Zusammenhang erforderliche Lorentz-invariante Darstellung von F direkt aus den Lorentz-invarianten Liénard-Wiechert-Potentialen (12.1-9)-(12.1-10) zu berechnen, anstatt auf die Ergebnisse des Abschnitts 12.1.3 zurückzugreifen. Wir erhalten zunächst+)

$$F^{R,A} = \bar{\Box}\wedge A^{R,A} = \mp\frac{eZ_o}{4\pi}\,\frac{1}{[\underline{x}-\underline{x}(\tau)]\cdot\underline{v}(\tau)}\,\frac{d}{d\tau}\,\frac{[\underline{x}-\underline{x}(\tau)]\wedge\underline{v}(\tau)}{[\underline{x}-\underline{x}(\tau)]\cdot\underline{v}(\tau)}\Bigg|_{\tau=\tau_{R,A}}. \tag{12.2-19}$$

Hier gilt das obere Vorzeichen für das retardierte, das untere Vorzeichen für das avancierte Feld. Nach Ausführung der Differentiation ist in (12.2-19)

$$\underline{x} = \underline{x}(\tau) + r\underline{u} \tag{12.2-20}$$

einzusetzen. Ferner ist zu beachten, daß τ_R und τ_A wegen der Bedingungen (12.1-6) und (12.1-7) ebenfalls als Funktionen von r zu betrachten sind. Die Beziehung

$$[\underline{x}-\underline{x}(\tau_{R,A})]^2 = [\underline{x}(\tau) + r\underline{u} - \underline{x}(\tau_{R,A})]^2 = 0 \tag{12.2-21}$$

hat die beiden Lösungen

$$\tau_{R,A} = \tau \mp \frac{r/c}{\sqrt{1+\frac{\underline{u}\cdot\underline{a}}{c}\frac{r}{c}}}\left[1 - \frac{1}{24}\,\frac{\underline{a}^2 \mp 4\underline{u}\cdot\dot{\underline{a}}c}{c^2}\left(\frac{r}{c}\right)^2 + O\left(\frac{r}{c}\right)^3\right]. \tag{12.2-22}$$

+) s. Fußnote S. 621

Insgesamt erhält man nach einiger Rechnung aus (12.2-19) dann die Entwicklung+)

$$F^{R,A}[\underline{x}(\tau) + r\underline{u}] = \frac{eZ_o}{4\pi c} \frac{1}{\sqrt{1 + \frac{\underline{u}\cdot\underline{a}}{c^2} r}} \left[-\left(\frac{1}{r^2} + \frac{1}{8}\frac{\underline{a}^2}{c^4}\right) \underline{u} \wedge \underline{v} + \right. \tag{12.2-23}$$

$$\left. + \frac{1}{2rc^2}\left(1 - \frac{\underline{u}\cdot\underline{a}}{c^2} r\right) \underline{a} \wedge \underline{v} + \frac{1}{2c^2} \underline{u} \wedge \dot{\underline{a}} \pm \frac{2}{3c^3} \underline{v} \wedge \dot{\underline{a}} + O(r) \right].$$

Auch hier gilt das untere Vorzeichen für das avancierte Feld, das sich nur im zuletzt genannten Term vom retardierten Feld unterscheidet. Die Differenz ist folglich regulär für $r \to 0$:

$$F_- := \lim_{r \to 0} \frac{1}{2}(F^R - F^A) = \frac{eZ_o}{4\pi c} \frac{2}{3c^3} \underline{v} \wedge \dot{\underline{a}} . \tag{12.2-24}$$

Dieses Ergebnis ist zuerst von Dirac (1938) angegeben worden.

Wir setzen nun die Zerlegung (12.2-18) in (12.2-17) ein, wo F_s das retardierte Feld (12.2-23) ist. Im Integranden von (12.2-16) berücksichtigen wir nur solche Terme, die für $r \to 0$ nicht verschwinden. Da in (12.2-16) auch über das Raumwinkelelement $d\Omega$ integriert wird, tragen lineare Terme in $\underline{u}$ nicht bei, denn der Mittelwert des raumartigen Vektors $\underline{u}$ über alle räumlichen Richtungen muß verschwinden. Insgesamt erhalten wir dann aus (12.2-16)

$$\underline{P}(\tau_2) - \underline{P}(\tau_1) = \int_{\tau_1}^{\tau_2} d\tau \left(\frac{e^2}{4\pi\varepsilon_o 2rc^2} \underline{a} - e\underline{v}\cdot F_- - e\underline{v}\cdot F_{ex} \right) , \tag{12.2-25}$$

wo F_- durch (12.2-24) gegeben ist. Differentiation nach der Eigenzeit liefert

$$\frac{d}{d\tau} \underline{P}(\tau) = \frac{e^2}{4\pi\varepsilon_o 2rc^2} \underline{a} - e\underline{v}\cdot F_- - e\underline{v}\cdot F_{ex} . \tag{12.2-26}$$

Der erste Term steht für die Zunahme des Impulses des bei der Bewegung mitgeführten Coulomb-Feldes. Den Energie-Impuls-Vektor dieses Feldes können wir aus (12.2-12) mit der Feldstärke (12.2-23) berechnen, wenn wir $\underline{a} = \dot{\underline{a}} = 0$ setzen. Wir erhalten tatsächlich

$$P_\mu(\tau) = -\frac{1}{c} \int_{\sigma(\tau)-\partial\omega_\tau} \langle *_4 \bar{T}_\mu, d\underline{\sigma} \rangle = \frac{e^2}{4\pi\varepsilon_o 2rc^2} v_\mu , \quad a_\mu = \dot{a}_\mu = 0 . \tag{12.2-27}$$

+) s. F. Rohrlich: Classical Charged Particles (Addison-Wesley, Reading, Mass., 1965) p. 142-143

Der zweite Term von (12.2-26) beschreibt die Zunahme des Feldimpulses durch das von der beschleunigten Ladung abgestrahlte Feld. Mit (12.2-24) folgt

$$- e\underline{v} \cdot F_{-} = \frac{e^2}{6\pi\varepsilon_o c^5}\,(\underline{a}^2 \underline{v} - c^2 \dot{\underline{a}}) \,. \qquad (12.2\text{-}28)$$

Der erste Term liefert in Übereinstimmung mit (12.1-60) die Zunahme an Energie

$$dP^o = \frac{e^2}{6\pi\varepsilon_o c^3}\,\underline{a}^2\,\frac{dx^o}{c^2} \,. \qquad (12.2\text{-}29)$$

Auf die Bedeutung des zweiten Terms von (12.2-28) gehen wir im nächsten Abschnitt ein. Der letzte Term von (12.2-26) schließlich ist der Impuls, der in Übereinstimmung mit der Bewegungsgleichung (11.3-45) pro Einheit der Eigenzeit an die bewegte Ladung abgegeben wird.

12.2.2. Die Lorentz-Dirac-Gleichung

Um die Bewegungsgleichung für die Ladung aufzustellen, gehen wir von der Überlegung aus, daß der Impuls (12.2-27) des mitgeführten Coulomb-Feldes dem Impuls der Ladung zugerechnet werden muß. Verläuft nämlich die Bewegung nicht beschleunigt, so ist der gesamte Impuls der Ladung

$$\underline{p} = m\underline{v} = \text{const} \,. \qquad (12.2\text{-}30)$$

Hier ist m die physikalische, beobachtbare Masse der Ladung, zu der auch die Ruhemasse

$$m_c = \frac{e^2}{4\pi\varepsilon_o 2r}\,\frac{1}{c^2} \qquad (12.2\text{-}31)$$

des konvektiven Feldes gerechnet werden muß. Es ist physikalisch sinnlos, die beobachtbare Masse in eine "nackte" Masse m_o und die elektromagnetische Masse m_c aufzuspalten:

$$m = m_o + m_c = m_o + \frac{e^2}{4\pi\varepsilon_o 2r}\,\frac{1}{c^2} \,, \qquad (12.2\text{-}32)$$

da das Coulomb-Feld stets zusammen mit der bewegten Ladung beobachtet wird. Die Erhaltung des Gesamtimpulses von Ladung $\underline{p}$ und Feld $\underline{P}$ verlangt also

$$\frac{d\underline{p}}{d\tau} + \frac{d}{d\tau}\left(\underline{P} - \frac{e^2}{4\pi\varepsilon_o 2rc^2}\,\underline{v}\right) = 0 \,. \qquad (12.2\text{-}33)$$

Mit (12.2-26) erhalten wir dann die Bewegungsgleichung

$$\frac{d\underline{p}}{d\tau} = e\underline{v}\cdot(F_- + F_{ex}) . \qquad (12.2\text{-}34)$$

Wir nehmen ferner an, daß der Zusammenhang zwischen Impuls und Geschwindigkeit durch (12.2-30) gegeben ist. Das ist jedenfalls richtig, wenn die Beschleunigung verschwindet, bedeutet aber eine zusätzliche Hypothese für die beschleunigte Bewegung. Mit dieser Voraussetzung folgt aus (12.2-34) die Bewegungsgleichung

$$m\underline{a} = e\underline{v}\cdot(F_- + F_{ex}) = \frac{e^2}{6\pi\varepsilon_o c^5}(c^2\dot{\underline{a}} - \underline{a}^2\underline{v}) + e\underline{v}\cdot F_{ex} . \qquad (12.2\text{-}35)$$

Sie wird als Lorentz-Dirac-Gleichung bezeichnet.

Der erste Term auf der rechten Seite von (12.2-35) beschreibt die Dämpfung der Bewegung durch Abstrahlung. Der Dämpfungseffekt wird deutlich, wenn man den räumlichen Anteil von (12.2-35) im momentanen Ruhesystem ($\vec{v} = 0$) betrachtet:

$$\frac{d}{dt} m\vec{v} = \frac{2}{3}\frac{e^2}{4\pi\varepsilon_o c^3}\frac{d\vec{a}}{dt} + e\vec{E}_{ex} . \qquad (12.3\text{-}36)$$

Dieser Ausdruck für die Strahlungsdämpfung ist zuerst von Lorentz angegeben worden, während die Lorentz-invariante Verallgemeinerung auf Abraham und von Laue zurückgeht. Die hier gegebene Ableitung von der Bewegungsgleichung über die Selbstwechselwirkung folgt im wesentlichen der bereits erwähnten Methode von Dirac.

Für die physikalische Interpretation der Bewegungsgleichung (12.2-35) ist es aufschlußreich, ihre Lösungen zu untersuchen, falls das äußere Feld verschwindet. Es ist zweckmäßig, die Bogenlänge $s = c\tau$ statt der Eigenzeit als Parameter zu benutzen. Für die Komponenten der Geschwindigkeit in einem kartesischen Koordinatensystem lauten dann die Bewegungsgleichungen

$$\frac{3}{2}\frac{1}{r_o} v'^{\mu} - v''^{\mu} + v'^{\nu} v'_{\nu} v^{\mu} = 0 , \qquad r_o = \frac{e^2}{4\pi\varepsilon_o mc^2} . \qquad (12.2\text{-}37)$$

Die Ableitungen nach der Bogenlänge s sind durch einen Strich bezeichnet. Die allgemeine Lösung des Systems (12.2-37) lautet

$$v^{\mu}(s) = A^{\mu}\exp[\gamma\exp(3s/2r_o)] + B^{\mu}\exp[-\gamma\exp(3s/2r_o)] , \qquad (12.2\text{-}38)$$

wo die Lorentzvektoren $\underline{A}$ und $\underline{B}$ den Bedingungen

$$\underline{A}^2 = \underline{B}^2 = 0 , \quad \underline{A} \cdot \underline{B} = -\frac{1}{2} \tag{12.2-39}$$

genügen müssen. Wie man leicht nachprüft, gilt dann auch (s. 11.3-3)

$$v^\mu v_\mu = -1 . \tag{12.2-40}$$

Die Lösung (12.2.38) enthält also mit γ insgesamt sechs freie Parameter und ist die allgemeine Lösung unter der Nebenbedingung (12.2-40). Da der Geschwindigkeitsvektor stets in der von den Vektoren $\underline{A}$ und $\underline{B}$ aufgespannten Ebene liegt, wählen wir diese Ebene als (x^0, x^1)-Ebene und betrachten den speziellen Fall

$$A^0 = B^0 = \frac{1}{2} , \quad A^1 = -B^1 = \frac{1}{2} .$$

Es gilt dann

$$\lim_{s \to -\infty} v^0(s) = 1 , \quad \lim_{s \to -\infty} v^1(s) = 0 . \tag{12.2-41}$$

d.h. die Ladung ruht für $s \to -\infty$. Ihre Bahn ist zur Zeitachse parallel (s. Abb.12.13).

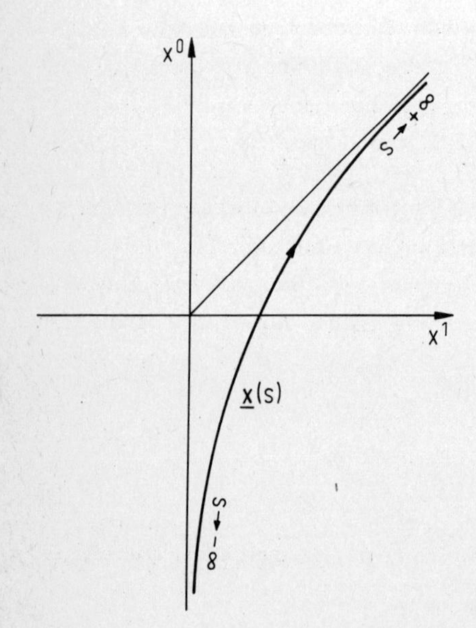

Abb.12.13

Für $s \to +\infty$ werden beide Komponenten unendlich groß, aber ihr Verhältnis strebt dem Grenzwert

$$\lim_{s \to +\infty} v^0(s)/v^1(s) = 1 \tag{12.2-42}$$

zu. Da (s. 11.3-8)

$$v^o = \frac{1}{\sqrt{1 - u^2/c^2}} \; ; \qquad v^1 = \frac{u/c}{\sqrt{1 - u^2/c^2}} \; , \qquad (12.2\text{-}43)$$

wo $u = dx^1/dt$, bedeutet das, daß die Geschwindigkeit u der Ladung gegen die Lichtgeschwindigkeit strebt. Abbildung 12.13 zeigt die Lösung, die sich für $s \to -\infty$ der Zeitachse nähert. Für $s \to +\infty$ strebt sie asymptotisch gegen die Gerade $x^o = x^1$, auf der die Lichtgeschwindigkeit erreicht wird. Die Lösung beschreibt eine Bewegung, in deren Verlauf die Ladung aus dem Zustand der Ruhe bis auf Lichtgeschwindigkeit beschleunigt wird. Da der Abstrahlungsterm

$$v'^{\nu} v'_{\nu} v^o = \cosh[\gamma \exp(3s/2r_o)] \, \frac{9}{4} \, \frac{\gamma^2}{r_o^2} \exp(3s/r_o) \qquad (12.2\text{-}44)$$

gleichzeitig stets positiv ist, ist die Bewegung physikalisch nicht realisierbar. Die unphysikalischen Lösungen werden ausgeschlossen, wenn man verlangt, daß die Beschleunigung für $s \to \pm\infty$ verschwindet:

$$\lim_{s \to \pm\infty} v'^{\mu}(s) = 0 \; . \qquad (12.2\text{-}45)$$

Es bleibt dann nur noch die Lösung v^{μ} = const, die man aus (12.2-38) im Grenzfall $\gamma \to 0$ erhält.

Die asymptotische Bedingung (12.2-45), auch Asymptotenbedingung genannt, bleibt physikalisch sinnvoll, wenn sich die Ladung in einem äußeren Feld bewegt. Verschwindet das äußere Feld hinreichend stark für große räumliche Abstände, so wird die Bewegung der Ladung asymptotisch für $\tau \to \pm\infty$ kräftefrei verlaufen. Sie kann dann asymptotisch durch einen konstanten Impuls $\underline{p}_{aus}$ bzw. $\underline{p}_{ein}$ beschrieben werden:

$$\lim_{\tau \to +\infty} \underline{p}(\tau) = \underline{p}_{aus} = m\underline{v}_{aus} \; , \qquad (12.2\text{-}46a)$$

$$\lim_{\tau \to -\infty} \underline{p}(\tau) = \underline{p}_{ein} = m\underline{v}_{ein} \; . \qquad (12.2\text{-}46b)$$

Das elektromagnetische Feld setzt sich im allgemeinsten Fall aus einem einlaufenden Strahlungsfeld F_{ein} und dem von der Ladung erzeugten retardierten Feld F_R zusammen (s. 11.2-117):

$$F = F_{ein} + F_R \; . \qquad (12.2\text{-}47)$$

Das einlaufende Feld F_{ein} genügt den homogenen Feldgleichungen (11.2-65, 11.2-66):

$$\bar{\Box} \wedge F_{ein} = 0 \tag{12.2-48a}$$

$$\bar{\Box} \cdot F_{ein} = 0 . \tag{12.2-48b}$$

Für $x^o \to -\infty$ gilt

$$\lim_{x^o \to -\infty} F = F_{ein} + \lim_{x^o \to -\infty} F_R . \tag{12.2-49}$$

Da wir die Eigenzeit τ der Ladung als monotone Funktion von x^o ansehen können, strebt dann auch $\tau(x^o) \to -\infty$ und wegen (12.2-46b) strebt F_R gegen das konvektive Coulombfeld, das die kräftefreie Bewegung einer Ladung begleitet. Ebenso können wir F in ein auslaufendes Strahlungsfeld F_{aus} und das von der Ladung erzeugte avancierte Feld F_A zerlegen:

$$F = F_{aus} + F_A . \tag{12.2-50}$$

Auch F_{aus} genügt den homogenen Feldgleichungen (12.2-48a,b). Nunmehr strebt F_A für $x^o \to +\infty$ wegen (12.2-46a) gegen das die auslaufende kräftefreie Bewegung der Ladung begleitende Coulombfeld. Die Differenz

$$F_{aus} - F_{ein} = - F_A + F_R \tag{12.2-51}$$

verschwindet nur dann nicht, wenn F_A und F_R verschieden sind, die Bewegung also nicht kräftefrei verläuft (s. Abschn. 12.1.2). Sie liefert das gesamte abgestrahle Feld.

Ist ein einlaufendes Strahlungsfeld vorhanden, so kann es wegen (12.2-47) in der Bewegungsgleichung (12.2-35) wie ein äußeres Feld behandelt werden. Statt (12.2-35) erhalten wir dann

$$m \underline{a} = e \underline{v} \cdot (F_{ein} + F_- + F_{ex}) \tag{12.2-52}$$

oder

$$m(\underline{a} - \tau_o \dot{\underline{a}}) = - \frac{e^2}{6\pi \varepsilon_o c^5} \underline{a}^2 \underline{v} + e \underline{v} \cdot (F_{ein} + F_{ex}) =: \underline{Z}(\tau), \quad c\tau_o = \frac{2}{3} \frac{e^2}{4\pi \varepsilon_o mc^2} . \tag{12.2-53}$$

Statt (12.2-53) können wir auch schreiben

$$- \frac{d}{d\tau} [\underline{a}(\tau) \exp(-\tau/\tau_o)] = \frac{1}{m\tau_o} \underline{Z}(\tau) \exp(-\tau/\tau_o) . \tag{12.2-54}$$

Diese Beziehung läßt sich unter Beachtung der Asymptotenbedingung (12.2-46a) über das Intervall $[\tau, +\infty)$ integrieren:

$$m\underline{a}(\tau) = \frac{1}{\tau_o} \int_\tau^\infty d\tau' \, \underline{Z}(\tau') \exp[(\tau - \tau')/\tau_o] = \int_0^\infty d\sigma \, \underline{Z}(\tau + \tau_o \sigma) \exp(-\sigma) \, . \tag{12.2-55}$$

Diese Form der Bewegungsgleichung macht den nichtlokalen Charakter deutlich. Die Beschleunigung im Zeitpunkt τ wird nicht allein durch die gleichzeitigen Bahnparameter bestimmt, sondern reagiert auch auf Zukunftssignale. Die nichtlokale Wechselwirkung erstreckt sich über ein Zeitintervall von der Größenordnung τ_o. Nach (12.2-53) ist aber τ_o die Zeit, die das Licht benötigt, um eine Strecke von der Größenordnung des klassischen Ladungsradius r_o zu durchlaufen. Letzterer ist so festgelegt, daß die der Coulombenergie der Ladung entsprechende Ruhemasse (s. 12.2-32) mit der beobachtbaren Masse gleichgesetzt wird:

$$\frac{e^2}{4\pi \varepsilon_o r_o} := mc^2 \, . \tag{12.2-56}$$

Für das Elektron ist nach (12.1-73) $r_o \approx 2{,}8 \cdot 10^{-13}$ cm. Andererseits ist aber die Compton-Wellenlänge des Elektrons $\lambda\!\!\!^{-} = \hbar/mc \approx 3{,}9 \cdot 10^{-11}$ cm, so daß die klassische Behandlung der Bewegung mit Sicherheit in den Bereichen versagt, wo sich der nichtlokale Charakter bemerkbar macht.

12.2.3. Mehrere Ladungen. Störungstheorie

Es bereitet keine Schwierigkeit, die im letzten Abschnitt entwickelte Theorie auf Systeme mit mehreren Ladungen zu übertragen. Wir nehmen der Einfachheit halber an, daß alle Massenpunkte die gleiche Ladung e tragen. Ist n die Zahl der geladenen Massenpunkte, so gelten statt (12.2-52) die Bewegungsgleichungen

$$m_i \underline{a}_i = e \underline{v}_i \cdot \left(F_{ein} + F_{ex} + F_{-i} + \sum_{j \neq i} F_{R_j} \right) , \qquad i \in \{1, \ldots, n\} \, , \tag{12.2-57}$$

wo F_{-i} nach (12.2-24) aus den Bahnparametern der i-ten Ladung zu bestimmen ist. Jeder Ladung ist eine Eigenzeit τ_i zugeordnet, doch lassen sich die Eigenzeiten τ_i auch als Funktionen der gemeinsamen Zeit x^o auffassen:

$$d\tau^i = \frac{d\tau^i}{dx^o} dx^o \, , \qquad i \in \{1, \ldots, n\} \, . \tag{12.2-58}$$

Das Feld F_{Ri} ist das von der i-ten Ladung erzeugte retardierte Feld. Es genügt der Feldgleichung (s. 12.1-1) (in kartesischen Koordinaten)

$$\bar{\Box} \cdot F_{Ri} = e Z_o \int_{-\infty}^{+\infty} \delta[x - x_i(\tau)] \bar{v}_i(\tau) \, d\tau \ , \qquad i \in \{1,\ldots,n\} \, . \tag{12.2-59}$$

Auf die i-te Ladung wirken die von den übrigen Ladungen erzeugten retardierten Felder, während das von der i-ten Ladung erzeugte Eigenfeld durch F_{-i} berücksichtigt wird. Alle Feldstärken in (12.2-57) sind natürlich auf der Bahn der i-ten Ladung zu nehmen: $F = F[x_i(\tau_i)]$.

Für $\tau_i \to \pm\infty$ sollen die Bewegungen kräftefrei verlaufen:

$$\left.\begin{aligned} \lim_{\tau \to -\infty} \underline{x}_i(\tau) &= \underline{x}_i^{ein}(0) + \tau \underline{v}_i^{ein} = \underline{x}_i^{ein}(\tau) \ , \\ \lim_{\tau \to +\infty} \underline{x}_i(\tau) &= \underline{x}_i^{aus}(0) + \tau \underline{v}_i^{aus} = \underline{x}_i^{aus}(\tau) \ , \end{aligned}\right\} \quad i \in \{1,\ldots,n\} \, . \tag{12.2-60}$$

Nach (12.2-49) gilt für das elektromagnetische Feld

$$\lim_{x^o \to -\infty} F = F_{ein} + \lim_{x^o \to -\infty} \sum_{i=1}^{n} F_{Ri} \ , \tag{12.2-61}$$

wo die Felder F_{Ri} gegen die einlaufenden konvektiven Coulombfelder streben. Ebenso gilt für $x^o \to +\infty$ (s. 12.2-50)

$$\lim_{x^o \to +\infty} F = F_{aus} + \lim_{x^o \to +\infty} \sum_{i=1}^{n} F_{Ai} \, . \tag{12.2-62}$$

Die Differenz

$$F_{aus} - F_{ein} = - \sum_{i=1}^{n} (F_{Ai} - F_{Ri}) \tag{12.2-63}$$

ist das während des gesamten Ablaufs der Bewegungen abgestrahlte Feld. F_{aus} und F_{ein} sind Lösungen der homogenen Feldgleichungen.

Physikalisch sind die einlaufenden Variablen F_{ein} und $\underline{x}_i^{ein}(\tau)$ $(i = 1,\ldots,n)$ als gegeben zu betrachten, während die auslaufenden Variablen F_{aus}, $\underline{x}_i^{aus}(\tau)$ $(i = 1,\ldots,n)$ zu bestimmen sind. Ein etwa vorhandenes äußeres Feld F_{ex} ist ebenfalls als bekannt vorauszusetzen. Die Lösung dieses Anfangswertproblems kann im allgemeinen nur im Rahmen der Störungstheorie konstruiert werden. Man entwickelt die Bahnkurven $\underline{x}_i(\tau)$ nach Potenzen der Kopplungskonstanten e:

$$\underline{x}_i(\tau) =: \underline{x}_i^{(o)}(\tau) + e\,\underline{x}_i^{(1)}(\tau) + e^2\,\underline{x}_i^{(2)}(\tau) + \ldots\,, \quad i \in \{1,\ldots,n\}\,, \tag{12.2-64}$$

setzt diesen Ansatz in die Bewegungsgleichungen (12.2-57) ein und ordnet nach Potenzen von e. In 0-ter Ordnung erhält man

$$e^o: \quad m_i\,\underline{a}_i^{(o)} = 0\,, \qquad i \in \{1,\ldots n\}\,. \tag{12.2-65}$$

Mit der Anfangsbedingung (12.2-60) folgt dann

$$\underline{x}_i^{(o)}(\tau) = \underline{x}_i^{ein}(\tau)\,, \qquad i \in \{1,\ldots,n\}\,. \tag{12.2-66}$$

In erster Ordnung lauten die Bewegungsgleichungen

$$e^1: \quad m_i\,\underline{a}_i^{(1)} = \underline{v}_i^{(o)} \cdot (F_{ein} + F_{ex})\,, \tag{12.2-67}$$

denn nach (12.2-59) ist F_{Ri} mindestens von 1. Ordnung in e und nach (12.2-24) und (12.2-67) F_{-i} mindestens von 2. Ordnung. Für die Feldstärken F_{Ri} setzen wir ebenfalls eine Potenzreihe an:

$$F_{Ri} = e\,F_{Ri}^{(1)} + e^2\,F_{Ri}^{(2)} + \ldots\,. \tag{12.2-68}$$

$F_{Ri}^{(1)}$ ist nach (12.2-59) aus der Feldgleichung

$$e^1: \quad \bar{\Box} \cdot F_{Ri}^{(1)} = Z_o \int_{-\infty}^{+\infty} \delta\left(x - x_i^{(o)}(\tau)\right) \bar{v}_i^{(o)}(\tau)\,d\tau \tag{12.2-69}$$

zu bestimmen. Ihre Lösung ist das konvektive Coulombfeld einer kräftefrei bewegten Ladung. Neben der nicht Lorentz-invarianten Darstellung dieses Feldes (s. Abschn. 12.1.2) geben wir auch eine Lorentz-invariante Form an. Wir können sie aus der Entwicklung (12.2-23) im Koordinatensystem (12.2-1) ablesen. Für eine kräftefreie Bewegung bleibt nur der Term

$$F_{R,A}^{(1)}[\underline{x}(\tau) + r\,\underline{u}] = -\frac{e\,Z_o}{4\pi c}\,\frac{1}{r^2}\,\underline{u} \wedge \underline{v}^{ein} \tag{12.2-70}$$

übrig. Alle Korrekturen von höherer Ordnung in r verschwinden. Damit erhalten wir in 2. Ordnung der Bewegungsgleichungen (12.2-57)

$$e^2: \quad m_i\,\underline{a}_i^{(2)} = \underline{v}_i^{(1)} \cdot (F_{ein} + F_{ex}) + \underline{v}_i^{(o)} \cdot \sum_{j \neq i} F_{Rj}^{(1)}\,. \tag{12.2-71}$$

Wegen (12.2-70) und (12.2-63) kann ein auslaufendes Strahlungsfeld erst in der 2. Ordnung auftreten:

$$F^{(2)}_{aus} = - \sum_{i=1}^{n} \left(F^{(2)}_{Ai} - F^{(2)}_{Ri} \right) . \qquad (12.2\text{-}72)$$

Die Felder $F^{(2)}_{Ai}$ und $F^{(2)}_{Ri}$ genügen der 2. Ordnung der Feldgleichung (12.2-59)

$$\begin{aligned} e^2 : \bar{\Box} \cdot F^{(2)}_{R,Ai} &= Z_o \int_{-\infty}^{+\infty} \delta\left(x - x_i^{(o)}(\tau)\right) \bar{v}_i^{(1)}(\tau)\, d\tau \, - \\ &- Z_o \int_{-\infty}^{+\infty} \left[\underline{x}_i^{(1)}(\tau) \cdot \bar{\Box}\, \delta\left(x - x_i^{(o)}(\tau)\right)\right] \bar{v}_i^{(o)}(\tau)\, d\tau \, , \end{aligned} \qquad (12.2\text{-}73)$$

$$i \in \{1, \ldots, n\} \, ,$$

wo $\underline{x}_i^{(1)}(\tau)$ die erste Ordnung der i-ten Bahn ist. Gibt es nur ein einlaufendes Feld, erhält man die Streuung elektromagnetischer Strahlung an bewegten Ladungen (Thomson-Streuung). Ist nur ein äußeres Feld vorhanden, erhält man Abstrahlung von bewegten Ladungen im äußeren Feld. Man bezeichnet sie als Bremsstrahlung. Diese beiden Prozesse werden wir neben der bereits in 1. Ordnung auftretenden Streuung im äußeren Feld im nächsten Abschnitt genauer untersuchen.

12.3. Wechselwirkungsprozesse

12.3.1. Streuung im äußeren Feld

Die Wechselwirkung einer bewegten Ladung mit dem elektromagnetischen Feld ist in 1. Ordnung der Kopplungskonstanten e durch (12.2-67) gegeben. Bezeichnen wir den Impuls der auslaufenden Bewegung mit $\underline{p}_{aus} = \underline{p}'$, den der einlaufenden Bewegung mit $\underline{p}_{ein} = \underline{p}$, so erfährt die Ladung wegen der Asymptotenbedingung (12.2-60) insgesamt die Impulsänderung

$$\underline{p}' - \underline{p} = e \int_{-\infty}^{+\infty} d\tau \, \underline{v} \cdot \{F_{ein}[x(\tau)] + F_{ex}[x(\tau)]\} \, , \qquad (12.3\text{-}1)$$

wo

$$\underline{x}(\tau) = \underline{x}(0) + \underline{v}\tau \, , \qquad \underline{p} = m\underline{v} \qquad (12.3\text{-}2)$$

ist. In dieser Ordnung erlaubt die Erhaltung von Energie und Impuls keine Wechselwirkung zwischen der Ladung und einem einlaufenden Strahlungsfeld. Letzteres ist nämlich als Lösung der homogenen Feldgleichungen eine Überlagerung von ebenen Wellen (s. 11.2-86)

$$\exp(i\underline{k}\cdot\underline{x}) \ , \qquad k^2 = 0 \ .$$

Setzen wir in (12.3-1) eine ebene Welle ein, so läßt sich der Faktor

$$\int_{-\infty}^{+\infty} d\tau \, \exp\left(i\underline{k}\cdot\frac{\underline{p}}{m}\tau\right) = 2\pi\,\delta\left(\underline{k}\cdot\frac{\underline{p}}{m}\right) \tag{12.3-3}$$

abspalten. Das Argument der δ-Funktion kann aber nicht verschwinden, weil neben $\underline{k}^2 = 0$ auch $-\underline{p}^2 = m^2c^2$ $(p^0 > 0)$ (s. 11.3-14) gelten muß. Im Ruhesystem der Ladung verlangt (12.3-3)

$$k^0 c = 0 \quad \Rightarrow \quad k^0 = 0 \ , \tag{12.3-4}$$

d.h. das Strahlungsfeld trägt keinen Impuls.

Es bleibt die Wechselwirkung mit dem äußeren Feld. Wir nehmen an, daß das Potential $\bar{A}_{ex}$ des äußeren Feldes nicht von der Zeit abhängt, und betrachten zunächst die zeitliche Komponente von (12.3-1). Es ist zweckmäßig, statt der Eigenzeit τ die Zeit $t = x^0 c$ zu benutzen. Wir erhalten dann (s. 11.3-47 und 11.3-51)

$$p'^0 - p^0 = \frac{e}{c}\int_{-\infty}^{+\infty} dt \,\langle \vec{E}_{ex}[\vec{x}(t)], \frac{d\vec{x}}{dt}\rangle = e\left[\lim_{t\to+\infty} A_0[\vec{x}(t)] - \lim_{t\to-\infty} A_0[\vec{x}(t)]\right] = 0 \ , \tag{12.3-5}$$

falls $A_0(\vec{x})$ für $\|\vec{x}\| \to \infty$ verschwindet. Die Energie der Ladung bleibt erhalten, wie es sein muß. Im folgenden beschränken wir uns auf den Fall, daß das äußere Feld ein Coulombfeld ist, das von einer im Ursprung angeordneten Ladung e' erzeugt wird. Dann gilt

$$\vec{E}_{ex} = \frac{\vec{x}}{\|\vec{x}\|}\,\frac{e'}{4\pi\varepsilon_0\|\vec{x}\|^2} \ , \tag{12.3-6}$$

und wir erhalten für den räumlichen Anteil von (12.3-1) (s. 11.3-46)

$$\vec{p}\,' - \vec{p} = e\int_{-\infty}^{+\infty} dt \,\frac{\vec{x}(t)}{\|\vec{x}(t)\|}\,\frac{e'}{4\pi\varepsilon_0\|\vec{x}(t)\|^2} \ , \tag{12.3-7}$$

wo

$$\vec{x}(t) = \vec{x}(0) + \vec{v}\,t \ . \tag{12.3-8}$$

Wir zerlegen nun den Vektor $\vec{x}(0)$ in einen Anteil $\vec{x}_\perp(0)$, der senkrecht auf $\vec{v}$ steht, und einen Anteil $\vec{x}_{\parallel}$, der zu $\vec{v}$ parallel ist (s. Abb.12.14):

$$\vec{x}(0) = \vec{x}_\perp(0) + \vec{x}_{\parallel}(0) =: \vec{b} + \vec{x}_{\parallel}(0) \,.$$

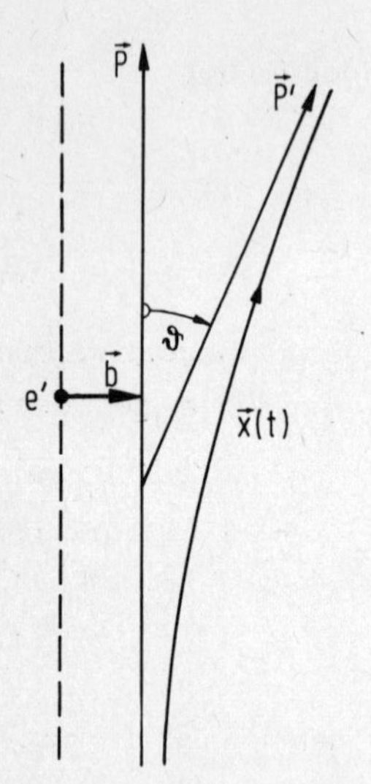

Abb.12.14

Der Vektor $\vec{x}_\perp(0)$ wird Impact-Vektor genannt und mit $\vec{b}$ bezeichnet. Aus (12.3-7) folgt dann

$$\vec{p}\,' - \vec{p} = \frac{e e'}{4\pi\varepsilon_0} \int_{-\infty}^{+\infty} dt(\vec{b} + \vec{x}_{\parallel}(0) + \vec{v}t) \frac{1}{\sqrt{\vec{b}^2 + [\vec{x}_{\parallel}(0) + \vec{v}t]^2}^{\,3}} \,. \tag{12.3-9}$$

Wir setzen

$$\vec{x}_{\parallel}(0) + \vec{v}t =: \frac{\vec{v}}{v} z \,, \qquad v = \|\vec{v}\| \tag{12.3-10}$$

und führen die Integration über z aus:

$$\int_{-\infty}^{+\infty} dz \frac{z}{\sqrt{\rho^2 + z^2}^{\,3}} = 0 \,; \qquad \int_{-\infty}^{+\infty} \frac{dz}{\sqrt{\rho^2 + z^2}^{\,3}} = \frac{2}{\rho^2} \,.$$

Hier ist $\|\vec{b}\| = \rho$ der sogenannte Impact-Parameter. Aus (12.3-9) folgt dann

$$\vec{p}\,' - \vec{p} = \frac{e e'}{4\pi\varepsilon_0 v} \frac{2}{\rho^2} \vec{b} \,. \tag{12.3-11}$$

Die Impulsänderung (12.3-11) steht senkrecht auf dem einlaufenden Impuls $\vec{p}$ und verletzt die Erhaltung der Energie in 2. Ordnung von e:

$$\|\vec{p}\,'\| = \|\vec{p}\| + O(e^2) \,. \tag{12.3-12}$$

Im Rahmen der 1. Ordnung können wir folglich $\|\vec{p}\,'\| = \|\vec{p}\| =: p$ setzen und den Streuwinkel θ zwischen dem auslaufenden Impuls $\vec{p}\,'$ (s. Abb.12.14) und dem einlaufenden Impuls $\vec{p}$ durch

$$(\vec{p}\,' - \vec{p})^2 = 2\,p^2(1 - \cos\theta) \tag{12.3-13}$$

definieren. Mit (12.3-11) ergibt sich für den Impact-Parameter als Funktion des Streuwinkels

$$\rho^2(\theta) = \frac{e^2 e'^2}{16\pi^2 \varepsilon_o^2 v^2 p^2 (1 - \cos\theta)} \; . \tag{12.3-14}$$

Experimentell beobachtet man nicht die Streuung einer einzelnen Ladung, sondern eines Stroms von geladenen Teilchen, die zwar den gleichen Impuls $\vec{p}$ aber verschiedene Impact-Parameter ρ haben. Sie werden unter verschiedenen Winkeln gestreut. Ist $dN(\theta)$ die Zahl der Teilchen, die pro Zeiteinheit um Winkel zwischen θ und $\theta + d\theta$ gestreut wird, und ist n die Stromdichte der einlaufenden Teilchen, d.h. die Zahl der pro Zeiteinheit durch eine Flächeneinheit senkrecht zur Bewegungsrichtung $\vec{p}$ tretenden Teilchen, so definiert

$$d\sigma(\theta) := \frac{dN(\theta)}{n} \tag{12.3-15}$$

den differentiellen Wirkungsquerschnitt. Er hat die Dimension $[(\text{Länge})^2]$. Die Erhaltung der Teilchenzahl verlangt

$$dN(\theta) = n\,d\sigma(\theta) = -n\,d[\pi\rho^2(\theta)] \; .^{+)} \tag{12.3-16}$$

Nunmehr können wir den Wirkungsquerschnitt mit Hilfe von (12.3-14) berechnen:

$$\frac{d\sigma}{d\Omega} = \frac{e^2 e'^2}{16\pi^2 \varepsilon_o^2 v^2 p^2} \, \frac{1}{4\sin^4(\theta/2)} \; . \tag{12.3-17}$$

Hier ist $d\Omega$ das Raumwinkelelement $\sin\theta \; d\theta \; 2\pi$.

Der Wirkungsquerschnitt sollte nach unserer Herleitung eigentlich nur in der Ordnung e^2 richtig sein. Kurioserweise liefern die höheren Ordnungen keine Korrekturen, so daß (12.3-17) der exakte Querschnitt für die Streuung von Ladungen im Coulombfeld ist. Der exakte Zusammenhang zwischen dem Impact-Parameter und dem Streuwinkel lautet

$$\rho^2(\theta) = \frac{e^2 e'^2}{16\pi^2 \varepsilon_o v^2 p^2} \, \mathrm{ctg}^2\left(\frac{\theta}{2}\right) . \tag{12.3-14)'}$$

+) Nach (12.3-14) ist $\frac{d\rho^2}{d\theta} < 0$.

Da

$$\frac{2}{1 - \cos\theta} = \mathrm{ctg}^2\left(\frac{\theta}{2}\right) + 1 \,,$$

führt (12.3-14)' zu dem gleichen Querschnitt wie (12.3-14). Auch die Quantentheorie ergibt keine Korrekturen der Rutherfordschen Formel (12.3-17), wenn man davon absieht, daß bei geladenen Teilchen mit Spin noch ein winkelabhängiger Zusatzterm auftritt. Die nichtrelativistische Näherung erhält man, wenn man den Betrag des relativistischen Impulses

$$p = \frac{m v}{\sqrt{1 - v^2/c^2}} \,,$$

durch $m v$ approximiert.

12.3.2. Thomson-Streuung

In 2. Ordnung der Kopplungskonstanten e wird ein einlaufendes Strahlungsfeld F_{ein} von einer ruhenden oder kräftefrei bewegten Ladung gestreut. Der Einfachheit halber nehmen wir das einlaufende Feld als ebene Welle an (s. 7.3-24a):

$$F_{ein} : \begin{cases} \vec{E}_{ein} = \vec{E}(\vec{k}) \exp(i \underline{k} \cdot \underline{x}) \,, \\ \vec{B}_{ein} = \frac{1}{c}\left(\frac{\vec{k}}{\|\vec{k}\|} \wedge \vec{E}_{ein}\right) \,, \end{cases} \qquad \underline{k}^2 = \vec{k}^2 - (k^o)^2 = 0 \,; \quad k^o = \|\vec{k}\| = \frac{\omega}{c} \,. \tag{12.3-18}$$

$\vec{E}(\vec{k})$ ist die Amplitude der ebenen Welle. Die Ladung e wird in 1. Ordnung nach (12.2-67) beschleunigt und strahlt in 2. Ordnung ein Feld ab. Da die Bewegung der Ladung nur in 0-ter Ordnung in die Beschleunigung eingeht und das Problem Lorentz-invariant ist, können wir den Prozeß im Ruhesystem der einlaufenden Ladung behandeln:

$$\vec{x}^{(o)}(t) = \vec{x}_{ein}(t) = \vec{x}_{ein}(0) =: \vec{x}_o \,, \qquad \vec{v}_{ein} = 0 \,. \tag{12.3-19}$$

In diesem Lorentzsystem verschwindet die zeitliche Komponente von $\underline{a}$, während für den räumlichen Anteil nach (12.2-67) folgt

$$\vec{a} = \frac{d^2\vec{x}}{dt^2} = \frac{e}{m} \vec{E}_{ein}(\vec{x}_o, t) \,. \tag{12.3-20}$$

Dieser Ausdruck für die Beschleunigung wird in die Darstellung (12.1-57), (12.1-58) für das abgestrahlte Feld im retardierten Ruhesystem eingesetzt. Auch hier ist die Bewegung der Ladung in 0-ter Ordnung zu betrachten. In 1. Ordnung liefert (12.1-57) das Coulombfeld der ruhenden Ladung, während in 2. Ordnung nur das Strahlungsfeld auftritt:

$$\vec{E}^{(2)} = \frac{e^2}{4\pi\varepsilon_o c^2 m\|\vec{x}-\vec{x}_o\|}\,\vec{e}\cdot\left[\vec{e}\wedge\vec{E}_{ein}\left(\vec{x}_o, t-\frac{\|\vec{x}-\vec{x}_o\|}{c}\right)\right], \quad \vec{e} = \frac{\vec{x}-\vec{x}_o}{\|\vec{x}-\vec{x}_o\|},$$

$$\vec{B}^{(2)} = \frac{1}{c}\vec{e}\wedge\vec{E}^{(2)} . \tag{12.3-21}$$

Zu beachten ist, daß das einlaufende Feld im retardierten Zeitpunkt zu nehmen ist. Da die Ladung ruht, hat das abgestrahlte Feld die gleiche Frequenz wie die einlaufende ebene Welle.

Die von der Ladung e pro Zeiteinheit in das Raumwinkelelement $d\Omega$ abgestrahlte Energie berechnen wir mit Hilfe des Poynting-Vektors (12.1-59):

$$dP(t) = \langle\vec{S}|d\vec{F}\rangle = \frac{e^4}{16\pi^2 c^3\varepsilon_o m^2}\sin^2\theta\,(\vec{E}(\vec{k}))^2\cos^2\left[\vec{k}\cdot\vec{x}-\omega\left(t-\frac{\|\vec{x}-\vec{x}_o\|}{c}\right)\right]d\Omega . \tag{12.3-22}$$

Hier sind zur Bestimmung des Poyntingvektors die Realteile der Felder (12.3-18) benutzt worden. θ ist der Winkel zwischen der Amplitude $\vec{E}(\vec{k})$ und dem Einheitsvektor $\vec{e}$. Durch Mittelung von (12.3-22) über eine Zeitperiode $T = 2\pi/\omega$ erhalten wir

$$\langle\langle dP\rangle\rangle := \frac{1}{T}\int_0^T dt\,[dP(t)] = \frac{e^4}{16\pi^2 c^3\varepsilon_o m^2}\sin^2\theta\,[\vec{E}(\vec{k})]^2\,\frac{1}{2}\,d\Omega . \tag{12.3-23}$$

Andererseits liefert der Poyntingvektor des einlaufenden Feldes (12.3-18) für den Mittelwert des einlaufenden Energiestroms

$$\langle\langle\|\vec{S}_{ein}\|\rangle\rangle = \frac{1}{Z_o}\,[\vec{E}(\vec{k})]^2\,\frac{1}{2} . \tag{12.3-24}$$

Definiert man den differentiellen Wirkungsquerschnitt für die Streuung des einlaufenden Feldes in Analogie zu (12.3-15) durch

$$d\sigma(\theta) := \frac{\langle\langle dP\rangle\rangle}{\langle\langle\|\vec{S}_{ein}\|\rangle\rangle}, \tag{12.3-25}$$

so ergibt sich mit (12.3-23) und (12.3-24):

$$\frac{d\sigma}{d\Omega} = r_o^2\sin^2\theta . \tag{12.3-26}$$

r_o ist der klassische Radius der Ladung e (s. 12.2-56). Der Wirkungsquerschnitt (12.3-26) ist zuerst von Thomson angegeben worden. Ebenso der totale Querschnitt

$$\sigma_{tot} := \int d\Omega \frac{d\sigma}{d\Omega} = \frac{8\pi}{3} r_o^2 . \tag{12.3-27}$$

Statt des Winkels θ kann man auch den Polarisationswinkel Ψ, d.h. den Winkel zwischen den Vektoren $\vec{E}^{(2)}$ und $\vec{E}(\vec{k})$ verwenden. Nach (12.3-21) liegt $\vec{E}^{(2)}$ in der von den Vektoren $\vec{e}$ und $\vec{E}(\vec{k})$ aufgespannten Ebene. Von Abb.12.15 lesen wir ab

$$\Psi = \theta + \frac{\pi}{2} , \tag{12.3-28}$$

so daß

$$\frac{d\sigma}{d\Omega} = r_o^2 \cos^2\Psi . \tag{12.3-29}$$

Bisher haben wir angenommen, daß das einlaufende Strahlungsfeld linear polarisiert ist. Um den Streuquerschnitt für unpolarisierte Strahlung zu bestimmen, führen wir den Winkel ϑ zwischen den Vektoren $\vec{k}$ und $\vec{e}$, also den Winkel zwischen den Poyntingvektoren $*_3\vec{S}^{(2)}$ und $*_3\vec{S}_{ein}$ ein. Er wird Streuwinkel genannt. Ist φ der Winkel zwischen den von $\vec{k}$ und $\vec{e}$ bzw. von $\vec{k}$ und $\vec{E}(\vec{k})$ aufgespannten Ebenen, so gilt (s. Abb.12.16)

$$\cos\theta = \cos\varphi \sin\vartheta . \tag{12.3-30}$$

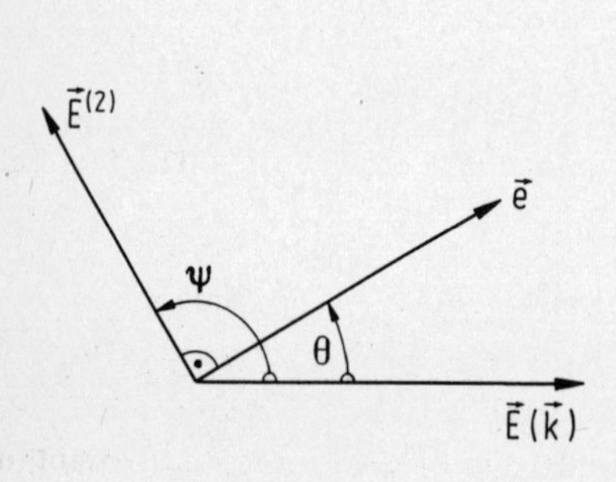

Abb.12.15

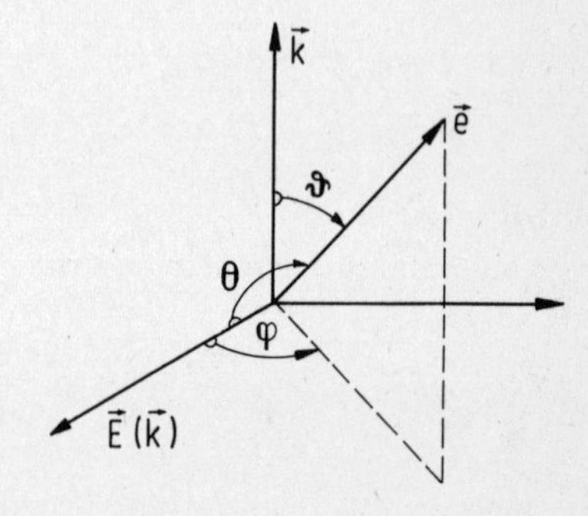

Abb.12.16

Damit folgt aus (12.3-26)

$$\frac{d\sigma}{d\Omega} = r_o^2(1 - \cos^2\varphi \sin^2\vartheta) . \tag{12.3-31}$$

Der Querschnitt für unpolarisierte Strahlung ergibt sich durch Mittelung über φ:

$$\left(\frac{d\sigma}{d\Omega}\right)_{unpol.} = \frac{r_o^2}{2} (1 + \cos^2\vartheta) . \tag{12.3-32}$$

Es ist instruktiv, den Thomson-Querschnitt (12.3-29) mit dem quantentheoretischen Wirkungsquerschnitt für den Compton-Effekt, also für die Streuung eines Photons an einem Elektron, zu vergleichen. Nach Mittelung über die Spineinstellung des Elektrons im Anfangszustand und Summation über die Spineinstellungen im Endzustand ergibt sich die Klein-Nishina-Formel +) für polarisierte Photonen im Ruhesystem des Elektrons:

$$\frac{d\sigma}{d\Omega} = \frac{r_o^2}{4} \left(\frac{\omega'}{\omega}\right)^2 \left(\frac{\omega}{\omega'} + \frac{\omega'}{\omega} - 2 + 4\cos^2\Psi\right) . \tag{12.3-33}$$

Hier ist ω die Frequenz des einlaufenden und ω' die Frequenz des auslaufenden Photons. Die Erhaltung von Energie und Impuls verlangt, daß zwischen beiden die Beziehung ++)

$$\omega' = \frac{\omega}{1 + \hbar\omega(1 - \cos\vartheta)/mc^2} \tag{12.3-34}$$

besteht, wo ϑ der Streuwinkel und $\hbar$ das Plancksche Wirkungsquantum ist. Im Gegensatz zum klassischen Ergebnis ist die Frequenz des auslaufenden Photons kleiner als die Frequenz des einlaufenden Photons. Die Frequenzen weichen nur dann wenig voneinander ab, wenn

$$\frac{\hbar\omega}{mc^2} \ll 1 . \tag{12.3-35}$$

Diese Bedingung verlangt, daß das einlaufende Feld sich nur wenig ändert über ein Intervall von der Größenordnung der Compton-Wellenlänge h/mc. Der Compton-Querschnitt (12.3-33) geht dann über in den Thomson-Querschnitt (12.3-29).

12.3.3. Bremsstrahlung

Ist statt des einlaufenden Strahlungsfeldes ein äußeres Feld F_{ex} vorhanden, so gibt die in 1. Ordnung nach (12.2-67) auftretende Beschleunigung einer einlaufenden Ladung in 2. Ordnung Anlaß zu einem Strahlungsfeld. Man nennt diesen Vorgang Bremsstrahlung, weil die Ladung durch den Energieverlust abgebremst wird. Die während des gesamten Prozesses in ein Raumwinkelelement $d\Omega$ abgestrahlte Energie dE kann nach (12.1-81) berechnet werden:

$$dE = \int_{-\infty}^{+\infty} dt \langle\vec{S}|d\vec{F}\rangle = \int_{-\infty}^{+\infty} dt \frac{e^2}{16\pi^2\varepsilon_o c^3} \left(\frac{\vec{e}\cdot\left[\left(\vec{e} - \frac{\vec{v}}{c}\right)\wedge\vec{a}\right]}{\left(1 - \frac{\vec{e}\cdot\vec{v}}{c}\right)^3} \right)^2 d\Omega . \tag{12.3-36}$$

+) s. z.B. J. M. Jauch, F. Rohrlich: The Theory of Photons and Electrons (Springer, Berlin, Heidelberg, New York 1976) p. 233

++) s. J. M. Jauch, F. Rohrlich, loc. cit. p. 234

Mit Hilfe der zeitlichen Fouriertransformierten

$$\vec{A}(\omega,\vec{x}) := \left(\frac{e^2}{16\pi^2 \varepsilon_o c^3}\right)^{1/2} \frac{1}{\sqrt{2\pi}} \int_{-\infty}^{+\infty} dt \exp(i\omega t) \frac{\vec{e}\cdot\left[\left(\vec{e}-\frac{\vec{v}}{c}\right)\wedge\vec{a}\right]}{\left(1-\frac{\vec{e}\cdot\vec{v}}{c}\right)^3} \tag{12.3-37}$$

läßt sich dE als Integral über die positiven Frequenzen schreiben:

$$dE = 2\int_0^{\infty} d\omega |\vec{A}(\omega,\vec{x})|^2 \, d\Omega \,, \tag{12.3-38}$$

denn als Fouriertransformierte einer reellen Funktion erfüllt $\vec{A}(\omega)$ die Beziehung

$$\vec{A}^*(-\omega) = \vec{A}(\omega) \,. \tag{12.3-39}$$

Die Amplitude $\vec{A}$ soll nun in 2. Ordnung der Kopplungskonstanten e bestimmt werden. Zunächst ist zu beachten, daß die Feldgrößen in (12.3-37) im retardierten Zeitpunkt zu nehmen sind. Doch läßt sich diese Schwierigkeit umgehen, wenn man t_R statt t als Integrationsvariable benutzt. Mit (12.1-82) erhalten wir

$$\vec{A}(\omega,\vec{x}) = \left(\frac{e^2}{8\pi^2 4\pi\varepsilon_o c^3}\right)^{1/2} \int_{-\infty}^{+\infty} dt' \exp\left[i\omega\left(t' + \frac{\|\vec{x}-\vec{x}(t')\|}{c}\right)\right] \times$$
$$\times \frac{\vec{e}(t')\cdot\left\{\left[\vec{e}(t') - \frac{\vec{v}(t')}{c}\right]\wedge\vec{a}(t')\right\}}{\left(1-\frac{\vec{v}(t')\cdot\vec{e}(t')}{c}\right)^2} \,. \tag{12.3-40}$$

In der betrachteten Ordnung ist die Beschleunigung in 1. Ordnung nach (12.2-67) zu bestimmen und die Bahnkurve $\vec{x}(t)$ in 0-ter Ordnung durch die einlaufende Bewegung auszudrücken:

$$\vec{x}(t) = \vec{x}(0) + \vec{v}t \,, \qquad \vec{v} = \text{const} \,. \tag{12.3-41}$$

Wir nehmen nun wie im Abschnitt 12.3.1 an, daß das äußere Feld ein von einer im Ursprung angebrachten Ladung $e' = qe$ erzeugtes Coulombfeld ist. Da die Feldstärke (12.3-6) wie $1/\|\vec{x}\|^2$ für $\|\vec{x}\| \to \infty$ abfällt, kommt der wesentliche Beitrag zum Integral (12.3-40) von dem Teil der Bahn (12.3-41), der in einer endlichen Umgebung des Ursprungs liegt. Da wir andererseits die Amplitude $\vec{A}(\omega,\vec{x})$ zur Berechnung der abgestrahlten Energie für $\|\vec{x}\| \to \infty$ benötigen, ist es naheliegend, das Integral in der sogenannten Dipolnäherung auszuwerten, wo (s. Abb.12.17):

$$\|\vec{x} - \vec{x}(t)\| \approx \|\vec{x}\| - \frac{\vec{x}}{\|\vec{x}\|} \cdot \vec{x}(t) , \qquad \vec{e} = \frac{\vec{x} - \vec{x}(t)}{\|\vec{x} - \vec{x}(t)\|} \approx \frac{\vec{x}}{\|\vec{x}\|} . \tag{12.3-42}$$

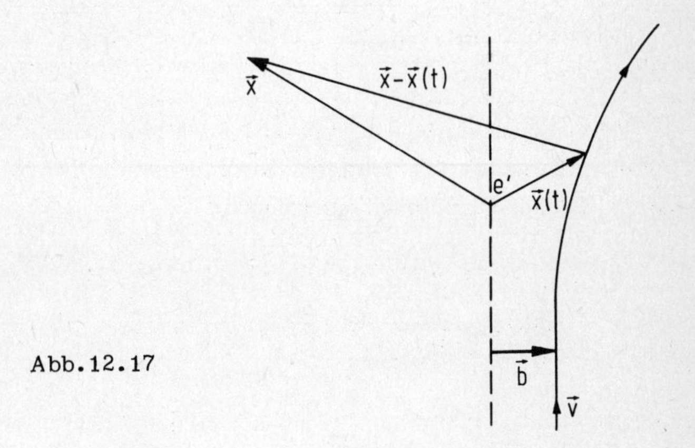

Abb.12.17

Darüber hinaus beschränken wir uns auf die Diskussion der nichtrelativistischen Näherung $\|\vec{v}\| \ll c$, d.h. wir vernachlässigen alle Terme von der Ordnung $O(\|\vec{v}\|/c)$. Im besonderen gilt dann für die Beschleunigung in 1. Ordnung von e:

$$\vec{a}(t) = \frac{e}{m} \vec{E}_{ex}[\vec{x}(t)] . \tag{12.3-43}$$

Unter den genannten Voraussetzungen erhalten wir aus (12.3-40)

$$\vec{A}(\omega,\vec{x}) = \left(\frac{e^2}{8\pi^2 \, 4\pi \varepsilon_o c^3} \right)^{1/2} \frac{e' e}{4\pi \varepsilon_o m} \int_{-\infty}^{+\infty} dt \exp(i\omega t) \times$$
$$\times \vec{e} \cdot \left(\vec{e} \wedge \frac{\vec{x}(t)}{\|\vec{x}(t)\|^3} \right) \exp\left\{ i \frac{\omega}{c} \left[\|\vec{x}\| - \frac{\vec{x}}{\|\vec{x}\|} \cdot \vec{x}(0) \right] \right\} . \tag{12.3-44}$$

Der letzte Faktor interessiert als reiner Phasenfaktor für die Berechnung von dE nicht. Da der Einheitsvektor $\vec{e}$ in der Dipolnäherung (12.3-42) nicht von t abhängt, berechnen wir zunächst das Integral

$$\int_{-\infty}^{+\infty} dt \exp(i\omega t) \frac{\vec{x}(t)}{\|\vec{x}(t)\|^3} =$$
$$= \int_{-\infty}^{+\infty} dt \exp(i\omega t)(\vec{b} + \vec{x}_{\parallel}(0) + \vec{v} t) \frac{1}{\sqrt{\vec{b}^2 + [\vec{x}_{\parallel}(0) + \vec{v} t]^2}^{\,3}} , \tag{12.3-45}$$

wo wir wie bei der Auswertung von (12.3-9) den Impact-Vektor $\vec{b}$ eingeführt haben. Mit der Substitution (12.3-10) geht (12.3-45) über in

$$\frac{1}{v}\left(\vec{b}\int_{-\infty}^{+\infty} dz\,\frac{\exp\left(i\,\frac{\omega}{v}\,z\right)}{\sqrt{\rho^2+z^2}^{\,3}}+\frac{\vec{v}}{v}\int_{-\infty}^{+\infty} dz\,\frac{z\,\exp\left(i\,\frac{\omega}{v}\,z\right)}{\sqrt{\rho^2+z^2}^{\,3}}\right)\exp\left(-\frac{i\omega}{v}\,z_o\right)\,, \tag{12.3-46}$$

wo $v = \|\vec{v}\|$ und $\vec{x}_{\shortparallel}(0) = z_o\,\vec{v}/v$ ist. Auch hier brauchen wir den gemeinsamen Phasenfaktor nicht zu berücksichtigen. Die Integrale in (12.3-46) lassen sich durch modifizierte Hankel-Funktionen ausdrücken:+)

$$\int_{-\infty}^{+\infty} dz\,\frac{\exp\left(i\,\frac{\omega}{v}\,z\right)}{\sqrt{\rho^2+z^2}^{\,3}} = \frac{2\omega}{v\rho}\,K_1\left(\frac{\rho\,\omega}{v}\right)\,, \qquad \int_{-\infty}^{+\infty} dz\,\frac{z\,\exp\left(i\,\frac{\omega}{v}\,z\right)}{\sqrt{\rho^2+z^2}^{\,3}} = \frac{2i\omega}{v}\,K_o\left(\frac{\rho\,\omega}{v}\right)\,. \tag{12.3-47}$$

Wir erhalten dann für $\vec{A}(\omega,\vec{x})$:

$$\vec{A}(\omega,\vec{x}) = \left(\frac{e^2}{8\pi^2\,4\pi\,\varepsilon_o\,c^3}\right)^{1/2}\frac{e'e}{4\pi\,\varepsilon_o\,m}\,\frac{2\omega}{v^2}\;\times$$
$$\times\;\left[\vec{e}\cdot\left(\vec{e}\wedge\frac{\vec{b}}{\rho}\right)K_1\left(\frac{\rho\,\omega}{v}\right)+i\,\vec{e}\cdot\left(\vec{e}\wedge\frac{\vec{v}}{v}\right)K_o\left(\frac{\rho\,\omega}{v}\right)\right]\,. \tag{12.3-48}$$

Damit ergibt sich nach (12.3-38) für die abgestrahlte Energie pro Raumwinkel- und Frequenzeinheit

$$\frac{d^2E}{d\Omega\,d\omega} = 2\,|\vec{A}(\omega,\vec{x})\,|^2 = 2\,\frac{e^2}{8\pi^2\,4\pi\,\varepsilon_o\,c^3}\,\frac{e'^2\,e^2}{(4\pi\,\varepsilon_o\,m)^2}\,\frac{4\omega^2}{v^4}\;\times$$
$$\times\left[(\sin^2\varphi+\cos^2\varphi\,\cos^2\theta)\,K_1^2\left(\frac{\rho\,\omega}{v}\right)+\sin^2\theta\,K_o^2\left(\frac{\rho\,\omega}{v}\right)\right]\,. \tag{12.3-49}$$

Abbildung 12.18 zeigt die Bedeutung der auftretenden Winkel. θ ist der Winkel zwischen dem Energiestrom der emittierten Strahlung in Richtung von $\vec{e}$ und der Geschwindigkeit

---

+) s. z.B. W. Magnus, F. Oberhettinger, R. P. Soni: Formulas and Theorems for the Special Functions of Mathematical Physics (Springer, Berlin, Heidelberg, New York 1966) p. 85

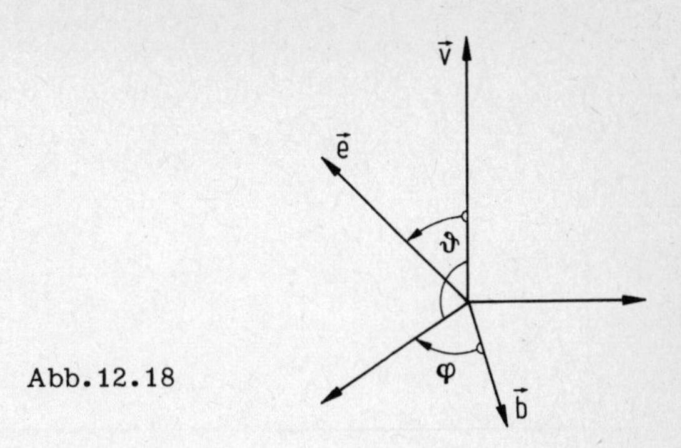

Abb. 12.18

$\vec{v}$ der Ladung, φ ist der Winkel zwischen den von den Vektoren $\vec{v}$ und $\vec{b}$ bzw. $\vec{v}$ und $\vec{e}$ aufgespannten Ebenen. Nach Mittelung über φ erhalten wir

$$\frac{d^2E}{d\Omega\, d\omega}(\omega,\theta,\rho) = \frac{e'^2}{8\pi^2\, 4\pi\varepsilon_o c}\, r_o^2 \left(\frac{c}{v}\right)^2 \frac{4\omega^2}{v^2} \times \left[(1+\cos^2\theta)\, K_1^2\left(\frac{\rho\omega}{v}\right) + 2\sin^2\theta\, K_o^2\left(\frac{\rho\omega}{v}\right)\right] . \tag{12.3-50}$$

Experimentell beobachtet man nicht die Abstrahlung von einer einzelnen Ladung, sondern die Abstrahlung von einem Strom geladener Teilchen, die mit gleichem Impuls $\vec{p}$, aber verschiedenen Impact-Parametern ρ, einlaufen. Es ist deshalb sinnvoll, die Größe (12.3-50) mit dem Wirkungsquerschnitt (12.3-16) für die Streuung im äußeren Feld zu multiplizieren. Diese Größe wird Strahlungs-Wirkungsquerschnitt genannt:

$$d\Phi := \frac{d^2E}{d\Omega\, d\omega}\, d\sigma = \frac{d^2E}{d\Omega\, d\omega}\, d(\pi\rho^2) . \tag{12.3-51}$$

Durch Integration über ρ folgt

$$\Phi(\theta,\omega) = \int_{\rho_{min}}^{\infty} \frac{d^2E}{d\Omega\, d\omega}\, d\pi\rho^2 . \tag{12.3-52}$$

Der minimale Impact-Parameter ρ_{min} ist im Rahmen unserer Näherung aus (12.3-14) zu bestimmen:

$$\rho_{min} = \frac{e e'}{4\pi\varepsilon_o v p}\sqrt{2} . \tag{12.3-53}$$

Um die Integration über (12.3-50) auszuführen, führen wir $x = \rho\omega/v$ als Integrationsvariable ein und verwenden die unbestimmten Integrale+)

$$\int_x^\infty dx'\, x'\, K_1^2(x') = \frac{1}{2}\, x^2\left(K_o^2 + \frac{2}{x} K_o K_1 - K_1^2\right) ,$$
$$\int_x^\infty dx'\, x'\, K_o^2(x') = \frac{1}{2}\, x^2\left(K_1^2 - K_o^2\right) . \qquad (12.3\text{-}54)$$

Im Bereich kleiner Frequenzen, wo

$$x_{min} = \frac{\rho_{min}\,\omega}{v} \ll 1 , \qquad (12.3\text{-}55)$$

können wir uns auf die führenden Terme der modifizierten Hankelfunktionen für $x \to 0$ beschränken:

$$K_1(x) = \frac{1}{x} + \dots ; \qquad K_o(x) = \ln\left(\frac{1}{x}\right) + \dots \qquad (12.3\text{-}56)$$

und sehen, daß der Strahlungsquerschnitt für $\omega \to 0$ logarithmisch divergiert:

$$\Phi(\theta,\omega) = \frac{1}{\pi}\, \frac{e'^2}{4\pi\varepsilon_o c} \left(\frac{c}{v}\right)^2 r_o^2\, (1 + \cos^2\theta)\, \ln\left(\frac{v}{\rho_{min}\,\omega}\right) +$$
$$+ \text{reguläre Terme } (\omega \to 0) . \qquad (12.3\text{-}57)$$

Schließlich integrieren wir noch über das Raumwinkelelement $d\Omega$ und erhalten für den führenden Term

$$\chi(\omega) := \int \Phi(\theta,\omega)\, d\Omega \approx \frac{e'^2}{4\pi\varepsilon_o c}\, \frac{16}{3} \left(\frac{c}{v}\right)^2 r_o^2\, \ln\left(\frac{v}{\rho_{min}\,\omega}\right) . \qquad (12.3\text{-}58)$$

Wiederum ist es instruktiv, den klassischen Querschnitt mit dem quantentheoretischen zu vergleichen, der von Bethe und Heitler berechnet worden ist. Zunächst ist klar, daß ρ_{min} quantentheoretisch die Größenordnung der de Broglie-Wellenlänge $\hbar/mv$ haben sollte. Darüber hinaus muß die Energiebilanz für die Abstrahlung eines Photons mit der Energie $\hbar\omega$ berücksichtigt werden, z.B. indem man die Geschwindigkeit v im Anfangszustand durch den Mittelwert der Geschwindigkeiten im Anfangs- und Endzustand ersetzt:

$$v \to \frac{1}{2}(v + v') = \frac{1}{2}\left(\sqrt{\frac{2E}{m}} + \sqrt{\frac{2(E - \hbar\omega)}{m}}\right) ; \qquad E = \frac{m}{2} v^2 . \qquad (12.3\text{-}59)$$

+) s. W. Magnus et al., loc. cit., p. 88

Damit ergibt sich für das Argument des Logarithmus

$$\frac{v}{\rho_{min}\,\omega} \to \frac{m(v + v')^2}{4\hbar\omega} = \frac{1}{2}\,\frac{(\sqrt{E} + \sqrt{E - \hbar\omega})^2}{\hbar\omega} \,. \tag{12.3-60}$$

Das stimmt bereits bis auf den Faktor 1/2 mit der nichtrelativistischen Näherung des Bethe-Heitler-Querschnitts überein:+)

$$\chi_{B-H}(\omega) \approx \frac{e'^2}{4\pi\varepsilon_o c}\,\frac{16}{3}\left(\frac{c}{v}\right)^2 r_o^2\,\ell n\,\frac{(\sqrt{E} + \sqrt{E - \hbar\omega})^2}{\hbar\omega} \,. \tag{12.3-61}$$

Der quantentheoretische Querschnitt (12.3-61) geht für $\hbar\omega/E \ll 1$ in den semiklassischen Querschnitt über, den man aus (12.3-58) für $\rho_{min} = 2\hbar/mv$ erhält. Andererseits ist das Verhältnis von Wellenlänge des Teilchens und klassischem Wert für ρ_{min} (s. 12.3-53) proportional zur reziproken Feinstrukturkonstante:

$$\frac{\hbar}{m v \rho_{min}} \approx \frac{1}{q}\,\frac{4\pi\varepsilon_o\hbar c}{e^2} = \frac{137}{q} \,, \tag{12.3-62}$$

so daß der semiklassische Querschnitt erst im Bereich sehr kleiner Frequenzen durch die klassische Formel (12.3-58) angenähert werden kann, wo der Term $\ell n(v/\omega)$ überwiegt.

Aufgaben

12.1 Eine Punktladung e bewegt sich mit der konstanten Geschwindigkeit $\vec{v}$ $(c' < \|\vec{v}\| < c)$ in einem Medium $(\mu = 1)$ mit der Ausbreitungsgeschwindigkeit

$$c' = \frac{c}{\sqrt{\varepsilon}} < c \,. \tag{1}$$

Bestimmen Sie die Spektralverteilung der abgestrahlten Energie.

Hinweis: Verwenden Sie Zylinderkoodinaten (ρ, φ, z), deren z-Achse mit der Bahn $\vec{x}(t)$ der Ladung zusammenfällt:

$$\vec{x}(t) = \vec{e}_z\, v t \,, \qquad v = \|\vec{v}\| \,. \tag{2}$$

Das elektrische Strahlungsfeld hat dann nur die Komponenten $E_z(\rho, z, t)$ und $E_\rho(\rho, z, t)$, das magnetische nur die Komponente $H_\varphi(\rho, z, t)$.

+) s. J. M. Jauch, F. Rohrlich, loc. cit., p. 370.

Während der Bewegung tritt durch den Mantel eines Zylinders vom Radius $\rho \to \infty$ und der Länge dz insgesamt die Energie

$$\begin{aligned} dW &= \lim_{\rho \to \infty} \int_{-\infty}^{+\infty} dt \int_0^{2\pi} d\varphi \langle \bar{S}(t), \vec{e}_\varphi \wedge \vec{e}_z \rangle \, d\varphi \, dz = \\ &= - \lim_{\rho \to \infty} dz \, 2\pi \int_{-\infty}^{+\infty} dt \, E_z(t) \, H_\varphi(t) \, . \end{aligned} \tag{3}$$

Nun gilt auf Grund der Relationen $H_\varphi(-\omega) = H^*_\varphi(\omega)$, $E_z(-\omega) = E^*_z(\omega)$ für die Fouriertransformierten von $H_\varphi(t)$ und $E_z(t)$

$$\begin{aligned} 2\pi \int_{-\infty}^{+\infty} dt \, E_z(t) \, H_\varphi(t) &= \int_{-\infty}^{+\infty} d\omega \, E_z(\omega) \, H_\varphi(-\omega) = \\ &= 2 \operatorname{Re} \left\{ \int_0^{\infty} d\omega \, E_z(\omega) \, H^*_\varphi(\omega) \right\} . \end{aligned} \tag{4}$$

Damit ergibt sich für das Frequenzspektrum pro Längeneinheit

$$\frac{d^2 W}{dz \, d\omega} = - \lim_{\rho \to \infty} \operatorname{Re}\{E_z(\omega) \, H_\varphi(\omega)\} \, . \tag{5}$$

Die Fouriertransformierten $E_z(\omega)$ und $H_\varphi(\omega)$ können nach (12.1-23) und (12.1-24) aus den Fouriertransformierten der Potentiale berechnet werden:

$$E_z(\omega) = c' \frac{\partial A_o(\omega)}{\partial z} + i\omega \, A_z(\omega) \, , \qquad B_{\rho z}(\omega) = \frac{\partial A_z(\omega)}{\partial z} \, . \tag{6}$$

Bei der Berechnung von $A_o(\rho, z, \omega)$ und $A_z(\rho, z, \omega)$ ist zu beachten, daß die Potentiale nur im Nachkegel der Čerenkov-Strahlung nicht verschwinden (s. Abb. 12.5), z.B. gilt für A_o nach (12.1-22)

$$A_o(\rho, z, t) = \begin{cases} -\dfrac{2eZ}{4\pi} \dfrac{1}{\sqrt{-\rho^2 (v^2/c'^2 - 1) + (z - vt)^2}} \, , & \rho \sqrt{v^2/c'^2 - 1} < vt - z \\ 0 \, , \text{ sonst.} & \end{cases} \tag{7}$$

Die Fourierintegrale können mit Hilfe der Integraldarstellung

$$\int_1^\infty dt \frac{\exp(ixt)}{\sqrt{t^2-1}} = \frac{i\pi}{2} H_o^{(1)}(x) \tag{8}$$

für die Hankelfunktion $H_o^{(1)}$ ausgewertet werden.

Das Ergebnis für die Spektralverteilung lautet

$$\frac{d^2W}{dz\,d\omega} = \frac{e^2}{4\pi\varepsilon_o c^2}\,\omega\left(1 - \frac{c^2}{\varepsilon(\omega)\,v^2}\right). \tag{9}$$

Es ist zuerst von Frank und Tamm angegeben worden (1937). Strahlung tritt nur in den Frequenzbereichen auf, in denen $\varepsilon(\omega) > 1$ ist. Für $\omega \to \infty$ strebt $\varepsilon \to 1$ (s. 9.1-7), so daß die gesamte abgestrahlte Energie endlich ist.

12.2 In der sogenannten Fernwirkungstheorie+) der elektromagnetischen Wechselwirkung zwischen bewegten Punktladungen wird für den Wechselwirkungsanteil S_W der Wirkung der folgende Ansatz gemacht:

$$S_W = Z_o \int_{\mathbb{R}^4} d^4x \int_{\mathbb{R}^4} d^4x'(*_4\bar{j}_1)_\mu(x)\,\tfrac{1}{2}[G_R(x-x') + G_A(x-x')](*_4\bar{j}_2)^\mu(x'). \tag{1}$$

Hier sind $(*_4\bar{j}_i)$, $(i = 1,2)$ die Stromdichten der bewegten Ladungen von der Form (12.1-1). G_R bzw. G_A ist die retardierte bzw. avancierte Greensche Funktion (s. 11.2-113 bzw. 11.2-114). Zeigen Sie durch Entwicklung nach Potenzen von $\vec{v}/c$, daß bis auf Glieder von höherer als zweiter Ordnung gilt:

$$S_W = -\frac{e_1 e_2}{4\pi\varepsilon_o}\int_{-\infty}^{+\infty} dt \left\{\frac{1}{\|\vec{x}_1(t)-\vec{x}_2(t)\|} - \frac{1}{2c^2}\frac{\vec{v}_1\cdot\vec{v}_2 + (\vec{e}_{12}\cdot\vec{v}_1)(\vec{e}_{12}\cdot\vec{v}_2)}{\|\vec{x}_1(t)-\vec{x}_2(t)\|}\right\},$$

$$\vec{e}_{12} = \frac{\vec{x}_1 - \vec{x}_2}{\|\vec{x}_1 - \vec{x}_2\|}. \tag{2}$$

Hier sind e_1 und e_2 die Ladungen und $\vec{v}_1$ und $\vec{v}_2$ ihre Geschwindigkeiten. Der Integrand von (2) liefert eine relativistische Korrektur zur Coulombwechselwirkung. Sie ist zuerst von Darwin angegeben worden (1922).

Hinweis: Benutzen Sie zunächst (11.2-113), (11.2-114), um die Zeitargumente zu retardieren bzw. zu avancieren. Entwickeln Sie anschließend nach Potenzen von $1/c$, z.B.

+) s. J. A. Wheeler, R. P. Feynman: Rev. Mod. Phys. 21, 425 (1949)

$$\frac{1}{2}\left[V\left(\vec{x}',t-\frac{\|\vec{x}-\vec{x}'\|}{c}\right)+V\left(\vec{x}',t+\frac{\|\vec{x}-\vec{x}'\|}{c}\right)\right]= \tag{3}$$

$$= V(\vec{x}',t)+\frac{1}{2c^2}\|\vec{x}-\vec{x}'\|^2\,\frac{\partial^2 V}{\partial t^2}(\vec{x}',t)+\ldots$$

Um auf die Form (2) zu kommen, ist es erforderlich, durch eine Eichtransformation in die Coulombeichung überzugehen, in der

$$\int d^4x'\,\frac{1}{2}[G_R(x-x')+G_A(x-x')](*_4\bar{j})_o(x')$$

bis auf einen Faktor mit dem Coulombpotential übereinstimmt.

12.3 Eine harmonisch gebundene Punktladung e (Masse m) schwingt mit der Eigenfrequenz ω_o um den Ursprung als Mittellage.

a) Bestimmen Sie die Beschleunigung der Ladung im Feld der einfallenden ebenen Welle (12.3-18) unter Berücksichtigung der Strahlungsdämpfung in der Näherung (12.2-36) für die Bewegungsgleichung.

b) Berechnen Sie nach dem in Abschnitt 12.3.2 geschilderten Verfahren den differentiellen und den totalen Streuquerschnitt. Diskutieren Sie die Frequenzabhängigkeit des totalen Streuquerschnitts $\sigma_{tot}(\omega)$. Zeigen Sie, daß in der Umgebung der Eigenfrequenz ω_o näherungsweise gilt

$$\sigma_{tot}(\omega)\approx\frac{3\pi}{2}\,\lambda\!\!\!^-_o{}^2\,\frac{\Gamma^2}{(\omega-\omega_o)^2+\frac{\Gamma^2}{4}}, \tag{1}$$

wo

$$\lambda\!\!\!^-_o=\frac{c}{\omega_o},\qquad \Gamma=\tau_o\,\omega_o^2,\qquad \tau_o=\frac{2}{3}\,\frac{e^2}{4\pi\varepsilon_o mc^3}=\frac{2}{3}\,\frac{r_o}{c}\,. \tag{2}$$

Die Größe Γ ist die sogenannte Halbwertsbreite (s. auch Abb.9.9).

12.4 Berechnen Sie die von einer im Coulombfeld einer Ladung e' bewegten Ladung e (Masse m) pro Raumwinkel- und Frequenzeinheit abgestrahlte Energie $d^2E/d\Omega d\omega$ in der gleichen Ordnung von e wie im Abschnitt 12.3.3, jedoch ohne vorauszusetzen, daß die Geschwindigkeit $\vec{v}$ der Ladung e klein gegenüber der Lichtgeschwindigkeit c ist. Nach Mittelung über den Winkel φ ergibt sich an Stelle von (12.3-50)

$$\frac{d^2E}{d\Omega\, d\omega}(\omega,\theta,\varphi) = \frac{e'^2}{8\pi^2\, 4\pi\varepsilon_o c}\; r_o^2 \left(\frac{c}{v}\right)^2 \frac{4\omega'^2}{v^2}\; \frac{1-\frac{v^2}{c^2}}{\left(1-\frac{v}{c}\cos\theta\right)^4} \times$$

$$\times \left\{\left[\left(\cos\theta - \frac{v}{c}\right)^2 + \left(1-\frac{v}{c}\cos\theta\right)^2\right] K_1^2\left(\frac{\rho\omega'}{v}\right) + 2\left(1-\frac{v^2}{c^2}\right)^2 \sin^2\theta\, K_o^2\left(\frac{\rho\omega'}{v}\right)\right\}, \tag{1}$$

wo

$$\omega' = \omega\left(1-\frac{v}{c}\cos\theta\right). \tag{2}$$

Hinweis: Gegenüber der im Abschnitt 12.3.3 durchgeführten Rechnung ergeben sich im wesentlichen zwei Änderungen. Zunächst tritt an die Stelle von (12.3-43) die relativistische Beziehung

$$\frac{d}{dt}\frac{\vec{v}}{\sqrt{1-\vec{v}^2/c^2}} = \frac{e}{m}\vec{E}_{ex}. \tag{3}$$

Durch Zerlegung der Beschleunigung $\vec{a} = d\vec{v}/dt$ in einen zu $\vec{v}$ parallelen bzw. transversalen Teil erhält man

$$\vec{a} = \frac{e}{m}\sqrt{1-\frac{\vec{v}^2}{c^2}}\left[\vec{E}_{ex} - \frac{\vec{v}}{c^2}(\vec{v}\cdot\vec{E}_{ex})\right]. \tag{4}$$

Zweitens ist in der Dipolnäherung (12.3-42) der Exponentialfaktor in (12.3-40) durch

$$\exp\left[i\omega\left(t' + \frac{\|\vec{x}-\vec{x}(t')\|}{c}\right)\right] \approx \exp\left[i\omega\left(t' + \frac{\|\vec{x}\|}{c} - \frac{\vec{e}\cdot\vec{x}(t)}{c}\right)\right] =$$

$$= \exp(i\omega' t)\exp\left[i\omega\left(\frac{\|\vec{x}\|}{c} - \frac{\vec{e}\cdot\vec{x}(0)}{c}\right)\right] \tag{5}$$

zu approximieren, wo ω' die Frequenz (2) ist. Im übrigen kann die Rechnung wie im Text durchgeführt werden. Im besonderen kann man wieder die Integraldarstellungen (12.3-47) zur Auswertung der Fourierintegrale heranziehen.

Anhang

1. Einige Definitionen und Sätze aus der Graphentheorie

Ein Graph wird mengentheoretisch als zweistellige Relation auf einer Trägermenge definiert. Daher werden zu Beginn die Begriffe Trägermenge und Relation eingeführt.

Def. 1a: Eine Menge A ist die Zusammenfassung von Elementen a_i:

$$A = \{a_1, a_2, \ldots, a_k\} .$$

Außer durch die Angabe einer ungeordneten Liste ihrer Elemente kann eine Menge auch definiert werden durch Angabe einer Eigenschaft E, die allen ihren Elementen und nur diesen zukommt.

Def. 1b: a_i ist Element der Menge A, wenn es die Eigenschaft E besitzt,

$$A = \{a_i \in A \mid E(a_i)\} .$$

Die Anzahl der in einer Menge A enthaltenen Elemente heißt ihre Mächtigkeit $\mu(A)$.

Def. 1c: Eine Trägermenge ist eine endliche, nichtleere Menge unterscheidbarer Elemente.

Die Produktmenge (nicht kartesisches Produkt) $A \underset{\sim}{\times} B$ zweier Mengen A und B ist die Menge der Paare p aus Elementen der Mengen A und B:

$$A \underset{\sim}{\times} B = \{p \in A \underset{\sim}{\times} B \mid p = \{a_i, b_j\}, a_i \in A, b_j \in B\} .$$

Insbesondere kann auf diese Art das Quadrat $A^2 = A \underset{\sim}{\times} A$ der Trägermenge gebildet werden.

Die Relation wird in Analogie zur Trägermenge ebenfalls auf zwei Arten definiert.

Def. 2a: Eine zweistellige Relation R auf der Trägermenge $A = \{a_1, a_2, \ldots, a_k\}$ ist eine Menge von Elementen der Menge A^2, d.h.

$$R \subset A^2 .$$

Def. 2b: r_ν ist Element der zweistelligen Relation R auf der Trägermenge $A = \{a_1, a_2, \ldots, a_k\}$, wenn für r_ν eine Eigenschaft E in zwei Variablen erfüllt ist:

$$R = \{r_\nu \in R \mid r_\nu = \{a_{i_\nu}, a_{j_\nu}\}; i_\nu, j_\nu \in \{1,2,\ldots k\}, E(a_{i_\nu}, a_{j_\nu})\}, \ \nu \text{ beschränkt.}$$

Analog dazu wird eine einstellige Relation als Menge von Elementen der Menge A^1 definiert.

Eine zyklische Ordnung auf A heißt die zweistellige Relation

$$Z = \{\{a_1,a_2\},\{a_2,a_3\},\ldots,\{a_m,a_1\}\} \equiv [a_1,a_2\ldots,a_m] .$$

Eine lineare Ordnung entsteht aus Z durch Eliminieren eines Paares

$$L = \{\{a_1,a_2\},\{a_2,a_3\},\ldots,\{a_{m-1},a_m\}\} .$$

Eine strenge Ordnung auf A heißt die Relation

$$\vec{L} = \{\{a_1\},\{a_1,a_2\},\{a_2,a_3\},\ldots,\{a_{m-1},a_m\}\} .$$

Eine strenge Ordnung auf nur zwei Elementen a_1, a_2 wird geordnetes Paar (a_1,a_2) genannt und durch

$$(a_1,a_2) = \{\{a_1\},\{a_1,a_2\}\}$$

definiert.

Def. 3: Gegeben sei eine Trägermenge A und eine zweistellige Relation R auf A. Dann ist ein Graph G definiert durch das geordnete Paar

$$G = (A,R) .$$

Die Elemente von A heißen Knoten, die Elemente von R heißen Zweige.

Def. 4: Ein Zweig r_ν ist mit einem Knoten a_i inzident, wenn der Zweig r_ν den Knoten a_i enthält:

$$r_\nu \in R \text{ ist mit } a_i \in A \text{ inzident:} \quad \Rightarrow \quad a_i \in r_\nu .$$

Man beachte, daß als Folge der Definition 2 der Relation Parallelzweige - $\{\{a_i,a_j\}, \{a_i,a_j\}\} \subset R$ - und Schlingen - $\{a_i,a_i\} \in R$ - möglich sind.

Im folgenden werden einige Begriffe der Graphentheorie definiert.

Def. 5: Zwei Graphen $G_1 = (A_1,R_1)$ und $G_2 = (A_2,R_2)$ sind isomorph, wenn es eine eineindeutige Abbildung F_A zwischen den Knotenmengen A_1 und A_2 und eine eineindeutige Abbildung F_R zwischen den Zweigmengen R_1 und R_2 so gibt, daß die Inzidenzbeziehungen zwischen Zweigen und Knoten erhalten bleiben.

$$G_1 \text{ und } G_2 \text{ sind isomorph:} \quad \Leftrightarrow \quad \exists\, F_A,F_R :$$

$$F_A : A_1 \overset{\text{bij}}{\longleftrightarrow} A_2, \qquad F_R : R_1 \overset{\text{bij}}{\longleftrightarrow} R_2 ,$$

$$\forall\, r_1 = \{a_i,a_j\} \in R_1 : r_2 = F_R(r_1) = \{F_A(a_i),F_A(a_j)\} \in R_2 .$$

Def. 6: Ein Graph $G_T = (A_T, R_T)$ ist <u>Teilgraph</u> des Graphen $G = (A,R)$, wenn A_T eine Teilmenge von A und R_T eine Teilmenge von R ist[+]. Dabei muß A_T alle Knoten enthalten, mit denen Zweige aus R_T inzident sind.

G_T ist Teilgraph von G: $\Rightarrow$ $A_T \subset A$, $R_T \subset R$,

$$\forall r_\nu = \{a_{i_\nu}, a_{j_\nu}\} \in R_T : a_{i_\nu}, a_{j_\nu} \in A_T .$$

Def. 7: Der <u>Grad</u> $g(a_i)$ eines Knotens a_i ist gleich der Anzahl von Zweigen, die im Graphen $G = (A,R)$ mit a_i inzident sind.

$$g(a_i) = \mu\{r \mid a_i \in r \in R\} .$$

Def. 8: Eine <u>Masche</u> $M = (A_T, Z)$ ist ein Teilgraph, dessen Zweige eine zyklische Ordnung bilden.

$M = (A_T, Z)$ ist eine Masche: $\Leftrightarrow$ Z ist eine zyklische Ordnung auf A_T.

Def. 9: Ein <u>Pfad</u> P ist ein Teilgraph, der aus einer Masche durch Entfernen eines beliebigen Zweiges r_ν entsteht.

$$P = (A_T, Z - r_\nu)$$

Die Zweige eines Pfades bilden also eine lineare Ordnung

$$P = (A_T, L) .$$

Def. 10: Ein Graph $G = (A,R)$ ist <u>zusammenhängend</u>, wenn es mindestens einen Pfad $P = (A_T, L)$ zwischen jedem beliebigen Knotenpaar des Graphen gibt.

G ist zusammenhängend: $\Leftrightarrow$

$$\forall a_i, a_j \in A, i \neq j : \exists\, P = (A_T, L) \text{ mit } g(a_i) = g(a_j) = 1 \text{ in } P.$$

Def. 11: Der zusammenhängende Teilgraph $G_{T_\mu} = (A_{T_\mu}, R_{T_\mu})$ heißt <u>Komponente</u> eines nicht zusammenhängenden Graphen $G = (A,R)$, wenn in G kein Zweig existiert, der mit einem Knoten aus A_{T_μ} und einem Knoten aus $A - A_{T_\mu}$[++] inzident ist.

$G_{T_\mu} = (A_{T_\mu}, R_{T_\mu})$, $\mu = 1,2,\ldots,s$ ist Komponente: $\Leftrightarrow$

G_{T_μ} ist zusammenhängend,

$$\nexists\, r_\nu = \{a_i, a_j\} \in R : a_i \in A_{T_\mu}, a_j \in (A - A_{T_\mu}) .$$

+) Hierfür verwenden wir häufig die abkürzende Schreibweise $G_T \subset G$.

++) Die Differenz $A_2 = A - A_1$ ist die zu einer Menge A_1 bezüglich A komplementäre Menge.

Def. 12: Ein Baum $B = (A_T, R_B)$ ist ein zusammenhängender Teilgraph eines zusammenhängenden Graphen $G = (A, R)$. B enthält alle Knoten von G, aber keine Masche.

$B = (A_T, R_B)$ ist Baum: $\Leftrightarrow$ $A_T = A$, $R_B \subset R$, $\nexists Z \subset R_B$,

B und G sind zusammenhängend.

Def. 13: Die Menge der Verbindungszweige R_V ist die zu der Menge der Baumzweige R_B komplementäre Menge von Zweigen eines Graphen $G = (A, R)$:

$$R_V = R - R_B .$$

Def. 14: Eine Schnittmenge S ist eine Menge von Zweigen eines zusammenhängenden Graphen $G = (A, R)$, deren Eliminieren notwendig und hinreichend für den Zerfall des Graphen in zwei Komponenten ist.

S ist Schnittmenge: $\Leftrightarrow$

$S \subset R$, $G_T = (A, R - S)$ ist nicht zusammenhängend,

$\forall r_s \in S : G_T = (A, R - (S - r_s))$ ist zusammenhängend.

Def. 15: Eine Menge von Schnittmengen $S^* = \{S_1, S_2, \ldots, S_n\}$ eines Graphen $G = (A, R)$ heißt linear unabhängig, wenn es eine Reihenfolge $c_1, c_2, \ldots, c_n (c_j \in \{1, 2, \ldots, n\} \; \forall j)$ so gibt, daß jede Schnittmenge mindestens einen Zweig enthält, der in den vorigen nicht enthalten ist.

S^* ist linear unabhängig: $\Leftrightarrow$

$\exists (c_1, c_2, \ldots, c_n)$:

$$c_j \in \{1, 2, \ldots, n\}, (R - (S_{c_1} \cup S_{c_2} \cup \ldots \cup S_{c_{j-1}})) \cap S_{c_j} \neq \emptyset \; \forall j \in \{1, 2, \ldots, n\}.$$

Def. 16: Eine Menge von Maschen $M^* = \{(A_{T_1}, Z_1), (A_{T_2}, Z_2), \ldots, (A_{T_n}, Z_n)\}$ eines Graphen $G = (A, R)$ heißt linear unabhängig, wenn es eine Reihenfolge $c_1, c_2, \ldots, c_n (c_j \in \{1, 2, \ldots, n\} \forall j)$ so gibt, daß jede Masche mindestens einen Zweig enthält, der in den vorigen nicht enthalten ist.

M^* ist linear unabhängig: $\Leftrightarrow$

$\exists (c_1, c_2, \ldots, c_n)$:

$$c_j \in \{1, 2, \ldots, n\}, (R - (Z_{c_1} \cup Z_{c_2} \cup \ldots \cup Z_{c_{j-1}})) \cap Z_{c_j} \neq \emptyset \; \forall j \in \{1, 2, \ldots, n\}.$$

Def. 17: Der Rang p eines Graphen $G = (A, R)$ mit $k = \mu(A)$ Knoten und s Komponenten ist $p = k - s$.

Def. 18: Die erste Bettische Zahl m eines Graphen $G = (A,R)$ mit $k = \mu(A)$ Knoten, $z = \mu(R)$ Zweigen und s Komponenten ist

$$m = z - p = z - k + s .$$

Def. 19: Eine Einbettung eines Graphen in $\mathbb{R}^3$ ist eine Abbildung, bei der jeder Knoten der Trägermenge A in einen Punkt V des $\mathbb{R}^3$ und jeder Zweig der Relation R in ein Jordansches Kurvenstück E so abgebildet wird, daß die Endpunkte von E die Bilder der mit dem Zweig inzidenten Knoten sind und die Kurvenstücke E keine weiteren gemeinsamen Punkte besitzen.

Def. 20: Ein Graph heißt planar, wenn er in die Ebene oder die Kugel einbettbar ist.

Abbildung 1 zeigt eine Einbettung der beiden einfachsten nichtplanaren Graphen, der sogenannten Kuratowski-Graphen K_5 und $K_{3,3}$.

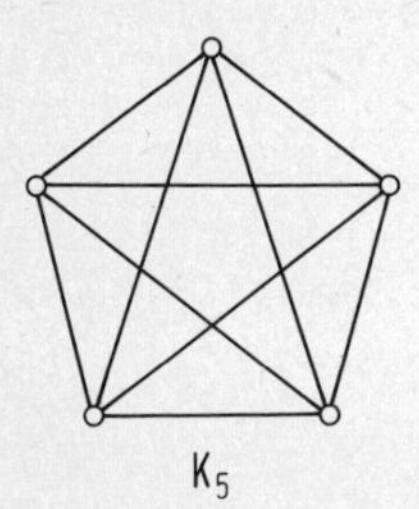

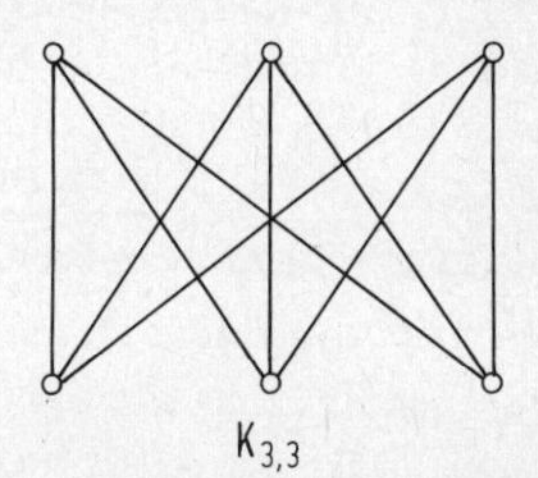

Abb. 1

Satz 1: Ein Graph ist dann und nur dann ein Baum, wenn es genau einen Pfad zwischen jedem beliebigen Knotenpaar des Graphen gibt.

Beweis: Wenn der Graph einen und nur einen Pfad zwischen jedem beliebigen Knotenpaar hat, ist er zusammenhängend und enthält keine Maschen. Er ist dann ein Baum. Ein Baum ist zusammenhängend. Daher muß es wenigstens einen Pfad zwischen zwei seiner Knoten geben. Gäbe es zwischen irgendeinem Knotenpaar zwei Pfade $P_1 = (A_1, L_1)$ und $P_2 = (A_2, L_2)$, dann enthielte $(A_1 \cup A_2, L_1 \cup L_2)$ wenigstens eine Masche und der Graph wäre kein Baum.

Satz 2: Jeder zusammenhängende Graph enthält wenigstens einen Baum.

Beweis: Der Graph G ist entweder ein Baum, oder er enthält wenigstens eine Masche. r_1 sei ein Zweig aus einer Masche M, die Teilgraph des Graphen $G = (A,R)$ ist. Durch Entfernen des Zweiges r_1 entsteht ein Teilgraph $G_T = (A, R - r_1)$. Da r_1 in der Menge der Zweige von M enthalten war, gibt es auch nach Entfernung von r_1 noch einen Pfad P zwischen den beiden in G_T verbliebenen Knoten, mit denen r_1 inzident war. Jeder Pfad, der, um den ursprünglichen Zusammenhang von G zu beweisen, so definiert war, daß er r_1 enthielt, kann nun so definiert werden, daß er den Pfad P

ganz oder teilweise enthält. Damit ist gezeigt, daß auch G_T zusammenhängend ist. Die Masche M ist jedoch eliminiert. Die fortgesetzte Anwendung des Verfahrens führt zur Eliminierung aller Maschen bei Wahrung des Zusammenhanges und damit zu einem Baum.

Satz 3: Ein Baum mit k Knoten besteht aus k-1 Zweigen.

Beweis: Ein Baum mit zwei Knoten besteht aus einem Zweig, da er keine Maschen enthält. Der Satz sei richtig für $k = n$. Um zu zeigen, daß er auch für $k = n + 1$ gilt, wird zu dem Baum ein Knoten und ein Zweig so hinzugefügt, daß letzterer mit dem $(n + 1)$-ten Knoten und mit einem bereits vorhandenen inzident ist, und $g(a_{n+1}) = 1$ ist. Der Baum hat dann $n + 1$ Knoten und n Zweige. Die Hinzunahme eines weiteren Zweiges würde eine Masche erzeugen und die Wegnahme eines Zweiges den Zusammenhang zerstören, da es genau einen Pfad zwischen jedem beliebigen Knotenpaar eines Baumes gibt.

Satz 4 (Kuratowski)+): Ein Graph ist dann und nur dann planar, wenn er keinen Teilgraphen enthält, der bis auf Knoten vom Grad 2 mit einem Kuratowski Graphen isomorph ist.

Eine, manchmal, nützliche hinreichende Bedingung ist folgende: Ein Graph mit k Knoten und z Zweigen ist nicht planar, wenn für $k \geqslant 5$ gilt: $z \geqslant 3k - 5$. Parallelzweige und Schlingen sind dabei nicht mitzuzählen.

In der Netzwerktheorie hat man es meist mit orientierten Graphen zu tun. Die orientierten Zweige eines orientierten Graphen sind geordnete Paare von Knoten.

Def. 21: Ein Zweig r_ν heißt bezüglich des Knotens a_i <u>positiv</u> (a_j negativ) <u>orientiert</u>, wenn gilt:

$$\vec{r}_\nu = (a_i, a_j) .$$

In der Einbettung eines orientierten Graphen wird das Kurvenstück E_ν mit einer von a_i nach a_j weisenden inneren Orientierung versehen.

Unter dem kartesischen Produkt $A \times B$ versteht man die Menge aller geordneten Paare aus Elementen der Mengen A und B.

Def. 22: Der <u>orientierte Graph</u> $\vec{G}$ ist definiert durch $\vec{G} = (A, \vec{R})$, wo A eine Trägermenge und $\vec{R} \subset A \times A$ kartesisch ist.

+) C. Kuratowski: "Sur le Probleme des Courbes Cauches en Topologie", Fund. Math. 15, 217-283 (1930).

2. Inzidenzmatrizen

Wir betrachten in diesem Abschnitt zusammenhängende, orientierte, schlingenfreie+) Graphen $\vec{G} = (A,\vec{R})$ mit $\mu(A) = k$, $\mu(\vec{R}) = z$. Die Ergebnisse gelten sinngemäß für jede Komponente eines nichtzusammenhängenden Graphen, sie gelten ferner auch für nichtorientierte Graphen, wenn in Matrixoperationen vorkommende Summen mod 2 gebildet werden.

Def. 1: Der Graph $\vec{G}(A,\vec{R})$ hat eine Matrixdarstellung, gegeben durch die vollständige Knoten-Zweig-Inzidenzmatrix $\underset{\sim}{A}_v = (a_{i\nu})$, $(i = 1,2,\ldots,k)$, $(\nu = 1,2,\ldots,z)$ mit

$$a_{i\nu} = \begin{cases} +1, & \text{wenn der Knoten } a_i \text{ und der Zweig } \vec{r}_\nu \text{ mit positiver Orientierung inzident sind:} \quad (a_i)\xrightarrow{\vec{r}_\nu}\text{---}, \\ -1, & \text{wenn der Knoten } a_i \text{ und der Zweig } \vec{r}_\nu \text{ mit negativer Orientierung inzident sind:} \quad (a_i)\xleftarrow{\vec{r}_\nu}\text{---}, \\ 0, & \text{sonst.} \end{cases} \tag{2.1}$$

Man beachte, daß $\underset{\sim}{A}_v$ durch zwei parallele Zweige gleicher Orientierung zwei gleiche Spalten bekommt. In jeder Spalte stehen nur die beiden Werte $+1$ und -1, gemäß $\vec{r}_\nu = (a_{i_\nu}, a_{j_\nu})$; $i_\nu, j_\nu \in \{1,2,\ldots,k\}$, $i_\nu \neq j_\nu$. Damit verschwindet die Zeilensumme von $\underset{\sim}{A}_v$ und der Rang der Matrix $\underset{\sim}{A}_v$ in höchstens $p = k - 1$.

Def. 2: Die (reduzierte) Knoten-Zweig-Inzidenzmatrix $\underset{\sim}{A}_v^{(r)} = (a_{i\nu})$, $(i = 1,2,\ldots,r-1, r+1,\ldots,k)$, $(\nu = 1,2,\ldots,z)$ entsteht aus $\underset{\sim}{A}_v$ durch Streichen der r-ten Zeile, $r \in \{1,2,\ldots,k\}$. Wir numerieren um: $i \longmapsto \ell_i$, so daß $\ell_r = p + 1$, und bezeichnen nunmehr den laufenden Index mit $\ell_i \longmapsto \ell = 1,2,\ldots,p+1$. Der Knoten a_{p+1} wird Referenzknoten genannt, und die reduzierte Inzidenzmatrix ist

$$\underset{\sim}{A} = \underset{\sim}{A}_v^{(p+1)} \,. \tag{2.2}$$

Wählt man in $\vec{G}$ einen beliebigen Baum $\vec{B}$, was nach Abschnitt 1, Satz 2 immer möglich ist, und läßt man in $\underset{\sim}{A}$ alle den m Verbindungszweigen $\vec{r}_V$ bezüglich des Baumes zugeordneten Spalten weg, so erhält man die quadratische Knoten-Baumzweig-Inzidenzmatrix

$$\underset{\sim}{A}_B = \underset{\sim}{A}_{(\nu_1,\nu_2,\ldots,\nu_m)} \,, \quad \nu_1,\nu_2,\ldots,\nu_m \in \{1,2,\ldots,z\} \,. \tag{2.3}$$

+) Graphen mit Schlingen haben eine Darstellung durch eine Knoten-Knoten Inzidenzmatrix. Ausgenommen den trivialen Fall, daß ein Graph nur aus nichtzusammenhängenden Schlingen besteht, kommen in unseren Anwendungen nur schlingenfreie Graphen vor, für die die einfachere Darstellung nach Def. 1 genügt.

Bestimmte Eigenschaften eines Graphen werden durch weitere Matrizen charakterisiert, denen wir uns jetzt zuwenden. In dem durch $\underset{\sim}{A}_B$ dargestellten Baum $\vec{B}$ gibt es nach Satz 1 Anhang 1 genau einen Baumpfad zwischen dem Referenzknoten a_{p+1} und jedem weiteren Knoten.

Def. 3: Ein orientierter Baumpfad $\vec{P}_\ell = (A_T, \vec{L})$ vom Knoten a_ℓ, $\forall \ell \in \{1,2,\dots,p\}$ zum Referenzknoten a_{p+1} ist durch $\vec{L} = \{\{a_\ell\},\{a_\ell,a_{\ell_1}\},\dots,\{a_{\ell_n},a_{p+1}\}\}$ gegeben. Die quadratische Baumpfad-Zweig-Inzidenzmatrix $\underset{\sim}{B} = (b_{\ell\beta})$, $\ell,\beta = 1,2,\dots,p$ ist definiert durch

$$b^{\bullet}_{\ell\beta} = \begin{cases} +1, & \text{wenn in dem orientierten Baumpfad vom Knoten } a_\ell \text{ zum Referenzknoten der Zweig } \vec{r}_\beta \text{ mit gleicher Orientierung enthalten ist,} \\ -1, & \text{wenn in dem orientierten Baumpfad vom Knoten } a_\ell \text{ zum Referenzknoten der Zweig } \vec{r}_\beta \text{ mit ungleicher Orientierung enthalten ist,} \\ 0, & \text{sonst.} \end{cases} \tag{2.4}$$

Dabei wurde die ursprüngliche Zweignumerierung $\nu = 1,2,\dots,z$ geändert: $\nu \mapsto \beta_\nu$ und der laufende Index der Baumzweige mit $\beta_\nu \mapsto \beta = 1,2,\dots,p$ bezeichnet.

Durch Entfernen eines Zweiges $\vec{r}_\varkappa$ aus dem Baum $\vec{B}$ zerfällt dieser in zwei Komponenten. Die den Referenzknoten a_{p+1} nicht enthaltende Komponente wird mit $\vec{F}_\varkappa$, die ihn enthaltende Komponente mit $\vec{F}'_\varkappa$ bezeichnet. $\vec{F}_\varkappa$ und $\vec{F}'_\varkappa$ sind dem Zweig $\vec{r}_\varkappa$ eindeutig zugeordnet. Statt (2.4) kann man auch schreiben

$$b_{\ell\beta} = \begin{cases} +1, & \text{wenn in der Komponente } \vec{F}_\beta \text{ der Knoten } a_\ell \text{ enthalten ist und } \vec{r}_\beta \text{ mit positiver Orientierung zu einem der Knoten von } \vec{F}_\beta \text{ inzident ist,} \\ -1, & \text{wenn in der Komponente } \vec{F}_\beta \text{ der Knoten } a_\ell \text{ enthalten ist und } \vec{r}_\beta \text{ mit negativer Orientierung zu einem der Knoten von } \vec{F}_\beta \text{ inzident ist,} \\ 1, & \text{sonst.} \end{cases} \tag{2.5}$$

Die beiden Definitionen für das allgemeine Element $b_{\ell\beta}$ sind identisch. Denn ist nach (2.4) der Zweig $\vec{r}_\beta$ in dem Baumpfad vom Knoten a_ℓ zum Referenzknoten a_{p+1} enthalten, dann enthält die Komponente $\vec{F}_\beta$ den Knoten a_ℓ, da $\vec{F}_\beta$ dem Baumzweig $\vec{r}_\beta$ eindeutig zugeordnet ist und den Referenzknoten a_{p+1} nicht enthält. Ist umgekehrt nach (2.5) der Knoten a_ℓ in $\vec{F}_\beta$ enthalten, so führt der Baumpfad von a_ℓ nach a_{p+1} über den Zweig $\vec{r}_\beta$, denn es gibt genau einen solchen Baumpfad und $\vec{F}_\beta$ ist über

$\vec{r}_\beta$ mit $\vec{F}'_\beta$ verbunden. Stimmen die Orientierungen des Baumpfades P_ℓ und des Zweiges $\vec{r}_\beta$ überein, dann ist $\vec{r}_\beta$ mit einem in $\vec{F}_\beta$ liegenden Knoten a_{i_β} mit positiver Orientierung inzident, $\vec{r}_\beta = (a_{i_\beta}, a_{j_\beta})$. Ist umgekehrt $\vec{r}_\beta$ zu dem in $\vec{F}_\beta$ liegenden Knoten a_{i_β} mit positver Orientierung inzident, dann ist $\vec{r}_\beta$ in $\vec{P}_\ell$ mit gleicher Orientierung enthalten, denn $\vec{P}_\ell$ entspringt in $\vec{F}_\beta$ und mündet in F'_β.

Def. 4: Eine nichtorientierte Masche M_α eines Graphen $G = (A,R)$ sei gegeben durch $M_\alpha = (A_\alpha, Z_\alpha)$, wo Z_α eine zyklische Ordnung ist. Durch willkürliche Orientierung von Z_α erhält man eine strenge Ordnung $\vec{Z}_\alpha$ und mit dieser die orientierte Masche $\vec{M}_\alpha = (A_\alpha, \vec{Z}_\alpha)$.

Die Maschen-Zweig-Inzidenzmatrix $\underset{\sim}{C} = (c_{\alpha\nu})$, $(\alpha = 1,2,\ldots)$, $(\nu = 1,2,\ldots,z)$ ist definiert durch:

$$c_{\alpha\nu} = \begin{cases} +1, & \text{wenn in der orientierten Masche } \vec{M}_\alpha \text{ der Zweig } \vec{r}_\nu \text{ mit} \\ & \text{gleicher Orientierung enthalten ist,} \\ -1, & \text{wenn in der orientierten Masche } \vec{M}_\alpha \text{ der Zweig } \vec{r}_\nu \text{ mit} \\ & \text{ungleicher Orientierung enthalten ist,} \\ 0, & \text{sonst.} \end{cases} \tag{2.6}$$

Häufig wird als Maschenorientierung die Orientierung des in der Masche enthaltenen Verbindungszweiges bezüglich eines gewählten Baumes genommen.

Def. 5: Ein Graph $G = (A,R)$ zerfällt durch Eliminieren einer Schnittmenge von Zweigen $S_\tau \subset R$ in die Komponenten $F_\tau = (A_\tau, R_\tau)$ und $F'_\tau = (A - A_\tau, R - R_\tau - S_\tau)$. Die orientierte Schnittmenge $\vec{S}_\tau$ erhält man durch S_τ und das geordnete Paar (F_τ, F'_τ)
$\vec{S}_\tau = (S_\tau, (F_\tau, F'_\tau))$.

Die Schnittmengen-Zweig-Inzidenzmatrix $\underset{\sim}{D} = (d_{\tau\nu})$ $(\tau = 1,2,\ldots)$, $(\nu = 1,2,\ldots,z)$ ist definiert durch:

$$d_{\tau\nu} = \begin{cases} +1, & \text{wenn in der orientierten Schnittmenge } \vec{S}_\tau \text{ der Zweig } \vec{r}_\nu \\ & \text{mit gleicher Orientierung enthalten ist,} \\ -1, & \text{wenn in der orientierten Schnittmenge } \vec{S}_\tau \text{ der Zweig } \vec{r}_\nu \\ & \text{mit ungleicher Orientierung enthalten ist.} \\ 0, & \text{sonst.} \end{cases} \tag{2.7}$$

Häufig wird als Schnittmengenorientierung die Orientierung des in der Schnittmenge enthaltenen Baumzweiges genommen.

Literaturverzeichnis

Mathematik

Auslander, L.; MacKenzie, R.E.: Introduction to Differentiable Manifolds. New York: McGraw-Hill 1963

Berge, C.: Graphs and Hypergraphs. Amsterdam: North-Holland 1973

Bourbaki, N.: Algèbre, Chap. 3 (Algèbre multilineaire), Paris: Hermann 1958

Courant, R.; Hilbert, D.: Methoden der mathematischen Physik, Bd. I. Berlin: Springer 1931

de Rham, G.: Variétés différentiables. Paris: Hermann 1960

Donoghue, W.F., Jr.: Monotone Matrix Functions and Analytic Continuation. Berlin: Springer 1974

Godement, R.: Algebra, trans. from the French. Paris: Hermann 1968

Hestenes, D.: Space-Time Algebra. New York: Gordon and Breach 1966

Holmann, R.; Rummler, H.: Alternierende Differentialformen. Mannheim: Bibl. Inst. 1972

Roubine, É., Editor: Mathematics Applied to Physics. Berlin: Springer 1970

Schwartz, L.: Théorie des distributions. Paris: Hermann 1966

Steater, R.F.; Wightman, A.S.: PCT, Spin and Statistics and All That. New York: Benjamin 1964

Elektrodynamik und klassische Feldtheorie

Becker, R.; Sauter, F.: Theorie der Elektrizität, Bd. I. Stuttgart: Teubner 1969

Flügge, S.: Handbuch der Physik, Bd. IV, Prinzipien der Elektrodynamik und Relativitätstheorie. Berlin: Springer 1962

Jackson, J.D.: Classical Electrodynamics, New York: Wiley 1962

Jones, D.S.: The Theory of Electromagnetism. Oxford: Pergamon 1964

Landau, L.D.; Lifshitz, E.M.: Electrodynamics of Continuous Media, transl. from the Russian. Oxford: Pergamon 1963

Landau, L.D.; Lifshitz, E.M.: The Classical Theory of Fields, transl. from the Russian. Oxford: Pergamon 1962

Maxwell, J.C.: A Treatise on Electricity and Magnetism, 2 volumes. New York: Dover 1954

Panovsky, W.K.H.; Phillips, M.: Classical Electricity and Magnetism. Reading Mass.: Addison-Wesley 1962

Sommerfeld, A.: Elektrodynamik. Leipzig: Akad. Verlagsanst. 1964

Stratton, J.A.: Electromagnetic Theory. New York: McGraw-Hill 1941

Thirring, W.: Lehrbuch der mathematischen Physik, Bd. 2. Wien: Springer 1978

Elektrotechnik

Belevitch, V.: Classical Network Theory. San Francisco: Holden-Day 1968

Cauer, W.: Theorie der linearen Wechselstromschaltungen, 2 Bände. Berlin: Akademie-Verlag 1954

Chua, L.O.; Lin, P.M.: Computer-Aided Analysis of Electronic Circuits. Englewood Cliffs, N.J.: Prentice-Hall 1975

Collin, R.E.: Field Theory of Guided Waves. New York: McGraw-Hill 1960

Fischer, J.: Elektrodynamik. Berlin: Springer 1976

Flügge, S.: Handbuch der Physik, Bd. XVI, Elektrische Felder und Wellen. Berlin: Springer 1958

Goubau, G.: Elektromagnetische Wellenleiter und Hohlräume. Stuttgart: Wiss. Verl. Ges. 1955

Küpfmüller, K.: Einführung in die theoretische Elektrotechnik. Berlin: Springer 1968

Plonsey, R.; Collin, R.E.: Principles and Applications of Electromagnetic Fields. New York: McGraw-Hill 1961

Schelkunov, S.A : Advanced Antenna Theory. New York: Wiley 1952

van Bladel, J.: Electromagnetic Fields. New York: McGraw-Hill 1964

Relativitätstheorie

Einstein, A.: The Meaning of Realitivity. Princeton: Princeton University Press 1953

Flügge, S.: Handbuch der Physik, Bd. IV, Prinzipien der Elektrodynamik und Relativitätstheorie. Berlin: Springer 1962

Misner, C.W.; Thorne, K.G.; Wheeler, J.A.: Gravitation. Freeman 1973

Rohrlich, F.: Classical Charged Particles. Reading, Mass.: Addison-Wesley 1965

Schmutzer, E.: Relativistische Physik. Leipzig: Akadem. Verlagsges. 1968

Quantenelektrodynamik

Jauch, J.M.; Rohrlich, F.: The Theory of Photons and Electrons. The Relativistic Quantum Field Theory of Charged Particles with Spin One-Half. 2nd expanded edition. Berlin, Heidelberg, New York: Springer 1976

Sachverzeichnis

Springer Series in Electrophysics

Editors: G. Ecker, W. Engl, L. B. Felsen, K. S. Fu, T. S. Huang

Springer Series in Electrophysics will contain monographs and advanced-level textbooks in the field of electrical engineering with the emphasis on physical principles. Subjects to be stressed are, for example, semiconducting devices, electromagnetic technology, pattern recognition and information sciences. Although the approach will be from the point of view of physics, applications will also be discussed in detail. The series should therefore be of interest to the engineer as well as to the physicist.

Volume 2

Noise in Physical Systems

Proceedings of the Fifth International Conference on Noise. Bad Nauheim, Fed. Rep. of Germany, March 13-16, 1978
Editor: D. Wolf
1978. 182 figures, 5 tables. X, 337 pages
Cloth DM 59,–
ISBN 3-540-09040-1

Contents: Noise in Semiconductor Devices. – Hot Carrier Noise. – 1/f-Noise. – Noise in Magnetic Materials. – Noise in Superconductors and Superconducting Devices. – Noise Measuring Techniques. – Theory.

Volume 3
V. M. Babič, N. Y. Kirpičnikova

The Boundary-Layer Method in Diffraction Problems

Translated from the Russian by E. F. Kuester
1979. 7 figures. VI, 140 pages
Cloth DM 39,50
ISBN 3-540-09605-1

Contents: Translator's Introduction. – Introduction. – The Ray Method. – The Caustic Problem. – Whispering Gallery and Creeping Waves. – Oscillations Concentrated in the Neighborhood of a Ray (Gaussian Beams). – Shortwave Diffraction from a Smooth Convex Body. – The Problem of an Oscillating Point Source. – Survey of Literature. – References. – Subject Index.

Springer-Verlag
Berlin
Heidelberg
New York